人猪共患疾病与感染

Communicable Diseases and Infections Common to Man and Pigs

陈 谊 郑 明 主编

中国农业出版社

编　写　人　员

主　　编　陈　谊　上海市农业科学院畜牧兽医研究所

　　　　　郑　明　中国兽医药品监察所

副 主 编　张　琴　上海市农业科学院信息所

　　　　　丁家波　中国兽医药品监察所

　　　　　李　霞　山东省济南市第五人民医院

　　　　　陈恒青　海正药业有限公司

编写人员（按姓名笔画排序）

　　　　　丁景春　农业部上海 12316

　　　　　丁家波　中国兽医药品监察所

　　　　　马桂莲　上海市农业科学院信息所

　　　　　吕文纬　上海晓威生物科技公司

　　　　　李　霞　山东省济南市第五人民医院

　　　　　李承基　农业部上海 12316，上海市三农热线

　　　　　李文平　中国兽医药品监察所

　　　　　江洪涛　上海市农业科学院信息所

　　　　　朱良全　中国兽医药品监察所

　　　　　郑　明　中国兽医药品监察所

　　　　　张忠明　上海市农业科学院畜牧兽医研究所

　　　　　张婉华　上海市农业科学院畜牧兽医研究所

　　　　　张　琴　上海市农业科学院信息所

　　　　　张培红　上海市农业科学院信息所

　　　　　陈　谊　上海市农业科学院畜牧兽医研究所

陈恒青　海正药业有限公司

陆春红　上海强生有限公司

周圣雯　农业部上海 12316，上海市三农热线

徐　旸　上海第二工业大学

徐泉兴　上海市农业科学院畜牧兽医研究所

高梦莲　上海市金山区动物疾病控制中心

蒋　卉　中国兽医药品监察所

潘　洁　上海市农业科学院畜牧兽医研究所

审　校　陈　谊　上海市农业科学院畜牧兽医研究所

郑　明　中国兽医药品监察所

宋大鲁　南京农业大学

序

　　人畜共患病是指由同一种病原体引起，流行病学上相互关联，在人类和动物之间自然传播的疫病。人畜共患病是一种传统的提法，1979 年世界卫生组织和联合国粮农组织将"人畜共患病"这一概念扩大为"人兽共患病"，即人类和脊椎动物之间自然感染与传播的疾病。人兽共患病的爆发和流行曾引起世界范围的大流行，造成重大的经济损失。目前已经证实人兽共患病，主要是由病毒和细菌等病原体引起的传染病和寄生虫为病原体引起的寄生虫病这两大类。

　　历史上不少传染病的大流行都与动物密切相关，近年来，禽流感、疯牛病和 SARS 相继爆发流行，是对世界范围的社会和经济造成重大影响的三种病毒性人兽共患病。当今社会全球化的影响已经是一种不可避免的社会现实，为了应对这些已经全球化的人兽共患病，各种公共卫生组织纷纷建立，对人兽共患病的控制似乎已经变成一种全球化的行动。

　　我国是一个养猪大国，其与民生休戚相关。因人猪的密切接触，历史上曾出现由猪流感病毒引起欧洲流感大流行死亡 2 000 多万人（1918～1919 年），对世界范围的社会和经济造成重大影响。近年来也曾报导了因种属屏障突破而引起的人猪共患新出现的疾病与感染，但至今尚未见有一本以人猪共患疾病为主体的书籍。

　　陈谊等编写的《人猪共患疾病与感染》一书是编者在查阅了多年的一些中外资料的基础上，结合临床经验，编写而成的一部 120 多万字 114 个共患病的专著。所收集的这些疾病中，部分为老病，但又出现了新的临床变化；另一部分是新出现的疾病与感染。目前一些疾病虽不是防控重点，但这些感染已突破种属屏障，将是极其威胁的潜在病原体，等待的可能是严重暴发，无先兆性的突然暴发，会给一个或数个国家带来重大经济损失，给世界带来恐慌。本书介绍的疾病不但内容新，而且其数量和信息量大大超过了以往出版的专著，从人猪共患病层面剖析了人兽（畜）共患病的复杂性、严重性。因此，本书值得人医、兽医等各层次工作者一阅，有很好的参考价值。

解放军军事科学研究院军事兽医科学研究所研究员

中 国 工 程 院 院 士 夏咸柱

2016 年 8 月 20 日

前　言

　　人类社会刚跨进 21 世纪的门槛，经济状况不稳定，SARS、埃博拉出血热、中东呼吸综合征、塞卡病毒病等给世界带来恐慌。据统计，目前全世界共发现 1 709 种病原体，其中 832 种（49%）是动物源性或称动物性传染病（Zoonotic）的病原。1 145 种传染病中 60% 的疾病能够传染动物和人，其中的大部分疾病是动物源性疾病，如炭疽、莱姆病、猴痘等，但突破了种属屏障而传播给人；相反，结核病、人疱疹病毒核麻疹病毒等起源于人类，但也传染给动物，这种跨种属传播是进化的结果。故而，近年来，动物性传染病（animal - borne infections diseases）不断上升，新出现的传染病（emerging diseases）中动物性传染源 3 倍于非动物性传染源，新出现的 156 种病原体中，114 种（73%）是可以传播给人类的动物性传染病。在本书编著的 114 个疾病中，就有新出现的人传播、猪传人或动物间传播而感染或疾病的人猪共患病，如肾出血热综合征、埃博拉出血热、东部马脑炎、西尼罗热、TTV、阿卡病毒病、盖他病毒病、肠球菌感染、弓形菌感染、鼠疫、广州管圆线虫病、芽囊原虫病、微孢子虫病等，增加和填补了猪病内容，可开阔临床兽医和人医工作者的眼界，为临床诊断和疾病防控提供更多思路。

　　本书在收集到这些疾病外，也增加和填补了猪病，可开阔临床的兽医和人医工作者的眼界，为临床诊断提供更多思路。

　　本书对人猪共患病中一些疾病的临床症状进行了一些梳理和补充。人猪共患病的新疾病，在以往杂志上曾有过报道，但未引起重视而纳入一些书中或教科书中进行介绍。同时，对一些大家熟悉的老病，由于各种原因而出现新的症状也未总结，比如副粘病毒中增加了新的副粘病毒病；新城疫病毒对人、猪的症状有新的变化；大肠杆菌致猪不仅是黄白痢，其致病症状有新的表现；巴氏杆菌、链球菌致猪关节炎等。提醒临床工作者注意到各种病原体随时间、环境等因素变化，也会出现新的临床症状。

　　在编写每个疾病中，更多地补充了原始资料。目前的猪病书籍中都没有这方面的具体资料或很不具体，特别是寄生虫病。如伪裸头绦虫病、肾膨结线虫病、鄂口线虫病、孟氏迭宫绦虫病等，当然还有病毒病和细菌病。这样做使我们对每一个疾病有更具体的了解，不让我们对每一个疾病局限在教科书的条框中，而是告知每一个病可能在某一地区或某一时间段，在总体症状相同的情况下会有差别。

在本书的编写过程中添加了疾病的历史简介和发病机制。历史简介是让我们了解每个疾病发展史，观察到每个疾病的演变。在编写本书过程中，深感前辈为人畜共患病的发展作出了不小贡献，有的是这方面的专家、名人，也有不少是普通工作者，所以在本书引用他们文章的时候，都写上他们的名字，以备我们查考和记住他们。他们的点滴资料，将推动我们事业的进步。添加发病机制是为了让读者更进一步了解疾病的发生、发展和预后，更加加深对疾病的认识，推动我们对疾病的研究，提出更有效的防制方向。

编者在编写本书过程中，看到人医和兽医之间的差异，首先是国内人畜共患病研究还是缺乏联合攻关，各自重视自身重点疾病，忽视了共患病问题，成了一个防制与研究空白，急待联合生物、医学和兽医等方面共同防制人畜共患病。兽医部门的防疫任务很重，但一些新病会稍稍的来临，如不及早研究、防控，则对人医和兽医压力会更大，比如鼠疫、布尼亚属病毒、登革热、基肯孔雅病等一批细菌、病毒病都是生物和人医部门最早调查了解和发现的。在我们编写这些疾病时，很多兽医并不了解这些病对猪的危害，也未列入研究计划，但它们作为病原除了会在畜牧领域进一步扩散外，造成严重疫病，而且作为传染源（猪是传染源之一）反过来对人的健康又是一个潜在威胁。因为猪又成为一个新传染源，我们不认识、不防控，疫情扩散，危害的还是人类和畜牧生产。在编写本书中，我们曾查找不少书籍、杂志，以寻找某个病或某个病的某个症状出典，但很遗憾的是已有很多较早的杂志和书籍已不复存在，有些编写过书的（专业书的）同志退休后，也将其全部当废品处理，这是一笔巨大财富的损失，本书只是将能收集到的资料加以汇总，拾遗补漏。因此，除了望读者指出问题，提出意见外，更多的希望提供资料，以便于有机会再版时给予修正和补充。

编　者

2017 年 3 月

目　录

绪　　论

人畜共患病是指由同一种病原体引起，流行病学上相互关联，在人类和动物之间自然传播的疫病。人畜共患病是一种传统的提法，1979 年世界卫生组织和联合国粮农组织将"人畜共患病"这一概念扩大为"人兽共患病"，即人类和脊椎动物之间自然感染与传播的疾病。人兽共患病的爆发和流行曾引起世界范围的大流行，造成重大的经济损失。目前已经证实人兽共患疾病，主要是由病毒和细菌等病原体引起的传染病和寄生虫为病原体引起的寄生虫病两大类。

历史上不少传染病的大流行都与动物密切相关。近年来，禽流感、疯牛病和传染性非典型肺炎（SARS）相继爆发流行，是对世界范围的社会和经济造成重大影响的三种病毒性人兽共患病。

我国是一个养猪大国，养猪业的健康发展水平与我国民生休戚相关。因人与猪的密切接触，历史上曾出现由猪流感病毒引起的欧洲流感大流行而死亡 2 000 多万人（1918—1919 年），对世界范围的社会和经济造成重大影响。近年来，也曾报道了因种属屏障突破而引起的人猪共患新出现的疾病与感染，但至今尚未见有一本以人猪共患疾病为主体的书籍。

《人猪共患疾病与感染》是编者在查阅了多年的一些中外资料的基础上，结合临床经验，编写而成的一部 120 多万字 114 个共患病的专著。所收集的这些疾病中，一部分为老病，但又出现了新的临床变化；另一部分是新出现的疾病与感染。目前一些疾病虽不是防控重点，但这些感染已突破种属屏障，将是极具威胁的潜在病原体，可能产生严重爆发。无先兆性的突然爆发，会给一个或数个国家带来重大经济损失，给世界带来恐慌。

当今社会全球化的影响已经是一种不可避免的社会现实，为了应对这些已经全球化的人兽共患病，各种公共卫生组织纷纷建立，对人兽共患病的控制似乎已经变成一种全球化的行动。在我国由于历史原因造成人医和兽医之间的差异。国内人畜共患病研究还是缺乏联合攻关，各自重视自身重点疾病，忽视了共患病问题，造成一个防制与研究空白。为此，我国生物、医学和兽医学等领域的力量应联合行动起来共同开展防控人畜共患病。

（一）人猪共患病毒病及其相互传播关系

根据资料不完全统计，人猪共患病毒病有 48 个之多，他们由两大部分组成，即病毒病原对人猪不但感染，而且发生临床症状，本书已列入的有 33 个病（绪表 1）；另外，有 15 个病对人或猪可产生临床症状，但只是在人或猪症状轻微，绝大部分产生抗体与分离到病毒，表明已对人或猪发生侵袭与感染。

在常见的猪的疾病书籍中，猪的病毒性疾病一般介绍 25 个左右，如猪瘟、口蹄疫、伪狂犬病、流感等。与本书收集到的猪病毒性疾病 48 个中有 9～10 个是重复的，也就是说，猪的病毒感染有可能超过 53 个。

1. 猪的病毒性感染在人猪共患病毒性疾病的特点

（1）感染人猪的病毒出现了新的感染病毒　这些新出现感染猪的病毒有尼帕病毒、梅那哥病毒、埃博拉病毒、赤羽病毒、汉坦病毒、克里米亚-刚果病毒、裂谷热病毒、诺如病毒、札幌病毒、戊肝病毒、登革热病毒、森林脑炎病毒、墨累山谷脑炎病毒、西尼罗病毒、跳跃病毒、西部马脑炎病毒、委内瑞拉病毒、基肯孔雅病毒、输血传播病毒、博尔纳病毒、卡奇谷病毒、塔赫纳病毒、辛诺柏病毒、辛德毕斯病毒、罗斯河病毒、鹭山病毒、切努达病毒、印基病毒、巴泰病毒、玻利维亚病毒、马秋博病毒、犬腺病毒、淋巴球性脉络丛脑膜炎病毒等。

（2）更多的人猪共患病毒性疾病出现　随着时间的推移，病毒对人猪适应性和变异性增加，仍会有更多的人猪共患病毒性疾病出现。也许其中部分病毒对人、猪的感染与临床症状会出现新的变化或从不致病再到致病到临床症状明显。其中，如副黏病毒属中新城疫病毒、伪狂犬病毒、水疱性口炎病毒、口蹄疫病毒已逐步呈现人感染到有临床症状出现。如赤羽病毒、汉坦病毒、裂谷热病毒、东部马脑炎病毒、鹭山病毒、盖他病毒、西尼罗病毒、跳跃病毒、登革热病毒等在猪群中出现抗体阳性和临床症状。

（3）共同感染人猪的病毒种类增多　人与动物密切接触和病毒变异，促成人、猪相互之间、病毒感染种类的数量增加。

根据资料统计，猪的不少病毒性疾病原先都是人类病毒病或其他动物感染人的病毒病在猪中出现感染或有临床症状。布尼亚病毒科的汉坦病毒的肾综合征出血热、汉坦病毒肺综合征、裂谷热、克里米亚-刚果出血热、赤羽病；黄病毒科的登革热、森林脑炎、西尼罗病毒病、苏格兰脑炎；披膜病毒科的东部马脑炎、西部马脑炎、基肯孔雅病毒病、盖他病毒病等（绪表1）。

除上述的 34 个人猪共患病毒病外，有资料报道尚有 14 个以上的病毒可以感染人和猪，可从人、猪检测到抗体或病毒，有的还出现轻微的临床症状或呈隐性感染。它们是 TTV 感染（输血传播病毒感染）、博尔纳病毒感染、卡奇谷病毒感染、塔赫纳热、汉坦病毒肺综合征、辛德毕斯病、水疱疹（猪）、罗斯河病毒病、鹭山病毒感染、切努达病毒感染、印基病毒感染、巴泰病毒感染、玻利维亚出血热、犬传染性肝炎、淋巴球性脉络丛脑膜炎。此外，牛痘和牛海绵状脑病等也有报道。

1）淋巴球性脉络丛脑膜炎。本病病原体是 Armstrong 和 Lillie（1934）从一名疑似圣路易斯脑炎死者的中枢神经组织浸出液接种猴传代而分离得到。归属于砂粒病毒属。人感染病毒后有 4 种临床类型。典型临诊为类流感样症状，发热、咳嗽、头痛、咽喉痛、肌肉疼痛及脑膜炎刺激症等。猴、犬、猪、啮齿类动物为本病主要宿主。对猪有致病性。

2）博尔纳病病毒感染。该病于 1885 年在德国 Saxony 等 Borna 镇马群中流行，因而以该镇命名，是动物源性传染病。马和羊是博尔纳病毒主要的自然宿主。在自然条件下，牛、美洲驼、羊驼、鹿、驴、猪、犬、狐、兔、猫、沙鼠、鸵鸟及许多野生鸟类均可感染博尔纳病病毒。在实验条件下，从啮齿动物到非人类灵长动物，如小鼠、鸡、小型猪、猴等均可实验感染，宿主范围广泛，基本上囊括了所有温血动物。人与人之间可能传播。与动物接触密切者的博尔纳病病毒血清阳性率明显高于正常对照人群。我国台湾、宁夏、新疆、黑龙江、重庆等地区已有博尔纳病流行的报道。

3）卡奇谷病毒感染。卡奇谷病毒于 1956 年从美国犹他州北部卡奇山谷的脉毛蚊中分离

续表 1　人猪共患病毒病及其相互传播关系

科	属	病原	所致疾病	自然宿主	传播途径	易感动物或人	对猪的致病力	对人的致病力	病原人、猪间传播关系
疱疹病毒科	水痘病毒属	伪狂犬病毒	伪狂犬病	鼠、猪	消化道、呼吸道、生殖道	牛、绵羊、犬、猫、兔、猪、人等	++++	+	传播
呼肠孤病毒科	轮状病毒属	轮状病毒	轮状病毒病	牛、马、猪、羊、家禽、人	消化道、呼吸道垂直传播	仔猪、犊牛、羔羊、犬、灵长类动物、人	+++	+++	人的病原可致猪发病；反之，未见报道
弹状病毒科	水疱性口炎病毒属	水疱性口炎病毒	水疱性口炎	马、牛、猪	接触	马、牛、猪、人	++	++	传播
弹状病毒科	狂犬病毒属	狂犬病毒	狂犬病	狼、狐、浣熊、鼬等	咬伤	几乎所有温血动物	+++	++++	共患
丝状病毒科	埃博拉病毒属	埃博拉病毒	埃博拉出血热	人、啮齿类	接触、气溶胶	灵长类、人（猪只有一种病毒感染）	+	++++	传播
副黏病毒科	呼吸道病毒属	仙台病毒	仙台病毒感染	果蝙蝠	接触、呼吸道、气溶胶	啮齿类	+	++	传播
副黏病毒科	腮腺炎病毒属	梅那哥病毒	梅那哥病毒感染	猪	未知	果蝙蝠、猪	++++	++	/
副黏病毒科		猪腮腺炎病毒	蓝眼病	果蝠、猪	接触、呼吸道	猪	++++	+	共患
副黏病毒科	尼帕病毒属	尼帕病毒	尼帕病毒感染	鸟类	未知	猪、犬、猫	+++	+	
副黏病毒科	禽副黏病毒属	新城疫病毒	新城疫		接触、消化道、呼吸道	禽、鸟	+++	+	传播
正黏病毒科	流感病毒属	流感病毒	流行性感冒	人、猪、马、禽	接触、消化道、空气、飞沫	禽、猪、马、人、貂等	++	++++	传播

（续）

科	属	病原	所致疾病	自然宿主	传播途径	易感动物或人	对猪的致病力	对人的致病力	病原在人、猪间传播关系
布尼亚病毒科	布尼亚病毒属	赤羽病毒	赤羽（阿卡斑）病	牛羊	蚊媒	牛、绵羊、山羊、猪	++	+	共患
	汉坦病毒属	汉坦病毒	肾综合征出血热	啮齿类	接触、气溶胶、消化道、垂直、媒介	啮齿类、犬、猫、兔、野猪、猪	++	+++	传播
	内罗毕病毒属	克里米亚-刚果出血热病毒	克里米亚-刚果出血热	鸟类	接触、蜱媒	牛、绵羊、山羊、马、骆驼、猪、小型野生动物、人	+	+++	共患
	白蛉热病毒属	裂谷热病毒	裂谷热	未知	蚊媒、接触、气溶胶	牛、羊、人	+	++++	传播
小RNA科	肠道病毒属	猪水疱病病毒	猪水疱病	猪	接触、消化道	猪	+++	+	传播
	心病毒属	脑心肌炎病毒	脑心肌炎	鼠	消化道	猪、牛、马、猴、啮齿动物	+++	++	传播
	口蹄疫病毒属	口蹄疫病毒	口蹄疫	猪、羊、牛	接触、气溶胶	猪、牛、羊、骆驼、鹿等偶蹄兽	+++	++	传播
杯状病毒科	诺如病毒属	诺如病毒	诺如病毒感染	貂、蛤、牡蛎	消化道、气溶胶、水	猪、啮齿动物、人	+	+++	传播
	札幌病毒属	札幌病毒	札幌病毒感染	蛤	消化道、水	猪、啮齿动物、人	+	+++	传播
戊肝病毒科	戊型肝炎病毒属	戊型肝炎病毒	戊型病毒性肝炎	猪、人	接触、消化道输血	猪、啮齿动物、人	+	++++	传播
黄病毒科		登革热病毒	登革热	灵长类、人	蚊媒、气溶胶	灵长类、人	+	++++	共患
	黄病毒属	乙型脑炎病毒	流行性乙型脑炎	猪、马、人	蚊媒	猪、马、驴、骡、犬、蝙蝠、野生鸟类、人	++++	++++	共患
		蜱传脑炎病毒	森林脑炎	鸟类、啮齿类、蜱	蜱媒	鸟、啮齿类、灵长类、人	+	+++	共患

（续）

科	属	病原	所致疾病	自然宿主	传播途径	易感动物或人	对猪的致病力	对人的致病力	病原在猪、人、人、猪间传播关系
黄病毒科	黄病毒属	墨累山谷脑炎病毒	墨累山谷脑炎	鸟类	蚊媒	乳鼠、猴、雏鸡、鸭、绵羊、兔、豚鼠	+	++	共患
		西尼罗病毒	西尼罗病毒感染	鸟类	蚊媒	马、牛、羊、犬、猫、鹅、鸽、鼠、人	+	++++	共患
		跳跃病毒	苏格兰脑炎	马、牛、猪	蚊媒	马、猪、牛、犬、猴	+	++	共患
		韦塞尔斯布朗病毒	韦塞尔斯布朗病毒病	啮齿类	蜱媒	牛、羊	+	++	共患
披膜病毒科	甲病毒属	东部马脑炎病毒	东部马脑炎	鸟类	蚊媒	马、鸟、猪、羊、鸡、人、牛	+++	++++	共患
		西部马脑炎病毒	西部马脑炎	鸟类	蚊媒	马、鸟、鸡、人	+	++++	共患
		委内瑞拉马脑炎病毒	委内瑞拉马脑炎	鸟类、啮齿类	蚊媒	马、鸟、人	+	++++	共患
		基肯孔雅病毒	基肯孔雅病	灵长类、蝙蝠	蚊媒	灵长类、人	+	+++	共患
		盖他病毒	盖他病毒病	马、猪	蚊媒	马、猪	+++	+	共患
圆环病毒科	圆环病毒属	TTV	TTV感染	人、猪、牛、羊、犬、猫、鸡、灵长动物	消化道血液	人、猪、牛、羊、犬、猫、鸡、骆驼、灵长动物、鼠	++	++	传播

注：对人、猪致病力：+代表人或猪已感染并有应答反应，产生抗体或病毒症，或有轻微症状；++已发生临床症状；+++临床症状明显或严重。

得到，并因此得名。人感染卡奇谷病毒是通过蚊子叮咬，与感染动物接触不会造成人的感染。大多数人感染卡奇谷病毒的病例，仅表现亚临床症状，也有表现水疱、脓疱、肌肉疼痛、发热、头痛、甚至死亡等临症。血清学和病毒学研究表明，绵羊、山羊、马、猪、鹿、狐、浣熊、黑尾野兔、土拨鼠、龟等可以感染本病毒。

4）塔赫纳热。塔赫纳病毒属于加利福尼亚病毒血清群的一个成员。在自然界多经由蚊虫的叮咬传播，故以蚊-动物-蚊的传播形式在自然界中保存。人可以进入该循环，但一般是异常宿主。在该病流行区，抗体阳性率可达 60%～80%，但临床症状不明显；急性感染者呈急性流感症状，体温升高至 38～41℃，伴有头痛、乏力、结膜炎、咽喉炎、肌肉疼痛、关节疼痛、恶心、胃肠功能紊乱等。13.8%病人有支气管肺炎；30%病人中枢神经系统受损。在地方疫区中，抗体阳性率：兔（36.1%）、马（63.3%）、猪（55%）、牛（10.8%）。目前已从刺猬、野兔、黄鼠、野猪、恒河猴及家雀等检测到病毒抗体，以上动物多呈隐性感染，无明显的临床症状。

5）汉坦病毒肺综合征（Hanta virus pulmonary syndrome，HPS）。本病是由辛诺柏病毒（Sim nombre virus，SNV）等多个型别汉坦病毒（Hanta virus）引起的以急性呼吸系统衰竭为主要症状的急性、烈性传染病。人汉坦病毒肺综合征临床上以双侧肺弥漫性浸润、间质性水肿、呼吸困难、窘迫、衰竭及病死率高为特征，1933 年美国西南部四角地区流行，致死率高达 50%。啮齿动物是其主要传染源，其中以鼠类为主，如鹿鼠、棉鼠、白足鼠、稻鼠等；节肢动物螨类可能是重要传播媒介。很多野生动物和家养的动物，如猫、犬、猪、鹿等动物血清中也可检测到相应病毒的抗体。

6）辛德毕斯病毒病（Sindbis virus disease）。辛德毕斯病毒（Sindbis virus）于 1952 年在埃及尼罗河三角洲辛德毕斯地区的蚊子体中分离。抗原性分为两组。病患人主要表现为发热、倦怠、脑炎、关节痛和皮疹，其中皮疹为突发性斑丘性皮疹，发生在躯干、四肢，不浸泡面部。皮疹的发展有斑疹、丘疹、水疱和脓疱 4 个时期，伴有口腔溃疡和咽部炎症。辛德毕斯病毒的宿主动物范围很广，除蚊外，有鸟类、鸽、鹅、雏鸡等；有绵羊、山羊、猪、犬等，并从这些动物血清中检测到辛德毕斯病毒中和抗体。

7）水疱疹（Vesicularexanthema）。本病 1932 年发现于加利福尼亚 Buena park 镇。1933 年再度爆发于猪。Traum（1933）称为猪水疱疹。水疱疹病毒（Vesicularexanthema virus）的主要自然宿主限于猪，属于嵌杯病毒群，有 13 个血清型。可实验感染马、犬、海豹和灵长类动物（猴、猩猩）。病猪体温升高，吻、唇、舌、口腔黏膜、蹄底、蹄尖和蹄冠出现水疱。猪严重腹泻，母猪流产率上升。哺乳母猪泌乳量下降。虽尚无人类感染水疱疹的报道，但 Smith（1978）发现研究的两种血清型的病毒的抗体转阳。

8）罗斯河病毒病（Ross river virus disease）。罗斯河病毒（Ross river virus）于 1959 年从澳大利亚罗斯河伊蚊中分离，又于 1972 年澳大利亚昆士兰州流行的多发性关节炎病人血液中分离。人感染后，出现发热和出疹，指、足趾、手腕、肘部、踝部关节、膝盖等部位出现关节痛，也偶有引起脑炎并发症。50%～70%的患者会出疹，主要是躯干和四肢，关节炎可持续数月至数年，使患者失去劳动能力。我国海南人的抗体阳性率为 1%，发热病人抗体阳性率为 8.7%。在自然界中，马、牛、羊、猪、犬等动物体内检测到罗斯河病毒抗体。鸟类也是自然宿主。从美属萨摩亚的犬和猪检测到病毒和抗体。猪有病毒血症，但不引起疾病。

9) 鹭山病毒感染 (Sagiyama virus infection)。人感染鹭山病毒 (Sagiyama virus, SAG) 临床上多表现为隐性感染。日本东京对 192 人检测，其中 18 人有鹭山病毒的中和抗体。我国杨火 (1964) 从库蚊中分离到鹭山病毒 (M1)；对人的血清学检查，正常人的抗体阳性率为 3.6%～10.3%，而发热病人抗体阳性率为 26.1%。猪的血清学检测，M1 抗体阳性率为 17.7%～27.5%，表明我国某些地区感染率较高。

10) 切努达病毒感染 (Chenuda virus infection)。首次从埃及的切努达镇分离到病毒，称为切努达病毒 (Chenuda virus, CNUV)。此后在蜱、猪和人标本中也分离到病毒。该病毒可以感染多种动物，包括骆驼、羊、猴，甚至啮齿动物。

11) 印基病毒感染 (Ingwavuma virus infection)。1959 年在南非 Ingwavuma 河地区采集的鸟标本中分离到印基病毒 (Ingwavuma virus, INGV)。1962 年从同一地区采集的库蚊中再次分离到该病毒。病毒可感染人、猪、牛 (包括水牛)、犬、鸭、鸡及多种鸟等。

12) 巴泰病毒感染。1955 年从马来西亚库蚊中分离到病毒，巴泰病毒致人疾病主要多表现为非特异性发热、无菌性脑膜炎。1988 年 10 月苏丹 Kassala 市立医院从发热病人血清中分离到两株巴泰病毒株。1991 年俄罗斯西伯利亚地区人群调查，抗体阳性率达 2%，1997～1998 年肯尼亚和索马里发生爆发流行，有 89 000 多人感染，250 人死亡。巴泰病毒有广泛的动物宿主，有牛、猕猴、驯鹿、鸟类及啮齿类动物等，1987 年在印度 Karnataka 地区家猪中分离到病毒。

13) 玻利维亚出血热 (Boliviahemorrhagicfever)。本病是由马秋博病毒 (Maehupo virus) 引起的人和动物共患疾病。1959 年发现于玻利维亚东北地区，以后都有数量不等的人发病。宿主有小鼠、田鼠、猪、犬、猴、猩猩等。易感动物，除人外，还有猴、猩猩、狍、猪、豚鼠、兔等，先后从这些动物体内发现与分离到病毒。

14) 犬传染性肝炎 (犬腺病毒)。本属最早发现于狐，认为是犬瘟热一个病型，也称中毒性肝萎缩。1903 年才确定其病原。Rubarth (1947) 证明本病不同于犬瘟热，是独立疾病，与狐流行性脑炎的病原是同种，并取名传染性狗肝炎。在自然条件下，犬、狐、猴、猪、豚鼠、雪貂是贮存宿主。易感动物有人、犬、猴、猪、豚鼠、熊、狐等。人呈现发热、黏膜潮红、流鼻涕等。

此外，猪是牛痘病毒的开始宿主，是人和家畜的传染源。易感动物有人、牛、马、猴、骆驼、猪、兔等。

牛海绵状脑病又称疯牛病，易感动物有牛、猫、虎、狮、豹及人类，人工感染试验成功有绵羊、山羊、猪、猕猴等。疯牛病脑匀浆多次注射猪，猪可感染疯牛病，但口服攻击不易感。

(二) 人猪共患细菌性疾病与相互传播关系

本书收集撰写了人猪共患性细菌性感染与疾病 47 个，这仅是我们知道的人猪共患性细菌病的一部分 (绪表 2)，因为来自生物因素和社会因素两个方面，导致一些疾病隐匿，一些疾病出现新的临床表现，也有一些新的疾病出现。其中，病原微生物的进化与变异起着决定性作用，而在人类改造自然、改善生态环境时，社会因素往往作用于自然界而发挥作用。很多生物因素是在社会因素影响下出现的，病原微生物本身的改变，如病原出现跨种突破、致病性的增加和对抗生素抵抗力的增加，与社会因素有密切相关。

人猪共患细菌性感染与疾病，也出现相似规律。根据流行病学和临床表现，有以下几种表现：

1. 某些细菌性疾病在流行病学调查中出现隐匿或消失 在流行病学调查中，一些细菌性疾病在近年来几乎未见报道，呈现隐匿状态，突然的消失原因现在仍是个谜。如迟缓爱德华感染、哈夫尼亚菌感染、沙雷菌感染、产气巴斯德菌感染、溶血性曼杆菌感染、米勒链球菌感染等。它们何时再发生，是局部个别发生还是群发爆发都不得而知。

2. 致人猪新的细菌性疾病和新的病原体不断出现 新发感染又称新出现的传染病，是指新出现的或者过去存在，但其从一般感染或无临床表现到发病率突然增加或地域分布突然扩大或跨种属突破，宿主群扩大，出现新感染宿主与疾病。在人猪共患细菌性感染与疾病猪有几种表象。

（1）猪的病原致人感染，如人感染猪链球菌，人呈现脑炎、急性感染性中毒性出血休克综合征及死亡。

（2）新出现致人猪共患细菌性感染与疾病和病原体不断出现，如环境变化诱发的军团菌病、嗜麦芽窄食单胞菌感染、副溶血弧菌肠炎、亲水气单胞菌病、类鼻疽等；条件性机会性致病的微生物致病，如阴沟肠杆菌感染、绿脓杆菌感染、弓形菌感染、气球菌感染、肠球菌感染等，这些本属机体正常菌群发生对人畜致病与机体免疫抑制有关，而且都已有明显临床表现，有意思的是有些感染出现多个种，如气球菌有 5 个种、弓形菌有 11 个种、肠球菌是1984 年从链球菌属划出建立的肠球菌属有 5 个群 27 个种，新的致病菌种还在陆续发现。又如 20 世纪 80 年代前发现的人的非典型分支杆菌病，其病原 90% 是由胞内分支杆菌引起，造成人肺结核样病不断增多；猪也有抗酸菌病，主要由胞内分支杆菌引起，而且人和猪有交互感染的可能性。类似的共患疾病或病原体的致病，将会随时间转移，种属屏障突破而不断增加。

（3）人与其他动物的病原致猪感染。长期以来传统的对人致病的病原，很少见有对猪致病的流行病学报告。但随时间推移和环境变化，有些病原出现种属突破，扩大了宿主，致猪感染，如鼠疫、土拉弗朗西斯菌病、幽门螺杆菌病等。

3. 共患细菌病中一些病原变异或产生新的临床表现 如古老的大肠杆菌病，在致腹泻上出现 O157、O21 等出血性肠炎新血清群，在人和猪等动物中流行；近年来报道一种大肠杆菌新致病型 aEPEC，即 EPEC 中非典型致泻大肠杆菌，现已在众多国家的猫、犬、马、鹿、狝猴、牛、羊、猪、禽类与人类的健康与腹泻粪便中检出，已成为人的重要病原菌。此外，大肠杆菌胃肠道外感染也素有报道，如人的尿路感染、新生儿脑膜炎、肺炎、腹膜炎、肝脓肿等都可由大肠杆菌所致；猪的大肠杆菌乳房炎也常见报道；猪的关节炎症状常见于丹毒、链球菌病、葡萄球菌病等，巴氏杆菌主要引起呼吸道症状，但作者和日本兽医曾观察到仔猪的关节炎，并分离到巴氏杆菌。又如丹毒及链球菌感染都会致猪繁殖障碍，导致母猪子宫炎、流产、死胎、不孕及无乳等。新型病原体引起的非传染性疾病——幽门螺杆菌所致胃炎、胃溃疡、胃癌成为新的临床表现。

4. 细菌的耐药菌株增加和耐药谱增宽是病原微生物新变化 病原微生物的变异本是随机而无序的，适合环境的种群才能得以保存。新的病原体是在大段基因发生重组后产生，由此带来的效应为病原体可在短时间内产生巨大的跨越或变化，而通过这一变异生成的新病原有些具有很强的攻击性，甚至可以跨越物种屏障而感染人和动物。自 1961 年英国 Jenons 发现耐甲氧西林金黄色葡萄球菌（MRSA），1995 年日本报道万古霉素低浓度耐药菌株，2002

年美国报道万古霉素高浓度耐药菌株，2002 年英国报道"超级细菌"——MRSA 变种，耐药菌株的危害日俱严重。2012 年 WHO 警告说："当前世界上患肺结核病的人口比例高达 1/3，目前已在 70 个国家发现了多种极具抗药性的肺结核菌株，出现对青霉素、链霉素、异烟肼等药物的耐药，人类正输掉同肺结核的斗争"。肠球菌本是人与动物肠道中正常菌群之一，由于抗生素的滥用，近年来肠球菌不但对青霉素、庆大霉素耐药，而且出现耐万古霉素菌株。同样原因，铜绿假单胞菌对青霉素、氨苄西林、头孢菌素、链霉素、巴龙霉素、四环素、红霉素、万古霉素、新霉素、磺胺类等药物耐药；弯曲菌不但出现耐氟诺酮菌株，还出现耐四环素、氨苄西林、红霉素、氯霉素等药物菌株；肺炎克雷伯菌的不同血清型多重抗药性菌株引起的爆发性感染时有发生。研究认为细菌的耐药性有 3 个来源，即 R 质粒传递、抗药基因突变和生理性适应。

耐药菌株的骤增是严重的公共卫生问题，这给食品安全和疾病防治带来极大的困扰。

（三）人猪共患寄生虫性疾病与相互传播关系

人猪共患寄生虫病是指在脊椎动物与人之间自然传播的寄生虫病。据不完全统计，目前已知人的寄生虫种类多达百余种，其中人兽共患的寄生虫病近 70 种；而猪的内寄生虫病有 57 种，本书仅收集撰写了人猪共患寄生虫病的 33 种。除此之外，尚有如双腔吸虫病、叶形棘隙吸虫病、血矛线虫病、长膜壳绦虫病等，虽有介绍，但尚未查找到这些寄生虫在猪体中寄生或引起临床表现的出典，表明人猪共患寄生虫病远非 33 种。

近年来，人兽共患寄生虫病发病率呈增长趋势。随着人类社会在经济、政治、宗教、文化的全球化，人群和动物及畜产品的快速移动打破了区域界，致寄生虫及寄生虫病转移率加大；生态、饲养方式的改革变化，医药医疗的进步等因素的影响，寄生虫病出现"隐匿"、"再现"和"演化"等趋势。人猪共患寄生虫病呈现新的格局。

1. 生活、饲养方式的改变，完善的医疗措施及人为的防控手段，一些人猪自身固有的寄生虫病减少或被控制　农田水利工程、机械化耕作、耕牛减少、猪只圈养及灭螺措施等，有效地切断了病原与宿主链。日本血吸虫病在我国已基本控制。饲料的以精代青模式，取代了青饲喂猪饲养方法，现已很少见姜片吸虫病。集约化饲养和严格的肉品卫生检验，猪囊尾蚴病、旋毛虫病发病率降低，有效的药物控制，使猪的弓形虫病已不再猖獗。很多猪的肠道寄生虫病得以控制，如蛔虫病等。农村粪便无害化处理及生活条件改善，1949 年前后一段时间流行的钩虫病，现在已不见报道。

2. 一些机会性致病的寄生虫感染率明显上升，波及范围广，出现一些新的寄生虫病　当人与动物的免疫系统正常发挥作用时，能够抵御某些种类病原体，而使其对人与动物的致病性减弱或不致病。但是，免疫系统一旦紊乱或减弱，人与动物将失去对这些病原体的抵抗力而致病，也就是说，这些病原体的致病是机会性的，即这类感染性疾病称之为机会性的致病。美国疾病预防控制中心（CDC）统计，常见的引起机会性感染的病原体共有 44 种，其中以原生生物感染多见。如肺孢子虫性肺炎（PCP），又称卡氏肺孢子虫感染，临床表现为体重减轻、发热、腹泻和呼吸困难等，实验室检查为细胞免疫功能明显降低。20 世纪 60～70 年代早期，美国每年仅 100 例 PCP，自艾滋病（AIDS）从 80 年代开始流行起，PCP 明显增加，1990 年起达到每年 2 万例，AIDS 患者 PCP 发生率超过 60%，位居其他机会性寄生虫感染之首（WHO，1995）；猪肺孢子虫感染者主要是幼龄和免疫力低下猪，如营养不

绪表 2　人猪共患细菌病与其相互传播关系

科	属	病原	所致病原	自然宿主	传播途径	易感动物和人	对猪的致病力	对人的致病力	病原、人、猪同传播关系
肠杆菌科	埃希菌属	致病性大肠杆菌	大肠杆菌病	多种动物	消化道、垂直	猪、牛、羊、马、鸡、鸭、鹅、兔、貂、麝、狐、熊猫、人	++++	++	传播
	柠檬酸菌属	多种柠檬酸杆菌	柠檬酸菌感染	犬、猫、牛、马、鸟蛇、乌龟、蟹	消化道、接触医源性	犬、龟、蟹、人、婴儿免疫功能低下、过度使用抗生素	+	+	传播
	爱德华菌属	迟缓爱德华菌	迟缓爱德华菌感染	人、多种动物	消化道、伤口、接触	龟、鳖、鸟、马、兔、人、猪	+	+	传播
	肠杆菌属	阴沟肠杆菌	阴沟肠杆菌感染	人、多种动物	气溶胶、伤口、血液传播	免疫功能低下、过度使用抗生素的动物和人	+	+	传播
	哈夫尼亚菌属	哈夫尼亚菌	哈夫尼亚菌感染	昆虫、鸡、猪、齿动物、鸟、鱼、马、兔、蛇、啮、人	接触	免疫力低下者		+	
	克雷伯菌属	肺炎克雷伯菌	克雷伯菌病	人、动物	内源性、接触	人等	+	++	传播
	变形杆菌属	多种变形杆菌	变形杆菌感染	人、多种动物	消化道、伤口、接触	猪、犬、牛、羊、马、兔、驼、鸡、火猫、鸭、人、狐、麝、貂、海狸鼠等	++++	+++	传播
	沙门氏菌属	多种沙门氏菌	沙门氏菌病	哺乳类动物、鸟类、爬行类、两栖类、昆虫、鱼、人	食物、水源、接触卵（禽）	猪、犬、牛、羊、马、路猫、鸡、人、鸭、鹿	++++	++++	传播
	沙雷菌属	多种沙雷菌	沙雷菌感染	人、多种动物	气溶胶、伤口、医源性传播	牛、马、兔、山羊、鸡、猪、老人、孕妇、免疫力低下或过度使用抗生素者	++	+	传播

（续）

科	属	病原	所致病原病	自然宿主	传播途径	易感动物和人	对猪的致病力	对人的致病力	病原间传播关系（人、猪）
肠杆菌科	耶尔森菌属	小肠结肠耶尔森菌	耶尔森菌病	啮齿动物、禽	接触、消化道、媒介	猪、牛、羊、猫、犬、马、鸡、兔、驼、鸭、鹅、蛇、啮齿类、水生动物、野兽	++++	+++	传播
		假结核耶尔森菌	假结核	鼠类	消化道、直接接触	牛、羊、猪、猴、马、狐、貂、犬、野兔、猫	++	++	传播
		鼠疫耶尔森菌	鼠疫	啮齿类	鼠蚤叮咬、皮肤黏膜损伤、气溶胶、消化道	嗜齿动物、兔类、骆驼、羊、人等	+	++++	传播
巴斯德菌科	巴斯德菌属	多杀巴斯德菌	多杀巴斯德菌感染	人、动物、鸟	接触、消化道、气溶胶	家畜、家禽、野生动物、野猪、人	++++	++	传播
		产气巴斯德菌	产气巴斯德菌感染	马、兔、仓鼠、野猪、猪、犬、牛、猫	皮肤及黏膜损伤	马、兔、猪、犬、猫、仓鼠	+	+	传播
	放线杆菌属	多种放线杆菌	放线杆菌属病	牛、马、猪	皮肤、黏膜、内源性感染	牛、绵羊、猪、豚鼠、家兔	++	+	传播
	嗜血菌属	多种嗜血杆菌	嗜血杆菌病	人、动物	气溶胶、接触	猪、鸡、家兔、鼠、小鼠等	+	++	传播
	曼杆菌属	溶血曼菌	溶血性曼杆菌感染	人、牛、绵羊等动物	消化道、伤口、气溶胶	牛、绵羊、银狐、跳羚、鹿、猪、海豹、羊、禽类	+	++	传播

（续）

科	属	病原	所致病原	自然宿主	传播途径	易感动物和人	对猪的致病力	对人的致病力	病原在人、猪间传播关系
弯曲菌科	弯曲菌属	多种弯曲菌	弯曲菌病	人和多种动物	经口、接触传播	牛、羊、犬、猫、啮齿动物、禽、人等	+	++	传播
	弓形菌属	多种弓形菌	弓形菌感染	多种动物	消化道、接触、垂直	鸡、猪、马、犬、猫	+	+	传播
螺杆菌科	螺杆菌属	幽门螺杆菌	幽门螺杆菌感染	灵长类、猫	消化道、接触、医源性传播	猕猴、猫、人	+	+++	传播
梭菌科	梭菌属	腐败梭菌	气性坏疽与恶性水肿	人、动物	伤口	马、牛、羊、猪、豚鼠等	++	+++	传播
		产气荚膜梭菌	产气荚膜梭菌病	土壤、水、水贝动物	消化道	牛、马、羊、鸡、猪、兔、驯鹿	++++	+++	共患
		诺氏梭菌	诺氏梭菌感染	绵羊、山羊、牛、马、猪、人	伤口	绵羊、山羊、牛、马、猪、人	++++	+++	传播
		破伤风梭菌	破伤风	牛、马、羊	创伤、外伤感染	马、骡、驴、猪、犬、猫、鼠、豚鼠、小鼠	+++	+++	共患
		肉毒梭菌	肉毒中毒	无特异宿主（土壤）	伤口、消化道	所有温血动物	++	+++	共患
		艰难梭菌	艰难梭菌感染	人、动物	粪-口	马、仓鼠、豚鼠、猪	++	++	共患
丹毒丝菌科	丹毒丝菌属	红斑丹毒丝菌	丹毒丝菌感染	多种动物	消化道、皮肤损伤、虫媒	猪、牛、羊、犬、鸡、鸭、鹅、火鸡、野鸟、人等	++++	++	传播
芽孢杆菌科	芽孢杆菌属	炭疽芽胞杆菌	炭疽	各种动物	消化道、空气、尘埃、伤口	羊、牛、马、驴、骆驼、猪、犬、猫、野生肉食动物	+++	++++	传播

（续）

科	属	病原	所致病原	自然宿主	传播途径	易感动物和人	对猪的致病力	对人的致病力	病原、人、猪同传播关系
李斯特菌科	李斯特菌属	单核细胞增生李斯特菌	李斯特菌病	多种动物	消化道、气溶胶、伤口、垂直传播	牛、羊、兔、猪、犬、鸡、马、鹅、鼠类、猫、火	+++	+++	传播
葡萄球菌科	葡萄球菌属	金黄色葡萄球菌	金黄色葡萄球菌感染	人、动物	各种途径	乳牛、兔、猪、羊、鸟、犬、鸡、鸭、鹅、鼠类、小鼠、豚	++++	++++	传播
		猪葡萄球菌	猪葡萄球菌感染	猪、反刍动物、鸟类	皮肤创伤、空气、接触、产道	猪、牛、马、鸡、人	++	+	传播
肠球菌科	肠球菌属	类肠球菌属肠球菌等种	肠球菌感染	哺乳动物、鸟类	皮肤及黏膜损伤	免疫功能低下的哺乳动物、鸟类	+	+	传播
		马链球菌	马链球菌感染	马、母猪	消化道、伤口、空气、飞沫	猪、牛、羊、马、鸡、鸭、鹅、鸽、火、野鸟、人等	+	+	传播
		牛链球菌	牛链球菌感染	牛、马、羊、猪、鸡、鸽	接触	牛、鸽、人	+	+	传播
链球菌科	链球菌属	猪链球菌Ⅱ型	猪链球菌Ⅱ型感染	猪	气溶胶、皮肤及黏膜损伤、消化道、垂直传播	猪、人	++++	+++	传播
		猪链球菌Ⅰ型	猪链球菌Ⅰ型感染	猪	接触	猪	++	+	传播
		米勒链球菌	米勒链球菌感染	猪、人	内源性感染	人	+	+	传播
放线菌科	放线菌属	多种放线菌	放线菌病	人、牛、猪	内源性感染	牛、绵羊、马、猪、人	+	++	传播

（续）

科	属	病原	所致病原	自然宿主	传播途径	易感动物和人	对猪的致病力	对人的致病力	病原在猪、人、猪间传播关系
布鲁菌科	布鲁菌属	多种布鲁氏菌	布鲁氏菌病	多种动物,以牛、羊、猪最敏感	口、接触、气溶胶	牛、羊、鹿、骆驼、犬、兔、猪、人、马、猿等	+++	+++	传播
分枝菌科	分枝菌属	结核分枝杆菌	结核分枝杆菌病	牛、猴、羊、马、猫、犬等	空气飞沫、消化道	牛、猪、山羊、犬、猫、禽、骆驼、猴、獾、狮、大象、佛	++	++++	传播
诺卡菌科	诺卡菌属	星形诺卡菌、巴西诺卡菌	诺卡菌病	无特定宿主（土壤）	气溶胶、伤口	牛、犬、猫	++	+	传播
色杆菌科	色杆菌属	紫色杆菌	紫色杆菌感染	牛、猪、猴、犬、熊、鸭、浣、小鱼	伤口（土壤、水）	牛、猪、家兔、猫	++	++	传播
假单胞菌科	假单胞菌属	铜绿假单胞菌	绿脓杆菌感染	多种动物	伤口（水、土壤、医源）	牛、猪、羊、兔、鼠、鸡、鸭、人	++	+++	传播
军团菌科	军团菌属	嗜肺军团菌	军团菌病	牛、犬、羊、兔、鼠	气溶胶、空气、水	猪、人	++	+++	传播
伯克菌科	伯克霍尔德菌属	类鼻疽伯克霍尔德菌	类鼻疽菌病	牛、猪、狗、羊、鼠、兔、啮齿动物、节肢动物、人	水、土壤、伤、黏膜损伤、呼吸道、消化道、生殖道	牛、羊、马、骡、驼、猪、猫、犬、人	++	+++	传播
弗朗西斯科	弗朗西斯属	土拉弗朗西斯菌	土拉弗朗西斯菌病（野兔热）	鼠、绵羊、猪、鸡、鸭、火鸡、鸟类等	蜱、蚊、吸血昆虫、虻等叮咬	绵羊、猪、马、骆驼、牛、黄牛、水、鸡、鸭、人	++	+++	共患
产碱杆菌科	波氏菌属	支气管败血波氏菌	支气管败血波氏菌病	灵长类动物、猫、犬、鸟、鸡、鼠	接触、飞沫	猪、人、猴	+++	+	传播

（续）

科	属	病原	所致病病	自然宿主	传播途径	易感动物和人	对猪的致病力	对人的致病力	病原与人、猪间传播关系
嗜皮菌科	嗜皮菌属	刚果嗜皮菌	嗜皮菌病	牛、羊、马、驴、猪、犬、猫	接触、伤口、吸血昆虫叮咬	牛、羊、马、猫、兔、鹿、猪、犬、啮齿动物	++	++	传播
梭杆菌科	梭杆菌属	坏死梭杆菌	坏死杆菌病	多种哺乳动物、家禽、人	外伤感染、蚊虫叮咬、血液传播	牛、马、羊、猪、禽、人	++	++	传播
黄单胞菌科	窄食单胞菌属	嗜麦芽窄食单胞菌	嗜麦芽窄食单胞菌感染	水、土壤、植物、动物和腐烂有机物、人	消化道、伤口、土壤、植物根系、医源性感染	人、猪	++	+++	传播
气单胞菌科	气单胞菌属	亲（嗜）水气单胞菌	亲（嗜）水气单胞菌病	两栖动物、鱼类、鸭、鸡、兔、猪、猴、人	消化道、伤口	两栖类、爬行类、鱼、鸡、鸭、猴、猪、人	++	+++	传播
弧菌科	弧菌属	溶血性弧菌	副溶血弧菌肠炎	海产品	消化道	鸡、鸭、猪、人、小白鼠、兔	+	+++	传播
钩端螺旋体科	钩端螺旋体属	钩端螺旋体	钩端螺旋体病	哺乳类、鸟类、爬行类、两栖类、软体动物、节肢动物、猪、鼠	接触、消化道、虫媒、伤口、垂直传播	猪、犬、牛、马、羊等及人	++	+++	传播
立克次体科	立克次体属	普氏立克次体	流行性斑疹伤寒	人、东方鼷鼠、美国丛飞松鼠、牛、猪	体虱、头虱等叮咬	人	+	+++	共患
		莫氏立克次体	地方性斑疹伤寒	人、牛、马、猪、猴、猫、兔、鼠	蚤叮咬	人	+	+++	共患

（续）

科	属	病原	所致病原	自然宿主	传播途径	易感动物和人	对猪的致病力	对人的致病力	病原在人、猪间传播关系
柯克斯体科	贝氏柯克斯体属	贝纳特立克次体	Q热	牛、羊、猪、马、骆驼、犬、兔、旱獭、鸽、鹅、鸡、鼠、蜱	蜱叮咬、尘埃、乳汁、内脏	牛、羊、马、犬、猫、禽类、鼠	＋	＋＋＋	共患
	东方体属	羔虫病东方体	斑疹伤寒（羔虫病）	家禽、鸟、猫、人、兔、鼠等啮齿动物	东方纤螨、红纤恙螨等螨类叮咬	人、鼠、猪、犬、兔、马、羊、野马	＋	＋＋＋	共患
衣原体科	嗜衣原体属	鹦鹉热衣原体	鹦鹉热	人和动物（鸟类和哺乳类）	气溶胶、尘埃、接触、消化道、虫媒	禽、鸟、猪、牛、羊等及人	＋＋＋	＋＋＋	传播
支原体科	支原体属	猪鼻支原体	猪鼻支原体感染	猪	呼吸道	猪、人	＋＋＋	＋	传播
微球菌科	气球菌属	绿色气球菌等	气球菌感染	人、猪	空气、消化道	猪、人	＋＋	＋＋＋	不清楚

良、圆环病毒感染等一些其他疾病猪，易发生肺孢子虫病。又如贾第鞭毛虫病，又称"旅游者腹泻"，主要感染幼龄儿童和免疫力低下者，有相当部分的 AIDS 病人腹泻是与该虫有关。此外，新出现的隐孢子虫感染、微孢子虫感染、人芽囊原虫感染等，都与人猪的免疫力低下有关。这些病原体在人或猪中引起偶发、散发，甚至群发，成为人猪机会性感染的潜在病原，也成为新的公共卫生问题而需要进一步关注。

3. 环境、生活习惯及嗜好的变化，使某些寄生虫病偶发到群发　广州管圆线虫病，人虽是非正常宿主，因人嗜好生食螺类，我国从南到北皆有此病爆发。伪裸头绦虫病也因食用昆虫而常有人、猪发病。由于人与宠物的亲密接触，豢养者增多，弓形虫病在人中流行与发病率明显上升，不仅有先天性和后天性弓形虫病之分，而且临床上有隐匿、流产、全身感染，局部感染多型和症状。又如人与动物的密切接触、动物间的接触，细颈囊尾蚴病在猪已成多发或群发，人也偶发。

4. 种属屏障突破，宿主范围扩大，从流行病学来看，出现了新的感染群体　微孢子虫能感染无脊椎动物和脊椎动物，开始发现于家蚕。近年来已发现至少有 6 个属，约 14 种微孢子虫感染人，现已发现毕氏微孢子虫可感染猪。锥虫病中伊氏锥虫是猪的病原，而非人的致病病原，2004 年印度就经 WHO 诊断到人类伊氏锥虫病病例。广州管圆线虫病除在人中感染外，同时也在猪体内检出，猪成为新宿主。此外，颚口线虫和广州管圆线虫的中间宿主又增加了福寿螺。又如人猪蛔虫能否互感，一直是个争论问题。近年来，一些病例和实验都证明了两种蛔虫都能分别致人猪发病。表明在各种因素的影响，病原也会出现变异。

5. 随着病原体变异，新的疾病增多，症状复杂，给疾病诊断带来新问题　对于寄生虫病，新问题主要是恶性肿瘤鉴别诊断，如弓形虫与白血病；弓形虫病、肺吸虫病、血吸虫病中的脑肿病；人猪带绦虫，肺吸虫病中的肺癌；棘球蚴病中的肝、脑、骨的肿瘤；猪蛔虫症和脊髓肿瘤；人猪带绦虫与视网膜母细胞瘤，寄生虫的速入和各种各样的实体肿瘤。

本书共收集到人猪共患寄生虫性疾病共 33 种，这仅是我们知道的人猪共患寄生虫病的一部分，从猪的 57 种之多的内寄生虫病资料来看，在不少寄生虫病学著作中介绍了 33 种共患寄生虫病之外的人猪共患寄生虫感染，如双腔吸虫病、叶形棘隙吸虫病、血矛线虫病、长膜壳绦虫病等，但尚未查找到这些寄生虫在猪体中寄生或引起临床表现的出典（绪表 3）。

人猪共患寄生虫性疾病还包括如下：

双腔吸虫病：双腔吸虫的终末宿主众多，有记载的哺乳动物达 70 余种，牛、羊、猪、马、犬等动物和人是双腔吸虫的终末宿主和传染源。

异形吸虫病：异形吸虫成虫寄生于犬、猫、猪、狐、鼠和人的小肠。

横川后殖吸虫病：人、犬、猫、猪、小鼠和某些鸟类都是其终末宿主。寄生于十二指肠和空肠中。

拟腹盘吸虫病：病原人拟腹盘吸虫虫体寄生在猪和人的盲肠和结肠，人体感染一般属偶然寄生，并且往往与猪发病的地区有关。猪源和人源的虫体标本无明显差异。

福建棘隙吸虫病（*E. fujianansis*）：人体感染首见于我国福建省南部，主要感染 3～15 岁的人群，平均感染率为 3.2%。犬、猫、猪等是其自然的终末宿主。

叶形棘隙吸虫寄生于犬、猫、猪和人的肠道。

伊族棘日吸虫寄生于人、鼠、犬、猫、猪、狐、鸡、鸭和鹅。

指形长刺线虫寄生于牛、绵羊真胃、猪胃和人小肠。

续表 3　人猪共患寄生虫病与其相互传播关系

科	属	病原	所致病原	宿　主	主要感染途径	对猪的致病力	对人的致病力	病原、人、猪间传播关系
锥体科	锥体属	布氏锥虫纲比亚亚种	非洲锥虫病	舌蝇、牛、羊、马、犬、人	皮肤	+	++++	共患
		布氏锥虫罗德西亚亚种	非洲锥虫病	舌蝇、非洲羚羊、牛、猪、犬、狮等及人马、	皮肤	+	++++	共患
		枯氏锥虫	枯氏锥虫病	骚沈锥蝽等锥蝽、犬、猫、狐、松鼠、野生哺乳动物、人	口腔、消化道	+	+++	共患
		伊氏锥虫	伊氏锥虫病	虻等昆虫、牛、鹿、虎、猪、路驼、猫、象、人羊、兔、	消化道	+++	+	共患
六鞭毛虫科	贾第属	蓝第贾第鞭毛虫	贾第鞭毛虫病	牛、马、犬、猫、鹿、河狸羊、人、兔、猪、狼、	水、粪-口、消化道	+++	+++	传播
内阿米巴科	内阿米巴属	以溶组织阿米巴为主的多种阿米巴	阿米巴病	人、犬、猪、牛、羊、鼠马、多种哺乳动物、	水、昆虫、接触、消化道	+	+++	传播
弓形虫科	弓形虫属	龚地弓形虫	弓形虫病	牛、羊、猫、犬、马、鼠、爬行动物、人猪、	粪-口、消化道、垂直传播	++++	++++	传播
隐孢子虫科	隐孢子虫属	多种隐孢子虫	隐孢子虫病	牛、马、猪、犬、兔、鼠、猫、人	水、粪-口、消化道	++	++	传播
住肉孢子虫科	住肉孢子虫属	多种住肉孢子虫	住肉孢子虫病	牛、羊、猪、犬、兔、鸡、人	食品、粪水、消化道	++	++	传播
分类地位不明确	pneumncysis	多种卡氏肺孢子虫	肺孢子虫病	啮齿动物、牛、羊、猫、兔、狐、鼠、猴、人	呼吸道	++	++	传播
小袋科	小袋虫属	结肠小袋纤毛虫	小袋纤毛虫病	猪、野猪、犬、马、猫、豚鼠、鼠	水、粪-口、消化道、接触	++	++	传播

（续）

科	属	病原	所致病原	宿　　主	主要感染途径	对猪的致病力	对人的致病力	病原、人、猪间传播关系
芽囊原虫科	芽囊原虫属	芽囊原虫	芽囊原虫病	人、猴、猩猩、牛、犬、猫、鼠、禽、马、爬行动物、两栖动物、昆虫、环节动物	消化道	++	++	传播
前后盘科	拟腹盘属	人拟腹盘吸虫	人拟腹盘吸虫病	猪、田鼠、恒河猴、猩猩、人、螺蛳	消化道	+	+	共患
棘口科	棘口属	叶形棘缘吸虫等	棘口吸虫病	鸟类、鱼类、爬行动物、犬、猫、猪、人、淡水螺、螺蛳、蝌蚪等	消化道	+	+	共患
分体科	分体属	日本分体吸虫	日本分体吸虫病	牛、羊、猪、猫等多种哺乳动物、鼠、兔、人、钉螺等淡水螺	皮肤	+++	++++	共患
微孢子门	毕氏微孢子虫	毕氏微孢子虫	微孢子虫病	脊椎动物、鱼类、鸟类、哺乳动物	消化道	+	+++	不清楚
并殖科	并殖属	卫氏并殖吸虫及其他多种并殖吸虫	卫氏并殖吸虫病	猪、人、兔多种哺乳动物、甲壳类动物、螺、川卷螺、小土蜗等	消化道	++	++	共患
后睾科	支睾属	中华支睾吸虫	中华支睾吸虫病	猪、猫、犬、羊和野生动物、人、淡水螺、淡水鱼、虾	消化道	++	+++	共患
片形科	姜片属	布氏姜片吸虫	姜片吸虫病	猪、犬、猴、兔、水牛、人、扁卷螺	水、水生植物、消化道	++	++	共患
	片形属	肝片形吸虫	肝片吸虫病	牛、羊、人、马、猪、猴、路驼、象、熊、椎类动物、兔、截口土蜗、小土蜗等	水、水生植物、消化道	+	++	共患
双腔科	双腔属	矛形双腔吸虫、中华双腔吸虫	双腔吸虫病	牛、羊、绵羊、马、犬、人、陆地螺、蚂蚁	消化道	+	+	共患
	阔盘属	胰阔盘吸虫	胰阔盘吸虫病	猪、黄牛、人、猕猴、牛、草螨	消化道	+	+	共患

（续）

科	属	病原	所致病原	宿主	主要感染途径	对猪的致病力	对人的致病力	病原、人、猪间传播关系
异形科	后殖属	横川后殖吸虫	横川后殖吸虫病	犬、猫、猪、鼠、鸟、人、淡水螺、淡水鱼	消化道	+	+	共患
带科	带属	猪带绦虫及猪囊尾蚴	猪带绦虫病及猪囊尾蚴病	人、猪	消化道、身体感染	++++	++++	共患
		泡状带绦虫及细颈囊尾蚴	泡状带绦虫及细颈囊尾蚴病	猪、牛、羊、啮肉动物、人	消化道	+++	++++	共患
	棘球属	细粒棘球绦虫	棘球蚴病	绵羊、山羊、牛多种哺乳动物及犬科动物人	消化道	++	++++	共患
膜壳科	膜壳属	克氏假裸头绦虫	克氏假裸头绦虫病	猪、野猪、褐家鼠、人；赤拟谷盗、黑粉虫、黄粉虫等	消化道	+	+	共患
	剑带属	矛形剑带绦虫	矛形剑带绦虫病	野鸭等野禽、猪、灵长类动物、剑水蚤等	消化道	+	+	共患
双叶槽科	裂头属	阔节裂头绦虫	阔节裂头绦虫病及孟氏裂头蚴病	犬、猫、猪、剑水蚤、鱼类、人、蛙	消化道	++	++	共患
	迭宫属	孟氏裂头绦虫	孟氏裂头蚴病	犬、猫、虎、豹、狐狸、食肉动物、人、熊	口腔、皮肤	++	++	共患
毛形科	毛形属	旋毛虫	旋毛虫病	猪、犬、貂、狐、人、猫等150多种动物及人	消化道	+++	++++	传播/共患
膨结科	膨结属	肾膨结线虫	肾膨结线虫病	犬、猫、人、蛭、蚯蚓、淡水鱼	消化道	+	+	共患
毛细科	毛细属	肝毛细线虫	肝毛细线虫病	猪、人多种动物	消化道	+	+	共患
毛首科	毛首属	猪鞭虫	猪鞭虫病	猪、野猪、猴、人	消化道	+++	++	共患
蛔科	蛔属	蛔虫	蛔虫病	猪、人	消化道	+++	+++	共患

（续）

科	属	病原	所致病原	宿　主	主要感染途径	对猪的致病力	对人的致病力	病原、人、猪间传播关系
钩口科	钩口属	十二指肠钩虫 大钩虫 猴头钩刺线虫	钩虫病	猪、犬、猫、猴、猩猩、狮、虎多种哺乳动物、人、犬、狐、豺、猫、豹、虎、獾、浣熊、狼、猩、猪、人	皮肤、口腔	+++	+++	传播/共患
管圆科	管圆属	广州管圆线虫	广州管圆线虫病	啮齿动物、犬、猫、食虫动物、人；软体动物、蛞蝓、螺、蛙等	消化道	+++	+++	共患
后圆科	后圆属	长刺后圆线虫	后圆线虫病	猪、野猪、羊、鹿、牛、人、蚯蚓	消化道	+++	+	共患
食道口科	食道口属	多种食道口线虫	食道口线虫病	牛、羊、猪、猴、狼、人	消化道	+	+	传播
颚口科	颚口属	棘颚口线虫等	颚口线虫病	犬、人、猫、虎、狮、豹、貂、浣熊、剑水蚤、淡水鱼、蛇、蛙等	消化道	++	+	共患
筒线科	筒线属	美丽筒线虫	筒线虫病	反刍动物、猪、人、蜚蠊、多种甲虫	消化道	+	+	共患
棘头吻科	巨吻属	巨吻棘头虫	棘头虫病	猪、犬、猫、人、鞘翅目昆虫	消化道	++	+	共患

血矛线虫病：捻转血矛线虫是草食动物寄生虫，猪为宿主，也寄生于人。

毛圆线虫病（不等刺毛圆线虫）：寄生于绵羊、山羊、牦牛、黄牛、骆驼、马、驴、猪、兔、鹿及人。

长膜壳绦虫（*H. Diminute*）寄生于猪和人的小肠。

此外，外寄生虫引起的人猪共患病，如肠道螨虫病，可引起人、猪感染。

陈可毅（1985）报道，肠道螨病（*Intestinal accriasis*）是指仓储螨随饲料进入动物消化道所致的肠道寄生虫病。1982～1983 年对 5 个猪舍 71 头不同年龄猪虫检，检出阳性猪 56 头，各猪群的感染率为 50％～100％。日本和波兰曾报道过人的肠道螨病，并证实仓储螨在肠道内可引起肠黏膜卡他性炎症。

由此可知，外寄生虫对人、猪危害也很严重，并且是传染媒介。如吸虫昆虫传播给人和猪的伊氏锥虫病。

第一章　病毒性疾病与感染

一、伪狂犬病

（Pseudorabies）

伪狂犬病（Pseudorabies，PR）是由伪狂犬病病毒引起的多种家畜和野生动物的一种急性传染病，又称 Aujeszky 氏病。狂瘙痒症（maditch）、传染性球麻痹（Infection bulber patalysis）。猪是该病毒的自然宿主和贮存者，仔猪感染该病，死亡率高达 100％，成年猪多为隐性感染，成年母猪多表现为繁殖障碍和呼吸道症状。病毒通过接触感染，通过鼻咽部复制，此时引起喷嚏、咳嗽、嗅觉失灵。而后病毒沿着神经干到达大脑，而引起非化脓性脑炎，其所发生的一系列临床综合征被称为伪狂犬病。其他易感动物一旦感染，通常有发热、奇痒及脑脊髓炎等病症，均为致死性感染，但呈散发。本病有时也感染人，有人呈轻微临床表现，但不引起死亡。

历史简介

Hanson（1954）提出 1813 年美国已发生了牛的极度瘙痒和死亡等症状称"疯痒症"。由于病牛表现的症状与狂犬病相似，故 1849 年瑞士首先采用"伪狂犬病"一词。Aujeszky（1902），通过兔子、豚鼠系列传代和从一头牛、一只狗、一只猫分离出病毒，详细描述了该病症状，并与狂犬病区分开来。同时提出该病是由一种病毒引起，Schniedhoffer（1910）证明本病由病毒引起，故称为 Aujeszky 氏病。Shope（1931）提出类似"奇痒"病与 Aujeszky 氏病在血清学上的一致性。Sabin 和 Wright（1934）将 PR 确定为疱疹病毒，与单纯疱疹病毒和 B 疱疹病毒具有免疫相关性。Sophe，Hirt（1935）报道了猪的临床症状和发现了猪在传染病中的作用。Traud（1933）用兔脑和睾丸做组织细胞，体外培养出伪狂犬病病毒。在 20 世纪 60 年代前，PR 在东欧各国引起非常重视，但在美国被认为无经济意义而忽视，进入 60 年代后，PR 逐渐成为威胁世界养猪业的重要疾病。

病原

伪狂犬病病毒（Pseudorabies Virus，PRV），学名猪疱疹病毒 1 型（Suid herpesvirus 1）属于疱疹病毒科（Herpesviridae），疱疹病毒甲亚科（Alphaherpesvirinae）。完整病毒粒子为圆形，直径 150～180mm，核衣壳直径为 105～110mm，有囊膜和纤突。基因组为线性双股 DNA，由 145kb 组成。DNA 碱基中鸟嘌呤和胞嘌呤占 73％。G＋C 含量为 73mol％。核衣壳至少由 8 种蛋白质组成，大小为 22.5～142kb，其中相对分子质量为 142×10^3、34×10^3、32×10^3 的蛋白质，其中 8 种蛋白质含有糖基，称为糖蛋白。

最初，这些糖蛋白是用罗马数字或相对分子质量命名的。近年来，这种蛋白相对分子质量命名法逐渐被通用于人疱疹病毒（如疱疹病毒 1 型、2 型）的英文字母命名法所替代。新老两种不同的糖蛋白命名法见表1-1。

表1-1　新老两种不同的PR糖蛋白命名比较

老命名法	新命名法
gI	gE
gⅡa，b，c	gB
gⅢ	gC
gp50	gD
gp63	gI
gx	gG

命名方法改变后有利于不同疱疹病毒的同源蛋白的生物特性进行比较。例如，PR病毒的gE（原来为gI）相对应于单纯疱疹病毒Ⅰ型的gE，其他一些重要的蛋白质包括非结构蛋白gG（原来为gX）和胸苷激酶（TK）。以上基因所编码的蛋白质在病毒复制中不是必需的。例如，PR基因工程疫苗株都是缺少以下一种或同时缺失几种基因：gB、gC、gG和TK。

这些PR病毒蛋白在毒力和免疫诱导方面所起的作用已初步鉴定。PR病毒的毒力是由几种基因协调控制的，主要有gB、gD、gI和TK基因。糖蛋白gB、gC和gD在病毒免疫诱导方面起着最重要的作用。这一结论是通过单克隆抗体的实验得出的，代表多个抗原决定簇的gB单克隆抗体能在体外中和PR病毒，并且在抗体依赖性细胞介导细胞毒性反应（ADCC）中具有活性。特异性的gB单克隆抗体能够对PR实验感染小鼠产生免疫保护。gC单克隆抗体同样能够在体外中和PR病毒并对小鼠和小狗产生免疫保护。gD特异的单克隆抗体、gD和gI重组单抗能对小鼠和猪产生免疫保护。

伪狂犬病病毒对外界环境抵抗力很强，当外有蛋白质保护时抵抗力更强。于37℃半衰期为7h，8℃可存活46天，24℃为30天；而在25℃干草、树枝、食物上可存活10～30天，如短期保存病毒时，4℃较-15℃和-20℃冻结保存更好，55～60℃经30～50min、80℃3min、100℃1min可使其灭活。在0.5％石灰乳或0.5％苏打中1min，0.5％盐酸中3min破坏，0.5％石炭酸中可抵抗10天，在pH7.6时胃蛋白酶、胰蛋白酶中90min能破坏。pH11.5时可认为病毒已被灭活。1.5％氢氧化钠、碘酊、季铵盐及酚类复合物能迅速有效地杀死病毒；该病毒对各种射线如γ射线、X射线及紫外线也很敏感，1min可将其全部灭活。

PRV只有一个血清型，但不同毒株在毒力和生物学特征等方面存在差异。病毒具有泛嗜性，能在多种组织培养细胞内增殖，其中以兔肾和猪肾细胞（包括原代细胞和传代细胞系）最为敏感；除这两种肾细胞外，病毒还能在牛、羊、犬和猴等的肾细胞，以及豚鼠、家兔和牛的睾丸细胞、Hela细胞、鸡胚和小鼠成纤维细胞等多种细胞内增殖，病毒在细胞内生长时产生核内包涵体。另外，病毒也能在鸡胚上生长。（Morrill Graham，1941）实验动物也可用于病毒的分离。在兔、1日龄小鼠和组织培养之间对伪狂犬病病毒的敏感性无显著差异，但成年鼠与新生鼠相比有较强的抵抗力。

流行病学

伪狂犬病在全世界广泛分布。本病自然发生于牛、马、绵羊、猪、犬、猫、鼠、野猪、狐、浣熊、北极熊、骆驼等35种野生动物，肉食动物也易感。水貂、雪貂也有爆发。家兔最敏感，大鼠、小鼠、豚鼠也能感染。E. Mocsai 等（1989）实验证实，伪狂犬病毒由鼻内从羔羊传染给易感猪的水平传播。人感染伪狂犬病病毒的报道从 20 世纪 80 年代以来陆续有临床报道，但未见由病人体内分离到病毒。

20 世纪中期，我国猪有被感染病例，首先是病例少，而且症状比较温和，1967 年作者仅观察并证实一生产队猪场小猪发生伪狂犬病。但 1987～1989 年四川有猪血清阳性率为 20.22%；1996 年对黑龙江、吉林、辽宁和内蒙古 34 个猪场调查，阳性率达 58.82%；1995～1998 年广东省猪场阳性率达 45.1%；2006～2008 年对全国送检的 14 个省（自治区、直辖市）的 89 个规模化猪场的 5 312 份样品检测，伪狂犬病病毒野毒抗体阳性猪场有 65 个，占检测猪场的 73.03%。对不同生长阶段猪群检测结果表明，伪狂犬病野毒抗体阳性率随猪龄的增长而升高，而且不同生长阶段猪群野毒抗体阳性率差异极显著。

除成年猪外，对其他动物均是高度致死性疾病，病畜极少康复。病猪、带病猪及带毒鼠类为本病重要传染（源），病毒可长期保存于鼠类体内，造成鼠类多的猪圈发病多。病毒长期潜伏在神经节、淋巴结、骨髓等部位。据报道，猪在康复后，咽背淋巴结及唾液腺带毒 2 个月以上；嗅球、视神经、三叉神经带毒 2～6 个月；扁桃体带毒 13 个月以上。由于本病病原可存在胴体中，因此可通过肉食品传播。感染了本病而耐过猪，虽已康复，但成为隐性带毒者，当受到气候变化、运输、分娩、泌乳等因素影响时，潜伏状态的病毒可转化为具有感染性的病毒，可再排出病原体，成为新的传染源。健康猪与病猪、带毒猪直接接触可感染本病，猪配种时可传染本病。母猪感染本病后 6～7 天乳中有病毒，持续 3～5 天，乳猪可因吃奶而感染本病。其他动物感染与接触猪、鼠有关。猪、犬、猫等因吃病猪内脏、病鼠经消化道感染。本病亦可经皮肤伤口、呼吸系统和生殖系统传播。有试验，通过脑内、鼻内、气管、胃、口腔和肌肉途径接种病毒，都可导致发病，其中以胃内接种，猪的敏感性最低。自然感染主要经呼吸道发生，研究表明病毒可经神经传递，血液也可起到转移病毒作用。病毒经口、鼻在上呼吸道复制，往嗅上皮、扁桃体，通过第一、五、九对脑神经传递，再经神经轴浆扩展到大脑的各中枢；由鼻黏膜侵入肺；血液中的病毒是间歇出现，病毒经血液传递到全身。其他致病途径也有报道。妊娠母猪感染本病时，常可侵及子宫内的胎儿。但又据报道，有一只猪于 1 月龄时感染本病，恢复后第 19 个月产仔时，外表正常，但于产后 3～8 天，其鼻分泌物中有病毒，并在细胞培养物上产生典型伪狂犬病的 CPE，而且可为特异抗血清中和。但从其阴道、直肠及乳汁取样均不能证明有病毒，其产下的易感仔猪未受感染。以往认为患病牛本身不传染给其他牛，但现在认为牛也可传染给牛和猪。伪狂犬病的扩大流行与病毒强毒株的出现及此病的广泛散播有关。病毒定位于中枢神经系统，呈隐性或无症状感染，在应激时被激活，免疫接种的动物成为野毒的携带者并传递给其他动物。

发病机制

伪狂犬病的临床表现主要取决于毒株和感染量，最主要的是感染猪的年龄。与其他动物的疱疹病毒一样，幼龄猪感染 PRV 后病情最重，病毒嗜侵呼吸和神经系统。因此，大多数临床症状与这两个器官系统的功能障碍有关，神经症状多见于哺乳仔猪和断奶仔猪，呼吸症状见于育成猪和成年猪。根据毒株、猪龄、接种动物的数量和感染途径不同，发病机制有所不同。随着年龄的增长，动物对临床症状恶化的抵抗力随之增强。成年动物对弱毒株无临床表现，病毒的复制只局限于感染处。人工复制临床病例时，需要最少量病毒，但在田间，极少量的病毒就能引起猪发生血清转阳，甚至成为隐性带毒者而不引起畜群出现任何临床症状。鼻内人工接种感染时，不足 2 周龄的猪感染是为 $10 TCID_{50}$；6 周龄的猪感染量为 $1\,000 TCID_{50}$；4 月龄或更大的猪感染量为 $10\,000 TCID_{50}$。实验室里，可以通过肌肉、静脉、脑内、胃内、鼻内、气管内、结膜内、子宫内、睾丸内等途径接种，以及口服。鼻内接种的临床症状和病变与自然感染相似，经口—鼻内接种途径在田间应用最普遍。

自然发病时，病毒复制的主要部位是鼻咽上皮和扁桃体。病毒随这些位置的淋巴液扩散至附近的淋巴结，在淋巴结内复制。病毒也可以通过原发感染位置的神经扩散至中枢神经系统（Central Nervous System，CNS）。例如，病毒由三叉神经的轴浆扩散至髓质和脑桥，沿着嗅神经和吞咽神经扩散至髓质；病毒在髓质和脑桥的神经元复制后，可能扩散至脑内其余各处。老龄动物感染弱毒株和中等毒株后，病毒只在这些部位扩散。

强毒株的扩散途径如上述途径，除此以外，病毒广泛分布于全身，老龄猪出现临床症状，并可能有肉眼病变。几乎所有的病毒株都侵嗜上呼吸道和中枢神经系统。强毒株引发短期病毒血症，血清中含有病毒，并与灰白色层的细胞有关。肺泡巨噬细胞终末细支气管的上皮细胞，以及肝、脾和淋巴结中的淋巴细胞，肾上腺皮质细胞，妊娠子宫的滋养层和胚胎，卵巢黄体均能分离到强毒株。从精液中也分离到了病毒，但这种病毒可能来自于包皮病变，因为从睾丸到副性腺中都没有分离到病毒。精液质量降低可能是病畜发热和系统疾病所致，透明带完整时，胚胎对病毒感染有抵抗力。

动物出现临床症状之前或同时开始排毒、临床症状不明显的动物，经过 2～5 天的潜伏期后开始排毒。可从鼻分泌物中分离到 PRV，1～2 周分泌量约为每拭子 $100 TCID_{50}$，扁桃体刮取物、阴道分泌物、包皮、乳汁和少数尿液中同时也能分离到病毒。但分离量较少，疫苗主动免疫或先前患过此病使排毒时间缩短。与其他疱疹病毒一样，PRV 感染造成的宿主猪潜伏感染率很高。病毒久存于神经节和扁桃体中，如三叉神经节。潜伏感染猪处于应激时，如分娩、拥挤、运输等可见有病毒复发症状。实验证明，人工注射皮质类固醇后，会造成动物复发，病毒从鼻腔排出。因而，正处于 PR 根除过程中的患病动物需要使用类固醇时应考虑到这一点。不能完全依赖接种活苗或死苗来防止免疫后的感染猪发生潜伏感染。有些活苗可以诱导 CNS 感染的潜能。

不同猪群感染 PRV 后的反应可能明显不同。本病可能迅速传播，感染同一猪场内各年龄段的猪群，猪群表现明显或表现不明显，只有进行血清学检测时才可发现。无新生仔猪，即处于分娩间隔期的猪群感染了 PRV 时，经常表现不明显。有新生猪的猪群第一次感染 PRV，症状很少不明显，这是因为新生仔猪高度易感。种猪和圈舍隔离的育成猪感染不明显，只表现为轻微的呼吸道症状，这种症状易被忽视或误诊为其他疾病，如猪流感等。

分娩至育成猪群最先出现的临床症状，根据首感猪群年龄的不同而不同。最初症状一般为少数后备小母猪或母猪流产，或育成猪咳嗽、倦怠、厌食或哺乳仔猪被毛粗乱，24h 内出现共济失调和抽搐。出现上述症状中的任何一种，务必马上诊断，因为爆发前早期免疫可以大大减少损失。

临床表现

人

自发现本伪狂犬病病毒以来，未证实人可发生本病。但 Tuncman（1938）报道 3 人感染。1987 年丹麦、法国发生 3 例 PR 血清阳性和发病。土耳其及我国台湾曾报道人有血清反应阳性。Anusz 等（1992）报道波兰 7 名直接接触 PRV 工人中 6 人手足瘙痒，后扩展至肩、背部。其后欧洲也报道了几例，因皮肤伤口接触病组织而感染，局部有痒觉，并宣称从部分病例中分离到病毒，未报告有死亡。Chen 等（2006）观察某实验室 3 人在超净工作台下风处理发病死亡伪狂犬病强毒接种豚鼠时，通过呼吸道感染 PRV，第二天出现厌食和呕吐现象，而后出现乏力、肌肉无力。去医院注射盐水和抗生素，回来行走无力。接触人员体温升高至 38.8℃，第 3 天体温下降，第 4 天恢复正常。口唇发水疱，一人手背皮肤红肿，一人脸颊红肿（点状），第 2 天开始好转，一周后恢复正常。以前也有一位男性在接种强毒后，鼻唇间出现红点。虽然人对接触途径的各种感染屏障明显很高，但对伪狂犬病病毒仍然必须重视防范。

猪伪狂犬病感染人的记载：

（1）《兽医微生物学标准方法手册》（1978）P182；《英国兽医记录》50 卷（1938），P445～462；自然感染人，但没有取得可以完全确信的证据。

（2）《脊椎动物的病毒》C. Aridnew 著（1978）P325。

有 3 例实验工作者发生感染，其中最被证实的病例表现局部发痒，嘴中出现口疮，从血中分离出病毒。

（3）Hargen&Bruner《家畜传染病学》1981，P572。

猪伪狂犬病对人的危险性很轻微，但在欧洲曾诊断出人的病例，并称从病例中分离出病毒。常常是由于皮肤的伤口被发病动物的组织污染所致。但没有报告发生死亡。病例中报告发生严重的瘙痒。

猪

猪是 PRV 的唯一自然宿主。因此，PRV 能引起猪的亚临床感染和潜在感染。

PR 不仅传播快，而且对各年龄段的猪都产生影响。PR 的症状因病毒的毒株、感染量及仔猪所处的年龄段的不同而存在差异。与其他疱疹病毒一样，仔猪的年龄越小，症状越严重。家畜的呼吸器官和神经组织最易受病毒侵害而出现功能紊乱。总的来说，哺乳仔猪最易出现神经症状，而成年猪则以呼吸道症状为常见。该病有时也呈隐性感染，只有在血清学检测时才被发现。没有小猪的种猪群，PR 感染常以隐性为主；有小猪且为首次感染的猪群不会发生隐性，因为小猪对 PR 病毒极为易感。发生隐性感染的种猪或育成猪会出现一些轻微的呼吸道症状，而被忽视或误诊。猪群在感染 PR 后出现的症状很大程度上取决于其所处的年龄段。4 周龄以内的仔猪感染伪狂犬病毒，主要表现为发热、痉挛、共济失调和昏睡等神经症状，为典型脑脊髓炎症状，死亡率高。据 Akkermans 在荷兰的调查（表 1-2）：2 周龄内为 100%；3～4 周龄为 50%；4～12 周龄为 10%～15%；12 周龄以上基本上不死亡。母猪的典型症状主要为流产；育成猪则出现咳嗽、精神沉郁、厌食；哺乳期仔猪会发生皮毛粗糙、精神沉郁、厌食，一般在 24h 内出现共济失调、抽搐等症状。

Hirt（1935）报道了猪临床症状；Kojnek（1957）从猪分离出病毒；Howath（1968）报道了加利福尼亚猪的爆发流行，猪的临床表现随着年龄不同而且与牛不同，没有奇痒症状。但目前有报道猪奇痒症状，以及少见的成年猪一般为隐性感染，若有症状也很轻微，易于恢复。育肥猪和肥猪患病，病毒在最初增殖部位常引起病变，为扁桃体坏死、肺炎等，病毒也常经神经纤维或随血液循环到达中枢神经，从而可能出现神经症状。但大部分主要表现为发热、精神沉郁，有些猪有呕吐、咳嗽，一般于 4~8 天完全恢复。但可引起猪生长停滞，增重缓慢等。

表 1-2　猪伪狂犬病的死亡率

日龄	感染猪数	死亡猪数	死亡率（%）
0~10	750	610	81
11~20	391	245	63
21~35	337	84	25
35 以上	53	9	17

母猪：成年繁殖母猪一般除一过性的发热或有轻微的精神、食欲不振外，多无明显症状。部分繁殖母猪发生死产、流产。主要表现在怀孕母猪，因胎盘感染引起胎盘病变和死胎，绝大部分症状出现在怀孕 3 个月之后，出现流产、木乃伊胎儿和死胎，主要是死胎，少见产弱仔。同时胎儿的各内脏器官可见到坏死点病灶。据报道，产前 2~3 周感染，损失最重。另外，种猪不育症的表现，在种猪因发生伪狂犬病引起的死胎或断奶仔猪患伪狂犬病后，紧接着出现母猪配不上种，返情率可高达 90%，有反复配种数次都屡配不上的。

C. A. Bolin 等（1987）人工接种 PRV 的母猪厌食、精神沉郁，至配种后 10~12 天伪狂犬病症状消失。而子宫内膜有黄色结节，子宫及主动脉有淋巴结肿、出血。他们认为配种期间母猪感染是引起早期胚胎死亡及繁殖失败的潜在原因。首先是引起子宫内膜炎，对胚胎早期着床有害，而后黄体发生坏死，引起黄体分泌功能障碍，使怀孕中止，早期着床的胚胎由于 PRV 感染而致胚胎死亡。在母猪配种（第 2 次）后 6h 内用伪狂犬病 Funk Hourses 毒株人工接种试验组母猪病患病毒分离（V1）荧光抗体（FA）染色及镜检结果（表 1-3）。

表 1-3　母猪配种后人工接种伪狂犬病毒试验组母猪检验结果

猪号	阴道		子宫		输卵管		卵巢		淋巴结		病理变化
	V1	FA	V1	FA	V1	FA	V1	FA	V1	FA	
配种后第 3 天											
1	+	−	+	−	+	−	+	−	−	−	中度阴道炎和子宫内膜炎
2	+	−	+	+	+	+	−	−	+	+	阴道炎、严重子宫内膜炎和急性卵巢炎
3	+	−	+	+	+	−	+	−	+	+	阴道炎、子宫内膜炎、急性卵巢炎
配种后第 6 天											
4	+	+	+	+	+	+	+	−	+	+	阴道炎、子宫内膜炎、黄体中淋巴细胞浸润
5	−	+	+	+	+	+	+	+	+	+	阴道炎和溃疡、子宫内膜炎、黄体中淋巴细胞浸润
6	−	+	+	+	+	+	−	+	+	+	阴道炎、子宫内膜炎、黄体中淋巴细胞浸润
配种后第 10 天											
7	−	−	+	+	−	+	−	+	+	+	阴道炎、子宫内膜炎、黄体中淋巴细胞浸润
8	−	−	+	+	+	+	+	+	+	+	阴道炎、溃疡性子宫内膜炎、黄体中淋巴细胞浸润
9	−	−	−	+	+	+	+	+	+	+	阴道炎、溃疡性子宫内膜炎、黄体中淋巴细胞浸润

（续）

猪号	阴道		子宫		输卵管		卵巢		淋巴结		病理变化
	V1	FA	V1	FA	V1	FA	V1	FA	V1	FA	
配种后第 14 天											
10	+	+	−	−	−	−	−	−	−	−	阴道炎、子宫内膜炎、黄体中淋巴细胞浸润
11	−	−	−	−	−	−	+	+	−	−	阴道炎、子宫内膜炎、黄体广泛性坏死
12	−	−	−	−	−	−	+	−	−	−	阴道炎、子宫内膜炎和黄体中出现淋巴结节
配种后第 28 天											
13	−	−	−	−	−	−	−	−	−	−	中度阴道炎、局灶性子宫内膜炎
14	−	−	−	−	−	−	−	−	−	−	中度阴道炎、局灶性子宫内膜炎
15	−	−	−	−	−	−	−	−	−	−	阴道炎、子宫内膜出血、退化的黄体有淋巴细胞浸润

哺乳仔猪：伪狂犬病感染引起的新生猪大量死亡，主要表现在刚生出第一天的仔猪未有临床表现，从第二天开始发病，3～5 天内是死亡高峰，有的整窝死亡，仔猪表现出明显的神经症状，开始为震颤，唾液分泌增多，运动障碍，共济失调和眼球震颤，发展为角弓反张，突然癫痫发作。有的病猪因后肢麻痹呈坐式，有的转圈或侧卧或做划水运动。昏睡、鸣叫、呕吐、拉稀，一旦发病，1～2 天死亡。但这些症状并非一成不变，母猪对 PRV 的免疫状态不同，哺乳仔猪的临床表现也不同，如整窝仔猪有临床症状，或同窝某些仔猪有临床症状，而邻窝或同窝内其他仔猪正常。如果易感母猪或后备母猪临近分娩期时感染，所产仔猪虚弱，很快出现临床症状，出生后 1～2 天死亡。病检可见肾脏布满针尖出血点，有时见有肺水肿，脑膜表面充血、出血。断奶仔猪 4 周龄以上仔猪常会突然发病，体温上升至 41℃以上，精神疲乏，发抖，运动不协调，有些病猪只能向后移动，有些做圆圈运动，有些侧卧做划水运动，痉挛、流涎、呕吐、腹泻，有的眼球震颤，狂奔性发作，间歇性抽搐、昏迷，最后体温下降，36h 内死亡。3～4 周龄猪损失可达 40%～60%。断奶仔猪发病率在 20%～40%，死亡率在 10%～20%，主要表现为感染病毒后 36h 体温上升至 40℃，其后出现咳嗽，便秘，粪便干硬，3～4 天时体温上升至 41～42℃，猪厌食，发生呕吐，尾、腹震颤，反复呕吐或带胆汁的干呕；第 5 天震颤明显，运动不协调，下肢最为明显。上下肢肌肉强直性痉挛或惊厥，弓背，流涎，有失明的病例。出现 CNS 症状的猪一般死亡；出现 PRV 性呼吸道感染的猪，继发如传染性胸膜肺炎等疾病，一般也死亡。但 5～9 周龄的猪感染后，若能精心护理，及时治疗，继发感染死亡率通常不超过 10%，现实中死亡率更低。存活的重病猪，尤其是出现 CNS 的猪，常常生长缓慢，有时有永久性症状，如头颈倾斜。这种猪体重增至可以出售的时间比其他猪长 1～2 个月。

公猪：公猪感染伪狂犬病病毒后，表现出睾丸肿胀、萎缩等，有试验将病毒经鼻腔接种，可引起生殖器官退行性变化，精液品质下降，但病毒不在生殖系统组织内增殖，在自然感染 PRV 时，可见到公猪阴囊肿大。病毒对生殖器官的侵袭致使公猪丧失种用能力。

小群猪发病突然，可侵害大部分易感猪，急性病例期限很少超过一个月，其后此猪群很少再有临诊病例出现；而大群猪则可能改变成为地方流行，因不断增加易感猪，所以定期出现临诊病例就成为不可避免的了。猪是伪狂犬病病毒主要贮主，水平和垂直传染均有发生。隐性感染猪是疾病循环发生的潜在源。

育肥猪：临床上，多数猪场基于母猪流产、仔猪神经症状而确诊伪狂犬病，而血清学资料显示往往是肥育猪 gE 转阳在先。仔猪免疫的不完整或程序的问题，或免疫量的不足，使肥育期猪群不足以抵御高感染压力或强毒攻击而感染。临床上出现咳嗽，同时血清 gE 抗体转阳。呼吸道症状（主要湿性咳嗽），通常维持 1～2 周。咳嗽过程是不断地排毒并感染其他猪的过程，导致猪场野毒阳性率居高不下，是导致感染压力的主要原因，这是当前伪狂犬病的主要危害。感染肥育猪一般体重下降 5～10kg，猪感染可能与猪的抗体不高有关。

育肥-育成猪 PR 的特征症状为呼吸症状，发病率一般很高，达 100%，在无并症时，死亡率低，一般为 1%～2%。患猪中有 CNS 症状，但只是散发，症状从轻微的肌肉震颤至剧烈的抽搐不一。一般感染 3～6 天后出现临床症状，特征为动物热性反应，精神沉郁，厌食，呼吸症状发展至鼻炎后，打喷嚏，鼻有分泌物，进而发展至肺炎，呈剧烈咳嗽，呼吸困难，尤其是猪被迫移动时更为明显。这些猪体形消瘦，严重掉膘。症状一般持续 6～10 天，猪退热恢复食欲后可迅速康复。如果 PRV 感染后，继发有细菌感染，因 PRV 有抑制肺巨噬细胞的功能，从而减弱了这种防御细胞处理和破坏细菌能力，而加重病情。

成年猪：母猪感染后的症状本质上主要是呼吸症状，形成与育肥或育成猪很相似。妊娠小母猪流产，在分娩至育成过程中，可能出现首次临床症状，怀孕母猪在妊娠前 3 个月内感染 PRV，胚胎会被吸收，母猪重新进入发情期。妊娠中 3 个月或妊娠末 3 个月因 PR 而引起的繁殖障碍一般表现为流产和死胎，临近足月时，母猪感染则产弱仔。母猪或后备母猪接近分娩期感染时，则所产仔猪出生时就患有 PR，1～2 天死亡。PRV 可通过胎盘屏障，感染和杀死子宫内的胎儿，导致流产。猪场繁殖障碍很少发生，一般妊娠母猪发病率为 20% 以下，感染 PRV 的后备母猪，母猪和公猪死亡率很少超过 2%。

实验室和田间试验都已证明 PRV 野毒间、野毒和活苗毒株间有重组现象。欧洲只有少数田间证明流行的野毒含有疫苗株的重组成分。因此，小规模群体内清除感染时，使用基因工程致弱活毒苗及相容的血清学试验来区分疫苗抗体和野毒感染诱导产生的抗体是必要的。由于 TK 基因缺失活毒苗能提供给猪相对长的保护期，因而它能在数月内有效减少疾病传播，降低发病率，缩短潜伏期活化后的排毒期。猪在接种基因苗后几周至几月内对野毒感染的抵抗力增强，尤其是鼻内免疫后，猪感染野毒后会出现短期排毒和隐性感染。

病变一般较轻微，可见浆膜性纤维坏死性鼻炎，可蔓延至喉、气管。常见扁桃体坏死，伴有口腔和上呼吸道淋巴结肿胀、出血；下呼吸道病变至肺水肿，至肺散在性小叶性坏死、出血和肺炎病变。扁桃体的坏死始于真皮下区，然后扩展至真皮，深至淋巴组织。核内包涵体常见于坏死灶邻近的真皮细胞的隐窝内。上呼吸道的病变有黏膜上皮坏死，黏膜下层单核细胞浸润。肺部病变有坏死性支气管炎、细支气管炎、肺泡炎、支气管周围黏膜上皮坏死。

肝脏和脾及浆膜面下一般散在有黄白色疱疹样坏死灶，大小 2～3mm。这类病变最常见于缺乏被动免疫的幼龄猪，所有被涉及的组织均呈灶性坏死，病变最常见于肝脏和脾脏、淋巴结和肾上腺。坏死灶分布不规则，周围聚集少数炎性细胞，也可能没有炎性细胞。坏死灶边缘实质的细胞内常含有核内包涵体。

新流产的母猪有轻微的子宫内膜炎，子宫壁增厚、水肿。检查胎盘，可见坏死性胎盘炎。子宫感染性病变为多灶性至弥漫性的淋巴组织细胞子宫内膜炎、阴道炎、坏死性胎盘炎，伴有绒膜窝凝固性坏死。核内包涵体见于发生坏死病变的变性的滋养层，黄体的病变取决于感染的阶段，可能坏死，内含中性粒细胞、淋巴细胞、血细胞和巨噬细胞。流产胎儿新鲜，浸渍，偶见有干尸体胎。感染窝内可能会出现一部分仔猪正常，另一部分虚弱或出生时死亡。感染胎儿或新生猪的肝脏和脾脏有坏死灶，肺和扁桃体有出血性坏死灶。据报道，青年猪空肠后肠和回肠发生坏死性肠炎。小肠发生黏膜上皮灶性坏死病变，可能涉及肌层和肌层被膜。核内包涵体见于受损的内皮细胞。

公猪生殖道眼观病变为阴囊炎。病变为输精管退化，睾丸白膜有坏死灶。患有睾丸鞘膜炎的公猪生殖器官的被膜坏死和炎症病变。精子异常的类型有尾异常，远端胞浆残留，顶体囊状突起，双头、裂头。这些病变可能是因发热所致，而不是因为病毒感染生精上皮所致。

镜检观察常见于 CNS，延续时间可在感染后 12～24 周。无临床症状的猪也可能有镜检病变，但流产胎儿一般没有。病变特征为非化脓性脑膜炎和神经节炎。白质和灰质都有病变，病变的分布取决于病毒进入 CNS 的途径。感染区特征是出现以单核细胞为主的血管套和神经胶质结节。被感染的血管内皮表现正常。神经元灶性坏死，周围聚集有单核细胞，或病变神经元散在分布。脊髓，尤其是颈部和脑部脊髓有类似病变。

解释血清学试验的结果很困难，尤其是育肥猪。母猪抗体可持续至 4 月龄，从 PR 免疫母猪初乳获得的母源抗体半衰期约为 18 天，抗体效价需要 18 天才能减半（即从 1∶16 降至 1∶8）。如果太早检测免疫母猪所产仔猪，由于血清中还有母源抗体，它们可能被认为已经感染，而实际上它们并未感染或主动免疫。

诊断

根据病畜临诊症状，以及流行病学资料分析可初步诊断本病。本病多发于鼠类猖獗猪场，小猪神经症状明显，死亡率高；而大猪临床症状轻微，多有呼吸症状，怀孕母猪有流产及木乃伊胎。确诊本病必须进行实验室检查。

病原分离，采取病患部水肿液、侵入部的神经干、脊髓及脑组织，接种兔以分离病毒，病兔常有典型奇痒症状。潜伏期约 2 天，先舔接种点，以后用力撕咬接种点，持续 4～6h，病兔变衰竭，倒卧于一侧，痉挛，呼吸困难而死亡。病料亦可接种小鼠，但要用脑内或鼻内接种，症状可持续 12h，有痒的症状。但小鼠不如兔敏感。病料亦可直接接种猪肾或鸡胚细胞，可产生典型的病变。分离出的病毒再用已知血清作病毒中和实验，以确诊本病。

另外，取自然病例的病料如脑或扁桃体的压片或冰冻切片，用直接免疫荧光检查，常可于神经节细胞的胞浆及核内产生荧光，几小时即取得可靠结果。

病理组织学检查可肯定其非化脓性脑炎的性质，但与猪瘟的病变带不易区分。因此，要作病原检查，或用急性期及恢复期猪血清作双份血清的病毒中和试验确诊本病。对于猪感染伪狂犬病病毒的诊断，因为它经常是隐性的，所以除了临诊检查之外，可靠的诊断方法包括有血清中和试验、琼脂扩散试验、补体结合试验、荧光抗体试验及酶联免疫测定等。其中血清中和试验最灵敏，假阳性少，它是在猪肾传代细胞 PK15 上进行的，其特异性抗体应答在感染后 6～7 天可被检出。

对李氏杆菌、猪脑脊髓炎、狂犬病等，在临诊及流行病学无法鉴别时则均要用病原检查或双份血清病毒中和试验才能肯定。

猪流行性感冒：成年猪的伪狂犬病与流行性感冒在临床上有某些相似，但后者对仔猪不会发生严重的神经症状。鉴别时可进行动物接种加以证实。

猪瘟：两者仔猪会出现神经症状，但猪瘟大小猪死亡率均高，而伪狂犬病只有哺乳仔猪大批死亡，出现神经症状一般见于 4 个月以下的仔猪，实验诊断兔可出现奇痒和死亡。

李氏杆菌：二者神经症状有很多相似之处，而接触实验兔，可以区分。

仔猪钙质缺乏症、维生素缺乏症也呈现仔猪痉挛和共济失调，但没有接触性传染性，可以区别。

防治

对本病没有特效的治疗方法。紧急情况下，用家兔血清治疗，可降低死亡率。

预防方法包括兽医卫生措施及疫苗、血清的应用。

消灭牧场中的老鼠，对预防本病有重要的意义。现在公认猪为重要的带毒者，因此要严格将牛、猪分开饲养。引进场外猪只时要注意该场猪群的健康情况。

不论是自然感染本病或者人工预防接种疫苗而产生 3 种形式的应答都被诱发，它可以防止疾病出现，但不能完全消灭病毒，或者防止从猪体排出。所有血清中和试验阳性的猪可在其生活阶段排出病毒，因此以往曾有在一次发生本病后 5 年，再度出现临诊病例，在这种情况下，病毒静止地隐藏于细胞内，一直到猪体遇到应激因素时，再度活动。

为了防治 PR，目前国内外所有的疫苗有弱毒苗、灭活菌和基因缺失苗，这些疫苗都能有效地减轻和防止 PR，但 PRV 具有终身潜伏感染、长期带毒和散毒危险，可防其他应激因素激发而引起疾病爆发。故一些专家禁用弱毒苗，只用灭活菌。我国种猪场只用灭活苗，仔猪、育肥猪用弱毒苗，要求所有猪都进行免疫。基因缺失弱毒苗可用于 PR 发病后的紧急预防接种和治疗。

在疫区可用疫苗注射。东欧国家曾用毒力低、遗传稳定的"K"毒株组织培养菌，它对各种年龄猪无害，疫苗接种猪不排毒。应用于曾发生过或受威胁的猪群，注射二次间隔 3～4 周，对 8～12 周龄猪保护力可达一年。为了保护乳猪则给孕猪注射，可使仔猪在 6～8 周得到保护。但结果可在一定时期内带有强毒，使疾病不易消灭，因此不主张用弱毒疫苗。欧洲曾应用弱毒苗及死苗多年，法国及德国生产的死苗比罗马、匈牙利、美国产生的活毒苗效果要好，二次给母猪接种间隔 4 周，可有保护力一年，而且给其仔代免疫力 4 个月。但在美国目前不用苗，因用苗不能消灭本病，只能减少疾病的出现。

对于新生仔猪的保护，最好能使母猪初乳产生高水平抗体，然后拥有高水平母源免疫力的仔猪可能对疫苗接种无反应。据文献报道，约 85％的仔猪因具有母源抗体而对疫苗接种可能没有反应，从而不能将其被动免疫转变为主动免疫，以抵抗后来的病毒感染。在生产免疫程序中母猪在生殖周期的不同时期免疫接种，其所产仔猪在 8～12 周龄时一次肌肉接种即能产生对感染有效的免疫。

关于根除本病（主要对于猪）采用血清学及淘汰的办法，可能获得成功，即把所有的成年猪，作血清中和试验，阳性者取出隔离，以后淘汰，以 3～4 周间隔，反复进行，一直至二次试验全部为阴性为止。另外一种方式是培育健康幼猪，从选好的母猪产仔断乳后，尽快地分开隔离饲养，每窝小猪均须与其仔猪隔离饲养，到 16 周龄大时作血清学检查，把阴性猪合成较大群，最终建立新无病猪群。

清洁与消毒工作要反复进行，房舍消毒后要使其保持干燥，消毒药可采用 5％石炭酸、次亚氯酸钠、2％氢氧化钠、磷酸三钠等。病畜住过的房舍以上述方式消毒，在最后一次消毒后至少 30 天，可再放入健康动物。要采取隔离方式饲养，放入后经 30 天再检查其血清反应。放入健康动物后要特别注意畜群安全，要防止猪与其他动物接触，限制工作人员进入。

我国有的单位曾试制成牛的伪狂犬病鸡胚细胞氢氧化铝福尔马林疫苗，经反复试验，证明疫苗效果可靠。耕牛每头颈部皮下注射 10mL，6～7 天后再注射一次有效免疫期在一年以上。

我国已颁布的相关标准：

GB/T 18641—2002 伪狂犬病诊断技术；

NY/T 678—2003 猪伪狂犬病免疫酶试验方法；

SN/T 1698—2006 猪伪狂犬病微量血清中和试验操作规程。

二、轮状病毒感染
（Reotovirus Infection）

轮状病毒感染（Reotovirus Infection）是由轮状病毒引起的人和动物的病毒性传染病。其病症以婴幼儿和幼龄动物的腹泻和脱水为主要特征，成年人和成年动物多呈隐性感染。

历史简介

1943 年在腹泻儿童中发现病毒。Liht（1943）和 Hodes（1969）从犊牛中分离到病毒。Mebus 等（1969）用电镜观察到牛腹泻病毒。Flewett（1974）根据病毒轮状形态，建议称为轮状病毒。Dowidson（1975）根据病毒有双层衣壳，建议命名为双层病毒。国际病毒命名委员会（1976）建议在呼肠孤病毒科中设立轮状病毒属。在第四届会议上命名正式通过，1978 年确认为一种新病毒。

病原

本病原（Reotovirus，RV）属于呼肠孤病毒科，轮状病毒属。其代表种为人轮状病毒，其他成员包括从牛、小鼠、豚鼠、绵羊、山羊、猪、猴、马、羚羊、北美野牛、鹿、家兔、犬、禽的分离株。病毒颗粒呈圆球形，为二十面体对称、无包膜。直径为 68～78nm，分子量为 10.7×10^6，核心部分直径 36～38nm，含双股 RNA，由 11 个基因片段组成，分别编码 6 个结构蛋白（VP_1 - VP_4、VP_6、VP_7）和 5 个非结构蛋白（NSP_1 - NSP_5），在决定病毒的抗原性和免疫原性等方面起着重要作用。其中比较重要的是核蛋白 VP_2、内壳蛋白 VP_6 和外壳蛋白 VP_4 和 VP_7 等。VP_4 和 VP_7 二者都是中和抗原，可以诱导产生中和抗体。根据 VP_7 和 VP_4 的特异性，可将轮状病毒分为两个血清型，即 G 型（VP_7）和 P 型（VP_4），VP_4 又以基因序列不同而分型，称 P 基因型。已发现有 14 种 G 血清型和 21 种 P 血清型。核心外围为 20nm 双层衣壳，内层衣壳的壳微粒体向外层呈放射性条幅状排列，类似车轮。外层衣壳的多肽构成种特异抗原，人和动物无交叉反应。内层衣壳多肽则构成 7 组特异性抗原，Pedley 等（1986）建议所有轮状病毒分为 A - F6 个抗原组。现已知为 A - G7 个抗原组。血清型抗原是由第 9 或第 8、第 7 基因编码的中和特异抗原，构成外核壳多肽，这种多肽是糖基化多肽，在大多数病毒株中是第 9 基因片段的产物，而在少数病毒株中属于第 7 或第 8 基因片段。

根据 RNA 电泳图形（11 个节段或条段）分为 4 个区段，各病毒有特征性 RNA 电泳图像：Bishop（1973）从患儿十二指肠上皮细胞中发现的 A 组（群）轮状病毒为 4：2：3：2；洪涛（1984）从成人腹泻患者粪便中发现 B 组（群）轮状病毒，又称为成人腹泻轮状病毒（AVLV），呈 4：2：2：3，基因组内发生变异的频率较高。Flewett 证明我国成人腹泻轮状病毒与英国及巴西的非典型轮状病毒不相同，而美国 Sail 比较了成人腹泻轮状病毒与美国猪轮状病毒（RVLV）和人鼠感染性腹泻病毒（IDLRN），认为它们有共同抗原。电泳图也近似，故将其归属于 B 组轮状病毒；Saif（1980）发现猪和小儿轮状病毒，鉴定为 C 组（群），呈 4：3：2：2；D 组宿主为禽，呈 5：2：2：2；E 组宿主为猪，呈 4：2：2：3；F 组宿主为禽，呈 3：3：3：2。基因组内发生变异的频率较高。

以 VP_6 核心蛋白为依据，可将轮状病毒分为 A-G7 个血清型。但由于人与动物某些毒株的抗原之间存在着一定的单向或双向交叉中和反应而使得轮状病毒间的抗原关系变得十分复杂。在人和动物轮状病毒的系统比较中有部分毒株具有双重血清型特异性，给病毒分型带来障碍。Hoshino 等提出根据 VP_3 和 VP_7 抗原进行分型正在探讨中。据流行病学调查，日本和巴西家猪检测到轮状病毒 H 型（RVH）；美国 2006～2009 年收集 204 份标本，10 个州 15％家猪粪便中检出轮状病毒 H 型。

轮状病毒在外界环境中比较稳定，对温度抵抗力较强，56℃ 1h，在 18～20℃室温中可存活 7 个月；耐酸（pH3.0），不被胃酸破坏；耐碱（pH10.0）；－20℃可长期保存；在硫酸镁存在的情况下，50℃被灭活。

流行病学

轮状病毒（RV）感染遍及全世界，已知有人、牛、牦牛、小鼠、猪、绵羊、山羊、马、犬、猫、猴、羚羊、鸡、火鸡、鸭、珍珠鸡、鹌鹑、鸽、鹦鹉等感染与发病。A 组 RV 是最早发现的、具有共同组抗原的、引起人和动物腹泻的 RV，其余各组可称为非典型 RV。人类感染的仅为 A、B、C 三组，各型间无交叉保护作用。人和各种动物的 RV 都对各自宿主的幼龄动物呈现明显的病原性，症状也较严重。而成人、畜大多呈隐性感染，Woode（1978）调查成人、猪、牛等血清中的抗体，阳性检出率可达 90％～100％，但无临症。人 RV 感染后很快出现特异性抗体，IgM 在感染后 5～10 天效价最高；IgG 在感染后 15～20 天达高峰。

其病毒抗原组的宿主范围（表 1-4、表 1-5）。

表 1-4　轮状病毒抗原组的宿主范围

组	宿　　主
A	人、灵长类、马、猪、犬、猫、家兔、鼠、牛、鸟
B	人、猪、牛、羊、鼠
C	人、猪、雪貂
D	鸡
E	猪
F	鸡
G	鸡

表 1 - 5　A 组轮状病毒 G 型

G 型[a]	人类感染	动物宿主
1	有	猪
2	有	猪
3	有	猿猴（SA - 11）、恒河猴（MMU18006）、犬、猫、马、家兔、鼠、猪
4	有	猪（Gottpried）
5	有	猪（OSU）、马
6	有	牛（NCDU，WC3，RIT4237）
7	无	鸡、火鸡
8	有	无
9	有	无
10	有	牛（B223）
11	无	猪（YM）
12	有	无
13	无	马
14	无	马

G 型[a]：是轮状病毒 VP_7 蛋白抗原的名称。

与人类一样，在许多动物中也检出轮状病毒，包括猴、猿、犬、猫、兔、小鼠、鸡、火鸡、绵羊、山羊、牛、猪、羚羊和鹿等。但无证据表明病毒会发生从人-动物或者动物-人的自然传播。用人类轮状病毒株实验性感染新生动物后可引发症状。

本病传染源为患病人、畜和带毒者。患者在症状出现前 1 天，粪便开始排毒，病期至 3～4 天时为排毒高峰，每毫升排毒量达 10^{10}～10^{12} 病毒颗粒。对于患儿体中病毒排出的持续时间，经过酶联免疫（ELISA）和 PCR 方法确定时间为第一次腹泻起 4～57 天。在患病儿童中，病毒停止排出 10 天内占 43%，20 天内有 70%。在余下的 30% 儿童中，主要为初发感染儿童，病毒排出可持续 25～57 天。8 周龄内猪发病率达 50%～80%，而成年猪大多为隐性感染，所以可在不同个体成年猪、仔猪中反复循环，密切接触可造成续发感染。可感染各年龄、性别的人和畜。人、畜多为散发，年龄越来越小。人、畜多发于秋冬、早春季节。志愿者和动物感染试验都证明本病的传播方式是粪—口传播为主要途径，接触传播也广泛存在，所以聚集群里常有小型和食物型爆发流行，呼吸道传播亦有可能。病畜痊愈后从粪便排出的病毒持续至少 3 周。

RV 种间交叉感染中，未见动物感染人的报道。而人 RV 的内衣壳蛋白可与小牛、小鼠、小猪、羔羊、兔及猴的 RV 发生交叉反应。用免疫电镜检查，人抗内衣壳 R 颗粒能与猪抗血清凝集。人 RV 能够感染犊牛、猴、仔猪、羔羊等，并可引起临床症候。Hoshino（1984）研究认为不同宿主来源的 A 组 RV 株之间除具有共同组抗原外，人的某些 RV 与动物株 RV 之间可能存在共同的亚组抗原和血清型抗原。Flores J 等（1986）通过做多种动物 RV 分子杂交研究发现，从不同地区获得的不同电泳型表明，牛、猴、猪 RV 具有高度同源性；人 RVWa 株虽与牛、猴同源性很低，但与 1 株猪 RV 有较高的同源性。中国卢龙株 LL36775 株与猪 RVG_5 血清型 VP_7 基因型联系密切，发现人 G_5 型与 C_{134}、CC_{117} 毒株同源性达 95.4%。庞其芳（1979）经中和试验证实，婴儿急性胃肠炎 RV 与猪 RV 抗原性相似。

Saiy 从猪分离的 1 株 RV（RVLV）与人 RV 呈交叉反应。SPF 猪对牛、羊、马、人 A 组 RV 均易感。Mebus（1962）用人 RV 攻击仔猪，致猪发病、腹泻。林继煌（1982）用患儿粪便分离到的 Wa 株、M 株和 DS - 1 株 3 株标准人 RV，分别攻击仔猪，仔猪腹泻为 29.3%～100%，排稀天数为 2.5～7.75 天，少数仔猪死亡。约 70% 以上的猪粪便中带毒，平均排毒时间为 5.2 天（2～13 天）。攻毒猪 6 天后抗体水平达 11.645～12.87。表明人的 RV 是猪的病原之一。一般而言，猪源轮状病毒仅仅感染猪。然而，一些学者发现该病毒有时可在不同物种之间进行感染。猪可感染牛源轮状病毒，并会引起腹泻；而马和人的胃肠炎病例中分离到猪源轮状病毒。有研究发现，一个聚集性的 G9 型猪轮状病毒和人轮状病毒在 1976～1993 年间发生进化，并相继在日本和中国分离得到，说明 20 世纪 80 年代可能猪轮状病毒和人轮状病毒间出现跨种传播，并进化形成一个轮状病毒亚簇，不仅导致病毒感染，而且在新的宿主中进行传播。病畜痊愈后获得的免疫主要是细胞免疫，它对病毒的持续存在影响的时间不长，所以痊愈后动物可以再度感染。病毒可以从一种动物传给另一种动物，只要病毒在一种动物中持续存在，就有可能造成本病在自然界长期传播。由于本病毒对环境有较强的抵抗力和摄入较小的病毒剂量即可感染的特征，使得控制极为困难。这是本病普遍存在的重要原因之一。猪群一旦感染后，它们会通过粪便进行排毒，时间可达 1～2 周。

发病机制

轮状病毒主要侵犯十二指肠和空肠病毒可在上皮细胞胞浆中复制，使绒毛变短、变钝，细胞变形，出现空泡，继而坏死，使小肠失去消化、吸收蔗糖和乳糖的功能。糖类滞留于肠腔引起渗透压增高，从而吸收体液进入肠道，导致腹泻和呕吐。乳糖下降到结肠被细菌分解后，进一步增高了渗透压使症状加重。大量地吐、泻会丢失水和电解质，导致脱水，酸中毒和电解质紊乱，临床症状的轻重和小肠病变轻重一致。病期 7～8 天后小肠病变可恢复。

猪轮状病毒在小肠绒毛顶端的成熟肠上皮细胞质中复制。这些细胞含有肠激酶，它是一种激活胰蛋白所必需的酶，而胰蛋白酶能够激活轮状病毒。

病毒的复制能导致肠上皮细胞退化和溶解，随后引发肠绒毛萎缩。萎缩程度低于由其他肠道病毒感染引起的，如传染性胃肠炎、猪流行性腹泻。健康仔猪小肠绒毛的长度和隐窝深度的比率 7：1，轮状病毒感染后比率可改变为 5：1，猪传染性胃肠炎病毒感染比率为 1：1，肠道绒毛的萎缩越严重，对幼龄仔猪小肠上皮细胞表面的影响越严重。血清群 A 和 C 的致病性不高，而血清群 B 的致病力较高。小肠上皮的损伤在感染后不久就开始恢复，同时小肠绒毛得到康复。

轮状病毒引起腹泻主要是饲料吸收不良，结果成熟的肠上皮细胞遭到破坏。未消化的食物会提高小肠腔内的渗透压，引起水分在肠道内滞留导致腹泻发生。隐窝上的未成熟肠上皮细胞本来是用来取代那些已被破坏的成熟细胞，但它们的增殖反而通过细胞的分泌活动引发腹泻。

最近的研究表明，轮状病毒引起的肠道局部炎症反应参与腹泻发生。

临床表现

人

轮状病毒人主要为 A、B、C 三群，A 群多感染儿童，成人多见 B、C 群。我国近年爆发流行的成人腹泻患者粪便中发现一种新的轮状病毒，经 RT - PCR 证明该病毒不属于 A、

B、C 三群。存在其他轮状病毒所致的流行性、感染性腹泻。按血清型只有 10 种 G 型和 11 种 P 型血清型能感染人类，但感染人类常见的血清型 G1、G2、G3、G4、P1A 即基因型 P [8]，P₁B 即基因型 P [4]。流行病学研究证明，GAR 病毒的流行株可迅速地在一个较短的时间周期发生改变，且不同的基因型又在不同甚至相邻地理位置的地区成为流行株，从一个开始很少见的血清型成为致病主要菌株。轮状病毒 A 型 2009～2010 年以 G3 为主要流行菌株，占 38.94%；其次为 G2 和 G1，而 G9 分离率仅为 0.88%，2011～2012 年 GAR 病毒 G9 分离率为 35.2%，2012～2013 年 G9 分离率占 80%，成为 RA 主要流行菌株。

病毒侵入人体后，感染小肠的绒毛肠细胞，并在其胞质中繁殖，破坏细胞，从而损害细胞的消化功能和吸收功能。细胞受损后脱落入小肠，细胞崩解释放出病毒。腹泻是由于吸收障碍，包括葡萄糖和钠离子吸收障碍及黏膜二糖酶类、麦芽糖酶、蔗糖酶和乳糖等水平降低所致。

前瞻性研究表明，轮状病毒重复感染非常普遍。一个研究发现有 96%、69%、44%、22% 和 13% 的儿童分别会发生 1、2、3、4 和 5 次重复感染。在首次感染后疾病的严重程度会下降，而且非常明显，儿童在第二次感染后没有出现中度或重度病症。

1. A 群轮状病毒 婴幼儿轮状病毒腹泻潜伏期 1～3 天，起病急，多数病儿在发病初期有发热，先有呕吐，继而腹泻，每天十余次至数十次，呈水样便或蛋花样黄绿色稀粪，无脓血，排粪急，量多，有酸臭味，幼儿可诉腹痛。患者低热或中热，在 37.9～39.5℃ 之间；半数病儿可达 39℃ 或更高，高热者少，常有轻度腹痛、肌痛及头痛。30%～50% 早期患儿出现流涕、轻咳症状。发热和呕吐 2 天后消失，但腹泻可持续 3～5 天或 1 周，少数可达 2 周。病程一般 5～8 天，个别可延续至 30 天，大多为轻症，40%～80% 的患儿有轻、中度脱水，大多为等渗性，其次为低渗性，少数为高渗性。但也有致命重症，多死于严重脱水及体内电解质紊乱，甚至发生弥散性血管内凝血（Diffuse Intravasculas Coagulation，DIC）及多脏器衰竭，平均病程为 7 天，可自愈。A 群轮状病毒主要感染婴幼儿，最高发病年龄为 6～12 月龄，其次是 12～24 月龄和 2～6 月龄，新生儿、成年人特别是老年人免疫力低下时也可感染。

A 群轮状病毒可引起肠外感染，最常见合并呼吸道感染及心肌损害、肝脏损害和神经系统感染。

2. B 群轮状病毒 成人轮状病毒腹泻的潜伏期为 1～4 天，突然出现严重腹泻，大量水样便，伴有呕吐、腹痛、恶心、腹胀、肠鸣、全身乏力、酸痛、头晕、头痛、腓肠肌痉挛等，无热及低热病例占 80%，明显发热在 20% 以下。多数病程 5～6 天后缓解，少数持续 2 周以上，部分患者有呼吸道症状。

B 群轮状病毒主要感染青壮年。人体受感染后，首先产生特异性 IgM 抗体，继之出现 IgG 和 IgA 抗体。新生儿时期的抗体水平高，6 个月时下降，2～3 岁以后回升，到成年抗体维持一定水平。

3. C 群轮状病毒 侵袭人类，主要侵袭儿童，症状有发热、腹痛、腹泻、恶心、呕吐等。潜伏期在 24h 左右，病程 2～3 天。

4. 轮状病毒感染的肠道外表现 据报道，轮状病毒可引起肺炎、气管炎、脑炎、无热惊厥、癫痫发作等，并在患者脑脊液中检测到轮状病毒。此外，尚有轮状病毒可致弥散性血管内凝血（DIC）、肝炎、肾脏损害、心肌炎、急性胰腺炎、新生儿心动过缓、呼吸暂停发作及皮疹的报道。

病理改变主要限于小肠。用光学显微镜检查病儿十二指肠活检材料，可见黏膜组织的病变，有绒毛加宽、变粗和变平，黏膜固有层细胞浸润、肿胀和表皮细胞损害等。根据病情可分为轻、中、重三度。病变沿小肠发展的范围不等，严重者可致整个小肠受感染。

猪

李国平等对仔猪 RV 感染调查结果显示，1～10 天的仔猪阳性率为 42.4%～66%，10天到断奶仔猪的阳性率为 82.3%～91.7%，断奶后阳性率为 63.2%～72%。初生仔猪 RV死亡率可达 100%，5～7 天仔猪死亡率可达 5%～30%。

病毒经口进入猪体内，可以抵抗蛋白分解酶和胃酸的作用而到达小肠，主要感染小肠吸收绒毛上皮，使之发生病变、溶解或脱落。隐窝细胞未分化成熟就移向感染发病的绒毛上皮，并取代它的位置，从而发生吸收障碍，导致腹泻。死亡的原因一般认为是由于电解质紊乱和水分的丧失，从而导致脱水、酸中毒和休克而死亡。

在猪模型中，轮状病毒感染可导致乳糖酶含量降低，排泄物中乳糖流失增加及粪便渗透间隙增加，这与人类轮状病毒感染时对碳水化合物吸收障碍引起渗透性腹泻的假说相符，且乳糖酶缺乏症亦与轮状病毒诱发的胃肠炎有关。对与轮状病毒诱发腹泻引起吸收不良和乳糖酶缺乏症的一个最普遍的解释是病毒复制时对肠上皮细胞的直接破坏；另一个解释是轮状病毒影响微绒毛膜对糖酶的产生。

Z、F、Fu 等（1989）对 A 群轮状病毒在猪群中的自然传播进行研究，用人 A 群轮状病毒抗血清以双夹心法 ELISA 试验检测 5 窝 50 头仔猪出生 2 日龄猪连续采集粪样检测：结果仔猪首次排毒为 19～34 天（平均 27 天），持续时间平均为 8 天（2～13 天）。跟踪的 18头仔猪（47%）其第二次排毒高峰约在 47 日龄（43～52 日龄），持续排毒平均 3 天（1～7天）。至 53 日龄则粪便中不再能检出轮状病毒抗原。

在第一窝仔猪发病后 2 天紧靠的另一窝仔猪开始排毒，然后经过 4～5 天感染扩散到同舍的其他 3 窝。每一窝中先有 1～2 头感染，此后传染给其他仔猪。一窝内仔猪全部感染轮状病毒需要 4～10 天，5 窝仔猪全部感染则需要 16 天。

仔猪腹泻的发生，39 头仔猪（78%）从粪便检出轮状病毒后很快发生腹泻，其中 6 头于排毒当天，11 头于次日，21 头于 2～8 天后腹泻。只有 1 头在排毒停止后发病。腹泻一般持续 1～8 天，平均 3 天。断奶前发生的腹泻比断奶后轻得多。

研究认为，轮状病毒在猪与猪、窝与窝和猪舍之间的连续传播，对维持猪场的轮状病毒感染链是非常重要的。

Kasza（1970）报道了猪 RV。Woode 等（1975）从腹泻猪中分离到 RV。研究认为致猪 RV 血清有 A、B、C、E 血清型，但大部分为 C 血清型，亦有 9 个亚型。除此之外，人、牛、羊、马等 RV 也易感，而且临床上以呕吐、腹泻、脱水和酸碱平衡紊乱为特征，并有死亡。Bohl E H 等（1978）调查仔猪 RV 的发病率达 80% 以上，死亡率达 7%～20%。主要临床症状有潜伏期 18～19h，呈地方流行性。各种年龄和性别的猪都可感染，发病的多为 60日龄以内的仔猪，小于 6 周以内仔猪更易感染，然而刚出生 1 周龄仔猪感染率通常很低，其后随着年龄增长而随之增高。这与仔猪通过乳汁摄入的 RV 呈逐渐减少有关。本病毒最高感染检出率在 3～5 周龄的仔猪，其后感染通常很少能检测到。

发病率一般在 50%～80%。病猪精神委顿，食欲减退，常有呕吐。迅速发生腹泻，粪便呈水样或糊状，黄白色或暗黑色。腹泻越久，脱水越严重。症状的轻重取决于发病年龄和环境条件，特别是环境温度下降和继发大肠杆菌等时，常使症状严重和死亡率增加。

Mebus（1962）研究认为，B 群 RV 和人 RV 使仔猪发病，腹泻，粪便呈黄绿色或灰白色或乳清样液体，有腥臭味。林继煌（1983）报道用致儿童腹泻的 3 株人 RV：Wa、M 和 DS-1 株分别攻击猪。潜伏期 12～24h，病初精神委顿，食欲不振，不愿走动，常有呕吐，迅速发生腹泻，粪水样或糊状，黄白色或暗黑色，脱水见于腹泻后 3～7 天，体重减轻 30%。初生仔猪死亡率达 100%。有母源抗体的条件下，仔猪 1 周内不发病，通常 10～21 天症状轻，腹泻 1～2 天康复，病死率低。3～8 周龄或断奶 2 天，仔猪感染死亡率达 10%～30%，高至 50%。消化道症状为胃弛缓，胃内充满凝块或乳汁，肠管萎靡、半透明、胀满，内容物液状，灰黄色或黑灰色，小肠绒毛短缩、扁平。

病理变化

病变以 14 日龄以内仔猪最为严重，年龄越大病变可能较轻。病变主要在消化道，致胃弛缓，充满凝乳块和乳汁，小肠道变薄，呈半透明状，肠腔膨胀，盲肠和结肠也含类似的内容物而显膨胀。内容物为液状，含大量水分，絮状物至灰黄色或灰黑色，小肠时有广泛出血，肠系膜淋巴结肿大，小肠绒毛萎缩。组织学检查可见小肠绒毛顶端溶化，为立方上皮细胞覆盖。绒毛固有层柱状细胞增多，有单核细胞和多形核细胞浸润。

诊断

由于人和动物的轮状病毒感染极为普遍，而动物的临床发病及其血清中抗体效价又无明显的线性关系。因此，抗体诊断在轮状病毒感染的现症诊断上的价值不大，只能说明感染率。而 IgM 测定可能具有较大的现症诊断意义。一般在冬春幼儿、仔猪发生呕吐、腹泻水样粪时应考虑轮状病毒感染的可能，小儿患者应考虑 A 群；成人患者则考虑为 B 群；小儿散发病例应考虑 C 群感染。确诊和鉴别诊断主要依靠病原学检查。其方法有：①电镜或免疫电镜从粪便中检查病毒颗粒。②检查粪便中病毒抗原，用补体结合、ELISA 法、免疫斑点技术、葡萄球菌 A 蛋白的协同凝聚等方法，检测粪便中的轮状病毒特异性抗原。③检测病毒核酸。因为轮状病毒用细胞培养不易成功。1980 年 Wyatt 等将含人轮状病毒的粪液饲喂无菌新生猪，传了 11 代，然后转用非洲绿猴肾细胞培养了 14 代，成功地分离了一株病毒，定名 Wa 株。以后 Soto 等及 Urasawa 等用 MA104 细胞（恒河猴肾细胞）系分离出多株。先用胰蛋白酶处理粪便液标本，并在培养基液中加入少量胰蛋白酶，放入 36℃转鼓中旋转培养。Hasegawa 等以同样的方法用原 Cynomdgus 猴肾细胞（CMK）分离病毒，认为 MA104 细胞系更为易感。毕竟病毒分离很困难，所以可以采用检测病毒核酸技术。

本病应与其他病毒性腹泻相鉴别，如 Norwalk、Hawaii、Montgomery、County、Parramatla、Ditchling、Wallow、Cookle 因子、腺病毒、星状病毒、杯状病毒、冠状病毒等引起的腹泻。这些病毒所引起的胃肠炎的临床表现与轮状病毒胃肠炎不易区别，需要依靠电子显微镜检查和血清学检查作鉴别。猪需与传染性胃肠炎（TGE）、猪流行性腹泻（PED）等病毒性腹泻病相鉴别。

本病与细菌性腹泻的临床表现有时可能相似，但是粪便的性质不同，一般病毒感染粪便为酸性，大肠杆菌粪便为碱性，需要做细菌培养来区分。

防治

本病尚无特效抗病毒药物。对发病人、猪只能对症治疗。适时补液和调整电解质等。猪根据临床表现可使用抗菌素控制继发感染。

住院病儿多在 1 周内完全恢复，预后良好。本病的病死率一般很低，有严重脱水、酸中毒或电解质紊乱时，若抢救不及时，可能死亡。可以应用世界卫生组织推荐的口服补液盐（成分是葡萄糖电解质溶液）疗法。对轻度脱水的病例效果好。但若呕吐频繁或腹泻严重有明显脱水和酸中毒时，则可先用静脉补液法和纠正酸中毒到病情稍缓解时改用口服法。

猪的轮状病毒感染的发生与饲养环境有密切关系，对猪舍及用具要经常进行消毒，可减少环境中病毒含量，也可以防止一些细菌的继发感染，减少发病机会。发现病猪立即隔离到清洁、干燥和温暖的猪舍中，加强护理，清除病猪粪便及其污染的垫草，消毒被污染的环境和用具。能耐受 1％甲醛 1h 以上。10％聚维酮碘（Povidong-iodine）、95％乙醇和 67％氯胺 T 是有效消毒剂。用葡萄糖甘氨酸溶液（葡萄糖 22.5g、氯化钠 4.74g、甘氨酸 3.44g、柠檬酸 0.27g、枸橼酸钾 0.04g、无水磷酸钾 2.27g，溶于 1L 水中即成）或葡萄糖盐水给猪自由饮用，可适当在水中或饲料中加多维和抗菌药物，提高抗应激力与防止继发细菌感染。停止喂乳，投服收敛止泻剂。静脉注射 5％～10％葡萄糖盐水和 3％～10％碳酸氢钠溶液，以防治脱水和酸中毒。在疫区要做到新生仔猪及早吃到初乳，因为初乳和乳汁中含有一定量的保护性抗体，仔猪吃到初乳后可获得一定的抵抗力，能减少发病或减轻症状。

我国已研制出猪轮状病毒弱毒疫苗，给新生仔猪吃初乳前肌内注射，30min 后吃奶，免疫期达 1 年。给妊娠母猪分娩前注射，也可使其所产仔猪获得良好的被动免疫。也有应用猪源轮状病毒灭活疫苗免疫仔猪。

由于本病多发于寒冷季节，所以要注意寒冬季节的保暖及环境卫生。

我国已颁布的相关标准：

SN/T 1720—2006 出入境口岸轮状病毒感染监测规程。

三、水疱性口炎
（Vesicular Stomatitis）

水疱性口炎（Vesicular Stomatitis，VS）是由组织形态学相似的水疱性口炎病毒引起的多种哺乳动物的一种高度接触性、热性传染病。以马、牛、猪和某些野生动物的舌、唇、口腔黏膜、乳头和蹄冠处发生水疱及口腔流出泡沫口涎为特征，此病有季节性、散发，人偶有感染，呈短暂的发热反应，口黏膜、舌上皮、冠状带和足底形成水疱，很多是亚临床感染。OIE（2003）将其划归为 A 类动物疫病。

历史简介

该病毒于 1821 年发现于马、骡，以后常见于牛、鹿和猪，故又称传染性水疱性口膜炎病毒、口腔溃疡病毒和伪口蹄疫病毒等。

本病 1884 年在 Hutoheon 南非扎利亚马群和牛群流行，第一次世界大战期间（1916）

运到法国的美国马群中已有描述。病原鉴定是从 1925 年美国印第安纳州运往堪萨斯州一批牛中发生水疱性口炎病从一头母牛的样本中分离到病毒，鉴定为印第安纳病毒株。此后在人、马、按蚊、天鹅中也分离到病毒，临床上可引起脑炎。Cotton（1927）又从新泽西州动物（马、牛）体内分离出第二种具有独特血清型病毒，鉴定为新泽西病毒株。1801 年、1802 年和 1807 年美国曾报道猪感染，1941 年委内瑞拉报道了牛、猪、马感染，Schoening（1943）哥伦比亚和美国报道了猪感染。Fielde 和 Hawkins（1967）报道了人感染水疱性口炎。1965 年印度马哈施特丹金迪普拉村爆发 VSV 儿童脑炎。程绍迥报道我国 1957～1958 年陕西省凤县有 1 010 头牛发生水疱性口炎，同期有 2 头使猪发病。水疱性口炎是 OIE 规定的 A 类疾病，该病传播迅速，具有公共卫生意义，因可与口蹄疫混淆，故在动物的国际贸易中地位很重要。

病原

水疱性口炎病毒（Vesicular Stomatitis Virus，VSV）属于弹状病毒科（Rhabdoviridae），水疱病毒属（Vesicularvirus），为线性单股负链 RNA 病毒，病毒粒子呈子弹状或圆柱状，长度约为直径的 3 倍，为 150～180nm×70nm。病毒粒子表面具有囊膜，囊膜上均匀密布短的纤突。纤突长约 10nm。病毒内部为密集盘卷的螺旋状的核衣壳。病毒粒子含有 5 种结构蛋白：糖蛋白（G）、基质蛋白（M）、核蛋白（N）、磷酸蛋白（NS）和 RNA 聚合酶大蛋白（L）。G 蛋白具有型特异性，可刺激产生中和抗体和血凝抑制抗体，N 蛋白和 M 蛋白具有不同血清型交叉反应的特性。通过中和试验和补体结合试验，可将水疱性口炎病毒分为印第安纳和新泽西两个血清型，两型不能交叉免疫。印第安纳型又分为 Ⅰ、Ⅱ（包括可卡株、阿根廷株）和 Ⅲ（巴西株）3 个亚型。水疱性口炎病毒的印第安纳、新泽西、可卡、巴西株病毒可致牛、马、猪发病并引起流行。目前已公认的有 9 个种（表 1-6），可使哺乳动物感染的有 8 个种（包括一个暂定种），对马、牛、猪等家畜及人有致病性，它们是 VS-NJV、VS-IV、VS-AV、COCV、CHPV、ISFV、PIRYV 和 CQIV。有 20 个暂定种（表 1-7），其中有些暂定种是鱼类的病原体，有些无致病性。

表 1-6 VSV 属相关的种及其分离宿主

病毒种	分离地点/分离时间	分离宿主
公认种		
卡那加斯（Carajas）病毒，CJSV	巴西/1983	白蛉
金迪普拉（Chandipura）病毒，CHPV	印度/1965，1991	哺乳动物、白蛉
可卡（Cocal）病毒，COCV	特立尼达/1964，1975	哺乳动物、蚊、螨
伊斯法罕（Isfaham）病毒，ISFV	伊朗/1975	巴氏白蛉、蜱
马拉巴（Maraba）病毒，MARAV	巴西/1983	白蛉
皮累（Piry）病毒，PIRYV	巴西/1964	哺乳动物
阿拉哥斯（Alagoas）病毒，VS-AV	巴西/1964	哺乳动物、白蛉
印第安纳（Indiana）病毒，VS-IV	美国/1925	哺乳动物、蛉、蚊、蚋、蠓
新泽西（Newjersey）病毒，VS-NJV	美国/1926	哺乳动物、蚊、蚋

表 1-7 VSV 属暂定种

卡尔查奎（Calchagui）病毒，CQIV	阿根廷/1987	哺乳动物、蚊
朱罗那（Jurona）病毒，JURV	巴西	蚊
拉—乔耶（La Joya）病毒，LJV	巴拿马	蚊
寇拉利巴（Keuraliba）病毒，KEUV	塞内加尔	哺乳动物
帕里内特（Perinet）病毒，PERV	马达加斯加/1982	白蛉、蚊
波顿（Porton-s）病毒，PORV	沙捞越	蚊
尤戈-波戈丹诺瓦（Yug Bogdanowac）	南斯拉夫/1983	白蚊

病毒可感染多种动物及昆虫，人工接种牛、马、猪、绵羊、兔、豚鼠等动物的舌面，可发生水疱。接种于牛肌肉内不发病。

水疱性口炎病毒可在 7～13 日龄鸡胚绒毛尿囊腔中增殖，于接种后 24～48h 致鸡胚死亡。病毒可在牛、猪、豚鼠的原代肾细胞、鸡胚上皮细胞、羔羊睾丸细胞、Vero 和 BHK-21 传代细胞等实验室培养细胞上生长。病毒有致细胞病变作用，并能在肾单层细胞上形成蚀斑。接种豚鼠、仓鼠和南美绒鼠可引起脑膜炎而死亡，鸡、鸭、鹅在趾蹼上接种也可感染。接种于豚鼠后肢蹠部皮内可引起红肿和水疱；皮下接种于 4～8 月龄乳鼠可使之死亡。

病毒对环境因素不稳定，抵抗力不强，58℃ 30min 即可灭活，在阳光直射和紫外线照射下可迅速死亡。2% NaOH 或 1%福尔马林可在数分钟内灭活，3%来苏儿或 1%碳酸需 6h 以上才能杀死病毒，在含 5%甘油 pH 7.5 磷酸盐缓冲液中的病毒，在 4～6℃下可存活 6 个月。真空干燥的病毒在冰箱中可保存 5 个月。

流行病学

在自然条件下，水疱性口炎病毒可以感染多种野生动物和家养哺乳动物（包括人）、某些鸟类和节肢动物。但在水疱性口炎病毒的自然循环中，这些动物究竟起什么作用还不清楚。

马、牛、骡、猪是主要的易感动物，幼猪比成年猪易感，而牛相反。临床发病主要见于 1 岁以上的牛。啮齿动物、浣熊、狼、红猫、野猪、鹿、麋鹿、寒羊、羚羊、豪猪、树懒、蝙蝠、猴子、鸡、鸭、鹅、鸟和节肢动物均可感染。人与病毒接触也容易感染此病。血清学调查表明，在疫区，人群中的抗体阳性率随年龄的增长而增加，水疱性口炎在家畜中流行时，人群中也往往有发病者。实验证明，易感宿主可因病毒基因不同而有所差别，新泽西型病毒的主要宿主是马、牛、猪，有规律地感染猪，也高感染野猪。1952 年分离自美国佐治亚州本地农户的猪口腔分泌物标本中，可感染人、猪、牛、马、蚊、蠓等，很多种野生动物对该病毒敏感，也可以表现为不显性感染。而印第安纳型病毒则能引起牛和马的水疱性口炎，但不能使猪发病。可卡病毒是从马分离出，其他家畜（牛和猪）和野猪等动物也曾实验感染可卡病毒成功。皮累病毒是从人和一种负鼠中分离的，血清学证据表明其他有袋动物、猿猴啮齿动物、猪、水牛也感染。

一般认为，哺乳动物不是重要的贮存宿主或扩增宿主，而是水疱性口炎病毒的终末宿主。患病的家畜和野生动物是主要传染源，病毒从患病的水疱液或唾液中排出，在水疱形成前 45h 就可以从唾液中排出病毒。在血清学研究中还发现，在缺乏可见性病变时，也能出现感染，从感染猪的扁桃体中分离到病毒表明，这可能是病毒侵入肌体的一个通道。也可能存在人类感染的传染源。水疱性口炎感染不会引起病毒血症，因此不可能存在病毒对精液和胚胎的血源性污染。目前已知卵中存在病毒，但不可能传染，可能通过水疱液污染的精液传染。

本病的生态分布主要在湖泊和多树地区，并从昆虫如白蛉、黑斑蚊等中分离到病毒，表明昆虫可能是主要传播媒介。在巴拿马从吸血沙蝇中分离到印第安纳型病毒，并且病毒在沙蝇中复制，通过卵传播给子代幼虫，再通过叮咬传播给哺乳动物。研究发现森林中生活的动物具有较高的抗体水平，表明病毒可能已在这些动物中传播。在美国新墨西哥州，从豹角蚊中分离到一株水疱性口炎病毒，并证明此病毒可在蚊体内复制并进行传播。此外，病毒可以通过损伤皮肤和黏膜感染易感动物，也可以通过污染的饲料或饮水经消化道感染。人也有易感性。人类是通过直接接触有感染病毒的口腔分泌物而感染。实验室工作人员可通过气溶胶而被感染。或将病毒直接接种到手指内，也会受到感染。人的 VSV 实验感染在实验室的各种病毒感染中占第 6 位。接触急性感染动物病毒组织和新近由动物分离的强毒分离物最危险。长期传代实验室适应株，如 VSV - IN、Sam Juan 和 Glasgow 株，毒力低，对人威胁小得多。

本病呈点状散发，在一些疫区内连年发生，但传染力不强，仅少数家畜患病，如牛的发病率在 1.7%～7.7%。有明显的季节性，多流行于夏秋季节，一般冬季本病流行停止，但也有冬季爆发本病的报道。本病呈地方流行性，在美洲常发生在低洼热带雨林和亚热带地区，有的疫区可连年发生，但传播性不强。

发病机制

水疱性口炎病毒的传播机制目前还不清楚。除少数几种野生动物和实验动物外，动物感染水疱性口炎病毒不能产生长期高水平的病毒血症，尿、粪和乳中无病毒存在。高滴度病毒从病畜的水疱液和唾液排出，在水疱形成前 96h 就可从唾液排出病毒。这是接触传染短暂而又非常有效的病毒来源。

病毒侵入皮肤黏膜后，先在上皮的棘细胞内复制，成熟毒粒芽出细胞而积聚在细胞间，少量进入血循环，并到达肝、肾和中枢神经系统，病毒的大部分继而感染邻近的上皮细胞。感染的细胞形成空泡，胞膜增厚，胞质和胞核皱缩，细胞坏死、融合和组织间渗出增加，从而形成肉眼可见的水疱疹。病变区上皮组织出现海绵样水肿，较多单核细胞浸润。水疱疹溃破露出糜烂面，偶尔形成溃疡。有时可以引起非特异性炎症，如脑炎和脊髓炎质的海绵样变，导致肢体瘫痪。毒株毒力和患者抵抗力强均直接影响内脏损害的严重程度。

临床表现

人

Burton 和 Bieling（1951）的临床报告；Fellowes，Dimopoullus 和 Callis（1955）的试验报告都认为水疱性口炎病毒对人类有易感性，而且经常接触动物和病毒者为多见。类似流行性感冒症候，发热、头痛、流涕，不发生水疱。

本病呈地方性流行，与感染动物密切接触的人，自然感染率很高。在一些地方性流行地区，90% 以上牧民有水疱性口炎抗体。已知 VSV 属中 IND、NJ、Alagoas、Piry 和 CHP 5

个毒株可致人发病，印度 CHPV 致人发热、头痛，儿童脑炎死亡率较高。但多数为不显性感染或呈流感样症状。实验室皮累毒素感染的 6 人，呈现发热、头痛、食欲不振和右上腹紧张等。临床症状与感染种株、感染途径和人群状况相关。由于其一般温和，多数为无症状的亚临床型，不易被识别，加以诊断。

潜伏期 30h 至 8 天，病程一般 7 天左右。有症状者起病急，表现突然发热，热反应常为双相，体温高达 40℃，呈尖峰形，持续 6 天，全身不适。寒战、头痛、眼眶后痛、肌肉酸痛或胸痛；有消化道症状，如恶心、呕吐、腹泻等。少数病人有轻度肾炎或扁桃体炎。有轻度白细胞减少和相对淋巴细胞增多。约 1/4 病人可出现口腔黏膜疱疹性损害，口、舌、齿、颊黏膜、咽、唇、鼻部出现疱疹样水疱，有时可见眼结膜水疱。少数患者呈双相热型，两峰热型间隔 4～5 天。多数患者为自限性，一般多在一周内完全恢复，康复后可产生中和抗体。隐性感染多见，在血清学阳性的人群中，只有 57% 的人呈现显性感染。曾有报道，印第安纳病毒致儿童脑膜脑炎，并致一人死亡；VSV 中 CHPV 在印度 1965 年和 2003～2005 年几次大流行中出现儿童脑炎症状并死亡。在此病研究中的人员感染率可高达 74%，其中有 57% 出现临床症状。据国内田文成报道（1988），辽宁有 2 名饲养者感染，出现发热、恶心、头晕、肌肉酸痛等症状；在齿龈、手指、脚趾间皮肤出现透明小米粒大小水疱，奇痒，破溃后有浅的红晕。无症状或很轻症状的人的病例可能经常发生，如轻度鼻卡他。在热带和亚热带地区的地方性疫区，虽然未有人的流行报告，但人群中的抗体却很广泛存在，而且抗体阳性率都很多。美国 Bettsville 实验室一次调查表明，在 7 年间与 VS 2 项目有关的所有人员中，96% 的人有中和抗体，但只有 75% 的人能回忆起临床病史。可能在这一地区有一些散发流感样症状，未引人注意。曾存在 VSV‐CHP 引起人流行性登革热/基孔肯雅热样综合征的报告。1980 年以前曾记载了 40～46 起水疱性口炎病毒实验室相关感染。

猪

1964 年研究证明，印第安纳 3 个型和新泽西型可引起猪、马特征性水疱病变。患猪潜伏期 24h，最初临床上出现跛行，继之患猪体温升高至 40.5～41.5℃，实验猪在接毒后 2～3 天出现热反应，然后下降，24～48h 后口腔、鼻端和蹄部出现水疱、磨牙、流口水，进而水疱破裂形成痂块。水疱多发生于舌、唇部、鼻端及蹄冠部。病猪口腔和蹄部病变严重时，采食受影响，但食欲不减退，有时蹄部发生溃疡，病灶扩大，可使蹄壳脱落，露出鲜红的出血面。本病的病程约 2 周，转归良好。病灶痊愈后不留痕迹。水疱性口炎病毒感染是否形成病毒血症仍未有实验证实，实验猪吻突皮内接种及其他接近自然感染途径接种病毒后，只能从局部淋巴结而不能从血液中分离到病毒，但有报道，个别病例可以从血液中分离到病毒。

田文成（1988）报道，辽宁 4 个农场中有 763 头占 60% 猪发病，体温为 40～41.7℃，身体、舌和蹄冠形成水疱，直径从几毫米至 2cm，不能站立，幼猪因舌疼不能吃奶，蹄匣脱落。动物试验诊断为水疱性口炎，并有饲养员感染发病。

病理变化发生在口腔、乳头、蹄及蹄冠周围，病变同症状。没有其他特征性的眼观病变，也没有特异的组织病理学变化。

诊断

根据流行病学、临床症状和病理变化可做出初步诊断，确诊需要做病毒分离鉴定。

1. 临床综合诊断 本病的发生具有明显的季节性和区域性，根据本病常发生于夏秋季节，各种动物均可感染，发病率和死亡率较低，以及水疱、溃疡等病理部位，可以做出初步诊断。

2. 病毒分离 水疱液和新鲜水疱上皮研磨加一定量抗生素，制成10%的悬液或用未破皮水疱、水疱液接种于7~13日龄鸡胚绒毛膜或尿囊膜腔内，鸡胚于接种后24~48h死亡，胚体有明显的充血和出血病变，但有的毒株在初次分离时也可能不引起鸡胚死亡，而引起绒毛尿囊膜增厚。可以将收获的绒毛尿囊膜进行传代。两个血清型病毒从受感染动物破损黏膜初分离出。但在人类身上尚未获得分离的病毒。

3. 血清型诊断 OIE推荐的血清学诊断方法，有间接夹心ELISA、病毒中和抗体和补体结合试验。动物感染后10~14天，血液中补体结合抗体及中和抗体效价开始升高，补体结合抗体仅能持续几个月，而中和抗体能持续1年以上。不同的病毒株之间有交叉反应。

4. PCR技术 选择恰当引物用PCR方法可以扩增出水疱性口炎新泽西和印第安纳株的不同核酸片段，从而区别这两个血清型，同时也可以诊断此病。

5. 鉴别诊断 临床上，猪水疱性口炎与口蹄疫、猪水疱疹、猪水疱病难以区别，可应用动物接种试验进行鉴别诊断，即将2日龄和7日龄乳鼠分别为两组接种病料，观察1~4天结果如下：2日龄和7日龄乳鼠均健活的即猪水疱疹；2日龄死亡，7日龄健活即猪水疱病；2日龄和7日龄乳鼠均死亡即口蹄疫或水疱性口炎，而后用病料接种牛肌肉，不发病的为水疱性口炎，反之为口蹄疫。

人的水疱性口炎病毒感染应注意与其他急性发热性疾病，如流感、登革热、沙门氏菌病、钩端螺旋体病及Q热等相区别。在伴有口腔水疱病变的病例，应注意与柯萨奇病毒感染和其他肠道病毒感染、疱疹和水痘等鉴别。

防治

本病一般可以痊愈，病程短，损害轻，多呈良性经过。为了使本病早日痊愈，缩短病程和防止继发感染，应在严格隔离的条件下对病畜进行对症治疗。口腔可用清水、食醋或0.1%高锰酸钾进行洗涤，糜烂面上涂以1%~2%的硼酸或碘甘油或冰醋酸（冰片15g、硼砂150g、芒硝18g，研磨成粉）治疗。蹄部可用来苏儿洗涤，然后用松馏油或鱼石脂软膏，乳房可用肥皂水或2%~3%硼酸水溶液洗涤，然后涂以青霉素软膏。对疫区严格封锁，并用2%~4% NaOH、10%碳酸、0.2%~0.5%过氧乙酸等消毒；粪尿应堆积发酵。一般经过14天再无病畜发生，可以解除封锁，解除封锁前进行一次终末消毒。

人与病畜接触时应注意个人防护，必要时可在疫区内进行预防接种，多发地区，可以使用灭活疫苗进行预防接种。猪不可应用弱毒疫苗。有报道在猪有时能引起病变和排毒，灭活苗已成功地应用于猪，不同血清型之间没有交叉免疫性。实验感染猪的体液和细胞免疫至少持续6个月以上。

我国已颁布的相关标准：

GB/T 22916—2008 水疱性口炎病毒荧光 RT‐PCR 检测方法；

NY/T 1188—2006 水疱性口炎诊断技术；

SN/T 1166.1—2002 水疱性口炎补体结合试验操作规程；

SN/T 1166.2—2002 水疱性口炎微量血清中和试验操作规程；

SN/T 1166.3—2002 水疱性口炎逆转录聚合酶链反应操作规程。

附：金迪普拉病毒脑炎（Changdipura Virus Encephalitis)

本病引起人发热、关节痛、Reye综合征，能够感染许多哺乳动物和人。

1965年印度马哈施特邦金迪普拉有两例发热者，从血液中分离到此病毒，并以此村命名为金迪普拉病毒（Chandipura virus，CHPV）。后扩展至村附近及印度中部，2003年出现319名儿童脑炎，死亡183例；2004～2005年二度发生，儿童病死率高达78.3%。该病已发生于印度、斯里兰卡、尼日利亚、塞内加尔等地。最初认为是一种孤儿病毒。

CHPV在自然界有广泛的宿主，包括人类、脊椎动物和昆虫。可从白蛉、人类和脊椎动物分离到。从印度马、牛、恒河猴检测到病毒中和抗体。从印度、斯里兰卡、非洲人群检测到特异性抗体。Joshi等对印度安德拉邦的卡因的加尔和瓦朗加尔两地区动物血清学检测：猪占30.6%、水牛占17.9%、其他牛占14.3%、山羊占9.3%、绵羊占7.7%，小鸡胚胎可以感染CHPV，可能是一种中间宿主。传播途径尚不清楚，可能是白蛉叮咬人群，从而将CHPV传播给人。蚊子能否传播此病尚不清楚，但蚊子（埃及伊蚊）能感染，蚊子可能导致CHPV在鼠间的传播。

脑炎发病流行具有季节性，主要发生在炎热夏天。儿童易感。

Jeanette等（1983）报道，CHPV可能与急性致命性疾病相关。临床上分轻度毒血症发热、亚临床感染和重症脑炎。会呈现病毒血症、体温升高、头晕、无力等；皮肤损害，水疱伴渗出液；恢复期留下色素，面瘫；呕吐、腹泻、腹痛等消化道症状；嗜睡、抽搐、四肢不对称性瘫痪、失语等神经精神症；视力障碍，单侧瞳孔散大，视神经乳头水肿及锥体外系症状，舞蹈样异常等。2004年印度古吉拉特部爆发金迪普拉脑炎过程中，23例患者临床表现见表1-8。

表1-8 2004年印度古吉拉特部爆发金迪普拉脑炎患者临床表现

临床症状	发病人数	百分比（%）
发热	23/23	100
感觉异常敏感	23/23	100
痉挛	17/23	74
呕吐	13/23	57
腹泻	10/23	43
发热/寒战	3/23	13
咳嗽	3/23	13

四、狂犬病
（Rabies)

狂犬病（Rabies）是由狂犬病毒引起的以侵犯中枢神经为主的人、畜、野生动物的急性传染病，俗称疯狂病、恐水症等。温血动物均可感染狂犬病，并在动物之间通过受感染动物的分泌物，主要是由带毒的唾液来传播。狂犬病通常由病患人、动物咬伤所致。临床上主要表现为特有的恐水、怕风、恐惧不安、流涎、咽喉肌痉挛和进行瘫痪等。

历史简介

在中国医学文献中很早就有对狂犬病的记载，古称"疯狗病"。公元前1885年埃什努纳城的岫默法典中写到"如果狗疯了……"公元前425年德谟克利特描述了狗狂犬病。公元100年希腊医生塞尔萨斯河 Lutarch 认识到狗到人的传播。伊拉克 Rhazas 医生在十世纪描述了狗到人的传播。Good（1026）报道感染威尔士狗和人的狂犬病爆发。公元100年Mutarch 和 Olcelsus 曾描述过这种病引人注目的临床症状。到18世纪，狂犬病曾一度在欧洲流行猖獗。1881年法国巴斯德认为本病的病原体是极小的微生物，他将从自然界兽中直接获得的过滤性病毒命名为"街毒"。把街毒在兔脑内传代，将感染的兔脑脊髓干燥，以氢氧化钾处理减毒，这样改变了毒力的病毒称作"固定毒"。经过上百次传代，终于成功制造了狂犬病减毒活疫苗，并于1885年给一个被狂犬病咬成重伤的儿童治疗，使这个儿童痊愈康复。Roux（1888）首次分离出狂犬病病毒。Negri（1903）在狂犬病患者尸体的脑组织中发现了包涵体，并在实验接种的动物脑中也观察到神经细胞浆内包涵体，高度评价了这种包涵体的作用，将其定名为 Negri 小体。Miyamoto 等（1965）建议将包涵体作为狂犬病的诊断指标之一。Marsumoto（1962）在电子显微镜下观察到狂犬病病毒，并对其形态与结构特征进行了描述。Fermandes 等（1963）在鸡胚组织、神经组织中成功增殖了狂犬病病毒，从而促进了病毒的生物学、免疫学和病理学特征的进一步认识。Sokol 等（1969）以人纯化的病毒中分离出病毒粒子的不同成分，用去氧胆酸钠处理并结合恒速平衡梯度离心，病毒囊膜与核衣壳即可被分开，后者会有 RNA，并由96%蛋白质和4% RNA 构成。

病原

狂犬病病毒（Rabies Virus）属于弹状病毒科，狂犬病毒属。病毒外形似子弹状，长175～200nm，直径为75～80nm，一端为半球形，另一端扁平。病毒粒子由感染细胞浆膜表面芽生形成，有一个双层脂膜构成病毒颗粒的完整外壳，表面嵌有10nm长的由病毒糖蛋白构成的包膜突起，如钉状覆盖了除平端外的整个病毒表面。来自宿主细胞浆膜的脂质外壳的内侧是膜蛋白，有称基质蛋白。膜蛋白的内侧为病毒的核心，即核衣壳，呈40nm核心，由核酸和紧密包围在外面的核蛋白所构成。病毒为一种闭合的单股 RNA，基因组为11.9kb 的不分节段的单股、负链 RNA。分子质量约 4.6×10^6 Da。核苷酸参与编码5种已知的结构蛋白，即糖蛋白（GD）、包膜基质蛋白（M2P）、衣壳基质蛋白（M1P）、核蛋白（NP）和转录酶大蛋白（LP）。

狂犬病病毒有两种主要的抗原，即存在于病毒外膜部分的糖蛋白与其内部的核蛋白抗原。前者激起中和抗体，能保护动物对病毒的攻击；后者诱生不同狂犬病病毒和狂犬病相关的病毒之间有交叉作用的T辅助细胞的主要抗原，但不保护病毒的攻击，即所谓可溶性抗原。以往认为狂犬病毒是单一病毒株引起的，各病毒株用常规交叉中和试验表现为单一血清型。近来研究表明，狂犬病毒属有多个血清型，最近分离的病毒 Lagos bet 株与 Mokola 株和 Duvenhage 株则有较大的抗原差异。用单克隆抗体试验，易查出各固定毒或各街毒间糖蛋白和核壳体抗原的差异。目前用抗核壳体单抗可分成有6个血清型，即经典狂犬病病毒与狂犬病相关病毒分为：①血清型Ⅰ：CVS原型株；②血清型Ⅱ：Lagos蝙蝠株；③血清型

Ⅲ：Mokola 病毒原型株；④血清型Ⅳ：Duvehage 病毒原型株；⑤血清型Ⅴ：EBLI 欧洲蝙蝠株；⑥血清型Ⅵ：EBLI2 欧洲蝙蝠株。各型之间有一定的交叉，但不能相互保护。至今已定性的狂犬病病毒分有 7 个基因型：基因Ⅰ型—古典狂犬病毒（RABV）；基因Ⅱ型-Lagos 蝙蝠狂犬病毒；基因Ⅲ型-Mokola 病毒；基因Ⅳ型-Duvenhage 病毒；基因Ⅴ、Ⅵ型两种欧洲蝙蝠病毒（EBLV，1，2）；基因Ⅶ型澳大利亚病毒（ABLV），除 Lagos 病毒外，都能导致人类狂犬病。2002 年俄罗斯又发现两种新的蝙蝠狂犬病毒。

血凝素为一种糖蛋白，与包膜有关。于 4℃、pH 6.4 情况下，可凝集鹅血细胞与雏鸡血细胞。凝集素不能与完整病毒分开；血凝抑制抗体和中和抗体有可比性。适于培养狂犬病病毒的原代细胞有地鼠肾细胞、鸡胚纤维母细胞、犬肾细胞、猴肾细胞、人胚肾细胞、羊胚肾细胞等；传代细胞有人二倍体细胞、BHK-21、WI-38、MRC-5 等。从自然感染的机体内分离的病毒称野毒株。野毒株通过动物脑内传代，潜伏期逐渐缩短，最后固定在 4～6 天，称此病毒为病毒变异株，即固定毒株，固定毒株对人和犬的致病力明显降低，不侵犯唾液，不侵入脑组织，不形成内基小体，但其主要抗原性仍保留，可用于制备减毒活疫苗（表 1-9）。当前国际认可毒株有：①巴斯德株及其衍变株、PV-12、PM、CVS；②Flurg 鸡胚株：LEP、HEP、Kelev、BAD；③北京株：AG、Fuenjalida 株等。

表 1-9　街毒与固定毒比较

性状	街毒	固定毒
潜伏期	15～20 天	3～6 天
对动物周围注射致病作用	高	低
包涵体形成	常见	罕见
脑蛋白质与脑灰质含病毒量比较	1：2	1：100～200
动物症状	兴奋型为主	麻痹型为主

病毒在 pH 3～11 中稳定，在 56℃、30～60 min 或 100℃、2min 灭活，在－70℃或凉干于 0～4℃保存时可存活数年。用干燥法、紫外线和 X 射线照射、日光、胰蛋白酶、丙内酯、乙醚和去污剂可迅速灭活狂犬病病毒。肥皂水也可灭毒。但病毒对石炭酸等有抵抗力。

流行病学

狂犬病在世界范围内广泛分布，几乎存在于所在大陆消灭或未消灭狂犬病地区，为一种自然疫源性疾病。早在 13 世纪已知在野生动物中流行。西欧于 16 世纪起主要在犬中有经常广泛性流行，也涉及各种野生动物，如狐、貂、獾等肉食兽类。北美狂犬病由欧洲输入，最早报告于 16 世纪，不但在犬中，而且在狐中均有发生。中南美洲亦以狂犬病为多，但吸血蝙蝠狂犬病为整个拉丁美洲地区的特点。整个非洲均早有狂犬病，以犬狂犬病为主，南非除犬狂犬病外，还有猫鼬狂犬病发生。亚洲一向甚为普遍，特别是东南亚地区，以犬狂犬病为主。18 世纪以来，有些国家采取了对传染源，特别是犬的严格措施，如捕杀野犬、管理家犬、进口检疫等措施，20 世纪 50 年代以后，许多国家进行了免疫犬为主的措施，疫情有所控制。2002 年 WHO 公布 1999 年世界狂犬病调查，报告 145 个国家与地区中只有 45 个没有狂犬病报道。狂犬病的流行至今没有得到控制，影响因素有自然地理条件、宗教信仰、社会习俗、社会文化及经济条件与生态学、人口学有关情况及预防措施等；也与自然界中狂犬病毒保存的复杂性密切相关。凡对猫、犬狂犬病已进行控制的地区，野生动物传染可占突出地位，如西欧、北美的狐与臭鼬，2013年台湾的鼬獾狂犬病发生等。中南美洲1929年以来带毒蝙蝠传染人已达200多例，每年有3%～5%的牛群损失，即每年死牛可达50余万只。我国狂犬病以南方为主，1949年前据不完全统计每年5 000例左右，城乡均有发生。1949年后政府采取了一系列措施，城市以禁止养犬办法，基本消灭狂犬病。乡村狂犬病自1960年后有大幅下降，但20世纪70～80年代后一些地区养犬增多，特别是城乡无证养犬，野犬、猫增加，狂犬病有上升扩大之势，甚至屡有爆发，特别是夏秋之际，病例频繁。如在全国广泛采取对人被狂犬病或可疑狂犬咬伤后的免疫统计，1990年后每年用量达500～600人份，人狂犬病又在上升。人对狂犬病易感。一切温血动物都可感染狂犬病，其中以哺乳动物最敏感，禽类则不敏感。狂犬病在自然界中传统上将此病分成两种流行病学形式：一种是城市型，主要由狗传播；另一种是野生型，1964年美国野生型狂犬病的发生率为75%。蝙蝠、犬、猫、狼、狐狸、豺、獾、猪、牛、羊、马、骆驼、熊、鹿、象、野兔、松鼠、鼬鼠等均易感。这些动物可作为狂犬病的传染源、贮存宿主或传播媒介。野生动物可长期隐匿病毒，尤其是鼠类及某些蝙蝠是主要的自然储存宿主。其扩散为鼬鼠、香猫、松鼠、蝙蝠→狼、狐、犬、猫→人、牛、马、羊、猪。对人和家畜威胁最大的主要传染源约90%是患病的狂犬病犬，其次是外观正常带毒的犬、猫。近年来有报道，无症状犬、猫带毒表面传染约24%为隐性带毒或血清中和抗体阳性；犬感染潜伏期为2～8周，有长达一年的，有时人被咬而发病死亡，犬仍活着；曾从一只犬4年中14次分离到狂犬病毒。咬伤人后，引起人发病。林平（2005）报告，健康犬的带毒率为3.92%～17.9%；广东检查了1 285只健康犬脑内狂犬病毒阳性率为17.7%；四川（1999）检测了3 126只犬的唾液，狂犬病毒阳性率1.93%；2000年四川省19个地区3 397只健犬唾液，狂犬病毒抗原阳性率为3.74%。多数患病动物（特别是犬）的唾液中带有病毒。据山东某县统计，12种健康犬咬伤11 646人，发病13例，发病率1.12%；不明犬咬伤787人，发病14人，发病率为17.7%；疑狂犬咬伤698人，发病61例，发病率为30.9%，表明不同犬咬伤发病具有非常显著差异。但近年健犬咬伤发病上升，病例构成由5%上升到39.29%。由于被病犬咬伤，经黏膜、创口、伤口方式感染；也有报道经气溶胶方式及通过器官移植而感染；也有经消化道、呼吸道（伤口）感染报道。

1. 皮肤伤口感染 巴斯德同事Roux第一次于1881年分离出狂犬病毒时，即主张病毒由伤口局部通过周围神经而至中枢神经。Johnson介绍病毒从局部侵入中枢神经系统以致发病的几步骤：①狂犬病毒种入3h后，病毒已不复见，是为隐晦期；②病毒于组织中固定。未离开感染细胞；③病毒于局部完成生长循环，有局部繁殖，但无系统侵犯；④病毒侵袭中枢神经，发生症状与死亡。Dean等人用豚鼠、家兔、犬、狐等动物做实验，用肌内注射后隔一定时间切断坐骨神经的方法，证明狂犬病毒是沿周围神经向心至中枢神经的，其沿神经进行速度为3mm/h（即一天约7cm），而在感觉神经节培养中其移动速度为1mm/h。Murphy等证明了狂犬病毒可在咬伤局部的肌肉增殖，但增殖甚少且慢，形成病毒扣压部位，亦有证实可直接进入神经组织。还可在结缔组织与局部神经中繁殖，但在这种最初感染的组织中可从几周以至几个月查不出病毒，要到病毒转移至有关神经后才能查出。在这一时期中，病毒以何种形式潜伏及其与邻近组织关系尚未阐明。病毒沿周围神经到达中枢神经的径路，认为可沿神经的轴索细胞浆或从神经束膜结构的组织间隙或神经束内的神经间隙中，上升至与有关周围神经相应的脊髓神经节与背根神经细胞中复制，最后于中枢神经系统大量繁殖；此外，病毒偶亦通过血液传至中枢神经。

2. 呼吸道感染 已有动物实验与临床根据。Selimov 用街毒或固定毒鼻内感染小鼠，有 30%～100%致病。Constantin 将狐、狼等实验动物置于带毒蝙蝠的洞穴中或实验室内气雾吸入均证明可得狂犬病，引起对空气传染的极大重视。至于呼吸道感染机制，用小动物进行鼻内感染，于鼻黏膜深层细胞与三叉神经节均可发现狂犬病毒，并证明富于神经末鞘的器官如味蕾、嗅神经上皮的病毒是可高于唾液腺上皮的病毒量。

3. 经口感染 小啮齿类、狐、臭鼬均可经口感染，并可于延髓、脊髓与肺、肾等器官发现病毒，并能产生免疫，在人未经口感染的报告。动物群间互相吞食死尸，可能成为狂犬病的传播途径之一。

4. 顿挫与隐性感染 狂犬病的恢复在动物中屡见不鲜，早在巴斯德时期即有狂犬病恢复的病例。活病毒腹腔注射小鼠有 16%显现症状后恢复；而鸡有 11%～53%恢复。恢复后动物脑中查不出病毒，而有特异性抗体。人狂犬病恢复者甚为罕见，最近有详细的 2 例恢复报告，其血清及脑脊液中特异性抗体特别高，但有人对此提出异议。关于隐性感染问题，健康动物与人血清中和抗体阳性可作为曾有过隐性感染的证据。疫区健康动物出现中和抗体的阳性率情况，在犬可达 10%～19%、大鼠 15%、狐 3%～4.6%、蝙蝠 90%，而人洞穴工作者为 1.5%。从健康动物亦偶可分离出狂犬病病毒，南印一狂犬病人死于被健康犬咬伤，该犬于最初 5 个月从其唾液内曾 13 次分离的病毒。又从组织培养证明感染细胞可循环地产生于干扰素，干扰病毒生成，形成持续感染。

狂犬病患者发病最初 5 周，病毒存在于人体不同体液及组织中，可通过眼角膜转移人传人；也可通过唾液感染伤口、黏膜等人传人。本病一般呈散发，人与动物被咬伤后发病与否，除与疫苗注射情况（是否及时、全程和足量）及疫苗质量有关外，还与是否彻底清创、伤口与中枢神经距离、伤口深浅和多少有关。野生动物咬伤致病者，潜伏期短，临床表现重，进展快及病情凶险。儿童易感性强，被咬伤机会多，潜伏期较短。人被可疑动物咬伤一般有 15%左右发病，被确诊的疯动物咬伤发病率可达 50%。但根据动物种类、咬伤部位、咬伤程度等不同情况，发病率可从 0.1%到 60%以上。深伤比浅伤高 4.8 倍，隔衣伤低 6.6 倍，局部处理适当可降低 4.3 倍。面、臂、腿伤发病比为 80.5：12：7.5，头脸伤即使及时注射疫苗亦有 5%左右发病。小孩被咬伤的发病比成人高 3.7 倍。总之，被疯动物咬伤后未及时处理，即很可能发生狂犬病。

发病机制

狂犬病毒对神经组织有强大的亲和力，神经外小量病毒繁殖，一般不出现病毒血症。从周围神经侵入中枢神经、从中枢神经向各器官扩散。狂犬病的发病过程分为 3 个阶段。狂犬病毒首先在接触部位的横纹肌内短期繁殖，然后由神经肌肉接头处进入周围神经系统，从局部到侵入周围神经的间隔为 3 天或更长。然后，病毒沿周围神经向心性地扩散至背根神经节，在此大量繁殖，随后进入中枢神经系统。在中枢神经系统，病毒仅在灰质内复制。最后，再以离心运动沿神经扩散至其他组织和器官，包括唾液腺、肾上腺髓质、肾脏、眼、皮肤和肺。唾液腺是病毒的主要排泄器官。带有病毒的唾液可感染新的宿主，形成狂犬病病毒感染的循环。在狂犬病病毒扩散过程中,可能有乙酰胆碱、谷氨酸、氨酪酸及氨基乙酸等神经介质参与,研究表明,病毒吸附的关键环节之一是病毒与细胞表面受体的结合,而乙酰胆碱受体是最可能的细胞表面受体。由于迷走神经核、舌咽神经核及舌下神经核受累,临床出现恐水、呼吸困难和吞咽困难的表现;交感神经兴奋使唾液分泌增多,以及大量出汗、心率增快、血压升调,迷走神经、交感神经节、心脏神经节受损可影响心血管功能,甚至出现心跳骤停。

狂犬病的发病除与病毒有关外,病毒的局部存在并非导致临床表现差异的唯一因素,还可能与机体的免疫反应有关。狂犬病病毒感染机体后,可使机体产生抗体,此抗体可中和游离状态的病毒,体液免疫和细胞介导早期有保护作用,阻止病毒进入神经细胞内。但抗体对已进入神经细胞内的病毒无法起作用。当病毒进入神经细胞大量繁殖,同时产生的免疫病理反应可能引发对机体的损害。病毒感染细胞后,抗体作用于细胞表面病毒抗原,在补体参与下可引起细胞损害。实验表明,免疫抑制小鼠接种狂犬病病毒后死亡延迟,而当被动输入免疫血清和免疫细胞后则动物迅速死亡。在人类狂犬病其淋巴细胞对狂犬病毒细胞增殖反应阳性者多为狂躁型,死亡较快,对髓磷脂基础蛋白(MBP)有自身免疫反应者为狂躁型,病情进展迅速,脑组织中可见由抗体、补体及细胞毒性 T 细胞介导的免疫性损害。关于细胞免疫在狂犬病抗感染免疫机制中是否发挥作用,尚不清楚。

临床表现

人

病毒进入体内是否引起发病,与病毒株、病毒量、感染部位与机体抵抗力等各种因素有关。由于狂犬病毒有比较严重的嗜神经性,发病主要由于病毒侵袭中枢神经所致。病毒于侵入部位经一定时间后即沿周围神经到达中枢神经,还可再由中枢神经远端沿周围神经传至各脏器组织,特别是唾液腺组织可含大量病毒,器官内病毒亦基本存在于神经部位。本病潜伏期可从 6 天到 19 年,有文献报道最长者达 33 年,但一般多在 18~60 天,3 个月以内占 85%;6 个月以内占 90%,短于 15 天、长于 1 年者少见。潜伏期长短不一,差异悬殊是此病的一个重要特点。潜伏期的长短也与咬伤部位、轻重、咬伤动物种类与被咬者年龄等因素有关,如咬伤头脸,一般为 30 天左右,臀部为 40 天左右,腿部为 60 天左右;小孩潜伏期短于成人;狼、猫伤的人潜伏期较短。在潜伏期间咬伤局部早已痊愈,无任何异常,此时狂犬病病毒或逗留或繁殖于咬伤部位的皮肌细胞,尚未沿神经到达脊髓与脑。由于长而不定的潜伏期,有的患者表现极为担忧,觉得有朝一日将大难临头,有的难免要得狂犬病,有的竟成为狂犬病癔病者。临床上表现有脑炎型(狂躁型)和麻痹型两种。以脑炎型多见,以急性、爆发性、致死性脑炎为特征。麻痹型呈脊髓神经及周围神经受损的表现。脑炎型典型临床经过可分为 3 期:

1. 前驱期 起病多呈非特异性经过,常出现发热、头痛(多在枕区)、恶心、呕吐、全身不适、乏力、腹痛、腹泻及喉部疼痛等,还可有烦躁、淡漠、失眠、幼觉、行为改变和精力不集中等。大部分(约 80%)患者有烧灼感、刺痛、麻木、痒及蚁走感,有时痒感涉及全身或内耳(为病毒系列刺激感觉神经元之故,是最有意义的早期症状),也有患者从发病起即表现为明显的恐水症及流涎过多。前驱期持续 2~3 天。外伤、休克、受寒、过劳、情绪激动、喝酒、使用免疫药物等因素,均要成为诱因。

2. 兴奋期（狂躁期） 病人处于高兴奋状态，多动、易激惹、狂躁和极度恐惧、谵妄、恐水、怕风为突出表现。85%～95%的病人有恐水表现，甚至看到水、听到水声、说到水都可引起剧烈的咽喉收缩、肌肉痉挛。由于吞咽动作中部和咽部肌肉受到刺激，即发生痉挛性疼痛，而逐步形成条件反射，以至患者一见水即有咽肌痉挛发作，而致怕水，由于这特征性症状常见，恐水一词自古即专用为指示这种疾病的特征。病人极渴而不敢饮水，表情十分痛苦，怕风、光、声及触摸，声音嘶哑，甚至失声。血压升高，大汗淋漓，唾液满口。可出现幻觉、惊厥、复视、面瘫、吞咽困难及脑膜刺激征。随着病情发展，肌肉系统的刺激更加明显，有发生全身震颤者。由于呼吸肌痉挛，可发生完全阻塞、呼吸暂停，有1/3的患者出现发绀。常有抽筋，甚至角弓反张，大多患者死于此时。患者于兴奋狂躁期间可有一时安静，此时能有条理地回答问题。由于面部与咬肌麻痹，患者常闭着眼且张着口，形成面无表情、瞳孔散大、对光反射迟钝，有时瞳孔缩小或不等大，角膜干燥，角膜反射减退或消失。多数有潮式呼吸，可有颈项强直与宾斯基征阳性，腱反射消失，此时体温升至38～40℃，本期持续1～3天。

3. 麻痹期 痉挛发作逐渐减少，出现弛缓性瘫痪，多见于四肢。皮肤对冷、热、疼痛刺激的敏感性消失，患者渐趋安静，肌肉痉挛停止，恐水也可以停止，一些兴奋、忧恐现象消失。眼肌、颜面肌和咀嚼肌也要受累。面无表情，迅速出现昏迷，多因呼吸麻痹、循环衰竭而死亡。本期持续6～18h。

麻痹型的病理损害主要在脊髓和延髓，而不涉及脑干或更高部位的中枢神经系统。有不到20%的患者以麻痹为主，有所谓上行麻痹。前驱期多为高热、头痛、呕吐及咬伤处疼痛等，无兴奋期和恐水症状，也无咽喉痉挛、无吞咽困难等表现，前驱期后即出现四肢无力、麻痹症状，麻痹多始自肢体被咬处，然后呈放射状向四周蔓延。部分或全部肌肉瘫痪。因咽喉、声带麻痹而失音讲不出话，故称"哑狂犬病"。病程可达10～20天或更长，由于病程相对延长，可争取更多抢救时机，病死率相对低于狂躁型，直接致死原因多为严重呼吸肌麻痹和呼吸衰竭。中南美洲由于受蝙蝠咬伤引起的狂犬病多为上行性麻痹型，有的可存活14～30天。本病一旦出现症状，病情进展迅速，症状起始后的中位存活天数是4天（占80%），人工支持设备的可达20天，虽有达28天、64天，甚至133天的，几乎短期内100%死亡。

狂犬病的临床表现严重，但病理变化却甚为轻微。脑膜组织病理检查常为正常或有一定程度充血与轻微血管周围单核细胞浸润。白质存在脱髓鞘与轴索变性，以中脑、基底神经节与脑桥为主。且有较明显的充血。神经元变性以丘脑与神经元周围单核细胞浸润。所有这些病变均为一般病毒性脑炎共有。由狂犬病病毒引起的特异性变化，为1903年由Negri于神经元胞浆内所发现的一种包涵体。此包涵体为一种边界清楚、圆或椭圆或长形嗜酸性伊红小体，大小不等，2～10μm，包涵体内含有0.2～0.5μm碱性颗粒（Giemsa染色）。包涵体在海马角最多，但在大脑皮层锥体细胞、小脑的purkinje细胞、基底神经节与脑神经节与脑神经核均可找到，在脊髓与交感神经节亦有。目前已证实包涵体是内病毒本身与细胞浆的基质所组成。典型的内基小体都有这种内部小体，有利于鉴别诊断。内基小体多见于海马回，小脑蒲肯野（purkinje）细胞、基底神经节。神经系统各部位的功能改变产生相应症状。例如，行为改变与病毒对边缘系统的亲和性有关，恐水证表现提示新皮质层参与这一病理过程。还可见腮腺炎、胰腺炎、肾及肾上腺变性坏死及炎性细胞浸润。

猪

猪狂犬病：猪经肌肉或皮下接种狂犬病病毒后，病毒沿着外围神经或颅神经扩散，此途径成为病毒进入中枢神经系统（CNS）的主要路线。DEAN 等人（1963）实验用狂犬病的固定毒（减毒株）或是街毒（强毒株），病毒通常都是由动物接种部位经外围神经进入中枢神经系统的。Johnson（1971）强调，对于侵入中枢神经系统的狂犬病病毒，神经通道必须完整，才能确保成为病毒的神经传递路线。

随着野生动物狂犬病百分率的增长，家畜被感染的危险性更大。准确估计猪狂犬病的发生率是困难的。Schoening（1965）统计了美国 1938～1956 年间 854 例猪狂犬病的分布与症状，占家畜病例的 6.6%。Bisseru（1972）报道了 25 个国家发生过猪狂犬病。Beran 报道过 2 例猪狂犬病。2 个月仔猪头部被咬，潜伏期 17 天和 23 天。猪躲在猪圈角落里站着发抖，受到威胁时试图跑和咬，4 天后麻痹死亡。Yates 等（1984）描述了 14 年间加拿大西部 15 个猪场爆发狂犬病情况。虽然多数报道认为，病猪在出现临床症状后 72～96h 死亡。但猪狂犬病的潜伏期变化很大，平均为 20～60 天。如果一定数目的猪同时感染，那么其潜伏期的变化将是极其不定的。Merrimann（1966）报道一个猪群的潜伏期约为 70 天。Morehouse 等（1968）报道，在一个猪群中，狂犬病病程持续达 2 个月。Reichel 和 Mockelmann（1963）报道一个猪群狂犬病爆发，感染源是患狂犬病的狐狸，感染后病猪的潜伏期分别为 9 天、56 天和 123 天。Gigstad（1971）报道了人工感染猪的潜伏期，潜伏期的变化是从脑接种的 12 天到肌肉接种的 98 天。从实验研究得出结论，猪对狂犬病可能有相对较高的天然抵抗力，可能正因如此，当猪群发生此病并导致成为一定问题的时候，并没有预先可知的关于狂犬病猪的异常行为。Dlenden（1979）给断奶仔猪肌肉接种狂犬病街毒，虽然在脑脊髓液中和血液中发现高滴度抗体，但未曾观察到临床症状。曾有过母猪咬死小猪报道，但猪感染猪较少。也有被狂犬病臭鼬咬的猪发病，病后恢复有中和抗体。

猪狂犬病典型的发病过程是突然发作，兴奋不安，四处啃咬物或攻击人，四肢运动和共济失调，举止笨拙，呆滞和后期衰竭，可在出现临床后 72h 内死亡。Moreehouse 等（1968）报道狂犬病猪鼻子奇怪地反复抽动，就像鼻子刚被穿上环一样，鼻子歪斜，随后可能出现衰竭，无意识地咬牙，口齿急速地咀嚼及口腔大量流涎，以及全身肌肉阵发性，伤口处发痒。随着病程的发展，痉挛逐渐减弱。在间歇期，患猪常隐藏在阴暗处或垫草中或饲料堆中，听到轻微声音即会跳出来，无目的的乱跑，病猪不能尖声嘶叫，体温升高，最后只见肌肉频繁微颤，发生麻痹，全身衰竭，经 3～4 天死亡。病死率很高。

麻痹型猪狂犬病，开始后肢和肩部衰竭，运动失调，走路不稳，继而后肢麻痹，全身衰竭而死亡。Oldenberger（1963）报道了前苏联猪狂犬病的一种麻痹形式，其病程为 5～6 天。Gigstad（1971）报道了人工感染猪的临床症状，后腿间断性的软弱无力，肩部软弱无力，共济失调，后躯麻痹呈滑水状运动，最后死亡。麻痹型的猪在狂暴型狂犬病猪中也有个别出现。

樊子文（1985）报道，狂犬病患病猪体消瘦，腹围膨大而下垂，站立时两前腿略伏下，后腿略向后蹬，低头直视，两眼结膜、巩膜潮红，叫声嘶哑，怕响声，易惊恐，舌下垂，口闭不扰，有无色、无泡沫略带浑浊的黏涎呈线状自口腔中源源不断地流出，呈腹式呼吸。人驱赶猪立即跃起，神情紧张，能主动攻击人和猪。行走似酒醉状，走不多远就自行卧地休息。继之，精神逐渐沉郁，先是后肢麻痹呈犬坐式，后伏卧，最后麻痹而瘫痪，表情呆滞，呼吸迫促，心跳缓慢，衰竭而死。剖检：胃肠膨气充血，胃内有砖碎末片等杂物，胃黏膜出血；心肌松软，充血；肝略肿瘀血。其余内脏及淋巴结未见特异性的病变，脑膜略肿、充血、出血。

死于狂犬病的猪尸体剖检通常看不到任何大体病变。组织病理学变化可能在脑和脊髓中看到，但也可能是变化不定。除了早期神经元的坏死和受影响的神经细胞的特异性胞浆包涵体外，病变范围可从分辨不清到弥散性脑炎。猪神经元的变性可能是非常轻微的（Jubb 等 1985），尼氏小体（Negri bodies）是特征性变化；但非所有猪皆能检到，Merrimann（1966）报道，3 头狂犬病猪均对荧光抗体呈阳性，且全部显示此病的临床症状，但只有头脑内检到尼氏小体；Gigstad（1971）报道，人工接种狂犬病病毒后死亡的 4 头猪，均出现广泛的非化脓性脑炎。其中 2 头肌肉接种后 42 天死亡，另 2 头脑内接种后 12～18 天死亡。4 头猪均未发现尼氏小体。Hazlett 和 Koller（1968）报道，从 1 头狂犬病猪的 10 个脑切片中，只发现一个尼氏小体。从狂犬病死亡猪可观察到神经病理学变化，脑的病变化从轻微的脉管炎和以局部性神经胶质增生为主的中度病变，到整个脑和脊髓的明显病变，情况不定。

诊断

根据被狂犬病等动物咬伤史、典型的恐水、畏光、惧声、流涎、伤口发痒及中枢神经性兴奋、麻痹等症候，可作出初步诊断。临床上常要与以下致病原因相鉴别。

1. 破伤风　有外伤史。患者牙关紧闭，角弓反张，全身强直性肌痉挛持续时间较长，而无高度兴奋、恐水症状。

2. 脊髓灰质炎　一般症状较轻，肌痛明显，出现痉挛时其他症状已多消退，亦无恐水表现。

3. 类狂犬病性癔症　患者被动物咬伤后不定时间内出现喉紧缩感，恐惧甚至恐水症状，但不发热，不怕风，流涎和麻痹，对症治疗后顺利恢复。必要时检查脑脊液有无中和抗体，对鉴别诊断有参考价值。

4. 狂犬病疫苗注射引起的神经系统并发症　可有发热、关节酸痛、肢体麻木及多种瘫痪等。虽无恐水和高度兴奋症状，但与麻痹型狂犬病不易区别，停止疫苗接种，采用肾上腺皮质激素治疗后大多恢复。同时狂犬病早期临床表现复杂多变，多易误诊。

李汝勇等（2002），根据临床资料对狂犬病的特殊首发症状，提出早期特殊临床类型及分类标准。

（1）上感型　患者起病时有发热、乏力、咳嗽、多伴有鼻塞、咽痛及咽部不适，甚至胸痛，咽部充血及扁桃体增大，白细胞正常或偏高，有时肺理纹增粗、模糊，酷似上呼吸道感染。

（2）胃肠型　有恶心、呕吐、腹痛、腹胀、腹泻，甚至肠积气、积液、肠鸣音消失、无便，呈麻痹性肠梗阻样表现，有的呈急腹症样改变；可能是病毒直肠作用于消化道引起自身免疫反应造成消化道损伤所致，也可能是严重的毒血症引起中毒性肠麻痹，经相应治疗无效。

（3）泌尿系统感染型　可出现尿急、尿频、尿痛，甚至出现少尿及尿时淋漓不尽，排尿困难，同是伴有发热、全身不适。白细胞增高，尿蛋白阳性；严重者尿素氮升高，酷似泌尿系统感染或急性肾功能衰竭。一般认为可能系狂犬病病毒侵害泌尿系统或感染较弱的狂犬病病毒长期潜伏于体内，引起抗体自身免疫反应造成泌尿系统损伤。抗生素及相应治疗无效。

（4）生殖系统异常改变型

①阴茎异常勃起 突出表现为阴茎勃起，每2～3min发作一次，发作时伴有阴茎疼痛，可见少许异常分泌物溢出，可有腰部不适及下腹疼痛，每次发作持续20～30min。排尿时喜强力扭扯阴茎。

②频繁射精 阴茎异常勃起，随即频繁射精，每天数次至10余次。此症状可持续4～6天。

③外阴阵发性剧痛 患者发病后以持续性、阵发性加重的外阴剧痛为主要临床症状，查体无异常改变。

（5）脑症状型

①病毒性脑炎型 发病时可有发热、头痛、恶心、喷射性或非喷射性呕吐。同时伴有全身乏力不适、厌倦或伴有肢体运动功能障碍。查体颈部无明显抵抗感，可出现对称性或非对称性肌力障碍，无病理反射，脑脊底检查正常或呈病毒感染样改变。

②精神分裂症型 患者可有心慌不安，皮肤奇痒，有蚁样感，情绪紧张。坐立不安，喜吐唾液，甚至躁动，乱喊乱叫，多伴有失眠。甚至部分患者始终没有恐水、恐惧。查体无明显定位体征，酷似精神分裂症。可能是病毒侵害中枢神经系统，直接造成脑实质损伤所致，按相应治疗无效。

（6）脊髓炎型 患者可有发热，下肢疼痛不适，对称性或非对称性下肢感觉、运动障碍的弛缓性瘫痪，并伴有感觉平面改变及浅、深反射的降低或消失。脑脊底检查正常或呈病毒感染样改变，血、尿常规检查正常。该型患者临床多见于带毒动物咬伤下肢，且大都注射过狂犬病疫苗，部分患者无明显三恐症，多误诊为急性脊髓炎、格林-巴利综合征、脊髓灰质炎等。其发病机制为狂犬病病毒侵害脊髓及延脑所致。大剂量激素、维生素、能量合剂、抗生素等治疗无效。

（7）神经炎型 患者可有发热，对称性双肢（上肢或下肢）感觉，运动障碍，乏力明显，部分可出现面神经及其他末梢神经样改变，酷似神经炎，经相应治疗无效。其机制尚不明了。

（8）心肌损害型 患者突然出现烦躁不安、咳嗽，咳白色泡沫样痰，痰中带少量血丝，伴有胸闷、憋气，有的患者可出现胸骨处心前区剧烈的压榨痛。查体呈急性心力衰竭及心肌梗死样改变，并可出现心电图改变（提示心肌缺血、坏死，甚至心律失常）。一般认为心肌损害的原因可能是狂犬病病毒作用于迷走神经、交感神经和心脏神经节所致，也有人认为心肌损害系狂犬病病毒直接侵害心肌，相应治疗无效。

（9）败血症型 起病较急，可有高热，全身酸痛不适，部分有头痛，甚至出现痉挛、抽搐。查体可见重病容和休克体征。血象示白细胞极度偏高，酷似败血症。但血培养阴性，抗生素治疗无效，可能是狂犬病病毒毒素侵入血液引起的严重病毒血症所致。

（10）出血型 患者因上腹痛，继之发热、呕血起病，或单纯呕吐咖啡色物，继之烦躁、惊恐起病。查体急性病容，精神差、恐惧、烦躁，面色灰暗，呼吸困难，口中流涎或不断涌出暗红色血性液体。可能是交感、副交感神经功能紊乱所致应激性溃疡，但出热部位不明。

经镇静、吸氧、强心、止血、抗感染综合治疗无效。

（11）纵膈气肿型 起病时突然出现胸闷，胸痛，发热，咳嗽，烦躁，呼吸困难，不能平卧，吞咽时喉部紧缩感。查体口唇发绀，颈前、前胸可见广泛肿胀及握雪感，X线胸片提示纵膈气肿。症状可发生在喉痉挛之前或之后，经胸骨上切开排气症状可稍缓解。本型较少见，其发生机制：①发生于喉痉挛之前系狂犬病病毒直接侵害胸膜造成胸膜水肿、充血，从而引起胸膜破裂，引起气胸。②发生于喉痉挛之后系喉痉挛引起胸压增强造成肺泡破裂，形成气肿，进而胸膜破裂形成气胸，皮下及纵膈气肿。

狂犬病早期临床表现复杂多变，提示狂犬病系多脏器功能障碍性疾病，对该病的综合基础治疗尤为重要。

实验室的血象、脑脊底检查，病理学检查，抗原、抗体检测及病毒分离、病毒基因组检测，只是进一步确诊和分型。

防治

狂犬病的高病死率，特别是动物狂犬病的问题一直没有得到解决，所以狂犬病仍是目前重点防治的一种传染病。狂犬病一旦发病，目前尚无特异性药物可进入神经细胞内灭活病毒并防止其扩散，针对神经介质的药物对神经系统的治疗作用尚不确切。一旦症状出现，抗狂犬病高效免疫球蛋白及疫苗不能改变疾病预后。对发病者仅能对症支持治疗；动物及时扑杀和无害处理。

为了降低狂犬病的病死率，一定要把感染的免疫预防和伤口的局部处理结合起来，单纯接种狂犬病疫苗或狂犬病免疫球蛋白，少数对象仍可发病；立即用肥皂水和清水清洗伤口或搔伤处最有效。咬伤后2h内处理伤口者1 540人，发病1例，发病率为0.065%；2h后处理伤口者3 179人，发病3例，发病率0.094%；未处理伤口者8 412人，发病44例，发病率0.523%，伤口处理与否，对发病有显著影响，$x^2 = 18.66$，$p < 0.01$。咬伤后12h内接种人用狂犬病疫苗1 313人，发病1例，发病率为0.076%；12h后接种疫苗为5 308人，发病9例，发病率0.17%；未接种疫苗6 510人，发病38例，发病率0.584%，接种人狂犬病疫苗对预防发病效果十分明显，$x^2 = 16.49$，$p < 0.01$。

对人免疫则为暴露后接种，即咬伤外紧急免疫，争取病毒在侵入中枢神经系统前就使机体产生较强的主动免疫，从而防止临床发病。

对患者要做到及时、全程和足量，即暴露伤口处理要及时、正确。咬伤、抓伤部位处理要立即处置，若无法处理，不能封闭伤口，可作伤口初步清洗；具体用20%肥皂水反复、彻底冲10～20min，局部用70%乙醇或2.5%～3%碘酒消毒。应在3h内送患者到医疗部门进一步处理。深部伤口需用注射器或导管伸入伤口进行液体灌注、清洗。如果有免疫血清，皮试阴性应在12h内伤口周围或近心端封闭浸润注射。

主动疫苗免疫：暴露后的接种方案为：①地鼠肾细胞疫苗，轻度咬伤者于0、7和14天各肌内注射2ml；重度咬伤者于0、3、7、14和30天各肌内注射2ml。②法国产维尔博Vero细胞疫苗于0、3、7、14、30天各注射1剂，第90天加强1剂。③人二倍体细胞疫苗于0、3、7、14、30和90天肌内注射（WHO）或0、3、7、14和28天肌内注射（美国）。主动免疫越早越好。对于严重感染者应用免疫血清与狂犬病疫苗联合使用。控制和消灭狂犬病必须对犬、猫及野生动物实行全面的综合预防措施：落实以犬免疫为主的"检疫管理、免疫接种、消灭流浪犬、猫"的综合措施。对接种动物、犬等应考虑预防接种，因为传播途径中有非创伤性传播可能。野生动物的免疫接种是进一步消灭狂犬病的目标。

我国已颁布的相关标准：

GB 17014—1997 狂犬病诊断标准及处理原则；

GB/T 18639—2002 狂犬病诊断技术；

GB/T 14926.56—2008 实验动物 狂犬病病毒检测方法；

WS 281—2008 狂犬病诊断标准。

五、埃博拉出血热
（Ebola Hemorrhagic Fever）

埃博拉出血热（Ebola Hemorrhagic Fever，EHF）是由埃博拉病毒（Ebola Virus，EBOV）致人和动物的一种高致病性的病毒性疾病。主要特征是高热、出血、肌痛、皮疹、肝肾功能损害及高病死率。

历史简介

本病发生于 1976 年扎伊尔 Yambuku 及附近地区，发病人数达 318 人，死亡率达 88％；同年苏丹的 Nzara 和 Maridi 地区，发病人数达 284 人，死亡率达 53％。本病的首次爆发就显示出巨大的杀伤力，不过当时人们并不知道它究竟是何种病毒，直到从当地保留的标本在电镜下发现致病因子获得病毒，病毒在形态上与马尔堡病毒极为相似，不能区别。但抗原性不同，其多肽结构的差异表现在病毒蛋白 VP1 和 VP3 并以源于扎伊尔雅姆布库一条河流命名，因有病人出血，故又称埃博拉出血热。1976～1979 年，埃博拉病毒病仅在非洲偶尔出现，呈小到中等规模爆发。1995 年在扎伊尔的 Kikwit 和 2000 年在乌干达的 Gulu 出现大规模流行，导致 245 人死亡。1989 年美国肯尼亚州莱斯顿检疫站从菲律宾进口的 100 只猴子，发病死亡 60 多只中，检测到埃博拉病毒。1994 年在科特迪瓦，一位来自瑞士的生物学家在解剖一只因埃博拉出血热而死亡的黑猩猩后发病，从其血液及黑猩猩组织中分离到一株病毒，在血清学和基因型上与 1976 年爆发的病毒不同。Simpson 和 Zuckarman（1988）发表了题为"马尔堡和埃博拉病毒亲缘关系研究"。根据核苷酸序列和抗原性不同。将目前已鉴定的 4 种不同的埃博拉病毒分别是埃博拉-扎伊尔（Ebola - Zairian，EBO - Z）、埃博拉-苏丹（Ebola - Sudan，EBO - S）、埃博拉-科特迪瓦（Ebola - Ivory、Coast，EBO - C）和埃博拉-莱斯顿（Ebola - Reston，EBO - R），近年又发现埃博拉-本迪布丝型（Ebola - Bundibugyo，EBOV - B），即埃博拉病毒已有 5 个亚型。只有 EBO - R 是唯一的一种仅在人类灵长动物中引起致死疾病，但不引起人类严重疾病的丝状病毒。可是近年来有新的动向。

病原

埃博拉病毒（Ebola Virus，EBOV）属于丝状病毒属（Filovirus）。丝状病毒可能出现几种不同形态。最常见的是长丝状结构，也会出现较短的、分支状、形状类似"6"或 U 及环状结构。病毒粒子呈线状结构，直径为 80nm，标准长度为 790～970nm。电镜下所观察到的病毒粒子的长度可达 1 400nm，可能是由于病毒在出芽过程中多个病毒核酸被共同包裹所致。病毒分子量为 $4.0×10^6～4.5×10^6$ Da，基因组为不分节段的单股负链 RNA，全长为 19.1Kb。其基因组排列顺序为：$NP-VP_{35}-VP_{40}-GP-VP_{30}-VP_{24}-L$，编码 7 种蛋白质，每种蛋白质产物由单独的 mRNA 所编码，其中 GP 基因对 EBOV 复制有独特的编码和转录功能。纯化的病毒粒子含有 5 种多肽，即 VPO、VP1、VP2、VP3 和 VP4，相对分子量分别为 188 480、124 000、103 168、39 680 和 25 792。VP1 为糖蛋白，组成病毒粒子表面的纤突；VP2 和 VP3 组成核衣壳蛋白；VP4 组成膜蛋白。病毒在感染细胞的胞浆中复制、装配，以芽生方式释放。EBOV 各型之间的核苷酸序列差异为 37%～41%，但至少 NP 基因有很高的同源性及 NP 蛋白有血清交叉反应。病毒外膜由脂蛋白组成，膜上有 10nm 长的呈刷状排列的突起，为病毒的糖蛋白。病毒可实验感染多种哺乳动物培养细胞，在 Vero-E6 细胞中生长良好，且能出现致细胞病变作用。根据病毒抗原不同，埃博拉病毒主要分为 4 个亚型，但对人的毒力明显不同，EBO-Z 最强，EBO-S 次之，EBO-C 仅 2 例，且都恢复，EBO-R 尚未有人发现病例。新生的病毒粒子以从宿主细胞膜的发芽方式释放到细胞外的环境中，随后感染新细胞。但目前对丝状病毒的复制方式还不是很清楚。病毒在室温下稳定，60℃30min 灭活，对紫外线和多种化学试剂（乙醚、去氧胆酸钠、β-丙内酯、过氧乙酸、次氯酸钠、甲醛等）敏感。苯酚和胰酶不能完全灭活，只能减低其感染性。在 -70℃ 下稳定，4℃ 下可存活数天。

流行病学

本病目前流行于非洲的扎伊尔（刚果）、苏丹、乌干达、加蓬、肯尼亚、利比里亚、科特迪瓦和埃塞俄比亚。灵长类动物对埃博拉病毒普遍易感。菲律宾也有报道。但此病毒的分布很广，人、猴、黑猩猩、猪等都检出有病毒或抗体。据报道，中非居民中有 2%～7% 有 EBOV 的抗体；猴类是一类重要的动物，在亚洲和非洲的猴类中有 10% 的带有 EBOV 的抗体。在实验室条件下，豚鼠、仓鼠、乳鼠可感染发病和死亡。英国杂志排出世界最致命 6 种病毒病中埃博拉居首位，1976 年 9～10 月民主刚果有 318 人被感染，死亡 280 人；1995 年再次大流行，315 人被感染，死亡 254 人。2000 年 10 月乌干达发生苏丹亚型，感染了 425 人，死亡 224 人。2001～2003 年加蓬和民主刚果报告发生的扎伊尔型，感染了 302 人，死亡 254 人。2014 年几内亚发生流行致 59 人死亡。塞拉利昂确证 188 例，死亡 56 人。利比里亚确诊 90 例，死亡 49 人。2014 年 10 月 5 日为 8 033 人，死亡 3 879 人；10 月 29 日为 13 567 人，死亡 4 951 人。11 月 12 日为 14 698 人，死亡 5 060 人；11 月 6 日为 13 241，死亡 4 921 人；11 月 14 日为 14 413 人，死亡 5 177 人；11 月 30 日为 16 169 人，死亡近 7 000 人。目前，已有少数国家疫情已控制。2014 年 7 月世界卫生组织报告，北非今年埃博拉再度发生，已死亡 660 人。问题是在该病停止 10 年之后又开始爆发，蔓延其原因何在。本病的自然宿主（储存宿主）尚未确定，人和灵长类动物都能发生感染和死亡，人类感染都能追溯到灵长动物，然而灵长动物只作为人类感染的传染源，不可能维持疾病在自然界长期存在。尽管非人类灵长动物，如猴子是人类的传染源，但它们并不是埃博拉病毒最初来源，它们与人一样是通过直接接触动物、自然界的某种东西或通过某种传播链而感染的，而埃博拉病毒最初来源于何种动物，至今是一个谜。储存宿主应当是病毒在其体内能保持较长时间，且又不明显受损害动物。有证据表明，EBOV 能在蝙蝠中复制，但不能证明蝙蝠就是储存宿主。2008年12月菲律宾发现了3个猪场70％的猪血清为莱斯顿伊博拉病毒（REBOV）抗体阳性，农场141名员工进行血检，结果发现其中6人感染REBOV。这种病毒在1989年一群猴子身上发现，猴子死亡率达60％以上，而且有4人抗体阳性，表明对人感染。但与其他类型EBOLA病毒不同，到目前为止，REBOV对人未出现临床症状。尽管众多的尝试试图找到EBOV的自然宿主，但至今它们的起源仍然是一个谜。在刚果（金）发生与"西非地区目前正在出现的埃博拉疫情没有任何关系"的埃博拉疫情，其病原是扎伊尔型以外的埃博拉苏丹型和苏丹-扎伊尔交叉型。该国患者中还有一人从体内分离到两种EBOV。图兰大学的罗伯特·加里说，这种病毒在人体内的变异速度是在狐蝠等动物宿主体内变异速度的2倍。研究显示，病毒的糖蛋白（使病毒附着到人体细胞上的表面蛋白）发生变化，使其可以在人体宿主内进行复制。"变异"很快可能会影响到疫病的诊断和疫苗的研制与生产。为此，为了寻找埃博拉病毒的特征，美国麻省理工学院和哈佛大学的科学家对其遗传物质进行了研究。在对78个埃博拉病毒感染者的99份样本进行分析，找到了395个基因变种，重建了病毒源，并发现2014年的病毒比过去几次爆发时的传染力更强。研究人员认为，随着疫情的不断加剧，变异种的数量也在不断增加。因此，随着时间推移，将出现更多临症和传染力都发生变化的新变异种，进而导致遏制疫情的任务变得愈发艰巨。研究结果表明，埃博拉病毒仅通过一次接触就从其自然宿主蝙蝠身上传染给人类。在自然宿主身上，埃博拉病毒繁殖速度没有这么快，因此变异种也较少。而在人际间埃博拉的传播，每代病例呈数倍上升，但发病率不高，提示传播率不高。人们真正担心的是：病毒的快速变异会使埃博拉"感染力"更强，急需绘制出埃博拉病毒的族谱。

　　近年来流行病学调查表明，在自然界也存在着隐性感染人群。因此，人类自身亦有可能作为保存宿主。1996年在加蓬北部发生二次爆发性埃博拉出血热，发现了与病人接触但不同发病的病毒携带者，经调查无症状者和发病者所携带的病毒的核蛋白无差异，而且这两种人群也无基因上的差异，说明隐性感染人群无症状不是由病毒变异引起的，提示自然界存在着毒力低或不致病的EBOV。1995年在扎伊尔基奎特和刚果EBHF爆发期间，发现医院和健康中心的工作人员隐性感染率为1.99％。几内亚、刚果热带雨林地区和苏丹干燥草原地区的隐性感染人群最多，前者甚至超过10％。这些隐性感染人群主要集中在热带雨林中的种族群体内。

　　病毒可能通过直接接触患者的血液、唾液、粪便或体液传播，或通过空气传播，目前认为传播途径主要通过直接接触病人的体液、器官和排泄物，处理现发病和死亡的动物，如黑猩猩、猴子；医务人员则经常是因为看病人或参加葬礼而感染。在非洲，不少医务人员因此丧命。使用未经消毒的注射器也是一个重要途径。另外，也可通过气溶胶，美国《科学新闻》网站2012年11月15日报道，研究者把感染埃博拉病毒小猪与猕猴关在一室内，尽管他们之间并未发生身体接触，但猕猴仍被感染，表明埃博拉病毒可能会通过空气由猪传给猕猴。虽然猪在实验室条件下传播了埃博拉病毒，但目前仍然没有证据表明任何人在非洲因为与病猪接触而感染上病毒。性接触也可能传播，但确切地传播途径仍不清楚。

　　根据目前流行病学调查情况，影响埃博拉病毒感染的重要因素是：与家庭中患者接触；未经培训人员在不适当的防护设备下为患者提供医学护理或参加埃博拉出血热（BE-

HF）死者葬礼。2014年西非EBHF爆发起始一儿童患者；巫医在为死者祈祷时，亲戚抚摸死者后共在一个盆中洗手后，几天后都感染EBHF。第二代发病率一般为 $10\% \sim 15\%$ ，提示传播率不高。接触者的发病率与密切接触的程度成正相关。各种接触的发病率见表1-10。

表1-10 埃博拉出血热接触传播的发病率

危险因素	个人		家庭		乡村	
	暴露数目	发病率（%）	暴露数目	发病率（%）	暴露数目	发病率（%）
照顾患者	119	71.6	84	71.4	22	68.2
同房间睡觉	116	60.9	86	66.3	22	22.7
帮孕妇分娩	104	18.3	74	9.5	22	4.5
尸体整容	116	58.6	87	57.5	22	54.5
参加葬礼	126	85.7	98	85.7	22	95.5

1995年扎伊尔KiKWit市EBHF流行中，首发病例5天后死亡，第二代病例70%以上为医护人员，约10天后出现第三代病例，主要是医护人员家属和朋友，再10天后出现第四代病例。每代病例呈数倍上升，共发生病例315例。27病例的173个家庭成员中，发生继发感染19例，感染率11%，其中12例与患者呕吐物或大便有过接触，7例与患者共用一张床；而78个家庭与原发患者无直接接触，无一人发病，同一房间睡觉并接触患者的感染率为22%（5/23），而护理患者感染几率可达81%（39/48）。

发病无明显的季节性，人群普遍易感，无性别差异。EHF爆发流行中有部分无症状感染者，血液存在EBOV IgG，无症状感染者在流行病学上的意义不大，其病毒水平低，感染后在短期内被机体有效的免疫应答清除，炎症反应可于 $2 \sim 3$ 天内迅速消失，从而避免了发热和组织脏器的损伤。

发病机制

EBOV是一种泛嗜性的病毒，可侵害各系统器官，尤以肝脏、脾脏损害为主。本病的发生主要与机体的免疫应答水平有关。患者血清中IL-2、IL-3、TNF-α、IFN-γ和IFN-α水平明显升高。

CD8＋T淋巴细胞在EHF的发病过程中对控制EBOV的感染和诱导保护性免疫反应的发生起着十分重要的作用。有人发现EBOV的早期清除与CD8＋T淋巴细胞的功能有关，不需要CD4＋T淋巴细胞和抗体参与；后期保护则需要有CD4＋T淋巴细胞和抗体参加，免疫缺陷者可能长期存在病毒复制而不发病，成为重要的传染源。EBOV的致病性还可能是病毒抑制吞噬细胞产生细胞因子的活性，如在动物试验中发现细胞内α-干扰素的量无明显变化，不能有效地发挥抗病毒作用。

单核吞噬细胞系统尤其是吞噬细胞是首先被病毒攻击的靶细胞，随后成纤维细胞和内皮细胞均被感染，血管通透性增加，纤维蛋白沉着。有研究指出，感染存活者对EBOV作出了持续、稳定的免疫反应；而死者对EBOV侵袭的抗体反应很微弱，因此平衡而适时的免疫反应是最有效的防御措施。感染后2天病毒首先在肺中检出，4天后在肝脏、脾脏等组织中检出，6 天后全身组织均可检出。

本病主要病理改变是单核吞噬细胞系统受累，血栓形成和出血。全身器官广泛性坏死，尤其以肝脏、脾脏、肾脏、淋巴组织为甚。

埃博拉病毒引起休克和大出血的机制复杂。早先的研究表明，病毒侵害多种细胞，特别是免疫系统的巨噬细胞和肝细胞。血管内皮细胞是否直接受到埃博拉的攻击还不明确。有些研究者认为这些细胞的损害导致毛细血管内的血液流入外周器官，从而造成循环系统的崩溃并使人快速死亡，内皮通透性增加及毛细血管的受损看来是病理损伤的关键。最近研究发现引起该病致命性的出血主要因子是一种 EBOV 产生的糖蛋白，它主要攻击和毁坏血管内皮细胞，引起血管"渗漏"，血液从血管内流到血管外。

通过动物试验表明，EBOV 蛋白的 GP 和 VP30 是其攻击血管内皮细胞的重要因子。VP30 在病毒转录过程中起非常重要的作用，在病毒颗粒中，VP30 紧密结合在核蛋白上，EBOV 产生一种糖蛋白，这种糖蛋白成为该病毒新拷贝的表面部分，它抑制免疫细胞并与血管内皮细胞相结合，导致内皮细胞损伤，呈现更圆形态，从血管壁上脱落下来。EBOV 有一个基因编码分泌蛋白和表面蛋白；前者与中性粒细胞表面的一种蛋白结合，阻止了中性粒细胞受各种免疫细胞的刺激而被活化的作用，这可能是 EBOV 逃避自身免疫应答的原因；EBOV 能优先入侵内皮细胞，因为内皮细胞位于心脏、血管及其他器官表面，因此 EHF 以大量出血为特征。EBOV 的致蛋白 GP 直接与人或猪的血管内皮细胞接触后，在 48h 内血管内皮细胞会丧失功能，导致血管的通透性增加，最终变成流动的液体，引起出血；同时损伤的脉管内皮细胞可释放大量组织因子，启动外源性凝血途径，即组织因凝血途径凝血，引起 DIC，消耗大量的凝血因子，血浆中血小板和凝血酸原极度减少，蛋白 C 快速下降，而引起全身广泛性出血。大多数细胞损伤和凝血异常的结果是宿主多发性致病机制的结果，包括血管内和淋巴器官中淋巴细胞大量坏死；前炎症细胞因子；肿病坏死因子（α-TNF）的产生以凝血功能紊乱，导致 DIC。

对这一蛋白稍作修改后，该蛋白就不具备破坏血管内皮细胞的功能。如何抑制这种蛋白质的内皮细胞毒性是今后研制抗病毒药物或疫苗的焦点，可能有助于改善埃博拉病毒感染的致命性影响。最近研究人员找到了一种抗体属于小分子蛋白。实验表明，这种抗体能够吸附在埃博拉病毒表面的蛋白上，从而阻止病毒入侵实验鼠的细胞。科学家认为，埃博拉病毒的表面蛋白在病毒入侵和感染人体细胞的过程中具有重要作用。研究结果表明并不是埃博拉病毒与细胞结合导致细胞死亡，而是随后在细胞内生成的病毒糖蛋白被证明是致命的。Nabel 认为，在杀死细胞之前，埃博拉病毒蛋白必须逐渐达到一定的阈限。科学家们怀疑是该糖蛋白可与细胞内的某种蛋白结合，因而推测阻挠这种相互作用的药物可抑制埃博拉病毒在体内的传播，并可使免疫系统有足够的时间以消除感染。

有人认为 EBOV 的强大致病力是由于先期感染病毒后再次感染时，体内原有的抗体与病毒的糖蛋白和补体 C1q 结合，产生强大的致病力。

通过变异的蛋白基因可产生不杀死细胞的变异体。此外，研究人员还在病毒分子上发现一个对其破坏性行为来说是必不可少的区域。目前的研究表明，在雷斯顿发现的埃博拉病毒株与杀死细胞的病毒株相比较，前者的这个区域与在扎伊尔发现的埃博拉病毒的不同。雷斯顿病毒株的糖蛋白可杀死细胞并破坏非人类灵长目动物的血管，但并不损害人的细胞。

研究者们现在采用埃博拉病毒基因组的互补链构建成 DNA 分子，将此 DNA 导入细胞系，并表达埃博拉的 4 个关键蛋白，包括结构蛋白的 GP，此细胞系即可产生新的 RNA 埃博拉病毒。结果是实验室制造出一种能传染给其他细胞系、具全能感染性的病毒——基因工程埃博拉病毒，可通过突变来研究关键致死的基因和蛋白功能。

通过改变互补 DNA 系列，Volkkov 的工作组已经研制出一种埃博拉突变体能够诠释病毒的致死效应。GP 蛋白（毒性最强的蛋白）编码基因的突变，使病毒能复制出更多的蛋白质，并确定病毒有 GP 生成"自我控制"机制，以免在病毒传播其他非感染细胞之前，那些感染细胞就被杀死。Feldmann 从中也看到了可制作基因工程疫苗的策略。

临床表现

人类埃博拉

埃博拉病毒 EBO－Z、EBO－S 和 EBO－C 能使人和灵长类动物发病，其中 EBO－Z 的致死亡率 88.8%，EBO－S 为 53.2%；EBO－R 可使灵长类动物发病，人也可能感染，而为无症状的病毒携带者，在西太平洋地区有这种病例发现。埃博拉病毒感染的潜伏期一般在 2～21 天不等，发病突然，病程急，表现为头痛、发热（但据统计发病初期仅 13% 的人有发热症状）、寒战、食欲不振、肌肉疼痛，随着病情加剧，会出现恶心、呕吐、咽喉疼痛及腹泻等症状。发病 2～3 天可出现恶心、呕吐、腹痛、腹泻、黏液便或血便，腹泻可持续数天。病程 4～5 天进入极期，发热持续，出现神志意识变化，如谵语、谵妄、嗜睡。此期出血常见，可有呕血、黑便、注射部位出血、鼻出血、咯血等，孕妇出现流产和产后大出血。病程 6～7 天，可在躯干出现麻疹样斑丘疹并扩散至全身各部，数天后脱屑，以肩部、手心、脚掌多见。重症者常因出血、肝肾衰竭或严重的并发症死亡于病程第 8～9 天。非重症患者，发病后 2 周逐渐恢复；大多数患者出现非对称性关节痛，可呈游走性，以累及大关节为主；部分患者出现肌痛，乏力，化脓性腮腺炎，听力丧失或耳鸣，眼结膜炎，单眼失明、葡萄膜炎等迟发损害。另外，还可因病毒持续存在于精液中，引起睾丸炎、睾丸萎缩等。急性期并发症有心肌炎、肺炎等。疾病早期阶段的白细胞减少，如有细菌继发感染并发症，白细胞迅速升高。在发病初期患者具有脱水、神志不清和出现幻觉等明显症状，通常可见咽喉部及结膜部感染。几天后，身体躯干部位出现典型的斑丘疹、瘀斑和黏膜出血，同时伴随有胃肠道出血。在出血期血小板下降到 5 万～10 万个/mm³，并伴随有剧烈的上肢疼痛。死亡前，患者会出现短暂的休克，患者的凝血因子参数异常，其中包括产生纤溶蛋白裂解产物、凝血酶原和部分血小板作用时间延长，导致患者晚期出现的弥漫性的血管凝集。病毒极易通过患者血液、精液、尿液和汗腺传播。同时肝、肾功能受损，部分病例心、脾、肝等开始糜烂成半液体块状，最后患者眼睛、嘴、鼻、肛门大量出血，全身皮肤毛孔浸满污血而死，症状十分恐怖。白细胞和血小板减少，肝酶升高。埃博拉病毒是一种罕见的致命病毒，患者可能在 24h 内死亡，死亡率高达 50%～90%。

埃博拉病毒能侵害几乎每个器官，但以肝脏、肾脏损害最为严重。感染后 2 天病毒首先在肺中检出，4 天后在肝、脾等组织中检出，6 天后全身淋巴组织均可检出病毒。

本病的主要病理变化表现在单核吞噬细胞系统遭受侵袭，淋巴系统受抑制及血管的损伤导致血管闭塞、血栓形成和出血。淋巴组织、肝脏和脾脏的严重退变导致细胞核的残骸大量堆积。肝、脾均增大，呈黑色。脾切面不见滤泡，髓软而呈粥糊状样。肝质易破碎，切开时多量的血液流出，使其变为浅黄色。在显微镜下，脾呈明显的充血和瘀滞，在红色脾髓中单核吞噬细胞系统组成部分有增生和大量巨噬细胞，红髓的坏死伴随淋巴组织的破坏，脾小体内的淋巴细胞大大减少，肝细胞普遍呈变性和坏死，常见透明样变。Kupffer 细胞肿胀凸出，满载细胞残骸和红细胞，窦状隙内充满了碎屑。门静脉间隙内蓄积着单核细胞，但在肝坏死达高峰时亦可见肝细胞再生现象。淋巴组织中的单核细胞变形。坏死性损害不仅在肝和脾中见到，亦可在胰腺、生殖腺、肾上腺、垂体、甲状腺、肾脏和皮肤找到。除了局限性出血和小动脉内膜炎以外，肺内的损害较少。

神经系统的病变主要表现于散布在脑全部的神经胶质的各种成分，未见有淋巴细胞反应，但在脑实质中多处可见出血。神经胶质损害，一种为增生性的，表现为神经胶质结节和玫瑰花状形成；另一种为变性的，表现在核固缩感核破裂。神经胶质的所有成分包括星形细胞、小神经胶质细胞和少突神经胶质细胞都受影响。此外，还普遍存在脑水肿。

人 Ebola - R 型感染

美国 1989 年和 1990 年从菲律宾进口的三批 100 只猴子中 60 只突然发病死亡，并检出 Ebola - Reston 毒株，对 Ebola - R 病毒的序列分析，表明它是一个埃博拉病毒的新成员，对实验室灵长类动物有非常高的致病性，但对人类的毒力却比扎伊尔埃博拉病毒、苏丹埃博拉病毒要低，分别造成各 4 人感染，呈抗体阳性，但没有人发病。而 2008 年菲律宾阿西楠省 3 个农场 141 名员工进行血样等检测，结果有 6 人感染了 Reston 病毒，不过他们都没有表现出感染病毒的明显症状。Ebola - R 爆发流行有一个重要特征，所有没有穿戴保护性工具与病猴有过接触的畜牧兽医工作人员都没有得病，其中有一些人后来被发现产生了相对的埃博拉病毒抗原的特异性抗体，说明他们经历了隐性感染。从猴到人，从猪到人，表现这种潜在的致命性病毒有能力感染家畜（动物），目前这种亚型的病毒对人类威胁不大，属于"低公共健康威胁"等级，但存在对人类造成潜在的风险。

猪埃博拉感染

Sayama Y（2012）报道，2008 年在菲律宾阿西楠省和布拉干省 REBOV 流行的猪场共采集 215 份猪血清，通过检测发现感染猪场中 70% 的猪血清为 REBOV 抗体阳性，高流行率显示猪是 REBOV 的易感动物，病毒可能在猪身上发生变异，从而导致致病能力变化，它与其他类型 Ebola 病毒不同，到目前为止，它还没有对人造成威胁，曾有极少数与病食蟹猴接触的人被确认感染这种病毒亚型，虽对人类威胁不大，属于"低公共健康威胁"等级。但菲律宾卫生部曾宣布，有一名养猪场员工感染埃博拉病毒，对 77 名高危人群进行血清学调查，又有 4 人体内含有 Ebola 病毒抗体，但 5 人身体状况良好，也未出现严重的临床症状。所以 WHO 仍考虑猪的感染是否会对人类构成威胁。

Marsh GA（2011）报告，用 10^6 TCID$_{50}$ 的雷斯顿型埃博拉病毒于口鼻和皮下接种 5～6 周龄的仔猪各 8 只，这些仔猪的鼻咽部可以检测到病毒；皮下接种的仔猪在多个组织器官中可以检测病毒，这些猪未发现明显的临床症状，说明雷斯顿型埃博拉抗病毒单独感染对猪的致病性不强。因为埃博拉病毒感染猪后主要侵害肺部，猪表现为较多的咳嗽、咳痰，从而导致空气传播。

Pan Y 等（2014）报告，2011 年，中国上海养猪场猪群爆发疾病，从来自 3 个养猪场的 137 份死猪脾脏样品检测到 PRRSV，其中 4 份样品混合感染了雷斯顿型埃博拉病毒。

通过提取 RNA 并测序，发现这些病毒与菲律宾猪中分离的雷斯顿型埃博拉病毒菌株高度同源。

诊断

本病诊断主要依据流行病学资料、临床表现和实验室检查（图 1-1）。

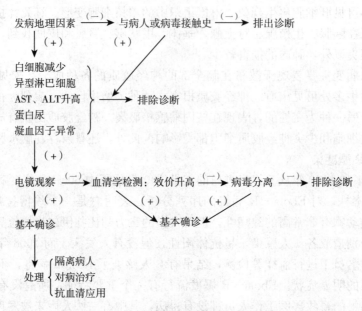

图 1-1　埃博拉病毒感染的诊治程序

1. 酶联免疫方法　目前常用的早期临床诊断方法有 ELISA 检测病毒抗原和检测血清中 IgM 的 ELISA 方法。由于急性期病人血清中特异性抗体水平相当低，其诊断价值远不如抗原或核酸检测高。血清特异性 IgM、IgG 抗体最早于病程 10 天左右出现，IgM 抗体可持续存在了 3 个月，是近期感染标识；IgG 抗体可持续存在很长时间，主要用于血清流行病学调查。我国针对埃博拉病毒特异性核酸片段进行选择性扩增，覆盖了埃博拉病毒 5 个亚型，并选用荧光 PCR 检测方法，可直接用仪器检测，操作简单，灵敏度和准确度高。

2. PCR 检测对病毒进行基因分析　PCR 技术检测病毒核酸、病毒载量与疾病的预后密切相关，死亡病例 RNA 的复制水平明显高于生存病例。但这些检查必须在 P4 级实验室中进行，以防止感染扩散。

3. 病毒分离　最适合埃博拉病毒分离的细胞为 Vero 细胞，可取发病第 1 周患者血接种也可用 MA104 细胞，病毒在细胞内形成病变后，可用免疫荧光法等方法检测培养细胞中病毒抗原是否存在。

4. 埃博拉病毒存在多种血清亚型，人隐性感染（不发病）以弱毒株和无毒株为主，与诊断抗原交叉反应弱。

埃博拉病毒出血热：发热、头痛、肌痛、腹泻、呕吐、咽痛、出血性皮疹。

防治

因为无治疗药物和疫苗，目前无防治方法，发病猪群采取扑杀处理。因为一些抗病毒药物和干扰素及病毒唑无效，用恢复期患者的血浆治疗埃博拉出血热患者尚存在争议。实验室研究已证实，使用高免疫的动物血清对本病无保护作用。故包括注意水电解质平衡，控制出血，对肾衰时进行透析治疗等。

对病患者只能采用支持性治疗。

在疫区对病人和疑似病人及与病人或动物密切接触人群，必须采取特殊的隔离措施。对病人的用品及排泄物要采取严格的防护措施，进行高压消毒，以防病原扩散。医护人员需严格执行保护措施。

凡疑似病人（例）必须立即隔离，执行严格的隔离看护，疑似病例的观察时间，要求最后1次接触后21天。与病人有密切接触的人（包括没有穿隔离衣与病人或被病人污染的器械接触的异物工作者）要求隔离观察，1天测2次体温，一旦体温超过38.3℃即应立即住院，严格隔离。偶尔的接触也应处于警惕中，一旦发热应立即报告。死于埃博拉出血热的病人应立即火化处理，处理人员要求按照规定的标准防护。

若干种候选疫苗已经在研究试验中，美国科学家声称已研究出一种预防埃博拉病毒的DNA疫苗，在猴子身上试验效果良好；法国的研究者们研究出VP40结构，这种蚌形的蛋白长不到5nm，构成埃博拉病毒的外壳或者称基质。日本河冈义裕（2012）报告，用生物技术方法剔除正常基因中的病毒增殖所必需的基因"VP30"，组成埃博拉病毒，这种病毒因此不会再感染人，也就不再具有毒性，改造后的病毒自身性质并没有根本性变化，可以作为实验室安全研究的对象，从而加快了相关药物及疫苗的研发进度。此外，ZMapp克隆抗体已进入临床试验的前期。我国JK-05制剂已进入临床试验。瑞士的两个基因疫苗已提前进入临床试验，第一批受试者约60人。美国已研制成功口服埃博拉病毒病疫苗，并已在猴身上试验成功。

药物方面，一种以VP40为靶向的药物可以抑制病毒的复制。发现非洲一种野生植物加斯尼亚可乐果的成分，能有效阻止病毒蔓延。可乐果内含有2种黄酮成分，可中和破坏脑细胞或导致心脏病、脑卒中和癌症的有害物质。

ZMapp是通过小鼠获得的3种抗体混合制剂，可附着在感染埃博拉病毒的细胞上，从而帮助免疫系统杀死这些细胞。通过试验，用两种略有不同ZMapp对感染埃博拉病毒3~5天，且大部分猴已经表现症状时进行治疗，治愈了全部18只感染这种致命病毒的猴子，目前尚不清楚该药物对人类是否有效，因为人类最多需要21天才会出现症状，而且人类感染的方法与实验室里猴子的感染方式不同。7名使用了ZMapp的患者，治疗结果是2名死亡，2名康复，其余在观察中，有康复可能。医生们根本没有办法知道是ZMapp发挥了作用，还是患者自行康复，因为在这场疫情中，有45%的患者可能自行康复，但扎伊尔型埃博拉的病死率可达88%。所以，ZMapp应还有希望，只是需要更多的临床试验数据。

埃博拉病毒和马尔堡病毒都属于丝状病毒属，《科学转化医学》杂志发表了特克米拉制药公司的药物，这种药物采用的技术能在病毒到达细胞之后干扰病毒的生长。对一些猴子在受感染30min后接受治疗；另一些猴子在被感染3天后接受治疗，计16只猴子都存活下来，但没有接受治疗的猴子全部死亡。这种药物治疗给埃博拉病防治提供线索。

在国际交流中，边防国境卫检是第一道防线，也是最主要的检疫关卡，除对来自世界各地旅客审查其旅行地外，体温检查是必需的。另外，凡去过疫区，或来自疫区的旅客除体温检查外，隔离观察 21 天，恐怕是唯一手段。在运输过程人的废弃物等必须严格无害化消毒。对来自疫区的货物、运输工具必需严格消毒。

我国已颁布的相关标准：

SN/T 1231—2003 国境口岸埃博拉—马尔堡出血热疫情监测和控制规程；

SN/T 1439—2004 国境口岸埃博拉出血热检验规程。

六、仙台病毒感染
（Sendai Virus Infection）

本病是由副黏病毒引起的人畜共患性疾病。主要致人，特别是儿童上呼吸道感染和动物肺炎或流产，也是啮齿类实验动物最难控制的疾病之一。

历史简介

本病 1953 年发现于日本仙台，有 17 名新生儿肺炎，死亡 11 人。Kuroya（1953）分离到病毒。Chanock（1957）分离到人副流感病毒分属于副流感病毒Ⅰ型，又称鼠副流感病毒Ⅰ型，现归入副黏病毒科，病毒亚科，呼吸道病毒属。现在仙台病毒和红细胞吸附Ⅱ病毒（HA-Ⅱ Virus）一起被命名为副流感病毒Ⅰ型、HA-Ⅱ病毒是 1958 年从一名重症呼吸道感染儿咽嗽液接种到肾细胞分离到，由于其组织培养上能吸附豚鼠红细胞称为HA-Ⅱ病毒。另一儿童上呼吸道一株能吸附红细胞病毒，抗原性不同于 HA-Ⅱ病毒，命名为副流感Ⅲ型。1956 年从 Chonok 一婴儿哮吼患者分离到 CA-病毒，命名为副流感Ⅱ型。1960 年从一名流感患者咽分离到副流感病毒Ⅳ型，后又分离到一些毒株，其抗原性略有差异，将Ⅳ型分为ⅣA 和ⅣB 两个亚种。副流感病毒Ⅴ型，包括 SV5、NA、DA 等毒株。

病原

仙台病毒（Sendai Virus）呈多角形，主要为球形，直径 150～600mm，病毒颗粒内含15kb 的单股负链 RNA，是一个具有细胞融合活性的有包膜病毒。成熟的病毒粒子存在有 6种结构蛋白，即血凝素神经氨酸酶蛋白 HN（72KD）、融合蛋白 F（65KD）、基质蛋白 M（34KD）、核衣壳 NP（60KD）、磷蛋白 P（79KD）、大蛋白 L（200KD）。2 个蛋白跨膜蛋白——HN蛋白和 F 蛋白在包膜外表面形成刺突和宿主细胞膜相互作用启动病毒感染。HN蛋白具有血凝素和神经氨酸酶活性。血凝素可使病毒和细胞表面含唾液的受体结合，使病毒吸附到细胞表面。F 蛋白可以介导病毒—细胞融合或细胞—细胞融合，具有溶血性。HN 和F 蛋白的相互作用是膜融合机理的一个因素。在转录和复制复合体中，NP、P 和 L 蛋白与RNA 基因组相互联系。M 蛋白具有调节病毒成分与质脂相连的功能，在病毒装配和出芽方面起作用，本病毒有两个变异株。

仙台病毒对乙醚敏感，pH2.0 条件下极易灭活。在 5℃或室温下，可凝集多种动物细胞，包括鸡、豚鼠、仓鼠、大鼠、小鼠、绵羊等 12 种动物红细胞，其中以鸡的红细胞凝集价最高。该病毒在鸡胚羊膜腔和尿囊腔中易生长，也可在猴肾细胞、乳猪肾细胞、乳仓鼠肾细胞、恒河猴肾细胞上增殖。在－70℃下可贮存。

流行病学

人、猪、小鼠、豚鼠、地鼠、家兔等均易感仙台病毒。自然宿主是人和啮齿动物，也是人类呼吸道疾病的病原之一。在自然条件下仙台病毒感染发生在小鼠、大鼠、仓鼠和豚鼠。雪貂可鼻内感染，引起发热、肺炎和死亡。鼻内接种灵长类动物，可引起无症状感染并有抗体升高。仙台病毒对人类具有一定的致病性。我国 1954～1956 年在急性呼吸道感染患者的 8 份血清中发现仙台病毒的抗体。何建民等用 ELISA 检测 141 例急性呼吸道感染儿童的仙台病毒的 IgM 抗体，其中阳性标本为 52 份，阳检率为 36.9％。刘春燕（2003）对 39 例急性呼吸道感染儿童，仙台病毒抗体阳性检出率为 30.77％。提示该病毒与人类关系密切，其在儿童呼吸道感染例中占一定比重。

空气和直接接触是病毒传播和扩散的方式，相对湿度高和空气流通慢可促进空气传染。本病一年四季均可发生，但以冬春季多发，气温骤变、忽冷忽热等环境因素可加重发病和流行。

发病机理

副流感病毒含于呼吸道分泌物内，通过人—人直接接触和飞沫经呼吸道传播。病毒囊膜表面两种突起糖蛋白在病毒感染细胞中起重要作用。有红细胞凝集活性和神经氨酸酶活性的突起糖蛋白可与靶细胞表面神经氨酸残基受体发生特异性结合，使病毒吸附于靶细胞。有促进细胞融合和溶血作用的另一种突起糖蛋白 F 蛋白则对病毒感染靶细胞和病毒在细胞—细胞间传播是必不可少的。当病毒颗粒吸附到能裂解的靶细胞时，F 蛋白被激活，病毒得以侵入靶细胞，引起感染。

在成人，副流感病毒主要侵害呼吸道黏膜的表层组织，在上皮细胞内增殖，引起的病变轻，故一般表现为上呼吸道感染症状。在 5 岁以下婴幼儿，病毒常侵害气管、支气管黏膜上皮细胞，引起细胞变性、坏死、增生及黏膜糜烂。当侵犯肺泡上皮细胞及间质细胞则引起间质性肺炎，或表现为急性梗死性喉—气管—支气管炎和肺炎。

副流感病毒感染可产生局部抗体和血清抗体。抗血凝素/神经氨酸酶抗体和抗 F 蛋白抗体对预防该病起重要作用。抗血凝素/神经氨酸酶抗体可抑制血凝素/神经氨酸酶活性，阻止病毒黏附靶细胞；抗 F 蛋白抗体可抑制细胞融合和溶血活性，控制病毒在细胞—细胞间传播。但一次感染不能产生抗 F 蛋白抗体，只有多次重复感染才能产生免疫力，减轻临床症状。婴幼儿抗体应答能力相对较低、持续时间短，是容易反复感染的一个原因。尽管如此，感染之所以能够恢复，机体防御功能仍起主要作用。重复感染尚能刺激抗副流感病毒其他血清型抗体的回忆反应。

临床表现

人

本病毒主要感染婴幼儿引起严重下呼吸道疾病，造成咽炎、支气管炎、肺炎等而发热、死亡。较小儿童上呼吸道感染，以发热、咳嗽、气喘或胸闷为主，甚至造成致死性感染，成人或较大儿童一般只引起普通感冒症状的上呼吸道感染，很少导致感染死亡。

副流感病毒在儿童期和成人引起的临床表现差别很大。

儿童期感染：副流感病毒感染在幼龄儿童主要引起下呼吸道疾病，而且该病毒 4 个血清型感染的临床表现有明显不同。1 型病毒感染最易引起哮喘，6 月至 3 岁龄为好发年龄段，还可引起中耳炎。2 型病毒感染的主要表现是哮喘，但较 1 型轻而少见，8 月龄至 3 岁龄为好发年龄段。1 型和 2 型病毒感染的起病较急，出现鼻塞、流涕、咽痛，经过不同过程后发生痉挛性犬吠样咳嗽、声音嘶哑、喘鸣、三凹征和吸气性呼吸困难，甚至发绀，多在夜间发作，重者发生喉梗阻。这是声门下水肿和浓稠分泌物堵塞呼吸道所致。3 型病毒传染性较强，1 岁内婴儿感染后表现为毛细支气管炎和肺炎，发热较高，1～3 岁幼儿表现为哮喘，年长儿表现为气管炎、支气管炎。初发感染者常有约 4 天的发热。在严重联合免疫缺陷儿，3 型病毒感染的发病率较高，且可形成巨细胞性肺炎。3 型病毒感染并发中耳炎者比 1 型病毒感染还要多见。4 型病毒感染一般仅有轻度呼吸道症状，不易被发现，往往漏诊。

副流感病毒可引起婴幼儿呼吸道窘迫而缺氧，危及患儿生命。在免疫功能低下患儿，副流感病毒感染常引起慢性进行性加重的肺炎。此外，副流感病毒可诱发支气管哮喘，或使原有支气管哮喘儿的哮喘加剧。

成人期感染：不论哪型副流感病毒，在成人期感染所引起的表现通常为上呼吸道炎，如鼻炎、咽喉炎、伴身不适。易使慢性支气管炎、慢性咽炎、慢性扁桃体炎等加重。老年人易并发肺炎，免疫功能缺陷的成人也可引起致死性肺炎。副流感病毒感染还是同种异体骨髓移植病人致死性肺炎的重要病因。

猪

动物感染仙台病毒表现有慢性型和急性型。猪有易感性，是自然宿主。Sasahara 等（1954）报道，病毒使母猪产死胎。Greig 等（1971）从患有神经症状猪中分离到病毒，病毒常存在于猪中。母猪流产、肺炎、仔猪支气管炎。

从患流感和脑炎的猪体分离到日本血凝病毒（仙台病毒），该病毒对猪有致病性，可导致中枢神经、呼吸系统和繁殖系统等障碍。

诊断

1. 血清学检测　仙台病毒的所有毒株抗原相同，目前只有一种血清型。IgM 抗体检测具有早期、敏感、特异等优点，对于婴儿呼吸道感染的早期诊断有重要意义。在动物可用血凝抑制试验、血吸附抑制试验、免疫荧光抗体检测试验、微量中和试验、琼脂扩散试验、玻片免疫酶法和酶联免疫吸附试验等。

可将患者鼻咽分泌物作涂片，用 1～3 型副流感病毒荧光抗体检测脱落上皮细胞中病毒特异性抗原。RCR 法检测各型病毒核酸；中和试验、补体结合试验及血凝抑制试验检测血清特异性 IgG 抗体、酶联免疫吸附试验等有助于早期诊断。

2. 病毒抗原检测和病毒分离　在病毒感染后的 1～2 周，可有效地检测到抗原。检查组织细胞和分泌物中病毒抗原方法包括病毒分离、CF、HA、ELISA、免疫细胞化学和 MAP 试验等。病毒分离可从未出现临床症状、血清学抗体阳性动物体中进行，可使用细胞培养，易感细胞有原代猴肾细胞、仓鼠细胞、小鼠细胞等。也可用鸡胚分离鉴定，对 8～13 日龄的鸡胚采用绒毛尿囊腔和羊膜腔接种。也可进行动物实验，分离病毒。

抗原培养 5～10 天后用 0.1％豚鼠红细胞进行吸附试验，可检出红细胞吸附病毒的存在。盲目传代有助于提高病毒分离的阳性率。副流感病毒能使豚鼠和鸡红细胞发生凝集，病毒的最终鉴定可通过血凝抑制试验和红细胞吸附试验来完成。

副流感病毒感染流行期间临床较易诊断，散发病例的临床诊断较难。4 个型的确诊仍有赖于血清学和病毒学检查。

副流感病毒感染需与流感嗜血杆菌所致的会厌炎、流感、呼吸道合胞病毒感染等进行鉴别。

防治

婴幼儿以对症和支持治疗为主。病毒唑和干扰素对本病可能有一定疗效，宜在早期试用。

动物则采用淘汰、就地焚烧或深埋，全场彻底消毒，消除传染源。

七、梅那哥病毒病
（Menangle Virus Disease）

梅那哥病毒病（Menangle Virus Disease）是由梅那哥病毒引起人畜共患的病毒病。该病毒致人发热、头痛、寒战、肌肉痛、皮肤有点状红疹，甚至死亡；致猪流产、胎儿死产、畸形、脑炎等。

历史简介

1997 年 7 月新威尔士一猪场母猪和人感染此病，至 1998 年澳大利亚有 4 个猪场发现本病，由 2 600 头母猪所产的异常仔猪中分离到病毒。梅那哥地区的 Elizabeth Macarthur 农学院从发病仔猪肺、脑、心分离的病毒在 BHK21 细胞培养中产生细胞空泡或多核体形成等病变。电子显微镜形态与副黏病毒属病毒相似。

病原

梅那哥病毒（Menangle Virus）属于副黏病毒科，腮腺炎病毒属，是一种有囊膜、不分节段的负链 RNA 病毒，有神经氨酸酶和血凝素活性。与腮腺炎病毒属 TiV 病毒亲缘关系最近，并能与 TiV 特异性抗血清发生交叉免疫反应，但不与腮腺炎病毒属、麻疹病毒属和呼吸道病毒属其他现有成员的抗血清发生交叉免疫反应。

病毒由圆形或多态性的病毒颗粒组成，长 30～100nm，内含人字形的核胞体，直径 4～19nm，周围有单一边缘的包囊，表层凸起长为 4～17nm。核衣壳呈螺旋对称。基因组包括 6 个开发阅读框，分别编码 NP、P/V、M、F、HN、L 蛋白，顺序为 3'- NP - P/V - M - F - HN - L - 5'。病毒可生长于多种动物的细胞培养中，包括猪和人。病毒对几种动物细胞无血凝吸附性和血凝集性。与马疱疹病毒（EMV）、猪腮腺炎病毒（La Piedad Michoacan Virus, LPMV）比较，无特异性 PCR 产物和有限的基因序列。与马疱疹病毒无血清交叉反应，电子显微镜形态学差异明显，从母猪采血进行血清试验，与繁殖障碍病原无血清学反应。

流行病学

本病目前仅发现于澳大利亚和马来西亚两个国家，感染动物仅发生于猪、人和果蝠蝙蝠血清阳性；靠近病猪场所采集的野生动物与家养动物包括其他蝙蝠、鸟类、牛、羊、啮齿动物、猫和犬的血清，均无此病毒的抗体。果蝙蝠每年大约有 6 个月居栖于养猪场，在感染猪场的周围果蝙蝠血清中抗体阳性比例为 42：125，说明果蝙蝠是本病来源。病猪是猪场内的传染源。猪传人最可能的传播途径是呼吸道传播，同时也存在粪—口传播方式。然而，通过肉品传播给人类或动物的可能性尚需进一步研究证实。近距离与猪接触可能是 MeV 传给人的基本方式，另感染者有血溅脸部及有轻微伤口和尸检猪只未戴手套和眼罩。尚无该病毒从人传人的报道。

发病机制

梅那哥病毒的发病机理尚不清楚。它可侵害猪的生殖系统和中枢神经系统。

临床表现

人

澳大利亚对感染猪场、屠宰场和其他可能与感染猪接触的工作人员进行抗体检测，负责小猪断奶工作的 33 名工人中，仅发现 1 例血清学阳性。5 名负责断奶、育肥猪的工人，有 1 例阳性。另外，对可能与潜在感染猪接触的工人、屠宰人员、研究人员、管理者及兽医临床工作者等 218 人进行检测，未发现血清阳性者。仅发现一个大型猪场 2 名与病猪持续接触 10～14 天后，工人血清中均含高滴度中和抗体。

Phibey A. W（1998，2007）研究确定仅一起 MeV 引起人类发病。人类感染该梅那哥病毒后发生类似流行性感冒症状的疾病，如发热、发冷、寒战、湿汗、大汗淋漓、不适和头痛等，并发病第 4 天出现点状皮疹。非瘙痒疹性皮疹病死亡率高达 40%。康复后血清中含高滴度梅那哥病毒中和抗体。

猪

梅那哥病毒通过胎盘感染仔猪，母猪产仔率、仔猪成活率和产窝数均下降。1998 年 4 个猪场从 2 600 头母猪所产的一样（如脑部、脊髓、肌肉等异常）仔猪中分离到梅那哥病毒。生下仔猪即死，并有畸形，所产死胎、木乃伊胎儿、畸形胎儿的比例增加，常见肌肉发育不全，下颌过短和"驼背"，偶见无趾，脑组织和脊髓容量明显减少，少数病例有明显的肺发育不全，有时还有流产。Phibey A. W（1998）报道感染小猪的颅面、脊骨异常，大脑和脊髓退化。从感染小猪的大脑、心脏和肺脏标本中分离到 MeV。除新生仔猪外，其他年龄猪不显症状，但各种年龄只 90% 以上血清样品中出现高滴度的中和抗体。死胎仔猪的脑、脊髓可见严重变性，灰质和白质都坏死，可见巨噬细胞浸润，偶见其他炎性细胞。神经元核内和胞浆内出现包涵体。关节弯曲僵硬，肺脏等腔体偶有纤维性渗出和发育不全。少数仔猪出现非化脓性心肌炎。断奶仔猪发病多为 12～16 周龄，从 88 个感染猪场中所有不同年龄猪均见发病，99% 以上血清样品有中和抗体，滴度达到 1：256。

诊断

本病的确诊依靠于实验室的病毒分离和鉴定，要与亨德拉病毒、尼帕病毒等副黏病毒进行鉴别（表 1-11）。

表1-11 感染人的动物传染性新的副黏病毒

病毒	鉴定年份	推测宿主	非人类物种感染		人类感染报告总数			临床疾病
			自然	实验	爆发数	个案	死亡	
HeV	1994	果蝙蝠	马	马、猫、豚鼠	6	3	2	流感样疾病、肺炎、脑炎
MeV	1997	果蝙蝠	猪	不适用	1	2	0	发热、皮疹
NV	1999	果蝙蝠	猪、猫、犬、马	猪、猫、仓鼠、果蝙蝠、豚鼠	7[a]	387	192	肺炎、脑炎

注：[a] 观察到马来西亚、新加坡的一起爆发，印度的一起爆发，2003～2005年孟加拉国的5起爆发，不是所有案例都由实验室检测确定。

预防

本病目前尚无有效的疫苗和治疗方法。预防主要是控制传染源，目前认为果蝙蝠是重要传染源，人、畜尽量不接近果蝙蝠或驱赶猪场周围果蝙蝠，防止叮咬，加强个人防护；对猪场进行消毒，肥皂液是唯一消毒方法。

八、蓝眼病
（Blue Eye Disease）

蓝眼病（Blue Eye Disease，BE）是由副黏病毒腮腺炎病毒属的病毒引起猪的一种传染病。其临床特征为脑炎等中枢神经紊乱、心肌炎、肺炎、角膜混浊、水肿和繁殖障碍。也可感染人，表现为脑膜炎和睾丸炎。

历史简介

1980年墨西哥密考克州（Michoacan）的拉帕丹镇（La Piedad）一个2 500头母猪的商品猪场中青年猪群"产仔室"爆发一呈中枢神经症状和高的死亡率，同时，一些断奶仔猪和育肥猪发现有角膜混浊和变蓝，被命名为蓝眼病。Stephano等（1981）从患猪体内分离到一种血凝性病毒；1983年与Gay确定该病毒为副黏病毒科中一种不同血清型成员。1984年墨西哥米却肯州的拉帕丹镇分离到病毒。1984年8月比利时肯特市的国际猪医协会8次世代会上，墨西哥提交了一份新的猪病蓝眼综合征报告，故命名为蓝眼综合征，该病毒又称为蓝眼病副黏病毒（Blue Eye Disease Paramyxovirus，BEP），Fields（1996）将其划归入副黏病毒亚科。

病原

本病毒为猪腮腺炎病毒（Porcine Rubulavirus），是从密考克州拉帕丹镇猪中分离，故又称拉帕丹密考克病毒（La Piedad Michoacan Virus，LPMV）和蓝眼病副黏病毒，从形态、理化特性和基因组分析，该病毒属副黏病毒科、副黏病毒亚科、腮腺病毒属成员之一。对病毒进行电子显微镜检查，形态上呈多形性，但通常近似于球形，直径大小不一，从70～120nm到257～360nm；外壳被覆一层致密的凸起或穗突。病毒粒子破裂释放出的核衣壳通常单个存在，核衣壳呈螺旋对称，直径为 20nm，长为 1 000～1 630nm，位于病毒粒子中央。核衣壳外有脂质囊膜，囊膜上有 6～8nm 的纤突。病毒基因组为单股负链 RNA，编码的病毒蛋白质经 SDS－PAGE 电泳，发现至少有 6 种。具有血凝素和神经氨酸酶活性的 HN 蛋白（66ku），形成病毒粒子表面两种较大的纤突；融合蛋白 F（59ku），形成较小的纤突；基质蛋白 M（40ku）；核衣壳蛋白 NP（68ku）；磷酸化蛋白 P（52ku）和具有 RNA 聚合酶活性的 L 蛋白（200ku）。其中 5 种能够产生明显的免疫沉淀。病毒的毒力主要取决于 HN 蛋白。病毒能结合各种年龄猪的脑组织膜上，能特异性识别具有 N－低聚糖链的唾液残基的 116ku 膜蛋白。在神经受体识别中，病毒的 HN 蛋白似乎发挥主要作用，用神经氨酸酶、N－糖苷酶 F 和胰酶处理神经元膜蛋白能增强病的结合。

该病毒能在多种动物细胞内生长，如猪肾、猪睾丸、牛甲状腺、猫肾、BHK21、PK12 和 Vero 细胞及鸡胚原代细胞等，并能产生细胞病变（CPE），将病毒接种原代猪肾细胞或 PK15 细胞后，4～48h 出现 CPE，其病变特征为细胞变圆，胞浆内出现空泡和形成胞浆内合胞体，全过程持续 5～7 天，细胞完全脱落。

本病毒能凝集鸡、豚鼠、小鼠、大鼠、兔、仓鼠、马、猪、鸭、猫、犬和人的 A、B、AB、O 型等多种动物红细胞，但在 37℃条件下经 30～60min 会自动脱落。Stephano 和 Gay（1985）报道，PK15 感染细胞对鸡红细胞吸附呈阳性。不同的毒株未见形态、理化特性和血清学差异，病毒与其他副黏病毒无抗原交叉关系，如 1、2、3、4、6 和 7 型副黏病毒和 1、2、3、4a、4b 和 5 型副流感病毒的抗血清对本病毒的传染性无影响。

病毒易被脂溶剂如乙醚、氯仿、福尔马林、P－丙脂灭活，福尔马林还能破坏病毒的血凝活性。病毒对热敏感，56℃4h 被灭活。

流行病学

目前本病流行主要在墨西哥，首报于 Michoacan，后见于 Jalisco 和 Guanajuto 等州的猪场。Fuentes 等（1952）通过血清学调查证明墨西哥有 16 个州猪场有 BE。尚未见其他地区爆发流行报告。

猪是已知自然感染 BEP 唯一具有临床症状的动物。兔、猫和美国一种野猪（Peccaries）均不表现临床症状，但除犬外，均可产生抗体。小鼠、大鼠和鸡胚也能实验感染，也可感染人。蓝眼病病毒致病力有一个逐渐严重过程，1980 年受害的主要是仔猪，大于 30 日龄猪很少死亡且不表现神经障碍；1983 年时已见 15～45kg 猪发生严重脑膜炎，其死亡率很高；1985 年时观察到公猪一过性不育症；1988 年时 BE 公猪患有严重睾丸炎、附睾和睾丸萎缩。病猪和亚临床感染病是 BEP 的主要传染源，病毒在扁桃体、嗅球和中脑含量最高，尤其在 30 日龄以上的病猪嗅球和中脑组织内病毒滴度极高，部分病毒也可以通过尿液排出体外。病猪和带毒猪通过喷嚏和咳嗽经呼吸道散毒；带有病毒的飞沫和尘埃也可传播病毒；病毒似乎通过鼻子与鼻子的接触在感染猪和易感猪之间接触传播。BEP 是否可以通过精液传播还未确定，但是睾丸、附睾、前列腺、储精囊和尿道球部发现有 BEP。人、用具、车辆或病猪与带毒猪的流动能促使疫情扩散，还可经风或鸟类传播。本病在猪场一年四季均可发生，2～15 日龄的仔猪最易感，爆发阶段其发病率达 20%～65%，死亡率高达 90%。大于 30 日龄仔猪症状轻微，病程呈一过性，很少死亡。在一些连续生产猪场，本病可呈现周期性。而在封闭性生产的猪场，则具有自限性。发病后 6～12 个月的猪场引入"哨兵猪"无任何临床症状，也不产生 BEP 抗体。

发病机制

据推测，BEP 自然感染是通过吸入所致。气管和鼻腔的滴注和气雾法是有效的感染方法，其临床症状和病理变化与自然感染病例非常相似。以前试验证明：1 日龄乳猪接种后 20～66h 出现神经症状；一些断奶仔猪（21～50 日龄）接种 11 天出现神经症状；母猪怀孕期接种发生繁殖障碍。这些实验感染猪偶尔也发生角膜混浊。据 Stephano 和 Gay 等（1983，1988）报道，易感猪与这些实验感染猪接触 19 天后也发生 BE。

病毒最初的复制部位还未确定，但鼻腔和扁桃体拭子中的病毒揭示可能与鼻黏膜和扁桃体有关。而且用免疫荧光法对自然感染或实验感染猪检测，在相应部位均易检出病毒抗原。神经轴突也发现有病毒。在 BEP 感染的早期，病毒从最初复制部位扩散到脑和肺，而且其组织病变和中枢神经症状也在发病早期出现。脑组织是病毒分离和进行免疫荧光检测的最佳组织。

间质性肺炎提示病毒通过血液扩散。可从实验感染猪的脑、肺、扁桃体、肝、鼻甲骨、脾、肾、肠系膜淋巴结、心脏和血液分离到病毒。从脑、肺和扁桃体最易分离到病毒。

有时 BE 伴发角膜混浊的原因不清楚，实验感染不容易复制成功，但是常见角膜组织损伤如房前色素层炎。一般角膜混浊见于发病后期。组织病变和临床症状提示可能与犬腺病毒肝炎一样是免疫反应所致。最近研究表明，病毒在角膜中复制，因为在急性感染猪的角膜—巩膜角附近的上皮细胞中发现有病毒包涵体。感染猪总有角膜混浊，除非其临床表现正常或对感染有抵抗力，而且通常过些时候就可消失。

推测病毒通过血液到达子宫，怀孕母猪因此发生繁殖障碍。怀孕期前 1/3 感染 BEP，导致胎儿死亡并转入发情，怀孕后期感染，则发生死产和木乃伊胎。

青年杂种公猪鼻腔滴注 BEP，接种 15 天睾丸和附睾出现炎症和水肿。接种 30 天后输精管出现病变，附睾上皮破裂，精子漏出精囊引起脓肿。感染 80 天后，表现为附睾纤维化、颗粒化及睾丸萎缩。成年墨西哥无毛公猪接种 10～45 天后，在其睾丸、附睾、前列腺和尿道球部腺体检出病毒。

BEP 感染常并发肺炎，特别是放线杆菌胸膜肺炎，但事先感染 BEP，再感染多杀性巴氏杆菌 A、B，不引起后者在肺组织中定植。

病毒感染动物后，最初在鼻黏膜和上呼吸道进行复制，进入中枢神经前继续在扁桃体和肺组织中复制，同时可进入血液而引起毒血症。病毒侵入中枢神经系统可能通过脉络膜扩散。病毒一旦进入神经元细胞，便可沿神经传导路径而广泛分布。中枢神经系统是病毒持续性感染的作用位点，病毒有可能在感染动物体内的中枢神经系统长期存在。病毒在扁桃体、嗅球和中脑中含量最高，尤其在 30 日龄以上病猪的嗅球和中脑组织内的病毒效价极高。从睾丸、附睾、前列腺、卵巢、脾脏、肝脏、胸腺、淋巴结等其他组织也可检测到病毒，说明病毒感染后曾形成病毒血症，造成全身性感染。

临床表现

人

人感染后，可导致脑膜脑炎和睾丸炎。

猪

病毒在鼻黏膜和扁桃体进行复制，经呼吸系统侵入机体，病毒进入血液，引起病毒血症，通过脉络膜扩散，侵害中枢神经系统和其他组织，诱导各种症状。猪的临床症状差异较大，主要取决于猪的年龄。本病爆发时首先出现于繁殖群中的新生仔猪，2～15 日龄的猪最易感，临床症状骤然出现，仔猪突然虚脱，侧卧或躺卧，体温升高，嗜睡，被毛粗乱，拱背，有时伴有消化失常，便秘或腹泻。随着病情的发展出现典型的神经症状，表现为共济失调，后肢强直，肌肉震颤，姿势为犬坐样。患猪能行走，无厌食现象。驱赶时，病猪异常兴奋、尖叫或四肢出现划水样运动。有些仔猪伴有结膜炎，出现眼睑水肿、流泪。仔猪瞳孔散大，眼球震颤，有 1‰～10‰的猪出现单侧或双侧性的角膜混浊，有些甚至失明。试验接种猪时，病毒能在角膜内增殖，并在邻近的上皮细胞内可见有胞浆内包涵体形成，发病猪偶尔出现角膜混浊，而且往往出现较晚，但常可引起角膜组织的损害，如前眼色素层炎。根据上述炎症和组织损害，认为角膜混浊发生是由于免疫反应所致。一般仅有角膜混浊而其他症状的猪可自动康复。先发病的仔猪常在出现症状后的 48h 内死亡，而后发病猪 4～6 天后才死亡。人工接种 1～17 日龄仔猪可引起严重神经症状，并可导致死亡，1 日龄仔猪在接种后 20～66h 出现神经症状，3 日龄仔猪接种后 8 天死亡或濒于死亡，17 日龄仔猪接种后有 30%感染发病；30 日龄后感染的仔猪多表现为呼吸道症状，如咳嗽、喷嚏，若病毒侵害脑部也能出现共济失调、阵发性抽搐及转圈等神经症状，但较少见；也有出现结膜炎和角膜混浊，一般发生率仅为 1%～4%。如果出现严重的中枢神经系统障碍，有 30%的出现角膜混浊，病死率高达 20%。人工接种 21～50 日龄的断奶仔猪发病则需要 11 天。表现中度或一过性症状，厌食、发热、打喷嚏、咳嗽、神经症状不常见，也不明显。如有则表现为倦怠、运动失调、转圈、偶见晃头。与仔猪相似，单侧或双侧性角膜混浊可持续一个月而无其他症状。有些检测指出 15～45 日龄猪 BE 的死亡率达 20%，具有严重的神经症状；角膜混浊达 30%，疾病爆发期间所产的仔猪，有20%～65%的窝猪受累，受累窝猪的发病率为 20%～50%，病死率 87%～90%。从发病起，死亡一直持续 2～9 周，主要决定于饲养管理状况。感染母猪多数临床表现正常，有的母猪在仔猪出现症状前的 1～2 天有中度的厌食现象，有时可观察到角膜混浊。怀孕母猪繁殖障碍持续 2～11 个月（常为 4 个月）。流行期间，母猪配种后返情率增加，空怀率增加，断奶至交配间隔延长，产仔期延长，产仔率降低。死胎和木乃伊胎增多，胎儿体表皮肤有瘀斑。个别猪发生流产，有时可导致母猪不育。人工接种妊娠母猪，病毒可经血液侵入子宫，导致繁殖障碍；在妊娠前期感染，致胚胎死亡，母猪则重新发情。在妊娠后期感染时，可造成死产和木乃伊胎。BEP 对猪繁殖性能影响见表 1 - 12。

表 1 - 12　BEP 爆发对猪繁殖性能的影响

参　数	范　围	持续时间（月）
重复交配率（%）	增加 5.8～22.1	2～6
产仔率（%）	降低 6.0～30.2	1～4
断奶—发情间隔	增加 1.0～2.9	2～8
2～67 日龄成活率（%）	降低 10.0～26.1	2～8
流产率（%）	增加 0～4.7	0～2

（续）

参　数	范　围	持续时间（月）
母猪死亡率（%）	增加 0.1～0.8	0～2
总出生数/窝	降低 0～2.1	1～4
产活猪数/窝	降低 0.8～4.1	4～8
死产数（%）	增加 4.5～19.6	2～11
木乃伊（%）	增加 6.8～36.2	3～12
断奶前死亡率（%）	增加 32.0～51.8	1～7

公猪感染后一般不表现临床症状，但可见轻微的厌食和角膜混浊。主要表现急性睾丸炎（发生率达 28%）、附睾炎（发生率达 78%），睾丸和附睾水肿，质地呈颗粒状，至后期大部分睾丸萎缩（单侧睾丸萎缩占 66%），从而性欲丧失。BEP 感染猪场有 29%～73% 的公猪为暂时性或永久性不育；精子活力和活精子的比例下降（从 50% 下降至 0），畸形精子增加，有些公猪的精液中完全无精子，射出的精液清如椰汁。病变严重的公猪缺乏性欲。

总之，不同年龄的猪临床表现有所不同。

1. 新生仔猪　主要出现脑炎、肺炎、结膜炎和由此引发的角膜水肿、混浊，最后往往导致失明。2～15 日龄仔猪感染后体温升高，打喷嚏、咳嗽；呼吸不畅，呈犬坐姿势或倒状，随后出现神经症状，胃肠道臌气，瞳孔散大，眼球震颤，眼睑肿大，泪溢性结膜炎，约有 30% 的病猪出现单侧或双侧的角膜混浊。30 日龄内的感染仔猪常死于脑炎，死亡率很高。

2. 30 日龄后的感染仔猪　多表现为呼吸道症状和角膜混浊，症状较轻且为以过性，神经症状较少出现，死亡率较低。

3. 成年猪的感染　症状较轻，有些感染猪为隐性，无明显临床症状。母猪发热、厌食，精神沉郁，发生流产、死胎和胎儿尸化，母猪断奶期延长，空怀率增加，有时导致母猪不育。公猪感染后发生急性睾丸炎和附睾炎，精子活力下降，有些公猪性欲丧失，成年猪感染后偶尔也出现角膜混浊。

病理变化

肉眼病变没有特征性变化。仔猪常见尖叶腹侧有轻度肺炎变化，另外还有轻度乳汁性胃扩张，膀胱积尿，腹腔积有少量混杂纤维素的液体。脑充血，脑脊液增多，并发现有结膜炎，球结膜水肿，不同程度的角膜混浊，这些常为单侧性病变。另外，还有角膜囊泡形成、脓肿、Queratocono 及房前渗出等。偶尔发现心包和肾脏有出血变化。

公猪发生睾丸肿胀和附睾炎，水肿使其体积和重量增加，这些病变常为单侧性的。睾丸炎、附睾炎常见于疾病早期，后期则发生伴有或不伴有附睾颗粒化睾丸萎缩。白膜、睾丸或附睾偶尔有出血变化。

组织的显微病变主要集中在脑和脊髓，丘脑、中脑和大脑灰质呈非化脓性脑炎变化。其特征为：多发性、散在性神经胶质细胞增生；淋巴细胞、浆细胞和组织细胞形成血管神经套；神经元坏死，噬神经现象，脑膜炎和脉络膜炎。神经元内有包浆包涵体。不同病例，其病变范围和程度差异较大。

肺脏散在间质性肺炎变化，特征是间质增厚，伴有单核细胞渗出。

眼睛的病变主要为角膜混浊，其特征为角膜水肿，眼前房色素层炎。在虹膜、角膜内皮角膜、巩膜角和角膜中有嗜中性白细胞、巨噬细胞和单核细胞浸润。角膜外侧上皮中常有胞浆小泡。

许多感染猪表现为轻度的扁桃体炎，其上皮脱落，腺窝内有炎性细胞。

公猪受累睾丸变性，发生上皮坏死。间质中间质细胞增生，单核细胞浸润，纤维化。附睾表现为囊泡形成，上皮细胞纤毛缺乏，上皮破裂，精子漏于管间，单核细胞大量渗出，巨噬细胞吞噬精子碎片。纤维变性及精子肉芽肿均被机化。

诊断

根据临床症状：仔猪脑膜脑炎、角膜水肿混浊、母猪繁殖障碍和公猪睾丸炎、附睾炎等，可做出初步诊断。确诊必须进行实验室诊断。

1. 血清学诊断　血清学方法 HI、MSN、ELISA、IF 等已用于抗体阳性猪的诊断。HI 是最常用的诊断方法，因用鸡血细胞易出现 1：16 的高滴度假阳性，故宜用牛红细胞。

2. 病理组织学检查　病猪病理组织学主要表现为丘脑、中脑和大脑皮层的非化脓性脑炎，其特征为多灶性和弥散性神经胶质细胞增生，淋巴细胞、浆细胞和网状组织细胞组成血管套，神经元坏死，噬神经现象和脑膜炎及脉络膜炎；前眼色素层炎、角膜炎、睾丸炎和附睾炎等，同时在神经元和角膜上皮出现胞浆内包涵体时，可以做出确诊。Stephano 和 Gay（1985）报道，约 30% 的感染猪引起角膜混浊。

3. 病毒分离　采集病猪的大脑或扁桃体等组织，研磨成无菌液，取上清液接种 PK15 细胞或猪肾原代细胞中，能分离到病毒，病毒可引起特征性合胞体细胞病毒。

防治

本病目前尚无特效药物，也无特效治疗方法，用感染康复母猪血清给仔猪口服似乎无效。抗菌药物仅用于继发感染的治疗和预防。猪一旦有明显的临床症状，无法改善其病程。患有角膜混浊的猪常可以自动康复，但有中枢神经症状的猪，一般以死亡告终。本病的预防在于平时的严格饲养管理和环境卫生工作，实行周边防护，人货消毒、隔离，防止野鸟、鼠类等入侵，及时清除废弃物和病死猪；对引进新猪要严格隔离、建议，进行血清学检查，以防治病毒的传入；感染猪场要封闭猪场，淘汰、无害化处理猪只，剔除感染的不育公猪，全面消毒隔离净化猪场。用细胞培养和鸡胚增殖的 BEP 病毒，制成灭活油苗或氢氧化铝佐剂苗，可用于本病的控制。

九、尼帕病毒病
（Nipah Virus Disease）

尼帕病毒病（Nipah Virus Disease，NVD），是由副黏病毒属尼帕病毒致人及多种动物感染的急性、致死性传染病，人、猪以高热、呼吸困难、中枢神经紊乱和病死率高为特征。

历史简介

尼帕病毒病于 1997 年马来西亚森美兰州猪场爆发的一种家猪和成人发生高热和脑炎等临床

症状的传染病。据证表明，该病毒早在 1995 年就在马来西亚猪场存在，逐步适应了猪和人为宿主。人们误认为是猪瘟和人乙型脑炎。1998 年 9 月至 2000 年 2 月期间，在马来西亚 Perak 州猪群和人群中再度大规模爆发流行，致使 265 名养猪工人发病，105 人死亡，116 万头猪被补杀，并殃及新加坡等周边邻国。人表现高热和脑炎等，起初本病被认为是日本乙型脑炎所致，但流行病学又与日本乙型脑炎有所区别，表现为养猪场的成年男性工人多发。Kaw Bing chua（1993）从 3 名患者脑脊液中分离到一种新的副黏病毒，确定为该次爆发的病原。1998 年 2 月，从本病患者血清和病死猪中枢神经、肺、肾组织中分离到一种未知病毒，这种病毒与 1994 年在澳大利亚昆士兰州利亚布利班市享德拉（Hewdra）地区的病马体内分离的病毒相似且密切相关，但又并不完全相同，病毒的基因型有 21％的差异，氨基酸序列有 11％的差异，故命名为"类享德拉病毒"。1999 年 3 月 17 日经由美国疾病预防控制中心（CDC）和马来西亚卫生部合作，从马来西亚 Perak 州 Nipah 镇患病死者的脑脊液和病死猪体用接种非洲绿猴肾细胞（Vero、ATCC CCL81），5 天后从形成合胞体的 Vero 细胞内分离到的病毒进一步鉴定，电镜下病毒核衣壳形态符合副黏病毒特点，与享德拉副黏病毒 IgM 抗体反应为阳性，证明两者为同一种新的病毒，故将本病毒命名为尼帕病毒病，并归属到副黏病毒科，与享德拉病一起设立 Henipa 病毒属。美国疾病预防控制中心将该病归为生物安全 4 级、生物恐怖 C 类。

病原

尼帕病毒（Nipah Virus，NV）电镜、血清学和基因学研究属副黏病毒科，Henipa 病毒属，与 Hendra 病毒亲缘关系较近，是单链 RNA 病毒，绝大多数为负链，也有正链。病毒颗粒呈多形性，大小差异较大，为 120～500mm，由包膜及丝状的核衣壳组成，核衣壳直径 19±2nm，螺距 5±0.4nm，包膜膜突长度 17±1nm，包膜含有 2 个转膜蛋白：细胞受体结合蛋白（G：糖蛋白；H：血细胞凝集素；H/N：血细胞凝集素/神经氨酸酶）和一个分开的融合蛋白。基因组全长 18 246bp，NV 基因组是由 6 个转录单位和 3' 和 5' 端的非翻译区所组成。6 个转录单位为 N（核衣壳蛋白）、P（磷蛋白）、M（膜蛋白）、F（融合蛋白）、G（糖蛋白）、L（大蛋白）。其中 P 基因由于内部翻译启动位点、重叠阅读框架和特殊的转录过程，可产生不同的多肽产物，如 P 蛋白、V 蛋白、C 蛋白。3' 引导序列，含有转录正链 RNA 所需的启动子。5' 端含有病毒复制，合成负链 RNA 所需的启动子。3' 和 5' 基因末端的前 12 个核苷酸高度保守并互补（图 1-2）。尼帕病毒的 V 和 C 基因与其他副黏病毒核苷酸同源性不超过 49％。与 Hendra 病毒的基因非常接近，病毒的 N、P、C、M、F 和 G 基因的可读框，两病毒的核酸序列同源性为 70％～80％，氨基酸水平同源性为 67％～92％。基因起始和终止信号、P 基因编辑信号和所有蛋白的推导序列均极为接近。与 Hendra 病毒有中和抗体交叉反应。与麻疹病毒、疱疹病毒、肠道病毒或其他病毒抗血清无反应。科学分析表明，Hendra 病毒与 Nipah 病毒亲缘关系稍近，它们与副黏病毒科其他病毒明显不同，应被认为是副黏病毒科的一个新的种类，但与副黏病毒不一样，两者感染后均可引起许多种动物包括人类的致死性疾病。

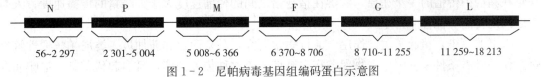

图 1-2 尼帕病毒基因组编码蛋白示意图

根据 GenBank（NC-002728）绘制，其中 P 蛋白又编码两个蛋白：C（2 428～2 928nt）和 V（2 406～3 775nt）。

不同株 NV 序列的分析也提供了一些病毒传播方式的信息。生物分子学资料显示，在 1999 年疫情爆发前，至少有两种 NiV 进入猪体内，但只有其中一株变异株和这次猪传染给人的疫情相关的，提示这是由宿主感染引起的流行。与此相反，2004 年从孟加拉国流行样本中获得的 NV 序列是不同的，提示在人和宿主间存在多次病毒交叉感染（Harcourt B. H, 2005）。

病毒极易分离，可由人急性期咽喉拭子或尿中分离；可由猪肺和犬、猫脑中分离；也可从马来西亚大蝙蝠及食用过的果实分离到病毒。它可以在任何一种哺乳动物细胞与 Vero、BHK、PS 不同细胞系上生长，但不能在昆虫细胞系上生长。病毒在不同细胞系上的生长速度和细胞病变（CPE）模式不同。

病毒在体外相当不稳定，对热敏感，56℃ 30min 即被破坏，用一般消毒剂、肥皂等清洁剂可灭活。

流行病学

尼帕病毒能够感染人及多种宿主，并且发生率和病死率相当高，这在副黏病毒科中乃属罕见。自然宿主有人、猪、马、犬、猫、山羊、果蝙蝠和鼠类。有人认为最初感染可能是接触过果蝙蝠、鼠、野猪或掠鹟、八哥、九宫等。1999 年 NVD 爆发流行期间，马来西亚有关部门对家养和野生动物中进行一次 NVD 血清学检测。结果表明，在感染过 NVD 的猪场，95％以上的母猪被检出 NVD 抗体，90％以上的仔猪有抗体，但可能是母源抗体；猪发病率、死亡率低。47 匹挽马中有 2 匹被检出 NVD 抗体，而 1 420 余匹赛马为阴性，23 只猫中有一只呈阳性反应；99 只大蝙蝠中有 15 只阳性，啮齿类动物体内尚未检测到抗体阳性。病例研究显示，与猪直接接触的人容易感染尼帕病毒。1998 年 3 月新加坡一肉品加工厂屠宰工人发生类似病例。他们加工的猪是来源于马来西亚，当地政府禁止从马来西亚进入生猪后，人的发病率渐趋于零，说明猪是尼帕病毒的传染源，人与猪的体液及排泄物接触是感染病毒的危险因素。2008 年 2 月孟加拉国再度发生尼帕病，9 人死亡。

该病毒传播快，同一猪场内传播可能是通过接触病猪的排泄物、尿、唾液、气管分泌物等而引起，也可能通过针头、器械、人工授精等方式传播。果蝙蝠和野猪是猪群发生 NVD 的最可能传染源，因此野猪也可能成为重要的传播媒介。感染者从事的是给猪打耳号者、饲养员和病死猪处理者。而果蝙蝠的传播尚有不少疑点待解决，虽然 Ian 教授在当地果蝙蝠中分离到一种新的副黏病毒，但这种病毒不致病。保藏宿主中传染性病原得以维持下去，必须在这些动物中持续传播。传播方式可能是垂直或水平传播。无论如何，病原必须感染新宿主，传染才能发生。尼帕病毒感染实验支持了从野生动物传染给家畜的理论，尼帕病毒可在自然病例的尿液中分离到，说明尿道是排出病毒的途径之一。唾液也含有尼帕病毒。怀孕动物易致病，通过流产、正常出生胎儿外部液体水平传播，这是病原外溢原因之一，外溢可能仅为偶然发生。有报道，人吃了果蝙蝠污染的椰枣树汁而感染。某些鸟类或蜱也可能是造成病毒在猪群中传播的一个途径。病毒在猪与猪之间的传播速度大于人与猪的传播速度；人与人之间的传播可能性非常小。

人群的感染，猪起了关键作用。流行病学研究，马来西亚和新加坡人类尼帕病毒性脑炎爆发作为必需条件是从野生动物保藏宿主果蝙蝠跨物种传播到猪，且引起猪感染。尼帕病毒从野生动物宿主跨越其他宿主并不足以产生爆发，这种爆发需要前置条件：①大型猪场的存在，在易感猪中病毒传播和扩大；②感染猪从农场移动到另外猪场导致大量猪群感染；③人与猪密切接触。传播的关键因素是病原能够引起另一个宿主感染，而受体宿主对病原易感。如果病毒排出途径易于污染环境（如尿液和粪）就容易接触到易感宿主，因此可能增加病例数量。携带尼帕病毒的狐蝠到果园，通过尿液、粪便、唾液污染环境与围栏，没吃完的果子紧邻猪场，猪吃了被蝙蝠尿污染的果子，使分泌到环境中的病毒能够存活到新宿主，就会呈现新传染病。这种途径就是理论推测的接触途径或外溢到其他宿主的致病机制。患病猪的毒血症持续时间较长，并可通过呼吸道、尿液、粪便等途径向外界散布病原。易感人群主要通过伤口与猪的分泌物、排泄物和呼出气体等接触而被感染。实验研究证明，与感染性液体密切接触可使猪、猫感染，感染动物的潜伏期可长达 18 天，此期间虽无症状，但有感染。猪迅速发生接触感染，可能在首次接触后即发生感染。病毒在扁桃体和呼吸道上皮内繁殖，提示病毒至少可通过咽部和气管分泌物传播。

Mohd Nor（2000）和 Park M. S（2003）认为，直接近距离地与猪接触是人感染 NV 最主要的来源。与猪近距离活动（如给猪喂药和帮助分娩）是人感染病毒的最大风险。猪上下呼吸道大量感染病毒会造成气管炎、支气管肺炎和间质性肺炎，其显著的临床特征是粗糙的干咳。病毒感染后也可见肾微血管炎。利用免疫组织化学的方法可以在肾小管上皮细胞上见到病毒抗原的着色病灶。因此，感染猪的呼吸道分泌物和尿液的排出很可能是造成病毒在人群和猪中传播的原因。Hooper P. T.（1996）证明猪间可通过口腔或接触传播病毒。

血清学研究证实，在 NV 感染病猪的农场附近的其他动物包括犬和猫也感染了病毒。目前还不清楚人类接触猪以外的其他感染动物是否具有感染风险，但这种可能不能排除，因为临床上一些患者并没有直接与猪接触，另一些报道与犬有接触过的患者，不明原因地死亡。而猪肉或猪肉制品未见有作为传播媒介的报道。病患人唾液和尿液中都带有病毒，但其家庭成员均未受到感染。但患者与医护人员间，曾有 3 人被检出 NVD 抗体阳性，说明人与人之间也存在着较低的传播机会，但通过何种途径传播目前还不清楚。有认为 NV 可从患者的呼吸道分泌物和尿液中排出，但对医护人员的调查结果显示，没有找到该病毒在人与人之间传播的证据。这或许有两方面原因：①医护人员对传染病有一定的保护措施；②根据尸检组织的免疫组织化学（IHC）研究，传播减少可能是因为：与猪相比，人的呼吸道分泌物和尿液中病毒载量较低。由于患者多个内脏器官有病变，而生殖器官未见异常，所以推测尼帕病毒从母体传给胎儿及通过性交传染的可能性较小。据《科学》杂志 2001、2003 年报道，孟加拉国两次类似尼帕病流行，共 40 多人发病，14 人死亡，存在一个家庭内集体发病的情况，说明直接传播是一种重要的传播途径，可能存在散发的可能性。

马来西亚爆发的尼帕病毒引起的病毒性脑炎研究资料显示，患者年龄 13～68 岁，平均37 岁，男女比例为 4.5∶1，93％的患者与猪有密切接触史，最后一次与猪接触到发病从几天到 2 个月不等，通常在发病前 2 周，提示从猪到人存在直接病毒传播和一个短的潜伏期。有 7％的患者明确无与猪接触史，其中两位患者（2％）在发病前与不明原因死亡的犬接触过，故不能排除与感染的猫或犬的接触传播，另有 5％的患者居住地离疫区很近，74％患者曾接种过日本脑炎病毒疫苗。

Enserink 等和 Vincent 等（2004）回顾性调查发现，这次流行与马来西亚、新加坡的爆发在病原和临床表现上有很多相似之处。

（1）在孟加拉国的两次爆发中，有严重脑炎症状的患者都检测到了 NV 抗体，说明导致这两次爆发的病原很可能是 NV 或其相关病毒，这一点和马来西亚及新加坡的发现是一致的。

（2）孟加拉国患者的主要临床表现也是发热、头痛、意识丧失等脑炎症状，同时也有咳嗽、呼吸困难等呼吸系统症状。

（3）医护人员都没有在治疗、护理过程中因为与患者的接触而感染。但是，除了以上相同之处外，本次爆发和马来西亚及新加坡的爆发情况也有所不同。

1）马来西亚、新加坡的爆发中，没有证据显示人与人之间传播可能性的存在，但是孟加拉国的这两次地区都存在一个家庭内集体发病的情况，说明直接传播也是一种重要的传播途径。

2）没有动物发病史及患者与病畜的直接接触史。马来西亚、新加坡的爆发中，患者都有与猪尤其是病猪的直接接触史，但孟加拉国的这两次地区的患者没有病畜接触史。虽然病例对照研究的结果提示，患者很可能与病牛接触，遗憾的是没有相关的病牛标本，以进行检测，而且这种接触也可能是随机的，但是在将来的预防中依然需要注意这种潜在的危险因素。

3）可能存在散发的可能性。2004 年 4 月，孟加拉国又报道过两个小范围的病例发生，说明 NV 也可以呈散发流行而非总是集中发病。

另据最近报道，马来西亚又分别从患者和病猪体内分离到 1 株和 3 株 NV。将这 4 株新分离 NV 与以前的毒株进行核酸序列和氨基酸顺序对比，发现其中从最早发生流行的马来西亚北部地区 Tambum 的猪体内分离的 NV 与其他毒株相比，不管是核酸序列还是氨基酸顺序，都存在较大区别，而从南部地区分离到的病毒株相比，则与其他毒株相同。Abubakar 等（2004）认为，在 1998 年马来西亚尼帕病毒病的爆发是起源于不同毒株的 NV 感染。

综上所述，作为一种新发传染病，尼帕病毒病从 1998～1999 年开始感染人、猪，到 2001～2004 年孟加拉国的再次爆发流行，短短几年之间多次造访人类，这种流行频率不得不引起注意，不但有不同毒株问题，还存在已知易感动物外的其他动物或途径。

目前我国虽然还没有与 NV 相关的脑炎病例的报道，但并说明它的不存在。我国南方地区与东南亚相邻，气候条件相仿，随着国家与国家之间的交流日益频繁，国际贸易使人群移位、传播媒介流动和种群移动增加，许多病毒包括 NV 都有可能传入我国，进而会造成疾病的流行，甚至爆发流行，深入研究其致病特性、流行规律、传播媒介等非常重要。

发病机制

尼帕病毒病的发病机制尚不清楚，但尼帕病毒可侵害中枢神经系统和呼吸系统，损害脑、心、肾和肺，但不损害生殖器官。此病毒主要具有嗜内皮向性和嗜神经向性；另外，还具有嗜气管、支气管性及嗜膜间质和外膜向性。目前已知 NV 和 Hendra 病毒利用相同的细胞受体，通过其膜蛋白 G、F 吸附并与易感细胞融合而进入，NV 基因编码的 V 蛋白且能够与 STAR1、STAT2（Signal tran - sllucer Q Activator of Tranocription，STAT）结合形成高分子复合物而抑制宿主细胞干扰素的信号转录，从而逃避宿主细胞的免疫攻击。因此，V 蛋白可以作为治疗 NV 感染的一个靶蛋白。病毒起初侵害脑组织的毛细血管，影响脑部的血液供应，引起脑膜脑炎。病理变化主要见于肺和脑。大多数患猪出现从温和至严重的肺部病变，可见不同程度的肺充血、肺气肿和肺瘀血。切开肺表面可见肺表面和肺小叶间隔膨胀。

气管和支气管出现广泛充血和水肿。肾脏大多数正常，也可见肾表面和肾皮质充血，其他脏器未见异常。患犬的剖检变化与猪类似，肾脏严重充血，气管和支气管有较多的渗出液。

显微镜检查主要可见中型至严重的广泛出血性间质肺炎，肺血管内皮细胞内形成合胞体。在肺、肾脏和脑组织可见到广泛的出血、单核细胞浸润，甚至形成血栓。此外，在脑组织中还有一显著病变，即神经胶质过多，并伴有非化脓性脑膜脑炎。

对比病理学表现，发现两种病毒均可导致血管组织的细胞融合作用，有亲血管性和亲神经性，从而产生间质肺炎和脑炎。尼帕病毒对猪的呼吸道上皮细胞有亲和性，免疫组织显示病毒感染广泛累及猪的呼吸系统，肺部有特征性的多核合胞细胞形成的肺炎肺融合细胞，上呼吸道的上皮细胞可检测到病毒特异性抗原，这可以解释人与猪之间可通过呼吸道传播此病。

从死亡病例的尸检发现，主要器官发生广泛血管炎和血栓形成，中枢神经系统及周围组织出现缺血性坏死。血管似乎是病毒感染后最早的靶器官，血管炎表现为合胞体形成和内皮细胞损伤，主要累及小动脉、毛细血管及小静脉，也可侵及肌肉的大血管。伴有内皮细胞感染的多器官血管炎是 NV 病理学特征的标志。发生炎症的血管壁坏死，周围有中性粒细胞、多形核细胞的浸润灶，血管内有血栓形成。脑组织是 NV 病受累最严重的器官，其次是心、肺、肾等。在脑、肺和肾小球囊中，受累血管内皮细胞周围可见浆细胞，周围或邻近区有缺血和微梗塞存在，脑组织中许多炎症血管周围的神经元内有嗜伊红细胞和病毒包涵体存在，这与其他副黏病毒感染的表现一致，病灶区内还可形成小胶质细胞结节、血管周围白细胞套状聚集和软膜蛛网膜炎。血管炎微梗塞和缺血灶随机分布在大脑灰质、白质、基底神经节、小脑脑干和脊髓。Wong 等（2002）认为患者死亡的原因可能是广泛分布的局灶梗塞和神经元的直接受累。

免疫组化结果证实，病毒对多种组织细胞具有亲和力，如呼吸道上皮细胞、肾小球及管状上皮、蛛网膜细胞、全身血管内皮细胞、平滑肌细胞等。在喉上皮细胞、肺血管壁、心脏房室瓣上皮细胞、脑神经胶质细胞中都能检查到病毒抗原。

临床表现

人

本病的死亡率很高，马来西亚的三州爆发脑炎，从 1988 年 9 月到 1994 年 4 月间共发病 265 例，其中死亡 105 例，死亡率 39.6%；Goh 等报告，94 例尼帕病毒性脑炎中有 30 例死亡，死亡率达 31.8%。人被感染后，潜伏期为 7～20 天，一般流行上可见猪间发病后 1～2 周。感染病例都是青壮男子，大多数与猪有直接接触的养猪场或屠宰场工人，通常在发病前 2 周有接触史，提示从猪到人的传播存在 10 天潜伏期。但不清楚 NV 病的确切潜伏期。94 个患者中，从最后一次接触猪到发病时间有几天到 2 个月的，92% 的患者是 2 周或更少。人开始发病，首见青壮年男性。不同患者的临床症状表现不一，会有不同程度的发热，高热 3～4 天后出现肌肉痛，严重头痛，精神恍惚，定向障碍，心动过速，视力轻度模糊等，临床体征包括眼睑下垂、发声困难，以及阶段性肌痉挛、肌腱反射消失、肌张力降低、颈强直，提示脑干及颈部脊髓受损；如果下运动神经受损，则表现眼球震颤、辨距障碍、步态不稳等。典型患者从发病到死亡仅需 6 天。尼帕病毒具有内皮细胞和神经组织亲嗜性，对气管、支气管、血管外膜和膜间质也有一定的亲嗜性。人感染早期，脑组织毛细血管受侵害，引起脑膜脑炎，后期侵害以心、肾和肺为主。主要的组织病理学特点是系统性的脉管炎，伴有广泛性出血和实质组织坏死，这在中枢神经系统尤为明显。

NV 感染发病突然，常伴有发热。通常患者会迅速恶化，最突出的临床症状是重症脑炎。该病最常见的表现有发热（97％）、头痛（65％）、头晕（36％）、呕吐（27％）、意识不断下降（29％）。发病过程中还伴有其他一些神经症状，尤其是脑干功能失调（表1-13）。

表 1-13　1998—1999 年马来西亚 NV 确诊患者的神经病学特征

特　征	患者/％（n=94）
反射健或无反射	56
瞳孔异常	52
心跳过速（心率＞120/min）	39
高血压（血压＞160/90mmHg）	38
异常的玩偶眼反射	38
局部肌阵挛	32
假性脑膜炎	28
癫痫、痉挛	23
眼球震颤	16
小脑症状	9
双眼睑下垂	4

注：表摘自 D. D 里奇曼等编著的《临床病毒学》。

少数病例会出现呼吸道症状。但都有特征性的颈部和腹部痉挛，这是与其他脑炎病毒相区别的具有诊病意义的症状。部分病人在 1～2 天内出现嗜睡、意识障碍、抽搐等，几天后发展到昏迷，50％病人有昏迷；1/3 的病人会在昏睡中死亡，耐过昏迷病人在恢复后有不同脑损伤后遗症。Goh 等（2000）对 94 例感染者临床表现统计结果显示，发热、头痛、嗜睡和呕吐是出现频率最高的几种症状。也有部分患者无临床症状，但血清学检测呈阳性反应。部分病人出现酸中毒、低氧血症、严重癫痫发作；晚期呼吸困难，血压、体温波动剧烈，甚至高热不退，约 38％以上的病死率。据临床统计，重症患者出现败血症 2.4％、胃肠出血为 5％、肾损害为 4％且并发脑干功能损伤及痉挛性中枢神经损伤，40％～80％病例昏迷及肺炎。部分临床病例可见迟发性神经系统障碍，发病较晚；急性恢复者在病后数月至 2 年内再发生，也有 4 年报道，可能与尼帕病毒长期存在于 CNS 中有关。临床上还有一种迟发型（Late onset）NV 性脑炎，感染者在早期没有临床症状或者不伴有急性脑炎症状，一段时间后才发生急性脑炎，从感染到发病的时间平均间隔 8.4 个月，其症状与麻疹病毒感染后导致的亚急性硬化性全脑炎很相似，都是发病初期并没有脑炎症状，而是以后出现中枢神经系统并发症。目前还不清楚是什么因素决定了迟发型 NV 性脑炎的发生，可能和病毒的变异及机体细胞免疫反应的改变有关。

在合并症方面，严重患者的合并症有全身性败血症、胃肠道出血、肾衰、血胸和肺栓塞。

2001 年 3 月孟加拉国 Meherpur 的一个村庄发生了一起小规模病毒性脑炎，13 人感染，

9 人死亡；2003 年 1 月离该村 150km 的 Naogaon 地区另一村庄再度发生，12 人感染，9 人死亡。这两起疾病有共同特点：没有发现猪与其他动物感染；多为 8～15 岁儿童并有家聚性；病情比马来西亚危险，患者从发病到死亡仅 2～7 天，死亡率高达 74%；患者分泌物可分离到病毒；孟加拉国果蝙蝠携带尼帕病毒；有人—人传播。

猪

猪感染本病的潜伏期为 7～14 天。不同年龄的猪临床症状有所不同，尼帕病毒可侵害猪的中枢神经系统和呼吸系统，损害脑、心、肾和肺，但不损害生殖系统。病毒系嗜神经和血管性。整个大脑皮层及亚层脑组织出现广泛变性坏死，非化脓性脑膜脑炎和血管内细胞损伤等；肺脏膈叶出现硬变，小叶间结缔组织增生，支气管的横断面有渗出的黏液，肾脏的皮质和髓质充血。

猪感染本病的潜伏期症状不明显，甚至完全无症状。一般表现为神经和呼吸道症状，且发病率高，死亡率高。少数有咳嗽，发热，呼吸困难，不吃饲料，震颤，昏迷，痉挛，腿弱，流产，死胎或死亡。

断奶仔猪和肉猪：4 周龄至 6 月龄猪通常表现为急性，高热≥39.9℃，呼吸困难，伴有轻度或严重的咳嗽，呼吸音粗粝，严重的病猪可见咳血。病猪通常还出现震颤、肌肉痉挛和抽搐等神经症状，步行时步伐不协调，后肢软弱并伴有不同程度的局部痉挛、麻痹或者跛行。感染率可高达 100%，但病死率低（5% 以下）。

母猪和公猪：临床症状明显，母猪和公猪发病相似，高热≥39.9℃，肺炎和流出黏脓性分泌物。病猪常由于严重的呼吸困难，局部痉挛、麻痹而死亡。怀孕还可能出现早产。此外，病猪常出现眼球震颤、用力咀嚼、流涎或口吐泡沫、舌外伸等神经症状。

哺乳仔猪：哺乳仔猪感染后死亡率高达 40%，仔猪大多出现呼吸困难，后肢软弱无力及抽搐等症状。

野猪：急性发病，鼻腔的少量脓性、黏性分泌物，常于发病后数小时内死于肺炎。

诊断

流行病学调查，所有患 NVD 脑炎成人死亡都与猪直接接触的养猪场人员且都注射过日本乙型脑炎疫苗有关。其临症主要为发热、头痛、呕吐、头晕，50% 的患者有意识减退和显著的脑干功能障碍，颈部和腹部痉挛；此外，节段性肌痉挛、发射消失、肌张力减退等中枢神经症状；呈呼吸困难、咳痰、双侧肺有啰音。实验室检验淋巴细胞下降、低血钠、门冬氨酸氨基转移酶浓度升高。初发时 75% 的患者脑脊液出现异常，蛋白增加，白细胞数总数升高，脑脊液压力轻度增加。X 线检查肺轻度间质性阴影。IFA（人抗内因子抗体）- ELISA 检测结果呈阳性。尽管 ELISA 的特异性大于 95%，但也存在假阳性问题。MRI 检测到分散性皮质下和大脑白质深部的小损伤。

PCR 技术是利用尼帕病毒 N 基因区域设计引物，此方法灵敏度高，机体在免疫抗体产生之前或甚微时，即可检测到 RNA 病毒，可及早发现问题，防患于未然。

鉴别诊断中最重要的是与流行性乙型脑炎的区分，在流行初期，曾因其临床表现和流行区域的特点被误认是流行性乙型脑炎，深入研究后发现该病与流行性乙型脑炎在流行病学和检测等方面存在较为明显的差异；乙型脑炎呈高度散发，以儿童为主，没有明显性别差异，且没有接种过乙脑疫苗；而尼帕病毒是集中发病，以青年男性为主，大多有乙脑疫苗接种史，而且都有与猪的直接接触史。两者的具体鉴别诊断见表1-14。

表1-14 尼帕病毒与流行性乙型脑炎的鉴别诊断

项　目	流行型乙型脑炎	尼帕病毒病
发病年龄	各年龄均有，儿童居多	成年人为主
发病情况	散发	集中发病
传播媒介	吸血蚊虫（在带吸喙库蚊为主）	猪—人
职业	无特征性	直接接触猪饲养及加工过程者
疫苗接种史	未接种过乙脑疫苗	多数接种过乙型疫苗
性别	无明显区别	男性青壮年居多
核磁共振（MRI）	双侧丘脑信号增强灶	病灶广泛分布于中枢神经系统
血清学检查	乙脑病毒 IgG、IgM 升高	尼帕病毒 IgG、IgM 升高

防治

治疗：本病无治疗特效药物，也没有用于治疗人和动物的高效价、高特异性的免疫血清。主要采取支持、对症疗法，控制好高热、抽搐、呼吸三关及防止并发症，目前应用药物有吡哆呋喃菌素、利巴韦林生物 ELCAR、6-氮尿苷对病毒有强抑制作用。据报道，早期应用可缩短疗程和减轻症状，对治愈和生存率结果未确定。目前看来，即使活下来，仍要面对不同程度的脑损伤后遗症问题。后遗症者要进行功能性锻炼和高压氧治疗。以及干扰素 poly（I）-poli（C12U）。

病毒唑〔三（氮）唑核苷〕是一种广谱抗病毒制剂，对呼吸道合胞病毒、流感病毒和麻疹病毒具有不同程度的抑制作用。Chong 等（2001）曾试用于 NV 感染者，数据显示，140名通过静脉注射或口服使用的患者，有45人死亡（32%），而54名未接受病毒唑治疗的患者中有29人死亡（54%）。研究初步说明，病毒唑在治疗急性 NV 性脑炎时可降低36%死亡率。但是，静脉给药会出现副作用，因此还需慎重。

预防：对发病疫区主要采取以下措施：

（1）紧急处理感染猪只。

（2）强化疫区及周边区域抗体检测。

（3）切断传播途径。随着国与国之间交流的日益频繁，国际贸易使人群移动，传播媒介的流动和种群移动增加，应严格检疫进口生猪。对于在养猪场及猪肉加工厂工人进行定期体检，并为其配备防护设备。对疫区进行监控防患于未然。

（4）保护易感人群。尼帕病毒病发生后，马来西亚等一些政府采取封镇感染猪场，扑杀发病场所所有猪只、就地消毒、深埋、烧毁、注射控制其他动物，并对猪场进行全面彻底消毒，以消灭或减少传染源；同时禁止隔离区猪只外运，防止疫情蔓延；并对猪、马等易感动物，以及养猪从业人员和与猪密切接触的人员进行紧急免疫接种。

Weingartl（2006）报道，通过对金丝雀痘病毒（Cannarypox Virus）改造，使尼帕病毒的 G 蛋白重组入该病毒基因组，该重组疫苗可使猪产生有抗感染的能力，能够限制尼帕病毒在动物体内的复制，因此可能用于限制尼帕病毒在未感染动物和人际间的传播。

疫情控制后，马来西亚政府对以前发病场周围猪场的猪群进行尼帕病毒抗体检测，3 周内检测 2 次，只要一次为抗体阳性的猪群必须销毁。

尼帕病毒病作为新发现人兽共患病受多种因素影响，这些因素构成了该病爆发的"关口"或关键控制点，在这传播过程中每一步都与传染病的病原相关。不论是呼吸道还是猪群运输移动传播，防控措施主要控制猪—猪传播、猪—人传播及狐蝠与猪接触等。中心措施是农场卫生控制，如猪场卫生监控、疾病症状的早期识别、猪群的生物安全等。

对于 NV 病的预防，我国应严格检疫进口生猪等动物；对于在养猪场猪肉加工厂的工人进行定期体检，并为其配备防护设备，还应对从业人员进行流行病学监控，防患于未然。此外，在我国开展引起病毒性脑炎的病毒资源调查及其疾病关系的研究，对于在我国新发现的病原体，特别是发现引起脑炎的新病毒，控制我国的病毒性疾病具有非常重要的意义。

我国已颁布的相关标准：

NY/T 1469—2007 尼帕病毒病诊断技术。

十、新城疫
(Newcastle Disease)

新城疫（Newcastle Disease，ND）是由新城疫病毒（禽副黏病毒-1、APMV-1）感染引起禽的一种急性、高度接触性传染病。主要危害鸡、火鸡、水禽及鸟类，患鸡败血经过，以呼吸困难、下痢、神经机能紊乱、黏膜和浆膜出血为主要特征。人、猪也可感染发病。

历史简介

新城疫是 Kraneveld（1926）发现于印度尼西亚的巴塔维亚地区家禽中引起严重损失的一种疾病。T. M. Doyle（1927）于英国新城发现禽的相似疾病，对鸡致病率达 90% 以上，其用交叉免疫试验将该病的滤过性病原体与鸡瘟病毒区别开来，故命名为新城疫。2002 年，国际病毒分类学委员会将新城疫正式列为单股负链病毒目、副黏病毒种、副黏病毒亚种、禽腮腺炎病毒属（Aulavirus，NDV-like virus）中的成员（Mayo，2002）。也有译成副黏病毒属或新城疫样病毒属。英国危险病原体顾问委员会（Advcsory Committee on Dangerous Pathsgens）将 NDV 列入二级风险微生物，意味着 NDV 属于可引起人类疫病，可能对工作人员具有危害的病原体，但不会在人群中传播。

病原

新城疫病毒（Newcastle Disease Virus，NDV）属于副黏病毒科，腮腺病毒属。病毒呈球形，具有双层囊膜，大小为 180nm 左右。表面具有 12～15mm 的纤突，并能有刺激宿主产生抑制红细胞的凝集素和病毒中和抗体的抗原成分。病毒粒子内部为一直径约 17mm 的卷曲的核衣壳。所有的 NDV 都含有 6 个病毒特异性结构蛋白（L. NP、P、HN、F、M）。按其在病毒中的位置，L. NP 和 P 三种蛋白称为外部蛋白或囊膜蛋白。浮密度为 1.212～1.221g/mL，其 RNA 在 0.1mol/L 的 NaCl 中沉降系数为 50～57S，能凝集鸡、鸭、鸽、火鸡、人、小鼠及蛙的红细胞，能溶解鸡、绵羊及 O 型人红细胞。

NDV 属于单股负链，不分节段 RNA 病毒，基因长度约为 15.2Kb，包括 3'-NP-P-

M－F－HN－L－5'六个基因，分别编码 6 种主要结构蛋白。由于病毒复制依赖缺乏校正功能的 RNA 聚合酶，因此 DNA 出现变异的几率较高。ND 虽按其对鸡的毒力可分为 5 个型，但其病毒在血清学和免疫学方面并无差异，仅只一个血清型，只是病毒感染鸡的血清抗体高低不同。但是，可分为不同的基因型。根据病毒基因长度、F 基因和 L 基因序列，NDV 分为两大支：Class Ⅰ和 Class Ⅱ。NDV 是一种变异进化速度很快的病原，毒力的变异主要与 F 基因核苷酸序列变异有关，在 ND 传播中 F 蛋白裂解位点的改变可能使 NDV 从低毒力向高毒力转变（Iorio RM 2008），通过某动物体连续传代，病毒对某动物毒力从无毒到强毒力。猪源 NDVJL01 株属基因Ⅰ型，其裂解位点的 AA 序列为^{112}G－K－Q－G－R－L^{117}与 NDV 弱毒株序列完全相同。

FO 蛋白中 F1、F2 片段的排列顺序为 NH_2－F2－phe－F1－COOH，这是副黏病毒的共同特征。根据 FO 基因第 47～420 位核苷酸序列可将其至少分为 9 个基因型，基因分型在病原流行病学追踪调查过程中有一定意义。根据病毒对鸡胚或鸡的毒力确定其致病型最具实际意义。新城疫病毒的致病型有 3 个，即缓发型、中发型和速发型。

缓发型毒株，如 Hitchner B1（Ⅱ系）、F 系（Ⅲ系）、La Sota（Ⅳ系）、Queensland V_4、Ulster2C、D26 及其衍生株（克隆 30，N79）等，成年鸡一般不发病，雏鸡可能出现轻度的呼吸道症状，极敏感的雏鸡遇到毒力稍强的毒株时，偶尔会发生死亡。此类毒株多用作疫苗。中发型毒株，如 Mukteswar（Ⅰ系）、Komarov 等，对成年鸡有轻微的致病力，能导致产蛋下降；对雏鸡可引起死亡。在我国该类毒株有时会被用作加强免疫，但在国外大部分国家已停止使用。速发型毒株，根据组织倾向性分为速发嗜内脏型（如 Herts' 33/56）和速发嗜神经型（如 Texas GB）两类。所以，日龄的鸡均可出现急性、致死性感染，临床特征前者以消化道出血为主，而后者以呼吸道症状和神经症状为主。中发型毒株和速发型毒株均能引起人的结膜炎。

病毒通过各种途径接种于 8～11 日龄鸡胚，能迅速繁殖；能在各种细胞上培养，使感染细胞形成蚀斑。本病毒的抗血清能特异性地抑制蚀斑形成，故可用蚀斑减数技术鉴定病毒。本病毒能使禽类及人、豚鼠等哺乳动物的红细胞凝集。由于在慢性病鸡、痊愈鸡和人工免疫鸡的血清中含有血凝抑制抗体，因此可用血凝抑制试验鉴定病毒和进行流行病学调查。

本病毒对热、光等物理因素的耐受性稍强，病毒在 60℃ 33min 或 55℃ 45min 失去活力；在 37℃ 条件下可存活 7～9 天；在直射阳光下，病毒经 30min 死亡；在 30℃ 真空冻干条件下可存活 30 天，15℃ 下存活 230 天。病毒对酸碱耐受性范围颇大，pH2～12 时不被破坏；对乙醚敏感；2% NaOH、1% 来苏儿、1% 碘酊及 70% 酒精等常用消毒药数分钟至 20min 可将其杀死。

流行病学

新城疫发现于印度尼西亚、英国，1940 年发生于菲律宾等亚洲和澳大利亚及非洲等地，以后出现于欧洲大陆，1944 年又在美国加利福尼亚爆发，已遍及全世界。鸡、火鸡、珍珠鸡及野鸡对本病毒均易感，鸭、鹅爆发此病。天鹅、塘鹅、鸬鹚、燕、八哥、麻雀、鹌鹑、老鹰、乌鸦、穴鸟、猫头鹰、孔雀、鸽子、鹦鹉、燕雀等也可自然感染。迄今已知能自然和人工感染的鸟类已超过 250 余种。新城疫对不同宿主的致病性差别很大，有的宿主表现无任何临诊症状的隐性感染，有的却表现极高的死亡率。哺乳动物对本病毒有强大的抵抗力。

Burnet（1942）曾认为可能从 NDV 进化出一种人的病原微生物。事实上副黏病毒属中仙台副黏病毒就致人猪发病。Freymann 等（1949）、Ingall 等（1949）报道人类也能感染，主要发生于禽类加工厂工人、兽医和实验室工作人员，是在接触病毒或处理病禽时感染的，但未发现人传人。脑内接种恒河猴和猪，引起脑膜脑炎。自 20 世纪 80～90 年代世界多个不同国家和地区，如澳大利亚、马来西亚和新加坡等，相继出现"猪源性新城疫病毒"的副黏病毒感染猪，经病毒分离、血凝试验和电镜观察确定为新城疫病毒。通过病毒 F 基因核苷酸序列测试，并与国内外 NDV 株 F 基因进行同源性比较，其同源性达 88.7％～99.9％。2000年 4 月吉林省某猪场首先发现本病，其后福建、上海等省、直辖市相继报道具有较高发病率和死亡率的猪源性新城疫，目前尚不知猪—猪、猪—人间是否传染及猪发生的途径及机理。根据从流产母猪胎儿和胎盘中分离出病毒，推测该病毒有垂直传播的可能性。但已有报道有的猪场猪曾在间隔一段时间后又发病。新城疫病毒过去仅报道人眼结膜炎的病案，近年来国内猪发生致猪发病死亡；国外报道人感染引起死亡的案例，其流行趋势值得引起关注，因为有更多的易感宿主被发现，1997 年等研究认为鹅、鸭等水生禽类只是携带新城疫病毒者，但 1997 年后鹅、鸭新城疫爆发并持续流行；人感染 NDV 多见于密切接触者已发现多年（表1－15）。人感染后常产生低水平的中和抗体，但一般测不出血凝抑制抗体。Evans 认为免疫反应弱，说明 NDV 在结膜或其他组织中增殖很有限。曾见到在 4 周、2 年和 4、5 年后再感染的，说明抗体存在时间不长。人的 ND 是一种职业病，限于养鸡场和禽类加工厂的工人和兽医。血清学调查表明，与家禽密切接触者比接触较少者 ND 抗体阳性率较高。而没有明显症状的人也可产生中和抗体。偶尔有没有接触过鸡的人发现中和抗体。但没有证明有带毒状态的人。但 NDV 曾从多种体液中分离出来，最常见的是冲眼的液体，但唾液、尿和血液中都有。分离病毒时间是感染后 36～48h，但最晚到 5 天曾分离到病毒。Balwell 等报告，从 1 名原来诊断为"病毒性肺炎"的病人的外科切除肺组织中分离出 NDV。总的来说，人 ND 发病率极低，因此认为人 ND 不是一个公共卫生问题。未见病毒从人到人的传播，病人不需要检疫或隔离。而 20 世纪 80～90 年代后，不少地区包括我国有多起 NDV 感染人、猪，并引起死亡。人、猪新城疫的发生，进一步打破了这一规则。易感动物在 NDV 毒力的进化中发挥至关重要的作用，暗示着 NDV 有可能从低毒力向高毒力转变，向多宿主扩展。新城疫病毒的感染和致病宿主范围正在不断扩大，给人、畜带来更大危害，给新城疫防控带来新的挑战。

表 1－15　人新城疫病的爆发和特点

年份	临床和实验室特点
1943	实验室意外，结膜炎，头痛，寒战，从洗眼液中分离出病毒，中和试验阳性。
1946	例 1：实验室意外，感染工人，结膜炎，眼泪中分离出病毒；例 2：实验室意外，结膜炎并有出血，未分离出病毒；例 3：炊事员，感染 37 人，结膜炎。
1947	结膜炎，未分离出病毒。
1948	例 1：儿童，流感样症，发热，不适，轻度脑炎，病程短，中和试验阳性；例 2：结膜炎。
1949	例 1："病毒性肺炎"，肺中分离出病毒；例 2：结膜炎，未分离出病毒；例 3：结膜炎，分离出病毒；例 4：烤肉车间工人和兽医，结膜炎，眼睑水肿，眼中分离出病毒，血凝抑制试验阳性。
1950	血清学调查阳性。

（续）

年份	临床和实验室特点
1951	例1：实验室意外，兽医，结膜炎，头痛，发冷，不适，耳道淋巴腺炎，眼中分离出病毒，血凝抑制试验阴性；例2：结膜炎，发冷，发热，胞浆内包涵体，眼和血中分离出病毒。
1952	例1：结膜炎；例2：急性溶血性贫血，从3名病人的血中分离出病毒；意外食入病毒，腮腺炎；例3：实验室意外。
1953	例1：轻度脑炎；例2：溶血性贫血；血清学阳性。
1954	血清学阳性。
1955	例1：血清学，暴露者与未暴露者有区别；例2：结膜炎，分离出病毒；例3：结膜炎，未见包涵体。
1956	实验室意外，结膜炎，眼和血中分离出病毒，病毒株为加利福尼亚11914。
1962	给鸡预防接种时被气溶胶感染，结膜炎，头痛，不适，发热，咽炎，从眼和尿中分离出病毒，中和试验阳性，病毒株为B。
1965	烤肉车间工人，结膜炎。
1971	实验室意外，结膜炎，再发感染，眼中分离出病毒，中和试验阳性，血凝抑制试验阴性。

发病机制

病毒感染人和猪的致病机制尚不清楚。病毒感染家禽的主要途径是呼吸道，其次是消化道。当病毒粒子与宿主细胞接触时，具有生物活性的 HN 蛋白识别细胞上的受体驻点并与之结合，使自身构象发生变化，进而触发下蛋白构象发生变化，这种触发机制可能是 HN 蛋白对 F 蛋白的直接作用，也可能是细胞蛋白参与的跨膜信号传递而引起的。F 蛋白构象改变后，其内部的融合多肽释放出来，发挥穿膜作用。引起病毒囊膜与细胞膜的融合，或几个细胞的融合，使核衣壳释放到细胞内，首先利用自身的 RNA 依赖性 RNA 多聚酶，催化合成互补的正链 RNA，以此为 mRNA，利用细胞的机制翻译成蛋白质并转录病毒基因组。合成的 FO 蛋白需要往宿主蛋白酶裂解为 F1 和 F2。某些毒株的 HN 也需要裂解。合成的病毒蛋白被转运到细胞膜，将细胞膜修饰，在修饰区附近组装成核衣壳，进一步出芽使病毒释出。病毒血症使病毒传遍家禽各种脏器，通过溶血、合胞体形成和细胞破坏，引起严重的组织损伤，甚至发生普遍的出血性病变，导致家禽死亡。

新城疫病毒的致病性的分子基础主要是由 F 蛋白和 HN 蛋白决定的，其另外一些未知因素也有一定的影响作用。F 蛋白具有使病毒囊膜与宿主细胞膜融合，进而使病毒核衣壳转入胞浆中的作用。HN 糖蛋白的裂解活动也可能对毒力起作用。由于 HN 蛋白参与受体结合并具有神经氨酸酶活性，无生物学活性的 HNO 可能会影响致病性。最大的形式 HNO - 616 需要蛋白酶裂解才具有生物活性。迄今，编码 HNO 的所有病毒都是对鸡毒力最低的病毒，如 Ulster 2C. D26 株和 Queensland V4 株，同其他缓发型新城疫病毒，如 Hitchner B_1 株和 L_B Sota 株相比，虽然两类毒株的 FO 蛋白都不能被普通蛋白酶裂解，但前者的毒力较后者为弱，其原因极可能是由于 HN 的差异造成的。

上述两方面是 NDV 致病机制的主要分子基础，但不是全部。近年来有研究表明，将弱毒株病毒进行改造，使其具备强毒株 F 和 HN 的序列特征，结果虽然毒力明显增强，但仍达不到天然强毒株那样多的毒力。这提示我们在 NDV 的致病过程中还有其他因素起作用，有待进一步的研究。

临床表现

人

Burnet（1943）首先报道，实验室技术人员因不慎将新城疫病毒感染的鸡胚尿素液溅入眼内而发生了急性结膜炎，随后不断有人类感染本病毒的报道。Lancaster 对人的 ND 进行了综述，还参考了 Thompson、Mitchell、Evans 及 Hamson 与 Brandly 的综述。

该病毒偶尔可感染接触病禽的饲养人员、兽医或从事新城疫疫苗研究和生产的工作人员（Lippmann，2002）。该病在人类为自限性疾病，可在 1~2 周内恢复，也可呈隐性感染。

潜伏期常为 1~2 天，偶有 3~4 天。感染病毒后多为眼部感染，通常为短暂的单侧结膜炎，偶尔双侧，不侵犯角膜，初期表现为有刺激、流泪，由于结膜下组织充血及肿胀，故眼睛发红，再过 1~2 天，炎症可能变得严重，眼睑也可能水肿，耳前淋巴结肿大。全身感染极少见，类似流感症状，伴有低热，发冷，头痛，咽炎，有呼吸道症状，都很轻微。病程 3~8 天，1~2 周内痊愈。

Nelson（1952）对 40 例病人观察报道，在感染侧发生耳前淋巴结炎的占 50％，他发现几乎在所有的病例都只感染一只眼睛，全身反应少见。多数病人的眼结膜炎持续 3~4 天，也有病程 7~8 天或 21 天者。角膜、眼球运动和视野正常，瞳孔反应正常。通常 1~2 周内缓解或痊愈，偶有继发视力调节损害的报告。症状出现后第 2、3、4、5 天，在眼结膜的洗液中曾分离到病毒。或从分泌物及组织中分离到病毒。发病后第 7 天可检出抗体，最常见检出时间为 14~21 天以后。接触禽者中有 64％无结膜病史，而有高效价的中和抗体。Moolten 等报告，推测 ND 与急性溶血性贫血有关，但还不清楚其原因，报道从 3 例溶血性贫血病人的血中分离出 NDV，同时还分离到单纯疱疹病毒和未鉴定的有血凝作用的病毒。Morgan 未能从 6 名急性溶血性贫血病人的血液和脾脏中分离出 NDV 或任何其他病毒。

有人全身感染，表现为体温升高 1~2℃、寒战、咽炎的轻流感样反应，持续 3~4 天。出现全身症状者为吸入含空溶胶病毒，可从咽、鼻、唾液、血液和尿中分离到病毒，分离病毒时间是感染后 36~48h，最晚到 5 天曾分离到病毒。Mitchell 等报告了一例轻型脑炎病人，并分离到病毒。Balwell 等报告从 1 名"病毒性肺炎"患者的肺中分离到病毒。据 URL：http://www.aphis.usda.gov/vs/ceah/cci/menangle.htm 互联网报道澳大利亚、马来西亚和新加坡等地区的猪群中，也分离到副黏病毒，并且有感染人引起至少 100 多人死亡的报告（未见病例、病原研究报告）。但 Goebel S J 等（2007）报道从一例人肺炎死亡病例中分离到一株新城疫病毒 NYO3，剖检后免疫组织化学确认了在脱落的肺泡细胞中存在 NDV，分离株 F 蛋白的裂解位点的氨基酸组成为 [112]RRKRRF[117]，具有典型的 NDV 强毒特征，遗传进化分析该分离株与欧洲和北美洲鸽源 NDV 强毒株遗传关系最近。这是首例 NDV 导致人致死性病例报告。但 NDV 对人和哺乳动物的致病性不容忽视，Bukreyev 报道，灵长动物可通过实验感染 NDV，但不表现临床症状。Samuel 等将禽副黏病毒 1~9 型（APMVI-9）鼻腔接种灵长类动物，结果 9 种禽副黏病毒血清型均可在灵长类动物体内复制，可产生特异性的 HI 抗体和中和抗体，大多不产生明显的临床症状或仅产生轻微症状，但 APMV-3 可产生中度疾病。APMV-2 和 APMV-3 感染可导致灵长类动物肺表面出现病变，分别出现出血和血斑。除了 APMV-5 之外，其余血清型均证实可在鼻甲和肺中进行复制，证明 NDV 对呼吸道的组织嗜性。

ND 抗体在不同人群，其有较大差异。Scatozza 检查了 1 363 份血清，发现 13 份有血凝抑制抗体和补体结合抗体。Miller 和 yates 检查了 100 份海军驻地工作人员血清，只有 7% 的有低水平的 ND 中和抗体，都没有血凝抑制抗体。Balwell 等检查圣路易斯的 117 名医学生血清，发现 1 人有 ND 血凝抑制抗体。Paster 和 Galiano，Collier 的人群血清抗体检测结果与前者不一，他们分别报告有 16.3% 和 5% 人的血清样本中有 ND 抗体。

吴兆平（1988）对江苏省淮安市 1 035 人进行 ND 血清学检测，被检人包括城市的、农村的；从事的职业有工人、农民、学生、教师、医生、兽医、干部、儿童及离退休人员等；最大的年龄 77 岁，最小的 1 周龄。结果见表 1-16。

表 1-16　人感染新城疫病毒血清学检查结果

	总数	性别		住址		职　业							
		男	女	农村	城市	兽医	教师	工人	其他	学生	干部	农民	医生
检查数	1 035	590	445	645	390	30	14	296	55	89	53	493	5
阳性数	98	70	28	67	31	13	5	31	5	7	4	33	0
%	9.47	11.87	6.29	10.39	7.95	43.33	35.71	10.47	9.09	7.87	7.55	6.69	0

①从 1 035 份血清中共检出阳性血清 98 份，占 9.47%，其中以从事兽医职业的人的血清检出率最高，为 43.33%；农村人员为 10.39%，比城市人员 7.95% 的检出率高（表 1-16）。

②不同年龄组的检测，以 51 岁以上年龄组检出率最高，92 名被检测者中，阳性人数为 16 人（17.4%）（表 1-17）。

表 1-17　不同年龄组的检查结果

不同年龄组	0~10 岁	11~20 岁	21~30 岁	31~40 岁	41~50 岁	51 岁以上
检查数	53	128	370	279	110	92
阳性数	3	12	33	22	12	16
%	5.36	9.45	8.9	7.87	10.9	17.4

不同年龄的感染情况存在着较显著的差异。以 0~10 岁阳性率低（5.36%）；51 岁以上组最高（17.4%）；41~50 岁组次之（10.9%）。并非年龄越大的人越易感，可能与感染的几率或重复感染有关。

③检出的抗体滴度（表 1-18）：HI 滴度分布在 1~7 范围内，高低相差较大，大部分集中在 2~4 之间。其中滴度在 3 以上有 47 例，占 48%；滴度在 4 以上的为 27 例，其中农村人为 21 例，占 77.8%；滴度在 5 以上的有 7 例，其中临床兽医 3 人、农民 3 人、工人 1 人；滴度在 7 的 2 例，分别为农村 7 岁儿童和织布厂的 50 岁工人。

表 1-18　HI 抗体滴度分布情况（以-log2 表示）

	总数	滴度分布						
		1	2	3	4	5	6	7
阳性数	98	7	44	20	20	4	1	2

④兽医人员各年龄组的抗体滴度：其检测 30 人，抗体阳性人为 13 人。HI 抗体滴度最高达 6（表 1-19）。

表 1-19 对兽医人员的检查情况

项目		合计	20 岁以下	21～30 岁	31～40 岁	41～50 岁	51 岁以上
检查总数		30	1	9	8	11	1
阳性数		13		3	4	5	1
HI滴度分布	2	6		2	2	1	1
	3	2		1	1		
	4	2				2	
	5	2			1	1	
	6					1	

猪

吴祖立等（1999）报道，7～10 日龄的仔猪出现呼吸急促，体温略有升高，排黄色稀粪，类似仔猪黄痢症状。少数仔猪有神经症状，抗菌素治疗无效。病程为一过性，发病一个多月，自然康复。发病率在 40% 左右，死亡率达 15%。此后同一猪场的新生仔猪未发现同样病例。病死仔猪主要病变为肺部严重充血，呈肉变，肾脏有零星出血点。

金扩一、鲁会年、程龙飞等（2000～2007）分别对吉林、福建省 50～60 日龄仔猪感染新城疫病毒进行报道，主要表现为体温突然升高至 42℃，厌食，被毛粗乱，消瘦，咳嗽，流涕，伴有呼吸困难，后期呼吸加快，行走困难，最后衰竭而死。病程长短不一，发病率在 40%～50%，病死率达 15%。采取肝、脾、肾、肺等组织细菌学检查为阴性，电镜检查肺、脾、肾组织有副黏病毒样颗粒。分离的 NDV SP-13 病毒株对番鸭胚致死率为 80%；2 周龄鸡的死亡率为 25%；攻毒 1 周龄鸭表现精神差，但无死亡。

金扩一、吴祖立等（2000～2001）报道，在仔猪发病场的母猪出现流产、早产严重，而母猪的死亡率不高，怀孕母猪妊娠 60～100 天流产，胎儿呈死胎或出现分解。死亡猪剖检可见实质器官肝肿大，呈土黄色，边缘有出血点；脾脏出血、坏死；肾脏有零星出血点；肺脏充出血，呈肉样变。实质器官淋巴结肿大，全身淋巴结肿大，以腹股沟淋巴结肿胀最为严重。

同一猪场中的母猪，出现受胎率降低，复配率升高的情况，同时母猪出现轻微的子宫炎症。个别母猪有神经症状。使用抗生素治疗无效。病程为一过性，发病一个多月，自然康复。母猪受胎率下降，复配率升高的情况，可在间隔一年后再发生。

病毒攻击猪，在接种后 7 天内出现高热、厌食、咳嗽等症状，并有 3 头猪在 10 天内死亡。

Ding 等在 1999～2006 年从中国猪群中分离到 8 株 NDV，对其中 4 株进行了遗传特性分析，表明所有毒株均为弱毒株，其中有两株属于基因 II 型，与疫苗株 LaSota 类似，另两株属于基因 I 型，与疫苗株 V4 类似。

诊断

本病在临床症状上未能与其他疾病有特异性区别。如猪出现神经症状时，特别是有与病原接触史的人，猪应考虑本病。临床上，患者眼部有异物感、灼热感、疼痛、流泪、轻度失明、结膜充血，偶见结膜下出血。有时伴有少量浆脓性或非脓性分泌物。眼睑轻度或明显水肿，上、下睑结膜出血，多数滤泡与乳头增生，滤泡以下睑、下穹隆为显著，泪阜处也可见滤泡，球结膜轻度水肿。裂隙灯检查角膜常见小上皮浸润，荧光等染色后上皮表层点状着染。角膜知觉正常，耳前淋巴腺或有时前部颈淋巴结肿大，轻度压痛。以上症状可初步诊断，且依靠实验室作出确诊。病科采取可收集鼻、眼分泌物；猪还可采集脑及内脏器官等，进行实验室检测。

1. 采样的鸡胚传代及电镜形态观察　将病料悬液接种于 SPF 鸡胚，传至第 5 代时，收集鸡胚囊液，以 10 000r/min 离心 20min，取上清液再以 45 000r/min 离心 2h，用 PBS 悬浮沉淀，按常规方法负染，进行电镜观察。

2. 血凝及血凝抑制试验　分别以鸡、小鼠、兔、犬、马红细胞进行血凝试验；用鸡新城疫病毒阳性血清进行血凝抑制试验。如果血凝滴度和血凝抑制滴度均达到 2^{-4} 以上，即可判断为新城疫病毒阳性。

3. 分子生物学检测　RT-PCR 是广泛用于病毒诊断技术或进行序列测定及遗传进化分析。RT-PCR 需要新城疫病毒特异性引物，一般以 F 基因的特异性片段设计，采用如下一对引物，扩增的片段长度为 362bp。

上游引物 5'-TTGATGGCAGGCCTCTTGC-3'；
下游引物 5-GGAGGATGTTGGCAGCATT-3'。

防治

目前人、猪尚无治疗与免疫预防方法。可使用抗生素或抗菌素等防止细菌继发感染，一般 1～2 周内可自愈。本病虽未成为一个公共卫生问题，但一直认为是与鸡和其他产品密切接触者的一种职业性疾病。近年来从 NDV 由鸡到其他禽类的严重爆发和人长期轻度感染到猪（哺乳动物）发生临床症状，跨越种的界限，值得引起重视。因此，进一步弄清感染途径、抗体在人和猪体内的消长。病毒能否在人、猪群中水平传播或由人、猪传染给禽，其流行情况是一个很有意义的问题。目前应努力提高家禽的免疫密度，所有易感动物应进行严格的新城疫免疫接种，定期进行抗体测定，保证禽群处于良好的免疫状态。不要对非易感动物进行疫苗接种，防止病毒变异。加强环境消毒，降低发病率。由此降低病毒传染给人和其他禽群的机会，特别是病禽、病料或注射完疫苗后应注意消毒，防止散毒。加强密切接触者的自我保护。

Cassel 等较早发现 NDV 能杀伤肿瘤，并证明 NDV 肿瘤溶解产物（疫苗）有抗肿瘤作用，然而其抗肿瘤机制尚不完全清楚。

目前 NDV 抗肿瘤研究仅限于恶性黑色素瘤、神经胶质细胞瘤等来源于间皮细胞的肿瘤，以及大肠癌和肺癌等。

研究发现：①NDV HB1 株能选性地在癌细胞中复制和杀伤癌细胞，对正常细胞无影响。②NDV 使肝癌与 SMMC-7721 细胞脆性增加，变形、移动能力下降，表面结构和黏附分子表达改变，以致更易被免疫细胞识别和杀伤。③NDV 使肝细胞内 Ca^{2+}、肌动蛋白（Actin）和 Bcl-2 发生变化，致死癌细胞发生凋亡。④NDV 对 TIL 有直接激活作用。⑤NDV 对鼠体肿瘤同样有杀伤作用。

研究者认为，NDV 对肝癌细胞抑制和杀伤的机制大致如下：①NDV 对肝癌细胞具有直接杀伤作用，包括 NDV 对肝癌细胞的溶解和致凋亡作用。②NDV 引起肝癌细胞自身某些蛋白分子和结构改变，使其变形能力和运动能力下降，相对固定，肿瘤抗原表达增强，同时 NDV 激活淋巴细胞的杀伤功能，使癌细胞和淋巴细胞更容易相互识别和黏附，引起癌细胞凋亡。③NDV 可刺激机体产生细胞因子，对癌细胞发挥杀伤作用。后两种作用方式必须有机体免疫系统参与。

十一、流行性感冒
（Influenza）

流行性感冒（Influenza）是由流感病毒（Influenza Virus）引起的人畜禽共患的急性呼吸道传染病，其特征是高热，咳嗽，全身衰弱无力，有不同程度的呼吸道炎症。该病发病急，传播迅速，流行范围广。

历史简介

据记载，流行性感冒于 1173 年已有发现。1878 年意大利发生禽流感，后证实为 A 型。1918～1919 年世界上发生过两次大流行，造成千万人死亡。19 世纪末在许多流感患者的咽喉部发现一种杆菌，称溶血性流感杆菌，也叫做 Pfeiffers 流感杆菌。C. M. Mcbryde（1928）用病猪呼吸道未经过滤的黏液感染猪获得成功，但用其过滤材料感染猪未能获得成功。R. E. Shope 将这项工作继续下去，并于 1931 年成功地用过滤感染雪貂，分离到猪流感病毒，其后做了免疫性，传播；病毒的实验室适应宿主，与其他流感病毒的抗原关系及疾病如何在自然界保持的研究。Smith（1933）参照 Shope 方法，用患者咽喉部洗液鼻腔感染雪貂成功，首次分离到人流感病毒，被命名为 A（甲）流感病毒。Francis 和 Magill（1940）分离到 B 型流感病毒。Taylor（1947）分离到 C 型流感病毒。1955 年科学家明确了病原与人和哺乳动物流感关系，并证实鸡病毒 A 型的核蛋白。Sovinova（1956）和 Waddell（1963）分离马流感病毒。1971 年 WHO 统一流感病毒命名系统，按 NP 不同分 A、B、C 型；按 NA 分亚型。世界卫生组织（1980）根据 HA、NA 和抗原双向免疫扩散（DID）反应的数据，修订了 1971 年采用的命名系统，公布流感病毒命名原则（型/宿主/地点/病毒株序号/年代）。据国际病毒分类委员会第八次报告，病原为正黏病毒科，科下设 5 个属。

病原

流感病毒（Influenza Virus）属于正黏病毒科，包括 A 型流感病毒属，有 16 种 HA 亚型；B 型流感病毒属，有 9 种 HA 亚型和 C 型流感病毒属。三型病毒在基因结构和致病性方面存在很大差异。A、B 两型病毒在形态上相同，但在某些方面和 C 型不同。

病毒粒子具有多形性，多为球形或杆形，但也可见直径与此相仿而长度可达数百微米的丝状物者。直径 80～120nm，病毒粒子中心有一直径 40～60nm 的锥形核心。核衣壳呈螺旋对称，两端具有环状结构，内部由 A、B 型病毒含 8 个节段，即 PB2、PB1、PA、HA、NP、NA、M、NS；而 C 型为 7 节段，少一个编码 NA 的节段，单链、负链 RNA。外有囊膜由双层类脂膜、糖蛋白凸起的基质蛋白组成。囊膜上有呈辐射状密集排列的两种穗状突起物（纤突）：一类呈棒状，由血凝集分子的三聚体构成，血凝素（HA）能凝集马、驴、猪、牛、羊、鸡、鸽、豚鼠和人的红细胞，并诱导机体产生相应的抗体，该抗体能抑制病毒的血凝作用，并能中和病毒的传染性；另一种呈蘑菇状，由神经氨酸酶（NA）分子的四聚体构成。两种纤突在囊膜上的比例约为 75：20。

HA 和 NA 都为糖蛋白，具有良好的抗原性，同时又有很强的变异性，它们是病毒亚型及毒株分类的重要依据。目前已知 HA 有 16 个亚型（$H_1 \sim H_{16}$），NA 有 10 个亚型（$N_1 \sim N_{10}$）。由于不同的毒株所携带的 HA 和 NA 抗原不同，因此 A 型流感病毒有众多亚型，如 H_1N_1、H_1N_2、H_2N_2、H_3N_2、H_5N_1、H_9N_2、H_7N_9 等，各亚型之间无交叉或只有部分交叉免疫保护作用；由于流感病毒的基因组具有多个片段，在病毒复制容易发生重组，从而出现新的亚型或新的病株，这给疫苗的研制和防制本病带来极大困难。流感病毒的不同亚型对宿主的特异性和致病性有很大差异，如猪流感主要由 H_1N_1、H_3N_2 亚型引起；人流感主要由 H_1N_1、H_2N_2、H_3N_2、H_7N_9 亚型引起；禽流感的病原主要由 H_5N_1、H_5N_2、H_7N_1、H_9N_2 亚型引起。但它们的交叉复制在病毒变异和流行甚为捉摸不定，Kennedy F S（1987）曾认为 H_3N_2 流感病毒抗原组分在人群中消失，而继续在中国东部地区及香港、台湾猪中流行多年，病毒如何在猪中稳定多年，其研究表明，中国猪流感甲 3 病毒的某些基因可能是鸟和人甲 3 病毒基因重组，这就是为什么其抗原决定簇还能在猪存在多年原因。此外，不同流感病毒有时各自组织的亲和力。Kawaok Y（1987）报道，大多数流感病毒从雪貂呼吸道中分离，只有香港 68 - 1（H_9N_2）流感病毒从猪的肠道中分离出来，证明流感病毒有在某些哺乳动物肠道中进行复制的潜在性。提示在不同的哺乳动物中，甲型流感病毒有不同的组织亲和力。病毒和宿主的遗传因素决定了流感病毒在哺乳动物体内的组织亲和力。

鸡胚是流感病毒初次分离和大量繁殖的主要材料，一般用 9～11 日龄 SPF 鸡胚通过羊膜腔或尿囊腔接种病毒，但 C 型流感病毒只能在羊膜腔内增殖。流感病毒可以凝集鸡、豚鼠等多种动物红细胞，利用这一特性可以证实病毒的存在和增殖，同时需要用血凝抑制试验作进一步验证。

流感病毒可在人胚肾、猴肾、牛肾、地鼠肾、鸡胚肾、人胚肺细胞等多种原代细胞和 MDCK、Vero 等多种传代细胞中生长。原代猴肾细胞和 MDCK 细胞是流感病毒培养最常用的两种细胞。在流感病毒的细胞培养中，需加入一定量的胰蛋白酶，但高致病性禽流感病毒可在无胰蛋白酶存在的条件下增殖。

流感病毒可在雪貂、小鼠、鸡及黑猩猩、恒河猴、非洲绿猴等灵长动物体内复制增殖。小鼠应用最普遍，雪貂最经典，可产生典型的发热症状。

流感病毒对外界环境的抵抗力相对较弱，热、酸、碱、非等渗环境和干燥均可使病毒灭活。50℃ 30min、60℃ 10min、70℃ min 可将病毒杀灭。病毒在碱性条件下，神经氨酸酶的活性下降很快；较耐酸 pH4 仍具有一定抵抗力；pH3 时病毒感染力才被破坏。紫外线对流感病毒也有较好杀灭效果，在阳光直射下，40～48h 即可使病毒失去感染力。一般消毒剂对病毒均有作用，尤其对碘溶液特别敏感。其他氧化剂、季铵盐类、氨水、甲醛等都能迅速破坏其传染性。肥皂和去污剂对流感病毒亦有灭活作用。

流行病学

流行性感冒的流行和数次世界大流行已有数世纪之久。A 型流感病毒自然感染人、灵长动物、猪、马、禽类、水貂、鲸鱼、小鼠、雪貂等。2013 年 5 月美国报道从海象体内分离到流感病毒 A 型 H_1N_1 亚型，表明病毒在自然界仍有新的宿主存在。禽流感主要是感染了病毒的家禽（鸭、鹅、鸡）、野生鸟类、迁徙性的水禽及其他动物引起的。自然界鸟带毒普遍，已知有 88 种鸟，我国有 18 种鸟带病毒；水禽以鸭带毒普遍；候鸟中天鹅、野鸭等是洲际间传播因素之一。B 型流感病毒可感染人和猪，但流行规模小；C 型流感病毒也可感染人、猪，但极少流行。但是，是人传给猪还是猪本身，也可以作为自然宿主还待研究。

流行性感冒甲型的抗原变异性最强，常引起世界大流行。根据 20 世纪甲型流感流行资料分析，已有 4 次变异，形成 5 个亚型，1933～1946 年为 H_0N_1（原甲型 A0）；1946～1947年为 H_1N_1（亚甲型 A1）；1957～1968 年为亚型甲型 A2；1968 后为 H_3N_2（香港型 A3），一般新旧亚型之间有明显的交替现象，在新的亚型出现并流行到一个地区后，旧的亚型不再分到。另外，每个亚型中都发生过一种变种。即猪甲型、原甲型、亚甲型、亚洲甲型和港甲型。乙型有 3 次变异，但基本稳定，多为散发，分子病毒血基因分型的研究说明人类病毒的重新组合在自然界也可发生，使病毒能适应和继续生存下去。

流行性感冒流行中人—猪之间关系密切。1918 年大流行期间，当时猪中发现了一种新的疾病，其征候与人类流感相似，于是有人认为猪的流感是从人类获得感染的。Kindin（1969）从台湾屠宰均分离到人的甲 3 型流感病毒（A/香港/68），表明病毒为人传播。但Easterday（1976）从美国一猪场的猪和人中分离到 A 型流感病毒 H_1N_1，证实 H_1N_1 -HSW_1N_1 可由猪传人。Rombary 等（1977）证实猪可感染人的 H_3N_2 病毒，该变异株已传入猪。1976 年新泽西州 ForTDIX 兵营发生猪流感；2009 年美国疾病预防控制中心证实 7 人感染 H_1N_1 亚型猪流感病毒变种。表明人猪流感的发生具有相关性，猪流感发病高的地区，人流感血清学检出率也相对较高，几乎每次在人流感病毒新变异株引起人流感爆发或流行前后都有猪流感的发生和流行，并且分离到抗原与遗传学关系十分密切的类似毒株。已证实人和猪的流感病毒可在人和猪宿主之间交叉感染和传播。1978 年，我国台湾地区的一个猪群分离到了 H_3N_2 亚型猪流感病毒，通过测序发现，此病毒发生了人流感和猪流感基因片段重组。由于猪对人和禽的流感病毒都有感受性，所以认为猪是流感病毒混合器，不断会产生新的病毒变异株。但是，A 型流感病毒的抗原性比较复杂，在哺乳动物和禽鸟类中的分布很广，这些病毒大多具有独特的表面抗原，这些表面抗原（HA、NA）可以同时发生变异，但更经常是单独变异。自 1931 年第一次分离获得流感病毒以来，每隔 10～13 年发生一次大的质变。发生变异往往是由量变到质变所产生的累积效应过程，当质变形成新的亚型，可引起流感的较大流行，甚至世界性大流行。由于至今已发现的所有不同亚型的流感病毒几乎均可在禽中找到（表 1-20），因此认为禽是流感病毒基因天然的巨大的贮存库，是甲流感病毒新亚型起源的重要物质基础。一些研究也表明了这种变化，如 2009 年 3～4 月墨西哥、美国猪源性流感流行，到 2009 年 5 月 30 日，此次疫情已造成全球 54 个国家和地区 15 510 人发病，其中 99 人死亡。导致全球大流行的病毒株为猪来源的 A 型 H_1N_1 流感病毒［A/CALIFORNIA/04/2009（H_1N_1）］，它不是既往经典的猪流感病毒，而是禽流感病毒、人流感病毒和美洲、亚洲猪流感病毒的四重杂合体，一个新的变种病毒。新病毒株有 8 个流感基因片段（PB2、PB1、PA、H1、NP、N1、M、NS）起源于猪、禽、人流感病毒的"三重组"，即包括 3 个片段（H1、NP、NS）来自于经典猪流感病毒；2 个片段（PB2、PA）来自于北美禽流感病毒；1 个片段（PB1）来自于人 H_3N_2 流感病毒；另有 2 个片段（N_1、M）来自于亚欧一类猪流感病毒。美国《科学》杂志（2011-6）报道，H_7N_9 患者分离到的病毒，通过直接接触可传染给雪貂，表明可空气传播。研究人员还在与人接触的猪上进行试验，发现猪会感染 H_7N_9 病毒，但不会将病毒传染给其他猪。因此，有人认为流感人有"鸟—哺乳动物—人"二次跨越理论和"病毒基因混合器"论。而人在维持猪流感病毒中不起直接的贮存宿主和交替宿主作用，可能是由于饲养、繁殖、销售等原因使猪的流感持续不断，人感染流感病毒香港株并作为重要宿主，而且已证明可传播给猪，但不一定发展为明显疾病，说明病毒不能在猪中建立循环，猪受感染仅仅是在与受染的人接触时候发生。A 型流感病毒有可能在一定程度上发生于不同宿主，即为人、禽、马、猪等动物之间发生变异和新亚型起源的重要条件，在自然条件下流感病毒感的宿主范围有一定的特异性，据此可将病毒分为不同的群，如禽流感、猪流感、马流感、人流感等，但流感病毒感染的宿主范围的界限并不十分严格，如猪可携带禽流感病毒，也可携带人流感病毒。

表 1-20　A 型流感病毒宿主范围

血凝素	1	2	3	4	5	6	7	8	9	10	11	12	13	14	15
鸟类	+	+	+	+	+	+	+	+	+	+	+	+	+	+	+
人	+	+	+												
猪	+		+												
马			+				+								

注：+：2013 年 6 月台湾报道人 1 例 H_6N_1 感染，有人—人致病，并报道 H_6 在鸡中存在，但未见发病。+：可感染。

甲型流感病毒自然发生在马、猪和几种鸟中。流行病学调查让人更担忧的是禽流感病毒对人、猪直接感染。Pensaert M（1981）报道，北欧猪出现禽源 H_1N_1 病毒，以后在香港和我国内陆健康猪群中分离到；从鸭、鸡、鸽、猪分离到流感病毒 H_9N_2 亚型；郭吉元（1999）从广东检出 9 例由 H_9N_2 病毒引起人类病例，以及从华北、华南和香港养禽工人中检出 H_9N_2 抗体。该病毒具有与人流感病毒相似的受体特异性，宿主范围更广，在人群中也具有一定感染范围。故郭吉元认为禽流感 H_9N_2 病毒是在直接感染人，而不是通过所谓中间宿主猪，然后再感染人。2003 年禽流感 H_5N_1 病毒已感染 622 人，并导致 371 人死亡；2013 年的 H_7N_9 禽流感病毒也直接感染人，流行病学调查并非起源于猪，猪也被感染；还有禽流感 H_7N_2 等，都与禽有关，特别是水禽。实质上，禽流感病毒可能是哺乳动物流感的根源，直接感染哺乳动物并参与病原变异，重组新病原感染哺乳动物。即在 A 型流感中人、猪是互为传染源的共同宿主；禽、鸟是人猪流感的重要宿主；A 型病毒变异将很可能致三宿主相互感染，变异株、新血清型出现表现流行性病毒扩展，出现新血清型症候，带来更大威胁。

病人和隐性感染猪等动物是流感主要的传染源。病人在潜伏期不具有传染性，发病期传染性最强，体温恢复正常后传染也随之消失。人在维持猪流感中不起直接的贮存宿主或交替宿主作用，可能是由于饲养、繁殖、销售等使猪的感染持续不断。人感染流感病毒香港株并作为重要宿主，而且已证明可传播给猪，但一定发展为疾病。该病毒不能在猪中建立循环，猪受感染仅仅是在与受染人接触时发生。分离出的许多鸟甲型流感病毒含有人 HA 和 NA 表面抗原，并有报道表明流感可从人传给鸟，也可从鸟传播给人。已报道通过从病人分离的禽流感病毒对鸡有感染性，还没有鸟病毒感染哺乳动物宿主，也没有实验工作人受鸟病毒感染的报告。而有鸟和人流感病毒发生重组证据，人和鸟流感病毒具有共同的 HA 和 NA 抗原，使人乃至鸟流感病毒在哺乳动物或哺乳动物流感病毒在鸟体发生了重组的结果（图 1-3）。

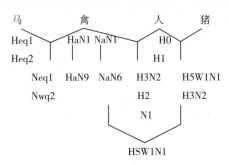

图 1-3　流感病毒种间相互关系

关于动物作为传染源问题。早在 1957 年甲 2 型出现后，Chu 氏提出了它起源于动物的可能性。就病原的变异，一些学者认为，老的人类病毒在人间消失后转入某种动物中保存下来，在一定条件下又引起人间的流行。Kilbourne（1973）认为所有动物流感病毒都是过去人间流行过的病毒遗迹。有的认为本来是动物的病毒发生变异获得了对人致病性而引起人间流行；有人认为人类病毒与动物病毒发生了重组，使动物病毒获得了对人的致病性。不论哪种学说，动物作为传染源的证据有以下几点：

①动物流感病毒的发现及其与人类流感病毒的关系。自 1965 年以来，先后从马、鸭子、鸡、火鸡、野鸭、鹦鹉、燕鸥及多种海鸟和候鸟中分离到甲型流感病毒的许多亚型。已发现与人类流感病毒 H 相同的有 4 种，与 N 种相同的有 2 种。Laver（1972）、Webster（1973）证明人流感病毒 H_2 与 H_3 在抗原性和肽环上都表现出很大的差异，而 H_3 与马 H_2（马/迈阿密/63）和鸟 H_7（鸭/乌克兰/63）在抗原性上有联系。在血凝素轻链（HA2）的肽环上基本相同。

②动物流感病毒感染人。据 Beveridge（1977）报告，在 1918～1919 年现代史上最大的一次人类瘟疫流行，有 2 000 万人丧生。当时没有能够进行病毒分离，在后来的血清学追溯中，学者认为当时流行可能是由猪型流感病毒（猪 H_1N_1）所致。试验发现凡是经过那次大流行的人，大都具有猪型抗体。WHO（1976）报告，1976 年 1 月美国新泽西州 Fort Dix 兵营中发生了猪型病毒流感。由此以来，猪型流感病毒可以感染人，同时也说明病猪是人类流感的传染源。

③人类流感病毒感染动物。甲 3 型流感病毒已从犬、牛、熊体内分离到，血清学调查表明犬、牛、貂等有甲 3 型抗体。这些都证明是人类感染动物的。至于甲 3 型能否与猪型一样在动物中（体内）长期保存下来，并对人类有感染力，在研究中广西的调查资料证明，猪和鸭中流感抗体的阳性率和特异性在一定程度上反映了人间流行的程度和抗原性。

我国兽医工作者从 1996 年以来对全国当地发病禽类、正常水禽及野鸟类中分离的 H_5N_1 亚型高致病性禽流感病毒，并对来自不同禽类、不同时间和地点 H_5N_1 亚型病毒株进行生物学和分子生物学分析，研究结果表明我国禽类中 H_5N_1 亚型病毒均呈高致病力。但在几年的自然进化过程中，对哺乳动物的感染与致病力发生了质的变化，即由早期毒株不能感染发展到可感染，但不致病，由局部感染和低致病力发展到全身感染和高致病力。病毒不是突然出现的，而是在自然界中通过动物间长期接触，最终相互交叉感染。目前，这些病毒对猪、虎、猫等已经形成致病力。

Kida 等（1994）认为，感染猪的 A 型流感病毒通过三种方式发生改变：第一，来自它种动物的 A 型流感病毒直接而完全地感染猪；第二，编码主要病毒抗原变异或抗原性漂变；第三，两种不相关的 A 型流感病毒同时感染猪后在猪体内通过基因杂交就可能产生一种具有不同抗原特性和遗传特性的新病毒。三种方式都可以自然发生在猪体内。禽及人流感病毒感染猪的可能性已得到了充分证实；实验感染证明，猪对于所有代表了流感病毒各种血清型的毒株都很敏感。但是，病毒由禽或人传播给猪后，必须适应新的宿主才能对猪具有致病力。现有证据表明，病毒从最初传入产生致病力可能需要经历许多年时间。

发病机制

流感病毒感染人体能否致病取决于宿主与病毒间相互作用。流感病毒经飞沫传播进入呼吸道黏膜，正常人黏膜上存在分泌型 IgA 抗体，可以清除吸入的病毒。当机体免疫力降低或病毒数量多及毒力较强时，其包膜上的血凝素与黏膜上皮细胞膜的糖蛋白结合，病毒脱膜后其 RNA 进入细胞内复制。待成熟后，从细胞膜释放出再侵袭相邻上皮细胞，而神经氨酸酶可分解呼吸道黏膜的神经氨酸，使黏膜水解，病毒逐渐扩散而不断侵袭上皮细胞，并可沿呼吸道向下伸延，引起上皮细胞出现肿胀，气泡变性，细胞间连接松散而致大量细胞脱落使基底膜暴露。病毒也可在肺泡上皮细胞生长，并破坏上皮细胞，使肺泡出现充血、肺泡壁增厚、单核细胞浸润等间质性肺炎改变。流感病毒还可浸入血液播散到全身，引起肝、脾出现相应的病理改变。

流感病毒感染猪一般局限于呼吸道，极少检出病毒血症。实验感染猪在接种后 1~3 天可从血清分离到病毒，但只能在 1 天内分离到，而且病毒滴度很低。试图证实病毒在呼吸道外的某个部位增殖基本上未获得成功。已证实病毒在鼻黏膜、扁桃体、气管、支气管淋巴结和肺等处增殖。肺似乎是主要靶器官。猪气管内接种后，肺内的病毒滴度可达 10^8 EID50/g 组织。达到更深气道的病毒量和肺内病毒的产量决定了疾病的严重程度。育肥猪经由鼻腔接种大剂量病毒（10^7~$10^{7.5}$ EID50）导致亚临诊感染，而气管内接种同样剂量可在 24h 内产生典型的临诊症状。肺组织作免疫荧光研究，显示病毒增殖异常迅速，对细支气管上皮有高度特异的嗜性。迄今没有迹象表明，不同流感毒株在肺内的增殖部位有什么差别。免疫荧光表明，在感染后 2h，支气管上皮细胞呈阳性染色，感染后 16h 支气管有大片荧光区，72h 后荧光逐渐衰退。感染后 4h 内可从肺泡隔中检出抗原，24h 在肺泡和肺泡导管处有无数荧光细胞。肺泡和细支气管处的荧光在第 9 天消失。支气管几乎 100% 的上皮细胞都有荧光存在，支气管和细支气管内的渗出液中含有变性的和脱落的荧光黏膜细胞和嗜中性白细胞。

有关流感病毒在细胞水平上的致病机制资料极少。近年来根据不吮初乳猪的研究推断，支气管肺泡产生的肺病坏死因子和白细胞介素-1 等细胞素在病毒感染后，促使典型的体质性效应和肺炎等变化。在大多数实验中，病毒的清除极为迅速，在 7 天后就不能自肺或呼吸道其他部位分离出病毒。应用 ELISA 技术，在感染后第 3 天自血清和第 4 天自鼻拭子检出流感病毒特异性抗体。

临床表现

人

目前可以感染人的 A 型流感病毒包括 H_1、H_2、H_3、H_5、H_7 及 N_1、N_2、N_3、N_7、N_9 亚型。同样 H_1N_1 亚型其抗原结构也有变异。

人流感由于病毒型别、亚型、毒力的不同，以及由于人群的免疫状态、年龄、生理变异（妊娠）和健康状况等内在因素的影响，可以表现隐性感染和显性感染，显性感染者也会因各种因素的影响而病情不同。

潜伏期 1～4 天，平均 2 天，短者数小时。患者出现症状前 1 天到症状出现后 5 天都有传染性，感染后 2、3 天是排毒的高峰期，且排毒期长达 14 天。儿童的病毒存在期会更长，一般体温正常后没有传染性。临床上常分为：

1. 单纯性型流感　突然发热、畏寒，伴有全身性酸疼、乏力及食欲下降等；上呼吸道卡他症状，如流涕、鼻塞、咽痛和咳嗽，在热退后仍可维持数日。

2. 流感病毒性肺炎　高热持续不退，咳嗽，咳痰，剧烈胸痛，气急，发绀、咯血等。病程可延长 3～4 周。白细胞数减少、中性粒细胞减少，X 线透视双侧肺呈散在絮状阴影。少数患者因心力衰竭或周围循环衰竭而死亡。

3. 中毒型和胃肠型流感　中毒型表现为高热、休克及出现 DIC 等严重症候，病死率高，但临床少见。胃肠型表现为腹泻、呕吐等，易与急性肠胃炎相混。

另外，病毒还可引起脑膜炎和脑炎、Reye 综合征、心肌炎、心包炎、出血性膀胱炎、肾炎、腮腺炎等。并发症有细菌性肺炎和急性支气管炎、肺外并发症（Reye 综合征、中毒性休克、心肌炎、心包炎）。

婴儿流感不典型，可见高热、惊厥，部分喉气管炎、支气管炎，严重者出现气道梗阻现象；新生儿流感少，但一般发生常见败血症，表现嗜睡、拒奶，呼吸暂停伴有肺炎，死亡率高。

流感病毒引起的病理变化主要见于呼吸道。鼻、咽、喉、气管和支气管腔的黏膜充血、肿胀，表面覆有黏稠的液体，小支气管和细支气管内充满泡沫样渗出液。镜下可见上皮细胞变性、坏死，早期为中性粒细胞浸润，后期为单核巨噬细胞浸润等炎性病变。肺脏主要表现为病毒性间质肺炎，病变常发生于尖叶、心叶、中间叶、膈叶的背部与基底部。病程发展极快，如无其他病原并发或继发感染，通常 1 周左右可自行缓解或康复痊愈。感染期间有其他病原并发或继发感染可能导致病情恶化、病变加重，甚至引起死亡。

此外，流感的病理变化及其严重程度不仅与所感染的毒株、有无其他病原的并发或继发感染等有关，还与感染者年龄、生理状态和既往史等有关。

人类禽流感的症状因不同的病毒而异，低致病性的 H_9 亚型禽流感病毒与普通的人流感病毒症状相似；高致病性的 H_7 亚型禽流感病毒在禽中是高致病性的，只在人群中的症状主要表现为致人眼结膜炎，只有荷兰报道一起 H_7 禽流感致人死亡。但近年来禽流感病毒不同亚型致人发病，死亡多有发生令人担忧。1997 年 H_5N_1 亚型禽流感致香港 18 人感染，6 人死亡；2003 年在泰国、越南、柬埔寨流行，致发病人中 70％死亡。H_5N_1 感染人的潜伏期为 2～8 天，长的达 18 天。早期症状与普通流感病毒相似；发热，体温在 38℃以上，咳嗽，呼吸短促，有的伴有腹泻，少数痰中带血。但很快发展为急性呼吸窘迫综合征。胸透 X 线片表现异常，出现实质性病变和呼吸衰竭，最后导致多器官衰竭死亡。实验室血栓：白细胞减少、淋巴细胞减少、血小板减少，$CD4^+$ 与 $CD8^+$ 细胞比例显著倒置。2013 年中国发生 H_7N_9 亚型禽流感，郭吉元（1998）已从广东检出 9 例人类病和从华北、华南、香港养禽人中检出抗体，引起人们关注。

B 型流感病毒人感染时主要表现为肺炎症状。我国在 1954 年于北京、鞍心等地人群中分离到病毒。Frank AL（1987）报道 1976～1984 年间美国休斯敦市发生了 4 次 B 型流感流行。研究认为 B 型流感的保护力，从感染 2～3 年后的 65％降至 4～6 年的 46％，感染后 7 年无保护力。

C 型流感病毒感染人时症状不明显。我国在 1956 年从上海 1 例严重的成人流感患者分离到病毒。随后又从兰州、福建患者分离到病毒。该病毒与国外 C/1233/47 株相近似。在日本和美国加利福尼亚发生过 C 型流感病毒的小范围爆发引起儿童的温和型流感，C 型流感病毒的宿主范围有限，且不易发生变异，因此这一型流感不会引起人类流行。

猪

猪流行性感冒病毒有 A、B、C 三型与人同源。猪 A 型流感病毒有多个亚型，即 H_1N_1、H_1N_2、H_1N_7、H_2N_3、H_3N_1、H_3N_2 和 H_3N_6 亚型，H_3N_8 呈地方性流行。以后，1999 年从北美洲安大略湖自然感染猪中分离到 H_3N_8、H_4N_6、H_5N_1、H_5N_2、H_7N_7 和 H_9N_2，其中 H_1N_1、H_1N_2 和 H_3N_2 三个亚型是引起近年流行最广泛毒株。H_4N_6 低致病性禽流感病毒，从香港猪群中分离到 H_9N_2；2005 年从印度尼西亚猪体分离到 H_5N_1 亚型。猪体分离到禽流感病毒亚型，增加了流感病毒流行病学的复杂性，可能对人类更具危险性。流感病毒 B 型可人工感染猪。流感病毒 C 型于 1949 年从猪和犬中分离，一个血清型形成 2 个分支，还未构成亚型。Guo 等（1983）从中国屠宰场外表健康猪咽喉、气管中分离到 C 型病毒；血清学调查 3％屠宰前检猪有抗 C 型抗体。人源和猪源 C 型病毒都能实验性的感染猪，猪之间可以传染，但没有发病症状。

近年来，猪群中除了常见的古典型 H_1N_1 和类人型 H_3N_2 流感病毒引起的猪流感外，由重组病毒 H_1N_2、H_1N_7、H_3N_6 亚型引起的猪流感也时有报道。1998 年美国北卡罗兰纳州、明尼苏达州、爱荷华州和德克萨斯州接种过 H_1N_1 亚型猪流感疫苗的 4 个猪场爆发了严重的猪流感。研究表明，其病原为 H_3N_2 人—猪双重组病毒株和人—猪—禽三重组病毒株，母猪发病严重，有 3％～4％的母猪出现流产，产仔率下降 5％～10％，断奶前仔猪死亡率高达 4％～5％；23 个州的 4 382 份血清样品中抗三重组病毒株抗体阳性率达 20.5％，表明该病毒已在猪中传播。同时人源 H_3N_2 亚型毒株能感染猪并引发临床症状。研究表明，1968 年以来已有多株人源 H_3N_2 亚型病毒传播给猪，曾在 2001 年全欧洲猪群引起流感爆发，它们虽从人群中消失，但仍然在猪中存在。

猪流行性感冒（SI）是一群发性疾病，是猪群中难以根除的呼吸道疾病之一。在 1～3 天的潜伏期后突然发病，潜伏期短，几小时到数天，自然发病平均 4 天，人工感染为 24～48h。猪群中的大多数猪只表现厌食，不活动，躺卧，蜷缩，挤作一团。有些猪张口呼吸，呼吸困难，肌肉痉挛，腹式呼吸。行走时伴有严重的阵发性咳嗽，类似群犬狂吠。体温升高至 40.5～41.7℃。可以有结膜炎、鼻炎、鼻分泌物和打喷嚏。肌肉和关节疼痛。个别猪甚至全身发红或发绀，腹式呼吸明显，张口呼吸，常伴阵发性、痉挛性咳嗽。结膜充血、发炎，卡他性鼻炎、打喷嚏，眼和鼻流出黏性分泌物，有时分泌物带血。粪便干结，小便发赤。多数病猪可于发病后 6～7 天康复。慢性病例猪，由于长时间拒食，多持续咳嗽，消化不良，消瘦，体重明显下降，虚弱，甚至衰竭、昏迷、死亡。

母猪在怀孕期间感染，表现发热、皮肤发红、流清涕和咳嗽等症状，病毒可通过胎盘感染胎儿，可引起流产或产下仔猪在 2～5 日龄时病情严重，发育不良，有些断奶前死亡，且死亡率较高。存活仔猪表现为持续咳嗽、消瘦，病程一般在一个月以上。

公猪会因体温升高而影响精液产生，受精率低，持续 5 周时间。本病来势凶猛，发病率很高，可达 100%，但病死率低，通常不到 1%。

SI 的典型爆发只有在非特定的条件下才能实验性复制。育肥猪（100kg 左右）在气管接种高剂量病毒，即每头猪接种 $10^7 \sim 10^{7.5}$ EID50（50% 蛋感染量），病毒为 H_1N_1 或 H_3N_2。接种后不到 24h 感染猪表现高热、停食、呼吸困难。生长停滞为 5～8 天，体重减轻 5～6kg。然而康复极为迅速，症状仅持续 2 天。如果将相同剂量的病毒通过口鼻接种，结果只产生轻微的症状或亚临诊感染。至于不同的流感病毒毒株在肺内增殖的部位有否差别，迄今尚无征象。

除了临诊明显症候外，经常发生亚临诊感染，通过育肥过程中没有呼吸道疾病的猪作血清学调查而获得证明。

流感是否出现症状取决于许多因素，包括免疫状况、年龄、感染压力、并发感染、气候条件和畜舍情况等。虽然感染一年四季都有发生，但临诊疾病主要见于寒冷季节。流感中最重要的因素是并发感染。多年来已经知道并发感染的呼吸道细菌如胸膜肺炎放线杆菌、多杀性巴氏杆菌、副猪嗜血杆菌、猪链球菌等，它们加剧了 SIV 感染的严重性和病程。最近通过自然条件下的观察，认为呼吸道病毒也是导致病情复杂的因素。研究表明，流感病毒与 2 种或 3 种其他病毒并发感染很多见，在欧洲集约化育肥猪舍中 PRCV 或 PRRSV 感染率很高。相关的症状不如急性 SI 爆发那样特征，通常猪群中只有 20%～50% 显示呼吸道症状，发热和食欲下降。

病理变化：猪流感的病理变化以呼吸道病变最为明显，肉眼可见鼻、咽、喉、气管、支气管黏膜充血、肿胀，表面有大量黏稠液体，小支气管和细支气管内充满泡沫样渗出液，有时混有血液。胸腔蓄积大量混有纤维素的浆液，肺脏的病变部呈紫红色，如鲜牛肉状，病区肺膨胀不全、塌陷，其周围肺组织气肿，呈苍白色，界限分明，病变通常限于尖叶、心叶和中间叶，常呈不规则的两侧性对称，如为单侧性，则以右侧为常见。严重病例除呼吸道有病变外，脾脏轻度肿大，肠黏膜发生卡他性炎症，局部黏膜充血，胃大弯部充血严重，大肠有斑块状出血，并有轻微的卡他性渗出物。

组织病理变化：在感染初期表现为肺实质充血、器官扩张和体液渗入组织使肺泡隔膜增厚，支气管和细支气管上皮有明显的实质性变化。病的中期表现渗出性支气管炎，小支气管和末端支气管充满有大量多核白细胞、嗜中性粒细胞、淋巴细胞和少量脱落上皮的渗出物，支气管黏膜上皮破碎、脱落，上皮细胞空泡变性，局部纤毛脱落消失。病变部肺泡壁皱缩，内含有肺上皮细胞和少量单核细胞，肺泡壁增厚，并伴有单核细胞浸润。在病的后期，严重病例可见更明显的气管和支气管黏膜上皮细胞破坏，其管腔完全被白细胞填塞，肺泡充满红细胞、白细胞与凝固的浆液。脾髓内充盈大量血液，白髓体积缩小，红髓中固有的细胞成分也大为减少，胰腺细胞间充满红细胞。有局灶性的坏死灶，淋巴结毛细血管扩张充血，淋巴窦内可见渗出的浆液和巨噬细胞，还有中性粒细胞和数量不等的红细胞。

猪流感常与猪瘟、猪蓝耳病、附红细胞体病、猪链球菌、猪的副猪嗜血杆菌病等基本混合或继发感染，会使临床症状和病理变化更加严重与复杂化。

B 型流感病毒可以人工感染猪。

C 型流感病毒：郭吉元（1981）从北京猪中发现分离到 15 株 C 型流感病毒，1985 年再次从北京猪分离到 1 株 C 型流感病毒，病毒抗原近似于人 C 型流感病毒 C/NJ/1/76 株。

猪 C 型流感病毒感染猪，表现突然发病、发热、咳嗽、呼吸困难、鼻分泌物增加，但症状轻，恢复快，接触猪能感染，抗体增加。

人感染猪流感病毒：大部分感染猪流感病毒的人有过与病猪的直接或间接接触史，猪场的饲养员、兽医和肉制品加工者等相关人员是感染的高危人群，同时也是病毒发生重排的主要宿主。

Easterday（1976）从美国一猪场的猪和人中分离到流感病毒 H_1N_1，证实 H_1N_1-HSW_1N_1 可由猪传人。2009 年美国疾病预防控制中心证实 7 人感染 H_1N_1 亚型猪流感病毒变种。墨西哥同样的 H_1N_1 病毒感染更严重，已发现病例 573 个，死亡 9 人。WHO 宣布从 2009 年 4 月在墨西哥和美国爆发，并迅速发展到全世界成全球流行病，夺走 117 万人的生命。墨西哥甲型猪流感病例占发现的流感约 90%。1976 年 1~2 月美国新泽西州 Fort Dix 某兵营人员发生猪流感。2004 年美国爱荷华州大学的监测研究就曾记载了一次流感由猪向猪场工作人员的传播。

猪的种间屏障相对较低，猪流感病毒通过不断变异和演化形成人易感的流行毒株。而对流感病毒种间传播的分子机制的分析也指示出一些决定性因素，流感病毒 HA 蛋白上的氨基酸变异可能是流感病毒在不同宿主间传播的一个重要机制。对 HA 结构及其与受体结合部位氨基酸的分析表明，不同宿主来源的流感病毒结合部位氨基酸有着明显的不同，比如人流感病毒 HA 序列第 226 位氨基酸为亮氨酸（Leu），易与 $SA\alpha-2,6-Gal$ 特异性结合，相应的禽流感病毒为谷氨酸酰胺（Gln），可结合于 $SA\alpha-2,3-Gal$ 受体；而猪流感为蛋氨酸（Met），可同时与 $SA\alpha-2,3-Gal$ 和 $SA\alpha-2,6-Gal$ 结合，这就决定猪流感病毒可同时感染人和禽类。在 1997 年的中国香港禽流感 ［A/HongKong/156/97（H_5N_1）］直接感染人的主要原因，可能是 HA 蛋白第 226 位氨基酸变异为蛋氨酸（Met）。

猪流感病毒是一种可由猪向人直接传播的人与动物共患病病毒。人感染后其临床表现与病理变化与猪相似，仅为普通的流感样症状：发热、鼻炎、咽炎、头痛、肌痛和咳嗽等，但也有极少的重度感染致死病例。因此，从临床症状上很难将猪流感病毒的感染和人流感病毒的感染区分开。自 1958 年首次报道人感染猪流感病毒以来，文献记载的感染病例有 53 起，所有记载的猪流感病毒感染共造成 7 人死亡，其中有 4 例是 H_1N_1 亚型的单纯感染。死亡病例多数是死于呼吸衰竭，部分死于肺炎（引起脓毒症）、发热（引起神经障碍）、脱水（腹泻和呕吐引起）及酸碱失调。死者多数为儿童和老人。H_3N_2 亚型猪流感病毒感染人的病例最早发现于 1992 年荷兰，截至目前共 5 例感染病例，没有死亡病例。临床上 H_3N_2 猪流感病毒引起人发热、鼻炎和咳嗽。

人类甲型流感病毒（H_1N_1 和 H_3N_2）可自然感染与人类接触密切的动物，例如猪与鸟类。同时，地方性猪流感甲型病毒（H_1N_1）亦可感染人。但是，这些经典猪流感病毒在抗原性上与人、鸭甲型流感病毒不同。自 1975 年以来，猪流感病毒直接感染人的病例偶有发生。但这种病毒在人与人之间传染的机会极少。有人认为，感染动物的流感病毒与感染人的流感病毒可在动物体内发生基因重组。由于这种重组流感病毒可以改变其致病，从而造成人流感的世界性大流行。

Paul A. Rotoo 等（1989）报道，A/wis/3523/88 是当今美国猪群中流行的地方性流感病毒甲型（H_1N_1）。1988 年 9 月，在 Wisconsin 从一例刚分娩不久即死于原发性病毒肺炎的 32 岁妇女体内分离到一株猪流感样病毒。病妇血清的抗猪流感病毒的抗体效价增加了 4 倍，而抗人流感病毒 H_1N_1 株的抗体效价未增加。血凝素试验证明，两者具有密切的抗原相关性，病毒的 RNA 指纹图及其 8 个片段中 7 个片段序列分析证明两者相似，证明了猪流感病毒可以感染，而且不发生任何与致病力增高有关的遗传学变异。

诊断

流行性感冒的诊断主要依据临床症状表现，在流行期根据流行病学史短期内出现较多致病的相似患者，典型症状及体征基本上可确诊，同时通过实验室进一步诊断。

1. 流行病学诊断　世界各地流感的流行方式基本相同，虽然一年四季都能发生，但在早春、晚秋及寒冷冬季，特别是在气候变化比较剧烈的时候更易爆发，而大部分人、猪都会在发病一定时间后自愈。

2. 临床症状和病理变化的诊断　人、猪都会出现高热及呼吸道症状，咳嗽、流清鼻液等。以肺脏的病变最明显，多发生于肺的尖叶、心叶、中间叶及隔叶的背部与基底部。X 线透视呈现明显阴影。

3. 血清学诊断　常规采用血凝与血凝抑制试验，具有稳定性好、特异性强、操作简便、结果容易判定等优点；该方法既可定性，又可以定量，还能区分病毒亚型。此外，还可用琼脂凝胶扩散试验、酶联免疫吸附试验、免疫荧光技术、免疫纯化等技术。

4. 分子生物学诊断　常规常用 RT - PCR 反应技术，还可用基因芯片检测技术等。

5. 病毒分离与培养　常用鸡胚接种法和细胞培养法分离病原。由于 A 型流感病毒有重要的宿主差异性，并且不同毒株可能有不同的体外生长特性。因此，初次分离人流感或猪流感毒株，不能在鸡胚中良好生长而细胞培养能获得更好结果。在病毒分离时考虑到不同流感毒株的组织嗜性和生长特性不同，运用两种流感病毒的分离系统能增加病毒分离的敏感性。

对病毒鉴定可以通过电子显微镜检查、红细胞凝集试验、型特异性补体结合试验、特异性血凝抑制试验、病毒中和试验、神经氨酸酶及其抑制试验、病毒 RNA 凝胶电泳等，进行型、亚型鉴定。

防治

目前尚无治疗流感的特效药物。人群和猪群发生流感以后，要早诊断、早治疗，在疾病发生之初很难区分普通感冒和流行性感冒，但流感常常发病突然，且非常容易疲劳。对流感的早期诊断对于流感病毒的药物治疗非常重要，这一时期是药物最有效的阶段。一般采用对症治疗和防止继发感染相结合的方法。Barbey - Morel CL 等（1987）用人的腺纤维母细胞（MAF）接种甲型流感病毒，病毒生长并带有未裂解的血凝素（HA），但病毒暴露于呼吸道症状儿童的鼻分泌物时，即可引起 HA 的裂解，并使之成为具有感染性的病毒，这种存在于呼吸道内的胞外蛋白水解酶（一种丝氨酸肽链内断酶），提示继发或并发感染会加重流感发生。目前注射的有两类抗流感药物，分别是神经氨酸酶抑制剂和 M2 蛋白抑制剂（金刚烷衍生物）。我国医院抗流感病毒用药主要有广谱抗病毒药利巴韦林及抗流感病毒药物复方金刚烷胺、金刚乙胺、奥司他事（达非）等。

对于生猪感染猪流感病毒，主要是保证病猪的休息和营养，同时可对发病猪场实施紧急疫苗接种并加强管理，以阻止病毒在猪场内和猪场间的传播。同时使用一些抗生素提高机体的抵抗力，避免继发其他细菌性疾病。此外，要加强猪场管理和消毒。

对于生猪感染猪流感病毒，主要是保证病猪的休息和营养，同时可对发病猪场实施紧急疫苗接种并加强管理，以阻止病毒在猪场内和猪场间的传播。同时使用一些抗生素提高机体的抵抗力，避免继发其他细菌性疾病。此外，要加强猪场管理和消毒。

猪可添加或注射抗生素（阿莫西林、氟苯尼考）或抗菌素（环丙沙星、氧氟沙星）控制并发或继发感染。发热猪可用解热镇痛药物和安乃近或复方安基比林肌内注射。

目前市场上人、猪都有流感单价或双价灭活疫苗，以及人 H_1N_1、H_3N_2 亚型流感毒株和 B 型流感毒株制备的混合苗。

十二、阿卡斑病
（Akabane Disease）

阿卡斑病（Akabane Disease）又名赤羽病，是由赤羽病病毒（Akabane Disease，ADV）引起牛、羊的一种多型性传染病，以流产、早产、死胎、胎儿畸形、木乃伊胎、新生胎儿发生关节弯曲和积水性无脑综合征（Arthrogryrosis - Hydraneneephaly Syndrome，AH 综合征），有的新生犊牛先天性失明。

历史简介

从历史资料来看，日本最早（1949）发生过类似疫情，但长期处于不明的阶段，以后均间隔 5～7 年呈周期性流行。1959 年，在日本群马县阿卡班村的畜舍中骚扰伊蚊和三带喙库蚊等蚊体内分离获得一株病毒，血清学研究证明该病毒属于布尼病毒科、布尼病毒属的辛波（Simbu）群。1972～1973 年日本关东以西的牛群中发生原因不明的流产、早产、死产及A-H综合征，怀疑是中毒性疾病，但未找到可信赖的证据。1973～1975 年又出现两次同样的流行，因发生异常产而损失犊牛 5 万头以上。以后，澳大利亚和以色列等地也有类似报道。澳大利亚损失犊牛数千头以上；绵羊在怀孕 1～2 个月内感染阿卡斑病毒，产生畸形羔羊及关节弯曲、脑积水和无脑症。松本氏等（1980）对本病病原进行了研究，确定本病是由布尼病毒属的阿卡斑（赤羽）病毒引起的。随后证明澳大利亚和以色列等的A-H综合征的病原也是这种病毒，并建议将牛、绵羊和山羊的这种疾病称为阿卡斑（阿卡、赤羽）病。

病原

赤羽病病毒（Akabane Virus）属于布尼病毒属。根据 Ito（1979）报道，其病毒粒子近似球形，具有囊膜，直径 70～100nm，有时可见直径为 130nm 的大病毒粒子，不能通过 50nm 滤膜。从感染细胞的超薄切片观察，证明本病毒是靠近高尔基体，行出芽增殖。用 5-碘-2'-脱氧尿核苷（IUDR）不能抑制其增殖，因此认为本病毒属于 RNA 病毒。但其RNA 是否与其他布尼病毒一样，也是分段状态，尚待研究。

病毒对乙醚、氯仿、0.1%脱氧胆酸钠、酸（pH3）敏感。偶热易灭活。病毒有凝集红细胞的活性，对鸭、鹅的红细胞凝集价相同，对鸽红细胞的凝集价比鸭、鹅高，尚有溶解鸽红细胞的活性，而且这种溶血作用可以被特异性免疫血清所抑制。稀释液中的氯化钠溶液和pH影响病毒的溶血和凝血特性，在提高NaCl浓度的条件下，病毒凝集鸽、鸭和鹅的红细胞，但不凝集人、羊、牛、豚鼠及1日龄雏鸡的红细胞。以0.32mol/L氯化钠和pH5.9时的溶血和凝血活性最高。

阿卡斑病毒原株（JaGAr-39）与后来分离的阿卡斑病毒株（NBE-9、OBE-1）进行交叉中和试验、交叉血凝抑制试验和交叉溶血抑制试验，没有发现它们之间具有明显的抗原差异。又与澳大利亚和以色列分离的毒株进行交叉血清学试验结果相似，表明迄今分离的阿卡斑病毒株中，没有发现有不同血清型的存在。阿卡斑病毒与辛波群中的其他成员在交叉补体结合试验中表现有共同的群抗原，但在中和试验、血凝抑制和溶血抑制试验中具有很高的特异性，不出现交叉反应。

阿卡斑病毒可在许多种类细胞培养物内生长、增殖，并产生细胞病变，除适应牛、猪、豚鼠、大鼠、仓鼠等的原代细胞（肾原代细胞、鸡胚原代细胞）外，还适应于Vero、Hmlu-1、BMK-21、ESK、PK-15、BEK-1、MDBK、RK-B等继代或传代细胞。其中以MVPK-1细胞、仓鼠肺的Hmlu-1细胞的敏感性最高，并能产生蚀斑。以蚊细胞培养时不发生病变，但能长期产生并释放病毒，说明某种蚊可能是该病毒的传染媒介。

病毒对牛、绵羊和山羊的胎儿具有抗原性。从马可测出抗体保存率为43.9%（大森，1976）。人和猪亦有较低的感受性。成熟小鼠脑内接种很容易感染，并引起脑炎而死亡；给3周龄小鼠脑内接种可引起死亡，而皮下接种则不发生死亡。表明病毒为嗜神经性病毒。乳鼠对该病毒的易感性最高，哺乳小鼠除脑内接种外，其他途径也很容易感染，但随着日龄的增加而易感性下降。给妊娠大鼠腹腔、皮下接种病毒时还可感染胎儿，并极易从血液、肺、肝、脾等脏器分离出病毒，胎儿和胎盘的感染价很高，在很长时间内都能分离到病毒。病毒接种于发育的鸡胚卵共囊内，引起鸡胚积水性无脑、大脑缺损、发育不全、关节弯曲等A-H综合征。因此认为，鸡胚是研究阿卡斑病毒致畸性和引起先天性缺损机制的实验模型之一。Ikeda等（1977）将$10^{3.0} \sim 10^{5.0}$TCID$_{50}$的病毒接种6日龄鸡胚卵黄囊，于18日龄以前，接毒鸡胚的死亡率不比对照组增高，但在18日龄以后，死胚和不能不壳的幼雏增多，从而明显降低孵化率。除鸡胚畸变外，许多孵出的幼雏也出现共济失调、步态异常，以及躯体震颤等病态。鸡胚脑（特别是小脑和脑干的混合物）和肌肉内含有最高滴度的病毒，心脏和其他脏器中的病毒含量次之。

流行病学

日本最先报道此病，此后澳大利亚、以色列，随后又以非洲肯尼亚的按蚊、南非（阿扎尼亚）的羔羊和库螺体内分离到病毒。此外，各种动物及人检出阳性抗体的情况，日本的马、山羊、绵羊、猪及人；澳大利亚的牛、水牛、马、骆驼及绵羊；以色列的牛、羊、山羊；地中海塞浦路斯的山羊。从印度尼西亚的猪和猴、马来西亚和中国台湾的猴及泰国的马等动物体内检出抗体。根据病毒分离和血清学检查，证明阿卡斑病毒也存在于越南、菲律宾和斯里兰卡等地区。由此可见，阿卡斑病毒可能广泛分布于热带和温带的广大地区。

日本的骚扰伊蚊、三带喙库蚊、虚库蠓（牛库蠓）；非洲肯尼亚的催命按蚊；澳大利亚的短跗库蠓等是病毒的主要传播媒介。这些昆虫从感染病毒的动物吸血后借助风力到达不同地区，传播该病而引起大流行。本病流行有明显的周期性，有报道其周期为5～10年，还有报道25～26年、34～35年和50年不等。但随着牛群等动物的流动，更新频度，其发病周期会缩短或发生改变。但同一地区内连续2年发生的情况极少，因同一母牛连续2年发生异常产的情况几乎没有，即使有，第2年发生数也少。

疾病的发生有明显的季节性和地区性，在以色列干燥地区不发生此病，而潮湿的地区发生。在日本，阿卡斑病（流产和早产）发生于8～9月，10月达高峰，此后逐渐下降。犊牛A－H综合征则在12月急剧增加，次年1月达高峰。

发病机制

阿卡斑病是阿卡斑病毒感染妊娠畜发生白细胞减少和病毒血症后，病毒再通过血液循环感染胎盘，进一步感染胎儿，因此说阿卡斑病是病毒在子宫内感染的疫病。被感染的胎儿约占感染妊娠畜（牛）的1/3，感染胎儿的原发病变是非化脓性脑脊髓炎和多发性肌炎。两者均受妊娠时间的影响，前者在整个妊娠期均可出现，而后者则仅在妊娠初期到中期阶段出现。被感染的胎儿这些原发病变严重时，则发生流产、早产、死产；若这些病变不太严重时，则胎儿幸存，但在原发病变的影响下，发生次级病变，在剖检后多见大脑缺损、囊泡状空隙、关节弯曲症及肌纤维狭小症等病理组织学变化；在妊娠期满则产生畸形、虚弱等异常仔畜。胎儿感染形成病变后在子宫内的病程相当长，因此分娩的胎儿很少。另外，每个胎儿感染的时间不一，因此病变的程度因胎儿个体而异，病毒的嗜神经性、中枢神经系统的病变是关节弯曲和脊椎变形等体态异常的原因；某些胎儿发生的多发性肌炎，也是引起畸形的重要原因。

临床表现

人

人的感染性较低，仅见日本报道检出人的阳性抗体，未见临床症状。丸山成和等（1977，1978）在日本千叶县内对1 348人进行阿卡斑病毒红细胞凝集抑制（H1）抗体价测定，结果人的阳性率（H1抗体价在10以上者为阳性）为1.3%。

猪

猪的感染性较低。丸山成和（1977）在日本千叶县内对1 134头猪进行了阿卡斑病毒红细胞凝集抑制试验（H1）抗体价测定，结果猪的阳性率（H1抗体价在10以上者为阳性）为1.4%。

对猪进行感染试验，人工接种10头猪（公猪6头、母猪4头），年龄7月龄的欧来尼SPF猪。结果：9头中3头精神不振、食欲减退；2头体温升高至41℃以上；8头出现白细胞减少和病毒血症。接种病毒后2～4天出现病毒血症，含毒量为$10^{2.0} \sim 10^{3.0}$ TCID$_{50}$/ml。接种病毒后3周的NT抗体效价，9头在4以上。HI滴度达10以上的为5头（5/9）。未发现胎儿的眼观形态异常，但从4、7、9号猪的羊水中回收到病毒，病毒价为$10^2 \sim 10^3$ TCID$_{50}$/ml。7号母猪有胎儿10个，体长12～15cm；从6头胎儿中的3头胎儿脑中回收到病毒，毒价为10^3 TCID$_{50}$/ml，表明阿卡斑病毒垂直感染的可能性。

诊断

阿卡斑病毒致牛、羊等动物的异常产的病因很多，所以临床诊断非常困难。虽有季节性流行的特点，但胎儿在子宫内感染阿卡斑病毒后发生的病变较复杂，引起的病症较多，而且又不都在同一时期内出现，因此不易把不同时期发生的病型认为是同一种病。自确定本病的病原后，即依据病毒分离和血清学检查来诊断本病。

1. 血清学检查　血清反应可应用中和试验、补体结合（CF）试验、血凝抑制（HI）试验及荧光抗体法等。用高渗盐水作感染小鼠脑制成抗原的稀释液，可得到稳定的红细胞凝集反应（HA）价。即用 0.2mol/L PBS 将 0.4mol/L 的盐水调整 pH6.0～6.2 的稀释液，可得到良好的结果。

2. 细胞培养　仓鼠源的 Hmlu-1 的传代细胞和猴肾细胞具有易感性，并形成细胞病变和蚀斑，适用于本病毒的分离和检查。

3. 接种动物　对乳鼠，3 周龄小鼠脑内接种，或接种鸡胚卵黄囊。

防治

本病是由媒介者传播而引起的传染病。因此，消灭畜舍内吸虫昆虫蚊及蠓，防止叮咬畜体，对本病有预防效果。因为目前对该病尚无有效的治疗方法。

疫苗预防注射在日本已见成效。阿卡斑病毒传播、感染的时间有季节性，在其感染期之前给未免疫妊娠母牛及后备母牛预防注射疫苗，可得到充分的免疫力，即可预防阿卡斑病。现有灭能苗和弱毒苗两种。田间试验的结果表明，疫苗安全可靠，灭能苗，一般用于紧急预防，间隔 2～4 周后进行第二次免疫。在第二次注射后一周内即能获得完全预防本病的免疫。弱毒苗对妊娠牛一次皮下注射 1ml，即能完全预防强毒病毒的攻击。阿卡斑病毒感染具有比较强的特异性免疫力，而且这种免疫力常与血清中的中和抗体滴度呈现线性关系。

十三、肾综合征出血热
（Hemorrhagic Fever with Renal Syndrome，HFRS）

肾综合征出血热（Hemorrhagic Fever with Renal Syndrome，HFRS）又称为流行性出血热（Epidemic Hemorrhagic Fever，EHF），是由汉坦病毒（Hantanviruses，HV）属病毒引起的以啮齿类动物为主要传染病源的自然疫源性疾病。人类感染汉坦病毒主要导致两种严重疾病的发生，肾综合性出血热和汉坦病毒肺综合征，分别由不同型别的汉坦病毒引起。本病的主要临床形状为发热、出血、低血压休克和肾脏损害。

历史简介

本病最早见于 1913 年前苏联海参崴地区，1931～1932 年在黑龙江流域中俄边境的侵华日军和前苏联军队中发生，前苏联在 1932 年对 HFRS 病例在临床上进行了描述，日本士兵发生的 HFRS 曾被误诊为"出血性紫斑"、"异型猩红热"、"出血性斑疹伤寒"等，并根据发病地命名为"孙吴热"、"二道岗热"、"虎林热"等，1942 年统称为 EHF。1934 年瑞士等欧洲国家也发现本病，北欧称为流行性肾病（Nephropaththia Epidemica，NE）。Smorodintsev 等（1940）通过人体试验和一系列病原研究证实本病是由病毒引起的。

李镐汪等（1978）采用间接免疫荧光法，发现患者恢复期血清能够与在疫区野外捕捉到的黑线姬鼠肺组织发生反应，用此肺组织悬液接触非疫区黑线姬鼠，可进行传代，并且分离到病毒，即汉坦病毒（Hantan Virus，HTNV）。故也有称其为"朝鲜出血热"的。宋干和杜长寿等（1981）分离到汉坦病毒 A9 株和 A16 株以及发现我国家鼠中存在另一种血清型病毒，即汉城病毒（Seoul Virus，SEOV）。以后世界各国发现似汉坦病毒多株病毒株。

WHO（1982）在日本东京召开的一次出血热会议上，将其统一命名为 HFRS。

国际病毒命名委员会（1994）按病毒分子结构对汉坦病毒分类提供建议，按照这一建议，已经在世界很多地方的多种不同的啮齿动物种群中发现了汉坦病毒至少近 30 种血清型或基因型，而且还有更多型发现。我国原卫生部（1994）决定将 EHF 改称为 HFRS。1993年美国西南部首先发现肺综合征出血热（Hanlavirus Nulmonary Syndrone，HPS）命名为辛诺柏病毒（Sin Nombe Virus，SNV），宿主是鹿、鼠，病变以肺损为主，病死率达到78%，在北美、南美及欧洲发现，我国 HFRS 在全球发病最多，故对 HPS 亦应提高警惕。

病原

本病病原已归属布尼亚病毒科，汉坦病毒属。

该属病毒外观为球形或卵圆形或多样性。直径为 74～240nm（平均 120nm），表面包有包膜，内质在电镜下呈颗粒状结构。应用电镜和负染技术对纯化的病毒颗粒进行观察，可见 HV 表面结构含有无数个栅格状亚单位。病毒基因组为单股负性的 RNA，含大（L）、中（M）、小（S）三个片段，分别编码 RNA 聚合酶、两种包裹膜蛋白（G1、G2）和核衣壳蛋白（NP）。不同型别的毒株 L、M 和 S 片段的碱基数有一些差别。其中汉坦病毒中和抗原、血凝抗原和型特异性抗原位点主要存在 G1 和 G2 上，而 NP 含有病毒的组群可刺激机体产生补体结合抗体的特异性抗原。

L、M、S 分子量分别为 2.7×10^6、1.2×10^6、0.6×10^6。

核衣壳蛋白（NP）4 种病毒的结构蛋白的分子量分别为 246、68～76、52～58 和 50～54，HV 三个片段的大小，其 3′末端保守的核苷酸序列及 4 个结构蛋白的分子量，与布尼亚病毒科的其他 4 个属均不相同，而在 HV 各个血清间则基本一致。

HV 包裹糖蛋白具有血凝（HA）活性，可产生低 pH 依赖性细胞融合，对感染初期病毒吸附感染细胞表面及随后的病毒脱除衣壳可能有重要作用。HV 中和抗原定位点 G1 和 G2糖蛋白上，但梁未芳和徐志凯曾分别发现，HV 的 NP 蛋白亦可能含中和 HI 抗原。

目前 HV 培养常用的细胞为 Vero - E6 和 CV - 7 细胞；国内学者还发现了 2BS（人胚肺二倍体细胞）、RL（大鼠肺原代细胞）、GHK（地鼠肾细胞）、鸡胚成纤维细胞、长爪沙鼠肺、肾细胞等为 HV 敏感的原代或传代细胞。HV 在培养细胞中生长较为缓慢，病毒滴度一般在接触病毒的 7～14 天后才达到高峰。HV 对培养细胞的致病变作用（CPE）较弱，对有些细胞甚至无明显致病变作用。

病毒接种于 1～3 日龄的小鼠乳鼠脑内，可引起致死性感染，对 HV 敏感的实验动物有黑线姬鼠、实验用大鼠、长爪沙鼠等。这些成年动物感染后均表现为自限性的隐性感染。已报道，猕猴和黑猩猩接毒后可以有规律地出现短暂性蛋白尿、病毒血症，少数伴有血尿，但是大多数成年灵长类动物对本病毒不易感。

目前明确的有 9 个病毒基因型。Ⅰ型：汉坦病毒（HTNV），Ⅱ型：汉城病毒（SEOV），Ⅲ型：普马拉病毒（PUUV），Ⅳ型：希望山病毒（PHV），Ⅴ型：多布拉伐-贝尔格莱德病毒（DOBV），Ⅵ型：泰国病毒（THAIV），Ⅶ型：索拉帕拉亚病毒（TPMV），Ⅷ型：辛诺柏病毒（SNV）和Ⅸ型：纽约病毒（NYV）。目前引起 HFRS 的有汉坦病毒、多布拉伐-贝尔格莱德病毒、汉城病毒和普马拉病毒。

根据其抗原性及基因分子结构，至少有 20 个血清/基因型，其中半数对人体致病。该病毒对外界环境的抵抗力不强，对紫外线、乙醚、氯仿、丙酮敏感，加热 56℃30min、75％乙醇、0.5％碘酊或 pH3～5 的偏酸环境可以使其灭活。

流行病学

HFRS 目前已遍及世界各地，世界上有 30 个国家存在 HFRS，这些国家主要分布在欧亚大陆，其中发病最多的国家是中国、俄罗斯、芬兰、挪威、瑞典、丹麦等国家，美国也存在汉城病毒引发的 HFRS。亚洲发病率最高，发病人数占世界的 90％以上，迄今 HFRS 在欧洲、亚洲不断爆发或流行，每年发病人数在 6 万～10 万人。我国 1931 年东北地区发生 EHF；1955 年发生大流行。

不同型别的汉坦病毒对人的致病性是不同的。在能够引起 HFRS 的汉坦病毒中，引起重型 HFRS 的毒株为汉坦病毒和多布拉伐病毒；中型的为汉城病毒；轻型的为普马拉病毒。图拉病毒是一种普马拉样病毒，一般来讲对人是非致病性的，但近年来发现该病毒偶尔也会导致人类感染。已经证实家鼠型 EHF 病毒感染遍及世界各大洲，但在亚洲以外的国家极少发现临床病人。

目前世界上报道有 172 种（包括一些亚种、变种）脊椎动物可能自然感染汉坦病毒，其中多数为汉坦病毒的动物宿主。这些动物主要为啮齿动物、食虫目、兔形目、食肉目及偶蹄目等。但是，不同地区主要宿主动物不尽相同，不同型别的汉坦病毒有其相对固定的宿主。我国已经查出 67 种脊椎动物携带汉坦病毒或阳性抗体。除牛、鸡、山雀、蛇、蛙外，还有猪、猫等。汉坦病毒在宿主鼠中并不致病。

HFRS 是由不同型别的汉坦病毒（Hantanviruses，HV）引起的一组出血热综合名称，每一型别的 HV 又分别由不同的单一鼠种（原始宿主）主要携带传播，而人宿主动物到人可以通过多途径传播，因此它是一种多病原、多宿主、传播途径多样化、流行因素十分复杂的自然疫源性疾病。按宿主鼠种的不同，EHF 分为姬鼠型（经黑线姬鼠和黄喉姬鼠传播）、家鼠型（经褐家鼠传播），而 NE 经欧洲棕背鼠传播。临床上姬鼠型 EHF 为重型，NE 为轻型；而家鼠型 EHF 介于其间，为中轻型。除以上主要宿主和传染源外，还发现家畜、家禽中有汉坦病毒感染成自然带毒现象。现已发现家猫的感染率和带病毒率均较高。此外，在犬、家兔、牛、羊、猪、鸡中也查到汉坦病毒的感染。在中国，有证据证实，家猫和家猪为汉坦病毒（HV）的扩大宿主，及对人群 HFRS 的传染源之一。在自然宿主中，汉坦病毒一般导致慢性、无症状感染，尽管其在血清中存在中和抗体，但是感染性病毒可以持续在其尿、粪便和唾液排毒。哺乳动物除狼外，家猫、家兔、家猪及家犬等与人密切接触的动物，已证实感染后可从尿、粪和唾液中排毒。猫实验感染从尿、粪便及唾液向外排毒至少 1 个月以上。

该病入侵人与动物的方式是多途径和多样性的，包括了动物源性传播、螨媒传播及垂直传播三大类。水平传播对于病毒在自然界中的自然循环起着主导作用，如呼吸道传播、伤口传播、消化道传播、虫媒传播等；母婴传播可通过胎盘将病毒传给胎儿。但有认为幼子中存在母体的抗体，但并没有证据表明病毒存在垂直传播。但杨为松（1980）从患 EHF 的孕妇流产死婴的肝、肾、肺中分离到的 HV，证明 HV 可以通过胎盘传播；刘江秋（1986）用 BALB/C 鼠可通过孕鼠胎盘将 HV 传给胎儿，又从疫区捕获的黑线姬鼠和褐家鼠孕鼠及胎鼠分离出 HV，证明 HV 可通过胎盘感染。人工实验表明，HV 存在经卵传递。表明螨可以作为传播媒介和贮存宿主，这在自然疫源地及疫区保持上可能有主要作用。

疾病发生的季节性特点与鼠类繁殖和人类活动相关。HFRS 流行的周期性，主要取决于主要宿主动物的种群数量及其带毒情况，与当地易感人群的免疫情况和接触病毒的机会也有一定的关系。我国 HFRS 的发病率平均每 8 年左右出现一次全国性的流行高峰。但人群的隐性感染分布的调查结果证明了人群与主要的宿主动物接触机会是决定不同人群发病率不同的原因。人群隐性感染率较显性感染（发病）率一般要放大到几十倍到几百倍以上。家猫和家猪在 EHF 高发区即有高感染率和带病毒率。并且可从其排泄物排毒。流行病学研究表明，养猫户和养猪户在 EHF 感染率和发病率明显增高，提示这两种动物可能成为传染人的扩大宿主（表 1-21、表 1-22）。

表 1-21　HFRS 的传播途径

类别	种类	传播方式
动物源性传播	伤口传播	与宿主动物及排泄物（尿、粪）、分泌物（唾液）接触病毒经污染皮肤或黏膜伤口感染。
	呼吸道传播	吸入被宿主动物带病毒排泄物污染的气溶胶而感染
	消化道感染	食入被带病毒的排泄物、分泌物污染的饮食物而感染
螨媒传播	革螨传播	通过革螨叮咬
	恙螨传播	通过恙螨叮咬
垂直传播	经胎盘传播	孕妇患者及怀孕宿主鼠类经胎盘传给其胎儿
	经卵传播	革螨或恙螨经卵将病毒传其子代

表 1-22　肉联加工厂工人血清 HV 抗体阳性率

工龄（年）	检测人数	HV 抗体阳性数	阳性率%
0	182	6	3.29
1	256	11	4.29
2	242	12	5.37
3	254	13	5.51
4	220	14	6.81
5	213	17	7.98
合计	1 367	76	5.55

我国的研究证实，格氏血厉螨、厩真厉螨、柏氏禽刺螨等革螨及小盾纤恙螨自然携带 HV，小鼠乳鼠经其叮咬可受感染，并发现存在经卵传播（2~3 代）。近年来用分子生物技

术在两种螨体内查见 HV‑RNA 及 HV 在螨体内定位及增值的初步证据，表明 HV 具备虫媒病毒的条件。螨媒传播在宿主动物中较为重要，尤其对病毒在自然界的长期持续存在及自然疫源地的保存有重要意义。柏氏禽刺螨（*Ornithonyssus Bacoti*）主要在家鼠、家禽体外及其巢穴寄生，属专性吸血吸螨，其刺吸能力强，对家鼠型出血热传人可能有重要意义。小盾纤恙螨（*L. Scutellare*）幼虫亦属于专性血吸虫，并主要寄生于黑线姬鼠体表（耳壳），对姬鼠型出血热的传播可能有一定的重要意义（表 1‑21）。

屠宰工人 HV 抗体阳性率：在检测的 1 367 名工人中，检出 HV 抗体阳性 76 份，总阳性率为 5.55%。抗体阳性率随着工龄的增加而升高，呈正相关（表 1‑22）。

与猪密切接触者（家庭养猪者）的血清 HV 抗体阳性率：在 1 538 名密切接触者中，检出 HV 抗体阳性 66 名，阳性率为 4.29%。且随着接触时间的增加而升高，呈正相关。检查无接触史者血清 380 份，检出 HV 抗体阳性 6 份，阳性率为 1.57%（表 1‑23）。

表 1‑23 家猪密切接触者血清 HV 抗体阳性率

接触时间（年）	检测人数	HV 抗体阳性数	阳性率%
0	252	6	2.38
1	212	8	3.77
2	263	11	4.18
3	275	12	4.36
4	282	14	4.96
5	254	15	5.91
合计	1 538	66	4.29

发病机制

HV 为"原发性损伤，一次性打击，自限性病程"，涉及机体的许多系统和中间环节，主要是病毒的直接损害和机体的免疫反应。在病程中、后期，由于微循环障碍、凝血系统被激活、合并 DIC 及免疫系统紊乱，加上大量介质的释放等形成中间病理环节，促使各脏器及组织病变的加剧（图 1‑4）。

1. 病毒的直接损伤 病毒直接作用于全身毛细血管和小血管，引起广泛的血管壁损伤和功能障碍，由此产生一系列的病理生理改变和临床表现。HV 对人类呈泛嗜性感染。病毒入侵人体后随血液散布全身，尤其是肝、脾、骨髓、淋巴结、胸腺、肺、肾，在血管内皮细胞等细胞中增值，并释放入血液，形成病理血症。病毒还可以通过血脑屏障导致中枢神经系统病变；通过胎盘垂直传播至胎儿引起流产或死胎。感染细胞可出现形态和功能的改变。骨髓巨核细胞受侵是造成血小板减少的重要原因，单核—巨噬细胞受侵即可释放 IL‑1，前列腺素 E2 等细胞因子，胰岛 B 细胞受侵发生糖代谢紊乱，血管内皮细胞受侵则使其通透性增高。

不同血清型的 HV 的毒力有明显的差距，姬鼠型的 HV 多致重型感染，家鼠型多致中型、轻型；PUUV（普马拉病毒）型引起轻型感染，PHV（希望山病毒）则对人无致病性。现已证明，病毒 M 片段编码的糖蛋白对机体的细胞，尤其对免疫细胞的损害是引起机体病

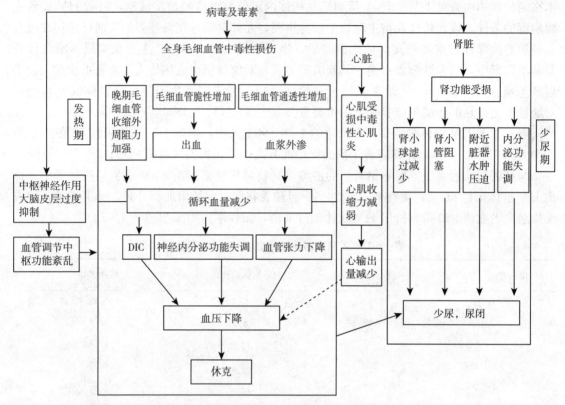

图 1-4 流行性出血热各期发病原理简图

变的重要始重环节之一。

2. 机体的免疫反应 HFRS 发病早期即表现有体液免疫亢进和非特异性细胞免疫低下，以及免疫系统紊乱。

（1）**体液免疫** 由于病毒在体内复制，刺激机体免疫系统产生大量的抗体，IgM、IgA 和 IgE 抗体在病程早期，即已出现，IgG 抗体稍迟，中和抗体出现则相对较晚。导致：①Ⅰ型变态反应：表现为血清中的 IgE 抗体水平增高，在病毒抗原诱导下，嗜碱性粒细胞和肥大细胞释放组胺，引起小血管扩张，通透性增加，血浆外渗，形成早期充血、水肿及其他感染性中毒症。②Ⅲ型变态反应：抗体与病毒抗原相遇，形成免疫复合物，引起Ⅲ型变态反应。免疫复合物沉积于血管及肾小球基底膜，激活补体系统释放各种细胞因子，加重血管损伤，导致血浆渗出，而引起低血容量性休克；引起不同程度的肾小球肾炎，损伤肾小球和肾小管；免疫复合物与血小板或红细胞结合，引起血小板聚集和破坏，使其数量骤降和功能障碍，从而引起出血等一系列免疫病理反应等。

（2）**细胞免疫** 急性期外周血 CD8 细胞即明显上升，极期达高峰，CD4/CD8 下降或倒置，明显增加的 CD8 为细胞毒性细胞（Tc）。Tc 是引起细胞免疫及组织损伤的重要效应细胞，提示在本病的发病中可能有细胞毒性 T 细胞的参与。

HV 侵犯多种重要免疫组织（如肝、骨髓、脾、淋巴结及胸腺等），即在免疫系统中担负重要功能的免疫细胞（如 T、B 淋巴细胞、单核—巨噬细胞等），是造成机体免疫功能异常的重要因素。

（3）机体内分泌功能的变化　HFRS 患者的血清分泌乳素、生长激素、儿茶酚胺及胰岛素、内腓肽等多种内分泌激素等增高。这些激素在适当浓度时对机体有利，但是超过一定范围则产生有害的影响。体内激素普遍增多，一是由于组织损伤造成激素外溢；二是机体的应激性反应。

临床表现

人　肾综合征出血热

人在感染后的潜伏期为 4～46 天，一般为 7～14 天早期症状类似感冒，不易诊断。随后出现非特异性的全身体征和肠胃道体征。发热是主症，体温在 39～40℃。多为稽留热或弛张热型，通常为 3～7 天。在发热期，典型患者出现头痛、眼眶痛和腰痛的三痛和面、颊、胸部皮肤充血、潮红的三红。退热后出现明显的中毒性状。典型病例表现为发热、出血、肾损害、低血压休克期、少尿期、多尿期和恢复期 5 期经过。整个病程 1～2 个月。

在病程中，尤其在低血压休克期、少尿期、多尿期移行阶段，可发生腔道出血、急性心力衰竭、肺水肿、脑水肿、成人呼吸窘迫综合征、肾脏破裂、继发感染等并发症。

1. 发热期

（1）发热时本病早期必有的症状。多数病人起病急剧，突然畏寒高热，体温一般在38～40℃，最高可达 41℃，以弛张热和稽留热为多见，可持续 2～13 天（平均 4～6 天）。高热超过 6 天者，提示病情危重。典型患者热退后病情反而加重，为本病特有的症候。但轻微型患者，尤其是多数家鼠型患者，热度低、热程短，热退之后症状随之缓解。

（2）全身中毒症状主要为"三痛"：头痛多为前额和颞部剧痛、持续性疼痛；腰痛则两侧肾区为主，疼痛较剧烈，多提示后腹膜及肾周围有严重渗出和水肿；眼眶痛，眼球转动时疼痛更明显，重症病例则伴有复视和视力模糊。伴有全身肌肉、关节酸痛、困倦无力。此外，患者尚有食欲不振、恶心、呕吐、腹痛、腹泻。少数患者腹痛剧烈，腹肌紧张有压痛及反跳痛，易被误诊为急腹症。重症病人可出现神经症状，如兴奋不安、失眠、谵语、烦躁或朦胧状态等。极少数病人可出现抽搐。"三痛"为早期病毒血症所引起。

（3）毛细血管中毒症状，主要表现为充血、渗出和出血现象，这是 HFRS 早期的特殊表现。1）充血：颜面、颈、上胸部等处皮肤显著充血、潮红，称为"三红"，患者呈"酒醉貌"，眼球结膜、舌尖及乳头充血潮红。家鼠型 HFRS 病人的充血表现较轻。2）渗出：毛细血管中毒性损伤而引起血浆外渗，引起眼球结膜、眼睑水肿及面部浮肿，此症状在病程 3 天内即可出现。眼球结膜水肿越明显，提示毛细血管及小血管损伤越重，低血压休克发生的机会越多，其病情越重。3）出血：随毛细血管及小血管损伤的加重，血小板减少及功能降低，血中抗凝物质增加，可表现为不同程度的出血，一般在病程 2～3 天即可出现，表现为：①黏膜出血：在咽部和软腭可见网状充血，继之有散在点状、簇状出血；在口腔黏膜、眼球结膜及眼结合膜可见点状及片状出血。②皮肤出血点及瘀斑：皮肤出血点以腋下和腋前最多，其次为前胸、肩背部、上肢和腹部，为条索状、串珠状或搔抓样细小的出血点；重症病例可见瘀斑或在注射部位出现地图样出血斑，甚至形成皮下水肿。③腔道出血：发热后期个别病人可出现鼻出血，重症病人可出现咯血、呕血、便血、腹腔出血、阴道出血及严重的尿血等。如皮肤出现迅速加重的大片瘀血斑或腹腔道出血，则提示病情较重。

（4）病后 1～2 天即可出现肾脏损害症状，主要表现为蛋白尿、血尿和少尿、有时尿中排出膜状物。发热晚期出现少尿和无尿病人，血中尿素氮及肌酐可升高。

2. 低血压休克期 低血压休克期多出现在退热前 1～2 天或退热时，随病程的发展，毛细血管及小血管损伤加重，血浆大量渗出，血容量进一步减少，从而导致低血压休克。此期发热减退，但其他症状反而加重。由于全身微循环障碍，组织器官灌注量不足致组织缺氧，引起代谢紊乱、血凝障碍和脏器功能损害。表现为血压波动不稳；心率增快，可出现第一心率低钝、期前收缩、奔马律等各种心律紊乱；末梢灌注不良，组织缺血缺氧，脉搏细弱，面色苍白，皮肤湿冷，口、周肢末端发绀，皮肤出现花纹。呼吸急促，表浅，频数。严重休克病人，静脉塌陷。其他临床症状有恶心、呕吐、腹痛、腹泻；精神萎靡、烦躁不安、神志恍惚、狂躁、恐慌等，以及谵语、抓空等。严重者有抽搐等。渗出及组织水肿加重，以眼球结膜水肿最显著，严重者呈胶冻样，甚至突出眼裂，呈"鱼泡状"，视物不清；眼睑、面部水肿；少数病人出现四肢浮肿和腹水。由于血浆大量渗出，导致血液浓缩，尿量减少，病人常出现烦渴。出血明显加重，皮肤黏膜出血点增多，有的扩大融合成瘀斑。其他尚可出现代谢性酸中毒、电解质紊乱、DIC、肾功能损伤等脏器功能障碍、成人呼吸窘迫综合征（ARDS）、脑水肿等。

根据血压、脉压和临床表现，可将低血压休克期分为低血压倾向、低血压和休克期三期。低血压休克的发生率差异较大。家鼠型出血热病人低血压休克的发生低、程度轻。低血压休克轻者仅持续数小时，呈一过性血压下降；重者可持续数天，一般为 1～3 天。病情越重，低血压休克时间越长，肾功能损伤也越严重。

3. 少尿期和低血压休克期 少尿期常与低血压休克期重叠，即在低血压中后期就出现少尿，也有从发热期直接进入少尿期的，或表现为发热、低血压、少尿三期重叠。少尿期通常出现在 6～8 天，早者第 3 天，迟者第 10 天，一般持续 2～5 天（1～10）。24h 尿量少于 500ml 为少尿，少于 50ml 为无尿。有的病人无明显少尿，但尿毒症症状却很严重，称为"非少尿型肾衰竭"。此期病人尿蛋白、细胞及管型增多，并可出现管状或膜状的尿膜。血中尿素氮（BUN）上升，每日上升至 10.7mmol/L（30mg/dl）以上者为高分解型，提示肾损严重、预后不良，轻度酸中毒时呼吸增快，口唇呈樱桃红；严重时呼吸深长，出现库氏（Kussmul）或潮式呼吸。部分病人于 7～11 天可出现程度不等的高血压，有的仅出现一天，有的则可持续一个月以上。部分病人可出现腔道大出血，如鼻血、咯血、呕血、便血、阴道出血等，系内脏病变或 DIC 引起的腔道出血或分流性出血。

4. 多尿期 少尿期末尿量增加。24h 尿量超过 2 000ml 者为进入多尿期。HFRS 病人 40%～95% 出现多尿，多开始于 9～11 天，持续 8～12 天。患者的尿量及多尿持续时间与肾脏损害的程度有关，肾脏损害越严重，尿量越多，持续时间也就越长，个别可达数月。此期分为三个阶段，即移行阶段，少尿期向多尿期移行，可持续 2～5 天，肾脏损害严重者移行时间可延长；多尿初期和多尿后期。随着尿液大量排出，高血容量得以解除，血压逐渐下降，尿毒症、酸中毒、高血钾等症状也可逐渐解除。但患者仍很衰弱，由于水电解质大量排出，可出现脱水、低血钠、低血钾和低血钙等变化。病人多疲乏无力、表情淡漠、嗜睡、肌张力降低，腱反射减弱，并有鼓肠和尿潴留等症状。由于贫血和低蛋白血症，患者常出现浮肿。

5. 恢复期 多于病后 3～4 周开始恢复。肾脏浓缩功能逐渐好转，尿量逐渐正常，体力也逐渐恢复。尿常规检查及血生化改变皆正常。但病人仍衰竭、无力、头晕、头痛、食欲不振、腰痛、持续多尿及夜尿增多等。需1～3个月或更长的康复。

本病存在特殊的临床类型，无早期出血热的典型症状，仅表现为某一脏器的损害或其他症状：①急腹型，以腹痛为典型症状，腹痛剧烈，常伴有恶心、呕吐、腹壁紧张，有压痛或反跳痛。这是肠系膜、大网膜和腹膜渗出、水肿或出血所致。②急性胃肠炎型：以发热、腹痛、腹泻为主。一天大便数次至十余次，呈稀水样，亦可混有黏液，常伴有恶心、呕吐，呈急性胃肠炎样表现。③脑膜脑炎型：主要表现为高热、头痛、呕吐、颈项强直，布氏征及克氏征阳性等，严重者可出现意识障碍、烦躁、谵语，甚至昏迷、抽搐。脑脊液检查可见显著的炎性改变。④眼病型：主要表现为结膜充血、出血、视物模糊。一过性复视、近视及急性青光眼。⑤少数病人表现为类白血病样反应、肺大出血及重症肝炎。

总之，本病原发生的基本病理生理变化是病毒侵袭血管系统引起的原发性损伤，在病程中后期，由于微循环障碍，凝血系统被激活，合并DIC及免疫功能紊乱，加上大量介质的释放等形成的中间病理环节，促使各脏器及组织病变的加剧。

本病的主要病理改变为出血性炎症，各系统、器官、组织都有不同程度的病变，尤以肾、心脏、脑垂体、肾上腺等器官为重，共同特点为：

（1）多发性小血管损害　全身毛细血管及小血管内皮细胞肿胀、变性，重者血管壁呈网状结构，甚至纤维蛋白样坏死。内皮细胞与基底膜分离或坏死膜脱落。内脏毛细血管扩张瘀血，可见广泛微血栓形成。

（2）广泛性出血　以肾脏皮髓质交界处、右心房内膜下和脑垂体最明显，其他器官如肾上腺、肝脏、胰脏及脾脏均有不同程度的出血。

（3）严重渗出和水肿　各器官、体腔均有不同程度的水肿积液。以腹膜后、纵隔、肺及其他部位疏松组织为重，水肿积液含大量蛋白，呈胶冻样。

（4）灶性坏死和炎性细胞浸润　多数组织和器官的实质细胞有凝固性坏死灶。以肾髓质、脑垂体前叶、肝小叶和肾上腺为多。其他部位如心肌、肝汇管等处可见单核细胞及浆细胞浸润。

主要脏器的病变如下：

（1）肾脏　肾肿大，表面可见出血点及瘀斑，皮质苍白，髓质多极度充血、出血及肿胀，呈暗紫色。髓质区可见苍白色缺血坏死区。肾盂黏膜广泛出血，多呈片状；输尿管、膀胱可见出血点。镜下肾小球毛细血管丛充血，基底膜增厚，包氏囊内出血，肾曲小管明显肿胀，管腔狭窄，肾小管上皮细胞严重变性坏死，腔内可见细胞及较多管型。髓质部高度充血和出血，间隙出血、水肿，仅有少量淋巴细胞和单核细胞浸润。

（2）心脏　右心房内膜下多有广泛性大片出血，可渗透到整个心肌和心内膜下，心肌内有散在出血点。心肌间质内出血，有少量细胞浸润。心肌纤维变性，横纹消失。

（3）脑垂体　前叶可见充血、出血，并有凝固性坏死。

（4）肾上腺　皮质有出血、坏死，偶见微血栓。

（5）胃肠道　黏膜水肿、出血显著，常融合成片。

猪　肾综合征出血热的感染

动物（包括猪）一般为隐性感染，而犬、猫可发生显性感染，10％～20％的病例有上呼吸道卡他和胃肠卡他的前驱症状。

EHF的宿主动物有逐渐向家畜等扩散的趋势。多年的调研表明，猪的感染与人、鼠发病率呈正相关。米尔英（1990）报告，1981～1987 年山西省发生流行性（EHF），主要传染源为褐家鼠。在这种类型的疫区中，家畜、家禽带毒同褐家鼠接触机会颇多。通过 RPHI 测定 8 种家畜（表 1－24）EHF 抗体，6 种动物其抗体阳性率和抗体滴度：犬为 20.95％（22/105），1∶10～80；猪为 11.76％（14/119），1∶10～40；羊为 6.06％（6/99），1∶20～40；兔为 4.08％（4/98），1∶10～20；牛为 3.85％（1/26），1∶40；鸡为 2.90％（2/69），1∶20～40。表明家鼠型疫区内，6 种动物可被 EHF 病毒自然感染。曾经对 5 188 人 EHF 调查，发病人数为 104 例，阳性率为 2％，其中养猪户 4 797 人中发病人数为 101 例，阳性率为 2.11％，未养猪户 391 人中发病 3 例，阳性率为 0.77％，显示养猪户 EHF 发病相对危险程度是非养猪户的 2.7 倍。

表 1－24　RPHI 检测动物血清中 EHFV 抗体结果

动物	检测数	阳性数	阳性率（％）	滴度范围（1∶）	GMT（1∶）
犬	105	22	20.95	10～80	21
猪	119	14	11.76	10～40	20
羊	99	6	6.06	20～40	25
兔	98	4	4.08	10～20	14
牛	26	1	3.85	40	40
鸡	69	2	2.90	20～40	28
驴	3	0	0		
骡	1	0	0		
合计	520	49	9.42	10～80	21

夏占国等（1984）在河南调查时检出猪有 EHF 抗体，抗体阳性率为 6.97％（23/332）。指出猪抗体阳性与人发病率有关联（表 1－25）。发病率高的地区，猪抗体阳性率高，表明猪抗体检出率与流行性出血热病毒的空间分布有一定关系，说明 EHFV 在猪体内有过生长、繁殖过程，并有可能向外排毒，徐志凯等（1985）也从 108 份猪血清中检出 9 份 EHF 抗体。

表 1－25　猪血清中 EHF 抗体检出率与当地 EHF 发病率

地区	检出份数	阳性份数	阳性率	当地发病率
洛阳市郊区	170	14	8.2	9.4/10 万
偃师、洛宁、渑池	160	9	5.63	6.3/10 万
合计	330	23	6.97	

张云等（1986）首次从猪肺中分离到 EHF 病毒。随后进行了猪能否作为传染源的研究，通过 120 份猪样本检测到的抗原阳性率是心 3％（4/120）、肺 7.5％（9/120）、肝 4.2％（5/120）、脾 5.0％（6/120）、肾 4.2％（5/120），其中有 6 只猪的心、肺、脾、肾都检出 EHFV，血液 5％（6/120）、尿 4.1％（4/98）、粪便 3.2％（3/92）。分离病毒能致小鼠发病。同时在这一地区对有 2 年屠宰史的 256 人、与猪接触的饲养人 305 人和无猪接触史的 285 人进行血清等检查，以 IF≥1∶20 为阳性标准。结果阳性率分别为 4.7％（12/256）、4.3％（13/305）和 1.4％（4/285）。表明家猪不但有可能作为 EHFV 的宿主动物，还可能

作为人群感染 EHF 的传染源。

杨占清等（1990）在对人流行病学调查中，发现人与猪发病有相关性（表 1 - 26），人 EHF 高流行区，猪的 EHFV 阳性率高，血清阳性率也相平行。而且家猪不同年龄 EHFV 检出率随年龄增加。0～12 月龄为 5.1％（2/39）、13～24 月龄为 7.4％（4/54）、25～36 月龄为 11.1％（3/27）。感染率随猪年龄而增高。感染后 EHFV 可随血传播及各个脏器，并随尿、粪排出感染性 EHFV 污染外环境作为二次感染。

表 1 - 26 人发病率与猪病原和抗体阳性率

与人关系	发病率 1/10 万	猪肺 HV 抗原			猪血清 HV 抗体		
		检测数	阳性数	阳性率%	检测数	阳性数	阳性率%
高流行区	170.52	390	13	3.33	298	11	3.69
中流行区	5.23	150	4	2.67	122	1	0.82
低流行区	2.53	125	1	0.80	124	1	0.81
非疫区	0	149	0	0	119	0	0

曾贵金（1988）用 EHFVR22 和 HB55 毒株对仔猪进行实验感染，发现感染仔猪与人工感染的仔猪的短期自限性感染过程相似，接种后体温升高至 39.6～40℃，至第 9 天恢复正常。第 5～7 天仔猪食欲稍有减退。不管是动物源株还是人源株均能使家猪感染，从肺、肝、肾等组织中检测到 EHFV 抗原。杨占清（2004）用 EHFVR22 病毒株，每猪接种 100TCID50/ml 病毒液 1.5ml，分别经皮下、口腔和肺接种 30 日龄仔猪，结果仔猪发病不明显，仅个别猪体温有轻微上升至 40.3℃，维持 2～10 天。感染后 6～10 天仔猪食欲稍有减退、喜卧，活动减少。尿蛋白阴性，肺组织毛细血管轻度扩张、瘀血，间质水肿，肝细胞呈水样及气球样变性，部分区域有出血，脾脏及大血管未见明显异常。接种后 3～7 天可检出抗原，检出抗原顺序：血清→尿→粪→唾液，至感染后 10 天，血清和唾液抗体在感染后 16 天才出现，且滴度低，与自然感染一致。从猪分离的病原可致小鼠发病，表明病毒又在猪体内繁殖、增殖，又能通过多种途径排出感染性病毒，污染外环境，可引起再感染。EHFV 可通过胎盘垂直传播给胎儿，孕猪分娩有死胎和乳猪产出后不会吸吮母乳，产出后 1 周内发病死亡。从一头孕猪血清和 7 只新生小猪的血清、尿、粪、唾液中均可检出病毒；乳猪其抗原分别为 100％（7/7）、28.5％（2/7）、14.29％（1/7），并从乳猪脾、肺、肾、脑检出病毒。

诊断

本病典型病例有发热期、低血压期、少尿期、多尿期和恢复期五期经过，并存在有大量五期不全的异型或轻型非典型病例。因此，流行病学史调查和早期临床表现询问和观察是初步诊断标准。

首先是患者在本病流行季节、流行地区发病或于发病前两个月进入疫区史，或患者有与鼠类等宿主动物、实验动物及其排泄物直接或间接接触史。临床上有发热、"三红"、"三痛"、出血点（点状、条索状、簇状）、尿蛋白阳性或异型淋巴细胞在 7％以上等特点。凡持续发热，加上临床特征后 3 项中任何一项并符合流行病史者，即可初步诊断为出血热。

实验室检查可见到杆状核细胞增多，出现较多的异型淋巴细胞；血小板明显减少。尿蛋白阳性，伴显微血尿、管型尿。从患者血液的细胞或尿沉渣细胞检查到汉坦病毒抗原或汉坦病毒 RNA。恢复期血清特异性 IgG 抗体比急性期高 4 倍以上。

血清学检查在 HV 病毒抗原和抗体检测方法上，IFA、ELISA 及 RPHI 等方法已成为实验室诊断和检测的常规方法。HV 有多种不同的血清型，应用汉滩型和汉城型病毒制备的两种血凝素，检测 HFRS 患者及疫区宿主血清抗体，进行分型诊断、分型检测已在我国很多地区应用，可获得满意的结果。但其特异性和分型效率还有待改进。用重组病毒 N 蛋白抗原代替天然抗原进行抗体抗原检测，用酶标记型特异性单克隆抗体以 ELISA 方法进行分型检测，其有较好的特异性。

分子生物学诊断：

1. 核酸探针 HTNV76 - 118 株或 SEOVR22 株 S 或 M 基因片段用放射性核素标记杂交探针，可用于对 HV 不同型、株 RNAs 及相应的 cDNA 克隆的检测。

2. PCR 检测 根据已知的 HTV 型 76 - 118 株及 SEO 型 R22 株 M 片段的核苷酸序列设计、合成两对型特异性引物，用 RT - PCR 方法进行扩增，研究从不同的地区和不同的宿主来源的 HV 基因组 RNA，可以明确区分 HTN 和 SEO 型病毒。增加其他型 HV 的型特异性引物，可以更广泛地进行 HV 的分型检测及研究。PCR 分型与血清学分型结果有很好的一致性。

鉴别诊断应根据各个病期，不同病情的主要表现与下列疾病相鉴别：

1. 急性发热性传染病 如上呼吸道感染、普通感冒、流行性感冒、钩端螺旋体病、流行性斑疹伤寒、流行性脑脊髓炎、伤寒、败血症等。若病人有恶心、呕吐、腹痛腹泻，尚需与急性的细菌性痢疾、急性胃肠炎相鉴别。此外，需与传染性单核细胞增多症、病毒性肝炎等其他发热性传染病相鉴别。

2. 肾脏疾病 如急性肾盂肾炎、急性肾炎。

3. 血液系统疾病 如血小板减少症、过敏性紫癜、急性白血病等。

4. 急腹症 少数出血热的病人，可出现剧烈腹痛、腹壁紧张、腹部压痛和反跳痛等，需要阑尾炎、肠梗阻、胃肠穿孔、胆囊炎、宫外孕等进行鉴别。以上病症无明显的充血、渗出及出血现象，尿常规多无明显的改变，血小板数正常，无异型淋巴细胞，可以鉴别。

5. 其他病毒性出血热 国内流行的出血热，除 HFRS 外，尚有登革出血热、新疆出血热等，其临床主要特点为发热、出血和休克等表现，与 HFRS 相似，但属于无肾脏综合征出血热。

防治

EHF 治疗原则是"三早一就地"，即早发现、早休息、早治疗和就地治疗。针对发热期、低血压休克期、少尿期、多尿期和恢复期的病理生理改变进行合理的综合性体液疗法，防治休克、急性肾功能衰竭和各种并发症的发生是本病各期最重要的治疗措施。病程各期多脏器受损常导致不同脏器功能失调，机体内环境严重紊乱，是本病发生发展的重要病理生理基础，如水、电解质、酸碱平衡及渗透压平衡失调，可导致各种危重症候群的发生。正确合理的液体疗法可使机体内环境保持平衡稳定，促使病情好转，顺利渡过病程各期。液体疗法中的液体用量和成分需根据病人不同病期病理生理变化特点，控制好休克、出血、肾衰、感染四关，以"缺什么、补什么、缺多少、补多少"为原则，"发热期—平，低血压期—扩，少尿期—限，多尿期—平"。并加强特殊监护和护理及抗病毒治疗（抗病毒药物治疗和免疫疗法）。

预防方面，主要坚持灭鼠和防鼠相结合，以灭鼠为中心的综合性预防措施，灭鼠、防鼠、灭螨、防螨，切断人、鼠、螨、禽畜传播链，加强食品卫生管理和个人、畜禽防护等。

疫苗是预防该病的有效措施之一，我国目前已有 3 种出血热单价苗及两种双价疫苗可供人使用。猪尚未见有这方面研究产品。这些疫苗临床应用结果：①安全性：沙鼠肾疫病、地鼠肾疫苗和乳鼠脑疫苗的反应率分别为 $0.39\% \sim 1.90\%$、3.01% 和 7.29%。②抗体依赖免疫增强反应（ADE）：166 016 人接种疫苗后，6 年内未发现 ADE 反应病例。③疫苗发病：21 人汉滩型（Ⅰ型）占 84.21%，汉城型（Ⅱ型）占 15.79%，对照组发病 640 人，Ⅰ型占 79.69%，Ⅱ型占 20.31%，可见接种疫苗只使发病减少，没有增加，表明疫苗免疫有效。④疫苗接种者在疫病流行期间自然接触了相应的病毒抗原，均未发病或出现临床症状。⑤对 188 个有病原隐性感染者接种疫苗，未见有中强度的副反应，反应不会因接种疫苗而致危险性。但大规模应用还会出现少数病例严重副反应。所以，在应用中还要注意，不可大意。

在预防上需进一步解决的问题有：①搞清楚疫区流行的汉坦病毒型别及其抗原性的关系。②从不同种类带毒啮齿动物、小型哺乳动物及食虫目动物分离病毒，进行血清学检查，并注意有无新的血清型汉坦病毒及已知血清型汉坦病毒变异种及新的临床病型。③着重研究与人关系密切的家畜、家禽感染、带毒情况，所带汉坦病毒毒力及其排泄物排毒情况，借以了解其在疾病传播上的作用，猪的感染已从未报道过感染，到近年来不断从疫区猪分离到病毒，也观察到临床表现，但我们对鸡、猪感染的研究甚少。④研究各种不同疫区及不同条件下 HFRS 的主要传播途径，对各种可能的传播途径做综合性研究，特别是人、畜、禽、动物关系的观察与研究。⑤探讨防控措施，强化以疫苗免疫为基础的综合防制措施。

十四、克里米亚出血热
（Crimean Hemorrhagic Fever）

本病（Crimean Hemorrhagic Fever）由克里米亚-刚果出血热病毒（Crimean - Congo Hemorrhagic Fever Virus，CCHFV）引起的急性、出血性传染病。主要危害人，临床上呈出血症状群。动物多为隐性感染，不显明显症状。又称克里米亚-刚果出血热、新疆出血热。

历史简介

Hymakob（1946）报道，1944 年前苏联克里米亚地区的军人和农民发病，并通过志愿者人体试验证实是一种致病因子，是可过滤因子，人被致病与蜱叮咬有关。同年丘马科夫等将出血热病人的第 2～4 天的血液接种于猫和小鼠，分离到病毒，故命名为克里米亚出血热。Gasals（1956）从此属刚果发热儿童中分离到病毒，命名为刚果出血热。Simpson（1967）描述了 12 例发热患者，其中 5 例为实验室感染，将血液接于乳小鼠分离到病毒，并证明该病毒与 1956 年分离毒相似，1969 年证实与克里米亚病毒相同，故合称克里米亚-刚果病毒。Donets（1977）证明两病毒性状一致。国际病毒分类与命名委员会定名为克里米亚—刚果出血热病毒。1965 年我国新疆南部地区发生发热和伴有出血症状的患者。冯宗慧（1983）从

1966 年新疆出血热急性期患者血液尸体和亚洲璃蜱中分离到病毒，称为新疆出血热，后经形态学、血清学证明与 CCHF 病毒一致。

病原

克里米亚-刚果出血热病毒属内罗毕病毒属（Donets，1977）。有 7 个血清型，即 CCH-FV、Drea Ghazi Khan（DGK）、Hughes、Naiyobisheep Disease（NSD）、Qalyub（QYB）、Sakhalia（SAK）和 Thiafora（THF）。目前导致人致病的有 3 种，即内罗毕病毒、Dugbe 病毒和 CCHF 病毒与 XHF 病毒。本病毒圆形或卵圆形，直径 90～105nm，可通过帕克菲氏滤器 V 号和 N 号滤柱及蔡氏滤器。其抗原性和生物学特性与刚果病毒及巴基斯坦分离的哈扎拉病毒相似。病毒粒子由 4 种结构蛋白构成，即两个内部蛋白：转录酶蛋白（L）、核衣壳蛋白（N）和插在病毒膜内的两个外部糖蛋白 G1、G2。病毒基因组由大（L）、中（M）和小（S）3 个节段。每一个基因组的 3' 端和 5' 端互补，可以形成环状或柄状结构。三个基因组末端 11 个碱基是保守的，除第 9 位核苷酸外均互补，随后的 20 个左右的碱基显示片段特异性互补。病毒基因组（A＋U）％大于（G＋C）％，感染基因组必须转录成正链 RNA（mRNA）用蛋白合成，LRNA 约 12kb，编码 L 蛋白 7 200KDa；MRNA 为 4.4～6.3kb；SRNA 为 1.76～2.05bk；G1 为 72～84KDa；G2 为 30～45KDa。G2 只在病毒成熟末期产生。N 蛋白为 48～54KDa，N 蛋白是在感染细胞中可检测到的主要病毒蛋白，NRNA 只含一个可读框编码。病毒基因组与 2 100 个 N 蛋白和 25 个 L 蛋白紧密结合组成核衣壳。克里米亚-刚果出血热群中有一种非病原性的 Hazara 病毒，分离自巴基斯坦的硬蜱。在中和、血凝抑制和抗体结合等血清学反应中可与克里米亚-刚果出血热病毒区别。

本病毒尚无理想的感染试验动物。以病人的血液感染猴，仅可使其发热，但很快恢复。用病人血液经脑内途径接种新生小鼠，引起发病或死亡，但对成年鼠不致病。病毒接种于猪肾细胞培养，不引起明显的细胞病变，也无形态学改变。病毒于 50％甘油中可长期保存，干燥状态下至少可保存 2 年。氯仿、乙醚可将病毒灭活。

流行病学

本病开始发现与前苏联南部、乌克兰欧洲部分及中亚地区，在塔吉克斯坦、保加利亚和前南斯拉夫等地也发生过流行。20 世纪 60 年代在中东、非洲发生，血清学调查表明伊朗、印度存在本病毒感染。1965 年我国新疆地区从急性患者血液、脏器和亚洲璃眼蜱中分离到病毒，证实该病毒与 CCHF 病毒一致。通过病毒与基因序列分析和比较初步判断，不同基因型的 CCHFV 可能自然存在于我国流行地区的宿主动物体内，在青海、内蒙古、四川、海南、安徽等地畜、人血清中发现抗体，虽然未分离到病毒和发病病例，但提示本病潜在的流行区域可能存在，一旦环境条件适宜，病毒会随宿主的大量繁殖和活动而增殖或扩散。一旦其中一种基因型被大量增殖感染人和动物，该基因型的流行就有可能发生。一种基因型可以只出现在一次流行中，也可能出现在多次流行中。由于基因型的不同，病毒致病力不同，产生的流行强度和病死率不同。

人、牛、羊、猪、马、骆驼、狒狒、长颈鹿、羚羊、野兔、野鼠、鸟类、蜱等对本病毒皆易感染。人可以自然感染并发病。病人和带毒动物是本病的宿主和传染源。1956 年后在前苏联、东欧和非洲许多地区的人和牛、羊、猪等家畜中相继分离出病毒。绝大多数动物感染 CCHF 病毒后不发病，只出现一过性病毒血症和产生抗体（Shepherd，1991），至少有 20 个属的野生动物可查出 CCFH 抗体，大多数动物是隐性感染，这些动物是蜱的宿主，在形成病毒的自然循环和维持疫病的自然疫源性方面起着重要作用。本病主要经蜱传播，主要媒介是眼蜱属的边缘革蜱、*Anatolicum* 和扇头蜱属 *Sanguinecus*、*pumilio*、*bursa* 等蜱及中国璃眼蜱。蜱不仅自身带毒，而且病毒在其体内还能经卵传代。因此，蜱既是传播媒介，也是病毒的储存宿主。人除因被阳性蜱叮咬而感染本病外，在用手捻碎阳性蜱时也可因接触蜱血而感染。接触病人的带毒血液也能引起感染。某些候鸟经常携带这些蜱类，所以有人认为候鸟是本病广泛分布于欧亚广大地区的间接传播媒介。

本病多发生于半森林、半草原或半沙漠的畜牧区。一年四季均可发生，但以 6～8 月多发，这几个月发生的病例占病例的 30%～60%。病人无年龄性别差别，主要与其职业、生产活动范围与疫源地接触程度有关。疫区的病例呈点状分布，散发性流行。

发病机制

目前认为病毒的直接损害作用是主要的。病毒进入机体后，经复制增殖产生病毒血症，引起全身毛细血管内皮细胞的损伤，使血管通透性和脆性增加，引起出血、水肿和休克等一系列的临床表现。病毒血症亦可引起各个脏器实质细胞的变性与坏死，并导致功能障碍。主要病理变化是全身重要脏器的毛细血管扩张、充血、出血、管腔内纤维蛋白或血栓形成。实质器官出现变性与坏死，肝小叶中心坏死，可见灶状或点状坏死。肺泡壁毛细血管扩张和充血，肺泡内有蛋白质渗出液，肺毛细血管可有纤维蛋白血栓。肾脏体积增大，镜检可见肾小球血管壁即肾小囊基底增厚，近端肾小管上皮细胞除自溶现象外，尚可见浊肿和管内少量红细胞。肾髓质内间质水肿，血管扩张，因而挤压周围肾小管，使管腔变狭窄，甚至闭塞。肾小管上皮有节段性变性坏死。此外，心肌、肾上腺、胰腺均有不同程度的变性、坏死。坏死区炎性细胞浸润不明显。脑膜呈非化脓性脑膜炎变化，脑实质水肿，毛细血管扩张充血，周围出血及淋巴细胞浸润。皮质及脑干有不同程度的神经细胞变性，噬神经现象和小胶质细胞增生。

临床表现

人

病人主要呈发热、恶心、呕吐、咽部红肿，并伴有腹泻和一般腹痛。病毒在原发感染的部位或引流的淋巴结中繁殖，然后侵入血液形成毒血症，随血液播散至各系统，出现组织、器官病变和相应的临床症状和体征。病人体征分轻型、中型和重型。感染者的潜伏期 1～3 天（与感染的动物和组织接触者为 5～6 天，有文献报道为 13 天）。出血前期为疾病发作第 1～7 天，常为突然、急性发作、发热、体温升至 39～41℃，寒战、头痛、头晕、眼痛、畏光、严重肌肉疼痛、颈部痛、僵直、腰痛、背痛、上腹痛、关节痛。伴有恶心、呕吐与饮食无关的反复呕吐、腹泻、无力。2～4 天后转嗜睡、抑郁、腹痛转为右上角并可触到肝肿大。经过一个短时间的无热期后，于第 3～5 天出现双峰热，发热第 3～5 天有皮疹出现，发热期可持续 12 天。在上腹部和背部疼痛发病 3～4 天后如出现反复呕吐是出血和严重症状的前兆，其后有的表现颈部、上胸部出血，牙龈出血、眼出血、胃、消化道出血，呕血或便血，肺、子宫和尿道出血。出血严重者出现失水和休克征候，表明预后不良，常于病后 7～9 天死亡，病死率 30%～50%。

猪

动物多为隐性感染，不表现明显的症状。Donets（1977）血清学调查，表明猪有感染。猪有不同的血清反应阳性率。在前苏联、东欧和非洲等地区牛、羊、猪中分离到这类病毒。

诊断

本病主要依据临床症状和流行学做初步诊断。早期病人的血液中可分离出病毒，发病后7～8天血中可出现补体结合抗体。患者出血前有明显白细胞减少、血小板减少，一半以上由于血管通透性增加，有蛋白尿、尿血细胞等。实验室检查可见到白细胞降低、核左移、血小板减少、凝血酶原降低等变化。血清学诊断主要有中和试验、血凝抑制试验和抗体结合试验等。

防治

发病早期（发病3天内）给病人注射恢复期血清，3天肌内注射2～3次，每次20～40ml，可算短发热期和减轻出血的严重性。对大量失血的病人，应输血抢救，并及时补液，辅以CaCl、维生素C、维生素K等。早期还可用利巴韦林1g/天，静脉滴注3～5天。重型患者多预后不良，出血和休克是死亡主要原因。

要加强对病人的严格隔离和治疗。因病人的传染性很强，对生活用品、食物、器械要专用，病人的血液和分泌物等应严格消毒，医护人员做好个人防护。

要对疫区做好防蜱灭蜱，防止人、畜被蜱叮咬。目前已有鼠脑灭活疫苗应用于人。

十五、裂谷热
（Rift Valley Fever）

本病是由里夫特山谷热病毒引起的一种急性、热性动物源性传染病，又名里夫特山谷热，又称动物性肝炎。主要为害绵羊、山羊、牛、骆驼等动物，人能感染发病，以出血性高热表现最为严重，死亡率高达50%。猪也可感染。

历史简介

本病于1912年和1930年在非洲肯尼亚里夫特山谷的绵羊中、牛流产和死亡（同时有一人发病）爆发流行，因其在流行区形成峡谷状蔓延传播，因此而得名。Daubney和Hudson（1931）从绵羊分离到本病病毒。1930年报道人感染病例，1978年南非流行期间报道了人死亡病例。2000年疫情出现在沙特、也门及非洲野外地区。裂谷热可能传入新地区并可在人和动物间流行，并很可能成为一个世界性的公共卫生问题。1981年5月国际兽医局第99次会议指出，裂谷热对世界任何国家都是一个威胁，因而列入必须义务通报的A类流行病。目前我国尚无裂谷热报道。

病原

裂谷热病毒（Rift Valley Fever Virus）属布尼亚病毒科，白蛉病毒属，是一种单股负链 RNA 病毒。病毒呈圆球形，直径为 90～110nm，核为 80～85nm。有长 5～10nm 的长纤多肽包膜，3 个螺旋体核体，病毒 RNA 基因组含长 11 400～14 700 个核苷酸，分为 L、M、S 三段，分子质量分别是 2.7×10^6 Da、1.7×10^6 Da 和 6×10^6 Da。每个片段的核酸是独立的，RNA-S 编码病毒核心蛋白，RNA-M 由 2 个糖基胞膜的多肽及非结构蛋白组成，RNA-L 编码病毒聚合酶。S 片段为双，编码核衣壳蛋白 N 和非结构蛋白 NSs。宿主细胞核和细胞浆中能产生包涵体。分离毒株尚未有不同血清型报告，只有一个血清型。裂谷热病毒在抗原性上与甲病毒和黄病毒等披膜病毒完全无关。

根据 S 片段中 NSs 蛋白编码区中 669nt 序列，结合 M 片段中 G2 蛋白编码区中 809nt 序列和 L 片段中 L 蛋白编码区中 212nt 序列，对裂谷热病毒进行了基因种系分析，将裂谷热病毒分为 3 种类型：中—东非型、西非型和埃及型。RNA 病毒在进化过程中常出现基因突变（如碱基置换、缺失或插入），而大的基因型的改变需要 RNA 片段的交换（基因重排）。对多株病毒进行了基因组测序发现裂谷热病毒的 S 片段碱基转换率为零。有的病毒株的 L、M 片段在基因种系分析上属于西非型，而 S 片段属于中—东非型或埃及型；也有的毒株 L、M 片段在基因种系分析上属于中—东非型而 S 片段属于西非型，结果表明自然界中部分裂谷热病毒在进化过程中存在基因重配现象。在病毒的变异中，部分自然毒株变异会出现病毒毒力的改变。这可能与 NSs 蛋白的部分缺失和 N 蛋白的氨基酸的改变有关。

本病毒的实验感染宿主范围广泛，其中以沁鼠和地鼠最为敏感，任何途径均能感染。病毒在鸡胚卵黄囊、羊水、绒毛尿囊膜及肝脏中能迅速繁殖。用鸡胚纤维母细胞、羊肾细胞和地鼠肾细胞培养良好。羔羊肾细胞在感染后出现大量嗜酸性核内包涵体。裂谷热病毒凝集 1 日龄雏鸡红细胞，也能凝集小鼠、豚鼠和人的 A 型红细胞，感染组织的乳剂也常具有较高的血凝特性，血凝最适合条件是 pH6.5 和 25℃。

本病毒对外界的抵抗力较强，室温下可存活 7 天，－20℃下可存活 8 个月；在血清中，在－4℃可存活 1 048 天。pH 低于 6.2（pH3.0 下病毒迅速灭活）或在 0.1% 的福尔马林中可将病毒灭活；对乙醚脱氧胆酸盐等脂溶剂敏感，但 56℃ 3h 后，血清中的病毒可以恢复其活力。

流行病学

本病主要分布于非洲大陆的肯尼亚、苏丹、埃及、乌干达、南非、尼日利亚、赞比亚、罗德西亚、乍得、喀麦隆等国。人和绵羊、山羊、牛、马、骆驼、猴、幼犬、幼猫、田鼠、非洲鸡貂、羚羊、野生啮齿动物均易感。猪也有感染。1951 年南非大流行，病死牛、羊达 10 万只，并有 2 万人感染；1977 年 10 月在埃及的绵羊、山羊和骆驼中流行本病，有 1.8 万人感染，死亡 598 人。2000 年沙特人间出现发热和出血的"怪病"，855 人确认感染，118 人死亡，从患者的血液、咽喉洗液和粪便中分离到近 60 株病毒。也门也死亡 109 人。2001 年沙特一鸡场人感染裂谷热，担心鸡成为传染源。

小山羊、小绵羊和水牛是本病的主要传染源。野生啮齿动物，反刍动物是病毒的主要宿主和扩大宿主。急性病人血液和咽喉部有病毒存在，因此病人和其他动物宿主也可能成为本病的传染源，野生啮齿动物、反刍动物是病毒的主要宿主和扩大宿主。

本病在动物间主要传播媒介是蚊，通过蚊子叮咬传播本病。病毒在脊椎动物寄生和蚊子之间循环。已证明，有 25 种蚊子参与传播。伊蚊、库蚊和缓足蚊属的多种蚊虫能传播本病，如神秘伊蚊、窄翅伊蚊、埃及伊蚊、希氏库蚊、尖音库蚊等。带裂谷热病毒的蚊子是宿主生物，尤其病蚊一次产下无数蚊卵，病蚊可将病毒经卵传给下一代，蚊卵在干旱气候下能够保存数年之久，不但延续裂谷热病毒的生存，在雨季孵化的病蚊新生代，也常成为数千万个可怕的病毒的传播媒介。人感染本病至少有两种途径：一是皮肤黏膜伤口直接接触具有传染性的血液、肉类而引起感染，绝大多数人间感染是通过接触病畜组织、血液、分泌物和排泄物所造成。乳汁中也有低滴度的病毒存在，因此也可能通过乳汁而扩散感染。病毒可通过宰杀、接生、兽医诊疗等传给人。实验动物经过皮肤擦伤的伤口可以受到感染，以及兽医在解剖病畜后 2～4 天发病的事实支持这一观点，这种病毒对人有高度的接触性传染性。或由呼吸道吸入微生物气溶胶而感染；在多数研究裂谷热病毒的实验里，因气溶胶引起的无并发症的实验室感染颇为常见。虽然病毒存在于血液和唾液中，但患者—患者的传播尚无报道。从事病毒分离和研究人员感染后病情比较严重。二是通过蚊虫叮咬感染。

本病多发于农牧区，具有严格的季节性，一般于 5 月末或 6 月初开始发病，11 月底至 12 月终止流行，本病有明显的职业性，牧民、兽医和农民多见，男性发病率较高，本病呈地方流行，可爆发流行。2000 年本病首次在沙特阿拉伯和也门爆发流行，很可能成为世界性公共卫生问题。

发病机制

对 RVF 的发病机制了解不多，目前主要是根据其他虫媒病毒自然感染的发病机制类推。机体被蚊虫叮咬或吸入含病毒气溶胶感染 RVFV。一般认为病毒首先在侵入门户原发感染灶的邻近组织中增殖，经淋巴系统转移至局部淋巴结，在其内进一步增殖；经 3 天左右的潜伏期继而进入血液物质循环形成原发性病毒血症，出现发热等症状。病毒在主要靶器官（肝、脾）内大量复制，导致高滴度的病毒血症。病毒血症期间，病毒随血流侵入大多数内脏，可引起局灶性感染和炎症，最常见的是脑炎和视网膜炎等。病毒对细胞的溶解效应导致细胞损伤，从而引发各器官的病损和功能障碍。动物实验证明，各器官呈现坏死等病变的部位和病毒复制部位相一致。给大鼠使用环磷酰胺不能改变致病过程，提示此病的发病机制中宿主的免疫系统不是主要因素。脑部炎症和眼部病损除病毒的直接作用外，还与免疫病理相关。严重的病毒血症和来自肝的坏死产物使终末毛细血管内皮细胞受损，纤维沉着，血中的纤维降解产物增加，同时也促进血小板凝集，导致血小板减少，引起 DIC。继而血液从毛细血管和末梢小血管漏出，发生出血性瘀点。严重肝损伤后期，纤维素在肾小球毛细血管和近曲小管内沉着，导致肾损伤，出现少尿，尿中出现红细胞、白细胞和管型，甚至无尿，最后肾功能衰竭。

血管炎和肝坏死可能是导致出血的关键性病变，因为给大鼠使用环磷酰胺不能明显改变致病过程，提示此病的发病机制中宿主的免疫系统不是主要因素。内皮细胞抗血栓形成功能的破坏引发血管内凝血。肝细胞和其他受染细胞的广泛坏死导致前凝血质释放入血液循环。严重的肝损伤使多种凝血蛋白的产生减少，甚至完全丧失，已活化凝血因子的清除减少，从而进一步促进了 DIC 的发生，而血流障碍又转而使组织损伤加重。血管炎和凝血功能不全导致紫癜和广泛出血。

自登云等（1995）认为该病毒可能包括嗜神经和嗜肝脏两群。Ramdall 等（1964）研制疫苗时，曾将 En＋株分别在小鼠脑内和神经系统外两途径连续传代，结果两传代株对神经组织和内脏器官的亲嗜性明显增强，说明感染途径可以改变病毒嗜性。

疾病的康复依赖于宿主的非特异性免疫应答，病毒血症的清除与中和抗体的出现相关。病后产生终身免疫力。

临床表现

人

本病在 1912 年发生时，病人仅短期发热，但全部康复。而到 1977～1978 年在苏丹、埃及和非洲东部发生爆发流行，有几万人发病，有人死亡。人表现为发病突然，可见衰竭、高温、黄疸、恶心、鼻出血、头痛、背痛、关节痛、肌痛、腹痛、腹泻，经 10～14 天康复。具有典型二阶段病程，发热 2～5 天消失，数日后又重新出现。死后特征为肝脏多发性弥漫性干性坏死，浆膜下出血。

贝兰 GW（1985）论述该病可同节肢动物叮咬、吸入气溶胶或接触而感染人类。通常是有限性热病，感染者表现为发热、头痛，以流产、肝炎为特征可伴有出血热、脑炎等并发症。1977 年前曾报道发生动物和实验室工作人员感染。1978 年南非兽疫流行期间，报道人类死亡病例。病毒感染机体首先在原发感染灶的邻近组织增殖，然后入侵血液产生毒血症。病人可保持毒血症长达 10 天。潜伏期 3～7 天，常突然发病，具有典型的两个阶段：发热在 2～5 天消失，过数天后又重新出现。表现发热、头痛、肌肉痛、背痛、四肢关节剧痛、黄疸、恶心、腹痛、腹泻、腹部有触痛、胃肠紊乱、恶心、呕吐，鼻出血或肝区不适症状。严重者有呕血、便血、进行性紫癜、牙龈出血，有的病例因脑出血或肠道广泛出血而死亡。部分病人有颈强直、畏光、眼眶后疼痛、浆液性视网膜炎、视网膜出血等症状，可引起视力障碍。发热曲线呈鞍形。发热经 2～5 天消失，过数日又可重现。病人面部潮红，皮肤和黏膜可见出血点，但无皮疹。发病初期白细胞数增多，随后减少，淋巴细胞相对减少，血小板也常见减少。病程一般 4～10 天，但完全康复常需数周，视力障碍可持续数月甚至数年。严重者常伴有严重出血性体征，并发肝炎、脑炎等。病死率较低，80% 的死亡病例是由出血引起的。该病的病死率小于 1%，但重症或出现严重并发症的患者病死率大于 5%。因深度黄疸、无尿、休克而死亡。

常见的并发症有：

1. 脑膜炎　小于 1% 发热期后 3～12 天侵及中枢神经系统，常有脑膜炎体征，如剧烈头痛、意识障碍、抽搐和颅内高压症。局部运动后症状的幻觉、神经错乱、木僵和昏迷。

2. 视网膜病变　往往在起病后 2～7 天出现特性的视力丧失，眼底检查发现右见黄斑水肿、黄斑上棉花毛状渗出、出血。约 50% 的患者会有永久性失明。

3. 肝炎　出现黄疸和肝功能受损，往往在发病后 7～10 天发生严重肝坏死而死亡。死后肝脏的多发性弥漫性干性坏死还有浆膜下出血为特征病变。

4. 出血　包括呕血、便血、进行性紫癜及颅内出血等，甚至出现失血性休克。小于 1% 的患者在急性发热期后 3～5 天发生瘀点、巩膜黄染和低血压。患者出现高热，急性腹泻，肝肾功能严重受损，伴黄疸和出血现象。

皮下、皮下组织和内脏器官表面浆膜广泛出血。肝中度肿大，质地软，呈黄褐或暗红色，有广泛坏死灶，继而融合成大片坏死。脾充血，轻度肿大，包膜下出血。肾可见充血和皮质点状出血，肾上腺轻度肿大和皮质点状出血，整个胃肠道有血液，黏膜下广泛出血，腹膜广泛出血。

镜下肝的灶性坏死，可相互融合，通常整个肝。肝组织病变被认为是 RVF 的特征性病变。病变多见于肝中带，但中央肝小叶和外周肝小叶也常见。肝细胞胞质有典型的嗜酸性变性，核内有嗜性包涵体颗粒。脾可见充血，滤泡中淋巴细胞减少。肾可见充血和肾小球毛细血管纤维素沉着，但明显的病变是肾小管变性。脑组织和脑膜呈灶性细胞变性与炎性浸润。

猪

各种年龄的动物均易感，对牛、羊、骆驼等许多动物致病，引起流产和死亡。但幼畜发病率和死亡率更高。感染家畜主要表现为发热（40～42℃）、厌食、呕吐、腹水等症状，1 周内羔羊死亡率可达 90% 以上，怀孕绵羊流产率 100%，犊牛感染死亡率达 10%～70%，怀孕母牛感染流产率达 85%，其他动物大都表现为阴性感染。猪低度易感。陈菊梅（现代传染病学，1999）记载，本病毒人工感染山羊、猴、猪、小鼠、大鼠、仓鼠等均获得成功。国际兽医局认为兔和猪感染后呈隐性经过。

诊断

（1）流行病学和临床诊断。主要依据临床症状和流行病学状况，动物症状因动物种类和年龄不同而异，主要表现在幼年羊、牛有临症，而成年动物多呈隐性，或有流产。共同临床特性是流产和黄疸，结合季节流行特征，进行初步诊断。人的病史对本病诊断有重要意义。

（2）病毒分离和血清学试验。用患病后 3 天内的人畜血液接种小鼠、地鼠、鸡胚卵黄囊或用细胞培养分离病毒；也可用急性期病人咽喉洗漱液或粪便分离病毒及肝、脾、脑与流产胚胎器官中分离。用血凝抑制、补体结合试验和中和试验检测病人双份血清的抗体。双份血清的间隔应超过 12 天。早期可检查特异性 IgM。分子生物学可用 RT－PCR 方法检查 RVFV 的 RNA 链。

（3）病理学检查。病死的人、畜肝脏呈坏死性变化。

在乌干达、刚果、肯尼亚等地区，裂谷热还必须与内罗毕病和韦塞尔斯布朗病相鉴别，主要依据病毒中和试验。

防治

本病目前尚无特效疗法，一般仅作对症处理和支持治疗。

预防本病的主要措施是防蚊、灭蚊；对进口的家畜应严格检疫，防止本病传入；对病畜肉、内脏不可食用，应予焚烧或消毒深埋，病畜污染的场所要彻底消毒。人在接触病人、病畜或从事相应工作者应加强个人防护；对隔离病人应在疫区外严格隔离治疗病人非常重要。对疫区人、小羊、水牛和母畜应接种减毒苗或甲醛灭活苗。Meadors G F 曾进行过用原代猴肾细胞和猕猴胚肺二倍体细胞传代灭活苗研究。在地方性疫区和靠近动物流行疫苗点的地方可综合家畜作预防接种。

人用灭活疫苗不会引起活苗的副作用，但是必须给予多个剂量才能产生保护力，TSI－GSD－200 是甲醛灭活的冻干疫苗，由美国陆军研制，注射前用 5ml 无菌水溶解，每次 0.5ml 皮下接种 3 次（第 0、7、28 天），一年后加强免疫一次。接种者大多可获得高价的中和抗体。疫苗初次接种会有副反应（如红斑、呕吐等），但不会有永久性的后遗症。

对动物，南非较广泛地使用了灭活疫苗。将 BHK－21 细胞培养的上清液用福尔马林灭活，加入铝佐剂，绵羊注射 2ml 后几个月，虽然血清中测不出明显的对数中和指数，仍能使绵羊对裂谷热病毒的攻击得到保护。牛产生的中和抗体反应是在边缘线上，可能也可得到保护。这种疫苗的使用成功地阻断了南非绵羊中的流行性裂谷热的传播。

十六、猪水疱病
（Swine Vesicular Disease）

猪水疱病是由猪水疱病病毒引起的猪口、蹄水疱症候群为主的急性、高度接触性传染病，其临床特征是蹄部出现水疱和跛行、传染快、发病率高。也感染人。

历史简介

Nardelli 等（1968）报道，1966 年 10 月意大利 Lombardy 的猪群中发现一种临床上与口蹄疫具有相似症候群的疾病，该病同时发生在从同一来源引进猪的两个猪场。意大利的 Brescia 口蹄疫研究所和英国的 Pirbright 动物病毒研究所进行了一系列检验，都未能证明发病猪有口蹄疫病毒存在，认为不同于猪口蹄疫、水疱疹的一种新的猪水疱性、肠道病毒性病毒。Mowat、Darbyshire 和 Huntley（1971）报道，在香港发现一种类口蹄疫，但发病温和、死亡率低的猪病流行。1972 年《英国记录》周刊发表了 Pribright 研究所描述猪水疱病特性的报告。1972 年联合国粮农组织欧洲控制口蹄疫委员会在罗马将本病定名为猪传染性水疱病。1974 年国际兽疫局专门召开会议，研究措施、制定条例，并在这次会议正式定名为"猪水疱病"。猪水疱病可超国界迅速传播，是具有严重潜在后果及重要社会经济和公共卫生意义的传染病，可对动物和动物产品的国际贸易产生严重影响，故世界动物卫生组织（OIE）规定该病为 A 类疾病。我国在 1968 年后也爆发猪水疱病，上海以上海市农业科学院畜牧兽医研究所和上海市食品公司为依托组成协作组，由沈培鑫和叶祝年主持该项目，进行病毒分离、细胞培养、病原鉴定和疫苗研制等。

病原

猪水疱病病毒（Swine Vesicular Disease Virus，SVDV）属于微 RNA 病毒科，肠病毒属（Enterovirus）。病毒颗粒呈球形，直径为 $20\sim33nm$，由裸露的二十面体对称的衣壳和含有单股 RNA 的核心组成，衣壳由许多空的圆筒形壳粒构成。病毒基因组长约 7 401bp，编码一条由 2 815 个氨基酸组成的多肽链，最终被裂解成 11 种蛋白质，其中 4 个为结构蛋白（VP4、VP2、VP3 和 VP1）组成二十面体对称的病毒衣壳，直径为 $22\sim30nm$；其余均为非结构蛋白，参与病毒复制，阻断宿主细胞蛋白的合成途径等。病毒的沉淀系数为 $150\pm3S$，分子量为 10.4×10^6Da。在氯化铯中的浮密度分"轻组分"为 $1.34g/ml$ 和"重组分"为 $1.44g/ml$。两种组分在酸性环境下都具有稳定性，不受 pH3.0 的影响。病毒在 pH5.0、4.0 和 3.0 时皆稳定。

猪水疱病病毒同口蹄疫、水疱性口炎和水疱疹病毒没有交互免疫反应，4 种病毒虽然使动物产生的临床症状相似，但抗原性不同。本病毒未发现不同血清型，即 SVD 只有一种血清型，但观察到多个病毒株之间存在次要的抗原差异，各分离病毒株毒力也不一样。病毒与人柯萨奇 B_5 病毒在血清学上有密切关系。以人肠道病毒 $A\sim H$ 组血清与猪水疱病病毒作中和试验，在 8 组血清中只有柯萨奇 B₅ 有关的 C、E 两组血清能中和猪水疱病病毒。Graves J H（1973）Zim Benyesh-Melnick 氏的程序制备的肠道病毒免疫学混合血清，可鉴定人肠道病毒的 42 个血清型。在 24 份人血清样品中发现 22 份能显著中和香港猪水疱病病毒，其中 14 份采自一个猪水疱病病毒存在的实验工作人员。Graves（1976）用柯萨奇 B₅ 病毒接种猪，猪不引起临床症状，但产生高价中和抗体，可以抵抗猪水疱病病毒强毒株攻击，而且可以免疫猪的粪便中分离到柯萨奇 B₅ 型病毒。说明病毒在体内是有活动的，证明 B₅ 病毒能在猪体内复制，表明两种病毒有血缘关系。似可说明一种病毒存在两种动物间传播的可能性。另外，两种病毒所引起的细胞病理过程的超微结构变化也十分相似。因此，有人认为猪水疱病可能起源于人的柯萨奇 B₅ 病毒。

病毒能在原代仔猪肾细胞、IB-RS-2、PK-15 传代细胞上繁殖并产生明显细胞病变。与口蹄疫病毒在同一细胞培养物中同时或先后接种两种病毒，都能产生较高的病毒滴度。水疱病病毒不能凝集兔、豚鼠、驴、黄牛、绵羊、鸡、鸽等红细胞，也不能凝集人的红细胞。不感染鸡胚。Herniman 等报道病猪粪便和血液中病毒于 pH3.93～9.6 和 5℃下可存活 164 天，不丧失感染性；但 pH 低于 2.88 或高于 10.76 时，则 164 天后失去感染性。60℃ 2～10min，可使病毒灭活。69℃能被灭杀。2%NaOH、5%氨水、8%福尔马林、1%过氧乙酸和次氯酸钠可杀死病毒。

SVD 病毒在各种环境温度下都较稳定，低温下存活时间更长，因此在低温气候条件下，可增强本病的间接传播能力。SVDV 在冷藏或冷冻猪肉中几乎可无限期存活，已证明可在冷冻猪胴体肉中至少保留 11 个月。在乳酸腌制的萨米拉烤肠或重辣香肠中，400 天后仍可检测到 SVDV，在加工的猪肠衣中病毒可存活 780 天。在猪粪中病毒可存活至少 138 天。

流行病学

猪水疱病 1966 年 10 月发生在意大利，其后流行于英国、波兰、奥地利、法国、比利时、荷兰等欧洲诸国，日本、中国也爆发流行，由于 1972～1974 年在欧洲的许多国家蔓延流行，引起世界肉食市场的混乱，但此后本病疏于报道，疾病隐匿。Sasahara 等（1980）从健康猪的粪便中分到 1 株可被水疱病免疫血清中和的病毒，因此认为猪群中可能存在隐匿性感染。

水疱病病毒除本动物（猪）引起感染发病外，人偶有报道。其他家畜、家禽均不引起发病。人工感染马、驴、牛、羊、兔、豚鼠、鸡、鸭均不出现症状，但在接种后 7～15 天采血做保护试验，证明除鸡、鸭等血清无明显保护作用外，马、牛、绵羊、豚鼠的血清均有良好的保护力，说明病毒已在这些动物体内复制。澳大利亚报道，从与实验感染猪同舍牛的咽喉和直肠拭子和乳汁中可间歇分离到少量病毒。某些毒株接种绵羊舌底部黏膜可引起局部溃疡；病毒经绵羊传代后对猪毒力显著降低。有证据表明，接触绵羊体内也有病毒生长，绵羊在接触感染后 6 天内可从咽喉拭子中分离到病毒，并能检测到抗体。病毒对 1～3 日龄乳鼠盲传 2～6 代，小鼠出现规律性死亡。乳鼠接种病毒后产生神经症状。水貂也易感。

猪水疱病的主要传播方式是直接接触传播。本病通过猪之间直接接触而迅速传播，未显临床症状的或轻微患病的感染病猪的流动是本病爆发期间再扩散的主要因素。自然患病和人工感染 SVD 的报告表明，有的猪不表现临诊症状，但能产生高水平的中和抗体。在自然爆发中的发病率为 25%～65%。与感染了的有临诊症状猪相接触的仔猪，发病率通常是

100%，并表现有中等程度或严重的病变。在实验条件下母猪表现轻微的临诊症状，随机检查病变并不明显。病猪可由鼻、口排毒 10 天，也随粪便排毒 6～12 天，尿液也带毒。其主要传播途径：①用屠宰场病猪的残屑或下脚料喂猪。②购进病猪，直接传播。③用污染了病毒的交通工具运猪等。

Watson 指出，本病可通过带粪便污染的物质，在圈舍间或农场间发生间接传播，这种传播方式无确定的传播路线。但可以肯定的，有很多疫情与污染的车辆运输有关。英国（1981）分析了 474 起 SVD 传染源。不同传染源的相对重要性依次为：经猪污染的交通工具运输（20%）、从感染场调运生猪（16%）、饲喂泔水（20%）、市场接触（12%）、人员流动（4%）、本地扩散（3%）、感染场清场后的残留污染（3%），其他车辆的流动（3%）、腌制厂废物（不到 1%）及不确定因素（23%）。农场内疫病扩散主要是由猪只换圈或其用开放式排水系统所致。感染猪舍的污水流到道路、牧场或流入溪沟，可感染与之接触的动物、车辆、设备或人员。本病也可通过水到清洁猪舍的饮、排水系统扩散。

肠道病毒通常经粪便传播，而 SVDV 经粪便传播不常见（Chu 等，1979）。病毒可从埋葬感染猪的土壤中蚯蚓表面或肠道中分离到，进一步证明 SVDV 可存活在周围环境中。Mebus 等（1993）报道 SVDV 可在感染猪制成的火腿淋巴结中存活 560 天，尽管经口感染通常需要至少 300 000 个感染单位，但饲喂感染肉食品仍具有很高的危险性，因为损伤黏膜非常容易感染，一般只需 100 个病毒粒子。

流行病学上，现在仍弄不清何种动物携带病毒，病毒流行来无踪去无影，仍是个谜。

发病机制

在饲喂污染食物后 3～11 天（Mckerchev 等，1981）和试验感染后 2～4 天，可持续 7 天左右。病毒在吻突、舌、冠状带、扁桃腺体、心肌和中枢神经系统组织中至少存活 7 天。上皮表皮生发层是病毒复制的主要部位。病毒经破损表皮侵入宿主机体，通常感染足部皮肤，并在表皮细胞内繁殖复制。当接触大剂量病毒时，猪也可通过食入经扁桃体和消化道黏膜而感染。

临床表现

人

猪水疱病病毒可偶感人群。Pribright 研究所几个接种猪水疱病的实验室工作人员患了病，临床症状与柯萨奇 B_5 病毒感染相似，并出现高水平抗体。运用 Browna 等描述的方法证实这种病毒感染是猪水疱病病毒所致。Browna 等（1976）对接触病猪出现水疱症状的人员，进行疱液和疱皮病毒分离，证实是水疱病病毒；患者康复后的血清能中和猪水疱病病毒。表明水疱病病毒偶可感染人。亦有一例由本病毒致人脑脊髓炎的报道。Sellers 和 Herniman（1974）从实验工作人员和接近感染猪群的人员鼻液中发现病毒。

柯萨奇 B_5 病毒与 SVDV 之间的密切关系表明，这两种病毒或均能引起人与猪的疾病。

猪水疱病

病毒血症期猪于皮肤、肌肉和淋巴结中含有大量病毒。猪若接触少量病毒，尤其是吸入或摄入少量病毒，可引起亚临床感染。应激可增加本病的易感性或病情，仔猪的临床症状比成年猪严重。康复猪体内抗体，可使猪免遭重复感染。有些猪场的病情呈一过性经过，所有都感染后，疫情消失。而有的猪场呈双波病情，间隔约 3 个月。

自然爆发中猪的发病率在 25%～65%。1966 年意大利首先发病的猪场在引进猪后，同圈的原有猪约 25% 表现症状，3 周后未见有新的病例。有的猪不产生临床症状，但产生高水平中和抗体。在实验条件下，母猪仅表现轻微症状，病变不明显。但被水疱病病毒感染的母猪所生的 2～3 日龄乳猪也可发生感染，出现水疱。与感染了的有临诊症状猪相接触的仔猪，发病率通常是 100%，并出现中等程度和严重病变。野猪也可被感染，显示与家猪相同的症状。

病猪临诊症状包括发热，体温达 41～42℃，食欲下降，可持续 1～3 天。病猪倦怠、不愿站立。怀孕母猪可发生流产。蹄冠状带、足踵斑球部及趾间隙中的水疱病变，水疱直径 1～3cm，常在 2～3 天内融合和破溃。同居猪于第二天发生水疱病变。最初在蹄的冠带部出现水疱，然后在跗趾、舌、嘴、唇及足踵出现。水疱也见于某些猪嘴上及覆盖于掌部、跖部的皮肤上。2～3 天后水疱破裂。大多数动物愈合迅速且无继发的细菌感染。皮下或皮内注射感染组织浸液或水疱液于蹄球或蹄冠部，常可在 36h 内于接种或其周围出现水疱，此后迅速发展为全身感染，并于趾间、鼻镜和舌上出现水疱。临诊症状不能与猪的其他水疱性疾病相区别。

病毒血症的发生与发热和水疱出现是同时的，早到接种后第 1 天即可从鼻分泌物、食道咽部液体和粪便中分离出病毒。感染的第 1 周就可以从收集到的样品中分离出大量病毒，而到第 2 周分离出的病毒则较少。

病毒感染发展过程，最初涉及上皮组织，继之以淋巴组织的全身感染，最后是原发性病毒血症。早到感染后第 4 天即可检测血清转阳。

病猪整个中央神经系统均可观察到一种慢性的非化脓性脑膜脑脊髓炎。嗅球是最常见而且最严重受感染部位。脑病变见于病毒血症发生后的第 3～4 天。病变也见于蹄的冠状带、嘴、舌、心等。病猪的脑血管组织切片中可见有血管"袖套"等典型的病毒性脑炎病理变化，与人肠道病毒中的柯萨奇病毒一样，可引起中枢神经系统的损害。

据澳大利亚兽医紧急预案介绍：

猪水疱病自然发病的潜伏期为 2 天，足部皮内接种实验感染猪在 48h 内出现病变，72h 出现全身症状。OIE 法典（1992）建议，从立法方面考虑，最长潜伏期可以定为 28 天。

发病率可达 100%，但死亡率微乎其微。

大体病变仅限于水疱形成和消退。

蹄趾冠状带四周可见发白的表皮和水疱，轻的为单个小病变，严重的为多个水疱连成一片，包围整个冠状带，水疱容易在 36h 内破裂，皮下形成较浅的溃疡斑，上皮边缘粗糙并迅速形成颗粒状。病猪可发生急性跛行，但这不是持续特征，即使蹄部病变严重。冠状带、蹄角及蹄底可与组织分离，但蹄壳很少脱落。分离线呈暗水平线，逐渐往下延伸至有新角质生长的蹄部，常见蹄壁破裂，蹄趾可能生长过度。

康复猪蹄爪上新生角质的生长情况可提示本病感染的时间。7 天潜伏期，7 天病变变化开始长出新角质，断奶仔猪的蹄角质每周长 2mm，母猪蹄角每周长 1mm。应对多只猪的所有蹄子进行检查，如果发现蹄子病变日龄大致相同，就可估计该病传入的时间。

病变可延伸到四肢下部的皮肤，偶尔也扩散到腹部、胸腔及乳头，这类病变多为坏死，而并非水疱，约有 10% 的病例鼻部可长水疱，但嘴部很少有水疱，鼻部病变有时还出血，舌头病变破裂并很快愈合，病变发生和分布与外伤有关。据报道，也有腹泻、中枢神经症状、脑炎、心肌炎等。

诊断

猪水疱病在临床症状、病理剖检变化上很难与口蹄疫等水疱性疾病相似，所以诊断本病的重点要与口蹄疫等疾病进行鉴定。为有助于鉴别诊断，应对其他牲畜，特别是牛、马同期和近期疾病进行调查。

1. 病毒分离 采集病猪未破溃和刚破溃水疱皮，洗净、称重并研磨后，用生理盐水或磷酸盐缓冲液制成 $1:5\sim1:10$ 悬液，置 4℃浸一夜或室温 4h。振荡混合后，以 3 000r/min 离心 10min，其上清液即为待检病毒液。然后，颈部皮下接种 $2\sim3$ 日龄乳鼠或仓鼠，或者接种 IBRS-2、PK-15 等猪肾传代细胞。一般经 $1\sim2$ 代即可引起实验动物发病、死亡和组织培养细胞病变。初代呈阴性，应盲传 $2\sim4$ 代。

2. 中和试验 是常用方法，较易得出确切的诊断结果，主要是选用 $2\sim3$ 日乳鼠做试验。方法为用已知血清鉴定未知病毒和用已知病毒鉴定未知血清。

3. 其他免疫诊断方法 有反向间接红细胞凝集试验、免疫荧光抗体法和补体结合试验等。

4. 乳鼠接种试验 通过不同日龄乳鼠接种病毒区别水疱病毒和口蹄疫病毒。猪水疱病病毒只能致死 $1\sim3$ 日龄乳鼠，不能致死 $7\sim10$ 日龄乳鼠；口蹄疫病毒对乳鼠致病力强，能致死 $7\sim10$ 日龄乳鼠。

5. 耐酸试验 在 pH4.0 作用 30min，口蹄疫病毒被灭活，而水疱病病毒存活。同样 1mol/L $MgCl_2$ 50℃灭活稳定试验，口蹄疫病毒被灭活，猪水疱病病毒稳定。

本病应与口蹄疫、水疱性疹、水疱性口炎鉴别诊断。

要快速确诊 SVD 及排除 FMD 就必须进行实验室检测，见表 1-27。

表 1-27 目前诊断 SVD 用的试验

试验方法	所需样品	检测对象	所需时间
ELISA	水疱液或上皮	病毒抗原	$2\sim4h$
电镜	组织	抗原	$2\sim4h$
病毒分离与鉴定	组织/水疱液	病毒	$2\sim4$ 天
血清中和试验	血清	抗体	3 天

防治

水疱病无特异治疗药物，对发病猪仅采用对症治疗。水疱局部可用食醋水、0.1%高锰酸钾液清洗，再涂布龙胆紫溶液或碘甘油等，促进恢复，缩短病程。

控制猪水疱病最重要的措施是防止本病传入非疫区：①加强检疫制度，在收购和调运猪只时，应逐头进行检疫，一旦发现病情，按早、快、严、小的原则，实施隔离封锁，并立即向主管部门报告。②对疫区、受威胁区屠宰的肉品和下脚料应严格实行高温无害化处理。病猪恢复 21 天以后，其产品可上市销售。封锁期限以最后一头猪康复 3 周后为准才能解除，并要全面消毒。③SVD病毒无脂膜，可耐受去污剂及许多通用消毒剂和有面质，可耐受干燥处理。消毒药物可用5%氨水、0.5%次氯酸钠。猪粪尿可用5%氨水堆积发酵。④疫区和受威胁区要定期免疫注射疫苗。应用乳鼠化弱毒苗或细胞弱毒苗，或猪水疱灭活苗，保护率80%，免疫期6个月。也可用猪水疱高免血清，每千克体重注射0.1～0.3ml，保护率90%，免疫期1个月。组织培养的细胞弱毒疫苗对猪可能轻微反应，但不引起同居感染。但研制中要注意某些毒株毒力返祖现象。在应急情况下，可以应用自然发病后痊愈的猪血清，也可应用人工制备的猪高免血清，做紧急被动免疫。如果配合其他安全防制措施，可获得良好效果。康复猪血清一般采自自然痊愈后一个月的猪，血清中和效价应在log3.5～4.0以上。每头猪注射4ml，自然痊愈猪康复后1个月，再经一次人工攻毒，1∶50病毒液40ml多点注射。攻毒后15天采血，血清中和效价可达log5.5。每千克体重注射0.2ml，可获得良好的被动免疫。免疫期达30天。在饲养期短、周转快、调动频繁的商品猪碎中，合理使用高免血清的被动免疫方法，常可达到预防本病的效果。⑤检疫与流动控制。必须进行有效隔离和流动控制。因感染猪流动造成二次感染扩散相当普遍，流动控制可有助于防止进一步扩散，从而加速疫情扑灭进程和提高扑疫成功率，并降低控制计划成本和补偿开销。从一开始就应严格控制生猪流通和聚集，生猪在猪场内停留不足28天，或在过去28天内与抵达猪场的猪有过接触的不得离开猪场。在疫情明确的区域应实施隔离与流动控制。

十七、脑心肌炎病毒感染
（Encephalomyocarditis Virus Infection）

本病是由脑心肌炎病毒（Encephalomyocarditis Virus，EMCV）引起人畜多种动物的一种急性传染性疾病。以动物脑炎和心肌炎或心肌周围炎为特征，感染仔猪病死率高，妊娠母猪发生繁殖障碍。

历史简介

脑心肌炎病毒是1940年从木棉鼠中分离到，即哥伦比亚SK株。1945年在美国佛罗里达州一只急性致死性心肌炎的黑猩猩体内分离到病毒。Murnane等（1960）在1958年巴拿马猪分离该病原，初步诊断为脑心肌炎病毒感染为猪的致死原因。其后Tesh（1978）从病人样本中分离到ME毒株。Andrawas（1978）证明该群病毒为鼠肠道病毒。Matthews等（1979）认为EMCV是属于抗原性上难以区分，而生物学特性各异的一群病原体，总称为EMCM。该病毒群组成了小核糖核酸病毒科，心病毒属。

病原

脑心肌炎病毒（Encephalomyocarditis Virus，EMCV）归属于心病毒属。EMCV只有一个血清型，但抗原性存在地区株差异。与昆虫的蟋蟀麻痹病毒在抗原性上有关联。

EMCV根据其来源（通常是啮齿类实验动物），把不同株的病毒称为鼠肠道病毒。心病毒属的成员有脑心肌炎病毒（Columbia SK Virus、Mengovirus、Mouse Elderfield Virus）和泰累尔鼠脑心肌炎病毒，根据血清学交叉试验和序列同源性分析，不同毒株间的同源性大于50%，EMCV为心病毒的代表种。病毒粒子直径25～30nm，分子质量为$2.6×10$KDa，基因长度为 7.8Kb，病毒为单股正链 RNA，呈二十面立体对称，圆形，无囊膜，由 7 840 个核苷酸组成。蛋白衣壳由 60 个衣壳粒子组成，每一个衣壳粒子由 4 种特异蛋白质（Vp1～Vp4）和部分非结构蛋白组成。Vp1 蛋白位于病毒粒子表面，是 EMCV 结构蛋白中免疫原性最强的抗原蛋白，可刺激机体产生中和抗体。在 CsCI 中的浮密度为 1.33～1.34g/cm³。具有独特的单一血清型。但分离的毒株对猪的毒力有较大差别，抗原性存在地区株差异，例如 Little johns 和 Aclsnd（1975）用澳大利亚分离株感染猪，出现高死亡率；而用 Horner 等（1979）分离的新西兰株仅引起猪 50％死亡；用 Gainer（1968）分离到佛罗里达株仅引起猪心肌炎，而无致死性。在 pH3.0 条件下或贮存于－70℃很稳定。对乙醚、氯仿、酸、胰酶有抵抗力，干燥后常失去感染性。60℃ 30min 可灭活。在鸡胚成纤维细胞或肾细胞培养中增殖，在啮齿动物、猪和人的多种动物的细胞上生长良好，并产生病变；楞感染 Vero 和 BHK21 细胞，产生细胞病变。能凝集豚鼠、大鼠、马和绵羊红细胞，血凝活性随毒株不同而有差异。从流产的猪胎儿分离的 EMCV（2887A 株）中构建的全长 cDNA 克隆进行了观察，其结构是：在 5' 端，有短 poiyCC 管 [C（10）TCTC（3）TC（10）]，短 poly（A）尾（7A）和在 3' 端有 6 个非基因组的核苷酸。

不同地区分离的 EMCV 毒株其核苷酸序列差异较大，但基因结构基本相似。ENCV 基因的 5' 端无帽子结构，有长 600～1 300 个碱基的非编码区。该区含有二级结构和非起始三联密码子 AUG。3' 端有 poly（A）尾，EMCV 基因编码的酪氨酸，以磷酸二酯键方式与 EMCV RNA 连接。在近 5' 端有 poly（C），长度 50～150 个碱基。EMCV M 株的核苷酸序列已经确定，1～147 为 5' 端的 S 片段，148～208 为 poly（C），759～7 637 是蛋白编码区，poly（A）从 7 762 位开始。EMCV R 株在 1～148 为 5' 端 S 片段，149～280 为 poly（C），834～7 709 是蛋白编码区，7 836 是 poly（A）的起始位置。EMCV RNA 编码大约 220KDa 的聚合蛋白，包括 VP1、VP2、VP3 和 VP4，随后此聚合蛋白被自己编码的蛋白酶水解成结构蛋白和非结构蛋白。

Zhang 等（2007）测定了我国 BJC3 和 HB1 两个分离株的全基因序列，基因全长分别为 7 746bp 和 7 735bp。通过分析表明，各分离株核苷酸和氨基酸之间具有高度相似性。BJC3 和 HB1 两个分离株与 BEL－2887A/91、EMCV－R 和 PV21 株之间的相似性为 92.5％～99.6％，而与 Mengo、EMC－B、ENC－D 以及 D 变异株之间的相似性为 81％～84.6％，表明不同地区分离的 EMCV 毒株其核苷酸序列差异较大，但基因组结构基本相似。

流行病学

本病发生于美国、澳大利亚、古巴、南非、意大利、希腊、英国、日本等地。Sutherland（1977）报道新西兰，Williams（1981）报道南美，Romos（1983）报道古巴等地猪感染死亡；Sangar（1977）对英国调查，28％正常猪血清中有抗 EMCV 抗体。澳大利亚和加拿大也有牛、马感染 EMCV 的血清学证据。本病是多种家畜和野生动物的一种病毒性疾病。1945 年以来，猪、非灵长动物曾散在发生自然感染的爆发。感染黑猩猩、狒狒、犬、猕猴、狨、象、狮、牛、马、松鼠、浣熊、貘、长颈鹿、猪、鼠、兔等动物及人。对鸟类、昆虫和多种实验性动物宿主有高度传染性。啮齿动物是自然贮主，通过其消化道不断地排泄病毒，因而本病的爆发或流行区域的扩大通常与鼠有关。大鼠和小鼠是主要的病毒宿主和传染源，它们的组织中存在高水平的病毒，随粪尿排到外界环境中。从猪场干燥的鼠粪和大小鼠肠道中均分离到病毒。病猪的粪、尿含有病毒，在短时间内能向外排毒，因而也是传染源。从非洲及巴西和美国捕获的蚊体内也分离到 EMCV，因此可能具有传染源作用。兔和狝猴通常为隐性感染，但能产生很高滴度的病毒血症。猪感染此病毒的临床症状最为严重，猪群发生本病的地理分布取决于贮存宿主体内特异毒株的分布及其与猪群间的作用。例如，佛罗里达株仅引起心肌炎而不致死；澳大利亚株比新西兰株毒力强。

病毒能通过带毒的啮齿动物或病猪直接或间接传播。猪主要因采食了病死鼠类及污染的饲料和饮水而感染。猪传播给猪已被证实，病毒可随病猪粪尿等排出体外，但排毒量较低。盖新娜（2007）从我国猪群中分离出 EMCV，并证明感染后的带毒猪 90 天内仍具有传染性。EMCV 实验性感染猪致死后，可从许多器官分离到病毒，但以心肌含量最高，肝、脾次之；病毒还嗜好上皮组织，在脾脏和扁桃体巨噬细胞浆中大量发现的包涵体证实巨噬细胞在 EMCV 的复制和体内扩散方面有重要作用。经口或肠外感染实验猪，接种 36～48h 即可测定病毒症，持续 2～4 天；经口接种猪在 7～9 天后粪中有病毒；在病毒血症期后，粪中仍有病毒，说明病毒可在肠内增殖。已知猪在感染后一个时期内排出病毒，但还没有证明猪能长期无病症状的携带者病毒。尸检各器官、粪、尿中发现病毒。感染猪能通过排泄病毒在猪群中不断传播感染，而在实验条件下，喂食病毒把疾病传染了猪，但试图于不卫生条件下让猪通过接触传播疾病的实验没有成功。虽然病毒不同病毒株间毒力及对动物的致病性相差很大，但 Boulton 证实亚临床感染的母猪向哺乳仔猪传播，引起仔猪高死亡；Gomeg 等（1982）从胎儿和死胎中分离到 EMCV，说明本病也可经胎盘垂直感染。猪只之间水平传播也有可能。猪群发生本病的地理分布取决于储存宿主体内特异毒株的分布和其与猪群间的作用。Tesh（1978）对人抗体监测人抗 EMCV 抗体普遍存在，人可以感染 EMCV 并引发多种疾病。有报道，狮子因吃了感染的象肉而发病死亡。人与猪之间的结构关系尚不明确。啮齿动物到猪的传递方式是常见的，澳大利亚的几次猪场爆发 EMCV 都与大小鼠的疫病密切相关。因此，猪 EMCV 的公共卫生学意义值得关注。

发病机制

自然感染的主要途径是口腔。幼猪经口实验感染后 2 天即出现病毒血症，持续 2～4 天。病毒自粪便排出长达 9 天，推断病毒在肠道内能增殖。在脾脏和肠系膜淋巴结中检测到大量病毒，表明淋巴组织是病毒的增殖场所。在实验和自然感染中，心肌的病毒滴度最高，损害最明显。肝脏、胰脏和肾脏也含有病毒，浓度比血液中高。耐过急性的动物产生特异性抗体，此后不再能分离到病毒。病程长短受毒株、病毒剂量、病史、病毒传代次数和动物易感性的影响。

EMCV 在怀孕母猪中跨胎盘感染的致病机理尚未充分了解。3 头怀孕后期的母猪肌肉接种 EMCV，其中 1 头产生跨胎盘感染并导致胚胎死亡，而怀孕早期的母猪接种病毒后是否导致胚胎感染尚无定论。感染和死亡的胚胎显示心肌损害，有许多小病灶到巨大弥散性瘀斑不等。用美国分离株做实验接种怀孕母猪，不一定产生繁殖障碍。然而，接种前的病毒通过小猪传代而不通过细胞培养，则跨胎盘感染容易成功。母猪感染 2 周后胚胎死亡。目前尚不清楚是否所有 EMCV 毒株都能引起典型的心肌炎和繁殖障碍。

不同毒株对猪胚胎的致病力强弱不等。实验室传代的毒株对胚胎的致病力甚为轻微，而野毒株在母猪怀孕中期和后期感染时，对胚胎的致病效应很明显。推测强毒株经过实验室长期传代后毒力会减弱，甚至完全丧失。

EMCV 对实验动物的致病力不定。实验感染成年豚鼠和某些大鼠可引起致死性心肌炎。枭猴和狨对 EMCV 异常易感。病毒对兔和猕猴的致病力极小，仅导致隐性感染，但病毒血症的滴度很高。有意思的是实验处理可以改变 EMCV 的器官嗜性和致病力。某些毒株主要导致致死性脑脊髓炎（嗜脑性），或广泛性心肌损伤（嗜心性），甚至就变成专门破坏胰 β 细胞（嗜胰性）。

病理损害：心衰竭急性死亡的猪仅显示心外膜出血或没有肉眼损害。实验感染的幼猪作剖检时，常见心包积水、胸腔积水、肺水肿和腹水。心肌的肉眼损害最显著。心脏扩大、质软而苍白，有直径 2～15mm 淡黄色到白色坏死灶，或巨大、边缘不明确的淡白色斑。右心室的心外膜上损害最易看到，可能延伸到心肌的不同深度。在大多数情况下病毒存在于心肌中，即使心肌损害极轻或根本没有也能发现病毒。

根据怀孕不同阶段，感染胚胎形成不同大小的木乃伊胎，可能有出血、水肿或外观正常。在有些胚胎中可以看到心肌损害，但在实际场合这种损害较难看见。胚胎的肉眼变化不易与其他病毒所致者区别，除非看到心肌损害。

组织病理学方面，幼猪中最显著的心肌炎，并有局灶性或弥散性单核细胞积聚、血管充血、水肿和伴有坏死的心肌纤维变性。坏死性心肌矿化常见，但并不必然存在。在脑中可能看到充血性脑膜炎，血管周围有单核细胞浸润，有些神经元变性。在 EMCV 自然感染中，也曾看到猪胎具有非脓性脑炎和心肌炎。

临床表现

不同动物感染后的临床症状不相同，啮齿动物一般具有亚临床的脑心肌损害，灵长动物表现为发热、头痛、颈部强直、咽炎、呕吐等一过性流感样症状，多数动物可完全康复而不留后遗症，少数可造成单侧性耳聋。

人

1. 人的隐性感染　通过对人群进行 EMCV 抗体检测，证实人可以感染 EMCV，并可从有亚临床症状者分离到病毒。Tesh R B（1978）在世界许多地区人群进行血清学调查表明，74％的儿童和 50％的成人体内有 EMCV 抗体。Blanchrd J K（1987）从有脑炎、脑膜炎和轻微发热的病人体内分离到 EMCV。

2. 感染病人临床表现　人表现发热、头痛、颈部强直、咽炎、呕吐等。一过性流感样症状，多数患者康复后不留后遗症。少数病人可造成单侧性耳聋。目前尚未见有发生脑炎和心肌炎而死亡病例。Warren（1965）认为，EMCV 可引起人的中枢神经系统疾病。但没有证据表明可引起人的心脏病。Tesh（1978）证实，抗 EMCV 抗体在人血清中是相当普遍的，其百分比范围是 1.0％～50.6％。EMCV 的 M 变异株可以诱导一定品系的小鼠发生糖尿病，认为 EMCV 的 D 变异株可引起人和动物的 I 型糖尿病。但也有认为没有其糖尿病、脑炎和心肌炎有联系。1949 年乌干达 1 名实验人员感染发病，表现间歇性谵语、头痛、颈项强直、呕吐和发热 4 天。发热 2～3 天有严重头痛、咽炎、颈强直，阳性克尼氏症和深反射亢进，恢复后单侧神经性耳聋。

猪

EMCV 可感染所有各年龄段的猪，是感染最广泛和最严重的动物。EMCV 不同毒株对猪致病作用大不相同。

1）无临床症状，仅检测到血清抗体。An D J（2009）从 365 个农场收集到 3 315 份猪血样，经中和试验证明猪感染率为 41.5%。而 Sangar 报道英国正常猪有 28% 的猪血清中有 EMCV 抗体。张家龙（2005～2006）用 ELISA 检测了 13 省 46 个规模化猪场的 3 250 份血清样本进行了 EMCV 抗体检测，结果显示猪的 EMCV 抗体，猪场阳性率为 100%。各省的阳性率在 39.64%～90% 之间，平均抗体阳性率为 72%。Rijkem S G T（1997）、Dopfer D（1997）报道英国、日本正常猪体内检出 EMCV 特异性抗体。盖新娜等（2007）从北京、河北、湖北、天津、辽宁 5 个地区规模化病猪场分离到 5 株 EMCV。

2）发病猪临床表现差异明显。不同地区毒株致病的临床表现不同。比利时分离毒株可引起猪的繁殖障碍；从希腊和意大利分离的 EMCV 可致 1～4 月龄猪突然死亡，而不引起母猪的繁殖障碍。从英国自然感染分离到 EMCV 的猪，表现神经症状。本病自 1958 年确诊巴拿马的猪发病死亡后，Gainer（1968）报道 1960～1968 年间 EMCV 是佛罗里达猪死亡原因之一。Acland（1975）报道 1970 澳大利亚爆发 EMCV 病，几百头猪死亡，Graighead 等（1963）发现，经口和肠外感染猪发生一过性发热、食欲不振、不愿活动和麻痹。似没有明显体征或经短期濒死挣扎而突然死亡。感染后的第 2 天到第 5 天，可检测出病毒血症，病毒血症可持续 2～4 天，并在脾脏和肠系膜淋巴结中发现相当大量的病毒。实验感染猪只在感染后的 2～11 天死亡，心肌的含毒量最高，其次是肝脏、脾脏、肾脏及胰脏，比血液含量高 10～100 倍，而脑的含毒量较低。EMCV 通常只引起 20 周龄以内猪只的致死性疾病，而感染此病最为严重的主要是引起仔猪和繁殖母猪发病。仔猪更易感。同胎仔猪和同圈猪只的死亡率可达 100%，在急性发病死亡，经历几周后，仍有少量猪存活，大多数猪只的感染都是亚临床感染。成年猪大多隐性感染，也有一部分成年猪死亡。

本病几乎没有临床症状，爆发型病例发病急。对于大部分感染猪，在短暂的发热反应常常无症状死亡。仔猪常由于心肌衰竭死亡。急性型病例表现发热、食欲不振、进行性麻痹等症状，多见于 30～60 日龄仔猪，偶尔见成年猪死亡。Seaman J T（1986）、Joo H S（1992）报道种母猪常无明显临床症状或表现严重繁殖障碍，如流产、木乃伊胎和死胎增多。

在通过各种途径实验感染猪，体温升高至 41～42℃，持续 24h 左右，部分猪呈现精神沉郁，食欲减少，震颤，步态蹒跚，麻痹，呕吐和呼吸困难，可突然死亡或几小时内死亡，也可因吃食、抓猪、驱赶兴奋时，由于心力衰竭突然死亡，死亡率达 10%～80% 不等。死亡是由病毒感染引起心脏疾病造成，不论心肌病变的发展阶段如何，临床表现是一种急性心力衰竭。仔猪主要表现为致死性心肌炎，死亡率以 1～2 月龄仔猪最高，可达 80%～100%。最急性 EMC 表现为同窝仔猪常常看不到前期症状情况下突然死亡或经短时间兴奋后虚脱死亡。病理检验，猪身体下半部的皮肤发紫、腹膜腔、胸膜腔和心包囊内积液较多，有少量纤维蛋白，心肌柔软、苍白，有条状坏死区。在病灶病变上可见白垩中心，或称弥散性区有白垩斑点。肝肿胀。脾脏比正常的小一倍。腹水、肠系膜水肿、肺水肿和充血、脑膜轻度充血或正常、胃大弯部水肿、胃黏膜充血、膀胱充血、胸腺上也有小点出血。

A. R. Mercy 等（1988）报道猪急性心脏病和引起猪繁殖障碍。1970 年澳大利亚首次证实猪因感染 EMC 病毒而死亡是在新南威尔士的 22 群猪中，有 227 头死于本病。死的猪多为 3～16 周龄，最小的只有 5 日龄。从该地区断奶前的死猪发现，在 538 头病猪中，死亡于 EMC 的占 2.6%。该区某猪场发生 EMC 时伴发了以产于尸胎和死胎为特征的生殖障碍。

1986～1988年希腊猪爆发EMCV，母猪繁殖障碍，仔猪高死亡率。怀孕母猪在妊娠后期可发生流产、死产、产弱仔和木乃伊胎等繁殖障碍，但通常不死亡。肥猪和成年猪都表现为亚临床或隐性感染。

1987年11月在珀斯南部一个450头母猪也发生了EMC。开始有两窝3～7日龄的仔猪突然死亡，3天后又有一窝猪全部死亡，另一窝猪死了一半。3周后，又有一窝10头猪中突然死亡9头。在本病爆发期间，共有61头母猪产仔，在感染的猪群中感染率达81%。病死仔猪剖检可见胃内有正常的凝乳，胸腹腔内有多量淡黄色积液，心肌呈弥漫性灰白色，肾脏被膜下有出血斑点。组织学检查发现，病猪心肌发生局灶状非化脓性间质性心肌炎和心肌坏死，并伴有少量嗜中性白细胞浸润，但未发现矿化。肺泡内伴有巨噬细胞浸润聚集和间质细胞增生。肾脏和肝脏充血。脾脏、骨骼肌和脑未见明显病变。从脑中分离到EMC病毒。受检母猪血清中含有EMC病毒中和抗体，效价大于或等于128。

在本病爆发期间和爆发以后，断奶仔猪和育肥猪的死亡率均不见增高，但前两周，干尸胎和死胎的发生率却增多，每窝新生仔猪的平均存活数由10.5头/窝降到8.9头/窝。

S. Ernest Sanford等（1989）报道，加拿大一猪场4窝16头2～3周龄仔猪在2周龄后突然死亡。剖检可见四肢发绀，心包和胸腔有大量的浆液纤维蛋白渗出液及弥漫性心肌出血。组织学检查可见非化脓性心肌炎、心肌坏死和非化脓性脑膜脑炎。病愈仔猪脑心肌炎病毒抗体为1∶24～1∶96。

诊断

依据症状和剖检病变可作出诊断。EMCV感染的肉眼病变与维生素E和硒缺乏引起的心脏白斑区，由败血性栓塞引起的心肌梗死和水肿病中的肠系膜水肿有相似之处。与某些口蹄疫病毒株在青年猪心脏上引起的病变不易区别。因此，可用病毒分离和鉴定作确诊。初次分离可用4周龄左右的小鼠进行脑内或腹腔注射，潜伏期2～5天。部分小鼠出现后腿麻痹而死亡，剖检见心肌炎、脑炎和肾萎缩等病变。也可用猪心脏饲喂小鼠作一个粗略的假定性诊断试验。可用鼠胚成纤维细胞、初生鼠肾细胞系分离病毒。培养物经制样后在电镜投射下可见球囊样的病毒粒子即可确证。也可用特异性免疫血清进行中和试验、酶联试验等作出鉴定。

血清学诊断方法快速、方便是大规模检测和流行病学调查的首选方法，但该方法需要EMCV感染后一段时间才能应用。因此，不适用于早期诊断和有免疫耐受个体的诊断。

酶联免疫吸附试验：常用间接ELISA检测EMCV抗体。包被抗原有组织培养全病毒抗原和合成肽抗原。

微量血清中和试验：先将EMCV与待检血清或胸腔液反应，再接种到细胞培养物上。若带检样品中有特异性的EMCV抗体，则不出现细胞病变。

RT－PCR：可较灵敏地检出含量较少的EMCV RNA。首先，提取EMCV RNA，反转录成cDNA，再用2对EMCV特异性引物进行巢式PCR扩增，琼脂糖凝胶电泳和Southern杂交试验。PCR产物可用于克隆、测序和分析。

Vanderhallen等和Kassimi等分别建立了EMCV RT－PCR的快速检测方法；Yang等建立了EMCV的实时定量荧光PCR的检测方法；施开创等以病毒基因的cDNA序列为模板，设计合成了一对引物，特异性地扩增EMCV的VP$_1$基长度为217bpd的目的片段，

PCR 产物经 1.4%琼脂糖电泳后经 EB 显色，紫外灯下即可判断结果。

动物实验：根据临床症状和病理变化，将疑似脑心肌炎病死猪的心脏剪碎饲喂小鼠或用 10%的心脏、脑、脾等组织悬液经脑内或腹腔内接种小鼠，经 4～7 天死亡，剖检可见心肌炎、脑炎和肾萎缩。

病原的分离鉴定：采取急性死亡病猪的心脏、脑、脾等组织，制成 10%悬液，接种于鼠胚成纤维细胞（FMF）或仓鼠肾细胞（BHK）进行病毒分离培养，病毒的增殖可使细胞迅速、完全崩解，培养物经制样后在电镜下可见球囊样的病毒粒子即可确诊。也可用特异性免疫血清进行中和试验进行鉴定。

猪脑心肌炎鉴别诊断：猪血凝性脑脊髓炎又名呕吐性消耗病，多见于 1～3 周龄的哺乳仔猪，是由血凝性脑脊髓病毒（HEV）引起。猪乙脑（JEV），仔猪表现为视力减弱或消失，乱冲乱撞，怀孕母猪多超过预产期才分娩，公猪睾丸肿胀，后萎缩，且多一侧性。猪蓝眼病（BED）临床上主要表现神经症状，病理检查可见神经元和角膜上皮内出现胞浆病毒包涵体。猪水肿病，多在断奶前后发生，也表现为突然发病、震颤、步态不稳，继而后肢麻痹等。此外，还有维生素 A 缺乏症、猪白肌病等。

防治

目前预防本病的疫苗尚在研制中，尚无商品疫苗，也无治疗方法，应用高免血清可能有效。鼠可能是主要传染源，因此猪场要对啮齿类动物进行控制或减少它们与猪的接触，包括污染饲料和水，可用氯和碘制剂进行猪场及环境消毒，病猪应无害化处理，防止传染给人。

十八、口蹄疫
(Foot and Mouth Disease)

口蹄疫（Foot and Mouth Disease，FMD）是由口蹄疫病毒引起，主要侵袭牛、羊、猪等，以及野生偶蹄动物的一种急性，高度接触性传染病。该病以发热，在黏膜和皮肤上，特别是口腔和蹄叉部位出现水疱疹为特征。人、鼠、鸟、禽也感染本病。由于其有易感动物多，传播速度快，流行范围广，频繁发生和难以防制等，OIE（2002）将其列为 A 类动物疫病。

历史简介

Bulloch 等报道 1514～1516 年间意大利 Fractorius 发生水疱病，德国记载了 1756 年人群和家畜发生口蹄疫；Sagar（1764）发现本病的传染性；Loffler 和 Frosch（1897～1900）及 Hocke（1899）发现其病原体可以经陶质凝器滤过，证实其为滤过性（病毒性）传染病，并可应用免疫血清进行防治。Waldman 和 Pape（1920）发现天竺鼠是口蹄疫病毒的敏感试验动物。Skinner. H（1951）建立了乳鼠 LD50 计算方法，促进了本病的研究工作。Vallee 和 Carre（1922）确认了病毒有 O 型和 A 型，证明了病毒存在多型性。Waldmann 和 Trautwein（1936）根据免疫学特征，将 Riems 岛上检到过的病株分为 A、B、C 三型，A、B 型相当于 O 型和 A 型，而 C 型为新发现的血清型。1928 年国际兽疫局（OIE）采用了 Waldmann 的命名为国际通用命名，即 O、A、C 型。Brooksby（1948）确认南部非洲与已知的 O、A、C 不同的 3 个血清型，发现了 SAT1、2、3 型口蹄疫病毒。Brooksby 和 Rogers（1954）发现了 Asia I 型。1924 年 OIE 将 FMD 列为重点疫病。WHO（1951）建立泛美口蹄疫中心（PAFMDC）。1953 年欧洲口蹄疫防治委员会成立。1954 年美国 Pribright 动物病毒研究所建立了 FMD 世界咨询实验室。OIE（1974）第 42 届常委会国际动物卫生法典将 FMD 列为 A 类动物疫病。A. R. Samuel 和 N. J. Knowles（2001）根据 FMD "O" 型病毒 VP1 基因 C 末端核苷酸序列分析结果，绘制了 FMD 系统发生树。Frenkel（1935）在试管用牛、羊、猪胚胎皮肤培养 FMDV 成功，其后发展成组织细胞培养。Belin. M 及其同事（1926～1929）用牛舌皮方法培养 FMDV 并制造口蹄疫甲醛灭活疫苗。从此，国际上相继开展多种 FMD 活疫苗和灭活疫苗用于 FMD 防治。Kield（1981）应用重组技术，在大肠杆菌中表达 FMDV 的 VP1，并制备实验疫苗。中国上海 FMD 研究组（1976～2001）在 AEI 灭能苗和 RNA 基因工程疫苗基础，进行了 DNA 基因疫苗研究，将这一技术改进，重组 VP1 制成工程苗，经临床实验取得第一个猪 "O" 型 FMD 国家疫苗证书。目前国际上正在开展合成肽疫苗研究开发。

病原

口蹄疫病毒（Foot and Mouth Disease Virus，FMDV）属于小 RNA 病毒科，口蹄疫病毒属，分子质量为 8.08×10^6 Da，沉淀系数 146S，病毒粒子为正二十面体，对称结构，呈球形或六边形，直径 20～25nm，无囊膜。病毒基因组为单股正链 RNA，均由 8 500 个核苷酸组成，其基因组全长约 8.5kb。可直接作为信使 RNA。病毒可在犊牛、仔猪、仓鼠肾细胞、牛舌上皮细胞、甲状腺细胞、牛胚胎皮肤细胞、肌肉细胞、胎肾细胞、兔胚胎肾细胞等原代或传代细胞中增殖，并可引起细胞病变。目前，许多国家用 BHK-21 细胞，通过接种单层细胞或悬浮培养病毒。病毒在猪肾细胞较牛肾细胞产生更为明显的细胞病变。犊牛甲状腺细胞对病毒极为敏感，并能获得高滴度病毒，特别适于野毒分离。口蹄疫病毒感染的细胞培养液内，除完整病毒颗粒外，还存在其他不同颗粒：空衣壳沉淀系数 75S，CsCl 浮密度 1.31g/cm^3；12S 蛋白颗粒沉淀系数，CsCl 密度 150g/cm^3；病毒感染相关抗原 VIA，是依赖 RNA 的聚合酶，沉淀系数 $3～4.5 \text{g/cm}^3$，CsCl 浮密度 1.67g/cm^3。

病毒在 pH7.0～9.0 稳定，pH<6.0 或 pH>9.0 可灭活病毒。一些酸性和碱性化学物质，如磷酸、硫酸、柠檬酸、醋酸、蚁酸、碳酸钠和氢氧化钠等，可杀灭病毒。在野外，2%氢氧化钠、4%碳酸钠、0.2%柠檬酸消毒效果最好。口蹄疫病毒可存活于 pH 中性的淋巴结和脊髓中，肌肉组织内的病毒在动物死后，肌肉组织 pH<6.0 时可被灭活。病毒可在草料和污染环境中存活 1～3 个月以上，存活时间长短与环境温度和 pH 有关。

病毒容易发生变异，为多型性病毒。采用体内交叉保护试验及血清学试验（补体结合试验和中和试验等），将口蹄疫病毒分为 7 个血清型，即 O 型和 A 型（Vallee 和 Carre，1922）、C 型（Waldmann 和 Trantwein，1926）、SAT1、SAT2、SAT3 型（Brooksby，1958）、Aisa 1 型（Brooksby 和 Roger，1957）。各型彼此之间没有交叉免疫力，感染了一个型病毒的动物仍可感染另一个病毒而发病。各型曾根据交叉保护试验和血清学试验中差异性将其血清型进一步划分为不同亚型，7 个型各有数目不等的亚型，总共有 61 个亚型，也有人认为有 65 个亚型。病毒颗粒由单股正链 RNA 和衣壳蛋白构成全基因长度为 8.5kb，基因的基本结构是：VPg-5'UTR［S-poly（C）-IRES］-L-P1（VP4-VP2-VP3-VP1）-

P2（2A-2B-2C）-P3（3A-3B1-3B2-3B3-3C-3D）-3'UTR-poly（A）。衣壳蛋白由VP1、VP2、VP3和VP4四种结构多肽各60个分子构成。其中VP1大部分露在病毒粒子表面，VP1的G-H环是细胞吸附点的主要成分，也是重要的抗体中和位点。

病毒基因组有一个开放性阅读框（RE）及5'、3'端非编码区（NCR）组成，ORF编码四种结构蛋白（VP1、VP2、VP3和VP4或ID、IB、IC和IA）及RNA聚合酶（3D）、蛋白酶（L、2A和3C）和其他非结构蛋白（如3A等）。结构蛋白VP1不仅是主要的型特异抗原，具有抗原性和免疫原性，能刺激机体产生中和抗体，而且包括病毒受体结合区，决定病毒和细胞间的吸附作用，直接影响病毒感染。口蹄疫病毒的毒力和抗原性都易发生变异，VP1基因变异性最高，存在两个明显的可变区，42～60和134～158号氨基酸序列。研究表明，同型不同亚型的毒株，仅135～158一个可变区氨基酸残基存在差异，表现出亚型特异性，若42～60和134～158两个可变区发生变化，则出现型的差异。不同型口蹄疫病毒，VP1基因G_H中的RGD基序具有遗传稳定性。

2001年Samuel.N.Knewles根据口蹄疫"O"型病毒VP1基因C末端核苷酸序列分析结果，绘制口蹄疫系统发生树，以15%序列发生差异作为分型标准，将OIE/FAO口蹄疫国际参考实验室收集的世界各地105株O型毒株划分为8个主要基因型（拓扑型，Tope TYPE）：欧洲-南美洲（Euro-South Amirica，Euro-SA）型、古典中国（Cathay）型、西非（Wast Africa，WA）型、东非（East Africa，EA）型、东亚南亚中部（Middle East-South Asian、ME-SA/pan Asia）型、东南亚（South-East Africa，SEA）型及两个印度尼西亚（Indonesian）型。2001年SangareO、Bastos AD等对O型口蹄疫病毒VP1基因C末端581bp区域进行核苷酸序列分析，确定来自中东、欧洲、南美洲、东非、南非及亚洲的O型口蹄疫毒株间的遗传关系，构建系统发生树，与3个分立的大陆板块相对应，世界各国不同时间、不同地区流行毒株的基因群不同，近年来国际上流行毒株主要基因型为pan-Asia，对猪、牛、羊均呈高致病力。

口蹄疫病毒对外界的抵抗力很差，在畜毛上可以存活2～4周，在被污染的环境中，饲具、毛皮和饲料中可以保持传染性达数月之久，冻肉中长期保存，食盐对它无杀灭作用，但病毒对高湿抵抗力弱，阳光曝晒，一般加热都杀灭本病毒。在65℃ 30min和80℃ 5min条件下即可被杀灭，100℃时立即杀灭，对酸和碱十分敏感，易被酸性和碱性消毒药杀灭，也会被人体胃酸所杀灭。

流行病学

FMD除北美洲和冰岛外，本病在世界范围内广泛流行，各地血清型有所不同，1984年以来FMD世界流行毒株的主要基因型为pan-Asia。O型口蹄疫分布于非洲、南美洲、亚洲和欧洲的部分国家。东南亚O型病毒存在4个基因型（South-East Asia 1.2，Cathy，pan-Asia基因型），A型分布于非洲、南美洲、中东、东南亚及俄罗斯等，Asia 1型分布于非洲、中东及东南亚部分国家；C型分布于南美洲、非洲、印度和印度次大陆的部分国家及俄罗斯等，SAT1、2、3型仅分布于非洲大陆。

各种偶蹄动物都可自然感染FMD，不感染奇蹄动物。野生偶蹄动物都是FMDV的天然宿主。易感动物有黄牛（奶牛）、牦牛、犏牛、水牛、猪、骆驼、绵羊、山羊、黄羊、岩羊、羚羊、鹿、麝、野猪、鬃猪、疣猪等；已知大象也易感。人工接种试验感染动物有猫、兔、大鼠、小鼠、地鼠、黄鼠、刺猬、黄鼠狼等 70 余种动物，人、鸡、鸭、鹅也会感染。

牛对于自然感染的易感性最高，其次是猪，其后是绵羊和山羊，但在各次流行中存在差异。鹿及其他野生反刍动物和野猪也易感；人与人之间传播较少发生。人感染的报道在增加，1758 年德国发生人群与家畜 FMD；1954 年波兰发生过儿童 FMD，血清型鉴定为 C 型。

本病的传染源主要为发病动物和隐性带毒动物。患病动物在病程不同阶段排出病毒的数量和毒力是有区别的，在症状出现前，感染动物就开始排出大量病毒，发病期排毒量最大，病毒随气体、唾液、乳汁等分泌物和鸟粪排泄物排出，其每天排出的单位水疱皮、水疱液含毒量为 10^{11}、乳汁为 $10^{9.7}$、气体为 $10^{5.4}$、鸟粪为 10^{10}、猪蹄皮为 $10^{10.6}$。带毒牛排出的病毒，通过猪群则会增强毒力，再传染到牛群引起流行。牧区感染牛，发病轻微，持续时间短，易被忽略，而成为疫病的长期传染源。发病猪的排毒量远远大于牛、羊，相当于牛的 20 倍，感染力也最强，因此认为猪对本病传播可能起着相当重要的作用。其次是人与其他非易感动物（犬、马、猴、鼠及鸟类），1915～1916 年美国爆发了一次疫病，充分证明了人群带毒在疫情蔓延中的重要性。Stockmam 证明了候鸟的媒介作用；Beattie（1945）证明了老鼠带毒；Kunike 证明了蝇的传播能力。病毒的来源是 FMDV 感染的动物唾液、粪便、尿液、乳汁和精液等，甚至是病畜呼出的空气，未经消毒处理的畜产品、空气、饲料、水、用具、畜舍等也是本病的传播媒介。

康复动物的带毒仍有部分痊愈动物能持久排毒，时间从几个月到数年不等。一般认为带毒期为 2～3 个月。牛的咽腔带毒可达 24～27 个月，有重要的流行病学和生态学意义，如健康猪与带毒牛同居常无明显症状，但部分猪的血清中产生抗体。以健康带毒猪的咽喉、食道刮取物接种健康猪和牛，可发生明显症状。羊带毒时间可达 7 个月，病毒可自尿中排出。从流行病学的观点来看，不同种类的动物在流行病学中的作用是不同的。绵羊是病毒的贮存宿主，它们携带病毒常常没有症状；猪是病毒的增殖宿主，它可将致病的弱毒株变成强毒株；牛是病毒的指示宿主，它对口蹄疫最敏感。FMDV 可在健康人鼻腔和咽喉处藏匿达 36h 以上，而人不表现症状。在这段时间内，病毒可通过咳嗽、打喷嚏、谈话、呼吸和口分泌物向外排出。实验证明，感染的人能将 FMDV 传播给他人及易感动物。犬、猫、啮齿动物、家禽及其他鸟类能机械传播病毒。

本病传播迅速，流行猛烈，常呈流行性发生。发病率很高，幼畜比成畜易感，死亡率也较高。在新源区本病的发病率可达 100%，而老疫区较低。本病以直接接触或间接接触两种方法传播。在自然情况下，易感动物通常经消化道感染，动物各部分的皮肤或黏膜损伤，也是病毒易入侵的部位。近年来证明，空气也是重要传播途径。猪是放大器，尽管猪主要由感染饲料经消化道感染，但猪是最有效的呼吸气溶胶病毒释放者（表 1-28）。本病传播和流行可呈跳跃式传播、流行，即在远离发病疫点的地区也能爆发或通过输入带毒动物及其产品，疫病从一个地区、一个国家传到另一个地区或国家。疫病的流行和爆发具有周期性，每隔 1～2 年或 2～5 年发生一次。疫病的发生没有严格的季节性，一年四季皆可发生，但其流行却有明显的季节规律，不同地区，口蹄疫流行于不同季节。常见于冬春爆发，而夏季很少流行，夏季减缓或平息。一些病畜经过夏季高温也能自愈。单纯性猪口蹄疫仅猪发病，不感染牛、羊，不引起迅速扩散或跳跃式流行，主要发生于集中饲养的猪场，活猪临时贮存仓库或城市郊区猪场及交通密集的铁路、公路沿线，农村分散饲养的猪较少发生。如果流行主要在猪群中发生，会因春秋两季大量易感动物的增加，一年中可能出现 2 次的发病高潮。易感动物的卫生条件和营养状况也能影响流行的经过。畜群的免疫状态则对流行的态势有着决定性的影响。

表 1-28　风媒传播 FMD 病毒扩散量的株间差异（IU/min）

毒株	牛	绵羊	猪
O1	57	43	7 140
O2	4	1.4	1 430
A5	93	0.6	570
A22	7	0.3	200
C	21	57	42 860
C	6	0.4	260

资料来源：Donaldson 等，1970；（1IU＝1.4TCID$_{50}$）。

口蹄疫是 RNA 病毒，变异性极强。其变异性不仅表现在抗原性上，而且其宿主嗜性经常发生变化，如 1997 年台湾省口蹄疫大流行时病毒只感染猪，而且致病力强，新生仔猪发病高达 100％。此外，几乎每次口蹄疫大流行都有人感染的报告，事实上人的临症也越来越重。口蹄疫病毒感染的宿主，可能会随病毒的变异，产生一株病毒传染性极强特性的新毒株，从公共卫生方面考虑，必须引起兽医—人医部门共同关注与重视，特别警惕可能造成病毒在人体内连续传代的机会。

因此，当 FMD 进入某猪后，其传播将非常快速和广泛，在主管机关注意到第一例病例之前，该病就已经扎根和开始流行了。Donaldson 等报道认为，在 24h 之内猪可释放气溶胶病毒 2.8×10^8 IU/天，而牛和羊每天释放气溶胶病毒至多为 1.8×10^5 IU/天（一头猪释放到空气中的病毒量是牛的 3 000 倍）。在临床症状出现前 10 天，就可能向外界释放病毒。

发病机制

FMDV 通过与细胞表面的特异性受体结合，被细胞内吞，在溶酶体酶的作用下将病毒衣壳蛋白裂解，从而产生对细胞的感染。FMDV 与敏感细胞表面受体特异性结合后形成特异性吸附，而病毒结构蛋白 VP1 的 G-H 环上的 RGD 基序是病毒与细胞结合所必需的。各种不同血清型 FMDV 的衣壳蛋白表面共同存在一个长的外环，称为 VP1 蛋白的 G-H 环，其中包含了一个高度保守的三肽基序，精氨酸—甘氨酸—天冬氨酸，即 RGD 基序。研究认为，FMDV 极其保守的三核苷酸（RGD）基序在病毒与细胞结合中起重要作用。研究发现，易感细胞表面存在两种受体家族可以介导 FMDV 的感染，分别是肝素硫酸盐糖蛋白和整合素（Integrin）家族。野生型 FMDV 是通过病毒表面 VP1 蛋白 G-H 环的基序与细胞表面的整合素结合介导病毒感染细胞。目前研究认为，细胞表面的 $\alpha V_{\beta 3}$ 整合素是病毒吸附的最主要受体，另外 $\alpha V_{\beta 6}$ 也可以起介导 FMDV 感染的作用。FMDV 侵染宿主细胞是个很复杂的过程，但是这是 VP1 蛋白接触细胞后触发的细胞反应。FMDV 感染的细胞往往出现明显的致细胞病变，甚至细胞破裂。FMDV 导致细胞病变的原因目前尚不清楚。可能通过其编码蛋白质抑制宿主细胞 DNA 转录和 mRNA 翻译两条途径。FMDV 编码的蛋白可激活宿主细胞的 P$_{220}$ 蛋白裂解酶的活性，后者可以使真核细胞中的 mRNA 翻译所需的"帽"联蛋白复合物 eIF－4F 中的一个最主要蛋白质裂解，从而干扰了 mRNA 的翻译。FMDV 编码的蛋白 3C 可以催化组蛋白 H_3N 一端的甲基化消失，而组蛋白 H_3N 甲基化是 DNA 转录的基础。FMDV 通过在胞浆内合成 3C 蛋白酶，转移至细胞核内发挥这一功能。

有研究证明，该病毒可诱导宿主细胞凋亡，FMDV 可以在体外诱导宿主细胞凋亡，细胞凋亡是其致细胞病变死亡的重要途径之一，这为阐明口蹄疫病毒的致病机制提供了有力的实验依据。

临床表现

人

早在 1834 年曾有 3 名兽医因饮用感染奶牛的牛奶而致病。

俗称"口疮"。1929 年德国学者 Kling 和 Hojer 的观点认为，口蹄疫对人可以呈现无症状经过而呈隐性经过。Gins 等（1924）报道，一个疫苗厂的一名工人在一次事故中打破了一个含有水疱液的瓶子而割破了手，此人除了伴有其他症状外还发生水疱，从其水疱液中鉴定出 FMDV。Vetterlein（1955）从完全健康人的血清中查有抗口蹄疫的中和抗体存在，获得特异性免疫力，证实了这一观点。随时间进展，人口蹄疫也渐显症状。Pape 等（1939）从人口蹄疫水疱采样接种牛和豚鼠，动物呈现典型口蹄疫症状；Pribright 动物病毒研究所（1965～1966）报道，将人口蹄疫疑似患者的上皮组织及淋巴液，接种在原初代犊牛甲状腺细胞上，48h 观察到细胞病变，补体结合试验证明与 O 型口蹄疫抗血清阳性反应。Armstrong（1967）：人患口蹄疫后第 5 天产生抗体，在 30～40 天时中和抗体达到高峰，以后逐渐呈下降趋势。人感染口蹄疫的血清主要是 O 型（英国 1966 年报道），后相继在欧洲、非洲、南美洲等报道确诊病例，有些地方有人 O 型口蹄疫，如 1963 年德国发生猪、人的 A、O、C 型 FMD。另外，患者对人基本上无传染性，个别 FMDV 变种亦可传染给人。

全球已有 40 多例在人体成功分离到口蹄疫病毒（主要是 O 型，其次是 C 型，少有 A 型）。

人的潜伏期为 3～6 天，也有长达 28 天。突然时有头痛，发热，体温可达 39℃ 以上，伴有寒战和口渴等症状。1～2 天后有咽部扁桃体发炎及皮肤瘙痒等症状，并有典型水疱出现。在指端掌面有蚤刺感和烧灼感，发生水疱的先兆为指掌部，手部可发生水疱，多数集中在手指部，偶见于足部和口腔部（舌面和上颚）。口腔干燥有烧灼感，唇、齿龈、舌边和咽部黏膜充血，继之发生水疱，水疱如针尖大，大小不等，圆形或椭圆形，周围有红晕，口腔和面部水疱突出而饱满，手掌皮肤水疱见于手指尖、手掌，而趾部皮肤出现的水疱大多平坦。初期疱液澄清，不久则浓稠。3～5 天内水疱液被吸收而变干燥，覆盖的皮肤随之脱落，暴露出新鲜未角化的红色真皮层。如加强护理可迅速痊愈。当原发性水疱消退后，4～5 天内可发生继发性水疱。部分病例由于水疱侵及而使指趾甲脱落。最常从人体中分离出的口蹄疫病毒为 O 型，其次为 C 型，A 型极少见。分离时间为自水疱形成至痊愈大约一周，被怀疑和确诊的病例必须与动物隔离，以防将该病传染给动物。FMD 病和手足口病是两种完全不同的疾病，由不同的病毒感染引起。另外，有的病人还出现咽喉疼痛、流涎、吞咽困难及恶心、呕吐、腹泻等症状。并伴有头疼，眩晕，四肢乏力。小儿易感性高，常发生胃肠道功能紊乱，严重的可并发心肌炎或一过性双侧面神经麻痹。多数患者如能及时对症治疗，常于 2 周内完全康复后无后患症。婴幼儿、体弱儿童和老年患者，可有严重呕吐、腹泻或继发感染，如不及时治疗，可遭致严重后果，有时可伴发心肌炎，患者对人基本无传染性，但可把病毒传染给动物，再度引起畜间口蹄疫流行。

临床表现

1. 潜伏期　各种动物感染本病的潜伏期都不完全一样。牛潜伏期平均 2～4 天，最长达 1 周；羊潜伏期平均 7 天左右。人的潜伏期一般为 2～6 天，人体发病过程和易感动物十分相似，表现为体温升高，口腔发热，口干，口腔黏膜潮红、出现水疱，手足部位的皮肤亦出现水疱。

2. 前驱期　症状不明显，常表现为全身不适、疲乏，伴有口腔、舌咽局部充血和颈淋巴结肿大。常为轻微头痛，不适发热。

3. 发疹期　病毒侵入处出现原发疱疹，体温可达 39℃，伴头痛、恶心、腹泻，少数可有低血压、心肌炎等。在指端皮折和指掌而有蜇刺感和烧灼感，发生水疱的先兆为指掌部。有时口腔黏膜也可发生水疱，口腔内形成的水疱则凸出而饱满，周围有充血区，初发时水疱液澄清易呈微黄色，原发性水疱消退后 5 天内还会出现继发性水疱。足部、掌跖部，因皮肤较厚，发生的水疱平坦。口腔水疱易影响饮食吞咽。

4. 恢复期　高热数天后进入此期，多数患者如能及时对症治疗，常可 2 周内完全康复，无后遗症，婴幼儿、体弱儿童和老年患者，可有严重的呕吐、腹泻、心肌炎、循环紊乱和继发感染。如不及时治疗可招致严重的后果。

临床分型将口蹄疫感染分为重型、中间型和轻型 3 种，重型的特点是：起病急，体温突然升高至 38℃以上，起疱部位红肿、疼痛、活动受限、口腔干燥、黏膜充血、头疼、失眠、胸闷、恶心、呕吐、大便干燥或腹泻。全身发痒有蚁走感，全身不适，两部位以上起多个水疱，病程在 10 天以上。中间型的特点是：起病急，体温在 38℃以下，起水疱部位红肿、发痒和疼痛，具备重型消化道和全身症状三项以下者，水疱破溃或吸收后症状不减轻，病程 5～10 天。轻型的特点是：体温不升高，仅有起水疱部发痒和疼痛，有全身症状或稍有不适，水疱破溃或疱液吸收后症状消失，病程 2～5 天。

病毒经损伤皮肤和上呼吸道、消化道黏膜感染人体，繁殖并扩撒至附近细胞，入侵处增殖十几个小时后形成原发性水疱，病毒通过血液到达亲和组织大量繁殖，于 1～2 天后出现病毒血症，引起皮肤、器官组织病变及相应症状。肌肉、骨髓和淋巴结亦是病毒增殖的部位，足部的水疱和烂斑处，咽喉、气管、支气管除口腔和前胃黏膜发生的圆形烂斑和溃疡，上盖有黑棕色痂块。胃和大小肠黏膜可见出血性炎症。另外，具有诊断意义的是部分严重病例有心肌病变，心内膜有弥散性及点状出血，心室肌肉和室中膈切面有灰白色或淡黄色斑点或条纹，称为"虎斑心"。

猪

19 世纪曾发生猪口蹄疫，感染口蹄疫的血清型是 O、A 和 C 型。1962 年德国、1964 年西班牙等多次发生猪 O 型口蹄疫和 C 型口蹄疫。1965 年荷兰发生猪 C 型 FMD，同时牛也发病。1966 年 2 月又发生 3 312 个疫点，屠宰病猪 22 789 头。1984 年 11 月意大利又重新爆发，分别有 A5、C 和 A5 引起的连续但明显不同的流行，波及意大利 20 个地区中的 15 个，烧毁牛 926 头，猪 4.3 万头。多性型在流行过程中见到的同一牲畜可在短期内重复发生痊愈的现象得以解释。Kovacs 曾见到一群猪于康复后 10 天又重新发病。

猪潜伏期很短，一般为2～7天，最短为15～20h，这不仅见于仔猪，而且见于成年猪。病猪以蹄部发生水疱为主要特征。通常是由个别猪只跛行才引起注意。多数病例，蹄病变起于蹄叉侧面的趾枕前部，其次是蹄叉后下端或蹄后跟附近。发生水疱之处表现为深红色斑块，即使是较大的猪群中特别是架子猪，此病的表现中度的全身症状。在发现水疱的病猪，体温升高至41～42℃，病猪拒食，沉郁，常躺卧。水疱破裂后体温随之下降，一般经4～7天转入康复期。有一部分病例，常在蹄叉，沿着蹄冠发生小水疱，并逐渐融合成一白色环带状，蹄冠上的水疱破裂后，留一红色糜烂灶，常出血并结成痂块，疼痛明显，由于炎症在蹄的皮基部蔓延，常使角质和基部松离，突然或逐渐脱靴，当角质蹄壳脱落形成"套筒"时，患肢不能着地，病畜经常躺卧或在地上跪行，其后老蹄匣被新蹄匣代替，但再生常需要数月时间，再生过程可从与蹄冠平行的一条沟上察觉。

在口腔中舌上和颚上发生豌豆大的水疱，糜烂，也可发生于齿龈、咽部和唇，鼻镜上也可发生多个水疱，或者整个上皮层隆起一个鸡蛋大的水疱。在另一部分病例中上皮层事先不发生明显的水疱而自行脱落。乳房上也可发生豌豆大的水疱、烂斑，尤其是泌乳母猪，乳头皮肤上的病灶较为常见，而阴唇部的病毒少见，有时患病孕猪也发生流行。哺乳仔猪患病后，可能死亡但不出现水疱，仔猪死亡可能发生在母猪出现水疱之前或同时，在某些爆发中，仔猪的突然死亡致死率可达60%～80%。病程稍长时，也可见口腔（齿龈、唇、舌）黏膜和鼻面上的水疱和糜烂。仔猪死后的心脏呈现心肌黄色条纹，俗称"虎斑心"。心肌切面有灰白色或淡黄色斑点和条纹，心肌松软似煮熟状。心包膜有弥漫性出血点。

由于口蹄疫病毒在感染猪血液里出现的期限和持续性，专业文献的报道自相矛盾。观察猪口蹄疫特征性病程研究，有临床意义。

用口蹄疫病毒人工感染猪之后，1～7天开始出现患病的临床症状（体温升高，四肢、口腔、鼻形成水疱，拒食，跛行，抑制状态）。

潜伏期长短与延续，依感染动物的方法为转移，在蹄冠皮下注射病毒时是1～2天；在耳部皮下接种病毒及饮食感染的是6～7天，其他方法的潜伏期在3～5天。

临床症状的表现程度和重病期，同样以感染方法为转移。在蹄冠深层皮内、肌肉和表皮划痕注入病毒的所有猪出现抑郁、跛行、拒食、体温升高41.1～41.9℃，而且维持在同样水平3天。但接种部位不同也有差异。

蹄冠接种和背皮接种猪的42%～50%的症状，伴随着蹄壳剥脱和壳脱落。后者感染的6只猪中3只死亡；尾尖皮下、腹部皮下感染的猪症状非常轻，体温升高到40.6～40.7℃（不是所有猪），维持发热的总时间是12～24h；而耳部皮下感染的12只猪中7只经过6～7天出现临床症状，开始时四肢发展成大面积的水疱，经过2～3天消失，没有形成糜烂，其余5只接种猪没有形成水疱，仅1只体温升高到40.7℃，而剩余的仍然是在正常的范围。

已患病而没有症状的所有猪的血液里，从感染之后第5天起，相继4天内发现病毒。在感染之后经过20天，缺乏口蹄疫临症和病毒血症猪的血清里，病毒中和抗体的滴度为5～7 log。

病毒检验证明，在血液和鼻腔流出物出现病毒是发生在所有猪的临症之前。胃肠外的感染不依方法为转移，病毒开始在血液中发现，而后经12～30h病毒在鼻腔分泌物检出，再经过1天，猪开始发生水疱，体温升高，拒食，跛行。

病毒血症的维持时间是5～7天，病毒从鼻腔的分离时间是在4～6天；病毒在血液里最高的滴度（4.5～5.5 log）是在水疱形成期（蹄冠感染的猪是在第二期水疱形成期）。耳部皮下感染的猪血液里病毒的滴度与其他方法感染得比较低，其为 $2～3.4LD_{50}/ml$。

背部表皮划痕感染的猪，经 2 天划痕的部位结痂，在结痂下面分离出少量的渗出液。渗出液中含有口蹄疫病毒。而以蹄冠接种病毒的猪，大多数猪形成水疱并开始糜烂。除耳尖接种病毒猪外，其他猪的水疱沿蹄冠出现并且后来消肿。口服和表皮划痕感染猪的水疱仅仅在口腔。

诊断

根据流行特点和特征性的临床症状，可以做出初步诊断。但猪 FMD 的症状与猪水疱病、猪水疱性口炎（流行范围小，发病率低，马类也发病）。猪水疱疹的症状几乎完全一致。以蹄病变为主，口腔病变较少见，有时在鼻镜、乳房发生水疱，故应及时送样到相关检测部门进行实验室诊断。

人类可患各种水疱性疾病，单凭对水疱的肉眼观察，难以做出鉴别，要从病史、接触史及实验室诊断综合判断。主要区别诊断的疱疹性传染病有水痘，皮疹见于躯干、头部，最后达四肢，呈向心性分布，且皮疹开始时为斑疹，数小时后变为丘疹，继为水疱，最后结痂脱疹；单纯疱疹，多见于表皮和黏膜交界处，如口角、唇缘、鼻孔等附近，水疱成簇，容易复发，可见于流感、肺炎等病；带状疱疹，皮疹沿一定的神经干路分布，不对称，不超过躯干中线，局部有灼痛，疱疹性咽喉炎，主要由柯萨奇病毒所引起，常限于咽舌壁、悬雍垂、扁桃体及舌部，而口腔疱疹不超过 10～12 个。

实验室诊断，传统的方法是补体结合试验、反向间接血凝试验、琼脂扩散试验和乳鼠血清保护试验。酶联免疫吸附试验及其夹心法常用于动物血清检测。分子生物学诊断技术，包括核酸杂交、指纹法、电泳法和 RT－PCR 及核酸序列分析等。

防治

随着 FMD 世界范围内流行，国际贸易频繁，动物及其产品的流通量增大和畜牧业产业化发展，国与国之间 FMD 的传播主要途径为合法和非法进口感染的活体动物，肉类制品和奶制品，以及国内隐性感染动物频繁流动，防治 FMD 生物灾害已成为重大的生物安全问题。长期以来，国家颁布了 FMD 防控法规，加强了动检工作，对猪实行了强制性疫苗免疫接种，建立了免疫带等技术措施。但难以在短期内有效控制和根除 FMD，我国每隔 5～10 年仍会出现 FMD 大流行。

对于猪 FMD 防控主要是采用常规的防治原则：①杜绝传染来源，采取综合防治措施。②扑杀病畜，消灭传染源。③免疫接种，用 A 型和 O 型疫苗进行计划和紧急免疫接种。封锁、隔离、消毒、扑杀、免疫是防治的基本措施。

对于人类，由于患者症状通常较轻，预后良好，故主要是防治病毒扩散到动物体，导致FMD 疫情反复发生。对病人及可疑者要隔离，对症治疗直到症状消失，不再排毒方可出院。对患者排泄物及居室要用 5% 甲酚皂消毒。

病人无特异治疗方法，以对症治疗为主，如降温，给予营养制剂；口腔局部可用清水、食醋或 0.1% 高锰酸钾冲洗，糜烂面可涂 1%～2% 明矾液或碘酊甘油（碘 7g、碘化钾 5g、乙醇 100ml 融合化加入甘油 10ml）或局部用 3% 过氧化氢或 1% 高锰酸钾漱口。手足患部涂以各种抗生素软膏，如青霉素、氯霉素、链霉素等治疗水疱烂斑效果较好，可以防止继发性细菌感染。

病猪治疗基本同人；仔猪可用免血清被动免疫，以减少发病和死亡。

猪场消毒常用过氧乙酸。发病均应及时申报，按"条例"处置。

口蹄疫的病原分离技术和疫苗制作工艺等都比较完备，但因病原本身的变异，往往给猪口蹄疫病的免疫防控带来一定困扰。因为 FMDV 在通过不同动物种类或不同抗体水平的携带者进行自然传代过程中，经常发生变异。如果采用免疫接种，就必须经常检查田间株变异情况，以便在疫病控制计划中准备并相应调整疫苗的病毒成分。目前尚无迹象表明很快就会有新一代的疫苗出售。现在开发基因工程病毒亚单位苗，该苗是使用 FMDV 免疫原区的合成多肽。在这种工程化合成疫苗问世于生产之前，如果必须求助于免疫接种措施，则确保质量、安检合格的灭活 FMD 疫苗仍是最佳选择。我国猪使用的灭能苗是由农业部统一规格、规定的 AEI 灭能苗。

我国已颁布的相关标准：

GB/T 18935—2003 口蹄疫诊断技术；

GB/T 22915—2008 口蹄疫病毒荧光 RT－PCR 检测方法；

SN/T 1181.1—2003 口蹄疫病毒感染抗体检测方法　琼脂免疫扩散试验；

SN/T 1181.2—2003 口蹄疫病毒感染抗体检测方法　微量血清中和试验。

十九、诺如病毒感染
（Norovirus Infection）

本病是由嵌杯病毒诺如病毒属中一组形态相似、抗原性略有不同的病毒中的诺瓦克样病毒引起人、动物腹泻的疾病，曾称诺瓦克病毒性胃肠炎等。主要特征是急性肠胃炎和腹泻。具有发病急，但传播速度快，涉及范围广。诺如病毒貌似温和，传染性强，是引起非细菌性腹泻爆发的主要原因。

历史简介

1986 年 10 月美国俄亥俄州诺瓦克镇一所小学师生发生急性肠胃炎，90％的师生相继呈现非细菌性肠胃炎。患者的主要临床症状是恶心、呕吐和腹部痉挛，无论是患者肛拭子还是喉拭子检查均未发现已知的细菌、病毒及寄生虫感染的证据。但患儿的粪便滤液可引起"志愿者"的感染。Kapican 等（1972）一些学者将该次爆发中保留下的患者粪便滤液与志愿者恢复期血清混合孵育、离心，并取上清液经磷钨酸染色后用免疫电子显微镜观察，发现了包裹着一层抗体的病毒聚集体，单个颗粒直径为 $27m\mu m$。经大量的流行病学和病原研究，证实该颗粒是引起 Norwalk 地区那次胃肠炎爆发的病原体，被命名为诺瓦克样病毒。此后，Madeley（1976）、McSwiggan（1978）等相继从婴儿和急性肠炎患儿粪中检出病毒，患儿有抗体。由于分离出的病毒与原型诺如病毒代表株多种形态相似，但抗原性略异的病毒样颗粒，故均以发现地点命名，如 Hawii Virus（HV）、Snow Mountain Virus（SMS）、Mexico Virus（MXV）、Southampton Virus（SOV）、Montgomery Countain、Paramatta、Wellan、Cockle 等，先是称为小圆结构病毒，后称为诺瓦克样病毒。Bridger（1980）和 Salf（1980）

用电镜从仔猪腹泻粪便中也发现有嵌杯病毒。Jiang 等（1990）克隆了诺瓦克病毒的全基因组并表达了其结构蛋白，才获得了形态结构和生物学特性。第八届国际病毒命名委员会（2002）批准为诺如病毒。诺如病毒与 1976 年日本札幌发现的诺瓦克样病毒一起称为札如病毒，合称人类嵌杯病毒（Matthews，1979）。2004 年国际病毒分类委员会又分别将其划归入诺瓦病毒属和札幌病毒属。从而嵌杯病毒科分为 4 个属：水疱病毒属（Vesivirus）、兔病毒属（Lagovirus）、诺如病毒属（Norovirus）、札幌病毒属（沙波，Sappovirus），被 WHO 称为 B 类病原。

病原

诺瓦克病毒（Norwalk Virus，NVs）又称为诺瓦克样病毒，属于嵌杯病毒科，诺如病毒属（Norovirus，NoV）。病毒颗粒直径为 26～35nm，无包膜，表面粗糙，球形，呈二十面体对称，由 32 个杯状结构以对称方式整齐地镶嵌在衣壳上，具有典型的羽状外缘，表面有凹痕的小圆状结构病毒。基因组为 7 642 个核苷酸组成，是单股正链线性 RNA，SSRNA 长度为 7～8Kb，编码一个为 58～60KDa 的主要结构蛋白（VA）及微壳蛋白（VP$_2$）。GC 含量为 48%。基因组包括 5' 端非编码区、3 个开放阅读框（ORF1、ORF2 和 ORF3）、3' 端非编码区及 PolyA 区。

ORF1 编码包括保守的具有 RNA 多聚酶在内的非结构蛋白，分子量约 220KDa；ORF2 编码分子量为 56KDa；ORF3 编码分子量为 22.5KDa 的强碱性微小结构蛋白。3 个 ORF 之间有部分重叠。ORF3 表达的部分区域蛋白与衣壳蛋白发生交互作用，共同形成衣壳，VP1 蛋白被认为与宿主受体识别有关，包括壳区（Shell，S）和突出区（Protruding，P）。S 区形成内壳，P 区形成摆样结构突出于内壳外，P 区进一步分为 P1 和 P2 亚区，后者是受体结合的关键区域。P2 区氨基酸变异使病毒具有再感染个体的能力。Sugiede 等（1988），诺如病毒种类繁多，易变异。根据病毒衣壳基因的完整序列，即 Capsid 编码区的核苷酸序列差异，诺瓦克病毒分为 5 个基因群，每个基因群又分许多基因型，即 G I 包括 8 个亚型、G II 包括 17 个亚型、G III 包括 2 个亚型、G IV 和 G V 各 1 个亚型。Patel MM 等（2009）认为有 32 个基因型和大量亚群。目前已知诺如病毒的基因群和基因型及原型株有：感染人类的病毒分布在基因群 I、II、IV 中，基因群 I 中除有感染人的毒株，还有感染猪的毒株。基因群 III 和 V 中的病毒分别有感染猪、牛和啮齿动物。每个基因群又可分为若干基因型。NoV 之所以具有高度遗传多样性，除 NOV RNA 复制过程中，RdRp 缺乏校正功能而易引起位点突变外，不同病毒株间重组频繁，甚至有不同基因型，乃至不同基因群毒株间发生重组，可能是重要原因。大量的毒株频繁地重组，导致患者可以被重复感染，同时同型病毒之间缺乏交叉保护，造成预防该病毒感染的疫苗研制困难。诺瓦克病毒有 4 个血清型：诺瓦克型、夏威夷型、雪山型、陶顿（Tauntonvirus）型。诺瓦克病毒与诺瓦克样病毒有许多共同特征：①分离自急性胃肠类病人的粪便；②是直径 26～35nm 的水上圆结构病毒，无包膜；③基因为单股正链 RNA；④不能在细胞和组织中培养；⑤在 CsCl 密度梯度中的浮密度为（1.36～1.41）g/cm^3；⑥电镜下缺乏显著的形态学特征。

病毒仅能感染黑猩猩，尚不能在细胞或组织中培养，也没有适合的动物模型。NVs 对热、乙醚和酸稳定，室温下 pH7.2 中存活 3h；20% 乙醚 4℃ 处理存活 18h；60℃ 孵育 30min 仍有感染性，80℃ 以上才能杀死；也耐受变通饮水中 3.75×10^{-6}～6.25×10^{-6} 的 Cl$^-$ 浓度

（游离氯 $0.5×10^{-6}～1.0×10^{-6}$），但在处理污水的 $10×10^{-6}$ 的 Cl^- 浓度中被灭活。

诺如病毒的研究一直受到缺乏体外复制系统的限制，进展缓慢。近年来，在体外培养方面取得突破，有人用三维培养技术培养小肠上皮细胞，证实可以让诺如病毒成功复制，并检测到病毒 RNA 和细胞病理效应。NoV 重组机制有酶引发的模板转换学说和亚基因组 RNA 引发模板转换学说。Worobey 和 Holmes（1999）认为病毒重组发生必须满足：①两种或多种毒株能够共同感染一个宿主；②能够共同感染一个细胞；③细胞中至少有多种病毒能够同时进行有效的转录；④转录过程中能够发生模板转换；⑤重组毒株的优化选择。Nagy PD 等（1997），Sasaki Y 等（2006）报道，在 NoV 爆发和散发的感染病例中，发现有多个型别诺如病毒混合感染的情况。这可能大大推动诺如病毒复制机制、发病机制及预防和治疗新方法的研究。

诺如病毒基因群和基因型见表 1-29。

表 1-29 诺如病毒基因群和基因型

诺如病毒			
群和型	原型株	群和型	原型株
Ⅰ.1	Hu/NoV/Norwalk/1986/US	Ⅰ.2	Hu/NoV/Southarnptow/1991/UK
Ⅰ.3	Hu/NoV/Desert Shieldy95/1990/SA	Ⅰ.4	Hu/NoV/Chiba 407/1987/SP
Ⅰ.5	Hu/NoV/Musgrove/1989/UK	Ⅰ.6	Hu/NoV/Hesse/1997/DE
Ⅰ.7	Hu/NoV/Winche Ster/1994/UK		
Ⅱ.1	Hu/NoV/Hawaii/1971/US	Ⅱ.2	Hu/NoV/Melksham/1994/UK
Ⅱ.3	Hu/NoV/Toronto 24/1991/CA	Ⅱ.4	Hu/NoV/Bristol/1993/NK
Ⅱ.5	Hu/NoV/Hillingdok/1990/UK	Ⅱ.6	Hu/NoV/Seacroft/1990/UK
Ⅱ.7	Hu/NoV/Leeds/1990/UK	Ⅱ.8	Hu/NoV/Amesterdam/1998/NL
Ⅱ.9	Hu/NoV/VA97207/1997/US	Ⅱ.10	Hu/NoV/Erfurt546/2000/DE
Ⅱ.11	Sw/NoV/SW918/1997/JP	Ⅱ.12	Hu/NoV/Wortley/1990/UK
Ⅱ.13	Hu/NoV/Fayettevilhe/1998/US	Ⅱ.14	Hu/NoV/M7/1999/US
Ⅱ.15	Hu/NoV/J23/1999/US	Ⅱ.16	Hu/NoV/Tiffin/1999/US
Ⅱ.17	Hu/NoV/CS-E1/2002/US	Ⅱ.18	Sw/NoV/OM-QW101/US
Ⅱ.19	Sw/NoV/OM-QW170/2003/US		
Ⅲ.1	Bo/NoV/Jewa/1980/DE	Ⅲ.2	Bo/NoV/CH126/1998/NL
Ⅳ.1	Hu/NoV/Alphatrow/1998/NL	Ⅳ.2	Lion/NoV/387/2006/IT
Ⅴ.1	Mu/NoV/MNV-1/2003/us		

流行病学

NVs 腹泻流行地区极为广泛，全球仅与外界高度隔离的厄瓜多尔的一个印第安部落的血液中未检出 NVs 抗体外，各地均有发生。20 世纪 70 年代世界上发生的非细菌性腹泻爆发中 19%～42% 是 NVs 所致。美国在同年代为 42%，而 1996～1999 年则为 96%；2012 年从旅游游轮旅客发生导致全国性大爆发。每年有 2 300 万以上人感染发病，其成为非细菌性感染性腹泻的重要原因。2006 年日本 NVs 引起的腹泻感染人数已经达到 25 年来最高。2012 年 9 月德国柏林、柏兰登、萨克森州等地约 1 万学生发生呕吐、腹泻。中国 1995 年报道第一例 NVs 感染，2004～2006 年浙江发生 10 起基因 Ⅰ、Ⅱ 型感染，现已普遍存在。NVs 有广泛的宿主性，除人外，可感染猪、牛、鸡、兔、鼠、灵长动物及海狮等。而且使这些宿主各自起不同疾病和损伤，如消化道感染（人、猪、牛、犬、貂等）、囊化状病变和生殖力丧失（猪、海狮和其他海洋哺乳动物等）。Jiang 等（2004）报告人类诺瓦克病毒的特异性抗体发现于非人类的灵长类动物中。由于猪肠道嵌杯病毒和牛肠道嵌杯病毒与人肠道嵌杯病毒在基因上密切相关。各种动物肠道的嵌杯病毒和人类肠道嵌杯病毒可发生交叉感染，而猪 NVs 和人 NVs 的基因密切相似，故有人隐喻为潜在人畜共患病。现在已知道动物（猪、牛、狮子）病毒株在诺如属和札幌属病毒属中皆存在，但不能知道这些病毒株能否传染给人类。迄今为止在人类身上还没有发现任何一种动物 NoV 的序列，造成此宿主局限性的原因目前还不清楚。但 Cheetham S. M（2006）通过人工接种证明一个人类 G.Ⅱ组 NoV 猪能在无菌仔猪复制成功。动物源性传播，目前猪、牛、鼠、犬、羊和狮子等动物体内检出 NVs。基因型方面，G1 型感染人，G2 型感染人、猪和牛，G3 型感染人、狮和犬，G5 型感染鼠等。NVs 感染全年均有流行，东南亚地区多发，多在集体聚集处以爆发形式出现，病毒可侵犯所有年龄层人，主要是成人和学龄儿童。我国方肇寅等（1990～1991）在河南省腹泻患儿粪便中检测到诺如病毒，其后各地均有报道，成人普遍有抗体，学龄儿童抗体阳性率迅速升高。诺如病毒病可以发生在一年的任何一个月份，例如，2013 年 3 月广东学生发生诺如病毒感染，但主要在秋冬季，10 月份为高峰，发病率占急性肠胃炎的 0.5％～6.6％。桑少伟（2013）推测诺如病毒更容易感染组织—血型组抗原（HBGAs）"分泌性"（Se＋）人群，即诺如病毒感染人群具有选择性。

患者是主要传染源，发病后的第二天排毒最高，其后减少，9～10 天消失。Thornhill T. S.（1975）用免疫电镜观察实验感染者的 NV 排出时间发现发病 72h 内 48％的粪便标本阳性，72h 阳性率为 18％，亦有报道本病大便排毒时间最长可达 40 天，但大便排毒量高峰期约在发病 24h。但有些患者甚至在康复后 2 周仍具有传染性。隐性感染者和健康带毒者均可为传染源，有 29％～88％的可排毒，有传播作用。目前虽然未发现诺如病毒对动物致病，但在很多家禽：鸡、猪、小牛的粪便中检测到病毒，它们可以作为该病的贮存宿主。主要经消化道传播，病人呕吐物、粪便可形成气溶胶，通过粪-口途径或粪-贝壳类（被污染）-口途径传播引起爆发。被污染的牡文蛤，对热有抵抗力，加热不能百分之百保证不散播病毒。也可以通过污染的水源、食物、物品和空气传播，与病人接触可传染。30％的患者在潜伏期内排放病毒，家庭成员和密切接触者的第二代发病率超过 30％。患者发病后病毒排放可能持续很长时间。病毒既能在冷冻条件下生存，又能耐受 60℃ 以内的较高温度。食品 60℃ 加热 30min，仍能保持较强的传染性，诺如病毒是食源性胃肠炎爆发最普遍的生物因子。此外，经水传播是诺如病毒感染性胃肠炎爆发或散发的重要途径之一，国内外均有污染的池塘水、生活饮用水和娱乐场所用水引起诺如病毒感染的报道。Nygard K. 等（2001）报道瑞典 200 人因饮用污染水爆发胃肠炎，并检出 GⅡ/6 诺如病毒。目前已经在猪、牛、鼠、犬、羊和狮子等动物体内检出诺如病毒，表明人和动物存在潜在交叉感染。

由于通过突变和重组机制，诺如病毒基因组进行着快速变异，Bull R. A. 等（2007）报道了 20 种诺如病毒重组体，基因重组可能是诺如病毒基因多样性更重要的原因，是病毒在人群中持续爆发流行的最重要机制。不同病毒株间重组频繁，甚至有不同基因型，乃至不同基因群毒株间发生重组。大量的毒株和频繁的重组，导致患者可以被重复感染，同时不同病毒型之间缺乏交叉保护，造成预防该病毒感染的疫苗研制困难。因诺如病毒发生人和动物的基因整合将成为可能，则增加了人畜共患诺如病毒的可能性，会带来公共卫生问题。

发病机制

诺如病毒主要引起十二指肠及空肠黏膜的可逆性病变，绒毛上皮变性，绒毛增宽变短，腺窝增生，固有层单核细胞浸润，病变通常 2 周内恢复。本组病毒引起腹泻和呕吐的确切机制尚不清楚，可能由于小肠黏膜上皮细胞刷状缘多种酶的活力受抑，如刷状缘碱性磷酸酶和海藻糖酶（Trehalase）的水平明显下降，引起糖类及脂肪类吸收障碍，导致肠腔内渗透压升高，进入肠道液体增多。胃排空时间延长，引起腹泻和呕吐，但与肠黏膜腺苷酸环化酶水平无关。

感染 Norwalk 病毒后，可出现暂时性的 D-木糖吸收障碍，乳糖酶缺乏和脂肪痢。感染后第二天，D-木糖排泄量可降至正常的 51%，4～5 天后，D-木糖平均排泄量仍显著低于感染前和感染 9～11 天的平均排泄量。

临床口服乳糖耐量试验表明，患者急性期和恢复期初期均有短暂的乳糖酶缺乏，甚至在感染后 7～13 天仍吸收异常，感染期脂肪的每天排出量显著高于正常水平，并可持续 1 周以上。

患病时胃黏膜的组织正常，胃酸、胃蛋白酶和内在因子的分泌也无异常。但胃排空时间显著延缓。空肠黏膜活检发现刷状缘酶活性明显下降。其他如碱性磷酸酶、海藻糖酶、蔗糖酶活性亦明显下降，而近端空肠黏膜中的腺苷酸环化酶水平仍未改变。

人对诺如病毒的敏感性呈现遗传决定的特征，研究发现这种敏感性主要是由诺如病毒的受体决定的。病毒的受体是组织血型抗原，参与该糖类抗原合成的 α1, 2 海藻糖酶基因 FUT2 对此有重要作用，该基因缺失者对一些常见基因型的诺如病毒具有高度耐受性。

在对该病毒爆发的调查中，发现有些具有高滴度抗体的志愿者仍然发病，而其他缺乏抗体者却没有发病。从遗传学角度分析，宿主的易感性与病毒样颗粒对人的肠段和红细胞结合有关。诺如病毒以毒株特异性方式识别组织-血型抗原。这些复杂的糖类与蛋白质或脂质连接的寡糖，存在于消化道的黏膜上皮中，并以游离的寡糖形式存在于唾液和乳汁中。组织-血型抗原的所有三大家族（ABO、Lewis 和分泌者家族）都涉及与诺如病毒的结合。组织-血型抗原及受岩藻糖转移酶两基因控制的分泌状态，决定了人类（具有不一定相同的某些自然保护机制）对诺如病毒的易感性。现已发现 20% 的欧洲人属于非分泌者人群，具有对 GI-1（诺瓦克病毒）的抵抗力。考虑到人群遗传生态的不同及诺如病毒的多样性和变异性，能抵抗一种毒株的人可能对另一毒株易感。有关这方面的机制还有待遗传学和分子生物学方面的深入研究才能做出解释。

《新英格兰医学杂志》2009 年 10 月 29 日报道：在对志愿者的调研中发现，感染诺如病毒后，33% 未出现症状和体征。大部分感染者经过 10～51h 的潜伏期后，出现呕吐，随后痉挛性腹痛，37%～45% 伴发热，60%～70% 出现水样泻，可伴有头痛、寒战及肌肉痛等全身症状。成年人患者通常发生胃肠炎，持续 2～3 天，但在医院感染爆发时或 11 岁以下儿童中，腹泻常会持续 4～6 天或更长时间，可长达 8 周左右。而在免疫功能受损及受移植术的患者中，病毒排放常可持续 1 年以上。肝、肾受移植者出现胃肠炎症状时，早期鉴别是排异反应还是药物不良反应或病毒感染（很可能是诺如病毒）至关重要。美国 2009 年报道，诺如病毒腹泻是接受免疫抑制治疗者的重要死因，病原主要是 GⅡ-4，其次是 GⅡ-7。

诺如病毒感染常是养老院老年人中胃肠炎导致死亡的重要原因。2008 年 Harris 等报道，在英国 64 岁以上人群中每年因诺如病毒感染所致的死亡约 80 例。诺如病毒感染致死除患者高龄相关外，还与新生儿坏死性小肠结肠炎、婴儿良性惊厥及患儿中的炎性肠病发作密切相关。

临床表现

人

Ereen（2002）等报道，人感染诺瓦克病毒基因型为 GⅠ、GⅡ、GⅣ、GⅤ型，GⅠ、GⅡ型导致急性胃肠炎最常见，无季节性。我国主要是 GⅡ-Ⅳ 基因型，主要引起急性胃肠炎，但病原有高度变异性。Bull RA（2007）报道了 20 种诺如病毒重组株，认为重组株是 GⅡ/Ⅳ 型病毒在人群中持续爆发流行的最重要机制。

诺瓦克病毒的潜伏期为 1～3 天，也可能在接触病毒后 12h 即发生症状，最长 72h。病程较短，多为 1～4 天。起病多较急，首发症状多为腹泻。病人呈现低热、恶心、呕吐、水样腹泻，一般维持 1～2 天后自行消失，有的可持续 12 天（9～16 天）。头两天排毒量最高，第 9～14 天排毒消失。腹部痉挛，有时伴有上呼吸道症状和皮疹。如腹泻严重，容易发生脱水、休克等症状。成人腹泻较突出，大便排量中等，次数为 4～8 次/天，常为稀烂便、水样便，黏液脓血便罕见。随着年龄的增长，抗体阳性率增加，儿童和成人抗体阳性率达 90％。人群普遍易感染，6 岁以下儿童为感染高峰，婴儿发病较多，儿童以呕吐为主，部分低热、头痛，半数儿童有上呼吸道症。英国一小学 14 例发病者为 4～11 岁儿童，成年人 1 例；其中呕吐者占 71.4％，腹泻占 35.7％，腹痛占 42.9％。病程 3～5 天，婴儿可延长至 8～9 天，成人以腹泻为主。日本一安老院发生疫情，42 名感染老人中有 6 人死亡。诺如病毒好发于 0～3 岁儿童，但也可以发生于较大年龄的儿童。临床表现为呕吐 100％，平均天数为 1.3 天；腹泻为 45％，平均 0.95 天；发热为 30％；呼吸道症状为 20％，平均住院天数为 2～3 天。未经治疗的突发人群，也可能在 1～2 周内自行改善。新生儿可从母体获得抗体，保护 3 个月。12 岁儿童可全部感染，年长儿童和成年人可感染而不显症状。但 2012～2013 年初从游轮游客发生诺如病毒感染到美国大范围爆发，成人症状更明显，显示病毒力变化，症状加重。2012 年 12 月日本诺瓦克病毒爆发已致 6 人死亡。Dolin 等（1979）观察 Snow Mountain 因子致美国 418 人临床表现：呕吐占 81％、腹泻占 65％、发热占 49％，患者病情在 24～48h 内自动缓解。可人—人间传播。

该病的组织学病变主要发生在小肠黏膜，不累及直肠黏膜，一般在感染后 24～48h，最早 12h，小肠黏膜绒毛变粗、变短，上皮细胞排列结构破坏，胞内空泡形成核极消失，肉质网膨胀，有大量多泡体，线粒体膨胀呈灰白色，膜不清，黏膜固有层出现多形核白细胞和单核细胞的浸润。感染后最初 24h 内增生性的隐窝内出现有丝分裂现象，48h 后有丝分裂增加 64％，5～6 天后增加 67％。同时，细胞间隙增宽，充满了非晶形的高电子密度物质。这些相继发生的变化提示，Norwalk 病毒或 Norwalk 样病毒对近端小肠的最初损伤是绒毛吸收细胞和黏膜急性炎症。因而，作为一种代偿机制，隐窝和上皮细胞肥大增生，以代偿损伤和绒毛吸收细胞。一般在感染后 2 周内，吸收细胞恢复正常，黏膜固有层的炎症性细胞浸润消失。但个别患者存在上述病理变化时，并不出现明显的临床症状。

由于本病的组织病理变化限于小肠黏膜表面，不侵袭更深部位的组织结构，故患者无病毒血症。因此，志愿者感染后其血液、空肠液及空肠活检中均未测出干扰素。

猪

已证实猪体存在诺瓦克病毒。Sugiede 等（1998）报道了猪诺瓦克病毒感染。猪诺瓦克病毒可能感染成年猪，但无临床症状。1997 年日本猪诺瓦克病毒的原型（SW918 株）首先发现于健康猪的粪便内容物中。在 27 个猪场的 1 117 头健康猪盲肠内容物中有 4 个 RT - PCR 阳性猪。荷兰（1998～1999）对 100 个猪场混合样本检测，有 2 个混合样本 RT - PCR 阳性。人类感染诺瓦克病毒有 GⅠ、GⅡ、GⅣ型，而猪诺瓦克病毒中分离到 GⅡ型。Estas MK 等（2006）报道诺瓦克病毒 GⅣ也可感染猪。Cheetham，S. M 等（2006）报道，通过实验已证实一个人类 GⅡ组 NOV 株能在无菌仔猪中成功复制。Mattison K 等（2007）报道在加拿大的 3 个州 10 农场零售猪肉和猪粪便样本中检出与人 GⅡ/4 型相近的 NVs，实验室感染表明仔猪对人 GⅡ/4 型 NVs 易感，并产生感染症状，说明猪可能在自然状态下感染人 NVs。如果人和动物存在潜在的交叉感染，诺如病毒发生人和动物的基因整合将成为可能，这个领域关键的公共卫生问题是携带诺如病毒的动物是否扮演着人类诺如病毒的宿主。日本在一前瞻性研究中集中检测了 74 群牛、63 群猪、20 群奶牛，亦检测出 NVs（人杯状病毒，HuCVS）。这些研究发现对人杯状病毒宿主的范围提出了质疑。同时，猪和牛的杯状病毒与人杯状病毒基因非常接近，由此提出人兽传播的可能性。

诊断

临床表现可怀疑本病，但确认需通过实验室检测。目前用于 NVs 型别的多样性及较高的突变率，目前还没有哪一种方法能完全准确地检测到所有型别病毒。

病毒核酸检测：RT - PCR 成为诺如病毒诊断的金标准。多重 RT - PCR 能同时诊断诺如病毒、星状病毒和轮状病毒等。也可用诺如病毒颗粒作抗原；检测感染者的抗体 IgM；还可用针对病毒样颗粒的抗体，检出患者粪便中的诺如病毒抗原。取发病后 24～48h 大便做免疫电镜检查；可见病毒颗粒，在发现诺如病毒后，很长时间一直是检测的主要手段。但病毒量低于 10^6/ml 时，检出率低。实践表明，对 5%～31%因胃肠炎住院者及 5%～36%的门诊患者的粪便标本采用 RT - PCR 检测，均可检出诺如病毒；2004 年英国用 PCR 法对 8 种肠道病原体进行检出率评估，75%的病例被发现至少一种病原体，如诺如病毒在 36%的病例和 18%的对照者中均可被检出。2007 年印度用 PCR 法检测 500 例门诊和住院胃肠炎患者，8%～15%的标本诺如病毒阳性。秘鲁 233 例住院腹泻者中 31%的患者粪便中诺如病毒阳性。

欧洲和日本已生产出商品用诺如病毒免疫测试剂，该试剂特异性强，灵敏性不足，已被用于疫情爆发时的诊断，可检测多种样本。

鉴别诊断：本病应与细菌性、寄生虫性腹泻进行鉴别；与其他病毒性胃肠炎的鉴别主要根据病原学检查。

防治

目前尚未有预防 NVs 的疫苗和药物。由于其疾病多呈自限性，大多采用对症疗法。随着病毒的毒力变化和症状加重，更要注重对疾病发生的预防，强化聚集性的卫生管理和对水、食品和水产品的消毒，避免吃生或半生食物。熟食水产品大多可避免爆发流行。

对成人腹泻常可采用口服补盐液，以补充呕吐和腹泻中丢失的水、钠、钾、氯、碳酸氢盐。严重者务必采用静脉输液。补液应以及时、快速、适量为原则。输液速度及单位时间补液是需根据患者脱水程度和个体情况而定。对患儿，必须边补液、边观察治疗反应，有尿后才开始补钾。

药物专家根据诺如病毒聚合酶和蛋白酶的 X 线晶体结构，以及将病毒颗粒中的组织—血型抗原结合位点作为靶点，正在研制新药。目前认为，干扰素如利巴韦林可有效抑制诺瓦克病毒存在复制子承载细胞中的复制，但其具体疗效还须经进一步研究实践作出评价。

在接受免疫抑制疗法的患者中发生了诺如病毒感染时，须进行优化病例管理，应用高效价免疫球蛋白，也可使用胸腺素肽 α1 等制剂，但这些疗法还缺乏临床试验的系统研究。

人群对本病普遍缺乏自然免疫力。感染本病后免疫持续时间一般较短，实验结果表明，Norwalk 病毒感染免疫维持 9～14 周，H 因子和 MC 因子免疫维持 6～7 周。病人感染后急性期和恢复期双份血清抗体可呈有意义的升高。但现已发现，Norwalk 抗体仅表示易感者的感染结果，不能作为抗感染保护力的指标。Parrino 等（1977）报道，1 名志愿者在较高抗体的情况下，二次攻毒（相隔 42 个月）均导致发病，而另 3 名较低抗体水平志愿者二次攻毒均未发病。由此可见，Norwalk 病毒这种临床和免疫学反应显然与其他人类常见病毒感染的免疫类型不同。因此，有人认为 Norwalk 病毒感染后如同脊灰病毒感染一样，决定临床反应的可能是局部抗体，而不是循环抗体。此外，有人提出遗传因素对 Norwalk 病毒感染可能有重要影响。Parrino 认为一组缺乏遗传学上的特殊受体，即 Norwalk 病毒进入小肠黏膜细胞时所需的受体的人群可免受感染，亦不产生抗体应答；反之，另一些具有该种受体的人群则易感染，并产生抗体应答。

诺如病毒污染食物和水源可引起疫情爆发，并通过人与人的接触而快速传播。跟踪和调查爆发必须将一代病例和二代病例分开。

一定要调查清楚首发病例及疫情传播和流行的先后次序。将获得的毒株与单次爆发相联系，爆发蔓延时应对诺如病毒毒株的特殊可变突出区域进行测序，以监测毒株的进化及识别与长期传播相关的单个毒株，并在常规性污染食物或水平筛查中对流行株作出评估。

尽量减少在源头上的环境污染。对可疑的食品污染途径设法进行阻断；不允许患病的食品加工者在接触食品的工作岗位，严格管理所有食品加工者的个人卫生。

为预防二代病例增加，关键要制止爆发的持续。强调每个人都应"洗净手、堵住口"，增强个人卫生和自我保护意识，使用消化道传染病的相应预防措施，搞好净化环境的群众卫生运动。在家庭和学生中可采用酒精性消毒剂，食品加工者采用过氧乙酸消毒洗手，学校每天用季铵湿巾对教室墙面、地面及课桌消毒后，二代病例明显减少。

疫苗作为肠外、口服或鼻内疫苗而给予小鼠的病毒样颗粒，具有高度的免疫原性。在志愿者中，口服在转基因植物中表达重组的病毒颗粒，以及在杆状病毒中表达的病毒样颗粒，都既安全又有一定的免疫效果。然而，在诺如病毒疫苗的研究中，仍存在着许多挑战：①具有保护作用的免疫相关物没有完全搞清。②现在提炼的抗体缺乏长期免疫效果。③抗原性不同的毒株缺乏特异型防御作用。④存在许多基因型和抗原型的病毒。⑤流行毒株的持续快速进化，可能需要一种与流感病毒相似的每年一次的毒株选择过程，以使疫苗中的抗原与流行的诺如病毒株相匹配。

二十、札幌病毒感染
（Sapovirus Infection）

本病是由杯状病毒（又称嵌杯状病毒）中札幌病毒致人畜急性肠炎的病毒性传染病，其特征是致人畜呕吐和腹泻。

历史简介

1976 年日本札幌的 Sappor 一家孤儿院发生群聚腹泻事件，1982 年从胃肠炎患者的粪便中分离到了有嵌杯状形态病毒，称之为札幌病毒或 Sappo 病毒。1986 年美国休斯敦一个日托所爆发胃肠炎时，也分离到了相似病毒，有人将这类病毒称之为札幌病毒（Sapovirus）。1997 年分离到的 Parkville 亦归入此组。1995 年国际病毒分类委员会将其与诺瓦克病毒合并称为札如病毒。2004 年国际病毒分类委员会建立杯状病毒科是从小 RNA 病毒科中独立出的新科，有 4 个属：Lagovirus、Vesivirus、诺瓦克样病毒和札幌样病毒，前两者主要感染动物；将札幌病毒归入札幌病毒属，而诺瓦克病毒归入诺如病毒属。此两属为人类、儿童非细菌性急性胃肠致病原体，此二属合称人类杯状病毒（HuCV）。

病原

札幌病毒属以札幌病毒（Sapovirus）为代表，是典型的 HuCVs（人类杯状病毒），由镜下可见 HuCV 的典型形态，可分 3 个遗传组，即 Sapporo82、London92 和 Parkville 病毒，每一个遗传组又进一步划分为许多群，其基因结构与 NV 相比稍有差异。病毒无囊膜，直径 27～35nm，表面环绕着 6 个空洞，宛如嵌入 6 个杯子。为单股正链 RNA 病毒，基因组全长 7～8Kb，带有多聚 A 尾。测出的第一个 SaV 基因组是 Hu/Manchester/93/UK，它属于 G$_{II}$ 型。SaV 含有两个主要的开放阅读框（ORF）。ORF$_1$ 编码一个多聚蛋白经过蛋白酶处理后分解为几个非结构蛋白和一个衣壳蛋白（Cupsid，VP$_1$）。ORF$_2$ 编码一个碱性蛋白（VP$_2$），它是非结构蛋白。G$_I$、G$_{IV}$、G$_V$ 型 SaV 还含有一个较小的 ORF$_3$，编码一个碱性蛋白。

由于人的 SaV 不能进行细胞培养，因此不能使用中和试验对 SaV 进行分型，比较普遍接受的分型方法是衣壳蛋白全基因的序列分析。SaV 被分为 G$_I$ 型 1～5 亚型，G$_{II}$ 型 1～6 亚型，G$_{IV}$ 和 G$_V$ 型仅 1 个型，计 4 个主型、13 个亚型。已知札幌病毒基因群和基因型：I.1 HU/SaN/Sapporo/1982/JP；I.2HU/SaV/Parkville/1994/US；I.3 HU/SaV/Stockholm 318/1997/SE；II.1 HU/SaV/London/1992/UK；II.2 HU/SaV/MeX 340/1990/MX；II.3 HU/SaV/Cruise Ship/2000/US；III.1 SW/SaV/PEC - Cowden/1980/US；IV.1 HU/SaV/Hou - 7 - 1181/1990/US；V.1 HU/SaV/Arg39/AR。

猪肠道札幌病毒- Cowden 株（Porcine Enteric Sapovirus - Cowden）呈典型杯状病毒形状，圆形，有杯状凹陷，直径约 35nm。有一个具有 7 320 碱基对的基因组，组成 2 个开放阅读框架（ORF），有一个较大结构的衣壳蛋白，分子量为 58KDa。PEC/Cowden 属基因组 III（G$_3$ 型）。可在猪肾原代细胞和猪肾代细胞系（LLC - PK）上培养。GenBank 上目前只有 6 个猪 SaV 毒株的多聚蛋白基因序列：Cowden（美国）、OH - JJ259（2002 美国）、NC-

QW270（2002 美国）、LL14（2003 美国）、OH－MM（2003 美国）、HUN（2002，匈牙利），系统进化分析这些基因群上属于 SaVGⅢ，猪 SaV 并可分为 2 个亚群。

流行病学

本病已有报道的国家有日本、美国、韩国、中国、巴西、意大利、西班牙、匈牙利、斯洛文尼亚、爱尔兰、丹麦、芬兰等。SaV 可感染人、猪、貂、蛤、牡蛎等，感染人的主要为 GⅠ、GⅡ、GⅣ和 GⅤ型，感染猪的主要为 GⅢ型及少量其他类型，如 GⅡ、GⅣ等。同一地区不同年份可能以不同的基因型为主，也有几个基因型均有发生。本病常见于婴幼儿的冬、秋季急性胃肠炎病例，也会导致成年人发病。在非爆发病例外，不同人群中该病的检出率在 0.5%～20%。

SaV 可从病人粪便、环境样本（如废水）、水产（蛤）、食品中检出，如 Aansman（2007）从河水中检出 GⅠ、GⅡ型 SaV。蛤、废水中检出的 SaV 与儿童腹泻病例的 SaV 基因序列同源性很高，提示可能存在食源性传播。粪-口传播是主要途径。

临床症状

人

SaV 感染致婴幼儿呕吐和腹泻，排稀水或水样粪便。小儿半数可伴上呼吸道症状，还有出现皮疹者。病程可持续 3～5 天。

成人感染也引起腹泻。Johansson（2005）报道平均年龄 52 岁的 23 名感染者症状：腹泻占 72%、呕吐占 56%；此外，有恶心、腹部疼挛、头痛、肌肉痛、发热等，症状持续 6 天。Wu（2008）报道 SaV 也引起呕吐、腹泻、肚子疼、发热、脱水，持续 12～60h。Iwakiri A（2009）报道 SaV 在病人体内的排毒期通常为 2 周，但少数在发病后 2～4 周仍然排毒。

猪

猪札幌病毒 PES/Cowden 毒株经猪口服，潜伏期 2～4 天。腹泻持续 3～7 天。所有接种猪感染，并从温和到严重的腹泻。实验猪能被致病和产生肠道病变，可导致十二指肠和空肠绒毛短缩、变钝、融合或缺失。隐窝细胞增生。绒毛/隐窝比例降低，并伴随细胞浆空泡形成及固有层多形核和单核细胞浸润。用电镜扫描可见肠细胞上有一层不规则的微绒毛。血清免疫荧光试验证明病毒在肠细胞内复制。在小肠内容物和毒血症的早期血流中有杯状病毒颗粒。病毒从血流到达小肠和绒毛肠细胞的机制未曾确定。口服感染粪便中带毒可达 9 天；静脉接种感染，粪便带毒时间至少 8 天。Wang QH（2006），猪 SaV 感染各年龄猪，尤其断奶猪，引起仔猪腹泻。GWO M（1990）通过分子生物学分析检测到猪肠道有类似人的 Sapporo 样病毒颗粒。

诊断

由于临床症状可由多种疾病病原引起，因而无特异性。但发生腹泻需要鉴别诊断。实验室诊断仍是主要手段。用电镜和 ELISA 方法检测可以检测完整的病毒粒子和病毒抗原。RT－PCR 方法能提高敏感度，其中荧光定量 RT－PCR 增加了检测的敏感度，而且检测速度更快。

防治

对本病没有特异有效的治疗措施，由于病的自限性，可以采用对症疗法。除加强一般卫生措施外，尚无特异预防方法。

二十一、戊型病毒性肝炎
（Hepatitiv E，HE）

戊型肝炎是由戊型肝炎病毒（Hepatitiv E Virus，HEV）引起的，通过粪—口途径传播经肠道传染的自限性，急性，以肝脏器官、黄疸为主要特征的传染病。其有流行频繁，青壮年发病率高及孕妇感染者预后差；畜禽感染率高，且多呈隐性感染等特点。近年来，越来越多的临床与研究资料表明，HEV 不仅侵袭人类，而且可以在动物中广泛分布和传播，是一种人畜共患性传染病。

历史简介

1955 年在印度，由于水源污染发生戊型肝炎大爆发。1977 年 HEV 被命名为非甲非乙型肝炎。前苏联学者 Balayan 等（1983）用免疫电镜技术，从 1 名志愿受试者粪便中观察到戊型肝炎病毒颗粒，能与志愿者恢复期患者的血清发生凝聚反应。Beyes 等（1989）通过克隆 V 基因组 cDNA 分析，成功克隆到缅甸患者的 ET‐NANBH 毒株 cDNA。同年 9 月在东京国际 NANBH 和血液传染病会议上，建议将此型肝炎及相关病毒分别命名为戊型肝炎和戊型肝炎病毒。Balayan 等（1990）用 HEV 试验感染家猪获得成功，并且检测到临床症状。Reyes，Tom，Aye 等（1990）用基因文库的方法测定了 HEV 的全长 cDNA 序列。2004 年国际病毒分类学委员会建议 HEV 分类于嗜肝病毒科，肝病毒属，单独构成一种病毒。其后归于戊型肝炎病毒科，戊型肝炎病毒属。

病原

戊型肝炎病毒（Hepatitiv E Virus，HEV）是一种无包膜的单股正链 RNA 病毒，呈表面粗糙，不规则球形，在胞浆中装配，呈晶格状排列，可形成包涵体。直径 27～38nm，平均 33～34nm，表面有突起和刻缺，内部呈完整的病毒颗粒和不含完整基因的病毒颗粒两种不同形态。无囊膜，核衣壳呈二十面体立体对称。能被氯化铯裂解，反复冻融易裂解；在镁和锰离子存在的条件下可保持其完整性。在碱性环境中较稳定，$-20℃$贮存。HEV 在酒石酸钾/甘油中的浮密度为 $1.29g/cm^3$，在氧化铯中的浮密度为 $1.30g/cm^3$。

目前 HEV 只有一个血清型，用免疫电镜和免疫荧光阻断证明，从世界不同地区分离到的 HEV 均有强烈的交叉反应，不同基因型戊型肝炎病毒的抗体有明显的交叉免疫保护作用，用不同基因型的病毒抗原对感染人群和感染动物进行血清学平行检测，结果高度一致。不同地区来源的 HEV 基因序列有一定差异，但同一地区来源的 HEV 基因序列保持相对稳定。但至少可分为 8 个基因型：基因 1 型主要分布在亚洲和非洲，以缅甸株为代表（包括中国新疆株）；基因 2 型以墨西哥株为代表；基因 3 型在美国包括美国的猪株和人的 HEV；基因Ⅳ型在中国，包括北京株和台湾株；最近发现印度株有 HEV 属于 4 型，推测也可能有人

4 型 HEV 的存在。欧洲株、意大利株和希腊株分别属于 HEV 基因 V-Ⅷ型。Schlauder 等（2001）将 HEV 的基因型划分为 4 个基因型 9 个群（表 1-30）。

表 1-30　HEV 的基因型

基因型	群	HEV 病毒株来源
Ⅰ	1	缅甸、中国、巴基斯坦、尼泊尔、埃及、印度、巴塞罗那、摩洛哥、乌兹别克斯坦、吉尔吉斯、乍得
Ⅱ	2	墨西哥、尼日利亚
Ⅲ	3	美国、日本、英国、荷兰，加拿大猪 HEV
	4	意大利，新西兰猪 HEV
	5	西班牙、希腊、荷兰；西班牙猪 HEV
	6	希腊、英国
	7	阿根廷、奥地利
Ⅳ	8	中国、日本、越南；中国台湾猪 HEV
	9	中国，中国台湾猪 HEV

　　HEV 基因型有如下特点：①不同基因型 HEV 间的遗传距离相差较大；②同一地区的 HEV 株序列水平相对保守；③非流行区 HEV 株序列存在差异；④不同基因型 HEV 株在氨基酸序列水平相对保守，支持 HEV 只存在一个血清型的假说。

　　HEV 基因型地域分布呈现复杂性的特征，不同地区分离克隆的 HEV 毒株的核苷酸序列差异较大，但其基因组结构基本相似。HEV 基因组为一单股正链线状 RNA，长约 7.5Kb，由 5' 和 3' 非结构区，3 个开放阅读框架（ORF）组成。分子结构 5'-NS-S-POLY-A-3'：多腺苷化。在 HEV 各基因型中均发现基因亚型的存在，如基因 4 型有 14 个亚型。上海 HEV 以基因Ⅳ型为主，包括已知 4a、4d、4h 和 4i 四个亚型。人类毒株序列与猪Ⅳ型病毒株序列（GU18851、DQ450072 和 EF5701333）的核苷酸同源性分别为 83.09%～97.96%、85.87%～97.26% 和 83.80%～95.10%。

　　动物与人 HEV 的基因组序列有很高的同源性。Nishizawa（2003）从日本同一地区的猪、人体内分离的二株 HEV 都是由 7 240 个核苷酸组成，病毒全基因的同源性达 99%，其中 3 个开放式读码框所有编码的蛋白同源性达 99%、100%、100%，进一步证明散发的 HE 是动物源性的。DiBartolo I 等（2010）对猪的 HEV 基因序列通过数据进行对比。14 个阳性 PCR 检测结果核苷酸序列经过系统发育分析表明，所有的基因型为Ⅲ型，聚集在 2 枝，分别为 g3c 和 g3f 个亚型。从现有资料来看，动物 HEV 在种系发生树上并不构成独立分枝，而是与多株不同的人类 HEV 共属同一分枝，核苷酸序列同源性在 90% 以上。

　　不同地区流行的核苷酸序列高度一致，变异率仅为 1%～10%，绝大多数核苷酸与氨基酸的置换基本都集中在 HEV 衣壳蛋白区，即 HEV 的结构蛋白。HEV 的复制过程尚不清楚，其结构基因可能以亚基因转录体形式表达。对从 HEV 缅甸株分离的 RNA 进行 Northern 转印分析，证实存在两种多腺苷化的亚基因病毒 mRNA（2.0Kb 和 3.7Kb）。ORF2 和 ORF3 的表达可能包括移码（Frame-shiting）或内部翻译（Internal translation）及抗原表达。鸡 HEV 与猪 HEV 一样，在遗传性和抗原性上与人源 HEV 相关联。虽然鸡 HEV 与人

HEV 的核酸同源性仅 50％左右，但两者有很多相同的结构与功能，并有一定的血清学反应，同属于戊型肝炎属。

Grandadam M 等（2004）通过试验证明 HEV 存在准种（Quasispecies）现象。准种是指物种基因组的碱基序列在流行病学上高度一致，但在个体之间又存在差异的一组群体。在宿主免疫压力的作用或药物干预下，准种群经过筛选，遗留下优势种群耐受宿主内环境，并继续变异。他们证明一次流行中的同一基因型 HEV 存在基因多态性。病毒免疫逃逸现象某种程度上得益于准种现象存在。

关于 HEV 的生活周期采用 HEV 细胞培养（主要报道来自人或猴的肝、肾及肺细胞）与动物模型（猴与黑猩猩等灵长类动物）及志愿者进行，归纳为：HEV 通过胃肠进入血，在肝脏中复制，从肝细胞中释放入胆汁及血液，从粪便中排出体外。目前尚无不同型别戊肝病毒在致病性方面有何差异的资料和报道。

流行病学

本病主要流行于亚洲、非洲及美洲的一些发展中国家。我国是 HEV 流行的主要地区之一，约占急性散发型病毒性肝炎的 10％。在我国几乎每年均有数次规模不等的流行发生。近年来，美国、日本、中国、印度人群 HEV 感染率呈上升趋势。发病主要是青壮年，70％以上为 15～49 岁年龄组，儿童较少，可能与隐性感染者较多有关。妇女和老年人较少，可能与暴露机会较少有关。但孕妇较多，患病死亡率达 20％。病人在潜伏期与发病初期传染性较强，但持续时间不长，一般发病后 2～3 周即无传染性。HEV 在各种动物中存在（Wang 等，2002）可自然或人工感染非灵长动物、鼠啮齿动物及鹿。也可广泛感染野猪、猪、牛、绵羊、山羊、犬、鸡、鸟等，感染率可达 60％左右，人和畜是共同宿主。Vitral 等（2005）通过对巴西不同动物血清检测发现，HEV 的感染率，牛为 1.42％、犬为 6.97％、鸡为 20％、啮齿动物为 50％，感染的人和家畜都是传染源。猪的感染率很高，故认为 HEV 很可能是动物源性病毒，并且猪可能是引起 HEV 在人群中爆发流行的储存宿主（Wu 等，2000）。鸡 HEV 引起鸡的大肝脾病，也可越种感染猪和火鸡。已有研究证实，在美国、越南、尼泊尔、巴西鸡的 HEV IgG 阳性率分别是 30％、44％、13.6％和 20％。朱建福等发现鸡、鸭养殖人群中 HEV IgG 阳性率高达 76.8％，高于当地同龄农村人口的阳性率，但鸡 HEV 能否传人还须进一步确证。

多种动物易感染 HEV，戊肝可能是一种人与动物相互传播的共患性疾病：①动物对 HEV 患者粪便中提取的 HEV 敏感；②动物感染后其临床症状、病理学、血清学、血清生化改变与戊肝患者相似；③动物感染 HEV 后，其粪便提取物中含有 HEV 颗粒能有效感染其他动物（同种或不同种），而且传代后的 HEV 致病力不减；④饲养动物与人密切接触，有机会传播 HEV，野生动物亦可能成为人饮水的污染源。

Balayan 等（1990）首次用 HEV 实验感染家猪获得成功，由此提出家猪维持 HEV 的自然循环和作为动物模型的可能；Clayson 等（1995）用 ELISA 检测血清抗体和 RT－PCR 检测粪便排毒两种方法在尼泊尔圈养猪和野母猪中均发现较高比例的猪 HEV 自然感染，从而正式提出了 HEV 作为人兽共患病，猪是其自然宿主的假设。Meng X. J（1997）第一株动物源性 HEV－猪 HEV 的发现揭开了动物源性 HEV 研究新篇章。Xiang－Jin Meng et al.（1998）通过实验感染和基因检测证明人和猪的戊肝病毒可交互感染。在全球范围内，不论是发展中国家还是卫生和医疗条件好的发达国家，不论 HEV 在当地是否为地方性流行，猪群中普遍存在着血清抗 HEV 抗体。调查研究发现，猪群血清中存在特异性抗体，不同年龄的猪群 HEV 抗体分布不同，2 月龄仔猪感染率最高。中国台湾地区调查结果显示，在进口的猪群中存在着与当地不同的病毒株。美国的研究表明，与猪接触的职业人群的血清抗 HEV 抗体高于非职业人群。曹海俊等（2004）对浙江调查，职业人群阳性率在 77.25%，而 1~59 岁人群阳性率为 17.2%；我国 4 月龄以上的猪血清抗体阳性率平均为 40%，而饲养人员的血清抗体阳性率为 100%；调查证明在猪场工作 15 年以上人员的戊肝的血清阳性率为 83%，比其他职业的人感染戊肝的几率高 74%，生活在猪场下游的人比生活在上游的人戊肝感染几率高 29%。泰国 3 月龄以上的猪阳性率为 9%~20%，而饲养员的阳性率为 71%。在美国兽医中猪 HEV 血清抗体阳性率为 26%，为普通人的 1.5 倍。猪场职工阳性率为 51.1%，为对照人群的 2.07 倍。Drobeniuc 等（2001）摩尔多瓦从 18 个猪场中随机选择 4 个猪、264 名工人，同时选择相应地区工厂、农场、卫生等 255 人进行组成已对的横断面研究。猪场职工 HEV 抗体阳性率为 51.1%，是对照组的 2.07 倍，感染的抗体水平也明显高于对照组，提示猪场职工受环境中病毒的反复免疫压力更大或初始病毒感染剂量更强的可能性。台湾 Hsieh Sy（1999）一项研究证明，猪操作工、猪销售员和对照人群的抗 HEV 阳性率分别为 26.7%、15% 和 8%。这结果提示与动物职业相关暴露者（兽医、养殖户、肉品加工者等）处于较多的 HEV 感染风险。

Clemente，Casares 等（2003）证实 HEV 在工业化国家中流行的程度要比原来认为的广泛得多，并且在同一地区也存在多个病毒株的流行。

HEV 基因 1 型在世界范围内广泛流行，被认为只在人群中流行，但 2006 年在柬埔寨猪粪中检到 HEV RNA。Caron 等（2006）报道 1 型可感染猪。基因 3、4 型被认为是人兽共患病原体，其中 3 型在世界范围内的人群和猪群中流行。1993 年基因 4 型在中国人群中发现，此后在日本、印度、印度尼西亚、越南等地的猪群中流行。Meng（1998）用猪 HEV 静脉接种恒河猴和黑猩猩，均可出现 HEV 急性感染，毒血症，血清抗体转阳，ALT 升高，肝局部坏死性炎症，粪便中检到猪特异 HEV RNA。美国和中国台湾地区分别分离到猪 HEV 与当地居民感染的 HEV 具有高度的同源性，属同一个基因型，动物与人 HEV 有很高的相似性。我国某敬老院爆发戊肝，通过猪胆汁、粪便与人病毒基因检测，均为基因 4 型，序列同源分析：PCR 扩增的戊肝病毒 ORF2 区，三者同源性在 96%~98%。这些调查表明，人的 HE 阳性检出率与从事和猪接触的相关职业有一定关系，也说明 HE 是一种人畜共患病。但常见于猪和人，除了猪作为一个病毒储库以维持 HEV 的数量外，也见于其他的灵长目动物感染 HEV。人畜可能是 HEV 共同宿主。DiBartolo I 等（2010）报道，在猪传染的 E 型肝炎病毒主要是基因 III 型，而且在世界范围内也偶有该型病毒感染人的报道。

HEV 主要通过粪-口途径在猪之间传播，M.casas 实验室证实，经口感染 HEV 的猪可传染给哨兵猪，欧洲等国家对病毒的流行病学和畜群间动力学研究证实在猪场 HEV 从断奶仔猪到肥育猪的循环传播。而人类主要是通过食用被 HEV 污染的食物而感染，Williams T P（2001）报道 HEV 可在肝脏和胆汁中蓄积，同时也可以在小肠及大肠内增殖。日本曾有人吃生鹿肉和野猪肉而群发；李文贵等（2007）用 RT-PCR 方法，从屠宰猪肝中扩增到 HEV RNA，其相关抗原的阳性率达 95%~100%，这无疑会对人类健康构成潜在危害。日本、印度等国家已发生多起因食用未煮熟的猪肝和猪肉而引起人感染 HEV 的病案。其中水型传播最为重要，在猪场周围的污水中能检测到 HEV 的存在。Pina S（2000）报道西班牙在猪屠宰场污水中发现类似 HEVRNA 序列。所以，在卫生条件差的地区或洪水后常引起爆发，日常生活接触也引起散发，在医院里接触到病人粪便、血液和其他液体时可能会发生传染；母婴垂直传播 HEV 也有报道。但人—人间还不太清楚。

戊型肝炎主要由 4 个流行模式，即水源型、食物型、接触型、输入型。本病的流行常见于夏、秋的雨季或洪水后，散发则无明显的季节性。常于其他嗜肝病毒同时或叠加感染，加重病情。据调查，40％左右的儿童重症肝炎为 HEV 和 HAV（甲肝）混合感染所致。人普遍易感，感染后能产生一定的免疫力，但不太持久，故幼年感染者，到成年时仍可再感染。

在鸡、牛、羊中也普遍存在着 HEV 的感染和传播。以人 HEV 实验感染山羊，结果证实羊对 HEV 易感。在大肝病的鸡中分离到的病毒与人 HEV 遗传上有相似性。牛 HEV 抗体阳性率在印度、乌克兰、中国分别为 4.4％～6.9％、12％和 6.3％，在索马里、塔吉克斯坦和土库曼斯坦为 29％～62％之间。塔吉克斯坦羊的阳性率在鸡 HEV IgG 阳性率在越南、尼泊尔分别为 4.4％和 13.6％。犬 HEVIgG 在越南、印度的阳性率分别是 27％和 22.7％；此外，HEV 阳性的还有鼠等啮齿动物及猴等。

戊肝是一种世界性的人与动物共患传染病，自 1995 年以来已有 9 次万人以上感染戊肝的大规模流行，成为主要公共卫生问题。

发病机制

HEV 感染后呈一种急性自限性的发展过程，没有或很少发展为慢性，与慢性肝炎、肝硬化及肝细胞癌变的发展关系不大。根据灵长类动物模型与志愿者实验研究及临床观察资料分析，肝细胞免疫损害机制，包括细胞毒性 T 淋巴细胞（CTL）可以引起肝细胞坏死或凋亡，为特异性免疫引起的肝损伤。此外，肿瘤坏死因子（TNF）、白细胞介素-1（IL-1）等细胞因子可以引起非特异性的肝损伤。研究结果显示，HEV 无直接细胞致病性；HEV 感染引起的肝组织病理学损害，主要是 HEV 复制、表达产物导致机体的免疫学应答的结果。

病理学改变为急性期病变：人戊型肝炎的病理改变分为瘀胆型和普通型。主要表现为肝细胞普遍水肿变性，部分肝细胞呈嗜酸性变，并可形成嗜酸性小体、灶性坏死及炎性细胞浸润。浸润的细胞主要是淋巴细胞核和单核巨噬细胞。肝细胞死亡与凋亡多不严重，一般呈单个细胞或灶性坏死，同时伴有肝细胞再生。电镜发现肝细胞肿胀，内质网扩张，线粒体形态异常，糖原减少。淋巴细胞常与这种肝细胞密切接触，表明该病肝细胞损害可能是由于细胞免疫反应介导。黄疸严重者可见毛细胆管内胆栓形成，汇管原炎症细胞浸润程度不一。无黄疸的病变常较轻。

临床表现

人类戊型肝炎

Tian-cheng Li 等（2005）报道食用野猪肉导致 1 人感染戊肝，而且从野猪肉和病人体内检测出 3 型 HEV，两者同源性达 99.95％。中国原卫生部公布的 2005～2009 年中国甲、乙、丙类传染病疫情显示，HE 在急性病毒性肝炎中所占比例有稳步上升趋势，HEV 病毒性肝炎已占 4.0％，而相应的甲肝所占比例下降，这是新的一个流行特点。研究表明 HEV

感染占主导地位的基因 4 型，占分离株的 95% 左右，而基因 1 型占 5% 左右。在感染率方面，10 岁以下儿童人群无病例发生，20 岁以下占 1.32%，40～60 占 51.06%，60 岁以上感染率趋于稳定。还有部分可能为隐形感染人群。HEV 病死率较甲肝高约 10 倍，可达 1%～4%，主要死因依次为脑水肿、肝肾综合征、产后出血、脑癌及上消化道出血。据动物模型和志愿者试验研究，HEV 通过胃肠道进入血液，在肝脏中复制，从肝细胞中释放入胆汁及血液，从粪便中排出。经一个循环周期，潜伏期为 15～75 天，平均 36 天。潜伏期长短可能与病毒感染及病毒株的差异有关。日本 Ohnishi（2006）和 Mizuo 等（2005）的临床研究结果提示，HEV 基因 4 型的致病性可能比 3 型强，表现为：4 型感染者谷丙转氨酶（ALT）峰值水平更高，凝血酶原活动度更低。病毒载量更高，且急性重型 HE 的临床病例均由基因 3 型所致。印度 Krishna 等调查了 3 220 病例具有肝硬化或肝硬化倾向的患者，在发生 ACLF 的 121 例患者中 80 例与单纯 HEV 感染有关，8 例与 HEV 合并甲肝感染有关。

人感染戊型肝炎病毒可表现为急性、亚急性临床感染和隐性感染。

1. 急性型　主要为急性黄疸型（78%～90%）、急性无黄疸型（8%～18%）和重型肝炎（0.4%～20%）。临床表现为肝区压痛、恶心、疲倦乏力、尿黄、黄疸等，程度重，病程长，病死率高达 1%～3%。孕妇感染戊肝的病情严重，常出现流产、死胎、产后出血或急性肝坏死，尤其在妊娠后 3 个月发生感染，病死率在 20% 左右。老人病程更长、更重。

2. 亚临床型　本病潜伏期一般为 15～75 天，平均约 6 周。潜伏期长短可能与感染病毒的量和病毒的毒株的不同有关。

人感染 HEV 后多呈亚临床型，儿童亚临床型感染较多，成人则以临床感染居多。亚临床型与临床型感染比例为 4：1～5：1。绝大部分患者呈现急性发病，包括急性黄疸型和急性无黄疸型肝炎，两者比例约为 1：13；还可表现为瘀胆型肝炎，甚至重型肝炎。HEV 感染后呈一种急性自限性的发展过程，没有或很少发展为慢性。但法国 Kamar 等（2008）报道在肝酶异常的器官移植者中，有 6.5% 患者表现持续肝酶升高和持久的病毒血症，提示病程呈慢性迁延性进展。不过迄今为止，关于 HEV 致慢性肝炎的问题尚无定论，目前仅知所有病例均为免疫抑制患者，且所感染的 HEV 均为基因 3 型。

研究表明，HEV 无直接细胞致病性，其感染引起的肝脏组织病理学损害主要是 HEV 复制表达产物导致机体的免疫病理学应答结果，与慢性肝炎、肝硬化及肝细胞癌变的发展关系不大。但个别报道有 HEV 长期携带的可能性。戊型肝炎病人感染初期主要表现为食欲减退、乏力、发热、黄疸。戊肝临床表现与甲肝相似，但其黄疸期更重，持续时间更长，发生瘀疸者也较多，可达 20%。急性黄疸肝炎，病程 2～4 个月，分为黄疸前期、黄疸期和恢复期。多呈自限性，经适当休息治疗渐消退，肝功能改善，进入恢复期，病程约 2 个月。预后良好，较少向重型肝炎发展。有畏寒、咳嗽等上呼吸道症状。有时伴有呕吐、腹泻。体征主要有肝脾肿大，右上腹不适或胀痛，肝区压痛、叩击痛。但是，在孕妇可导致流产和死亡。1978～1988 年新疆南部发生流行，发病人数为 119 280 例，死亡 707 例，其中 414 名孕妇死亡，特别是妊娠晚期感染者病程较重，重型肝炎发病率较高，病死率高达 20% 左右，其发生机制尚不清楚。生化检验指标可见总胆红素升高，尿色呈啤酒或红茶色，谷丙转氨酶异常升高，可达 1 000 单位以上；血清学检查 IGM 抗体阳性，恢复期 IgG 升高。有报告表明，HEV 感染后可产生免疫保护作用，防止同株、甚至不同株 HEV 再感染。绝大部分患者康复后血清中抗 HEV 抗体持续存在 4～14 年。

中国易发病年龄有中老年化趋势，这可能与目前基因 4 型 HEV 感染与主导地位有关，并且 4 型毒株更易侵犯老年人及免疫力低下者。男性感染率或发病率高于女性，不同的调查显示男女比为 2∶1～5∶1。

戊肝患者整个病程持续 4～6 周，在感染后 1～2 周首先出现病毒血症和粪便排毒，感染后 5～6 周出现急性肝炎的生化改变和临床症状，随后病毒血症迅速消退，但粪便排毒可持续一段时间，一般为 1～2 周，最长可持续 114 天。在临床上急性戊肝早期血清中，超过 50％可检出病毒血症。IgM 和戊肝早期血清中，超过 50％可检出病毒血症。IgM 和 IgG 抗体在症状出现时已基本阳转并接近滴度高时，IgM 抗体在发病后 3～6 个月内基本消失，而 IgG 抗体阳转时间比 IgM 抗体晚 1 周，但可长期持续存在。

HEV 与其他嗜肝病毒同时或重叠感染时，患者病情常较重，重型肝炎发生率也增高。慢性 HBV 携带者重叠感染 HEV 后病情较重，印度学者报道，占急性重型肝炎与亚急性重型肝炎的比例分别达 80.7％和 75.5％。在甲型肝炎和戊型肝炎地方流行区，HEV 和 HAV 可以同时或先后感染人体，有报道 40％左右儿童重型肝炎为 HEV 和 HAV 混合感染所致。

戊型肝炎病死亡率较甲型肝炎高约 10 倍，可达 1％～4％；主要死因依次为脑水肿、肝肾综合征、产后出血、脑疝及上消化道出血。

猪戊型肝炎

HEV 的主要宿主是猪。Balayan 等（1990）报道了圈养猪对人 HEV 易感性，并用 HEV 实验感染猪成功。Clagson 等（1995）用血清抗体检测和 RFPCR 检测猪粪中病毒，从尼泊尔圈养和放牧猪中发现较高比例的猪 HEV 自然感染，从而正式提出了 HEV 是人兽共患病，猪是其自然宿主的假设。葛胜祥等（2003）检测了我国不同地区的 8 626 头猪，抗体阳性猪 7 191 头，阳性率为 83.4％。内蒙古为 100％、重庆为 99％、上海为 85.4％、湖南为 73.3％、湖北为 68％、华东地区为 88.7％。

Meng（1997）调查美国商业猪场 HEV 感染率达 80％～100％，一般为 2～3 月龄仔猪。在抗体转阳前小猪血清中分离到猪 HEV 野毒株，属基因 3 型，与人 HEV 同源性达 97％以上。进化树分析显示，两株病毒共同形成独立分支，提示猪的 HEV 可能感染人。HEV 基因 3 型、4 型有广泛的宿主，能感染人。欧洲猪只有 3 型。Maetelli.F 对意大利 HEV 调查，猪 80 日龄以下阳性率为 20％，80～120 日龄为 46.9％；DiBartolo I 等（2010）对意大利北部屠宰场内 48 头猪的 HEVAb 用 ELISA 检测，平均血清阳性率是 87％。48 只猪的胆汁、肝脏和粪便收集起来检测 HEV 的 RNA 运用套式 PR - PCR 技术，扩增 ORF2 的一个片段。HEV 基因组在胆汁中检测出来（51.1％）的较多，粪便中为 33.3％、肝脏中为 20.8％。48 只猪中有 31 只（64.4％）至少一个检测样本 HEVRNA 阳性。总的来说，3～4 月龄猪比 9～10 月龄猪检出更高的 HEVRNA（95％和 42.9％）。欧洲猪血清阳性率为 55％～76％，而美国无阴性猪。

与人感染不同，猪 HEV 感染后并无临床症状，大多数为亚临床感染。Halber 等（2001）以 $10^{4.5}$ 猴半数感染剂量，与猪 HEV 最为接近的 HEVUS - 2 株感染 SPF 猪，未发现任何临床症状及 ALT/SB 改变，但抗体转阳，7～55 天后出现轻至中度肝和肠系膜淋巴结肿大，淋巴浆细胞性肝损伤和肝细胞坏死，在 3～27 天时 HEVRNA 可从血清、粪便、肝组织、胆汁检出，并可在不同时间内几乎自任何组织内检出，主要集中在小肠、淋巴结、大肠和肝脏；病毒血症消失时，HEVRNA 可从部分组织中检出。而且圈养在一起的对照猪在实验猪出现 HEV 感染后 2 周也被 HEV 感染。Usmanov 等（1991）以 HEV 吉尔吉斯（osh-205）经口、静脉感染小猪出现 ALT 升高，粪便排毒，黄疸，肝炎，并在肠系膜淋巴结检测出 HEV，而免疫抑制小猪 HEV 感染更重，HEV 可在小猪之间传染，潜伏期更短，但无黄疸出现，提示人 HEV 在猪群间传染的可能性。Purcell 分析认为，这可能是由于感染猪的 HEV 主要基因是 3 型或 4 型，这两种基因型对人的致病性要低于 1 型、2 型。这可以解释为何在美国等很少发生 HE 流行的一些发达国家的健康人群中，既无黄疸肝炎病变，又否认到过任何 HE 流行疫区，但其血清中抗 HEV 阳性率却很高。这可能是由于无症状的感染了从猪或其他家禽或野生动物中的这两种基因型的弱毒株，而这些毒株很少引起临床症状。Balayan 等（1990）用静脉和口服 HEV 实验感染猪，感染后 1～2 周猪出现 ALT 升高和粪便带毒，3～4 周时猪发生黄疸，以腋下和巩膜最为明显。从 14 天和 37 天后肝组织急性炎症。肝脏活检，可见局灶性坏死，肝细胞肿胀、空泡变性，病变较轻微，且多在接种后 2 个月左右消失或减退。有研究表明，猪在 HEV 攻毒后 30 天，可从猪肝脏、粪便、胆汁和其他组织中检测出 HEVRNA。而以抗体中和过的粪便接种猪无症状。HEV 基因组分别在胆汁、粪便和肝脏中检测率为 51.1%、33.3% 和 20.8%。荷兰和新西兰的猪粪便中检出带毒率为 22% 和 35%，表明大部分猪是隐性感染。但随着母猪群抗体水平不一致，临床上会有变化。中滴度 IgG-Anti-HEV 阳性和阴性母猪所生的 2 周龄小猪均为阴性，而高度母猪所生小猪全部为阳性。阳性小猪抗体滴度几周内很快下降，到 8～9 周龄时已不能检出抗体。提示 2 周龄小猪的抗 HEV 抗体来自母猪。HEV 自然感染小猪可产生特异性 HEV 抗体，IgG Anti-HEV 最早可出现 14 周龄，到 21 周龄时自然感染猪抗体几乎全部阳性，并且抗体滴度持续升高。IgM 比 IgG 约早一周出现峰值，但在 1～2 周后迅速下降。自然感染猪不出现临床症状，但有肝炎的病理表现，肝脏有轻度至中度的多灶性炎症，伴有轻度的肝细胞坏死和淋巴浆细胞性肠炎，部分出现淋巴浆细胞肾炎。

虽然感染猪表现不明显的肝炎临床症状，但由于肝脏功能受到损伤，对于相关生产指标的负面影响，给养殖业造成一定的经济损失。

诊断

应根据流行病学、临床症候和实验室综合诊断。确诊以血清学和病原学检查的结果来判定。

目前主要使用酶联免疫法检测特异性抗体，为 ELISA 方法检测患者血清抗 HEVIgG、IgM；此外，可检测抗 HEVIgA。在急性期血清中可测出高滴度的抗 HEV-IgM，恢复期抗 HEV-IgM 滴度下降或消失，取而代之的是抗 HEV-IgG。可以同时检测抗 HEVIgG 与 IgA，后者阳性 HEV 近期的亚临床型感染；抗 HEVIgG 阳性，而 IgA 阴性，提示 HEV 远期感染。逆转录聚合酶联反应（RT-PCR），这是最常用的检测 HEVRNA 的方法，可以灵敏地检测含量较少的 RNA 基因组，然后用不同的限制性内切酶对 PCR 产物分析。该法不但可以检测有无 HEV 感染，而且可对 HEVRNA 进行基因分型。目前已获得批号的戊肝检测试剂盒主要由 Genelab 公司和北京万泰公司生产，其 HEV-Ag 即包含部分 ORF2 基因编码的重组蛋白或合成肽。而有的实验室利用同时含有 ORF2 和 ORF3 编码产物的重组蛋白作为抗原研制的 EL15A 试剂，也具有很好的敏感性和特异性。

可采用免疫电镜检测 HEV 感染者或患者粪便或胆汁标本中的 HEV 病毒样颗粒

（VLPs）；采用免疫组织化学方法观测 HEV 感染者肝组织标本中 HEV 抗原的表达情况。阳性结果均提示 HEV 的现症感染。

临床上要注意对黄疸型/无黄疸型急性肝炎，急性型戊型肝炎和亚急性重型戊型肝炎的判断。

急性戊型肝炎的诊断（黄疸型/无黄疸型）：

（1）病人接触史或高发区居留史。发病前 2～6 周接触过肝炎病人或饮用过被污染的水，外出用餐，到过戊肝高发区和流行区。

（2）持续一周以上乏力、食欲减退或其他消化道症状。肝肿大，伴叩击痛。

（3）血清转氨酶明显升高。

（4）血清病原学检查排除急性甲、乙、丙、庚肝炎。

（5）皮肤巩膜黄染，血清胆红素大于 $17.1\mu mol/L$，尿胆红素阳性并排除其他疾病所致的黄疸。

（6）血清学检验抗 HEV - IgM 阳性，抗 HEV - IgG 由阴转阳或抗体滴度由低转高 4 倍以上。

疑似病例：1（2）＋1（3）＋1（6）；

确诊病例：临床诊断＋1（6）。有 1（4）者为黄疸型急性戊型肝炎。

急性重型戊型肝炎：

（1）符合急性黄疸型戊型肝炎的诊断标准。

（2）起病 10 天内出现神经症状（指肝性脑病）。

（3）黄疸迅速加深，血清胆红素大于 $171\mu mol/L$。

（4）凝血酶原时间延长，凝血酶原活动度低于 40%。

疑似病例：2（1）＋2（3）

确诊病例：疑似病例＋2（3）＋2（4）。

亚急性重型戊型肝炎：

（1）符合急性黄疸型肝炎的诊断标准。

（2）起病后 10 天以上出现以下情况者。

①高度乏力和明显食欲不振，恶心，呕吐，皮肤黄染，巩膜黄染，重度腹胀或腹水。

②血清胆红素上升＞$171\mu mol/L$，或每天升高值大于 $17.1\mu mol/L$。

③血清凝血酶原时间显著延长，凝血酶原活度低于 40%。

④意识障碍。

疑似病例：3（1）＋3（2）＋3（2）（1）和（2）。

确诊病例：疑似病例＋3（1）＋3（2）。

防治

急性戊型肝炎为自限性疾病，虽较少可能转为慢性，但其死亡率较甲肝高，特别是妊娠妇女和老年人发生瘀阻型肝炎时，病死率较高，应当注意。一般情况下，无需特别治疗，也无有效药物，主要用支持疗法和对症处理；重型 HE 要加强对病人的监护，密切观察病情。采取延缓肝细胞继续坏死，促进细胞再生和改善微循环等措施；预防各种并发症，如肝性脑病、脑水肿、大出血、肾功能不全、继发感染、电解质紊乱、腹水、低血糖并加强支持疗法。

流行病学调查表明，自然感染 HEV 获得抗体后可保护人 HE 流行中免于得病，而用普通免疫球蛋白做紧急被动免疫无效。但抗 HEV IgG 在血液循环中维持时间仅 1 年，提示病后免疫不持久。凡未被 HEV 感染过的人都有可能被感染。因而各种年龄组人群均可发病。目前仍没有商品化的疫苗。从目前研究的结果来看，猪 HEV 也只是在特定情况下才会造成人感染，有研究表明，美国食品店所售猪肝中 11％被 HEV 污染，但油煎 5min 或煮沸 5min 都可完全杀灭 HEV。因此，防病的最有效措施是搞好环境与饮食卫生，不吃生肉、未熟肉，不饮生水，改善水质，防止污染的水源扩散，尽量减少与动物高密度接触，切断传播途径。

对病人要实施隔离，从发病之日起隔离 3 周以上，对其排出的粪便、分泌物要做好消毒，隔离病人至发病后 4 周，对接触者要严密观察 45 天，进行 ALT 和尿胆红素检查。对于流行区的病人要给予支持疗法，防止重型肝炎发生。到流行区的人要注意饮食卫生，不要与 HEV 感染病人接触。

强化动物管理。研究认为，猪场中有 75.1％～80.7％的猪能成功获得免疫保护，那么就可有效防止 HEV 在猪群中的传播。在没有商品疫苗前，控制上市猪只带毒传播也是措施之一。在日本 HEV 感染已成为猪的地方性疾病。据研究，仔猪感染的平均年龄在 59.0～67.3 天，感染日龄越小，到 180 日龄时猪的散毒概率就会极低。降低 HEV 阳性猪数量，减少 HEV 经猪传染至人的风险。所以，有必要采取彻底地控制措施，以便将肥育期散毒猪的数量减少至最低程度，从而消除来自猪场的病毒传播。一般来说，仔猪断奶后随月龄的增加血清阳性率增大，而猪场管理水平越高，抗体阳性率越低。据报道，无特定病原猪场可以杜绝 HEV 感染，说明适当的防控措施对该病原是有效的。

另外，其他动物，包括灵长目动物携带的病毒可能对切断 HEV 在猪群中的传播不利，有必要在特定的时间段内采取彻底地控制措施预防猪 HEV 感染。

加强监测。HE 属于全国传染病报告系统的法定病种，各级疾病监测网点须对 HEV 感染进行常规监测，各级医务人员应依照《中华人民共和国传染病防治法》进行病例报告。

对于戊型肝炎的预防，除采取切断传播途径的措施外，应用疫苗是根本手段。现有的疫苗研究，一方面是 HEV 编码区 ORF2 和 ORF3 序列的重组表达，另一方面是 HEV 基因的 DNA 免疫。现已有许多 ORF2 基因或其片段在不同细胞中成功地进行了表达，如原核细胞、昆虫细胞、酵母细胞、动物和植物细胞等，且其表达产物均有良好的免疫原性。在美国，一种用杆状病毒表达的 55KD 的重组壳蛋白的疫苗药物先通过Ⅰ期临床试验，目前此疫苗已在尼泊尔进行Ⅱ期和Ⅲ期临床试验。我国重组戊肝基因工程疫苗，采用大肠杆菌表达系统进行生产已经正式获准进入Ⅰ/Ⅱ临床试验。

二十二、登革热
(Dengue Fever)

本病是由登革病毒引起的一种急性热性传染病。临床上将登革热病毒感染分为普通登革热（HF）、登革出血热（DHF）和登革休克综合征（DSS）。患者表现突然发热、头痛，全身肌肉、骨和关节痛等，极度疲乏，部分患者可有皮疹、出血倾向和淋巴结肿大，严重者可致死。

历史简介

本病于 1779 年发生在埃及开罗、印度尼西亚雅加达。1880 年美国费城发生疫情，并根据临床症状命名为"骨痛热"、"关节热"和"骨折热"。因热型不规则又称为"马鞍状热"。1869 年由英国伦敦皇家内科学会命名为"登革热"。1906 年 Bancroft 等通过实验证明埃及伊蚊是传染媒介。1907 年 Ashburn 和 Craig 证明本病病原可能是滤过性病原。1943 年日本 Hotta 和 Kimura 用急性期患者的血清接种乳鼠脑内，分离到登革热病毒。美国 Sabin 及其同事，从 1944～1956 年间分离出 DEN1～4 型的病毒。1944 年 Sabin 从印度、几内亚、夏威夷美国士兵血清中分离到 3 株病毒，并建立血清凝结抑制试验，发现 DEN1 型和阴性 2 型病毒；1956 年在菲律宾发现的 DEN3 型、DEN4 型。1960 年 Hammon 等从病人和埃及伊蚊中分离到相同病毒，命名为"登革出血热"。1998 年 Kuno 等报道了 4 个血清型登革热病毒基因型全序列。

病原

登革热病毒（Dengue Fever Virus）属披盖病毒科黄热病毒属的 B 组虫媒病毒。依抗原性不同分为 Ⅰ、Ⅱ、Ⅲ、Ⅳ四个血清型。各型病毒间抗原性有交叉，与其他 B 组虫媒病毒如乙脑病毒和西尼罗病毒也有部分抗原相同。同一型中不同毒株也有抗原差异，这是由于单股正链 RNA 病毒缺乏精确的修复系统，较 DNA 病毒更易发生变异，其中Ⅱ型传播最广泛。各型都能引起本病，并能激发特异性抗体。各型间免疫保护不明显。

病毒颗粒呈哑铃型，大小为 700 nm×20～40nm；棒状或球状，直径为 20～50nm。病毒基因组由单股正链 RNA 分子组成，核心壳外有类脂质包膜，长 5～10nm，其末端有直径 2nm 的小球状物。最外层为两层糖蛋白组成的包膜，包膜含有型和群特异抗原，用中和试验可鉴定其型别；相对分子质量为 $4.6×10^3$，在蔗糖中沉降系数为 46S，具有感染性。基因组一级结构：

1）基因组含有一个长的 ORF，5' 端为 Ⅰ 型结构，有 m7G 帽，3' 端未发现 Poly（A）尾；起读密码为 AUG，前面有多个核苷酸，与同属的黄热病毒、西尼罗病毒有同源序列；ORF 框下游有 4 个终止密码。3' 端存在着保守的核苷酸序列，正股 RNA 的 3' 端有 6 个核苷酸与互补的 3' 端相同，表明正股 RNA 合成时在 3' 端可能有类似的多聚酶识别点，还可能形成一个稳定的二级结构。根据 5' 端和 3' 端配对的碱基，有人认为该病毒为茎—环结构。

2）整个基因组的核苷酸大约有 11 000 个碱基，它作为编码蛋白质的 mRNA，编码大约为 3 400 个氨基酸。

3）基因编码顺序为 5' 端含 96 个核苷酸的非编码序列—编码结构蛋白、C‐PrM（内含 M 序列）‐E‐编码非结构蛋白，NS1‐NS2a‐NS2b‐NS3‐NS4a‐NS4b‐NS5‐3' 端非编码序列。

4）基因组由 A、U、G、C 4 种核苷酸组成，其含量分别为 30.6%～32.2%、21.6%～22.9%、22.7%～26.4%、20.5%～22.0%。

5）同一型内不同毒株之间核苷酸同源性最高，不同型别毒株之间次之，与不同亚群的黄热病毒同源性较低。如Ⅱ型病毒牙买加株与 Pr‐159（S1）株同源性为 95%，Ⅰ、Ⅱ、Ⅳ型病毒之间全基因组同源性为 62%～69%，Ⅱ、Ⅳ型病毒编码结构蛋白的核苷酸序列与黄热病毒同源性分别为 36.5％与 39％，与西尼罗病毒分别为 42％与 48％。这些结果支持把黄热病毒分为黄热病毒、乙脑病毒（含西尼罗病毒）、登革热病毒三个亚群的观点，同时也表明基因组的保守域在进化过程中所起的作用。

登革热病毒基因组编码的蛋白质包括 3 种结构蛋白与 7 种非结构蛋白，其顺序为：5'-C-PrM-E-NS1-NS2a-NS2b-NS3-NS4b-NS5-3'。这些蛋白质是多聚蛋白转译后被切开而形成的，其作用机制可能设计到宿主细胞编码的蛋白酶与病毒编码的蛋白酶。

病毒颗粒在蔗糖溶液中沉降系数为 175～218S，取决于宿主细胞的来源，浮力密度在氯化铯中为 $1.22～1.248g/cm^2$，在蔗糖中为 $1.18～1.20g/cm^2$。成熟的毒粒含 6％RNA、66％蛋白、17％脂类和 9％糖类。脂和糖成分的含量随宿主而异。

病毒可凝集鸡和鹅红细胞。不耐酸，不耐醚，毒粒的感染性 pH7～9 之间稳定；在pH6.0 以下，病毒则失去结构的完整性。脂溶剂乙醚、氯仿和脱氧胆酸钠、β-丙内酯、醛类、离子型和非离子型去污剂、酯酶和多种蛋白水解酶均可使病毒灭活，对寒冷的抵抗力强，在人血清中贮存于普通冰箱可保持传染性数周，-70℃可存活 8 年之久；但不耐热，50℃ 30min 或 100℃ 2min 皆能使之灭活；UV 照射或 X 线辐照可将病毒灭活。

病毒在许多种原代和传代细胞上增殖并可产生空斑。病毒增殖的速度、病毒的产率和滴度、CPE 的程度、空斑的大小与数量，随病毒和宿主的不同而异，也受培养条件的影响。

白蚊伊蚊细胞 C6/36 株对登革热病毒相当敏感，感染后可以呈现细胞病变及蚀斑；将培养条件改为 pH6.8 及 36℃，可以明显增强细胞病变，细胞出现融合及脱落。

登革 I 型病毒感染 KB 单层细胞（在 28℃或 37℃）后，90～100min 即可产生较高的空斑形成单位（PFU）。此外，亦可用 Vero 细胞和 LLc-MK2 细胞。病毒经脑内接种传代，可使乳小鼠发病，但鼠系、鼠龄不同，则敏感性不同。但接种猴、猩猩和其他实验动物不产生症状。

流行病学

本病分布甚广，疫源地分丛林型和城市型，主要流行区分布在热带和亚热带 100 多个国家和地区，特别是东南亚、西太平洋及中南美洲。由于气候变暖，传播媒介分布范围在相应扩大，以及人员流动频繁和国际旅游发展，输入性病原增加，使登革热病毒的流行范围进一步扩大。20 世纪 20～40 年代曾造成上海、杭州、广州、汉口等地的广泛流行。1970 年广州佛山首次发现本病，并分离出Ⅳ型病毒，1979、1980 和 1985 年小流行中分离到 Ⅰ、Ⅱ、Ⅲ型病毒，以后在海南岛、广西、浙江、福建等地发生爆发流行。由于 RNA 突变或外来毒株的侵入而出现新的登革毒株，常常导致地区性登革热的爆发流行。除人外，猴、猪、犬、羊、鸡、蝙蝠及某些鸟类都带有登革热抗体，表明这些动物可受登革热病毒感染，对其在流行中传染源作用尚待进一步研究。感染人的患者和隐性感染者带病毒动物为主要传染源和宿主，未发现健康带病毒者。患者在发病前 6～8h 至病程的第 6 天，具有明显的病毒血症，传染性最强，可使叮咬伊蚊受染。流行期间轻型患者数量为典型患者的 10 倍，隐性感染者为人群的 1/3，可能是重要传染源。登革热通过受染雌性伊蚊的叮咬传播给人类。已知有 12 种伊蚊可传播本病，有埃及伊蚊、白纹伊蚊、波利尼西亚伊蚊和几种盾蚊伊蚊。我国的登革热流行，证实与两种伊蚊有关。广东、广西多为白纹伊蚊传播；台湾、广东西部沿海、广西沿海、海南省和东南亚地区的埃及伊蚊为主。病毒在蚊体内复制 8～14 天后即具有传染性，传染期长者可达 174 天。具有传染性的伊蚊可咬人体时，即将病毒传播给人。本病各种年龄人群均易感。与暴露于媒介的机会相关。流行特性有地方性、季节性、突然性、传播迅速、发病率高、病死率低，疫情常由一地向四周蔓延。根据流行病学研究，登革热病毒自然循环过程中存在毒株的灭绝和替换现象，如泰国 1980～1987 年间有一个 DEN－2 毒株的轮回；19 世纪 90 年代有个 DEN－3 的轮回，说明随着自然条件和易感人群的变化，病毒本身在适应能力上也在变化，也在适应着人以外的其他动物。蚊虫等媒介数量的大规模变化也意味着基因漂移在登革热病毒进化中起主要作用。

发病机制

病毒通过埃及伊蚊或白纹伊蚊叮咬侵入人体后可在单核—巨噬细胞及毛细血管内皮细胞中繁殖，经血液散播，引起病毒血症。登革热病毒包括Ⅰ、Ⅱ、Ⅲ、Ⅳ四个血清型，各型都能引起本病，并能激发型特异抗体。各型间免疫保护不明显。

登革热和登革出血热的发病机制以免疫病理损伤为主。初次感染登革热病毒者，临床上表现为典型登革热，不发生出血和休克；再次感染异型登革热病毒时，病毒在血液中与原有的抗体结合，形成免疫复合物，激活补体，引起组织免疫病理损伤，临床上呈现出血和休克。经实验猴实验证实病毒繁殖明显增加的原因与抗体存在有关。血清学研究证实，登革热病毒表面存在种不同的抗原决定簇，即群特异决定簇和型特异决定簇，群特异决定簇为黄病毒（包括登革热病毒在内）所共有，其产生的抗体对登革热病毒感染有较强的增强作用，称增强性抗体；型特异决定簇产生的抗体具有较强的作用，称中和抗体，能中和同一型登革热病毒的再感染，对异型病毒也有一定的中和能力。二次感染时，如血清中增强抗体活性弱，而中和抗体活性强，足以中和入侵病毒，则病毒血症迅速被消除，患者可不发病；反之，体内增强抗体活性强，后者与病毒结合为免疫复合物，通过单核细胞或巨噬细胞膜上的 Fc 受体，促进病毒在这些细胞上复制，称抗体依赖性感染增强现象（Antibody－Dependent Enhancement，ADE），导致登革出血热发生。增强性抗体和中和抗体在体内并存时，只有当中和抗体水平下降到保护水平以下时才能发生 ADE 现象。婴儿通过胎盘从母体获得登革热病毒抗体后，初次感染登革热病毒可以发生登革出血热。有人研究 6～8 月龄婴儿血清中登革病毒中和抗体已降到保护水平以下，而增强性抗体还在有效浓度内，如遇上登革热病毒流行，则易患登革出血热，这与临床上登革出血热婴儿多数是 6～8 月龄是相符的。有人发现Ⅱ型登革病毒株有多个与抗体依赖性感染增强现象有关的抗原决定簇，而其他型病毒株则无这种增强性抗原决定簇，故Ⅱ型登革热病毒比其他型病毒易引起登革出血热。

含有登革热病毒的单核细胞，在登革热病毒抗体的存在下大量繁殖并转运到全身，成为免疫反应的靶细胞，活性 T 细胞激活单核细胞，释放各种化学物质，激活的 T 细胞本身亦可释放一系列淋巴因子。这些生物活性物质补体系统与凝血系统，使血管通透性增加，DIC 形成，导致出血和休克。患者血中组胺增高，组胺可扩张血管，增加血管通透性，Ⅰ型变态反应参与存在。登革热病毒抗原与 Fc 受体和病毒受体的血小板相结合，登革热病毒抗体与血小板上的病毒抗原结合，产生血小板聚集、破坏，导致血小板减少，患者骨髓呈抑制。血小板生成减少。血小板减少可导致出血，还要影响血管内皮细胞的功能。免疫复合物沉积于血管壁，激活补体系统，引起血管壁的免疫病理损伤，Ⅲ型变态反应也参与发病。

登革出血热的发病机制尚未完全阐明，主要有三种假说：

1. 二次感染假说　目前认为登革热病毒的基因 RNA 上有一长的开放读码框，编码并翻译登革热病毒的结构蛋白（C、M/prM、E）和非结构蛋白（NS1、NS2a、NS2b、NS3、NS4b、NS4a、NS5）。在这些蛋白中，C、M/prM、NS1、NS3 具有免疫原性，它们可诱发机体产生抗登革热病毒的 γ-球蛋白。当体内存在抗登革热病毒抗体的感染者再次感染登革热病毒时，病毒作为抗原与原有的抗体结合形成抗原抗体复合物，后者激活补体，产生过敏毒素，从而引起一系列的病理生理变化，如血管通透性增加，血小板、红细胞受损及诱发弥散性血管内凝血（DIC），临床上表现为出血与休克综合征。

2. 毒力差异假说　登革热病毒的 4 个血清型毒株具有不同的致病潜力。登革出血热首先发生在城市和交通要道，支持新的变异病毒从外面传入的假说。我国海南岛 1980 年和 1985 年发生的两次大的登革热流行，新病毒是从海南岛儋州新英海港码头传入的。

3. 病毒感染的免疫增强假说　认为登革出血热是第一次登革热病毒感染 5 年内又获异型登革热病毒的第二次感染，产生了对登革热病毒感染的免疫增强所致。主要理由是：黄病毒属虫媒病毒，尤其Ⅰ、Ⅲ、Ⅳ型登革热病毒的非中和性和亚中和浓度抗体，能够提高Ⅱ型登革热病毒再感染的病毒增殖量，加强细胞吞噬作用，被吞噬的病毒得以进入细胞内，并在细胞内繁殖，造成单核细胞系感染。被感染的单核—巨噬细胞又被抗体的免疫清除反应和一些内源性刺激物（C3b 淋巴因子等）所激活，释放出裂解补体 3（C3）的酶、血管通透因子和凝血致活酶，进而导致 DIC、休克等一系列病理过程。

登革出血热发病机制尚未完全明了。目前多认为是机体首次感染登革热病毒后可产生中和抗体和促进性抗体，当机体再次受到同型病毒感染时，中和抗体可以中和病毒而终止发病。如再次感染异型病毒，这些抗体具有弱的中和作用和强的促进作用，它可促进登革热病毒在单核吞噬细胞系统大量增殖，形成严重感染。同时，活化细胞毒性 T 淋巴细胞（CTL），作用于单核细胞和巨噬细胞，释放大量活性因子，并激活补体，导致血管通透性增加，血浆蛋白从微血管内渗出，引起血液浓缩和休克。凝血系统被激活则可引起 DIC，加重休克，并与血小板减少一起导致各系统的出血。

病理改变主要为全身血管损害致血管扩张、充血、出血和血浆外渗，消化道、心内膜下、皮下、肝包膜下、肺及软组织出血，内脏小血管周围出血、水肿及淋巴细胞浸润。肝、脾及淋巴结中淋巴细胞及浆细胞增生，吞噬细胞活跃。肺充血及出血，间质细胞增多。肝脂肪变、灶性坏死，汇管区淋巴细胞、组织细胞及浆细胞浸润。肾上腺毛血管扩张、充血及灶性出血，球状带脂肪消失，灶性坏死。骨髓示巨核细胞成熟障碍。其中最重要的改变为全身微血管损害，导致出血和蛋白渗出。

临床表现

人

1880 年开罗流行时有 4/5 人口发病。登革热病毒通过伊蚊叮咬进入人体，在网状肉皮系统增殖至一定数量后，进入血液循环（第 1 次病毒血症），然后再定位于网状内皮系统和淋巴组织之中，在外周血液中的大单核细胞、组织中的巨噬细胞、组织细胞和肝脏的 Rupffer 氏细胞内再复制至一定程度，释出于血流中，引起第 2 次毒血症。初次感染病毒一般只引起发热和疼痛等轻微症状，可自愈，称为登革热；当再次感染异型登革热病毒时，部分患者可出现严重的 DHF 和 DSS。Hotta 等（1943）从日本病人血清中分登革热、登革出血热和登革热休克综合征，病人发热、头痛，背、四肢剧痛，类猩红热疹块，严重的致死性出血热。该病临床症状变化很大，与年龄、个体、性别、免疫和营养状况有关。成人与较大孩童易罹患典型登革热；婴儿则以上呼吸道感染为主。发热和疼痛的程度较为轻微，大流行时一般症状较重。

本病感染潜伏期为 2～15 天，平均 5～6 天，通常 3～5 天，发病前尽管体内有病毒存在，而前躯症状却不明显。

人的临床表现可分为登革热、登革出血热和登革热休克综合征三个临床类型。

1. 登革热　表现为突然发病、畏寒，24～36h 内体温达 39～40℃，少数患者表现双峰热，伴有较剧烈的头痛、眼眶痛、肌肉、关节和骨骼痛及疲乏、恶心、呕吐等症状，有出现倾向，面、颈、胸部潮红称"三红征"，结膜充血、表浅淋巴结肿大、皮疹、束臂试验阳性，白细胞和血小板减少。部分病人病症不典型或表现轻微且病程短、痊愈快或有些可自愈，称为轻型登革热。病死率低。

2. 登革出血热　又称典型登革热，在病程经过发热期、发疹期和恢复期三个临床阶段 2～4 天内四肢、腋窝、黏膜及面部可见散在出血点，迅即融合成瘀斑。随病情进展有鼻腔、牙龈、消化道、泌尿道或子宫等一个以器官的较大量出血，常见肝大，血细胞比容增加 20% 以上，血小板低于 $100 \times 10^9 / L$。也可见脑出血病例。异常严重出血的病例可导致死亡。

3. 登革休克综合征　具有 DHF 表现的少数病人，在发热过程中或热退后，病情突然加重，出现皮肤湿冷、脉数弱、烦躁或昏迷，血压下降出现休克或脉压低于 20mmHg 等危象，甚至血液和脉搏测不出，病情凶险，病死率高。

WHO 将 DHF/DSS 依病情严重度分为 4 级。

猪

猪在登革热流行病学中可能是隐性感染带毒者为储存宿主。用登革热病人血液接种小猪不产生感染，但猪带有抗体。我国云南流行病学调查中表明，调查猪中有 9% 猪抗体阳性，从猪中分离到病毒，有 1～4 型。海南省、广东省广州市发现猴、猪、鸡的登革热病毒阳性率为 10%～20%，感染病毒型，猴为 1 型，鸡为 1～3 型，猪为 1～4 型。张浩燕等用 RT - PCR 方法检测海南岛登革热流行区的棕果蝠和家猪血清中的登革热基因组 RNA，证明棕果蝠和家猪可为贮存宿主。

诊断

本病诊断依据患者流行病学、临床表现和实验室检查结果综合判断进行临床诊断，确诊需有血清学和病原学检查结果。

实验室检查：病毒分离可从急性期病人血清、血浆、血细胞层或尸检脏器分离病毒，一般采集发病 3 天内血液标本，无菌操作采集静脉血 3ml，分离血清，低温送检。用白纹伊蚊细胞纯系 C6/36 克隆株、1～3 日龄乳小鼠等方法分离病毒。单克隆抗体免疫荧光法可以鉴定 4 个不同型登革热病毒。血清学试验于发病 5 天内（第一相）和 3～4 周时（第二相），分别采集血清，两相血清同时做血清学抗体检测。

由于登革热的临床表现多样性，应在其不同病期与下列疾病细致鉴别：流感、感冒、钩体病、肾综合征出血热、麻疹、荨麻疹、猩红热、流脑、斑疹伤寒、恙虫病、疟疾等。脑部损害表现的病人应与其他病毒性脑炎和流行性脑脊髓膜相鉴别。

预防

由于登革出血热及登革休克综合征的发病机制是抗体依赖的二次感染加重，因此其抗感染的预防较为困难，加之登革病毒有 4 个血清型，每型疫苗只对同型病毒攻击有抵抗作用而对异型无效用或效用不大，目前尚无成熟的疫苗上市。用黄热病毒弱毒疫苗株 yF1TDcDNA 作基因骨架，将登革病毒各型的 PrE 和 E 基因插入其中，构建出 yFPDEN 嵌合疫苗已在动物实验阶段。所以，目前在无特效药物情况下，多采用对症治疗或中药治疗，高热以物理降温、卧床休息，一般抗病毒药和应用止血药，慎用强止痛退热药，忌用阿司匹林。因此，对登革热病一定要做到早发现、早诊断、早治疗，要提高全民的防范意识。灭蚊是一重要措施，将伊蚊幼虫密度控制在不能引起流行的范围内，是预防和控制登革热病的最有效的策略。

二十三、日本乙型脑炎
（Japanese B Encephalitis）

日本乙型脑炎是由日本脑炎病毒引起的一种中枢神经系统的急性人畜共患传染病，又称流行性乙型脑炎（乙脑，Epidemic Type B Encephalitis，EBE）。人和马感染后呈现脑炎症状，多发于儿童。临床上以高热、意识障碍、抽搐、呼吸衰竭、脑膜刺激征为特征；猪脑炎、母猪流产等症状，其他家畜、家禽大多呈隐性感染。蚊虫为传播媒介。

历史简介

1871 年日本发现脑炎类似病例。1924 年从病尸的脑中分离到病毒，但与当时冬春季流行的贪昏睡性脑炎相混淆。同年意大利也发生相似疾病，并呈大流行，确认为一种独特的新的传染病。1928 年日本将冬春流行的昏睡性脑炎叫做流行性甲型脑炎，而将夏秋流行的脑炎称为流行性乙型脑炎。从日本东京一名 19 岁男孩病死的脑炎患者脑组织中分离到的病毒，为了与当时在美国等地分离的甲病毒脑炎病毒相区别，国际上归这种病原命名为日本乙型脑炎。Fujila（1933），Tanignchi（1936）描述了该病毒并分离鉴定。1934～1936 年日本发生马流脑时，用小鼠分离到病毒，证明与当地人流行的脑炎分离的病毒完全一致。1938 年证实了蚊是本病的传播媒介，流行于夏秋季。1948～1950 年日本从猪流产胎儿和母猪中分离到本病毒。OIE（2002）将日本脑炎划归为 B 类动物疫病。在国际病毒命名委员会注册的黄病毒属病毒已达 82 种，分为 12 个组。其中乙脑病毒组含 7 种病毒，即乙脑病毒、Koutango 病毒、墨累山谷脑炎病毒、圣路易脑炎病毒和西尼罗病毒等。1938 年我国从死亡乙脑病例中分离到该病毒，它是在我国流行的主要虫媒传播病毒，除引起的脑炎外，还可以致猪流产和引起马的脑炎，对人类健康和经济发展危害极大。

病原

乙型脑炎病毒（B Encephalitis Virus）属黄病毒属，或称 B 群虫媒病毒，是一种球形单股正链 RNA 病毒，直径 $30\sim40m\mu m$，有囊膜及囊膜突起，乙脑基因组大小为 11Kb，5' 端含有一个Ⅰ型帽子结构（m7G5'PPP5'A），3'端无多聚A尾，仅含一个开式读码框（ORF），可编码一个全场3 432个氨基酸的多聚蛋白前体，从5'端到3'端的编码顺序为5'-C-prM-E-NSI-（NS2a，b）-NS3-（NS4a，b）-NS5-3'。ORF两端分别是5'端非编码区（NCR），约100nt，乙脑病毒非编码区为400～700nt。病毒结构蛋白有C、PrM/M和E三个蛋白质。具有血凝活性，能凝集鸡、鸽、鸭及绵羊的红细胞。非结构蛋白有7个（NS1～7），病毒合成的酶或调节蛋白，与病毒复制和生物合成密切相关。乙脑病毒在宿主细胞质中复制，病毒蛋白的转译在粗面内质网中完成，经高尔基体分泌至细胞外。病毒基因首先转译为一个大的聚合蛋白（Polyprotein），然后加工切割成各种病毒蛋白。其中E蛋白是乙脑病毒的主要抗原成分，具有特异性中和、血凝功能抗原的决定簇位点。多项动物实验研究表明，E蛋白基因与乙脑病毒的毒力相关联，单个氨基酸的变异就可能导致病毒的神经毒力（Neurovirulence）和嗜神经性（Neurotropic）丧失。PreM基因转译出M蛋白的前体，然后加工成M蛋白，该过程的意义尚不明确。非结构蛋白至少有7种，即NS1、NS2a、NS2b、NS3、NS4a、NS4b和NS5，其中NS3具有蛋白酶和解旋酶功能，NS5为聚合酶，能诱生特异性中和抗体（图1-5）。

图1-5 乙脑病毒基因结构示意图

本病毒最适宜在鸡胚卵黄囊内增殖，病毒效价在接种后48h达最高峰，也能在鸡胚成纤维细胞、仓鼠肾细胞、猪肾传代细胞等上生长，并产生细胞病变和形成空斑。也可在蚊的组织培养细胞内增殖，产生较高病毒效价，但一般不引起细胞病变。

乙型脑炎病毒抗原性与墨累山谷脑炎病毒、西尼罗病毒和圣路易脑炎病毒比较接近，在血凝抑制试验中，这种病毒似乎在黄病毒中构成一个亚群。虽然他们之间毒力和血凝性具有比较明显的差别，但并没有明显的抗原性差异。但日本乙型脑炎病毒只有一个血清型（Koboyashi等，1984）。即在世界各地分离的乙脑病毒均是一种病毒，这也是全世界只需要一种乙脑病毒的原因。目前认为有5个基因型，但研究者将基因分型的Cut-099值定为12%的差异度，从而得到进化关系上明显的4型，泰国北部、柬埔寨为Ⅰ型；泰国南部、马来西亚、印尼为Ⅱ型；印度、中国、日本为Ⅲ型及印度尼西亚为Ⅳ型。我国从自然界分离到66株病毒，未发现抗原性有较大变异。研究发现同一基因型的病毒株在地域上有更紧密的联系，即有明显的地域性，在同一地区分离的毒株，即使年代相差很远，也属于同一基因型。

乙脑病毒的抗原性较稳定。人与动物感染病毒后，可产生补体结合抗体、中和抗体及血凝抑制抗体，有助于临床诊断和流行病学调查。

病毒在感染动物的血液中存在的时间很短，主要在中枢神经系统及肿胀的睾丸内。小鼠是最常用来分离和繁殖的实验动物，以1～3日龄乳鼠最易感，脑内接种后2～4天，表现离巢，被毛无光泽，1～2天内死亡。3～4周龄小鼠脑内接种后4～10天发病。大鼠也可感染发病，豚鼠、兔、鸡都不发病。

病毒对外界抵抗力不强，56℃30min即灭活，在-70℃或冻干状态下保存可存活数年，

－20℃下保存一年，但毒价降低，在 50％甘油生理盐水中于 4℃保存 6 个月。病毒在 pH7 以下或 pH10 以上，活性迅速下降，保存病毒的最适 pH7.5～8.5。对化学药品敏感，常用消毒药都有良好的灭活。对胰酶、乙醚、氯仿等亦敏感。5％来苏儿和 5％石炭酸对病毒有很强的灭活作用。

流行病学

乙脑是自然疫源性疾病，人、马、骡、驴、猪、牛、羊、犬、猫、鹿、鸡、鸭和野鸟等 60 余种动物都有易感性。据调查，一次自然流行过后，猪的感染率达 100％，马、驴为 94％，牛为 92％，犬为 66％，鸭、鹅及鸟类均有感染。马被 JEV 病毒感染后，可发生严重的脑炎，其病死率达 50％。以幼龄动物更易感，其他家畜多为隐性感染。土井（1969）证实蜥蜴被毒蚊咬后产生毒血症；Gebbardt（1964），Burton（1966）证实蛇带毒，并传下一代；蝙蝠脑内病毒繁殖，Sulkin（1970）在孕蝠分离到病毒。这些带毒动物在毒血症阶段都可成为传染源。在乙脑流行地区，家畜的隐性感染率很高，国内很多地区的猪、马、牛的血清抗体阳性率在 90％以上，特别是猪的感染最为普遍，Konno 等（1966～1969）已详细介绍了乙脑病毒的流行特点。在自然情况下，乙脑病毒感染呈一个链锁环。猪感染后产生病毒血症时间较长，血中的病毒含量较高，每年新生仔猪被蚊咬后 3～5 天内有病毒血症且血中病毒含量最多，传染性强。媒介蚊又嗜血，容易通过猪→蚊→猪的二次循环，第一次循环 30％猪感染，第二次循环 100％猪受感染，扩大病毒的传播，据调研，如果猪 6 月 1 日至 6 月 10 日在猪中第一次流行，病毒血症 4 天，病毒滴度高达 $10^{3～4}$，足够感染无毒蚊。这时蚊子吸血，病毒在蚊体内繁殖 14 天，共 18 天；猪于 6 月 18 日至 6 月 28 日又发生第二次流行，再经 18 天（7 月 6 日至 7 月 11 日）即乙脑开始在人间或其他牲畜中流行（7 月 20 日至 8 月 15 日）。所以猪是本病的主要增殖宿主或传染源或供毒者，在乙脑流行中具有十分重要的作用。乙脑病毒如何在自然界中自然循环可参阅图 1-6。马也是本病重要的动物传染源。其他温血动物虽能感染乙脑病毒，但随着血中抗体的产生，病毒很快在血中消失，作为传染源作用较小，人被感染后仅发生短期病毒血症，但血中病毒数量较少，故患者和隐性感染者作为传染源意义不大。此外，夜鹭、蝙蝠、越冬蚊虫也可能是乙脑病毒的储存宿主。

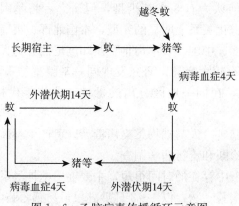

图 1-6 乙脑病毒传播循环示意图

本病主要通过蚊子叮咬而传播，实验证实能感染乙脑的蚊子有 20 余种，从自然界蚊体内分离到病毒的有库蚊、伊蚊和按蚊三属的 11 种，即三带喙库蚊、二带喙库蚊、尖音库蚊、淡色库蚊、日本伊蚊、东乡伊蚊、刺扰伊蚊、吉浦伊蚊、背点伊蚊、潘氏按蚊等。库蚊（三带喙库蚊）、伊蚊和按蚊都可以成为本病的长期宿主和传播媒介。Roson（1978）、Watts（1973）和三田村（1938）证实病毒能在蚊体内繁殖和越冬，并经卵传代，带毒越冬蚊子能成为次年感染人和动物的传播媒介和储存宿主，形成哺乳动物（鸟类）→蚊→哺乳动物→（鸟类）循环（图1-6）。除蚊外，我国有些地区还可以从蠛蠓等中分离到乙脑病毒，某些带毒的野鸟在传播本病方面的作用亦不应忽视。通过血清学调查（Buescher 等）表明，范围很广的禽类和哺乳动物可以作为病毒宿主，1995 年澳大利亚 Torres Strait 鸟也发现乙脑病毒，并且乙脑病毒是以几种途径越冬。

本病与蚊（库蚊、伊蚊、按蚊）的生态学有密切的关系，在热带地区本病全年均可发生。在亚热带和温带地区有明显的季节性，流行集中于夏秋季，80％病例发生在 7、8、9 三个月。在乙脑流行区内，人的乙脑大多发生在 10 岁以下的儿童，尤以 3～6 岁发病率最高；猪主要为易感猪，感染康复一般不再发病；马多发于 3 岁以下幼马，特别是当年幼驹，一般为散发。本病流行有一定规律，据调查日本 1924～1935 年各有一次大流行。9 年间隔 5 年一次小流行。我国河北保定 22 年间流行乙脑 5 次，1 次间隔 9 年。又认为猪自然感染所获得的免疫需经 3 年消失，因此出现再感染现象，必然造成人易感人群增加。这倒是符合相隔4～5 年有一次乙脑流行规律。

发病机制

当人体被带病毒蚊叮咬后，病毒经皮肤进入血液循环，发病与否取决于侵入血流的病毒量和病毒毒力的强弱，同时取决于人体的免疫反应及防御功能。当人体抵抗力低、感染病毒量大、病毒毒力强时，病毒经血液循环通过血脑屏障进入中枢神经系统，在神经细胞内繁殖，产生一系列脑炎症状；当人体的抵抗力强时，只形成短暂的病毒血症，病毒很快被消灭，不侵入中枢神经系统，或为不显性感染，并由此获得免疫力。

一些人、猴和小鼠的研究认为，蚊叮咬感染后产生病毒血症，病毒散布到血管众多的组织如肝、脾和肌肉，在那里进一步增殖而强化了病毒血症。病毒进入中枢神经系统的方式是经由脑脊髓液，通过内皮细胞、巨噬细胞和淋巴细胞的感染，或血源性途径。在人和小鼠中，JEV 感染后选择性地破坏神经元。大多数在脑干、丘脑、基底神经节和皮质下层。病毒侵入乙脑的神经组织病变即有病毒的直接损伤，致神经细胞变性、坏死，更与免疫损伤有关，免疫病理被认为是本病的主要发病机制。病毒抗原与相应抗体的结合及在神经组织和血管壁的沉积，激活免疫反应和补体系统，导致脑组织免疫性损伤和坏死。血管壁破坏，附壁血栓形成，致脑组织供血障碍和坏死。大量炎性细胞的血管周围浸润，形成"血管套"（Perivascular cuffing），吞噬被感染的神经细胞，形成嗜神经现象。急性期脑脊髓中 CD4[+]、CD8[+] 淋巴细胞（以 CD4[+] 细胞为主）及 TNF - α 均明显增加。尸体解剖可在脑组织中检出 IgM，补体 C3、C4，在"血管套"及脑实质病灶中发现 CD3[+]、CD4[+] 及 CD8[+] 淋巴细胞。迅速死亡的患者组织学检查可无炎症现象，但免疫组化检查发现形态正常的神经元细胞有乙脑病原表达。

JEV 在猪体内的增殖模式尚未清楚。致病机制中巨噬细胞起着重要作用，一般认为，巨噬细胞与隐性感染的形成有关。人群对乙脑病毒普遍易感，但感染后仅少数发病，多为隐性感染，显性感染与隐性感染之比为 1：1 000～2 000，故患者多散发。人因感染后血液中病毒量少，病毒血症时间短（1～3 天）作为传染源意义不大。

临床表现

人

人感染后的潜伏期一般为 7～14 天，特殊的为 4～21 天。多数人在感染后并不出现症状，仅有 1～5 天毒价不高的毒血症，其后抗体可升高，呈亚临床和温和型，称之隐性感染。部分病人有发热、头痛、呕吐、嗜睡、颈直或痉挛，或轻度呼吸道症状。极少数患者，病毒通过血脑屏障，造成中枢神经系统病变，出现惊厥、麻痹、意识模糊、昏迷和呼吸衰竭等脑炎症状，以及儿童致死性脑炎和妊娠妇女流产（Chaturvedi 等 1980）。典型患者的病程可分 4 个阶段：

1. 初热期　病程 1～3 天，体温在 1～2 天内升高到 38～39℃，伴头痛、精神疲倦、嗜睡、恶心、呕吐。小儿有呼吸道症状或腹泻。

2. 极期　病程第 4～10 天突然表现出全身毒血症，以及脑部损害症状，体温升高至 39～40℃以上，轻者持续 3～5 天，一般 7～10 天，重者可达数周。大多数病者在起病后 1～3 天出现不同程度的嗜睡、昏迷等意识障碍。嗜睡常为乙脑早期特异性的表现。一般在 7～10 天恢复正常，重者持续 1 个月以上。由于脑部病变部位与程度不同，可表现轻度的手、足、面部抽搐或惊厥，也可为全身性阵发性抽搐或全身性痉挛，持续数分钟至数十分钟不等。

呼吸衰竭是乙脑最为严重的症状，也是主要死亡原因，可由呼吸中枢损害、脑水肿、脑疝、低钠性脑病等原因引起中枢性的呼吸衰竭。表现为呼吸表浅、节律不整、双呼吸、叹息样呼吸、呼吸暂停、潮氏呼吸，以致呼吸停止。中枢性呼吸衰竭可与外周性呼吸衰竭同时存在。后者主要表现为呼吸困难、呼吸频率改变、发绀，但节律始终整齐（表 1-31、表 1-32）。

表 1-31　乙型脑炎呼吸衰竭临床特点

	中枢性呼吸衰竭	周围性呼吸衰竭
产生原因	假性延髓麻痹、延髓麻痹、脑水肿、颞叶钩回疝、枕骨大孔疝及低血钠脑病等	呼吸道分泌物阻塞、脑部感染、肺不张及高颈位脊髓炎等
临床表现	发绀、呼吸节律不规则、如潮式呼吸、间停呼吸、双吸气及叹息样呼吸等	发绀、呼吸困难、气促等表现，但呼吸节律始终是规则的
动脉血气	$PaO_2 < 8.0kPa$（60mmHg），常伴有 $PaCO_2 > 6.7$ kPa（50mmHg）	$PaO_2 < 8.0kPa$（60mmHg）、$PaCO_2$ 降低或正常，很少出现增高

注：PaO_2：动脉血氧分压，$PaCO_2$：动脉血二氧化碳分压。

表 1-32　乙型脑炎的临床分型

型别	体温	神志	抽搐	脑膜刺激征和/或病理征	呼吸衰竭	病程	后遗症
轻型	38～39℃	清醒	无	不明显	无	1 周	无
普通型	39～40℃	嗜睡浅昏迷	有	有	无	10 天左右	多无
重型	40～41℃	昏迷	反复	明显	可有	2 周左右	常有
极重型	＞41℃	深昏迷	持续	明显	迅速出现	2～3 天死亡	多有

高热、抽搐及呼吸衰竭是乙脑急性期的三联症，常互为因果，互相影响，加重病情。

根据病情的轻重缓急，可分为四型：

(1) 轻型　病人发热，多在 38～39℃，神志清醒，有轻度的头痛，呕吐，嗜睡，无惊厥，少数患儿可高热而惊厥，如体温下降，惊厥停止后神志清醒，可出现轻度的脑膜刺激征。一般 5～7 天痊愈，无后遗症。

(2) 中型（普通型）　病人发热，多在 39～40℃，头痛、呕吐、嗜睡或轻度昏迷，常有烦躁、意识模糊，可出现单次或数次短时间的惊厥、头痛、呕吐，脑膜刺激症状明显，偶尔有抽搐，皮肤浅反射减弱或消失，深反射亢进或消失。可出现病理反射、颅内高压症的表现。病程 7～14 天。

(3) 重型　发病急，发热 40℃，昏迷、烦躁，反复或持续性抽搐，反射消失，瞳孔缩小，对光反射存在，偶有咽反射减弱，可有肢体瘫痪，颅内高压症明显，腱反射亢进或消失，早期脑膜刺激症状明显，病程 2～4 周以上。恢复期有严重的神经症状，有时有后遗症。

(4) 极重型（包括爆发型）　出现呼吸衰竭，包括脑疝，可伴有循环衰竭，常有肢体瘫痪。少数极重型病人病情发展极为迅速，于发病后 1～2 天体温迅速达 41℃以上，呈深度昏迷，伴频繁而强烈惊厥，极易发生呼吸衰竭或循环衰竭，一般症状出现后 3～5 天而很快死亡。幸存者常有严重的后遗症。

较大儿童及成人均有不同程度的脑膜刺激征。婴儿多无此表现，但常有前胸隆起。若椎体受损，常出现肢体痉挛、肌张力增强，巴彬斯基征阳性。少数人可呈软瘫。小脑及动眼神经受累及时，可发生眼球震颤、瞳孔支扩大可缩小，不等大，对光反应迟钝等；植物神经受损常有尿滞留、大小便失禁；浅反射弱或消失，深反射亢进或消失。

多数病人在末期体温下降，病情改善，进入恢复期。少数病人因严重并发症或脑部损害（以椎体外路系统症状为特征），亦常有消化系统的症状，而死于本期，死亡率高。

3. 恢复期　极期过后体温在 2～5 天降至正常，昏迷转为清醒，有的患者有一短期神经"呆滞阶段"，以后言语、表情、运动及神经反射逐渐恢复正常。部分病人恢复较慢，需 1～3 个月以上。个别重症病人表现低热、多汗、失语、瘫痪等。但经积极治疗，常可在 6 个月内恢复。

4. 后遗症期　虽经积极治疗，部分患者在发病 6 个月后仍留有神经、精神症状，称为后遗症，发生率 5%～20%，以失语、瘫痪及精神失常最为多见。如继续积极治疗，仍有望有一定程度的恢复。

乙脑病毒主要引起中枢神经系统的广泛病变，从大脑到脊髓都可被侵害，但以丘脑、中脑（主要是黑质）、大脑（主要是顶叶、基底节、海马回、额叶）的病变较重；小脑皮质、延髓及脑桥次之；脊髓病变最轻，主要是颈段可受损。病变组织学变化包括以下几方面：①脑、脊髓血管扩张、充血、血流瘀滞，血管内皮细胞肿胀、坏死、脱落，血管周围环状出血；②血管周围淋巴细胞及大单核细胞浸润，在血管外形成袖套状；③胶质细胞弥漫增生，聚集在神经细胞变性、坏死及软化灶的周围，进行吞噬及修复，形成结节；④神经细胞变性及坏死，首先细胞肿胀，尼氏小体消失，胞浆内出现空泡或胞体缩水；⑤软化灶的形成，包括神经组织及其轴突、髓鞘、胶质细胞、神经纤维的局灶性坏死及液化，不能修复的大软化灶以后可以钙化或形成空腔；⑥脑脊髓膜充血、蛛网膜下腔血管周围有单核及淋巴细胞浸润。此外，还可见全身中毒性炎症改变，包括肺间质性出血、肺炎、肺水肿、肝细胞水肿及透明性变、肝小叶周边细胞脂肪变性、肾混浊肿胀及小管上皮细胞脱屑、心肌炎等。

乙型病变严重时可遗留后遗症，高热、频繁惊厥引起的脑缺氧也是导致后遗症的因素。主要有：①语言障碍：由于脑神经麻痹，主要是7、9、10、12核上或核下性损害引起发音障碍；大脑皮层广泛炎症，损害语言中枢，亦可引起失语症。②瘫痪：以肢体瘫痪多见，病变多在锥体束所经过的部位。上运动神经元受损所致的强直性瘫痪不易恢复，下运动神经元病变所引起的弛缓性瘫痪预后较好。③运动障碍：脑部黑质基底节损害产生震颤、麻痹，纹状体、苍白球、丘脑核的病损引起不自主运动。小脑、基底节病变导致肌张力变化，扭转痉挛等。④精神异常：多与丘脑、黑质病变有关，表现为行为异常、情感障碍、幼稚、易冲动、缺乏克制力、思维破裂、记忆减退等。⑤运动障碍及智能低下多见于儿童，精神则多见于成人。

本病可有下列合并症：①肺炎：支气管肺炎是最常见的并发症，主要发生于重症，昏迷较深，尤其中枢呼吸衰竭、咳嗽及吞咽反射减弱或消失，呼吸道被痰液阻塞，抵抗力下降，易引起肺炎或吸入性肺炎。②营养性障碍：重症乙脑病人恢复期较长，中枢神经系统病变与功能的恢复需要一个过程，容易发生神经性营养不良，胃肠道消化吸收功能低下，常常产生营养障碍，机体日渐瘦弱，甚至发展为恶病质，影响预后。③褥疮：长期卧床的乙脑病人，如不注意护理常可在受压部位发生褥疮，局部皮肤紫而硬，有炎性浸润，形成水疱或溃疡，重者产生局部缺血性坏死，甚至穿破筋膜，到达肌肉或骨骼，严重的褥疮常伴有绿脓杆菌感染。④败血症：乙脑病人的机体抵抗力低下，发生肺炎、褥疮化脓感染时，可导致败血症。

影响乙脑预后的主要因素：①流行前期的病人较后期重。②老年乙脑病人病变多、严重，病情发展迅速，病死率远较儿童高，主要由于：心血管系统疾病，且代偿功能低下，患乙脑易发生心肌炎、心功能不全及心力衰竭；常已有慢性支气管炎、支气管扩张、肺气肿等，患乙脑后易发生呼吸道痰液阻塞、肺炎、肺不张及呼吸衰竭；机体免疫力及免疫功能低下，常并发、继发感染，甚至败血症。③病情迅速加重，尤其是早期（病后1～2天）进入昏迷者，预后差，病死率高。④呼吸衰竭是乙脑主要的致死原因，是中枢呼吸衰竭，其中脑疝及脑干型预后最差。

猪

猪感染日本乙型脑炎病毒后，病毒在猪体内大量增殖，并且病毒血症持续时间较长，故认为猪可能是由蚊向人传播疾病过程中的病毒增殖动物，人工感染潜伏期一般为3～4天，猪常突然发病，体温升高达40～41℃，呈稽留热，持续几天或十几天以上，病猪精神萎靡，食欲减退，饮欲增加，粪便干燥呈球形，表面常附有灰白色黏液，尿呈深黄色，嗜睡，喜卧。结膜潮红，肠音减弱。个别病猪后肢呈轻度麻痹，因此步行踉跄，也有后肢关节肿胀疼痛而跛行。有的病猪视力障碍，摆头，乱冲乱撞，最后后躯麻痹倒地不起而死亡。

在猪和小鼠中，JEV可经胎盘感染。在怀孕母猪中，胎猪在病毒血症期间被感染。怀孕母猪用JEV静脉接种进入感染，7天后自胎盘发现病毒。在有些动物中，病毒跨越胎盘。有人认为病毒能否跨越胎盘取决于母猪感染时的怀孕期和毒株特征。母猪在妊娠早中期感染时，跨越胎盘感染和致病效应较为明显。现场观察表明，母猪妊娠在40～60天感染JEV，易引起胎儿死亡和木乃伊化。妊娠85天后感染，胎猪很少受影响。胎儿的死亡归因于病毒的大量繁殖，随后破坏胎猪的至关重要的干细胞，那时胚胎尚未能产生免疫应答，在此时期以后，JEV对胎猪不产生致病效应，即病毒侵入胎儿时必须在免疫应答机能形成之前才会出现致病效应。JEV 的跨胎盘感染取决于胎盘与胎儿之间的发育程度，而非病毒血症的强度。

妊娠母猪患病时，突然发生流产，流产多在妊娠后期，主要是流产和早产，胎儿多是死胎、大小不等或木乃伊胎，有的死胎，全身水肿，有的仔猪出生后几天内发生痉挛症状而死亡，有的仔猪生命力很顽强，生长发育很好。同一胎的仔猪在大小及病变上都有差别，常混合存在。流产后母猪症状很快减轻，体温和食欲逐渐恢复正常，在预产期不见腹部和乳房膨大，也不见泌乳。

实验感染易感怀孕母猪可不显示症状，但胎猪在子宫内被感染而形成不正常的分娩：不同数目的木乃伊胎、死产、皮下水肿和脑积水的弱仔。实验表明，流产不是子宫内感染的特征。

公猪除有一般症状外，常发生一侧睾丸肿大，也有两侧睾丸同时肿胀的，肿胀程度不等。Ogasa 等（1977）证明，病毒感染易感公猪后，能进入性器官，导致精子发生过程紊乱。患病阴囊发热，有痛感，触压稍硬，数日后睾丸肿胀消退，逐渐萎缩变硬，通过精液排出病毒。病猪精神、食欲无变化，一般转归良好。

而公猪夏季不育，似与 JEV 感染有关。公猪性欲降低，精子总数和活力明显下降，并含无数畸形精子，在大多数公猪中，损伤是暂时的，随后完全康复，但有部分严重感染公猪成为永久性不育。对在自然感染猪，可在睾丸鞘膜腔中观察到大量黏液，附睾边缘和鞘膜脏层出现纤维性增厚。显微镜下，这种睾丸主要表现水肿和炎性变化，附睾和鞘膜的间质组织有细胞浸润，睾丸的间质组织也有细胞浸润和出血现象；另外，可见生精上皮的退行性变化。

尚未见到生后感染 JEV 的仔猪表现何种主要病理变化。然而，母猪若在怀孕期感染过 JEV，则每窝仔猪均出现不同程度的异常。从死胎和弱仔观察到大体病变主要包括脑水肿、皮下水肿、胸腔积水、腹水、浆膜小点出血、淋巴结充血、肝和脾内坏死灶、脊膜或脊髓充血等。可见脑水肿的仔猪中枢神经系统出现区域性发育不良，特别是大脑皮层变得极薄。小脑发育不全和脊髓鞘形成不良。

病理学检查：脑、脊髓、睾丸和子宫可见肉眼变化，脑和脊髓膜充血，脑室和脊髓腔液体增多，睾丸不同程度肿大，睾丸实质有充血、出血和坏死灶。子宫内膜充血，黏膜上覆有黏稠分泌物，黏膜上有小点出血。在发高热和流产病例中，常可见到黏膜下组织水肿，胎盘呈炎性浸润。流产和早产胎儿常见有脑水肿，腹水增多，以及皮下血样浸润。胎儿常呈木乃伊化，从拇指大小到正常大小不等。成年猪脑组织常有轻度非化脓性脑炎病变。

诊断

根据流行病学、临床表现可作出初步诊断，但确诊主要靠血清学和病毒分离。

本病有严格的季节性，有调查表明，人的发病高峰比猪发病迟 3～4 周，呈散在性发生，多发生于幼龄动物和 10 岁以下的儿童，有明显的脑炎症状，怀孕母猪发生流产，公猪发生睾丸炎，多为一侧肿胀，死后取大脑皮质、丘脑和海马角进行组织学检查，发现非化脓性脑炎等，可作为诊断依据，人还可进行血液白细胞和脑脊髓检查。早期白细胞总数增多，中性白细胞 80% 以上，嗜酸性细胞减少，脑脊液压力升高，外观透明或微浊，白细胞总数多在 $0.05 \times 10^9 \sim 0.5 \times 10^9$/L。

由于本病隐性感染很多，也都产生抗体，但血清学反应阳性，而无明显临床症状时，很难诊断为本病。OIE推荐的血清学诊断方法有病毒中和试验、血凝抑制试验和补体结合试验等。采用逆转录-聚合酶链反应（RT-PCR）扩增乙脑病毒RNA，已在研究中用于诊断乙脑。

最后确诊必须进行病毒分离和鉴定，病料可采取濒死组织和发热期血液；猪采集流产胎儿的脑组织或肿胀公猪睾丸等，接种鸡胚卵黄囊或1~5日龄乳鼠的脑内（接种后4~14天出现中枢神经症状或死亡）。分离病毒，进行血清学中和试验鉴定。

临床上对可疑的乙脑患者，需要与以下疾病进行鉴别诊断：

1. 结核性脑膜炎　发病无季节性，少数伴有粟粒性结核的婴幼儿患者发病可较急，早期脑脊液中糖降低不明显，白细胞计数和蛋白增高不多，如发生在夏秋季，易误诊为乙脑。其鉴别方法是有结核病人接触史，结核菌素试验阳性，脑脊液外观呈现毛玻璃状，在涂片上找到抗酸杆菌即可确诊。

2. 化脓性脑膜炎　其症状与体征可误诊为乙脑。但脑膜炎患者多见于冬春季，流行性脑脊髓炎病人有特殊的皮肤斑点；肺炎球菌或流行性感冒脑膜炎病人常伴有中耳炎、乳突炎或肺炎等病灶。患者的脑脊液多混浊，白细胞计数增多，中性粒细胞占90％以上，糖量降低，蛋白明显增高，脑脊液涂片或培养细菌阳性。

3. 钩端螺旋体脑膜炎　多有涉水史，并在一地区内短期有该病爆发的流行病学史，多发生于夏秋季。早期做培养或暗视野下检查钩端螺旋体阳性即可确定诊断，也可在发病一周后取血检测特异性抗体。

4. 肠道病毒脑膜炎　肠道病毒（包括柯萨奇病毒和埃可病毒）引起的脑膜炎多见于夏秋季，易与乙脑混淆，但该病起病不如乙脑急骤，多不发生呼吸衰竭，很少有后遗症。取粪便、脑脊液及早期血液分离病毒阳性，或双份血清中恢复期特异性抗体较急性期呈4倍升高，才能作出诊断。

5. 腮腺炎病毒脑膜炎　在病毒性脑炎中比较常见，多发生于冬春季节，往往发生于腮腺肿大后3~10天内，也可发生在腮肿大前、后，或未见腮腺肿大而仅有脑膜炎或脑膜炎症状。可用ELISA法检测患者脑脊液中的特异性IgM抗体，或患者恢复期血清中特异抗体较急性呈4倍以上升高，有诊断意义。

6. 单纯疱疹病毒脑炎　病情多较严重，且发展迅速，25％左右的患者有唇疱疹，存活者中半数病人有不同程度的后遗症。脑脊液检查如发现大量红细胞对诊断有帮助，且预后不良。可用免疫荧光检测脑脊液或脑组织中的病毒抗原，测定脑脊液中该病毒的DNA，也可用ELISA法检查抗体，以确定诊断。

7. 中毒性痢疾　起病急骤，在消化道症状出现之前可出现高热、惊厥、昏迷、循环衰竭及呼吸衰竭，但无脑膜刺激征，脑脊液常规检查正常。脓性或脓血黏液便，镜检或细菌培养阳性可确定诊断。

8. 中毒　近年来，农村由于某种不明原因误食毒鼠药（如毒鼠强等）出现中毒者，以突然发病、头痛、呕吐、抽搐、昏迷为主要特征，有的可在数小时内死亡，在流行季节常被误诊为乙脑。从流行病学上，病例相对比较集中，而且一户常不只一人发病，有时伴有畜禽发病死亡；临床上中毒者无明显的前驱症状，绝大多数无体温升高，均与乙脑不符。对中毒者的标本（如呕吐物或血液）及发病或死亡的动物标本进行毒物检查，阳性可确诊。

猪的乙型脑炎需与有发热、流产等临床症状相似的疾病相鉴别。

（1）猪布鲁氏菌病　流行无季节性，多发生于妊娠后第三个月，多为死胎，胎盘有出血点，表面有黄色分泌物。公猪睾丸肿胀多为两侧，附睾也有肿胀，有关节炎等。涂片和培养细菌为阳性。

（2）伪狂犬病　季节性不明显，各年龄猪症状不一致。仔猪发生中枢神经紊乱，呈现震颤、多涎、步态不稳、共济失调及眼球震颤。后肢麻痹、转圈、划水行走。育成猪类感冒症。怀孕母猪流产，子宫壁增厚和水肿；胎儿及新生儿新鲜、浸渍，肝、脾出现局灶性坏死和扁桃体出血性坏死灶。

（3）细小病毒病　母猪在不同孕期感染，临床表现有一定的差异，早中期感染胎儿死亡、木乃伊胎等；怀孕70天之后感染，母猪多能正常生产，胎儿带毒。

防治

尚无治疗乙脑的特效药物，应采取对症、支持、综合治疗。必须重视对症处理，积极采取降温、镇惊、解除呼吸道梗阻，预防和治疗中枢性呼吸衰竭等措施。隔离病人至体温正常。隔离期应着重防蚊。

其他可以用人重组干扰素αA治疗。对人临诊效果很好，但对猪是不实际的。切实办法是多举措切断感染环节。灭蚊是预防乙脑又一主要措施，要结合其生活习性采取相应的灭蚊措施。家园中要清除积水盆、池和河道灭蚊，当乙脑流行前1～2月开展群众性灭蚊活动。大田结合水稻管理、农作物病虫害的防治措施灭蚊，亦可采用稻田养鱼捕食孑孓，对消灭蚊虫孳生地有一定效果。

预防接种是保护易感染人群最有效的措施之一。目前国内外广泛应用的疫苗有日本的鼠脑提纯灭活疫苗、中国地鼠肾细胞灭活疫苗和地鼠肾细胞减毒活疫苗。目前灭活疫苗的免疫方案是初次免疫二针（满6个月接种第一针，7～10天后接种第二针）后，第2、3、7岁再各加强1针，以后不再免疫。有的地区采用从6个月起至6岁每年加强一次免疫，经后不再免疫的方案。地鼠肾细胞减毒疫苗免疫程序是1岁儿童初免1针，2岁和7岁时各加强1针，每次接种0.5ml。由于活毒疫苗使用在学术界存在较大争议。接种时应注意不与伤寒三联疫苗同时注射，以免致过敏等不良反应。有中枢神经系统疾病和慢性乙醇中毒者禁用。随着生物工程技术的进展，开展了重组亚单位疫苗的研究，重组E蛋白及PreM蛋白可在动物体内诱导产生中和血凝抑制抗体，能保护动物对乙脑病毒野毒株的攻击，但尚未见人体应用的报道。

猪灭活疫苗使用不普遍，实际生产中使用的是减毒疫苗。根据JEV流行特点，在春季蚊子活动季节前要对初产母猪和公猪进行两次减毒疫苗免疫接种，间隔2～3周。在蚊虫活动季节，要对种猪在配种前再接种一次。

最近Konish报道，在猪身上试验两种乙脑DNA疫苗。两种疫苗质粒均包括乙脑病毒的前膜蛋白（PreM）的信号肽、前膜蛋白及外壳的编码区域，仅载体质粒不同，分别命名为PCJEME和PNJEME，结果发现两者免疫原性无显著差异。猪应用100～450mgDNA疫苗两剂（相隔3周），1周后中和抗体和血凝抑制抗体达1：40～1：160，并且能维持245天以上。这说明，这两种DNA疫苗能诱导病毒特异性记忆B细胞较长时间产生抗体存在。

二十四、森林脑炎
（Forest Encephalitis）

森林脑炎（Forest Encephalitis）是自然疫源性疾病由森林脑炎病毒经蜱传播的急性、发热性、中枢神经系统传染病。临床热症是突然高热、头痛、意识障碍、脑膜刺激征、上肢与颈部肩肌瘫痪，常有后遗症，病死率较高。又称俄国春夏脑炎、蜱传脑炎和东方蜱媒脑炎等。

历史简介

1910 年前苏联亚洲地区发现以中枢神经病变为主要特征的急性传染病。T Kache V（1936）用小鼠从患者病料中分离到病毒；Osetowska（1970）报道，1927 年奥地利也已观察到病人；1937 年前苏联从当地全沟蜱体内分离到病毒，提出并证实蜱为本病传播媒介；1938 年证实森林中的啮齿动物为本病贮存宿主；1971 年国际病毒分类与命名委员会将森林脑炎划归入虫媒病毒乙群。PletnevAG（1990）完成森林脑炎病毒全基因组序列测定。

我国所称的森林脑炎实际是由远东脑炎病毒引起的。我国原卫生部颁布的传染病管理办法中正式称为森林脑炎。

病原

前苏联 1937 年分离到病毒，这种病毒引起的脑炎临症较重，病死率为 20%～30%。20世纪 40 年代前苏联又发现病例，症状较轻，病死率为 5%。以后欧洲、亚洲、北美洲也发现了性质类似的病毒。有人把这组类缘病毒（包括蜱媒脑炎病毒、英格兰脑炎病毒、波瓦生脑炎病毒、Negishi（根岸）病毒、Langet 病毒、鄂木斯克出血热病毒 I 型和 II 型、科萨努尔森林病毒等，统称蜱媒脑炎病毒群。

森林脑炎病毒（Forest Encephalitis Virus），属黄病毒科，蜱传黄病毒属，蜱传脑炎血清亚组。经负染后病毒在电镜下直径 30～40nm，呈二十面绒毛状球体，病毒为单股正链RNA，分子量为 $4×10^6$Da，沉降系数 218S。内有蛋白壳体，外围为类网状脂蛋白包膜外壳，呈绒毛状突起，膜上有两种糖蛋白：M 和 E 蛋白。包膜的主要作用是感染宿主时有利于病毒附着在宿主细胞表面，因此可在多细胞中增殖。

E. M. C 蛋白为结构蛋白，其中包膜糖蛋白 E 含有血凝抗原和中和抗原，它与病毒吸附于宿主细胞表面和进入细胞及刺激机体产生中和抗体密切相关。E 蛋白氨基酸的改变能导致病毒的组织嗜性、病毒毒力、血凝活性和融合活性改变。有实验表明 E 蛋白 384 位氨基酸残基 Tyr 变为 His 能使病毒致病性明显减弱，若 392 位的 His 变为 Tyr 则成为强毒力株。森林脑炎病毒基因组全长 11.0kb，有单个开放阅读框架，5' 编码病毒结构蛋白，3' 编码非结构蛋白，除以上 3 种结构蛋白外，还有 7 个非结构蛋白，即 NS1、NS2a、NS2b、NS3、NS4a、NS4b、NS5。5' 端有帽状结构，3' 端无 Poly（A）。编码顺序为 5'- C - PrM（M）- E - NS1 - NS2a - NS2b - NS3 - NS4a - NS4b - NS5 - 3'。根据 E 蛋白 206 位氨基酸的不同，蜱传脑炎病毒可分为欧洲、远东和西伯利亚 3 个亚型。其 206 位各自为缬氨酸、丝氨酸和亮氨酸。远东型毒力强，感染后死亡率高；中欧型病毒感染症状轻，病死率为 1%～5%。我国流行的是远东亚型，毒力最强。

森林脑炎病毒可以从患者脑组织中分离，用酚与乙醚处理后提取的 RNA 有传染性，可使小鼠感染。病毒接种恒河猴、绵羊、山羊、野鼠脑内可引起脑炎，但家兔、大鼠、豚鼠对本病毒是不敏感；病毒能在鸡胚中、卵黄囊、绒毛尿囊膜中繁殖；也能在人胚肾细胞、鼠及羊胚细胞、Hela 细胞及 BHK-21 细胞中繁殖。

本病毒耐低温，在 -20℃ 能存活数月，在 0℃、50% 的甘油中能存活 1 年。但对热及化学药品敏感，如在牛奶中加热至 50～60℃ 20min、100℃ 2min 即可灭活；5% 煤酚中 1min 即可灭活；对甲醛敏感，灭活后仍保留抗原性；此外，对乙醚、氯仿、胆盐、紫外线均敏感；在真空干燥下能保存数年。

流行病学

本病主要流行于中欧、北欧、东欧、前苏联、日本和中国等横跨欧亚大陆的广阔地带；我国主要分布于东北、云南、新疆等地的原始森林地区，受全球气候变暖的影响，本病有向高纬度、高海拔地区移动趋势。1964 年在内蒙古大兴安岭发生首次病例后，该地区再无疫情报告，但 1990 年该病再次发生，并在局部流行爆发。在云南，已从中华姬鼠、滇绒鼠、卵形硕蜱等动物分离到病毒，也从患者血中分离到病毒；血凝抑制方法检测云南 9 个县人群抗体、8 个县人群抗体阳性，西藏林芝地区病毒也呈阳性。

森林脑炎主要是自然界中的野生啮齿动物缟纹鼠、花鼠子、田鼠、松鼠、地鼠、小鼠、刺猬、兔、蝙蝠及鸟类；黑熊、野猪、马、鹿、犬、羊、牛、猴及幼兽均易感，以及鸟类如松鸡、蓝莺、交吻鸟、啄木鸟、麻雀等。家畜在自然疫源地受蜱叮咬而感染，并可把蜱带到同居点，成为人的传染源。人也普遍易感，但大多数人为隐性感染；狍、灰旱獭、獾、狐等为病毒储存宿主。感染的人兽及储存宿主都可成为本病的传染源。带毒蜱也是传染源。

病毒寄生于感染蜱、动物体内，主要通过吸血昆虫（蜱）的叮咬而感染传播。蜱既是森林脑炎病毒的传播媒介，又是长期宿主，已知硬蜱种有 5 属 19 种能自然成染蜱传脑炎病毒，另有 7 种硬蜱和 5 种软蜱能在实验条件下感染蜱传脑炎病毒，其中森林硬蜱的带毒率最高，成为主要的媒介。此外，还有全沟蜱、嗜血蜱、森林革蜱也可分离到病毒；感染病毒的蜱，病毒可在蜱中繁殖，当蜱叮咬含毒血症期的动物时，病毒进入蜱体繁殖，可增殖千倍。在唾液中病毒浓度最高，再吸虫血时，蜱唾液中病毒可使健康动物感染。

森林脑炎传播方式见图 1-7。

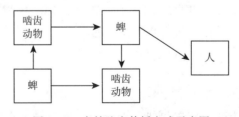

图 1-7 森林脑炎传播方式示意图

一般能终生带毒，在其生活周期的各阶段包括幼虫、稚虫、成虫及卵都能带毒，并可经卵传代。所以，蜱是自然疫地中起传播媒介和传染源作用。受感染的牛、羊均可从乳汁中排出病毒，饮用未经消毒的奶可以感染本病。捷克斯洛伐克有 600 人饮用未经消毒奶而爆发此病；俄罗斯一次 25 个家庭爆发森林脑炎，其中 8 个家庭饮用了生奶。亦可通过吸入气溶胶而感染。实验室工作人员亦经口吸入或黏膜沾染而感染本病。此外，病毒可通过黏膜感染。本病流行于我国东北、俄罗斯的远东地区及朝鲜北部林区，多发生于春夏。有严格的地区性、季节性和职业性。已知有两种临床亚型，一种称俄国春夏季脑炎，我国流行的主要是此型；另一种是中欧脑炎，病情相对较轻。而立陶宛、拉脱维亚森林脑炎疫情存在 3 种基因亚型的森林脑炎混合流行。前者较中欧型病毒的毒力强，临床症状较重，脑神经症状明显，常残留肩和臂的瘫痪，存活者中 30%～60% 留有后遗症，病死率高达 20%；中欧型临床症状较轻，病人以脑膜炎为主，呈双峰热。预后较远东型好，较少出现后遗症，病死率低。至今未发现患森林脑炎后再次发病的病人，可能与病后免疫保护力持久有关。

发病机制

森林脑炎病毒经不同的感染途径侵入人体后，病毒在接触局部淋巴结或单核巨噬细胞后，病毒包膜 E 蛋白与细胞表面受体相结合，然后融合而穿入细胞内，病毒在淋巴结和单核巨噬系统内进行复制。复制病毒不断释放而感染肝、脾等脏器。感染后 3～7 天，复制病毒大量释放至血液中形成毒血症，可表现病毒血症症状。病毒随血流进入脑毛细血管，然后从毛细血管内皮细胞间隙穿入神经系统或通过淋巴及神经途径抵至中枢神经系统（脑等），产生广泛性炎症改变，而临床上则出现明显的脑炎症状。同时，人在发病后 7 天内，可从病人脑组织内分离到病毒，也可在其他脏器和体液，如肝、脾、脑脊液、尿液中检出，但阳性率很低。病后病人血清出现中和抗体，可长期存在；补体结合抗体在感染后 1 个月开始出现，半年后明显下降；血凝抑制抗体约于感染后第 5 天出现，在血清中存在时间较长，IgM 早于血凝抑制抗体。

蜱传脑炎病毒侵入机体后是否发病，决定于侵入机体病毒数量、毒力及机体免疫功能状态。若侵入人体的病毒量少，在病毒进入单核巨噬细胞系统复制过程中或复制后经血流进入中枢神经系统的行程中，被机体细胞介导免疫、补体中和抗体等人体免疫功能所灭活，则不发病。若仅少数病毒侵入中枢神经系统，且毒力弱，不足以造成严重病理损伤，此时，则不引起发病或症状很轻或隐性感染。若侵入的病毒量中，最后 48h 内的病毒存于淋巴系统和血循环中，以后进入脑组织和其他脏器，8 日内脑内病毒达高峰，而其他脏器由于特异抗体的出现，病毒量逐渐下降。若人体细胞免疫功能低下或缺陷，大量病毒侵入人体，且病毒毒力强，侵入中枢神经系统后可引起大量神经组织的破坏。Rozck 等证实，CD8$^+$ T 细胞参与 TBE 的发病过程，可以造成免疫损伤。由于血管破坏引起循环障碍，又进一步引起相应神经受损，这样临床上出现明显症状和典型病理经过。

临床表现

人

人临床表现为高热、头痛、面部充血、脑膜刺激征，伴有不同程度的意识障碍及肌麻痹。重症病人可因呼吸衰竭而死亡或留有后遗症。病程 2～4 周。

本病潜伏期 2 周左右。表现发热、头痛、恶心、呕吐、神志不清、颈项强直。病人面色潮红，眼结膜和口腔黏膜充血，如果病毒侵入脊髓，往往出现颈部、肩部和上肢肌肉瘫痪，表现为头无力抬起，眉下垂，两手无力而摇摆等森林脑炎的特异症状。大多数病人急性发病，发热可持续5～10天。如病毒侵入延髓，就可出现呼吸衰竭。少数病人可发生偏瘫，体温于1周后降至正常，症状随之逐渐消失，但瘫痪依旧存在。

流行于我国的森林脑炎症状较重，病死率较高。

1）潜伏期　一般为10～15天，最短2天，最长35天。

2）前驱期　一般数小时至3天。部分患者和重型患者前驱期不明显。前驱期主要表现为低热、头昏、乏力、全身不适、四肢酸痛。大多数患者为急性发病，呈急性型经过。35％～58％的病人会留下持久的神经后遗症，如严重的头痛、眩晕、注意力不集中、压抑、自主神经系统紊乱、听力受损等。

3）急性期　病程一般为2～3周。

①发热：一般起病2～3天发热达高峰（39.5～41℃），大多数患者持续5～10天，然后阶梯状下降，以2～3天下降至正常。热型为弛张热。部分患者可出现稽留热或不规则热。

②全身中毒症：高热时伴有头痛、全身肌肤痛、无力、食欲不振、恶心、呕吐等，并由于血管运动中枢的损害，患者可出现面部、颈部潮红，结膜充血，脉搏缓慢。部分重症者有心肌炎表现，常有心音低钝，心率增快，心电图T波改变。严重患者可以突然心功能不全、急性肺水肿等。

③意识障碍，神经损害：约有半数以上患者有不同程度神志意识变化，如昏睡、表情淡漠、意识模糊、昏迷，亦可出现谵妄和精神错乱。

④脑膜受累表现：最常见的是剧烈头痛，以颞部及后枕部持续钝痛多见，有时可为爆炸性或搏动性，呈撕裂样头痛，伴有恶心、呕吐，颈项强直，脑膜刺激症。一般持续5～10天，可与昏迷同时存在，当意识清醒后，还可持续存在1周左右。

⑤肌肉瘫痪：以颈肌及肩胛肌及上肢联合瘫痪为多见，下肢肌肉和颜面肌瘫痪较少。瘫痪多是弛缓型，此与乙脑不同。一般出现在病程第2～5天，大多数患者经2～3周后逐渐恢复，少数留有后遗症而出现肌肉萎缩，成为残废。由于颈肌和肩胛肌瘫痪而出现本病特有的头部下垂表现，肩胛肌瘫痪时，手臂摇摆无依状态。

⑥神经系统损害及其他表现：部分患者出现锥体外系统受损症，如震颤、不自主运动等，偶尔可见语言障碍、吞咽困难等延髓麻痹症状或中枢性面部神经或舌下神经的轻瘫。

森林脑炎一般有如下分型方法：

（1）根据临床症状分型　①顿挫型，轻度发热、头痛、恶心、呕吐、体温1～3天降至正常；②轻型，中度发热，有脑膜刺激征，无瘫痪及意识障碍等脑症状；一周左右体温降至正常，无后遗症；③普通型，高热、脑膜刺激征，伴不同程度肌肉瘫痪，7～10天体温正常；④重型，高热、头痛、昏迷迅速，出现脑膜刺激征及颈肌和肢体肌肉瘫痪，有昏迷等脑实质损害的中枢神经症及在发病短期出现上行性麻痹。极重症病人如不及时抢救，可于1～2天内死亡。

此外，根据中枢神经受损部位和病理特点分为脑膜炎型、脑膜脑炎型、脊髓灰质炎型、脑干型、上升型和混合型。根据疾病发展过程分为潜伏期、前驱期、急性期和恢复期。1930年前苏联亚洲地区发现以中枢神经系统病变为主的急性传染病人，分为发热型、脑膜炎型、脑膜脑炎型、脊髓灰质炎型、多发性神经根性神经炎型和慢性型。

（2）按中枢神经系统受损部位和病理特点，可分为6型：

①脑膜炎型：主要是头痛、恶心、呕吐和颈项强直等脑膜受累的表现，而无瘫痪和意识

障碍；②脑膜脑炎型：出现不同程度的意识障碍，可伴有惊厥和锥体束征或锥体外系统体征；③脑干型：除一般脑膜脑炎症状外，尚有脑干运动神经核损害表现；④脊髓灰质炎型：主要表现为肌肉弛缓性瘫痪；⑤上升型（Landry 型）：开始症状轻，下肢出现瘫痪后，病变随神经通路上升至颈部，可致周围呼吸麻痹，最后延髓麻痹；⑥混合型：临床上综合征最重一型，具有上述几型临床综合表现，病死率高。

本病常见的并发症为支气管肺炎，多见于昏迷或延髓麻痹的患者；此外，可并发心肌炎和唇疱疹。

病毒在脑内繁殖的同时出现病理性改变的过程渐进性的，森林脑炎病理改变特点是神经系统广泛的炎症性损伤，表现为弥漫性充血、瘀血、出血和凝固性血栓，广泛的细胞浸润、增生和神经细胞变性坏死。病变主要侵犯脑干及脊髓各膨大部，较多见于颈髓、延髓、脑干、大脑等处，而椎间神经节、交感神经、外周神经都有弥漫性炎症变性改变。根据病变的特点，森林脑炎可以被看作脑脊髓灰质炎。

脑桥、延髓和脊髓病变最为严重，尤其是脊髓颈节。可见前角细胞广泛坏死，小血管充血、出血，血管周围和组织的大量弥漫性或灶性炎细胞浸润，血管瘀血，血管壁变性和严重渗出现象。神经节细胞有不同程度的变性、坏死，严重时出现软化灶。

大脑皮层、脑回平坦，脑实质软化；切面上布满了点状出血。大脑中的炎症改变表现为血管（主要是小静脉、毛细血管）广泛浸润，即在血管周围有单核细胞浸润；小血管内皮增生，脑实质中大小神经胶质细胞增生。皮层神经细胞可见有噬神经现象。小脑中常见神经细胞急性肿胀，伴随有相对活动性的神经胶质细胞反应。硬脑膜和软脑膜高度紧张、充血和水肿。血管扩张，血管腔内充满红细胞，血管壁剥脱，纤维素样坏死或透明变性。病变的血管周围可见微小坏死灶。

除神经系统病变外，肺部可见显著充血，呼吸道黏膜有点状出血，下呼吸道可见支气管肺炎；心肌急性变性，心内、外膜可见稀少的散在出血点；腹腔脏器瘀血性充血，肠浆膜和黏膜上可见出血点；肝脏可见变性、肿大；脾脏有增生过盛、充血等改变。因此，森林脑炎的病理以神经系统病变为主，内脏器官也可能退行性改变。肝、肾、心、肺均可出现渗出性和退行性病变。

猪

猪是保毒宿主，有很高的病毒血症，具有传染性。

牛感染后仅有体温升高和食欲减退，一般无神经症状；羊有时出现肢体麻痹；雏鸡感染蜱传脑炎病毒后出现肢体瘫痪。其他家畜多为隐性感染。猪有感染性，2～5 月龄仔猪经脑接种病毒后，大部分出现脑炎症状，有的死亡，有的尚能恢复，少数根本不出现症状。

野猪为本病病毒的储存宿主和传染源。

诊断

根据本病流行季节有蜱叮咬史、饮用生奶或实验室接种病毒史。

森林脑炎病毒具有嗜神经性，人感染病毒后，在发病 7 天内可从病人脑组织分离到病原体，也可在其他脏器和体液，如脾、肝、血液、脑脊液、尿液等检出，但阳性率较低。病人病后血清中出现中和抗体，可长期存在。补体结合抗体在感染后 1 个月开始，半年后明显下降。血凝抑制抗体约于感染后第 5 天出现，血清中存在的时间较长。特异性 IgM 抗体的出现早于血凝抑制抗体。其中血凝抑制抗体和特异性 IgM 抗体具有早期诊断价值。

临床上急性发热病人有特征性的昏睡或昏迷,脑膜刺激征,头下垂,肢体弛缓性瘫痪,发绀等;血检白细胞总数升高至 $10 \times 10^9 \sim 20 \times 10^9 /L$,分类中以中性粒细胞显著增高,脑脊液中分离病毒,但成功者较少;自发病 1 周内死亡患者的脑、肝、肾细胞中分离病毒,其阳性率较高。

1. 病毒分离

(1) 标本的采集 死亡病人的脑组织应争取在死亡后 6h 内解剖,取脑干部的脑组织用于分离病毒。病人早期血清亦可用于分离病毒,但分离率较脑组织低。

(2) 乳鼠分离 乳鼠是分离森林脑炎病毒最敏感的动物,一般以脑内、腹腔联合接种效果较好。

(3) 鸡胚分离 森林脑炎病毒在鸡胚中生长繁殖良好,一般选择 7 日龄左右的鸡胚卵黄囊接种。

(4) 细胞培养分离、鸡胚成纤维细胞和猪肾细胞使微量病毒培养成功,并可产生细胞病变和空斑。

2. 血清学试验 感染森林脑炎病毒后,在血液中可出现血凝抑制抗体、补体结合抗体、中和抗体及病毒特异性 IgM 抗体。其中血凝抑制抗体出现较早,在感染后 2～4 周达高峰,1～2 个月后下降;补体结合抗体于感染 10～14 日出现,1～2 个月达高峰,以后逐渐下降,维持 1 年。中和抗体于感染 2 个月达高峰后逐渐下降,持续数年到十多年。病毒特异性 IgM 抗体在感染急性期呈阳性,有利于早期诊断。

血清学试验有补体结合试验、血凝抑制试验,ELISA - IgG 抗体方法分别比前两者敏感 50～200 倍和 10～80 倍。

通常需要鉴别诊断的疾病有乙型脑炎、结核性脑膜炎、流行性脑脊髓膜炎、脊髓灰质炎,某些地区需与流行性出血热鉴别。乙脑流行于温带及热带地区,主要在夏秋季发病,以高热、惊厥、昏迷和呼吸衰竭为主要表现,肢体强直性瘫痪,弛缓性瘫痪极少见。

合并后遗症:弛缓性瘫痪为森林脑炎的主要特点,其好发部位在颈及四肢,主要两上肢经过急性期后所有患者的瘫痪有不同程度的恢复,约 25% 的病例留有后遗症,表现为运动障碍、肌肉萎缩、头部下垂等。日本曾报道,感染森林脑炎病毒后,发生慢性进行性脑炎长达 13 年的病例。根据临床观察,预后与疾病潜伏期的长短有关,短潜伏期者病情多偏轻,预后良好;而长潜伏期者临床经过多较重,易留有后遗症。重症病人常在 5～6 天内死亡。

防治

目前尚无特效的药物治疗,一般采用降温、补液、改善脑水肿和呼吸衰竭的保守支持疗法和对症处理。

预防主要加强灭蜱灭鼠工作,注意个人保护,监控自然疫源地,以消灭传染源、切断传播途径,在感染早期注射丙球蛋白或免疫血清可防止发病或减轻症状。对发病 3 天内的早期患者,可采用恢复期患者或林区居住多年人员的血清,每天 20～40ml,肌内注射,用至体温降至 38℃以下停用。高效价免疫球蛋白,每天 6～9ml 肌内注射,亦有效,未经疫苗免疫者被蜱叮咬后,可肌内注射高价免疫丙种球蛋白 6～9ml,以防发病;对高危疫区人群进行预防接种,我国使用的是地鼠肾细胞培养灭活菌,成年人初次接种 2ml,7～10 天后再注射

3ml，其免疫力可维持1年，以后每年加种1次即可，儿童用量酌减。一般2～6岁0.5ml，7～9岁1.0ml，10～15岁1.5ml。疫苗接种后1.5～2个月产生抗体，故应在每年3月份完成免疫接种。此疫苗不十分理想，有待改进。俄罗斯应用鸡胚成纤维细胞培养病毒制成灭活疫苗，初次接种为3次，每次1ml，间隔7～10天，以后每年加种一次，有效保护率可达99%。蜱传脑炎病毒各个亚型间具有很强的抗原相关性，针对某一型病毒的疫苗可对其他亚型病毒起到交叉保护作用，故有人对家畜接种灭活疫苗，使家畜产生免疫力，有利于减少人类传播的机会。针对灭活苗效果，目前正在进行DNA疫苗研究。

准确地掌握流行区蜱的密度及其消长情况，为该病的流行病分析和预防控制提供依据。由于该病可通过奶源传播，牛群在放牧过程中存在被带毒蜱叮咬而感染的潜在危险，感染牛群的奶制品若未经消毒或消毒不彻底，则极易引起森林脑炎的流行。因此，加强对奶制品的消毒和检验工作，对保障广大群众的健康具有重大的现实意义。

我国已颁布的相关标准：

SN/T 1312—2003 国境口岸森林脑炎监测规程；

SN/T 1705—2006 出入境口岸森林脑炎检验规程。

二十五、墨累山谷脑炎
（Murray Valley Encephalitis）

墨累山谷脑炎（Murray Valley Encephalitis）是由墨累山谷脑炎病毒（Murray Valley Encephalitis Virus）引起人畜的一种急性传染病，又名澳大利亚X病。主要临床特征是发热、中枢神经症状、癫痫发作、头痛、言语障碍、记忆力损伤和震颤等。

历史简介

本病于1917～1918年首先流行于澳大利亚人群，有一种以脑炎为特征呈不规则间歇流行形式的疾病，最初被称为澳洲"X"病，病死率高达70%。1951年澳大利亚东部Murray山谷和Darling河流域再次爆发急性脑炎流行，其中半数以上为儿童，从死亡病人的脑组织分离到病毒。其后尚未见本病流行，但流行病学调查表明，本病仍有轻症感染和很高的隐性感染率。血清学研究表明，流行区域发生的脑炎为同一疾病。

病原

本病毒属黄病毒属虫媒病毒B组，该病毒属于乙型脑炎抗原复合群，在血清学方面与乙型脑炎存在部分交叉反应。病毒颗粒直径为20～50nm。呈二十面体，有包膜。其基因组为单股正链RNA，长约11kb，基因组编码为3个结构蛋白，即衣壳蛋白C、膜蛋白PreM和囊膜蛋白E；7种非结构蛋白分别为NS1、NS2A、NS2B、NS3、NS4A、NS4B和NS5，各种非结构蛋白的功能目前尚不清楚。该病毒具有复杂的抗原性，通过对澳大利亚和新几内亚不同分离进行限制性酶切和核苷酸序列分析。结果表明，不同地区毒株核苷酸同源性较低，表现为不同的基因型。以各种途径接种鸡胚，病毒对鸡胚均有很强的致病力，接种后多于3天内死亡，并伴有特殊的病理变化。对成年鼠脑内接种、乳鼠各种途径均有强烈的致病力，乳鼠接种后表现痉挛、共济失调、抽搐和后肢麻痹。恒河猴脑内接种病毒后发生大脑炎而死亡，皮下接种无反应。用任何途径将病毒接种于家兔，一般为隐性感染；豚鼠接种后表现为发热反应；田鼠接种后可发生致死性感染。田鼠接种结果与西尼罗病毒相似，以此可与乙脑和圣路易脑炎相区别。病毒表面有血凝素，可凝集新生小鸡红细胞和鹅红细胞。本病毒的保存条件、感染和血凝性质与乙脑病毒和圣路易脑炎病毒相似。病毒对一般消毒剂敏感，易被甲醛灭活，但仍保留其抗原性。

流行病学

本病目前仅见于澳大利亚、巴布亚—新几内亚和新西兰等地，尤其在山谷地区。人、家畜（牛、绵羊、马、猪、犬）、野生动物（野犬、野兔、狐狸、田鼠等）、家禽与野鸟、昆虫与蚊等均易感染，但很多是隐性感染，可能是重要的宿主动物。据当地调查，鸟类如白鹦、野鸭等毒血症可持续 1～9 天；鸡中常能分离到病毒，成鸡只产生一种低滴度的一过性的病毒血症，而 2 日龄雏鸡则产生了持续 8 天之久，峰值为 7.6 个对数的病毒血症，在传播上起重要宿主作用。病人、带毒的人和动物均可成为本病的传染源，但一般认为鸟类是本病的主要传染源，在本病流行上具有重要意义。家禽感染后也可带病毒，成为传染源。本病由蚊虫传播，库蚊是主要传播媒介。本病流行于每年 1～5 月，高峰期在 3 月；人的不显性感染为 500～1 000 倍于临床病例。在澳西部维持常年的散发和小的爆发流行。近年来，扩展到澳洲南部，并曾出现较大的爆发流行。

我国尚未发现墨累山谷脑炎的流行。

发病机制

病毒致病性损伤主要在大脑、小脑，尤其是浦肯野氏细胞，脑干、脑丘、下丘脑和脊髓。被破坏大脑皮质形成瘢痕灶及炎性细胞浸润。噬神经细胞作用，细胞、血管周围炎性细胞浸润形成血管套及脑膜炎症反应。随后出现神经症状。

临床表现

人

人类中隐性感染的比率很高，在 1951 年一次大爆发中，估计的比例是 600 个隐性感染对一个临床脑炎病例。儿童的发病率最高，甚至连婴儿也感染。Liehne 等（1976）调查，目前澳大利亚 Ord 河地区人血清抗体仍有阳性，表明人仍有隐性感染或表现类似日本脑炎的轻微症状。人感染后前驱期为 2～5 天，人的临床表现轻重不一。多数起病急，患者表现不适、厌食，体温迅速升高，伴有头痛、呕吐、颈强直、嗜睡。轻者 3 天左右即恢复；重者体温可达 40～40.5℃，出现反复惊厥，并转入昏迷，甚至发生中枢性呼吸衰竭，往往伴发局部麻痹和精神上的损害。病死率高，病死率可高达 30%～50%。存活者可留有不同程度的中枢神经系统后遗症。

按病情严重程度墨累山谷脑炎分为轻型、重型和极重型。轻型：有神经系统异常表现，但无昏迷和呼吸抑制发生，多在 5～10 天内病情稳定。重型：表现为昏迷、麻痹，尤其是呼吸及咽喉麻痹，常需要呼吸机维持生命。极重型：表现为四肢麻痹，进行性中枢神经系统损害，往往继发细菌性感染而导致死亡。轻型病例病愈后约为 40% 留有后遗症，几乎所有重型患者均留有不同程度后遗症，包括瘫痪、步态不稳和智力障碍等。婴儿病情发展迅猛。

猪

很多鸟类和哺乳动物有广泛的亚临床感染。Gard 等（1976）报道，新威尔士野猪抗体阳性率达 58％，猪亚临床感染，无明显症状，其他动物感染后一般没有明显的症状表现。R. L. 多尔蒂（1917～1918）记载，墨累山谷脑炎病毒可感染的动物有马、牛、猪、野猪、水牛、狐狸、负鼠、犬、家禽、野鸟等，但未能证实这些动物感染后发病。

诊断

本病病理学变化与乙脑相似，外周血象白细胞数正常或轻度升高，病的早期应尝试从血液中分离病毒，死亡病例可从中枢神经系统分离病毒。常用鸡胚绒毛尿囊膜或鸡成胚细胞的组织培养分离病毒，此法可能优于小鼠的病毒分离。重型粒细胞略占优势。早期及恢复期测定血清特异抗体大于 4 倍升高。血凝抑制抗体、补体结合试验抗体、中和抗体升高。疾病确诊靠从血清、脑组织和脑脊液中病毒分离。

该病需与其他病原性脑膜脑炎做出鉴别诊断，对于幼龄患者需与小儿麻痹症相区别。

防治

本病无特效疗法，一般只采用对症处理和支持疗法。主要防制措施为防蚊、灭蚊。目前尚无预防用的疫苗。

墨累山谷脑炎目前局限于澳大利亚和新几内亚流行，但由于国际交往的增加，易造成因输入型病例而引发传播或流行，对于这种潜在威胁，我们应予以足够的重视，加强进出口卫生检疫工作，防止国外病毒株、媒介传入我国。

二十六、西尼罗热
（West Nile Virus Infection）

西尼罗热（West Nile Virus Infection）是由西尼罗病毒（West Nile Virus）通过蚊虫传播感染以鸟为主要动物宿主，引起的一种急性、热性人与动物共患的自然疫源性病毒感染。感染人、马、禽等动物，侵害宿主的中枢神经，导致部分病例发生脑膜炎。人感染西尼罗病毒，主要表现为西尼罗热和西尼罗病毒性脑炎和脊髓灰质炎综合征，以及胰腺炎、肝炎、心肌炎等；畜、禽、马导致脑炎、心肌炎、流产等。

历史简介

西尼罗病毒首先在 1937 年 12 月在乌干达西尼罗地区 Omogo 镇一名发热妇女的血液经过接种小鼠脑腔而分离到而得名，因以发热为主要症状，故命名西尼罗热。1960 年埃及和法国认定马发病，其后捷克和意大利报道从病马中分离到西尼罗病毒。1999 年 8 月在美国纽约首次发病并致人死亡后才引起世人关注。目前，西尼罗病毒感染已成为欧洲和美国面临的公共卫生问题之一。

病原

西尼罗病毒（West Nile Virus）属黄病毒科，黄病毒属。在蚊子体内能够增殖的亚群病毒，除了西尼罗病毒外，这个亚群的病毒还包括黄热病毒、登革热病毒、日本脑炎病毒、斯庞德温尼病毒、圣路易斯病毒、乌干达病毒和韦赛尔斯布朗病毒、墨累山谷脑炎病毒等，同属于日本脑炎抗原复合群（Japanese Encephalitis Antigenic Complex）。

西尼罗病毒为单股正链 RNA 病毒，有包膜。病毒颗粒直径为 40～60mm 的球形结构；脂质双分子膜包裹着一个直径在 30mm 左右的二十面体的衣壳。病毒编码 10 种病毒蛋白，包括有 3 种结构蛋白：核衣壳蛋白（C）、包膜蛋白（E）和膜蛋白（prM/M）；包膜蛋白和膜蛋白镶嵌在包膜中，是主要的病毒抗原型结构蛋白，可能与病毒的毒力及亲嗜性相关；7 种非结构蛋白分别是 NS1、NS2A、NS2B、NS3、NS4A、NS4B 和 NS5，是病毒复制过程中所必需的一些酶类，NS5 为 RNA 依赖的 RNA 多聚酶。E 糖蛋白在免疫学上是重要的结构。

病毒基因组约由 12 000 个核苷酸组成，为单股、正链、不分节段 RNA，11kb 左右。基因组 5' 端含有帽子结构 m7G5'，ppp5'A，3' 端缺少多聚腺苷酸尾（PolyA）。其中 5' 端含有 100nt 左右的非编码区。3' 端含有 400～700nt 的非编码区；两端的非编码区能够形成保守的二级结构，在病毒基因的复制及病毒的增殖过程中具有重要作用。编码区含有一个开放式读码框（ORF），前 1/3 区段编码 3 种结构蛋白，后 2/3 编码非结构蛋白。WNV 可在多种细胞中进行复制，包括鸡、鸭、鼠的胚胎细胞及人、猪、啮齿类、两栖类、昆虫类传代细胞系。一般来说，新病毒体的释放发生在感染细胞后 10～12h，释放高峰则需在 24h 以后。

西尼罗病毒只有一个血清型，根据病毒 preM. E、NS5 等基因，分为两个基因型。基因Ⅰ型为人类和鸟类主要致病基因型。与人脑炎有关，从非洲、欧洲和北美洲分离到。但有变异株，美国东海岸分离到的北美变异株，与 NY‐99 的基因核苷酸仅有 0.18% 的差异。Kunjin 病毒是西尼罗病毒的一个亚型，属于基因Ⅰ型，主要分布在澳大利亚地区。Kenya（KEN）株也属于基因Ⅰ型。研究表明，NY‐99 病毒株和 KEN 病毒株感染麻雀后导致相似程度的病毒血症和相近的死亡率，而 Kunjin 病毒则导致低滴度的病毒血症，而不致死，提示新出现的毒株 NY‐99 和 KEN 株比以往流行的 Kunjin 株致病性更强。基因Ⅱ型仅在非洲撒哈拉以南地区和少数地区散在分布，无明显临床症状。

有人按氨基酸印记转换反应和对病毒包膜糖蛋白测定，可分为 1 和 2 两个病毒谱系：谱系 1 分布有西非、中东、东欧、北美、南美澳大利亚等，主要与引起人疾病流行有关；谱系 2 局限于非洲，主要引起动物感染。

一些研究通过比较非洲和法国分离的 21 株西尼罗病毒发现，病毒的同源性与候鸟的迁徙路线有关。

WNN 抗原性与乙型脑炎病毒、圣路易脑炎病毒、墨累山谷脑炎病毒、Alfuy 病毒均有交叉反应。病毒进化分析显示主要致病毒株全部为基因Ⅰ型。从近几年 WNN 爆发流行的分子生物学研究表明，导致发病的 WNN 分离株主要为基因Ⅰ型。

流行病学

20 世纪 30 年代末，西尼罗病毒首先在非洲发现，40～50 年代在以色列、埃及流行，60～80 年代出现在西班牙、法国、俄罗斯等欧洲国家，1999～2002 年西尼罗病毒出现在西半球，美国多次流行，2001 年进入加拿大中南部。西尼罗病毒已广泛流行在全球的 5 个洲，即非洲、欧洲、亚洲、美洲和大洋洲的共 40 多个国家和地区，流行地域迅速扩大。

西尼罗病毒存在广泛的宿主系统，感染宿主范围进一步扩大。据调查，猪有 WNV 的抗体，WNV 可存在于马和猪等家畜及蚊子体内，美国科学家研究证实，乌鸦和家雀是 WNV 传给人的储存宿主。最主要的传染源和储存宿主是鸟类，病毒在鸟体内高浓度存在多天，产生高水平的病毒血症，继而感染大批叮咬过的蚊子。此外，现已证实对 WNV 敏感的还有鸡、鹅、乌鸦、马、犬、猫、松鼠、蝙蝠及人类；现已发现猕猴、狼、家兔、山羊、绵羊、美洲驼、羊驼、驯鹿、牛，甚至短吻鳄感染 WNV 发病和死亡病例。人、马等哺乳动物是 WNV 的终末宿主，也是偶然宿主。因为人、马的病毒血症期较短暂，且血中病毒滴度低，作为中间宿主的意义不大。据调查，猪有 WNV 的抗体。1979～1980 年，希腊报道猪西尼罗病毒感染，同时羊、牛、马也发生感染。英国农业情报署（CAB）曾报道，有 198 种动物发生本病。WNV 已经传染了 230 种动物，其中包括 38 种鸟类。马、狐、猴感染病毒可能出现中度病毒血症，可能与范围传播有关；但家庭饲养动物感染是感染 WNV 的一个危害因子。各种家畜、家禽对本病毒的隐性感染和产生不同程度的病毒血症，因此也可能成为本病传染源。

WNV 沿着鸟-蚊-鸟的途径维持在自然界的循环，已经在 359 种以上的南美蚊子和 225 种以上的鸟类中检测到了 WNV。库蚊是主要的传播媒介。在气候温暖地区，成年蚊子自春天水域出现直到初秋不断叮咬病鸟，随后 WNV 在蚊子体内繁殖，人类由于被感染了 WNV 的蚊子叮咬而被传染。WNV 也可在越冬蚊子体内生存或者经卵传播，使 WNV 持续存在，在热带气候环境中，蚊子更容易隔年循环传播。炎热、干燥的夏季是病毒传播的肆虐期。此外，还有虱子传播 WNV 的报道，但需要进一步研究。一些干旱地区，蜱也可能传播西尼罗病毒。

禽、鸟类感染 WNV 存在病毒血症过程，能够通过蚊虫叮咬进行传播。同时已实验证实病毒可在鸟-鸟之间不需蚊子作为载体而直接传播。所以，是重要的中间宿主和扩增宿主。以蚊虫为媒介，叮咬人、马等哺乳动物，扩散疾病。WNV 也能经蜱传播。2002 年美国报道 WNV 可能通过血液、血制品、器官移植、哺乳等方式在人-人之间传播。2004 年 6 月 4 日美国 CDC 公布了首例因哺乳传播 WNV 的病例，之后又有 4 名婴儿因呈哺乳感染 WNV 报道。另有报道证实，孕妇可经胎盘将 WNV 传播给胎儿，导致婴儿出现脉络膜视网膜炎和严重的中枢神经系统病。有 23 例因输血感染了 WNV。有 2 例微生物科学家实验室感染了 WNV。此外，也有鸟—鸟之间的传播报道，但传播途径不清楚。2012 年 9 月 12 日美国疾病与预防控制中心报告西尼罗热发病 636 人，死亡 118 人。目前还没有人和人接触传播、人传染动物或动物传染人的证据。近年来 WNV 流行特征有所改变：人和哺乳动物爆发流行的频率升高。对人致病的严重性增加。美国 1999 年因 WNV 感染导致死亡病例 7 例、2000 年 21 例、2002 年 284 例，2012 年发病 35 032 人，死亡 1 428 人；表现为中枢神经系统损害疾病和脑炎、脑膜炎、脑膜脑炎病例增多。与人群爆发流行相伴随的禽类感染 WNV 的病死率增加。病毒进行分析显示主要致病毒株全部为基因Ⅰ型，从近几年 WNV 爆发流行的分子生物学研究表明，导致发病的 WNV 分离株主要为基因Ⅰ型。该病毒已经成为一个重新出现的威胁全球的病原。1937 年分离出 WNV，很少在人类爆发；1951～1957 年以色列确诊 180 人，南非（1974）确诊 307 人，但大多数为一过性发热反应，据报道，有 3 000 多个病例。1974 年南非数人感染，只有 1 人发生脑炎，开始引人注意。1996 年前欧洲无病例报告，而 1996 年 8～9 月罗马尼亚发病 500 人，而且神经病患率和死亡率极高；1997 年突尼斯 111 人；1998 年意大利、俄罗斯患病者 826 人，其中 84 人出现脑膜炎，40 人死亡；2000 年以色列报告 417 病例中 170 人有中枢神经症状，35 例死亡。1998 年美国纽约有 56 人患病，而且外来鸟在此前大批死亡。由于突然发生脑炎，死亡 7 人而引起恐慌。因当时正值圣路易脑炎流行热的季节，怀疑是此病，病人血清黄病毒阳性，脑荧光也观察到黄病毒抗原阳性，但唯一不同的是同时伴随自然界大量乌鸦死亡，故认为是其他黄病毒引起的流行。用聚合酶链反应检查，脑组织病毒核酸 WNV 阳性，而圣路易病毒为阴性，进而证明此次流行是 WNV 引起。我国 2004 年新疆脑炎病毒患者中有 WNV 抗体阳性。一些专家认为，WNV 在北美洲已经演变成一种致命性的季节性传染病，夏季发作，延续到秋天。

以美国为例，1999～2009 年 WNV 的流行有 3 个阶段：

①1999～2001 年为 WNV 侵入期仅 10 个州，患者 66 例。

②2002～2004 年为 WNV 入侵扩张期，2002 年和 2003 年病例达 4 156 人和 9 862 人，疫情从 40 个州到全国各州。

③2005 年以后为长期流行。WNV 已经适应当地的生态环境，成为地方性疾病并广泛流行。WNV 主要表现为小聚集、散发的特征。48 个州 1 869 个县报告 WNV 感染病例。

流行病的原病毒株发生变异并成为地方性流行株。1999 年纽约分离株 NY‑99 与 1998 年以色列分离株具有 99.8% 同源性，提示入侵美国的 WNV 来源于中东地区，之后具有高度致病性的 NY‑99，在随后的两年成为美国优势流行株。2002 年原来 NY‑99 株又被 WN02 株取代，并迅速在美国大陆播散。WN02 株相对于 NY‑99 株有 13 个保守核苷酸的突变，一个核苷酸突变导致在 E 基因的 159 位氨基酸由 V 变成 A。研究表明，与 NY‑99 基因型相比，WN02 基因型毒株缩短了在库蚊体内的潜伏时间，可更有效地在蚊—鸟循环中播散。目前，WN02 基因型株仍是美国地区 WNV 占优势的流行株。

通过对本病监测发现 WNV 致病性逐趋严重：①临床表现谱扩大。WNV 来自非洲，而后由非洲传播欧洲、亚洲等，其临床症状以发热为主，一般为自愈性，但在美国的流行过程中，人群感染后导致多种临床症状和疾病。研究显示，美国 80% 的 WNV 感染者不出现临床症状，20% 为自限性发热，不到 1% 的 WNV 感染者有神经系统症状，如脑炎、肢体麻痹、脑膜炎等；严重的脑炎患者从轻微定向障碍到昏迷、死亡。出现神经系统症状患者中，一部分因病毒感染脊髓运动神经而出现类似脊髓灰质炎样的急性弛缓性麻痹，个别出现格林巴利综合征。WNV 感染后未出现神经系统症状者可表现急性发热、头痛、疲劳、不舒服、肌肉痛和虚弱，以及个别胃肠道症状或躯干、手脚出现斑疹症状等。也有研究发现，WNV 感染引起脉络视网膜炎、肝炎、胰腺炎、心律失调等。②传播途径增加。WNV 除常规蚊子叮咬传播外，发现新的传播途径，如输血、器官移植、母婴传播。2002 年发现 23 名受血者感染，虽做输血者筛查，仍不能根除 WNV 输血传播。因为部分献血者中的病毒载量低于常规检查的阈值。2002 年 4 名器官接受者从同一名器官捐献者获得 WNV；2005 年有 3 人。2002 年发现子宫内 WNV 传播证据，2003 年对女性怀孕时进行 WNV 调查，发现 547 名母亲中有 4% 感染了 WNV，而 549 名婴儿没有被感染。

我国尚未发现西尼罗病毒感染流行，但西部地区马、猪等动物血清中西尼罗病毒抗体呈阳性，需要引起重视。

发病机制

WNV 感染蚊子后，病毒在蚊子体内经 10～14 天发育成熟，成熟的病毒聚集于蚊子的唾液腺内，一旦宿主被感染的蚊子叮咬，研究者证实，WNV 感染脐带静脉内皮细胞 30min 后，内皮选择蛋白在该细胞表面的表达明显增多，感染后 2h，细胞间黏附分子-1（ICAM-1，即 CD54）和血管细胞黏附分子-1（VCAM-1）的表达显著增多。这些现象标志着炎症反应的开始和进行，而且比肿痛坏死因子（TNF）和白细胞介素-1（IL-1）引起的反应出现得早。前述表达活动不受可中和 TNF、IL-1 或 α-或 β-干扰素的抗体影响。说明 WNV 感染细胞后出现的炎症反应是由 WNV 直接造成的现象。以上机制对病毒在体内最初的传播有重要意义，表明病毒既有直接的病理损伤作用，也有间接的作用。

WNV 的可能发病机制是 WNV 在人和动物局部组织和淋巴结中繁殖，首次产生病毒血症感染网状内皮组织单核吞噬细胞系统，接着第 2 次病毒血症发作。经淋巴细胞传入血液。病毒经内皮细胞复制或经嗅觉神经元轴突传播，越过血—脑脊液屏障引起中枢神经系统感染及感染其他器官。被感染的机体在症状出现之前，持续病毒血症多天，一旦发病和出现对抗病毒 E 糖的 IgM 抗体，病毒血症迅速消失，病毒也可能在没有出现临床症状时自行消失。它的持续时间取决于免疫系统的完整性。Southam 等发现用 WNV 病毒株实验性感染癌症志愿者，良性肿瘤患者病毒血症的持续期为 5～28 天（平均 13 天）。这个试验在器官移植 WNV 感染者身上被证实。老年人中枢神经系统感染几率增加的原因可能是因为高血压和免疫力下降导致血—脑脊液屏障被破坏，疾病持续时间和病毒血症时间延长。严重神经综合征常在老年人中发生，但小孩也有不少病例。美国学者对 1999 年夏季在纽约市 WNV 脑炎爆发流行中死亡的 4 例病人进行尸检，发现 2 例有脑炎，另 2 例有脑膜脑炎的病理改变，同时脊髓出血，大量神经元退化，炎症以单核细胞浸润为主，并以在灰质和白质中形成小胶质性结节和血管周围的簇集，脑干特别是延髓被广泛累及。在 2 例的脑中，颅神经根有神经内膜的单核细胞性炎症。免疫组织化学染色表明，脑组织坏死区内、神经元内、神经突触部均可检到 WNV 病毒抗原。其他主要器官，如肺脏、肝脏、脾脏、肾脏内未检到病毒抗原。在死亡病例中，组织病理学损害和病毒抗原的免疫染色在脑干和脊髓较为显著，这也可以解释有些病人出现的肌肉无力或弛缓性瘫痪。实验性感染猴子显示慢性进展性中枢神经系统感染，提示在中枢神经系统病毒持续存在的可能性。WNV 感染引起的神经系统疾病的确切发病机制至今仍不清楚。通过皮下注射模拟自然途径病毒感染，病毒的扩散顺序依次是引流淋巴结、脾、血清；在病毒进入中枢神经系统前，出现病毒效价较高的病毒血症。淋巴结中导致初次和二次病毒血症的靶细胞尚未阐明。在动物模型及人感染病例中发现在脑部及脊髓脊索的多个位点同时检测到西尼罗病毒的分布，说明可能是病毒经血液途径传入到中枢神经系统。神经原细胞是该病毒在中枢神经系统中的主要靶细胞。西尼罗病毒 E 蛋白的第 3 结构阈与病毒受体亲和相关，但是神经原细胞表面的受体分子尚未定位。目前认为，人群感染 WNV，经外围血管扩增繁殖，一个短暂的病毒血症过程之后，病毒侵入外围淋巴结及中枢神经系统等靶器官，导致疾病，引起发热和脑炎等症状。其病理特点是充血和斑点状出血的脑膜脑炎；组织学上涉及脑的全部及脊髓的上部。有小的出血和血管周围细胞浸润，灰质中有神经细胞坏死。病理变化表现为神经原退行性改变；然后出现 CD8[+] T 淋巴细胞为主的细胞浸润。实验性感染证据表明，病毒导致的神经原细胞凋亡是神经改变的主要原因，尽管存在 CD8[+] T 淋巴细胞的炎症和免疫病理反应。病毒核衣壳蛋白能够导致体外培养神经原细胞的 Casnase-9 依赖的细胞凋亡。

最近法国巴斯德研究所在试验小鼠身体中发现一种决定对西尼罗河病毒敏感程度的基因

"OAS-L1"。根据解释该基因的作用是使机体产生抵抗黄热病毒属病毒的酶，如果这种基因出现变异，那么机体就无法产生抗病毒酶，而且还会使来自外界的抗病毒酶失去活性。如果这一发现能够在体中得到进一步证实，将可以解释为什么少数人在感染 WNV 后会出现致命性脑炎，而绝大多数人安然无恙。美国最近一项研究推测也得出了相似的结果。

西尼罗热病毒致脑和脊髓广泛受损，表现为扩散性炎症、血管周围皱褶和神经细胞变性。病毒广泛散布到多数器官。不同毒株之间的致病力是不同的，已证明从印度分离的毒株和从非洲、中东分离的毒株之间的抗原性不同。

WNV 免疫反应是复杂的，免疫增强现象可能发生。实验证明，IgG1 和 IgG3 抗体在亚中和浓度可以增强感染，它是通过 Fc 受体引导病毒吸附到巨噬细胞表面，在补体存在的条件下 IgM 可增加病毒的繁殖。动物模型及人感染西尼罗病毒，病毒特异的 IgM 出现在病毒感染的第 2 周，B 细胞和抗体在病毒的清除过程中发挥重要作用。

临床表现

人

所有未接触过 WNV 的普遍易感，而人类发病的性质是不一致的，感染后不会都发病，免疫系统很快清除 WNV 并建立持久的特异性免疫力，感染过 WNV 的机体内存在特异性抗体。但临床上表现从亚临床或不能察觉的轻度感染到致死性的感染都有，疾病的严重程度与年龄有一定的关系，发病率和死亡率随年龄的增加而增加，一般儿童病例较成人轻，50 岁以上的人患脑炎和死亡率的概率上升 20 倍。在热带地区，通常临床症状不明显，或只有轻度发热，伴有红斑、丘疹或上半身出现玫瑰疹。据资料报道，平均 150～300 人中有 30 人出现轻微发热，1 人有神经症状。感染 WNV 人群中，80％基本没有任何症状，20％的人会有头痛、发热和体痛之类症状，通常这些症状会在 3～7 天消失。不到 1％的人会患有严重的疾病，发展成为以精神错乱等症状为表现的西尼罗脑炎（WNE）。早期的 WNV 发作也有淋巴结肿大、结膜充血、皮疹等。据统计，目前 WNV 感染后有 1/5 的出现临床症状，约 1/140 的发生严重脑膜炎。罗马尼亚学者对数百例 WNV 性脑炎和脑膜炎患者临床资料的总结分析表明，常见的临床症状有：发热占 95.7％、头痛占 92.6％、颈项强直占 89.1％、呕吐占 62.5％；脑炎病例有意识改变占 89.2％，肢体震颤占 40.4％，共济失调占 44.0％，瘫痪占 15.1％，部分病例在上肢和躯干出现皮疹，为玫瑰疹或斑丘疹，皮疹持续时间不长，可短至数小时。WNV 感染症状还包括眼部表现如视神经炎、脉络膜炎、视网膜出血、玻璃体炎症等；膀胱障碍发生于 3％～63％的患者，如尿潴留和尿失禁。在疾病传播面扩大，病症逐渐严重 WNV 感染可分为三种临床类型：

1. 发热型　西尼罗热（WNF）表现：据 1999 年纽约皇后地区爆发的 WNV 大流行的血清学流行病资料，在血清阳性感染者中，大约只有 20％出现 WNF。潜伏期 3～14 天，多为 3～6 天。常无前驱症状，起病急骤，体温很快上升，可达 40℃，1/3 病人伴寒战。病人可有全身不适、乏力、嗜睡、头痛和全身肌肉酸、眼眶痛及腹背部疼痛等症状；少数病人可有咽喉干涩、厌食及恶心；极少数病人出现咳嗽。严重者可致脑炎或脑膜脑炎，表现为高热、剧烈头痛、抽搐、昏迷及瘫痪，多见于年龄较大的患者；极少数合并心肌炎、胰腺炎及肝炎。体征包括面部潮红、结膜充血、舌苔增厚，突出的是全身性淋巴结病变，包括枕部、腋下及腹股沟等处淋巴结肿大，但压痛不明显。肝、脾可轻度肿大。爆发流行中一半患者有肝肿大，10％患者有脾脏肿大。发热第 2 天期间，半数病人可出现皮疹，呈扁平的玫瑰疹和斑丘疹，分布于上肢和躯干，疹退时无脱屑，有时皮疹仅几小时即退，但亦可持续到热退。极个别病人可出现水疱样皮损。此病为自限性疾病，80％的病人病程 3～5 天。儿童患者病情较成人轻。重症病人如有神经系统损害、心肌炎等，恢复期可延续数周至数月不等。肿大的淋巴结需数月才能回缩至正常。

2. 脑炎型　西尼罗脑炎（WNE）表现：潜伏期为 4～21 天。临床表现常有发热，20％患者可高达 40℃以上。伴头痛、肌痛、畏寒和皮疹。中枢神经系统症状常有神志改变、意识模糊、呕吐、颈项强直、神经错乱、痉挛、肌肉无力、弛缓性瘫痪、昏迷，甚至呼吸衰竭。较少见的有消化道症状，表现腹痛和腹泻，伴有淋巴结肿大。西尼罗脑炎的一个重要表现是运动障碍，类似帕金森病样表现，包括运动迟缓、齿轮样强直、姿势不稳和假面（Masked face）。约 30％的病人有肌肉痉挛、80％～100％患者有意向性震颤、夜间磨牙等。如果出现急性弛缓性麻痹，则患者预后较差，即使存活，运动功能也难以完全恢复。脑 CT 检查，可见脑组织慢性损伤，几乎无中枢神经系统炎症所见。WNV 最常见的死亡原因为神经系统功能紊乱、呼吸衰竭和脑水肿，病死率为 5％～14％，脑炎病人的病死率较高，偶尔有皮肤水疱、心肌炎、肝炎、胰腺炎、睾丸炎等。据 2000 年以色列报道，该病 326 例住院患者中，表现为脑炎（57.9％）、脑膜炎（15.9％）者病死率为 14.1％，在大于 70 岁的患者中，病死率高达 29.3％，本病老年患者预后较差。根据血清学调查和 1999～2000 年间各地区该病流行情况调查，在感染 WNV 病毒的人群中，出现严重的神经系统疾病患者小于 1％。其病死率为 5％～14％。1999 年纽约 WN 脑炎爆发时临床资料显示，脑炎多于脑膜炎，59 名住院病人中，37（63％）例为脑炎，17（29％）例为脑膜炎；40％的病例有肌无力，其中 20％的病例发展为肌麻痹。

WNE 病人的病死率因临床类型不同而异，根据罗马尼亚学者报告，急性脑炎病例的病死率在 15.1％（另一份报告为 4.8％），急性脑膜炎为 1.8％，病死率和发病率随年龄增大而增大，70 岁以上病死率多。但近年有病死率年龄降低的趋势，最低死亡率年龄降到 55 岁，这一问题引起极大关注。

3. 脊髓灰质炎综合征　美国研究人员公布的一项调查结果显示，WNV 会导致感染者产生麻痹，而且这种症状可能会长时间持续下去。患者除表现脑炎和脑膜炎等症状外，还有部分患者产生了类似脊髓灰质炎患者的弛缓性麻痹。D. Jonatha，A. Artuex Leis 等（2002），分别报道数例脊髓灰质样综合征病例，经实验室检测确定为西尼罗病毒感染。临床上表现为高热（39℃以上），前期表现为头痛、倦怠、寒战、盗汗、肌痛和意识混乱等；严重的肌无力，双侧或单侧上肢肌无力，呈渐进性发展，下肢无力，甚至瘫痪；膀胱功能失调，急性呼吸窘迫等。深部腱反射迟缓或消失，肌神经呈现脱髓鞘样改变。

WNV 的预后与神经系统感染的严重程度、年龄有关。轻症患者不留后遗症，其他患者可留有不同的症状，疲乏、记忆丧失、行走困难、肌无力、抑郁等，最严重的后果就是死亡。在罗马尼亚、纽约、以色列、加拿大等 WNV 爆发的住院比例中死亡率为 4％～18％。年龄是最主要危险因素，在罗马尼亚流行中，全部发病者的死亡率为 4.3％，但 70 岁以上病死率上升至 14.7％。2002 年美国 WNV 流行中，全部发病者的病死率为 9％，而 70 岁以上的达 21％。在感染 WNV 后的三种神经系统疾病中，脑膜炎的长期预后最好，急性无力性瘫痪预后最差。

猪西尼罗病毒感染

英国农业情报署（1981）报道，1979~1980 年希腊猪西尼罗病毒感染，同时羊、牛、马也发生感染。张玲霞（2010）的人兽共患病一书提示西尼罗病毒感染人外，家畜特别是马和猪也能感染，病毒在宿主体内的血液系统中复制，1~4 天后产生高水平的病毒血症，同时出现相应的特异性抗体，获得终身免疫。Ratho PK 等（1993），对印度昌迪加尔的流行病学调查显示，人不但抗体阳性，还分离到病毒。马、犬、猫西尼罗病毒中和抗体阳性率分别是 3％、5％和 8％；鸡也易感染，但由于鸡产生的病毒血症水平较低，所以鸡不能成为主要传染源。牛感染后常有抗体，但实验室感染时不发生病毒血症。在对 1995~1996 年收集的 158 头猪血样进行调查检测乙脑和西尼罗病毒抗体时，西尼罗病毒 HAI 抗体阳性猪 13 头（8.2％），CF 抗体阳性率为 3.2％。Escribano 等（2015）对 Serbia 猪等血清学检测调查提示，西尼罗病毒是一个维持在自然界鸟和蚊间传播的地方性疾病，但它也感染其他脊椎动物，包括人类和马，它可能诱导严重地神经性疾病，不过关于病毒在其他哺乳动物中循环的证据较少。西尼罗病毒病新近在欧洲，包括 Serbia 爆发，在那里首次于 2010 年在蚊子和 2012 年在鸟和人中被鉴定，至 2013 年超过 300 人的病例被确认和 35 人死亡。在征集查定全地区哺乳动物 688 个样本中，其中农场猪 279 头、野外野猪 318 头和麇 91 头，经 ELISA 血清抗体检测，猪阳性 43 头（15.4％）、野猪 56 头（17.6％）、麇 17 头（18.7％），而中和抗体检测阳性，为 ELISA 阳性猪中的 6 头（14％）、野猪中的 33 头（59％）和麇中 4 头（23.5％）。Gibbs S E 等（2006）对美国 Florida、Georgia 和 Fexas 野猪西尼罗病毒血清抗体调查，2001~2004 年收集的 222 个样本中阳性率为 22.5％，三个州的阳性率各自为 17.2％、26.3％和 20.5％。反映出西尼罗病毒在哺乳动物猪和野猪中有感染，并产生物体的应答反应，但尚未见有猪西尼罗病毒病的临床病例报告，表明猪目前仍是隐性感染。

诊断

西尼罗病毒的一般实验室检查包括外围细胞增多、淋巴细胞减少、贫血等；神经系统疾病的感染者还有脑脊液淋巴细胞增多，结合临床表现和流行病学及从血清或脑脊液中分离病毒，才能确诊。血清学检查常采用捕捉 IgM 的酶联免疫吸附体（MAC-ELISA）。由于 IgM 不能通过血脑屏障，脑脊液中 IgM 抗体阳性可成为 WNV 感染的有力证据。但该方法亦要在有黄病毒感染史的患者呈抗体阳性反应。因此，该法适用于 WNV 感染的初步筛选。如进一步做中和试验，恢复期抗体效价较急性期增加 4 倍，则更具诊断意义。血清 IgM 抗体可在常存者脑炎患者体内存在很长时间，据报道在发病后 12 个和 16 个月血清 IgM 抗体阳性率分别可达 77％和 60％。

分子生物学检测，主要利用 RT-PCR 的方法。

鉴别诊断应考虑登革热和流行性乙型脑炎，依靠实验室检查来鉴别。

防治

WNV 感染目前还没有特效的治疗方法，主要是支持疗法、对症治疗。预防炎症主要应用皮质激素炎药物，如地塞米松；以及使用病毒唑、α-2b 干扰素等。此外，人源化单克隆抗体 E16 和 RNAi 技术发现 siRNAs 能抑制 WNV 的复制，还在研究中，鉴于在药物治疗和疫苗预防两个环节均未获得突破性的进展，主要预防是在防控病原的传播途径—防蚊灭蚊，消除蚊虫孳生、虫卵孵化的场所，如死水、池塘、河沟等，对森林、草地、庭院及时喷洒灭蚊剂等。我国目前尚未发现人 WNV 感染者，预防重点在于防止病毒传入我国。因为我国存在该病毒传入的条件：与我国相邻国家如俄罗斯、印度均有此病，加之国家经贸及人员交往频繁；我国有病毒的主要传播媒介——库蚊；鸟类的迁徙在该病毒的传播中起着重要作用，人类目前对这种传染源尚无法控制。因此，预防措施主要是加强人、禽、兽、鸟出入境卫生检查和健康检查，以及货物、运输工具等灭蚊等处理。加强对 WNV 流行季节出入境人员相关健康教育，注意自我防护。同时吸取国外西尼罗病毒感染防控经验，开展献血者筛查工作，保证血液制品中不含西尼罗病毒。

近年来，疫苗研究已从黄病毒的交叉保护作用特性探索了 JEV（日本脑炎病毒）疫苗保护 WNV 感染效果；亚单位疫苗、灭活及减毒疫苗、重组疫苗及基因疫苗等。近年来美国已将 WNV DNA 疫苗试用于临床观察，效果仍有待评估。

我国已颁布的相关标准：

SN/T 1460—2004 输入性蚊类携带西尼罗病毒与圣路易斯脑炎病毒的检测方法；

SN/T 1515—2005 国际口岸西尼罗病毒疫情监测管理规程；

SN/T 1761—2006 出入境口岸西尼罗病毒病实验室检验规程；

SN/T 1762—2006 西尼罗病毒病诊断标准。

二十七、苏格兰脑炎
（Scotland Encephalitis）

苏格兰脑炎（Scotland Encephalitis）是由跳跃病毒（Louping Ill Virus，LIV）侵犯羊等动物及人中枢神经系统而引起的一种动物源性疾病。其临床特征为发热、共济失调、肌肉震颤、痉挛、麻痹等。特征性的中枢神经系统运动障碍。因其在最初羊发病时导致羊的跳跃步态，故又称为"羊跳跃病"（Louping Illness，LI）。因其多发于苏格兰境内，又被称为苏格兰脑炎。人感染该病毒后，多数表现为隐性感染，显性感染者仅有流感样症状。猪有自然感染病例。

历史简介

1807 年本病最早发现于苏格兰羊群而得名。Pool（1903）用病毒接种羊脑产生感染。1929 年从病羊和脊髓分离到跳跃病毒。Greige 等（1931）证明，该病原体是滤过性病毒。Rivess 和 Schwentker（1943）报道，1933 年实验室人员感染。匈牙利 Fornosi（1952）也做了本病流行报告。Doherty（1971）从小鼠分离到病毒。Reid（1984）和 D. Gray（1988）报道过山羊跳跃病。

病原

本病毒为跳跃病病毒（Louping Ill Virus，LIV），属黄病毒科（Flaviviridae），黄病毒属（Flavivirus）B 组，蜱传脑炎亚组。

病原为单链 RNA 病毒，直径 15～20nm，经对病毒种系研究，发现在各地流行区域所分离的病毒存在着微小的分子变异，可分为 4 个亚型，I 型主要存在于苏格兰与英国北部，

Ⅱ型在苏格兰，Ⅲ型在威尔士，Ⅳ型在爱尔兰。病毒主要存在于病畜的中枢神经系统，有时也出现于淋巴结、脾脏和肝脏，发热时也可见于血液中。

病羊脑悬液经鸡胚绒毛尿囊膜或卵黄囊接种时，可出现散在的痘疱病变。病毒可在猪、羊、牛、鸡和其他动物细胞培养物上生长；在 Vero、BHK-21、PS、LLCMK2 细胞中生长良好，在 Hela 细胞与胎羊肾细胞培养中比较容易引起致细胞病变作用。小鼠对本病毒易感性较高，脑内接种乳鼠可导致感染而死亡，常用于病毒分离。本病毒经鼻腔或腹腔接种后能引起小鼠脑炎，经小鼠连续传 40 代后仍然对羊有感染性；大鼠对该病毒呈隐性感染；豚鼠或家兔均不感染；该病毒经脑内或鼻腔接种后的猴，可表现类似人感染症状。跳跃病病毒经腹腔接种幼龄仓鼠可致其死亡，剖检濒死仓鼠，可见小脑细胞坏死，而且几乎所有的脑细胞内都含有病毒。在人工感染羊后，其脑干和脊髓中病毒最多，单核细胞坏死最为明显。跳跃病病毒能凝集鸡的红细胞，虽然在血凝抑制试验中与其他 B 群病毒呈交叉反应，但同群病毒效价最高。

病毒抵抗力较弱，通常在 58℃ 10min、60℃ 2～5min、80℃ 30s 内可灭活；4℃ 保存时活力不超过 2 周，但在甘油中可存活 4～6 个月。在高盐和酸性溶液中很快失活，能被乙醚和脱氧胆酸钠灭活，血凝作用的最适条件为 pH 6.4，温度为 22℃ 和 37℃。

流行病学

本病主要感染羊、马、猪、牛等家畜，猴、赤兔、松鸡、红色雷鸟也可自然感染，2 岁龄以下的绵羊最易感染跳跃病，但与绵羊一起放牧的牛及牧羊人也可能发病，人群普遍易感；人跳跃病病毒除实验室感染外，有自然感染病例，Reid（1972）报道过 3 个人跳跃病症脑炎病例，从其中 2 人分离到病毒。猴和人可发生飞沫感染。人和羊一样，也能出现双体温曲线，严重病例发生脑膜脑炎症状。马、猪、犬、猴、大鼠和小鼠均可使其发生实验室感染。马、猪、牛是主要传染源；篦子硬蜱是自然界中重要传播媒介和病毒贮存宿主，贝尾扇头蜱、全沟硬蜱和血蜱也是本病的重要传播媒介。蜱的幼虫吸食病羊血长成稚虫时，具有感染性，稚虫长成成虫时仍保持感染性。蚊也可感染；试验发现，母羊感染本病毒后在其乳汁中可检测到本病毒。试验证明，初生山羊摄食被本病毒感染的母乳后可以感染本病。该病也可通过接触与呼吸道途径和皮肤损伤及带毒蜱叮咬而感染。本病主要发生在苏格兰、爱尔兰、英格兰、法国与前苏联部分地区。以春夏流行较多。常与 5 月开始，6 月达高峰，7～10 月仍有散在病例发生。

发病机制

跳跃病病毒存在于受染脊椎动物的血循环中，当蜱叮咬受染动物约 1 周以上，病毒即可在唾液腺中大量复制。此时通过叮咬敏感的脊椎动物或人类而传播疾病。人类感染病毒后，病毒在局部淋巴结即单核巨噬细胞系统复制，并不断释放到血液循环，引起病毒血症。高浓度的病毒易于从毛细血管侵入到中枢神经系统，产生脑部炎性病变。

病理改变主要位于中枢神经系统，呈现病毒性脑炎的特征变化。肉眼可见脑组织肿胀、扩张和点片状坏死。镜下除了可见脑皮质、髓质出现血管周围性炎性细胞浸润外，最大的特点是神经细胞，尤其是小脑蒲肯野氏细胞变性、坏死，血管周围出现单核细胞和少数多形核细胞构成的浸润灶——血管套。延髓和脊髓中也有严重的神经细胞变化，脑膜充血。

临床表现

人

人可偶尔感染本病，高度接触是重要途径。这与暴露于染病绵羊和被蜱叮咬受染机会多少有关。高危人群为屠宰厂工作人员、兽医、牧羊人等。男性患者多于女性，年龄多在30～40岁之间。1934年发现人跳跃病至今已有39例。Riverss和Schwentker（1943）报道1933年洛克菲勒研究所3名实验人员感染。已有26例患者被确诊为实验室感染。Brewis（1949）报道牧人感染。病毒感染人后，在局部淋巴结及单核巨噬细胞系统内复制，并不断释放经血液循环，引起病毒血症。疾病史二相性的，开始是短期发热，后来貌似康复，约1周后又开始发生昏迷。潜伏期4～7天。典型病例呈双相体温曲线，称双相病期。第一期为感冒样症状，主要表现为高热，体温可达41～42℃，经2～11天后，体温下降，症状减轻；5～6天的间歇期后，体温再度升高，进入第二病期。此期常出现中枢神经系统症状，表现为头痛、虚脱、颈项强直、关节痛、运动失调，包括震颤、步态蹒跚，逐渐进入麻痹、昏睡。脑脊液中淋巴细胞增多等。Reid（1973）报道3个跳跃病病例，人呈流感样症状，浆液性脑膜炎和脑炎。人感染后，多数为隐性感染。显性感染者，可表现为顿挫性，仅有流感样症状；也可呈双峰热型。大部分病人都能恢复，少数严重病例可致死亡。

猪

马、猪、牛、猴等亦常是宿主。脑内注射跳跃病病毒于马、猪、犬、猴、大鼠和小鼠，均可使其发生实验感染。

羊发生脑炎，但偶尔也能引起牛、马及猪脑炎。Pool和Others等（1930）在实验室内以2只自然感染跳跃病绵羊的脑组织通过脑内接种实现了从绵羊到绵羊和从绵羊到猪的传播。Edward（1947）报道通过猪脑内接种病毒，使猪发病。Dow和Mcferran（1964）用羊跳跃病病毒实验室感染猪确认猪敏感。猪对皮下的、鼻内的、结膜的、静脉内和硬膜外接种病毒是易感的，但经口接种病毒不敏感，使猪的羊跳跃病病毒实验感染的敏感性确立。C.C.BANNATYNE（1981）观察到发生在苏格兰西部猪场自然严重感染羊跳跃病毒病案例。6周龄16头小猪中有10头呈现"精神不好"，第二天10头小猪出现神经症状。患猪不愿活动或无目的地乱走或把头挤向角落里。3头症状较严重的猪直肠体温为40.0～40.5℃之间，并且趋向于虚脱和持续的肌肉痉挛。3头惊厥小猪被急宰，5头死亡，2头于4周后痊愈。

病检：3头有严重的非化脓性脑膜脑脊髓炎。整个脑及脊髓的显著炎症性病变，包括局灶性小胶质细胞增生和淋巴样细胞的套管现象。

2头猪的炎性渗出物中出现了少量的嗜伊红细胞。神经坏死表现为核皱缩、Nissl氏质缺乏和伊红着染的皱缩细胞浆特征；小脑的蒲肯野氏细胞层、脑干、脊髓和大脑皮质广泛呈现噬神经现象。

2个猪脑还具有髓脂质内和轴索周围的水肿和小脑的白质、桥脑和延髓中的轴索肿胀。

在宰杀小猪的脑中分离到的病毒与标准Moredum羊跳跃病病毒毒株难以区别。猪的发病是在本地区流行后发生。

诊断

根据流行病学、临床表现结合实验室检测可以确诊。在流行季节，人畜有接触史和在疫区被蜱叮咬史。临床上表现典型的双峰型热，间歇后再发热后呈现头痛、虚脱、颈项强直、运动失调等中枢神经系统症状。病毒主要侵犯机体中枢神经系统，淋巴结核脾脏中的病毒分布常不规则。发热时可在血液中找到病毒。通过血液检查、血清学检测和病毒分离及分子生物学检测可对病原诊断。

防治

苏格兰脑炎目前尚无特效疗法，主要是根据临床及病理生理进行综合性治疗。针对发热、惊厥、脑水肿和呼吸衰竭等临床表现对症治疗，并进行隔离与护理，及时补充营养及热能，调节水、电解质及酸碱平衡。预防方面主要是灭蜱，净化环境，加强人群自我保护。现有福尔马林灭活苗和核酸疫苗与重组疫苗，均有一定的保护作用。

二十八、韦塞尔斯布朗病
（Wesslsbron Disease）

韦塞尔斯布朗病（Wesslsbron Disease）是由韦塞尔斯布朗病毒（Wesslsbron Virus）引起的致绵羊的一种虫媒性热性传染病。人经由带毒蚊虫叮咬感染，临床症状主要表现为发热、肌痛、关节痛、斑丘疹和脑炎等；牛、马、猪、犬也可以感染本病毒；在绵羊可引起流产和新生羔羊大批死亡特征。

本病于 1954 年报道南非韦塞尔斯布朗地区绵羊发病，故此得名。Weiss（1956）从南非 Orange Free 邦死亡的羔羊中分离到病毒。Smith 和 Burn（1957）从南非 Natal 的人和蚊中分离到病毒。

病原

韦塞尔斯布朗病毒（Wesslsbron Virus）属黄病毒科（Flaviviridae），黄病毒属（Flavivirus），该病毒与黄热病毒（YFV）、斑齐病毒（Banyi Virus）、Bouboui Virus 和乌干达病毒（Vgaada Virus）等抗原关系密切，被划为一个血清群，即黄热病毒血清群。是一种球形单股 RNA 病毒，直径约 30nm，有囊膜及囊膜突起，具有血凝活性，能凝集 1 日龄雏鸡红细胞。

本病毒易在鸡胚卵黄囊内增殖，主要存在于胚体内，但鸡胚的死亡不规律。也可在羊肾组织培养细胞内生长，形成胞质内包涵体。大多数韦塞尔斯布朗病毒株呈泛嗜性，但有嗜神经倾向。对哺乳类动物的胚胎组织更有很高的亲和力。

黄病毒属内成员间如与流行性乙型脑炎病毒、跳跃病病毒等在血清学上彼此有交叉关系，但在抗原性上关系并不密切。能被环境因素和多种化学试剂快速灭活，但在 pH 3～9 之间稳定。

韦塞尔斯布朗病毒经蔗糖和丙酮处理后可凝集鹅、马、驴、猪、牛、山羊、绵羊、猴、兔、豚鼠和鸡等动物红细胞，对人的红细胞也具有凝集作用。对于以上动物血凝试验 pH 范围为 5.75～7.0，温度影响不大，但以 37℃ 最佳。

流行病学

本病主要发生在南非、莫桑比克、津巴布韦等一些非洲国家和东南亚地区的绵羊群中。

除羊外，马、牛、猪、骆驼、犬、鸵鸟都有感染的报道或从中分离到病毒；大鸨、野鸡和沙鼠等动物体内分离出该病毒。试验动物豚鼠、家兔也可感染，未断奶的小鼠最敏感，人也可感染。亚洲的泰国曾有报道，患病动物是本病的主要传染源。野生反刍动物可能是疫病地病毒储存宿主，据调查比较温和潮湿地区家养食草动物有流行面很广的病毒抗体，他们在维持自然疫源地病毒持续存在占重要角色。伊蚊，特别是神秘伊蚊、黄环伊蚊是韦塞尔斯布朗病毒的主要媒介。曼蚊、库蚊也可传播本病。主要通过叮咬途径传播；可经静脉、脑内和鼻内接种实验动物复制本病。气溶胶可传播本病毒。尚未发现病毒可在动物之间水平传播。但有报道，人可通过接触带毒动物内脏而感染。本病具有明显的季节性和自然疫源地特征，多发于夏末和秋季，与蚊子活动季节一致。病毒每年周期性活动，不太可能出现初次感染和突发流行高峰。在潮湿低洼的河、沟、堤坝等蚊子滋生地，放牧的易感动物易于感染本病。本病趋向于与裂谷热同时爆发，常见在接种过裂谷热疫苗地区多发。

临床表现

人

20世纪90年代在对尼日利亚446名人群采用血凝抑制试验和液相免疫吸附试验方法调查该地区人群黄病毒感染情况，检测结果为61人（约14%）有针对韦塞尔斯布朗病毒的特异性IgM抗体，表明韦塞尔斯布朗病毒在该地区的流行较为普遍。

人感染后潜伏期2~4天或稍长。突然发病，出现轻度发热，剧烈头痛，关节、肌肉痛及眼睛疼痛，呈流感样症状。皮肤可能出现轻度皮疹。发热和其他症状常在2~3天内消失，但肌肉疼痛可持续数周。一般呈良性经过。严重病人可有脑炎症状，包括怕光、视觉模糊和精神恍惚。恢复期病人可伴有肌痛。目前尚无人感染人的报告。

猪

孕羊表现流产和死亡，流产可在发热后几天出现。新生羔羊易死亡，死亡羊可见肝脏的退行性病变。妊娠母牛可发生流产。实验感染成功绵羊、山羊、牛、马、猪。D.O.B马凯塔曾报告韦塞尔斯布朗病毒是与黄热病毒密切相关形成一个复合体，发现牛、马、猪和绿猴等对病毒有反应。实验感染成功绵羊、山羊、牛、马、猪。通常仅发生轻度的体温升高，呈不显性感染。而妊娠母羊发生流产，羔羊死亡。

诊断

本病有严格的季节性，根据流行病学、临床症状和病理学变化，可初步诊断本病。确诊需要依靠病毒分离鉴定和血清学试验。本病与裂谷热、内罗毕病、蓝舌病、心水病有相似之处，应进行鉴别。在本病流行地区，当人群出现全身不适、头痛、发热、肌痛等症状，并伴有脑炎等临床表现时，应给予韦塞尔斯布朗热高度关注。可结合PCR等分子生物学技术，对韦塞尔斯布朗病毒感染进行快速诊断。

防治

本病目前尚无有效治疗药物。也未见有关抗血清和抗病毒类药物治疗该病疗效的相关报道。采用支持疗法、对症疗法及制定良好的护理方案。消灭本病的传播媒介是预防本病的重要措施。特别是流行季节、洪水后等时段要消灭蚊虫。对疫区或受威胁区注射弱毒疫苗是唯一特异有效方法。但弱毒疫苗不宜用于怀孕的母羊和羔羊。

二十九、东部马脑炎
(Eastern Equine Encephalitis)

东部马脑炎（Eastern Equine Encephalitis，EEE）是由东部马脑炎病毒引起的人和马的急性病毒性传染病。病毒侵害中枢神经系统，引起易感动物高热及中枢神经系统症状，病死率高，病愈后大多留有不同程度的神经系统后遗症，马的病死率为 90％。人偶然被感染发病，临床上以高热及中枢神经系统症状为主，病死率极高，常达 80％或更高。与 WEE、VEE、CHIK、ONN、MAY、RR、SIN 病毒，均可引起发热、皮疹、关节痛等临症。

历史简介

Gitner 和 Shahan（1933）报道，美国东部的新泽西州和弗吉尼亚州农场马群发生此病。Ten Broeck 和 Merrill（1933）发现新西兰、美国马里兰州东部的马流行本病。在采取死马脑组织接种豚鼠脑腔分离发现病毒，用血清学方法 EEEV 从 WEEV 区分出来，因首先于病马脑组织中分离而命名为东部马脑炎病毒。Folhergill 等（1938）从马萨诸塞州一病患者脑组织分离到病毒，已明确该病毒可引起人类的脑炎。Casals（1964）用核酸分析证实，EEEV 已演变成为独立于美国南部毒株和北部毒株的抗原变异株。

曾有过东方病毒性脑炎、脑脊髓炎、马睡眠病和睡眠病之称。1968 年，美国节肢动物传播病毒委员会列举和讨论了 204 种虫媒病毒感染的名称和缩写，对本病推荐使用东方马脑脊髓炎这一名称，缩写为 EEE。1976 年国际病毒委员会将病毒归入甲病毒属。

病原

本病毒属于披膜病毒科，甲病毒属，A 组虫媒病毒。病毒颗粒为圆球形，直径为 50～70nm，含有一个电子密度高的核心，有囊膜，表面有纤突。其核衣壳呈二十面体对称，并有 3 个多角形亚单位，脂蛋白外膜上有表面突起，长约 10nm，核衣壳直径 25～30nm。病毒为 RNA 单股正链基因组，全长 11 678bp，碱基成为 28％的 A、24％的 G、25％的 C 和 23％的 U。在感染细胞中发现存在两种 RNA，一种是 42S 基因组，是非结构蛋白的 mRNA；另一种是 26S 基因组，是结构蛋白的 mRNA。东部马脑炎病的结构蛋白包括衣壳蛋白和囊膜糖蛋白。病毒糖蛋白有 E1、E2、E3 和 6K，E1 和 E2 形成病毒的外膜抗原。E2 蛋白基因全长为 1 260bp，含有病毒的主要抗原表位，这些表位与中和活性、血凝抑制活性和抗感染活性有关。研究表明，E2 在抗病毒感染中起决定作用，98％的免疫保护力都源于 E2 - 2 位点的免疫原性。东部马脑炎病毒基因组密码子的使用是非常随机的，它反映出病毒为了能在脊椎动物宿主和蚊子体内进行有效复制而对宿主的适应。根据抗原变异分北美株（NA）和南美株（SA），在抗原复合体中可通过空斑减少中和测定将不同抗原表型予以区分，在 EEE 抗原合体中可区分出 2 个北美洲亚型和 1 个南美洲亚型。标准代表株是 Tenbroeck 株。另外，在中美洲和南美洲一些地区，还有一种 EEEV 变异株，其抗原性与 Tenbroeck 株有明显差异，该株可在马群中引起急性神经质病，而很少引起人类发病。Walder 等（1980）证明各毒株都有不同的毒力特性。Roehrig 等（1990）认为，在不连续的时间期间，在同一传染地区内分离株的表型特性通常是较稳定的。

本病毒能在鸡胚、地鼠肾、猴肾、鸭肾等细胞中及 Hela、Hep-2、Vero、BHK-21 和 C6/36 等传代细胞中繁殖。东部马脑炎病毒感染细胞后，在细胞的膜样结构上出现大量核衣壳堆集，但在蚊体唾液腺细胞内，只形成少数核衣壳，通过包膜进入唾液腺腔或内质网时不形成囊膜。对小鼠、鸡、豚鼠有较强的侵袭力和毒力，脑内和皮下接种可引起死亡。病毒能凝集 1 日龄雏鸡和成年鹅红细胞，血球凝集的 pH5.9～6.9，最适 pH6.2。

本病毒对乙醚、脱氧胆酸钠、紫外线、甲醛敏感，对胰酶、胰凝乳蛋白酶、番木瓜酶不敏感，60℃加热 30min 可灭活病毒。本病毒能耐受低温保存，冷冻干燥后真空保存活力维持 5～10 年。在 pH7.6（7.0～8.0）条件下稳定。含有蛋白质的溶液对病毒有保护作用，在加有 0.1% 胱氨酸盐酸盐的豚鼠血清中，4℃下病毒可存活至少 11 年。

流行病学

东部马脑炎（Eastern Equin Encephalitis，EEE）主要流行于美洲，分布在美国的东部、东北部与南部的几个州和加拿大的安大略省，以及墨西哥、巴拿马、古巴、阿根廷及圭亚那等地。此外，菲律宾、泰国、捷克、波兰和独联体等地也有从动物中分离到病毒的报道。陈伯权（1983）用血凝抑制试验（HI）对河北人和猪血清进行虫媒病毒抗体调查，结果 1 份人血清和 3 份猪血清中 EEEV 抗体阳性，其中 2 份 HI 滴度为 1：640，1 份 HI 滴度为 1：160。李其平（1991）从新疆的全沟硬蜱中分离到一株病毒，并对 13 个地区人血清进行抗体检测，阳性率为 15%。陈立等（1994）用间接 ELISA 试验对我国 13 个省的地区 521 份血清 EEEV 抗体检测，阳性 78 份，占 15%，不同地区阳性率从 0～45%，贵州为 45%、新疆为 37%、宁夏为 34.3%。马、骡、牛、羊、犬、猫、猪、鸟类（紫色白头翁、大头伯劳、山雀等）、鸡、蝙蝠、蚊易感。东部马脑炎病毒接种于雉、鸽子、小鸡、小鸭、松鸡和火鸡雏后一般都能引起致死性的感染，而成年禽有抵抗力，不表现出症状。但能产生持续 1～2 天的高滴度病毒血症，然后出现高效价抗体。一些啮齿动物、家禽、家畜也可感染。一般认为，哺乳动物是终末宿主。Karstad 等（1958）和 Baldwin 等（1977）都从接触接种猪的实验猪中检测到病毒。我国 1990 年也从自然界中分离到病毒，在人群血清学调查中也发现 EEEV 抗体阳性，表明我国一些地区，尤其是西北牧区人和畜群中存在 EEEV 的感染。

Scott 和 Weaver（1989）认为病毒的传播是通过蚊媒的两个独立循环进行的（图 1-8，图 1-9）。地方流行循环，形成鸟媒、蚊媒毒株，鸟类被认为是病毒宿主和增殖者。流行循环，形成寄生于多种禽类和哺乳动物宿主体内的各种蚊媒病毒株，并导致对哺乳动物的偶发性传染病（终末宿主）。本病的流行特征和流行环节为 EEEV 呈蚊-鸟与蚊-鸟-蚊传播。蚊可因嗜血习性不同而在传播起不同的作用；嗜吸鸟血是鸟类中 EEEV 的主要传播媒介。

野鸟是本病的主要贮存宿主。在自然情况下病毒在鸟中传播，起到扩大宿主的作用。鸟类感染本病后大多无症状，但出现不同程度的病毒血症，维持 4 天左右。1 日龄以上的鸡、幼鸟及马以外的哺乳动物感染后常无明显症状，但它们可以被蚊虫感染，发生病毒血症，并能达到感染蚊虫的水平，因此在自然循环中起储存宿主的作用。少数种类的鸟和家禽，如鸣鹤、驼鸟、野鸡、火鸡和鸡感染后可发病死亡。一些啮齿动物和野鼠，也是主要宿主，在本病的传播中有一定的作用。黑尾脉毛蚊是鸟类间主要传播媒介，该蚊专吸鸟血，很少吸人血，在维持本病的自然疫源地上起重要作用。骚扰伊蚊及带蟓伊蚊可将病毒传给人和马，是

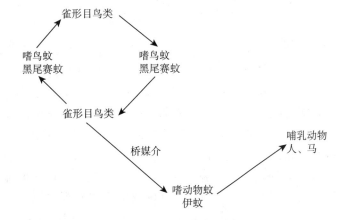

图1-8 EEE自然疫源循环

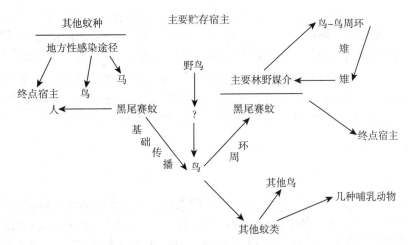

图1-9 东方马脑炎病毒传播途径

人和马本病的主要传播媒介。在特殊情况下，本病也可经呼吸道传播，已有在实验室经气溶胶而感染的实例。Davis（1940）证明6种伊蚊是媒介。Durden等用螨寄生于有毒血症鸡体表，30天后螨可检到病毒，带毒螨又可将病毒传给鸡，证明螨可传播EEEV。一般来说，哺乳动物被认为是终末宿主，由于低的病毒滴度，而不能形成传播媒介，然而人工感染哺乳仔猪可形成持续168h的高滴度和毒血症。接种病毒后96h，从口咽部组织和肛门拭子中可获得感染性病毒，人工感染后20天，可从猪的扁桃体分离到病毒。Karstad和Hanson（1958）及Baldwin等（1997）在人工实验感染猪时发现，一些与实验猪接触的对照猪发生血转。因此，可以推测，被感染的哺乳猪是媒介载体和之密切接触的哺乳动物的直接传染源。迄今为止，还没有人与人之间传播的报道，另外也没有证据显示人可以通过接触受感染的鸟类或动物而感染。

本病有严格的季节性，与蚊有关，多发生于7～10月份，8月份为流行高峰。通常在人类发病之前几周先有本病在马、骡中流行。

虽然本病的流行特征和流行环节为EEEV呈蚊—鸟传播方式，人和马并非固有的感染对象，偶受感染，称为终末宿主。蚊可因嗜血习惯不同，而在传播中起不同的作用；嗜吸鸟是鸟类中 EEEV 的主要传播媒介和主要贮存宿主。

发病机制

本病发病机制及病理改变与所有甲病毒属类似，而马属动物是自然条件下对 EEEV 最敏感的动物，感染后经 1～3 周潜伏期，马发热及出现病毒血症，随之出现中枢神经系统症状，如兴奋、拒食等，随后出现嗜睡、步态蹒跚等麻痹症状后迅速死亡。人对 EEEV 比较敏感，人被感染的蚊子叮咬后，初期主要为病毒血症，病毒要非神经组织复制，随后进入中枢神经系统，导致脑和脊髓损害，以大脑皮质和基底节为严重。猪的自然感染可能是通过吸血昆虫媒介载体的病毒传播的；人工实验感染可以通过颅内、皮内、静脉和口腔途径来完成。所有人工感染猪，接毒后的 18～72h，只有少数猪能观察到中枢神经系统病征临床症状。无论什么途径接种病毒，人工接毒后 6h，都能从猪体内分离到正进行体循环的感染病毒，而病毒在血液中出现至少需 168h。大约在人工接毒后 120h，中和抗体才能检测出来。感染后 6～96h，可从口咽部组织和直肠拭子重新获得感染病毒。过了急性病毒血症期后，EEEV 只能从扁桃体和中枢神经组织中分离到。人工感染后 20 天，从扁桃体可分离到或利用核酸探针检测到病毒。因此，感染猪的扁桃体组织就成了病毒的主要扩散源，特别是相互接触而感染的猪更明显。核酸探针检测结果表明，在猪感染后的病毒血症早期，在心肌和中枢神经系统病变出现之前，肝脏组织出现一过性的病理性损伤，在产生病变部位存在 EEEV。这表明，病毒可能是嗜肝组织的，并且还可能在肝脏进行复制。

临床表现

人

本病 1990 年首次报道，从死亡于无菌性脑膜炎的 6 岁男孩分离到一株 EEEV 的北美洲抗原型。不同的 EEEV 株致病性是不同的，动物研究结果表明，北美洲流行株的毒力比南美洲流行株要强。在南美洲没有人的 EEE 病例，但在北美洲人的 EEE 病例每年都会出现。Anonymous（1990）报告，自 1955 年年后以来，美国每年有 3 个人的病例报道。人类可能自然感染 EEE，呈散在发生。试验研究人员在操作该病毒时发生感染者也有多次报道。EEE 病例多发生于 7～10 月，尤其以 8 月份多见，11 月中旬以后停止。流行爆发与蚊子密度有明显平行关系。多发生于 10 岁以上儿童，也可见于 50 岁以上的老年人，而且发病率和病死率最高。10 岁以下儿童占病例总数的 70%，男女的发病率无显著差异。曾在美国东北部和佛罗里达州出现 EEE 爆发流行，数以万计的马匹死亡，马的发病率大大超过人群的发病率。虽然每年只有少数病例发生，但每次 EEE 爆发流行时，患者具有很高的病死率（50%～70%）。人和动物在自然感染后均具有较强的免疫性。大部分临床确诊是致死性严重病例，轻的和亚临床的也有记述。隐性感染率在新泽西州爆发的居民中是 3.1%～3.6%，在 55 户病家中达 7.3%。

潘亮（2003）从福建收集到 254 份"病毒脑"患者血清，进行东方马脑（EEE）、乙脑（JBV）和森林脑炎（TBE）的 LFA 检测，结果 EEE 15 份（5.91%）阳性、TBE 5 份（1.97%）阳性，JBE 3 份（1.18%）阳性。两名 EEE 阳性患者，例 1：无明显诱因的反复高热（大于 39℃）20 余天，呕吐 7 天。午后发热、畏寒、咳嗽（痰中带血丝）、胸闷、心悸等。其后听力明显降低、耳鸣、四肢无力、肩痛（肩周炎）。例 2：反复高热、畏寒，不规则高热达 39℃，患肌炎、关节（膝部）炎、皮疹等。

Wesselheoef 等（1938）报道人的流行。有 40 人发病，9 例分离到病毒。Fothergill（1938）报道对人有病原性，仅偶发。Webster（1938）用动物中和试验证实为 EEEV。美国每年有 3 个病例。人群对本病普遍易感，感染后大多呈不显性感染，大多不发病，显隐性感染之比为 1∶10～50，感染后免疫持久。但自然感染的人死亡率高。一般认为病毒侵入机体后，即可在局部繁殖，并经由淋巴系统播散至机体单核—吞噬细胞系统，再进入血循环，故在发病早期就有病毒血症出现。少数感染者，病毒进一步侵入神经系统，并在其中繁殖引起病变。潜伏期一般为 7～10 天。人主要表现为起病突然、发热、呕吐、惊厥、颈项强直、头痛、嗜睡、脑炎、肌肉痛等，迅速即进入昏迷状态。临床上分初热期或全身症状期、极期或脑炎期、恢复期。

1. 初热期　一般发病急，突然寒战、发热，伴有全身不适、头痛、恶心、呕吐等症状，体温很快上升至 39℃左右，一般持续 2～3 天后稍下降。部分病人体温持续升高，然后再上升进入极期。神经系统症状和体征均不明显，仅表现为嗜睡，颈部稍有抵抗，腱反射消失。

2. 极期　此病在发病的第 4～10 天，持续高热，体温常达 40℃以上，全身症状加重，胃肠功能紊乱，并出现明显的中枢神经系统症状和体征。患者出现严重头痛、呕吐、意识障碍、四肢麻痹、病理反射、脑膜刺激征等，反射亢进或消失，四肢不对性痉挛，流涎常见且普遍。颈项强直明显，凯尔尼格征阳性，腹壁反射和提睾反射消失，四肢肌肉痉挛。部分患者表现麻痹，有眼肌麻痹、眼睑下垂、偏视等。

重者很快进入昏迷，并出现惊厥，有时可见角弓反张及强直性肢体瘫痪，但软瘫少见。脑实质炎和水肿，大脑充血并有广泛的神经细胞变性和改变，软脑膜和大脑有水肿，脑组织有外出血，血管周围有淋巴细胞、单核细胞和多形核白细胞浸润，形成"血管周围套"。这些浸润的细胞分布于中枢神经系统很多部位，有的形成小的脓肿，有的有胶质细胞增生和多形核白细胞堆积，形成结节。这些病变主要表现在大脑和脑干的灰质和白质，也可出现在小脑和脊髓。严重病例可有明显软化灶。重者除惊厥和昏迷外，病人可出现各种不规则呼吸，随病情的发展，其他组织器官也有病变，如内脏出血、肺水肿等。呼吸可逐渐表浅以至停止，发生脑症者可突然停止呼吸。一般在发病后一周内死亡。

3. 恢复期　如能度过极期，则体温逐渐恢复正常，症状好转。但在恢复期过程中仍可残留惊厥、神志迟钝、失语和各种肌瘫等后遗症。重症病例多为婴幼儿。本病病死率在 50％以上，存活者 30％残留有后遗症。如语言障碍、嗜睡状、定向力差，对周围事物漠不关心或步态失调等。婴儿患者恢复期中发生率 70％，在成人患者中后遗症不常见。尸检中枢神经系统就有 3 个主要的组织病理学特征：①血管周围有大量单核细胞充满大脑内血管周围的 Virch、W‑robin 氏腔；②噬神经细胞，一些坏死的神经细胞被巨噬细胞吞噬；③有 20～100 个小神经胶质细胞的病灶散布于脑和脊髓的实质中。

猪

EEE 流行早期，Karstad 和 Hanson（1959）对美国佐治亚州等已处于病毒传播地区的家猪和野猪血清学调查，证明猪对本病的自然感染和人工接种感染都是高度易感性，不表现症状，产生高价抗体，马萨诸塞州也曾报告获有 EEEV 抗体。佐治亚州 45 个农场中有 9 个（30％）农场猪检到 EEEV 抗体。Elvinger 等（1961）从 376 头野猪中检到 60 头（16％）猪有抗体，滴度在 1∶4～128，而 Pursell 等（1972）报道佐治亚州就发生一个 200 头猪群爆发 EEE，死亡 160 头。Karstad（1959）和 Baldwin 等（1997）报道人工感染猪，在接毒

24h 内直肠温度升高，且持续时间不低于 12h；18～72h 少数猪出现中枢神经系统临症。接种 6h 后能分离到体循环的感染病毒；168h 可从血液中检出病毒，但在人工接毒后 120h 可检出中和抗体；感染后 6～96h 可从口咽部组织和直肠重新获得感染病毒。过了急性病毒血症期后，EEEV 只能从扁桃体和中枢神经组织分离到。感染后 20 天扁桃体内病毒，会使相互接触的易感猪感染，扁桃体就成了病毒的主要扩散源。在感染猪的病毒血症早期，在心肌和中枢神经系统病变出现之前，肝脏组织出现一过性的病理损伤，在产生病变部位存在 EEEV，表明病毒可能是嗜肝组织的，并且还可能在肝脏进行复制。EEE 主要影响哺乳猪，仔猪呈现精神沉郁、无食欲、运动失调、平卧、侧卧、抽搐等，最终死亡。但症状不很明显，大部分哺乳猪仅表现为一过性体温升高。人工感染或处于自然 EEEV 传播环境中的猪通过口腔、皮内或静脉途径人工给予大剂量 EEEV 时，也是如此。临床上未见由成年猪发病报道，Pursell 等（1983）曾报道了一只 2 月龄母猪发生 EEE。人工感染也不能使成年动物临床发病，也没有成年猪发生报道。记载临床上发生 EEE 日龄最大的猪为 2 月龄。Francois Elvinger 等（1994）报道 1991 年南乔治州 2 群猪东方马脑脊髓炎（EEEV），该地区曾有过猪 EEE 报道；1991 年美国东部发生 EEEV，也有人发病报道。

第一群 3 窝猪中 8 头 2 周龄仔猪表现共济失调、抑郁和死亡。其中 1 头癫痫、1 头呕吐。病检：脑脊液（CSF）清亮，大脑、延脑下发生小脓肿，神经胶质增生、软化、神经细胞坏死等脑膜炎病变。

第二群 38 窝共 350 头仔猪中 280 头发病。小于 2 周龄的仔猪死亡，并伴有体重减轻、共济失调和划水症状，2 天出现神经症状，7 天血清出现中和抗体。仔猪发病是暴雨后 5 天蚊子大量繁殖后发生，发病时间持续 1 周。成年猪出现 EEEV 中和抗体。实验证明，大于 2 周不死。易感因素包括环境条件逆转或有并发病存在，在猪自然爆发 EEE 时，这些因素可能产生高死亡率作用。

病理学变化都不能观察到感染猪 EEE 的大体病变，仅组织学病变可能最早出现于肝和心肌层。人工感染后 12h 内，出现坏死性肝炎，72h 病变完全消退，而脑部显微病变是在感染后 48h 出现。

无论是自然感染还是人工感染，都不能观察到感染猪 EEE 大体病变。显微病理变化显示，在人工感染后 12h 内，出现坏死性肝炎。在随后的 24h，病变的组织大小有所增长；而感染后 48h，病变出现部分消退；感染后 72h，病变则完全消退。急性死亡猪中枢神经系统可能不会出现。最早出现在脑部的病变大约是在感染后的 48h。这些病变的出现往往伴有心肌的中度病变和肝脏病变的消退。脑炎的特征性病理变化是炎性细胞渗入，炎性细胞散布于血管周围形成套袖，病毒的嗜神经细胞特性，导致神经元坏死，神经小结节胶质增生、软化。初期，在渗出性血管套周围，嗜中性白细胞是占主要的；而后面的几期，则淋巴细胞更普遍些。尚未观察到病毒包涵体。另外，可观察到组织细胞、外膜细胞、嗜酸性细胞和细胞碎片。在血管内，发现有无色的或呈颗粒状的血栓。病变主要发生于脑的灰质和脊索，但白质也受到影响。还可观察到，感染猪的脑膜有炎性细胞斑。Elvinger 等（1994）和 Baldwin 等（1997）报告人工感染猪也产生多灶性心肌坏死，此种病变已在猪的自然病例中有过报道，并能通过实验性感染复制。猪尚未形成类似鹤和鸸鹋咳喘那样的间质出血性病变。没有明显临床症状的人工感染存活猪，偶尔发现有中度的淋巴血管周围套袖性脑炎病变，其胶质化的病灶区和心肌坏死病灶已部分地被矿物化，并且被巨噬细胞包围。

诊断

本病的诊断主要是流行病学、临床表现并结合血清学检查，经血液或脑脊液抗体检测阳性者可确诊，但需与其他病毒性脑炎等脑部感染性疾病相鉴别。患者可出现颈项强直、反射迟钝或亢进、震颤、肌肉抽搐和强直性瘫痪。婴儿可出现囟门隆起。

1. 血常规检查 白细胞数轻或中度升高，中性粒细胞占90％以上。

2. 脑脊液 脑脊液压力中度至高度增高，脑脊液混浊，甚至可呈脓性，细胞数增加（500×10^6～3 000×10^6/L），病初多为中性粒细胞，以后渐转为以单核细胞为主。蛋白含量中度增加，糖和氧化物均正常。急性期过后细胞下降，多形核白细胞持续存在，但淋巴细胞占优势。

3. 血清学检查 可采用补体、中和试验、血凝抑制试验、酶联免疫试验等方法，采集急性期和恢复期双份血清，血清抗体增加4倍以上有诊断意义。检测出现特异性IgM抗体也可确诊。血凝抑制试验可区分甲病毒的6种抗原成分，EEE、WEE和VEE是其中3种。核苷酸序列比较，虽然EEE和VEE同源性很高，但作HI试验，可分辨出抗原差异性。

4. 病毒分离 早期病人血液和脑脊液中均可有病毒存在，但不易分离成功。死亡者脑组织接种小鼠或鸡胚均可分离出病毒。

5. 影像学检查 CT检查不敏感，提示脑内有小及大小低密度影。核磁共振成像术（MRI）可见基底节、丘脑和脑干的局部病变。

本病需与西方马脑炎、单纯性疱疹脑炎、肠道病毒脑炎等鉴别诊断。

猪可进行血清学检查和病毒分离。但收集样品时，应进行必要的防护，以避免人的意外感染。

防治

本病尚无特效药物。人主要是对症处理和支持治疗，对高热、惊厥、脑水肿、呼吸衰竭等采取相应的治疗。人的疫苗应用因人的发病率低，仅用于个别特殊人群，未大规模使用。给母猪接种疫苗可保护生猪生产者免受EEEV感染。美国F. Elvinger等（1996）给母猪接种商品化的EEEV疫苗，母猪可产生抗体，这种抗体可以通过初乳给仔猪，对仔猪产生保护作用，仔猪不发烧，没有临床症状。仔猪在获得初乳后11周，仍可检到母源抗体，保护仔猪生长超过其对EEE的天然易感期。母源抗体不能全部预防仔猪感染EEEV，少数感染仔猪其病毒滴度低，病毒血症持续时间也较短。但扁桃体中分离到病毒。对照仔猪均发生高热和中枢神经症状。血液中病毒滴度达9.3×10^4 TCID$_{50}$。

蚊虫是传播媒介，灭蚊是预防的重要环节。首先要加强监测，一旦发现前哨有动物如鸟类、家禽有被致病现象，可强化灭蚊力度。在传染病流行区，灭蚊对生猪生产者是十分有益的，它可以阻止猪群EEE爆发，以避免EEEV在猪群增殖，保护处于危险环境中的生猪生产者和其他人群减少感染的发生。

目前使用单价（东方马脑炎）疫苗、双价（EEE＋WEE）疫苗或三价（EEE＋WEE＋VEE）疫苗，对马等家畜有较好的保护作用，以控制疫情扩展。使用恢复期血清，对人群有一定的保护作用和治疗作用。

总之，可采取两条途径进行EEE的预防：①给处于危险状况下的动物接种疫苗，提高免疫力；②控制传播载体。

在美国该病小规模爆发几乎年年都有，除了马以外，连续有猪的散发报道。人感染东部马脑炎病毒的死亡率也很高，恢复的患者也会有严重的后遗症。尽管我国目前尚无东部马脑炎感染人和动物的病例报道，但已从自然界中分离到东部马脑炎病毒，对河北、贵州、宁夏、新疆等 13 个省（直辖市、自治区）人和猪血清学调查，已检测到病毒抗体阳性，说明我国可能有此病存在（福建已有可疑病例报道）。因此，对夏秋季节出现的"无名热"和脑炎病例应考虑此病毒感染的可能，对该病在我国的存在、流行、防治及致病机理的研究应给予高度重视。同时要重视病原学监测，加强海关对生物媒介的检查，防止能携带东部马脑炎病毒的蚊虫及动物入境，控制危害的发生。

作为一种重要的生物武器，东部马脑炎病毒具有独特的优势，如可大规模培养，造价低廉；可以气溶胶形成传播；人类高度易感，并可产生炎能性和致死性感染；存在多种血清型，难以诱导产生有效的黏膜免疫等。在第二次世界大战期间，有些国家将其列入进攻性生物武器研制中。因此，我们必须高度重视东部马脑炎病毒在生物武器领域的研究，同时加强新型安全、有效疫苗的研制。

三十、西部马脑炎
（Western Equine Encephalitis）

西部马脑炎（Western Equine Encephalitis）是由一种西部马脑炎病毒（Western Equine Encephalitis Virus）引起的人、马共患性急性传染病。主要临床特点是发热和中枢神经系统症状，但较东部马脑炎轻，且病死率低。其他一些动物也有感染。

历史简介

Vdall（1931）描述了 1912 年美国马属动物脑炎的爆发和流行。1930 年美国加利福尼亚州又发生马脑炎流行。Meyer 等于 1931 年从 Merced 县症状为颜面麻痹、发热、共济失调而死亡的马脑中分离到病毒，命名为西部马脑炎。Meyer 等（1932）和 Howitt（1938）用小鼠脑内接种方法从病人体内发现了西部马脑炎，报道人病例。其后从 1 名死于 WEE 的儿童分离到人和鸟的病毒株。1976 年国际病毒委员会将该病毒归入甲病毒属。

病原

西部马脑炎病毒（Western Equine Encephalitis Virus）是一种 RNA 病毒，属于披膜病毒科，甲组虫媒病毒，有两个代表株：McMillan 株（从病人分离到）和 Highland 株（从鸟分离到），两者之间的抗原性有明显区别。本病毒在电子显微镜下是一种边缘及内部结构模糊的圆形颗粒，有囊膜，病毒直径 40nm。其化学成分为碳水化合物 4%、脂质 54%，其余为核蛋白。病毒能在鸡胚、地鼠肾、猴肾及 Hela 细胞上繁殖。对鸡和红细胞有凝集作用。由单股正链 RNA 和衣壳蛋白组成。基因组含有 11 700 个核苷酸，3' 端有多聚腺苷酸（PolyA）尾，5' 端有帽子结构。病毒 RNA 能够形成环状结构。

病毒在 pH6.5～8.5 时最稳定，pH 低于 6.5 时，其感染力迅速消失。60～70℃ 10min 可灭活病毒。病毒对乙醚、甲醛、紫外线敏感。

经核苷酸序列分析显示，WEE 病毒的基因组是重组体，分别来自类 EEE 病毒和类辛德比病毒基因组中的部分基因。其非结构蛋白和核心蛋白是源自类 EEE 病毒基因组，而其结构糖蛋白的 E1 和 E2 则源自类辛德比斯（Sindbislike）病毒基因的部分基因。

病毒株间其抗原性也存在地区性差异。目前分为 6 个血清型，分别为 Sindbis、WEEV、Highlands J、Y62-33、FortMorgan 和 Aura，其中前 3 种对人有致病性，Highlands J 是 WEE 的变异株。

流行病学

本病主要分布于美国、加拿大、巴西、圭亚那、阿根廷、秘鲁、智利、墨西哥等地。本病毒的宿主范围广泛，多种鸟、啮齿动物及家禽有不同程度的易感性。易感动物有马属动物、牛、猪、鹿、野鼠、松鼠、鸟、蚊等。H·安特索布报道，在一些哺乳动物如黄鼠、美洲兔、赤狐、臭鼬、猪、美洲野牛、麋、艾角羚等中检测到西部马脑炎中和抗体。Holden 等（1973）在美国德克萨斯州调查，麻雀占当地鸟类的 70%，当地的病例数和环跗库蚊的感染率，与麻雀和警戒小鸟的血凝抑制抗体的阳性率相一致。人也易被感染，波兰和前苏联也曾报道正常人带有西部马脑炎病毒抗体。其主要传染源是野鸟类，主要传播媒介是环跗库蚊。感染蚊可保有病毒 8 个月；病毒在埃及伊蚊体内可增殖 2 000 倍，感染蚊在 63 天后仍能传播病毒。该蚊除了参与病毒在野鸟中的循环外，还可将病毒传播给人、马、家禽、家畜及野生动物。鸟类、家禽和兽类感染本病毒后多为隐性感染。而马属动物感染后既可为隐性感染，也可为显性感染。人、马是非固定的感染对象，在特定环境中如进入病毒的生态圈，才有可能感染病毒，但人和马发生毒血症时间相对短，血液中病毒浓度也低，不足以感染蚊，故在生态学上不起重要作用，所以称为"终点宿主"。流行特征是蚊—鸟传播方式，野鸟是病毒的重要储存宿主，感染后在血清中有很高的病毒浓度，鸟病毒血症通常持续 3~6 天。雏鸡对西部马脑炎病毒高度敏感，1 日龄小鸡皮下感染，20~48h 可因衰竭和脑炎死亡。7~13 日龄鸡胚对西部马脑炎病毒经各途径接种，潜伏期 22~48h 均可致死。

本病有严格的季节性，主要发生于夏秋季，流行期为 6~10 月，7 月份为发病高峰。一般散发于农村，患者主要为乡村居民及野外工作者。男多女少，病人中半数为 10 岁一下儿童。李其平等（1990）从新疆按蚊中分离到甲病毒；陈伯权（1996）从我国 9 省（直辖市、自治区）886 份血清中检出特异性抗体阳性血清 24 份（2.71%），提示 WEEV 的流行分布可能已不只是限于美洲地区。我国于 1956 年曾从类似脑炎患者尸检脑组织中分离出西部马脑炎病毒。1957 年从牛血清中测得本病毒抗体，但未见病例报道。自然界和人群中是否存在病毒的感染，有待进一步证实。1990 年和 1991 年分别从新疆乌苏县的一组赫坎按蚊和博乐县的金钩硬蜱中分离的 WEEV，这是在欧亚大陆除俄罗斯外发现的第 2 例 WEEV 分离报道，种系发生分析显示，这两株病毒属于 WEEB 组，与该组中俄罗斯分离株的进化关系接近，推测可能是从俄罗斯经鸟类传入我国。在 9 个省（直辖市、自治区）人群血清学调查中发现有 6 个省（直辖市、自治区）人群 WEEV 抗体阳性。

发病机制

西部马脑炎病变为整个中枢系统有广泛的组织学改变，病变主要是在血液、灰质、便状核体、播脑桥核、浦肯野氏细胞和小脑皮质分子细胞、大脑皮质不同区和层的节细胞受损，脊髓也有病变。血管周围白细胞环状浸润，小的面部坏死和炎症浸润。

组织病理变化：组织正常或中度的血管充血，脑膜存在轻度斑片状或更大范围的渗出，并有明显地血管充血。血管周围可见淋巴细胞、浆细胞和中性粒细胞的炎性浸润，有时还能浸入血管壁，造成血管的坏死。广泛散在分布并伴有小胶质细胞增生的组织坏死灶和炎性细胞浸润是实质损伤的典型特征。神经元变性见于各个阶段，损伤主要分布在皮层下白质、内囊、丘脑和脊髓，还能见到广泛分布的脱髓鞘病变。婴儿感染能导致严重的大脑发育障碍，从而造成脑萎缩和脱髓鞘病变，伴有多发胶质细胞囊的形成和血管钙化。

临床表现

西部马脑炎病毒具有显著的嗜神经性，对血管系统也有亲和力，一般无神经细胞的改变。有较广泛的脱髓鞘和较大的斑点状出血。

人

1941 年加拿大的马尼托巴等地和美国北方中部发生一次大的西部马脑炎流行，至少有 2 792 例，发病率为 10 万居民 22.9～171.5（平均 55.3），病死率为 8.1%～15.3%（平均 12.4%）。与东方马脑炎相比，发病者死亡率为 5%～15%。

Meyer 等（1932）报道了 3 例与 WEE 马接触人发生脑炎。Howitt（1938）报道了一个 20 月龄的婴儿发生 WEE，生病后 5 天死亡。Leake 等（1941）报道了美国有 3 000 多人发生 WEE，有 195 名病人死亡。1952 年美国加利福尼亚州发生人脑炎流行。此外，人的实验室感染也有发生（虽不常见），到 1968 年共有 5 例实验室感染，其中 2 例死亡。

人类对西部马脑炎病毒普遍易感，但感染后多为隐性感染，仅少数人出现临床症状。据统计，隐显比为 58～150∶1。1941 年在美国西部及加拿大曾发生最大的爆发流行记录，导致 30 万头马、骡发生脑炎及 3 336 例脑炎患者。WEE 流行期间在成人中出现血清抗体很高的阳性率，但成人中发病人数与血清阳性率的比例小于 1∶1 000，而在婴儿中几乎是 1∶1。故 WEE 最常见于小于 1 岁的婴儿，但在老年患者中病情较重。潜伏期一般为 5～10 天，最短仅 2 天，在 1 例致命的实验获得性感染中不会超过 10 天。其他一些实验中感染性液体溅到眼、脸后 4 天就会发病，但可变动在 4～21 天之间。发病急剧，主要为发热、头痛、嗜睡、脑炎、肌肉痛等。其临床主要症状和体征见表 1-33。临床上可分为全身症状期和脑炎期。

表 1-33　314 例西部马脑炎主要症状和体征

症状	例数	症状	例数	症状	例数
发热	298	嗜睡	133	颈强直	134
头痛	257	浅昏迷	18	各种震颤	32
恶心呕吐	114	昏迷	33	运动性瘫痪	9
畏寒	53	烦躁不安	33	肌痉挛	12
乏力	49	谵妄	29	语言障碍	14
食欲不振	21	精神障碍	32	浅反射消失	18
羞明	13	复视	12	巴彬斯基征（＋）	18

1. 全身症状期　表现为发热、头痛、嗜睡和胃肠功能障碍和伴有眩晕、咽部疼痛等上呼吸道症状。婴儿的特点为发热和惊厥。大多数患者病情不再发展，数日内完全恢复。仅少

数病人，病情继续恶化而进入脑炎期。

2. 脑炎期　出现高热及中枢神经系统症状，如剧烈头痛、失眠或昏迷、肌肉疼痛、言语失常、运动失调、畏光、眼球震颤、颈背强直、抽搐、昏迷等。少数病例可发生麻痹症状。本病急性期一般持续 7～10 天，严重病例多死于发病后 3～5 天。病死率 5%～15%，痊愈后大部分不留后遗症，仅少数因而还有抽搐发生。婴幼儿患病后常有后遗症。

本病平均病死率为 2%～3%，人在病后 1 周即可产生补体结合抗体和中和抗体，病愈后可获得持久免疫。未见二次患病的报告。

30% 乳幼儿恢复后有神经系统后遗症，以智能低下、行为失常、情绪不稳、四肢强直性瘫痪为主；成人多无后遗症，但可能出现帕金森神经功能障碍表现；老年患者则表现为精神障碍和人格改变。先天性感染可导致严重的进行性神经功能衰退。西部马脑炎病毒具有显著的嗜神经性，对血管系统也有亲和力，一般无神经细胞的改变，有较广泛的脱髓鞘和较大的斑点出血。

1952 年 WEE 流行对居民感染率为 36.1/10 万人，其中 1/3 病例为 1 岁以下婴儿。WEE 病毒感染的临床特点与年龄有关，可归纳为：

（1）小于 1 岁：发热和惊厥。

（2）1～4 岁：发热、头痛、呕吐、嗜睡、易怒、不安、肌肉紧张、震颤、有时惊厥。

（3）5～14 岁：发热、头痛、呕吐、嗜睡、恶心、肌痛、项背屈曲受限、有时惊厥和剧烈震颤。

（4）15 岁以上：嗜睡、昏睡、不适、发热、项背强直、带有枕部的头痛、视觉紊乱、恶心、怕光和头晕。

猪

动物最开始是发热，随之出现中枢神经系统症状，如脑炎引起的各种症状，猪中可检出西部马脑炎的抗原和抗体，表明猪可自然感染。患病猪主要表现是脑膜炎症状。有报道，猪、鹿人工感染病毒后，不出现临床症状，也不出现病毒血症，但却能产生高滴度抗体。Holdan（1973）在美国德克萨斯州调查，除鸟类外，曾从牛、猪、野兔、黄鼠、松鼠等动物中检出西部马脑炎抗体，并从猪中分离出病毒，说明这些动物可以自然感染。

诊断

本病有明显季节性，可以根据流行病学，结合临床表现及血清学或病毒分离综合判断。但需与日本乙型脑炎等其他虫媒病毒性脑炎相鉴别。

常规临床检查　以白细胞数增加，以中性粒细胞增多为主；病初白细胞减少，进入极期后白细胞总数增加（1.0×10^9～2.0×10^9/L），中性粒细胞 0.8×10^9/L 以上，随后转为淋巴细胞为主。脑脊液无色清亮；约 50% 压力稍高。细胞数大多在 0.2×10^9/L 以下，个别可达 0.5×10^9/L 以上，以病程第 1 周细胞数最高，以后逐渐下降。早期以中性粒细胞为主，很快转为淋巴细胞为主。蛋白质稍高，糖和氯化物正常。

病毒分离和血清学检查：尸检脑组织病毒分离阳性率高。脑脊液中也可分离出病毒。从患者血清和脑脊液中分离西部马脑炎病毒很少成功。如患者死亡，可取脑组织进行分离，如阳性可以确诊。血清学检查可用 ELISA 或间接免疫荧光法检查血及脑脊液中特异性 IgM 和 IgG。IgM 抗体阳性或 IgG 抗体恢复期较急性期有 4 倍以上增高可确诊。

防治

本病尚无特效疗法，主要是对症及支持疗法，良好护理对病情恢复有重要作用。人病初注射免疫血清 200～1 000ml 可以获得良好的效果。此外，重组干扰素在一定程度上有治疗作用。预防主要措施是防蚊、灭蚊。目前已有灭活苗和弱毒苗进行免疫预防，一般一次免疫后可维持 2 年。但人用的灭活疫苗或减毒疫苗，由于安全性问题，其能否应用于临床尚在探讨中。家畜、家禽可以注射灭活疫苗或减毒单价、双价或三价疫苗，以减少动物带毒，使人群流行率有所降低。

西部马脑炎属于自然疫源性疾病，当发现疑似西部马脑炎病人时，应立即对病人隔离治疗，接触者应进行医学观察。病人周围一定范围的人员，包括非直接接触者，应立即接种西部马脑炎疫苗。处理污染物品时穿着的防护衣物应焚毁或高压灭菌。

西部马脑炎病毒可作为生物制剂，可经蚊虫叮咬感染，一旦使用，对人等危害极大。因此，有必要普及有关防治知识，增强应急反应能力，防止新疫源地形成。

三十一、委内瑞拉马脑炎
（Venezuelan Equine Encephalitis）

委内瑞拉马脑炎（Venezuelan Equine Encephalitis）是由一种委内瑞拉马脑炎病毒（Venezuelan Equine Encephalitis Virus，VEEV）引起的蚊媒人兽共患的自然疫源性疾病。流行于美洲，除马属动物和人外，其他动物也可被感染。人患病后主要表现为发热、结膜充血、头痛、肌痛、嗜睡等流感样症状，很少有神经系统症状。

历史简介

1935 年哥伦比亚地区的特立尼达岛马群中流行马脑脊髓炎，次年蔓延至委内瑞拉。1938 年再度在委内瑞拉发生流行时 Kubes 和 Rios 从本地的病驴脑中分离到病毒，并因此得名。Beck 和 Wyckeff 描述了其特性。Casals，Lennet 和 Koprowski（1943）报道了实验室人感染委内瑞拉病毒的病例，次年 Randall 和 Mills 报告了特立尼达有 2 例感染委内瑞拉病毒死亡病例。Gilyard（1944）报道驻委内瑞拉的特立尼达一海岛的美国海军发生脑炎，分离出病毒并制成疫苗控制了疫情，证明此病原属委内瑞拉型。1962～1963 年委内瑞拉地区马再度发生的同时有数千人发病。1976 年国际病毒委员会将该病毒归入甲病毒属。

病原

委内瑞拉马脑炎病毒（Venezuelan Equine Encephalitis Virus，VEEV）属披膜病毒科，甲组虫媒病毒，甲病毒属，与东、西部马脑炎病毒在抗原上有交叉反应，形态上也不易相区别。病毒属单股 RNA 病毒，长约 12kb，直径 60～70nm，有囊膜，囊膜内有一个直径 30～35nm 的核衣壳，病毒是由 6 种抗原上相关但又不完全相同的病毒组成的一个复合群。病毒颗粒呈球形为二十面体对称，含 32 个壳粒。该病毒 Yony 和 Johnson（1969）分别为 4 个亚型 8 个血清型，即 IA、IB、IC、ID 和 IE、Ⅱ、Ⅲ、Ⅳ型，其中 IA、IB、CI 型为流行型，在流行病学上有重要意义，是 VEE 的真正病原，主要引起马爆发流行 VEE，并伴随人的发病，称之为"马匹流行株"或"流行株"。而 ID、IE、Ⅱ、Ⅲ、Ⅳ型属地方型，仅发生于某些特定地区，故分流行株和地方株。分子生物学研究证明，流行区动物感染的 VEE 病毒，可发生变异，成为兽疫流行的亚型株。Calisher 等（1985）和 Digoutte（1976）又分别分离到 Cabasson 株和 AG80 - 663 株，定为Ⅴ、Ⅵ型，计有 6 个亚型，即 VEE（Ⅰ亚型）、Everglades（Ⅱ亚型，EVE）、Mucambo（MVC，Ⅲ亚型）、Pixuna（Pix，Ⅳ亚型）、CAB（Ⅴ亚型和 AG80 - 663（Ⅵ亚型）。其中Ⅰ和Ⅲ型又有多个亚型。由于 VEEV 血清型复杂，变异株多，病毒株间存在明显的毒力和血清学差异，因此将该病毒称为 VEE 脑炎病毒复合群。委内瑞拉马脑炎病毒有 4 个血清型，每一个血清型又分为数个亚型，共有 6 个密切相关的亚型，见表 34。强毒代表株特立尼达驴毒株（TRD）基因全长 11 444nt，不包括帽子结构和PolyA 尾，5' 端有帽子结构，3' 端有 PolyA 尾。基因组 5' 端编码 4 个非结构蛋白，其 3' 端的 1/3 编码 3 个结构蛋白，依次为衣壳蛋白。E1 糖蛋白和 E2 糖蛋白。病毒的非结构蛋白和结构蛋白分别由 42S 基因组 RNA 和 26S 亚基因组 RNA 翻译合成。

表 1 - 34 委内瑞拉马脑炎病毒的血清亚型流行情况

亚型	变异株	原型株	来源	循环	致病性 马	致病性 人
Ⅰ	A/B	Trinidad Donkey	驴	动物流行性	+	+
	C	P - 676	马	动物流行性	+	+
	D	3380	人	动物流行性	-	+
Ⅱ	E	Mena	人	动物流行性	-	+
Ⅲ	F	78V - 3531	蚊子	动物流行性	-	?
		Fe3 - 7c	蚊子	动物流行性	-	+
	A	Mucambo	猴	动物流行性	-	+
Ⅳ	B	Tonata	鸟	动物流行性	-	+
Ⅴ	C	71d - 1252	蚊子	动物流行性	-	?
Ⅵ		Pixuna	蚊子	动物流行性	-	?
		Cabassou	蚊子	动物流行性	-	?
		AG80 - 663	蚊子	动物流行性	-	+

该病毒抗原具有凝集红细胞作用，可在鸡胚、Hela 细胞、豚鼠与大田鼠肾细胞、蚊子C6/36 细胞上生长繁殖。细胞病变出现于接毒后 48h。

该病毒对热、酸、脂溶剂敏感，在 pH8～9 时最稳定，对胰酶、糜蛋白酶、番木瓜酶不敏感，这一点与黄病毒科其他病毒有所不同，有助于该病毒的鉴别诊断。委内瑞拉马脑炎病毒在50％的甘油生理盐水中可保持较好的活力；真空冻干后保存，病毒活力可维持 5～10 年以上。

流行病学

本病仅流行于美洲，主要分布在委内瑞拉、哥伦比亚、特立尼达、巴拿马、厄瓜多尔、阿根廷、巴西、秘鲁、美国等地。除人和马属动物外，还可感染牛、犬、山羊、绵羊、猪、家兔、猫、大鼠、小鼠、鸡、蝙蝠等 150 余种动物，可自然感染或实验室感染。病毒主要在野生动物如野鼠及有袋动物等中循环，仅偶然感染人和马。鸟类是主要的病毒储存宿主和扩大宿主，啮齿动物是地方株的储存宿主和扩大宿主。人和马是流行株的贮存宿主和传染源。委内瑞拉病毒感染的病人可发生足够感染蚊虫的病毒血症，早期病人喉头液、鼻腔和眼分泌物中也存在病毒，因此受感染人亦是本病传染源之一。但在病毒传播中的作用可能较小。马在爆发流行（IA、IB和IC）的扩散中最为重要。犬和猪产生高水平的病毒血症，可能是病毒的贮存宿主。猫、绵羊、山羊、牛、蝙蝠主要是增殖宿主。啮齿动物是地方株的宿主和扩主。已证明委内瑞拉病毒在肉牛、猪、部分蝙蝠、啮齿动物和鸟类中会形成足够的病毒血症，以利于病毒的繁殖。地方株仅限于在某一地区流行。在自然情况下，本病主要经蚊虫吸血传播，其传播媒介为伊蚊、曼蚊和库蚊等。形成啮齿动物→蚊→啮齿动物传播环。而VEEV流行株是马→蚊→马的传播方式。人的发病通常在马发病一两周后出现，患者可产生较高效价的病毒血症，从而成为蚊子的感染来源。据推测，可能有人→埃及伊蚊→人的传播途径。巴拿马和运河区曾报道过由ID变异株引起的人→蚊→人循环的小型人群委内瑞拉马脑炎流行，至少记录过118例，实验室感染1人死亡。此外，本病还可能经呼吸道及接触传播。实验证明，蜱、螨可以感染VEEV，从而起到病毒传播作用。有证据证明，此病能够从人传染给人。人群对本病普遍易感，病后可获得牢固的免疫力。

本病流行具有周期性，每隔7～10年有一次相当大的爆发，这可能与无免疫力的马属动物的积累有关。在流行的间隔期间，可有人和马的散发病例和小的爆发。本病无严格的季节性，但以春夏季3～6月病例较多。大雨后蚊虫密度上升是病例增多的原因。而动物间本病的流行则是人发病流行的先兆，通常要早半个月以上。

发病机理

病毒侵入人体后扩散到局部淋巴结，并在其中复制繁殖，数日后进入血循环形成病毒血症，可在心、肝、脾、肺、肾和肾上腺等富含血管的器官中增殖。以后病毒从血中消失，随循环系统进入中枢神经系统。尚有动物实验表明，血液中的病毒可以进入外围神经系统，在嗅觉和牙组织中增殖，并沿神经通路向大脑移行。首先进入嗅区，再进入三叉神经分布区域，最后沿神经纤维和相伴的血管扩散至整个大脑。病毒持续存在于大脑中，最终导致脑炎。据报道，通过化学方法或外科手术阻断嗅觉途径，病毒进入脑的过程明显受阻，说明嗅觉途径是VEEV侵害中枢神经系统的一条主要通道。在免疫小鼠中，病毒主要是通过嗅觉途径进入大脑的。

病变主要见于白细胞生成器官，例如淋巴结、脾脏、骨髓及肝脏中心小叶的坏死。生前呈现脑炎症状的患者，则有脑的组织病理学变化。

委内瑞拉马脑炎的脑回扁平、充血、水肿。在光镜下，可见神经细胞有不同程度的变性坏死，胶质细胞增生；小血管周围呈袖套样浸润，伴有浆液渗出和出血。小血管内壁常有纤维蛋白附着并形成血栓。部分可见软化灶、脑膜充血和细胞浸润。内脏均有充血，肺水肿明显。婴幼儿还可有间质性肺炎、支气管炎、肺出血及肝点状坏死等。

临床表现

人

在马匹大批爆发的同时，常见人类病例的发生。患者大多呈流感样症状，但也有出现神经症状者，特别是儿童，并有较高的死亡率。1962～1964 年 VEE 亚型 IB 在委内瑞拉和哥伦比亚流行，无数马匹发病，同时致 3 万人发病，300 人死亡。在 1969 年厄瓜多尔的一次流行爆发中，马匹死亡 2.7 万匹，并有 3.2 万人发病，死亡 190 人。VEEV 侵袭人类有两种方式，一是被感染的蚊虫叮咬；二是由于人的呼吸道吸入感染，常导致很多实验室事故。本病主要侵入人体淋巴组织，在网状细胞内大量繁殖后，再进入血液，形成毒血症。一般成人感染后，从脑脊液中分离不出病毒，说明病毒不能通过血脑屏障侵害脑细胞。但在少数情况下，尤其是在儿童才有可能侵害脑组织而发生脑炎症状。本病的潜伏期一般为 2～5 天。隐性感染和显性感染之比为 1∶11。Downs 等（1956）调查特立尼达健康居民，其中有 6.9％的人有 VEEV 中和抗体；Causey（1958）在 Amazon 河流域调查，有 16％的人有 VEEV 中和抗体。患病者中儿童较成年人多见，发病急骤，主要临床表现为发热、寒战、头痛、震颤、嗜睡等全身症状，类似流行性感冒，可分轻、中、重型。轻型仅有轻微发热及轻微的全身不适表现；中度表现为类似感冒的症状，可有剧烈的头痛、肌肉痛、流鼻涕、咽喉充血及恶心、呕吐等，有的还可以出现结膜炎和非渗出性咽峡炎。轻、中度者在发病后 4～6 天症状消退；重型出现双峰热，其病程分为两期，第一期出现发热和病毒血症；第二期继续高热，并伴有明显的神经系统症状，表现为意识迟钝、眼球震颤及复视、松弛性或紧张性麻痹；出现病理性反射、失眠、嗜睡，甚至昏迷，严重者出现中枢性呼吸衰竭而致死。此类病人的病程一般 7～8 天，病后遗留有学习困难等神经系统后遗症。重型脑炎者多为 15 岁以下的儿童，死亡者以 1～4 岁幼儿居多，病死率可达 10％～20％，但本病平均病死率仅为 0.2％～1.0％。孕妇在妊娠第 1～6 个月获得的感染可发生致命性脑炎及死亡。

委内瑞拉马脑炎病毒可经气溶胶传播给人和动物，但在自然条件下最主要的感染方式还是被感染蚊叮咬。竟非胃肠途径人工接种和呼吸道吸入，也易发生感染。但在后一种情况下，肺只作为病毒的侵入门户，并不发生局限性弥漫性病变。而病毒似乎不是嗜神经性病毒，而是一种泛嗜性病毒或嗜淋巴组织—骨髓性病毒。病变主要见于白细胞生成器官，例如淋巴结、脾脏、骨髓及肝脏中心小叶的坏死。生前呈现神经症状的患者则有脑组织病理学变化。

死亡病人的脑回扁平、充血、水肿，小血管内壁有纤维蛋白附着并形成血栓。血管周围呈袖套样浸润，伴有浆液渗出和出血。神经细胞有不同程度的变性坏死，胶质细胞增生，部分可见软化灶、脑膜充血和细胞浸润。内脏均有充血，肺水肿明显。婴幼儿还可有间质性肺炎、支气管、肺出血和肝点状坏死等。

猪

D. D. 里奇曼（2009）指出，在肉牛、猪、部分蝙蝠、啮齿类动物和鸟类中，会形成足够的病毒血症，以利于病毒增殖。猪是 VEEV 的贮存宿主。临床上隐性感染或轻症，见于多种家畜。但实验室感染 VEEV 的犬、猪时，较多的阳性表现，疾病呈轻度的敏感和厌食或攻击行为和死亡等。猪、羊、鸡等畜禽受到感染可出现症状。用德克萨 IB 毒株感染猪表现为发热、厌食、抑郁、蜷缩、不愿动、有攻击行为和死亡。白细胞减少，恢复迅速，没有后遗症。猪病症的严重程度取决于病毒株。组织病理学变化没有或只有很小的大体病理改变。短时间低滴度的病毒血症，可呈现症状。

诊断

根据患者临床表现，结合流行病学、血清学和病毒学检查可确诊。

常规临床检查：白细胞轻度增加，脑脊液压力多正常，细胞数量及蛋白轻度增加，脑炎患者可出现颅内压升高，脑脊液混浊，白细胞总数升高，早期以中性粒细胞为主，以后以淋巴细胞为主；AST 及 LDH 活性轻度升高；脑 CT、MRI 检查一般无特异性改变，但严重脑炎者可提示低密度影和混杂信号。

血清学检查：中和试验、血凝抑制试验及 ELISA 检测病毒特异性 IgG、IgM 可协助诊断。

病毒分离：发热期病人的血液、咽漱液、鼻及眼分泌物中可分离出病毒。

从患者早期（发病 3~4 天内）的血液及咽拭子标本中均易分离到病毒；动物接种（乳鼠、幼豚鼠脑、鸡胚卵黄囊）和细胞培养（Vero 和 BHK21 等细胞）是常用分离方法；或做双份血清抗体试验，亦用 RT - PCR 技术检测病毒核酸，有助于早期诊断。本病临床上易与流感、急性胃肠炎、钩端螺旋体病相混淆，主要依靠病原学检查。

防治

对患者主要是对症处理和支持治疗。

预防主要是防蚊、灭蚊，流行期间要及时隔离病人，现已有减毒活疫苗，预防接种后免疫力可持续多年，国外研制的 TG - 93 减毒疫苗，免疫接种后可预防 IA、IB、IG 亚型的感染，对 ID 和 IE 亚型也有一定的预防作用。人接种此疫苗后，仅发生低滴度的病毒血症及轻微而短暂的副反应。人与动物通常一次注射即可产生坚强的免疫保护；接种后 3 天即开始产生免疫力，血清阳转率高达 95%，中和抗体可持续 5~25 年。1976 年有人报告，用病毒的包膜制成疫苗，能刺激鼠产生抗体，免疫鼠可抗病毒攻击而获得保护，同时对西部马脑病毒的攻击也有一定的保护作用。但尚未在人群中试验。

Maussgay 等（1964）试制 4 种灭活疫苗：①福尔马林灭活疫苗；②福尔马林灭活疫苗加皂素；③福尔马林灭活疫苗同吐温 80 和三丁酯磷酸盐（TNBP）处理；④福尔马林灭活疫苗同吐温 80 和 TNBP 处理，并加皂素。结果以第四种灭活疫苗的免疫效果最好。TNBP 可使病毒粒子的脂质成分逸出。吐温 80 和 TNBP 处理，不仅可以提高疫苗的免疫原性，而且可使疫苗毒的残留感染力进一步灭活。

目前市场有与 EEE 或 EEE/WEE；联合灭活疫苗。

三十二、基孔肯雅出血热
（Chikungunya Hemorrhagic Fever）

基孔肯雅出血热（Chikungunya Hemorrhagic Fever，CHF）是由基孔肯雅病毒（Chikungunya Virus）引起的蚊媒传播的一种急性、出血性传染病，病人发病突起、发热、关节疼痛、淋巴结肿大、黏膜出血、腹泻、躯干和四肢有皮疹等症状，是一种自然疫源性疾病。

历史简介

本病于 1952 年发现于坦桑尼亚内瓦拉区，病人常因剧烈的关节疼痛而被迫采取身体弯曲如折叠的姿势，故当地人用形容这种姿势的土语"基孔肯雅"命名此病。根据 David Bylon（1779）在巴达维亚（雅加达）报道于该地区流行的登革热，可能就是 CHIK 流行。其后印度（1824～1965 年）多次爆发。Ross（1956）从病人的血液和蚊子中分离到病毒（Ross 毒株）。20 世纪 60 年代，在对南亚和东亚的蚊媒出血热病原学研究中发现，一部分轻型出血热行人是由基孔肯雅病毒引起的。因此，近年来本病被列入病毒性出血热。

病原

基孔肯雅病毒（Chikungunya Virus）是一种 RNA 病毒，属披膜病毒科，阿尔法病毒属，即 A 组虫媒病毒，甲病毒属，病毒体呈球形或稍具多角形，平均直径为 42nm，内有 1 个 25～30nm 的核心。病毒含有两种主要蛋白质，即血凝素蛋白和核心蛋白。Chikungunya Virus 只有一个血清型，我国云南的病毒分离株与 Ross 株比较，抗原性基本一致，同属一个血清型。从亚洲和非洲分离的病毒株在抗原上是一致的，尚未见到病毒分型的报道。病毒在宿主细胞浆内复制，成熟的病毒颗粒被宿主细胞膜所包囊，此膜中含有与中和抗体起反应的病毒抗原。该属有 6 个亚组 26 种，本病毒为阿尔法病毒组，即 A 组虫媒病毒。病毒属 RNA 病毒，直径 42nm，含脂囊膜，由 2～3 个多肽组成，内有 20～30nm 核心，分子质量为 4×10^6 KDa，沉浸系数为 46S。病毒结构蛋白有膜蛋白（E）、由 E1、E2、E3 和 E4 个非结构蛋白（NSP1～NSP4）组成。E1、E2 构成外膜抗原，E3 在双层类脂膜外连接 E1、E2 共同构成病毒颗粒的外膜突起；核心蛋白分子质量为 36KDa。病毒 RNA 是单链线形正链 RNA，5' 端有 m7G "帽子" 结构，3' 端有多聚腺苷酸尾，RNA 有信使 mRNA 的功能，具有翻译蛋白质的活性。基因组为不分节段的正链 RNA，长 11～12kb，病毒基因组编码顺序为 5'-NS1-NS2-NS3-NS4-C-E3-E2-E1-3'。

基孔肯雅病毒只有一个血清型，但免疫学上与马雅罗病毒（Mayaro Virus，MAY）、阿尼昂尼昂病毒（O'nyong-nyong Virus，ONN）、盖他病毒（Gatah Virus，GET）及西门利克森林病毒（Semlikforset Virus，SFV）有关联。CHF 病毒的抗体能和 CHF 病毒、ONN 病毒反应，但是 ONN 病毒的抗体和 CHF 病毒反应很弱。基孔肯雅病毒与 ONN 病毒的抗原性比较接近，一般的血清学方法难以区别，需用交叉中和试验或使用单克隆抗体来鉴别。应用单克隆抗体（McAb-b12）进行的交互血凝抑制试验表明，云南基孔肯雅病毒（B8635、B66、M26、M80、M81）及国外原型株之间有相互抑制作用，与同亚组的 MAY、SF、GET 和 SIN 有低滴度的交叉反应（等于或小于 1:20），与甲病毒专属的其他亚组存在较少的血清交叉（张海林、袁晓平，1897～1994）。云南 CHIK 病毒与原始株（ROSS 株）比较，抗原基本一致，同属一个血清型。非洲和亚洲基孔肯雅病毒株之间有较轻微的抗原性差别。

CHIK 病毒与 ONN 病毒的抗原性相近，基因组同源性达 72%。大概在几千年前由同一个祖先进化成两支：一支是 ONN 病毒，另一支是 CHF 病毒。CHF 病毒的祖先在 750 ± 500 年前进化成西非基因型及现在亚洲基因型、中东非洲基因型的祖先，后者在 140 ± 190 年前进化成亚洲基因型和中东非洲基因型。这部分解释了亚洲基孔肯雅病毒的差别，即亚洲基因型、西非基因型和东非、中非、南非基因型 3 种基因型。

CHF 病毒和 ONN 病毒具有不同的生物学特征，研究者提出一种解释：这种差异是由病毒 3' 端非编码区（3'NCR）造成的。3'NCR 内的重复序列元件的长度和数量会影响病毒复制的细胞类型、血清分组和蚀斑的大小等特征。

Yadav 等（2003）对印度 1963～2000 年间分离 CHF 病毒采用 RT-PCR 方法进行基因分型，结果发现，印度分离的病毒可分成三个进化分枝，既有与以前爆发流行相似的病毒株，又有新的病毒株。这表明在印度基孔肯雅病毒非流行期内，早期的流行株并没有消失，而是以低水平在人、蚊之间传播。同时，又有新的病毒株传入。因此，在没有明确储存宿主的情况下，没有病例发生，并不表示没有病毒株的存在。这应该特别引起疾病控制工作者的注意。

本病毒在实验室感染的宿主范围较广泛，多种灵长动物、啮齿动物和畜禽对本病毒有不同程度的感染性。恒河猴、非洲绿猴、狒狒、兔、小鼠、大鼠、豚鼠、地鼠、小鸡等动物感染后发病和出现病毒血症。牛、羊、马、蝙蝠、猪、犬等动物感染后可测出血凝抑制抗体和中和抗体。黄文丽（1998）对基孔肯雅病毒动物试验：云南株 B8635、"87448" 和国外原株（BOSS）都有相同致病特性（表 1-35）。乳小鼠常用于病毒的分离培养。小鼠、乳鼠经脑内或腹腔感染可引起致死性感染，其潜伏期为 2～5 天，病毒滴度可达 $10^7 LD_{50}$。

表 1-35 CHF 病毒感染动物的发病情况、病毒及病理检查结果

动物	发病情况	血清病毒检测	脏器病毒检测	病理检查							
				脑	肺	肝	脾	肾	胃	小肠	骨骼肌
2～4 日龄小鼠	⊕	+	+	+	+	+	+	+	−	−	−
≥2 周龄小鼠	−	+	+	+	+	+	+	+	−	−	−
幼年大鼠	−	−	−			ND					
1 日龄豚鼠	⊕	+	+	+	+	+	+	+	−	−	−
成年豚鼠	−	+	+	+	+	+	+	+	−	−	−
2 日龄兔子	−	+	+	+	+	+	+	+	−	−	−
成年兔子	−	+	+	+	+	+	+	+	−	−	−
成年地鼠	−	+	+	+	+	+	+	+	−	−	−
雏鸡	⊕	+	+	+	+	⊕	−	−	−	−	−
鸽子	−	+	+			ND					
树鼩	+	+	+	+	−	−	−	−	−	−	−

注：⊕表示发病死亡；+表示发病未死亡或表示阳性；−表示阴性；ND 未做。

本病毒可在多种组织细胞中生长，例如北京鸭肾细胞、绿猴肾细胞、地鼠肾细胞、Hela 细胞等。近年来发现白纹伊蚊细胞 C6/36 克隆对本病毒很敏感，且在传代培养中观察到病毒产生细胞病变。

本病毒对乙醚敏感。10mg/ml（10ppm）的鞣酸也可完全抑制病毒对细胞的感染力。对胰酶有抵抗力。在 pH 8～9 的环境中稳定。紫外线、60℃加热和 0.2％～0.4％甲醛可使病毒在短时间内灭活。在酸性条件下很快被灭活，故实验室可用 1‰ 盐酸溶液来消毒玻璃或塑料器皿。

流行病学

本病是人的一种蚊媒病，是由一种在自然界里有树林蚊虫在野生灵长类动物的甲病毒引

起的传染病。

本病的疫源地分为城市型和丛林型,主要分布于坦桑尼亚、南非、莫桑比克、乌干达、扎伊尔、尼日利亚、泰国、印度、马来西亚、缅甸、越南、老挝等非洲和亚洲的热带和亚热带地区。日本也曾发生本病,并分离了病毒。在东南亚,本病常和登革热同时或先后流行,并占一定比例。1958 年以来,本病在亚洲,尤其是苏门答腊等东南亚出现很广泛的流行。陈伯权(1980.7)从西双版纳一名不明原因发热病人分离到一株 CHF 病毒,编号 87448。1986 年张海林等,从云南棕果蝠脑组织中分离到 CHF 病毒(B8635 株)。

在自然疫源地区,传染源主要是受感染的动物和病人、野生灵长类动物,他们是病毒的主要贮存宿主,非洲绿猴、黑猩猩、狒狒、恒河猴、细毛长猴等在本病的丛林疫源地的维持上可能起着重要作用,其他的动物宿主还有牛、马、羊、猪、兔、猫、鸡、蝙蝠等。在泰国多种哺乳动物包括家畜血清中也查到本病抗体,但家畜在本病传播中的作用未肯定。丛林型是野栖蚊种在野生动物宿主间传播,野生灵长类不仅在病毒循环中起着重要作用,而且也是本病毒的增殖宿主,人仅在进入丛林时偶然受到感染。主要以蚊-灵长类-蚊的循环方式,呈地方性流行,表现为散发病例。而城市型疫源地,感染的人是主要传播源。病人在发病初期出现高滴度的毒血症,足以引起媒介蚊感染,通过埃及伊蚊在人和人之间及动物间传播。形成人-蚊-人的方式循环,患者是主要传染源。在本病流行期间,人类隐性感染,亚临床感染宿主在疾病的传播上也有不容忽视的作用,1962 年泰国曼谷当年儿科门诊达 4 万~7 万人,然后 1988 年该病从这个城市消失,而 1995 年在没有任何先兆情况下突然爆发;1964 年马德里 40 万人感染,而后未见流行,但在 1994 年血清学调查时人群抗体阳性率达 12%。另外,一些畜禽如猪、牛、马、羊、小鸡及猫等,感染后虽不出现症状,但成为重要的传染源,可能在本病的传播上也有一定的作用。有 11 种鸟类抗体阳性率达 37.95%,其中火鸠为 55.56%,可能在自然传播和保存病毒中有一定作用。米竹青在云南调查认为基孔肯雅病属于丛林型疫源地,人和多种动物感染(表 1-36)。云南某地区人的感染率约为 10.07%,最高为 43.78%;970 份急性发热患者中,中和抗体指数为 316。我国云南、海南等地区为本病的自然疫源地。

表 1-36 云南人和动物血清中 CHF 抗体情况

血清种类	地区	检查数	阳性数	阳性率%
健康人	西双版纳	1198	127	10.60
	保山	200	15	7.5
	玉溪	197	1	0.51
恒河猴	西双版纳	204	5	2.45
猪	西双版纳	197	8	4.06
棕果蝙蝠	云南西部	284	140	49.30
犬	云南西部	111	2	1.80
黄胸鼠	云南西部	347	9	2.59
臭鼩	云南西部	11	2	18.18
鸟类	云南西部	247	91	36.84

本病主要传播途径是蚊虫吸血传播，此外还可经呼吸道传播。已从自然界捕获的多种蚊子中分离到基孔肯雅病毒，其中有埃及伊蚊、非洲伊蚊、白霜库蚊、致倦库蚊、非洲曼蚊、棕翅曼蚊、三带喙库蚊、带叉—泰氏伊蚊组等。另有十多种蚊虫经实验感染证明能通过叮咬传播本病，其中有白纹伊蚊、埃及伊蚊、东乡伊蚊、三列伊蚊、伪盾纹伊蚊等。非洲伊蚊氏野栖蚊，为丛林疫源地的主要媒介。埃及伊蚊氏家栖蚊，在城市疫源地为主要媒介。病毒可在蚊体内繁殖，从吸血后的第6天，蚊虫体内的病毒滴度达到高峰，第19天开始逐渐下降，到第53天，蚊虫体内的病毒已很少。埃及伊蚊吸血后最高的传播率在第5~14天以后逐渐降低。白纹伊蚊、东乡伊蚊未证实有自然感染，但实验感染的传播能力很强，是本病的潜在媒介。2007年以来，意大利、法国，以及北美洲相继发现CHFV存在于亚洲虎蚊中。研究者认为，亚洲虎蚊的基因发生了变异，蚊体内不仅能携带这种病毒，还能通过叮咬传播病毒。施华芳（1990）报道，1986年从云南西双版纳的蝙蝠脑中分离到病毒。在2005~2006年的印度洋与印度大陆的流行中，出现了母婴垂直传播的报道。2008年法国巴斯德研究所报告，非洲678名妊娠妇女感染了该病，结果有3％患病母亲将病毒传染给了胎儿和新生儿，表明本病可通过母婴传播。我国目前尚未有本病的报道，但埃及伊蚊、白纹伊蚊和东乡伊蚊等，在我国南部沿海地区分布很广，需要高度警惕。

本病在非洲带地区发病季节性不明显；在亚洲雨季为流行高峰，一般为7~11月份。人流行前5~6个月野生啮齿动物中发现病毒活动，流行3个月后，动物血清中有抗病毒抗体，认为可能对疫源地的维持起一定的作用。

人对基孔肯雅病毒普遍易感，本病主要发生于儿童，以9岁以下年龄组发病率最高。男性多于女性，两者之比为1.7~2.6：1。未受过感染的人均属易感，感染后不论发病与否，均可获得一定的免疫力。

发病机制

一般来说，致病的决定性过程是病毒进入细胞。许多病毒的敏感细胞上都有病毒受体存在，这些受体与病毒的某个结构蛋白的结合，介导了病毒侵入细胞，引发机体的感染。

目前CHF的病毒受体和配体都不清楚，致病决定因素或致病决定基因仍未确定。

人患基孔肯雅病的发病机制和死亡的病理变化研究较少，一般认为登革热的发病机制相类似。基孔肯雅病毒感染呈自限性，病毒血症水平和发热水平曲线相平行。受蚊虫叮咬后48h即可发病。患者在发病最初2天内有很高的病毒病症，第3天和第4天病毒血症下降，第5天消失。中和抗体滴度升高，病毒血症消退，随之体温下降，显示免疫反应出现。血清抗体可能是主要的恢复机制。从患者皮肤斑丘疹、斑疹处取材活检，可见淋巴细胞血管周围套和表层毛细血管外溢。皮肤损伤处的组织活检表明，红细胞通过浅表毛细血管外渗，淋巴细胞在外围血管集聚呈袖口状（Cuffing）。

在我国，CHF病毒动物试验研究表明，其感染的宿主范围比较广泛。多种灵长类、啮齿类和家畜等对该病毒都有不同程度的易感性，接种后可引起发病或死亡或产生病毒血症。1~4日龄乳小鼠对本病毒比较敏感，无论从脑、皮下或腹腔感染均可引起发病或死亡，潜伏期为2~4天，可用于病的分离和传代。病毒对2日龄兔子和2周龄以上的小鼠无致病力。对雏鸡可引起发病死亡。对成年豚鼠、兔子、成年金黄地鼠、鸽子均不能引起发病，但他们都产生病毒血症。在成年金黄地鼠、鸽子、乳豚鼠、乳兔、雏鸡和树鼩的主要内脏脑、肝、肺、脾、肾中均分离到病毒，其中脑组织含量最高，这与病理检查结果基本吻合，表明动物感染 CHF 病毒后，虽然多数动物不表现临床症状或症状较轻，但几乎都有病毒血症和病毒侵入易感器官引起的病理改变，进一步说明了该病的隐性感染较普遍。

临床表现

人

人对本病毒易感，有发热、关节炎、皮疹、白细胞减少和轻度出血体征。但感染后仅一部分人发展为出血热。

1952～1953 年在坦桑尼亚人发生大流行。基孔肯雅病人的症状主要表现为发病急而突然，成人感染几乎没有死亡，但恢复期很长。潜伏期一般为 3～12 天。本病多以突然发冷、发热开始，伴有非常剧烈的关节疼痛，致使病人在数分钟至数小时内完全丧失活动能力，因脊椎和关节剧痛，病人常屈身不动，呈折叠样弯曲。而关节的局部并无炎症变化。体温迅速上升至 38～40.5℃，并出现头痛、恶心、呕吐、腹痛、腹泻等症状。在病初的 2 天内，常见病人面部发红。上述症状持续 1～6 天，其中有半数病人仅发热 2 天，然后体温降低。经 1～3 天后，进入第二期，体温可再度上升（一般比前一期低，多在 37.2～38℃ 之间），形成鞍形热（双峰热型）。同时在躯干和四肢出现散在的麻疹样的皮疹，出血点小而多，无广泛的融合性出血疹，也可见紫癜，皮肤损害也可影响到手掌和足底。有红色斑丘疹。发生皮疹者约占 86%。主要出血表现为鼻衄、牙龈出血、皮肤黏膜瘀点或出血斑、胃肠道出血等。本病感染除惊厥外，未见其他神经体征。有些病例有怕光、前额痛、眼眶痛、眼球痛、口部灼热感、淋巴结肿大、上感症状等。严重的肌肉和关节痛常持续 1 周左右。98% 的人肌肉痛和肌无力，不能步行。少数病人表现慢性类风湿关节炎症状。婴儿患病症状大多比较严重，体温可达 41.6℃，伴有抽搐，偶尔可因循环衰竭而死亡。而成人感染本病，并不发生休克综合征，几乎没有死亡。自然病程为 3～10 天，但恢复期较长，有些关节痛病人可持续数月至 1 年。本病通常发生登革热样综合征，亚洲患者还有上感样的不明热和轻型出血热症状。该病恢复期患者有 4 种特点：急性期后 90% 患者关节疼痛和僵硬状态完全恢复；远端关节间歇性僵硬和不适，随运动加重，但 X 线检查正常；遗留持续性关节僵硬；5.6% 患者关节持续性疼痛，或肿胀或不肿胀。一般流行期 3 个月，成人常复发。流行后人群抗体阳性为 40%～90%。

本病多呈隐性感染，但不论感染后发病与否，均可获得一定的免疫力。尼日利亚 3 岁以下儿童无抗体；3～4 岁者 4.8% 抗体阳性；10 岁以上者 50% 抗体阳性。陈伯权（1983）在云南调查中，Chikungunya Virus 抗体阳性率为 10.07%，最高达 43.78%；1986 年海南血传学调查，健康人群血清中有 Chikungunya Virus 抗体；1991 年从致倦库蚊和蝙蝠脑中分离到 HN24、HN36 二毒株。施华芳（1990）从云南西双版纳 97 份急性发热期病人血中分离到一株基孔肯雅病毒（87448），能与国际标准 CHF 和 B8635 血清产生阳性反应，而对 MAY、SF 和 SIN 反应为阳性，能与鸽、鹅、鸡、鸭、绵羊及人型血细胞发生凝集，能使 1～3 日乳小鼠、雏鸡等发病和死亡。发病后 1 年仍保存中和抗体，指数为 316.0 该地区健康人群抗体阳性率为 5.20%（18/346），证明在这地区有自然疫源地。同时已观察到云南傣女有发热、寒颤、腰痛、全身酸痛症状。表明本病毒在我国南方地区感染比较广泛。

我国尚未观察到人的临症，但陈伯权（1983）在云南调查中，从人中分离到病毒，人抗体阳性率达 6.93%。本病可自愈，无死亡报道。心肌炎是可能的后遗症。

猪

多种灵长动物（猴、黑猩猩、狒狒）、啮齿动物、家畜家禽（猪、马、牛、羊、猫、小鸡）对本病毒均有不同程度的易感性。美国 G. W. 贝兰证实可从猪血清中分离到病毒。陈伯权（1983）在云南流行病调查中，从猪和人中分离到病毒，猪一般无症状，但有毒血症。猪感染后可测出血凝抑制抗体和中和抗体。在疫区猪的阳性率达 34.8%；而云南调查猪的抗体阳性在 4.06%，表明病毒已对猪等畜禽感染。此外，抗体阳性犬为 1.8%，黄胸鼠和臭鼩鼠为 18.18%。

诊断

1. 流行病学和临床诊断　本病临床表现变化范围很大，从无名热、类登革热到轻型出血热，尤其是登革热流行区，当发现轻型出血热病例时，应考虑到本病。如果病人以突然发热、发冷开始，病程中出现双峰热，伴随第二次发热的开始出现散在分布于躯干和四肢的麻疹样皮疹，同时伴有非常剧烈的关节痛，应询问病人是否来自流行区或有无在实验室接触过基孔肯雅病毒。

2. 血清学试验和病毒分离　早期采用 IgM 捕获 ELISA 检查 IgM 抗体可作出早期诊断。常用血清学诊断方法为免疫荧光法、血凝抑制、中和试验。补体结合抗体出现较晚，较少用于实验诊断的分子生物学诊断方法有逆转录聚合酶链反应（RT-PCR）。中和试验和血凝抑制诊断是诊断本病的首选方法，但确诊仍需有赖于病毒分离。病毒分离方法是采集发病 3 天之内的病人的血清样本，接种于乳鼠脑内或地鼠肾细胞、恒河猴单层细胞、HEela 细胞等，可引起细胞病变，形成空斑。

3. 鉴别诊断　本病应与发热、出疹和关节痛性疾病相鉴别。特别是与登革热和登革出血热在流行病学和临床上相区别。基孔肯雅出血热发病急，热程短，症状轻，惊厥高，无神经症状，无休克和出血点小而少。

可根据本病无淋巴结炎，经常在二次发热时或其后出现皮疹、无头痛或头痛轻、无眼球后痛或眼球痛，以及特征性的迁延性关节痛，可与登革热鉴别（表1-37）。单纯 CHF 感染引起的出血热多无休克，很少死亡，此与登革热不同。此外，还应于辛德毕斯病毒和西尼罗病毒感染鉴别。

表 1-37　CHF 和登革热的临床鉴别要点

症状	CHF	登革热
发热	突然	稍晚，持续时间长
皮疹	斑丘疹	出血性皮疹
关节痛	明显、常见	无
关节炎	明显	无
白细胞	正常或稍低	减少
神经症状	不明显	明显
出血体征	少见	严重

防治

目前尚无特效药物。一般给病人卧床休息、减少搬动的支持治疗和对症处理。高热者降温、补液，也可给以肾上腺皮质激素制剂，对个别出血严重病例，可按出血热的常规处理，可用止血药物。用抗炎药物和非激素类药物治疗无效。磷酸氯喹有一定作用。皮质醇类可用于恢复期残留的关节痛。

预防，主要是灭蚊、防蚊，对急性期患者应采取严密的防蚊措施，防止被蚊吸血扩大传播，目前尚无有效疫苗。

灭活疫苗进行预防接种仅在爆发流行期使用。减毒活疫苗（CHIK181/lone25株）也有一定保护作用。

本病为非国际检疫病种，对其监测措施可仿造登革热。在我国应进一步在南方亚热带省份进行疫源地调查（本病毒除人外，畜禽、宠物均有不同程度的易感性），查清本病在我国的具体分布，以利于防治疫情扩散。

三十三、盖他病毒感染
(Getah Virus Infection)

本病是由盖他病毒（Getah Virus，GETV）感染人畜的病毒性传染病，主要引起猪、马等动物发病。库蚊和伊蚊是本病主要传播媒介。偶尔传播到人。

历史简介

1955年美国陆军医学院研究所的Elisberg和Buescher在马来西亚吉隆坡的白雪背库蚊中分离到GETV（M. M2021株），但不知其对动物是否致病。Kamada等（1982）对不同地区分离获得的盖他病毒的毒株（MI110、AM2012、Haruna和Sakai）作生物学、理化学特征和抗原性的比较研究，证明这些病毒间没有差异，基本相同。进一步明确盖他病毒在分类上属于甲病毒属成员。直到1992年在美国疾病控制与预防中心虫媒得到鉴定，命名为Getah病毒。以后又在马来西亚、柬埔寨、日本和澳大利亚的三带喙库蚊、刺挠伊蚊日本亚种中分离到病毒；我国杨火等（1984）报道了海南省一株甲组虫媒病毒的分离、鉴定和血清抗体调查。1992年从海南岛采集到的蚊子中也分离到病毒。20世纪60年代澳大利亚研究者Doherty等，1966；Sanderson等，1969年进行了人和动物血清抗体调查，证明了GETV对人和动物的感染性，但究竟能引起什么样的临床症状尚不清楚。1959年日本从群马县猪的血液中分离到病毒。1963年澳大利亚也分离该病毒。直到1978年秋，日本关东地区的赛马群中流行一种体温升高伴有丘疹的马病，从病马的血液和马厩蚊体中分离到GETV，甲野氏（1978）用组织培养的病毒，经回归接种健康马，呈现同类症状，至此才确认了本病毒的病原性。此后GETV对马的感染有多起报道，1989年香港赛马出现体温升高，伴有四肢水肿，血凝抑制（HI）血清学试验抗体阳性。Sugiyama I（2009）分析了2001～2002年日本九州野猪90份阳性样本，占采集样本的47.8%，其中幼猪占40.7%、成年猪占62.5%，对猪有轻度致病性。

我国于1964年从海南岛的库蚊体内分离到盖他病毒，2002年从河北省野外捕获的蚊中分离到盖他病毒，这说明该病毒已存在于我国北方地区。

病原

盖他病毒（Getah Virus，GETV）是披膜病毒科，甲病毒属，是西门里克森林脑炎病毒抗原复合群成员。病毒单股正链粒子呈球形，二十面体对称，有囊膜，直径 $60\sim70nm$，相对分子质量约为 52×10^6Da，蔗糖密度梯度中浮密度为 $1.22g/ml$。核衣壳被紧紧包在囊膜内，直径 $40nm$。基因组为正向单股 RNA，不分节段，大小为 $11\sim12Kb$（不包括 3'端的原 A）。病毒 RNA 转录生成亚基因组的 mRNA，后者翻译生成巨蛋白。巨蛋白经酶切生成结构蛋白和非结构蛋白，结构蛋白再次酶切生成衣壳蛋白 C［相对分子质量 $(30\sim33)\times10^3$］和囊膜糖蛋白 E1 和 E2［相对分子质量 $(45\sim48)\times10^3$］。衣壳蛋白与 RNA 在感染细胞的胞液中装配，与内质网中的糖蛋白 E1 和 E2 结合，并转移到高尔基体，最后经细胞膜逸出细胞。

研究表明，不同毒株盖他病毒的血凝特性、对小鼠的致病力、空斑表型宿主选择性有所不同；核苷酸指纹图分析表明，不同地理位置的分离毒株基因组同源性为 $68\%\sim96\%$，甚至同一年份、同一地点分窝的毒株之间也有差异。接种新生小鼠和 C6/36 细胞，分离的病毒株核苷酸指数也有差异，显然 GETV 基因组经常发生突变。

致病力强弱在毒株间有很大差异，空斑大小对致病力也有关联，L 空斑的致病力明显强于 S 空斑。然而，也有些毒株只形成小空斑，而致病力很强。

GETV 在 pH6~9 稳定，在酸性环境中，如在 pH3 迅速灭活。对热不稳定，在 56℃ 15min、60℃ 10min 完全灭活，在低温下很稳定，在 $-20\sim80℃$ 经 24 个月感染滴度无明显下降。在 4℃ 经 6 个月仍有部分感染力。对脂溶剂、$MgCl_2$、胰蛋白酶等敏感。而 0.1% 胰蛋白酶经 6h 感染滴度基本下降。然而，任何浓度在短时间内使其感染滴度反而升高，如 $TCID_{50}$ 由 $10^{4.5}$ 上升到 $10^{6.0}$。在 pH6.0~6.5 能凝集成年鹅和 1 日龄雏鸡的红细胞，但不能凝集马、牛、豚鼠、小鼠和成年鸡的红细胞；能在 BHK21、猪胚肾（ESK）、猪肾（SK-L）、Verona、仓鼠肺（HmLu-1）、兔肾（RK-13）和马胚皮（EFD）等多种传代细胞系中适应增殖，$TCID_{50}$ 可达 $10^{6.0\sim7.5}$。也能在马的肺、脑、脾、肝、肾、胰、小肠、鼻黏膜；人的胚肺、牛胚肾、猪胚肾、仓鼠肾等原代细胞上培养。在细胞培养中 24~48h 出现明显的 CPE，特征为细胞变圆和折光力增强。它能形成清晰的直径 4mm 和 1mm 大小两种空斑。

流行病学

GETV 流行于东南亚、马来西亚、柬埔寨、斯里兰卡、菲律宾、印度、巴基斯坦、日本、俄罗斯，以及我国香港、台湾与大陆。除人类外，猪、马、羊、牛都检测出阳性抗体。血清学调查人、牛、马、鸡、家兔、山羊、犬、某些野鸡、袋鼠有血凝抑制抗体和中和抗体。1978、1979 和 1983 年日本马中流行马发热、荨麻疹和腿水肿症状，它们可能是主要传染源。实验感染引起犊牛、绵羊疾病；马来西亚、澳大利亚的人有 GETAH 抗体，但无疾病。猪可能在自然界中起到扩增宿主作用。禽类可能是 GETV 的天然宿主。蚊（包括多种库蚊、伊蚊和按蚊）是 GETV 的天然宿主，病毒能在蚊体内增殖，曾从白霜库蚊、三带喙库蚊、孤殖按蚊和日本刺挠伊蚊中分离到病毒，但对蚊无致病性。病毒通过蚊卵而垂直传递，也能在蚊与蚊之间水平传递。可能通过蚊-人畜-蚊循环。猪感染有明显的季节性，阳性样品在 4 月份开始升高，7～9 月份达到高峰，与蚊子有相关性。研究发现猪的脾、扁桃体、肾上腺、小肠和血清中病毒滴度最高，粪中滴度很低，口腔中基本没有。消化道传播途径仍待进一步探讨。

由此该病毒可引起家畜疾病，如马的发热、皮疹、后腿水肿及淋巴结肿大及猪的流产等。因此，该病毒被确定为重要的动物源病原体。在马来西亚、澳大利亚和中国等国家与地区的人、鸟血清样本中均检测到 GETV 中和抗体，表明病毒也可引起人类威胁。

临床表现

人

GETV 感染人只表现血清抗体阳性和发热，未见其他症状。Doherty 等（1966）和 Sanderson 等（1969）进行了人和动物的血清抗体检查，证明 GETAH 病毒对人和动物有感染性，但究竟能引起什么样的临床症状，尚不清楚。从人的血清中都能检出 HI 抗体阳性，但无法证实引起人的疾病。我国云南调查，健康人 3.29% 的 HI 抗体阳性。Zhen K（2008）对海南省病人和发热人检测，GETV 的 HI 抗体阳性分别为 26.4% 和 10.3%，两者似有一定相关性。但秋山绰（1982）报道，人盖他病毒感染出现脑炎、关节炎、出血热、发疹性热性疾病，是否如此，尚缺少更多相关报道。2002 年涉县分离到 2 株盖他病毒（HBO215 - 3HBO234），采集血样 3 000 份，男女比例为 137∶163，采血对象年龄段 1～30 岁范围，分为 6 个年龄组，1 岁、5 岁、10 岁、15～20 岁、25 岁、30 岁。30 岁以下人群盖他病毒总感染率为 16.67%（50/300）。在自然界循环中，病毒不仅感染人，而且感染率还比较高，病毒感染人类主要在大年龄组（25～30 岁），1 份 IgM 抗体阳性，OD 值为 0.185，阳性率为 0.30%；49 份血清 IgG 抗体阳性，阳性率 16.30%，以往甲病毒感染主要在南方和新疆等地，这次在北方分离到盖他病毒并发现感染人类，而且感染率如此之高，具有重要的流行病学意义。

以往海南、广东 11 个地区盖他病毒血清抗体检测结果表明：广东省未发现盖他病毒抗体阳性，涉及 6 区只有琼市地区发现盖他病毒抗体阳性，阳性率分别为 1.95% 和 2.3%。

猪

猪对 GETV 甚为易感，但认为是一种温和的致病性病毒，对猪致病性主要表现：

①产生菌血症和抗体反应。熊埜御堂（1979）从猪舍、牛棚、蚊中分离到病毒；从蚊、猪、马中分离的病毒可复制本病。Scherer 等在 50 年已从猪分离到病毒。成年猪感染 GETV 后不显症状。实验感染猪呈现发热、厌食，小猪腹泻，产生 1～2 天病毒血症，最高滴度达 $10^3 TCID_{50}/0.1ml$，接种后 6 天产生抗体。1987～1989 年中俄联合对黑龙江省 2 843 份猪血清进行 GETV 检测，证明猪为阳性；1998 年上海对两个猪采样血清检测，GETV 抗体阳性率高达 80%。

②母猪流产或胎盘死亡与吸收，产仔减少。妊娠初期的母猪感染病毒后，病毒可经胎盘感染可跨胎盘感染，导致胚胎死亡并吸收，从而使产仔数减少，并可从自然死亡猪胎中分离到病毒。实验感染妊娠母猪证明，GETV 可跨胎盘感染而引起死亡。Akihiro Izumida 等（1988）给 5～9 月龄猪脑内、静脉、皮肉接种 GETAH 病毒，未见临床症状，但发生病毒血症。接种后一周测出 HI 抗体，2 周 HI 抗体达高峰。5 头妊娠母猪皮下接种病毒（2 078 毒株）后，出现病毒血症，产生 HI 抗体。对 4 头母猪在接种病毒后 11～28 天剖检取胎，

妊娠早期接种病毒会引起胎猪死亡，并在胎盘、羊水、胎猪体回收到病毒，证明猪易感病毒，感染可能是造成妊娠母猪生殖系统紊乱的原因之一。

③初生乳猪多发病。在日本已证实本病毒是导致初生仔猪死亡的原因之一。感染母猪分娩的乳猪多发病，少数耐过康复的猪短时间内感染后24h出现精神不振、食欲消失、全身发抖（颤抖）、舌头发颤、后肢麻痹、行动不稳、体表皮肤发红、排棕黄色稀便等，2～3天后出现濒死状态。GETV肌肉接种5日龄悉生猪，出现同样症状；20h后呈现厌食、精神沉郁、颤抖、皮肤潮红、舌抖动、后腿行动不稳，2～3天垂死或死亡。采集肌肉接种的病死乳猪和垂死乳鼠的组织接种细胞培养作病毒分离，几乎所有组织都检出GETV，其中以脾、扁桃体、肾上腺、小肠和血清中滴度最高，粪中滴度很低，口腔基本未检出。口服接种乳猪仅出现轻微病症，而且很快康复；但口服接种猪则不能分离到病毒。

病死乳猪病理学检查未见肉眼和显微损害。

GETV感染成年猪不显现症状。将病料接种健康乳猪可复制出与自然病例相同的病症。少数耐过而康复的猪短时间内发育不良。

诊断

本病的母猪流产等繁殖障碍症与乳猪临症，很难从临床上判断是何种疾病，因此必须应用实验室技术才能确诊。

1. 血清学试验 目前通过血凝抑制（HI）试验，只能凝集成鹅和1日龄雏鸡红细胞。试验前待检血清需除去非特异因素。方法是将血清先用丙酮处理，再用鹅红细胞吸收，最后在56℃水浴中灭活30min。然后，抗原与血清混合后在4℃过夜，加0.33％鹅红细胞混合，于37℃作用1h观察结果：如欲自制抗原，则可将感染的细胞培养液经离心除去细胞碎片，再超离取沉淀物。病毒浓度达到$10^{8.5}$TCID$_{50}$/0.1mol，即可作抗原。血清的HI滴度在1∶10以上，即判为阳性。

2. 病毒分离 采集病死乳猪的适宜组织，制备1∶10悬液，无菌处理，离心澄清，接种BHK21、ESK、SK-L、HmLu-1成Vero细胞培养，经1～2天即能看到CPE大小蚀斑。无蚀斑组织培养物盲传2代；再无CPE，即可判断为阴性。

3. 实验动物接种 乳鼠对GETV甚为易感，一般采集病死乳鼠的脑、肺、肾、扁桃体等组织，制成1∶10悬液，冻融后离心澄清，取上清液或用接种组织细胞制品，接种1～2日乳鼠，脑内接种0.025ml，经3～4天后死亡。主要临诊为后腿麻痹，多发性肌炎，骨骼肌发生变性和坏死。4日龄乳鼠在8天后显示后肢麻痹，2～3天后死亡。成年小鼠则无症状。GETV接种孕鼠可引起跨胎盘感染，导致出生乳鼠全部死亡或者产仔数减少。同时，用已知阳性和阴性血清作中和试验。

防治

GETV在亚洲流行甚广，无有效药物治疗。日本已采用疫苗控制（有灭活疫苗、弱毒疫苗和猪脑炎、细小病毒与盖他病毒三联弱毒疫苗）。疫苗需要在传媒出现的季节之前接种方有效果，似猪乙型脑炎疫苗使用时间。防控蚊子可能是有效预防措施之一。因为甲病毒在自然宿主中常表现为无症状的、高滴度的病毒血症，以刺蚊虫的传播，甚至传播到人和家畜，引起流行，发生不明原因的发热和炎症，包括皮炎、关节炎、肌炎或脑炎、流产等，严重的可以引起死亡。近年来，血清学普查表明，在海南、上海、浙江等地饲养的猪群中，盖他病毒的感染率均较多，加之北方蚊体内检测到病毒等，提示我们应该防患于未然，加强此病的研究和预防工作。

三十四、Torque Teno 病毒感染
(Torque Teno Virus Infection)

本病是由 Torque Teno 病毒（Torque Teno Virus，TTV）致人畜及野生动物和禽类肝和实质器官感染，并发生相关症状的疾病。主要特征是肝脏疾病或损伤，致血清转氨酶（ALT）升高或病毒血症。

历史简介

Torque Teno 病毒是继甲、乙、丙、丁、戊及庚型肝炎病毒之后发现的又一新型肝炎相关病毒。Nishizawa T 等（1997）从日本 1 例输血后发生急性感染的非甲—非戊型肝炎病人血清中发现，称为输血传播病毒，以该病人的姓名缩写（TT）而命名 TTV 肝炎。通过代表性差异分析法（RDA），从患者血清中获得了 500bp 的核苷酸片段，由于与 Gen Bank 中已有序列同源性很低，并证实 N22 与输血后肝炎有高度特异性。认为其是一种新基因，并将该基因可能代表的病毒命名为 TT 病毒。Leary 等（1999）利用巢式 PCR（nPCR）从猪血清中检到 TTV。Niel（2005）用 RCA 法检测到猪 TTV 的另一种亚型 TTV II 型。Biagini P 等（2006）提议将 TTV 归入圆环病毒科，圆环病毒属，2009 年归为细环病毒科，阿尔法细环病毒属。

病原

Torque Teno 病毒（TTV）属于圆环病毒属，是一种小的无囊膜的二十面体对称，单股负链环状 DNA 病毒。最近研究认为 TTV 是一个单链环形非包膜病毒。病毒粒子呈球形，直径 30～32nm，氯化铯浮密度为 1.31～1.34g/ml，蔗糖浮密度为 $1.26g/cm^3$。根据物种不同所报道的 TTV 基因组长度也不同。感染人和猿的基因组长度在 3.7～3.9kb；感染猪的为 2.8kb；感染犬的为 2.9kb；感染猫的约为 2.1kb。整个基因组分为编码区和非编码区。编码区组已经确定 2 个阅读框（ORF1 和 ORF2），分别编码 770 个和 203 个氨基酸。ORF1 可能编码病毒的衣壳蛋白，ORF2 可能编码非结构蛋白。有人认为有 4～6 个 ORF。虽然不同种动物的 TTV 基因组结构组成相对保守，但它们的核苷酸序列具有高度异质性。

猪 TTV 有 2 个基因型，被分为 TTV1（1a 和 1b 亚型）和 TTV2（2a、2b 和 2c 3 个亚型）。基因长度猪 1 型为 2 878nt，猪 2 型为 2 735nt。根据其核苷酸序列：日本分为 a、I b、II a 和 II b 型；但有人认为应分为 3 个型（1～3 型）和 9 个亚型（1a、1b、1c、2a、2b、2c、2d、2e、2f），型间变异大于 30％，亚型间变异 11％～15％。

流行病学

TTV 呈全球分布，如在亚洲、非洲和南美洲的正常献血者中感染率为 30％～40％。除了人可感染 TTV 以外，已经证实 TTV 感染宿主很广泛，包括灵长类动物（黑猩猩、类人

猿和猴）、家畜（猪、牛、羊、犬、猫、鸡）和其他动物（野猪、骆驼、树鼩、老鼠）等。TTV 可在黑猩猩体内传代，但不引起血清生化或组织病理改变。在对家养动物的 TTV 感染研究中，猪 TTV 感染最多，加拿大猪血清阳性率达 80.9％，猪粪阳性率达 60.3％，意大利、西班牙、匈牙利及中国均有高阳性率。各国报道的感染率和基因型有所不同。不同病种或不同传播方式可能产生的 TTV 基因序列的差异。北京血液透析患者的部分基因的同源性为 88.3％～97.8％；深圳非甲—非庚型肝炎病人和献血人员 TTV 部分序列同源性为 66.2％～96.7％；日本研究了 3 例血清和粪便 TTV DNA 阳性肝癌患者，其血清和粪便的 TTV DNA 差异率为 15.3％～38.7％。我国高危人群感染 TTV 以 1a 型为主，TTV 基因型与疾病发生和传播方式关系不大。非甲—非戊和非庚型肝炎病人，血清 HbsAg 阳性而病毒复制指标阴性的肝炎病人，正常献血人员、肝炎肝硬化病人、原发性肝癌病人、静脉内吸毒者、女性性乱者和男性性乱者 TTV 感染率分别为 43.2％、28.8％、51.9％、38.5％、35.5％、17.3％、18.8％，TTV 阳性和性传播疾病有相关性。TTV 可与 HCV（丙肝病毒）重叠感染。TTV 在人群中的传播主要通过血液和血液制品传播，并能在粪便、唾液、胆汁和乳汁内检测到病毒。日本生活接触传播很可能是造成如此高鼻梁人群携带该病毒的主要原因。日本研究发现 TTV 还可经消化道传播，但 TTV 感染在猪群中传播方式目前尚不清楚。有报道表明，在粪便中和体液中及浇灌植物的废水都检测出 TTV DNA 的存在，这意味着通过口途径的肠道传播可能是 TTV 的传播方式之一。也有认为垂直传播及成年猪之间水样传播也可能是 TTV 在猪群中的传播方式。未有针对猪直接致病和参与那些疾病流行的证据，但证明与 PMWS 有关；与蓝耳病和圆环病毒 II 型有多种病毒有关。在人群及猪等中感染比例较高，虽然目前尚未有确切的依据表明该病毒与人和动物已知疾病有直接关系，但人猪接触密切及猪 TTV 存在于人血液制品中，其具有潜在公共卫生意义和致病威胁。

临床表现

人

虽然在肝炎患者中 TTV 阳性率很高，但对 TTV 是否为嗜肝病毒，是否有致病性目前尚无定论。但对人类健康的危害报道逐渐增多，目前倾向于认为 TTV 不具致病性。但国内外报道 TTB 感染与血清转氨酶（ALT）明显升高似有一定关系，郑煌煌等（2001）检测到 TTV DNA 阳性非甲—戊和非庚肝炎病人，ALT 平均为 $472 \pm 276 \mu/L$。有人观察到受血感染 TTV 后出现病毒血症，并与 ALT 同时达到高峰，而血清 TTV DNA 消失后 ALT 又降为正常。日本学者报告，肝硬化和肝癌病人中，血清 TTV DNA 的阳性率（35/65，54％），明显高于慢性肝炎病人（20/62，32％），认为 TTV 可能是病毒性肝炎的病原之一，或是慢性肝病发展原因之一。与肝硬化、肝癌的发生和发展关系还待观察、阐明。有人认为 TTV 感染人体可能与肝脏疾病和肝脏损伤有关，如急性肝炎等；也有人认为 TTV 与 B 淋巴瘤、急性呼吸系统疾病、血友病、HIV 等疾病具有相关性。其中在血友病患者体内，TTV DNA 的检出率达 75％；在 HIV 患者体内也呈现出很高的阳性率。TTV 不但能在血液中检出，而且能在粪便、唾液、胆汁、乳汁及实质器官中检出，表明病毒对实质器官，特别是对肺有一定嗜性。

猪

据 Leary TP（1999）报道，猪 TTV 世界流行，其带毒率为 30％～80％。但未有病毒对猪直接致病和参与那些疫病流行的证据。Brassard 等（2008）用 PCR 和基因序列测定 TTV，猪为 80.9%；猪粪样为 60.3%。Martelli F 等（2006）用 PCR 检测意大利 10 个猪场 179 头健康猪，8 个猪场阳性；猪阳性率为 24%，其中保育猪为 57.4%、育肥猪为 22.9%。Kekarainen T 等（2006）对西班牙 PMWS 阳性猪和阴性猪 PCR 检测：PMWS 感染猪群 TTV 阳性率为 97%，而阴性猪群为 78%。Takacs（2008）对 82 头成年猪和 44 头断奶猪检测 TTV，其阳性率分别为 30% 和 73%。我国对 154 头高热病猪检测，TTV1 的阳性率为 40.9%。反映出两者有一定相关性，可能与 PCR2 共同引起，或参与或协同 PMWS，故在 PMWS 和 PRDC 猪群中检出率更高。

研究证实 TTV 从人类到哺乳动物体内广泛存在，从猪脾、淋巴结、肺中检出 TTV2 型，其中肺中检出率最高，说明 TTV 广泛存在于猪的实质器官，并对免疫器官有一定的嗜性，这与人源 TTV 嗜肺性具有一致性。其中，在猪体内检测到的 TTV 被分为 2 个基因型，即 TTV1 和 TTV2。Sagales 等对西班牙 1985～2005 年 99 个农场 162 份血清进行 TTV 调查，每年均检出阳性猪，母猪和肉猪 TTV1 感染率分别为 34.2% 和 30.9%；TTV2 感染率分别为 46.6% 和 62.8%；TTV1 和 TTV2 共同感染率分别为 19.8% 和 24.5%。王礞礞等（2009）对 2008～2009 年从 7 个省（直辖市、自治区）258 份猪的组织样品进行 TTV 感染情况调查，其感染率 TTV1 为 37.6%，TTV2 为 82.6%，共同感染率为 38.4%。Martinez 等（2006）对欧洲 178 头野猪中的 TTV 感染状况进行调查，结果感染率为 84%，其中 TTV1 和 TTV2 分别为 58% 和 66%；80% 的幼猪和 58% 的成年猪都有 TTV2 感染；成年猪中，母猪感染率为 74%，公猪感染率为 57%。

诊断

目前 TTV 的致病性尚不清楚，临床上与很多病毒性肝炎难以区分。其诊断依赖实验室。主要采用 PCR 法检测血中 TTV DNA，也有用 ELISA 法。

防治

目前尚无有效药物及疫苗，参考病毒性肝炎进行对症治疗。

国内外学者对 TTV 的致病性问题尚存在很大争议。根据流行病学、血清学调查结果，一部分学者认为 TTV 可能是一种病毒性肝炎的变异体，但另一部分学者则认为 TTV 可能是一种伴随病毒。但获得致病性的最终情况，尚需更深入地研究。

预防方面参照病毒性肝炎（略）。

第二章　细菌性疾病与感染

一、大肠杆菌病
（Colibacillosis）

大肠杆菌病（Colibacillosis）是由埃希氏大肠杆菌（*Escherichia coli*，*E coli*）群中某些血清型大肠杆菌或者称致病性大肠杆菌引起的人、畜、禽的条件性传染病。其病型复杂多样，主要表现有腹泻、败血症或为各器官的局部感染，或表现中毒症状，可引起人和动物多种综合征。大肠杆菌是人、畜、禽等动物的结肠和大肠中的常居栖息菌群，它是粪便中的主要微生物，也是地球表面上分布最广的细菌之一。在常态下，粪便中检出的大肠杆菌，人为$10^{7\sim9}$CFU（菌落形成单位），猪为$10^{8\sim9}$CFU，当它们在肠道中维持在一定数量级时，都为人畜肠道正常菌群，对人和动物是有益的，很难检出致病菌；但在机体状态和环境条件有相关性的变化时，肠道中大肠杆菌数量或某些血清型出现骤增或骤减，也有人认为在应激等多因素诱导下，肠道有益菌群紊乱，会造成以消化道功能紊乱等为主的综合症状，此时常有一些特定血清型大肠杆菌在某一群人或动物粪便或体内分离到，因而又称该病为条件性疾病。本病感染发病面广，发病率高，病菌总是与人畜粪便一同存在，通过污染的水、食品和环境致易感人群、动物发病，故又称食源性疾病。

历史简介

大肠埃希氏是慕尼黑儿科医生 Theodor Escherich（1885 年）从婴儿的一块肮脏的尿布上发现的，并发表在当年"新生儿和婴儿的肠道细菌"一论文，但很长时间内都认为大肠杆菌是脊椎动物胃肠道中的一种正常共生菌，不会致病，而且会抑制肠道的分解蛋白质微生物生长，减少蛋白质分解产物对人和动物的危害，合成维生素 B 和维生素 K。Kauffmann（1943）建立了一个包括 25 个菌体（O）抗原、55 个表面（K）抗原和 20 个鞭毛（H）抗原的抗原表，形成血清分类法。从 20 世纪 40 年代到 70 年代初欧洲和美国等地，接连发生数起医院内同一大肠杆菌血清型菌株引起的婴儿肠炎流行。Galdshchmids 首先利用血清学技术确定一些 Coli 为婴儿腹泻的致病因子。Bray（1945）从 51 名小儿腹泻病的粪便中，其中48 名患儿分离到大肠杆菌，并发现这些细菌能使家兔发病；同时发现一些腹泻婴儿粪便中培养得到的大肠杆菌具有一种独特气味，从而提出特殊大肠杆菌也许能导致婴儿腹泻，并发现上述菌株的抗血清与腹泻婴儿中分离的 95% 的大肠杆菌起凝集反应，而非腹泻婴儿 100株菌中仅 4 株有凝集反应，后将这些菌株归于大肠杆菌（*Var. neapolitanum*）。Giles 等（1971）论述了流行在英国阿伯丁地区由同一血清群（型）菌株引起的婴儿肠炎；207 名婴儿中 51% 死亡，流行高峰在 4~6 月，流行主要发生在婴儿中，这些细菌与 Bray 发现的大肠杆菌（*Var. neapolitanum*）相同。Taylo 等报告在几次婴儿肠炎爆发流行中几乎全部均可分离到同一血清群（型）菌株，并在当时命名为 *Bacterium Colinea politionum*（BCP），并认为是夏秋季节儿童腹泻的病原菌（后来 Kauffmann 和 Dupont 鉴定为血清群 O₁₁₁）。人们才发现原来有一部分大肠杆菌是致病的，这是最早被称谓的致病性大肠杆菌（Enteropohogenic Escherichia Coli，EPEC），才改变了对大肠杆菌的传统观念。但当时将所有的病原性大肠杆菌都归纳至 EPEC。Neter（1955）提出致病性大肠杆菌（EPEC）概念，即与腹泻相关的大肠杆菌。但在后来 Ewing 等发现，此类菌株只包括致腹泻大肠杆菌的某些血清群（型）。De 等（1956）发现能引起旅游者和婴幼儿腹泻的大肠杆菌，定名为 ETEC。Taylor 和 Betelheim（1966）发现产毒素大肠杆菌（ETEC），主要引起幼儿和老人发生水样腹泻。Smith 和 Gyles（1970）的研究证明，大肠杆菌能产生肠毒素，包括耐热肠毒素（ST）和不耐热肠毒素（LT）两类。这一研究结果曾引起了一场学术争论，部分学者认为，毒素是 EPEC 的毒力因子，将 EPEC 与肠产毒性大肠杆菌（ETEC）的概念互用；另一些学者则认为 EPEC 的菌株并不产生肠毒素，许多产肠毒素的菌株也不属于所谓的 EPEC 血清群（型）；Levine 等将 3 株在数年前分离的不产生肠毒素的 EPEC，给志愿者口服后发生了腹泻；人们至此认识到 EPEC 与 ETEC 是两类不同的致腹泻大肠杆菌，并从此正式建立了 ETEC 的概念。现已明了，EPEC 和 ETEC 的致病机制亦各不相同，临床表现 EPEC 主要是引起婴幼儿腹泻，ETEC 则主要是引起婴幼儿腹泻和 DT。1943~1945 年地中海的美国士兵和 1947 年英国儿童中爆发胃肠炎，症状类似于志贺氏菌等导致的腹泻疾病，主要是引起较大年龄儿童和成年人发病；Sakazakin 等（1967）从患痢疾患者粪便中分离到大肠杆菌，被确定为侵袭性大肠杆菌（ETEC）。Konowalchuk（1977）报告，从致病性大肠杆菌中分离出一种对 Vero 细胞具有广泛且不可逆损伤毒性的细菌，并将这类细菌命名为 STEC。Riley（1982）从美国 1 例 STEC 食物中毒患者的粪便中发现大肠杆菌 O₁₅₇：H₇ 菌株具有致病性，确认引起 HC 的相应病原大肠杆菌为 O₁₅₇：H₇ 菌株；该菌是人畜共患病细菌。Levine（1987）提出肠出血性大肠杆菌（EHEC）的概念，感染的临床表现多样，但以儿童和老人较易发生的 HC 最为常见，包括 O₁₅₇：H₇、O₁₆：H₁₁、O₁₁₁ 等血清型。1996 年前文献中根据肠出血性大肠杆菌所产生的毒素特点，将其称为产志贺样毒素的大肠杆菌（SLTEC）。Paton（1998）报道了 STEC 广泛定居于牛、绵羊、山羊、猪、犬、鸡等多种动物消化道，可成为 STEC 的储存宿主。Mathewson 等（1985）分离到一类新的致腹泻大肠杆菌，根据对 Hep-2 细胞的黏附特征，命名为集聚性大肠杆菌。Nataro 等（1987）正式将其定名为肠集聚性大肠杆菌（EAggEC），临床表现主要是小儿顽固型腹泻及 DT。徐建国等（1994）在我国腹泻病例中发现肠产志贺样毒素且具侵袭力的大肠杆菌，明确其独立作为人致泻大肠杆菌的病原学意义，故提出 ESIEC 概念。

对动物最早发生大肠杆菌病及相应病原菌的论述，目前尚未见明确的资料。但根据大肠杆菌广泛存在的生态特征，以及现在所知多种动物对病原性大肠杆菌的易感性推测，动物大肠杆菌病的发生，最大的可能应该早于人大肠杆菌病。Shanks（1938）就描述了猪水肿病及其症状，直到 1955 年 Schofield 和 Davis 确定某些大肠杆菌对猪具有致病能力，从死亡猪水肿病猪的肠道内分离到大量溶血性大肠杆菌，如 O138：K81、O139：K82、O141：K85、O47：K87、O157：H2、O98、O75、O127 等。Bergeland（1980）对新生仔猪腹泻病原鉴定，48% 由大肠杆菌引起。方定一等（1963）首先报道了仔猪白痢，从 1956 年起从患病猪场的粪便和脏器中分离的 49 个菌株中，鉴定出 3 株为大肠杆菌，并利用分离菌株制备了抗血清。其后方定一、何明清研制了无毒大肠杆菌菌苗。樊英远（1980）在分离到青山大肠杆菌强毒株基础上与中国科学院合作首先在我国研究成功 K_{88}、K_{99} 二价基因工程菌苗并应用于猪的免疫。

病原

大肠埃希氏菌（*Escherichia coli*，*E. coli*），又称大肠杆菌，属于埃希氏菌属，还包括赫曼氏埃希氏大肠杆菌、蟑螂埃希氏大肠杆菌、脆弱埃希氏大肠杆菌和奥格森埃希氏大肠杆菌等。

大肠杆菌革兰氏染色阴性；普通染色着色良好，两端略深，为需氧兼厌氧菌。为无芽孢、两端钝圆的卵圆形或杆状菌，大小为 $1\sim3\mu m\times0.4\sim0.7\mu m$，有鞭毛，不具有可见荚膜。在有些环境条件下，出现个别长丝状；多单独存在或有成双，但不形成长链排列；约有50％的菌株具有周身鞭毛而能运动，但多数菌体只有 $1\sim4$ 根（一般不超过 10 根）；有的菌株具有荚膜或微荚膜，不形成芽孢；多数菌株生长有菌毛，其中有的为宿主及其他一些组织细胞具有黏附作用的宿主特异性菌毛。电子显微镜观察，菌体杆状，菌体表面呈皱褶状，不平整但光滑，周生鞭毛，有的周生菌毛。

大肠杆菌对营养的要求不高，在普通营养琼脂培养基上能良好生长，多形成光滑型（Smooth，S）菌落，亦有的能形成粗糙型（Rough，R）菌落，有的为介于两者之间的中间型（Intermediate，I），有的为黏液型（Mucoid，M）。在普通培养基上菌落为圆形、隆起、光滑、湿润、半透明近无色，直径在 $2\sim3mm$。在血液琼脂培养基上，具有溶血能力的菌株在菌落周围形成明显的 β 型溶血环，很少有 α 型溶血的。在麦康凯琼脂培养基和远藤氏琼脂培养基上为红色菌落。在沙门氏菌—志贺氏菌琼脂（SS）培养基上多数不生长，少数形成深红色菌落。在伊红美蓝琼脂（EMB）培养基上，形成紫黑色并带有金色光泽的菌落。在中国蓝琼脂培养基上，形成蓝色菌落。在普通营养肉汤中呈均匀混浊生长，管底常有点状沉淀且有的菌株能形成轻度菌环；在半固体培养基中，能形成鞭毛，具有动力的菌株沿接种穿刺线呈扩散生长；在有氧或无氧环境中均能良好生长繁殖，但在氧气充足条件下生长发育较好；于 $15\sim45℃$ 条件下均可生长发育，最适温度为 $37℃$；生长发育的适宜 pH7.0～7.6，最适 pH7.4。

大肠杆菌的生化代谢活跃，发酵葡萄糖产酸、产气（个别菌株不产气），能发酵多种碳水化合物和利用多种有机酸盐。在常用的生化特性检测项目中，甲基红试验阳性，吲哚产生和乳糖发酵阳性（个别菌株阴性），V－P 试验阴性，尿素酶和柠檬酸盐利用阴性（极个别菌株阳性），硝酸盐还原试验阳性，氧化酶阴性，氧化—发酵试验（O－F 试验）为 F 型。但也有非典型菌株异常生化特性的表达，这很可能主要是与其微生态环境效应直接相关联。如大肠杆菌中存在不产气的、无动力的非典型理化反应菌株，它们一般属于特定的 O 抗原群，其中以 O1、O25 常见；大肠杆菌中有一群低活性大肠杆菌，O127a∶NM（属 EPEC）、O112a、112c∶NM 和 O124 血清群（属 EIEC），吲哚阴性大肠杆菌（被称为大肠杆菌Ⅱ型）；H2S 阳性大肠杆菌从人、鸡中分离；尿素酶阳性大肠杆菌，从马、骡、猪、鸡等中分离。

该菌 DNA 的 $G＋C$ mol％ 为 $48\sim52$；模式株：ATCC 11775，CCM5172，CIP54.8，DSM30083，IAM12119，NCTC9001，SerotypeO1∶K1（L1）∶H7；GenBank 登记号（16SrRNA）∶X80725。

病原性大肠杆菌与人和动物肠道内寄居的非致病性大肠杆菌在形态、染色反应、培养特性和生化特性等方面没有差别，但以一定的几种血清型为主。有些菌株在鲜血琼脂培养基上有溶血现象，而且抗原结构不同。细菌表面抗原结构可用 O（菌体）、K（荚膜，又可分为 L、B、A 3 种）和 H（鞭毛）3 种表示。目前大肠杆菌 O 抗原已排列到 181，在一些不同的 O 血清群之间存在着交叉反应，即使同一 O 血清群菌株之间有的也存在一定差异，表现尤为突出的是有些 O 抗原又可分为部分（因子）抗原，即 O 抗原因子（如 O19a、O19ab 等）。O 抗原是一种耐热（100℃或 121℃不被灭活）的多糖—磷脂的复合体，其抗原特异性是由多糖侧链上的糖类排列顺序和末端化学基因（称为免疫显性糖基）所决定的；K 抗原存在于荚膜和被膜中（也包括菌毛），是大肠杆菌表面几种抗原的总称，其序号已排至 103，存在于荚膜和被膜中的 K 抗原是酸性荚膜多糖（CPS）成分，菌毛是蛋白质成分；H 抗原已明确的有 55 种，属于蛋白质成分。这 3 种抗原相互组合可构成几千个血清型。另外，还有 5 个血清型 F 抗原。对人和某一动物群体引起的致病菌常为一定的几种血清型，称之为致病性大肠杆菌。目前发现的 O 抗原中有 162 个与腹泻有关。国际上主要将人的致泻大肠杆菌分为 5 类，即 EPEC、ETEC、EIEC、EHEC 和 EaggEC；尽管这些病原大肠杆菌在某些特征方面存在完全不同的差异性，但他们均具有一个共同的致腹泻作用特征，因此可统一归类在致泻性大肠杆菌的名义之下。在动物的致泻性大肠杆菌，已被明确的主要是类似于人 ETEC 的菌株，其中人和动物致病性大肠杆菌血清型有一部分是相同的，可以互相传播和感染。

大肠杆菌每种血清型即以其所携带的抗原序号加以命名。以 O∶K∶H 的抗原式表示，其中 O 抗原是血清学分型的基础，无 K 或 H 抗原的菌株则记为 O∶K−∶H 或 O∶K∶H−，但也常常是省略 K，因有不少 K 抗原在病原大肠杆菌中是不重要的，如 O8∶K25∶H9、O33∶K−∶H−、O38∶K−∶H26、O121∶H−、O157∶H7 等；对 H− 的菌株也常是直接记为 NM（Nonmotile）表示无动力，如 O55∶NM∶O9∶K103，987P∶NM 等；另外，属于菌毛性质的 K 抗原也常常是直接列出，如在人源 ETEC 的肠道定居因子抗原Ⅰ，即 CFA/Ⅰ（F2）、CFA/Ⅱ（F3）及动物源 ETEC 的 K88（F4）、K99（F5）、987P（F6）、F41、F18 等菌毛抗原，则直接写成 O78∶CFA/I∶H11、O132∶987P∶H21、O101∶K30、F41∶H−、O64∶987P 等。

致病性大肠杆菌菌株一般能产生一种内毒素或一两种肠毒素。其毒力因子有：

1. 黏附因子　主要是各种菌毛；1 型菌毛并不只限于致病性大肠杆菌。许多菌毛与病原性有关，P 菌毛、FIC 菌毛、S 菌毛是典型的由 UPEC 产生的菌毛；S 菌毛也常见于 NMEC 菌株。定居因子抗原 CFA/Ⅱ是人源 ETEC 的黏附结构，K88 是猪源 ETEC 的黏附因子。束状菌毛 BFP 是 EPEC 典型的黏附因子。EaggEC 有一种不同类型的束状菌毛，称 AAF/Ⅰ。EPEC 和 EHEC 产生非菌毛性质的黏附素，称紧密素，对形成紧密黏附必不可少。

2. 外毒素　如 STEC 的 Stx1 和 Stx2；ETEC 的 LT1 和 LT2、Sta、STb 等；UPEC 产生的 CNF1、EaggEC 产生的 EAST 等病原性大肠杆菌最明显的毒力因子。

3. 内毒素　主要是脂多糖等，是败血症发生的重要原因之一。

4. 侵袭素　如气杆菌素、α-溶血素等；侵袭性质粒抗原发现于 EIEC，它发现于引起败血症的菌株；溶血素见于许多致病性大肠杆菌，如在 UPEC 菌株中常见，也是猪 ETEC 和 STEC 菌株中常见的毒素。

5. 大肠杆菌素 引起全身性感染的大肠杆菌多数拥有一个质粒，该质粒编码大肠杆菌 V（Colicin V），据认为与大肠杆菌引起的败血症关系密切。

6. 抗免疫反应作用 其他如荚膜、K 抗原、脂多糖等有抗吞噬活性，也抵御血清免疫物质，是 UPEC、NMEC 及全身感染的重要致病因子，常见的是 K1 和 K5 抗原。

内毒素能耐热，100℃经 30min 被破坏。肠毒素有两种：一种不耐热（LT），有抗原性，经 60℃ 10min 破坏；另一种耐热（ST），无抗原性，经 60℃以上温度和较长时间才被破坏。据 1976 年美国农业部家畜疾病研究中心报道，由北美分离产生的 LT 肠毒素的大肠杆菌菌株，从猪分离到的比从牛分离到的多，大多数由牛分离的菌株不产生肠毒素。

此外，在与基因有关的毒力岛（HPI）主要含有与铁摄取有关的毒力基因簇，它是赋予细菌致病性和毒力的重要因素，介导感染过程。Schubet（1998）发现 93％的 EaggEC、27％的 EIEC、5％的 EPEC 和 ETEC 具有 irp2 - fyuA 基因簇。

大肠杆菌对外界环境的抵抗力不强，50℃加热 30min、71～72℃ 经 15min，亦可死亡。对于低温具有一定的耐受力，但快速冷冻可使其死亡，如在 30min 内将温度从 37℃降至 4℃，则对其有致死作用。对于要废弃的大肠杆菌材料，常采用高压蒸汽灭菌的方法处理（121℃、105kg/cm²）条件下，15～20min 可有效杀灭大肠杆菌。实验室研究表明，pH3 以下或 pH10 以上的酸碱条件下迅速死亡。常用消毒药在数分钟内即能杀抑该菌，如 5％～10％的漂白粉、3％的来苏儿、5％的石炭酸等。

流行病学

大肠杆菌广泛存在于自然界，主要栖息于人及恒温动物的肠道，是脊椎动物胃肠道中的一种正常共生菌，虽在其他动物肠道中也有存在，但其数量相对较少。水、土壤、空气中均存在大肠杆菌，其数量取决于被人及动物粪便污染的程度，所以人类和动物的广泛性决定了大肠杆菌分布的广泛性。大肠杆菌在蒸馏水中可生存 24～72 天，但在自然水源中的存活时间要受到多种因素的影响，以致差异较大；在空气中时有大肠杆菌存在，主要来源于土壤和粪便；土壤中的大肠杆菌主要来源于粪便，由于土壤中固有微生物群对大肠杆菌的拮抗作用，加之土壤中常缺乏其生存的适宜条件，使得大肠杆菌在不同土壤中的存活时间差异较大。环境污染给食物、用具带来持续污染。英国一项研究证明，在食物传播性 EPEC 和随后由人排出的菌株之间存在着相关性。在 873 份医院食品中有 63 份发现该菌，粪便中该菌的血清型和食物中该菌的血清型相似。有 5 例的 EPEC 被证实来自于食物。其结论认为，食物中 EPEC 菌株能够使住院患者粪便里该菌的血清型发生改变。成年人群中有 2％排出 EPEC，而这种感染是由于吃了污染的食物或接触了家养动物。也正是由于大肠杆菌主要存在于人及动物肠道中，可随粪便至体外污染环境，所以国际上是以大肠杆菌作为环境和食品等的粪源性污染的卫生细菌学指标，其中包括大肠杆菌、大肠菌群、粪大肠杆菌群 3 类。

尽管大肠杆菌感染呈世界性分布，一般人大肠杆菌多是限于局部范围（含爆发）或散在发生，但在一定条件下也可呈现流行性。但从某种意义上讲其发生与流行还是存在一定的区域分布特征。以热带、亚热带地区，卫生条件比较落后地区的发病率为高。由 ETEC 引起的腹泻主要集中在热带和发展中国家盛行，并可造成流行；EPEC 相对来讲在发达国家和地区的报告较多，且多是倾向于医院内感染，可见医院内腹泻病原的 10％～40％；也常引起社区的小型爆发或在某些居民区内的流行，但也似乎总是与医院有关。人的大肠杆菌病，临床表现腹泻的胃肠道感染多发生于婴幼儿，在全世界范围内，2 岁以下患腹泻儿童中，有 10％排出致病性大肠杆菌（EPEC）；成人也在一定条件下多有发生。其中的 EPEC 在各年龄组均可引起感染（但以婴幼儿的发病和病死率高），常以 2 岁以下儿童多见，是婴幼儿散发性细菌性腹泻的主要病原之一；有资料显示，平均年龄为 2 周至 8 个月，其中 1～18 个月龄占 86％、1 周岁的占 65％、新生儿的占 90％。ETEC 是婴幼儿腹泻和 DT 的主要病原，在 1 岁以内婴幼儿可发生 2～3 次由其引起的感染，也可引起成人感染，在 DT 中可占 40％～70％。已知 EIEC 和 EaggEC 可引起各年龄组人群的感染，但 EIEC 主要是引起年龄较大的儿童和成人腹泻，EaggEC 的感染主要是与小儿顽固性腹泻有关，它们在腹泻病所占的比例较小。各年龄组人群对 EHEC 普遍易感，但在儿童和老年人的发病率明显高于其他年龄组，而且容易出现并发症。尿道及其他胃肠道外感染，常缺乏明显的年龄差别，但常是婴幼儿和老年人（尤其是具有基础疾病的）多发。

动物的大肠杆菌病要比人的更具广泛性。动物大肠杆菌病的发生与流行，直接与养殖环境的卫生条件、养殖密度、饲养管理水平、集约化程度、畜禽粪便无害化处理效果、疫病防控等有关，尤其在猪、鸡、牛、兔等这些群体养殖动物中表现突出。其流行情况，即使在同一国家、地域或场，也会存在不小的差异，其中以猪和鸡最易感且危害严重。一般情况下，均以幼龄动物的发病率和死亡率高。大肠杆菌在动物中可引起多种综合征。

人与动物的大肠杆菌病，无论是胃肠道感染还是胃肠道外感染，其传染源主要是病人或患病动物，与病原携带者。在胃肠道感染患者粪便中有大量病原菌排至体外构成主要传染源，多是通过粪-口、人-人、人-动物-人或病原污染水、蔬菜、水果、饮料、饲料、动物制品等传播；哺乳期仔猪、犊牛或其他幼龄哺乳动物等，主要是因母体的乳头被污染后，仔动物通过吮乳经消化道发生感染，或接触污染环境（水、饲料、污物等），经口、消化道感染。

母猪胃肠道外感染可能与污染环境有关。

我们已经知道，虽然在大肠内大肠杆菌数量小于全部菌数的 1％，但对于一个物种有致病性的大肠杆菌的血清型对另一物种则没有致病性；某些血清型具有种特异性，另一些血清型则没有。Hinton（1985）报道，猪的大肠杆菌存在于胃肠道，个别猪的大肠杆菌群较为复杂，在一个猪中可鉴定出 25 种以上的大肠杆菌菌株；Katonli（1995）报道，很多显性品系在肠道内 1 天或数周就发生改变而引起显性菌群的连续变化。而且自发现大肠杆菌以来，致病性大肠杆菌数量不断增多，而且每隔一段时期后，主要致病性大肠杆菌菌株都会发生变化，以及致病范围扩大，增加了很多新病症。在英国等地，曾从猪、胴体、屠宰场工作人员、肉食店腊肠里分离到具有 R 因子的耐抗生素大肠杆菌。近年来，非典型肠道致病性大肠埃希氏菌在世界广泛流行。我国福建已从腹泻病人、猪场小猪与母猪粪便中分离到 aEPEC 菌，其致病性、交叉感染及流行病学状况值得关注，但该病原的检出率在逐年上升，将会成为人、猪等畜禽今后肠道致病菌主要菌型，要予以关注。而更重要的一点是我们还不知道为什么这样。

发病机制

肠黏膜屏障是由肠黏膜上皮细胞、肠黏液层、肠黏膜免疫系统、肠道正常微生物群等环节组成的复杂的防御系统，在阻止病原微生物入侵方面有非常重要的作用，而病原的黏附、侵袭，对宿主细胞的破坏及毒素的作用，是病原细菌发挥致病作用的四个重要方面；病原大肠杆菌都具备以上作用，在病原菌进入消化道后常是首先黏附于肠黏膜上皮细胞上大量生长繁殖，产生肠毒素及其他毒素，也有的直接侵入细胞，发挥致病作用。机体受到感染，肠黏膜屏障的损坏将导致各种炎症疾病和自身免疫病的发生，则会出现相应的一系列病理损伤和临床表征。

1. 细菌黏附作用对感染发生的介导　病原菌与宿主上皮细胞的黏附是病原菌定植的重要阶段。黏附作用常具有一定的宿主特异性，某些病原大肠杆菌可以牢固地黏附于某些组织细胞表面，这一作用主要是靠大肠杆菌的 CFA 来完成的；常见的 CFA 是大肠杆菌的宿主特异性菌毛黏附素，另外则是某些大肠杆菌表面所具有的非菌毛黏附素。大肠杆菌通过黏附素与特定的细胞表面受体结合，使其固着于相应细胞，构成了感染发生的先决条件。

(1) ETEC 的黏附特征　ETEC 所表达的黏附素主要包括人源 ETEC 菌株的 CFA/Ⅰ、CFA/Ⅱ及动物源 ETEC 菌株的 K88、K99、987P、F41、F18 等，均为宿主特异性菌毛黏附素。其中的 CFA/Ⅱ又可分为大肠表面（Coli surpace，CS）抗原亚成分 CS1、CS2 和 CS3（菌株可同时表达 CS1、CS3 或 CS2 和 CS3，或仅表达 CS3 或 CS2）；Thoma 等（1982）报告了 E8775（CFA/Ⅳ）菌毛，由 CS4、CS5 和 CS6 组成（菌株可同时表达 CS4 和 CS5 或 CS5 和 CS6、或仅表达 CS6）。K88 含 K88ab、K88ac、K88ad 3 种抗原血清型；F18 含 F18ab 和 F18ac 两种抗原血清型，F18ab 与仔猪水肿病有关，F18ac 与仔猪白痢有关。这些菌毛黏附素，也常与某些特定的 O 群及肠毒素类型相关联。已知不同的 ETEC 菌株可籍相应的菌毛黏附素特异性地定居于宿主细胞表面，这种黏附作用还有的能直接导致宿主细胞的损伤。

(2) EPEC 的黏附特征　黏附是 EPEC 发挥致病性所需要的。EPEC 黏附在肠上皮细胞表面的微绒毛上，诱导特异性的组织病理学改变。已知 EPEC 能黏附于肠上皮细胞表面，此时肠上皮细胞可将细菌包裹起来，但细菌并不侵入细胞内，EPEC 虽是胞外菌，但是可以和肠上皮细胞紧密黏附，产生特征性的黏附和脱落（A/E）损伤，然后影响到上皮细胞吸收。在体外也可以黏附宿主上皮细胞，导致细胞异常，包括细胞凋亡和紧密连接损失有关的黏膜屏障的破坏。与致病性相比，EPEC 和宿主之间更像是共生的关系。相关研究发现，EPEC 对细胞所表现出的 LA 和 LD 两种黏附作用，并不是由菌毛介导的，而是由存在于菌体表面被称为黏附素的物质所介导，如由位于染色体上一个 35kb 大小被称为 LEE（肠细胞消除位点）毒力岛上的 EAE 基因（其中的 AE 是 Attaching 和 Effacing 的英文缩写），所导致的致病作用，是由其编码的一种分子量 94KDa 的细菌外膜蛋白（曾被称为 EAE 蛋白）被称为紧密素（Intimi）所承担的，紧密素能与宿主细胞膜上的相应受体结合，也是 EPEC 近距离黏附和侵入宿主细胞的主要物质基础；EPEC 靠紧密素与宿主细胞发生近距离黏附后可致宿主细胞支架发生重排，在细菌黏附处形成一个致密的纤维样肌动蛋白垫，即"底座"（Pedestal）结构，细菌定居其上，此时则使被感染的细胞表现出微绒毛破坏、消除（刷状缘脱落）的黏附消除效应（Attaching and Effacing，A/E）亦称 A/E 损伤（A/E lesion），同时细菌侵入到宿主细胞内。Baldini 还发现 EPEC 对 HEP-2 细胞的黏附作用，是由一个 Mr 为（50~70）×10^6 的大质粒控制的，由其所表达的 EAF 介导；另外，已知 EPEC 还能产生 BFP，能与宿主细胞发生远距离黏附。

（3）EHEC 的黏附特征　　在 EHEC 由质粒编码的黏附因子（菌毛）可使菌体紧密黏附于盲肠和结肠上皮细胞膜的顶端，同样可以发生像由 EPEC 那样所致的损伤，但并不侵入到细胞内，也是与 EAE 基因相关的。Baines 等（2008）报告，在对 EHEC 的研究中，发现 O157：H7 菌株在牛的肠道中存在，并能导致肠黏膜的 AE 损伤及水肿等病变。

（4）EaggEC 的黏附特征　　已有研究报告显示，EaggEC 对 HEP-2 细胞所表现出的特征性集聚性黏附作用是由质粒所控制的，在多种菌毛中，一种被称为集聚性黏附菌毛 1（AAF/1）的菌毛可能与其有关的。

（5）UPEC 的黏附特征　　UPEC 菌株具有两种性质的菌毛，一是甘露糖敏感血凝（MSHA）的Ⅰ型菌毛（F1），亦即普通菌毛；二是甘露糖抗性血凝（MRHA）的宿主特异性菌毛。具有宿主特异性菌毛的 UPEC，可黏附于泌尿道上皮细胞并引起病变，可与人类 P 血型红细胞发生凝集，与 UPEC 的致病性有关，通过对引起肾盂肾炎的 UPEC 菌株研究证明，人类 P 血型红细胞抗原成分是 UPEC 菌株黏附的受体，此受体的化学本质为含有 1 个二半乳糖部分的糖脂，人工合成的二半乳糖部分亦可抑制 UPEC 菌株对泌尿道上皮细胞的黏附。因此，亦将具有这类性质的菌毛统称为肾盂肾炎相关菌毛，并命名为 Pap 或称 P 菌毛（也称为二半乳糖集合菌毛）；UPEC 中不具有上述性质的介导 MRHA 的菌毛被称为 α 菌毛，其性质尚待进一步研究明确。

2. 毒素与病理损伤　已知大肠杆菌可以产生多种毒素，主要包括肠毒素、溶血素、内毒素等，其中最为主要的是由 ETEC 产生的 LT 和 ST，其次是由 EPEC、EHEC 及 ESIEC 菌株产生的 SLT（即称 VT），这些毒素在致泻性大肠杆菌的感染发病中起着重要作用。

（1）肠毒素的致泻作用　　当 ETEC 藉宿主特异性菌毛黏附于宿主小肠上皮细胞后，便大量生长繁殖并产生和释放肠毒素，刺激肠壁上皮细胞使细胞中的腺苷酸环化酶活性增强，促使细胞内环磷酸腺苷（cAMP）水平增高，导致肠腺上皮细胞分泌功能亢进，引起水和电解质进入肠腔，造成肠腔中大量液体蓄积，超过肠管重吸收能力，加之刺激肠蠕动加快，以致临床上出现腹泻。已知由 ETEC 产生的肠毒素 LT 和 ST，在人源性和猪源性菌株所产生的 LT 非常相似，但仍有区别，分别称为 LTh 和 LTp；ST 可分为 STa 和 STb 两种，其中 STb 不能在乳鼠肠道引起液体蓄积，只有 STa 对人 ETEC 具有重要意义，STa 又可分为 STh 和 STp 两类；STh 存在于人源性菌株，STp 存在于猪源或牛源性菌株。Barmam 等（2008）报告用 PCR 方法检测猪水肿病原的大肠杆菌致病因子，发现也具有表达 SLT 的基因 Stx2 及 EAE 基因。另外，则是由 EaggEC 产生的 EAST-Ⅰ，Savarino 等（1991）研究表明，在 EaggEC 的 CF 中 2～5KDa 的蛋白质组分，类似于 ST 但又与 ST 无免疫交叉反应，也不能与 ST 的 DNA 探针杂交，作为 ST 家族第三个成员命名为 EAST-Ⅰ；Baldwin 等（1992）认为，毒素在感染部位的积蓄使上皮细胞膜形成超量的孔道，破坏了完整的膜，继之细胞死亡，可能是 EaggEC 引起持续腹泻的一个重要原因。

VT 与 ETEC 产生的 LT、ST 不同，但与痢疾志贺菌产生的Ⅰ型毒素很相似。因此，这种毒素在最初就被描述为 SLT，在后来的研究发现 VT 是两种毒素，它们在抗原性和免疫性方面存在差异，分别称为 VT1（即 SLT1）和 VT2（即 SLT2），其中的 VT1 与 Stx 相似。VT 是不耐热毒素，由噬菌体转导产生。VT1 在结构与抗原性方面与 Stx 非常相似，分子量为 70KDa，含有 1 个 A 亚单位和 5 个 B 亚单位，A 为活性亚单位（分子量为 32KDa），B 亚单位（一个 B 亚单位的分子量为 7.60KDa）的结构尚不清楚；VT2 在结构与抗原性方面与

Stx 不同。VT1 可以被 Stx 抗血清中和，VT2 则不能；VT2 抗血清也不能中和 VT1 及 Stx，但可以中和猪源菌株的 VT2，猪源的 VT2 是引起猪水肿病的 VTEC 菌株产生的毒素，与人源菌株产生的 VT2 不同，只对 Vero 细胞有毒性作用，对 Hela 细胞无毒性作用；为与人源的 VT2 相区别，称之为变异体 VT2（Vaxiant VT2、VT2v），即在前述 Baxman 等（2008）报告基因 Stx2 编码的 SLT。VT1 可阻止肠道上皮细胞的绒毛端对水和电解质的吸收，这可能是最初水样腹泻的原因。VT 毒素主要作用于微血管和血小板，导致血管内溶血性贫血、TTP、急性中枢神经系统功能失调、肠壁缺血坏死、急性肾皮质坏死等。VT 是 EHEC 引起 HC 的先决条件，所有的 EHEC 可被认为是 VTEC，但只有像 O157∶H7 及 O26∶H11 等血清型菌株那样能够引起临床病理特征的 VTEC 才属于 EHEC。因此，EHEC 实际上是 VTEC 的一个亚群。综合 VT 的作用，包括细胞毒性、肠毒性及神经毒性，是毒性最强的细菌毒素之一，也是导致感染患者死亡或出现严重症状的主要原因。

（2）溶血素的细胞毒性　从泌尿道感染患者分离的大肠杆菌，有 35%～60% 的菌株能产生溶血素，这些菌株同时表现为 MRHA，且一般均具有特定的 O、K、H 抗原类型；尽管流行病学资料充分提示溶血素是 UPEC 的致病因子，但其致病机制尚不太清楚，据说是破坏白细胞、损伤肾脏细胞，因溶血素对真核细胞有细胞毒作用；Kausar 等（2009）报告，从 200 例尿道感染患者检出的 UPEC，只有 42 例（占 21%）的产生溶血素，有 60 例（占 60%）的具有 MRHA 活性；另外，则是在动物源的很多菌株，很可能是一种辅助毒力因子。

（3）内毒素与内毒素反应　大肠杆菌在崩解后可释放出内毒素，其主要的活性成分是菌细胞壁脂多糖（LPS）中的类脂 A。因此，也常将内毒素与脂多糖视为同义语。在细菌内毒素的致病作用方面，已知不同细菌来源的内毒素所致发病症状及病理变化等大致相同，主要是引起宿主产生非特异的病理、生理反应，即所谓的内毒素反应，包括发热、白细胞反应、弥散性血管内凝血、低血压及休克等。在动物大肠杆菌研究中，有认为内毒素在幼龄猪水肿病的发生中起着重要作用。

3. 侵袭性与病变形成　属于 EIEC 的大肠杆菌具有侵袭性，能够侵入肠黏膜上皮细胞并具有在其中生长繁殖的能力，从而导致病变形成并产生像志贺菌属细菌那样引起的痢疾样疾病；同样，ESIEC 也具有这种侵袭性。已有的研究表明，这种侵袭性的表达均是与一个大小为 20～250kb 的质粒有关的，质粒上的侵袭性基因（inv）编码侵袭性担保——侵袭素的产生，基因 inv 的活性受毒力基因 virB、virF、virR 等的调控，基因 virG 也与基因 inv 有关，在细菌依赖基因 inv 侵入肠上皮细胞后，基因 virG 的存在与否决定着细菌是否能向邻近细胞扩散，引起炎症反应。

4. 其他致病活性与效应　20 世纪 80 年代初 Goebel 等在对 UPEC 的研究中，发现在该菌染色体上编码 α-溶血素的一簇基因占据了染色体的一段较大 DNA 区域，被命名为"溶血素岛"；后来发现该岛除了编码 α-溶血素等毒素外，还编码另外一些与该菌尿路性致病有关的毒力因子如 P 菌毛。因此，将其重新命名为致病岛（PAI）亦称毒力岛。到目前已知细菌中发现了 90 多个致病岛，尤其在大肠杆菌中的研究为多，如 UPEC 的 PAI-Ⅰ、PAI-Ⅱ、PAI-Ⅲ，EPEC 的 PAI_{AL862}、PAI_{AL863}，ETEC 的 LEE、TAI，EHEC 的 SPLE1、SPLE2 等。Schubert 等（1998）报告在 93% 的 EAEC、20% 的 EIEC、5% 的 EPEC 和 ETEC，均带有小肠结肠炎耶尔森菌致病岛的 irp^{-2}；孙素霞等（2007）报告，在从腹泻患者粪便中分离的 6 株 EaggEC，检出 5 株具有小肠结肠炎耶尔森菌致病岛。在致病岛上与细菌毒力有关的基因，所决定的毒力因子主要包括：铁摄取系统、黏附素、孔形成毒素、二极载体通路毒素、超抗原、分泌性酯酶、分泌性蛋白酶、O 抗原，由 Ⅰ、Ⅲ、Ⅳ、Ⅴ 型蛋白分泌途径分泌的蛋白，对抗生素的抗性等。对大肠杆菌毒力岛的发现与研究，在揭示大肠杆菌的致病与机体发病机制方面发挥了重要作用。

UPEC 的多数菌株属于一个有限范围的血清群（型），表面酸性多糖抗原（N-乙酰神经氨酸多聚体）多长 K1、K2、K3、K12 和 K13 等（尤以 K1 常见），具有抵抗机体吞噬细胞吞噬的作用；K1 抗原还缺乏免疫原性，以致 K1 抗原特别是大量存在时，有助于细菌侵入肾脏；另一方面，这些 K 抗原还具有一定的抗细胞内杀伤作用，这些在决定大肠杆菌引起机体深部组织感染中尤为重要；再者，K1 抗原与 B 群脑膜炎奈瑟球菌多糖的结构可能是一致的（两者间有抗原关系），其对脑膜具有器官趋向性。另外，多数 UPEC 菌株能产生气杆菌素（Aerobactin），尽管对气杆菌素的研究较多，基因也已被克隆，但其在致病过程中的确切作用尚待进一步研究证明。还有，则是从动物源全身性感染病例所分离的一些菌株常带有产生大肠杆菌素 V（Colv）的质粒，它与这些菌株引起败血症的能力有关。

以往更多认为鞭毛仅是作为细菌的运动器官，但现在的研究表明，H 抗原与某些菌株的致病作用直接相关，至少有助于细菌的扩散；另外，则是某些 H 抗原常限于一定的 O 群菌株，更多表现在致泻性大肠杆菌尤其是 EHEC（如 H7），进一步表明了它与相应菌株致病的关联。

5. Ⅲ型分泌系统（T3SS）　EPEC 利用分泌的毒力因子在宿主细胞膜上先形成Ⅲ型分泌系统（一个镶嵌在宿主细胞膜上的针状蛋白结构，能将细菌分泌的其他毒力因子直接输送到宿主细胞内），然后将特异性毒力因子注入宿主细胞内，瞬即产生 A/E 损伤。A/E 是由细菌的毒力岛编码的第Ⅲ分泌系统注入宿主细胞的毒力因子诱导的。EPEC 毒力岛编码的 EspA、EspB、EspD 和 Tir 是形成特有的 A/E 损伤所需的蛋白。由 EPEC 染色体 EaeA 基因编码的一个 94KDa 的外膜蛋白 Intimin 与细胞膜上细菌受体 Tir 的胞外部分结合，激活宿主蛋白 N-WASP，形成 Arp2/3 复合物，该复合物可有效诱导微丝的聚合，在细菌入侵的部位形成略凸出于细胞膜表面的基座（Pedestals）（细菌损伏楼息的），随后基座周围的上皮微毛消失，直接影响到上皮的吸收。关于 Intimin 的作用机制已取得了广泛研究，Vandekerchove D G F 等（2002）制得了相关抗体或疫苗用于 EPEC 的检测或抵抗。

大肠杆菌的病原性是由许多致病因子综合作用的结果，它们包括黏附因子，宿主细胞的表面结构、侵袭素、许多不同的毒素及分娩这些毒素的系统。一个单一的成分不足以使大肠杆菌变成致病毒株，与其他因子一起共同发挥致病作用，并起主要作用。

临床表现

人

无论是人的还是动物的大肠杆菌病，在临床表现与病理变化方面均存在多种类型且比较复杂，从某种意义上讲，病原性的大肠杆菌是一种多性能病原菌，且病原大肠杆菌引起人及动物感染的新血清群（型）菌株、致病能力与范围等仍在不断扩大及相继被发现，其病原学意义及致病与发病机制等也在被进一步认识与深化。目前，临床上讲病原性大肠杆菌感染分胃肠道感染和胃肠道外感染两大类。

1. 胃肠道感染　由不同类型致泻性大肠杆菌引起的胃肠道感染（也包括食物中毒），在流行病学及发病机制等方面各具一定的特征，但均表现有腹泻临床症状及相应的胃肠道病理变化。

已知引起胃肠道感染的致泻性大肠杆菌，常是相对集中在一定的血清型（群）范围，即EPEC、ETEC、EIEC 和 EHEC；这在临床确定由致泻性大肠杆菌所引起的胃肠道感染类型方面，也是最为直接的依据。下列为常见的血清型（群）（表2-1）。

表2-1　各类致泻性大肠杆菌的血清型和血清群

类别	血　清　型
EPEC	O18a O18c；H7 O20a O20b；H26 O44：34 O55；NM O55；H6 O55；H7 O86a；NM O86a；H34 O111a O111b；NM O111b；H1 O111b；H2 O114；H⁻ O114；H2 O119；NM O119；H6 O125a O125c；H21 O126；NM O126；H27 O127；NM O127；H9 O127；H21 O128a O128b；H2 O128c；H12 O146；H6 O158；H23 O159
ETEC	O6；H16 O8；H9 O11；H21 O15；H11 O20；NM O25；H42 O25；NM O27；H7 O63 O78；H11 O78；H2 O148；H28 O149；H10 O159；H20 O167（部分菌株产毒素）
EIEC	O26；H⁻ O28a O28c；NM O29；H⁻ O112a O112c；NM O121；H⁻ O124；NM O124；H30 O136；NM O143；NM O14；NM O152；NM O159；H2 O164；H⁻ O167
EHEC	O157；H7 O26；H11 O111等血清型的部分菌株
EaggEC	多数菌株不能分型

（1）致病性大肠杆菌肠炎　Nater（1955）正式提出肠致病性大肠杆菌的概念，包括了所有与腹泻相关的大肠杆菌。Ewing 发现该菌只包括腹泻大肠杆菌的某些特定血清型菌株。系由 EPEC 引起的肠道传染病，早在 20 世纪 40 年代认识的一组致腹泻性肠杆菌，50～60年代为流行性婴幼儿腹泻的主要病原，临床上称之为"消化不良"。1983 年全国腹泻经验交流座谈会上决定，将 EPEC 引起的腹泻，一律称之为 EPEC 肠炎。1995 年在巴西圣保罗的第二届国际 EPEC 大会上，与会者对 EPEC 定义达成共识；EPEC 为致泻性大肠埃希菌，在小肠细胞产生特征性的黏附和脱落（Attaching and Effacing，A/E）组织病理损伤，不产生志贺、志贺样或 Vero 毒素。基于 EPEC 携带的毒力基因不同，将 EPEC 分为典型的肠致病性大肠埃希菌（tEPEC）和非典型肠致病性大肠埃希菌（aEPEC）。tEPEC 菌株含有编码紧密素（Intimin）的 EaeA 基因和编码束状菌毛的 bfp 基因，而 aEPEC 菌株只含有 EaeA基因。

EPEC 形态、生化与普通大肠杆菌相同，两者之鉴别主要依靠血清型的不同。EPEC 有13 个常见血清型，O111 最多，占总病例数的 40%～50%。

EPEC 比较肯定的致病性是它们对肠道表面具有黏附能力。病原菌经口进入小肠，在十二指肠、空肠、回肠上段生长繁殖，紧密黏附于肠上皮细胞表面，或嵌入肠上皮细胞表面的凹陷处中，使黏膜呈特征性损伤，局部微绒毛萎缩，肠功能紊乱，甚至导致肠黏膜坏死、溃疡，出现腹泻；此外，EPEC 尚可产生非洲绿猴细胞毒素（VT），引起肠上皮细胞向肠腔分泌液体。全身脏器均可出现非特异性充血、水肿，以心、肝、肾、中枢神经系统较明显。研究证明，EPEC 能够调节宿主细胞内的一些信号转导途径，这也是 EPEC 产生 A/E 损伤的重要机制。EPEC 感染依靠完整的细菌 Ⅲ 型分泌系统和 EspB 导致宿主细胞内的磷酸肌醇膨胀，引起细胞内的 Ca^{2+} 储备的释放和一系列信号转导途径的改变。Ca^{2+} 的升高将会激活钙依赖的肌动蛋白的裂解酶，这种酶可专一地分解微绒毛中的肌动蛋白，从而引起细胞骨架的破坏。Savkovic 等（1998）报道，EPEC 可以激活 NF - KB 转录因子，导致 IL - 8 转录的开始和 PMN（多形核白细胞）的游走。PMN 游走并释放 5'-AMP，其转化为腺苷，并与腺苷受体结合，将导致肠上皮细胞 Cl^- 的分泌增加，最后引起水样腹泻。EPEC 感染也可引起蛋白激酶 PKC 的激活，而 PKC 控制着肠上皮细胞的紧密连接结构，它的激活将导致上皮细胞的通透性增加。庾庆华等（2009）通过大肠杆菌 K88 感染体外培养的 CaCO - 2 细胞单层模型和大鼠灌胃实验，发现宿主细胞间的连接变得松散，跨膜蛋白中 Occludin、Claudin - 1、Zo - 1 和 E - cadherin 的分布变得紊乱，表达量下降，紧密连接和黏附连接遭到破坏。Zhang qiang 等（2009）发现随着 EPEC 的感染，紧密连接结构受到损伤，紧密连接形态的改变伴随着细胞旁通路的渗透性增加，导致紧密连接屏障功能的损坏。此外，还发现 EPEC 效应蛋白 EspF 也是改变肠上皮细胞的紧密连接结构的关键因子。

潜伏期：一般为 2～5 天。

起病一般较慢，也可急性起病。有饮食不调、添加辅食不当等诱因。轻症不发热，主要症状为腹泻，大便每天 3～5 次，呈黄色蛋花样带奶瓣，量多。病情继续发展则出现发热、呕吐、食欲缺乏、腹胀、中毒性肠麻痹。在出现肠麻痹前腹泻加重，可出现黏液血便。成人患者常急性起病，有脐周隐痛、肠鸣，偶有里急后重，表现为"痢疾样"。

EPEC 为婴儿腹泻病原，罕见于成人。李好蓉（1996）报告了一位 40 岁男子，发热，腹泻 2 个月，便中多黏液、无血。化验为致病性大肠杆菌肠炎，病原为 EPEC O128B12（K67）。

并发症有重度等渗性脱水，代谢性酸中毒，低钾、低钙，肺炎，心、肝、肾功能障碍，败血症等。

成人预后较好，婴儿死亡率较高，主要表现脱水、酸中毒、营养不良、肺炎等。

近年来，aEPEC 菌株作为新出现的肠致病菌在世界广泛流行，引起腹泻病的爆发，检出率显著上升。福建 2001 年 10 月从一名死婴粪便中分离到 aEPEC。随后从福建省腹泻病例的病原谱监测中发现 aEPEC 在病原谱构成中占 43.6% 和 50.8%。实验用 aEPEC 菌株共 30 株，其中 27 株为腹泻病患者分离鉴定的 aEPEC，1 株是死婴粪便样本，2 株为养殖场猪粪。

EPEC 中非典型致泻大肠杆菌（aEPEC）。流行病学调查认为 aEPEC 菌株引起腹泻，患者持续腹泻时间显著长于其他病原感染（>7 天），而 tEPEC 菌株感染所致腹泻时间较短（<7 天）。根据世界各国调查统计，腹泻儿童和健康儿童都有 aEPEC，并逐年由上升趋势，各个国家感染并不一致，从 4.1%～78.3%，部分 aEPEC 菌株为致泻性血清群。我国福建从一名死婴粪样中检出 aEPEC。

（2）产肠毒素性大肠杆菌肠炎 本病系由 ETEC 引起的肠道传染病。ETEC 引起人类霍乱样的一组致腹泻性大肠杆菌。致病菌量为 10^8～10^9 个。

ETEC 定居于小肠表面，不损坏也不侵入肠黏膜上皮细胞，通过产生肠毒素引起分泌物腹泻。常见血清型有 10 余种，如 O5、O8、O15、O25、O27、O42、O63、O87、O148、

O159 等。肠毒素分不耐热肠毒素（LT）和耐热肠毒素（ST）2 种。1 株大肠杆菌可同时产生 LT 和 ST，也可只产生 1 种。LT 是一种蛋白质，由 1 个亚单位和 5 个 B 亚单位组成，分子量为 85 000，60℃10min 灭活。其抗原性和毒性与霍乱毒素相似，引起腹泻的机制也与霍乱毒素相同，刺激细胞环磷酸腺苷（CAMP）增多，引起小肠持续过度分泌而腹泻。ST 是一种低分子量（5 000）多肽半抗原，100℃30min 活性仍不丧失，有 STa 和 STb 两个亚型，与肠上皮细胞膜上的神经节苷脂受体结合，刺激细胞环磷酸鸟苷（cGMP）增多，使小肠短期过度分泌引起腹泻。由 LT 和 ST 所致的分泌性液体相同，近似于等渗，碳酸根浓度为血浆的 2 倍左右，钾离子为血浆的 5～6 倍。

潜伏期一般为 0.5～7 天。表现为分泌性腹泻，为水样便。伴有腹部痉挛、恶心、呕吐、寒战、头痛、肌痛。很少发热，病程 4～7 天。病情轻重不等，可以仅有轻微腹泻，也可呈重症霍乱样，重度脱水，酸中毒，甚至死亡。成人常感染 ST 和 LT 的菌株，小儿以单产 ST 的菌株多见，故成人腹泻较重，持续时间长。302 医院收治 1 例成人 ETEC 肠炎患者，每天水样便多达 9 000ml，病程长达 38 天。

产肠毒素大肠杆菌引起食物中毒（马治中，1984）。食入猪肉水饺后 10h，突然发病，腹泻剧烈，持续性乳白色淘米水样便，伴轻度腹痛，继而出现呕吐，次频量多，亦为米泔水样，起病 14h 呕吐 20 多次，腹泻情况有腓肠肌痉挛。排泄无脓血及黏液，无里急后重。T 正常，脉搏 87 次/min，血压 92/50mmHg，神清语低，眼窝凹陷，干燥心旁低能，腹凹陷、下腹压痛，肠鸣音弱，中度脱水。

根据临床和流行病学特征可提出拟诊，确诊必须大便培养大肠杆菌并检测 ST、LT 阳性。主要应与霍乱进行鉴别，其次需要鉴别的有病毒性肠炎、沙门氏菌肠炎等。Taylor 和 Bettelheim（1966）报道了大肠杆菌肠毒素。Smith 和 Hyles（1970）研究证明，大肠杆菌产生肠毒素包括耐热和不耐热两种。此前认为肠毒素是致病性大肠杆菌的毒力因子将致病性大肠杆菌和肠产毒素大肠杆菌的概念互用；另一认为肠致病性大肠杆菌的菌株不产生肠毒素，许多肠产毒素大肠杆菌也不属于所谓的致病性大肠杆菌血清群。Levine 将 3 株不产生肠毒素的肠致病性大肠杆菌给志愿者口服，结果发生腹泻，从此人们认识到这两类腹泻大肠杆菌，其致病机制亦不相同，这些大肠杆菌尽管它们在某些特性方面存在不同的差异，但仍具有一个共同的致腹泻临床症状。因此，统一归类为致泻大肠杆菌（Diarrheagenic E. coli）。

（3）出血性大肠杆菌肠炎（EHEC） Levion（1987）报道主要为 O157：H7 及 O26：H11、O111、O39、O113、O121、O128、O139 等。

O157：H7 不含有一般肠毒素基因密码，用基因探针及动物试验检测均不产生 ST、LT，不具侵袭性，不属于 EPEC 血清型，能产生大量类志贺样毒素（SLT）。SLT 有抗原性，可能志贺 1 型毒素之兔抗血清中和。因 SLT 能使 Vero 细胞变性、溶解、死亡，故又称 Vero 毒素，简称 VT。在细菌产生的毒素中，VT 为最强毒素之一，加热 98℃ 15min 可被灭活，根据抗原性不同而分为 VT1、VT2 两种，结构上均由 1 个 A 亚单位和 5～6 个亚单位组成，分子量分别为 3 300 和 8 000。

EHEC 从口腔侵入人体后，达肠壁，借助菌毛局限性黏附在肠绒毛的刷状缘上，B 亚单位与肠上皮细胞糖脂受体 GB3 结合黏附，A 亚单位具有毒性活性，进入细胞并抑制蛋白质合成，损害肠上皮细胞，重点是盲肠与结肠，肉眼可见肠黏膜弥漫性出血、溃疡。除肠上皮细胞，GB3 受体还广泛存在于血管内皮细胞、肾和神经组织细胞，损害血管内皮细胞、红细胞和血小板而导致 HUS。广泛性肾小管坏死导致急性肾衰竭。副交感神经的兴奋性由于毒素的作用而增强，可出现窦性心动过缓及惊厥，Vero 毒素还刺激内皮细胞释放Ⅷ因子，从而出现血栓形成性血小板减少性紫癜。Riley L W（1983）报道，美国一起出血性肠炎病人身上分离到大肠杆菌 O157：H7，死亡率为 2%～7%。

本病潜伏期 1～14 天，常见 4～8 天，分为无症状感染、轻度腹泻、出现性肠炎 3 种临床症状，以及溶血性尿毒综合征（HUS）和血栓性血小板减少性紫癜（TTP）及死亡。典型的表现是急性起病，腹泻，初为水样便，继之为血性便。伴痉挛性腹痛，不发热或低热，可伴恶心、呕吐及上感样症状。无合并症者 7～10 天，自然痊愈。少数病人于病程 1～2 周，继发急性溶血性尿毒综合征（HUS）表现为苍白无力，血尿，少尿，皮下黏膜出血，黄疸，昏迷，惊厥等，多见于老人、儿童，免疫功能低下者，病死率 10%～20%。

确诊，见到 O157：H7 大肠菌，山梨醇—麦康凯培养基（SMAC）可提高阳性率。EHEC 特异性 DNA 样计，其敏感性、特异性达 99%；PCR 对 EHEC DNA 序列分析，发现对 SLT1：SLT2 两对寡核苷酸引物同时扩增的多重 PCR 法。

（4）侵袭性大肠杆菌肠炎　Sakazakin（1967）报道，系由 EIEC 引起的肠道传染病。EIEC 与志贺菌有类似的生化特征，无动力，对乳糖不发酵或发酵缓慢，有共同抗原，均为侵袭性致病菌，也称痢疾样大肠杆菌，可侵入上皮细胞，并在其中生长繁殖，引起炎性反应。要注意对两者进行鉴别，鉴别培养基有枸橼酸钠培养基、醋酸钠培养基。常见血清型有 O28、O29、O32、O112、O124、O136、O143、O144、O152、O164、O167 等。

EIEC 不产生肠毒素，主要侵犯结肠，形成肠壁溃疡。致病毒力强，只要 10～100 个细菌即可发病。

临症为发热、头痛、肌痛、乏力等毒血症临床症状，并伴有腹痛、腹泻、里急后重、脓血便。与菌痢不易鉴别。确诊必须有 EIEC 血清凝集阳性，同时大便培养所得之大肠杆菌作豚鼠角膜试验亦阳性。尚未发现 EIEC 菌株能产生 ST、LT 和 SLT 及其他已知的肠毒素。

2011 年 5 月德国 O164：H4 志贺毒素大肠杆菌疫性波及欧洲、北美洲，4 075 人发病，50 人死亡，约 22% 是伴发溶血性尿毒综合征（HUS）。

2011 年 11 月 26 日，江西南昌发生一起具有侵袭性相关基因 ipaH 的 O136：K78 肠侵袭性大肠杆菌，引起人群痢疾样感染。发病率为 56/319（17.55%）。主要症状为发热、腹痛、腹泻等。56 人中腹痛占 88.33%、发热占 79.63%（体温在 40.5～37.8℃，平均38.8℃）、腹泻占 74.07%（腹泻次数为 1～6 次，平均 3 次）、呕吐占 31.84%（1～10 次，平均 3.7 次）。侵袭结肠，引起肠壁损伤。

（5）肠聚集-黏附性大肠杆菌性肠炎　Mathewson（1985）、Levine（1987）提出肠聚集性大肠杆菌概念，Nataro JP（1987）正式命名为 EaggEC。

系由 Ea－ggEC 引起的肠道传染病。Ea－ggEC 为 EPEC 菌群中单独划出的致腹泻大肠杆菌，能黏附 HEP－2 细胞及小肠黏膜上皮细胞，并大量繁殖，引起微绒毛溶解，不产生肠毒素与 Vero 细胞毒素，无侵袭力，但又不属于 EPEC 血清型，故从 EPEC 中划出，称之为黏附性大肠杆菌。

已知血清型有 O9、O101。多数的 EaggEC 菌株是 O 血清不能分群的，其 H 血清群以H32 为多。健康带菌率 7%～8%，Mathewson 等（1985）从旅游腹泻者分离到此菌和小儿慢性顽固性腹泻，可持续 2 周或更长，且血性腹泻的较多见，其发病率可占腹泻发病率的 2％左右。

Nataro JP（2005）报道，1987 年从一名患有顽固性下痢的智利儿童体内分离到此菌，是儿童旅游者腹泻的第二大常见病因。美国去墨西哥旅游者成年人中，虽大多数人无腹泻症状，但 48％的人出现抗聚集的 Spersin 抗体的升高；伊朗 1 403 例儿童中 10.7％是 EAEC 感染导致，中非 EAEC 是 HIV 阳性者腹泻最常见原因。瑞典 760 例患腹泻者，105 例可检出大肠杆菌，16 例为 EAEC 患者。44％调味品中可检出 EAEC，美国国家卫生研究院还将 EAEC 归为 B 类食物携带病原（Huang D 2004）受感染的人是 EAEC 的传染源，目前尚无动物作为传染源的报道（Clements A2012）。

从检出的 EaggEC 菌株腹泻患者分析，各年龄组均有分布：多不发热，多表现有腹痛，排便次数为 6～7 次。检验结果表明，EaggEC 既在国外证明与小儿顽固性腹泻有关，也可引起成人腹泻。

（6）其他致泻性大肠杆菌感染　目前资料显示，ESIEC 已能归到致泻性大肠杆菌的范畴（暂列为第六类）；此外，还有 EAEC 感染、VTEC 或 STEC 感染、DAEC 感染。

2. 大肠杆菌胃肠道外感染　大肠杆菌的胃肠道外感染，泛指那些所有由肠道外病原性大肠杆菌（Centraintestinal Patnogenic Echerichia coli，ExPEC）引起的非胃肠道感染类型，主要包括 UTI 及其他多种临床类型的感染。

（1）尿道感染　UTI 由 UPEC 引起，这是一群能引起人肾盂肾炎、膀胱炎等的病原大肠杆菌。已有记述引起肾盂肾炎的血清型主要包括 O1：K1：H7、O4：K12：H5、O6：K2：H1、O16：K1：H6、O2：K1：H74 等菌株，O6：K13：H1、O75：K$^+$：H5 菌株多于膀胱炎的发生有关；但此两类血清型菌株也均可从肾盂肾炎或膀胱炎检出，有的菌株带有 Pap（Pyelonephritis‐associated Pili）或称 P 菌毛。大肠杆菌内源性的尿道感染有 80％以上来自于结肠，定居于阴道入口及其周围，如栖居于尿道上皮可导致菌尿症，当侵入膀胱或肾脏黏膜引起细胞死亡和炎症则出现膀胱炎和肾盂肾炎。

（2）其他感染　某些大肠杆菌还能引起人的脑膜炎，主要为新生儿脑膜炎，大约有 80％的菌株存在 K1 抗原；引起婴儿败血症的也多数具 K1 抗原。伤口感染常见于外科手术，尤其是腹部手术，多数感染是混合性的。HUS 主要发生于儿童，表现发热，随之急性肾功能衰竭、血管内溶血；HUS 也是 EHEC 感染的主要并发症。据报告，有 73％的菌株产生 VT。此外，并发症有菌血症、肺炎、腹膜炎等。谭徽等（1997）报告，才 1 例肝脓肿患者的脓液中分离到纯一的 ESIEC。

猪大肠杆菌病

大肠杆菌在 Escherich 1885 年发现后的 60 多年间，一直被认为是人和动物肠道中的正常菌群的主要成员之一，但后发现有一类大肠杆菌，被称为病原性大肠杆菌具有广泛的致病性，其致病力变得越来越强，对猪的危害性越来越大，主要表现在大肠杆菌的血清型多，抗原复杂。已知猪病大肠杆菌有 ETEC、EPEC 和 AEEC 及 EHEC 四个类型多个血清型，如全球流行的典型 ETEC 血清型为 40 余种，其 O 抗原群常见的 20 余种。同时，大肠杆菌病流行血清型差异性和变异大。我国流行的大肠杆菌血清型与国外多数国家的常见血清型及频率分布有一定差异；不同地区流行的血清型亦有较大差异，各地都有优势血清型；同一猪场亦可能存在多种血清型，不同时期流行的血清型也不尽相同；同一猪场猪肠道内可分离到几种血清型，不同时期流行的血清型也不尽相同。20 世纪 30～60 年代，O8曾是最常见的致病血清型，而 70 年代 O149 成为最常见的致病血清型，随后 O101 血清型分离率逐步提高。O119 原为犊牛消化道致病菌的主要血清型，现在已成为仔猪腹泻性大肠杆菌的优势血清型。自人类大肠杆菌 O157：H7 的分离，猪的 O157：H7 等致病性大肠杆菌分离率亦逐渐增加。

由于病原血清型增多和患猪年龄、饲养环境及抗生素的不规范应用造成了猪大肠杆菌病临床病型多、猪发病日龄越来越宽并有新病型不断出现。

猪大肠杆菌病主要包括初生到断奶仔猪腹泻（习惯称为仔猪黄白痢）、断奶仔猪腹泻、水肿病、全身性感染、大肠杆菌性乳房炎及泌尿系统感染等。大肠杆菌致病菌株产生大量毒力因子引发大肠杆菌病。这些毒力因子使得致病菌株在肠道中定植，并在有利条件下与其他细菌或大肠杆菌中非致病菌株进行竞争。

张光志等（2010）报道了一起肠侵袭性大肠杆菌（EIEC）致 2 只野猪死亡病例。野猪以发热、腹泻和脓血便为主要症状。剖检可见肝脏中度肿大，肝脏右叶边缘形成坏死灶；肺脏出血和瘀血水肿；胃和十二指肠出血，瘀血水肿；大肠与小肠部分肠段有出血点和出血斑，小肠内壁段的黏膜坏死脱落，心包积液，血管内弥散性凝血和实质器官变性，其他器官未见异常。

（1）致猪腹泻的大肠杆菌病　肠道大肠杆菌感染主要表现为腹泻，其程度与大肠杆菌毒力因子及仔猪的年龄和免疫状况有关。严重时临床表现出脱水、代谢性酸中毒及死亡。有些情况下，特别是幼龄猪常常在没有出现腹泻时就已经死亡。Dergeland（1980）鉴定 40％新生仔猪腹泻是由大肠杆菌引起。

1）哺乳仔猪腹泻　在导致哺乳仔猪腹泻的主要毒力因子中，纤毛抗原以其黏附素致使大肠杆菌固定于肠壁并大量繁殖，产生肠毒素。与哺乳仔猪腹泻最相关的是产肠毒素大肠杆菌（ETEC）。ETEC 菌株产生 F4、F5、F6、F41 和 F18 等黏附素；同时产生 LT和 ST 两种毒素。LT1 是一种高分子毒素，作用于肠细胞，激活腺苷酸环化酶，刺激产生Cl^-、Na^+ 和 HCO_3^- 离子过量分泌，导致腹泻。ST 激活鸟苷酸环化酶，促使产生环状GMP，从而抑制肠道 Na/Cl 联合转达系统，降低肠道对电解质和水的吸收，引发腹泻，其中 STa 在 2 周龄以下的仔猪中具有活性。此外，EPEC、AEEC 和 EIEC 也影响哺乳仔猪的腹泻。

引起仔猪腹泻的大肠杆菌血清型随地区和时间不同而有差异，甚至同一地区的不同猪场的致病性血清也有不同；同一猪场亦可能存在多种血清型，不同时期流行的血清型也不尽相同，20 世纪 30～60 年代，O8 曾是最常见的致病血清型，70 年代 O149 成为最常见的致病性血清型，随后 O101 血清型分离率逐步提高。O119 原为犊牛消化道致病菌的主要血清型，现已成为仔猪腹泻性大肠杆菌的优势血清型。世界范围内，猪源 ETEC 菌株多属于 O8、O9、O20、O45、O64、O101、O138、O139、O141、O149、O157 等 40 余种血清型。Moon（1974）报道对胃肠道具有致病潜力的肠致病性大肠杆菌中，仔猪黄痢的血清型为O8、O9、O20、O64、O101、O105、O138、O139、O141、O147、O157；仔猪白痢的为O8、O9、O20、O64、O115、O138、O139、O141、O147。何明清（1988）从 697 头四川哺乳仔猪中分离到 2 091 株大肠杆菌，肠内分离到 330 个 O 抗原，O141 占 11％、O3 占10.4％、O8 占 9％、O157 占 6.1％、O1 占 5.5％、O9 占 4.2％；此外，还有 O14、

O45、O147。

临床上常见的表现有:

仔猪黄痢:常发生于出生后 1 周内仔猪,以 1~3 日龄最常见,随着日龄增加而减少,7 日龄以上很少发生,同窝仔猪发病率 90% 以上,死亡率很高,甚至全窝死亡。一窝小猪出生时体况正常,12h 内突然 1~2 头全身衰竭死亡;在适当条件下,在产仔猪 1h 内就会发生腹泻;1~3 天内其他仔猪相继腹泻,仔猪突然发生腹泻,而后逐渐严重,可几分钟腹泻一次,粪便呈黄色糊糊状,混有小气泡,常有腥臭味,捕捉时在挣扎鸣叫中,肛门冒出稀粪,并迅速消瘦,过度分泌引起腹泻而致脱水,从而引起仔猪体重下降 40%,阴门、肛门周围及腹股沟皮肤发红。更甚者,引发代谢性酸中毒,以至昏迷死亡。

最急性病死仔猪剖检常未见明显病理变化,有的表现有败血症,一般不见尸体脱水严重,肠道膨胀,有多量黄色液状内容物和气体,肠黏膜呈急性卡他性炎症变化,以十二指肠最为严重,空肠、回肠次之,肝脏、肾脏有时有小的坏死灶。

仔猪白痢:多发生于 10~30 日龄仔猪,以 2~3 周龄较多见,1 月龄以上的猪很少发生,其发病率约 50%,而病死率低。据研究,由 *E.coli* 引起的肠炎可见于不同年龄的猪只,且由于肠上皮细胞中存在或缺失特异性的菌毛受体,因此发病年龄通常与菌毛类型有关。携带 F5、F6 和 F41 菌毛的 *E.coli*(F5$^+$、F6$^+$ 和 F41$^+$ 的 *E.Coli*)通常感染 3 周龄以下的幼龄仔猪,而携带 F4 菌毛的 *E.coli* 能够引起断奶前后的仔猪发生肠炎。其临床表现为各窝仔猪发病头数不一,发病亦有先后,此愈彼发,拖延时间较长,可达 10 余天,其症状轻重不一。仔猪突然发生腹泻,开始排糊糊样粪便,继而变成水样,随后出现乳白、灰白或黄白色下痢,气味腥臭,病猪体温和食欲无明显变化,病猪逐渐消瘦,拱背,皮毛粗糙不洁,发育迟缓,病程一般 3~7 天,绝大部分猪可康复。

病死猪尸体外表苍白、消瘦,肠黏膜有卡他性炎症变化,有多量黏液性分泌液,胃见有食滞。

2)动物 aEPEC 在自然界分布方面 tEPEC 的宿主主要是人类,而 aEPEC 菌株除了在人类样品中可检出外,还存在动物贮存宿主,可从多种健康动物及腹泻动物(猫、犬、马、鹿、绒猴、牛、羊、猪、禽类)样品中分离到,一些动物来源的 aEPEC 菌株属于人类致病血清群,表明这些动物作为 aEPEC 菌株的重要贮存宿主,在动物传播到人中发挥重要作用(表 2-2)。

表 2-2 部分国家动物 aEPEC 感染率(%)

国家	动物样品来源	感染数(感染率%)
印度	212 便粪便(鸡 62、鸭 50、鸽 100)	33(15.6%)
瑞士	198 头猪、279 头羊的粪便	猪(89%)、羊(55%)
巴西	70 只腹泻猫、230 只健康猫	15 只
美国	1275 份零售牛肉、猪肉	11 份
日本	442 只鸟(62 种)泄殖腔拭子	113 只(25%)
德国	803 份(牛、羊狗、猫、猪、鸡、山羊)粪便	90 份
澳大利亚	191 份胃肠感染的牛粪	15 份

我国从养殖场 1 例小猪和 1 例母猪粪样中检出 aEPEC。

3）断奶仔猪腹泻　$E. coli$ 菌株可引起生长—肥育猪腹泻。近年来，有报道 60～90 日龄仔猪发生大肠杆菌感染引起的腹泻，死亡率超过 50％。通常与其他病及滥用抗生素有关。EPEC 与断奶仔猪的腹泻密切相关。AEEC 不仅可引起猪腹泻，而且也能引起人、兔、牛、羊、犬和猫腹泻或死亡。主要的黏附素是 F18 和 F4（K88）的菌株。F4 菌株会引发从出生到断奶任何周龄仔猪腹泻。其特征性症状是脱水、嗜睡和衰竭，常会导致高死亡率。F18$^+$ $E. coli$ 均可引起断奶后仔猪腹泻，如携带志贺样毒素（Stx2e）的编码基因，则可归入 STEC 中。其特征性症状是脑、额头、眼睑、胃多组织无显著特点的水肿、共济失调、侧卧、呼吸困难，甚至死亡。国外曾报道一起感染 F18ac$^+$ $E. coli$ 的 11 周龄近 1 500 头仔猪出现严重水样腹泻或有呕吐；10％～40％猪出现脱水和寒颤。患者无神经症状或其他的与水肿病有关的症状。断奶仔猪腹泻是由吮乳过渡到完全喂食饲料的一个应激反应过程，往往因饲养管理不善，导致肠内大肠杆菌增殖，引起腹泻，但症状表现缓和，一般不会引起猪只死亡。

（2）猪水肿病（ED）　是某些血清型的溶血性大肠杆菌引起的肠道毒血症，又称肠毒血症。Shanks（1938）首先报道了此病。本病有多种血清型，最常见的有 O138：K81、O139：K82；此外，还有 O2、O8、O9、O45、O60、O64、O75、O98、O115、O121、O147、O149、O157 等。研究证明，这些菌株通常没有侵袭性，但偶尔可在肠系膜淋巴结中分离到。与水肿病有关的血清型菌株对猪有特嗜性，其他动物中没有发现。部分还可见于同样由大肠杆菌所致的哺乳仔猪和断奶仔猪伴有严重腹泻的疾病中。某些大肠杆菌菌株在不同条件下既可引起断奶仔猪腹泻，也可引起水肿病。同一猪群可同时发生断奶仔猪腹泻和水肿病。由于仔猪断奶后，保护仔猪免受致病菌侵袭的母源抗体 IgA 逐渐减少，肠道抵抗细菌定植能力下降，同时在饲料中蛋白质含量过高、粗纤维不足、过饱、缺硒及气候变化等因素刺激下，致病性大肠杆菌大量繁殖并依赖定植因子黏附到小肠壁上，产生 SLT-ⅡV、ST 及 LT。SLT-ⅡV 以非特异性机制吸收进入血液循环，与血管内皮细胞核平滑肌细胞上的受体结合，阻碍靶细胞的蛋白质合成，从而造成细胞的变性和坏死，引起血管通透性增加，血管内大分子物质进入组织，使组织形成高渗透压，导致水分子的大量进入，最后造成组织的水肿病变。ST 和 LT 能与小肠细胞上促使细胞内 cGMP 和 cAMP 浓度升高，引起肠细胞肠腔内分泌水和电解质紊乱，从而导致腹泻发生。

本病呈地方性流行，不同品种和性别的仔猪均可发病，主要发生于断奶仔猪，尤以断奶后 5～15 天发病较多。在一窝仔猪中肥胖而生长得快的仔猪首先发病。疾病爆发初期，常见不到临床症状就突然死亡；发病稍慢的，早期病猪表现为精神沉郁、不食、眼睑、头部、颈部、腹部皮下、肛门等部位水肿，有时全身水肿，指压留痕。时有神经症状，表现兴奋、转圈、心跳加快、震颤和共济失调，有的呈卧状，侧卧，四肢划动，叫声嘶哑，然后逐渐发生后肢麻痹。部分仔猪出现空嚼，舌外伸，最后昏迷死亡。急性病例 4～5h 后死亡，死亡率 100％，亚急性的通常为 1～2 天，病死率 60％～80％。年龄稍大的猪，病期可长达 5～7 天，部分在治疗及时情况下可耐过。

组织水肿是特征性病理变化。眼睑、颜面头顶皮下水肿，切开呈灰白色胶冻样；胃壁显著水肿，特别是胃大弯和贲门部，切面呈胶冻样，切开后流出肠内灰白色清亮液体。肠系膜、肠系膜淋巴结出血、水肿，全身淋巴结水肿、出血、胸腹腔积液。

（3）猪源性大肠杆菌 O157　EHEC O157 出血性肠炎 1975 年被首次分离，感染患者和携带者极易造成感染的传播。牛、羊、犬和鸡等是天然宿主，一般来说，动物作为传染源要比人类更为重要，因为它往往是动物食品的污染根源。在实验室里，EHEC O157 可以感染小鼠、鸡、兔、猪、牛等，这说明牛、鸡、猪等可能是 EHEC O157 的宿主。王红等（2004）连续两年从广西生畜肉中检出 O157：H7；表明该菌可能是在生猪饲养和屠宰加工过程被污染。徐辉等（2007）从猪头肉中检出 O157：H7。禤雄标等（2010）从广西两个猪场保育猪群的排稀粪便中分离到 5 株 EHEC O157：H7。感染猪仅引起排稀等轻微症状，1978～1979 年从猪分离到的大肠杆菌血清型中 O157 血清型为 19%，但说明猪已是天然宿主。

（4）母猪大肠杆菌乳房炎（Coliform Mastitis，CM）、无乳综合征（MMA）和子宫炎等　大肠杆菌感染也可以引起母猪乳房炎、子宫炎、无乳综合征等。CM 是其中症状之一。大肠杆菌乳房炎遍及世界各地，早期有一些报告，从患乳房炎母猪乳汁中分离出大肠杆菌。瑞典统计约 39% 的产仔母猪患缺乳性毒血症。Martin 等（1975）研究结果表明，大肠杆菌乳房炎引起母猪乳汁缺乏。观察到 3 头患大肠杆菌乳房炎的母猪在产后第 2 天平均产乳量只有健康母猪的 1/2，所产仔猪的体重也减轻。Mermansson 等（1978）报道，产后缺乳的平均发病率是 12.8%。引起乳房炎的大肠杆菌来源于母猪菌群和周围环境中，普遍存在。在患乳房炎的 1/3 母猪中，从乳腺、子宫内容物及其尿道内分离出相同的细菌。母猪肠道菌群、未满月仔猪口腔菌群及环境中细菌对乳头感染起着重要作用。CM 似乎无传染性，从乳房炎患猪分离的血清型表明，不仅在同一猪群内有极其复杂的血清型，而且在同一母猪不同乳腺中血清型也极其复杂。次要复合物隐藏的重要比例不只一型，与乳房炎有关的大肠杆菌有很多种，说明潜在性致病菌的大量存在。目前普遍认为泌乳缺乏主要是由于内毒素作用的结果。给乳房注入内毒素后，临床症状和内分泌、血液及血液化学的变化与自然缺乳病例相差不大，可在母猪的血清中发现内毒素。

ROSS 等（1975）描述了母猪大肠杆菌乳房炎的临床症状，并证实了它类似于泌乳缺乏母猪初期阶段所表现的临床变化。但存在着隐性感染乳房炎的母猪，其症状很难描述。

母猪产仔后第 1～2 天（很少在第 3 天）常表现出初期的临床症状，也可能在分娩过程中出现。病初精神倦怠、体虚、保仔力减弱，产仔后第 2 天 CM 母猪平均乳产量只有健康母猪产乳量的一半，乳汁质量差。病猪喜用臀部斜卧；病重猪可出现僵直、昏睡、喜卧，甚至出现昏迷。食欲、饮水减少或废绝。体温升高，但极少超过 42℃，然而在无热病例体温或许正常。呼吸和心跳次数增加，一般情况下，上述病状持续不到 2～3 天。

在皮肤上损伤局限在乳腺及相应部位的淋巴结。乳房患部皮下组织出现弥漫性水肿，感染乳房组织的外观变化稍硬（触摸乳房组织是硬的，触压引起疼痛），皮肤发红，指压褪色，有时引起组织凹陷，形成明显的灰白色界线。出现红斑坚硬的干燥区分泌物稀少，有时混有凝块。腹股沟淋巴结和髂淋巴结可能肿胀，出现严重急性化脓性炎症。有的存在着急性坏死性乳房炎。发炎乳腺渗出物外观呈浆液状奶油色，像脓液，含有纤维蛋白原血凝块。乳汁 pH7～8（正常乳汁 pH6.5）。

病初期母猪白细胞增多，白细胞左移减少，血浆蛋白和纤维蛋白原的比例下降，泌乳缺乏，血浆皮质醇值增加。

采食乳猪外观瘦弱，营养不良。因初乳减少，免疫球蛋白的数量不足，影响仔猪的免疫力等。患病母猪所产的仔猪的体重也减轻。仔猪常常试图吸吮，从一个乳头移向另一个乳头，一点一点地吃或舔食地面上的尿液。母猪提供哺乳吮吸时间短，仔猪因吃不饱不能安睡而四处漫游。

Awad-Masalmeh 等（1990）在 57 例母猪乳房炎病例中，有 18 例可以从粪便中分离到与乳汁中存在的同样 O 型血清型大肠杆菌，这突出了大多数肠道外感染的内源性，人类粪便中的菌群显然是病原菌的蓄存库。

诊断

无论是人的还是动物的大肠杆菌病，可以根据流行病学、临床表现和病理变化，作出初步诊断。临床表现主要为腹泻的胃肠道感染类型最为普遍，但大肠杆菌致人和动物的临床表现，现已不只是腹泻，还有胃肠道外感染。另外，腹泻症状也可出现在其他病原感染。因此，终究的诊断确立，病原学检验是必须的内容。

大肠杆菌广泛存在于自然界，是人和动物体内的正常菌群。因此，在能否确定大肠杆菌感染的诊断时，不仅需要检出有统一或优势大肠杆菌的存在（尤其是粪便或肛拭样本），更主要的确定其是否为相应感染的病原菌。确诊需要根据流行病学、临床病学特征，进行相应的检验。

1. 细菌的分离与鉴定　取肠内容物或腹泻粪便，作为被检验材料，接种于麦康凯琼脂平板、伊红—美蓝琼脂平板或鲜血琼脂平板培养基培养后，如麦康凯培养基上培养 24h 形成红色菌落。挑取可疑菌落，接种于普通琼脂斜面，做染色、镜检及生化、血清、溶血试验。但要注意那些生化特性不典型菌株。

2. 血清学检测　将被检菌株分别与 OK 血清做平板凝集试验或试管凝集试验。目前，人致泻性大肠杆菌的诊断血清有：15 种一组包括 3 种多价及其所包含的 12 种单价血清，主要供对 EPEC 菌株的检定用；16 种一组包括 3 种 OK 多价及其包含的 13 种 OK 单价血清，属于 OK 多价 1 和 OK 多价 2 范围的主要供 EIEC 菌株的检定用；属于多价 3 的血清主要供 ETEC 菌株检定用；2 种一组包括 O157 和 H7 各 1 种，专供对 EHEC 的 O157：H7 菌株检定用。人用血清有时也用于动物菌株检定，仅作参考。动物常见病原大肠杆菌 O 群诊断血清，目前尚未明确分组，主要包括用于对猪（牛、羊等）腹泻，属于 ETEC 及禽类（主要是鸡）病原大肠杆菌一些常见 O 群血清。

这些因子血清并不能覆盖所有人致泻大肠杆菌及动物病原大肠杆菌的菌株，所以不能仅以此来做出最终的判定，还应结合有关方面的检验结果，给予综合判定。

3. 毒力因子与毒力基因检测　在对大肠杆菌的毒力因子检查中，需根据不同致病种类大肠杆菌的特点进行相应内容的检查，其中较多检查的是宿主特异性菌毛、产肠毒素能力及侵袭性等。目前对致泻性大肠杆菌常规 PCR 检测特异的诊断基因，分别包括 ETEC 的 ST 和 LT 基因、EPEC 的紧密素 EaeA 基因和束状菌毛因子基因（bfp）、EIEC 的质粒毒力基因（VirA）和侵袭性质粒抗原基因（IpaH）、EHEC 的 EaeA 和志贺样毒素基因（Stx）、EaggEC 的黏附聚集因子基因（aggR）等。

4. 动物感染试验　包括有乳鼠灌喂试验、腹腔接种，检查肠毒素可用兔子和仔猪肠结扎试验。

防治

根据大肠杆菌广泛存在的特点，以及其主要的传染源和传播途径，要有效预防和控制疾病的发生，要从三个方面进行。

1. 不断改善卫生环境条件，减少环境中的大肠杆菌数量　在人群密集的社区、饭店、医院等公共场所，保持环境和所用物品清洁卫生；对粪便、垃圾、污水等要进行无害化处理，必要时还需对病人的排泄物、呕吐物等进行消毒和灭菌处理，同时注意饮食、饮水卫生，不吃生食和养成良好的卫生习惯。新生儿出生后应尽早母乳喂养，因初乳中 IgM 等抗体，可增强新生儿免疫力；胎膜早破、产程延长及难产儿可采用抗菌药物预防大肠杆菌感染。注意饮食卫生和水源管理，特别是肉及肉制品卫生，防止病从口入，是日常防止大肠杆菌肠道感染的重要措施。

猪场要采取综合性预防措施。首先是采取"全进全出"管理方式，对圈舍、用具和人员服装等进行彻底、消毒和清洗，适当空圈后再进猪只，防止连续使用引起大肠杆菌持续大量生长繁殖；对粪、尿等进行无害化处理；实行自繁自养，不从疫区引进种猪；引进猪只要进行一段时间隔离、观察，因为成年母猪对本场内大肠杆菌可逐渐产生免疫力，并由初乳中分泌抗体，为仔猪提供一定的保护力；做好饲养管理，主要有母猪产前产后管理、仔猪保护和严防饲料和饮水被大肠杆菌污染等。对猪水肿病的发生要控制猪的生长速度和断奶料的过多蛋白与能量。

2. 做好免疫与药物预防　对人的菌苗免疫预防，研究较多的是 ETEC 感染、EHEC 感染及 UPEC 感染。但因病原大肠杆菌血清群（型）的复杂性及不同血清群（型）菌株间一般难以交互免疫保护等，以使免疫进展受到一定局限。

动物方面：猪最先使用的是自家菌苗免疫，即从本场分离出的致病性大肠杆菌，研制成灭能菌苗用于本场母猪免疫，其针对性好。但研制麻烦，使用范围受局限。随着生物工程技术的发展，相继研制成功了大肠杆菌的基因工程菌苗，目前有 3 种：K88 - K99、K88 - LTB、K88 - K99 - 987P，于母猪产前 40 天和 15 天各注射 1 次。通过乳汁被动免疫仔猪控制大肠杆菌致病的黄痢，但对存在不同的黏菌素 K 抗原的免疫效果有待进一步观察。

猪的大肠杆菌病预防就是目前比较热门的微生态制剂，如用无毒大肠杆菌制成 Y - 10 口服苗；以乳酸菌为主的有益微生物制成益生素等。以往这种制剂是用在初生未吃初乳的仔猪，但预防效果表现不一。作者在微生态制剂和使用过程中，注意到两点是与预防效果有很大关联，一是微生态菌的选择是要一个酸度较低的混合菌；二是防治必须从母猪开始使用，因为母猪往往是大肠杆菌的保存者和传染源。控制母猪的大肠杆菌排出量，即减少对环境污染和对初生乳猪的感染量。

病原性大肠杆菌"O157"分泌名为"志贺毒素"引起痢疾和发热。但实验表明，如果让老鼠同时感染双歧杆菌和 O157 两种细菌，那么老鼠的死亡率会大大降低。

服部教授为了弄清楚原因做了一个实验。他将两种类型的双歧杆菌（简称 A 菌和 B 菌）分别与 O157 混在一起，给老鼠接种。如此一来，接种 A 菌的老鼠全部存活下来，接种 B 菌的某些个体虽然存活了一小段时间，但最终全军覆没（图 2 - 1）。与此同时，在两组实验老鼠体内的 O157 菌都能正常繁殖并产生志贺毒素。教授调查了双歧杆菌的全部遗传基因，发现 B 菌没有但 A 菌有，只有一种可以从糖类中制造有机酸的遗传基因。

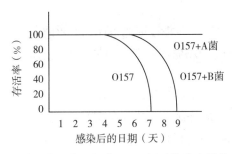

图 2-1　双歧杆菌和大肠杆菌 O157 同时接种小鼠的存活试验

O157 的志贺毒素可以从大肠进入血管，危害人类健康。A 菌分泌的有机酸可以增强肠壁的防御机能，阻止志贺毒素流入血管。

3. 药物治疗　目前，药物预防也是常用手段之一，抗菌药物可减少人腹膜炎的发生。猪是在新生仔猪未吃初乳前和产后 12h 口服一定抗菌药物预防仔猪和断奶前后猪的大肠杆菌病。

为了控制由 *E. coli* 引起的腹泻，通常需要使用抗生素。断奶后，在出现作为水肿病关联症状的神经症状时，尽管有必要对发病猪群进行一定程度的治疗，但此时一定要对抗生素的选择加以重视。有资料表明，引发神经症状的大肠杆菌病病猪，如给予青霉素治疗，第二天却突然加速了治疗猪的死亡。O157 病的病人在日本出现早期，也以抗生素治疗，病人开始好转后，很快出现死亡。这是临床治疗中值得注意的。为什么用青霉素治疗由大肠杆菌引起的神经症状后会加速治疗猪的死亡呢？因引发神经症状的致病因子志贺毒素（O157 也分泌志贺毒素）是一种所谓的外毒素，虽然是释放在细菌株外，但实际上它在细菌体内也在不断地积累。给含有大量志贺毒素的囊状大肠杆菌一旦注射能够破坏其细胞壁的抗生素后，或在机体中大量增殖的大肠杆菌突然死亡、崩解，使细菌体的志贺毒素一下子被释放到动物体，导致治疗猪的病情骤然加重，甚至因毒素致死。对于部分抗生素能导致感染产志贺毒素性大肠杆菌的仔猪病情恶化的机理，仍存在多处疑问，但提醒治疗者要弄清致病大肠杆菌型，有针对性地选择抗生素和慎用抗生素。

人的治疗主要是针对肠炎、尿路感染、败血症、脑膜炎等症状，以对症、支持治疗加抗菌药物综合处理。一般情况下对老人、婴幼儿患者及基础疾病的或重症患者，应给予抗生素治疗，以改善症状和缩短排菌期；对轻症的仅对症治疗即可，在怀疑存在菌血症、败血症、肺炎、脑膜炎、腹膜炎等的感染，必须要使用抗生素。常用抗生素有氨苄西林、头孢呋辛、头孢拉定、头孢噻肟、头孢曲松、氨曲南、哌拉西林等。

猪的大肠杆菌治疗可用多种抗菌炎药物，如诺氟沙星、恩诺沙星等喹诺酮药物及磺胺类药物。

我国已颁布的相关标准：

GB/T 478.6—2003 食品卫生微生物检验，致泻大肠杆菌埃希氏菌检验；

WS/T 8—1996 病原性大肠埃希氏菌食物中毒诊断标准及处理原则；

NY/T 555—2002 动物产品中大肠菌群、粪大肠菌群和大肠杆菌的检测方法；

SB/T 10462—2008 肉与肉制品中肠出血性大肠杆菌 O157：H7 检验方法；

SN/T 2075—2008 出入境口岸肠出血性大肠杆菌 O157：H7 监测规程。

二、弗劳地柠檬酸杆菌感染

(*Citrobacter Freundii* Infection)

弗劳地柠檬酸杆菌感染 (*Citrobacter Freundii* Infection) 是由弗劳地柠檬酸杆菌机会性致人畜的疾病。柠檬酸杆菌是肠道细菌中常见的非致病菌，为人和动物肠道的正常菌群。当机体抵抗力下降时，可致人腹泻、脑膜炎、菌血症和尿道感染等；致猪腹泻，消瘦，活动力差，甚至败血症。

历史简介

Werkman 和 Gillen (1932) 描述一群可利用柠檬酸钠并产生三亚甲基乙二醇的革兰氏阴性细菌。以后此菌一直被包含在沙门氏菌属和埃希氏菌属之中，1953 年开始列为独立的菌种。直到 20 世纪 60～70 年代，据已认可的生化特性确定了柠檬酸杆菌的三个主要菌群，分别命名为弗劳地柠檬酸杆菌 (*Citrobacter freundii*)，追溯到 1928 年 Braak 的最初工作；Frederiksen (1970) 报告的科泽柠檬酸杆菌和非丙二酸盐阴性柠檬酸杆菌，后改归属于柠檬酸杆菌属。

Walter Reed 军事研究院和 Farmer (1974) 对弗劳地柠檬酸杆菌菌群研究及 Crosa (1974) 发现在弗劳地柠檬酸杆菌中明显的遗传异质性，提示该菌内可能存在多个分类单位（种）。1993 年国际协作研究建议承认柠檬酸杆菌属中的许多新种（基因种）。

病原

弗劳地柠檬酸杆菌 (*Citrobacter freundii*) 归属于柠檬酸杆菌属 (Citrobacter)。该菌属有 3 个种，即弗劳地柠檬酸杆菌、异型柠檬酸杆菌 (*C. diuersus*) 和丙二酸阴性柠檬酸杆菌 (*C. amalonaticus*)。弗劳地柠檬酸杆菌为革兰氏阴性无芽孢短杆菌，在营养琼脂平板上形成光滑、凸起，直径 2～4mm 菌落，不产生色素，有时可形成黏液型和粗糙型菌落。在SS 和 E EMB 平板上菌落中等大小，光滑湿润，边缘整齐。迟缓发酵乳糖，直接分离呈优势菌生长，在 BP 前增菌液中生长良好，在 SC 和 GN 增菌液中生长被抑制。

糖代谢试验：葡萄糖产酸产气，甘露醇、卫矛醇、麦芽糖、棉籽糖、木糖、阿拉伯糖、甲基红、DNPG 均呈阳性反应。VP、肌醇、鼠李糖、七叶苷、侧金盏花醇均呈阴性反应。氨基酸和蛋白质代谢试验：鸟氨酸脱羧酶阳性；苯丙氨酸脱氨酶、靛基质、硫化氢、赖氨酸脱羧酶、明胶、尿素酶均呈阴性反应；碳源和氮源利用；西檬氏柠檬酸盐、丙二酸盐、氰化钾、黏液酸均呈阳性反应；呼吸酶类试验：硝酸盐还原阳性，氧化酶阴性。

Crose (1974) 发现在弗劳地柠檬酸菌中明显的遗传异质性，因为 60℃时（△Tm 值范围为 0～12.8K)[32]P 标记的东的所选择弗劳地柠檬酸菌分离株 DNA 和参考菌株的相关性（结合）仅表现为 43%～100%，这提示弗劳地柠檬酸菌内可能存在多个分类单位（种）。根据 DNA 配对研究，设立 11 个独特的基因种，表型种弗劳地柠檬酸菌中发现包括 8 个基因种，其中包括模式种弗劳地柠檬酸菌 ATCC8090。弗劳地复合体内 7 个新基因种的 4 个命名。

Lipsky D. A (1980) 将弗劳地柠檬酸菌复合体分为两个生物型。弗劳地柠檬酸杆菌有相当大的抗原多样性：32～48 种不同的 O（菌体型）和 87～90 种 H（鞭毛）型。

通过应用 16SrRNA 序列对柠檬酸杆菌属各种菌进行了分群（图 2-2）。

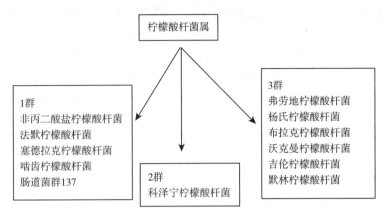

图 2-2　16SrRNA 序列分析对柠檬酸杆菌各种菌的分群

流行病学

弗劳地柠檬酸杆菌是肠道正常菌群，在肠道致病菌的培养中一般不被重视，虽对人、猪、兔、鼠类等有感染报道，其流行病学情况不甚了解。

患病动物和人的粪便、尿液、伤口是主要的传染源。另外，污染的土壤、河水等也可导致动物和人感染柠檬酸杆菌。动物、人通过接触或食用污染的食物、饮水，即通过接触或消化道途径感染，通过环境也可以传播此细菌。另外，还存在医源性感染，主要是水平传播，通过脐带—手或粪—手传播。

发病机制

在柠檬酸菌属引起的感染中以弗劳地柠檬酸菌引起的感染最多，通常与严重的医院内感染有关，引起人的原发或继发感染。关于柠檬酸菌属的种在感染时哪个潜在毒力决定簇或因子可能起作用的研究进行很少。弗劳地柠檬酸菌复合体中一些成员已检测到产毒活性潜在地解释了其与细菌性胃肠炎散发关系。Guarino 报告在三株弗劳地柠檬酸菌中的一种低相对分子质量（<10 000）、热稳定、溶于甲醇的因子，这些菌株引起乳鼠的液体积聚。Schmidt（1993）对弗劳地柠檬酸复合体检测发现有与大肠杆菌 O_{157}：H_7 的志贺样毒素 Ⅱ 基因序列（SLT-Ⅱ）反应。

Tschape H R（1995）在一次腹泻爆发归因于产 SLT 弗劳地柠檬酸菌。从腹泻病人分离到的菌株为弗劳地柠檬酸菌菌株中发现有 LT. ST 和 SLT-Ⅱ 等有毒物质。

临床表现

人

从 261 份人粪便中分离出 86 份柠檬酸杆菌，显示人群的柠檬酸杆菌的携菌率为32.9%。应用生理生化方法分析，发现粪便中柠檬酸杆菌以弗劳地柠檬酸杆菌最为常见。

弗劳地柠檬酸杆菌复合体临床报道较少，主要表现为：

1. 中枢神经系统感染 Joaquin 等（1991）报道，新生儿脑膜炎和双侧小脑脓肿病例。

2. 菌血症 Flegg P J（1984）报道，一例类似伤寒热的弗劳地柠檬酸杆菌感染的菌血症病例。Mayo Clinic 对 280 000 份血培养分析，弗劳地柠檬酸杆菌阳性检出率为 0.6%。

3. 尿道感染 最常见泌尿道病可见弗劳地柠檬酸杆菌复合体占 70%。

4. 胃肠炎 王冬梅（2000）报道一患者购买摊点处理奶粉，用温开水冲饮，一家 4 人在饮后 7～12h 发病，主要症状为腹痛、呕吐、腹泻，开始呈水样便，每天 6～10 次，后呈黏液便，体温 38～39℃，药物治疗后 1 周康复。发病初期和健康人血清抗体滴度均在 1∶20以下；3 例病人恢复期血清抗体滴度分别在 1∶80～1∶60 之间，比发病初期血清抗体滴度有明显增高。

猪

王冬梅（2000）报道，用购买的商贩削价奶粉，温开水喂养 7 只小猪，7～12h 发病，因腹泻全部死亡。曾有报道，母猪乳房炎与弗氏柠檬酸杆菌有关，从乳液中分离到本菌。

诊断

（1）无菌采集样本分别加在 225ml 的 BP、SC、GN 增菌瓶内，37℃培养 24h，在 BP 中生长良好，在 SC 和 GN 中被抑制。

（2）采集样本在 SS 和 EMB 平板培养 24h，观察菌体及菌落形态。

（3）分离菌落接种双糖并进行系统生化鉴定。

（4）动物试验。有小鼠致死试验，家兔肠攀肠毒素试验和豚鼠眼角膜试验。

（5）血清凝集试验。用沙门氏菌、志贺氏菌、致病性及侵袭性大肠杆菌等诊断血清与检出菌做玻片交叉凝集试验。

防治

本病出现多种临床症状，故需对症治疗，用药前需做药敏试验。该菌一般对羧苄青霉素、丁胺卡那、氨苄青霉素、卡那霉素、氯霉素敏感；对痢特灵、新霉素中度敏感，对先锋霉素、庆大霉素、诺氟沙星不敏感。对腹泻失水患者，应予水和电解质的补充和调解。

柠檬酸杆菌在环境中的分布比较广泛，在动物和人类机体抵抗力低下时，均可引起发病，并成为病菌传播的传染源。因此，注意对污染源的消毒、防治，减少再感染的发生非常必要。尤其应注意饮食方面的卫生，供人食用的动物的污染，直接可引起人类的感染，采取严密的措施对各环节进行控制，防患于未然，确保人类的健康尤为重要。柠檬酸杆菌属的成员是条件性致病菌，保持环境的清洁，定期消毒，是非常行之有效的措施。

三、阴沟肠杆菌感染
(*Enterobacter Cloacae* Infection)

阴沟肠杆菌感染（*Enterobacter Cloacae* Infection）是由阴沟肠杆菌复合体（*Enterobacter Cloacae complex*）常存于人和动物肠道内条件性机会性的致人、畜发病。人可发生呼吸系统、泌尿系统、消化系统感染和败血症等多种临床表现，其感染类型趋于多样化，是构成医院内感染的一种重要病原菌；猪的感染常见症状是腹泻。

历史简介

Rhodes A N 等（1998）通过 16Sr RNA 检测证明 12000 年前乳齿象的大肠和小肠有机物中存在阴沟肠杆菌。Jordan（1890）发现人类阴沟肠杆菌，曾归属于芽孢杆菌属。Hormaeche 和 Edwards（1960）提出将其归属于肠杆菌属，以解决原先被归为产气杆菌属的一些菌株在分类学上的不一致，并将阴沟肠杆菌和产气肠杆菌划进为这个新属的两个种，并以阴沟肠杆菌为该属的模式株。1972 年这个属中增加了聚团肠杆菌。

病原

阴沟肠杆菌（*Enterobacter Cloacae*）归属于肠杆菌属。该属还有河生肠杆菌、阿氏肠杆菌、生癌肠杆菌、日勾维肠杆菌、霍氏肠杆菌、阪崎肠杆菌等有一定医学临床意义的菌种。

阴沟肠杆菌为革兰氏染色阴性，呈大豆杆状，两端钝圆，无芽孢，涂片染色镜检细菌大小中等，$0.6\sim0.8\mu m\times1.0\sim1.3\mu m$，单个散在或成团。电镜下观察菌体呈杆状，表面似有皱褶，有微泡，周身鞭毛和菌毛。37℃培养 24h，普通培养基中生长成半透明、光滑湿润、灰白色、扁平、微隆起、边缘整齐的中等大小的菌落，直径 $2\sim3mm$；培养 48h 菌落不透明。在麦康凯琼脂培养基中呈现浅红色、边缘整齐的 $1\sim3mm$ 小菌落，黏稠状。SS 培养基中菌落边缘无色、中心浅橘红色，生长丰富。伊红—亚甲蓝（EMB）培养基中菌落粉红色，且呈黏稠状。在血琼脂培养基中生长丰富，不溶血，但在菌苔处有明显轻度 β 溶血晕。在普通液体培养物里生长丰富，均匀混浊，管底有小点状菌体沉淀，液面有菌膜。阴沟肠杆菌的模式株为 ATCC 13047，CIP 60.85，DSM30054，JCM1232，LMG2783，NCTC 10005；GenBank 登录号（16SrRNA）：AJ41784。该菌 DNA 的 G＋Cmol％为 52～54。

生化反应特征：硫化氢、苯丙氨酸、靛基质、甲基红、尿素、赖氨酸、乌氨酸、氧化酸阴性；葡萄糖酸盐、枸橼酸盐、动力、产气、棉籽糖、山梨醇、侧金花醇、木胶糖、葡萄糖阳性。阴沟肠杆菌复合体能发酵大多数碳水化合物产气，发酵甘油或肌醇不产气，发酵乳糖可能缓慢，可利用丙二酸盐作为碳源。在《伯杰氏系统细菌学手册》2005 中引出了阴沟肠杆菌复合体内的基因群的表型特征及阴沟肠杆菌基因群 3 的各个生物群的生化特征（表 2-3、表 2-4）。

表 2-3　阴沟肠杆菌复合体内基因群的表型特征[a]

特 性	基因群或基因亚群[b]						
	1	2	3	4a	4b	4c	5
葡萄糖酸盐脱氢酶	－	－	＋	－	－	－	－
动力试验	＋	＋	＋	＋	d	＋	＋
丙二酸盐试验	＋	＋	＋	－	－	d	＋
七叶苷水解	d	(d)	(d)	＋	＋	＋	＋
利用：侧金盏花醇	－	－	d	－	－	－	－
D-阿拉伯糖醇	－	－	d	－	－	－	－
卫茅醇	－	d	d	－	－	d	＋

（续）

特 性	基因群或基因亚群[b]						
	1	2	3	4a	4b	4c	5
岩藻糖	−	−	d	−	−	−	−
D-半乳糖醛酸盐	+	d	+	+	+	+	+
Myo-肌醇	+	+	d	+	+	+	+
来苏糖	d	−	+	+	+	d	−
D-蜜二糖	+	+	d	+	+	+	+
3-甲基葡萄糖	−	−	d	−	−	−	−
苯乙酸盐	d	+	−	+	+	+	−
腐胺	d	+	−	+	−	+	−
D-蜜三糖	+	+	d	d	d	+	+
L-鼠李糖	+	+	+	−	d	+	+
D-山梨糖	+	+	d	+	+	+	+
木糖醇			(d)				

注：上角标的 a 指＋表示糖醇利用试验培养 1～2 天或其他试验培养 1 天有 90%～100% 的菌株呈阳性，（＋）表示培养 1～4 天有 90%～100% 的菌株呈阳性，－表示培养 4 天后有 90%～100% 的菌株呈阴性，d 表示培养 1～4 天内呈阳性或阴性不确定，(d) 表示培养 3～4 天内呈阳性或阴性不确定；b 指溶解肠杆菌的模式株和阴沟肠杆菌的现有模式株属于基因群 1，霍氏肠杆菌的模式株属于基因群 3，阿氏肠杆菌的模式株属于基因群 4 的 4a 亚群。

表 2-4　阴沟肠杆菌复合体内基因群 3 的各生物群底物利用特征[a]

利 用	基因群或基因亚群[b]						
	3a	3b	3c	3d	3e	3f	3g
侧金盏花醇	−	−	−	−	−	+	+
D-阿拉伯糖醇	−	−	−	−	−	+	+
岩藻糖	d	+	+	−	+	+	+
α-D-甲基半乳糖	−	−	−	−	−	+	+
3-甲基葡萄糖	+	−	−	−	−	+	−
D-蜜二糖	−b	+	+	+	+	+	+
D-棉子糖	−	+	+	+	+	+	+
D-山梨糖醇	−	+	+	+	+	+	+

注：上角标的 a 指＋表示培养 1～2 天后所有菌株呈阳性，－表示培养 4 天后呈阴性，d 表示培养 1～4 天内呈阳性或阴性不确定，b 表示来自预防与控制中心（Center for Disease Control and Prevention，CDC）的霍氏肠杆菌 5 个代表菌株（包括其模式株）与 3a 生物群相符合。

　　阴沟肠杆菌具有菌体（O）、鞭毛（H）和表面（K）三种抗原成分，但通常对阴沟肠杆菌抗原血清型的检定及机体免疫的应答，主要是对其 O 抗原的。Gaston（1983）设计了一基于独特菌体抗原的阴沟肠杆菌血清群分群方案，在对 300 多株阴沟肠杆菌分离株进行抗原性分析后，最初建立了 28 个血清群，其中以血清群 O：3（21%）和 O：8（13%）为主。血清分群最初比生物分型在确定菌株亲缘关系方法具有更高的分类价值，可对 85% 的阴沟肠杆菌进行分类。

坂崎和 Namuika 已报告，阴沟肠杆菌具有 53 个 O 抗原群（1～53）和 56 个 H 抗原（1～56）及 79 个血清型。有的阴沟肠杆菌菌株会与肠杆菌科其他菌属的细菌发生血清学交叉反应，主要有大肠杆菌、志贺菌属、沙门氏菌属等。

阴沟肠杆菌的抗原均具有较好的抗原性（尤其是 O 抗原），机体被感染或耐过后或免疫接种后动物均可产生一定的免疫应答，主要是体液免疫反应。但由于阴沟肠杆菌的感染常是表现为呼吸道、泌尿道、创伤等局部感染特征。因此，常是不能表现出良好的免疫保护。

Hormaeche 和 Edwards（1960）提出肠杆菌属，以解决原先被归为产气杆菌属的一些菌株在分类学上的不一致。并将阴沟肠杆菌和产气肠杆菌划进这个新属的两个种，并以阴沟肠杆菌为该属的模式株，1972 年这个属中增加了聚团肠杆菌。

阴沟肠杆菌复合体（*E. cloacae* conplex）：大量的报告显示，这个种在 DNA 水平上是遗传学上不一致的，收集的系统性调查证明在该复合体中至少有 6 种且可能多达 13 种基因种（表 2-5）。

表 2-5　阴沟肠杆菌的遗传多样性

特　征	来源参考株号		
	Lindh 和 Ursin8（122）	Grimont 和 Grimont（77）	Hoffmann 和 Roggenkamp（89）
菌株数/个	123	49	213
方法	DNA（点）杂交	DNA 杂交	多个看家基因序列分析
簇或基因群数/个	5	5	12
群（菌株数）及模式株或参考菌株	群Ⅰ（n=2） 阴沟肠杆菌 ATCC 13047 溶解酶杆菌 ATCC 23373 T	群Ⅰ（n=3） 阴沟肠杆菌 ATCC 13047 T 溶解酶杆菌 ATCC 23373 T	群Ⅰ（n=9） 阿氏肠杆菌 35953 T
	群Ⅱ（n=7） CDC1347-71（=ATCC 29941）	群Ⅱ（n=7） CDC1347-71（=ATCC 29941）	群Ⅱ（n=14） 利比肠杆菌 ATCC-BAA-260 T
	群Ⅲ（n=98）	群Ⅲ（n=15） 霍氏肠杆菌 ATCC 49162 T	群Ⅲ（n=58）
	群Ⅳ（n=3）	群Ⅳ（n=17） 阿氏肠杆菌 ATCC 35953 T	群Ⅳ（n=9）
	群Ⅴ（n=2）	群Ⅴ（n=3）	群Ⅴ（n=14） 群Ⅵ（n=28） 群Ⅶ（n=3） 霍氏肠杆菌 ATCC 49162 T 群Ⅷ（n=59） 群Ⅸ（n=5） 群Ⅹ（n=2） 超压肠杆菌 ATCC 9912 T 群Ⅺ（n=4） 阴沟肠杆菌 ATCC 13047 T 群Ⅻ（n=3） 溶解肠杆菌 ATCC 23375 T
未分群菌株数/个	11	4	5

流行病学

肠杆菌广泛分布于自然界的腐物、土壤、动物、植物、蔬菜、动物与人类的粪便、水和日常食品中，也存在于人及动物的皮肤、呼吸道、泌尿道等部位。常可从尿液、痰液、呼吸道分泌物、脓汁等临床材料中检出，也偶尔从血液和脑脊液中分离到。在医院内，更是多种物体表面的普遍污染菌及医院内感染菌。

阴沟肠杆菌感染的发生具有一定的条件性，但只要具备了入侵和生长繁殖的条件，就可能发生感染。无论是人还是动物的阴沟肠杆菌感染，在一般情况下，多是在个体的发生或是在医院内或是在动物养殖场的局部发生。在人的阴沟肠杆菌感染，呼吸道是最为常见的侵入途径，其次为皮肤、黏膜等。这些患者大部分有基础性疾病或泌尿系统疾病，一般认为泌尿道是阴沟肠杆菌血流感染最常见的感染灶。动物的阴沟肠杆菌感染，还仅是在近些年来才被关注；已有报告显示主要是发生在鸡，也有在猪的病例报告，均主要是发生在幼龄期。方福明（2008）报告在1999年，云南省麻栗坡县铜塔村发生水牛猝死，经病原学检查为由阿氏肠杆菌感染引起。

在人及动物的阴沟肠杆菌感染，均是为世界性分布，且缺乏明显的区域分布特征，也缺乏明显的季节性特征。在人凡是患者存在某种原发疾病，机体免疫功能低下，则有利于感染的发生；另一方面则常是在环境、用具被污染的情况下，导致继发感染或混合感染。如宿主防御功能减退。

局部防御屏障受损：烧伤、创伤、手术、某些介入性操作造成皮肤和黏膜的损伤，使阴沟肠杆菌易于透过人体屏障而入侵。

免疫系统功能缺陷：先天性免疫系统发育障碍或后天性受破坏（物理、化学、生物因素影响），如放射治疗、细胞毒性药物、免疫抑制剂、损害免疫系统的病毒（HIV）感染，均可造成机会感染；另一方面则常是在环境、用具被污染的情况下，导致继发感染或混合感染。如宿主防御功能减退，局部防御屏障受损：烧伤、创伤、手术、某些介入性操作造成皮肤和黏膜的损伤，使阴沟肠杆菌易于透入人体或动物屏障而入侵；免疫系统功能缺陷：先天性免疫系统发育障碍或后天性受破坏、物理、化学、生物因素影响），如放射治疗、细胞毒性药物、免疫抑制剂、损害免疫系统的病毒（HIV）感染，均可造成机会感染。

为病原体侵袭提供了机会：各种手术、留置导尿管、静脉穿刺导管、内镜检查、机械通气等的应用，使得阴沟肠杆菌有了入侵机体的通路，从而导致感染。对动物的感染了解很少。

在人的阴沟肠杆菌感染存在多种类型，且在近年来还有不断扩展的趋势，可能是与临床广谱抗生素的使用不规范及阴沟肠杆菌的耐药特征有直接关系的；在动物的阴沟肠杆菌感染，主要是胃肠道感染，但也存在全身性感染病症有日益发病严重的征兆，需引起广泛的关注。

已知阴沟肠杆菌可产生 AmpC β-内酰胺酶（AmpC β-lactamases）或（和）超广谱β-内酰胺酶（extended＝spectrum β-lactamases，ESBLs）等与耐药性相关的酶类，AmpC酶主要由染色体介导（少数中质粒介导），ESBLs由质粒介导。李爱民等（2010）报告，从医院临床标本中分离的84株阴沟肠杆菌进行耐药性分析，结果在对供试的21种抗菌药物中，以对氨苄西林/舒巴坦和头孢西丁的耐药率最高（93％）；对第三代头孢菌素（头孢他啶、头孢噻肟、头孢曲松和头孢哌酮）及氨曲南的耐药率在30％～35％，敏感率在60％～70％；

对β-内酰胺酶抑制复合制剂（哌拉西林/他唑巴坦和头孢哌酮/舒巴坦）的耐药率分别为17%和24%，敏感率高于第三代头孢菌素及氨曲南；对第四代头孢菌素（头孢吡肟）的敏感性显著高于第三代头孢菌素及氨曲南，耐药率为14%；对碳青霉烯类抗生素（亚胺培南、美洛培南、厄地培南）显示出优越的抗菌活性，敏感性为100%；对氨基糖苷类抗生素（庆大霉素、阿米卡里、妥布霉素和奈替米星）的耐药率分别为39%、20%、35%和33%，其中以对阿米卡呈的敏感性最高。抗菌的耐药率分别为30%、33%、26%和18%，其中对加替沙星的敏感性高于其他喹诺酮类药物。浙江省卫检部门对144株阴沟肠杆菌的药敏检测显示，对阿莫西林/克拉维酸、头孢呋辛、氨曲南、头孢噻肟、环丙沙星、哌拉西林/三唑巴坦和阿米卡星的敏感率均在55%以下，仅对亚胺培南的敏感率达98.61%，其中高产AmpC酶菌株占24.31%，产ESBLs菌株占36.81%。2009年6月法国报道，在内科重症监护病房分离到引起医院内感染的19株阴沟肠杆菌，其中7株同时产生ESBLs和Qnr蛋白（导致对喹诺酮类抗菌药物耐药）。这一结果显示，阴沟肠杆菌的临床分离菌株，存在着广泛的耐药性。广谱抗菌药物可抑制人及动物身体各部位的正常菌群，造成菌群失调。抗生素敏感菌株被抑制，使耐药菌株大量繁殖，容易造成医院感染的细菌的传播和引起人与动物发病。

发病机制

在发病机制方面，最近才有研究关注，与潜在毒力因子有关，目前比较明确的是阴沟肠杆菌的黏附与毒素在发病中的作用，大多数这些因子可以分成几大组（表2-6）；但总体来讲，对阴沟肠杆菌感染的发生，还有不少的问题不清楚。

表2-6 与肠杆菌属的种相关的潜在毒力因子

作用	因素	发现种类	表现型或基因型率%	活性	建议作用
一般因素					
吸附-黏附	MSHA①	产气肠杆菌、河生肠杆菌、阴沟肠杆菌、中间肠杆菌、格高菲肠杆菌、坂崎肠杆菌	75~98	细胞黏附	定值
铁载体	肠杆菌素	产气肠杆菌、阴沟肠杆菌、坂崎肠杆菌	99~100	铁摄取	未知
	气杆菌素	阴沟肠杆菌	49~72	铁摄取	细菌胃肠道易位；易位后在组织中的增殖
抗免疫	血清抗性	阴沟肠杆菌	93	抗补体溶介活性	系统侵袭期间促进细菌繁殖及扩散
不常见因素					
吸附-黏附	MSHA	产气肠杆菌、阴沟肠杆菌、格高菲肠杆菌、中间肠杆菌	1~2	细胞黏附	定值

（续）

作用	因素	发现种类	表现型或基因型率%	活性	建议作用
不常见因素					
铁载体	耶尔森菌素	阴沟肠杆菌、产气肠杆菌[②]	1	铁摄取	未知
	氧肟酸盐类	阴沟肠杆菌	6	铁摄取	未知
毒素	α-溶血素	阴沟肠杆菌	<1~13	细胞破坏	免疫系统失活（?）白细胞毒素
	SLT	阴沟肠杆菌	<1	细胞破坏	在 HUS 中可能有效
	肠毒素	阴沟肠杆菌、坂崎肠杆菌	22	动物模型液体分泌	未知
侵袭	侵袭素	阴沟肠杆菌	?	组织侵袭	系统疾病
外膜	OmpX	阴沟肠杆菌	?	组织侵袭、抗补体介导的溶解、耐药性	系统疾病
毒力岛	HPI	阴沟肠杆菌、产气肠杆菌	1	编码耶尔森菌素铁摄取	未知

注：①MRHA：甘露糖抗性的黏附素，HPI 高毒力岛；HUS 溶血性尿毒综合征。
②气杆菌外的其他异羟肟盐类。

相关的研究显示肠杆菌属细菌一般均能产生Ⅰ型和Ⅲ型甘露糖敏感的红细胞凝集素（MSHA），仅仅是偶尔产生甘露糖抗性的红细胞凝集素（MRHA）；MSHA 的受体似乎是一个高甘露糖的寡聚糖，假定的菌毛是一种 35KDa 的蛋白质，其多肽与鼠伤寒沙门氏菌的一种甘露糖特异的黏附因子（FimH）具有 68%～85%的一致性。这些凝集素，可能是与在组织细胞的定植并发生感染有关。

有研究表明，肠杆菌能产生几种毒素。阴沟肠杆菌的溶血素，对人的红细胞和白细胞具有细胞毒性作用。Paton 等（1996）报告，从一名患溶血尿毒综合征（HUS）的婴儿体内分离到 1 株产生志贺毒素（Shiga toxin，Stx）的阴沟肠杆菌，该菌株与 Stx2 特异性基因探针反应（不能与 Stx1 特异性基因探针反应），但阴沟肠杆菌携带的 Stx2 基因是不稳定的，其作用也不清楚。

Stoorvogel 等（1991）报告，可能至今被确定的阴沟杆菌最重要的毒力因子是 OmpX（Outer Membrane Protein）。这是一种由染色体基因编码的 17KDa 的外膜蛋白，是与致病过程中的侵袭作用相关的。另外，肠杆菌普遍能产生各种铁载体，大多数阴沟肠杆菌分离菌株能产生异羟肟酸铁载体的气杆菌素（Aerobactin），一般是与侵袭性感染的细菌有关。Keller 等（1998）报告，有许多的阴沟肠杆菌菌株具有血清抗性。

李刚山等（2007）报告，从云南某部队感染性腹泻患者粪便中分离的 9 株阴沟肠杆菌，进行小肠结肠炎耶尔森菌高致病性毒力岛（HP1）的 irp^{-2} 基因检测，结果均为阳性，并证实是具有毒力的菌株，与致病性密切相关，在国内首次从阴沟肠杆菌中检出 HPI 的 irp^{-2} 基因，这在对阴沟肠杆菌的致病作用、分子流行病学等方面的研究具有重要意义。

临床表现

人

人的阴沟肠杆菌感染，主要集中在医院，社区为散发。有肺部感染、泌尿道感染、伤口感染及败血症感染，常常表现为食源性集体发生的食物中毒。许旭春（2007）对 106 例阴沟肠杆菌感染者进行统计：106 例阴沟肠杆菌患者占同期出院的 0.8%，平均年龄 56.5 岁，平均住院天数 54 天，血、痰、小便发现本菌住院者均有 1 种或 2 种以上基础疾病。106 例中肺部感染 90 例、尿道感染 8 例、手术创口感染 5 例、败血症 3 例；合并其他细菌感染或真菌感染 34 例（47 例人次）。败血症感染主要是发生在婴幼儿，一般认为败血症的发生与下列因素有关：①免疫功能发育尚未成熟的新生儿、婴幼儿易感，是原发感染的主要获得者；②由于营养不良或慢性消耗体质，使机体总免疫力降低而易感；③皮肤破损感染，外部屏障机能不全；④呼吸道、消化道、泌尿道慢性感染性疾病；⑤长期使用广谱抗生素及免疫抑制剂。

近年来，在我国已有多起阴沟肠杆菌引起食物中毒爆发的报告。秦树民等（1997）报告，河北省某疗养院发生一起食物中毒，30 余名疗养员中发病 24 人，是由食用污染的火腿肠引起；徐文杰等（2006）报告山东滕州市二起阴沟肠杆菌引起的食物中毒 3 件，共有 252 人发病。在临床表现上主要为腹痛、腹泻、恶心、呕吐等消化道症状，有的还伴有发热。

阴沟肠杆菌感染的其他感染类型有伤口感染、菌血症、心内膜炎、心室炎、脑膜炎、化脓性脑膜炎及脓毒症等。

猪

（1）阴沟肠杆菌在动物的感染主要发生在鸡，也有发生在猪的报告；其发病特征主要表现为以腹泻等临床症状的胃肠道感染，但也常可出现全身性症状。

肖剑等（2004）报告，温州市郊某养殖户，饲养了 45 头母猪，2003 年 11 月出现母猪产死胎和弱胎现象。12 月份共有 8～20 日龄存栏仔猪 60 余头，其中有 40 头发病，主要表现为腹泻，并有 10 头死亡。2004 年 1 月，新出生仔猪 6 窝，其中 5 窝仔猪全部腹泻，1 窝 12 头仔猪中有 8 头腹泻。主要症状为：10～15 日龄仔猪发病较多，病猪体温升高，呼吸急促，耳尖发紫，腹泻，粪便呈黄色黏稠或水泥浆状，肛门粘有黄色粪便，食欲不振，消瘦，被毛粗乱。母猪无明显症状。

大体剖检，肺部明显充血、出血，肠系膜淋巴结肿胀，小肠严重充血，心肌松弛。其他脏器病变不明显。病原鉴定为阴沟肠杆菌。

（2）母猪乳房炎，在大肠杆菌乳房炎的病例中分离到阴沟肠杆菌。

诊断

无论是人的还是动物的阴沟肠杆菌感染，均缺乏具有诊断价值的流行病学、临床学和病理学特征，且常常是容易被认为是其他一些常见病原菌的感染。因此，临床与病理检验，对于确定阴沟肠杆菌感染似乎是意义不大。

对阴沟肠杆菌的病原学检验，需做相应的细菌分离与鉴定，可直接接种于普通培养基或适宜的培养基中，37℃培养 24h 后，挑选纯一或优势生长菌落再移接于普通琼脂培养基上做纯培养，供鉴定用。依据该菌的形态特征、培养特性及生化特性进行相应的检验。

一般情况下，对阴沟肠杆菌是不做血清型检定的，在特定条件下，尤其对来源于临床腹泻及食物中毒标本的菌株，因大肠杆菌、志贺菌、沙门氏菌都是这些临症的常见病原菌，有必要进行血清学鉴别。

防治

阴沟肠杆菌虽具有较好的抗原性，但仍未有相应的菌苗研究报告。

对阴沟肠杆菌病的治疗可选用多种抗生素，但因阴沟肠杆菌可产生 β-内酰胺酶等与耐药性相关的酶类，故应避免耐药性大的药物。同时可进行药敏试验确定使用药物。人在使用抗菌药物的同时，还需辅以支持疗法。

预防方面，最主要是搞好环境卫生，要加强食品卫生管理，对病畜、禽及污染食品要消毒处理；医院内感染的发生，一旦发生要彻底消毒，医护人员、医疗器械要严格执行消毒隔离制度，防止医源性传播。对粪便、垃圾、污水等进行无害化处理。

动物的阴沟肠杆菌病的预防主要是防止畜禽的高密度饲养，环境保持清洁、卫生，防止棚舍潮湿等。注意饲料、饮水的清洁卫生，对粪便及时无害化处理。

四、克雷伯氏杆菌感染
(*Klebsiella Pneumoniae* Infection)

克雷伯氏杆菌感染（*Klebsiella Pneumoniae* Infection）是由寄生于人和动物肠道和呼吸道内条件性致病菌，能使人兽发生肺炎、脑膜炎、腹膜炎、泌尿系统感染、子宫炎、乳房炎及其他化脓性炎症，甚至发生败血症。鼻硬结克雷伯菌可致慢性肉芽硬结症，最常累及鼻腔、鼻窦、咽喉部、气管、支气管等部位；臭鼻克雷伯菌可引起鼻黏膜和鼻甲萎缩的臭鼻症，但臭鼻症并非原发的细菌感染，还可能有其他因素参与其发病。

历史简介

Friedlander（1882）从大叶肺炎患者痰液及肺组织中发现肺炎克雷伯氏菌，故称 Friedlander 杆菌，简称肺炎杆菌。Schroeter（1886）将其列为透明球菌属，命名为肺炎透明球菌（*Hyalococcus pneumoniae*）。Beijerinck（1990）将其归入气杆菌属，命名为产气气杆菌（*A. aerogenes*）。Zopt（1885）曾将发生在婴儿的一种痉挛性喉头炎发现的肺炎杆菌称为格鲁布（croup）。Trevisan（1885）以德国细菌学家克雷伯（Edwin Klebs）的名字建立了克雷伯菌属（Klebsiella Trevisan 1885 emend. Drancourt et al., 2001），后将此菌归入此菌属并命名为肺炎克雷伯菌。Dimock 和 Edward（1927）报道，本菌致马泌尿生殖道感染。相继克雷伯菌属又增加了若干菌种。最初 Cowan 等人将克雷伯氏菌分为 5 种：产气克雷伯氏菌（*K. aerogens*）、爱氏克雷伯氏菌（*K. edawardsii*）、肺炎克雷伯氏菌（*K. pneumoniae*）、鼻硬结克雷伯氏菌（*K. rhinoscleromiatis*）和臭鼻克雷伯氏菌（*K. ozaenae*）；Edwards 和 Ewing 及 Buchanan 等将克雷伯氏菌属分为 4 个种和 3 个亚种，即肺炎克雷伯氏菌、产酸克雷伯氏菌、土生克雷伯氏菌和植物克雷伯氏菌 4 个种。前者又分为肺炎、臭鼻和鼻硬结克雷伯氏 3 个亚种。

在人和动物共患的病原克雷伯菌中，除了肺炎克雷伯菌外，还包括其他一些已明确的种，如运动克雷伯菌（*K. mobilis*）即原归于肠杆菌属的产气肠杆菌（*E. aerogenes*，Hormaeche and Edwards，1960)，可作为条件性致病菌引起人的呼吸道、泌尿生殖道的感染及菌血症等，也可引起鸡、鸭感染发病；产酸克雷伯菌（K. oxytoca）可引起人的呼吸道和泌尿道感染、创伤及烧伤感染、筋膜炎，与抗生素相关的出血性结肠炎、菌血症及败血症等，也可引起马的流产、犬和鸡的感染、大熊猫的腹泻、小鼠的肠炎及养殖牙鲆出血症等；土生克雷伯菌（K. terrigena），现已归于拉乌尔菌属（Raoultelle Drancourt et al.，2001）的土生拉乌尔菌（R. terrigena），能引起人及猪感染发病。

通常人兽共患病原克雷伯氏菌系肺炎克雷伯菌。

病原

克雷伯氏菌属是归属于肠杆菌科，为革兰氏染色阴性的粗短的杆菌，大小为 $0.3\sim$ $1.0\mu m\times0.6\sim6.0\mu m$。菌体常平直，有时稍膨大，单个、成对或短链状排列，无鞭毛和芽孢，无动力，具有明显的荚膜，长期传代可失去荚膜。所有生长菌毛的菌株均有某些黏附特性，多数菌株具有菌毛，有的属于甘露糖敏感的 I 型菌毛，有的则为抵抗甘露糖的 II 型菌毛，也有的两者兼而有之。肺炎克雷伯菌的 DNA 中 G＋C 为 $53\sim58mol\%$。模式株：ATCC13883，CID82.9，DSM30104，JCM1662，其中 ATCC13883 菌株为肺炎克雷伯菌狭义的菌株（其 V－P 反应和在 KCN 中生长均为阴性）；GenBank 登录号（16SrRNA）：X87276，Y17656。

肺炎克雷伯菌肺炎亚种 [K. pneumoniae subsp. Pneumoniae]，即通过所指的肺炎克雷伯菌，DNA 的 G＋Cmol% 及模式株与其是相同的；GenBenk 登录号（16sRNA）：AB004753，AF130981。肺炎克雷伯菌臭鼻亚种 [Ozaenae (Abel 1893) ΦrsKov 1984]，即通常所指的臭鼻克雷伯菌。曾在最早被命名为黏液臭鼻杆菌（Bacillus mucosus ozaenae A-bel，1893)、臭鼻杆菌（Bacillus ozaenae Abel，1893）；1925 年归入克雷伯菌，命名为臭鼻克雷伯菌 [K. Ozaenae (Abel 1893) Bergey et al.，1925]。模式株：ATCC 11296，CIP S2.211，JCM 1663，LMG3113；GenBank 登录号（16SrRNA）：Y17654，AF130982。

肺炎克雷伯菌鼻硬结亚种 [K. pneumoniae subp. rhinoscleromatis (Trevisan 1887) ΦrsKov，1984]，即通常所指的鼻硬结克雷伯菌。该菌最早被命名为鼻硬结克雷伯菌（K. rhinosclerromatis Trevisan，1887]），后又称鼻硬结杆菌 [Bacterium rhinoscleromatis (Trevisan 1887) Migula，1990]。模式株：ATCC13884，CIP52.210，JCM1664，LMG3184；GenBank 登录号（16SrRNA）：Y17657，AF130983。

本菌属兼性厌氧，能在 $15\sim40℃$ 中生长，最佳生长温度为 37℃、pH7.0~7.6。对营养要求一般，不需特殊的生长因子，在含糖培养基上能形成肥厚荚膜，菌落圆突，灰白色，闪光，丰盛而黏稠，常相互融合，触之黏稠而易拉成丝，斜面上能长成灰白色半流动状黏性培养物。肉汤内生长数天后可成黏稠液体。具有发酵肌醇、产酸或产酸产气，水解尿素，利用枸橼酸盐，不产生硫化氢，鸟氨酸脱羧酶阴性等特性，这些特性常可用于区别肠杆菌科的其他成员。

有的肺炎克雷伯菌肺炎亚种菌株能产生 H_2S（纸条法）；能发酵山梨醇、蔗糖、鼠李糖、乳糖、核糖、侧金盏花醇、甘油、水杨苷、卫茅醇等，不发酵苦杏仁苷、山梨糖、糊精、苷露糖、肌醇、菊糖等；少数菌株之外的鸟氨酸脱羧酶阳性，不产生吲哚，甲基红试验阴性，V－P 试验阳性。

肺炎克雷伯菌 3 个亚种的主要鉴别特征（表 2-7）。摘自赵乃昕等主编的《医学细菌名称及分类鉴定 2006》。

表 2-7　肺炎克雷伯菌 3 个亚种的鉴别特征

特征	肺炎亚种	臭鼻亚种	鼻硬结亚种
葡萄糖产气	+	d	+
乳糖	+	(+)	−
卫茅醇	d	−	−
V−P 反应	+	−	−
柠檬酸盐利用	+	d	−
丙二酸盐利用	+	−	+
尿素酶	+	d	−
果胶酸盐利用	−	−	−
D-酒石酸盐利用	d	d	−
黏液酸盐利用	+	d	−
赖氨酸脱羧酶	+	−	−
精氨酸双水解酶	−	d	−
ONPG	+	v	−

另外，Reeve 和 Braithwaiter（1975）曾指出，在克雷伯菌中存在着对乳糖发酵强阳性表型菌株和弱阳性表型菌株两大类，并认为强阳性表型菌株是存在调节乳糖发酵质粒的。

克雷伯氏菌具有 O 抗原和 K 抗原两种。Kauffmann（1949）作了血清学分类，分为 3 个种，3 个亚种。现分为 5 个种，3 个亚种。有 O 抗原 12 个、K 抗原 82 个分型主要根据 K 抗原。某些克雷伯菌还带有菌毛抗原，表现为两种黏附特性，一种是 MS 黏附素，对甘露糖抵抗，与疏松菌毛有关，称为 Ⅱ 型菌毛，带有菌毛的细菌不能结合未经鞣酸处理的新鲜红细胞。利用荚膜肿胀试验，可将其分为 80 多个型别，其中 1、2 和 4 型的致病性较强。其他分型方法不少，可用于发生感染后的流行病学调查。

克雷伯氏菌的血清型与致病性有密切关系。据报道，克雷伯氏菌 K2、K8、K9、K21 和 K24 菌株具有在肠道内繁殖的能力，很容易随粪便污染而感染。K1-K6 菌株通常与呼吸道感染有关，这些菌种很少在粪便、尿标本中分离到。臭鼻病是一种萎缩性鼻炎，伴有难闻的气味，已经证明这种疾病与 K4、K5 和 K6 血清型有关。此外，肺炎克雷伯氏菌不同血清型多重抗药性菌株引起的爆发感染时有发生，研究表明该菌对庆大霉素、氨苄青霉素、头孢菌素、羧苄青霉素的耐药性可以在耐药性菌株与实验室敏感菌株及在敏感菌株之间传递。Courteny 等研究表明，编码多重量耐药性的质粒即 R 质粒，能被转移到不含质粒的大肠杆菌中。用质粒图谱分析证明，R 质粒在流行菌株和肠道菌群中的传递是导致爆发感染的主要原因。有关研究证明，肺炎克雷伯氏菌对庆大霉素的耐药性与广泛使用庆大霉素有关，但其耐药性的改变并不是由于抗生素的使用所致。细菌的耐药性有 3 个来源，即 R 质粒的传递、抗药性基因突变和生理性适应。抗生素的使用起着选择耐药性菌株、淘汰敏感菌株的作用。本菌产生肠外毒素性复合物主要成分：荚膜多糖 60%、脂多糖 30%、少量蛋白质 7%，分

LT 和 ST 肠毒素。

由于长期应用广谱抗生素，引起菌群紊乱，使被抑制的条件性致病大量繁殖、传播，给临床抗生素感染带来困难；由于 ESBL 的质粒上常常携带着对其他抗生素耐药基因，使克雷伯菌产生多种不耐药表型，自 1983 年德国发现 ESBL（超广谱 β-内酰胺酶）二阶段有所增加。王轶连（2006）曾报道，煤工尘肺两阶段肺炎克雷伯菌二阶段检出情况及两阶段产 ESBL 与非产 ESBL 肺炎克雷伯菌耐药率（表 2-8，表 2-9，表 2-10）。

表 2-8　煤工尘肺住院患者两个阶段肺炎克雷伯菌检出情况

尘肺分期	2001～2002			2003～2004			P 值
	致病菌	肺炎克雷伯菌	检出率%	致病菌	肺炎克雷伯菌	检出率%	
Ⅰ 期	243	54	22.22	297	133	44.78	<0.01
Ⅱ 期	239	67	28.03	324	156	48.15	<0.01
Ⅲ 期	88	25	28.41	85	41	48.24	<0.01
合计	570	146	25.61	706	330	46.74	<0.01

表 2-9　煤工尘肺住院患者两个阶段产 ESBL 的肺炎克雷伯菌株检出情况

尘肺分期	2001～2002			2003～2004			P 值
	肺炎克雷伯菌	产 ESBL 菌株	检出率%	肺炎克雷伯菌	产 ESBL 菌	检出率%	
Ⅰ 期	54	4	7.41	133	34	25.56	<0.01
Ⅱ 期	67	9	13.43	156	51	32.69	<0.01
Ⅲ 期	25	2	8.00	41	12	29.27	<0.01
合计	146	15	10.27	330	97	29.39	<0.05

表 2-10　煤工尘肺住院患者肺炎克雷伯菌耐药率比较

抗生素	2001～2002				2003～2004			
	产 ESBL (n=15)		非产 ESBL (n=131)		产 ESBL (n=95)		非产 ESBL (n=233)	
	耐药株数	耐药率%	耐药株数	耐药率%	耐药株数	耐药率%	耐药株数	耐药率%
阿米卡星	2	13.33	0	0	17	17.53	2	0.86
妥布霉素	4	26.67	9	6.87	26	26.80	19	8.15
哌拉西林	7	46.67	20	15.27	56	57.73	34	14.59
头孢唑林	15	100	114	87.02	97	100.00	212	90.99
氨苄青霉素	15	100	131	100	97	100	232	99.57
环丙沙星	8	53.33	13	9.92	40	41.24	23	9.87
左氧氟沙星	4	26.67	12	9.16	32	32.99	24	10.30
氧氟沙星	7	46.67	14	10.69	36	37.11	23	9.87
头孢噻肟	13	86.67	15	11.45	83	85.57	22	9.44
头孢他啶	13	86.67	13	9.92	78	80.4	27	11.59

据广州医院 1999～2000 年统计，克雷伯菌产生 ESBL 菌高达 28％，不仅可引起爆发流行，而且多重耐药性特性，在治疗上遇到新难题。

研究表明，整合子（Integrin）是一种能识别俘获外源性移动基因，是携带编码抗生素耐药基因盒的 DNA 片断，具有位点特异性的基因重组系统。整合子不仅可介导细菌耐药性群聚，导致多重耐药性的产生，而且可以在不同遗传物质和菌种间转移，引起耐药基因高效快速转移。现已确认 4 类整合子，但耐药方面最重要作用的为第Ⅰ类整合子。

流行病学

克雷伯氏菌主要寄生于动物和人的呼吸道及肠道中，是条件性致病菌，肺炎克雷伯菌肺炎亚种的感染缺乏宿主特异性，能在一定的条件下引起人及多种动物的感染发病。目前已从马、牛、猪、鸡、鹧鸪、鸭、麝鼠等体内分离到肺炎克雷伯氏菌。国内牛钟相等报道，克雷伯氏菌肺炎亚种是引起"山羊猝死症"的主要病因之一。刘华英等报道乌骨鸡的产酸克雷伯氏病。肺炎克雷伯氏菌对 30 日龄以内雏鸡有极强致病力。在人的各年龄阶段均可被肺炎克雷伯菌感染，但免疫缺陷者不但易感且易致败血症；对于呼吸系统及泌尿系统病人、新生儿、强化监护病人和老年病人等，常引起医院内感染。

克雷伯氏菌在自然界中广泛存在于土、水、谷类等中。患者和患病动物是肺炎克雷伯菌主要的传染源，主要通过呼吸道传播。家禽及其产品如蛋、肉用鸡及它们所处的环境，可能是人患克雷伯氏菌病的传染源。主要是自身带菌所致的内源性感染，部分是外源性感染，如医疗器械、静脉注射输液等的侵入性诊疗措施和医务人员带菌传播。在人的食物中毒，其传播主要是通过被污染的食物（食源性的）。

人及动物的肺炎克雷伯菌感染，在临床表现与病理变化方面存在多种类型且比较复杂，但主要可以分为呼吸系统感染和呼吸系统外感染两大类。另一方面，常常是同一种克雷伯菌可引起多种不同类型的感染，或多种克雷伯菌可引起同一类型的感染。已有一些研究报告显示，尽管在人的肺炎克雷伯菌可被分离于多种临床材料，但总是以痰液、咽拭子最多，据 2 600 株分离菌分析，1 806 株为痰液及咽拭子分离，占 69.46％，这表明肺炎克雷伯菌的感染是以呼吸道最为常见，其次为尿液（276 株，占 10.65％）。除呼吸道感染外，还常可引起消化系统、泌尿系统、某些组织器官、创伤的感染及败血症等。在人与动物间的不同点，是表现在动物更易出现败血症感染。

本病一年四季均可发病，以夏、秋季为发病高峰。研究表明，患者年龄越小，患病率越高。

发病机制

无论是对人，还是对动物的感染，尽管肺炎克雷伯菌的感染类型较多，但主要还是呼吸系统的感染；在病原致病机制、临床与病理变化等方面，也有不少的相似甚至相同之处。

对克雷伯菌的致病机制研究较多的是肺炎克雷伯菌的荚膜多糖（CPS）及菌毛，其与肺炎克雷伯菌在宿主体内的移居、黏附和增殖有关，被认为是肺炎克雷伯菌的重要毒力因子。

1. 细菌黏附对发病过程形成的影响　黏附于宿主细胞表面是致病菌发生感染的第一步，细菌常是借助于表面黏附蛋白成分与宿主细胞受体的作用来达到附着的目的。已知肺炎克雷伯菌的黏附因子主要有Ⅰ型、Ⅲ型菌毛及非菌毛的黏附蛋白 CF29K 和 KPF28，越来越多的研究结果表明菌毛在该菌的致病过程中发挥了重要的作用，是与细菌的黏附定植直接相关的。

Ⅰ型菌毛能凝集豚鼠的红细胞，能与宿主糖蛋白中含甘露糖的三糖结合，因此为 MSHA 的。在致病过程中，Ⅰ型菌毛能使细菌与黏膜或泌尿生殖道、呼吸道、肠的上皮细胞结合，尽管Ⅰ型菌毛主要与泌尿道感染的致病机理有关，但也涉及肾盂肾炎的致病机理。已表明Ⅰ型菌毛能与近曲小管细胞结合，能与尿中的可溶性含甘露糖蛋白（如 Tamm - Horsfall 蛋白质）结合，由此表明Ⅰ型菌毛介导泌尿生殖道的细菌移植，Ⅰ型菌毛介导的细菌移植，首先与宿主黏膜表面非特异性结合，只有当黏膜上皮的细菌侵入到深部组织才能发生感染，此后的菌毛便不再发生作用，因为随之启动了调理素（Opsonin）依赖性的细胞活性，即调理素吞噬作用。Ⅲ型菌毛只能凝集鞣酸处理过的红细胞，能耐甘露糖，属于 MRHA 的。表达Ⅲ型菌毛的肺炎克雷伯菌能黏附于内皮细胞和呼吸道、泌尿生殖道的上皮细胞上，在肾脏能介导细菌黏附到肾小管基底膜、肾小球囊（鲍曼囊）和肾小球上。总之，Ⅰ型菌毛主要黏附在尿道上皮细胞，Ⅲ型菌毛主要黏附于呼吸道上皮细胞。

2. 细菌荚膜多糖的抗机体免疫活性　荚膜多糖形成的纤维结构的厚包裹以多层方式覆盖在菌体的表面，从而保护细菌免受多形核中性粒细胞的吞噬，还能抑制巨噬细胞的分化及功能；荚膜作用的分子机制是抑制补体的活性，特别是补体 C3b。

3. 细菌毒素与病理损伤　已知肺炎克雷伯菌可产生多种毒素，其中一种相对分子质量为 5 000 的热和酸稳定肠毒素（ST）的致病作用与大肠杆菌的 STa 相似，可激活鸟苷酸环化酶系统；36KDa 的不耐热肠毒素（LT），可能具有导致组织损伤并能协助细菌进入血流的作用。

克雷伯菌的毒力是多因素且复杂的，主要包括菌毛黏附素（fimbrial adhesin）或非菌毛黏附素（afimbrial adhesin）、铁载体系统、荚膜多糖、脂多糖、毒素等。克雷伯菌可通过黏附素吸附于细胞，铁摄取系统可使细菌在宿主的铁限制环境中生长增殖，荚膜多糖、脂多糖等具有抵抗机体的血清杀菌及白细胞吞噬作用，毒素及其他菌细胞外成分可对宿主细胞产生损伤并能协助细菌进入血液。

克雷伯菌的潜在毒力因子（表 2 - 11）。

表 2 - 11　克雷伯菌的潜在毒力因子

毒力因子	特　征
黏附素	Ⅰ型和Ⅲ型菌毛
	CF29k（非菌毛的，质粒介导）
	KPF28（菌毛的，质粒介导）
铁载体	肠杆菌素
	气杆菌素
荚膜多糖	77 种荚膜型（K1～K5 型毒力最强）
脂多糖	8 种菌体（O）型；O/2ab，O_2 和 O_3 在临床标本中最常见
毒素	肠毒素热稳定型（ST）和热不稳定型（LT）
	细胞毒素
	溶血素

临床表现

人克雷伯菌感染

克雷伯氏菌主要寄生于人和动物的呼吸道及肠道中，在正常条件下极少为害人和畜禽，只有在特殊情况下才能引起人和畜禽发病，导致动物的肺炎、子宫炎、乳腺炎及其他化脓性炎症。发病有两个基本条件。细菌在宿主体内"移位"进入下呼吸道、血液循环或其他部位，实现自身感染；或细菌经呼吸道或尿道或静脉等处介入宿主体内，同时感染者本身的免疫水平降低是一个不可忽视的条件。

按克雷伯菌对宿主的致病性，目前已有资料显示，可将其属内现已明确的 6 个种分为 3 类：①以人专性致病的克雷伯菌 1 个种：肉芽肿克雷伯菌（*K. granulomatis*），即原来归入鞘杆菌属的肉芽鞘杆菌（*C. granulomatis*）；另外，也包括肺炎克雷伯菌臭鼻亚种和鼻硬结亚种。②已明确对人是具有致病性的克雷伯菌 1 个种：植生克雷伯菌，现已归入拉乌尔菌属的植生拉乌尔菌。③已明确对人及动物均具有致病性的克雷伯菌 4 个种：肺炎克雷伯菌肺炎亚种、运动克雷伯菌、产酸克雷伯菌、土长克雷伯菌（现已归入拉乌尔菌属的土生拉乌尔菌）；但除了肺炎克雷伯菌肺炎亚种外 3 个种，尽管已明确对人及动物均具有一定的致病作用，但似乎还不能被明确地列入人兽共患细菌病的病原菌范畴。

人的克雷伯菌感染，可人为地划分为 3 种类型：

1. 杜诺凡病　是由肉芽肿克雷伯菌引起人的一种性传播疾病，即腹股沟肉芽肿，这是一种慢性的溃疡性疾病，主要侵害生殖器官。

2. 肺炎及呼吸道感染　除了肉芽肿克雷伯菌外的所有克雷伯菌，均主要是能引起发生肺炎及呼吸道感染，其中尤以肺炎克雷伯菌表现突出，而从医学临床标本分离的肺炎克雷伯菌约 95％ 为肺炎亚种。肺炎克雷伯菌引起人类呼吸道炎、肺炎、泌尿生殖道炎和腹泻等。近年来，人感染的菌谱也发生了较大变化，特别是一些毒力较弱的机会致病菌增加幅度较大，其中克雷伯菌已上升到仅次于绿脓杆菌，居革兰氏染色阴性菌感染的第二位，可见其感染的严重性。该菌感染死亡率较高，人患克雷伯氏菌肺炎，较一般肺炎病情重，一般肺炎常用的首选药物青霉素无效，一旦发生就难以控制，死亡率高达 50％ 以上。Carroll 等（1995）报道人呼吸道炎、肺炎、泌尿生殖炎和腹泻。临床表现不典型，可表现急性腹泻，也可迁延不愈、慢性腹泻。大便多呈稀水样便、黄绿黏便，未见脓血便，每天 5～6 次，严重者达 10 次以上，出现脱水及电解质紊乱，多见低钠血症。

幼儿若喂养不当，易引起腹泻，同时其免疫功能低下，易患呼吸道、肠道感染性疾病。若抗生素使用不当，使肠道菌群失调，继发腹泻或腹泻加重。

3. 呼吸系统外感染　除了肉芽肿克雷伯菌外的所有克雷伯菌，也均能引起呼吸道外感染，较为常见的是泌尿道感染、腹腔内感染、创伤感染、菌血症及伴随的某种组织器官感染、败血症、腹泻等，其中尤以肺炎克雷伯菌肺炎亚种的出现频率最高。人表现为下呼吸道感染、败血症、泌尿道感染、化脓性脑膜炎、肠炎、臭鼻病、慢性肉芽肿性鼻硬结病等。曲红光等（2008）报告，一名 35 岁患者表现为发热、便血，从血液、尿液、粪便中检出肺炎克雷伯菌，确诊为肺炎克雷伯菌肠炎引起出血休克。此外，还报告有败血症、腹泻等。肺炎克雷伯菌臭鼻亚种引起有恶臭的慢性萎缩性鼻炎。肺炎克雷伯菌鼻硬结亚种引起慢性肉芽肿病变，侵犯鼻咽部，使组织发生坏死。据罗光荣等（1994）调查在克雷伯菌感染的严重性中，检测了痰液标本 1 356 份，检出克雷伯菌株 102 株（检出率 7.5%），其中肺炎亚种 80 株，占 78.4%；产酸克雷伯菌 10 株，占 9.8%；臭鼻亚种 8 株，占 7.8%；植生克雷伯菌 3 株，占 2.9%；鼻硬结亚种 1 株，占 1.0%。

由肺炎克雷伯菌引起的食物中毒，近年来已陆续有临床报告，成为不可忽视的病原菌。顾孝楣等（2005）报告，浙江省海宁市某中学食堂发生食物中毒，表现腹痛、腹泻，共发病 42 人，经检验表明，是食用了被肺炎克雷伯菌污染的凉拌豆腐所引起的。岳国萍（2008）报告，北京宣武区某餐厅发生食物中毒，15 人就餐的 2 天后有 8 人出现不同程度的腹痛、腹泻、呕吐等消化道症状，经检验是餐厅冷荤菜被肺炎克雷伯菌污染。

猪克雷伯菌感染

1. 以呼吸道症为主的临床表现　猪肺炎克雷伯菌感染主要发生天气突然变化或应激条件下，主要表现为呼吸道症状。猪体温升高、呼吸加快、皮肤充血、发绀、发紫，鼻流脓液、排恶臭稀便等症状；尸僵不全，肌肉苍白，额至脐下的皮下结缔组织呈黄绿色浆液性浸润，血液暗红、凝固不全，胸腔积红色渗出液，肺气肿，气管、支气管充满气泡，胃和肠黏膜卡他性炎症，肝暗红色、质软，心耳积血，心室壁厚，肾质软，淋巴结轻度肿胀。

我国也有肺炎克雷伯菌感染猪的报道。

案例 1：

陈枝华、江斌等（1991）报道，浙闽一带发生一种以呼吸道症状为主的传染病。并对持续高温下 5 个发病猪场调查。共 2 368 头猪，发病 1 053 头，发病率 44%；死亡 111 头，死亡率 4.7%。本病主要发生于 45～90kg 的大猪，小猪症状轻。表现为：体温升高达 41～42℃，有浆液性、黏液性鼻漏，尿黄，粪干。呼吸急促，连声咳嗽，以腹式呼吸为主；在猪侧卧呼气时，可见腹壁的波浪运动。严重者出现犬坐姿势。临死前，部分猪口鼻有淡红色泡沫流出。临床用青霉素、链霉素治疗效果不佳。人工攻毒猪，在攻毒后 6h 开始出现精神沉郁，体温升高达 41.6～41.8℃，并有喘息症状，第 2 天后即出现咳嗽。

对 36 头病死猪或急宰猪剖检。主要病变在肺部；肺淋巴结肿胀、充血、出血，肺的大部分组织发生肝变（尤其是肺尖叶），切面红色或大理石样变或虾肉样变化。有些病例肺部组织出现局灶性坏死，手触摸有明显硬质感，切开硬灶有胶冻样物质流出；有的病例肺表面有纤维性物质渗出，肺与胸壁发生明显粘连。肝脏肿大。其他脏器未见到明显的肉眼病变。

案例 2：

邓绍基等（1997）报道，闷湿夏季采购进 60 日龄左右仔猪 408 头。数天后有 3 头拉稀、高热，退热药、抗生素治疗无效，3 天后死亡。而后陆续发病，病死亡 105 头。从发病到病情得以控制共 2 个月。临床表现为：病初体温升高至 41.3～41.8℃，精神委顿，食欲减退，饮水增加，鼻流脓液，咳嗽，眼结膜发炎，呼吸浅快，全身皮肤充血、潮红，肌肉震颤，尿液呈茶色。病中期鼻端发绀。两耳和腹部发紫，呈吸气性呼吸困难，眼有脓性分泌物；有的病猪行走摇摆，后躯无力；有的病猪后肢麻痹，卧地不起。病后期体温降至 37.5℃，身体明显消瘦，呼吸极度困难，排黄色水样恶臭稀便，部分发病猪的粪便混有血液和气泡，最后衰弱死亡。

剖检 10 头病死猪，其病理变化：口腔有多量黏稠液体，胸腹腔有大量液体，颜色红黄色并混有纤维素性渗出物而浑浊；肺脏肿大，有大片坏死和肉变区，并与胸壁粘连，整个胸腔呈典型的胸膜肺炎病变；肝脏肿大，有坏死灶，质硬；胆囊黏膜变厚，有点状出血；肾脏有点状出血，被膜易剥离；脾脏肿大，边缘有条索状纤维性渗出物；心内膜附着大量黄白色纤维素渗出物；全身淋巴结水肿；膀胱充满尿液，黏膜肿胀；肠臌气，肠内粪便呈淡黄色或浅红色。

人工攻毒90日龄28kg仔猪，30～36h相继死亡，病死猪的症状、剖检变化与自然病例基本一致。

案例3：

王永康等（1997）报道，某千头母猪的20～100日龄，4～20kg仔猪，每月死亡仔猪200头左右。主要症状：体温升高，两耳皮肤发红、发紫，病猪精神沉郁，采食不佳至废绝，一般在数天内死亡。不死的猪生长迟缓，长期腹泻。病猪呈现后肢瘫痪、不能站立等，病程4～5天死亡。无明显季节性，但由于并圈，气候突变且气候在20℃以上发病数量增加，而气温在20℃以下发病较少，且多表现腹泻症状。

病理变化：肝脏肿大，有坏死灶并质硬；肾脏有点状出血；肺脏呈纤维性肺炎；脾脏边缘坏死；胆囊黏膜变厚，有点状出血；膀胱充满尿液，黏膜肿胀；心内外膜出血。1例颈部皮下有黄色水肿液。

案例4：

房司铎（1971）报道，哺乳仔猪肺炎克雷伯菌杆菌病例。临症为15～20日龄仔猪，营养状况上等。起始病猪精神沉郁，结膜苍白，食欲减退，呼吸浅速，偶发咳嗽，站立不稳，体温低下。剖检变化：病死猪尸僵不全，肌肉颜色苍白，额至腹下的皮下结缔组织呈黄色浆液性浸润，血液暗红色凝固不全，胸腔积红色渗出液，肺气肿，气管、支气管内充满气泡，胃底和肠黏膜卡他性炎症，肝脏暗红色、质软，心耳积血，心室壁变薄，肾脏质软，淋巴结轻度水肿。哺乳仔猪感染该菌，可能系母猪带菌，通过产道或接触传染给仔猪。

2. 母猪乳房炎　Kauffmann（1949）报道了本菌致猪乳腺炎等。Ross等（1957）调查病猪中的克雷伯菌以肺炎克雷伯菌血清型为主。用不到120个克雷伯肺炎杆菌作乳房滴注，母猪将会发生乳房炎。对污染乳头1 425次样本，有30个分离到本菌。在妊娠母猪开产或产后2h内，外部感染母猪的乳头，致病是成功的。病猪表现体温低下，精神沉郁，结膜苍白，食欲减退，呼吸浅速，站立不稳，偶发咳嗽。母猪发生乳腺炎和产生严重的白细胞减少症。

诊断

本菌可从肺、粪便、水、土壤分离培养，接种于选择性培养基等，根据菌落形态特征及生化特性作出鉴定。痰液、血液和尿液是常见的检测标本，也有采集机体分泌物、粪便等标本。痰液培养可能出现假阳性，应注意判定。如痰液涂片上见到有荚膜的革兰氏阴性杆菌，或痰液定量的细菌浓度达到≥10^7cfu/ml者，其诊断价值较大。有条件的可作肺炎克雷伯菌肠毒素检测及微膜肿胀试验。

按常规方法取新鲜粪便，将其接种于各种选择培养基：①麦康凯-肌醇-羧苄青霉素（MIC）琼脂培养基，菌落呈红色，对克雷伯菌的选择性达97%～99%；②Simmon's枸橼酸琼脂加1%的肌醇。菌落呈较大、黄色、湿润，而大肠杆菌为微小的无色菌落。根据吲哚试验、ITR试验、果胶酸盐降解、10℃生长、发酵菊糖、D-松三糖、L-山梨糖试验及龙胆酸盐利用、卫矛醇、侧金盏花醇发酵等生化反应即可鉴定本属菌。

同时克雷伯菌与肺炎链球菌、大肠杆菌有密切的抗原关系，如克雷伯菌 K2 与肺炎链球菌 2 型有交叉反应；克雷伯菌 K7、K8、K10 和 K11 与大肠感染 K55、K34、K39 和 K37 有密切的抗原关系；克雷伯氏菌 K63 和大肠杆菌 K42 间的抗原有交叉反应，故要注意鉴别。

此外，还可应用分子生物学检查、免疫血清学检查和动物感染试验。

临床上要注意与土生乌拉尔菌感染和阴沟肠杆菌感染的鉴别。

防治

在抗生素应用之前，本病的病死率高达 51％～97％，若并发广泛性肺坏疽，则病死率达 100％。另外，还可引起菌血病和烧伤患者的感染。在医院感染病例逐年增加，故要对医院加强管理，定期消毒。医护人员要严格执行消毒隔离制度，防止医源性传播。另一方面，要加强食品卫生管理，对病禽及污染食品要消毒处理。对医院污水要按要求消毒，粪便、污物要无害化处理。平时注意饮食卫生和养成良好的卫生习惯。

对畜禽要创造良好生产环境，加强平时的饲养管理；对养殖场环境、圈舍、产床、家禽孵化器、饲槽、笼具等的定期消毒处理；对粪便、病死畜禽要及时进行无害化处理；保持饲料、饮水的清洁卫生。

药敏试验结果表明，本菌对氨苄西林＋舒巴坦敏感。对第三代头孢菌素（复达欣、头饮曲松、头孢安塞肟、头孢哌酮）敏感，可酌情选用。对氧氟沙星敏感，儿童慎用，成人一般剂量每天为 10～20mg/kg，疗程一般为 1～2 周。同时对患者要给予支持和对症治疗。以肺部感染为例，应注意气道通畅，及时吸出分泌物，必要时给予吸氧等。注意水、电解质与酸碱平衡，补充足够的热能。注意机体发热、感染性休克、中毒性脏器受损等的妥善对症处理。动物可参照人的用药，对家禽、家畜还可用土霉素拌料，可预防该病的发生。

菌苗的研制仅限于牛、羊、家兔等的病原分离菌（肺炎克雷伯菌）。制备的福尔马林氢氧化铝灭活苗的试验，通过免疫接种后相应动物表现有一定的免疫保护效果。表明克雷伯菌的 K.O 抗原具有良好的免疫原性，在被感染后耐过或接种免疫动物，其机体能产生良好的免疫应答，主要为体液免疫抗体反应。

附：土生克雷伯菌感染（*Klebsiella Terrigena* Infectious）

土生克雷伯菌感染是由克雷伯菌属中的土生克雷伯氏菌（土生拉乌尔菌）致人畜共患性疾病。病人深度昏迷，呼吸困难，弥漫性出血，皮肤呈玫瑰红色，甚至死亡。

土生克雷伯菌原属克雷伯氏菌属。2001 年根据 16SrRNA 和 RpoB 基因测定出克雷伯菌属内的 3 个菌群：肺炎克雷伯菌构成菌群 I，由解鸟氨酸克雷伯菌、植生克雷伯菌和土生克雷伯菌组成菌群 II。测序结果加上生化和 DNA 杂交数据，使人们为菌群 II 中的种建立一个新的属——Raoultelle。Danccourt（2001）等学者提议将鸟氨酸克雷伯菌、植生克雷伯菌和土生克雷伯菌三菌从该属归入拉乌尔菌属，分别命名为解鸟氨酸拉乌尔菌、植生拉乌尔菌和土生拉乌尔菌。代表菌种为植生拉乌尔菌。

病原

土生拉乌尔菌（*Klebsiella Terrigena*）隶属肠杆菌科，拉乌尔菌属，为粗大杆菌，厌气培养近似球形粗大杆菌，从环境或畜体分离菌有 3～4 个相连呈短链状，两个呈双排列，无芽孢，有荚膜。革兰氏染色为阴性。38℃18～24h血平板上细菌缓慢生长，形成中等大小菌落，未发现溶血环。在37℃、45℃培养生长快，形成边缘整齐、不透明、有黏稠性的大菌落；中国兰培养24～48h，呈蓝色大菌落，胶水样菌苔，粘连处先变色，单个菌落后变色，菌落无拉丝现象。48～72h菌落逐渐变为红色。土生拉乌尔菌在中国蓝平板上由蓝色菌落变为红色菌落的显著培养特征。分解蛋白质产气，分解糖类产酸、产气，特别在含有葡萄糖肉汤中产酸，产生大量气体。其具体生化反应特征见表2-12，土生拉乌尔菌与属内菌种鉴别见表2-13。

表 2-12　土生拉乌尔菌菌株生化反应

基质	结果	基质	结果	基质	结果
葡萄糖产酸	+	甘油	+	苯乙酸	+
葡萄糖产气	+	对硝基-甲基半乳糖	+	苯丙氨酸	－
乳糖	+	阿拉伯糖	+	柠檬酸	+
麦芽糖	+	明胶	－	苹果酸	+
甘露糖	+	尿素	+	鸟氨酸	－
蔗糖	+	七叶灵	+	赖氨酸	+
木糖	+	甲基红	+	硝酸盐还原	+
纤维二糖	+	动力	+	氧化酶	－
松三糖	－	牛奶发酵	－	硫化氢	－
鼠李糖	+	甘露醇	+	己二酸	+
海藻糖	+	柳醇	+	触酶	+
棉子糖	+	山梨醇	+	卫矛醇	+
N-乙酰-葡萄糖	－	葵酸	+	液化牛肉	+
吲哚	－	侧金盏花醇	+	卵磷脂酶	－

表 2-13　土生拉乌尔菌与属内菌种鉴别的关键性试验

菌名	吲哚	鸟氨酸	VP	丙二酸盐	ONPG	10℃	44℃	松三糖
鲜鸟氨酸拉乌尔菌	+	+	V	+	+	+	ND	ND
植生拉乌尔菌	V	－	+	+	+	+	－	－
土生拉乌尔菌	－	－	+	+	+	+	－	+

注：＋：90%以上菌株阳性；－：90%以上菌株阴性；V：11%～89%菌株阳性；ND：无资料。

该菌代谢产物明显对红细胞有溶解作用。DNA G＋C 为 52.4mol%。典型菌株为 ATCC 33257。

流行病学

拉乌尔菌属可以从水、土壤、植物中分离，偶尔从哺乳动物黏膜，包括人类标本中分离到，在免疫力低下人群且由于侵入性操作提供感染途径后发生感染。邓明林（2005）对一起人—猪土生克雷伯菌感染调查，符合土生克雷伯菌感染中毒休克诊断标准的病例有 8 例，其中 6 例死亡。所有病例均发生在 8～12 月。其中主要集中在 8～9 月。病例分布相邻之间均没有明显接触史。患者年龄：最小 32 岁，最大 59 岁，平均年龄 48 岁。在 8 例患者中，男性 7 例，女性 1 例，均住在农村。在患者中 3 例为屠夫，5 例明确接触过内脏；7 例患者均食用过死猪肉或接触过死猪，1 例患者接触过病牛，患者在发病前均有与死猪和病牛直接接触史。张贵堂（2013）报道，从 1 例发热的糖尿病患者血液中检出土生拉乌尔菌。

临床表现

人土生克雷伯菌感染

人的主要临床症状：潜伏期均在 2 天以内，大多数在 24～30h。高热、呕吐、心慌、呼吸困难、腹痛、腹泻、昏迷、休克、皮肤呈玫瑰红瘀点、瘀斑，主要分布在四肢、头面部、胸部。邓明林对中毒休克综合征病例临床统计为：发热（8 例），恶心（7 例），呕吐（7 例），心慌，呼吸困难（8 例），寒战，腹痛，腹泻，皮肤瘀点，瘀斑，主要分布在四肢、头面部，但不高出皮肤，无溃疡（8 例），休克（8 例），少尿（8 例）。

尸检可见多脏器不同程度出血，重度肺瘀血，肾脏出血，肾小球见微血栓，肺脏、肠和脾出血，蛛网膜下腔灶性出血，脑水肿。

张贵堂对一名 65 岁糖尿病患者检查，住院前 5 天不明原因发热，反复发热，体温在 38.5℃，寒战，但神志清，双肺呼吸音粗，CT 显示双肺多发结节，双侧胸膜增厚并胸腔积液。

猪

发热，吐白色分泌物，呼吸困难，16～19h 后死亡。

动物解剖检查：心脏、肠、胃、胰、肺、皮下、脑等有出血点、出血斑，四肢、头部、腹部、胸前出现玫瑰红，特别是肺出血，出血斑最严重，与患者一致；菌株溶血与患者出血颜色相同。

诊断

本病发生率较少，可以根据流行病学，特别是与动物接触史表现较为特征性的临床症状，进行初步诊断。确诊需要进行细菌学分离、培养，但因发病急。在临床上意义不大。

与肺炎克雷伯菌相区别：肺炎克雷伯菌脲酶试验阳性，土生拉乌尔菌脲酶试验阴性。

防治

药敏试验认为哌拉西林、氟罗沙星、氯霉素、左氧氟沙星、链霉素、诺氟沙星等敏感；对多西环素、交沙霉素耐药。

五、变形杆菌感染
（*Proteus* Infection）

变形杆菌（*Proteus*）是一种常见的腐败菌，属于常见的条件致病腐生菌，在严重污染的食物中，通过生长繁殖后，可使食物含有大量此菌，人、畜食入后易引起泌尿系统感染、菌血症、伤口感染、食物中毒或腹泻等。临床上主要表现为胃肠炎型和过敏型。

历史简介

Hauser（1885）第一次分离并描述了该菌的基本特性，即该菌培养时可在培养基的表面爬行扩展，由于菌苔（落）形态的可变性状，即以希腊神话的海神 Paseidon 的随从 Proteus（proteus 为可以随意改变自己的形状）命名变形杆菌，当时包括现在的奇异变形杆菌和普通变形杆菌，以后新的类似细菌不断被分离出现。现在已形成 3 个菌属，即变形杆菌属、普罗菲登斯菌属和摩根菌属。1913 年确认本菌为牛的病原体。Skirrow（1977）分离到病原。Perch（1948~1950）建立了普通变形杆菌和奇异形杆菌抗原表。以 O 抗原分群，H 抗原分型，确立了 49 个 O 抗原群和 19 个 H 抗原。

病原

变形杆菌（*Proteus*）归属于变形杆菌属，变形杆菌包括 5 群，即普通变形杆菌（*P. vulgaris*）、奇异变形杆菌（*P. mirabilis*）、摩尔根氏变形杆菌（*P. morganii*）、雷极氏变形杆菌和无恒变形杆菌。

本属菌为能活泼运动而又极为多形性的一群肠道菌，有球形和丝状形，具有鞭毛、无荚膜、无芽孢、革兰氏染色阴性。最适生长温度为 34~37℃，在 10~45℃ 之间均可生长。对营养要求不高。在固体培养基上呈扩散生长，形成迁徙生长现象。若在培养基中加入 0.1% 石炭酸或 0.4% 硼酸可以抑制其扩散生长，形成一般的单个菌落。在 SS 平板上可以形成圆形、扁薄、半透明的菌落，易与其他肠道致病菌混淆。培养物有特殊臭味，在血琼脂平板上有溶血现象，能迅速分解尿素。

变形杆菌有菌体（O）和鞭毛（H）两种抗原成分，根据 O 抗原分群；O 抗原和 H 抗原组合可分血清型。研究显示，变形杆菌的致病性与其结构和生化特征密切相关，影响因素包括菌毛、鞭毛、酶类（包括尿素酶、蛋白酶和氨基酸脱氨酶等）和毒素（包括溶血素和内毒素）。奇异变形杆菌和普通变形杆菌均具有 O 抗原和鞭毛（H）抗原；另外，在某些菌株还存在荚膜（K）抗原，也称 C 抗原。

1. 普通变形杆菌（*P. vulgaris*） 革兰氏染色阴性、无芽孢小杆菌，37℃培养 24h，肉汤呈混浊生长，营养琼脂、血琼脂、MEB 平板上菌落呈蔓延生长，血平板上见草绿色溶血环。从血平板、SS 平板取具有生姜气味、迁徙状生长的溶血、革兰氏阴性的杆菌，接种于 TSI 琼脂斜面，同时进行尿素酶实验和苯丙氨酸脱氨酶实验，发酵葡萄糖，不发酵乳糖，产生 H_2S，有动力及琼脂斜面蔓延生长和两种总酶实验阳性，苯丙氨酸、靛基质、麦芽糖阳性、赖氨酸、鸟氨酸脱羧酶阴性。

2. 奇异变形杆菌（*P. mirabilis*） 革兰氏染色阴性，周身具有鞭毛，运动活泼，无荚膜，无芽孢，呈单个或成对的球状、球杆状、长丝状或短链状多种形态。该菌在普通培养基上生长良好，10~45℃ 范围内均可生长，37℃培养 24h，肉汤均匀混浊，液面有一层薄菌膜；在普通或巧克力琼脂平板上形成半透明的灰白色菌落，呈迁徙扩散生长，有腐败臭味，菌落或菌苔在阳光或日光灯下可发生淡黄色荧光；在血平板上形成 β-溶血。在含有 0.1% 胆盐、4% 碳酸、0.25% 乙醇、0.4% 苯乙醇、5%~6% 硼酸的琼脂培养基上或 40℃以上培养时，迁徙生长现象消失，形成圆形、较扁平、透明或半透明的菌落。奇异变形杆菌在一定的生长条件下，裂殖状态的短杆菌（长 $2\sim4\mu m$）将发生分化，菌体明显变成长丝状（可达 $80\mu m$），胞内含多个核质，鞭毛表达增长和数量增多（50 倍以上），多细胞协同一致并迅速成群向四周迁徙样生长。这种特殊的行为方式，称为集群（群游现象）。集群分化和裂殖合成总是交替进行，每一个循环（约为 4h）为一个集群周期。由于集群分化菌不仅菌体伸长，鞭毛过量表达，而且伴随着胞内尿素酶、胞外溶血素和溶蛋白酶产生等毒性产物及活性显著增加。因此，比裂殖菌具有更强的侵袭、定植、存活力和毒力。集群菌产生的高水平溶血素，其溶血能力是裂殖菌的 10 倍以上；动力阴性和集群阴性的变异菌株完全丧失侵袭能力，不能侵入尿道细胞，仅产生低水平及活性的溶血素、尿素酶和溶蛋白酶（为野型株的 $0\sim10\%$）；动力阳性和集群阴性变异菌株侵袭力比野型裂殖菌低约 25 倍，毒性产物水平同样减少（溶蛋白酶减少 3 倍）。同时奇异变形杆菌集群分化因过量表达鞭毛及尿素酶等，是泌尿感染并发肾及尿路结石的最主要原因之一。鞭毛主要介导奇异变形杆菌的动力，与奇异变形菌在组织中的侵袭力直接相关。奇异变形菌合成的尿素酶是一种胞浆内 Ni^{2+} 金属蛋白酶，分解尿素产生氨和 CO_2 而形成的碱性环境是肾和尿路结合发生的重要机制。本菌至少产生 3 种不同的 β-内酰胺酶，分别为超广谱的 P-内酰胺酶（ESBLS）、Ampc 酶、OXA-P-内酰胺酶。是需氧或兼性厌氧菌，可发酵葡萄糖、产酸产气，迟缓或不发酵蔗糖，对麦芽糖、乳糖、阿拉伯糖、甘露醇不发酵；苯丙氨酸脱羧酶和鸟氨酸脱羧酶阳性，迅速分解尿素，能产生大量 H_2S，甲基红试验阳性，VP 试验和靛基质试验阴性，能利用枸橼酸盐，还原硝酸盐，不液化明胶。DNA 中 G＋C 含量为 $38\sim41mol\%$。模式株：ATCC 29906；GenBank 登记号（16srRNA）：AF008582。

流行病学

变形杆菌在土壤、水等自然环境中及动植物中都可检出，为腐生菌，虽然能在粪中发现，但数量不多，一般不致病。Hagan 和 Bruners（1981）报告变形杆菌在猪粪中可找到，但很少大量出现，除非肠道的正常机能受到扰乱。但参与有机物的分解作用，肉制品、水产品和豆制品极易受其感染，而且在一般情况下，被污染的食物感官性状无明显改变，很容易被人误食。有报道在夏秋季节食品的带菌率为 $11.3\%\sim60\%$；在人和动物肠道中带菌率为 $0.9\%\sim62.7\%$，其中以犬的带菌率最高。在自然条件下，本属菌即可通过污染饲料、食品、饮水经消化道感染或菌尘的吸入经呼吸道感染，如普通变形菌、奇异变形菌等可引起食物中毒，有的变形菌与化脓性球菌可混合感染，引起化脓性炎症，也见于浅表伤口、耳部的引流脓液和痰液，特别容易出现在因抗生素治疗而杀灭了正常菌群的患者，为条件性致病菌。在肠道内过度繁殖时，可引起轻度腹泻，即内源性或外源性感染。奇异变形杆菌是最容易被分离的菌种，常分离自犬、牛及鸟类。普通变形杆菌最常见的宿主是牛、鸟类、猪和犬。

据调查，在炎热夏季，被污染的食物放置数小时即可含有足量的细菌，引起人类食物中毒。此外，苍蝇、蟑螂、餐具盒亦可作为传播媒介。

发病机制

关于变形杆菌食物中毒机制，一般认为是该菌在一定条件下，于食品（尤其是含蛋白质较高的）中大量繁殖，并达到一定数量，产生大量毒素引起。

细菌的致病性一般是由侵袭力和毒素构成。研究证实，奇异变形杆菌无侵袭力，但大多数菌株含有内毒素数量和耐热肠毒素，并从患者粪便中分离的菌株比食品中分离到的菌株产毒数量和毒力强，从而证明奇异变形杆菌的致病性与其产生的内毒素、耐热肠毒素（ST）密切相关。提示内毒素、ST 是变形杆菌引起食物中毒的主要致病因素。

奇异变形杆菌（P. m）作用于机体，首先在防御功能减弱的黏膜表面或伤口等部位大量繁殖，并分泌蛋白溶解酶、透明质酸酶等破坏靶细胞膜表面的免疫球蛋白（SIgA 或 IgG）及其他保护性黏蛋白。通过菌毛黏附到靶细胞表面，在靶细胞上分化生长，并超量表达鞭毛和多糖荚膜，尔后侵入细胞和细胞间质，释放大量尿素酶、溶血素、溶蛋白酶等毒力因子，作用于受感染细胞，最终导致相应组织和器官功能异常，引起疾病。其引起的食物中毒往往是食品在生产加工或销售过程中，消毒不彻底或受到污染而致。

1. 细菌黏附对发病过程形成的影响 奇异变形杆菌因其表达的多种菌毛，对尿道上皮细胞等具有特别的黏附、定植能力。在不同的条件下，可表达 4 种不同的菌毛，即耐甘露糖样变形菌菌毛（MRP）、奇异变形菌菌毛（PMF）、适温菌毛（ATF）和非凝集菌毛（NAF）。其中的 MRP 因其表达不受甘露糖的抑制而得名，具有尿道上皮细胞黏附的作用，MRP 的表达具有明显的体内选择性作用。PMF（其基因称 pmfA）对膀胱黏膜有选择性作用，而对肾组织和尿道上皮细胞均未见显示定植能力；PMF 在定植居于膀胱后，随之游动菌细胞分化为集群（群游）菌细胞并沿输尿管上行至肾脏；具有甘露糖抗性血凝（MRHA）的黏附素帮助细菌黏附于肾上皮细胞；一旦出现黏附，集群（群游）菌细胞就大量分泌多种酶类（尿素酶和溶血素等），可导致肾盂肾炎、尿石病及肾损伤。ATF 是严格受环境因素影响而合成的一种菌毛，不具有血细胞凝集反应菌毛，曾被称作尿道上皮细胞黏附素，主要介导奇异变形杆菌对尿道上皮细胞的黏附与定植作用。

2. 毒性酶的致病活性 奇异变形杆菌蛋白酶（PMP）是一种释放至胞外的 Zn^{2+} 全属蛋白酶。PMP 可裂解血清中及黏膜细胞分泌的 IgA、IgG 及其亚单位，甚至非免疫球蛋白底物如酪蛋白等可被裂解；以上这些免疫球蛋白的降解产物因缺乏免疫效应功能，破坏了宿主正常的免疫防御机制，限制了机体对侵袭菌的免疫应答；从而有利于侵袭菌在宿主细胞的定植、侵袭和集群分化生长。Senior 等（1988）发现在所有奇异变形菌和彭氏变形菌及多数普通变形菌的菌株中，均检测到了 IgA 蛋白酶活性。奇异变形菌的 IgA 蛋白酶（ZapA），是一种可以降解 IgA_1、IgA_2 和 IgG 亚类的金属酶蛋白。Walker 等（1999）根据对 ZapA 阴性菌株在上行 UTI 小鼠模型的研究发现，ZapA 在游动菌细胞到集群菌细胞分化的循环中表达，并显示具有细菌定植功能。

肠功能障碍、脓性分泌物、尿样本的奇异变形杆菌分离株均具有透明质酸酶活性，慢性尿路感染的尿样本分离株的透明质酸酶活性最高，肠功能障碍、脓性分泌物分离株活性均非常低。透明质酸酶的作用是脂解宿主细胞周围的透明质酸，而利于奇异变形杆菌运动，因而与侵袭力有关。

奇异变形杆菌分泌一种溶解脂质的磷脂酶，该酶可破坏宿主细胞的脂质层，而利于细菌侵入宿主细胞内。

奇异变形杆菌的尿素酶由 3 个不同亚单位组成（一个大亚基和两个小亚基），其活性是引起尿道感染的一种毒力因子，通过尿素酶的作用释放毒性代谢产物（如由尿素水解产生的氨）引起尿的碱化（pH 升高），导致晶体沉积、结石形成及对肾上皮的潜在细胞破坏。当奇异变形杆菌感染进入肾小管后，在肾小管内的尿素被分解，尿液出现高浓度氨和 pH 增高，氨通过肾小管细胞弥散入肾小管周围毛细血管和肾静脉而进入血液循环，当尿液的 pH 高于 8.0 时，几乎所有的肾小管细胞产生的氨全部进入肾小管周围毛细血管而不进入尿中。由于氨的碱化作用，破坏泌尿道上皮细胞，使细菌易侵入肾实质，引起组织的病理损伤，因此尿素酶与肾盂肾炎、肾结石的发生有密切关系。肾结石的存在，有利于细菌的感染。

3. 毒素的致病作用　已知奇异变形杆菌能产生内毒素和耐热肠毒素，是引起食物中毒的主要致病因素。张裴等（1991）报告，用从临床腹泻患者粪便中分离的 36 株奇异变形杆菌，检测溶血活性、细胞毒性、肠毒素、内毒素，结果全部产生内毒素（鲎试验阳性），均能导致供试的人 O 型、兔、羊红细胞溶解，均能导致供试的 CHO. Hep‐2 细胞发生病变（细胞聚合成团），有 4 株（占 11.1%）产生 ST（乳鼠灌胃试验）。汪永禄等（2009）报告，从 8 起食物中毒病例中检出 28 株变形杆菌（奇异变形杆菌 25 株、普通变形杆菌 3 株），用鲎试验检测内毒素、刚果红试验检测侵袭性，结果内毒素 21 株（占 75%）阳性（均为奇异变形杆菌），侵袭性 7 株（占 25%）阳性。

从肾盂肾炎、插管相关菌血症和粪便标本中分离的奇异变形杆菌均产生溶血素，溶血活性无显著差异。奇异变形杆菌溶血素在体外实验中对红细胞和肾细胞具有明显溶解活性，而在尿路感染的致病机制中作用并不明显。

4. 其他致病物质与发病的相关性　多糖荚膜（PC）是存在于奇异变形杆菌菌体表面的一种多糖蛋白，是富含乳尿酸和半乳糖醛酸的酸性 Ⅱ 型分子。体外试验表明，PC 具有诱导尿路结石（主要成分为 $MgNH_4PO_4 \cdot 6H_2O$）形成的独特能力。

Peerbooms 等（1984）报告，通过使用 Vero 细胞证明了具有侵袭性的奇异变形杆菌菌株，随之又有了奇异变形杆菌对许多其他细胞系（包括人膀胱细胞、胚胎小肠上皮细胞和回肠上皮细胞等）具有侵袭力的报告，推测这种对尿道上皮细胞的侵袭力，可能表明其在体内导致对肾上皮细胞的严重损坏。

总体来讲，奇异变形杆菌在体内感染时所出现的两种类型的带鞭毛菌体，即游动菌细胞和集群（群游）菌细胞。游动菌细胞为单细胞菌体，被认为在引起细菌由尿道达到膀胱靶组织中发挥着主要作用；集群（群游）菌细胞被认为在上行尿路感染中引起关键作用。另一方面，集群（群游）菌细胞和游动细胞溶血素、蛋白酶、尿素酶等毒力因子的过量产生，可能帮助促进群游菌细胞在膀胱和肾脏最初的定植和感染。

临床表现

人

奇异变形杆菌广泛分布于自然界和人与动物表体，一般不致病，但在人或动物体内或体表有适宜环境生长时，奇异变形杆菌菌数大于 $1×10^6CFU/g$ 时，具构成感染致病量，可诱发尿道炎、肾/尿道结石、肾盂肾炎、中耳炎、菌血症、小儿急慢性腹泻、脊髓炎等。有文献报道，类风湿性关节炎患者血清抗 P.M 抗体效价显著升高；成年人慢性腹泻与肠道 P.M 等需氧菌群优势生长有关。王福（2001）报告，健康人变形杆菌带菌率在 1.3%～10.4%，因而必须对分离菌株做同源性试验。临床表现为泌尿系统感染和食物中毒（胃肠型和过敏型）和其他感染。

1. 泌尿系统感染 包括尿道炎、膀胱炎、肾盂肾炎等多种类型感染，临床表现尿频、血尿、脓尿等。感染可分为血源感染和逆行感染，血源感染即在系统感染的基础上形成泌尿系感染；逆行感染时指变形杆菌通过尿道口进入泌尿系统，经过尿道、膀胱和输尿管，最后到达肾脏所形成的泌尿系感染。逆行感染多由奇异变形杆菌引起，并常发生在留置和尿路结构异常的基础之上。变形杆菌泌尿系感染常为慢性感染，治疗困难，严重感染者可引起死亡。泌尿系感染可并发尿结石、肾结石、膀胱结石、尿路梗阻、导尿管不通和细菌尿。也可因感染肾引起肾组织的严重损伤，如急性肾盂肾炎等。

2. 食物中毒 变形杆菌根据生化特征不同分为 5 群，即普通变形菌、奇异变形菌、摩根变形菌、雷极变形菌、普罗菲登斯变形菌，前 3 群可引起食物中毒。变形杆菌食物中毒缺乏典型症状，临床表现有一定差异，给食物中毒的正确判断带来一定困难。

（1）胃肠型 夏慧勇（2007）报告有 103 人在餐后 75 人发病。潜伏期 2.5～20h（8～13h 为高峰。腹痛、腹泻 80%，恶心、呕吐占 40%，发热占 18.4%。丛爱林等（2006）报告一起人食用猪皮、人造肉、粉皮凉拌菜致 29 人发病案例：潜伏期 5～15h；临床表现体温升至 38～38.4℃，恶心、呕吐、腹泻、腹痛。猪皮中检出变形杆菌。喻国军（2001）报告一起奇异变形杆菌致病例：55 人就餐，3～62h（平均 22h）26 人（占 47.3%）发生腹痛、腹泻（黄色水样便）、恶心、呕吐、头痛，体温达 38～39℃。吴光先等报告一起食堂吃"冻排骨汤"中毒案：在进食后 9～11h，有 81 人出现肠胃炎症状，发病人占 93.8%。临床表现恶心、呕吐、腹痛、腹泻，多的 10 余次，排黄色水样便，无里急后重感，体温 37.5～39.1℃，有畏寒。经检测食堂工作人员中有 5 人检出奇异变形杆菌。

Butzler（1972）报道，本病原体致人腹泻。变形杆菌引起人的急性胃肠炎，食物中毒潜伏期最短为 2h，最长 30h，一般为 10～12h。病人症状为头痛、头晕、恶心、呕吐、阵发性剧烈腹痛、腹泻、水样便，体温升高到 39℃左右（37.8～40℃），伴全身无力。腹痛为绞痛，腹泻物为稀便和水样便，腹泻物有特殊臭味，无脓血，一日可多达 10 余次，病程一般 1～2 天，多者可达 3～4 天，愈后一般良好。引起食源性疾病的血清型常见的为 03、06、O10 和 H1、H2、H3。

胃肠型潜伏期为 3～20h，起病急，有恶心、呕吐、腹痛、腹泻、头痛、头晕和发热等症状。腹泻为水样便、带黏液、无脓血。每天次数至 10 余次。有 1/2～1/3 的病人在胃肠道症状之后出现发热拌畏寒，持续数小时后下降。严重者可发生脱水和休克。

变形杆菌是婴幼儿肠炎病原菌之一；新生儿脐带感染导致新生儿高度致死性菌血症和脑膜炎。

（2）过敏型 潜伏期为 0.5～2h，表现全身皮肤潮红，颜面潮红，酒醉容貌，浑身痒感，头痛，轻微肠胃症状，少数患者可出现荨麻疹。预后一般良好。

猪

郑世英等（1992）报告，在 1990 年 1 月某猪场改湿料为粉料，供水不足，突然气温下降至－20℃之后，陆续死猪，12 天内死亡猪 147 头，占同类猪死亡数 23.3%，总存栏猪的 17%。多数不显临床症状，体温不高，黏膜发白。剖检见消化道黏膜呈弥漫性紫红色或黑紫色。小肠壁变薄，内容物呈暗红色稀样。经微生物检验，分离出奇异变异杆菌。杨炳杰等（2008）报告，一起断奶仔猪奇异变形杆菌病。200 多头 20～25 日龄的断奶仔猪陆续出现排稀症状，粪便呈黄色、绿色、粥样或水样，体温正常；病初食欲尚可，后期不食，脱水，体温降低，有 140 头仔猪发病，发病率 70％以上；其中死亡仔猪约 110 头，病死率 65％。就诊的 23 日龄仔猪 3 头，已经发病 2～3 天，患猪瘦弱，皮肤苍白，被毛粗乱，鼻端干燥，弓腰，体温无异常，眼结膜干燥、苍白，眼球下陷，站立不稳。肛门周围粘有灰黄色或黄绿色粪便。其病理变化为血液稀薄，肺脏部分小叶肝变，空肠与回肠黏膜有微量出血和溃疡，肠壁增厚、增生、肿胀，肠内容物呈灰黄色或黄绿色，附有黏液，且具有特殊气味，肠系膜淋巴结水肿，回盲口无出血。

食欲废绝，体温升高至 42℃，当体温升至 41℃以上时，猪表现气喘，呼吸急促，呈犬坐姿势，张口伸舌，腹式呼吸。偶有呕吐，继而腹泻，粪为水样夹有黏液，并有腐臭味。大多数乏力，步态不稳。个别急性病猪有共济失调的神经症状。猪眼结膜充血，腹部皮肤潮红，胸腹下发绀。重症鼻孔流泡沫样黏液。肺有湿啰音。奇异变形杆菌致猪排稀，粪便呈黄绿色。粥样或水样粪便。空肠、回肠溃疡，肠壁增生、肿胀。

病检肺明显肿胀，呈红色肝变，触之坚实，肺尖叶、心叶有弥漫性出血，膈叶有出血斑块。气管、支气管内含有大量白色泡沫样黏液，肺与心包有纤维素性粘连。肺门淋巴结肿胀、充血、出血，切面湿润，呈大理石样变。胃黏膜溃疡，易剥离，胃底部充血、出血。肝、脾轻度肿胀。慢性病例肾苍白，膀胱黏膜偶有出血点。

诊断

对于条件性致病菌引起的食物中毒的诊断，要做流行病学调查、临床表现和检样的镜检、细菌分离培养和生化试验。同时还必须对不同来源的可疑病菌做同源性试验，如果分离菌的生物学、生理生化反应不一致，确诊依据就不够充分。另外，必须测定是可疑食物的污染菌数及恢复期病人血清抗体滴度（血凝滴度 1∶80～1∶160 为阳性，健康人为 1∶9～20，健康猪为 1∶20～40），抗体滴度数倍增加。普通变形杆菌对 OX19，奇异变形杆菌 OXK 的凝集效价应在 4 倍以上增高才能肯定诊断。如果以上试验数据齐全，才可确诊为细菌性食物中毒，特别是条件性致病菌引起的食物中毒。

细菌分离鉴定可用普通培养基、血液营养培养基、沙门菌—志贺氏菌琼脂 SS 培养基等培养基平板，37℃培养 24h 后，可见由接种点向周围迁徙性扩散生长的灰色平铺菌落，且以接种点为中心形成水波纹状圆心圈，覆盖整个平板；在血平板上变黑、散发出特殊的腐败性臭味。另外，可以通过丹尼斯（Dienes）现象来初步区分不同菌型的变形菌。

目前，检测变形菌是否具有侵袭力，多采用刚果红显色试验、豚鼠角膜试验（瑟林尼试验，Sereny Test）或基因探针法，其中的刚果红显色 H 试验具有操作简便，结果容易判定被广泛采用，检测内毒素，多为常规的鲎试验。

防治

目前尚无有效的菌苗预防变形杆菌感染。对于本病主要是加强管理、改善环境卫生和减少应激，避免垂直传播，应加强食品生产环节的卫生监督；变形菌感染是主要的食源性传染病，防止污染，控制繁殖，食品在食用前彻底地加热处理是预防变形菌食物中毒的 3 个主要环节，尤其是对肉类食物的深加工，切断病原的传播尤为重要。对动物畜舍及周边环境加强消毒，对粪便及时进行无害化处理。特别是饮水消毒。对于本病高发地区可用敏感药物进行预防或用分离菌株制备灭活菌苗进行免疫接种。对此地区人畜可用氟哌酸预防。发病人畜可用氟哌酸、庆大霉素、氨苄青霉素、妥布霉素和阿米卡星等进行治疗，严重的全身感染患者，推荐使用第二代或第三代头孢菌素（如头孢呋辛、头孢他定等）加氨基糖苷类抗生素（如庆大霉素、妥布霉素等），也可用β-内酰胺类抗生素或氢曲南或亚胺培南—西拉司丁加氨基糖苷类抗生素；对过敏型患者要以抗组胺疗法为主，可选用氯苯那敏，每次4mg，每天3次，口服。严重者应用氢化可的松或地塞米松静脉滴注。变形菌也是容易产生耐药性的细菌之一，在临床选择用药时需予以注意。并对症治疗，如补液等。

六、沙门氏菌病
（Salmonellosis）

沙门氏菌病（Salmonellosis）是由沙门氏杆菌属（*Salmonella*）中若干成员及亚种引起的人和动物疾病的总称，这些菌可由人传给动物，也可由动物传给人，是一种人畜（禽）共患病。它也是人食物中毒最常见的感染源。人、畜临床上多以发热、头痛、恶心、呕吐、腹泻、败血症和肠炎及脏器炎症为特征。妊娠母畜也可能发生流产，严重的可影响幼畜发育。

历史简介

最早对沙门氏菌感染的认识是人的伤寒，其先驱有 Louis（1829），Gerhrdt（1837）、Schoenlein（1839）和 Jenner（1849），他们曾分别对伤寒症的临床和病理特征作了描述，并与其他临床表现的热症的疾病作了区别。William Budd（1837）在家乡发生伤寒流行时，通过深入现场的人群调查后，明确提出"伤寒是由特殊的毒物在人体繁殖引起的"、"毒物随粪便排出"、"通过消毒隔离措施可有效控制流行"，又在 1856～1878 年间的发现和所发表的论据基础上，写了一本有关《伤寒流行病学》的专著。Karl Joseph Eberth（1880）从人体组织中发现伤寒沙门氏菌，描述了伤寒患者肠系膜淋巴结组织切片中观察到的相应病原体，尔后，Gaffkey（1884）从伤寒患者的脾脏分离并培养出本菌（这是第一种被发现的引起人发病的沙门氏菌-肠道沙门氏菌肠道亚种伤寒血清型）。Salmon 和 Smith（1885）从猪瘟感染的病死猪肠道分离第 1 株猪霍乱沙门氏菌（这是第一种引起动物发病的沙门氏菌—肠道沙门氏菌肠道亚种猪霍乱血清型），其后将沙门氏菌与霍乱疾病联系起来，认为猪瘟继发或混合感染了细菌病，后被证实为仔猪副伤寒的原发病原体。Gaertrer（1888）从病牛和食物中毒人中分离到肠炎沙门氏菌。De Nobele（1893）再一次报告由食物传播的爆发感染中分离到沙门氏菌，此后作为人兽共患病的病原被引起了广泛的关注。Calduwell 和 Ryerson（1939）描述了肠道沙门氏菌亚利桑那亚种，并根据城市命名为 S. dar-es-Salmon。Loffler（1892）从自然发病鼠中分离到沙门氏菌，并命名为鼠伤寒沙门氏菌。1893 年在 Breslan 城首先证实鼠伤寒沙门氏菌可引起人的食物中毒，明确了该菌可以使人鼠共患致病。Smith 和 Kilborne（1893）分离到引起马副伤寒的马流产沙门氏菌。Rettger（1899）发现引起禽白痢的鸡白痢沙门氏菌。Buxton（1957）发表一份很详尽的综述，介绍了自 1883 年以来所分离并被确定的几百个沙门氏菌血清型菌株的首次分离及其原始文献，在对沙门氏菌与其疾病的认识及其进一步深入研究方面发挥着重要作用。为控制仔猪副伤寒，Salmon 和 Smith

（1886）首次采用加热方法杀灭猪霍乱沙门氏菌制备灭活菌苗，其免疫保护效果很好，这也是世界上最早研制出的灭活菌苗。同时这个发现也使灭活疫苗的研究向前迈进了非常重要的一步，能有效预防人和动物各种传染病的大批灭活疫苗从此便发展起来。为表彰 Salmon 的贡献，Lignienes（1990）提议为纪念沙门，将这一大群寄生于人畜肠道细菌命名为沙门氏菌。Glaesser（1909）从仔猪分离到猪伤寒沙门氏菌。1913 年学术界规定将所有可运动、有鞭毛、具有相似生物学结构和血清型反应的肠道菌归为一个属，命名为沙门氏菌属，以示纪念。从 1929 年开始，White 和 Kauffmann 以沙门氏菌的 O. H. K 抗原进行血清学分型，至 2004 年已知有 5 个种 2 501 个血清型。并于 1941 年建立了沙门氏菌抗原表，可快速、确切对本菌进行鉴定。1983 年以前，分类学上已接受沙门氏菌属细菌有多个种，后因菌的 DNA 的高度相似性，将所有的分离株归为一个种，即猪霍乱沙门氏菌种。为避免种和血清名一致所致的混乱，Euzeby（1999）提议用肠道沙门氏菌（S. enterica）来代替原来的猪霍乱沙门氏菌种。尽管这一新的分类系统还未正式被国际细菌分类学委员会（ICSB）采纳，但 WHO 和美国微生物学会出版刊物已接受采用。

病原

沙门氏菌属（Salmonella）细菌是形态和生化特性上同源的一大属血清型相关的需氧及兼性厌氧的革兰氏染色阴性的短小杆菌或短丝状体，大小为 $0.7 \sim 1.5 \mu m \times 2.0 \sim 5.0 \mu m$，不产生芽孢，亦无荚膜，有动力，绝大部分有鞭毛，能运动。在普通培养基即能生长，最适温度为 37℃、pH6.8～7.8，菌落直径为 2～4mm。在培养中易发生 S→R 型变异。还原硝酸盐为亚硝酸盐，利用葡萄糖产气，能利用柠檬酸盐为唯一碳源，不发酵蔗糖、水杨酸、肌醇、苦杏仁苷；精氨酸、赖氨酸脱羧酶阳性；苯丙氨酸、色氨酸脱羧酶阴性；不产生尿素酶、脂酶和脱氧核糖核酸酶。

沙门氏菌抗原结构复杂，按 Kauffmann - white 的分类法，主要有菌体抗原（O 抗原）、鞭毛抗原（H 抗原）、荚膜抗原（K 或 Vi 抗原）及 M 抗原。Vi 抗原与沙门氏菌的毒力有关，初次从患者病料中分离的菌株，一般都有 Vi 抗原。常见的几种沙门氏菌的毒力抗原分类（表 2 - 14），其抗原结构是分类的重要依据。沙门氏菌 O 抗原至少有 58 个种，每个沙门氏菌含 1 种或多种抗原，大多数的临床微生物学实验通过简单的凝集反应将具有共同 O 抗原的沙门氏菌归为一个血清群，这将沙门氏菌属分为 A - Z、51～63、65～67 共 42 个不同的血清群，引起人类疾病的沙门氏菌大多属 A、B、C_1、C_2、D 和 E 群，约 50 个菌型除了不到 10 个罕见血清型属于邦戈尔沙门氏菌外，其余血清型都属于肠道沙门氏菌，其共有 6 个亚种（根据 DNA 相似性和宿主特异性）：肠道亚种（S. enterica Subsp enterica）又称猪霍乱沙门氏菌（S. cholerae suis），亚种 I；萨拉姆亚种（Enterica Subsp Salamae），亚种 II；亚利桑那亚种（S. enterica Subsp. arizonae），亚种 IIIa；双相亚利桑那亚种（S. enterica Subsp. diarizonae），亚种 IIIb；浩敦亚种（S. enterica Subsp. houtenae），亚种 IV；莫迪卡亚种（S. enterica Subsp. indica），亚种 6。分型还可用生物分型和噬菌体分型。

我国发现 161 种血清型，从人类和动物中经常分离出的血清型只有 40～50 种，其中仅有 10 种是主要血清型。

为了统一，现在各 O 群皆以群特异性 O 抗原进行编号，如过去的 A - F 群则分别为 O2 群（即 A 群）、O4 群（即 B 群）、O6、7 群（即 C1，C4 群）、O8 群即（C2，C3 群）、O9

群（即 D1 群）、O9，46 群（即 D2 群）、O9，46，27 群（D3 群）、03，10 群（即 E1、E2、E3 群）、O1，3，19 群（即 E4 群）、O11 群（即 F 群）。其余各 O 群均以其特异性 O 群编号，直至 O67 群。

沙门氏菌的 H 抗原分为两相，第 1 相的特异性高（也称特异相），用从 a～z 的小写英文字母表示，在 z 以后则用 z1、z2……编号，现已编至 z89；第 2 相的特异低（也称非特异相），分别用阿拉伯数字表示，这个系列从 1 延伸到 12，具有两相鞭毛抗原的称为双相菌，只有一相的称为单相菌，无鞭毛抗原的无相菌。H 抗原能发生相变异和 H-O 变异，H-O 变异指的是从有鞭毛的到失去鞭毛的变异；位相变异指的是双相菌的两个相可以交互分生，即第 1 相可以转变为第 2 相，第 2 相可以转变为第 1 相，通常在一个培养物内两个相抗原可以同时存在，但所得的菌落有的是第 1 相，有的是第 2 相，若任意挑选第 1 相或第 2 相的一个菌落在培养基上多次移接后，其后代可以出现一部分第 1 相、另一部分为第 2 相的不同菌落。有人提出 H 型菌株在传染过程中可变异为 O 型变种，且占检出沙门氏菌总数的 79%。

在少数的沙门氏菌中存在一种表面包膜的不耐热 K 抗原（提纯的抗原成分耐热），因一般认为它与毒力有关，所以称为 Vi（Virulence）抗原。Vi 抗原由聚-N-乙酰-D-半糖胺糖醛酸组成，不稳定，经 60℃ 加热、石炭酸处理可人工传代培养后易消失。Vi 抗原可阻止 O 抗原与相应抗体的凝集反应，其抗原性弱。Vi 抗原可发生 V-W（Vi-O）变异（又称 Vi 抗原变异），具有 Vi 抗原的菌株称 V 型菌，完全失去 Vi 抗原后称为 W 型菌；Vi 抗原部分丧失，与 O 抗血清能出现凝集（即 Vi 抗原的 O 凝集抑制被部分消除）的称为 VW 型菌；V 型菌经人工培养会逐渐丧失 Vi 抗原成为 VW 型菌，进而成为 W 型菌，具有 Vi 抗原的表现菌菌落不透明。另外，沙门氏菌属细菌的 M 抗原也分布较广，也属于 K 抗原范畴，但在菌型的诊断上还缺少实用价值。

用于命名沙门氏菌血清型的方法，是在书写抗原式时不同的 O 抗原间用逗号分开，O 抗原与 H 抗原及 H 抗原的第 1 相与第 2 相之间均用比号区分，不同的 H 抗原之间用逗号分开，无某抗原的记作—；但均为直接写出抗原（不出现 O、H 字样），具体为 O：H 第 1 相：第 2 相。若存在 Vi 抗原，则是将其列在 O 抗原之后；若同种沙门氏菌仅是其中某些菌株存在 Vi 抗原，则常是写成（Vi）的形式，常见沙门氏菌抗原分类见表 2-14。如在伤寒沙氏菌的某些菌株是存在 Vi 抗原的，其抗原式为 9，12，(Vi)：d：—。

表 2-14　常见沙门氏菌抗原分类

组　种	O 抗原	组内特异抗原	H 抗原 第一期	H 抗原 第二期
A 副伤寒-甲样菌	1，2，12	2	a	—
B 副伤寒-乙样菌	1，4，5，12	4	b	1，2
鼠伤寒沙门氏菌	1，4，5，12	4	i	1，2
C_1 副伤寒—丙样菌	6，7，Vi	7	c	1，5
猪霍乱沙门氏菌	6_1，7	7	c	1，5
猪霍乱沙门氏菌（欧洲型）	6_2，7	7	c	1，5
C_2 组波特沙门氏菌	6，8		e，h	1，2

（续）

组　种	O 抗原	组内特异抗原	H 抗原	
			第一期	第二期
D 伤寒杆菌	9，12，Vi	9	d	—
肠炎沙门氏菌	1，9，12	9	g，m	—
鸡伤寒沙门氏菌	1，9，12	9	—	—
雏鸡沙门氏菌	1，9，12		—	—
E 鸭沙门氏菌	3，10		e，h	1，6

注：对人类致病沙门氏菌中最常见者为 A、B、C 及 D 组。

鼠伤寒沙门氏菌为 B 群沙门氏菌，有两相鞭毛抗原，抗原式为 1，4，〔5〕，12：i：1，2。其中的第 1 相 H 抗原 i，是在由名为 Ioda 或 PLT_2 的转导噬菌体溶原化后才能形成。鼠伤寒沙门氏菌的 O 抗原 4 为主要抗原，1 和 5 为次要抗原；12 是沙门氏菌的一个复合抗原，常见的有 12_1、12_2 和 12_3，在鼠伤寒沙门氏菌中经常存在的是 12，有时也可能有 12_2。因此，鼠伤寒沙门氏菌的 O 抗原也有时记作 1，4，5，12_1（12_2）。

沙门氏菌基因组为一环状染色体，多含有 1～2 个大质粒，这些质粒多与细菌抗药性有关。目前已完成三株沙门氏菌全基因组序列的测定，伤寒沙门氏菌 CT18 株、TY2 株和 LT_2 株，平均 $G+C\%$ 为 $52.05\%～53\%$，大小分别为 4 809.037Kb 和 4 857.432Kb。

沙门氏菌属细菌是嗜温性细菌，在中等温度、中性 pH、低盐和高水活度条件下生长最佳。生长最低水活度为 0.94，对中等加热敏感。细菌喜温耐寒，不耐热，在水中可存活数月，加热 60℃、30min 灭活。通过蒸煮、巴氏消毒。个人卫生可以防止煮熟食品二次污染，控制蒸煮时间和温度一般都能防止沙门氏菌病发生。同时该菌属能适应酸环境。对含 $0.2\%～0.4\%$ 饮水消毒余氯及酚、阳光等敏感。

沙门氏菌对人和动物的致病力，与一些毒力因子有关，沙门氏菌虽不产生外毒素，但内毒素毒力强，已知的有毒力质粒（Virulence Plasmid，VP）、内毒素、肠毒素。

（1）毒力质粒　沙门氏菌引起宿主肠炎所经历的细菌定居肠道、侵入肠上皮组织和刺激肠液外渗三个阶段，与细菌所携带的毒力质粒有密切关系。毒力质粒是 G. W. Jones 于 1982 年首先在鼠伤寒沙门氏菌中发现，随后在都柏林沙门氏菌、猪霍乱沙门氏菌中发现类似的质粒。这种质粒可增强细菌对宿主肠黏膜上皮细胞的黏附和侵袭作用，提高细菌在网状内皮系统中存活和增殖的能力，并且与细菌的毒力呈正相关。

（2）内毒素　根据沙门氏菌菌落从 S→R 变异而导致的细菌毒力下降的平行关系可以说明，沙门氏菌细胞壁中的脂多糖是一种毒力因子。脂多糖是由一种所有沙门氏菌共有的低聚糖芯（称为 O 特异键）和一种脂质 A 成分所组成。脂质 A 成分具有内毒素活性，可引发沙门氏菌性败血症；动物发热，黏膜出血，白细胞减少继以增多，血小板减少，肝糖消耗，低血糖症，最后因休克而死亡。

（3）肠毒素　原来认为沙门氏菌不产生外毒素，最近有试验表明，有些沙门氏菌如鼠伤寒沙门氏菌、都柏林沙门氏菌等都能产生肠毒素，并分为耐热和不耐热的两种。试验表明，肠毒素是使动物发生沙门氏肠炎的一种毒力因子；也有报告认为，肠毒素还可能有助于细菌的侵袭力。如鼠伤寒沙门氏菌产生的肠毒素，侵害幼龄动物诱发急性败血症、胃肠炎及局部炎症。

沙门氏菌致病的基因由致病岛编码，致病岛一般位于染色体的几个区域。致病岛1，介导沙门氏菌对肠上皮的侵袭；致病岛2，介导细菌在巨噬细胞内的生存；致病岛3，使细菌能在低镁环境中生存。

本菌属细菌都具有致病性，依其对宿主的感染范围可分为宿主适应性血清型，只对适应的宿主致病，如马流产沙门氏菌、鸡沙门氏菌、羊流产沙门氏菌、副伤寒沙门氏菌、鸡白痢沙门氏菌、伤寒沙门氏菌等；非宿主适应血清型，对多种宿主有致病性，如鼠伤寒沙门氏菌、鸭沙门氏菌、德尔俾沙门氏菌、肠炎沙门氏菌、纽波特沙门氏菌、田纳西沙门氏菌等。猪霍乱沙门氏菌和都柏林沙门氏菌，原来认为是分别对猪和牛的宿主适应性血清型，近来发现它们对其他宿主有致病性。沙门氏菌的血清型虽然很多，但常见的危害人、畜、禽的非宿主适应血清型只有20多种，加上宿主适应性血清型也只有几十种。随着时间的转移，致病性血清型会不断变异，如鼠伤寒沙门氏菌在进化过程中形成3个变种，即哥本哈根、宾斯和O型变种，变种的发生与其致病性有关。

流行病学

沙门氏菌在自然界分布极其广泛，人、畜、禽、野生动物、鸟类、啮齿动物和自然环境里常可见到；健康畜禽的皮肤和消化道，生前都会带沙门氏菌，也能在池塘和溪流中繁殖。故而，保存宿主、患病动物及患病人、带菌人及动物等均是传染源，主要是人和畜禽粪便，但人几乎没有长期健康带菌者；而患者自潜伏期即可排菌，但更为重要的时期为病人恢复期排菌，只是感染后排菌时间长短不一。据国外统计，有症状者排菌时间长，但排菌时间长短取决于年龄及患者的免疫功能，多数病畜禽是保存宿主。

沙门氏菌成为普遍存在的病原体的主要因素是它们适应无数宿主的能力。有的沙门氏菌对人致病，有的仅对动物致病，也有对人与动物致病的。对人致病的主要有鼠伤寒沙门氏菌、肠炎沙门氏菌、猪霍乱沙门氏菌等。Taiylor和Mccoy（1969）调查，全部脊椎动物宿主中，可能除未污染水中的鱼外，都分离到沙门氏菌。据调查，国内屠宰的畜禽及蛋中，几乎都不同程度地存在沙门氏菌带菌现象，其中猪的阳性检出率达10.7%～38.4%，鸡为30%～50%，鸭的检出率更高。英国农业部（MAFF，2001）报告，曾对猪肉食物沙门氏菌中毒的流行程度进行为期一年的评估，在屠宰场中，23%肉猪为沙门氏菌的携带者，5.3%肉猪胴体受到污染。Carpenter（1973）对400头猪胴体棉拭检菌，23.3%为沙门氏菌污染。Chenn P. Y等（1977）对75%港猪沙门氏感染猪，宰后仍有55%胴体表面污染沙门氏菌，其中分离的血清型也是当地人临床病例中最常见的血清型，认为香港猪肉是人沙门氏菌病的一个重要来源。*S. agona* 通过污染鱼粉感染禽、猪、牛，并造成食品污染，接着可以从人的临床病人中越来越多地分离到这个血清型。WHO（1980）从维也纳一个研究所调查的屠宰动物中发现的16个血清型中，除3个型外，其余均可在人中发现。我国污染沙门氏菌猪肉是人沙门氏菌的一个危险来源，主要有 *S. cholerasuis*、*S. newport*、*S. derby* 等均可引起人的疾病。香港 Chen P. Y 从猪分离到7个血清型：*S. anatum*、*S. derby*、*S. typhimurium*、*S. london*、*S. choloraesuis*、*S. newport*、*S. meleagridis*，也是人临床资料中最常见血清型。从出生不久的猪就可找到沙门氏菌。顾有芳（1993）报道，某地4个猪场在75头猪的中性粒细胞中均分离到猪霍乱沙门氏菌，并且在整个生长期、运输阶段、候宰圈、屠宰场及肉品在加工、贮藏和销售过程中都可以传播细菌和进一步遭到污染。由于有些沙门氏菌株主要在生长猪及母猪肠道内繁殖，感染猪只可连续数周、甚至数月从粪便中排出病原菌，而不表现任何症状。但在屠宰时，猪只肠道中的沙门氏菌可能污染胴体，导致人类中毒。对公共卫生构成潜在威胁，是人畜共患的潜在病原，也是细菌性食物中毒中最常见的病菌之一。德国 1996～1997 年的数据显示，有 20％的人类沙氏菌感染病例起源于猪。据《中华卫生杂志》报道，1957～1965 年我国发生的 32 起沙门氏菌食物中毒病案中，有 11 起是猪肉污染沙门氏菌，其中鼠伤寒沙门氏菌是 1 起、猪霍乱沙门氏菌是 4 起。山东淄博卫检调查，沙门氏菌阳性率，健康肉猪为 9.9％、熟肉为 1.33％，而病猪肉为 39.5％。

本病主要为世界性散发流行，伤寒多经旅游者输入，但非伤寒沙门氏菌感染发病率普遍较高。在沙门氏菌中，除鼠伤寒在世界各地普遍流行外，其他多因地而异。

沙门氏菌可通过动物→动物、动物→人、人→人、人→动物传播。以生物学分型方法进行流行病学调查发现，患儿医院感染鼠伤寒沙门氏菌是由于病房环境污染，医务人员带菌引起；截瘫患者泌尿系统感染鼠伤寒沙门氏菌是由于家庭护理环境污染和医务人员带菌引起。鼠伤寒沙门氏菌约占人源沙门氏菌是由于家庭环境污染和护理人员带菌引起。鼠伤寒沙门氏菌约占人源沙门氏菌的 40％～80％。从土壤、水、昆虫中检出该菌，带菌蟑螂、老鼠或苍蝇污染用具或食物也可传播，甚至导致爆发流行，但主要通过消化道途径传播。通过环境沙门氏菌→饲料、水→动物→食品→人→动物→环境构成自然循环链进行自然循环与传播。其中肠炎沙门氏菌和肠道沙门氏菌亚利桑那亚种在人类以外的存在引起了特别关注。沙门氏菌感染的血清型随时间变化。20 世纪 60～80 年代以鼠伤寒沙门氏菌感染为主。美国 1934～1947 年间鼠伤寒沙门氏菌占 15.6％；20 世纪 50～60 年代已升至 30％～40％，此期丹麦、英国、德国分别占 91.2％、74％和 37.3％；20 世纪 80 年代，1992 年德国肠炎沙门氏菌为 74％，1993 年为 70.7％，1995 年为 55％（从 7％上升）。CDC 公告从人来源沙门氏菌中 STM 鼠沙门氏菌占有率为 50％，我国 STM 占 34.6％。

沙门氏菌耐药性是流行病学中一个很值得重视的问题。特别是鼠伤寒沙门氏菌，常常有质粒介导的多重耐药因子，实验证实可经大肠杆菌传递耐药性。我国多数实验报道对氯霉素、氨苄西林和复方磺胺甲噁唑耐药率为 24％～51％。据国内外对一组"965 株"鼠伤寒沙门氏菌药敏试验结果显示对复方磺胺甲基异噁唑、氯霉素、链霉素、呋喃唑酮的耐药率达 89％以上；对托布霉素、丁胺卡那霉素、诺氟沙星的敏感率在 90％以上。近年来，加拿大、美国、英国、捷克等国出现多重耐药鼠伤寒沙门氏菌 DT-104 血清型。对新药氟喹诺酮类耐药的病例也屡见报道。

此外，生物犯罪需要警惕。1935 年日本在我国东北生产伤寒和副伤寒沙门氏菌等细菌武器，并散布于浙江宁波等地；据美国报道某犯罪集团在 1984 年用伤寒沙门氏菌通过污染一家早餐沙拉，造成 751 人中毒。

发病机制

沙门氏菌侵入机体内后是否引起发病与下列因素有关：

细菌的侵入量　一般来说，侵入体内的菌量多时易引起发病，但这不是绝对的，是否发病，这与菌的毒力、机体的抵抗力有密切关系。①个体抵抗力有很大差异，个体抵抗力的因素中包括天然抵抗力（遗传因素）、后天免疫、年龄、健康状况等因素，这在很大程度上决定着是否发病及预后问题。如肠道分泌型 SIg 抵御沙门氏菌侵入起重要作用，幼婴儿期 SIg 缺乏，故感染沙门氏菌者较其他年龄组为多。②沙门氏菌的毒力及菌型不同，如果毒力强的细菌感染，则可能发病。以上三者并不是孤立地存在，而是相互作用、相互斗争的过程。现代实验证明，其致病机制主要取决于沙门氏菌的侵袭力和毒素。沙门氏菌能够侵入宿主细胞并在其中生存繁殖，所有与之相关的因素构成了沙门氏菌的侵袭力；能够穿过肠上皮细胞层到达上皮下组织，是所有沙门氏菌共有的重要毒力特征，也是沙门氏菌致病所必需的，沙门氏菌在此部位被吞噬细胞吞噬，但不被杀灭并能继续生长繁殖，且沙门氏菌必须在吞噬细胞中生存才能致病。沙门氏菌的抗吞噬作用可能与 O 抗原有关，具有 Vi 抗原的则关系更密切。已知沙门氏菌的内毒素、侵袭力和抗吞噬作用，是由沙门氏菌染色体上的多个毒力岛，SPI-1、SPI-2、SPI-3、SPI-4、SPI-5 等所决定的。SPI-1 毒力岛赋予沙门氏菌侵袭能力，SPI-2、SPI-3、SPI-4 毒力岛均与其在巨噬细胞中的存活并造成系统性播散有关。此外，Spu 基因簇广泛存在于一些血清型菌株携带的大毒力质粒上，如鼠伤寒沙门氏菌、肠炎沙门氏菌、都柏林沙门氏菌、猪霍乱沙门氏菌等。

沙门氏菌的侵袭过程很复杂，涉及一系列基因的表达、细菌与细胞间的信号转导、沙门氏菌Ⅲ型分泌系统的激活等多个过程。SPI-1 毒力岛编码沙门氏菌的Ⅲ型分泌系统，从而赋予其侵袭宿主肠上皮细胞的能力，SPI-1 存在于沙门氏菌的所有血清型中。由于病原菌与宿主细胞的接触是激活该系统的信号，所以该系统又称为宿主—细胞接触依赖性分泌系统；其引起许多效应蛋白的分泌、转运，后者直接或间接激活宿主细胞的信号转导系统，引起宿主细胞的一系列反应，包括许多转录因子的激活、细胞骨架重排、细胞膜产生皱褶等，最终导致病原菌被宿主细胞摄取，侵袭单核细胞与在细胞内的生存，随之而来的核酸反应又引发许多前炎性细胞因子的产生、诱发炎症反应、侵入肠上皮细胞并能使细胞分泌体液及凋亡等。

沙门氏菌通过 SPI-1 介导的侵袭功能穿过肠上皮屏障进入皮下淋巴组织被巨噬细胞吞噬，其在吞噬细胞中的存活依赖于 SPI-2 和 SPI-3 毒力岛。SPI-2 介导沙门氏菌对 NAD-PH 吞噬细胞氧化酶的抗性；SPI-3 与沙门氏菌在巨噬细胞内的存活和低 Mg^{2+}、低 pH 环境中的生长有关。除此之外，有研究表明，SPI-1 毒力岛同时也为鼠伤寒沙门氏菌侵袭入肠上皮细胞后的胞内增生和吞噬泡内的生物发生所必需。

SPI-5 也主要与沙门氏菌的肠致病性有关，其 SopB 基因编码—肌醇磷酸盐磷酸酶，被 SPI-1 编码的Ⅲ分泌系统转位到上皮细胞中促进液体分泌和炎性细胞反应，破坏 SopB 显著降低菌株的肠道致病性，但不影响肠侵袭性。

非伤寒沙门氏菌经口进入人体内，逃脱胃酸的杀灭作用，克服共生细胞的抑制和小肠黏膜吞噬细胞的吞噬作用，在肠道大量繁殖，侵袭黏膜，从而引起局部微绒毛变性，黏膜固有层充血、水肿和点状出血等炎症反应，分泌物增加，并使肠蠕动加快，产生呕吐、腹泻等胃肠炎症状。释放出的肠毒素也可通过受体激活肠上皮细胞内的腺苷酸环化酶，使细胞内环磷酸腺苷（cAMP）增加，致使隐窝细胞对水、氯和碳酸氢盐分泌增强，同时又抑制上皮细胞对钠及氯的吸收，有时细菌也可进入血液循环引起菌血症、败血症及局部化脓性感染灶。若细菌直接进入肠内集合淋巴结和孤立淋巴滤泡，经淋巴管可到达肠系膜淋巴结及其淋巴组织，并大量繁殖，也可发生类伤寒型的症状。

沙门氏菌的内毒素可引起宿主体温升高，白细胞数量下降，大剂量时可不能致中毒症状和休克，还能致肠道局部发生炎症反应。沙门氏菌引起的肠热症，可能主要是内毒素在起作用。

关于沙门氏菌肠毒素问题，一直在研究中。沙门氏菌引起的腹泻是一种由多因素作用的复合现象，肠毒素可能仅为其中之一，鼠伤寒沙门氏菌可能产生类似于肠产毒性大肠杆菌（ETEC）菌株的肠毒素。

鼠伤寒沙门氏菌进入肠道后，首先黏附于肠黏膜（这种黏附作用主要依赖于菌毛），然后侵入肠黏膜上皮细胞内大量繁殖进一步侵入固有层，产生肠毒素并引起腹泻。如炎症只限于肠黏膜及肠系膜淋巴结，则临床上表现为胃肠炎型；如细菌侵犯肠内集合淋巴结及其他淋巴组织并大量繁殖，则为肠热症型；如细菌穿过肠黏膜及淋巴屏障进入血流，则可表现为败血症。主要病理变化为肠黏膜充血、水肿、出血、坏死等。肠黏膜淋巴结肿大，重症患者尚可有心、脑、肝、肾、脑垂体、肾上腺、胆囊等处发生灶性融合性坏死病变。

尽管所有血清型的沙门氏菌都可对人类致病，但因其宿主适应性的不同，不同型别的沙门氏菌菌株致病性差异明显，肠道亚种中的伤寒沙门氏菌、副伤寒沙门氏菌 A、C 具有严格的宿主特异性，人类是其唯一的自然宿主。其他许多血清型宿主范围比较广，沙门氏菌属中超过 60％的已鉴定菌株和几乎所有能引起人类和家畜疾病的血清型都属于肠道亚种范畴。流行病学调查表明，引起人类感染的非伤寒沙门氏菌主要集中在一些血清型中，如鼠伤寒沙门氏菌、肠炎沙门氏菌和猪霍乱沙门氏菌等。不同型别菌株感染的临床表现也有差异，如鼠伤寒沙门氏菌多引起食物中毒即急性胃肠炎，也可进入血液循环引起败血症；而败血症发生率最高的是猪霍乱沙门氏菌、维尔肖沙门氏菌和都柏林沙门氏菌。都柏林沙门氏菌感染相对较重，是最具有侵袭力的人兽沙门氏菌，Fang 等报道都柏林沙门氏菌感染后菌血症的发病率高达 91％，迁徙性感染灶的比例达 30％，死亡率达 26％。而鸭沙门氏菌常引起无症感染。

临床表现

人

人沙门氏菌病是由多种沙门氏菌引起，除伤寒沙门氏菌、副伤寒沙门氏菌外，以人畜共患的鼠伤寒沙门氏菌及哥本哈根变种、猪霍乱沙门氏菌、都柏林沙门氏菌、牛病沙门氏菌、德尔俾沙门氏菌、纽波特沙门氏菌、鸭沙门氏菌等最常见。也有地区报道，认为该病与肠炎沙门氏菌、海德尔堡沙门氏菌、婴儿沙门氏菌、鼠伤寒沙门氏菌和维尔肖沙门氏菌有关。随着时间的推移，对人致病的沙门氏菌不断被分离，如火鸡、雏鸡、都班、汤卜逊、仙台、伦敦、新港、斯坦利、坦桑尼亚等沙门氏菌及变种。不同血清型的沙门氏菌在人群中引起的临床症状轻重不一，一般使人发病的菌量为 10^9，引起人胃肠炎、全身感染和局部感染，尤其是儿童更易感染，甚至死亡。但有差异，也有不表现任何症状的。据统计，感染后引起的临床症状概率为：猪霍乱沙门氏菌为 85.9％、肠炎沙门氏菌为 84％、都柏林沙门氏菌为 67.9％、鼠伤寒沙门氏菌为 60.1％、海德尔堡沙门氏菌为 38％、牛病沙门氏菌为 28.4％、勃兰登堡沙门氏菌为 13.3％、纽因吞沙门氏菌为 10.4％、德尔俾沙门氏菌为 10.1％、鸭沙门氏菌为 8.4％、吉伟沙门氏菌为 6.8％。而同一血清型的不同生化型的致病作用也不同，如肠炎沙门氏菌一组中引起人肠炎的几乎为 Jena 型；Danysz 型对啮齿动物致病，可用于杀鼠，平时对人无大害，但也曾引发人几次肠炎爆发；Chaco 型为人致病型；Essen 型正常见于鸭，仅偶引发人病（表 2-15）。

根据沙门氏菌对宿主的致病性不同，可将沙门氏菌致病分为 3 类：①对人致病；②对人和动物致病；③对动物致病。由于致病菌及机体抵抗力不同，感染后的临床表现复杂多样。沙门氏菌侵入体内后是否发病与下列因素有关：①细菌的侵入量：一般来说，侵入体内的菌量多时易引起发病，但不是绝对的，是否发病，这与机体的抵抗力有密切关系；②个体抵抗力：有很大差异，个体抵抗力的因素中包括天然抵抗力（遗传因素）、后天免疫、年龄、健康状况等因素，这在很大程度上决定着是否发病及预后问题；③沙门氏菌的毒力及菌型的不同：如果毒力强的细菌感染，可能发病。以上三者并不是孤立存在，而是相互作用、相互斗争的过程。当沙门氏菌侵入机体后，在小肠内繁殖 6～24h 和内毒素引起致病。

国外某些资料统计，胃肠型占 80.9%、败血症占 10.4%、局限性损害占 8.7%。

表 2-15 沙门氏菌与临床的关系

群	菌型	宿主关系	常见病理	常见临床			
				伤寒型	败血型	肠炎型	痢疾型
A	副伤寒甲	人-人	肠黏膜炎	+	+	+	
B	副伤寒乙	人-人	肠炎，败血症	+	++	+++	+++
	鼠伤寒	人-动物	肠炎，败血症	++	++++	+++	
C	副伤寒丙	人-人	败血症，肠炎症		++	++	+
	婴儿：新港沙门氏菌等	人-动物	肠炎症			+++	++
	猪霍乱沙门氏菌等	人-动物	败血症，肠炎		++	++	+
D	伤寒	人-人	回盲淋巴结炎，败血症	++++	+		
	肠炎沙门氏菌等	人-动物	肠炎症		+	++	++
E	鸭、火鸡沙门氏菌等	人-动物	肠炎症			++	++

注：表中＋至＋＋＋＋表示发生频率。

由于本菌属各型沙门氏菌感染方式及对象不同；如食物中毒的胃肠炎、医院交叉感染或免疫缺陷者感染的败血症及局限性感染的肠道外脏器炎症及脓疡，故临床表现各种各样。常见的沙门氏菌胃肠炎是除伤寒沙门氏菌外任何一型沙门氏菌所致，通常表现为轻度、持久腹泻；伤寒沙门氏菌病是伤寒沙门氏菌所致，经过适时医疗的病人其致死率低于 1%，幸存者可成为慢性无症状沙门氏菌携带者，但仍是病原传播者；非伤寒型沙门氏菌败血症可由各型沙门氏菌所致，能影响所有器官，有时引起死亡，幸存者可成为慢性无症状沙门氏菌携带。其临床分型有：

1. 伤寒样疾患 主要由甲、乙、丙伤寒沙门氏菌及仙台沙门氏菌、鼠伤寒沙门氏菌、猪霍乱沙门氏菌、火鸡沙门氏菌等也可致病，潜伏期 3～7 天。其中猪霍乱沙门氏菌、鼠伤寒沙门氏菌常呈现伤寒型症状。潜伏期 3～10 天，病程 1～3 周，皮疹少见，肠道病变轻。偶以胃肠炎开始，腹泻数多；继而出现伤寒症状，持续发热，呈弛张热或稽留热，伴有肝、脾肿大。临床较少见。

2. 胃肠炎痢疾样疾患 可由近百种不同血清型沙门氏菌引起，除鼠伤寒沙门氏菌、肠炎沙门氏菌、猪霍乱沙门氏菌外，还分离到海德堡、汤卜逊、婴儿、德尔俾、田纳西、病牛、都柏林、斯坦利、阿伯丁、纽兰、伦敦、维也纳、盖夫等沙门氏菌。副伤寒丙型沙门氏菌也会同样出现急性胃肠炎症状，胃肠型占沙门氏菌感染的 80.9％。临床上可分为 3 种表现：

（1）急性胃肠炎型　俗称食物中毒，主要由沙门氏菌污染食物而引起，是最常见的沙门氏菌感染，约占 70％，其病原多为鼠伤寒沙门氏菌，约占 41.5％；其次为肠炎沙门氏菌和猪霍乱沙门氏菌等污染食物而引起。感染剂量小，一般可为 15～20 个菌，鼠伤寒沙门氏菌每克含 15～3 000 个菌可引起症状。潜伏期 7～12h，短为 2h，长者 2～3 天。临床症状有轻有重，一般来说，重症较少见。大部分病人突然起病，主要表现为发热，体温在 38～39℃，恶心，伴有呕吐，食欲不振，头痛，感觉不适；腹痛继之腹泻，频排粪，每天 3～4 次至数十次不等，大便呈多样性，以黄色稀水样粪便为主，有恶臭，有时有少量黏液血样便。严重者似霍乱样剧烈吐泻，脱水、酸中毒可休克及循环衰竭而死亡。另外，有寒战、肌肉和关节痛；体温一般数日而降；病情很快恢复；重症病人在心电图上出现房性期前收缩。心肌及传导系统都有改变，尤其心室综合波的改变常见；白细胞正常或减少，淋巴细胞相对增多；呕吐物、粪中可分出致病菌。病情会很快恢复，多在 2～3 天自愈，也可延长至 1～3 周，少数病人临床症状可迁徙不愈，持续数周至数月。本病病死率很少超过 1％。但婴儿常发生高热、惊厥或昏迷，老人及身体衰弱者可因休克、肾功能衰竭而死亡。

刘建中（1983），曾对 329 例鼠伤寒沙门氏菌病患者的主要症状及体征进行统计分析（表 2-16）。

表 2-16　329 例鼠伤寒沙门氏菌患者的主要症状及体征

临症	病例数	儿童 230 例		成人 99 例	
		例数	％	例数	％
症状	发热	198	86.1	70	70.7
	腹泻	230	100	98	99
	腹痛	114	49.6	93	94.9
	里急后重	52	22.6	76	77.6
	呕吐	97	42.2	23	23.5
体症	肝脏肿大	57	24.8	15	15.2
	脾脏肿大	16	7.0	6	6.1
	脱水	77	33.5	11	11.1
	惊厥	12	5.2	0	0
粪便性状	脓血	117	50.9	45	45.5
	黏液	78	33.9	35	35.4
	水样	23	10.0	13	13.2
	糊状	12	5.2	5	5.1

鼠伤寒胃肠型多有自限性，一般 3～5 天内自行消失，而抗生素不能消除肠道鼠伤寒沙门氏菌，反而会延长排菌时间，并导致耐药菌株扩散。

盛一平（1977）报道，42人因食用凉猪肉皮豆酱引起38人发生鼠伤寒沙门氏菌感染。潜伏期为6～38h，高峰期为11～20h，占病例61.5％。临症为脐上部陷痛，占86.4％；头晕占76.1％；头痛占84.6％；发冷占100％；畏寒、发热占100％；体温波动在38.3～41.5℃之间，其中38～40℃54％；全身绞痛占69.2％，尤以下肢腓肠肌疼痛明显；腹痛加剧伴有阵发性绞痛；腹泻占100％，并频繁，腹泻次数每天为2～20次。腹泻物深绿色并杂有黏液的水样便。恶心、呕吐占84.6％，每天呕吐1～2次，呕吐物多为清水和胆汁样淡黄色物质。肝脏肿大占15.3％。发病后3～5天出现嘴唇疱疹和嘴唇脱水占38.4％。广西（1988）某村婚宴，宰杀鼠伤寒沙门氏菌感染的病猪，结果322人中发生中毒208人，发病率64.6％；死亡2人，死亡率0.96％。中毒波及3个乡镇9个村28个自然屯。餐后0.5～28h发病者158例（75.96），29～40h 29例（13.94％），41～97h 21例（10.1％）。住院92例患者中恶心25例（27.17％），呕吐54例（58.7％），腹痛89例（96.74％），腹泻92例（100％），发热47例（51.08％），头痛82例（89.13％）。畏寒25例（27.17％），寒战68例（73.91％）。少数患者脱水，个别休克、昏迷。经治疗，除症状严重且体弱两小儿治疗无效外，多数病人在4～7天治愈出院，较轻的116人经门诊治疗后，2～3天内恢复正常。发病3天血凝效价为1：40，恢复期（发病后15天）凝集价为1：640。

李敬恒（1981）在总结医院内交叉感染鼠伤寒沙门氏菌的38例中认为患者多系消化不良、发热、呕吐、腹泻和腹胀。发热者100％，体温在37～37.5℃为3例，占7.9％；37.6～38.5℃16例，占42.1％；38.6～40℃19例，占50％。腹泻者100％，患者腹泻每天为4～20次，多数在10次左右，大便呈黏液稀便者18例，占47.4％；稀水便者15例，占39.5％；脓便者5例，占13.2％。此外，腹胀6例，占15.8％；呕吐13例，占34.2％；恶心9例，占23.7％；精神倦怠19例，占50％；表情淡漠3例，占7.9％；脱水11例，占28.9％；酸中毒7例，占18.4％。

（2）痢疾型　以结肠炎表现为主，主要症状为发热，里急后重，脓血便或黏液便，发热较志贺菌属细菌所致时间长1～2天。病原培养为阳性。病初常诊断为急性菌痢，甚至个别诊断为中毒菌痢。

（3）败血型或肠热型　病原多见于猪霍乱沙门氏菌、鼠伤寒沙门氏菌、都柏林沙门氏菌和肠炎沙门氏菌。我国病例常见于前3种菌。本型特点是病死率高，恢复后发生局灶性感染，如脑膜炎、肺脓肿、肝脓肿、胆囊炎、腹膜炎、关节炎及泌尿系统化脓性感染等。潜伏期1～2周。感染后可以从肠道扩散到血液系统和全身其他部位，甚至造成死亡等。轻者为胃肠炎后数天或数周，高热，头痛，血中有菌，常见感染菌为猪霍乱沙门氏菌；菌血症严重者，有高热，呈不规则型、弛张型或间歇型，高热持续1～3周，伴有寒战、头痛、恶心、昏迷、厌食、贫血及尿蛋白阳性。病死率高，恢复后发生局灶感染，以化脓性感染为特征，但胃肠炎很少见。部分病例因机体免疫功能不健全，特别是新生儿的肠道免疫球蛋白缺少，黏膜防御功能尚差，病菌容易进入血液循环，并引起肺炎、脓胸、心包炎、肾盂肾炎、骨髓炎、关节炎、化脓性脑膜炎，甚至大血管夹层动脉炎。由于上述各种局灶性感染易被忽视，且一般抗菌药物在局部达不到有效浓度，常致病程迁徙，病死率在婴儿较高。少数病例可发展为莱特尔氏综合征，临床表现为尿道炎、结膜炎和关节炎三联症，其中关节炎是最重要的特征，多累及膝关节、踝关节和足，造成肿胀、疼痛。通常在肌腱与骨的附着部位有炎症，有些患者还可累及脊椎炎。多数患者在一年内恢复。

（4）肠外灶性感染　局灶感染、败血症和胃肠炎症后可发生局灶感染，可发生在身体任何器官、组织，出现一个或多个局部炎症或化脓性病灶。病原多见于鼠伤寒沙门氏菌、猪霍乱沙门氏菌和肠炎沙门氏菌。临床上多为肺脓肿、肠膜炎、脓胸、心包炎、肾盂肾炎、肋软骨脓肿、脾脓肿、乳腺脓肿、皮肤溃疡等。熊鉴然（1987）报道了猪霍乱沙门氏菌致人心内膜、心肌炎病例。病人发热前进食过病猪肉并发生轻微腹泻。而后出现咳嗽、吐白痰，间歇不规则中高度弛张热50余天，伴有寒战、头痛、乏力、胸闷等。经治疗后康复。此外，还有肺炎等症状。王光茂（1990）报道一位17岁男性左胸痛、咳嗽，发热3个多月。从黄色有恶臭味并混有血丝的痰液中分离出鼠伤寒沙门氏菌。熊鉴然（1988）报道一位44岁农民猪霍乱沙门氏菌心内膜炎病例。患者发热50天，有进食猪肉和腹泻史。就诊体征为慢性重病容，无瘀点。心界向左扩大，无震颤，心率为58次/min，心律绝对不齐，心尖部有低调舒张期滚筒样杂音，余各弧区无明显病理性杂音。5次血培为霍乱沙门氏菌。

（5）暂时带菌者　带菌者可分为病后带菌者和无症状带菌者。部分患者可在临床症状消失后仍继续排菌。恢复期排菌是常见的，有人观察，病后第4周排菌率为43%，第8周为18%，第10周为11%。幼儿比年长儿童及成人要长。胃肠炎及无症状感染者几乎能停止排菌，传染期为几天至几周。耿贯一（1979）报道，排菌时间可达6个月。排菌1年以上者被称为病后带菌者；被感染后未发生临床症状，但持续大便中带菌或者胃肠炎型病人排稀便时，粪中带菌，此类无症状带菌者，排菌期内即有传染性，常可成为此病的重要传染源。一般认为抗菌素治疗不能缩短排菌时间，还易使菌形成抗药性。

沙门氏菌感染的病理变化亦因菌种和临床类型而异，胃肠类型患者胃黏膜充血、水肿，可有出血点，肠道的集合淋巴结更为明显。痢疾型的结肠黏膜及黏膜下层，可见广泛炎性改变和溃疡，类似痢疾病变。败血症的病理变化和其他细菌所引起的相似，各脏器组织可产生化脓病灶。

猪沙门氏菌感染

动物的沙门氏菌病又称副伤寒，是各种动物由沙门氏菌引起的疾病总称，临床上多表现为败血症和肠炎，也有可使怀孕母畜流产。家畜中尤以猪的感染严重，而且各国所分离的沙门氏菌的血清型相当复杂，其中猪源人源分离菌株有猪霍乱沙门氏菌及其Kunzandorf变种、鼠伤寒沙门氏菌及哥本哈根变种、德尔俾沙门氏菌、海德尔堡沙门氏菌、肠炎沙门氏菌、猪伤寒沙门氏菌及其Voldagsen变种、都柏林沙门氏菌等，所以在感染沙门氏菌后会有多种表现。

1. 外表无症状的慢性、隐性或暂时细菌携带者　猪感染沙门氏菌往往无症状，呈带菌率0.1%～4.5%。郝士海（1957）从国内猪分离出猪霍乱沙门氏菌、德尔俾沙门氏菌、乙型副伤寒沙门氏菌、阿拉丁鼠伤寒沙门氏菌、斯坦利沙门氏菌、汤卜逊沙门氏菌、新港沙门氏菌、圣树安沙门氏菌、鸭甲型副伤寒沙门氏菌、加通沙门氏菌、巴拿马沙门氏菌、仙台沙门氏菌等12种。屠宰猪沙门氏菌检出率，日本为22%、美国为10%、法国及荷兰为15%～20%、比利时为22%。刘民庆（1984）对2 138份猪内脏进行菌检。经鉴定289株沙门氏菌分属14个血清型；标本阳性率：脾脏为29.94%、淋巴结为23.59%、大肠为12.23%、胆囊为12.18%、肝脏为6.38%、肾脏为1.81%。英国检验9 351件猪的肝、脾、肠淋巴结，沙门氏菌阳性率为180件，占1.9%，检出18种血清型。而屠宰猪中猪霍乱沙门氏菌分离率占64.5%；隐性感染猪仅在猪屠宰时，由肠系膜淋巴结感染。Wikock等（1992）指出，新的猪霍乱沙门氏菌感染主要来源于无症状的带菌猪在受刺激时，无显著带菌猪的肠道中，沙门氏菌数增加。研究表明，被反复感染或无症状的带菌猪是环境中保存和传播霍乱沙门氏菌的危险所在。

2. 猪的沙门氏菌病

1）猪的霍乱沙门氏菌感染，常在肠内。当机体抵抗力弱时，菌可进入内脏发病，病猪表现高热、拒食、寒战、初便秘、后腹泻，头、腹及四肢的皮肤出现紫色斑；肠黏膜有红点。多发于5月龄内仔猪。多呈慢性或亚急性经过，慢性病例常见或是由急性病例转成，或一开始即为慢性经过，主要的特征是下痢且形式多样。病猪身体瘦弱、毛粗、皮糙，附有碎屑。部分猪有湿疹或疥癣样症状，眼结膜苍白，精神委顿，步态踉跄，多停立或伏卧，动时寒战，食欲减退，病后拒食，体温低于40℃，濒死时小于37℃，心跳弱，粪如浓茶、污泥或稀状，奇臭，混有黏液、脱落黏膜或血便；也有的粪呈黑色硬球状，多为长期腹泻与便秘交替。病程10～30天。盲肠结肠淋巴滤泡溃疡，肝脏有结节形成或灶性出血病变。

2）猪的鼠伤寒沙门氏菌感染多见于刚断奶后到4月龄的幼猪，可表现为小肠结肠炎。

3. 仔猪副伤寒　是由猪霍乱沙门氏菌、猪伤寒沙门氏菌的鼠伤寒沙门氏菌等所引起仔猪的一种条件性传染病，亦称猪沙门氏菌病。急性者为败血症性病；慢性者为坏死性肠炎，有时发生卡他性或干酪性肺炎。

本病的潜伏期视猪的抵抗力及细菌的数量和毒力不同而异，也受环境因素和应激影响。病的潜伏期长短不一，可从3天到1个月左右。

临床分急性、亚急性和慢性。

（1）急性（败血症）　在机体抵抗力弱而病原体毒力很强的情况下，病菌侵入后迅速发展为败血症，从而引起急性死亡。临诊表现为来势迅猛，体温突然升高（41～42℃），停食，精神不振，不愿行动，腹部收缩，弓背。后期呼吸困难，腹泻。粪便很臭，2～3天后，体温稍有下降，肛门、尾巴、后腿等部位污染混合血液的黏稠粪便。由于心脏衰弱、呼吸困难，皮肤特别是耳尖、四肢端、胸前和腹下皮肤的紫红色斑点或暗红色斑块。

（2）亚急性和慢性　病猪体温升高（40.5～41.5℃），呈弛张热，精神不振，寒战，喜钻垫草，堆叠一起，眼有黏性或脓性分泌物，上下眼睑常被粘着，少数发生角膜混浊，严重者发展为溃疡，甚至眼球被腐蚀。病猪食欲不振，初便秘后下痢，粪便淡黄色或灰绿色，恶臭。大便失禁，混有血液和假膜。由于下痢，失水，很快消瘦。部分病猪，在病的中、后期皮肤出现弥漫性湿疹状丘疹，特别是腹部皮肤，有时可见绿豆大、干涸的浆性覆盖物，揭开见浅表溃疡。耳尖、耳根、四肢皮肤暗紫色。病程可至2～3周或更长，最后极度消瘦、衰竭而死。

有时病猪症状逐渐减轻，状似恢复，但以后生长发育不良或短期内又行复发。

有的猪群发生所谓潜伏期"副伤寒"，小猪生长发育不良，被毛粗乱，污秽，体质较弱，偶尔下痢。体温和食欲变化不大。一部分患猪发展到一定时期突然症状恶化而引起死亡。

急性型病死猪的大肠黏膜肿胀发红，有出血点，肠淋巴结肿大，脾脏肿大。在肝、脾、肾等脏器的实质内有粟粒大坏死灶。慢性病死猪的大肠黏膜增厚，有浅平溃疡和坏死。肠道表面附着形似糠麸样灰白色或暗色的假膜。肠系膜淋巴结增大，肝、脾、肾及肺均有坏死灶。

4. 大猪副伤寒　病猪表现急性经过，病初少食，毛松，打颤，鼻盘干燥，鼻流清液，喜卧，体温41~41.8℃，继而废食，泻灰黑色稀粪，个别有呕吐，白猪耳壳及皮肤呈斑块性浅红色，驱赶走动时更明显，如用手搔皮肤，会留下红色痕迹，一个多小时还不消退。病程一般4~7天，临死前0.5~1天，耳尖发紫。咀筒、蹄颈部、尾尖、肛门周围、胸腹部皮肤呈紫蓝色出血斑。

剖检：脾脏肿大呈暗红色，略硬，肝脏边缘钝圆，有灰白色或粉红色坏死点，肺各叶有散在的红色出血斑，胃黏膜大面积严重充血，胃内容物混杂暗红色的血凝块，小肠黏膜充血，肠系膜淋巴结呈条索状肿胀；全身淋巴结充血，呈紫红色，有的病例膀胱和肾亦有出血小点。

甘孟侯（1985）对猪霍乱沙门氏菌（*S.Cholerae suis*）感染24例猪急性和慢性病例尸检进行描述。

①体表检查：急性死亡尸体营养中等。一般呈营养不良；慢性死亡猪极度消瘦，肩胛、肘头、肋骨、髋关节、坐骨等处显露；毛粗乱，皮粗糙无弹性，在胸、腹及腿内侧皮肤薄处有小的紫红色疹，亦见有个别尸体整个下腹、颈下、前胸等处皮肤呈紫红色。可视黏膜苍白或灰粉色或污血色，眼角有少许眼屎；有的尸体鼻孔内有泡沫；肛门松弛，肛门周围、尾、后肢关节处黏附粪便。

②内部器官观察：皮下脂肪消失或菲薄如纸，皮下（肢前、肩前、鼠蹊部）有透明无色胶样液体者6例。

淋巴结：颚凹、鼠蹊、颈部、前胸淋巴结肿大，紫红色，切面隆起，灰紫色或土灰色，湿润，有的病例有散在出血点，以肠系膜淋巴结最明显。1例颚凹淋巴结坏死；1例边缘出血；3例肠系膜淋巴结坏死。慢性经过病例，主要是盲肠、结肠的淋巴滤泡坏死和溃疡，以及部分回肠段淋巴滤泡肿胀、坏死（4例）。典型的肠道变化过程，即从淋巴滤泡肿胀→增生、坏死→溃疡→愈合过程。这种典型的变化与猪瘟肠道溃疡不同；而在流行初期常有急性死亡病例，其剖检变化是败血症病变，很易与猪瘟相混同。口腔及食道无明显变化。

胃：一般胃内有食物，少数病例胃内空虚；胃底部和幽门部黏膜增厚，红肿，紫红色；约10例（41%）病例有出血点，胃底部较幽门病变严重（11/16）；胃内有灰白色或淡黄色黏液。胃卡他炎症16例，占66.6%（16/24）。曾有过报道，胃炎可占90.2%（37/41），故可作为具有诊断意义的变化。

小肠：有不同程度充血，黏膜肿胀，紫红色，有针头大小的出血点或出血斑；内有黏稠的黏液，灰白或灰黄色，少数灰红色胶胨状黏液；肠系膜血管怒张，紫红色；肠系膜淋巴结肿大，切面有出血点，少数病例切面滤泡颗粒状灰白色隆起；肠系膜淋巴结坏死者3例；部分病例见小肠的黏液集腺液滤泡肿胀、隆起、蜂窝状；4例回肠段发生坏死，米粒至豆大溃疡。

大肠：特征的病变在盲肠及结肠前段。肠壁滤泡肿胀（盲肠5例、结肠7例），呈半圆形，突出于肠黏膜表面，在浆膜面亦可透视而见，大小如小米粒、高粱粒、绿豆或黄豆大不等，呈污浊的淡黄色，数目多不等。有的继续增大，边缘隆起如堤状；有的中心下陷，黏膜坏死，周围以红色高出黏膜表面光滑堤所包围，中心坏死物呈灰黄色、灰绿色、黄绿、黄褐、暗灰或污黑不等，用力剥离时质软多成碎片，剥离后留下一深凹陷的溃疡，严重者一经剥离致使肠壁穿孔，形成圆形局灶性溃疡，大小为蚕豆大，亦有2~3个以上单个溃疡互相融合成一片，部分病例在肠的一段全部黏膜溃疡，仅见个别局灶的不完整的圆形溃疡于其上（间），这种局灶性溃疡在结肠段多见（盲肠 16 例、结肠 20 例）。另外，尚见整个肠黏膜呈弥漫性坏死糜烂，或呈条索状坏死，表面被覆盖淡黄色糠麸样坏死物，黏膜表面粗糙不平，没有堤状边缘，溃疡几乎与黏膜在同一水平上，或黏膜上覆有灰绿色、污黑或黄褐色的坏死物，黏膜坏死，肠壁显著增厚、变硬，缺乏弹性，多见于盲肠（盲肠 8 例、结肠 5 例）。局灶性和弥漫性溃疡以亚急性和慢性病例多见，在急性病例多为死亡，淋巴滤泡变化完全没有或仅见肠黏膜淋巴滤泡呈小米大小肿胀，多是大肠黏膜一片红肿和出血点（盲肠 10 例、结肠 16 例），黏膜聚集成纵形的皱褶，严重发红，切面犹如脑髓状。肠腔内被覆多量黏液和粪污。结肠后段一般无明显的肉眼变化，直肠有充血或出血。小肠以卡他性肠炎为主，盲肠、结肠变化有 3 种形式，即弥漫性充血和出血、单个圆形溃疡及条件（片状）溃疡、弥漫性坏死溃疡。这些变化的差异，乃因病程长短不同，它显示出逐渐发展的阶段。此外，亦见结肠溃疡穿孔、腹膜炎、肠浆膜上有纤维素、腹腔积液等。

肝脏：大多数病例呈紫红或暗红褐色，甚至土黄色，肝边缘钝，混浊肿胀，质地略脆。切面肝小叶不太明显，流出紫红色血液。部分病例肝表面被覆有灰白色增生物。7 例泡膜下肝小叶中央有针头或小米大的灰黄色坏死。

肾脏：急性病例见肾有小点出血。亚急性和慢性病例多无肉眼变化，肾紫红色，表面光滑，包膜易剥离，质较韧，切面平整，皮、髓质界限清楚。10 例肾表面出血，1 例髓质及肾乳头出血，1 例肾小球出血，2 例皮质出血。

脾脏：被膜光滑，边缘锐，稍柔韧，切面平整，小叶清楚，髓质明显。4 例脾肿，1 例被膜上有出血点。

呼吸道：喉、会厌软骨黏膜光滑，灰白色或灰粉色充血。气管及支气管黏膜灰白色或紫红色，管腔中常见有白色泡沫或红色带泡沫的黏液。肺多灰红色或紫红色，或部分橙红色，充气，肺膜光滑。部分病例主要在心叶有不整形暗紫色小叶性肺炎（15 例），质韧，较湿润，间质扩张，充有白色液体，病变与周围界限明显，周围有不同程度充气和水肿。

心脏：心囊扩大，心包内积水 17 例，多呈茶水样暗褐色（草黄色至橙黄色），有 1 例心包液混浊有纤维素。心冠脂肪贫瘠，胶冻样紫红色，右心常扩张，心腔积有凝块，后期死亡病例常见有淡黄—紫色分层凝块。4 例心耳有出血点。心肌色淡，质脆弱，似煮过一样。2 例心内膜出血，6 例心外膜出血，6 例纤维性心包炎。

膀胱：多积尿，黄色，浆膜、黏膜灰白色，6 例黏膜充血，1 例黏膜出血。

腹膜：光滑，3 例腹腔积液，淡黄色，1 例见纤维素混夹其中，结肠攀上附有纤维素，网膜菲薄透明。

诊断

人和动物的沙门氏菌感染，无论是胃肠道感染还是胃肠道外感染型，一般均缺乏具有鉴别诊断价值的临床与病变特征，且常常是多种病原菌均可引起同类型症状，还有不少情况是两种或两种以上病原菌的混合感染，亦有继发感染，造成本病临床表现复杂，诊断较为困难，即使是胃肠道感染类型，也仅仅做出本菌感染的可能性的推测；至于胃肠道感染类型，其可能性的判定也很困难。可以从临床腹泻及流行病学上给予初步判断，如早期拟诊鼠伤寒沙门氏菌胃肠类的指征是：① 2 岁以下婴幼儿有明显或可疑接触史者；②儿童长期腹泻，抗生素治疗不佳者；③在原有疾病基础上突然发热、腹泻，特别是人工喂养、营养不良或长期应用广谱抗生素或肾上腺皮质激素等免疫抑制剂者；④大便次数多，有特殊臭味且性状多变者。显然，对人和动物沙门氏菌感染的临床与病理检查，常常仅是能作为综合诊断判定的参考；目前最为直接和准确的方法，仍是病原菌的检出和相应病原学意义的确定。即使实验室分离、培养到沙门氏菌，也很难得出是腹泻的主因。沙门氏菌特异性抗体的辅助诊断价值，如血清凝集试验、ELISA 法等。

鉴于沙门氏菌在动物的感染类型比较复杂，且有时常与其他病原菌混合感染。因此，对从动物分离的菌株，还要做同种动物的感染，以确定其原发或混合感染或继发感染的病原学意义。

本病应与其他细菌性腹泻、细菌性食物中毒、消化不良、肠道菌群失调、其他化脓性细菌所致的败血症或脓毒血症相鉴别。隔离期应至临床症状消失后，体温恢复正常后 15 天为止。患者的大小便、便器、食具、生活用品均需作消毒处理。饮食保育、供水等行业从业人员应定期检查，及早发现带菌者；慢性带菌者调离治疗，定期接受监督管理，使其终止带菌状态。

防治

对患者或病原携带者应做到早发现、早隔离、早治疗，避免病原扩散。隔离期应至临床症状消失、体温恢复正常后 15 天为止。患者的大小便、便器、食具、衣物、生活用品均需作消毒处理。饮食、保育、供水等行业从业人员应定期检查，及早发现带菌者；慢性带菌者应调离上述岗位，进行治疗，定期接受监督管理，使其终止带菌状态。对病人、病畜除对症支持治疗外，需及时静脉或口服补液，以纠正脱水、酸中毒和电解质紊乱；要根据临床分离到的菌株药敏试验结果选用抗菌药，提高疗效，对尚未获得病原或无法获得病原的病例，可采用经验性治疗，可选用两种或两种以上针对革兰氏阴性菌的抗菌药物联合治疗。对于产超广谱 β-内酰胺酶菌株，可选用碳青霉烯类（亚胺培南、美洛培南）、氨基糖苷类（阿米卡星、萘替米星）及真菌素类（头孢美诺）等抗感染。不可盲目用药延误治疗和造成细菌的耐药性。同时要加强医院、食堂及畜牧场的环境消毒，对环境要用 0.5% 过氧乙酸或 1% 漂白粉等喷洒消毒；对粪便、垃圾、污水等要进行无害化处理。

本病的主要传染源是家畜、家禽及鼠类；病人及无症状带菌者亦可作为传染源，必须积极从源头控制。主要有：

（1）加强对畜禽宰前的检疫和宰后的检验制度，减少产品污染率和对动物传染源的及时处理。

（2）加强食品卫生管理，严防食物中毒。低温运输、保藏各种食品，虽然不能杀死细菌，但可致细菌不能繁殖，如果食物污染量小，可使已污染菌不至于发展到有感染性阶段。由于细菌对热、阳光、消毒剂敏感，所以食品要煮熟、高温处理，减少对食品和人畜污染，降低对机体感染力。

（3）提高机体抵抗力，调整好机体机能。首先是应用菌苗免疫接种，提高机体特异性免疫功能。在人主要有伤寒灭活菌苗、伤寒 Vi 多糖菌苗及伤寒 Ty21a 株苗等；对于动物有仔猪副伤寒的灭活苗和弱毒苗；预防马流产的马副伤寒的弱毒苗；牛沙门氏菌的牛副伤寒的灭活苗、弱毒苗等。其次是当沙门氏菌经口腔进入体内，克服了共生菌的抑制和小肠黏膜吞噬细胞的作用，得以在肠道中大量繁殖，必须在巨噬细胞中生存才能致病。如果在宿主胃酸减少，胃排空增快，肠蠕动变慢时，以及肠道菌群失调等，可增加沙门氏菌的感染机会。所以，要调整机体的生理、机能状态，或适时补充微生态菌等调整肠道菌群，提高抗病力。

由于抗菌药物广泛应用及农用抗生素的应用，已造成沙门氏菌多重耐药菌株明显增加，成为临床较为严重的问题，对此要加强综合管理和宣传教育。

我国已颁布的相关标准：

GB 16001—1995 伤寒、副伤寒诊断标准及处理原则；

GB/T 14926.1—2001 实验动物　沙门氏菌检测方法；

GB/T 4789.4—2003 食品卫生微生物学检验　沙门氏菌检验；

GB/T 17999.8—2008 SPF 鸡　微生物学监测　第 8 部分：SPF 鸡　鸡白痢沙门氏菌检验；

WS 280—2008 伤寒和副伤寒诊断标准；

WS/T 13—1996 沙门氏菌食物中毒诊断标准及处理原则；

NY/T 536—2002 鸡伤寒和鸡白痢诊断技术；

NY/T 550—2002 动物和动物产品沙门氏菌检验方法；

NY/T 570—2002 马流产沙门氏菌病诊断技术；

SN/T 1169—2002 猴沙门氏菌检验操作规程；

SN/T 1222—2003 鸡白痢抗体检测方法　全平板凝集试验；

SN/T 1380—2004 马流产沙门氏菌病凝集试验方法；

SN/T 1609—2005 国境口岸伤寒、副伤寒感染监测规程。

七、耶尔森菌病
（Yersiniosis）

耶尔森菌病（Yersiniosis）是由耶尔森属（*Yersinia*）中的有关致病菌引起的几种人畜共患的自然疫源性及地方性动物病的总称。其中具有重要性的是由小肠结肠耶尔森病菌引起腹泻；由伪结核耶尔森菌引起的伪结核及由鼠疫耶尔森菌引起的鼠疫等。还能引起呼吸系统、心血管系统、骨骼结缔组织等疾病，由它感染引发的后遗症有结节性红斑、关节炎、耶尔森肝炎等，还是重要的食源性致病菌，引发胃肠炎、败血症等。

历史简介

Pfeiffer（1880）发现伪结核杆菌。Yersin（1894）从鼠疫中分离出鼠疫耶尔森菌。Malassez 等（1883）曾从儿童等臂结核结节病变材料接种于豚鼠的结核结节中分离到伪结核耶尔森菌，以后查明为啮齿动物的病原，并从许多种哺乳动物及禽类中分离到。1934 年美国 Mclver 和 Pike 首次对小肠结肠耶尔森菌做了描述，其形态和生化特性与伪结核相似，曾被称为 B 型伪结核巴氏杆菌，同伪结核一起被列入巴氏杆菌属。Schleifstein 和 Coleman（1939）在美国记述了 YE 病原体，被称为"未定菌"，由于大部分菌株来自小肠结肠炎病人大便分离，故称为 B. ente‐rocoliticum。Van Loghem（1944）提议建立耶氏菌属。20 世纪 50 年代查明该菌与小儿肠系膜淋巴结炎和阑尾炎有关。Masshoff 和 Knapp（1954）从人肠系膜淋巴结分离到本菌，认识到本菌是人的重要病原菌。Daniels 和 Goundzwaard（1963）又从人体组织分离到此菌，并称其为 X 巴斯德菌（Pasteuralla X）。Quan（1965）从阿拉斯加兔中分离出此菌，Tsubokura（1973）从猪盲肠分离到此菌。Schleifstein 等（1939）从美国病人中分离到小肠结肠耶尔森菌，称小肠结肠炎杆菌。曾报道 1933 年在纽约发生过此病，Karrer 和 Pusterrale，Hassing 等（1949）从欧洲两例败血症尸肝及猪粪中分离到此菌，Moyer（1957）报道猪可感染小肠结肠耶尔森菌。因其类似伪结核巴氏杆菌，Danice（1963）建议为伪结核巴氏杆菌。Dickinsen 和 Mocquot（1961）证明动物可携带小肠耶尔森菌，以后陆续从多种动物体分离出本病原体。而 Frederiksen 根据众多学者的研究成果，在 1964 年建议改名为小肠结肠耶尔森菌。Smith 和 Thal（1965）根据数值分类学研究结果，建议将细胞色素氧化酶反应为阴性的鼠疫巴氏杆菌、伪结核巴氏杆菌和本菌组成耶尔森菌属（以示纪念 Yersin 氏于 1894 分离鼠疫杆菌），从巴氏杆菌属中分出。国际细菌分类命名委员会（1970）将鼠疫巴氏杆菌、伪结核巴氏杆菌和小肠结肠耶尔森菌从巴氏杆菌属分出组成耶尔森菌属。以与多杀巴斯德菌相区分。其后以 Knapp 和 Thal 的研究报告为基础，结合 DNA 杂交试验结果，表明耶尔森菌属与肠杆菌科其他成员具有有意义的联系，比与多杀巴氏杆菌之间的联系更为密切，故将耶尔森菌属归属于肠杆菌科（丸山名等，1975）。1980 年本属归入肠杆菌科。其后，Ewing（1974）分离鳟鱼红口病病原也归入该科属。WHO（1974）在法国巴斯德研究院建立了小肠结肠耶氏菌和伪结核耶氏菌参考中心。

Brenner 等（1976）报告了本菌显示有 4 个不同的 DNA 同源群。第一群是典型的小肠结肠耶尔森菌；第二群为鼠李糖反应阳性的；第三群为鼠李糖、蜜二糖、α 甲基葡萄糖和棉子糖反应阳性的；第四群是蔗糖反应阴性的，后三群菌曾称为不典型或类小肠结肠耶尔森菌（Swaminalhan B，1982）。1981 年根据 DNA 相关度的资料和生化及形态特性的相关性，与小肠结肠耶尔森菌极为密切的 3 个同源群被作为耶尔森菌的新种而正式命名，并于 1981 年国际分类细菌学杂志上公布。这 3 个新种是费氏耶尔森菌（*Y. frederiksenii*）、中间型耶尔森菌（*Y. intermedia*）和克氏耶尔森菌（*Y. kristensenii*）。小肠结肠耶尔森菌与这 3 个菌近缘，伪结核耶尔森菌是最早知道的病原菌。

病原

耶尔森菌属于肠杆菌科，耶尔森菌属（*Yersinia*）。本属有 11 种，即鼠疫耶尔森菌（*Y. pestis*）、伪结核耶尔森菌（*Y. pseudotuberculosis*）、小肠结肠耶尔森菌（*Y. enterocolitica*）、中间耶尔森菌（*Y. pseudotuberculosis*）、费氏耶尔森菌（*Y. frederksenii*）、克氏耶尔森菌（*Y. krislensenii*）、鲁氏耶尔森菌（*Y. ruckeri*）、奥氏耶尔森菌（*Y. aldovae*）、罗氏耶尔森菌（*Y. rohdei*）、莫氏耶尔森菌（*Y. mollaretii*）和贝氏耶尔森菌（*Y. bercovieri*）。已知有 4 个有致病性，即鼠疫、小肠结肠、伪结核和克氏耶尔森菌（虹鳟鱼红嘴病的病原）。

小肠结肠炎耶尔森菌（yE）首次于 1933 年发现在美国纽约州，直至 20 世纪 70 年代中期认识到它是食源性疾病的病原，由该菌引起胃肠道感染称之为耶尔森菌肠炎。本病临床表现猪以腹泻为主；人类表现较为复杂，约为 2/3 的患者以急性胃肠炎、小肠结肠炎为主，约 1/3 的患者以败血症为主，伴随肝脓肿。部分病例有慢性化倾向。其他器官也会产生病变，如活动性关节炎和结节性红斑等。它是一种新发现的人畜共患的自然疫源性疾病及地方性动物病。本菌在人、动物及环境中分布较为广泛，到目前已有 80 多个国家和地区报道本菌，我国于 1980 年首次从猪中分离到 yE。该菌有一种嗜淋巴组织特性，定居在淋巴组织后进行繁殖，成为细胞外病原体。本菌 DNA 的 G＋Cmol％ 为 48.1±1.5；模式株：ATCC9610、161、CIP80－27、DSM4780，这个菌株属于 IB 生物型（biovar IB）、O：8 血清群、X 噬菌体型；GenBank 登录号（16rRNA）：M59292。

yE 是革兰氏染色阴性球杆菌，需氧或兼性厌氧菌，为嗜冷性菌，具有鞭毛、菌毛，不形成芽孢和荚膜，其大小为 $0.99\sim3.45\mu m\times0.52\sim1.27\mu m$，单个或短链状或成堆排列。在普通培养基上易于生长，在 $2\sim40℃$ 和含胆碱或含胆酸盐培养基上亦能生长。仅在 $25\sim30℃$ 适温下培养才能表现出 yE 的生物学特征，如动力、生化反应。22℃ 即能产生动力及具有光滑型菌体抗原成分，37℃ 培养时动力试验则为阴性，VP 试验亦多为阴性，25℃ 时则为阳性。在肠道菌的选择性培养基上，$25\sim28℃$ 培养 48h，菌落表面光滑、凸起、半透明、S型，如连续培养则呈 R 型，溶血。根据 Knud Borge 等（1979）报道，从猪中分得的有 β 溶血作用的菌对人是具有致病性的。在 SS 琼脂和 HE 琼脂培养基上生长不良，呈针尖样。37℃ 培养时需要硫胺素，25℃ 则不需要。初分离时需用丙氨酸、蛋氨酸、胱氨酸，转种时则不要，但要谷氨酸、泛酸、尼克酸。生长 pH4.6～9.0，抗热能力为 60℃ 3min。败血症患者作血液培养时采用牛心、牛脑浸出液或硫乙醇酸钠液体培养基，常可获得满意的阳性结果。在肉汤培养基中呈均匀状态，一般不形成菌膜，管底有少量沉淀物。Schiemann（1979）和 Fukshima（1987）开发了加七叶苷的 CIN 琼脂培养基，在 CIN 培养基是特异性选择培养基，形成 $1.5\sim3.5$mm 菌落，菌落中心呈红色，周围明显的透明环，称"公牛眼"。该菌在 $25\sim30℃$ 的代谢活力要比 35℃ 高。因此，许多生化试验要求细菌低温培养。

yE 各菌株的生化特性不太一致。典型菌株不利用鼠李糖，能分解蔗糖，不分解乳糖，不产气和硫化氢，葡萄糖不产气，氧化酶试验阴性，赖氨酸脱羧酶阳性，触酶、鸟氨酸脱羧酶阳性，吲哚阴性，尿素阳性。能产生耐热毒素，类似于产毒大肠杆菌的耐热毒素，当细菌在 30℃ 或以下时生长最适于产生毒素。而在 37℃ 时，则不产生毒素。Mikuiskis 等（1994）研究表明，yE 的 yst 基因很可能就是致腹泻毒力因子，其依据是 yst 仅产生于致病的 yE 中，当培养基的 pH、渗透压等一些因素均接近于肠道环境时，在 37℃ yst 的基因能够转录。侵袭素是 yE 另一致病因素，目前已克隆到侵袭素基因有 2 505bp 构成，基因产物为 835 个 AA 组成的蛋白质，分子量为 91.304 4KD。细菌外膜蛋白是近年来研究发现 yE 的一些新毒力决定因子，致病性耶尔森菌毒力质粒编码的 yop 就是其中之一。它是一种分泌蛋白，该蛋白质的分泌通过一种新的通路（现称为Ⅲ型分泌系统）进行。几种重要的耶尔森菌外膜蛋白：①yopA，又称耶尔森菌黏附素 A（yodA）；②yopE；③yopH；④yopM；⑤yopO/ypkA；⑥yopD。

已知本菌有 17 种血清群，抗原（O）有 50 多个型，鞭毛抗原（H）有 20 多个，菌毛抗原 3 个型。Wanter 根据 O 型抗原的不同对 yE 进行血清学分型，1971 年分为 17 个型，1973 年分为 28 个型，1984 年分为 57 型，现已增至 84 个型，因血清型的病菌可含两种或两种以上的 O 抗原。各型血清型病株之间有共同的凝集抗原，H 抗原与分型无关，菌毛抗原与血凝有关，与分型的关系尚不清楚。还可根据噬菌体裂解性的不同分为 5 个或 7 个裂解型。国际上建立两种方法，即法国法（Nicolle，1973）有 13 种噬菌体型；瑞士法（Nilehn，1973）

有 12 种噬菌体型。我国 1982 年从猪菌中分离到噬菌体。早在 20 世纪 70 年代初 Nilehn（1969）和 Wanter（1972）按 yE 的某些生化特性将 yE 分为 5 个生物型（表 2 - 17、表 2 - 18），研究表明菌株的生物型、血清型与分离株来源之间有一定关系。人类的病原菌大多属于 O3、O8、O9、O5、O6 和 1984 年新发现的 O13a 和 O13b 致病血清型，生物型则为 2、3、4 型。中国以 O9 多见，次之为 O3、O4、O5、O8 等。生物 5 型常在动物的流行病例中观察到。与猪有关的有 13 个血清型，如 O∶3、O∶5、O∶9 等。小肠结肠耶氏菌产生和毒素与菌株的血清型有关，人类中常见的 O∶3、O∶9、O∶8 中几乎全部，其次为 O∶5，27、O∶6，30、O∶7，8、O∶13，7 中 80％以上或全部菌株都能产生，其他血清型则很少产生。腹泻仔猪分离的菌株为 O3、O11 和 O10。猪中分离 yE 生物型，Pedersen 等（1979）报道的为生物 1 型或 4 型。Nilehn（1969）曾报道，从猪中分离到生物 3 型。我国曾贵金（1980）分离到猪 1、3 型。而生物 1 型大多对人类不致病菌株。血清学分型和生物学分型的并用，有助于 yE 爆发的流行病学分析。已知的常见血清型与生物型搭配形式有：血清型 O9/生物型 2、血清型 O3/生物型 4、血清型 O8/生物型 1、血清型 5、27/生物型 2。此外，yE 还存在超抗原和铁摄取系统。超抗原是 1989 年提出来的新概念，这种抗原能激发多克隆的 T 细胞。现已证实葡萄球菌、链球菌、支原体等致病微生物中存在。Stuart 等（1991）证实 yE 能产生超抗原活性。现认为超抗原的发现，可部分解释 yE 引起的慢性病变如活动性关节炎和结节性红斑，有可能是由超抗原引起自身免疫性疾病。Gripenbergg - Lerche 等（1994）研究认为关节炎是由外膜蛋白 yopA 和 yopH 引起，还有 yopE、yopM、yopO/yopA 及 yopD。Heesemann 等（1987）曾报道了 yE 的铁摄取系统，直到 1993 年证实了 yE 新的铁载体，称之为耶尔森菌素的一个新的 65KD 的铁抑制外膜蛋白。目前一个新的摄取系统，即铁草胺菌素受体蛋白 FoxA，以及耐热肠毒素、超抗原、毒性质粒等。

流行病学

本病分布很广，遍及五大洲，已有 80 多个国家和地区报道有本病存在。现已报道分离到本菌的动物有：猪、牛、马、羊、骆驼、犬、猫、家兔、野兔、猴、豚鼠、貂、浣熊、海狸、鸽、鹅、鼠、牡蛎、鱼、蛙、蜗牛、跳蚤等，以及奶制品、蛋制品、肉类和水产品等。在动物体内可长期带菌，有的感染后可出现临床症状。传染源主要是患病和带病动物，牛的感染率高达 7.9％～24.6％。主要血清型是 O∶3、O∶5 和 O∶9 型；犬带菌率在 1.7％～7.5％，其 O∶3 和 O∶5 血清型占 95％，并证明 O∶3 型菌株可引起犬腹泻。鼠类等啮齿动物是本菌在自然界中的主要储存宿主之一，我国鼠类带菌率高达 60％以上，而且鼠与猪接触频繁，相互传染机会多，故猪是传播该病的重要宿主。猪舌和咽喉（扁桃体）标本中，本菌的阳性检出率可达 30％～70％，Zan - yoji 等（1974）从猪盲肠内容物检出阳性率 8.4％～15.3％，肠系膜淋巴结阳性率为 0.5％。斋藤（1973）检出猪粪阳性率为 21.6％。比利时和丹麦研究表明，3％～5％有猪是 yE 菌 O3 血清型的肠道带菌者，并且舌和咽喉的阳性率高达 53％。扁桃体带菌猪是人感染本病的传染源和贮存者。最常见的致病血清型是 O3、O9、O5、O27 和 O8，其中 O8 主要分布在北美洲，其余型多见于欧洲、日本、南非、加拿大和中国。我国已发现 O3 和 O9 两型耶尔森菌引起的爆发流行。从病人分离的 yE 中发现 58 个血清型，其中 11 个是国际上首次报道，且大部分为 O3、O5、O8 和 O9 血清型，均为生物 3 型。另外，牛血清型有 O∶3、O∶5、O∶9 等，犬有 O∶3 等。动物与人流行菌型基本一致。猪是人类的重要传染源：

表 2 - 17　小肠结肠炎与近缘菌的鉴别

试验项目	小肠结肠炎 1 - 4 型 *	小肠 5 型 *	费氏	中间	克氏	伪结
硝酸盐还原	+	−	+	+	+	+
VP28℃	+	−	+	+	−	−
VP37℃	−	−	−	6	−	−
西蒙氏枸橼酸盐	−	−	√	√	−	−
鸟氨酸脱羧酶	−	−	+	+	+	−
蔗糖	+	−	+	+	+	−
纤维二糖	−	−	+	+	+	+
鼠李糖	−	−	−	−	−	+
密二糖	−	−	−	−	−	+
山梨醇	+	−	+	+	+	−
糖	+	−	+	+	+	+
覃棉子糖	−	−	−	−	−	√
α 甲基葡萄糖苷	−	−	−	+	−	−

+：3 天内 90％以上阳性；√：10.1％～89.9％阳性；−：10％以下阳性。

* 大肠数为 Nilehn 或 Wauters 生物 1 - 4 型或 5 型。

表 2 - 18　yE 生物分型法

试验	生物型				
	1	2	3	4	5
水杨苷	+	−	−	−	−
七叶灵	+	−	−	−	−
卵磷脂酶	+	−	−	−	−
靛基质	+	+	−	−	−
乳糖氧化	+	+	−	−	−
木胶糖	+	+	+	−	−
海藻糖	+	+	+	+	−
β - D 半乳糖苷酶	+	+	+	+	−
鸟氨酸脱羧基酶	+	+	+	+	−

①猪感染率高。猪被认为与人类 yE 病关系最大，其带菌率瑞士、瑞典、罗马尼亚为 20.1％～27.3％（Rusu V，1981），加拿大为 3.6％，日本为 4.0％～21.6％，我国福建陈亢川（1981）报道在 2.3％～4.96％，平均 3.99％。血清型方面，猪为 O：3 型，在生化和噬菌体分型上与人体菌株密切相关。yE 在肠道定居，通过空肠、回肠到盲肠、结肠、直肠。在盲肠的下肠管黏膜繁殖，混入粪便排出。从这些黏膜培养出大量甚至纯菌。一般来说，空肠和回肠不适于本菌定居和繁殖，属于一过性通过，也不进入血液，即使进入血液也不繁

殖，很快消失（表2-19）。

表2-19　人工感染 yE 在猪体内分布情况

猪号	1	2	3	4
十二指肠	—	—	<10	<24
空肠	—	—	30	24
回肠	9×10^2		4.3×10^5	—
盲肠		1×10^7	1.2×10^5	1×10^8
上结肠	2×10^5	2×10^6	1.5×10^8	7.4×10^6
下结肠	9×10^5	2×10^5	1.18×10^8	1×10^6
直肠	1×10^8	5×10^8	1.78×10^8	1×10^7
血液	—	—	—	—

带菌猪能引起屠宰场猪肉胴体二次污染。有报道从猪肉检出 yE 及因吃炒肉片引起人集体发病，卫生检测表明，yE 带菌新疆猪舌带菌达76.3%；山东检测猪舌带菌率59.5%，扁桃腺带菌率为53.7%。

②猪可能是本地区耶尔森菌病重要来源。几十种动物与人群感染有关，关系重要的有猪、牛、羊、猫、犬、鼠等。从猪体分离到的血清型有 O：3、O：5、O：6、O：7、O：9、O：10、O：11、O：12、O：15、O：17、O：19、O：26b、O：46 等13个血清群，其中 O：3、O：9、O：5 群可致人肠炎，O：3 群占首位。

从猪体分离的 yE 与人患者分离的菌株的生物型、血清型和噬菌体型，与人关系特别密切的 O：3 和 O：9 型菌株，在猪源的菌株中占很大比重。Winblad（1968）对人分离的218株 yE 菌血清型，90%属血清3型。宁夏对 yE 流行性致血清型调查，以 O：3 为主，O：9 为辅。宁夏腹泻病人中猪源菌最多，占83.24%；猪和腹泻病人检出的大多为致病性 O：3 血清型，而牛、羊等检出的 yE 均为非致病性 O：5、O：8 血清型，进一步提示猪为致病性菌株的重要传染源。

yE 感染多伴有环境传染源，从食物、水和土壤等周围环境中可分离到 yE。yE 不仅在其中长期生存，而且可以繁殖。可能主要通过与感染动物接触或摄食污染的饲料和饮水，经消化道感染，往往是爆发胃肠炎 yE 病重要原因，人与人传播已为医院和家庭能够爆发和流行所证实。尚无经呼吸道感染的报道。蟑螂、卷蝇、蚤等常可带菌，成为本菌的传播者也可能经血节肢动物传播。Fukushima 等从日本猪场的苍蝇及火腿中检出 O：3 血清型菌。故提出本病流行图2-3。

本菌多为散发，其传染源和传播方式仍不清楚。虽发病季节不明显，常见于寒冷季节。本病的发生在人类对 yE 普遍易感，发病年龄广，从5～85周岁均有感染。1～4岁儿童发病率最高，儿童组 O3 型菌株占66.4%；胃肠炎病例似易性较多，而结节性红斑似乎在成年妇女较易性更为常见。人—人传播也有报道。Admis（1974）曾报道一健康人同病人接触而感染；Aleksic（1974）报告患儿接触的母亲感染本病；人—人传播也有报道。Admis（1974）曾报道。Lassen（1972）报告急性 yE 患儿的母亲也发生腹泻，其血清凝集素为1：640。

本病的发生与动物的抵抗力有密切关系。当外界环境因素导致动物抵抗力下降或免疫力

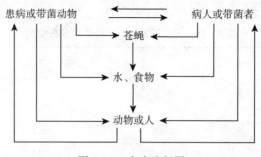

图 2-3　本病流行图

功能抑制时，易于诱发本病。猪多发于 11 月至翌年 1 月，圈养多散发。通过消化道感染，经粪尿排菌污染饲料、水传播，也可以吸血节肢昆虫和空气传播。此外，家禽和野生鸟类都可能被感染，成为健康带菌者，认为鸟类同样有传播作用。

发病机制

自从 Carlsson 和 Mollaret 等（1964）报道，人小肠结肠耶尔森菌病以来，世界各地都有报道，但小肠结肠耶尔森菌致病机制至今尚不完全清楚，可能与外膜蛋白、肠毒素、毒性质粒、超抗原、铁摄取系统等有关。小肠结肠耶尔森菌侵袭力较强，在耶尔森菌属中最易引起人类疾病。

1. 肠毒素　yE 菌产生一种类似于产毒大肠杆菌的耐热毒素，当细菌在 30℃或 30℃以下时生长最适于产生毒素。而在 37℃时，则不产生毒素。侵袭力可能是 yE 菌肠外表现的基本发病机制，如肠系膜淋巴结、集合淋巴节脓肿、败血症和各种器官的转移性脓肿。yE 菌的致腹泻功能是否由肠毒素引起的一直是个争论的问题。目前研究表明，yE 菌的 yst 基因受下列因素影响，如生长期、温度、渗透压、pH 和细菌的宿主因子。如在混合培养基中生长晚期才能检测到 yst。Mikuiskis 等（1994）研究表明，yst 很可能是它的致病腹泻因子，其依据为：①yst 仅产生于致病的 yE 菌中；②当培养基的 pH、渗透压等一些因素均接近于肠道环境时，在 37℃yst 的基因能转录。这两点均支持 yst 是 yE 菌的一个毒力因子。

2. 侵袭力　某些细菌进入细胞里面是致病性很重要的因素，对 yE 菌来说，其侵袭力主要由侵袭素介导的，目前已克隆了它的侵袭素基因由 2 505bp 构成，基因产物为 835 个氨基酸组成的蛋白，分子量为 91.304KDa。该基因能使无侵袭性的大肠杆菌转变成有侵袭性的大肠杆菌。此基因最初是在伪结核耶尔森菌中克隆到的，该菌的侵袭素 N-端有两个小区域，中间有一个 99 个氨基酸组成的区域与 yE 菌相比没有同源性，但它们两者的 C-端区域是非常保守的。总的来看，它们二者侵袭素氨基酸序列的同源性在 85%，并且这些同源区域内已有 73%氨基酸序列和 77%相应核苷酸序列得到证实。目前研究表明，不同种的耶尔森菌，其侵入细胞的介导因素也有所不同，如伪结核耶尔森菌，其毒力质粒也介导其低水平的侵袭作用。在 inv 基因突变时，此菌仍然可以低水平进入到上皮细胞。在 yE 菌中也克隆到了 inv 位点以外的另一个介导侵袭的基因位点 ail，它与 inv 基因没有同源性，基因长度为650bp，基因产物为 17KD，实验室同样赋予 yE 菌侵入上皮细胞的表现型。因此，现在认为yE 菌的侵袭性也是由多种因素介导的。

3. 细菌外膜蛋白　近年来研究发现了耶尔森菌的一些新毒力决定因子，致病性耶尔森菌毒力质粒编码的 yop 就是其中之一，已证实 yop 在致病过程中有很重要的作用，其中 yopA 介导该菌对哺乳动物及人类上皮细胞的黏附作用，同时还具有抗吞噬作用，可以引起慢性活动性关节炎；yopH 的存在可使宿主细胞微丝分裂，它还能阻止机体的防御功能，并具有抗吞噬作用；yopH 的存在可使宿主酪蛋白去磷酸化，使 yE 菌抗巨噬细胞的吞噬作用，并引起慢性关节炎；yopM 通过与凝血酶之间的相互作用来阻止血小板的凝集，损害宿主的凝血机制；yopD 是 yopE 穿入靶细胞所必需的，它抑制巨噬细胞的呼吸爆发作用，由于呼吸爆发作用是巨噬细胞的杀菌装置，所以它间接引起抗吞噬作用。

临床表现

人小肠结肠耶尔森菌病

Carlsson MG（1964）证实小肠结肠耶氏菌对人致病。主要血清型为 3、9 型。

本病在人类临症上表现多样性，有腹泻、末端回肠炎、肠系膜淋巴结炎、关节炎和败血症。为此，Mollarer（1965）把病菌型整理为肠系膜淋巴结型、败血症型、结节性红斑型和非消化道型。善养寺等（1975）曾将本菌所致疾病按其症状分为 5 型：①末端回肠炎、肠系膜淋巴结炎和阑尾炎型；②胃肠炎型；③结节性红斑型；④关节炎型；⑤败血症型。其中胃肠炎型是主要病型，关节炎型如发展严重且顽固，可以引起患者失能，败血症型可致死亡，死亡率高达 34%～50%。

小肠结肠炎是最常见的疾病，占感染的 1/2～2/3。现主要分两种临床类型，即胃肠炎型和败血症型，两型均可伴有全身性并发症。

1. 胃肠炎型　yE 为细胞寄生菌，可侵入巨噬细胞，并在淋巴组织中长期存活和生长，以及扩散到其他淋巴组织。yE 引起腹泻的主要机制有：①寄居有细菌黏附于小肠，并产生一种肠毒素促进水和电解质分泌，引起腹泻，无黏膜病变；②一种细胞毒素在小肠和大肠引起组织病变；③细菌侵犯和损伤结肠，并产生伴有血、脓和黏液的痢疾样大便。yE 至少通过其中两个机制引起腹泻。显著特点是既能侵入肠黏膜上皮细胞，又能产生一种或几种毒素导致腹泻。yE 侵袭力较强，最易引起人类疾病。

人饮用或食用了被感染的水或食物，经消化道感染，潜伏期 4～10 天，主要表现发热、恶心、呕吐、腹痛、腹泻、颈淋巴结肿大，常伴有脓肿和脓血症。婴儿及儿童起病急，胃肠炎症状突出，以发热、腹痛、腹泻为主。成人则以肠炎为主。急性胃肠炎一般为轻症和自限性。病程通常为 2～3 天，长者达数周。腹泻连续 1～2 天，重症为 1～2 周。粪便多为黄色水样，可带黏液，少见脓血便，每天数次到 10 余次不等。部分病人有呕吐，呕吐物为胃内容物，严重者可呕胆汁。腹痛症一般较轻，可局限在下腹部并伴有肌紧张和反跳痛。据瑞典调研报告，78%～96.3% 有腹泻，腹泻持续时间长，大多数腹泻 1～2 周，有的超过 3 个月，灰色—黄色水样便、黏液便，含血少见，10% 粪便中有中性白细胞；22%～84% 有腹痛，以右下腹及弥漫性或上腹部呈绞痛；43%～46.8% 有发热，可能是 yE 突出症状，有些病人是唯一症状。从高热到持续几次低热不等；20% 肠炎患者有呕吐、恶心。沈阳（1987），调查认为 yE O：9 血清型引起腹泻。经 352 例病例统计：腹痛 95.17%、头昏头痛 108 人 53.4%、腹泻 56.25%。腹泻以稀便为主占 80.8%，黏液便 16.17%，水样便 13.13%，脓血便 3.03%。大便次数 2～3 次/天，占 67.17%；4～6 次/天，占 29.29%；7 人 7 次/天以上，占 3.53%。发热为低热，少数为 39～40℃（86 人占 24.43％）。腹痛 335 人，下腹痛 22.38％，脐周围痛 37.61％、上腹痛 22.38％，恶心 77 人（12.89％），呕吐 15 人（4.26％），四肢无力 176 人（50％）。剖腹探查可发现急性阑尾炎、急性肠系膜炎、急性淋巴结炎和末端回肠炎，病程多短暂。小肠炎偶尔可十分严重，并引起小肠溃疡、穿孔和腹膜炎。慢性腹泻连续数月，甚至可成慢性特发性炎病性肠炎。

2. 败血症 病人除有腹泻、呕吐之外，小肠结肠耶尔森菌感染后 1～2 周还可发生自身免疫性损害。常表现类似其他疾病症状，具有多型性、多样化特点，易被误诊。大致可归纳为 4 种类型：

（1）沙门氏菌感染综合征 有头痛、全身不适、发热、寒战、肝脾肿大等，易被临床考虑为沙门氏菌感染。

（2）阿米巴肝炎综合征 有发热、右上腹部等痛、肝脾肿大、肝区触痛明显。多见于成人。

（3）髂凹综合征 表现为急性阑尾炎、急性肠系膜淋巴结炎、急性末端回肠炎的症状和体征，有部分病例可触及直肠包块，本型最突出的特点是急性腹痛，因而被误诊为急性阑尾炎。多见于青少年。

（4）其他类型 发生率较低，报道病例有脑炎、脑膜炎、颈淋巴炎、肺炎、蜂窝组织炎、结节性红斑、斑丘疹、皮炎、肌炎、结缔组织病、急性关节炎、急性胆囊炎、Reiter 综合征及甲状腺炎、动脉炎、骨髓炎、腹膜炎、新内膜炎等。有报道指出，10％～30％小肠结肠炎成人病例可继发关节炎。常在急性腹泻后数天出现膝、踝、趾、指、腕等数个关节疼痛，甚至肿胀，经 2～14 天炎症达高峰，此后逐步消退，2/3 的病例在 1 个月后消退，其余可以持续数月之久。

本病发生在家庭和团体的爆发性 yE 感染的大多数患者，主要表现为急性胃肠炎。无症状感染的发生率不到 1％。而零星的散发病例，特别是缺乏腹泻综合征者，如呈现结节性红斑、反应性关节炎、败血症、阑尾炎、眼炎和脑膜炎，以及心、肝和尿路等损害，有可能是 yE 感染。在瑞典的一个研究中，5％临诊为阑尾炎的病人细菌学证实为 yE。

猪

（1）猪是人类 yE 的贮存寄主，猪是最常见的传染源，亦可能是人耶尔森菌病的重要来源。猪带菌率最高，猪咽喉带菌率为 30％，猪舌为 53％～62.5％，对人有致病性血清型 O：3、O：9，可作为正常的咽喉菌丛在屠宰猪和新鲜的猪舌与碎肉中分离到，且占分离自猪菌株的 70％～90％。当人与病畜直接接触时可被感染，其中猪被认为与人 yE 病的关系甚为密切。AHIOHOB BC（1927）在一猪场调查，1/2 的猪是 yE 的带菌者；Rabson（1972）在南非，也自猪分离到与人相同的 yE 血清 3 型菌株；Pokorna V（1977）在捷克猪场从沟鼠等分离到 yE 为血清 3 型；Chin G N（1977）报告 1 位 Parinaud 氏眼腺肿症候群的病人，也被认为与猪、犬有关。Bockemuhl（1976～1977）观察了西德猪群耶尔森菌带菌情况，1 358 头猪中检出 371 头有耶尔森菌，其中 17 株属 O：3 血清型；9 株属 O：9 血清型。当地人群耶尔森菌病发生高峰在 10 至翌年 1 月间，而猪群中 O：3、O：9 型亦在 10～12 月检出。比利时、丹麦有 3％～5％的猪是 O：3 血清型的肠道带菌者，从咽喉与舌头的培养阳性率达 53％。Christensen（1982）对丹麦屠宰猪 722 头健康猪扁桃体 O：3 血清型检出率为 26.05％。我国福建调查（1981）猪 O：3 血清型阳性率达 2.3％～4.69％，春季检出率最高达 28.57%。目前已知猪携带 yE 血清型有 O：3、O：5、O：6、O：7、O：9、O：10、O：12、O：15、O：17、O：19、O：26b、O：46 等 13 个血清群，其中 O：3、O：9、O：5 可致人肠炎，而 O：3 群又居首。

（2）猪的临症。呈散发感染，主要为架子猪，O：3 血清型引起猪腹泻；仔猪、大猪感染率低。曾有爆发流行的报道。据福建省调查，猪本菌检出率在 4.09%，共有 4 个血清型，其中 O：3 占 84.44%、O：5 占 6.67%、O：16 占 6.67%、O：10 占 2.22%。Tsubokura 等（1973）从猪盲肠内容物分离到本菌占 4.3%（13/299）；屠宰场为 8.4%～15.3%（1 796头份）；肠系膜淋巴结为 0.5%。猪无明显前期症状，腹泻明显，呈间歇性，干稀便交叉发生，带有黏液和血液，很少水样亦无泡沫。还表现为腹痛、发热、关节炎、脑膜炎、严重者败血症而死。多见于仔猪、潜伏期 2～3 天。病初厌食，体温 41～42℃，水泻，1 天数次至 10 余次，严重时肛门失禁。粪便呈灰白色或灰绿色糊状时，外包有灰白发亮薄膜，常混有黏液、红色或暗红色血液和肠黏膜脱落物。后期体温下降，不食，尿少，皮肤发绀，如不及时补液，仔猪常因脱水休克而死。成年猪感染常能耐过，病程 1 周左右，也有长达半年者。病变为卡他性胃肠炎。患猪疾病早期胃肠壁水肿、淋巴类组织增殖、肠壁增厚；中期肠黏膜表面有黄白相间的多发性浅表溃疡；晚期黏膜下溃疡、黏膜面脱落出血、溃疡融合，肠穿孔至出血性腹膜炎，肠系膜淋巴融合成大块。

于恩庶等（1982）在调查福建省小猪长期腹泻时，分离到小肠结肠耶尔森菌，检查 176 头小猪，从粪便中分离到耶菌 54 株，阳性率为 30%；有的猪栏达 100% 阳性，血中抗体在 70% 的猪中发现，效价高达 1：320。而大猪与仔猪未检出。

爆发流行猪的潜伏期 2～3 天。发病猪体温大部分为 39.5～40℃，部分猪体温在 40℃ 以上，猪拉稀或水泻，呈灰土色，有的带血丝，有的带黏液。一天数次至十余次，严重时肛门失禁。猪消瘦，发育不良。后期体温下降，不食，尿少，皮肤发绀。此外，Platt - Samoraj A（2009）报道耶菌引起母猪生殖系统损伤，并从流产胎儿、胎盘、阴道检出本菌。

诊断

凡进食可疑被污染的食物和水，有与感染动物接触史，临床上出现上述症状的病例，均应考虑感染本菌病的可能性。

确诊本病有赖于病原菌的分离鉴定和血清学检查等实验诊断。

1. 病原学检查

（1）细菌检查 采集患者的血、粪、尿或病变组织（猪扁桃体检出率较高），于 SS 琼脂平皿或麦康凯琼脂平皿上划线培养。无症状带菌者粪便、食物、饲料、水样等宜先增菌后划线培养。增菌可采用冷增菌法（病料置 pH7.6PBS 增菌液中，4℃增菌 14 天）或普通增菌法（病料置新霉素、多黏菌素 B 和结晶紫的豆胨肉汤中，25℃或 37℃增菌 24～48h），而后划线琼脂平皿上，25℃培养 48h，挑取可疑菌落，进一步做生化试验和血清型鉴定。

（2）血清学检测 血清型鉴定是可用 O 因子血清作凝集试验，如分离菌与两个 O 抗原因子血清呈阳性反应进行，可进一步做吸收试验，以确定是一个 O 抗原还是两个 O 抗原，也可以试管凝集反应进行血清学试验诊断。动物病后，1～2 周出现凝集素，3～4 周增高，血清凝集价达 1：200 者为阳性。抗体水平在 3 个月后开始下降，如进行间接血凝试验，效价达 1：512 以上为阳性。人类细菌培养阳性较低，一般在 20%～25%，故通过协同凝集反应，从患者的唾液、尿和粪中可检出小肠结肠炎耶尔森菌抗原具有重要意义。研究表明，小肠结肠炎耶尔森菌O5、O27、O11与大肠杆菌O97、O98有交叉反应。小肠结肠炎耶尔森菌抗原与霍乱弧菌、布鲁氏菌和Morganella morganii有交叉。O12与沙门氏菌O47有交叉。小肠结肠炎耶尔森菌菌毛抗原与Veillonella球菌和土拉菌有交叉反应，故诊断注意鉴别。

目前，我国使用的48个血清型的O抗原均是从国外引进的，它们的组成见表2-20所列。

表2-20　我国使用的小肠结肠炎耶尔森菌O抗原型成分

O：1, 2a, 3	Q：10;	O：20;	O：44;	O：2a, 2b, 3;	O：11, 23;
O：21	O：44, 45;	O：3;	O：11, 24;	O：22;	O：46
O：4, 32;	O：12, 25;	O：28;	O：47;	O：4, 33;	O：12, 26;
O：35;	O：48;	O：5;	O：36;	O：36;	O：49, 51;
O：5, 27;	O：15;	O：7;	O：50, 51;	O：6, 30;	O：16;
O：38;	O：52;	O：6, 31	O：16, 29;	O：39;	O：52, 53;
O：7, 8;	O：17;	O：40;	O：52, 54;	O：8;	O：18;
O：41, 42;	O：55;	O：9;	O：19, 8;	O：41, 43;	O：57.

经证实，对人有毒力的血清型有O：3、O：9、O：5/27、O：7/8、O：15、0；40，与国外报道相同。唯有O：8型菌株在国外是毒力很强的，而我国目前分离的O：8型菌株均缺乏毒力因子。我国人源株主要为O：3和O：9血清型，与日本、欧洲相似，但生物型不同，我国的O：3和O：9血清型均以生物3型为主，而日本以生物2型为主，欧洲以生物4型为主。我国猪中多为O：3血清型，食品中多为O：5、O：6、O：16血清型等。

（3）生物分子学方法检测　PCR技术简单、快速、特异、灵敏。Rasmussen等（1994）的RAPD分析将87个小肠结肠炎耶尔森菌的分离株用随机扩增多态性DNA图谱技术进行了检测，用YCPEL、RAPDT、RAPD2扩增的RAPD片断将菌株分为三个主要群：致病的美国血清型O8、O13ab、O20、O21；致病的O3、O5、O27、O9和非致病的血清型。RAPD分析提供了区分致病和非致病小肠结肠炎耶尔森菌以及进一步对致病菌株加以区分的简单可行方法，它有可能成为传统的血清分型法的一种替代方法。此外，人还可用放射学检查和内镜检查。

防治

本病菌在自然界分布广泛，感染源种类繁多，流行病学方面尚有许多问题需要调查。因此，彻底防治本病目前尚有一定困难，只能采取一般防治措施。本病多为自限性，轻者不用治疗即可痊愈。其病死率的高低取决于原发病的轻重，总的病死率可达34%～50%；败血症病死率可达60%，原发病轻者则较少死亡。重者除给予一般支持疗法外，还应及早抗菌治疗。其疗效取决于抗菌药物的选用及治疗及时性，一般认为抗菌药物应用不应晚于病菌5～7天。对敏感药物不应少于10天。防止病情转变成为慢性和预防免疫过敏反应。常用链霉素、卡那霉素、丁胺卡那霉素、新霉素、妥布霉素、灰大霉素、多黏菌素等，多数菌株对青霉素、林可霉素、头孢菌素等耐药。在应用抗菌药物治疗的同时，应禁止使用各种类型铁制剂。本病在恢复期前后会出现过敏反应和自主神经功能紊乱，尚无有效治疗方法，要对症治疗。考虑到本病的主要免疫障碍过程是在过敏反应的基础上发生的，因而综合治疗中应采用苯海拉明、异丙嗪等脱敏剂。

小肠结肠炎耶尔森菌具有嗜冷性，因而冷藏食物无法控制细菌生长。对食物、饲料、水加热可杀死小肠结肠炎耶尔森菌。不与病人和感染动物接触，防止人、畜感染。灭鼠、苍蝇和蟑螂等昆虫，切断传播机会。预防本病方法之一不要应用铁制剂。

因为几乎所有家畜都曾发现有该菌的自然感染，所以圈养畜禽，妥善处理其排泄物；如发现病畜时，应积极治疗或宰杀；屠宰场、废弃物要妥善处理，严防污染周围环境、水源及食物；大力捕杀老鼠。做好"三管一灭"工作。

小肠结肠炎耶尔森菌主动免疫菌苗尚待研制。口服弱毒苗或灭能菌苗，能耐强毒攻击。预防该菌的污染，但主要限于理论上的认识，实际应用很少。

今后，防治工作的重点应集中在加强疾病的监测，完善监测网络；提高疾病的临床诊断效率，及时确诊，防止累及其他系统；严格管理传染源，加强对动物宿主的监测管理；进行科普教育，让人们养成吃熟食，不喝生水，把好"病从口入"关，密切接触患者须勤洗手，日常生活中避免与感染动物接触，提高公众的防病知识和健康意识。继续研究小肠结肠炎耶尔森菌苗。

我国已颁布的相关标准：

GB/T 14926.3—2001 实验动物　耶尔森菌检测方法；

GB/T 4789.8—2003 食品卫生微生物学检验　小肠结肠炎耶尔森菌检验；

SN/T 2068—2008 出入境口岸小肠结肠炎耶尔森菌感染监测规程。

八、伪结核病
（Pseudotuberculosis）

伪结核病（Pseudotuberculosis）是由伪结核耶尔森菌（*Yersinia pseudotuber - culosis*）引起的与结核相似的慢性人畜共患传染病，并以内脏、肝脏、脾脏和淋巴结及肠道与结核病相似的干酪化样结节为特征。1833 年首次发现于儿童，以后从啮齿动物、哺乳动物和禽类中分离到此菌，20 世纪 50 年代查明该菌与小儿肠系膜淋巴结炎和阑尾炎有关而受到重视。在人及多种动物（主要是家兔和猪等）的伪结核散发病例一直存在不同程度的发生，也有人的食物中毒爆发。

历史简介

Malassez 和 Vignal（1883）用死于结核性脑膜炎儿童的脓液，接种 1 只豚鼠，后观察到好像似结核的病变；接着在自然死亡和接种病变材料后死亡的豚鼠体内，发现了相似的细菌。Preisz（1894）注意到该菌广泛分布于自然界，并称因其引发的疾病为"啮齿动物假结核病"；他所认识到的病原菌与 Pfeiffer 所描述的所谓啮齿动物假结核杆菌（*Bacillus pseud-otuberculosis*）是相同的。Migula（1900）建议将本菌命名假（伪）结核杆菌（*Bacillus pseudotuberculosis*）。Saissawa（1909）从 1 例死于败血症的患者血液中分离出此菌；Al-brechr（1910）在被怀疑为阑尾炎而接受剖腹手术的 15 岁儿童体内观察到局限性耶尔森菌病的病变，并从一个受染淋巴结中分离到该菌。Masshoff 和 Knapp（1954）从一小儿的肠系膜淋巴结炎和阑尾炎中分离出本菌并于后来查明该菌与这两临床有关，是人的重要病原菌，直到 1981 年伪结核菌引起集体发病后，才被受到重视。从 1883 年至今已 130 余年，通过医学和兽医学领域或大量的临床突破与研究，已明确了伪结核耶尔森菌致病性、主要感染类型、流行病学特征及其在人兽共患病中的重要地位，且研究也在进一步深入。

伪（假）结核耶尔森菌早期被称为假结核杆菌，Trevisan（1887）曾将其归于巴斯德菌属。Pfeiffer（1889）和 Toplry 与 Wilson（1929）称其为假结核巴斯德菌（*P. pseudotuberculosis*）。Shigella Castellani 和 Chalmers（1919）与 Haupt（1935），认为该菌应归于志贺菌属，名为假结核志贺菌（*S. pseudotuberculosis*）。Smith 和 Thal（1965）根据数值分类学研究的结果，建议将细胞色素氧化酶反应为阴性的该菌。原来的鼠疫巴斯德菌，即现在的鼠疫耶尔森菌、原来的小肠结肠炎杆菌，即现在的小肠结肠炎耶尔森菌。这 3 个种组成耶尔森菌属（属名 Yersinia 表示为纪念在 1894 年首先分离到鼠疫耶尔森菌的法国细菌学家 A. J. E. Yersin），并从巴斯德菌属中分出，在 1970 得到国际细菌命名委员会的认定；实际上，Yesinia（耶尔森菌属）一词始用于 1944 年，这是 Van Loghem 为了纪念 Yersin（1863—1943）在巴斯德菌方面的成就首先提出的，建议将当时归在巴斯德菌属的鼠疫巴斯德菌和假结核巴斯德菌两种归入耶尔森菌属，以与多杀巴斯德菌（*P. multoicda*）相区分。

本菌的名称也被几经变更。Bercovier 等（1980）将本菌与鼠疫耶氏菌的特性作了详细比较，因为两菌在遗传学上非常相近，DNA 同源性大于 90%；种系发育研究认为伪结核耶氏菌是鼠疫耶氏菌最近的祖先，并且推断鼠疫耶氏菌是从血清 O：16 型伪结核耶氏菌衍化而来的，分类上曾一度讨论把两种合并为一个种，提议把两种菌称作伪结核耶氏菌伪结核亚种和伪结核耶氏菌鼠疫亚种（*Y. pseudotuberculosis* Subsp. *Pseudotuberculosis*, *Y. pseudotuberculosis* Subsp *pestis*）。Williams（1983）认为，两菌不同，如不确当的处理会带来实验室感染的危险。Skurnik M 等（2000）认为鼠疫耶氏菌在致病性和传播途径上与伪结核耶氏菌感染有巨大差异，而与小肠结肠炎耶氏菌在菌体形态、生长温度、生化反应等表型，以及致病性、传播途径等方面有诸多相似，故仍分为 3 个种。Bercovier 等在 Bergey 氏系统细菌手册（1984）中又把此两菌分别用为独立的种记载。耶氏菌属中，对人、畜具有病原性的细菌有鼠疫、伪结核和小肠结肠炎等 3 种耶氏菌，统称为病原性耶尔森菌。

病原

伪结核耶尔森菌（*Yersinia pseudotuber - culosis*）属于肠杆菌科，耶尔森菌属。本菌为革兰氏染色阴性。呈球形和长丝状杆菌。球形菌呈两极染色，尤以病变组织中的明显。大小为（0.5~0.8）μm×（1~3）μm。本菌具微抗酸性，可用改良姜—尼氏染色法来显示这种特性。不形成芽孢，也不形成可见荚膜，但在 22℃下用印度墨汁染色的涂片中可见到一种外膜。单个杆菌偶尔可见周身鞭毛。

本菌在有氧和厌氧条件下均可生长，最适的温度为 30℃，0~45℃均可生长，在低温下仍然可以存活。在蛋白胨肉汤中生长良好。22℃以下扩散生长，并形成一些凝聚块，有时也形成菌环和菌膜。在蛋白胨或肉浸琼脂培养基上，形成光滑到黏性、颗粒状、透明、灰黄色的奶油状菌落，直径为 0.5~1.0mm。在含有血清的琼脂培养基上，菌落可达 2~3mm。本菌在 25℃下可运动，但 37℃时无运动力。半固体培养基中最易显示运动力。本菌对许多化合物具有代谢作用，但不产气。在 22℃培养的琼脂表面菌落为 S 型，表面光滑、湿润而黏滑。在 37℃ 中菌落为 R 型，菌落干燥、粗糙、边缘不整齐、灰黄色。Niskanen T 等 (2003) 用 CIN 琼脂 (Cefsulondin-Irgasan-Novobiocin Agar) 选择性培养基培养伪结核耶氏菌，特征性形成直径 1mm "公牛眼" 状菌落，中心呈深红色，而菌落最外周部分则无色透明的一环。

本菌能对 D-葡萄糖和其他一些碳水化合物分解产酸，但不产气，氧化酶阴性，过氧化氢酶阳性，精氨酸双水解酶阴性，不产生 H_2S，不利用丙二酸盐。发酵 D-木糖，在 $25\sim28℃$ 条件下能发酵 L-鼠李糖、蜜二糖（菌株间有差异），不发酵纤维二糖、D-山梨醇、蔗糖、L-岩藻糖、L-山梨糖、肌醇、α-甲基-D 葡萄糖苷；不能利用柠檬酸盐 (Simmons)。明胶液化阴性，鸟氨酸脱羧酶和赖氨酸脱羧酶阴性，β-木糖苷酶阳性，V-P 试验阴性，吲哚阴性，尿素酶阳性，水解七叶苷。

Martins 等 (1998) 报告通过对棉子糖、蜜二糖、柠檬酸利用试验，将伪结核耶尔森菌分为 4 个生物型 (biovar)，具体如表 2-21 所示。

该菌 DNA 的 G+Cmol% 为 46.5；模式株：ATCC29833、NCTN10275、DSM8992，这个菌株属于血清群 O：1 群 (Serogroup 1)。

顾峰等 (2004) 综述报告，目前可将伪结核耶尔森菌分为 O：1～O：15 的 15 个血清群，6 个血清亚型，O 抗原已明确了 O：2～ O：33 种；其中的血清 O：1 群又分为 1a、1b、1c 三个亚群，血清 O：2 群又分为 2a、2b、2c 三个亚群，血清 O：4 群又分为 4a、4b 两个亚群，血清 O：5 群又分为 5a、5b 两个亚群；H 抗原不耐热、仅在 25℃ 以下生长才形成，可分为 a-e 的 5 种。各血清群的代表 O 抗原，分别为 O：1 群 O：2、O：2 群 O：5、O：3 群 O：8、O：4 群 O：9、O：5 群 O：25、O：10 群 O：26、O：11 群 O：27、O：12 群 O：28、O：13 群 O：29、O：14 群 O：30、O：15 群主要由 O：1 群代表抗原 O：2 和 O：5 群代表抗原 O：10 组成。随着被检定菌株数量的增加，还会检出新的血清群，抗原也会发生相应的变化。各血清型都发现了致病性菌株，不同的血清型未见病原性差异，同一血清型既有致病性菌株，也有非致病性菌株。现已知Ⅲ型能产生外毒素。从人和动物中分离的菌株以Ⅰ、Ⅱ、Ⅲ型居多，但有的地区、动物来源和年代的差异，欧美从兔、鸟和猪中分离的菌株多以ⅠA 和Ⅲ型居多，北美有ⅠA、ⅠB 和Ⅲ型，日本从猪、犬中分离的菌株多为Ⅲ型，从病人和病猴中分离的菌株以ⅠB 和ⅠA 居多。禽类常见的血清型为Ⅰ型，其次为Ⅱ和Ⅳ型，Ⅲ型相为罕见。

表 2-21　伪结核耶尔森菌的生物型

项　目	生物 1 型	生物 2 型	生物 3 型	生物 4 型
棉子糖	－	－	－	－
蜜二糖	＋	－	－	＋
柠檬糖	－	－	＋	－

从世界各地分离到的菌株来看，O：1～O：5 血清型菌株大多数都是致病性的菌株，而新发现血清型的血清型致病性菌株较少见。

其分布也存在一定的地域差异，总体上是在欧洲和北美洲的人源菌株大部分都属于 O：1 血清群；来自远东的菌株则以 O：4 和 0：O：5 血清群居多。具体的是在欧洲诸国以 O：

1a血清型最多；在美国、加拿大、新西兰以O∶1菌株最多，O∶3菌株也很多（尤其在新西兰以O∶3菌株分布最广）；在日本存在多种病原性血清群（型），优势的为O∶1b、O∶3、O∶4、O∶5a及0∶O∶5b等菌株；在我国，目前尚缺乏比较系统的研究确认。

分型技术上，血清学分型是较为经典的分型方法。而分子分型技术可以较好地反映伪结核耶尔森菌的亚型，目前比较成熟的方法是核糖体分型和脉冲凝胶电泳。核糖体分型（RT）方法已成为应用于鼠疫耶尔森菌（遗传多样性低、表形少）的分型。RT分型可以分辨伪结核耶尔森菌的血清亚型；但不能显示出地理差异，这一点也间接证明了该菌的全球分布的特点；同样RT分型不能反映宿主源性差异，也说明了该菌在环境、不同种系动物、人类宿主间的循环感染。RT分型操作比较简单、重复性好。但分型伪结核耶尔森菌也具有一定的局限性：①条带少（少于10条），限制了分辨力；②部分RT带型之间差异不太容易分辨；③某些伪结核耶尔森菌与鼠疫耶尔森菌在RT条带上高度相似，难以鉴别。

本菌为兼性细胞内寄生菌，能够产生坏死性、溶血性外毒素，其主要分为磷脂酶。菌体表层结构成分中含有多量的脂质类物质。一般认为这种物质能够抵抗吞噬细胞的消化作用。

研究表明，本菌侵入肠道上皮细菌是通过它的染色体编码的inv基因的侵袭毒性和ail基因编码的外膜蛋白的毒性作用。inv和ail基因最近发现在不同致病性和非致病性的菌株和*Yersinia*菌株中，而ail基因仅发现在*Yersinia*菌和特别流行猞猁的人类疾病的分离菌株中，而鼠疫菌不具有inv和ail两基因。inv基因序列发现在*Yersinia*菌和所检测的细菌中，实践证实inv突变的伪结核菌，同样能引起肠道感染，一般认为ail基因的致病重要性远大于inv基因。

本菌很易被阳光、干燥、加热或普遍消毒剂破坏，密封于琼脂斜面或冻干保存的细菌可保存活力数年。

在灭菌处理的土壤中能生存18个月，但在未经灭菌处理土壤中仅为11个月；在煮沸后保持室温的4℃自来水中可存活1年不失毒力，在室温的自来水中存活46天（在4℃保持可达224天）。在4℃保存的肉类中可存活145天。在室温或4℃的面包、牛奶中能存活2～3周。

目前，伪结核耶尔森菌耐药性，临床检测结果差异较大。综合一些报告显示，一般是对链霉素、氟哌酸、红霉素、卡那霉素、丁胺卡那霉素、头孢噻肟、头孢唑啉、头孢哌酮、阿米卡星、氧氟沙星、亚胺培南、新霉素、庆大霉素等具有不同程度的敏感性；对四环素、磺胺类、氯霉素、青霉素、先锋霉素、痢特灵、环丙沙星等具有不同程度的耐药性。

流行病学

伪结核耶尔森菌广泛分布于世界各地，在除南极洲外的各个大陆均有发现。在已发现该菌的大多数国家，伪结核的感染率一般小于小肠结肠炎耶尔森菌，而且其分布具有明显的地理差异，多分布于北半球；在南半球主要见于澳大利亚和新西兰，南美洲（除巴西外）与非洲罕有报道；北半球又以北欧、远东地区的分离率最高。伪结核耶尔森菌在世界各地多次引起人群不同规模的爆发，主要发生地欧洲斯堪的纳维亚半岛各国（芬兰和瑞典）、日本、澳大利亚、新西兰、加拿大等国。芬兰和日本是伪结核耶尔森菌感染的两个大国，自20世纪80年代以来，芬兰至少报告过6次伪结核耶尔森菌感染的爆发流行。我国50年代发现蜱、螨、鼠自然感染假结核耶尔森菌，70年代发生假结核耶尔森菌病流行，80年代于恩庶等报道人、猪假结核耶尔森菌感染病例。

在自然情况下，本病菌在鸟类和哺乳动物特别是啮齿目和兔形目（家兔和野兔）动物可引起感染，是一种慢性消耗性疾病，常呈地方流行性。曾从马、牛、羊、猪、猴、鹿、狐、貂、鸡、鸽、犬、野鼠、栗鼠、猫等分离到本菌，也包括人类。被感染的动物有的表现临床症状，甚至造成致死性损害；有的则健康携带，没有明显症状。如目前已证实鹿是伪结核耶尔森菌重要的储存宿主之一，在鹿群中，伪结核耶尔森菌无症状的亚临床感染非常常见。哺乳动物和鸟类是重要的储存宿主；坪仓操等（1987）报告伪结核耶尔森菌的自然宿主主要是猪，可因水和食物的污染，经消化道的途径感染人；我国福建卫生防疫站的黄淑敏和于恩庶（1990）报告了伪结核耶尔森菌的分布情况的调查结果，通过在 1988 年 3～11 月间采集福建地区市售的肉类、家禽、家畜、牛奶、青菜、水果等食物（共 28 种 764 份）进行伪结核耶尔森菌的检验，从猪场中分离到 1 株伪结核耶尔森菌（血清型为 O∶3 群菌株）。这在我国属首次从猪中检出，并证明了猪可自然带菌和作为传染源。

在伪结核耶尔森菌及不同血清群（型）与致病性菌株的分布分析，日本学者利用分离到 1 289 株（分别为人、不同动物、肉类食品、水样、土壤）发现其分布在 1～12 个血清群中，从人检出的为 O∶1～O∶5 血清群（未检出 O∶6～ O∶12 血清群）；而 O∶1b、O∶2b、O∶3、O∶4 及 O∶5 血清群都是从与人广泛接触的动物及水中分离的，其中的 O∶3 血清群从猪分离的最多且有 60％的菌株不分解蜜二糖。在 15 个血清群菌株中，只有 O∶1～O∶6 血清群和 O∶10 血清群是具有病原性的，其他为非病原性的。虽多种动物均携带伪结核耶尔森菌，但从检出频率、血清群的种类等方面来看，均以猪、狸、野鼠为最多，认为其使伪结核耶尔森菌在自然界的循环与感染中占有重要地位。

该菌广泛分布于水体和土壤环境中，在各种清洁度的水源：井水、细菌学洁净的泉水、1 级和 2 级清洁度表面水及严重污染的水体都曾分离到该菌。

传染源是患病和带菌动物。病原随粪尿、排出体外、污染饲料、饮水和周围环境。主要的传播途径是消化道，直接接触也有可能。自然界鼠类是本病病原菌的自然贮存宿主。伪结核耶尔森菌在鸟类中的感染率通常大大高于小肠结肠耶尔森菌，尤其野鸟在传染链中的意义更为重要，候鸟的迁徙则对于伪结核耶尔森菌在世界范围内不同大陆之间的传播起到很大作用。

该菌是主要的食源性病原菌，主要是通过消化道感染及粪—口途径的接触性传播。在传播途径方面，主要的可能：一是养猪者接触带菌猪被直接感染；二是各种带菌动物及鸟或发病动物及鸟类，直接感染或由动物粪便污染蔬菜、水及土壤被感染；三是由带菌野生动物的粪便污染水及蔬菜等使人感染；四是食品的制造、加工、运输及售卖贮存各环节被污染等。在自然条件下，被伪结核患病哺乳动物和鸟类污染的土壤、水、饲料及周围环境，均可传播病菌引起地方流行或散发病例。1998 年芬兰发生了一起全国范围内流行的伪结核爆发，确诊 47 人（其中 1 人死亡、5 人接受了阑尾切除手术），被确定是以冰岛莴苣载体造成广泛传播。Laukkanen 等（2008）报告，从养殖场到屠宰场以至猪肉加工过程，是伪结核耶尔森菌的传播链。另一方面，由于伪结核耶尔森菌可在低温环境下生存，以致冰箱贮存食物也成了现代社会发生该菌感染的一个重要传染源。该菌还可通过损伤的皮肤、呼吸道和交配感染。

尽管伪结核的发生与流行可在一年四季存在，但常表现明显的季节性，多发生于冬春寒冷季节（11 月至翌年 5 月），夏季少见，这可能与伪结核耶尔森菌的嗜冷特性相关联的。

伪结核耶尔森菌在动物中的感染比较普遍，但人类感染比较少见，人类感染较严重者为免疫抑制或铁过载的人群中。

发病机制

黏附、侵袭、对宿主细胞的破坏及毒素作用，是病原细菌发挥致病作用的 4 个重要方面。这对伪结核耶尔森菌来讲，黏附、侵袭及对宿细胞的破坏是主要的方面。该菌具有侵袭力，有明显的淋巴嗜性，T 细胞介导的细胞免疫在抗感染中起重要作用。该菌经口进入消化道，移行至回肠，通过位于肠黏膜表面 Peyer's 体上淋巴上皮中特殊的抗原捕获细胞–M 细胞（Microfold cell）吞饮并繁殖，而后进入下层 Peyer's 体淋巴组织（M 细胞是病原菌侵入机体内环境的通道），这种侵袭作用可导致大量的多形核白细胞增生，并与细胞外的细菌形成微小脓肿，发生病理损害，最终导致 Peyer's 体细胞的崩解，造成肠系膜淋巴结炎和终末回肠炎；部分患者还致发生细菌向深部播散，播散入血发展成严重的败血症感染或移行至肝、脾，发生全身损害。

伪结核耶尔森菌的遗传物质包括染色体和质粒，编码多种毒力因子，这一系列毒力因子共同作用，才能实现致病作用。

1. 与质粒有关的毒力因子　目前已发现的致病性伪结核耶尔森菌的毒力质粒（pYV）主要分泌类蛋白：黏附素（YadA）、外膜蛋白（Yops）、Yops 分泌蛋白（Ysc）和低钙反应蛋白。YadA 是一种非菌毛依赖性的黏附素，促进细菌与哺乳动物细胞的紧密黏附。它也是一种外膜蛋白，曾称为 Yop1 或 P1，涉及自凝、细菌与上皮细胞的结合，对正常血清的抵抗及在肠道的定居村。Yops 有两类，即一类属于与毒力相关的效应分子，在抵抗宿主免疫过程中发挥主要作用，包括 YopE、YopH、YopO、YopT、YopJ、YopM 等；另一类属于与毒力相关的转运分子，在效应分子通过宿主细胞的过程中发挥作用，包括 YopB、YopD、LcrV、SycD（即 LerH）、YopK（即 YopQ）等。尽管各种 YopS 均有其相应的生物学活性，但在致病过程中是协同发挥作用的，总的来讲，包括抵抗正常人或动物血清的杀菌作用、抗吞噬细胞的吞噬作用、介导对细胞黏附和抗上皮细胞吞噬作用等。这些蛋白通过 PYV 编码的Ⅲ型分泌系统（T3SS 或 TTSS）进入宿主细胞，发生致病作用。

2. 染色体编码的毒力因子　伪结核耶尔森菌能产生由染色体编码的超抗原（Superantigen, SAg）YPM，目前已发现 ypmA、ypmB、ypmC 3 个等位基因，分别编码 YPM 的 3 个变体（YPMa、YPMb、YPMc）。YPM 是一种能诱导具有 T 细胞受体（TCR）高变区（V 区）的 Vβ3、Vβ9、Vβ13.1、Vβ13.2 受体 T 细胞增生，属于蛋白质（分子量为 14.5kDa）性质的 SAg 毒素，使效应 T 细胞（某些 $CD4^+$ 与 $CD8^+$）分泌过量的促炎症细胞因子（TNFα、TNFβ、IL-1、IFN-1、IL-6 等），造成对内皮等的损伤，对机体产生严重的杀伤作用，红疹、反应性关节炎、间质性肾炎等感染并发症与 YPM 强烈激活 T 细胞增殖分化有关，YPM 在伪结核致死性感染中起重要作用。

3. 毒力岛　伪结核耶尔森菌具有耶尔森菌高致病性毒力岛（HPI）。HPI 是强毒力菌株表型表达的必需条件。绝大部分的 O：1 血清群伪结核耶尔森菌均有此致病性的毒力岛，所以它们均是强毒力菌株，主要生物学活性是编码铁离子摄取系统（又称铁离子的"捕获岛"），对耶尔森菌在宿主体内的生存与繁殖具有重要作用。

4. Tat 系统　转运系统是细菌向感染细胞传递细菌毒力蛋白第一步。现已发现 3 种致病性耶尔森菌都具有 Tat 系统。已经证明，Tat 系统的缺失可以改变细菌一系列表型变化：细胞被膜的生物发生、生物膜的形成、运动性及各种环境压力的耐受性的损害等。因此，Lavander M 等认为 Tat 系统对于伪结核耶尔森菌造成全身系统感染具有关键作用。

临床表现

人的伪结核

伪结核耶尔森菌感染在人群中以散发为主，偶尔引起不同规模的爆发。李贤凤（1987）对人兽自然感染伪结核耶尔森菌血清学调查：人群血清检查 190 份，阳性 2 份，阳性率 1.04%；而其中屠宰人员血清 53 份，阳性 1 份，阳性率 1.89%，血清抗体滴度最高为 1：64，共有 6 个血清型。临床症状多种多样，较典型的临床症状为右下腹痛，类似急性或亚急性阑尾炎，发热，有半数感染者会出现腹泻，部分伴有关节痛、背痛，多发生于 5～15 岁的儿童；另一种病型为细菌从肠系膜淋巴结扩散入血流，发生高热、红疹、紫癜、结膜充血，并伴有肝脏、脾脏肿大等类似肠伤寒症状的全身感染症状，亦有呈结节性红斑型的。严重者还会出现谵语、意识不清。或者发展成为严重败血症，造成死亡。

很多报告指出被伪结核耶尔森菌感染后所表现的临床症状存在一定的地域差异，欧洲胃肠型（Ⅰ型）及远东地区全身症状型（Ⅱ型）；在远东地区、日本、俄罗斯等地感染者的症状要明显重于欧洲国家感染者，常会出现一系列肠道外自身免疫性并发症，如发热、猩红热疹、结膜充血、结节性关节炎、反应性关节炎（ReA）、虹膜炎、间质性肾炎等；还偶见 Reiter's 综合征（结膜—尿道—滑膜综合征）、强直性脊柱炎、急性葡糖膜炎、慢性胰腺炎、川崎病等。这种临床症状的地域性差异，主要与菌株携带高致病性毒力岛（HPI）和伪结核耶尔森菌衍生的丝裂原（YPM）的地域性差异有关。

自 Albrechr 及 Saisawa（1913）报道以后，Masshoff 和 Knapp（1954）从人肠系膜淋巴结分离出本菌，又认识到本菌是人重要的病原菌，此后相继报道了很多人的病例。因本菌引起的症状极多，Mollaret（1965）把病型整理如下：①肠系膜淋巴结炎型；②败血症型；③结节性红斑型；④非消化道型。但不是由特定血清型的菌株引起特定病型，即血清型不同的菌株能引起败血症。类食物中毒或类川崎病等。

1. 食物等中毒引起的集体发病（集体类食物中毒）　Hungary（1968）和 Flunand（1984）报道了本菌引起的集体发病。日本曾怀疑青菜叶、三明治、炒肉等食品是本病的传染源。佐藤（1981）对仓敷市发生的集体发病病例，认为泉水，因为从 2 例泉热患者血清检出伪结核菌高抗体。冈山县 3 起集体发病病例症状是发热为 77.1%～89.4%，腹痛为 60%～79.1%，红斑为 48.6%～55.5%，类似感冒为 20%～55.5%，下痢为 32.9%～61.5%，恶心、呕吐为 48.6%～55.8%，莓舌为 9.3%～40.4%，脱屑为 11.4%～41.9%，食欲不振为 25.7%～39.5%，肌肉痛为 5.7%～23.3%，头痛为 34.3%～53.5%，其他为 21.8%～28.6%。散发病例的症状也大体相同，大都发热，较轻者有下痢、腹痛及呕吐等，也常见发疹、红斑和咽喉炎，还有头痛。嘴唇潮红，莓舌，四肢指端脱屑，结膜充血，颈淋巴结肿大，肝功能异常，肝和脾肿大及少数病例有冠状动脉扩张变化。此外，还见有两起自身免疫症状，关节痛、肾机能不全、肺炎及结节性红斑。反应性关节炎（ReA）少见于爆发。但 Hannu T（2003）对 1998 年芬兰 O：3 型伪结核耶尔森菌爆发的患者进行调查显示，15% 有人具有肌肉关节症状，12% 的人被确诊并发反应性关节炎。所有 ReA 患者均为中年人。三瓶定一（1987）报告日本 O 和 S 小学的 2 309 人中发生伪结核耶尔森菌病者 518 人（学生 517 人，老师 1 人），发病率 22.4%，住院 31 人。平均潜伏期 5.4 天。临床表现：发热

100%，39℃以上者占70%；3～5天退热者30%，呈2-3峰性；发疹者占77.8%，在手、腕、足、背等末梢部、肘膝部、耳后至颈部发红斑，伴有热感和瘙痒感；腹痛者占73.6%，以腹泻、呕吐引起的脱水病例较多；草莓舌者占52.1%，随疗程进展，手指和阴部皮肤脱屑。血检、WBC增多和左移，CRP阳性，GOT、GPT上升；有部分患者肝功能障碍和肾功能不全；病人中和抗体在病后10天上升，20天达高峰，约60%随后下降，约15%两个月后仍有1∶80以上抗体。检出伪结核耶尔森菌为4b血清型，具有约40MDa的质体。

2. 肠系膜淋巴结炎　Deacon AG（2003）从动物实验和患者病理切片观察可见，由于该菌的淋巴嗜性，侵犯肠道淋巴组织，出现微脓肿，造成肠系膜淋巴结炎和终末回肠炎。Zippi M等（2006）证实，部分人类Crohn's病是由该菌感染造成的。Knapp（1954）从人肠系膜淋巴结分离到本菌。

采孟、中岛良平（1985，日本细菌学杂志），本菌为RES（网状内皮系统）寄生菌，病灶主要位于肝、脾、淋巴结。但也可见于其他脏器。

3. 胃肠炎型　主要症状是发热、腹痛、腹泻等。

李功惠和于恩庶（1989）报道，1986年初湖南湘潭河口区塘桥村一名2岁男孩的伪结核病例，表现为腹泻并伴有发热，从粪便中检出O∶4血清伪结核耶尔森菌。

陈永金（1986）报告一位3岁女孩腹痛、腹泻，一天数次稀便有黏液，腹部压痛。体温38.2℃，大便常规：红细胞0-3/HP，脓球＋。伪结核耶尔森菌血清型为O∶6血清群。

四川省会东县疾病控制与预防中心田载理（2007）报告，其普咩乡1村发生的伪结核耶尔森菌食物中毒，集体就餐176人食用了100kg猪一头和11只野兔在就餐3天内发病37人（5天后死亡2人），主要症状为发热，体温在39℃以上，头痛、腹泻、乏力、食欲不振，肝、脾肿大，无相对缓脉，无玫瑰疹。粪便标本20份，从15份中检出了伪结核耶尔森菌。

4. 败血症　Saisawa（1973）从盲肠分离出伪结核耶尔森菌，查明日本有肠道感染和败血症病例。败血症较为罕见，截至2006年，世界一共报道了60例。败血症病人一般为高热，没有胃肠炎症状，血培养阳性，但粪便培养阴性。Paglia M G（2005）报道，即使进行抗生素治疗，伪结核败血症病死率也高达75%。发生败血症感染者一般都存在既往的免疫抑制或严重消耗性疾病。目前报道的这些病人大多同时患有肝硬化、恶性肿瘤、糖尿病、再障、地贫及铁过载。2004年意大利报道2名HIV携带者发生伪结核耶尔森菌败血症，认为免疫抑制，尤其是HIV感染是发生伪结核败血症的高危因素。

采孟、中岛良平（1985）报告，伪结核耶尔森菌引起婴儿类败血症、肠炎。

5. 类川崎病　川崎病的病原体不明，诊断标准是6个主要症状：①发热；②四肢末端变化（浮肿、红斑、脱屑）；③发疹；④眼结膜充血；⑤唇潮红及莓舌；⑥非化脓性颈淋巴结肿胀。符合5项者便诊断为川崎病。有人报道，在伪结核感染病例中有符合该诊断标准的病例，也见有冠状动脉瘤的扩张性病变的病例。本菌是否是川崎病的病原体，有两种意见：①在检出本菌或抗体价显著升高时，可否定川崎病；②肯定川崎病的多病因论，耶尔森菌感染是本病的病因，能引起特征性的血管炎，而且川崎病是一个征候群，以多病因对待为好。

此外，伪结核耶尔森菌感染还见有其他临床表现，天津宁河县医院于东祥（2005）报道，经阴道或宫腔感染引起的伪结核败血症肺炎1例。

Hannu T等（2003）报道，反应性关节炎（ReA）的发生易见于伪结核耶尔森菌O∶1型菌株感染，并发现ReA患者KLA-27均为阳性。

猪伪结核

许多家畜或野生动物包括冷血脊椎动物、鸟类等均能发生不同程度的伪结核病；在养殖动物中以家兔伪结核较为常见，其次是猪的伪结核，也可引起牛、马、绵羊、山羊、猫、犬、水貂、鸭、鸡等发病；是一种慢性消耗性疾病，以在肠道、内脏器官和淋巴结干酪样坏死结节为特征，新形成不久的结节中含有白色黏液，陈旧的则为凝固的白色干酪样团块，浅在的结节常突出于器官表面，有时表现败血症变化。此外，还引起绵羊、牛、猪的流产。O：3血清群菌株也使牛、鹿、猪发生感染。

猪伪结核在我国已有发生，黄淑敏、于恩庶（1988）从厦门177份猪食品标本中，从猪肠中检出伪结核菌株（657株），经血清学、形态学和生化反应等鉴定为血清型Ⅲ型，具有毒力，含VW抗原。李贤凤（1987）在国内某县的血清学调查中，检测202份血清，检出猪伪结核病阳性率为2.48%，其抗体最高滴度1：128。血清型则为Ⅳ型2份，抗体滴度1：128；Ⅴ型1份，抗体滴度1：64。

但猪的临床症状不明显，大部分在猪屠宰检疫中发现。霍峰在1993～1998年先后调查了一些种猪场、饲养场和屠宰加工厂，此病很少表现明显的临床症状，严重者表现消瘦、衰弱、行动迟钝、食欲减退或停食，被毛粗乱，大多数瘦弱衰竭而死。特征性病理变化为：肉尸消瘦，盲肠蚓突肥厚、肿大、变硬，浆膜下有弥漫性灰白色脂状或干酪样粟粒大的结节，结节有的独立，有的由小结节合并而成片状。有的患猪的蚓突无明显肿大，仅在浆膜下有散在性灰白色脂状粟粒大的结节；有的患猪的蚓突浆膜下有少数或仅1～2个灰白色脂状粟粒大的结节，上述患猪尸体不明显消瘦。盲肠蚓突黏膜层血管充血。黏膜层下淋巴小结多数发生坏死，坏死结节中心为染成粉红色的坏死物质，坏死物周围有淋巴细胞和组织细胞。最外层有结缔组织增生。病变严重者脾脏肿大2～5倍，表面和深层组织有弥漫性粟粒至绿豆大、形态不规则的灰白色干酪样结节。脾脏发生严重的充血、出血。大部分脾小体发生坏死，坏死灶中心染成粉红色的坏死物质，坏死物质周围有淋巴细胞和组织细胞，最外层有增生结缔组织。小部分脾小体发生萎缩，脾小体内有红细胞。此外，部分患猪肝脏可见病变结节。淋巴窦内有出血，淋巴结生发中心扩大。分离菌培养液肌肉或口服接种健康断奶仔猪，7～21天内宰杀，均见蚓突，脾脏有灰白色、脂状、粟粒大结节；部分严重患猪肠系膜淋巴结和肝脏出现相同病变，均为猪伪结核耶尔森菌病的特征性病理变化。结节多少表示疾病的过程和致病的程度。

引起猪流产的原因很多，伪结核耶尔森菌也是猪流产病原之一。刘荫武（1988）报告，云南思茅某猪场繁殖母猪1982年前仅发现个别母猪流产及早产。1982年以后就发生大批母猪流产和死胎，且发病率逐年增加。1983年流产105胎，1984年流产150胎，而第1幢猪舍仔猪成活率仅3%。流产母猪一般不出现临床症状，且与季节、品种和年龄无关。非流产母猪所生仔猪中也有很多弱胎和失明。通过细菌学、生物学、生化学及动物试验，证明是伪结核耶尔森菌。本菌可引起母牛流产及化脓性胎盘炎，引起绵羊流产及死胎。表明此菌也可侵害胎盘引起胎盘炎，从而导致胎儿营养障碍而发生流产和死胎。

诊断

对人及动物伪结核病的诊断，由于人类伪结核病在临床上无特异的痛征，大多数患者多系在死后才被确诊，故易被误诊。目前，最为直接和准确的方法，仍是病原菌的分离与鉴定。在病的早期或发生败血症的病例可取血液；活体检查时采取粪便分离、培养；另一方面，对患者进行血清抗体检测，对发病动物（猪等）作剖检，也有助于作出明确的诊断。

临床与病理学检验：伪结核病在人和动物的临床表现多样，也缺乏特征性临床症状，难以进行有效的诊断。在动物的感染病例，通过剖检常可见脾脏、肠系膜淋巴结肿大，并能在脾脏、肝脏、肠系膜淋巴结等检出粟粒大至绿豆大的灰白色结节，也常见肠炎，这些病变具有对伪结核的一定诊断价值，但需与结核病相鉴别。

特异的免疫血清学诊断方法用于临床是非常必要的辅助诊断方法，尤其在对人伪结核病的诊断中更有应用价值和实际意义。方法是取患者与从患者或疑为食物中毒的样本中分离的该菌，用固体培养基生长物制备成生理盐水菌悬液后置 100℃水浴 30min 或 121℃2.5h 作抗原，进行常规肥达氏反应为准备试管定量凝集试验，抗体效价在 1∶160 以上，或以双份血清检查是在两管以上或两管以上下降者定为阳性。

细菌分离与鉴定：常见的伪结核耶尔森菌的被检样本，在病人的主要为血液、粪便、手术摘除的盲肠及淋巴结等；在发病动物的主要为血液、肺、肝、脾、肾、肠系膜淋巴结等组织、肠内容物及粪便等。而对需要检测健康动物，除用肠系膜淋巴结、肠内容物、粪便外，在猪可用舌及咽头。未污染的样本可直接用普通营养琼脂或血液营养琼脂培养基，污染样本宜用 CIN 琼脂（Cefsulodin‑Irgasan‑Novobiocin Agar）或麦康凯琼脂培养基进行分离。培养温度以 25℃左右为宜。亦可对样本用 PBS 于 4～7℃静置培养 3～4 周后，增菌再分离。

做生化特性检查，是鉴定伪结核耶尔森菌最可靠方法。可根据其相应特性内容进行。其中需要注意的：一是该菌具有嗜冷性，且只有在适宜的温度下培养才能表现出相应的典型生物学特性，如动力、某些生化反应等；二是该菌具有不同的生物型，尤其是猪源菌株常表现为不分解蜜二糖。亦可将可疑菌落移植到 Kligler 培养基、TSL 培养基作预备鉴定试验，再依次用 LIM 培养基、VP 反应，鸟氨酸脱羧酶试验，尿素、仓叶苷、鼠李糖、蜜二糖、纤维二糖及山梨糖分解等试验进行鉴定。

在血清型鉴定方面，由于病原性伪结核耶尔森菌常限于某些特定的血清群（型）菌株，而且来自于人、不同动物及不同区域的菌株间也有一定差异；但不是由特定血清群（型）的菌株引起特定的病型，即血清型不同的病原菌株都能引起不同类型的感染、食物中毒等。因此，在进行病原性伪结核耶尔森菌的检验时，对所分离的菌株进行血清学定型，不仅能确定其是否为常见致病型株，同时也有助于流行病学分析和追踪传染源。

对于该菌分型主要是做常规的玻片凝集试验进行 O 群的检定，同时做生理盐水对照，以出现明显凝集（＋＋）的判为阳性。需要注意的是因在不同血清群（型）菌株间会出现一定的交叉反应。所以，在必要时需用标准菌株做对照进行试管凝集试验的血清效价测定，特异反应的效价最高且与标准菌株是一致的。

可以通过对该菌是否携带 PYV 毒力因子的检测，对菌株的致病性作出判断，所有不带 PYV 的菌株，都不能对人和动物发生有效感染，或不会引起严重的感染。但需要注意的是，PYV 在人工传代的菌株中可以发生丢失。对携带在 PYV 上的某种 YOPS 基因、uirF（即 CcrF）等检测，可以判断 PYV 的携带情况。

对分离的该菌做动物感染发病试验，是检验菌株病原性最为直接和有效的方法。试验动物以豚鼠最敏感。可皮下或肌肉接种，接种豚鼠接种部位有化脓灶，淋巴结和肠系膜淋巴结肿大，并有坏死结节。肝、脾有灰白色粟粒大的结节，有时肺出血。对动物（猪等）分离的菌株，还可直接使用同种供试动物进行感染试验。

防治

根据伪结核耶尔森菌广泛存在、菌的生态特征和致病性，以及其主要的传染源和传播途径，要有效预防和控制伪结核病的发生，一个重要的方面是不断改善卫生环境条件，减少环境中病原数量及感染发生的机会。加强卫生管理是防止感染与传播的根本原则。在人的预防感染是防止细菌病从口入，必须加强肉类、食品及饮水的卫生管理和处理，禁食未经处理的冷藏食品和饮水，也要注意蔬菜类的污染；注意从犬、猫、鸟类引起的感染。在动物的预防感染是加强饲养管理，保持饲料与饮水卫生；养殖环境与饲养笼具定期消毒；对动物做经常性检疫和疾病监测，对患病动物及时隔离治疗或淘汰。另外，要消灭鼠类，防止啮齿动物和鸟类接触食品与饮水。尽量避免人，尤其是儿童与玩赏动物的直接接触，可在一定程度上减少伪结核病的感染。

人的伪结核病大多数无症状，可自愈；治疗时可使用敏感的抗菌药物，但在有的情况下并不是有效的，均需要结合补液及其他对症疗法，一般在 2～3 周可痊愈，无合并败血症的病例预后良好，极少有死亡病例。对动物伪结核病的治疗，目前仍然主要使用抗生素，如链霉素、氯霉素、四环素或磺胺类药物。

免疫预防方面的菌苗接种，目前尚未有正式菌苗，主要是动物菌苗的研究。王永坤（1986）报告，用从家兔伪结核病分离的菌株，制备成加有氢氧化铝剂的灭活菌苗免疫家兔，免疫后 111 天能抵抗强毒攻击。霍峰（2000）报告，用 3 个有致病力的猪体分离伪结核病菌株，经甲醛灭活，制成氢氧化铝灭活菌苗，每毫升含菌量 30 亿个 CFU。每只仔猪肌注 5ml。免疫后 55 天抗体的凝集价在 1∶40～1∶160；免疫后 60 天和免疫后 120 天的仔猪，用每毫升 10 亿个菌的培养物 2ml 攻击，结果试验仔猪全部保护，对照仔猪全部死亡。试验表明，通过免疫接种确实可提供有效的保护。但这方面的研究还一直被引起重视，考虑可能的原因是伪结核病的疾病性所决定的。

我国已颁布的相关标准：

GB/T 14926.3—2001 实验动物耶尔森菌检测方法。

九、鼠疫
（Plague）

鼠疫（Plague）是由鼠疫耶尔森菌（*Yersinia pestis*）引起的一种自然疫源性人兽共患病，又称黑死病。其传染性强，病死率高，是危害人类的最严重的烈性传染病之一，属国际检疫传染病。临床上可分为 9 型：腺鼠疫、肺鼠疫、鼠疫败血病、皮肤鼠疫、肠鼠疫、眼鼠疫、脑鼠疫、扁桃体鼠疫和轻型鼠疫。

历史简介

鼠疫大多数权威人士认为在公元前 1320 年的腓力斯人（地中海东岸的古代居民）发生的瘟疫，是腺鼠疫流行的首次记载。《圣经》中曾有在公元前 1100 年鼠疫流行的记载。历史上曾记载有过 3 次世界范围的灾难性人间鼠疫大流行（其间有若干次小规模的流行）。第一次发生在公元 6 世纪（520～565 年），起源于中东鼠疫自然疫源地（中心在地中海沿岸），经巴基斯坦传至欧洲，流行40余年，估计死亡近1亿人，被称为"查士丁尼瘟疫"载入医学史册；第二次发生在公元14世纪并一直持续到17世纪（1346～1665年），由中亚自然疫源地传至欧洲、亚洲、非洲流行300余年，被称为"黑死病"、"大灭绝"、"大瘟疫"，实际上此次大流行一直持续到1800年才最终平息，带走了近1亿人的生命；第三次大流行从19世纪末（1894年）至20世纪30年代达到高峰，一直延续到20世纪60年代方才止息。直接起源于1890年我国云南与缅甸交界处，于1894年5月登陆香港，时任香港医院署理院长James A. Lowson医生于5月8日发现第一例患者（该院一名华人雇员），并确诊为腺鼠疫。

第三次大流行使医学界初步揭示了鼠疫的神秘面纱。1894年6月14日日本细菌学家北里柴三郎在香港肯尼迪·汤医院从1名鼠疫病死尸体肿大的鼠蹊淋巴结和脏器涂片用苯胺染料染色标本中观察到一种杆菌，经肉汤培养接种小鼠及其他动物，动物死亡并在其脏器中发现有同样的杆菌；并在7月7日确定了他所分离的细菌是鼠疫的病原菌。随之北里在香港报告了他的这一发现。法国细菌学家Alexandre J. E. Yersin于1894年6月15日抵达香港，也从鼠疫死者淋巴结及脏器中发现并分离到鼠疫菌，他对该菌做了较为详细的研究，发现该菌为小且多形、不运动、两端钝圆、两端浓染、革兰氏染色阴性的小杆菌；同时，对该菌在肉汤及琼脂培养基中的生长情况、特征等也进行了观察，随之还对鼠疫流行病学、鼠疫患者的临床特征及病理学、细菌学、感染试验及免疫学等进行了研究；首次推测大家鼠可能是鼠疫主要宿主，并将其结果发表在7月30日出版的法国巴斯德研究所年报纪要中。

该菌曾被称为鼠疫杆菌（Bacterium pestis lehmann and Neumann 1896），被归入巴斯德菌属（Trevisan 1887），名为鼠疫巴斯德菌。Dorfeev（1947）称为鼠疫菌。Bercovier等（1981）称为假结核耶尔森菌鼠疫亚种等。Smith和Thal（1965）根据数值分类学研究的结果，建议将细胞色素氧化酶反应为阴性的伪结核耶尔森菌、小肠结肠炎耶尔森菌这3个种组成耶尔森菌属（Yaxsinia，表示为纪念在1894年首先分离到鼠疫耶尔森菌的Yersin），从巴斯德菌属中分出，并于1970年得到细菌国际命名委员会的认定；实际上，耶尔森菌属一词始用于1944年，这是Van Loghem为了Yersin在巴斯德菌方面的成就首先提出的，建议是将当时归属在巴斯德菌属内的鼠疫巴斯德菌和假结核巴斯德菌两个种列入，以与多杀巴斯菌相区分。

鼠疫是最早被用作战争手段的传染病之一，历来被外军列入重要生物战剂范畴，成为人为的感染扩张。1940年冬日军飞机在浙江省宁波、衢州、金华、诸暨和汤溪等撒布带菌什物，造成浙江、福建、江西三省的鼠疫流行。原华美医院院长丁立成医生，从2名患者肿胀淋巴结和血液中分离出鼠疫菌，又经卫生处技正吴昌申用血清凝集试验复查无误，确定为鼠疫耶尔森菌，明确了宁波市中心开明街一带经日本飞机投毒后流行的传染病是鼠疫。1941年日军在湖南省的常德、桃源及内蒙古，1944年又在云南省的盈江、梁河、腾冲、潞西一带使用细菌武器，造成了多处地区的鼠疫猛烈流行。为此，日本于1936年在哈尔滨建立了"731"部队，进行细菌武器研究，在1945年日军被炸毁后，仍致使我国在1945～1949年东北、华北一带鼠疫的不断流行，在历史上从未发生过鼠疫的地区造成了鼠疫的流行。

病原

鼠疫耶尔森菌（*Yersinia pestis*）属于耶尔森菌属。菌为卵圆形、两端钝圆并两极浓染，大小为0.5～0.7μm×1～2μm的杆菌，一般单个散在、偶尔成双或短链状排列，无芽孢和鞭毛，有荚膜（在 37℃ 生长或源于体内样品细胞内的菌体能产生包被）。在脏器压片的标本中，可以看到吞噬细胞的本菌，此点对于鉴别染病的病料有重要参考价值。在陈旧培养物或 3‰NaCl 的普通营养琼脂培养基中呈明显多形性。兼性厌氧，有机化能营养，有呼吸和发酵两种代谢类型，最适生长温度 28～30℃（某些理化特性表现与生长温度密切相关，一般情况下是在 25～29℃ 比在 35～37℃ 培养的表现充分，有温度依赖性），最适 pH6.9～7.1，在普通营养琼脂培养基础上即良好生长，培养 16～18h 后可见一层形状不一的浅灰色小菌落，这是该菌在培养初期的菌落特征，对该菌的鉴定具有一定意义；培养 24～48h 后可形成直径 0.1～0.2mm 的圆形、中心突出、透明的浅灰色小菌塔。在液体培养基中要形成絮状菌体沉淀和菌膜，液体不混浊；稍加摇动则菌膜呈“钟乳石”状下沉，此特征有一定的鉴别意义。该菌的 DNA 的 G＋C mol％ 为 46；模式株为 ATCC 19428，NCTC 5923。

该菌能分解 D-葡萄糖和其他碳水化合物，产酸不产气，氧化酶阴性，过氧化氢酶阳性，精氨酸双水解酶阴性，不产生 H_2S，不利用丙二酸盐。发酵 D-木糖，在 25～28℃ 能水解七叶苷，不发酵纤维二糖、α-甲基-D-葡萄糖苷、棉子糖、L-鼠李糖、D-山梨醇、蔗糖、L-山梨糖；不能利用柠檬酸盐（simmons），明胶液化阴性，尿素酶阴性，鸟氨酸脱羧酶和赖氨酸脱羧酶阴性，β-本糖苷酶阳性，V-P 试验阴性，吲哚阴性，动力阴性，T-谷氨酰转移酶阴性。

在致病性的耶尔森菌中，鼠疫耶尔森菌是唯一缺少菌体（O）抗原的，即使生长温度的改变也不能影响这一类型特征；虽然鼠疫耶尔森菌缺少 O 抗原，但其基因组中仍含有隐藏的 O 抗原基因簇，且与伪结核耶尔森菌 O：1b 血清型高度同源，两者染色体的同源性达 83％；在鼠疫耶尔森菌的各菌株间缺乏多样性，只有一个血清型和噬菌体型。

鼠疫耶尔森菌的抗原结构比较复杂，普遍被承认的抗原已经超过 18 种，即 A-K、N、O、Q、R、T 及 W 等。但它们与菌株的血清分型无直接的关联，其中有些重要的抗原就是毒力因子物质并有的与特异性免疫保护相关，如 Fl 抗原、VW 抗原、Pst I 等，目前 Fl 抗原被公认是鼠疫耶尔森菌的特异性抗原和保护性抗原之一。131 T 抗原为鼠毒素，存在于细胞内，菌体裂解后释放，是致病及致死物质。VW 抗原可使细菌在吞噬细胞内保持毒力，抗拒吞噬。T 抗原具有外毒素性质，可作用于血管、淋巴内皮细胞，引起炎症、坏死、出血等。发生鼠疫感染痊愈后能获得持久免疫力，再次感染是罕见。在不同类型疫源地内的不同生态型鼠疫耶尔森菌，其生化性状存在一定的差异。根据该菌对甘油、硝酸盐、阿拉伯糖的代谢能力，可将其分为 4 个生物型，即古典型（甘油＋、脱氮＋、阿拉伯糖＋）、中世纪型（甘油＋、脱氮＋、阿拉伯糖＋）、东方型（甘油＋、脱氮＋、阿拉伯糖＋）和田鼠型（甘油＋、脱氮＋、阿拉伯糖＋）。在我国，人们常根据本菌毒力的强弱或有无，把菌株划分为无毒株、弱毒株和强毒株 3 种类型。能产生两种性质截然不同的毒素，即鼠毒素和肉毒素，前者是蛋白质，后者是类脂多糖。我国鼠疫杆菌共有 17 个型，均以地方命名，如天山东段型、祁连山型等。

从基因组上说，鼠疫耶尔森菌基因组大小约为 4 380±135Kb，包含了染色体基因组及 3 种质粒 pPCPl（9.5Kb）、pMTl（100～110Kb）、pCDl（70～75Kb），其中 pPCPl、pMTl 是鼠疫耶尔林菌获得的两个独特的编码不同毒力决定的因子的质粒，而 pCDl 存在于所有耶尔森菌中（在小肠结肠耶尔森菌中该质粒被称为 pYV），由此质粒编码的 V 抗原（LcrV）和耶尔森菌外膜蛋白（Yops）是鼠疫耶尔森菌重要的毒力因子。

鼠疫杆菌在低温及有机体生存时间较长，在脓痰中存活 10～20 天，尸体内可存活数周至数月，蚤类中能存活 1 个月以上；对光、热、干燥及一般消毒药物均甚敏感。目光直射 4～5h 即死，回热 55℃ 15min 或 100℃ 1min、5％石炭酸、5％来苏儿、5％～10％氯胺均可将病菌杀死。

流行病学

鼠疫是一种自然疫源性疾病，所谓自然疫源性就是在自然条件下不依赖于人类，而病原体、媒介及宿主三者在这种特定的生态环境中长期存在的生物学现象。由病原体、媒介和宿主在一定的地理景观，组成了一定的生物群落的共生物。

鼠疫菌的宿主主要是各种动物，特别是各种啮齿动物，它们对鼠疫菌的感受性及敏感性不完全一致，只有具有一定感受性的种群才有流行病学意义。目前已发现 200 余种啮齿目和兔形目在自然感染鼠疫，其中以黄胸鼠和褐家鼠最重要。人间鼠疫的传染源一般认为以家鼠为主；一般分为主要储存宿主、次要宿主和偶然宿主。野生动物如猿、狼和狐狸等亦可受染；猫、犬、羊、猪、家兔及骆驼等家畜和某些家禽亦可感染，并可由此引起人间鼠疫的发生和流行。

鼠疫的传播媒介主要是蚤类，但只有那些能在前胃形成菌检的蚤才能传播鼠疫，是主要媒介。根据其传播能力分为主要媒介、次要媒介和偶然媒介。

鼠疫的传播途径分为：啮齿动物传播，即人间鼠疫的主要传播途径是野鼠→家鼠→鼠蚤→人，鼠蚤为传播媒介；直接接触传播，鼠疫可通过皮肤黏膜直接接触患者含菌的痰/脓液或动物的皮、血和肉而感染；消化道传播，通过进食染菌动物，经消化道感染鼠疫，猪有可能通过食入鼠疫感染鼠而消化道感染；呼吸道传播，肺鼠疫可通过含菌的痰、飞沫或尘埃，经呼吸道传播，并可迅速造成人间的大流行。

季节性与疫源地的自然条件、宿主动物与蚤类的生态特征有关，人类鼠疫疾病发生取决于当地啮齿动物中的流行强度和人与之接触的机会，大多发生在野外活动季节（4～9 月）。

发病机制

鼠疫耶尔森菌具备黏附、侵袭、对宿主细胞的破坏及毒素作用。细菌在经破损的表皮或跳蚤的叮咬直接侵入皮下组织时，常可引起侵入部位的炎症反应，且能被趋化参与炎症反应的吞噬细胞转移到肝、脾等免疫器官进行繁殖，主要在细胞外繁殖。

当细菌侵入机体后很快被吞噬细胞吞噬，被嗜中性粒细胞吞噬的细菌很快被消灭，但被巨噬细胞吞噬的细菌能够生存生长（这对早期的致病至关重要），先在局部繁殖后迅速经淋巴管至淋巴结繁殖，引起原发性淋巴结炎（腺鼠疫）。在淋巴结内大量繁殖的细菌及毒素进入血液，引起全身感染、败血症及严重中毒症状；细菌波及肺部，则引起继发性肺鼠疫。在原发性肺鼠疫的基础上，细菌侵入血流形成败血症，则为继发性败血病鼠疫。在少数感染极严重者，细菌迅速直接进入血液并在其中繁殖，则为原发性败血病型鼠疫，病死率极高。

有一些因素决定了鼠疫耶尔森菌的毒力，被称为毒力决定因素，目前被公认的主要有 4 种：

1. Fl 抗原 由鼠疫耶尔森菌最大的质粒 pMTl 所编码，具有抗吞噬及消耗血液中补体成分的作用，使细菌在细胞外能够快速繁殖扩散；另外，Fl 抗原的相应抗体还具有免疫保护作用。100℃处理 15min 可失去抗原性，失去此抗原的鼠疫耶尔森菌，容易被吞噬细胞吞噬并消失。

2. 37℃生长对钙离子的依赖性　这实际上是鼠疫耶尔森菌第二个毒力质粒 pCDl 整体的功能，使细菌被吞噬细胞吞噬后仍能存活，并产生一些具有细胞杀伤作用的特异性外膜蛋白（Yops），杀伤吞噬细胞或损坏其功能。外膜蛋白包括有多种，如 YopB、YopT、YopD、YopM、YopJ、YopE、YopH、YpkA 等，各种 Yops 均具有相应的生物活性，总体来讲包括抵抗正常人血清的杀菌作用、抗吞噬细胞吞噬作用、介导对细胞的黏附和抗上皮细胞吞噬作用等。失去此质粒，细菌便完全失去致病能力。

3. 色素沉着特征　由染色体上一个长 102Kb 的毒力岛（PⅠ）编码，此 PⅠ两端均以 IS100 为界。因此，特别容易被剪切失掉；此毒力岛由两部分组成，一半编码可以吸附血红素的 Yops，另一半为将铁转运至鼠疫耶尔森菌细胞内的转运系统。如果向宿主体内补充铁剂则该菌的生长速度就会明显增加，从而使毒力增强，色素沉着因子对毒力的决定作用则在于控制细菌在宿主体内繁殖；该菌与铁有关的另一性质是其能产生一种杆菌素样的杀菌物质称鼠疫杆菌素，由细菌最小的质粒 pPCPl 编码，鼠疫杆菌素本身与致病无关，是与鼠疫杆菌素基因处于同一质粒上的胞浆素原活化因子基因，决定了本菌可以通过跳蚤叮咬传播，并能在宿主体内播散。

4. 产生鼠疫杆菌素的能力　缺乏鼠疫杆菌素（Pesticin，Pst）的毒力会减弱，补充铁剂也可增强其毒力。此 4 种毒力决定因子并不是决定鼠疫耶尔森菌全部毒力的因子，如 pH6 抗原是染色体编码的表面蛋白（属于菌毛蛋白），该抗原能抵抗吞噬作用（能在巨噬细胞的吞噬溶菌酶体内表达），具有凝血活性和细胞毒性。推测其在细胞炎性反应、组织坏死和细菌代谢产生的局部酸性环境中引起的全身性疾病中发挥重要作用。但其致病过程中是否存在黏附作用，目前尚不清楚。如细菌的 T 抗原为可溶性类外毒素蛋白质抗原（又称毒抗原），由质粒 pMTl 所编码，又称为鼠毒素（MT），为一种不典型的外毒素（需菌体自溶后释放），分为 A、B 两个蛋白质部分。细菌的强毒株、弱毒株均可产生 MT，但来看不同地区的菌株，其产生的量存在差别。MT 能引起炎症、坏死、出血、致病性休克、严重的毒血症、肝和肾及心肌损害等，但对人的损伤作用尚不清楚。完全具有此 4 种毒力因子的菌株，其毒力也不相等，甚至还有的可能对人类没有致病能力；因此，有鼠疫耶尔森菌的鉴定中，通常还需要使用动物实验的方法，实际测定菌株的毒力。

临床表现

人鼠疫

鼠疫的潜伏期一般 2~5 天。腺鼠疫或败血型鼠疫潜伏期为 2~7 天；原发性肺鼠疫为 1~3 天，甚至仅数小时；曾预防接种者可长达 9~12 天。临床上大多表现为腺型、肺型及两者继发的败血症型。近年来轻型及隐性感染也常见。轻型多见于流行初、末期或预防接种者，仅表现为不规则低热，全身症状轻微，局部淋巴结轻度肿大、压痛，无出血现象。除轻型外的其他各型，均有明显的全身症状。起病急骤，多无先兆症状。患者突感恶寒，体温达 39℃以上，同时出现头痛、头晕、呼吸和脉搏加快，呈特有的恐怖面貌。很快进入重病期，步态蹒跚或不能行走，有时出现中枢性呕吐、腹泻、呕血、黑便及血尿等。孕妇常流产。体征见心界扩大，缩期杂音，心律不齐，血压下降。肝、脾肿大。全身皮肤和黏膜有散在的出血或瘀血斑。白细胞常增高，嗜酸性细胞和血小板减少。未经治疗者，常于3～5天内猝死。

1. 腺鼠疫　腺鼠疫最为常见，可占鼠疫发病率的85%～90%。多发生于流行初期，除全身中毒症状外，以急性淋巴结炎为特征，表现为被叮咬局部第1天淋巴结增大，伴有红、肿、痛，于第2～4天达高峰，继之坏死和脓疡。因下肢被蚤叮咬机会较多，故腹股沟淋巴结炎最多见，约占75%；其次为腋下、颈及颌下淋巴结；在某些旱獭鼠疫地区，因剥獭皮使病菌经手或臂部侵入，患腋窝部淋巴结炎的比例会较大；一般为一侧淋巴结受累，偶有双侧、多处淋巴结同时受累。4～5天后淋巴结溃破，随之病情缓解。部分病例可发展成败血病、严重毒血症及衰竭或肺鼠疫而死亡，用抗生素治疗后，病死率可降至5%～10%。

2. 肺鼠疫　有原发性和继发性两类。多见于流行期的高峰。原发性肺鼠疫的感染和传播，不需要鼠蚤媒介，多由于呼吸道感染及通过呼吸传播，传染性极强，在寒冷季节容易扩大流行。该型起病急骤，发展迅速，除严重中毒症状外，在起病24～36h内出现剧烈胸痛、咳嗽、咯大量泡沫血痰或鲜红色痰；呼吸急促，并迅速呈现呼吸困难和发绀；肺部可闻及少量散在湿啰音，可出现胸膜摩擦音；胸部X线呈支气管炎表现，与病情严重程度极不一致。继发性是由腺型或败血症型的转成，患者痰内有大量病原菌，如不及时抢救，多于2～3天内因心力衰竭、出血、休克等死亡。

3. 败血症型鼠疫　又称爆发型鼠疫，可呈原发性或继发性感染。原发型败血症型鼠疫，病情险恶，系机体抵抗力弱、病原毒力强、菌量多所致。全身毒血症症状、中枢神经系统症状和出血现象均极严重，体温过高或不升。患者谵妄或昏迷，并出现休克或心力衰竭，多在发病后24h内死亡，病死率极高，很少超过3天。因患者皮肤广泛出血、瘀斑、紫绀、坏死，故死后尸体呈紫黑色，俗称"黑死病"。继发性败血症型鼠疫，可由腺鼠疫或肺鼠疫发展转成，发病的轻重表现不一致。另一方面，败血症型鼠疫还可继发肺鼠疫和脑膜脑炎型鼠疫。

另外，还有轻型（亦称逍遥型或迁延型）鼠疫，表现发热轻，局部淋巴结肿大或偶见有化脓，多发生于流行后期或经预防接种者。除轻型鼠疫外，尚可见皮肤鼠疫、腿鼠疫、扁桃体鼠疫、肠鼠疫、脑膜型鼠疫、咽喉型（为隐性感染）等呈局部组织器官感染类型的鼠疫。

猪的鼠疫耶尔森菌感染

鼠疫是自然疫源性疾病，其传染源主要是各种感染了鼠疫的啮齿动物，但哺乳动物中一些畜兽类偶尔也卷入鼠疫流行而成为次要的或一时性的传染源。造成人类鼠疫的流行，如Klodnis（1907）就观察到这种现象，20世纪70年代在利比亚亦有人因剥食颈部肿大的病驼出现高热、淋巴结肿大继而死亡。Christie（1997）报道，利比亚鼠疫疫区，屠宰山羊和剥皮曾感染过许多人。6例致死的腺鼠疫患者中5例都有屠宰濒临死亡绵羊史。全世界有200多种脊椎动物能自然感染鼠疫，在我国已发现能自然感染鼠疫的脊椎动物54种，如王晨明等（1998）报道，青海省有177起人间鼠疫中系由藏系绵羊引起的就有13起，占7%，感染方式多为剥食病死羊引起。西尧诺登（1992、1994）报道西藏隆子和当雄二县牧民因剥食病死绵羊引起肠鼠疫爆发。李敏（1992）用细菌学方法证实偶蹄类中可以自然感染鼠疫的动物共5种，即藏系绵羊、半细毛羊、山羊、藏原羚和岩羊；另外，1978年于云南剑川捕获的野猪血清，用间接血凝方法查出鼠疫FI抗体，滴度为1:320，共2科6种动物。猪为杂食性哺乳纲偶蹄目动物，在世界范围分布广，数量多，与啮齿动物（鼠）关系密切。猪在鼠疫流行中的作用，国内外学者看法不一，但总体认为猪能感染鼠疫。杨智明等（1992）报道，在 1986～1995 年间，对采集云南省的龙陵、盈江、施甸三县 241 份猪血清进行间接血凝（IHA）和放射免疫沉淀试验（RIP）检测鼠疫抗体，结果见表 2-22。

表 2-22　241 份猪血清的鼠疫 FI 抗体 IHA 和 RIP 检测结果

县	数量	IHA		RIP		备注
		阳性数	阳性率%	阳性数	阳性率%	
龙陵	2	0	0	1	50	静息期
施甸	39	11	28	16	41	流行中期
盈江	190	0	0	9	5	流行后期
施甸	10	0	0	2	20	流行后 1 年
合计	241	11	5	28	12	

注：备注内容指血清采集在疫情何期。

通过对鼠疫静息期、流行中期、流行后期和流行后一年，均从猪血清中检出鼠疫 FI 抗体，说明猪也受到当地动物鼠疫病的影响。值得注意的是，龙陵县从一份猪血清中检出鼠疫 FI 抗体（RIP，1∶160），1993 年该县首次爆发动物鼠疫，病的流行波及人。在动物鼠疫流行期间，尽管猪血清的阳性检出率较高（施甸 41%，盈江 5%），但都未发现有发病和死亡现象，说明猪对鼠疫耶尔森菌具有相当高的抗性，并有相应的免疫应答反应，有相应抗体产生。Marshall 等（1992）曾对猪在鼠疫流行病学中的作用进行观察，结果猪对口服大量鼠疫菌不敏感，但用感染鼠疫的小鼠喂养时，能产生 FI 抗体，21 天达高峰（1∶2 048～1∶8 192），其后 7 个月仍保持不变。因此，对猪的被感染途径，还有待探讨。由于养猪场和家畜厩舍周围食源丰富，卫生条件差，常常有大量鼠类和昆虫栖居，当动物鼠疫流行时，猪可能因吞食大量的疫鼠和疫蚤类而感染鼠疫，也不排除猪被蚤类叮咬而感染的可能性。

诊断

对鼠疫有效诊断的基本原则：一是具有流行病学线索，发病前 10 天到过鼠疫动物流行区或接触过鼠疫区内的疫源性动物、动物制品及鼠疫病人。或是进入过鼠疫实验室与接触过鼠疫实验用品；二是患者要具有鼠疫临床症状，还必须具有鼠疫细菌学诊断或血清学被动血凝试验（pHA）血清 FI 抗体阳性诊断结果才可确诊。

1. 临床与病理学检验　鼠疫的一些临床症状、病变特征，如淋巴结炎、肺部感染的呼吸道症状、出血性病变等，在对鼠疫的综合判定方面具有一定的价值。

2. 病原学检查　对鼠疫耶尔森菌的分离与鉴定，是一种传统且可行的检验技术，也是判定鼠疫的"金标准"。内容包括涂片镜检、细菌分离培养、鼠疫噬菌体裂解试验和动物试验等 4 个方面，通常简称"四步检验"或"四步诊断"法。

做生化特性检查是鉴定鼠疫耶尔森菌的可靠方法，鉴定时需注意的是：①有个别生化反应项目需在 25～28℃培养才能表达充分，在不同温度下常有不同的结果；②某些生化特性与所在的疫源地有关，其中主要是对鼠李糖和蜜二糖的生化反应不同，蜜二糖由于培养温度不同其结果有差异，在不同菌株间的反应结果也不完全相同；长期以来，一直将鼠疫耶尔森菌不发酵鼠李糖的生化反应作为与伪结核耶尔森菌的重要鉴别特征，其鼠疫耶尔森菌对鼠李糖发酵的结果在 37℃或 28℃的结果均一致，显然对鼠李糖发酵试验是有意义的。

3. 免疫血清学检查 对鼠疫耶尔森菌一些抗原的检测，有助于对本病菌的鉴定，对鼠疫的调查和监测。目前，全世界的鼠疫调查和监测都是针对同一种目标抗原——鼠疫耶尔森菌的 FI 抗原；另外，则是鼠毒素、V 抗原、Hms 蛋白、pH6 抗原等。检测的方法均有以已知的抗体来确定相应抗原的存在，主要包括反向间接凝集试验、免疫荧光试验、酶联免疫吸附试验、胶体金纸上色谱等。

4. 分子生物学检测 主要有核酸探针技术、PCR、RAPD、RFLP、基因芯片和蛋白质芯片等。

5. 动物感染试验 被检标本经腹腔或皮下接种小鼠（体重 18～20g）0.2～0.4ml 或豚鼠（体重 250～300g）0.5～1.0ml，饲养观察，直至动物死亡或经 7 天扑杀剖检。并进行"四步检查"。同时，采取血清，确定无阳性反应，才可做出检验阴性报告；还可通过半致死量测定，进行毒力定量。腺鼠疫应与淋巴结炎、野兔热、性病的下疳相鉴别。肺鼠疫应与其他细菌性肺炎、肺炭疽等相鉴别。皮肤鼠疫应与皮肤炭疽相鉴别。

防治

凡确认或疑似鼠疫患者，均应上报并迅速组织严密的隔离，绝对卧床，对肺鼠疫患者应单独隔离，并进行一般治疗和对症治疗。局部肿大淋巴结可用抗菌药物外敷，其周围组织内注射链霉素 0.5g，已软化者应在应用足量抗菌药物 24h 后，方可切开排脓；眼鼠疫可用四环素、氯霉素眼药水；皮肤鼠疫可用抗菌药液湿敷、冲洗或抗菌药物软膏、外敷。

早期应用抗生素是降低患者病死率的关键。本病病情重，病死率高，腺鼠疫为 30%～70%，肺鼠疫为 70%～100%，败血症鼠疫为 100%，如能早诊断，及时抗菌药物治疗及其他抢救措施，病死率可明显下降，链霉素是首选药物，我国在应用链霉素治疗后，病死率下降为 5%～10%。首次剂量宜大，疗程视不同病型而异，热退后继续用药 4～5 天。可联合使用四环素、庆大霉素、氯霉素等药物。症状消失后，腺鼠疫患者一般尚需观察 7 天；血液或局部分泌物培养菌检查连续 3 次（每 3 天 1 次）阴性；肺鼠疫患者每 3 天检查痰液 1 次，连续 6 次阴性，才可出院。

要积极保护易感人群，进入疫区的人员必须接种菌苗 10 天后方能进入疫区。工作时必须穿着保护服、戴口罩、帽子、手套、眼镜、穿胶鞋及隔离衣。接触患者后可预防性服药（磺胺嘧啶，1g，每天 2 次；或四环素，0.5g，每天 4 次连服 6 天）。

在疫区或流行区要接种菌苗，迄今世界上广泛应用的鼠疫 EV（1926 年从马达加斯加死于腺鼠疫的病尸分离并经 5 年连续传代获得的弱毒株）活菌苗和美国药典规定的灭活菌，免疫接种后 2 周可获得免疫力。1 个月达高峰，免疫期 1 年。做预防接种应在鼠疫流行季节前 1～2 月完成；每年需加强免疫接种 1 次。如 20 年以上未发现疫情，可以停止预防接种。

根据鼠疫的自然疫源地特征，及其主要的传染源和传播途径，一旦发生鼠疫爆发，需要立即按要求对疫区封锁，断绝一切交通通行，直到疫情完全扑灭，疫区彻底消毒后才可解除封锁。其中根本措施是灭鼠灭蚤，以切断鼠疫传播环节，消灭鼠疫疫源。另一方面，则加强交通、国境卫生检疫，对接触者需检疫 9 天或至抗菌药物开始后 3 天，作为可能发生感染前的预防。

我国已颁布的相关标准：

GB 15991—1995 鼠疫诊断标准；

GB 15992—1995 鼠疫控制及考核原则与方法；

GB 16883—1997 鼠疫自然疫源地及动物鼠疫流行判定标准；

WS 279—2008 鼠疫诊断标准；

SN/T 1188—2003 国境口岸鼠疫疫情监测规程；

SN/T 1240—2003 国境口岸鼠类监测规程；

SN/T 1261—2003 入境鼠疫染疫列车卫生处理规程；

SN/T 1280—2003 国境口岸鼠疫检验规程；

SN/T 1298—2003 出入境口岸鼠疫染疫航空器卫生处理规程；

SN/T 1707—2006 出入境口岸鼠疫疫情处理规程。

十、巴氏杆菌病
（Pasteurellosis）

巴氏杆菌病（Pasteurellosis）是由巴氏杆菌属（*Pasteurella*）的多杀性巴氏杆菌（*Pasteurella multocida*）引起的人和各种家畜、家禽及野生动物等的一种传染性疾病的总称。本病过去曾称为"出血性败血症"；由各种畜禽分离出的巴氏杆菌，又分别以分离的畜禽来命名，如牛出败、猪肺疫、禽霍乱等，现统称为多杀性巴氏杆菌病。在人主要是表现为个体病例；在动物除了个体病例外，在群养动物中常常可出现群体发生。

历史简介

本病初见于法国家禽之中的一种疾病过程，由 Chabert（1782）描述了禽的发病。其后 Mailet（1836）对该病进行了研究，并首次用了禽霍乱这一病名。1877～1878 年法国 Rivolta、俄国 Peroncia Semmer 在感染禽血液中见到圆形、单个或成对的两极浓染的小杆菌。Bollinger（1878）描述了牛的巴斯德菌。1878 年一份报告从病理学方面描述了牛、野猪、鹿中的兽疫流行，称其为出血性败血症。Toussant（1879）首先从禽霍乱病例中分离出细菌，并证明它是该病的唯一病原菌。Pasteur（1880）描述了一种能在家禽引起霍乱的病原菌，鉴定了该菌的形态学和生化特征，并描述了该病的发病机理和病理损害。后来知道禽霍乱杆菌在培养特征方面与兔败血症、猪肺疫和某些牛肺炎的病原菌无法区分。这些细菌因为引起动物的败血症，最初被认为是几个属细菌，但这些细菌外观的一致性和他们在各种动物所致疾病的相似性，使 HUEPPE（1886）将他们置于同一名称，即出血性败血性败血杆菌，即双极细菌引起的疾病，以黏膜下层和浆膜下层毛细血管出血为特征的特殊型败血病，称为出血性败血病。Lignieres（1901）对这些细菌引起的疾病称之为巴氏杆菌病。Loeffer（1882）描述了猪出血败血症病原；1885 年在病牛的血液中观察到了这种病原体；1913 年描述了被认为是巴斯德菌的人间病例。Kitt（1885—1893）曾对鸡霍乱、兔败血症、猪肺疫、牛及野牛败血症的病原菌进行了比较研究，发现该病原菌在显微镜下呈两极浓染，且对多种动物具有致病性。虽然已被认为，从鸟类、牛、猪、绵羊、兔、驯鹿、美国野牛和其他野生动物所分离到的巴氏杆菌在培养特性和生化特性方面是基本一致的。为此，将该病原菌命名为多杀两极杆菌（*Bacterium bipolare multlcidium*）。Topley 和 Wilso（1929）还提议将该病原菌命名为败血巴斯德菌（*Pasteurella septica*）。为此，Flugge（1886）制定了该菌分类法。Trevisan（1887）提出引起这几种疾病的病原菌可被认为是不同的种，但他们均可归于同一属内，为了纪念巴斯德对禽霍乱病原研究的功勋，将这一属命名为巴斯德菌属。因为这些细菌无法用迄今已知的任何方法，包括血清试验来加以区分彼此。Rosenbuschr 和 Mercgant 对 114 个菌株研究（1939）建议，承认各种动物的出血性败血病和病原是同一种细菌，称之为多杀巴斯德菌，以表示这个种的多宿主特性。Jawetz 和 Baker（1950）曾自小鼠肺炎病变中分离到类似巴氏杆菌的细菌，称之为嗜肺巴氏杆菌。Olson 和 Meadows（1969）从一被猫咬伤的妇女的伤口分离出小鼠肺炎病原菌（嗜血性巴氏杆菌）。Jones（1921）从牛出败病中分离到能溶解马、牛红细胞的细菌，命名为溶血性巴氏杆菌。Wang Haily（1966）报道人尿素巴氏杆菌致人脑膜炎病例，认为该菌是溶血性巴氏杆菌的一个变种。

Kapel 和 Halm（1930）首次描述了猫和犬咬伤引起的多杀巴斯德菌感染。Levy‐Bruhl（1938）发表了人类巴斯德菌病第一篇综述，其后 Schipper（1947）、Handerson（1963）收集了 100 例人类的巴斯德菌病。Hubbert（1970）前后收集了未发表的 316 例感染过的病例和文献上发现的 149 例，共计 465 例。其后相继又有很多关于人类巴斯德菌病的报告，使人类的巴斯德菌病逐渐被明确认识。

病原

多杀性巴氏杆菌（*Pasteurella multocida*）属于巴斯杆菌属。病原巴氏杆菌属，第 8 版《BERGEY》手册中包括多杀性巴氏杆菌、溶血巴斯德氏菌、嗜肺巴氏杆菌和尿素巴氏杆菌。其中溶血性巴氏杆菌更名为溶血性曼氏杆菌，归入曼氏杆菌属。多杀巴氏杆菌是两头钝圆，中央微凸的短杆菌，长 $1\sim1.5\mu m$，宽 $0.3\sim0.6\mu m$。不形成芽孢，也无运动性。普通染料都可着色，革兰氏染色阴性。病料组织和体液涂片用瑞氏姬姆萨氏法和美蓝染色镜检，见菌体多呈卵圆形，两端着色深。中央部分着色较浅，很像并列的两个球菌，又称两极杆菌。用培养物作涂片染色，两极着色则不那么明显。用印度墨汁等染料染色时，可看到清晰的荚膜，很多新分离的菌株能有一种宽厚荚膜，但通常迅速丧失这种特性。经过人工培养而发生异变的肠毒菌，则荚膜狭窄而且不完全。此菌 DNA 中 G+C 含量为 $40.8\%\sim43.9mol\%$。模式株：ATCC43137，NCTC10322；GenBank 登记号（16rRNA）：AF294 M35018。

本菌为需氧兼性厌氧菌，普通培养上均可生长，但不繁茂，如添加少许血液或血清则生长良好。生长于普通肉汤中，初均匀混浊，以后形成黏性沉淀和菲薄的附于管壁的薄膜。在血琼脂上呈灰白、湿润而黏稠的菌落。在普通琼脂上形成细小透明的露滴状菌落。明胶穿刺培养，沿穿刺孔呈线状生长，上粗下细。不同来源的菌株在血清营养琼脂培养基上，可形成 3 种不同类型的菌落，且常是与其毒力相关联的：1）黏液型（Mucoil，M）菌落，菌落大而黏稠，边缘呈流动状，荧光较好，菌体有荚膜（主要成分为透明质酸），对小鼠的毒力中等，多为慢性病例或带菌动物分离的菌株，一般不能用通常的血清学方法分型；2）光滑（荧光）型（Smooth，S）菌落，菌落中等大小，对小鼠毒力强，菌体有荚膜，且荚膜有特异性可溶性抗原，常是由急性病例分离的菌株属于此型，可用通常的血清学方法分型；3）粗糙（蓝色）型（Rough，R）菌落，菌落小，难乳化，对小鼠的毒力弱，菌体无荚膜，能自凝。本菌在加 0.1% 血清和血红蛋白的培养基上 pH $7.2\sim7.4$，37℃培养 $18\sim24h$，$45°$折射光线下检查，菌落呈明显的荧光反应，荧光呈蓝绿色而带金光，边缘有狭窄的红黄光带的称为 Fg 型，对猪、牛等家畜是强毒菌，对鸡等禽类毒力弱。荧光橘红而带金色，边缘有乳白光的称为 FO 型，他的菌落大，有水样湿润感，略带乳白色，不及 Fg 透明。FO 型对鸡等禽类是强毒菌，而对猪、牛、羊家畜的毒力则很微弱。Fg 型和 FO 型可以发生相互转变。还有一种无荧光也无毒力的 Nf 型。本菌可形成靛基质。接触酶和氧化醇均为阳性。MR 试验和 V-P 试验阴性。石蕊牛乳无变化，不液化明胶，产生硫化氢和氨。

另外，本菌的抗原结构复杂，其荚膜抗原具有型的特异性及免疫原性。荚膜抗原的性质也不相同，A 型菌株的荚膜抗原主要为透明质酸，B 型和 E 型菌株的荚膜为酸性多糖，A 型和 D 型的荚膜抗原为半抗原。在 B 型和 E 型及其他菌株，还有 3 种与荚膜有关联的主要抗原，它们分别是：1) α-复合物：可能为多糖蛋白复合物，紧密黏附于细菌的细胞壁上，具有免疫原物性，但不确定。2) β-抗原：为型特异性多糖，主要存在于能产生荧光的黏液型菌株。3) γ-抗原：为脂多糖，存在于所有菌株，是细胞壁的组成部分，具有一个或多个代表菌体抗原的决定簇。

Frederiksen 根据对阿拉伯糖、木糖、麦芽糖、海藻糖、山梨醇和甘露醇的发酵情况，提出巴氏杆菌多杀性巴氏杆菌的 7 种生物型。在琼脂上菌落可分为黏液型菌落、平滑型或荧光菌落和粗糙型或蓝色菌落。黏液型菌落和平滑型菌落一样，都含有荚膜物质，但血清学分型取决于与荚膜有联系的型特异可溶性抗原的存在。Robert 和 Carter 等根据菌株抗原结构的不同将本菌分成 4 种血清类型，分别标记为 I-Ⅳ 型、B. A. C 和 D 型；波冈和村田二氏用凝集反应检出本菌至少有 12 个菌体抗原（O 抗原）。将荚膜抗原（K 抗原）和 O 抗原相互组合成 15 个血清型（O 抗原以阿拉伯数字表示，K 抗原以大写英文字母表示）。琼脂扩散试验可分为 1～16 个菌体血清型。虽然多杀巴氏杆菌是作为一个单独的病类，但不同的血清型和某些特定的宿主种相关。最常见的血清型分布如下（表 2-23）。

表 2-23　多杀性巴氏杆菌血清型

荚膜群	O 群	血清型	病型	侵害动物	交互免疫作用
A	9 8	5：A 9：A 8：A	禽霍乱 禽霍乱 禽霍乱	鸡、鸭、火鸡等	各种不同血清型之间不能交互免疫
B E	6 6	6：B 6：E	出败 出败	牛	各种不同血清型之间不能交互免疫
A	1 3 7	1：A 3：A 7：A	肺炎、局部感染、继发感染	各种动物和人	各种不同血清型之间不能交互免疫
B	11	11：B			
D	1 2 3 4 10 12	1：D 2：D 3：D 4：D 10：D 12：D			

巴氏杆菌同属各个种之间鉴别，主要依据是否溶血，在麦康凯培养上是否生长、吲哚、

酶、葡萄糖产气、乳糖、甘露醇等试验分为 *P. multocida*、*p. septica*、*p. gallicida*、*p. granulomatis*、*P. haemolytica* 等亚种；近年来其分类和命名有变化，参照 1985 年 MULTERS 等建议的 DNA 杂交法分为 3 群：*P. multocida*、*P. septica*、*P. gallicida*。

多杀巴氏杆菌各血清型与人畜关系：Carter（1955）曾对 20 种动物检查了 864 个菌株，将其血清型与宿主关系列表 2 - 24。

表 2 - 24　猪与人巴氏杆菌血清型分布

动物寄主	型			不能分型者
	A	B	D	
人	20	0	11	16
猪	157	3	118	19

本菌抵抗力不强，60℃加热 10min 可杀死，在干燥空气中 2～3 天即可死亡，易自溶，在无菌蒸馏水和生理盐水中迅速死亡。在 37℃保存的血液、猪肉及肝、脾中，分别于 6 个月、7 个月及 15 天死亡。在浅层的土壤中可存活 7～8 天，粪便中可存活 14 天。在直射阳光和自然干燥空气中迅速死亡。60℃ 20min，75℃ 5～10min 可被杀死。在常用消毒药 3％石炭酸、10％石灰乳和福尔马林中几分钟内可使之死亡。本菌在干燥状态或密封在玻璃管内，可于−23℃或更低温度的保存，不发生变异或失去毒力。

流行病学

全世界各种哺乳动物和鸟类都可感染巴氏杆菌，易感动物包括牛、猪、马、驯鹿、兔、犬、猫、水貂等野生动物。家禽和野生水禽都有兽疫流行；人均有致病性。畜群中发生巴氏杆菌病时往往查不出传染源。因为本菌存在于病畜全身各组织、体液、分泌物及排泄物里，健康家畜的上呼吸道也可能带菌；在很多种动物的口咽部正常携带着多杀性巴氏杆菌的很多菌种与宿主呈共栖者。一般认为家畜在发病前已经带菌。有资料指出猪的鼻道深处和喉头内有 30.6％带菌，扁桃体内 63％带菌。Smith（1955）调查指出猫、犬、猪和大鼠均有高的带菌率；只有少数慢性病例仅存在肺脏的小病灶里。据猪肺疫流行区调查，采集猪肉、猪肝、猪脾各 20 份，共检出巴氏杆菌 34 株（57％），其中多杀性巴氏杆菌 4 株（11.76％）、侵肺巴氏杆菌 26 株（76.47％）和溶血性巴氏杆菌 4 株（11.76％）；20 份猪脾检出巴氏杆菌 100％，猪肝为 50％，猪肉为 20％。各分离菌对小鼠致病力：多杀性巴氏杆菌致小鼠 25min 发病、30min 死亡；侵肺菌为 10～15min 发病、10～20min 死亡；溶血性巴氏杆菌为 10min 发病、13min 死亡。本菌为条件性致病菌，其传染主要为病畜禽和带菌畜群。有一群 27 头的肉牛，开始有 5 头从尿中检出本菌，5 个月后 27 头尿中都能检出本菌。他们的排泄物和分泌物排出细菌，污染饲料、饮水和外界环境而成为传染源。该病主要经消化道感染，其次通过飞沫或气溶胶经呼吸道感染，亦有经皮肤伤口或蚊、蝇叮咬而感染；外观健康的动物也能把该菌感染给人，犬、猫咬伤就是例证。本病可常年发生，在气温变化大，阴湿寒冷时更易发病；本病的发生一般无明显的季节性，但冷热交替、气候闷热、剧变、潮湿、环境卫生差、过度疲劳、饥饿等因素引起机体抵抗力降低时，该菌会乘虚而侵入体内，通过内源性感染，经淋巴液引起败血症。本病常呈散发性或地方性流行，人的病例多为零星散发。人与动物之间的直接密切接触似乎是传播的方式，如果没有不利条件的影响，经过一段时间，人体内的这种细菌便可能消失。然而，如果不断地与动物接触，那么陆续补充菌群的机会是很大的，乳业工人、牧牛人、养猪者和屠宰工人都是高度受威胁的。Olsen 和 Needham（1952）研究了 37 个病人，其中 27 人是农民或农民的家属。虽然他们都是高度受威胁人群，但不足以表明兽疫流行对人间感染的威胁程度高于个别受感染带菌动物的威胁程度。

巴氏杆菌病发生后，同种畜禽间相互传染，而不同的畜禽种间偶见相互传染。从本病菌所引起的各种病理过程的描述来看，这种细菌对人、家畜和野生动物的感染显然是继发的侵入者。在禽疫中或由于动物咬伤或搔上所引起的人类感染中则可能是有毒菌株的直接侵袭。将带菌者引入原先未感染的畜群之后，可以发生巴氏杆菌的突然爆发，然而在菌株之间有明显的不同，其中一些具有高度的毒力，而另一些则无害。因此，在动物中分离出多杀性巴氏杆菌，并不必然意味着把这样的动物引入造成兽疫流行。

发病机制

毒力很强的多杀性巴氏杆菌（Fg 型），对无抵抗力动物的侵袭力异常大。细菌突破机体的第一道防御屏障后，很快通过淋巴系统进入血流，扩散至全身各组织成为菌血症，并于 24h 内发展为败血症而死亡。其侵入机体的菌数不多，或机体抵抗力稍强，病原体在侵入处被阻止停留一段时间，最初病变可限于局部，以后延至胸腹及前肢关节，主要是胶样浸润。由于局部病变加剧，影响全身防御机能，不能阻止细菌向血流侵入，形成菌血症。又由于局部坏死及菌体崩解的内毒素的作用，机体机能紊乱，以致机体死亡。如病原菌是属于毒力弱的菌株，机体又具有较大的抵抗力，其病变局限于局部。由于机体机能障碍、组织坏死和菌体内毒素的作用，表现生长迟缓和消瘦。继而成为继发病或可能与其他病原菌混合存在或感染。

已知无论是人还是动物，对相同或类似的感染类型来讲，在多杀性巴氏杆菌致病机制、临床症状和病理发生等方面，均有不少的相似甚至相同之处；其致病机制，主要取决于多杀性巴氏杆菌的黏附作用、毒力和毒素。

1. 细菌的黏附作用 多杀性巴氏杆菌黏附作用因子主要有黏附因子、黏附蛋白等。

（1）黏附因子 多杀性巴氏杆菌的黏附因子很多，对细菌的全基因组进行分析表明，该病原体含有一些能编码类似于菌毛或纤维蛋白的因子，主要包括 ptfA、fimA、flp1、flp2、hsf-1 和 hsf-2，这些黏附因子能促进细菌对宿主细胞的黏附和在宿主体内的定居。

菌毛是一种重要的表面黏附因子，携带菌毛的 A 型多杀性巴氏杆菌株能黏附于宿主的黏膜上皮细胞；反之，则不能产生黏附作用。Ruffolo（1997）等报告，可从 A 型、B 型和 D 型多杀性巴氏杆菌株中分离鉴定出Ⅳ型菌毛，且该菌毛在细菌黏附于宿主细胞表面过程中起到重要作用，同时Ⅳ型菌毛与细菌自身的毒力相关。Ⅳ型菌毛由 ptfA 基因编码。

（2）黏附蛋白 细菌黏附宿主细胞的能力对其定殖和感染致病密切相关，且细菌表面多糖和蛋白在这一过程起重要作用。Dabo 等（2005）关于多杀性巴氏杆菌粘连细胞外基质蛋白的研究表明，该细菌可以黏附宿主的纤维蛋白与胶原蛋白Ⅸ型，并鉴定细菌自身可能的黏附蛋白包括 OmpA、Oma87、PmlO69 及与铁相关的蛋白 Tbp 和 TonB 受体 HgbA。OmpA 属于 ap 离子通道蛋白，且蛋白与细菌的黏附作用相关。在多杀性巴氏杆菌的外膜蛋白（OMP）和荚膜蛋白（CP）中均有一种分子量为 39KDa 的蛋白与黏附作用有关。据研究，称 39KDa 的蛋白质存在于多杀性巴杆氏菌 A：3 血清型的 p1059 菌株中，且该蛋白的表达与细胞表面荚膜存在的数量有关，进一步说明 39KDa 蛋白致病机理主要表现为细菌的黏附力。Ali 等研究证实，这种 39KDa 蛋白质的单克隆抗体和多克隆抗体均能抑制多杀性巴氏杆菌对鸡胚成纤维细胞的黏附与入侵作用。

通过猪肺疫的活菌苗和死菌苗的多杀性巴氏杆菌菌株对 Hela 细胞的附着试验测定它们的附着能力。结果证明，强毒株的附着能力明显比弱毒菌株强，从两个菌株细胞的荚膜中分别提取荚膜蛋白，结果表明 39KDa 蛋白是强毒菌的特异蛋白。多杀性巴氏杆菌的毒力与 Hela 细胞的附着能力是密切相关的，同时暗示本菌 39KDa 荚膜蛋白与它们的毒力和 Hela 细胞的附着能力有关。

2. 细菌的荚膜 多杀性巴氏杆菌（尤其是 A 型菌株）被认为是一种重要的毒力因子，当菌体侵入机体并在宿主体内繁殖的能力因菌体周围存在的荚膜而得到加强。有致病力的菌株丧失产生荚膜的能力常导致毒力丧失。但毒力显然与荚膜有关的某些化学物质有关，而并非与荚膜的生理存在有关。荚膜这种结构有助于病原菌逃避肺泡巨噬细胞的吞噬作用。

3. 细菌毒素 Kyaw 在用发育鸡胚研究致病机理时，提出毒素是由细菌在体内产生的。Heddleston 等（1975）用福尔马林盐水洗下一种与细菌结合较不紧密的毒素，这种内毒素是一种含氮的磷酸化脂多糖，给鸡注射少量可引起急性禽霍乱症状。内毒素的血清学特异性与脂多糖有关，游离的内毒素可诱导主动免疫。无论是强毒还是无毒的多杀性巴氏杆菌都可产生内毒素。有荚膜的强毒株和没有荚膜的无毒力的菌株之间的差异，不在于它们形成内毒素能力，而在于强毒株在活体内存活和繁殖达到能够产生足够的内毒素的程度，从而引起病理学的过程。

在引起猪传染性萎缩鼻炎的 A 型或 D 型产毒素多杀性巴氏杆菌（toxigenic *Pasteurella multocida*，T$^+$pm）能分泌一种皮肤坏死毒素（*Pasteurella multocida* toxin，PMT）。Lax（1990）等研究表明，PMT 是一种分子量为 146KDa 的不耐热蛋白质，由 toxA 基因编码，70℃加热 30min，甲醛、戊二醛或胰酶处理均可使其失去活性。PMT 是一种促有丝分裂原，它可与哺乳动物细胞上受体结合，进入细胞后，独自可以启动 DNA 的合成，导致细胞生长和分裂（Staddon 等，1996）。可通过对造骨细胞有丝分裂的激活，致使造骨细胞的异常生长及形态变化，最终导致破骨细胞对骨细胞的裂解，引起猪鼻甲的变形、萎缩。

临床表现

人

多杀性巴氏杆菌对人也有一定的致病性。人类被感染的主要原因是与动物的密切接触。此菌多潜藏在寄主体内，为伺机性病原菌。不具荚膜的无致病性，为体内的正常菌丝，但是当寄主防御力降低时，由无荚膜自然转为有荚膜就会伤害寄主细胞。

1913 年描述了一农妇败血症产褥热病例，疑似巴氏杆菌感染。Kitt（1920）称人感染本病。1930～1931 年描述了犬、猫咬伤人引发多杀性巴氏杆菌感染。LEVE - BRUHL（1938）发表了人类巴氏杆菌病的第一篇阐述。Olsen 和 Needham（1952）总结了 21 例人类巴氏杆菌病例。Byrne（1956）报道了 1947～1956 年间 45 例病例，最常见的人类 *P. multocida* 感染可能是由于动物咬伤，尤其是猫和犬，其次为消化道和呼吸道感染。Wison 和 Miles（1946）报道此菌在人的上呼吸道上能存活数月之久。人类上呼吸道和消化道中的巴氏杆菌极可能来自牛、猪、犬、猫等动物。Hubbert（1970）认为有肺部疾病的患者容易引起多杀性巴氏杆菌肺部感染，常见的肺部疾病包括支气管扩张、慢性阻塞性肺部疾病、肺炎原发性支气管肿病等。在回顾 136 例与动物咬伤无关的病例，36 例（26）情况不明，31 例（21％）无动物接触史，69 例曾与动物接触过，包括 3 名屠夫，1 名提取动物油脂工人和 1 名切洗火鸡割破手指而被感染者。Itob（1980）报告了一起多杀性巴氏杆菌在一所慢性疾病院内爆发流行，被感染者是一些长期住院卧床的病人，排除了与动物接触的可能性。Weber（1980）回顾报道并非动物咬伤或抓伤而感染多杀性巴氏杆菌的病例，包括褥疮、郁积性溃疡和外科手术感染等。可引起人体多系统和部位感染（表 2－25）。婴幼儿感染多杀性巴氏杆菌，多见于中枢神经系统感染。Clapp（1986）报道 14 例脑膜脑炎患者，年龄从出生 3 天到 10 个月者占 12 例。Weber（1984）报告 17 例多杀性巴氏杆菌感染脑膜脑炎患者，婴幼儿占 9 例、老人占 7 例。

表 2－25　人体受感染的系统与部位

皮肤	中枢神经系统
蜂窝织炎	脑膜脑炎
皮下脓肿	脑脓肿
褥疮感染	硬膜下积脓
骨与关节	消化系统
化脓性关节炎	肝脓肿
骨髓炎	自发性腹膜炎
化脓性关节炎伴骨髓炎	网膜或阑尾脓肿
滑囊炎	内脏破裂而致腹膜炎
口腔与呼吸系统	胃肠炎
扁桃体炎或扁桃体周围炎	泌尿生殖系统
窦炎、咽炎、会厌炎	膀胱炎或肾盂肾炎
中耳和下乳突耳炎	回肠袢感染
下颌囊肿	肾脓肿
气管、支气管炎	阴道炎或子宫颈炎
肺炎	巴多林氏腺（前庭大腺）脓肿
积脓	绒毛膜、羊膜炎
心血管系统	附睾炎
菌血症	眼
心内膜炎	结膜炎
细菌性动脉瘤	角膜溃疡
化脓性心包炎	眼内炎
感染的血管移植物	泪囊炎

　　巴氏杆菌临床表现由于细菌侵入部位不同而各异。常见于软组织、呼吸道、结膜、组织等。呼吸道感染是最常见的第二大感染部位，多见于老人。临床上表现有：①急性感染：死

亡前无临床症状，以全身败血为主。②急性感染和慢性感染：如广泛分布的化脓灶在呼吸道、结膜和头周组织，引起肺炎、菌血症、脑膜炎、眼部感染、骨髓炎、化脓性关节炎、心内膜炎、脑膜炎、腹膜炎和尿路感染。主要可分为局部感染和全身感染两种。局部感染的类型主要见于人和动物发病后的急性和慢性经过，表现为化脓性创伤感染或局部组织、器官化脓性炎症；全身性感染见于人的败血性感染和动物发病后的急性经过，均呈败血症变化。

多杀性巴氏杆菌感染常见的有伤口感染型和非伤口感染型两种。

伤口感染型：常见于动物咬伤，抓伤后几小时至一周出现症状。表现为伤口处严重疼痛、肿胀，有的发热、化脓、淋巴结肿胀，极少数病人发生败血症。也有因角膜被猫抓伤而发生全眼球炎者。

非伤口感染型：与鸟类或哺乳动物密切接触，可能导致本菌的感染。与动物接触之后很快就会出现症状和体征并产生病损，或者可能间隔数月。细菌在呼吸道中能够存在数年而没有病理表现，或者在严重的呼吸道感染之前可出现慢性状态，如频繁感冒。虽然多杀性巴氏杆菌似乎是嗜呼吸道的，但人类许多内脏器官都曾感染这种细菌。有过阑尾炎、腹膜炎、肾盂肾炎、膀胱炎、子宫炎、阴道炎、前庭大腺脓肿、中耳炎、脑膜炎和致死性败血症等。在支气管扩张、慢性支气管炎、肺炎或由其他细菌引起的深在肺部感染中同时存在多杀性巴氏杆菌时，病情便可能加重或持续时间延长，这些混合感染病例，表明本菌倾向于条件性致病性；但也有病例分离出这种细菌的纯培养物，则提示它是单独的病因例子。如史莉等（2001）报告无动物接触的人发生肺部感染，痰培养均为多杀性巴氏杆菌。

临床综合征分为4种：①由动物咬伤和搔伤引起的脓肿性创伤感染，一般咬伤红肿之间要数小时，出现剧烈疼痛。炎症可能深入深部组织，累及肌腱、骨膜，甚至坏死；②上呼吸道的隐形感染，它能够由于头部外伤而发作，成为结膜炎、窦炎、脑膜炎和脑脓肿的显性病例；③下呼吸道的疾病和支气管扩张、局部性肺炎、脓胸或肺炎；④原因不明的内脏感染和膀胱类、肾盂肾炎、阑尾炎、前庭大腺脓肿等。偶尔会出现败血症。

产气巴氏杆菌对人的致病性，临床上人产气巴氏杆菌分离于猫、猪或野猪引起的损伤中。1985年亚特兰大疾病控制与预防中心报道了4例人被猪咬伤所致产气巴氏杆菌病例。1987年法国一例被野猪咬伤猎人伤口分离到产气巴氏杆菌病例。1976～1994年丹麦从人伤口或溃疡中分离到7株产气巴氏杆菌，5个病例为被猪咬伤，2个溃疡病例为养猪场职员。此外，有一例在养猪场帮工孕妇流产，从死产婴儿及其阴道空隙中分离到产气巴氏杆菌。一例62岁男性因产气巴氏杆菌引发C6～C7脊髓炎病例。Rest（1985）报道犬咬伤人病例中分离出产气巴氏杆菌。

猪

1. 猪巴氏杆菌病（猪肺疫） Hueppe（1886）将猪肺疫划为出血性败血杆菌病，猪流行的多杀性巴氏杆菌主要是荚膜A、B、D和E型，我国没有E型报道。引起猪肺疫的多杀性巴氏杆菌血清型A和B。Murty和Kaushik（1965）证明了多杀性巴氏杆菌B型引起猪的原发性疾病。陈笃生等（1987）对畜禽多杀性巴氏杆菌菌体抗原的血清学鉴定，猪源菌体抗原主要为O6，血清型为6∶B，部分为O5，血清型为5∶A。6∶B型多杀性巴氏杆菌是牛出败和大部分猪肺疫的病原；5∶A型是禽、兔和部分猪巴氏杆菌病病原。我国猪肺疫多为巴氏杆菌B血清型（郭大和，1979），邵学栋（1984）报道，在四川，由B群多杀性巴氏杆菌引起的猪肺疫占2/3。而国外报道多为A型，近年来我国猪群由巴氏杆菌A血清型引起的慢性猪肺疫增多。

猪巴氏杆菌病（猪肺疫）呈急性或慢性经过，急性病猪常有败血症病变。本病的流行形式依据猪体的抵抗力和病菌的毒力而有地方流行性和散发。地方流行性都为急性或最急性经过，病状比较一致，易于传染其他猪，死亡率高，病菌毒力强大，都是 Fg 型。散发的可为急性的，主要由 Fg 型菌引起，也可以是慢性的，多由 FO 型菌所致，病菌毒力较弱，多与其他疾病混合感染或继发。临床上一般分最急性、急性和慢性型三个型。

最急性型：俗称"锁喉风"，突然发病，迅速死亡。常以来不及或看不到临症表现而死亡。病程稍长，病状明显的可表现体温升高至 41～42℃，食欲废绝，全身衰弱，卧地不起或烦躁不安。呼吸困难，在呼吸极度困难时，常作犬坐势，伸长头颈呼吸，有时发出喘鸣声，一出现呼吸症状，即迅速恶化，很快死亡。颈下咽喉部发热、红肿、坚硬，严重者向上延及耳根，向后可达胸前。口鼻流出泡沫，可视黏膜发绀，腹侧、耳根和四肢内侧皮肤出现原发性红斑。全身黏膜、浆膜和皮下组织大量出血点，尤以咽喉部及其周围结缔组织的出血性浆液浸润最为特征。颈部皮下可见大量胶冻样淡黄色或灰青色纤维素性浆液。颈部水肿可蔓延至前肢。全身淋巴结出血，切面红色。心外膜和心包膜有小出血点。肺急性水肿，脾有出血，但不肿大。胃肠黏膜有出血性类症变化。病程 1～2 天，病死率 100％，未见有自然康复的。

急性型：是本病主要和常见的病型。除具有败血症的一般症状外，还表现急性胸膜肺炎。体温升高至 40～41℃，初期发生痉挛性干咳，呼吸困难，鼻涕黏稠脓液，有时混有血液。后变为湿咳，有疼感，胸部有剧烈疼痛。呼吸更加困难，张口结舌，作犬坐势，可视黏膜发绀，常有黏脓性结膜炎。初起便秘，后腹泻。皮肤瘀血或小出血点。全身黏膜、浆膜、实质器官和淋巴结出血。肺有不同程度的肝变区，特征性的纤维素性肺炎，周围伴有水肿和气肿，肺小叶间浆液湿润，切面呈大理石纹理。病程长的肺肝变区内有坏死灶。胸膜常有纤维素性附着物，严重的胸膜与肺粘连，胸腔及心包积液。胸腔淋巴结肿胀，切面发红、多汁。支气管、器官内含有多量泡沫状黏液。病猪消瘦无力，卧地不起，多因窒息死亡。病程 5～8 天，不死的转为慢性。

慢性型：主要表现为慢性肺炎和慢性胃肠炎症状。有时有持续性咳嗽和呼吸困难，鼻流少量黏脓性分泌物。有时出现痂样湿疹，关节肿胀，食欲不振，常有泻痢现象。进行性营养不良，极度消瘦，如不及时治疗，多经过 2 周以上衰竭而死，病死率 60％～70％。尸体极度消瘦、贫血。肺肝变区扩大，并有黄色或灰色坏死灶。外面有结缔组织包囊，内含干酪样物质；有的形成空调与支气管相通。心包及胸腔积液，胸腔有纤维素性沉着，肋膜肥厚，常与病肺粘连。有时纵隔淋巴结、扁桃体、关节和皮下组织有坏死。

此外，Byrne（1960）自 4 例呈现中枢神经系统受损症状的小猪得到 *P. multocida*。病理变化主要呈全身性急性败血症变化和咽喉部急性炎性水肿。尸体剖检可见到咽喉部、下颌间、颈部及胸前皮下发生明显的凹陷性水肿，手指按压会出现压痕；有时舌体水肿肿大并伸出口腔。切开水肿部会流出微浑浊的淡黄色液体。上呼吸道黏膜呈急性卡他性炎；胃肠道呈急性卡他性或出血性炎；颌下、咽背与纵膈淋巴结呈急性浆液性出血性炎。全身浆膜与黏膜出血。肺炎型出败主要表现为纤维素性肺炎和浆液纤维素性胸膜炎。肺组织从暗红、炭红色到灰白色，切面呈大理石样病变。随着病情发展，在肝变区内可见到干燥、坚实、易碎的淡黄色坏死灶，个别坏死灶周围还可见到结缔组织形成的包囊。胸腔积聚大量有絮状纤维素的浆液。此外，还常伴有纤维素性心包炎和腹膜炎。

2. 进行性猪萎缩性鼻炎 萎缩性鼻炎是由多杀性巴氏杆菌和波氏杆菌（博氏杆菌）产生的各种皮肤坏死毒素引发的一种疾病。由产毒素多杀性巴氏杆菌产生的毒素在适宜条件下有毒害作用。随着多杀性巴氏杆菌定植，并产生大量毒素，引起幼龄猪鼻甲骨、鼻软骨和鼻骨变形。

引起猪萎缩性鼻炎的巴氏杆菌大部分属 D 型，少数属 A 型。

产毒素多杀性巴氏杆菌引起进行性萎缩性鼻炎。病猪初始发生打喷嚏，逐渐鼻腔流脓性鼻液，时以鼻端拱磨地面，有时鼻孔流血。眼结膜发炎，流泪，内眼角下形成半月形泪痕，呈褐色或黑色眼斑。经 2~3 个月后，多数病猪进一步发展引起鼻甲骨萎缩。当两侧的损伤大致相等时，鼻腔的长度和直径减少，可见鼻塌短，鼻端向上翘起，鼻背皮肤发生皱褶，下颌伸长，不能正常吻合；当一侧病变严重时，可造成鼻子歪向同侧。

剖检常见鼻甲骨卷曲变小而钝直，甚至消失。鼻中隔常变形。鼻腔黏膜充血、水肿、有脓性渗出物蓄积。

3. 仔猪多发性关节炎 作者在上海市农业科学院高产委员会猪场（1967）工作期间，观察到兰德瑞斯和大约克头胎母猪产下的 1~2 天的仔猪不会哺乳，体弱，体温升高，前肢关节肿胀，并很快死亡。而经产母猪、仔猪和头胎母猪不表现临床症状。采集心、肝及关节液培养和回小鼠试验与生化检查（化验室俞琪芬，韩志华）鉴定为巴氏杆菌。宫前干史（1995）报道，一起 V 因子依赖性多杀性巴氏杆菌引起哺乳仔猪多发性关节炎，一头母猪所产的 11 头仔猪中 4 头发生，跗关节、腕关节肿胀，步行困难，关节周围有黄白色脓样或纤维样附着物，关节腔和滑膜面有许多嗜中性白细胞和少量纤维素贮留。滑膜呈现显著的纤维性肥厚，为多发性化脓性关节炎，其他脏器无明显病变。检出 A：3 型菌和生长素 V 因子。多杀性巴氏杆菌引起的关节炎，已知在人的报道和所谓慢性鸡禽霍乱是同一病型，猪感染本病极少报道。

4. 新生仔猪的脐脓毒症 КурЯШо（1983）报道，前苏联某猪场 28.1％的仔猪由脓毒性脐炎引起死亡。其中 6 日龄以前的占 26％、7~10 日龄的小猪占 74％。其症状为：肉眼可见尸僵不全，皮肤和可视黏膜苍白、干燥。79.2％的小猪的肚脐周围和腹股沟皮肤呈紫红色，浅鼠蹊淋巴结肿大，切面呈樱桃红色或深咖啡色，血凝不全。皮下组织呈出血性水肿（肚脐部占 16.1％，股沟部占 15.3％，后肢部占 11.4％）。所有小猪的肚脐和脐部血管发炎，肚脐充血、水肿。有些小猪肚脐流脓。

所有小猪体内的其他器官也有变化，脾脏肿大的有 60.3％；肝脏肿大占 17.4％，5％的小猪表现黄疸，11.1％的小猪实质性萎缩，5％有纤维素性肝周炎，0.6％有化脓性肝炎；39.8％的小猪充血、水肿，44.3％有小叶性肺炎，14.4％有大叶性肺炎。大部分肺部炎症为卡他性和浆液性炎症；炎症局限于两个肺的前部和中间部分，3.6％有肺上脓灶，1.2％胸膜下有瘀血点。3.3％的小猪在躯干和四肢的皮下有脓灶，22.9％的病猪关节被损害（15.4％的为跗关节损害、15.3％的为腕关节损害、3.3％的为膝关节损害、2.4％的为肘关节损害、2.1％的为后趾关节损害、1.2％的为前趾关节损害），其中脓性关节炎占 15.3％，浆液性纤维素性关节炎为 7.6％。此外，有 32.3％的小猪发生腹膜炎；15.1％的发生胸膜炎，20.3％的发生心包炎。

从内脏、脐动脉、脐皮下组织、皮下脓肿及关节作细菌学检验，58 头猪中 48 头分离到巴氏杆菌。

此外，产气巴氏杆菌致猪疾病病例共 3 起，引起猪流产，从流产胎儿的多个器官中分离到产气巴氏杆菌。此外，产气巴氏杆菌引发动物流产的有兔、牛、马等。

诊断

根据流行特点、临床症状和病变可对本病作出初步诊断。确诊需要进一步作病原诊断。微生物学检查，可作涂片镜检、细菌培养和动物接种。

防治

人、猪发生本病后，可用磺胺类药物和抗生素（青霉素、链霉素、四环素）联合应用，但由于多杀性巴氏杆菌对不同的抗生素均表现有抗药性。因此，用药前要搞清抗菌药的抗菌谱。猪通常采用多种抗生素配合使用，给药途径是注射或添加在饲料和饮水中。多杀性巴氏杆菌的 K.O 抗原均具有良好的免疫原性，接种免疫动物或人及动物被多杀性巴氏杆菌感染后耐过，均能产生良好的免疫应答，主要为液体免疫抗体反应。同一荚膜型的不同菌体型的菌株，采用弱毒苗进行免疫，均可以保护，但采用灭活苗，则不能交叉保护。由于引起猪发生本病的菌株血清型较多。各种不同血清型之间不能交叉免疫，往往用灭活菌的免疫效果受到质疑。作者曾对鸡巴氏杆菌制作了灭活的发病鸡分离菌株苗和非发病鸡的菌苗，只是在菌数量和免疫佐剂上进行了改进，使疾病取得预防效果。对于本病加强管理预防本病显得尤为重要。

（1）平时加强饲养管理和卫生防疫措施，消除可能降低机体抵抗力的各种因素。

（2）新引进的家畜应隔离观察，确认无病后方可引入猪舍。

（3）认真贯彻兽医卫生消毒措施，减少细菌传播。本病流行时，一旦发现本病应立即隔离治疗，严格消毒，粪便可用生物热消毒。对健康家畜应仔细观察、检温，必要时用菌苗进行紧急预防接种或用药物预防本病发生。

我国已颁布的相关标准：

NY/T 563—2002 禽霍乱（禽巴氏杆菌病）诊断技术；

NY/T 564—2002 猪巴氏杆菌病诊断技术。

十一、弯曲菌病
（Campylo Bacteriosis）

本病是由弯曲菌属的细菌所致的多型性的人类与动物共患的传染病。本菌属有许多"种"及"亚种"均有致病性。最初因造成牛、羊流产和不育，引起兽医界重视。尔后发现可引起成人和婴儿急性胃肠炎、心内膜炎、反应性关节炎、格林-巴利综合征、肺炎、败血症和血栓静脉等疾病。临床上以发热、腹痛、腹泻、关节痛等为主要特征。个别患者表现菌血症、毒血症。

历史简介

1895 年英国发生多次流产兽疫流行，Mcfadyean 和 Stockman 在受命研究中，从流产的羊胎儿体内培养出弧菌，并对妊娠母羊复制获得该病成功，从而证明该菌是病原。1909年将引起牛、羊流产分离的病原体称为胎儿弧菌。Smith（1919）调查了美国牛流产的病因，证明这些病例中"螺菌"出现率很高，结合英国研究结果，建议将该病原菌命名为胎儿弧菌。Curtis（1913）在对他和其他人的阴道白带分泌物中的菌做了观察和描述并分离到此菌，Jones（1931）确认空肠弯曲菌为牛冬痢病原体，随后从猪、羊中分离到此菌。20世纪50年代King总结了半世纪的病例，发现分离到本菌的病例多数均有腹泻症状，推测病人粪便中有此菌，但从粪便中分离细菌未成功。Vinzent（1947）从败血症者血中检出此菌，并和Dumas和Picard发表了胎儿弧菌引起人流产的观察报告，其后巴斯德研究所证明是胎儿弧菌。Dekeyser和Butiler（1973）从急性肠炎患者粪便中分离到空肠弯曲菌，并确定其致病性，认为是人类急性腹泻，尤其是小儿腹泻的主要病原，成为本菌研究进展的里程碑，成为食源性疾病主要监测病原菌。此属菌还可引起多种动物的多种疾病，如牛羊流产、火鸡肝炎、蓝冠病、鸡坏死性肝炎，雏鸡、犊牛、仔猪腹泻，人类的反应性关节炎，Reter's综合征、格林-巴利综合征等，其与自身免疫有密切关系。Sebeld（1963）建议建立独立的弯杆菌属。Veron（1973）发现本菌与弧菌属不同，提出将本菌从弧菌属分出，如胎儿弧菌改为胎儿弯曲菌等，将该类菌组建弯曲菌属。Skirrow（1977）在特定条件下，顺利分离出弯曲菌，使本病的研究迅速发展，并提出"弯曲肠炎"这一名词。国际系统细菌学委员会（1980）将弯曲菌分为12个种和亚种。现以认可的至少有3个属16个种和亚种。

病原

弯曲菌是一组革兰氏染色阴性细菌，复染时沙黄不易着色，易用石炭酸复红。细菌外形纤细，长 $0.5 \sim 5 \mu m$，宽 $0.2 \sim 0.5 \mu m$，有一或多个弯曲，多弯曲时可长达 $8 \mu m$，呈S状，逗点状，弧状，螺旋体，类似海鸥展翅形。菌体一或两端有无鞘单鞭毛，长约为菌体的3倍，具有特征性螺旋状运动。不形成芽孢，衰老时呈球菌状，且作色不佳，但扫描电镜下为圆饼状，微需氧，暴露于空气后，很快形成球状，不生长。最适生长的微氧条件为 $5\%O_2$，$10\%CO_2$ 和 $85\%N_2$ 的混合气体环境，温度为 $42 \sim 43℃$，pH7.2（$7.0 \sim 9.0$）。初次分离培养时也可见球形细胞。

本菌对营养要求较高，在麦康凯培养基上基本不生长。常选用Butzler、skirrow和Compy-BAP培养基。在固体培养基上培养48h后，可形成两种类型的菌落；一种是低平，不规则，边缘不整齐，浅灰色，半透明的菌落；另一种为圆形，直径 $1 \sim 2mm$，隆起，中凹，光滑，闪光，边缘整齐，半透明而中心颜色较暗的，浅灰或黄褐色菌落。

对各种碳水化合物不发酵，不氧化，不产酸。产生氧化酶，不水解明胶，不分解尿素，也不产生色素。

本菌对外界因素的抵抗力不强，但对多种抗生素具有较强的抵抗力，可用于细菌的分离。

本属菌中DNAG+C含量为 $30 \sim 38mol\%$。

本菌的血清型分型方法较多，目前主要用依赖耐热的可溶性O抗原的间接血凝分型法（Penner分型系统）和依赖不耐热的H.K抗原的玻片凝集分型法（Lior分型系统）分别称HS和HL系统已鉴定出66个血清型（48个空肠弯曲菌和18个结肠弯曲菌的血清型）；HL系统已鉴定出108个血清型，包括8个型的海鸥弯曲菌在内。仅少数<5%菌株未能分型，

常见的血清型为 1、2、3、4 型。

目前空肠弯曲菌的含基因顺序已完成。

毒素：细菌定居于黏膜表面，空肠弯曲菌的鞭毛是主要的定居因子，细菌表面黏附因子的存在与鞭毛在侵袭中起协同作用。本菌黏附定居和入侵的部位通常在空肠、回肠，也可蔓延到结肠。

1. 毒素 自 1983 年 Rui - placios 等首次发现该菌产生肠毒素以来，人们先后发现了细胞紧张性肠毒素（Cytotonic Enterotoxin，CE），它可能是由 3 个亚单位组成的蛋白质，呈 AB 构型。它主要通过与细胞膜上的 Gml 神经节苷脂结合，引起胞内 cAMP 浓度升高而发生水样腹泻。用 CHO 细胞培养检测发现，从肠炎患者分得的菌株产生 CE 的比例高达 70%～100%。无腹泻症状的人源菌株约有 30%产生 CE。来自急性肠炎患者和健康产蛋鸡的菌株产生 CE 的百分率为 32%。临床症状与该菌血清型没有相关性。

2. 细胞毒素（Cyt） 该毒素有 65KD 和 68KD 两条区带，毒素可能是 68KD 的多肽。Pang 等用细胞培养和 51Cr 释放试验证明，该毒素可使细胞完整性遭到破坏而导致细胞变形，甚至死亡。虽然该毒素能单独引起腹泻，但不产生肠液的积聚，与血型腹泻的发生有关。

3. 细胞致死性膨胀毒素（CDT） Johnson 和 Lior 等 1988 年发现空肠弯曲菌产生 CDT，Pickett 等证明 CDT 是由 30.116KD、28.989KD 和 21.157KD 三条多肽构成的蛋白质，几乎所有空肠弯曲菌均可产生 CDT，但又效价不同。CDTP 使胞内 CAMP 浓度升高，但不及 CE 作用强。

4. 内毒素 在细胞壁内含有 LPS，具内毒素的毒性作用。此外，弯曲菌的 LPS 和鞘毛蛋白两者都是主要的黏附素，参与细菌对细胞的黏附作用。

D. M. lam 等发现了一种耐热毒素，也有人发现该菌在一定条件下导致溶血，但是否产生溶血素还有待研究。

Nuijten 等应用场反转凝胶电泳（FLGE），对空肠弯曲菌 81116 菌株的限制性内切酶片段进行电泳，以测定基因组的大小，并用 Southern 印迹法构建了基因组的物理图谱，还测定了核糖体和鞭毛蛋白的基因图谱的位置。研究结果表明，空弯菌的染色体位为环状，长度为 1.7mb，其大小仅为大肠杆菌基因组的 35%。该菌基因组小，故生长时需要复杂的培养基，且不能发酵糖类及复杂的物质。与其他肠道菌相比，从弯曲菌中已克隆的基因要少得多，本菌 G＋C 含量为 32%～35%。

Tayol 等应用脉冲电场凝胶电泳法对空弯菌和结肠弯曲菌的基因图谱进行了比较研究。用 Sal I. Sma I 限制性内切要点的酶切片段测定表明，两菌的基因组大小均为 1.7mb。两菌的基因组均为环状 DNA 分子。通过限制性内切酶的部分酶切，并与从低熔点琼脂糖凝胶中提取的 DNA 片段杂交，构建了基因组图谱。已证明，19%～53%空肠/大肠弯曲菌菌株有质粒存在。

本菌易被干燥、直接阳光及弱消毒剂杀灭。对热敏感：66℃ 20min 即被杀死，但耐寒冷，4℃在粪便、牛奶中可存活 3 周，在水中生存 4 周，粪经冷冻保存 3 个月仍检出此菌。

流行病学

弯曲菌感染呈世界性分布，广泛分布于温带、亚热带和热带。近年来，世界各地检出率均有迅速增长，发病率呈上升趋势，如尼日利亚腹泻儿童中弯曲菌感染率在 1984 年为 5.2％，1989 年为 11％，1994 年为 16.5％。已成为细菌性腹泻中最常见的致病菌。

弯曲菌作为共生菌大量存在于各种野生和家畜、家禽及人的肠道、口腔及生殖器官中。大多数动物可以终生带菌。感染动物通常无明显症状，但长期排菌，从而引起人类感染。从粪便中分离出该菌的哺乳动物有牛、羊、猫、猪、犬、家兔、猴、鹿、云豹、貂、水貂、熊、狐狸、麝鼠、豚鼠、田鼠等；禽类有鸡、火鸡、鸭、鹅、鸽、麻雀、锦鸡、乌鸦、鹤、孔雀等。还从蛋鸡咽喉、消化道、生殖系统、胆囊、绵羊流产胎盘和胎儿内容物；猪、犬、猫、牛、羊的肠内容物、猪肉、羊肉、鸡肉、生蛤凉拌菜、汉堡包等；屠宰后的猪、鸡内脏及调味品；河水、井水、自来水中检出此菌。据研究，家禽带菌率为 91％、猪为 88％（50％～90％）、牛为 43％、犬为 49％、猫为 58％；53％的河水样本可检出弯曲菌。可见本病的传染源是各种动物，尤其是与人密切接触的畜、禽。无症状带菌者和恢复期病人也可成为传染源。恢复期病人排菌时间为 8 天，有的可达数周，特别是儿童带菌者，其带菌率高，又不可能妥善处理粪便，可成为主要的传染源。

在自然界中，人是十余种弯曲菌的贮存宿主，在发展中国家主要是空肠弯曲菌和结肠弯曲菌，占 99％以上；猪的弯曲菌大部分是结肠弯曲菌、猪肠道弯曲菌和空肠弯曲菌。弯曲菌可由贮存宿主通过多种途径传给人和其他动物。主要由肉、奶及制品被污染引起人的食物中毒；粪-口传播，病原污染水通过水传播；人与动物、动物与动物、儿童之间或母婴之间的密切接触传播等。

本病全年均可发生，主要在春末及秋季多见，多发生在 20～29 岁以下青年人及儿童。在农村发病率高于城市。此病已成为一种旅游者多发病。

近年来，弯曲菌的耐药菌株增长迅速，而且多种药物耐药菌株出现。美国 1990 年无耐氟喹诺酮的空肠弯曲菌，1996 年发现首例耐氟喹诺酮病人，1997 年弯曲菌耐药率为 12％，1999 年为 18％。美国 1993 年为 7.4％，1997 年为 32％。泰国 1991 年为 0，1995 年为 84％，这与该药批准用于畜禽和用法有关。拉丁美洲报道人源空肠弯曲菌中耐四环素菌占 19.2％～40.8％，结肠弯曲菌中耐药菌株占 26.3％～30.6％。来源于鸡的耐四环素菌株占 14％～34.5％。此外，在不同地区还检出耐氨苄丙林、红霉素、氯霉素等耐药弯曲菌。

发病机制

到目前为止，国内外学者虽对该菌的生物学特征、流行病学、诊断及治疗等方面进行了大量的研究，但由于缺乏适当的动物模型而对该病的发病机制尚不完全清楚，目前认为在肠道致病上很大程度依赖宿主的易感性和菌株的毒力，而细菌的直接侵袭力是导致发病的主要原因。鸡胚细胞侵袭试验和雏鸡接种试验均证明该菌有侵袭力；同样感染患者的肠道血性腹泻及黏膜的病理变化等也提示具有侵袭黏膜上皮细胞的能力。

弯曲菌的致病性主要与以下几个因素有关：鞭毛运动、黏附、侵袭及细菌毒素。细菌从口到胃穿过胃酸屏障抵达有微氧和富含胆汁的小肠上段，在适宜于弯曲杆菌的环境中大量繁殖，并可进一步侵犯空肠、回肠和结肠，破坏肠黏膜，感染肠上皮细胞；亦可穿透肠黏膜经血液引起菌血症和其他脏器的感染。目前较明确的是，黏附蛋白 PEB1 和趋化蛋白是致肠道病变的主要因素。研究发现，PEB1 直接参与了细菌对 Hela 细胞的黏附和侵袭过程，PEB1

存在于细菌表面，由 PEB1 A 基因编码，在动物模型中，PEB1 的 A 点加强了该菌对肠上皮细胞的黏附和侵袭，并促进了定植，而灭活 PEB1 A 位点则能显著地削弱其黏附力。弯曲菌产生的细胞紧张性肠毒素、细胞毒素、细胞致死性膨胀毒素可能与腹泻及毒血症症状有关。其肠毒素类似于霍乱杆菌的肠毒素，为外毒素性质。另外，许多证据表明，趋化蛋白（Chemotactic Protein）在空肠弯曲菌的黏附和侵袭中也发挥作用。因此，PEB1 和趋化蛋白在空肠弯曲菌致肠道感染中起重要作用。

空肠弯曲菌引起人类肠炎可能与其侵袭力、内毒素及外毒素有关。国外 2 例志愿受试者，一例口服含菌量为 10^6 的牛奶后 3 天出现典型症状；另一例口服含 500 个含菌量的食品第 4 天发病。空肠弯曲菌从口进入消化道，空腹时胃酸对其有一定杀灭作用。已证明 pH≤3.6 的溶液可杀灭该菌，因此饱餐或进食碱性食物有利于空肠弯曲菌突破胃液屏障，进入肠腔的细菌在上部小肠腔内繁殖，并借其侵袭力侵入黏膜上皮细胞。细菌生长繁殖释放外毒素、细菌裂解出内毒素。外毒素类似霍乱肠毒素，能激活小肠黏膜上皮细胞内腺苷酸环化酶，进而使 cAMP 增加，肠腺功能分泌亢进，向肠腔内分泌大量的电解质，引起水稀便，继而有黏液、脓血或血便，这一作用可被霍乱抗毒素阻断。细菌破裂后释放大量内毒素可引起发热和全身中毒症状。病菌的生长繁殖及毒素可造成局部黏膜充血、渗出、水肿、溃疡、出血。在免疫低下的宿主，细菌可随血液扩散，造成菌血症，甚至败血症，进而引起脑、心、肺、尿路、关节等损害。

婴幼儿胃酸分泌不足，免疫功能低下，空肠弯曲菌易通过胃酸屏障达到小肠引起肠炎，甚至通过屏障功能较差的小肠黏膜，引起全身感染，临床上出现黏液性或脓血便，有恶臭味。

临床表现和病理变化表明弯曲菌有侵袭性和传染性：①有菌血症；②结肠黏膜有炎症细胞浸润；③病人的粪便检查有渗出性改变及新鲜红细胞；④动物实验发现空肠弯曲菌可侵袭鸡胚细胞，在感染空肠弯曲菌的雏鸡盲肠内可看到细菌；⑤空肠弯曲菌的有些菌株能分泌毒素，此种毒素与霍乱弧菌有不耐热肠毒素相似，引起人和动物水泻。细菌破裂后释放大量内毒素。可致机体发热。

空肠弯曲菌和其他革兰氏阴性菌一样，在细胞壁内含有 LPS，具有内毒素的毒性作用。此外，有报告指出，空肠弯曲菌的 LPS 和鞭毛蛋白两者都是重要的黏附素，参与细菌对细胞的黏附作用。一般认为空肠弯曲菌的 LPS 分子由以下 3 个部分组成：①脂质 A：锚定于外膜，为 LPS 分子的外毒素部分，具有一定的黏附作用；②核体：紧贴脂质 A，由内、外两层组成；③O 抗原：即寡脂糖（LOS），为多糖重复体。通常与外膜相连。

空肠弯曲菌的致病性表现多样，有无症状带菌者，轻型和重型腹泻（包括食物中毒引起的腹泻）以及肠道外感染致病。

临床表现

人

腹泻是弯曲菌的症状之一。食源性相关的空肠弯曲菌肠炎是空肠—结肠弯曲菌引起的急性肠道传染病，O 抗原有 45 个急性型，其中 11、12、80 型常见。King（1957）认识到该菌与人肠炎有关。Butzler（1972）证实弯曲菌引起人急性腹泻。

引起人弯曲菌的病原体有 12 种，其中致腹泻的 9 种：空肠弯曲菌有空肠亚种和多伊尔亚种。各种动物带菌率很高，尤其是猪、鸡，可达 80%～100%，人类腹泻的空肠弯曲菌，在腹泻病人的分离菌株中约占 65% 以上。人空肠弯曲菌典型症状是腹泻，痉挛，伴有 2～5 天的发热。健康人感染后，大多数患者呈水样和血样便，最多时每天腹泻 8～10 次，一些患者腹泻较少，而以腹痛为主要症状。病情一般可持续 1 周左右；但对于年幼或年老的人群，或患有其他疾病人群，病情会更加严重。结肠弯曲菌主要存在于猪和鸡的肠道，对猪和鸡有致病性。人发热，腹痛，腹泻，在腹泻病人的分离菌株中占 13%。胎儿弯曲菌，引起人菌血症、败血症和脑膜炎；乌普萨拉弯曲菌，引起人低热，腹痛，腹泻；海鸥弯曲菌，引起人腹痛、腹泻和阑尾炎；猪肠弯曲菌，Fenner 等（1986）从一名患有直肠炎的男性同性恋的直肠拭子及粪便中分离出此菌，该病人有恶心，脐围痛，腹泻等症状。引起人腹痛，呕吐，水泻或血泻；致猪增生性肠炎。苏纳尔螺杆菌，引起人慢性轻度腹泻，腹痛和直肠炎；不嗜热拱形菌，引起人腹泻；巴策勒拱形菌，引起人发热，腹痛，腹泻，恶心等；唾液弯曲菌，引起人肺脓疡，肛门脓疡，腹股沟及腋窝脓肿。

人肠道外感染常见发热，咽痛，干咳，荨麻疹，颈淋巴结肿大或肝、脾肿大，黄疸及神经症状；孕妇感染常为上呼吸道症状，肺炎及败血症，可引起早产、死胎或新生儿败血症及新生儿脑膜炎。弯曲菌感染的局部并发症是由该菌在胃肠道的直接播散所致，包括胆囊炎、胰腺炎和胃肠道大出血。还有脑炎、心内膜炎、关节炎、骨髓炎等，但十分少见。

格林巴利综合征（GBS）是弯曲菌感染后最严重的并发症，主要引起运动神经功能障碍，甚至导致呼吸肌麻痹死亡。Rhodes 等（1982）报道 GBS 病人发热，头痛，持续淡黄色或水样便，有黏液、血便、黑便等，孕妇流产、早产。30%～40% GBS 患者发病前曾感染过空肠弯曲菌。我国神经内科学院士李春岩教授首次发现、报道和命名 GBS 的新亚型"急性运动性轴索型神经病（AMAN）"，并利用空肠弯曲菌成功复制成 GBS 动物模型，证实了空肠弯曲菌是 GBS 的病因之一。GBS 发病率，瑞典为 3.04 万，是一般人群的 100 倍；美国为 0.1%。最易并发 GBS 的空肠弯曲菌集中在 Penner 血清型 O：19，但南非为 Penner 血清型 O：41。

人和动物病后可获得一定免疫力，血液中抗体效价增高，但持续时间较短。

病变部位主要是空肠、回肠和结肠，肠黏膜呈弥漫性充血、水肿、出血，少数溃疡和小肠绒毛萎缩，肠黏膜病理学检查为非特异性结肠炎，固有层中性白细胞、单核细胞和嗜酸粒细胞浸润；肠腺退变、萎缩、黏液丧失；腺窝脓肿；黏液上皮细胞溃疡，类似溃疡性结肠炎和克隆病的改变；肠系膜淋巴结肿大，并伴有炎症反应，也有部分病例黏膜病变类似沙门氏菌和志贺菌感染。

猪

Lauson 等（1977）观察到弯曲菌与一群猪肠道疾病有关。对猪有感染性的弯曲菌有空肠弯曲菌、结肠弯曲菌、猪肠弯曲菌和唾液弯曲菌。猪是弯曲菌主要贮存宿主，但感染通常无明显症状，竹重都子等（1981）在对来自 7 个饲养场的 212 头猪回盲部内容物分离弯曲菌，检出率在 40%～100%，平均阳性率达 61.9%（144 头），这些分离菌的生物学性状与病人的分离菌株相同。肠壁在剖检上并未见到炎症，病理组织学检查未看到肠黏膜变性、坏死和细胞浸润等炎症现象。侯佩兴等（2009）对上海五大屠宰场的猪肝，盲肠空肠弯曲菌分离率为 5.5%～15.6% 和 21%～45.2%；与国内猪空肠弯曲菌 58.8%、61.5%、26.47% 和 59.5% 检出率相似，表明猪及鸡的带菌率远远高于人和绵羊、牦牛等动物，表明猪是该菌的主要宿主。猪是生物 3 型的储存宿主。

腹泻可能是猪弯曲菌的主要症状之一。腹泻猪的弯曲菌检出率大大高于健康猪，特别是仔猪。据一些农场调查，30～50 日龄腹泻仔猪弯曲菌检出率高达 88%；Gebbart 等首先从患者增生性回肠炎和其他肠道感染猪中分离到猪肠弯曲菌，致仔猪腹泻。

Ang（2000）报道，空肠弯曲菌可致仔猪腹泻。有 60 个血清型，以 O：11、O：12 和 O：18 血清型常见。人的 O：3 血清型也可引起猪腹泻。

猪增生性肠病：1983 年从猪增生性肠炎病料中分离到唾液弯曲菌，1985 年设立新种。由唾液弯曲菌引起的以小肠、大肠的黏膜增厚为特征的猪肠腺瘤病、坏死性肠炎、局部性回肠炎和增生性出血性肠病。最常发生于 6～20 周龄断奶后肥育猪。初期猪肠腺瘤病的症状较轻，有的可明显迟钝，不一定有腹泻。在断奶后的肥育猪，常由于厌食和不规则腹泻而生长不良，一般在发病 4～6 周后康复。如由于肠黏膜的发炎或坏死而发展为局部性回肠炎或坏死性肠炎，出现持久性腹泻和消瘦，不常死亡。但可由肠穿孔而引起腹膜炎。增生出血性肠病主要发生于年轻成年猪，呈急性出血性贫血，病程一长，粪便变黑。有些死亡病猪仅外表苍白，粪便正常。

剖检：猪肠腺瘤病小肠后部、结肠前部和盲肠的肠壁肥厚，直径增加，浆膜下和肠系膜常水肿。黏膜表面湿润，无黏液，有时附着有点状渗出物，黏膜肥厚。浆膜面呈明显网状，与坏死性肠炎的病变相同，但有凝固性坏死和炎性渗出物。局部性回肠炎的回肠肌肉呈显著肥大。增生出血性肠病的病变同猪肠腺瘤病，但很少累及大肠。小肠有凝血块，结肠内混有血液的黑色粪便。

诊断

主要依靠临诊症状和死后剖检。新宰杀无并发症的猪肠腺瘤病病猪，可在黏膜内检出病原菌。

本病的诊断主要根据临床表现及粪便常规检查。但由于与其他急性感染性腹泻无特征性区别，因此最后确诊有赖于细菌检查、培养和血清学检查。

基于有与感染动物及病人接触史或进食可疑污染的食物或水等，临床急性起病，发热，腹痛，腹泻，黏液血便等；镜下可见红细胞、白细胞疑诊本病。进一步诊断可将患者粪便标本直接置暗视野显微镜下观察，可见弯曲的菌并有螺旋状运动；恢复期血清滴度比急性期增高 4 倍以上可确诊。

防治

引起腹泻的弯曲菌种类较多，为开发疫苗造成困难。目前尚无菌苗用于预防。

弯曲菌肠炎应按消化道传染病隔离；一般治疗、对症治疗和防治腹水及电解质紊乱等与其他感染性肠炎相同。虽然可选用抗菌药物较多，但各地区的抗药性问题，故在用药同时，要做药敏试验后，作进一步治疗。

对弯曲菌感染者应予以消化道隔离。对患者排泄物应进行消毒。对此类动物可给于预防性控制，切断传播途径是预防工作的首要任务。应加强食品的加工方面卫生安全，从食物链源头抓起，对动物进行科学管理，改善饲养管理条件，确保饲养和饮水的清洁卫生，定期预防接种和消毒驱虫及良好科学的人与动物生活习惯。

十二、弓形菌感染

（Arcobacter Infection）

弓形菌感染是由弓形菌属的细菌引起的人与动物疾病的共患病。主要临床特征是人与动物腹泻、菌血症和炎症。猪可造成流产、不育等。

历史简介

Ellis 等（1977）于英国贝尔法斯特区（Belfast）从流产胎儿中分离到弓形菌，并建立了弓形菌分离方法，以 Johnson 和 Murano（1999）建立的肉汤增菌方法最好。Vandamme 和 Deley（1991）根据该菌是一种耐氧的类弯曲菌的革兰氏阴性的螺旋杆菌，它能够生活在需氧或微需氧的环境中，并能在 15℃条件下生长，有另于弯曲菌的特征。提议从耐氧弯曲菌属中分出建立弓形菌属。

国际食品微生物标准委员会（ICMSF）2002 年将弓形菌归为对人类健康有危害微生物。北欧食品分析委员会（NMR_2）专家 2007 年也针对弓形菌做了专门技术报告。

病原

弓形菌在分类上归属于弯曲菌种，弓形菌属（*Areobacter*）。目前弓形菌属有 11 个种，常见的有嗜低温弓形菌（*A. cryaerophilus*）、布氏弓形菌（*A. butzleri*）、硝化弓形菌（*A. nitrofigilis*）、斯氏弓形菌（*A. skirrowii*）、嗜盐弓形菌（*A. halophilus*）和 *A. cibarius* 6 个种，其中嗜低温弓形菌又分为 1A 和 1B 群两个亚群。

布氏弓形菌、嗜低温弓形菌和斯氏弓形菌经常感染动物致其繁殖障碍、乳腺炎和胃溃疡等，偶尔感染人，致人腹泻、菌血症等。它们的模式株分别是 ATCC49616、ATCC49942、ATCC43158、ATCC49615 和 ATCC51132、ATCC51400。*Areobacter Cibarius* 是由 Kurt Houf 等人于 2005 年从屠宰后待加工鸡体内分离到的新种，标准株为 $LMG21996^T$。嗜盐弓形菌是由 Stuart P. Donachie 等人于 2005 年在夏威夷岛西北部的 Laysan Atoll 环岛上的高盐咸水湖中分离到的一种嗜盐弓形菌新种，其显著特点是专嗜盐性，它在胰酪胨大豆酵母浸膏琼脂（TSA）上能耐受 0.5%～20%（w/v）氯化钠，标准株为 $LA31B^T$。硝化弓形菌是一种生长于沼泽地区的光草属植物互米花草（*Spartina alterniflora*）根部的固氮菌。

弓形菌为革兰氏染色阴性、不产生芽孢杆菌，大小为 0.2～0.9μm×1.0～3.0μm，菌体微弯或弯曲，呈弧形，S 形成螺旋形。菌体一端或两端有无鞘的单根鞭毛，呈波浪形，运动活跃，无荚膜。

弓形菌耐氧的微需氧菌，生长的最适气体环境为 5%～10%的二氧化碳和 3%～10%的氧气，正常大气氧浓度条件和厌氧条件下也可生长。最适温度为 25～30℃，在大气环境中的生长温度为 30℃，而在厌氧环境中的生长温度为 35～37℃，但不需要氢气促进其生长。嗜低温弓形菌和硝化弓形菌在 42℃不生长，布氏弓形菌和斯弓形菌在 42℃的生长情况不定。弓形菌属于菌属，细菌形态相似，亲缘关系近，但生长特征性有一定差异，弓形菌最高生长温度为 40℃，最低生长温度为 15℃，最佳生长温度 25～30℃，较弯曲菌最佳生长温度（30～42℃）更低，弯曲菌 15～30℃不能生长，因而可用于鉴别两个属。氧气耐受性和其他生化特性也可用于鉴别两个属。

弓形菌对营养要求较高。培养基中需要蛋白胨、酵母提取物等营养成分，在含人或动物（马、羊）全血或血清的培养基上生长良好。嗜低温弓形菌在含 3.5％氯化钠或 1‰甘氨酸的培养基上均不生长，但嗜低温弓形菌 1B 和布氏弓形菌可在麦康凯培养基上生长。粪便标本接种选择性培养基（Campy - CVA）。或用滤过法去除杂菌后接种非选择培养基，在微氧环境中培养可分离到此菌。在血琼脂平板上于 30～35℃微需氧环境中培养 48h，可形成 1～2mm、微凸、半透明、湿润、边缘整齐或不整齐、不溶血的菌落。根据 42℃能否生长及在 3.5％氯化钠、1‰甘氨酸中不生长的特性可鉴别其种。

弓形菌生化反应不活跃，不能利用糖类，TSI 上硫化氢阴性，不水解马尿酸盐，脲酶试验阴性，但绝大多数细菌还原硝化盐，不还原亚硝酸盐，氧化酶和触酶试验阳性，除嗜低温弓形菌 1A 群外，均对萘啶酸敏感。除硝化弓形菌外，醋酸吲哚酚水解阳性。

弓形菌在自然界中抵抗力不强，在干燥、日光直射及弱消毒剂等物理因素作用下就能将其杀灭。对环丙沙星、萘啶酸、庆大霉素、四环素、氨苄青霉素和红霉素等敏感。乳酸链球菌肽单独使用不明显抑制弓形菌，但与有机酯共用其抑制作用明显增强，加热至 55℃及以上时能迅速将其灭活。该菌在水和粪便中存活较久，能耐受胃肠道中的酸碱环境，在 pH＜5 或＞9 时能抑制其生长，在 0.3～1.0kGy 的 γ 射线能使猪肉中的弓形菌含量减少 3.71mg，甚至将其完全杀灭；0.46mg/L 氯水中 1min 内能将其灭活。但在未经氯水处理的饮用水中存活 35 天仍能保持细胞膜有完整性。

流行病学

弓形菌的细菌广泛散布在多种动物体内和自然界环境中，家禽、家畜和宠物对弓形菌感染均有不同程度的易感性，鸡、猪、牛、羊和马易感性最高，犬、猫也可感染。而且弓形菌也经常在牡蛎中检出。人也普遍易感。不同年龄阶段的人均可感染，但以老年人和儿童多见。且在发展中国家更为常见，这与其卫生条件有关。有研究表明女性感染率比男性稍高。

弓形菌感染的主要传染源是动物，其中以家禽和家畜带菌最多。例如，猪肠道和粪便、家禽肉和胴体、牛和羔羊肉，以及饮用水和河水等。剖腹产且未吃初乳仔猪的感染试验表明，布氏弓形菌、嗜低温弓形菌和斯氏弓形菌能寄居于仔猪，但未见肉眼可见的病理变化。与人类疾病有关的嗜低温弓形菌和布氏弓形菌主要存在于牛、猪等家畜的肠道和生殖道中，可随动物粪便排出体外，污染水源等外界环境。当人与这些动物密切接触或食用被污染的食品及污染水等时，病原体就进入人体，从而引起弓形菌感染。其他弓形菌主要在动物之间散播并引起动物弓形菌感染。动物多是无症状的带菌者，且带菌率很高，因而是重要的传染源和贮存宿主。

弓形菌感染病人也可作为传染源，可从人类感染的各种临床标本中，尤其是腹泻患者的粪便中分离出病原分析体，尤其是儿童患者往往因粪便处理不当，污染环境机会多，传染性就大。发展中国家由于卫生条件差，重复感染机会多，可形成免疫带菌。无症状的带菌者不断排菌，所以也是传染源。

弓形菌感染主要经口食入被污染的动物性食品（鸡肉、猪肉、牛肉和羊肉）和水源传播。在这些肉类食品中均可分离到弓形菌，尤其是鸡胴体。家禽肉类食品污染率最高，其次是猪肉和牛肉食品。在日本，从肉类零售店的取样调查中，23％的鸡肉、7％的猪肉和

2.2％的牛肉被布氏弓形菌、嗜低温弓形菌或斯氏弓形菌污染；在澳大利亚肉食品调查中，73％的鸡肉、29％猪肉和22％的牛肉中检出了弓形菌，15％的羊肉被布氏弓形菌感染。在肉类食品中，布氏弓形菌分离到的最多，其次是嗜低温弓形菌，斯氏弓形菌常检测不到或含量较低。目前，肉类食品中弓形菌污染的来源及污染扩散的途径仍不清楚。

饮用被病畜粪便污染的水源也是重要的传播途径。弓形菌（主要是布氏弓形菌）已从饮用水库、河水、地下水和污水中分离到。没有证据表明通过水的加工处理能够清除弓形菌，但是可以将之减少到一个和其他菌相似的程度。在德国一饮水加工厂调查研究中，分离出141株弓形菌（其中100株是布氏弓形菌），而仅分离出6株空肠弯曲菌和结肠弯曲菌。弓形菌能够轻易黏附在不锈钢、铜质或塑料的输送饮用水的水管壁上，而且可能在水管分布系统中再增殖。这都说明饮用水及河流在弓形菌的传播中扮演重要角色。在城市污水和城市污水化学生物絮凝池、活性污泥中的优势菌群且有效致病性。

经常接触动物或屠宰动物，以及与家禽、宠物（如犬、猫）有密切接触史的人常由于接触被感染或患病，尤其对于儿童。在意大利某小学10个儿童同时弓形菌感染的爆发事件中发现，弓形菌感染具有人与人之间接触传染的可能性。

弓形菌还有其他传播途径，人类弓形菌感染存在垂直传播的可能性。已有报道，从母猪到仔猪的子宫内感染途径和从猪或环境到仔猪的产后感染途径。种鸡的肠道和输卵管能够感染嗜低温弓形菌、布氏弓形菌和斯氏弓形菌，但目前尚无证据证明弓形菌从母鸡到卵的垂直传播。弓形菌引起的性病传播主要是在1999年从公牛包皮液分离出布氏弓形菌和嗜低温弓形菌；1992年从公猪和育肥猪包皮液分离出斯氏弓形菌及从牛、猪、羊流产胎儿中分离到弓形菌等后得以证实。嗜低温弓形菌也从患乳腺炎奶牛的牛奶中分离到。

弓形菌感染一年四季均可发病，一般夏秋季多发。平时多散发，以与腹泻病人、腹泻动物、带菌动物有接触史的人（群）为多，也可由被污染的食品和水源等而造成爆发流行。自然因素，如光照、气候、雨量、社会因素，如地区卫生条件差异、去不发达地区旅游等都可影响本病的发生和流行。

临床表现

人

布氏弓形菌与嗜低温弓形菌1B亚型与人类疾病有关。

1. 弓形菌引起的腹泻 布氏弓形菌感染较为普遍，一份持续8年的研究表明，从67 599份临床腹泻病人粪便样品中分离到的较常见的类弯曲菌中布氏弓形菌排第4位，并越来越多的证据表明弓形菌是人类疾病的潜在病原。布氏弓形菌感染病人会有水样腹泻，伴随腹痛、恶心、呕吐或发热等症状。在比利时和法国布氏弓形菌是从病人粪便中分离到空肠弯曲菌、结构弯曲菌和普萨弯曲菌之后的第4种常见弯曲菌微生物。20％的布氏弓形菌感染病人同时感染另一种肠道病原微生物。布氏弓形菌在腹泻粪便中比在非腹泻粪便中更常见，嗜低温弓形菌也能检出。2004年报道第一例斯氏弓形菌感染人的病例，从一个患有慢性腹泻的老年人粪便中分离到斯氏弓形菌。斯氏弓形菌对人类的致病性还不清楚，虽然人类斯氏弓形菌感染是较少的。弓形菌所致人类胃肠疾病在多个国家均有报道。意大利一所小学10个弓形菌儿童再次复发时，没有腹泻只是腹部绞痛，分离到的唯一潜在肠道病原体是布氏弓形菌。从泰国腹泻儿童中也分离到布氏弓形菌。在一个患有周期性腹泻和腹痛的澳大利亚成年人粪便中分离到嗜低温弓形菌。

弓形菌感染病人可以无症状。最常见的症状是急剧的水样腹泻，持续 3～15 天，有时会持续或周期性发作 2 周以上，甚至能达 2 个月之久。经常伴随腹部疼痛、恶心和呕吐。一些病人也会有身体虚弱、发热、寒战、呕吐等症状。弓形菌也可与其他肠道病原体共感染，或感染其他条件下的病人如糖尿病等。弓形菌感染在南非、澳大利亚土著人及泰国等发展中国家的儿童中经常发生。有些菌种在营养不良的患有痢疾和腹泻的免疫缺陷（尤其是获得性免疫缺陷综合征）儿童血液中已经分离出。

Vandenberg 等人的研究表明，患布氏弓形菌腹泻的病人年龄从 30～90 岁不等。弓形菌感染病人中 16％有免疫抑制或患有慢性疾病。布氏弓形菌所致的腹泻更持久，粪便稀薄且无其他症状，但没有空肠弯曲菌所致腹泻严重。

2. 菌血症及炎症　患有弓形菌菌血症的病人主要是老年人和儿童，且多患有慢性疾病。嗜低温弓形菌 1B 群可引起人的菌血症和胃肠炎，可从菌血症患者的血液和腹泻患者的粪便样本中分离出来；布氏弓形菌可引起人的菌血症、心内膜炎、腹膜炎或腹泻，并从相应的临床标本中分离到人类弓形菌感染的主要病原体，尤其是血清 1 型和 5 型。3 例菌血症患者都是老年人，而且其中的两例患有慢性疾病。这 3 例中病原菌的传播，1 例是通过感染的动静脉血管，另一例是通过口腔服入，第三例未知。经胎盘的垂直传播途径可能发生，因为有一例母亲在分娩前虽然没有弓形菌感染症状，只是有因前置胎盘所致的复发性出血，但新生儿却有布氏弓形菌感染所致的菌血症。更严重的一例是，一个儿童掉进泥塘后发生了急性呼吸窘迫、弥散性血管凝血、急性肾衰竭，然后死亡。从其血液和病变组织中分离出嗜低温弓形菌。

斯氏弓形菌还从一位心脏瓣膜修补的 73 岁老人的粪便样本中分离到。

猪

1. 猪是弓形菌的贮存宿主　弓形菌主要的贮存宿主是牛、羊、猪和马。布氏弓形菌、嗜低温弓形菌和斯氏弓形菌可存在于牛和猪等肠道和生殖道，可随动物粪便排出体外，猪弓形菌感染后没有明显的病理特征。剖腹产且未见肉眼可见的病理变化。

2. 致猪不育、流产等繁殖障碍　公猪和育肥猪包皮液中分离到斯氏弓形菌。而对母猪主要造成不育，发情期有慢性阴道排出物，慢性死产，从妊娠 90～108 天的后期流产。布氏弓形菌、嗜低温弓形菌和斯氏弓形菌已经从猪、牛、羊的胎儿和流产胎儿中分离到。丹麦能在50％的流产猪胎儿中分离到嗜低温弓形菌和斯氏弓形菌。弓形菌在临床健康的母猪和活的新生仔猪中能检测到，而且在同一流产胎儿和一窝中不同流产胎儿中检测到不同弓形菌。这一结果显示某些弓形菌株在猪的流产和繁殖障碍中起着基本作用，而其他则是条件性致病菌。这是否反映毒力不同尚不清楚。弓形菌在养殖场造成动物的慢性繁殖障碍的原因、机理尚不清楚。

3. 致动物肠炎和腹泻炎症　弓形菌可从动物的肠道、胎盘、胎儿、口腔（患牙周炎）及患有乳房炎病牛的原奶和鸡的粪便中分离到；可从患有腹泻的猪、牛、骆驼和陆龟的粪便中分离到布氏弓形菌，从患有腹泻和出血性肠炎的羊和牛的粪便中分离到斯氏弓形菌。还有一些报道指出，布氏弓形菌也能引起非人类灵长类腹泻。

诊断

弓形菌是条件性致病菌，而且致病菌种多个，因此在临床表现会多样性。它与弯曲杆菌的临床表现有相似之处。弓形菌引起人类的感染主要表现为肠道感染，即胃肠炎，临床上表现以腹泻为主。此外，还可引起肠外感染，如菌血症、心内膜炎和腹膜炎等感染并表现出相应的临床症状。动物感染弓形菌，临床上也以胃肠炎、腹泻症状为主。猪弓形菌感染还有不育、流产、死产等繁殖障碍。乳牛还会引发乳腺炎等。但都没有特异性临床表现。因此，确诊仍需实验室诊断。

实验室诊断：

①血液检查　外周血中白细胞总数和中性粒细胞数增多。

②形态学检查　取腹泻病人和动物粪便样本或感染部位或流产胎儿临床样本直接涂片、革兰氏染色、镜检，观察到革兰氏阴性弯曲菌可以初步诊断。粪便等样本用湿片法或悬滴法在暗视野显微镜下观察，以现波浪形运动的细菌，应考虑弓形菌感染。在电镜下或经鞭毛染色法于光镜下检查见菌体一端或两端有无鞘的单根鞭毛，也可辅助诊断。特异性荧光抗体染色后镜检，敏感性更高。

③分离培养　将粪便等样本用选择性培养基 Campy - CVA 或用滤过法除去杂菌后在含血的非选择性培养基上分离培养。血液、脑脊液等样本应先接种于布氏肉汤液体培养基上增菌后，再转种含血的布氏琼脂培养基或其他高营养的培养基。接种的培养基于 30～35℃微氧环境中孵育 48h，挑取可疑菌落做形态学和生化学等进一步鉴定。

④生化检测　弓形菌脲酶试验、硫化氢试验和马尿酸盐水解试验均为阴性；接触酶试验除布氏弓形菌弱阳性外，其他均为阳性；硝酸盐还原试验除嗜低温弓形菌 11%～89% 菌株阳性外，其他弓形菌菌株均为阳性；亚硝酸盐还原试验除嗜低温弓形菌 1B 群和斯氏弓形菌无相关资料外，其他均阴性；醋酸吲哚酚水解试验除硝化弓形菌外，其他均阳性。

⑤分子生物学检查　病变组织或部位的标本可经 PCR 法检测出弓形菌 DNA。

防治

弓形菌是可致人和动物腹泻等症状的一种条件性致病菌，但我们对弓形菌在全球范围内对人和动物健康所起的作用知之较少，可能弓形菌属细菌广泛散布在多种动物体内和自然界，在市场和屠宰场的鸡肉中，布氏弓形菌和嗜低温弓形菌大量存在。在比利时一项大规模调查中，几乎所有受检的屠宰场畜体都检出弓形菌，而且在取出内脏每克鸡颈部皮肤中就有成千上万弓形菌。在动物性食品如牛肉、羊肉和禽肉中已经检测到弓形菌，而很少从肠内容物中发现，这说明动物性食品在加工处理过程中的污染是比较重要的。从流行病学上来看，虽然弓形菌仍属散发，但已构成对人畜健康威胁，临床上弓形菌感染对免疫抑制病人更危险。

由于受污染的动物性食品对人和动物的弓形菌感染起着重要作用，因此人类食物链的预防控制至关重要。首先是动物屠宰线卫生控制，保证肉类屠宰卫生，避免各种污染源对屠宰的污染。在日常生产加工中，应依据 HACCP 原则，建立"过程控制"和定期微生物监测，加强对动物性食品加工过程中重点环节的监督管理。

切断传播途径非常重要，水可以作为弓形菌重要的传播媒介，在由弓形菌感染所致的腹泻中被污染的饮用水是重要的危险因子，不饮用不洁水源。另外，要及时、有效防治病人、病畜，做好粪便无害化处理，防止病菌污染水源。

目前抗生素敏感性试验表明，弓形菌对氨基糖苷类抗生素敏感，包括卡那霉素和链霉素。氨基糖苷类抗生素和四环素类药物适合治疗弓形菌感染。布氏弓形菌对环丙沙星、萘啶酸、庆大霉素和四环素最敏感，其次是氨苄青霉素和红霉素。几乎所有的嗜低温弓形菌都对红霉素敏感。虽然某些菌株对抗生素有抵抗力，但多数情况下仍采用抗生素治疗，例如用阿莫西林和克拉维素、红霉素和环丙沙星等。

对腹泻病人和动物在用抗生素治疗的基础上，仍需对症治疗，如输液、调正电解质等。

十三、螺杆菌病
（Helicobater Interction）

螺杆菌病（Helicobater Interction）是由幽门螺杆菌等螺杆菌引起的人和动物的消化道疾病。主要特征是被侵袭宿主胃慢性胃炎和消化道溃疡，并与癌变有关。

历史简介

早在一个世纪前就有人发现胃内存在一种螺旋状微生物，但长期未能分离到纯培养物。Warren 和 Marshall（1982）从 135 例澳大利亚慢性胃炎患者的胃黏膜样本中分离到一种"未鉴定的弯曲状杆菌"，Marshal 用弯曲菌培养技术，从胃窦活检标本中培养出这种细菌，初步鉴定与各种细菌均不相同，暂定为幽门弯曲菌（Campylobacter Phyloridis，CP），其与人类慢性胃炎及消化道溃疡密切相关，Marshal（1985）又在自己身上做了 CP 的实验感染，首先达到 Koch 定律的要求，并提出了 CP 胃炎的假说，分析了 CP 与胃肠疾病关系；该两位学者认为此菌为病原菌，此发现得到 NcNurry 的证实，1983 年 9 月在布鲁塞尔召开了第二届国际弯曲菌专题讨论会，将此菌归属于弯曲菌属。后发现鼬鼠弯曲菌、人肠道螺旋状菌等。根据电镜下形态、细胞壁脂肪酸成分分析和 16SrRNA 序列分析，发现其生化特征和表型与弯曲菌有明显不同，1989 年正式命名为幽门螺杆菌，将其从弯曲菌属中分出，列入新建立的螺杆菌属。Goddwon 等（1989）描述了该属 14 个种，1996 年该属正式命名的种为17 个。到目前为止，已从人和动物体内分离并正式命名螺杆菌有 20 余种，分为肠螺杆菌属和胃螺杆菌属。世界卫生组织国际癌症研究中心（LARC）（1994）正式将幽门螺杆菌（HP）列为 I 类致癌原。

病原

幽门螺杆菌（Helicobacter Pylori，HP）隶属螺杆菌属。本菌为革兰氏染色阴性，菌体细长弯曲呈螺旋形、S 形或海鸥形状，常聚集成簇或成堆。菌一端或两端有 2~6 根鞭毛，运动活泼，无芽孢，HP 在不利条件下发生圆体样变化，这可能是 HP 的 L 型，为严格微需氧环境，最适气体环境为含 O_2（5%~7%）和 CO_2（5%~10%）及 N_2（8.5%）的混合气体，在有氧或厌氧条件下不能生长，生长时还需要一定的湿度（相对湿度为98%）。营养要求高，在普通培养基上不生长，须加入血清、血液、活性炭等物质，能促其生长。常用的培养基有巧克力色血琼脂、Typ 血琼脂、Skirrow 琼脂、M-H 琼脂等。在 30℃和 42℃均生长不良，最适生长温度为 35℃，最适 pH5.5~8.5。本菌生长缓慢，培养需 3~4 天，少数需 7天，可形成针尖状、无色或灰白色、圆形、光滑、透明或半透明、边缘整齐、凸起的菌落，有轻度 β 溶血。

本菌生化特性与弯曲菌属相似，但脲酶迅速呈强阳性与硝酸盐还原阳性，两项结果相反。HP 产生大量尿素酶能迅速分解尿素，氧化酶和过氧化氢酶阳性。该菌所具有的高度脲酶活性是其显著特征，可作为鉴定的主要依据和快速诊断的方法。

研究表明，HP 的致病性与它产生的毒素、有毒性作用的酶破坏胃黏膜和促使机体产生炎症和免疫反应等因素有关。HP 的致病力有尿素酶，尿素酶有 A 和 B 两个亚单位组成。6 个 A 和 B 亚单位共同组成尿素酶全酶，对 HP 的定植和生存起着重要作用；空泡细胞毒素（VacA）、细胞毒素相关蛋白 A（CagA）、黏附因素、趋化因子、脂多糖、过氧化氢酶、磷脂酶、热休克蛋白、鞭毛等。根据是否表达 VacA 和 CagA，有人提出将 HP 划为 I 型（VacA＋、CagA＋）和 II 型（VacA－、CagA－），并证明 I 型与较严重的胃、十二指肠疾病相关。已完成了两株 HP 全基因组序列测定：HP 全基因组大小约 1.67×10^6 bp、开放阅读框（ORE）约为 1 500 个。用蒙古沙土鼠模型，在 HP 定植 62 周后可形成胃腺癌。

鉴于 HP 的基因型和表现型存在一定程度的差异，根据其分泌毒素的情况不同，按是否存在编码一种特异性分泌器官的毒力岛（Pathogenicity Island，Pai）基因，可以将 HP 分为产毒菌 Tox＋和非产毒菌 Tox－。根据 HP 菌株有无 CagA 蛋白表达将其分为两型：I 型：高毒力株，含 CagA 基因，表达 CagA 蛋白和 VacA 蛋白；II 型：低毒力株，不含 CagA 基因，不表达 CagA 蛋白和 VacA 蛋白，无空泡毒素活跃。此外，有些 HP 表现为中间类型：A：含 CagA 基因，表达 CagA 蛋白，不表达 VacA 蛋白；B：含 CagA 基因，不表达 CagA 蛋白，但表达 VacA 蛋白；C：含 cagA 基因，不表达 CagA 蛋白和 VacA 蛋白；D：不含 CagA 基因，但表达 VacA 蛋白。

流行病学

HP 是世界感染率最高的细菌之一，全球分布 HP 的人群感染非常普遍，是 B 型胃炎及消化性溃疡的主要致病因素，感染率大多在 50% 左右，感染的动物模型有灵长类动物、猪、雪貂、猫、小鼠、豚鼠、蒙古沙鼠等，影响 HP 流行模式的因素包括感染、自愈和再感染问题。对正常人群的大量血清流行病学调查显示，HP 感染率随年龄上升的模式有两大类：第一类是儿童期易感型，尤其在发展中国家，10 岁前的儿童感染率超过 60%，我国的一项 3 519 例调查分析显示 HP 感染率为 61%；第二类是感染均衡型，感染率随年龄增加的速度在儿童和成人基本一致，见于发达国家，成年人的感染率为 43%。另外，在胃炎、胃溃疡及十二指肠溃疡病人的胃内，本菌的检出率可高达 80%～100%。HP 的传染源是病人和带菌者，其他动物如猪、猫、羊和猴等都可能是传染源。Valra D 等（1988）用 ELISA 对屠宰工血清抗 IgG-HP 调查，屠宰工、搬运工和肠段处理工抗体滴度明显高于不接触新鲜动物职员的抗体滴度。饲养鸡、犬人群 HP 感染率分别为 58.72% 和 63.64%，明显高于未饲养者（49.67% 和 49.69%），经多因子 Logis 在 C 分析，养鸡、犬、猪都是人 HP 感染的重要因素。其传播途径尚未完全明了，PCR 证明感染者大便、唾液、牙垢斑中存在 HP，经粪—口、口—口、胃—口途径是可能的主要传播途径，周曾芬（1997）对彝族、汉族 1 084 名自然人群作血清 HP 抗体检测：饮用河水者 HP 感染率为 66.67%，明显高于饮自来水（48.97%）和井水（47.95%）者。饮生水者感染率 78.20%，明显高于饮用开水者（35.05%），进一步支持粪—口传播观点；在医疗过程中由于医疗器械受 HP 污染（消毒不严的内镜检查等）引起的医源性传播更应受到重视。

人群对本病普遍易感，不同国家和地区感染率不完全一致。HP 常发生在儿童，这可能与儿童期胃酸分泌少和免疫功能不完善等因素有关。研究表明，胃—口途径对儿童感染 HP 可能有重要意义。卫生条件差是 HP 的高危因素。

发病机制

幽门螺杆菌的致病性与它产生的毒素、有毒性作用的酶破坏胃黏膜和促使机体产生炎症和免疫反应等因素有关。

幽门螺杆菌在体内呈螺旋状且有鞭毛，此为该菌在黏稠的胃黏液中运动提供了基础。该菌鞭毛有鞘，对鞭毛有保护作用，对胃酸有一定的抵抗力，使得幽门螺杆菌的致病力强，并能产生空泡毒素（Vacuolating Cytotoxin A，VacA）；反之，动力弱的菌株致病力也弱，且不产生空泡毒素。

幽门螺杆菌对胃黏膜上皮细胞的黏附作用是其致病的先决条件。该菌具有严格的组织嗜性，一旦穿过黏液层，就会特异性地黏附并定居在胃黏膜上皮细胞表面，胃窦较胃底多见，也可见于胃肠道其他部位的胃上皮化生区域，该菌与胃上皮细胞特异性的黏附，提示在胃上皮细胞上可能存在特异性受体。其可与细菌表面的黏附因子特异性的结合。幽门螺杆菌与上皮细胞接触后会促使肌支蛋白收缩，形成黏着蒂样改变，当它紧密地黏附于胃黏膜上皮细胞表面后，可避免与胃内食物一道排出，也使其毒素容易作用于上皮细胞。

幽门螺杆菌产生的尿素酶对该菌的定植和生存起着重要的作用。尿素酶有 A 和 B 两个亚单位组成，A 亚单位为小亚单位，B 亚单位为大亚单位，6 个 A 和 B 亚单位共同组成尿素酶全酶。尿素酶可催化尿素分解成氨和二氧化碳，氨可在该菌周围形成"氨云"，其使通过中和胃酸对幽门螺杆菌起保护作用。除此之外，尿素酶还能造成胃黏膜屏障的损害，尿素酶产生的氨能降低黏液中的蛋白含量，破坏黏液的离子完整性，削弱屏障功能，造成 H^+ 逆向弥散。同时，氨还可以消耗需氧细胞的 α-酮戊二酸，破坏三羧酸循环，干扰细胞的能量代谢，造成细胞变性。

Leunk 等（1988）首次报道了幽门螺杆菌能产生使真核细胞空泡变性的空泡毒素（VacA），且发现 55% 的菌株可产生该毒素。空泡毒素为一分子量为 87KDa 的蛋白质，由大分子前体水解而成。此毒素可引起组织细胞空泡变性，但这种作用是非致死的，即空泡性的细胞仍有活性，空泡化数天后失去正常形态，发生皱缩，最后死亡。

幽门螺杆菌感染可引发炎症和免疫反应，在其感染的胃黏膜中可见细胞变性、坏死和炎细胞浸润，血清中可检测到特异性抗体。浸润的炎细胞包括中性粒细胞、单核—巨噬细胞、嗜碱性粒细胞和嗜酸性粒细胞，在慢性幽门螺杆菌感染者的胃黏膜固有层有 T 淋巴细胞和浆细胞浸润。

临床表现

人

HP 感染主要发生在胃、十二指肠局部、有局部和全身免疫应答。Crabrtee 认为 HP 感染后，宿主的免疫病理反应是主要致病机制。大量的临床证据表明，HP 是慢性活动性胃炎、消化性溃疡的致病原，同时也与胃腺癌发生关系密切；该菌还与 MALT 淋巴瘤相关。有报道显示，经根除 HP 的治疗后可使 70%～80% 的早期低分化胃 MALT 淋巴瘤缓解。血液中可持续出现特异性 HP - IgG、HP - IgA，根治后血中抗体会逐渐下降，一般可持续 0.5~1 年。IgA 不能清除，也不能防止再感染。人表现持续性、活动性、慢性胃炎和胃溃疡。常在病人的胃黏膜检出本菌，慢性胃炎病人的 HP 感染率约为 95％。与 HP 相关性疾病和胃肠外疾病涉及面广，通过实验研究不断被证实。主要有 HP 与慢性胃炎；HP 与功能性溃疡、十二指肠溃疡；HP 与胃黏膜淋巴相关淋巴样组织淋巴瘤；HP 与胃癌；HP 与胃食管返流病；HP 与功能性消化不良；HP 胃肠外疾病，如肝胆系疾病的高氨血症引起的肝硬化、肝性脑病、胆结石等。心脑血管病中粥样斑块形成的偏头痛。原发雷诺现象。自身免疫性和代谢性疾病中舍格伦综合征、紫癜、自身免疫性甲状腺炎、糖尿病。皮肤病中慢性荨麻疹、酒糟鼻等。血液系统疾病中过敏性紫癜、缺铁性贫血、恶性贫血等。呼吸系统疾病中慢性支气管炎、肺癌等。主要临床表现为：

1. 胃炎　感染的潜伏期为 2~7 天，大多数患者表现为隐匿感染，常无急性胃炎的症状，也无细菌感染的全身症状。急性胃炎患者表现是上肢痉挛疼痛，晨起恶心、呕吐，有饥饿感，饭后上腹饱胀，呕吐的内容物通常无酸水。有明显的嗅，呼出的气体有异味，无腹泻和发热。慢性患者是上腹部疼痛、不适和饱胀。有时伴有返酸和上腹嘈杂，患者症状可时有时无或呈周期性。

2. 消化性溃疡　幽门螺杆菌引起的慢性胃炎，尤其是慢性活动性胃炎已为临床证实。提示 HP 含有的尿素酶借助于在黏液—碳酸氢盐屏障内生成铵离子，引起氢离子的反弥散的重要致病机制。但在动物中发现其他尿素酶阳性细菌并不伴有胃炎性病变，已证明 HP 可以产生一些其他的细菌外产物，包括细菌内毒素在内，但是这些是否能引起胃炎尚不清楚。高酸诱导胃型上皮化生，胃型上皮化生有利于 HP 在此生长，加之 HP 强活性的尿素酶使黏膜上皮表面的尿素快速分解，共同作用，导致十二指肠黏膜急性炎症反应，进而发展成溃疡。

3. 胃癌　HP 感染致胃癌可能机理：①细菌的代谢产物，直接作用于黏膜；②HP 感染不但能诱导有丝分裂，还能提供内源性突变原，HP 通过复制错误、内源性相关的突变原和外源性饮食突变原引起细胞增生而增加 DNA 损伤的危险，或类似病毒性致病原 HP 的 DNA 整合入宿主细胞造成癌变；③HP 诱致同种生物毒性反应，这些慢性炎症过程使细胞增生而增加自由基形成而诱致癌。

猪

在自然条件下，猪、兔等带有 HP 菌，并有高滴度抗体。猪可自然感染引起胃炎，呈抗体阳性。猪对人源型 HP 敏感，并产生与人感染 HP 相似的病变。动物 HP 感染模型已有成功报道，除猴、犬、鼠等外，Lambert 等（1987）和 Krakowka 等（1987）用悉生乳猪经接种 HP，感染组动物胃和十二指肠均分离到 HP，胃黏膜出现慢性炎症细胞浸润，与人感染 HP 后的病理改变相似。Krakowka 等并证实感染悉生乳猪的抗 HP 抗体逐渐上升，符合人感染 HP 后的血清抗体变化规律。Engstrand 等（1990）采用 8 周龄无特异致病菌小猪感染 HP，也获得类似结果。Eaton T 等（1989）成功用悉生猪建立 HP 感染的动物模型，已证明了 HP 的尿素酶、细胞毒素等几种致病因子的致病作用。感染猪可使胃黏膜呈急性、慢性炎症，诱发溃疡，并具备人类胃部疾病大部分的病理学特征。Fox JG（1989）、Vaira D 等（1988，1990）在意大利 Bologna 屠宰场用 ELISA 方法对屠宰场、搬运工及肠段处理工血清中抗体 HP - IgG 进行调查，他们的抗体滴度明显高于不接触屠宰场的职员；在调查了猪、兔、牛、海豚和鲸鱼中细菌感染情况，发现 93％的猪、87％的兔抗体升高，胃黏膜涂片中猪和兔阳性率分别为 80% 和 70%，冰冻切片阳性率均为 50%。华杰松等（1992）对上海市郊某屠宰场 22 头猪取胃检查，4 头猪胃窦黏膜涂片观察到有 S 或海鸥状弯曲的革兰氏阴性细菌，其形态与染色与人体胃内 HP 相似，并且胃黏膜组织有慢性炎症表现。Ho 等（1991）以 PCR 方法检验，证实了 2 株猴、1 株猪和 1 株狒狒的螺旋样与人的 HP 相同。方平楚等（1993）以 ELISA 测定了 69 份猪血清中抗 HP 抗体 IgG，阳性率为 49.28%，以吸收试验证明，该抗体与空肠弯曲菌、大肠埃希氏菌无交叉反应，仅与 HP 有特异性反应；抗体阳性猪胃黏膜 91.2% 有明显炎症反应，从而提示猪有可能自然感染 HP。

诊断

在一般临床诊断基础上，病原的分离与培养方可确诊。主要方法有：

1. 直接涂片染色　Pinlard 用相差显微镜直接检查涂于玻片上的胃黏膜检查 HP，敏感性达 100%。

2. 细菌的分离培养　胃黏膜组织的细菌培养是诊断 HP 感染的最可靠方法，通过多种转送培养基，鉴定菌落、细菌形态和生化反应，是目前验证其他检测手段的"金标准"。

3. 快速尿素酶检测（RUT）　HP 是一种能够产生大量尿素酶的细菌，故可通过检测尿素酶来诊断 HP 感染，该试验是所有检测手段中最为简便迅速的一种，是随访 HP 根治状况的最好方法，其敏感性和特异性分别达到 91% 和 100%，数分钟即可作出诊断，是一种安全可靠、无痛苦的检测方法。通过 HP 尿素酶降解胃内尿素生成氨和二氧化碳，使尿素浓度下降，氨浓度升高，氨可使实际周围 HP 值升高，进而使指示剂显色，基于此原理已发展了多种检测方法：①胃活检组织尿素酶试验；②13C 或 14C 呼吸试验；③胃液尿素或尿素氮测定；④15N-尿素排除试验。

其他检验方法有：①活检标本切片染色；②活检标本切片的免疫组织化学检测；③分子生物技术的基因检测；④免疫学方法如 ELISA 检测法等。

防治

幽门螺杆菌对多种抗生素有很高的敏感性，而且利用质子泵抑制剂或铋剂加抗生素可根除 HP。治疗首先需确定根除治疗的适应症，实施根除治疗时，应选择根除率高的治疗方案，以免耐药性问题。根据国际有关的防治共识和 2003 年安徽桐城形成的幽门螺杆菌治疗临床方面的共识意见，分成"必须治疗"（消化性溃疡、早期胃癌手术、胃 MALT 淋巴瘤、有明显异常的慢性胃炎）；"可以治疗"（计划长期使用 NSAID、FD 经常规治疗疗效差者、GERD、胃癌家族史）和"不明确"（个人强烈要求治疗者、胃肠道外疾病）三个层次。

目前用于根除 HP 感染的药物有三类：抑酸剂、抗生素和铋剂。联合用药根除率高而且避免 HP 耐药株产生。如甲硝唑＋奥美拉唑＋克拉霉素；甲硝唑＋四环素＋铋剂；甲硝唑＋羟氨苄西林；质子泵抑制剂＋阿莫西林＋克拉霉素等，也有用呋喃唑酮、微生态制剂等。Midolo 等研究发现乳杆菌可在体外抑制 HP 生长，这一作用与其产生的 L-乳酸浓度成正相关，小鼠试验发现口服乳杆菌小鼠喂 HP 后，HP 不能在胃内定植；相反，已感染 HP 小鼠喂乳杆菌可明显抑制 HP 活性。微生态菌是一种很好的辅助治疗制剂。

如何避免耐药菌株的产生，主要应注意：①严格掌握根治的指征；②选择根除率高的方案；③治疗失败时，有条件者再次治疗前先作药敏试验，避免使用幽门螺杆菌耐药的抗生素；④倡导对各种口服抗生素的合理应用。

目前幽门螺杆菌的菌苗尚未研制成功，但菌苗是对耐药性、预防感染、降低相关疾病发病率的最佳选择。正在研究的有全菌体抗原菌苗、尿素酶亚单位菌苗、DNA 苗、空泡毒素和细胞相关毒素相关蛋白基因工程苗等。

幽门螺杆菌的微生态治疗：近年来，微生态学的兴起和微生态疗法的应用为 HP 相关疾病的防治提供了新的思路，益生菌具有广谱抗菌活性，能提高某些有利于健康的细菌数和活性，预防和治疗某些胃肠道功能紊乱性疾病，如旅游者腹泻、HP 胃肠炎、轮状病毒性腹泻等。益生菌通过产生有机酸、过氧化氢、细菌素等抑制物，降低活菌数，并影响细菌代谢或毒素的产生；竞争性抑制细菌与肠道上皮细胞的结合位点；与病原菌竞争营养物；降低肠黏膜细胞上的毒素受体；刺激宿主免疫反应等多种途径保护宿主免于发生肠道疾病。Midolo 等研究发现，乳杆菌可在体外抑制 HP 生长，这一作用与其产生 L 乳酸的浓度呈正相关。有机酸可能通过三羧酸循环使 HP 失去生长繁殖所必需的能量而抑制其生存。另外，乳杆菌还可能产生其他一些细胞外复合物对 HP 发挥抑制作用，这些物质很可能是细菌素样蛋白。Coconnier 等研究发现，乳杆菌 LB 株可表达一些抗菌物质，在体外对革兰氏阴性及阳性菌有广谱抗菌作用，且能穿透细胞膜，进入细胞内杀死病原菌，表现出普通抗生素所不具备的杀菌能力。乳杆菌 LB 株的培养物上清液（LB‑SCS）与 HP 共育后，HP 发生菌体内形成泡样结构，细菌的弯曲度增大，细菌成为 U 形甚至类球形等一系列超微结构的变化。现已证实球形是 HP 死亡的一种形态学特征。LB‑SCS 还可使小鼠胃内的 H. felis 显著减少，可在体外和体内抑制 HP 和 H. felis 的尿素酶活性。利用小鼠模型的实验发现，用乳杆菌感染小鼠后，给小鼠喂服 HP，则 HP 无法在胃内定植，而给已感染 HP 的小鼠服用乳杆菌后，乳杆菌可清除 HP，且血清中 HP 抗体滴度大大降低，甚至无法测出。乳杆菌是胃内的主要微生物，可在酸性环境中生长。龙敏等选择能广泛定植于胃肠道的乳杆菌作为拮抗 HP 的目的菌，从健康人胃肠道中分离鉴定出 26 株乳杆菌菌株，对 CagA 阳性 HP 毒力株进行体外拮抗实验，筛选出 4 株对 HP 毒力株有明显拮抗作用的嗜酸乳杆菌，而且这种拮抗作用不依赖于乳杆菌分泌的乳酸。用乳杆菌、双歧杆菌和 DL 菌三株菌共生发酵液对 HP 生长进行体外抑制实验，结果显示三株菌共生发酵液对 HP 有一定的抑制作用。这些实验结果为微生态制剂对慢性胃炎和消化性溃疡的良好疗效提供了理论依据，同时也为胃癌的生态防治提供了可能。

虽然多方面研究证实，益生菌可能直接作用于 HP 发挥抑菌活性，然而目前微生态治疗还不能替代传统的抗生素疗法，但与抗生素联合使用可大大提高抗 HP 感染的疗效，特别是在抗生素耐药的情况下，平衡肠道正常菌群，降低抗生素的副作用。用含有乳杆菌和双歧杆菌的益生菌和三联抗生素同时治疗儿童的 HP 相关性胃十二指肠疾病，可取得较好疗效。用青春型双歧杆菌活菌制剂复合物与抗生素联合治疗 HP 相关胃炎和溃疡，同样获得比单用抗生素更好的临床效果，特别是对长期不合理应用抗生素而形成耐药性或引起胃肠功能紊乱及肠道菌群失调的患者效果更加明显，并能减少应用抗生素所带来的一系列不良后果。这些研究成果表明，益生菌治疗 HP 感染具有广阔的应用前景。

HP 作为慢性胃炎、消化性溃疡甚至胃癌的主要致病因素，至今仍没有一个理想的根治方法。微生态疗法从一个崭新的角度解决了传统疗法存在的各种问题，而微生态调节剂的作用不仅仅在于抗感染，还能调节机体的免疫机制，改善胃肠道微生态环境，促进健康。

十四、腐败梭菌感染

（Clostridium Septicum Infection）

腐败梭菌感染（Clostridium Septicum Infection）是由腐败梭菌致动物恶性水肿的细菌感染性疾病，是多种家畜的一种创伤性急性传染病。人也可感染。发病后于创伤周围呈现弥漫性气性水肿，经过急剧，多因急性发热、毒血症死亡。猪恶性水肿的主要特征是创伤局部发生急剧炎性气性水肿，并伴有发热及全身性毒血症，有些患猪胃黏膜肿胀、增厚、变硬，形成所谓"橡皮胃"。

历史简介

Pasteur 和 Joubort（1877）从死于炭疽腐败牛的血液中分离到此菌，命名为腐败弧菌（Vibrio Septique）。Koch 和 Gaffky（1881）对此菌进行了描述，并证实此菌是动物恶性水肿（气性坏疽）主要病原之一，故又称此菌为恶性水肿杆菌（*Bacillus oedematis maligni*），其在动物中所引起的疾病称为恶性水肿病。此菌为培养的第一个厌氧致病微生物。

病原

本菌属于梭菌属，革兰氏染色阳性，但老龄菌可能为阴性。菌体两端钝圆，长 3.1～14.1μm，宽 1.1～1.6μm，呈明显多形性，单个或两菌相连，有时也呈短链状排列，在动物渗出液中则以长链出现，具有周身鞭毛，活泼运动；在菌体中央近端形成宽于菌体的椭圆形芽孢，但在动物组织中形成芽孢的倾向差，在肝脏浆膜面上的菌体，可形成无关节微弯曲的长丝状，长到几十微米，甚至达 500μm 左右，在诊断上极有意义。DNA 中 G＋C 为 24mol％。

本菌为专性厌氧菌，对营养要求不太严格，培养最适温度为 37℃，pH7.6，在葡萄糖血清琼脂上，经 48h 培养，长成带有穗状边缘有菲薄菌苔，呈蔓延状生长，很少形成单个菌落，此与本菌活泼运动有关。鲜血琼脂上需氧培养不能生长。在焦性没食子酸厌氧鲜血琼脂平皿上形成的菌落微隆起、淡灰色，易融成一片，生长成薄纱状菌落，边缘极不整齐，周围形成狭窄的 β 型溶血区。深层葡萄糖琼脂振摇混合培养，形成柔细棉团样菌落，或边缘有不规则的丝状突起的心脏形或豆形的菌落。肝片肉汤培养 16～24h 后，呈均等混浊状生长，并产生气体，以后培养基变成透明，管底形成絮状灰白色的沉淀，并有脂肪腐败臭味。

本菌分解葡萄糖、半乳糖、果糖、麦芽糖、乳糖、杨苷（气肿疽梭菌不分解杨苷）、卫矛醇、甘油和菊糖产酸产气，通过不分解蔗糖（气肿疽梭菌分解蔗糖），对明胶液化缓慢（5～7 天），使牛乳产酸凝固（3～5 天），MS 试验阳性，VP 试验阴性，不产生靛基质，还原硝酸盐为亚硝酸盐。对美兰、石蕊、中性红等都有脱色作用。发酵产物主要是乙酸和丁酸，以及少量的异乙醇、丁醇和乙醇。

此菌繁殖型的抵抗力不大，常用浓度的消毒剂在短时间内可将其杀死。其芽孢的抵抗力强大，在腐尸中可存活 3 个月。土壤中保持 20～25 年不失去活力；但煮沸 2min 即死。3ml/L 福尔马林在 10min 内杀死。对磺胺类药物、青霉素等敏感。

本菌按 O 抗原分为 4 个型，5 个亚型。产生致死毒素、坏死毒素、溶血毒素和透明质酸酶等，是致病的重要因素，并产生多种酶。

流行病学

腐败梭状芽孢菌在土壤中和大多数种类动物的肠道中常见。动物死后则常由肠道侵入身体组织，在反刍兽尤其如此。腐败梭状芽孢菌引起的感染，不只限于对黑腿病，也易感染牛、羊，而且还能感染对黑腿病不易感染的马、人和猪。家禽的梭菌感染一般认为不甚重要，但鸡确实发生过腐败梭菌感染（Saunders 等，1965；Helfer 等，1969）。在一群感染此菌的肉鸡中，病鸡表现有不同程度的精神委顿、共济失调、食欲不振等，死亡率约 1%。

在活的动物，此菌可能进入伤口，如羔羊脐带或绵羊的皱胃黏膜。被感染动物常突然死亡，事前未显示症状或只出现几小时的症状，动物的伤口感染通常称为"恶性水肿"。这些感染的特征是迅速蔓延的肿胀，肿区柔软，加压力则有凹痕。病畜有发热和中毒症状，多数死于几小时或一两天内，受害组织有大量胶样渗出液浸润，大多位于皮下和肌肉间的结缔组织。肌肉发红为暗红色，很少或不产气。

腐败梭状芽孢菌所产生的甲型毒素是一种卵磷脂酶，具有致坏死性、致死性和溶血性。乙型毒素是一种脱氧核糖酸酶，有杀伤白细胞作用，丙型和丁型毒素分别具有透明质酸酶和溶血素活性，这些毒素增进了毛细血管的通透性，引起肌肉坏死并使感染沿肌肉的筋膜面扩散。毒素及组织崩解产物的全身作用，能在 2～3 天导致致死性的毒血症。

发病机制

腐败梭菌所含毒力因子。腐败梭菌的毒力是多因子的，它可分泌多种毒素和扩散因子，参与肠壁的破坏，已确认的 4 个主要毒素为 α、β、γ、δ；α 毒素和 δ 毒素为溶血素；β 毒素为脱氧核糖核酸酶；β 毒素在腐败梭菌感染中被认为是一种散布工具；γ 毒素为透明质酸酶，它具有氧不稳定性、作用迅速和组织裂解有关。此外，腐败梭菌也产生其他分泌物，如唾液酸苷酶。腐败梭菌最极端的致病性和 α 毒素有关。有报道认为，由腐败梭菌产生的透明质酸会导致肌纤维内膜的消失，这有利于感染沿肌肉扩散。

α 毒素的激活与作用机理：α 毒素是个分子量大约 48ku 的细胞溶解蛋白分子，它是个无活性原毒素，经由精氨酸在碳末端裂解而被活化。蛋白水解活化后的毒素有个独特的活性，即大约 1mg 有 $1.5×10^6$ 个溶血单位，它可刺激钾离子在血红素释放后从红细胞上预裂解释放，而且诱导平坦膜上的沟道信息并将其聚集到位于红细胞膜上的一个 M（r）大于 210 000 复合体上，原毒素并不表现这些特性。有活性的毒素低聚化并且在质膜上形成 1 个直径至少 1.3～1.6nm 的孔，这导致了胶体渗透溶解。

α 毒素前肽作为分子伴侣的功能。原 α 毒素裂解激活产生有活性的 α 毒素和前肽，Sellman 等报道前肽具有分子伴侣功能，它稳定了单聚体原 α 毒素的溶解活性，把它运送到膜上，使它在膜上被蛋白酶活化，并在毒素寡聚化过程中也发挥作用。

溶血素 α 毒素和 δ 毒素是由在群居细胞中才能形成，群居细胞信息也在梭菌属中出现，例如奇异变形杆菌的群居细胞已经直接和毒力相联系。目前腐败梭菌的群居组织也已经在肠的坏死组织中发现，这表明细菌的致病性也与细胞存在的状态有关。

毒血症无疑是引起猪死亡的重要因素。猪在实验性静脉注射腐败梭菌毒素后，冠状动脉循环和肺循环出现特异性收缩，并伴有肺水肿。据此可推断，某些猪恶性水肿病出现的肺水肿和心包腔与胸膜腔内的浆液纤维素性渗出物均由细菌毒血症所致。

临床表现

人

人对由腐败梭菌引起的气性坏疽易于感染。潜伏时间数小时至1周。患者患部先有沉重或包扎过的过紧感，并突然在伤口处剧烈疼痛。其伤口周围皮肤高度水肿、紧张、苍白、发亮，并迅速变为铜紫色，进而变为暗红或紫黑色，出现大小不等的含浆液或血样水疱。伤口内肌肉肿胀，呈紫红色或土灰色，刀割不出血、不收缩，犹如熟肉。肿胀部位触之有捻音，叩之有空匣音。从伤口流出淡棕色混浊的稀释液体，有时带有气泡，病人贫血、面色苍白、极度疲乏、不安、大汗、呕吐、少尿、发热、呼吸和脉搏急速。晚期病人出现黄疸、谵语、昏迷，体温低于正常体温，脉搏细速，血压下降，呈明显的中毒性休克征。病情随之极快恶化，如不能及时处置，往往很快死亡。

猪

刘山辉（2008）报道，一头成年断奶母猪，精神不振，食欲废绝，继而突然呼吸加快，发病猪张口呼吸，口角粘有大量泡沫，皮肤黏膜呈紫绀色，心跳快速，体温升高至41℃，于发病后3h死亡。病死猪体表和乳头多处破溃，剖检切开时流出血液呈紫黑色，不凝固，皮下脂肪呈粉红色。全身淋巴结出血，切面紫红色。肺脏紫红色，高度瘀血和弥漫性出血；心室扩张，心力衰竭；脾脏肿大，紫黑色柔软，切面脾髓质呈液化样流出。肝脏紫红色，切面流出淡红色液化物，刀刮切面呈蜂窝样。胃肠暗红呈弥漫性出血，肠系膜淋巴结肿大、出血；肾脏暗红色，质地变软。呈腐败梭菌败血症和组织器官液化性坏死为病理经过。肝脏间质、肝窦状隙和液化灶中存在腐败梭菌。

王桂云、林克柱等（1979）报道，突然死亡猪的腐败梭菌感染，症状同前；试验猪经口服和皮下注射培养液，猪发病症状相同。

本病的潜伏期12～72h，临床上猪有两种病型：一种为创伤感染，通常通过伤口感染，局部发生气性炎性水肿，如突破机体的防御屏障，蔓延至血液中引起全身性败血症并伴有全身症状。创伤局部组织发生水肿，并迅速向周围蔓延，肿胀坚实，有热痛，后期则无热无痛，随着毒血症的发生，病猪出现全身症状。猪精神不振，食欲废绝，突然张口呼吸，呼吸加快，口角吐大量泡沫，皮肤黏膜呈紫绀色，心跳加快，体温升高至41℃以上，血凝不全、暗红色，迅速死亡。另一种为快疫型，经常由胃黏膜感染，胃黏膜肿胀、增厚，形成所谓"橡皮胃"，有时病菌进入血液，转移至某部位肌肉，使局部出现气性炎性水肿及跛行，于感染1～2天死亡。

病理检查可见：死亡尸体恶臭，尸僵完全，体表破溃，肛门、鼻孔流血，腹部异常膨胀，腹肌断裂，肠管从断裂处挤出，腹部下、皮下有许多黄豆大小气泡；皮下脂肪变性，内充满大量气体。切开时，腹腔、心包囊流出血液呈紫黑色，不凝固，皮下脂肪显粉红色，全身淋巴结出血，切面紫红色。肺紫红色，高度瘀血和弥漫性出血，伴有肺气肿，气管和支气管中存在大量的泡沫样物，肺门淋巴结紫红色、出血。心室扩张。脾肿大、柔软、紫黑色，切面脾髓质呈液样化流出。肝肿大、紫红色，如煮熟状，切面流出淡红色液化物，刀切面呈蜂窝状小孔，被膜下聚集大量气泡。肾暗红色，质地变软。胃充满内容物，胃壁肿胀、增厚，胃底有出血斑。肠道膨胀、暗红呈弥漫性出血，小肠有出血点，肠系膜淋巴结水肿、出血。肺、心、血液、肌肉均有泡沫状小气泡，形成典型泡沫器官。肌肉变黄白色，似熟肉样。经消化道感染的病死猪，胃黏膜肿胀、增厚、变硬。

攻毒实验猪：猪24h内死亡，猪体任何部位均出现肿胀，但常见于腹股沟和腹部腹侧、头颈和肩侧。肿胀从原发部位匀速扩展，但常局限于身体的任一部位。肿胀部皮肤出现紫红色斑块。触诊肿胀部位呈凹陷性水肿，有捻发音，猪侧卧、呻吟，肌肉产生丁酸味。死后尸体迅速腐败，皮下气体逐渐增多，整个尸体皮下组织形成气肿，两后肢、腹部呈弥漫性水肿，剖面流暗红色液体，大腿肌肉坏死，黑褐色，味恶臭，压之有气泡冒出。肝常为局灶坏死后自溶，死后几小时内有灰褐色病灶，逐步病灶融合肝脏呈均一棕褐色，并有大量气泡。组织学病变表现为皮下组织水肿，内含大量变性的急性炎症细胞和细菌。皮下静脉和淋巴管中常见腐败性血椎，感染的骨骼肌纤维凝固性坏死，伴有肌纤维断裂和溶解，且在变性的肌纤维中极易看到细菌。

诊断

腐败梭状芽孢菌发病突然，发展迅速，主要依赖流行病学和临床症状给予判断，多有创伤史，在创伤感染局部有急剧的气性炎性水肿并伴有全身毒血症症状；肿胀局部皮下及邻近的肌肉结缔组织中有红黄色或红褐色带有气泡和酸臭味的液体流出，可作出初步诊断。有的病猪呈现"橡皮胃"，可以实验室涂片和培养来确诊。如果腐败梭状芽孢菌病变在新鲜的病理材料中占主要地位，则它可能是病原菌。一旦腐败病原开始，则腐败梭菌可能存在于任何病例中，这是由于该菌由于尸腐由肠道侵入的结果，因此就不能确诊。还可应用免疫诊断技术。本病应与猪炭疽、猪肺疫及猪水肿病等相鉴别。

防治

本病及时用抗生素治疗是重要手段，及时全身和局部注射青霉素可能有效。防止人畜创伤和及时处理伤口，预防腐败梭状芽孢菌感染，以及控制环境卫生是主要预防措施。

一旦发生本病，应立即对病猪隔离治疗，对局部伤口要尽早开创，清除创腔中的坏死组织及水肿液后，用3‰双氧水或1‰～2‰高锰酸钾溶液冲洗，再涂上碘酊。同时可应用青霉素和链霉素联合注射或四环素、土霉素及磺胺类药物在病灶周围注射。在感染初期及时治疗，治疗效果较好。

在经常发生本病的猪场，应考虑使用腐败梭菌菌苗进行免疫预防，然而目前对猪很少作该病菌苗免疫接种。

十五、产气荚膜梭菌感染
(Clostridum Perfringens Infection)

产气荚膜梭菌（*Clostridum Perfringens*）又称魏氏梭菌（*Clostridum. welchii*），可引起各种动物坏死性肠炎、肠毒血症，同时也是人兽创伤性气性坏疽及人类食物的主要病原菌之一。在动物引起羔羊痢疾、羊猝疽、肠毒血症、马恶性水肿等。同义名：产气荚膜杆菌、气肿性蜂窝织炎杆菌、魏氏杆菌、产气杆菌等。

历史简介

Welchii 和 Nuttall（1892）从一个产气腐败尸体的产生气泡的血管中分离到此菌，并进行了描述，当时定名为产气荚膜杆菌（*Bacillus aerogenes capsulatus*）。Beijerinck（1893）曾以"梭菌"描述其分离的细菌形状。Dalling（1926）由患痢疾的羔羊中分离到 B 型菌。McEuen（1929）从羊猝疽病死羊中分离到 C 型菌。Wilsdon（1931，1932）、Bennetts（1932）分别从羊肠毒血症羊中分离到 D 型菌。Bosworth（1943）分离到 E 型菌。原来人的坏死性肠炎病原菌曾被定为 F 型，Barnes（1964）报道新生猪坏死性肠炎。Sterne（1964）又将其 F 型划归为 C 型。至此，Migula 等（1990）将产气荚膜梭菌定名为魏氏梭菌，将产气荚膜梭菌分为 5 型。Bull 和 Pritchett（1917）首先证明了产气荚膜梭菌产生外毒素；Mac Farlane 和 Knight（1941）证明了产气荚膜梭菌产生的 α 毒素为磷脂酶。Oakley（1943）对梭菌毒素类型进行了鉴定，之后 Ispolatovskya（1971），Smith（1979），Hauschild（1971）相继鉴定出梭菌产生的尿素酶、精氨酸酶、纤维蛋白溶酶和肠毒素等。英国 Field 和 Gibson（1955）报道了猪 C 型魏氏梭菌。周秀菊等（1964）从患红痢仔猪中分离到了产气荚膜梭菌。Hauschild（1968），（1971），Duncan（1969），Smith（1979）证明了肠毒素是人及动物致病的一个重要毒素。Niile（1963）报告了 A 型产气荚膜梭菌能引起犊牛肠毒血症。该菌的致病因子是其所产生的外毒素。其所产生的 E 毒素更是被美国 CDC 列为可用于战争和恐怖行动的 B 类生物武器。产气荚膜梭菌病又称气性坏疽（*Gangraena emphysematosa*）。

病原

产气荚膜梭菌（*Clostridum Perfringens*）归属于梭菌属，是一类革兰氏阳性厌氧粗大杆菌，具有相似的形态和培养特性。主要致病物质是外毒素、肠毒素和荚膜。本菌具有共同的荚膜抗原，可引起交叉反应。此外，不同菌株分泌的肠毒素也具有抗原性，以凝集反应可将本类菌分为 5 个型。本菌产生的外毒素有 12 种（即 α、β、γ、δ、ξ、η、Θ、ι、k、λ、μ 和 V）及肠毒素（也称为芽孢相关蛋白），主要为坏死和致死性毒素，α、β、ξ、ι、δ、Θ 等有溶血和致死作用，其中 α、β 毒素引起动物坏死性肠炎、肠毒血症，α 毒素引起人和兽创伤性气性坏疽，肠毒素引起的食物中毒等，γ、η 也有致死作用。但有些毒素是以酶的作用呈现致病性的，如 α 毒素是卵磷脂酶，k 是胶原酶，λ 是蛋白酶，μ 是透明质酸酶，γ 是 DNA 酶。可通过毒素抗毒素交叉中和试验进行定型（表 2 - 26）。该菌株基因全长 3 000 000bp，由环形染色体和一个极小的质粒组合，染色体内包括 2 660 个基因。DNA 中的 G＋C 含量为 24～27mol％。模式株：ATCC 13124，BCRC（以前为 CCRC）10913；CCUG 1795，CIP 103409，DSM 756，JCM1290，LMG 11264，NCAIM B. 01417，NCCB 89165，NCIMB 6125，NCTC 8237；GenBank 登录号（16SrRNA）：M59103。

A 型产气荚膜梭菌是人类气性坏疽和食物中毒的主要病原菌；C 型的部分菌株能引起人的坏死性肠炎，其他型为兽类病原菌。在各种毒素和酶中，以 α 毒素最为重要，α 毒素是一种卵磷脂酶，能分解卵磷脂，人和动物的细胞膜是磷脂和蛋白质的复合物，可被卵磷脂酶所破坏，故 α 毒素能损伤多种细胞的细胞膜，引起溶血、组织坏死、血管内皮细胞损伤，使血管通透性增高，造成水肿。此外，Θ 毒素有溶血和破坏白细胞的作用，胶原酶能分解肌肉和皮下的胶原组织，使组织崩解，透明质酸酶能分解细胞间质透明质酸，有利于病变扩散。

表 2-26　产气荚膜梭菌主要和次要毒素及其分型

毒素（抗原）	生物学作用	菌型				
		A	B	C	D	E
主要毒素						
α	磷酸酯酶，增加血管通透性，溶血和坏死作用	＋	＋	＋	＋	＋
β	坏死作用	－	＋	＋	－	－
ε	增加胃肠壁通透性	－	＋	－	＋	－
ι	坏死作用，增加血管通透性	－	－	－	－	＋
次要毒素						
δ	溶血素	－	±	＋	－	－
θ	溶血素，细胞毒素	±	＋	＋	＋	＋
κ	胶原酶、明胶酶、坏死作用	＋	＋	＋	＋	＋
λ	蛋白酶	－	＋	－	＋	＋
μ	透明质酸酶	±	＋	±	±	±
ν	DNA 酶	±	＋	±	±	±
神经氨酸酶	改变神经节苷脂受体	＋	＋	＋	＋	＋
其他						
肠毒素	肠毒素、细胞毒素	＋	nt	＋	nt	t

注：＋表示大多数菌株产生；±表示某些菌株产生；－表示不产生；nt 表示未研究。

　　某些 A 型菌株能产生肠毒素（CPE）。目前许多学者对 CPE 产气荚膜梭菌对胃肠道致病机理从分子水平上进行了深入的研究。CPE 能够迅速作用十二指肠、空肠和回肠引起组织损伤，小肠对 CPE 最为敏感，出现严重的组织损伤。

　　目前已研究清楚 CPE 引起细胞膜通透性的改变是一个独特的多步骤的过程。首先，CPE 与一种肠道上皮细胞的蛋白质受体结合，形成小复合体，大小为 40～50KD，然后小复合体会与其他蛋白进一步在细胞膜上形成一种更大的，包含有 CPE 的二级复合体，约为 160KKD 大小，这大复合体就引起通常所见的细胞膜通透性的改变。在用 CPE 突变株进行的研究进一步发现，大复合体的形成对于 CPE 引起的细胞膜通透性的改变和细胞死亡是非常重要的，相对于天然 CPE 菌株而言，CPE 突变株能形成更多的大复合体，所以它引起更强的膜通透性的改变。因此，产气荚膜梭菌的 CPE 引起的胃肠道疾病中，CPE 可使肠上皮细胞发生细胞膜通透性的改变就引起肠液和电解质的流失，临床表现为腹泻。

　　对于抗原和毒素血清学关系的研究表明，在种内亦有相当的异质性。曾发现共同荚膜抗原引起的交叉反应，应用荚膜肿胀反应（Quellung reaction）和琼脂凝胶扩散试验，亦曾证明在 5 种产毒素型之间有共同的抗原。产气荚膜梭菌分类的基础是 4 种主要毒素：甲型（Alpha）磷脂酶（卵磷脂酶）；乙型（Beta）可致坏死，抗胰酶；戊型（Epsilon）可致坏死，神经毒性；壬型（Iota）可致坏死，致死；酶激活需要的强亲和毒素（Prototoxin）。产气荚膜梭菌 A、B、C、D 和 E 型的主要毒素 A 型有甲型；B 型有甲型、乙型；C 型有甲型、乙型；D 型有甲型、戊型；E 型有甲型、壬型（表 2-26）。

　　本菌是两端稍钝圆的大杆菌，呈粗杆状，边缘笔直，以单个菌体或成双排列，很少呈链状排列。单个菌大小为 $4\sim8\mu m\times1.0\sim1.5\mu m$。不运动，在动物体内形成荚膜是本菌的重要特点。在老龄培养物中可见到棒状、球状和丝状等多形性，能产生与菌体直径相同的芽孢，呈卵圆形，位于菌体中央或近端。但各个菌株形成芽孢的能力有所不同，在动物体或培养物中较少见，不如其他梭菌较易形成。易为一般苯胺染料着染，革兰氏阳性，但在陈旧培养物中，一部分可变为阴性。产气荚膜梭菌不严格厌氧，繁殖迅速，在蛋黄琼脂平板上，菌落周围出现由毒素分解蛋黄中的卵磷脂所致的乳白色浑浊圈，可被特异的抗毒素中和（若培养基中加入 α 毒素的抗血清），则不出现浑浊，此现象称为 Nagler 反应。在含亚硫酸盐及铁盐的琼脂中形成黑色菌落。

在普通培养基上能迅速生长。在葡萄糖血清琼脂上培养 $24\sim48h$，形成中央隆起，表面有放射状条纹、边缘呈锯齿状、灰白色、半透明大菌落，直径 $2\sim4mm$。在血琼脂上形成灰白色、圆形、边缘呈锯齿状大菌落，周围有棕绿色溶血区，有的出现双层溶血环，内环完全溶血，是由 θ 毒素引起的，外环是由 α 毒素引起的不完全溶血，则内环透明，外环淡绿，为 β 型溶血。在蛋黄琼脂平板上，菌落周围出现乳白色浑浊圈，若培养基中加入 α 毒素的抗血清，则不出现浑浊，此现象称为 Nagler 反应，前者是由细菌产生卵磷脂酶（α 毒素）分解蛋黄中卵磷脂所致；后者因 α 毒素被抗毒素中和的原因。本菌的特点：在肉汤培养基生长良好，有相当量的气体生成，在牛乳培养基中能迅速分解糖产酸，凝固酪蛋白，产生大量气体，将凝固酪蛋白迅速冲散，呈海绵状碎块，称"汹涌发酵"，是本菌的特征。本菌分解糖的作用极强，能分解葡萄糖、果糖、单奶糖、麦芽糖、乳糖、蔗糖、棉子糖、木胶糖、覃糖、淀粉等，产酸产气，不发酵甘露醇，缓慢液化明胶，还原硝酸盐。不产生靛基质，产生硫化氢。不消化凝固的血清。芽孢的耐热性差，100℃ 5min 多数可被杀死；但 A 型和 F 型菌芽孢可耐受 $1\sim5h$。

流行病学

本病的病原菌广泛存在于自然界，以土壤和动物肠道中较多。这些细节不仅能在土壤中存活，一般土壤中的检出率为 100%。人和动物的肠道是主要的寄生场所，但不经肠道感染宿主，只是污染外环境的主要来源，如有相当数量的有机物存在时还可繁殖，并且几乎在所有温血动物的消化道中存在。在尸检中也常发现它从消化道侵入膨胀的人畜尸体组织里。为此，根据死后采集的组织中存在本菌而做出病原结论时，必须谨慎。自然情况下，产气荚膜梭菌可致多种动物疾病。易感宿主有牛、羊、猪、马、兔、鸡、禽，以及驯鹿、羊驼、野山羊等。人也可感染致病。幼龄动物因消化机能不健全，适应环境变化能力低下，更易遭到病菌侵袭，且死亡率高。实验动物以豚鼠、小鼠、鸽、幼猫、家兔及羔羊易感性高。豚鼠肌肉或皮下注射菌液培养物 $0.1\sim1.0ml$，鸽胸肌注射 $0.1\sim0.5ml$，常于 $12\sim24h$ 发生死亡；羔羊或幼兔喂服培养物，可发生出血性肠炎，甚至死亡。本菌的产毒素性变种与绵羊、犊牛、小猪和人致死性毒血症有关。本病属土壤源性传染病，该菌 A 型曾从柏林、纽约和东京等的街道尘土中检出，也从水、乳、水生贝类动物、牛肉、猪肉、蔬菜、皮肤及衣服上分离到本菌。90% 健康人排出的粪便每克含该菌 1 万个以上。传染源为患病动物及尸体。病原体主要通过污染的土壤、饲料、饮水进入动物消化道，同样可随粪便排出体外。正常情况下，进入消化道的大多数病原体可被胃酸杀死，但有部分存活者可到达肠道，随肠蠕动排出。当饲料突然改变、应激等导致动物抵抗力下降，消化功能紊乱，肠道内正常菌群失调，促使本菌迅速繁殖，产生毒素。大量毒素经肠壁吸收进入血液循环，可引起肠毒血症。当毒素到达一定水平时，即可招致动物死亡。也可通过创伤及气溶胶途径传播，污染动物可引致动物中毒。本病一年四季均可发生，较多病例见于早春或秋季，常呈散发性流行。突然发生、病程短促、病死率高是本病较为明显的特点。

产气荚膜梭菌的血清型分布不同。A 型分布在世界各地，属人和动物肠道正常菌群。B～E 型在土壤中不能存活，主要寄生于有免疫力的动物肠道内。B 型局限于某些地区，仅在欧洲、南非和中东地区存在，而在北美洲、澳大利亚和新西兰还没有 B 型的报告。C 型菌引起人的坏死性肠炎，一度在巴布亚新几内亚呈地方性流行，大多数东南亚国家为零星发病。E 型呈区域性分布。国外动物产气荚膜梭菌病一般为 C、D 型菌，如澳大利亚。Younan（1993）在约旦"正常"绵羊中分离到 B、C、D 型菌。我国动物产气荚膜梭菌感染则以 A 型为主。C 型菌主要引起新生哺乳动物（犊牛、羔羊、仔猪、马驹、山羊）和禽发病。王海荣（2001）报告，我国分离到 A、C、D 型为多。E 型仅见于野生牦牛产气荚膜梭菌性肠炎的报告。

发病机制

在梭菌感染中，无论是人还是动物发病，具有共同的特点是，细菌主要通过产生外毒素和侵袭性酶类引起发病。

产气荚膜梭菌既能产生强烈的外毒素，又有多种侵袭性酶（纤维蛋白酶、透明质酸酶、胶原酶和 DNA 酶等），并有荚膜，构成其强大的侵袭力，其中外毒素是其重要的致病因素，其毒性比肉毒毒素和破伤风毒素弱，但种类多，在梭菌中的各种外毒素中，α 毒素是所有产气荚膜梭菌所共有的，其中 A 型菌的产量最大，是引起气性坏疽的主要毒力因子；除此之外，产气荚膜梭菌的其他毒素，如 θ、κ、μ、ν 对组织也有一定的毒性作用。A 型产气荚膜梭菌的另一毒力因子肠毒素是引发人食物中毒的主要毒素。

经伤口感染引起气性坏疽的毒力因子主要是 A 型产气荚膜梭菌的 α 毒素，该毒素具有磷脂酶 C（PLC）和鞘磷脂酶（Sphingomyelinase）两种酶活性，能同时水解磷酸卵磷脂和鞘磷脂。α 毒素依靠这两种酶活性，水解组成细胞膜的主要成分膜磷脂，从而破坏细胞膜结构的完整性，引起组织损伤，造成红细胞、白细胞、血小板、内皮细胞和肌细胞的溶解，使血管通透性增加，出现大量溶血、组织坏死、肝脏、心功能受损。由 370 个氨基酸组成的单链多肽，分子量为 43KDa，是一种依赖锌离子的多功能性金属酶，具有细胞毒性、致死性、皮肤坏死性、血小板聚集和增加血管渗透性等特性，钙离子和镁离子是 α 毒素的激活剂。α 毒素蛋白由两个结构域构成：一个是氨基末端，具有卵磷脂酶活性；另一个是羟基端，有溶解细胞的结构。本菌产生的一些酶类在致病作用中也很重要，如胶原酶能分解肌肉和皮下的胶原组织，使组织崩解；透明质酸酶能分解细胞间质透明质酸，有利于病变扩散。细菌一般不侵入血流，局部细菌繁殖产生的各种毒素，以及组织坏死产生的毒素及毒性物质是被吸收进入血流而引起毒血症。

有些 A 型菌株能产生肠毒素，引起人的食物中毒，该毒素是一种小分子的多肽，不耐热，100℃瞬时被破坏，在产气荚膜梭菌形成芽孢过程中表达，释放到肠腔，经胰酶作用后，其毒力能增加 3 倍。A 型菌株的肠毒素的基因序列高度保守，由 319 个氨基酸构成，分子量为 3.5KDa。毒素蛋白有两个结构域：一个是羟基端（290～319aa），可与位于小肠许多细胞的紧密连接处的 Claudin 蛋白受体（分子量为 22KDa）结合，形成一个分子量为 90KDa 的复合物，另一结构域位于 44～171aa 处，此可植入细胞膜，引起细胞毒性反应。其作用机制是大量细菌进入小肠，在肠腔内形成芽孢，并产生肠毒素，整段肠毒素肽嵌入细胞膜，破坏膜离子运输功能，改变膜的通透性，使 Ca^{2+} 进入细胞，而引起腹泻。肠毒素主要作用于回肠，其次为空肠，对十二指肠基本无作用。近年来，还发现肠毒素可作为超级抗原，能大量激活外周 T 淋巴细胞，并释放各种淋巴因子，参与致病作用。

引起人和一些动物的坏死性肠炎的 C 型产气荚膜梭菌产生 α、β 外毒素，其中 β 毒素是强有力的坏死因子，是 C 型产气荚膜梭菌致病作用的主要毒力因子，可产生溶血性坏死，其毒性作用表现在小肠绒毛上，引起坏死性肠炎。关于本菌的致病机制，目前还不太清楚。根据 Steinthorsdottir（2000）和 Nagahama（2003）等的一些研究表明，β 毒素可使一些易感细胞系（如 HL - 60，人脐静脉内皮细胞）等的细胞膜上形成小孔（孔径的大小约 12A），这个通道使细胞内 K^+ 外流，而 Ca^{2+}、Na^+、Cl^- 则由细胞外进入细胞，导致细胞肿胀、溶解。Miclard 等（2009）对 C 型菌致人和仔猪的超急性或急性病例研究表明，β 毒素与小肠黏膜上的血管内皮细胞发生特异性结合。这种结合导致内皮细胞急性变性和血栓形成，进而导致肠坏死性变化。

据对仔猪的观察，C 型产气荚膜梭菌的致病作用最初是从小肠绒毛顶部开始的，引起发病需要细菌及其毒素。组织学的规律性特征是细菌黏附在绒毛上皮细胞，晚期大量地堆集黏附于坏死的黏膜，这一过程的机理还不清楚。实验证明，C 型产气荚膜梭菌首先在空肠绒毛黏附和繁殖，然后将产生的毒素与宿主组织密切接触。超微机构观察到微绒毛的显著损害，线粒体变性及终末毛细血管进一步损害。β 毒素中毒的作用由于限定于上皮细胞，因而上皮细胞的超微结构毒性损害可能早于细菌的黏附，从而导致黏膜发生进行性坏死。随后，上皮细胞破坏、脱落，细菌进一步侵入、繁殖，产生多量局灶性毒素引起大量坏死、组织结构崩解、出血。β 毒素是强有力的坏死因子，大量释放于肠腔，反过来又促进了小肠病理过程的迅速扩展。

在急性病例，膜道通透性明显增强，这样使得血液蛋白进入肠腔，同时 β 毒素进入血液，且进而带到腹腔和其他浆液腔。因而，急性病例终末期前后的毒血症即可得到解释。

慢性和亚急性病例，由于 β 毒素的产生和吸收减少，组织损害限于一定范围和程度，因而避免了肠毒素血症的系统效应，使宿主存活的机会增加。

此外，饲料的突然改变可能使肠道菌群，尤其是仔猪肠道菌群发生很大的改变，它也可能造成肠道内消化酶改变，如胰酶、蛋白水解酶等，而后者的改变反过来增加宿主对感染的易感性，这也是解释某些病例发生在断奶期间的原因。

在正常条件下，导致仔猪感染的感染源主要是含有产气荚膜梭菌芽孢的母猪粪便。因此，在未经充分消毒的分娩环境中，含有大量可导致新生仔猪感染的病菌芽孢。分娩环境中的污秽物极易造成仔猪感染，特别是母猪较脏的乳房上有大量孢子而极易造成初生哺乳仔猪通过吮吸而感染。因为新生仔猪肠道中缺乏发达的消化微生物菌群，使其中的产气荚膜梭状芽孢杆菌大量繁殖。但在无可见污秽物的分娩环境中，幼仔猪也会患病。梭状芽孢杆菌的繁殖周期很短，在条件充分时，几小时内就达 1 亿～10 亿的细菌，黏附于肠上皮细胞绒毛上，尤其在空肠，可引起肠上皮细胞脱落、绒毛坏死，导致出血。坏死可到达隐窝、肌层黏膜和下层黏膜，有时甚至可以穿透肠的渗透性。仔猪死亡是由于肠道病变和致病毒血症所致。

临床表现

A 型产气荚膜梭菌感染

1. 人

A 型对人致病主要是引起气性坏疽和食物中毒。1895 年报道本菌引起的食物中毒。1945 年又再次报道，但对其重要性直到 1953 年才被重视。人的食物中毒主要与该菌在芽孢形成过程中产生的一种芽孢相关蛋白（即肠毒素）有关。它是一种 35KD 的单链多肽，含 319 个氨基酸，对热和 pH 均不稳定。该毒素与 A 型产气荚膜梭菌引起的食物中毒有密切的关系，造成人的腹泻和呕吐，亦可引起人的非食源性抗生素相关腹泻。

某些 A 型菌株能产生肠毒素，食其污染的食物后，可引起食物中毒。潜伏期短，8～22h，发生恶心、腹痛、腹泻、便血等，较少呕吐，伴有明显的痛性痉挛，大量产气的腹部不适，一般不发热，1～2 天内可自愈。中毒机理类似霍乱肠毒素，激活小肠黏膜细胞的腺苷酸环化酶，导致 cAMP 浓度增高，使肠黏膜分泌增加，肠腔大量积液，引起腹泻。食入的毒素量较高时，会继之出现由毒梭菌中毒的特有症状；主要是神经麻痹所致的各种功能障碍。最早出现的多为眼肌功能障碍，表现视力模糊，眼睑下垂。复视，而后出现口部及咽喉部障碍，表现为张口困难，说话不清，伸舌，咀嚼障碍，吞咽困难，常与呛噎同时出现。重度中毒患者还会出现四肢无力，全身骨骼肌瘫而不能站立，软颈不能抬头，有的呼吸肌麻痹引起的窒息，呼吸衰竭而死亡。有人认为，E 型由毒梭菌中毒首先表现为胃肠道症状，恶心、呕吐，胸骨后灼烧性疼痛，腹胀，有些患者甚至出现短暂的腹泻，而后出现神经系统症状，A、B 型也可出现胃肠道症状。

气性坏疽表现为：气性坏疽大部分由 A 型菌株引起。细菌污染伤口后，在创伤部位繁殖，产生毒素和侵袭性酶，损伤组织。由于 α 毒素和 μ 毒素对组织的分解和破坏，细菌易于穿过肌肉结缔组织间隙，侵入正常组织，发酵肌肉和组织中的糖，产生大量气体，造成水肿，挤压软组织和血管，影响血液供应，加上某些坏死毒素的作用，造成组织坏死。病变局部水肿，水气夹杂，触摸有捻发感，胀痛剧烈，蔓延迅速，最后造成大块肌肉坏死。细菌在局部繁殖产生的毒素和组织坏死的毒性产物被吸收入血，引起毒血症和血管内溶血，出现严重的全身中毒症状，病死率达 30%。β 毒素引起坏死性肠炎，病死率高达 40%。潜伏期可短至 6～8h，一般为 1～4 天。患者出现突然"胀裂样"剧痛，肿胀明显，压痛剧，伤口周围皮肤肿、紧张、苍白、发亮，很快变为紫红色，进而变为紫黑色，并出现大小不等的水疱。伤口内肌肉坏死，显暗红色或土灰色，失去弹性，刀割时不收缩，也不出血，有捻发音，常有气泡从伤口逸出，并有稀薄恶臭的浆液样血性分泌物流出。患者头晕、头痛、恶心、呕吐、出冷汗、不安、高热、脉搏加速、呼吸迫促、进行性贫血。晚期有严重中毒症，血压下降，最后出现黄疸、谵妄和昏迷。

产气荚膜梭菌 A 型菌所致的猝死症，以全身实质器官出血为突出特征，胃黏膜脱落。肠管大面积出血，特别是空肠段，呈红褐色，肠内有大量棕色黏稠液体，肠黏膜脱落，呈弥散性出血，肠系膜呈树枝状出血。心脏质地变软，心耳有大量出血点。淋巴肿大，呈大理石样。脾脏肿大、出血、紫黑色。肺水肿，呈鲜红色。肝肿大，有出血斑。肾肿大，有出血点。

2. 猪

Mansson（1962）认为，A 型产气荚膜梭菌是猪等体内正常菌群一部分。但 Jestin

（1985）认为可能与仔猪肠道疾病有关。

本病经口感染，新生仔猪在出生后数分钟或数小时内便可感染。细菌在肠道增殖达每克肠内容物含 $10^8\sim10^9$ 个菌数时，黏附在空肠绒毛顶端的上皮细胞上，在这些上皮细胞脱落的同时常伴有基底膜中细菌繁殖和绒毛固有层的完全坏死。在最急性病例出血并伴有坏死，且坏死可能蔓延隐窝、黏膜肌层和黏膜下层，偶尔波及附肌层。有些细菌穿过肠壁进入肌层中，腹膜或邻近的肠系膜淋巴结中形成气肿，在气肿部位可见血栓形成。大部分细菌仍然附着在坏死的绒毛上，随着细胞的脱落进入肠腔和血液。

在本病的发病机理中，致死性坏死性 β-毒素是主要的因子。从仔猪分离的菌株均能产生 α 毒素（卵磷脂酶）、β 毒素及多种次要毒素（包括 γ 毒素）。广泛地单独应用类毒素来预估本病便可说明毒素在本病发生中的重要性，以毒素进行实验感染更能说明问题，给猪口服毒素可复制出本病，并发现其携带本菌；向猪肠样注射菌肉汤培养物也可复制本病，但只注射 β 毒素不引起肠道坏死，这可从 β 毒素对胰蛋白酶敏感得到解释。本病多发于 4 日龄内乳猪（因为此时乳猪尚未分泌胰蛋白酶），也可从此得到解释。

患猪的死亡主要是肠道的损伤所致，但不容忽视的肠道外的作用。静脉注射大剂量毒素可引起猪突然死亡，而注射小剂量毒素引起脑灰质软化、肾上腺皮质坏死、肾病和肺水肿，在感染猪的肠内容物和腹水中均可查出毒素。自然感染病例低血糖症出现，其与继发性产气荚膜梭菌或埃希氏大肠杆菌性菌血症可能是致死因子。

（1）A 型产气荚膜肠炎　Barnes（1964）首次报道仔猪坏死性肠炎。

A 型产气荚膜梭菌，可在每一猪场分离到该菌，并在肥育猪和母猪中广泛存在抗体，在乳猪群中和母猪场爆发病似乎与培养特性相似的菌株有关。据推测，规模化、集约化饲养的猪场猪粪是此菌的重要来源，但在一些日粮和环境中也能发现此菌。

一些证据表明，本菌与新生仔猪和断奶后仔猪的肠道疾病有关。大多数乳猪在出生后数小时内即可感染本病，且能在清除胎粪后最早的粪样中查出该菌。用致病菌株感染非免疫仔猪，在每克肠内容物中发现回肠和空肠中的菌数达 $10^8\sim10^9$ 个，在大肠内容物和粪便中的菌数与前相近。此菌能产生 α 毒素，还可能产生其他毒素，这些毒素在活体实验感染的猪只中，能引起肠上皮细胞坏死。肠袢接种纯化的 α 毒素未能复制出与上一致的病变。给 6 日龄乳猪接种 80～800 小鼠致死量的 α 毒素时，发现绒毛有轻度水肿。Johannsen 等（1993）实验证实这一结果，但感染猪中未出现肠道粘连和损伤。芽孢形成体能产生肠毒素，引起绒毛明显坏死及大量液体流入肠腔。肠毒素黏附于肠上皮细胞，使其不能并吸收水。在初乳中存在两种毒素的抗体，但肠毒素引起的疾病多见于母源抗体消失后的 5～7 周龄的断奶猪。

（2）A 型产气荚膜坏疽　A 型产气荚膜梭菌也能侵害其他病灶。A 型产气荚膜梭菌偶尔侵入猪的创伤部位。这种感染是急性的高度致死性的，通常只是散在发生。

在幼龄仔猪群中有时见高发产气荚膜梭菌气性坏疽，这是为预防注射而引起的一种并发症。如注射含铁制剂会在组织中产生一种有利于产气荚膜梭菌生长的微环境。Jaartsveld 等（1962）报道，25 头小猪注射铁制剂感染本菌，第 2 天死亡 12 头。群发率高，死亡大约 50%。感染小猪在注射的整个后肢有明显肿胀，并向上扩展到脐部。肿胀区域上的皮肤出现一种暗红棕色的变色现象。切开感染区可见严重水肿，并在肌肉和皮下有大量气体，病灶通常有一种腐败气味。死后迅速出现腐败，死亡几小时的猪的肝脏可能出现周围小气泡的灰色溶解灶。镜检表明，存在急性血栓性静脉炎的迹象，感染的肌纤维断裂并发生液化性坏死。在母猪难产及伴随的产伤发生之后，可见子宫坏疽，其内容物腐败。病猪阴门排出有腐败气味的红色液体，并在 12～24h 内死亡。子宫及其内容物常为暗绿色或黑色，并排出有腐败臭味的气泡。腹腔内可有腐败味的红色液体。尸体的其他部位很快腐败，其他部位的病变少见。

研究表明：局部病灶的产生几乎仅因产气荚膜梭菌的 α 毒素（卵磷脂酶）作用所致。有人提出，卵磷脂酶通过作用于细胞膜脂蛋白复合体而引起坏死。另外，已证实 mu 毒素（透明质酸酶）导致肌肉膜与肌内膜分离。

肖俊发等（1989）报告本县十余乡大批猪急性下痢，共 800 余头。主要临床症状为初生猪剧烈水泻，如同黄痢病，排水样粪便，有特殊的腥臭味，发病后数小时至十几小时死亡。断奶前后仔猪发生该病，出现排稀，粪便不成形，多数为灰黄色或深绿色稀粪，少数有红色粪便，食欲减退，精神委顿，常有明显的呼吸急促，如同喘气病，1～2 天死亡。急性病例不见任何症状，突然死亡。大猪发病一般呈急性经过，突然死亡。病猪体温 40.5～41℃之间，皮肤呈紫红色。

本病主要病理为出血性、坏死性肠炎。死亡猪胃内充满乳汁或食物，胃黏膜脱落，肠鼓气，肠壁变薄，整个肠道出现出血性、坏死性炎症，各实质器官均出现不同程度的充血、出血和瘀血，肾表面有纤尖状出血点，淋巴结出血，脾点状出血，肺气肿并有出血斑点，心肌有出血点，肝瘀血，膀胱黏膜充血。纯培养物滤液静脉猪，数小时后出现神经症状，体温升高，呼吸急促，24h 内全部死亡。涂片、无菌培养涂片、生化特性试验、肠内容物、纯培养毒性接种动物等鉴定为 A 型魏氏梭菌。

Nabuurs MJ 等（1983）报道一起产气荚膜梭菌（A 型）引起的 1～3 周龄仔猪腹泻病例，实验观察到仔猪有米色腹泻物，消瘦，肠胀气，但死亡率高。死后检验突出的是仔猪肠管积气和肠黏膜浅表坏死、绒毛萎缩。高桥、敏方等（1985）报道一起 A 型产气荚膜梭菌引起新生仔猪坏死性肠炎：10 窝 109 头仔猪，死亡 52 头（47.7%），消瘦，呈犬坐姿势，少数病例血样腹泻，小肠上皮充气，部分空回肠（约 50cm）有明显充血、出血、肥厚及坏死，黏膜有乳白色的伪膜形成，肠系膜淋巴结肿大，肝脏褪色、质脆，肠黏膜绒毛变性、坏死、脱落，黏膜固有层崩解，黏膜下组织、肌层坏死和浮肿，肠管腔内有剥离坏死产物。在腔内、固有层、黏膜下组织及血管内见 G^+（A 型荚膜梭菌）。肠系膜淋巴充血、淋巴窦扩张、变性，有巨噬细胞、淋巴细胞和嗜酸性颗粒细胞浸润。

宋家宽（1985）报道，一猪场 89 头小肉猪一周死亡 52 头。患猪精神沉郁，体温升高达 40～41℃，高者达 42℃，鼻盘无汗，食欲废绝，羞明，眼角有泪痕，战栗，咳嗽，嘴、耳发紫，有的因出疹在耳壳结痂。四肢系关节以下有绿豆至黄豆大、红紫色瘀血斑，蹄爪在有毛无毛交叉处呈蓝紫色。腹泻，粪便为黑褐色，有的粪中带血和黏液、腥臭。晚期后肢站立困难，步履蹒跚。

尸检：颈部微浮肿，皮肤呈蓝靛色或背颈、腹部严重出血，耳廓有红紫相间的黄豆大的瘀血斑疹块。有的糜烂结痂，四肢系关节有不同色泽的出血疹块，爪有毛无毛处呈蓝紫色。肺严重的出血性或大理石样变，心耳严重出血，心外膜沿纵沟出血，有的心包积有黄色液体。肝肿大，有灰白色病灶或土黄色的变性，胆囊肿大，充满胆汁。脾脏边缘梗塞。肾肿大、出血，有的呈黄豆大至玉米大的形状体，膀胱积尿，深黄色，黏膜有不同程度出血。淋巴结肿大出血，有的呈髓状或大理石样变。胃浆膜出血，有的胃空虚或只有多量酱油色液体，幽门至十二指肠一段有弥漫性出血，小肠出血，回肠、盲肠连接处有程度不等的出血，肠系膜淋巴肿大或出血。有的胸腹腔积有黄色液体。人工接种猪，食废，呼吸加快，体温升高，畏寒，只饮水，后躯皮肤出血，后期腹泻，卧地衰竭死亡。颈、腹部皮肤呈蓝紫色，蹄部有坏死斑，皮下脂肪出血，腹水呈淡黄色。胃内充满气体，胃壁增厚，肠系膜淋巴结肿大出血，回盲肠浆膜出血，肠壁增厚。肝表面呈糜粒大凸起，切面有泡沫状液体流出，脾梗塞，肾严重出血。心包积液，右心耳和右心室严重出血，肺组织大面积出血坏死。

（3）A 型产气荚膜梭菌感染为猪的红肠病　α 毒素致小猪肠毒血症并发生死亡；大猪精神委顿，腹部膨胀，突然倒地，皮肤、可视黏膜苍白，肛门外翻，有血样便，肠广泛出血，肝肿大，发黑，气肿。本菌感染乳猪，在出生后 48h 内发生奶油样浅黄色或面糊样腹泻粪，体况下降，被毛粗乱，不发热，部分乳猪可在 48h 内突然死亡，死亡猪腹部皮肤发黑。腹泻可持续 5 天，粪便带黏液和血斑，呈粉红色。断奶猪（5～7 周龄仔猪），出现腹泻或软便，有的只表现一过程，水泻 1～2 天，可持续 4～7 天，粪便浅灰色，食欲不振，体况下降，失重，病猪常常脱水，会阴部沾有粪便。Olubunmi（1982）实验感染猪还有下颌水肿。

剖检可见，小肠松弛、充血，肠壁增厚，内容物干酪样或水样，无血液。黏膜轻度炎症，黏附有坏死物。在空肠、回肠可见坏死区。用普通放大镜即可看到绒毛缺失。大肠内充满白色的黏稠物。黏膜正常或被覆坏死碎片。断奶猪发生本病时肠黏膜少见肉眼病变，但在回肠和盲肠可能有泡沫样黏稠内容物。

病猪组织学病变包括绒毛萎缩、浅层黏膜坏死和纤维蛋白积聚。虽然有毛细血管扩张，但没有 C 型产气荚膜梭菌感染的出血变化。此外，可能出现结肠炎。在革兰氏染色的切片中，黏膜附件可见革兰氏阳性杆菌，但未附着于黏膜上。在断奶仔猪，可见回肠部分绒毛萎缩、浅层性结肠炎，但有的病例黏膜正常。

在粪或肠内容物涂片中可见梭菌，若由产肠毒素的菌株引起的感染则可见大量芽孢。在适宜的培养条件下能从受感染仔猪的小肠和断奶猪大肠内容物中分离出 A 型产气荚膜梭菌。在培养前将样品加热到 80℃维持 10min，可分离出芽孢形成菌株。

村岗实雄等（1982）报道一起 A 型产气荚膜梭菌引起的成猪（80～180kg）出血性肠炎病例，鉴定为 A 型荚膜杆菌；α 毒素值≤0.5～2.0；肠毒素为 0.5～0.25μg/g。发病症状为食欲不振，下痢，呕吐，排黑便——暗红色痢便，经 1～4 天死亡（表 2-27）。剖检可见肛门及尾根部附着黑褐色粪便，大肠黏膜充血、出血，充满暗红色泥状血液（表 2-28）。肝细胞变性、坏死，小肠及大肠黏膜坏死。肠黏膜上皮易脱落，绒毛顶部坏死，肠壁凹陷处存在坏死组织块，从小肠到大肠肠腔内有大量焦油样血液及血块、坏死组织块。Warthinstarry 染色，见不到回肠的黏膜上皮细胞原形质内的多量细菌。

表 2-27　发病猪的概况

病例	体重（kg）	发病时间	病　　况
1	♀140	80.12.25	晨食欲不振、呕吐，第二天晨死亡（未经治疗）
2	♀160	81.1.17	晨食欲不振，排黑褐色便，1 日后死亡（未治疗）
3	♀150	81.2.7	晨食欲不振，排血便 4 天后死亡（使用强肝剂、补液、抗生素治疗）
4	♀180	81.8.29	晨食欲不振，排黑褐色便，第二天晨死亡（未治疗）
5	♀80	81.10.29	晨食欲不振，排黑褐色便，第二天晨死亡（未治疗）

表 2 - 28　死猪剖检结果

检查项目			病　例			
			2	3	4	5
月龄			9	10	10	6
体重（kg）			160	150	180	80
肛门、尾根部附着黑褐色粪便			+++	+++	+++	+++
肝肿大、脆弱			−	+	+	−
实质脏器	脾脏肿大		+	+	−	−
	肾脏	褪色	+	+	−	−
		点状出血	+	+	−	−
	心包积水		+	+	−	−
消化器官	胃黏膜出血		+	++	−	−
	小肠	黏膜充出血	+	+	−	+
		暗红色泥状血液	+	+	−	+
	大肠	黏膜充出血	+++	+++	+++	+++
		暗红色泥状血液	+++	+++	+++	+++

C 型产气荚膜梭菌感染

1. 人　由 C 型产气荚膜梭菌引起坏死性肠炎，致病物质可能为 β 毒素（主要是空肠坏死，因而有较高的病死率）。β 毒素是一种蛋白质，对蛋白酶极为敏感。因此，只有在以下两个条件下才能引起坏死性小肠炎：①低蛋白质饮食时胃、胰腺较少分泌蛋白酶；②进食较多蛋白酶抑制剂，如白薯中的胰蛋白酶抑制剂等。食物载体主要是牛肉、火鸡及一般肉鸡。有报道认为，急性坏死性肠炎，在消耗性疾病以及使用抗生素、皮质激素等情况下最易发生。

临症潜伏期不到 8～24h，发病急，下腹部有剧烈痛、腹泻，为自限性疾病，一般 1～2天可自愈。肠黏膜出血性坏死，粪便带血；可并发周围循环衰竭、肠梗阻、腹膜炎等，病死率达 40％。

2. 猪　猪 C 型产气荚膜梭菌肠毒血症，从出生到 1 周龄左右的仔猪最易感，随着日龄的增加，易感性降低。年龄大小也影响疾病的严重程度，最急性型发生在 1～2 日龄仔猪，表现出血而无腹泻，多数在 24h 内死亡。年龄越大，腹泻越具有特征，一般从出血性带有坏死碎片的水样便到间断的黄色便，同时病程延长。1～2 周龄或更大的仔猪呈慢性感染，病程持续几周，多因脱水和细菌继发感染而死。康复猪生长缓慢。猪的易感性、临床症状及感染率随不同群窝和个体有差异。Field 和 Gibson（1954）与 SzentIvanyi 和 Szabo（1955）报道猪的 C 型产气荚膜梭菌感染。1～3 日龄的仔猪可表现为死亡率极高的急性出血性肠炎。尸检可见的空肠为主的黏膜坏死斑的肠炎。因该病通常发生于 3～7 天仔猪，很少见到 2～4周龄的猪（Bergeland 等，1966）和断奶猪（Meszaros 和 pesti，1965）。前苏联发现能合成

β毒素的B型产气荚膜梭菌所引起的相似的疾病（Bakhtin，1956），故又称仔猪红痢。有临床症状猪的死亡率通常是很高的，很少完全康复。不同猪群的发病率很不一样，感染的同窝猪的发病率为9%～100%，死亡率可达20%～70%。临床分为4型：①最急性型：仔猪出现后数小时至一天内突然出现血痢，后躯沾满血样粪便，不愿走动，衰弱，很快变为濒死状态。直肠温度降至35℃，死前腹部皮肤变黑。少数仔猪不见腹泻，有虚脱症状，常在当天或第二天死亡。②急性型：仔猪排红棕色稀粪，内含灰色坏死组织碎片，迅速消瘦，常在第3天死亡。③亚急性型：为非出血性腹泻，粪便有黄色柔软变为清液，内含灰色坏死组织碎片，逐渐消瘦，常在出生后第5～7天死亡。④慢性型：间歇或持续腹泻至数周，粪便黄色，糊状，逐渐消瘦，于数周后死亡。剖检，病死猪腹腔有多量樱桃红色积液。空肠、肠壁深红色，黏膜及黏膜下层有广泛性出血，内容物呈暗红色液状。肠系膜淋巴结鲜红色。病程稍长的病例，肠壁出血不严重，而以坏死性炎症为主。肠壁变厚，弹性消失，表面的色泽变成浅黄色或土黄色，肠壁黏膜上附有灰黄色坏死假膜，容易剥离。在浆膜下层及肠系膜淋巴结中有数量不等的小气泡。心肌苍白，心外膜有出血点。肾灰白色，皮质部小点出血。膀胱黏膜小点出血。

有一定免疫水平的母猪所生仔猪，会出现没有腹泻的亚急性形式的疾病，仔猪粪便颜色为黄色，其中含有坏死碎片，仔猪食欲旺盛，活泼好动，但体重会逐渐减弱，且大多会在5～7天死亡。这类仔猪肠壁较厚并且很脆，其肠黏膜会坏死并大多粘连。某些情况下，会呈慢性病变。被感染仔猪体重逐渐减轻，伴随间歇性的粪便样黄色或灰色黏液腹泻。

诊断

在诊断产气荚膜梭菌所致各种家畜和人的猝死时，其发病情况、临床症状、剖检病变等有一定参考价值，但要确诊，需进行实验室诊断，一般根据肠内细菌学检查、毒素分析、毒素中和试验及细菌免疫染色法等综合诊断。如A型菌产生的主要毒素是α毒素，起着致病作用，不产生β、ξ毒素。在诊断A型产气荚膜梭菌所致的猝死症时，可用B、C、D型血清进行中和试验，肠毒素被B、C、D型血清中和者定为A型菌。

日本学者依田亲一等报道，在确诊A型产气荚膜梭菌引起疾病时，必须具备以下3个条件：①从肠道内容物中分离出A型菌；②证明肠道内容物中有α毒素；③检出的α毒素对动物有病原性。C型菌所致感染的诊断如同A型菌。检到C型产气荚膜梭菌，即可确诊，因为C型菌在肠道中不常出现，只有C型菌在肠道菌丛中占主导地位时才能引起发病。另外，根据检出的内容物β毒素也可确诊。

产气荚膜梭菌的毒素可用小鼠和豚鼠作血清中和试验来检测和鉴定。所用操作方法已由Carter（1973）报道过。死亡后应快速采集肠内容物和其他体液，并加1%氯仿作防腐剂。样品在送往实验室的过程中应加以冷却，其后离心取上清液（0.2～0.4mol）静脉注射小鼠和皮内注射到豚鼠的白色皮肤部分。部分样品用胰蛋白酶处理（1%胰蛋白酶粉，重量/容量），室温放置1h以激活戊型和壬型毒素并破坏乙型毒素。然后把这种经酶处理过的溶液注射给第2组小鼠和豚鼠。如果有毒素存在小鼠在4～12h内死亡。豚鼠则观察48h，看注射部位有无坏死病变产生。在检出毒性的同时或以后，对第3组动物接种曾与抗A、B、C、D和E型的抗血清发生过反应的毒素上清液。此中和试验在72h内判读，并根据表

2-29 加以制定。

表 2-29　产气荚膜梭菌血清中和试验的判定

抗毒素	能中和	被中和的毒素
A 型	仅限 A 型	甲型
B 型	A、B、C 和 D 型	甲型、乙型、戊型
C 型	A 型和 C 型	甲型、乙型
D 型	A 型和 D 型	甲型、戊型
E 型	A 型和 E 型	甲型、壬型

防治

本菌发生突然，对患者可全身支持疗法和对症治疗，如输液、纠正酸中毒和抗菌治疗。大量使用青霉素控制化脓性感染。对猪的感染，应以预防为主。首先是加强猪舍消毒工作，尤其对母猪奶头、产房、接生用具和接生手术部位等都要消毒。一旦确定本病在某一地区的存在。此菌以芽孢形成方式长期存于环境中，可从母猪粪便中分离出这种细菌；在感染的分娩猪舍，此梭菌在乳猪之间传播。因本病的爆发可持续 2 个月之久，需隔离患病猪群。在某些养猪场，可在较长时间内出现急性病例。这些急性病例的出现是因非免疫后备母猪或母猪被引入污染区或乳猪因未从初乳中获得足够的特异性抗体所致。研究表明，免疫母猪或感染康复母猪所产乳猪常不易感染。因各猪群母猪的免疫性状不同，其后代的发病率和发病持续时间也不相同。对于发病区菌苗的免疫接种是首要的。乳猪吃到足量的初乳，乳猪就得到保护。乳猪被动抗体水平与母猪分娩时的抗体水平有关，其抗体水平变化明显。从 4.5～123 IU/ml（Matishek 等，1986）。Hoch 报告，受到 C 型菌感染的新生仔猪，如果母体中毒素价＞10 IU/ml，即可完全有效保护，免于死亡，母体初乳为 5～10 IU/ml 时，保护率为75%。所以，在母猪分娩前约 3 周应加强免疫一次，提高初乳中抗体水平。新生仔猪血清中抗毒素的滴度与母猪初乳中抗体滴度成正比，且于出生后第二天达到高峰。类毒素对断奶仔猪也有保护作用。因本病可在仔猪出生后仅几小时内发生，故对产下的仔猪应尽快地注射抗毒素。在流行区可加强产气荚膜梭菌的菌苗免疫，目前有 A 型魏氏梭菌灭活苗，肠毒血症灭活干粉菌苗，A、C 型二价干粉菌苗，多价魏氏梭菌灭活苗等以及对怀孕母猪产前一个月和半个月注射类毒素免疫，使初乳中含抗体，保护仔猪防止发病。亦可用 C 型产气荚膜梭菌的抗毒素血清直接注射新生仔猪，或对怀孕母猪于产前一个月和产前半个月各注射猪红痢的灭活菌苗 5～10ml，通过初乳保护仔猪。在非流行区，可通过药物，即对革兰氏阳性有效的抗生素或抗菌药物对母猪进行预防性用药，对初生仔猪作紧急预防。如果在病程的早期就用抗菌素治疗产气荚膜梭菌感染可能会有效。实验表明，小鼠在接种产气荚膜梭菌的同时注射青霉素，几乎可以完全的保护。但若延缓 3h 以上时才注射青霉素，小鼠的存活率明显降低。猪产气荚膜梭菌气性坏疽的预防包括发生深部污染性创伤，应尽快全身用青霉素或非氨基糖苷类抗生素治疗。Jaartsveld 等（1962）报道，某些临床发病猪注射青霉素后痊愈。仔猪出生后应尽快口服抗菌素（如氨苄青霉素），这样可防止疾病发展。在仔猪 3 日龄内应坚持天天治疗。近年来的研究表明，C 型产气荚膜梭菌对猪场中常使用的抗菌素可产生抗药性。Rood 等（1985）已在这种细菌中鉴定出四环素抗性质粒。一些研究表明，应用嗜酸乳杆菌等为生态制剂可使猪肠道中有益微生物总数增加，抑制病原性的多种条件性病原菌；产气荚膜梭菌易被胃酸杀死，故产酸微生态制剂可降低母猪肠道有害菌，减少环境污染。日本应用大组合菌群性微生态制剂预防猝死症，其依据是饲喂这种微生态制剂可使肠内的总细菌数及乳酸杆菌等有益菌的菌数增加，而病原性的多种条件性病原菌，尤其是产气荚膜梭菌明显减少。

十六、诺维梭菌感染
（*Clostridium novgi* Infection）

本病是由诺维梭状菌（*Clostridium novgi*）引发的人畜共患性疾病，人引起气性坏疽；动物引起坏死性肝炎等。此菌一旦在猪体内快速繁殖，可产生极强的外毒素，引起猪只突然死亡。主要侵害成年肥猪和种猪，老龄母猪的发病比例较高。

历史简介

Novyi（1894）用未消毒牛奶蛋白接种豚鼠，并从恶性水肿的豚鼠分离到此菌，故命名为诺维梭状杆菌。Weinberg 和 Seguin（1915）从战伤性坏疽患者身上又分离出一相同菌株，命名为 *Bacillus oedematiens*，即当今的 A 型诺氏梭菌。Zeissler 和 Ressfeld（1929），Kraneveld（1934），Wanter 和 Records（1926）分别自病羊、骨髓炎患牛和病死尸体中分离到 B、C、D 型诺氏梭菌。Veillon 和 Zuber（1898）、Bergey 和 Hunton（1923）曾将称为水肿梭菌的称为诺氏梭菌。Scott 等（1934）将此菌分为 A、B、C 3 个型。Batly, Buntsin 和 Walkor（1964）报道了猪的诺维梭菌感染。Oakley 和 Warrack（1959）在系统研究一些病原梭菌的毒素时，发现溶血梭菌与诺维梭菌很近似，就将此菌称为 D 型诺维氏梭菌。

病原

本病属梭菌属。革兰氏阳性厌氧芽孢核杆菌，两端钝圆、笔直或微弯，多为单个散在，偶有二连的粗大杆菌，大小为 $8.0～14.5\mu m×1.0～1.5\mu m$。人工培养 48h 后可形成葡萄芽孢，呈卵圆形，此菌体略宽，位于菌体近端。幼龄菌有周身鞭毛，但无荚膜。

本菌于半胱氨酸葡萄糖鲜血琼脂平板上厌氧孵育 48h 后，可形成灰白色、半透明、扁平、不规则圆形的菌落，无光泽或闪光，边缘呈波浪形，裂叶状或根状，直径 0.8～2.0mm。菌落下和周围有 1～3mm 的 β 溶血，其外还有一层不完全透明的溶血区。A、B、D 型有 β 浴溶血环，而 C 型不溶血。在联苯胺血液琼脂中，菌落生长良好，呈双凸状。卵黄琼脂平板培养时，A 型菌产生卵磷脂酶，有乳光沉淀反应；产生脂肪酶，有珍珠光泽反应。B 型菌有乳光沉淀反应；虽然产生微量脂肪酶，但不见珍珠光泽反应。C、D 型菌不产生脂肪酶。最适生长温度 45℃，大多数菌株在 37℃生长良好；25℃时生长微弱或不生长，在 20％胆汁、6.5% NaCl 中或 pH8.5 以下不生长。本菌能发酵葡萄糖、果糖、麦芽糖，但不能发酵鼠根糖、乳糖、蔗糖、甘露醇、棉实糖、甘露糖、甜醇、山梨醇、纤维二糖、菊糖、杨苷、七叶苷、淀粉、糊精、木糖、甘油、阿拉伯焦糖、肌酐、半乳糖、万寿菊糖（以上糖发酵试验的基础培养基是含半胱氨酸的 VL 肉汤），不产生靛基质和硫化氢，硝酸盐还原试验阴性，能液化明胶并产气，不液化凝固血清、凝固蛋白。在牛乳中气性发酵微弱，乳凝较迟，10 天后才出现细小絮状物。M－R 和 V－P 试验阴性。美蓝还原试验和接触酶试验阴性。本菌严格厌氧，对培养条件的要求极为苛刻，在没有二硫苏糖醇（Dithiothreitol）还原剂的条件下，即使用含有半胱氨酸的葡萄糖鲜血琼脂，也不易获得每次成功。该菌在加有无菌新鲜生肝块的肉肝胃酶消化液中生长良好。液体深层培养时，疱丁肉汤培养 24h 生长达高峰，大量产气，肉渣颜色变淡。肝片肉汤培养后静放数天，菌体沉积在肝块表面和棱角处，呈乳白色，貌似岩石上的积雪。大部分菌株不消化肉渣和肝片。

本菌能产生高度烈性的外毒素（A 至 D），其产生致命的坏死性 α 毒素被认为是 B 型菌株在猪体内产生的主要毒素。该毒素能引发坏死、细胞屏障的高通透性，并会瓦解细胞间的连接。

Buxton（1977）将此分为 A、B、C、D 4 个型，除 C 型外，其余 3 个型分别产生 5 个、5 个和 3 个外毒素。诺氏梭菌的毒素及其分型见表 2－30。

流行病学

诺维氏梭状芽孢杆菌广泛存在于土壤及人、畜和草食动物的肠道、肝脏中及鲸鱼。是一种动物病原梭菌，能引起许多动物感染、发病、死亡。绵羊、山羊、牛和马传染性坏死性肝炎（黑病）的病原体，也是人气性坏疽的病原性，也可感染兔、鼠等。A 型诺维梭菌可单独或与其他微生物联合引起人与家畜的气性坏疽，马、牛、羊、猪对之都有感受性，还可引起绵羊的一种快疫；动物恶性水肿及在澳大利亚、南非和北美等国家，羊感染此菌发病的现称"大头病"，一般夏季、秋季多发；B 型致绵羊黑疫；C 型致牛骨髓炎；D 型（溶血梭菌）致牛的"细菌性血尿症"，偶尔发生，罕见于猪。虽 A 型和 B 型诺维氏梭状芽孢杆菌均能从报道的突然死亡猪体内分离到，但该菌是猪大肠和肝脏的正常菌群。A、B 型诺维氏菌的带菌动物数随地理分布而异，携带诺维氏菌的许多健康鸟类和哺乳动物的肝脏并不受损。

表 2－30　诺氏梭菌的毒素及其分型

毒素（抗原）	生物学作用	菌　　型			
		A	B	C	D
α	坏死，致死	＋	＋	－	－
β	溶血，坏死，致死，卵磷脂酶	－	＋	－	＋
γ	溶血，坏死，卵磷脂酶	＋	－	－	－
δ	溶血（易氧化性）	＋	－	－	－
ε	卵磷脂酶，脂肪酶	＋	－	－	－
ζ	溶血	－	＋	－	－
η	原肌球蛋白酶	－	＋	－	－
θ	卵黄乳浊化	－	tr	－	＋

注：＋表示产生；－表示不产生；tr 表示痕迹。

尽管猪群感染诺维氏梭状芽孢杆菌的情况并不普通，但集约化猪场或粗放型与半粗放型猪群都有发生。一旦引发疾病，肝脏内的芽孢就有生长力，并能产生高度烈性的外毒素，造成严重的坏死性和水肿性肝实质损伤。

许多与诺维氏梭菌感染相关的母猪死亡似乎均发生或接近于产仔期的关键阶段，Batty 等（1964）报道过一头成年母猪在产仔 4 天后死亡，出现明显的尸体腐败现象，在内脏器官中检出大量诺维氏梭菌。Duran 和 Walton（1997）研究过 17 例诺维氏梭菌感染由猪围产期是一个特殊的应激性阶段，其免疫系统一般菌群的改变可能在诺维氏梭状芽孢杆菌肝病的发生中起着重要的作用。一些研究显示，低强度感染（子宫炎、膀胱炎、肠炎）可促进诺维氏梭状芽孢杆菌在母猪肝脏中增殖。这些微生物是通过何种路线到达肝脏未有文献记载。

此病侵害大的肥育猪和母猪，春季发病率更高，并且老龄母猪的发病率比良好体况母猪发病率高 4 倍，以猝死为特征。

发病机制

有关猪发生本病的发病机理和流行病学资料有待于对本病的进一步研究。

临床表现

人

A 型诺氏菌可存在于人的创伤和粪便中，可引起人气性坏疽，表现为肌肉坏死和筋膜炎，创伤局部发生弥漫气性—炎性水肿，甚至出现毒血症。病变特征是水肿，从头、颈、胸部快速蔓延，死亡迅速。

猪

诺维梭菌 A 型和 B 型均能从报道的突然死亡母猪体内分离到，也有混合型的。该菌能产生极强的外毒素。致死性和坏死性 α 毒素是 A 型和 B 型菌株的主要毒素。有时患猪病程短促，看不到临床表现，死亡前晚上也未见猪任何异常，但翌日清晨已倒于圈内，地面上也无患猪挣扎的痕迹。Batly（1964）报道 53 头 5 周龄猪突然死亡，死后尸体腐烂异常迅速，气管内带有血泡沫，肾脏表面出血。Bourne 和 Kerry（1965）报道猪的诺维氏梭菌感染，一头 3 周龄仔猪突然鼻腔有泡沫状红色液体，胸腔、心包囊及腹腔有血性渗出液，脾肿大，肝脏变性和气肿，死于此病猪的明显特征是肝脏为青铜色，切开有大量气泡。当动物刚死时，这些特征特别明显。俞乃胜等（1987，1988）在云南见到零星散发的一种以肝迅速自溶，腹腔和心包中积有红色液体，肺充血、水肿，气管内有出血性泡沫状液体的突然死亡猪。分离鉴定为 B 型诺维氏梭菌。猪死亡突然，尸僵完全，腹部明显膨胀，鼻腔和嘴角流出泡沫样红色液体，颚下、胸腹皮下无胶样水肿。胸腹腔和心包囊内有多量暗红色液体，肝脏质软，呈灰色或土黄色，个别切面中有大量气体，呈海绵状。胆囊、脾脏肿大，呈黑红色，柔软、易碎。肾脏土黄色。肝、脾、肾和淋巴结组织切片检查，均见不同程度的自溶。胃膨大，黏膜脱落，充满气体。小肠黏膜充血，肠内暗红色，并有黏膜脱落，整个肠管内充满气体。肠道膜淋巴结肿胀，多汁。

Alfredo Gare la 等（2009）报道，放牧母猪在转入预产房后突然死亡。尸体严重肿胀，皮肤呈紫色变色。皮下水肿，尸体剖开时伴有恶臭，淋巴结肿大、充血，胸腔、心包和腹腔出血，浆膜出血和脾脏肿大。胃内充盈，肺充血，肝脏肿大、易碎、色深和均匀地渗透着气泡，气泡充满肺叶，产生蜂窝状的外观（类似于充满气泡的巧克力），从而产生海绵状的切面外观。

刘耀方（2013）报道某规模化养猪场 13 头怀孕母猪发病猝死，病猪死亡速度极快，病程很短，且这些母猪发病前均无任何前驱症状，来不及做任何治疗措施猪亦死亡。临床症状主要表现为体温升高，达到 40～41℃，突然猝死，死后腹围迅速膨气。病死猪体表有大块紫斑，鼻孔、口腔、眼角、肛门出血，舌外吐。剖检可见胃肠道黏膜出血严重，脾脏肿大，心肌出血，心耳严重出血。血液、内脏涂片镜检、细菌培养、生化试验和 PCR 检测，鉴定为诺维氏梭菌。

诊断

本病诊断较困难，因为疑似病例通常已死亡，死亡大于 24h 猪存在细菌的入侵可能性，其肝部出现的诺维氏梭菌，并不能单独构成传染性坏死性肝炎或梭菌肝病确诊的充分证据。一般通过梭菌属微生物的鉴定结果，再结合突然死亡的病史，脏器官迅速分解和肝脏中有气泡的存在（肝肿大、易碎、充气、气泡充满肝叶，充满气泡的巧克力蜂窝状外观）进行综合判断。

1. 临床诊断 此病有突然死亡史，侵害大的肥育猪和种猪，主要是母猪，死于诺维氏梭菌感染的动物通常体现较好。Duaran 和 Walton（1997）报道，本病春天发病率更高，并且老龄母猪的发病率的体沉中比良好的母猪发病率高 4 倍，尸体充血、肿胀、膨气及迅速腐败。鼻孔有浆液性泡沫渗出物，皮下组织水肿、肺水肿和气管泡沫。心包腔和胸腔有浆液性纤维蛋白性或浆脓性血样渗出物。肝脏气性腐败异常迅速。新鲜尸体可见肝脏有明显气泡。有报道此病死亡的猪的明显特征是肝脏为青铜色，切面有大量气泡。当动物刚死时这症状特别明显。通常胃胀满或有脾充血。

2. 细胞学诊断

（1）组织触片镜检 耳类、心血、肝、脾、肾、腹水的触片，以革兰氏染色液染色，镜检。

（2）毒力沉淀 用小鼠进行毒素毒力测定和致病力测定；用豚鼠作芽孢的致病力试验。其他可用荧光抗体法和 PCR 法进行鉴定或检测。

（3）细菌分离 取实质脏器、腹水、心血和小肠内容物直接接种于半胱氨酸葡萄糖鲜血琼脂平板或卵黄琼脂平板上做厌氧培养，或将病料接种于葡萄糖 VL 肉汤中，经 70℃水浴加热 30min，待温后加入无菌新鲜肝块，经厌氧孵育 2 天，再移植于上述培养基分离肉汤为有无菌新鲜生肝的肝胃消化糖，可使菌生长良好。该菌在有二硫苏糖醇（Dithiothreitol）还原剂条件下，更易分离。

防治

本病发生突然，而且发病病例少，一般无法治疗。只能对猪采取一些预防措施。由于机体内存在本菌，可以通过减少感染猪群的肺炎、子宫炎、肠炎及寄生虫发病率来控制。有研究报告指出，使用杆菌肽锌能够降低死亡率。发病猪场，需加强饲养管理，不要突然更换饲料和使用发霉饲料，避免肠道菌群失衡、降低免疫功能诱发本病发生。有报道本菌对头孢噻呋敏感，故可做药敏试验后，进行预防用药。诺氏梭菌在猪肠道中是正常菌，但菌体发生大量繁殖会出现致病，因此可以考虑长时间在饲料或饮水中加入嗜酸杆菌、乳杆菌、芽孢菌等有益菌以通过菌的干扰、抑制等维持肠道正常菌群。

十七、破伤风
（Tetanus）

破伤风（Tetanus）是由破伤风梭菌经伤口感染引起的一种急性人畜共患病。其特征是骨骼肌持续性痉挛和神经反射兴奋性增高，又名强直症、锁口风。

历史简介

公元五世纪，希波拉底第一个对破伤风症状做出了具体描述和临床诊断。公元 610 年巢元方氏的《诸病源候论》中有脐炎及引起破伤风的记载。Aretaeus 在公元一世纪破伤风被称为"痉症"，新生儿破伤风又称"四六风"、"脐风"、"光日风"等。公元二世纪张仲景曾有论述。Nicolaier（1884）用花园土接种兔、豚鼠、小鼠引起本病，5 年后在柏林分离到该菌，证明本菌为一种棒状芽孢杆菌。其方法是为让培养物形成芽孢，然后在 80℃加热 45～60min，再在厌氧条件下继续培养，并指出虽然该菌存在于最初伤口感染处，但能产生类似于番木鳖碱样的毒素。Flügge（1886）称该菌为破伤杆菌，因其缘于拉丁语 Tetanus（牙关紧闭），故又称为"强直梭菌"。北里柴三郎（1989）从一名破伤风死亡士兵体内获得本菌纯培养，并阐明了它的生物学性状，并最终证实了 Nicolaier 认为的该菌存在于最初伤口感染处，但产生的毒素可以遍及全身。接着 Sanchez Toledo 和 Veillon 发现该菌在动物肠道中是一个规则细胞，但在土壤中却以强抵抗力的芽孢存在。Knud Feber（1890）首次报告分离到破伤风毒素。北里柴三郎与 Vonbehring（1890）发现了破伤风梭菌毒素和白喉杆菌毒素，建立了毒素与抗毒素的关系。为此于 1901 年获得第一个诺贝尔生理学或医学奖。

应用破伤风类毒素接种法预防破伤风已有 100 多年的历史。1890 年，Emil Behring 和 Kitasato 首次报告了注射抗毒素对破伤风免疫的作用。Edmond Nocard（1895）进一步将抗体作为治疗破伤风的方法，并生产出大量的破伤风免疫球蛋白。Michael（1919）和 Vallees Bazy（1917）报告将破伤风免疫接种人。Gaston Ramon（1911）开始研究破伤风类毒素疫苗，其学生 Descombey（1924）报告了破伤风类毒素疫苗。Ramon 和 Zoller（1926）将甲醛灭活的破伤风类毒素疫苗应用于人类免疫，并在第二次世界大战中被广泛应用。

病原

破伤风梭菌（*Clostridium tetani*）又称强直梭菌，属于梭菌属，为一种大型厌氧革兰氏染色阳性杆菌（本菌在创口内或在液体培养基中培养较久时，革兰氏染色可呈阴性）。两端钝圆、细长、正直或稍弯曲，大小为 $0.3\sim0.5\mu m\times4\sim8\mu m$。多单个存在。在动物体内外均可形成芽孢，其芽孢在菌体一端，似鼓槌状或球拍状，多数菌株有周鞭毛，能运动，不形成荚膜，但Ⅳ型菌株无鞭毛，不能运动。在普通培养基上便可生长，最适温度为 37℃，最适 pH7.2～7.4，在 pH6.4 以下或 pH9.2 以上都不能生长。其营养要求不高，能在普通的含糖肉水、琼脂、明胶培养基上发生。

血清琼脂上形成不规则的圆形、扁平、透明、中心结实、周边疏松、类似羽毛状细丝，相互交错为蜘蛛状，直径 1～2mm 的小菌落。血琼脂上形成轻度的溶血环。肉渣肉汤上部分肉渣变黑，上层肉汤透明，产生甲基硫醇，有咸臭味。葡萄糖高层琼脂中，菌体沿穿刺线呈放射状向四周生长，如毛刷状。有的形成棉团状菌落。一般不发酵糖类，只轻度分解葡萄糖。能液化明胶；产生硫化氢，形成青霉基质，不能还原硝酸盐。不分解尿素。紫乳 4～7天凝固，继之胨化。MR. VP 试验阴性。DNA 中的 G＋C 为 25～26 mol%；模式株：ATCC19406、NCTC279。

破伤风梭菌有两类抗原，即菌体和鞭毛两种抗原。菌体抗原有属特异性，鞭毛抗原有型特异性。由于鞭毛抗原的不同，可进一步分型。现已知有 10 个菌型，Ⅳ 型无鞭毛，故缺乏型特异性抗原；Ⅱ、Ⅳ、Ⅴ、Ⅺ型有共同 O 抗原，所以这些菌之间有交叉凝集。我国以 Ⅴ型最常见，但各型细菌所产生的毒素在免疫学上完全相同。

破伤风菌的毒力因子，主要是破伤风痉挛毒素和破伤风溶血素，分 10 个血清型，我国以 Ⅴ 型最常见。在动物体内或在培养基内均可产生几种破伤风外毒素，也有同时产生第 3 种毒素，非痉挛性毒素（Nonspasmogenic Toxin）。痉挛毒素由质粒编码，基因为 3 945 核苷酸，编码产生 1 314 个氨基酸，存在于所有的毒原性菌株中和溶血毒素，是一种作用于神经系统的神经毒。引起动物特征性强直症状的决定性因素，是仅次于肉毒梭菌毒素的第二种毒性最强的细菌毒素。以 10^{-7} mg 剂量即能致死一只小鼠。它是一种蛋白质已确定，破伤风痉挛毒素是由两条肽链组成，即重链（β 链）和轻链（α 链）。重链分子量为 107KDa，轻链分子量为 53KDa，重链和轻链之间有一肽链和二硫链相连。对热较敏感，65～68℃经 5min 即可灭能，通过 0.4% 甲醛杀菌脱毒 21～31 天，可将它变成类毒素。其他毒素有溶血毒素和非痉挛毒素。可能引起某些非特异病变或有助于破伤风杆菌的生长与产毒。各型细菌产生的毒素，其生物活性的免疫学活性相同，可被任何一型菌的抗毒素血清中和。用抗生素治疗时无需区别。

产毒破伤风梭菌 E88 的基因组别测序工作已全部完成，该菌基因长度为 2 799 250bp 的染色体和一长度为 74 082bp 的质粒组成，染色体编码 2372 ORF，质粒则编码 61 ORF，包括破伤风毒素和胶原酶基因（基因检索号为 AE015927）。

本菌抵抗力不强，一般消毒药物均能在短时间内将其杀死，但芽孢抵抗力强，在土壤中可存活几十年。据报道，本菌芽孢 34 年后尚能生活。能耐 100℃煮沸 1h，150℃干热 1h。

流行病学

本菌广泛存在于自然界，各种家畜均有易感性，其中马等单蹄兽最易感，猪、羊、牛次之，犬、猫仅偶尔发病，家禽自然发病罕见。实验动物中豚鼠、小鼠均易感，家兔有抵抗力，人的易感性也很高。各年龄段均可感染，幼龄动物的易感染性更高。梁学勇（2005）通过对宁陵县 2004 年就诊破伤风病例的流行调查分析发现，农村猪患破伤风病的就诊比例占总病例数的 61.03%、羊占 16.8%、马属动物占 11.77%、牛占 11.03%。

病原菌常寄居于人和动物肠道中，10%～40% 的人畜粪便中可检测到此菌，扩散到施肥的土壤、腐臭淤泥中，Noble（1915），Tenbroeck 等（1922）报道从人粪中检测到本菌。通过各种创伤、断脐、去势、断尾、穿鼻、手术或产后感染，在临诊上 1/3～2/5 的病例查不到伤口，可能是创伤已愈合或可能经子宫、消化道黏膜损伤感染。

本病遍布全球，处在热带气温的湿热地区发病率较高，本病无明显的季节性，多为散发，但在某些地区的一定时间里可能出现群发。我国农村地区发病高于城市，边远地区及少数民族地区发病率也偏高。边远落后地区、家中接生及旧法接生、母乳抗体低者，新生儿容易得破伤风。在许多发展中国家，新生儿破伤风是造成婴儿死亡的重要原因之一。

发病机制

破伤风梭菌在自然界中分布很广，但必须有一定的条件使破伤风梭菌侵入机体并在局部生长繁殖后产生毒素才能引起疾病，并且健康组织不利于菌体繁殖，如与化脓菌同时侵入创口时，由于造成组织化脓腐败和无氧环境而有利于本菌繁殖。

当破伤风梭菌芽孢侵入机体组织后，在有闭合深创、水肿和坏死组织存在的条件下，或有其他化脓或需氧菌共同进入时在厌氧条件下，菌体能大量繁殖，产生毒素，引起发病。试验证明，用洗过的不含毒素的纯破伤风杆菌或其芽孢注射于健康的动物组织中，细菌不能发育，也不发病；如果同时注射腐生菌或某些刺激性化学药品，可使细菌繁殖，并产生毒素就可以致病。

破伤风为典型的毒血症，病菌只局限于创伤部位，很少侵入血流散布于其他器官，其症状产生由破伤风痉挛毒素作用于神经系统所引起。首先毒素与神经细胞结合，一方面引起过度兴奋，造成肌肉的持续紧张强直和腺体的过多分泌；另一方面形成许多高度敏感的兴奋灶，稍受刺激便发出兴奋冲动，从而产生阵发性的剧烈痉挛等症状。表现形式上主要为机体各处肌肉痉挛。

另外，在严重病人中，也常出现规律而不稳定的高血压、心动过速、外周血管收缩、大汗、高热及尿中儿茶酚胺排出量增加等综合征，这是交感神经系统连续处于高度活动的结果，此等症出现往往是提示患者死亡危险的征兆。

关于毒素如何从局部到达中枢神经和作用于神经系统有 3 种不同意见：①破伤风外毒素经运动神经末梢吸收，可沿神经轴到达中枢神经，刺激脊髓前角细胞引起反射性痉挛。其作用可能是阻止了某些抑制冲动性导介质的释放，干扰了上级运动神经元对下级运动神经元的正常抑制冲动，使脊髓部分所支配的肌肉兴奋性过高，紧张力增加，发生强直痉挛。②毒素先被吸收到淋巴，借血流散布于中枢神经，再作用于中枢神经系统。③毒素刺激神经感受器，引起兴奋，将兴奋传导致中枢神经系统，因而引起反射性痉挛。一些试验资料证明，只要微量破伤风毒素漏入神经外淋巴管或直接注射入血液，均能引起破伤风症状。因此，认为肌肉紧张性收缩是毒素作用于肌肉神经终末器的结果，而全身阵发性痉挛是毒素作用于脊髓前角细胞的结果。破伤风毒素与神经组织结合后不易被抗毒素中和。

当破伤风梭菌芽孢侵入机体组织后，在有深创、水肿及坏死组织存在的条件下，或有其他化脓菌或需氧菌共同侵入时，菌体能大量繁殖，产生毒素，引起发病。破伤风痉挛毒素通过外周神经纤维间的空隙上行到脊髓腹角神经细胞，或通过淋巴、血液途径到达运动神经中枢。业已证明，毒素与中枢神经系统有高度的亲和力，能与神经组织中神经节苷酯结合，封闭脊髓抑制性突触，使抑制性突触末端释放的抑制性冲动传递介质（甘氨酸）受阻，这样上下神经元之间的正常抑制性冲动不能传递，由此引起了神经兴奋性异常增高和骨骼肌痉挛的强直症状。下行性破伤风的强直性痉挛起始于头、颈部，随后逐渐波及躯干和四肢，上行性破伤风最初在感染周围的肌肉出现强直症状，然后扩延到其他肌群。痉挛毒素对中枢神经系统抑制作用，导致呼吸功能扰乱，进而发生循环障碍和血液动力学的扰乱，出现脱水、酸中毒，这些扰乱成为破伤风患畜死亡的原因。

临床表现

人

公元一世纪破伤风被称为"痉笑"。潜伏期最短的1～2天，最长可达数月，一般1～2周。发病越早，死亡率越高。潜伏期长短与动物种类与创伤部位有关，创伤距头部较近，组织创伤口深而小，创伤深部严重损伤，发生坏死或创口被粪土、痂皮覆盖等，潜伏期缩短；反之，则延长。

一般呈下行性的肌肉强直性痉挛，即典型的牙关紧闭后，继而出现颈部、上臂、躯干和腿部肌肉的痉挛。痉挛性收缩初为间歇性，其后成为持续性，最后因窒息而死亡。病初低热不适、头痛、四肢痛、咽肌和咀嚼痉挛，继而出现张口困难，牙关紧闭，呈苦笑状，随后颈背、躯干及四肢肌肉发生阵发性强直痉挛，不能坐起，颈不能前伸，两手握拳，两足内翻，咀嚼、吞咽困难，饮水呛咳，有时可出现便秘和尿闭，严重时呈角弓反张状态。任何刺激均可引起痉挛发作或加剧，强烈痉挛时有剧痛并出现大汗淋漓。痉挛初期为间歇型，以后变作持续性，患者表情惊恐状，颜面肿胀，全面颤抖，呼吸困难，可窒息而死。但神志始终清楚，大多体温正常，病程一般2～4周。并发症包括窒息、肺部感染、酸中毒和循环衰竭，往往是造成患者死亡的重要原因。

破伤风临床上分轻、中、重三型，分型标准见表2-31。

表2-31　破伤风轻、中、重分型标准

分型标准	轻型	中型	重型
潜伏期	10天以上	7～10天	10天以内
痉挛前期	48h以上	24h以上	24h以上
痉挛发作频数	<3次/GD	>3次/d	多次或频发
临床表现	仅有牙关紧闭，无吞咽困难	有吞咽困难，但无呼吸困难	有呼吸困难，发绀轻差，不易控制
对镇静剂反应	良好	良好	良好

特殊类型的破伤风主要有下述几种：

①局限性破伤风：局部肌肉强直，肌张力增加。

②脑型破伤风：头部、面部，主要为眼睑部受伤感染，牙关紧闭，面肌及咽肌痉挛。

③新生儿破伤风：发病于生后1周内，半数无牙关紧闭，仅吸乳困难，但压下颌时有反射性牙关紧闭。

根据破伤风毒素在体内的分布、临床特征及患者年龄通常可以分为4种类型：

①全身性破伤风：破伤风病例中80%属于全身性破伤风。开始特征性的症状为牙关紧闭，随后是颈强直，吞咽困难，腹壁肌强直。进一步发展可出现由于面肌痉挛所致的"苦笑"状。肌肉痉挛系阵发性，痉挛间隙期，肌肉仍处于坚硬强直状态，发作次数不等，时间

长短不一，可自发，也可因外界刺激，如强光、音响等诱发。发作时常伴有剧烈的疼痛，发作后大量出汗。之后发作逐渐频繁，且持续时间逐渐延长，患者十分痛苦和惊恐。全身肌肉强烈痉挛至全身抽搐，可引起呼吸困难，患者常因窒息或肺炎而死亡。除重症患者外，神志多清醒，体温多正常，但有时也可因继发感染而出现体温升高或昏迷等。

②局部破伤风：毒素量比较少，通常发生破伤风感染创口的邻近区域，局部肌肉痉挛数周后，逐渐消退，某些情况下也可能是全身破伤风的前驱症状。一般局部破伤风死亡率较低。

③头部破伤风：少见，偶尔由中耳炎或头面部创伤感染了破伤风梭菌所致。表现为因毒素作用于脑神经而导致的面瘫，某些情况下，如果不处理会发展为全身破伤风。单个颅神经或多个运动颅神经经常被波及，但最多见的是第 7 对颅神经。头部破伤风潜伏期短，死亡率很高。

④新生儿破伤风：俗称"脐风"，尤为常见，是破伤风梭菌通过脐带感染婴儿所致。严重的新生儿破伤风的潜伏期为 0～7 天，发病后 48h 内出现典型症状。早期为烦躁不安，好哭，继而出现吸吮困难、牙关紧闭、角弓反张等。患儿颈后仰，双臂屈曲，紧握拳头，两腿伸直，易并发窒息，病死率高。尽管新生儿破伤风在发达国家已经较少，但仍然是破伤风死亡的主要原因。

猪

较常发生，多由于阉割感染。Kaplan（1943）报道阉割猪发病。日本 Sakurai（1966）在阉割 220 头猪中 200 头感染发病。一般也是从头部肌肉开始痉挛，牙关紧闭，口吐白沫，叫声尖细，瞬膜外露，两耳竖立，腰背弓起，角弓反张或偏侧反张，尾呈强直状，全身肌肉痉挛，触摸坚实如木感，四肢僵硬，难于站立，病死率较高。

诊断

破伤风患者实验室检查无特异性，仅约 1/3 患者的伤口分泌物中分离到破伤风梭菌。因此，病史资料极为重要，临床表现和流行病学调查判断是否有伤口被土壤或其他材料污染或不洁净的生产。根据本病的特殊临床症状，对于轻症病例或病初症状不明显病例，要注意与马钱子中毒、癫痫、脑膜炎、狂犬病及肌肉风湿等相鉴别。因伤口直接涂片和细菌学检查阳性率不高，故一般不检查。细菌分离通常是：用无菌操作采取创伤分泌物或坏死组织，80℃ 20～60min，以杀死病检材料中的非芽孢菌，再接种于肉渣培养基或焦化没食子酸培养基，在厌氧条件下 37℃ 培养 24～48h 后，做涂片检查，并接种于血液葡萄糖琼脂平板上，在厌氧培养下分离此菌，进行破伤风杆菌的鉴定。在普通琼脂平板上培养 24～48h 后，可生成典型"棉子样"菌落，直径 1mm 且呈不规则圆形，中心紧密，周边疏松似羽毛状或丝状突起，边缘不整齐呈羊齿状。

防治

目前尚无特效治疗破伤风的药物，关键在于预防。人工自动免疫用于未感染前的预防；人工被动免疫用于紧急预防治疗。

1. 预防

（1）免疫预防　在本病常发地区，应对易感家畜定期接种破伤风类毒素。病畜康复后，可获得一定程度的免疫力，但轻症患者免疫力不强，仍要进行类毒素免疫；用破伤风明矾，沉淀类毒素预防接种，注射后1个月产生免疫力，免疫期一年；如第二年再注射1.0ml，免疫力可维持4年。人、畜早期应用抗破伤风血清治疗，具有较好效果，预防治疗，免疫力可维持14～21天。抗毒素能中和循环毒素，但对已与神经组织结合的毒素则无可逆性作用。因此，预后决定于创伤感染与应用抗毒素之间的间隔时间。

（2）防治外伤感染　被破伤风梭菌污染的脐带残端及小的刺伤能引起新生儿死亡，所以要注意妇产及医院卫生和防止创伤。平时要注意饲养管理和环境卫生，防止家畜受伤，一旦发生外伤要注意及时处理，防止感染。阉割时要注意器械消毒和灭菌操作。对于较大较深的创伤，除做外科处理，应肌肉注射破伤风抗血清1万～3万U。小猪阉割时一定要对手术刀和局部皮肤消毒，术后对创口碘酒消毒和用磺胺粉。

2. 治疗

（1）创伤处理　尽快查明感染的创口并进行外科处理。消除创口的脓汁、异物、坏死组织及痂皮，对创深和创口小的要扩创。清创时，伤口周围宜先用1万～2万U破伤风抗毒素（TAT）或3 000U破伤风免疫球蛋白（T/G）浸润后再行扩创。扩创还应在镇静剂、止痉剂及抗生素应用后1～2h进行。以5％～10％碘酊、3％H_2O_2或高锰酸钾消毒，并再以碘仿硼酸合剂，然后用青霉素、链霉素做创周注射，同时用青霉素、链霉素全身治疗。手术后用3％过氧化氢或1∶4 000高锰酸钾湿敷，伤口不宜缝合或包扎。

（2）药物治疗　早期使用破伤风抗毒素疗效较好，剂量20万～80万IU。分3次注射。也可同时应用40％乌洛托品，大动物50ml，中小动物酌减。

（3）对症治疗　当病畜兴奋不安和强直痉挛时，可使用镇静解痉剂。一般多用氯丙嗪肌内注射或静脉注射，每天早、晚各一次。可用水合氯醛25～40g与淀粉浆500～1 000ml混合灌肠或与氯丙嗪交替用，或用25％硫酸镁肌内注射，以解痉挛。牙关紧闭者，可用1％普鲁卡因局部注射，每天一次。对破伤风有效的抗生素有青霉素、红霉素及四环素等。我国目前常规采用百日咳苗、白喉类毒素和破伤风类毒素的百日破三联苗，对3～6个月的儿童进行免疫，之后每隔几年加强注射。

人的预防也以主动免疫接种和被动免疫为主要措施。人常见于接产，故应注意。伤口感染严重又未经基础免疫者，立即注射破伤风抗毒素（TAT）获得被动免疫紧急预防；特异性治疗包括使用抗毒素和抗生素两方面。控制和解除痉挛，如患者单室居住、环境安静，防止光声刺激是治疗过程中很重要的一环，这可极大程度上防止窒息和肺部感染的发生，减少死亡，对病室定期空气消毒，如每天用39％过氧乙酸喷雾。

严格执行接触隔离制度。接触患者伤口及敷料应戴无菌手套。患者的一切医护用具必须专用，用后特殊处理，如敷料焚烧，药杯、搪瓷类、金属类物品应用1％过氧乙酸浸泡10min，再高压消毒等。向患者及家属说明探视频繁可增加交叉感染的机会，使之配合，尽量减少探视。一旦发现病猪应及时治疗，愈早愈好。治疗方案如下：①使猪保持安静，将其放置阴暗、没有音响刺激的地方。彻底清除创口内的异物、坏死组织及分泌物，并进行彻底消毒。当创口较小时要进行扩创，同时应用青霉素200万U和链霉素200万μg混合肌肉注射，每天2次，连续7天，以清除和抑制病菌。②早期可皮下或静脉注射破伤风抗血清20万～40万IU，以中和游离毒素。全量血清可一次用足，亦可分3天注射。③解除肌肉痉挛可用氯丙嗪，按1～3mg/kg，肌肉注射，或25％硫酸镁溶液20ml，静脉或肌肉注射。

④对不能吃食、饮水的病猪，应静脉注射 10%葡萄糖液，每次 50ml 或腹腔注射，以维持营养并具有强心、解毒作用。⑤及时处理病死猪、排泄物和污染物。病死猪要焚烧无害化处理；排泄物、污染物要用过氧乙酸消毒后，再堆积发酵统一处理，防止病原扩散。⑥保护饲养者、兽医自身安全，尽量减少接触和接触后消毒。

十八、肉毒梭菌中毒症
（Botulism）

肉毒梭菌中毒症（Botulism）是吸收肉毒梭菌毒素而引起人畜共患中毒病。以运动中枢神经和延脑麻痹为特性，病死率极高。简称肉毒中毒，又称腐肉中毒（Carrion Poisoning）。

历史简介

Kerner（1820）报道人类肉毒梭菌中毒的流行病学和临床学。Van Ermengen（1896）从比利时熏火腿香肠中毒病死人组织中分离到病原。并证明是引起食物中毒的病原菌，称其为腊肠中毒杆菌（Bacillus botulinus）。Muller（1870）定名，分 4 个群 8 个血清型，即 A、B、Ca、Cb、D、E、F、G，8 个血清型。人以 A、B、E 为主，动物以 C、D 型为主。G 型（1966 年于阿根廷土壤中分离到，尚无人中毒报道）已独立定名为阿根廷梭菌。

病原

肉毒梭菌（Clostridium botulinum）产生的肉毒毒素引起人和动物的神经麻痹等，而细菌本身则是一种腐生菌。本菌为革兰氏染色阳性，两端钝圆粗大杆菌，长 4～6μm，宽 0.9～1.2μm，多单在，偶见成双或短链条状（在陈旧培养物中）排列。有 5～30 根的周身鞭毛，动力微弱，无荚膜，芽孢椭圆形，大于菌体（A、B 型），位于菌体的近端，使菌体呈匙形或网球拍状；另外，5 个菌型的芽孢一般不超过菌体宽度。DNA 中的 G+C 为 26～28mol%。肉毒梭菌根据其毒素抗原性不同，可将其分为 A 型、B 型、C 型、D 型、E 型、F 型和 G 型 7 个毒素型，各型毒素只能为相应型抗毒素所中和。A 型、B 型、E 型、F 型可引起人类的肉毒梭菌毒素中毒；C 型可引起禽类、牛、羊、马、骆驼、水貂等动物的肉毒梭苗毒素中毒。

肉毒杆菌 ATCC3502 的基因组长度为 3 886 916bp，（G+C）%约为 28.2%，带有一个 16 344bp 的质粒。

本菌为最严格的厌氧菌，对营养要求不甚苛求，在普通培养基中即能生长，但加入血清、血液或葡萄糖等，可以促进其发育。培养温度为 28～37℃，最适温度为 35℃，A、B 两型产生外毒素的最适温度为 37℃，其他各型菌为 30℃。最适 pH6.8～7.6，产毒最好 pH7.8～8.2。血清琼脂上培养 48～72h，生成中央隆起、边缘不整齐、灰白色、表面粗糙的绒球状菌落；培养 4 天，菌落直径可达 5～10mm。菌落常汇合在一起，通常不易获得单个菌落。血琼脂上培养，在菌落周围有溶血区。葡萄糖肉渣汤培养，呈均匀混浊状生长，肉渣可被 A、B 和 F 型菌消化溶解成烂泥状，并变黑，产生腐败恶臭味，从第 3 天起，由于菌体下沉，肉汤变得清朗，其中含有外毒素。葡萄糖高层琼脂振荡培养，使其均匀分布于琼脂中，形成棉团状菌落，并产生气体。

本菌能分解葡萄糖、麦芽糖、果糖产酸产气。对明胶、凝固的血清、凝固的卵蛋白均有分解作用，并引起液化。不能形成靛基质，能产生硫化氢。

肉毒毒素是一种特殊的大分子蛋白质，其毒性结构是一种新型蛋白酶，性质稳定，如A型毒素系由19种氨基酸构成的球蛋白，分子是90万，是现今已知化学毒素（比氰化钾毒力大1万倍）和生物毒素中毒性最强的一种，肉毒素具有极强的抗原性，1mg毒素纯品能使$4×10^{12}$只小鼠致死。各型菌产生相应的毒素，各型毒素的致病作用相同，但抗原型不同，其毒素只能被相应型的抗毒素血清中和。肉毒梭菌在严格厌氧的条件下可产生极其强烈的外毒素，该毒素性质稳定，不易被蛋白酶及胃酸破坏，人、畜禽多因食入含有此毒素的食品或饲料而引起食物中毒。这是不同于其他细菌毒素的特点，但在pH8.5以上即被破坏。

流行病学

此菌是腐物寄生菌，广泛存在于自然界，能使多种动物感染，无特定宿主，但不在动物体内生长，即使侵入胃肠道也不发芽增殖，而是随粪便排出。动物是重要贮存宿主。其芽孢主要存在于土壤、蔬菜、饲料、干草、人畜粪便中，当在营养丰富、高度厌氧条件下腐败的动植物、被污染的食品（消毒不彻底的火腿、腊肠、鱼及肉罐头等）、饲料和水源在温度适宜时即成为细菌繁殖和产生毒素的良好环境，芽孢转变成菌体，产生强烈的外毒素，人、畜、禽吃了含此毒素的食品或饲料时即可引起食物或饲料中毒，呈现神经中毒症状。以前认为肉毒梭菌E型与水生动物的环境有关，但现已查明A和B型存在于鱼、虾、蟹及海底淤泥中，表明芽孢菌能在水中存活，但非为其主要的栖息地。在自然条件下，所有恒温动物和变温动物对肉毒素都敏感。肉毒中毒发生于各种不同的动物中，如牛、羊、马、猫、犬、鼠、貂、野鸭、鸡、鸽、猴、人都敏感，兔敏感型较低。猪敏感，但报道少。马中毒多由B型毒素，但也可由A、C、D型毒素引起；牛由C、D型毒素引起；羊和禽类由C型毒素引起；人主要由A、B、E型毒素引起，少数病例报道由F型毒素引起，猪发病是由A型和B型毒素引起。许多畜禽和人肠道中分离到病菌，证明猪、牛、羊长期带菌。

肉毒梭菌芽孢广泛存在于自然界，土壤为其自然居留场所，动物肠道内容物、粪便、腐败尸体、腐败饲料及各种植物中都经常含有。自然发病主要是由于摄食于含有毒素的食物或饲料引起，病畜（人）一般不能将疾病传给健康者，也就是说，病畜（人）作为传染源的意义不大，食入肉毒梭菌也可在体内增殖并产生毒素而引起中毒。

发病机制

肉毒梭菌的中毒机制，主要取决于肉毒梭菌的毒素。

1. 致病因子 肉毒梭菌的致病物质是肉毒毒素，是一种大分子蛋白毒素，具有神经麻痹活性。是迄今已知毒物中最毒的一种，极微量即可引起人畜死亡，据估计人的最小口服致死量为$5×10^{-9}～5×10^{-8}$g。按素的型别或分子结构状态，分子大小各异。各型毒素神经麻痹活性成分都是12s（约150kDa）。肉毒梭菌在培养基及某种类的食品等介质中生长时，A型产生19S（900kDa）、16S（500kDa）和12S（300kDa）等3种不同分子的毒素；B型、C型和D型都产生16S（500kDa）和12S（350kDa）两种毒素；E型和F型都只产生12S

（300kDa）；G 型产生 16S（500kDa）一种毒素。19S 和 16S 两种大分子毒素是由神经毒素、非血凝无毒成分及血凝活性成分构成的蛋白复合体，12S 毒素为神经毒素（Bont）（7S，150da）与非血凝无毒成分的复合体。据认为，非血凝无毒成分对神经毒素具有毒性稳定作用，从而可保护被食入的神经毒素得以完整地经胃进入小肠，然后被上皮细胞吸收进入淋巴系统，复合体离解，保持着 7S 分子状态转入血液循环。

2. 致病机理　肉毒毒素通常以神经毒素与血凝素或非血凝活性蛋白复合体的形式存在，该复合体被称为前体毒素（Progenitor Toxin），前体毒素中的非毒素组分可以保证菌毒素进入体内后，在正常胃液中，24h 不被破坏。进入小肠后，小肠内的微碱环境导致毒素复合体（物）解离，神经毒素穿过小肠表皮进入血液及淋巴循环。选择性地作用于运动神经与副交感神经，主要作用点为神经末梢和神经肌肉交接处，抑制神经传导介质——乙酰胆碱的释放，因而使肌肉发生弛缓性瘫痪。毒素对神经肌肉接头处的作用主要通过以下步骤完成：①靶细胞的识别与结合，神经毒素通过其 Hc 结构域结合于胆碱能神经元的突触前膜。②内化，毒素分子只有进入细胞质才能发挥作用，毒素结合于细胞表面，通过内吞形成一个包裹毒素分子的酸性小泡。③跨膜转运，这种酸性小泡并不逆行入脊髓，而是滞留在运动神经元的突触前膜末端。④阻止神经逆质的释放，神经毒素通过特异性切割引起逆质释放的必需蛋白——Snare 蛋白，阻止转运小泡中的逆质释放，引起肌肉麻痹。

3. 致病作用　肉毒梭菌的致病性完全在于其产生的强烈的外毒素。在临床上肉毒梭菌中毒主要可分为肠道致病性和伤口致病性两种，但其临床症状相似。主要以运动神经麻痹为特征，很多病例还发生口腔、咽喉和颈部肌肉麻痹，以致动物吞咽困难，窒息而死。①肠道致病性。肠道感染的肉毒梭菌中毒症，由肉毒毒素引起人的食物中毒，潜伏期数小时或数天，初期症状是恶心、呕吐、腹泻、头晕等，其后可表现为颅神经麻痹的症状。婴儿肉毒中毒是由肉毒梭菌菌体在婴儿肠道定植而致病，主要因婴儿肠道内缺乏能拮抗肉毒梭菌的正常菌群。临床表现为突然出现便秘症候，而后出现全身肌肉麻痹、松弛、吮乳无力等。多为 A 型、B 型、F 型罕见。在动物，自然发病主要是摄食含有毒素的饲料和饮水，引起肉毒梭菌中毒。鸡啄食土壤中肉毒梭菌的芽孢后也能发病。芽孢可在嗉囊、盲肠等部位繁殖产生毒素。②伤口致病性。肉毒梭菌污染伤口，在伤口处繁殖并产生毒素，随血流侵入神经系统后引起肉毒中毒。临床表现同食物中毒型，但无明显的胃肠道症状。在人类，一般来说，此类病例不易发生。马等动物肉毒梭菌中毒症多为此类感染引发，成年马主要通过胃肠道溃疡和伤口感染引起中毒；而驹主要是由于脐带感染引起。Starin 等（1925）指出肌肉注射 A、B 型肉毒梭菌芽孢至动物体内，可产生毒素引起发病。Davis 等（1950）提出感染肉毒梭菌的创口产生外毒素，吸收入血引起肉毒梭菌中毒。汪无极（1980）报告过一例头颅外伤继发的 A 型肉毒梭菌中毒。

肉毒毒素经消化道吸收后进入血液循环，主要作用于中枢神经系统颅脑神经核、神经肌肉接着处及植物神经末梢，阻止神经末梢释放乙酰胆碱，引起肌肉麻痹和神经功能不全。

肉毒中毒的过程大致分为以下几个步骤：

1）肉毒素和突触前神经末端细胞接触。

2）肉毒素在细菌内源性蛋白水解酶的作用下，由单链变为双链——重链和轻链。

3）肉毒素进入胞体内；重链和轻链间的二硫链断裂，轻链进入细胞溶质。

4）轻链水解特异性蛋白质，阻止乙酰胆碱释放。

临床表现

人

人类疾病分为 3 种临床类型：食物型肉毒中毒、伤口型肉毒中毒和婴儿肉毒中毒，均以神经系统症状为主要临床表现。肉毒梭菌 A 型、B 型、E 型和 F 型毒素引起人的食物中毒症。1889～1990 年美国共有 2 350 人中毒，A 型毒素中毒人数为 303；B 型中毒为 3 人。Meyer（1956）报道了相关人类肉毒中毒综述。F 型肉毒梭菌可能与幼儿腹泻有关。肉毒梭菌生长和产毒的最适温度是 25～30℃，而在人的体温下的菌表现为丝状，几乎不能产毒，芽孢也不发芽。因此，肉毒中毒是由于误食含有肉毒毒素的食品而引起的纯碎的细菌毒素食物中毒。分肠道内、肠道外感染。该病的轻重和食入的毒素的量成正比，潜伏期几小时或数天，症状出现得越早，说明中毒越严重。病的症状为进行性发展，病初可见有恶心、呕吐、吐沫、发展为肢体对称性麻痹。一般由后肢向前肢延伸，并引起四肢瘫痪。中毒者发病急、病程发展快、死亡率高。潜伏期短，一般为 3～36h，最长 60h。主要症状有复视、眼睑下垂、视力减弱、眼球震颤、声音嘶哑、张口伸舌、全身无力、运动障碍、逐渐性说话障碍、吞咽困难、抬头费力、虚弱、眩晕、伴随视觉复视、眼睑下垂、瞳孔散大、呼吸麻痹，也许会出现腹胀和便秘等，呈渐进对称性、自上到下，其特征是唇、舌、咽喉等发生神经麻痹症状。重症患者，如果不及时治疗和抗毒素特异治疗，多在 2～4天死亡。

猪

猪发病是由 A 和 B 型毒素引起。猪中毒病例较少。Fhom（1919）从腐败的芦苇中分离到毒素，注射猪死亡。Beiers（1967）、Doiue（1967）用 C 型株的死鱼和泔脚致猪死亡。病猪精神委顿、食欲废绝、心跳加快和节律不齐。从头部开始向后运动麻痹，吞咽困难，唾液外流。前肢软弱无力，以后后肢发生麻痹。病猪由趴地、倒地侧卧或伏卧，不能起立。瞳孔散、视觉障碍、波及四肢时则共济失调。呼吸困难，最后由于呼吸麻痹窒息而死。不死的猪经数周甚至数月才能康复。

诊断

食物中发现毒素，表明未经充分的加热处理，可能引起肉毒中毒。检出肉毒梭菌，但未检出肉毒毒素，不能证明此食物会引起肉毒中毒。肉毒中毒的诊断必须以检出食物中的肉毒素为准。一般分两个检验程序。

1. 肉毒梭菌的检验与分离鉴定程序

（1）前增菌　样品分别接种于疱肉培养基、TPGYT 培养基，并分别与 35℃、26℃培养 7 天。

（2）分离　培养菌染色、镜检，观察菌的形态是否为典型的肉毒梭菌。取 1～2ml 培养物加等量的酒精混合（或 80℃加热 10min），后在室温下培养 1h，非蛋白分解型的肉毒梭菌，因其芽孢不耐热，不要采取热处理的方法。用接种环涂划酒精处理或热处理的培养物于小牛肝卵黄琼脂或厌氧卵黄琼脂平板上，35℃厌氧培养 48h。

典型菌落是隆起或扁平，光滑或粗糙，在卵黄培养基上用斜光检验时，菌落表面通常出现虹晕色，此光区称为"珍珠层"，C、D、E 型菌通常有 2～4mm 黄色沉淀区围绕，A、B

型菌通常显示较小的沉淀区。挑取 10 个典型菌落再接种以上培养基培养，用其培养物检测肉毒毒素。

2. 肉毒毒素的检测程序

（1）初步的定性试验

① 小鼠腹腔注射法：检验样品（可疑食品、饲料及病死患者的内容物等）经适当处理后取上清液，用明胶磷酸缓冲液稀释（1:5、1:10、1:100 三个稀释度）后各取 0.5ml 腹腔注射小鼠；设对照组即处理后上清液 100℃10min 加热处理后注射小鼠，处理后上清液经胰酶处理后注射小鼠。每个注射样注射 2 只小鼠。注射后，定时观案 48h，排除 24h 后死亡的小鼠和无症状死亡小鼠。48h 后，如果除了经热处理后再注射样品的小鼠未死，其余小鼠均死亡的情况，重复试验，增加稀释倍数，计算最低致死量。

② 鸡眼睑试验：取经处理上清液 0.1~0.2ml 注射一侧眼睑皮下；另一侧供对照，经 0.5~2h 后，试验侧的眼睑发生麻痹，逐渐闭合，试验鸡也于 10h 之后死亡，而对照眼睑正常，则证明有毒。

③ 豚鼠试验：取试验液 1~2ml 给豚鼠注射或口服，经 3~4 天出现流涎、腹壁松弛和麻痹等症状，最后死亡；而对照豚鼠仍健康，即可作出诊断。

（2）中和试验　可以为毒素定型。用无菌性盐水溶解冻干的抗毒素，取 A、B、E、F 4 种抗毒素注射于小鼠体内，同时设对照。注射抗毒素 30min 或 1h 后，再注射不同稀释度（10、100、1 000 倍最小致死量）的含毒素样品，观察 48h，如小鼠死亡，应将含毒素样品稀释后再重复以上试验。如果发现毒素未被中和，可取 C、D 型抗毒素和 A~F 多价抗毒素重复试验。

此外，可用血凝抑制试验、免疫荧光试验、PCR 试验鉴定毒素的型。

（3）评价方法　典型的肉毒中毒，小鼠是在 4~6h 内死亡；98%~99% 的小鼠会在 12h 内死亡；除有典型的症状出现外，24h 后的死亡为可疑。如果在 1:2~1:5 稀释注射样品小鼠死亡，而更高稀释样品不死亡，一般判断为非特异性死亡。

防治

防治可用同型抗毒素，近年来早期使用抗毒素血清，死亡率 A 型由 60%~70% 下降为 10%~25%；B 型由 10%~30% 下降为 1.5% 左右，用 1 万 U/ml 的抗毒素血清，静脉或肌肉注射 6 万~10 万 U，可使在早期病治愈。同时对症治疗和采用各种方法排出体内的毒素。如用大量盐类泻剂洗胃、温水灌肠，以促进消化道内毒素排出。用 5% 葡萄糖生理盐水 100ml 和 5% 碳酸氢钠液 10~50ml，静脉滴注。盐酸胍和单醋酸胚芽碱可加强肌肉紧张性，故也可使用。人最根本的预防方法是加强食品卫生管理，改进食品的加工、调节及储存方法。A 型毒素经 60℃2min 加热，差不多能完全破坏；B、E 型 70℃2min 可破坏；C、D 型对热的抵抗力更大些；C 型 90℃2min 可破坏。只要对食品煮沸 1min 或 75℃加热 5~10min，毒素都能被完全破坏。毒素对酸性稳定，但对碱反应敏感。对于某些水产品加工可采用事先取内脏，并通过保持盐水浓度为 10% 的腌制方法，并使水活度低于 0.85 或 pH4.6 以下，以及对于常温储存的真空包装食品采取高压灭菌等措施，以确保抑制肉毒梭菌产生毒素，杜绝肉毒中毒的发生。

动物也应预防为主，不用腐败发霉饲料、青绿料喂动物，经常清除牧场周围动物尸体，防止混入饲料和饮水，可以进行类毒素或明矾菌苗预防接种；如果发现可疑病例，应立即停喂污染的饲料，必要时要更换饲养地。

十九、猪丹毒
（Erysipelas）

本病是由红斑丹毒丝菌（*Erysipelothrix rhusiopathiae*）引起的一种急性、热性传染病，又称丹毒丝菌病。其特征是急性败血症；亚急性时表现为皮肤上有特殊的深紫色红色疹块；慢性时发生心内膜炎和关节炎。人感染时称类丹毒；动物感染称丹毒，如猪丹毒、禽丹毒、羊丹毒（药浴破）等。马、山羊、绵羊发生多发性关节炎；鸡、火鸡出现衰弱和下痢等症状；鸭感染后常呈败血症经过，侵害输卵管。

历史简介

最初猪丹毒的发生被误认为是炭疽病。1878 年 Koch 从实验室小白鼠体内分离到一种被称为"小白鼠败血杆菌"后，才被认为是一种独立疾病。Pasteur 和 Thuillier（1882）从病死猪红斑皮肤血管中分离到一种纤细弯曲细菌。并对之做了简要描述。据 Barber 称，1870 年《英国医学杂志》发表了可能是人红斑丹毒丝菌感染的最早报告，1873 年有 16 个当时称"匍行性红斑"的病例；Rosenback（1884）提议将"匍行红斑"皮肤病称为类丹毒。Felsenthal 从类丹毒病人的皮肤活检组织中分离出细菌，并指出这种细菌与猪丹毒病菌相似。1887 年他又对本病及其病原菌做了确切描述。他在自己手臂上注射这种细菌培养物进行了试验而复制了病变。1909 年描述了人类丹毒病原几乎与鼠败血杆菌相似，其后有多起报道人类亦感染，称为类丹毒。Loeffler（1885）发现猪体分离菌与 Koch 描述的小鼠败血杆菌相似，从而记载了引起猪丹毒的病原，并就猪感染症和致病菌进行了确切的描述。Smith（1885）从猪肾脏分离到此菌；Ten Broeck（1920）从新泽西州 16 头猪瘟病猪中的 5 头猪扁桃体中分离到此菌；Creech（1921）从砧石皮病猪的皮肤中分离到此菌；Ward（1922）从多发性关节炎病猪分离到此菌，Rosenbach（1909）把猪丹毒、小鼠败血症和人类丹毒病例中分离的细菌做了比较，发现它们在血清学和病原学上相同，但认为它们在形态学和培养上有所不同。这些菌于 1918 年时已定为丹毒丝菌中的同一种。Buchanan（1974）称这类细菌为猪丹毒杆菌。To She Takahashi（1992）用 DNA - DNA 杂交技术证明不同血清型的菌株有两个基因组。

在我国，人、畜感染丹毒丝菌在古医籍中未见到可靠记载。在四川农村中猪感染丹毒丝菌称"打大印"；在江苏省农村称为"发斑"（因为病猪身上见有方形或菱形的紫红色疹块）。据《中央畜牧兽医汇报》（1944）记载，四川省 1937 年开始用抗猪丹毒血清与丹毒菌液同时免疫接种猪进行免疫预防猪丹毒，获得较好防疫效果，表明本病猪丹毒在此之前已有流行。

病原

丹毒杆菌（*Erysipelothrix rhusiopathiae*）属于丹毒丝菌属，是一种形直或弯曲、两端钝圆的纤细小杆菌。革兰氏染色阳性，而老龄培养基中着色功能较差，常呈阴性。大小为 $0.8 \sim 2.0 \mu m \times 0.2 \sim 05 \mu m$。在感染动物血片中呈单个、成对、呈 V 形或小丝状。慢性病病灶触片呈不分枝的长丝或链状。本菌不运动、不产生芽孢、无鞭毛、无荚膜。细胞壁不含DL-二氨基庚二酸。

本菌为需氧兼厌氧菌。在麦康凯培养基上不生长。在普通培养基上生长不良。在血或血清琼脂培养基上，并在 $10\%CO_2$ 中培养生长良好。最适宜 pH7.2～7.6，最适宜温度为37℃在固体培养基上培养 24h 的菌落，用显微镜反光观察，有光滑（S）型、粗糙（R）型和中间（I）型，三者可以互变。急性病猪分离株，菌落为光滑性，表面光滑，边缘整齐，有微蓝绿色泽，荧光强，呈 α 溶血。慢性病猪分离株和久经人工传代株，菌落较大，表面粗糙，边缘不整齐，呈土黄色，无荧光。中间性菌落金黄色。肉汤培养基中培养 24h 后，培养物呈均匀混浊，管底有少量沉淀，摇动后呈旋转的云雾。明胶穿刺接种，15～18℃培养 4～8 天，细菌沿穿刺线呈特征性地向周围形成侧枝生长，呈试管刷样。糖发酵极弱，可发酵葡萄糖和乳糖。

丹毒丝菌在一定生长条件下，可以改变其遗传性，使其发生变异。例如，把光滑型（S）菌株接种在含有 0.01% 锥黄素的血斜面上，经若干代次后，可变异成菌落边缘不整齐的中间型（I）或粗糙型（R）。因此，小鼠的毒力与免疫原性也发生变化。又如将 S 型菌株接种于琼脂或明胶平板上，经培养 7 天后，在少数菌落的外围出现"子菌落"（Daughter Colony 或 2 次生长）。将此种子菌落再接种于琼脂平板，也可分离为菌落外围不整齐的 I 型或 R 型。这种变异型菌落在遗传上并不稳定，在一定条件下常可出现互变。

本菌对糖发酵反应缓慢，在加有 5% 马血清和 1% 蛋白胨水的糖培养基内，通常可发酵葡萄糖、麦芽糖、半乳糖、果糖、乳糖，产酸不产气；对木糖和蜜二糖可能产酸；一般不发酵甘油、山梨醇、甘露醇、肌醇、水杨酸、鼠李糖、蔗糖、海藻糖、棉子糖和淀粉。进行糖发酵时，添加酵母水解物的培养基较好。在三糖铁琼脂培养基中，高层和斜面菌产酸。本菌能产生硫化氢，不产生接触酶，不产生靛基质，不分解尿素，不水解七叶苷，不产生吲哚，在石蕊牛奶中无变化或微产酸变黄，MR 和 VP 试验阴性，过氧化氢酶试验阴性。但也有数例分离的红斑丹毒丝菌菌株不产生硫化氢。

本菌分不耐热抗原和耐热抗原。前者为不耐热的蛋白质和核蛋白成分，后者由细胞壁的糖肽片组成，即菌体可溶性的耐热肽聚糖的抗原，是血清型分类的基础。血清型与免疫原性不同的菌株，具有不同抗原决定簇和氨基酸的组成比例。但在决定血清型和免疫原性的两个成分中，均含胞壁酸（Muramicacid）、氨基葡萄糖、丙氨酸、谷氨酸、赖氨酸、丝氨酸和甘氨酸，其比例为 1：1：2：1：2：1：1。不同血清型菌株仅仅是氨基半乳糖、氨基果糖和氨基葡萄糖之比不同，1 型菌为 1：4：5，2 型菌为 1：2：3，2a 型菌为 1：8：10。细胞壁的其他单糖不同型菌株没有区别。Tmsiynsky（1964）证明 1 型和 2 型强毒株或弱毒菌株，均含有多糖成分 C1、C1T、C2 及核蛋白成分 NP1，免疫原性好的菌株还含有 NP2 和 NP3。C1、C1T 会有半乳糖、木糖及氨基葡萄糖，C2 只含有半乳糖。这些多糖成分对小鼠无毒性，以 5mg 免疫小鼠亦无免疫原性，但它们是保持型特异性的基础。NP1 是一种等电蛋白质（Isoelectric Protein），NP2 和 NP3 则是免疫性抗原物质。

本菌血清型，根据菌体抗原对热、酸的稳定性，又可分为型特异性抗原和种特异性抗原。抗原最初仅分为 A、B 和 N 血清型。75%～80% 的猪源性分离菌属 Dedtie（1949）所称的 A 型和 B 型，20% 左右的分离菌组成一群非共同的血清型。Dedie（1949）将本菌分为A、B 群和 N 型。其抗原构造 A 群菌为 A+（B）+C；B 群菌为（A）+B+C 或仅为 B+

C；N 型菌中只有 C。F. Heuner 认为 A 抗原在发挥致病性上起主导作用，B 型菌对防御感染起主导作用，所以制备菌苗使用的菌种最好是选用 B 型菌，其中凝集鸡红细胞作用强的菌株好。由于不断从健康猪扁桃体、患病猪的脏器、不同动物和禽类及各种水生动物体表分离出大量不同的血清型菌株。以特异性菌体抗原为分群基础。Kuccera（1972），Wood 和 Norrumg（1978）发现了 22 个血清型和 1 个 N 型，计 23 个血清型。目前共有 28 个血清型（la、lb、2-26 和 N 型）。在血清型与宿主的种之间没有明确的相互关系，但从败血型丹毒病例中，更经常分离到 A 群的菌，即 90％为 la，毒力较强，而在猪疹块型和关节炎病例中经常分离到 B 群的菌，毒力弱，而免疫原性较好。慢性心内膜炎多为 A、B 型，健康猪扁桃体中多为 B、F 型。根据 Gledhill（1945）报告，就其抗原而言，菌株在性质上是一致的，各血清群之间的差异发生于抗原的定量分布上的差异。而 Truszczynski（1961）用凝胶扩散试验证明了有型特异和种特异的抗原存在，前者存在于酸萃提取物、肉汤培养物和细菌组分中；后者存在于肉汤培养物和细菌组分中。DNA 的 G＋C 为 36～40mol％。模式株：ATTC19414，NCTC8163；GenBank 登录号（16SrRNA）：AB055905。近年来，日本学者 Imadoy 将 1 株血清型 la 的表面保护抗原（SpaA）N 端 342 个氨基酸与组氨酸六聚体融合，免疫猪后能抵抗血清 1 和 2 型的攻击。Lacave G 等以 ys-1 弱毒株为基础，将猪肺炎支原体 E-1 株黏附素的 P97 的 C 端，包括两个重复区 R1、R2 成功地实现转位，经与 SpaA 融合后，并在 ys-1 弱毒株表面表达，免疫猪后不仅能产生抗 SpaA 对 IgG 和抗 P97 的 IgA 特异性抗体，而且能抵抗强毒株感染的致死效应。

我国来源于猪的有 A、B、N 型（马闻天，1957），徐克勤（1984）从猪、鸡、鸭、鹅和鱼类分离到除 14、15 血清型外的其他各型菌种。从猪丹毒病死猪分离的菌株中 80％～90％为 1 型，其余为 2 型。（Kuccera 等 1973 报告的 26 个血清型，通常是 1 型多为 1a 型主要从急性败血性病例分离到；2 型主要从亚急性和慢性病例中分离到。试验表明 1、2 型都很容易使敏感猪诱发所有的临床病型，3 型到 26 型和 N 型菌株对猪的毒力较低）。

不同血清型猪丹毒杆菌，对流行病学、免疫防治和实验诊断均有重要意义。凡从患败血型猪丹毒病例分离的菌株，95％以上为 1a 型；从体表健康猪扁桃体分离的菌株多为 2 型，且往往有几个血清型菌株同时存在；从皮肤疹块型病例和慢性关节炎患处分离的菌株，80％以上是 2a 型。水生动物主要是 1、2、5、6、N 型，土壤中分离的为 7 型。国内有人将 148 株猪的猪丹毒菌作分离检查时，81％为 1a 型，18％为 2 型；四川某单位从患急性猪丹毒死亡猪分离到 73 个菌株，经鉴定有 69 株为 1a 型，4 株为 2 型。显然 1 型菌的致病力强。试验证明，不同血清型猪丹毒杆菌既具有型特异抗原，也有共同抗原。灭活菌苗交叉免疫力低的原因，可能与其共同抗原量不足或灭活过程中抗原受损有关，弱毒菌苗交叉免疫力较好。

对血清型变异的研究，有试验证明，1 和 2 型连续通过小鼠 50 代或接种含 10％同型抗血清的培养基，连续 20 代均变为 N 型，并有许多 2 型菌株用人工减毒方法致弱毒力后，多数变为 1 型，有人曾用 2 型菌通过豚鼠 70 代变为 1 型，用变异的 1 型菌连续通过鸽子 16 代没有恢复原型，这些血清型别的变化，对健康动物带菌引起发病、流行病学和免疫等方面的意义，尚有待进一步研究。

此外，Takahshi（1987）报道，在丹毒杆菌属内还有另外一个种，称为扁桃体杆菌，可从各种来源分离到，包括健康猪的扁桃体，通常常规细菌学方法不能区分两个种的表型特征，而通过 DNA 同源性可以区分猪丹毒杆菌和扁桃体杆菌，虽然它对猪无毒力或毒力极小。

丹毒菌主要的毒力因子是荚膜抗原，唾液酸苷酶可能是其毒力因子之一，而透明质酸酶对其致病不是必需的。

本菌对外界环境的抵抗力相当大，直接日晒下可存在 12 天，腌制 3 个月的腊肉、5 个半月的咸肉及掩埋 9 个月的猪实体还可找到活菌；病死猪的肝、脾里 4℃ 159 天毒力仍然强大。在腐败尸体和水中能存活相当长时间。因此，一旦此菌污染猪场，猪场表面正常猪的扁桃体、猪的中性粒细胞中（Timoney，1970）与黏膜上，各种各样腐败植物、动物组织；淡水和盐水鱼的皮肤、土壤上都带菌，使猪年复一年再发此病。可以抵抗胃酸的作用。本菌对温度的抵抗力不强，培养物暴露于 55℃，经 10min 被灭活，70℃ 5 min 就可以灭菌。碘酊、1％漂白粉、3％来苏儿或克辽林、0.1％升贡、5％新鲜石灰水、1％烧碱都可迅速将其杀灭。

青霉素对本菌有高度的抑菌作用，其次是链霉素和呋喃妥因。丹毒菌对新霉素耐药。

流行病学

本菌在自然界中分布十分广泛。已从 50 多种动物几乎半数啮齿动物和 30 种野鸟中分离到本菌。徐克勤对江苏省禽类带菌调查，带菌鸡 10.96％、鸭 81％、鹅 97.96％。从 35％～50％健康猪的扁桃体、禽类及水生动物体表均可分离到不同血清型的菌株，这些菌株对小鼠和仔猪有较强的致病力，是一种"自源性传染病"。猪和家禽是猪丹毒杆菌的最大贮存宿主。牛、羊、犬、马、鸡、鸭、鹅、火鸡、麻雀、孔雀也有病例报告。实验宿主有大鼠、小鼠、鸽、兔等。苍蝇、跳蚤和蜘蛛等昆虫亦可能是宿主。各种各样的腐败植物和动物组织，10％以上淡水和海水鱼的皮肤上，人的所谓类丹毒的皮肤病变，海豚、鳄鱼等水生动物也感染。Wood 和 Shuman（1981）认为多种野生哺乳动物和鸟类也带有丹毒菌，构成了广泛的疫源。国内还从不同动物中分离到红斑丹毒丝杆菌：李凤贤等（1980）从福建邵武县的黄胸鼠、南安的臭鼩；戴翔等（1988）从新疆地区阿图什县的狼体内；付启勇等（1988）从豚鼠肝脓肿中；郭玉梅（1994）从人血样中；王明丽（1998）从人尿样中；王露霞等（2002）从人阴道分泌物中；付宝庆等（2008）从人的耳道分泌物中，表明本病仍有地区零星散发或呈地方性流行。

猪丹毒的传染源有内源性和外源性之说，但在临床上猪丹毒的爆发中引起头一个病例的细菌来源，都无法查清。由于此菌是一种兼性细胞的寄生物，在猪中性粒细胞中、扁桃体内，有很高的存活率，故认为猪是重要的带菌者和传染源。有 35％～50％的健康猪在扁桃体、40％内脏、胆囊、迴盲瓣的腺体、骨髓和其他淋巴样组织中存有猪丹毒杆菌。肉店污染率达 80％。Spears（1954）在 348 头猪的 31％骨髓中分离到猪丹毒杆菌。急性发病猪的粪、尿、唾液、鼻分泌物大量排出丹毒杆菌，因此被病株污染的土壤、食物和饮水可称为间接传染的媒介，通过饮食经消化道传染给易感猪。另有报道，屠宰地下水和感染啮齿动物可污染水面和土表。鱼的表面黏液中存在猪丹毒杆菌。可经过污染鱼粉成为猪的感染源。昆虫叮咬能传播本病。

本病主要发生于架子猪，随着年龄的增长而易感性降低，没有实验证明对猪丹毒杆菌的敏感性与动物的遗传特性有关，某些品种或某些种群的猪对 SE 的抵抗力或易感性可能与被动免疫状态有关。但 1 岁以上的老龄种猪和哺乳仔猪也有发病死亡的报告。此外，3～4 周岁的羔羊可致慢性多发性关节炎；鸡和火鸡发生衰弱和下痢；鸭出现败血症，并侵害输卵管；小鼠、鸽败血症；以及牛、犬、马、鹿、鹅、麻雀、孔雀、金丝雀都有带菌发病报告，这给猪场提供了一个额外的广泛的潜在性的传染源。人可经轻微皮肤创伤感染，称"类丹毒"。人外伤类丹毒，以红肿为特征，很少扩散，但菌血症可引起心内膜炎、关节炎，甚至死亡。人的感染往往与猪丹毒的流行呈平行关系，也与职业接触动物有关。Klauder（1938）调查类丹毒病人中，屠夫和渔民占 74%；傅启勇（1987）调查人红斑丹毒丝菌抗体，正常人（258 人），阳性人 88 人（34.1%），抗体滴度 1：71.81；而职业人（48 人）、阳性人 29 人（60.7%），抗体滴度 1：127。四川农业科学研究所（1959）报道，1956 年四川省邻水县猪丹毒流行，有 200 人发病，死亡 2 人。许金亭（1976）报道，江苏某猪场爆发猪丹毒，参与宰杀的 20 人中 6 人感染死亡。多发生于兽医、屠宰工人、渔民等职业工作者，病后无长期免疫性，有人一年内患病 3~4 次。目前尚未见到人与人之间的相互传染。

本病一年四季均可发生，北方炎夏、多雨季节最流行，南方的春冬季节流行。常为散发性或地方性流行传染，有时爆发流行。除动物带菌、保菌外，在黑钙土、沙土、石灰质土壤中，本菌能较长时间存活，这也是导致本病爆发和不易根除的重要原因。

张振亚（1987）统计了 33 年气温与病例比照：

月平均气温 2.2~20.1℃多发病，呈正相关，日温 10~15℃、日温 5~10℃，呈显著正相关，曲线相关验算 17.3℃时发病最多，达 95.61 头/280，气候多变，降水多时发病增多；22.5~28℃为负相关，发病反而减少，大旱高温病猪匿迹。

徐汉祥（1985）对猪实验感染猪丹毒杆菌的发病与死亡因素分析：与年龄和攻击菌数有关。用 C43-2.6.7.8 四株强毒，耳静脉攻击 128 头猪，皮肉攻击 79 头猪。

不同日龄猪的易感性，平均发病率与死亡率分别是 88.28%和 42.19%。2.5~4 月龄、4~4.5、4.5~6 月龄以上分别为 80.77%和 28.89%、93.65%和 47.62%、92.31%和 69.23%。

不同体重猪的易感性，平均发病率与死亡率为 88.28%与 42.19%，10~20kg、20.51~30kg、30.5~40kg、40.5~50kg 和 50kg 以上分别为 72.22%和 33.33%、90%和 37.50%、95%和 35%、88.46%和 69.23%、25%和 25%。

不同性别公猪发病率为 84.73%（50/59）、死亡率 37.29%（22/29），母猪分别为 91.3%（63/69）和 46.38%（32/69）。

接种不同菌数与猪发病、死亡关系：

皮内接种 10 个菌的皮肤反应为 50%，100 个菌以上几乎全部有皮肤反应。

79 头接种 10 000 个菌，75 头猪出现皮肤红肿反应与体温反应 75 头，发病率 94.94%，死亡 2 头，死亡率 2.53%。

平均发病率与死亡率为 88.28%和 42.19%。10 亿以下为 85.71%和 50%，10 亿~30 亿为 89.29%和 39.29%，31 亿~60 亿为 89.29%和 32.19%、60 亿以上为 93.75%和 37.5%。

发病机制

用无菌猪的试验证明，猪丹毒杆菌是猪丹毒（SE）的唯一致病菌，它不需要任何其他传染源的存在即可引起疾病。临床上曾探讨致病途径，SE 菌可通过各种途径侵入体内，吞食污染的食物和饮水而引起感染是一种主要方式，没有资料表明，细菌在消化道系统的一个特殊部位侵入体内。也不知道猪丹毒是否可侵入正常的黏膜。早期的研究者估计，SE 菌可通过肠道寄生虫所引起的病变部位进入体内。然而，病变的存在并不是 SE 菌侵入机体所必需的，很可能是细菌通过腭扁桃体或消化道壁上的淋巴样组织容易进入体内，但是侵入部位可能不限于这些区域。自然感染无疑是由于污染的皮肤创伤而引起的，这些创伤可能是隐蔽的，或者因太小不被注意。用皮肤划痕接种易使试验性感染成功（Shuman，1951）。因此，在污染的环境中发生这种方式的感染可能是常见的。

由 SE 菌引起疾病的过程机制十分清楚，一些研究表明，由许多种类致病菌产生的神经氨酸酶是 SE 菌致病的一种因子，在对数生长期时，SE 菌能产生这种酶，这种酶特异性的裂解神经氨酸的 α-糖苷键，它是体细胞表面的一种反应性黏多糖。无毒菌株或低毒力菌株产生的酶的活性比强毒菌株弱。神经氨酸酶不是毒素，它必须大量产生才具有致病作用，酶可以作用于全身的细胞壁上，无疑在急性败血症中，它的活性可达到高水平。因此，在引起广泛的血管损伤、血栓形成和溶血等多方面的病理机制中，酶是一种主要的因子，对细胞表面的吸附能力是猪丹毒杆菌致病的重要因素。这一吸附过程与神经氨酸酶有直接关系。Takahashi（1987）报道，强毒株在体外对猪肾细胞的吸附能力大于弱毒株。Nakato 等（1987）报道，神经氨酸酶是猪丹毒杆菌吸附血管内皮细胞的必要条件。同时细菌产生毒素或硫化氢等引起败血症，并产生大量的神经氨酸酶，裂解糖苷与神经氨酸的连接，引起器官毛细血管和小静脉的内皮细胞通透性增强，导致细胞肿胀，单核细胞黏附于血管壁，白细胞渗出，纤维素沉积，形成广泛性透明血栓，使微循环障碍，机体发生酸中毒，引起休克与出血。

虽然神经氨酸酶活性在猪丹毒杆菌致病性上起着重要作用，但是无法解释传染源冲破机体防护系统发生致病作用的毒力特性，Shimoji 等（1994）证明猪丹毒杆菌的毒力与细菌的抵抗吞噬细胞的能力相关。而这种抗吞噬作用的能力与强毒株表面的类荚膜结构的存在有直接关系，而在弱毒株缺少类荚膜结构。

在自然条件下，本菌能使不同年龄的猪感染，但主要以 3～12 月龄猪的发病率最高。猪丹毒的病型，除了急性败血症型和疹块型外，还有表现慢性经过的关节炎和心内膜炎型。当侵入机体的猪丹毒杆菌毒力较弱时，大部分被机体的吞噬细胞所消灭，仅有部分在皮肤局部淋巴间隙及毛细血管中增殖，引起小动脉炎，使局部皮肤发生充血和水肿等，形成疹块样病理变化，即形成亚急性疹块型猪丹毒。初期，疹块部皮肤因血管痉挛而变为苍白；后因血管发生反射性扩张充血，疹块部皮肤转变为红色或紫红色；再后，因有多量炎性渗出液渗出而压迫血管，同时在小动脉内膜炎的基础上又继发血栓形成，致使疹块部中心皮肤又由红色逐渐变淡。

对慢性猪丹毒常发生的心内膜炎、关节炎和坏死性皮炎等病理过程，一般认为是自身变态反应性炎症，常见于病情持续 2 年以上慢性病猪或用猪丹毒杆菌培养物多次注射猪体时。这可能是由于细菌长期存在于体内或某些器官，细菌毒素或菌体蛋白与胶原纤维的黏多糖相结合，形成自身抗原，从而使机体对抗原产生相应的抗体，然后在自身抗原抗体反应的基础上，激发自身变态反应性炎症，致使纤维素渗出、炎性细胞浸润、结缔组织变性，从而形成心内膜炎、关节炎和坏死性皮炎等。

本菌可使 3～4 周龄的羔羊发生慢性多发性关节炎。鸡、火鸡感染后常发生下痢、衰弱症状。鸭感染后呈败血症并侵害输卵管。也可引起牛、马、犬的散性感染。实验动物中以小鼠和鸽子易感性强，皮下注射后常于 2～5 天以败血症经过而死亡。家兔和豚鼠的抵抗力则较强。

临床表现

人类丹毒

本菌对人也有感染，为局限性感染的类丹毒（Erysipeloid），有时也引起食物中毒样症状。

Rosenback（1884）提出"匍纤红斑"皮肤病损为类丹毒。1909 年从人类分离到此菌。人在皮肤损伤时如果接触到猪丹毒杆菌易被感染，所致疾病称为"类丹毒"。人临床分局限性型、弥漫型和败血症型。类丹毒有职业接触史，潜伏期最短为 8h，一般为 2 天，罕见 1 周者。感染部位肿胀、发硬、暗红、灼热、疼痛、不化脓、肿胀可向周围扩大，甚至波及手的全部。常伴有腋窝淋巴结肿胀，间或还发生败血症、关节炎和心内膜炎，甚至肢端坏死。临床上常分为：

1. 局限性型　感染部位多发于指部和手部，开始疼痛，3～4 天后感染部位肿胀、灼热、发硬，出现境界清楚的紫红斑或暗红斑向周围扩展，中央部分消退，边缘微隆起而成环状，有时有水疱形成。若手指感染，则关节疼痛，活动困难。病人一般不发热，多无全身症状，病损后化脓，消退后也不脱屑，可遗留色素沉着斑。如不治疗，一般在 2～4 周自然痊愈。少数患者伴有淋巴结炎或淋巴管炎，严重者伴有腋窝淋巴结肿胀，间或发生败血症、关节炎、心内膜炎，甚至肢端坏死。

2. 弥漫型　皮肤损伤形态与局限性型相同，但呈弥漫型或全身性分布，也有呈环状、地图状或奇异形状，常伴有发热和关节痛。本病与丹毒（链球菌感染）皮损有时相似，但丹毒为鲜红色斑，水肿显著，好发于小腿与颜面，全身症状明显。

3. 败血症型　以败血症和全身症状为特征。病人一般没有典型皮损，但全身可出现盘状红斑或紫斑、红肿、剧痛、淋巴结肿胀、发热、畏寒、头痛、恶心、呕吐，呼吸困难、休克，全身症状严重，伴有关节痛及心、肾等多种内脏损害。死亡率高。具有高热不退、呼吸困难，甚至休克。

大多数患者经 3 周自然痊愈，有些病人在皮疹消退后不久，在原处或附近未患病处又生皮疹。

4. 慢性型常以关节痛和心内膜炎为特征　一般由以上型转变而来，关节炎和心内膜炎可以同时发生，也可单独发生。患者厌食，贫血，心跳加快，有杂音，关节肿大，行动不便等。有时伴有大脑炎，难以治愈，而且容易复发。20％病例可出现局限性关节炎病变或关节炎红斑，丹毒丝菌的心内膜炎的临床表现与其他细菌性心内膜炎相似，1/3 病例有提前或同时出现的皮肤损害，该菌心内膜炎与职业有密切关系，主要侵袭主动脉瓣，男性高于女性，死亡率高。

孙占峰、张建国（1994）报告一位兽医在上午进行猪丹毒弱毒苗免疫接种猪时，不慎刺入左手大拇指肌肉，傍晚针孔部红肿、疼痛奇痒而就诊。初检患者左手大拇指关节部肿胀，局部皮肤红，温度升高，疼痛并搔痒，指关节机能障碍，全身无不适感。体温、血压、心率及心肺部听诊、血、尿、粪常规检查无异常。次日 8 时，患者全身无力，头痛发热，患指疼痛难忍，极度肿胀，皮肤呈深红色，针孔部位呈紫红色，皮温升高，患指不能自由屈伸。体温 37.6℃，心率 84 次/min，血压 7～11kpa，白细胞总数 14 000/mm³，中性白细胞为 73％、淋巴细胞为 21％、单核细胞为 6％，粪、尿常规均正常。用药的第 3 天，病情基本稳定；第 5 天体温恢复正常，全身感觉良好，局部红、肿、热、痛等症状减轻；第 7 天起患指炎症消除，机能开始恢复正常。刘新主（1990）报告 35 岁一屠宰户杀 2 头猪丹毒病死猪不慎扎破手指未处理，次日凌晨 3 时突然寒战、高热、头痛、呕吐，轻度腹泻，因未用抗生素治疗，上午面部出现斑疹，渐延至全身并有出红斑，第 3 天四肢远端肿胀、剧痛、皮温下降，皮肤由暗红转青紫且呈上行性变化，面部斑块转为灰黑色。急性病容，腋下淋巴结肿大，第 4、5 天四肢远端肿胀经上肢前臂约 3/4，下肢小腿约 2/3，皮肤呈青紫，左右相间，与近端正常皮肤界限清楚，痛觉、触觉、温度觉及运动功能消失，经诊断为类丹毒 6 型，治疗后病情稳定，但四肢远端坏死，已不可逆转，第 15 天后，面部、腿及臂部黑色痂皮脱落，第 35 天双手、双脚全部因干性坏死而整修脱落。

猪丹毒

自然感染时，潜伏期 3～5 天，最短为 1 天，长者可达 28 天。临床上分为 3 种类型。

1. 急性败血症型　初期个别猪突然死亡。猪群大多数体温升至 42～43℃，稽留热，寒战，结膜充血，两眼清亮有神，很少有分泌物，粪便干硬，似栗状，外表附有黏液。后期可能出现下痢。呼吸急促，黏膜发绀。部分猪耳尖、鼻端、腹下、股内侧皮肤出现大小、形状不一的红斑，指压褪色，病程多为 2～4 天，病死率达 80%～90%。在急性非致死性 SE 中，这些病变可广泛分布，但在首次出现后的 4～7 天内逐渐消失。除了病变表皮脱落外，无其他后遗症。

2. 亚急性疹块型（荨麻疹型）　病初少食、口渴、便秘、呕吐、恶心，体温升至 41℃ 以上。通常于发病后 2～3 天，在颈部、背部、胸腹侧、四肢外侧等皮肤表面出现疹块，俗称"鬼打印"。疹块大小不一，数量不等，形状各异，但以菱形、方形多见，起初疹块充血，色淡红，以后瘀血变为紫蓝色。触摸时感觉隆起且坚硬。病势较轻，可数日内消退，自行恢复。在浅色皮肤猪身上可看到小的粉红色和黑褐色疹块，表面隆起，触感坚实，在多数情况下，可摸到疹块。在黑猪身上，虽然在合适的部位也可看到疹块，但主要依靠触诊。有时病变数量少，易被忽略；有时数量特别多，难以计数。病猪也可能在见到未触到疹块病变前死去。单个病变呈特征性的方形和菱形。皮肤病变的严重程度直接与病的预后有关。粉红色到浅紫色病灶是急性非致死性 SE 的特征，而黑紫色病灶通常表示动物将要死亡。在急性致死性病例中，常在动物的腹部、耳部、尾部、大腿后部及下颌出现大面积的黑褐色病变。严重的病猪很少不死，严重的皮肤病变继而变为皮肤坏死，该处呈黑色、干燥、坚实，最后与下层组织分离。受影响的部位特别是耳和尾部最后将会脱落，可能需要数周方痊愈，这要视继发感染的结果而定。在怀孕期间与急性或亚急性 SE 接触过的母猪可能发生流产。

3. 慢性型　大多数由急性或亚急性转变而来，亦可由隐性感染转变而来，少有原发性。常见的有慢性关节炎、慢性心内膜炎和皮肤坏死。耳尖和尾尖可能会形成坏疽和腐烂。有时出现心功能不全的症状，这是在疾病发作后最应注意的，有时会导致突然死亡。

慢性关节炎引起关节不同程度的僵直、肿大。有时在感染后 3 周出现，从轻度跛行到四肢完全不能支撑体重的运动障碍。

关节炎的关节损害常见与腕关节和跗关节，有时也见于肘关节、膝关节，受害关节发生炎性肿胀，有热痛，甚至关节变形，出现行走困难，病猪消瘦，生长缓慢。日本 1988 年对 4 个屠宰场 48 头猪检测，从关节炎和淋巴结炎猪中分离到猪丹毒丝菌 75 株；血清型中 1a 型 50 株（66.7%），2 型 13 株（17.3%），6 型 8 株（10.7%），16、10、11、21 型各为 1

株（1.3%）。

慢性心内膜型通常无特征性临床症状，有些猪呈进行性贫血、消瘦，喜卧而不愿行走，强行运动则举步迟缓，呼吸迫促，心率加快有杂音。经常无先兆，由于心脏麻痹突然倒地死亡，往往宰后检查才发现。

皮肤坏死常发生于背、肩、耳、蹄、尾等部位，局部皮肤变黑，干硬为皮革状，坏死的皮肤逐渐与其下层的新生组织分离，变为一层甲壳，最后坏死的皮肤脱落遗留斑痕。但如继发感染，则病情变化复杂，病程延长。

据 Hoffmann 等报道，自然感染后可引起母猪繁殖障碍，为流产、死胎及弱小胎。哺乳母猪可能出现无乳。

病理变化

1. 急性败血型　全身淋巴结充血、肿胀，切后多汁，常见小点出血，呈浆液性、出血性炎症变化。脾脏充血性肿大，呈樱桃红色，其被膜紧张，边缘钝厚，质地柔软，在白髓周围红晕，脾髓易刮下，呈典型的急性脾炎变化。

在死于急性 SE 的猪中，弥漫性皮肤出血的迹象往往是主要的，特别是口鼻部、耳、下颚、喉部、腹部和大腿部的皮肤。肺脏充血、水肿，在心房和左心房的心肌上特别是心外膜上有斑点状出血。常出现卡他性炎——出血性胃炎，胃的浆膜出血。肝脏充血，肾脏皮质部有斑点状出血。

肾常发生出血性肾小球肾炎变化，肾肿大，呈弥漫型暗红色，有"大红肾"之称。皮质部有出血小点。肺充血、水肿。胃肠道有卡他性或出血性炎症，以胃底部或十二指肠最严重。亚急性型，皮肤上出现疹块为特征，有的还有上述的急性败血型病变。

显微病变：皮肤病变的组织学检查揭示，毛细血管和静脉管损伤，在血管周围有淋巴细胞合成纤维细胞浸润。皮肤表皮和真皮乳头发生致病性变化。乳头血管充血，并含有微血栓和细菌。乳头由于循环障碍而出现局部坏死区。心脏、肾、肺、肝、神经系统、骨骼、肌肉和滑膜出现血管病变。对 SE 菌感染的细胞应答主要包括单核白细胞和巨噬细胞。中性粒细胞也可能出现，但不是主要的，化脓病变不是 SE 菌感染的特征。

感染的淋巴结通常出现急性皮质性淋巴腺炎，伴有充血和出血。在有些淋巴结中，小血管和毛细血管出现血栓和坏死的迹象。有时见到出血性肾炎和肾小球的炎症变化。亦有报告称，肾小管坏死，并伴有玻璃样和颗粒样管型。在肾上腺皮质的窦状隙内可见单核细胞的局部聚集。骨骼肌可发生病变，它与血管病变有关。这些病变包括肌纤维的分段性玻璃样和颗粒样坏死，进而出血纤维化、钙化和增生。中枢神经系统病变包括渗透性失调的血管病变、神经细胞变性、内皮细胞肿胀和脑、脑干脊索的软化灶。

2. 慢性 SE　慢性 SE 的主要病变是增生性、化脓性关节炎，常发生在跗关节、膝关节、肘关节和腕关节。有时可见脊椎炎，心瓣膜上的疣物不常见。

（1）**慢性关节炎**　关节肿大，关节炎内充满呈浆液、纤维素性渗出物，有时呈血样，稍浑浊。滑膜充血、水肿，病程长，肉芽组织增生，关节处肥厚。关节膜发生纤维组织性增厚，滑膜出现不同程度的充血和增生，造成组织肿胀，颗粒出现，形成尖状物，伸入关节腔。这种尖状物被夹在关节表面之间，产生剧烈疼痛。增生的组织也可穿过关节软骨表面，形成软骨赘，破坏关节面，最后是关节纤维化和僵硬，炎性关节周围的淋巴结通常肿大和水肿。

（2）慢性心内膜　常见在房室瓣表面形成一个或多个灰白色的菜花样疣状物，以致使瓣口狭窄，变形，闭锁不全。以二尖瓣多生，有时也见于三尖瓣和主动瓣等处。

显微病变：滑膜组织的病变严重性是不同的，从单核细胞在血管周围的轻度聚集到广泛的组织增生过程。慢性 SE 的典型滑膜病变是特征性的，即滑膜内膜和内膜下结缔组织的明显增生，血管化及淋巴样细胞核巨噬细胞的聚集，形成炎性组织的绒毛垫。还可见到纤维沉积和组织化。随着病变的逐渐发展，纤维结缔组织的增生更为严重，可见到增生性滑膜的长叶，滑膜的面垫可能坏死，有纤维沉积和纤维性——脓性渗出物。在大量淋巴样细胞聚集的过程中，明显存在形成滤泡的倾向，关节软骨受到侵害，出现骨膜炎和骨炎。在老的病变中，由于纤维的黏化和钙化，使关节僵直。

心瓣膜上的疣状赘生物菌有颗粒组织，由于大量重叠的纤维组成。随着额外纤维的形成而出现结缔组织增生，它可成为栓的来源。

诊断

猪丹毒的发生，人在流行病学应了解有无外伤史、接触肉类或鱼类史及职业。猪的急性丹毒的发生在临床上很难与其他败血症区别，则需要结合多个病例进行综合诊断。特别是散发且急性病例，一个猪群突然爆发本病后的某些临床症状比其他疾病更有特征性，如没有发病前兆，突然死亡几头猪，体温高，四肢僵硬，病猪不愿走动，被弄醒后无意起来，以及清洁警惕的眼睛。其他特征性症状，包括一些病猪废食，粪便干燥或正常，在几天内病猪死亡或康复。用青霉素治疗后的 24h，病情会好转。本病亚急性型可根据皮肤上出现特征性疹块（菱形斑块，呈青紫色，按压时不凹陷）做出诊断。人在接触部位出现红斑，暗红色斑块，水肿性、边界清，不化脓，可发生水疱。自觉痒痛感时，要与丹毒相鉴别。本病与丹毒皮损相似，丹毒为链球菌或葡萄球菌引起的表浅疏松结缔组织炎，皮肤损害为鲜红色斑，水肿显著，好发于小腿与颜面，全身症状明显。而类丹毒皮损多呈紫红色，好发于手指及手足背。可伴有发热、关节痛全身症状，但症状较轻。而败血型和慢性，往往要与类症鉴别，需要做生物学检查。

1. 微生物检查　采集病猪耳静脉血，疹块部渗出液，死后可采取心、脾、肝、肾、淋巴结、心瓣膜、滑液组织或关节液进行涂片、染色、镜检，如见革兰氏阳性纤细杆菌，可作初步诊断。但从慢性心内膜炎病的涂片上往往见有长丝状的菌体，从皮肤病变和慢性感染的关节很少能发现本菌。病料可接种于血琼脂或麦康凯琼脂平板；污染样本用含 0.1% 叠氮钠或 0.001% 结晶紫选择性培养基，37℃ 24～48h 培养，长出针尖大小的病菌。用生化试验、盒鉴定、触酶阴性、凝固酶阳性、三糖铁琼脂培养上，可见 H_2S 的大量产生。

2. 血清学诊断　猪丹毒阳性血清与分离物制成的沉淀原进行琼扩试验做血清型的鉴定。此外，有免疫荧光试验、血清培养凝集试验、补体结合反应、沉淀反应和间接血凝试验等。

3. 动物感染试验　将病料（疹块部渗出液或血液、脾、肝、肾等脏器）或纯培养物接种于鸽子、小鼠和豚鼠。先将病料磨碎，用灭菌生理盐水作 5～10 倍稀释，制成悬液。鸽子胸肌接种 0.5～1.0ml，小鼠皮下接种 0.2ml，豚鼠皮下或腹腔接种 0.5～1.0ml。若为肉汤培养物可直接接种。固体培养基上的菌落，需先用灭菌生理盐水洗下，制成菌液再接种。接种后 1～4 天，鸽子翅、腿麻痹，精神委顿，缩头羽乱，不吃，死亡。小鼠出现拱背、毛乱、闭眼、拒食，3～7天死亡。死亡的鸽子和小鼠脾脏肿大，肺充血、水肿，肝有点状坏死。

取心血、肾、脾等内脏，涂片染色镜检和分离培养。镜检时本菌呈典型革兰氏阳性细小杆菌。可从组织中分离到本菌的纯菌落。

陈先中（1988），在宰杀生猪中发现了5例极似疹块型猪丹毒的肉尸。眼观肉尸臀部、背部、臂部和腹部有为数不等、菱形、圆形和不规则高出皮肤表面的红色疹块，极似疹块型猪丹毒，但肉尸、内脏无异常，浅层淋巴结稍有出血。病样化验为枯草芽孢杆菌。枯草芽孢杆菌的肉汤培养液人工接种健康猪局部，次日接种局部发生炎症，以后逐渐消失，全过程无其他临床症状。本病发生于冬春季节，疑似垫草划伤所致。由于是外部局部感染，炎症一般不侵入皮肤的皮下组织，一旦侵入皮下组织也不形成丹毒疹块所有的锥体形充血。枯草芽孢杆菌属于动物的正常菌群，但近年来也陆续对动物致病报道。

防治

本病的预防关键是按照科学的免疫程序使用菌苗，搞好各环节个人防护；控制措施的关键在于早期使用足够剂量的高效敏感的抗生素。

青霉素为首选治疗药物，对急性败血型可先用水剂，每千克体重1万IU，静脉注射，并同时肌肉注射常规剂量每次80万～160万IU。也可用普鲁卡因青霉素G或苄星氨青霉素G，每千克体重15万IU，进行治疗。也可用链霉素、新霉素、四环素、红霉素等药物，以及头孢噻呋、泰乐菌素、恩诺沙星等。也有将金霉素与抗猪丹毒高免血清或青霉素与磺胺制剂合并使用的。患者局部皮损禁用水洗，可外敷3％硼酸或0.5％呋喃西林液或10％鱼石脂软膏或抗生素软膏或局部病灶周围用青霉素普鲁卡因注射做环状封闭。对于发病的人应特别关注儿童和免疫力低下者，防止发生败血症、心肌炎和继发感染。对发病动物则应用青霉素等积极治疗，对全群动物（猪等）采取预防性治疗措施。

菌苗可以较好地实现预防的目的。菌苗可提升动物的免疫水平，但无法提供完全的保护，因为不同菌株的抗原性差异较大。因此，由某一菌株制成的菌苗不可能对所有野毒株都有相同的免疫效果；临床上也观察到急性病例可能会在应激之后发生；菌苗对关节炎型或心脏型猪丹毒预防效果不好。所以，良好的卫生环境、预防应激、有效的粪便管理、定期的猪场消毒，对预防猪丹毒发生也很重要。

用的菌苗有甲醛灭活的氢氧化铝佐剂苗，也有弱毒菌苗。

1. 猪丹毒氢氧化铝灭活菌苗　该菌苗是用免疫原性良好的2型猪红斑丹毒丝菌，经甲醛灭活，加氢氧化铝胶吸附沉淀而成。菌苗注射后21天产生免疫力，免疫期可达6个月。加矿物油佐剂免疫持续期可达9个月。

2. 猪丹毒GC42弱毒冻干菌苗　既可口服，也可注射，安全性、稳定性和免疫性均好。每头猪皮下注射7亿个菌，免疫持续期可达5个月；注射14亿个菌免疫持续期可达9个月。可用于大规模免疫预防接种。

3. 猪丹毒G4T10弱毒株冻干菌苗　菌株是一种毒力稳定、安全性和免疫原性较好。免疫持续期可达6个月。

4. 猪三联冻（疫）干菌苗　该疫（菌）苗是用猪瘟、猪丹毒、猪肺疫弱毒（菌）株联合制成，皮下或肌肉注射1ml，即可使猪对三大传染病获得免疫力，免疫持续期分别为猪瘟12个月、猪丹毒9个月、猪肺疫6个月。另外，世界范围内大量使用并证明安全性与免疫原性较好的用于制猪丹毒菌苗的菌株有：日本的"小金井"、瑞典的"AV‐R"和罗马尼亚的"VR‐2"等菌株。

此外，在被动免疫、紧急预防和治疗时，可用抗猪丹毒血清，目前有牛源和马源两种抗血清。

本病被认为是一种"自然疫源性传染病"。所以，必须加强环境消毒、控制媒介传染和自身个人保护。伤口是重要感染途径，在检验、加工和处理猪丹毒病死动物及其产品、废物、鱼类及野生动物时，应注意个人保护和消毒；在工作生活中发现手或其他部位有外伤时，避免接触可污染物，应及时消毒，必要时注射青霉素加以治疗。不准食用未经处理的急宰猪等畜禽肉类及内脏。同时要消灭蚊、蝇、虱、蜱等吸血昆虫。食堂的残羹泔水、鱼及畜产品加工的废料等，都必须高温煮沸后喂猪、牛、羊、马、犬及禽类。防止废料与畜禽接触。

二十、炭疽
（Anthrax）

炭疽是由炭疽芽孢杆菌（*Bacillus anthracis*）引起的人和家禽、野生动物的一种急性、热性、败血症传染病。其名字来源于希腊词"anthraxos"，因其形成一种特征性的皮肤炭样焦痂而得名。其特征是体温升高，腹胀，体表炎性肿胀，脾脏显著肿大，皮下和浆膜下结缔组织出血性胶样浸润，血液暗黑色、煤焦油样，凝固不良，天然孔出血，中毒性休克。牛、羊炭疽多为猝死，腔道出血，脾脏肿大，故双称脾脱疽或连贴黄。中医称炭疽为"疔"或"疔疽"。因羊毛工人易发，又称为"羊毛疔"或"疫疔"。

历史简介

中国黄帝《内经》有类似记载。公元前 300 年，Hippocrates 已描述了本病。Master（1752），Fournier（1769）描述过人畜炭疽病。Chabert（1780）记述过动物炭疽。Eilert（1836）用炭疽的病畜的血液做人工感染成功，证实了本病的传染性。Davaine 和 Pollender（1847）从一死牛脾中的血液中发现炭疽杆菌。Kayer（1850）从绵羊血液中发现。Koch（1876）获得纯培养物，并把这种细菌移种到老鼠体内，使老鼠感染了炭疽，最后又从老鼠体内重新得到了和从牛身上得到的相同的细菌，第一次用科学方法证明某种特定的微生物是某种特定疾病的病原，且对本菌进一步确认并证明能形成芽孢，从而阐明了炭疽的发生和传播方式。死细菌不能传播炭疽，而只有活细菌才有可能传播。因其形成一种特征皮肤炭样焦痂而得名，其后称为"anthracis"，为现代拉丁语属格名词指"炭疽"的，即黑色坏死的意思。Pasteur（1881）分离到减毒株，成功地完成了家畜炭疽的预防。Sclavo（1895）研制出抗炭疽血清，用于炭疽的治疗。Murphy（1944）应用青霉素治疗炭疽病患者。Mccloy（1951）分离到炭疽是噬菌体 wa 株。Smith（1955）证明了毒素存在。Mikesell（1983）发现炭疽毒素质粒。Green（1985）发现炭疽荚膜质粒。Fadyean（1993）描述了炭疽荚膜。Reed（2003）发表了炭疽杆菌全基因序列。

炭疽芽孢杆菌具有芽孢、荚膜，并能产生外毒素，抗原结构复杂，是较好的细菌研究模型；其致病力强，对人畜均可引起感染，炭疽芽孢杆菌营养要求不严，易于培养，芽孢抵抗力强，便于保存。由于这些特点，炭疽芽孢杆菌一直是一个经久不衰的研究目标，因而第二次世界大战、朝鲜战争中均曾被用作细菌战剂，至今仍被某些国家作为细菌战剂而加以研究。2001 年美国发生炭疽恐怖事件后，炭疽更加得到人们的密切关注。

病原

炭疽芽孢杆菌（*B. anthracis*）系芽孢杆菌属（Bacillus），为需氧芽孢杆菌属群 I，菌体在 $0.9\mu m$ 以上的一族，其中有炭疽芽孢杆菌、蜡样芽孢杆菌、苏云金芽孢杆菌、巨大芽孢杆菌等各种。Ivanovics（1958）在研究炭疽芽孢杆菌和蜡样芽孢杆菌关系时，认为两者均应作为独立种来看待，并提出了溶血活性、青霉素酶、卵磷脂酶等鉴定标准。炭疽芽孢杆菌为革兰氏染色阳性，炭疽芽孢杆菌有繁殖体和芽孢两种存在形式，在人和动物体内为繁殖体形式。无鞭毛，不能运动，大小为 $3\sim 8\mu m\times 1\sim 1.5\mu m$。在血液中成单个或成对，少数为 $3\sim 5$ 个菌体相连的短链，每个菌体均有明显的荚膜。培养物中的菌体则成长链，像竹节样，一般条件下不形成荚膜。病畜体内的菌体中央或略偏一端。

本菌为需氧菌和兼需氧菌。一般培养基上生长良好，在 37℃、pH7.0～7.4 条件下生长最合适。在普通琼脂平板上生长成灰白色、不透明、扁平、表面粗糙的菌落，边缘不整齐，低倍镜下呈卷发状。自病畜分离的炭疽杆菌在 50% 血清琼脂上，于含有 65%～70%CO_2 中培养，可生长带荚膜菌落。这种菌落光滑而黏稠，可拉出几厘米的细丝还原，可与其他类似菌体鉴别。新分离的有毒力的炭疽杆菌常不溶血。DNA 的 G＋C 为 32.2～33.9mol%。模式株：ATCC14578、MCTB9377、MCTC10340；GeaBank 登录号（16s：DNA）AF176321。

本菌菌体对外界环境抵抗力不强。在体外有氧环境下易形成芽孢，与繁殖体相比其芽孢抵抗力很强，在干燥土壤中可存活 60 年，污染的草原中生存 40 年。干热 150℃消毒，可于 60min 内杀死；在－5℃～10℃冰冻状态下可存活 4 年。每毫升含 100 万个芽孢的盐水悬浮液，用湿热消毒，90℃需 15～45min、95℃需 10～25min、100℃需 5～10min 灭活。马的鬃毛用 121℃高压灭活 15min 方可杀死其中的芽孢。一般加热固定染色制片后，芽孢仍存活。在炭疽死亡的尸体未打开时，炭疽杆菌在骨髓中可存活 1 周，皮肤上可存活 2 周。炭疽杆菌主要有 4 种抗原：①荚膜多肽抗原，有抗吞噬作用，与致病力有关；②菌体多糖抗原，与毒力无关，有种特异性，耐热，可用作热沉淀反应；③芽孢抗原，有免疫原性和血清诊断价值；④保护性抗原，是炭疽毒素的组成部分。可致组织水肿和出血，有很强的免疫原性，注射动物可产生抗感染抗体。

炭疽杆菌的遗传物质包括染色体，全长约 5.23Mb 和两个质粒 PXO_1 和 PXO_2。炭疽杆菌的致病力取决于荚膜和毒素。由两个毒力质粒编码，毒素基因位于 PXO_1 质粒（184.5kbp）；荚膜基因位于 PXO_2 质粒（95.3kbp）。PXO_1、PXO_2 皆无毒菌株，具有两种质粒的炭疽芽孢杆菌是强毒菌株，具有 PXO_1 而不具有 PXO_2 或不具有 PXO_1 而只在 PXO_2 的是弱毒株。Keim 利用多位点可变数串联重复分析系统（MLVA）进行可变数串联重复系列（VNTR）基因序列分析对炭疽杆菌进行基因分型。目前炭疽杆菌可分为 A、B 两个组群。A 组可分为 A1－A6 亚组，B 组可分为 B1－B2 亚组，并发现基因具有地区特征性。

炭疽菌在繁殖过程中可产生外毒素蛋白复合物：水肿因子（EF）、保护性抗原（PA）、致死因子（LF）三组分。三者单独存在皆无致病性，只有 EF 或 LF 在与 PA 结合才有生物活性。2 种或 3 种混合注射可杀死小鼠，使豚鼠和家兔注射局部出现组织水肿和出血、坏死等炭疽典型中毒表现。荚膜和毒素是炭疽杆菌致病的主要因素，对动物致病力以草食动物最为敏感，感染后常呈急性败血症而猝死；食肉动物受感染后常呈隐性过程或仅在局部形成病灶；人类的易感程度介于两者之间。编码毒素的 3 个基因 pagA、cya 和 lef 位于 PXO₁ 质粒的"致病岛"上。

消毒药对炭疽芽孢的作用，不同的试验结果差异较大。如甲醛有试验认为 1%～2%有效，而另一试验结果认为 3%甲醛溶液 3 天不能杀死炭疽菌；10%甲醛溶液在 40℃时，经 15min 方能杀死芽孢。直射阳光 100h、煮沸 30～40min、121℃高压蒸汽灭菌 15min 能杀灭芽孢，而干热 140℃3h 只能部分杀灭芽孢；20%漂白粉、2%碱性戊二醛、5%碘酒、4%高锰酸钾、1 356mg/L 环氧乙烷；石炭酸、来苏儿、苯扎溴铵、酒精效果差。

流行病学

动物炭疽遍布全球，在南美洲、亚洲和非洲等牧区呈地方性流行，为一种自然疫源性疾病。炭疽最早发现于农牧业发达地区，记载炭疽最早文献是《圣经》。古代印度文献曾记载有牛炭疽。古罗马也曾报道过炭疽为牛、羊、马不治之症。1613 年南欧发生大流行，超过 6 万人死亡。1823 年 Barthelemy 对人炭疽来源于动物给予科学论证。

各种家畜、野生动物都有不同的易感性，其中草食兽易感是天然宿主，如牛、羊、马、驴、水牛、骆驼、鹿、象、角马、河马、羚羊；摄食炭疽畜体的犬科动物和肉食动物，如狼、狐、狮、虎、犬、猫、猴等；但罕见有感染大批肉食动物的炭疽爆发；猪较有抵抗力。小鼠、豚鼠最易感，接种少量有毒力芽孢即可发病死亡，即使用不能杀死绵羊、兔的弱毒株，亦可使其死亡。有中等毒力的菌株可杀死兔。人类也可感染。

本病的主要传染源是病畜，芽孢是炭疽感染循环的中心。病死畜体及排泄物中带有大量菌体。当尸体处理不当，菌体形成大量有强大抵抗力的芽孢污染土壤、水源、牧地，则可成为长久的疫源地。猪可因食入污染炭疽的动物制品或饲料而感染得病。病畜的痰、粪便和分泌物具有传染性。

本病传播主要途径：①经消化道感染，常呈地方性流行，通过采食污染的饲料、牧草、饮水或雨水冲刷暴露出含芽孢土壤而受感染。人摄入被污染的食物、水等而引起肠炭疽。病死率达 25%～75%。②经呼吸道感染，通过吸入炭疽杆菌或带芽孢的空气、尘埃而引起肺炭疽；病死率达 80%～100%。③经皮肤、黏膜感染。病菌毒力强，可直接侵袭完整皮肤。人因接触带菌畜产品或外伤或昆虫叮咬诱发感染，引起皮肤炭疽；病死率达 20%～25%。

炭疽按流行病学可分为工业型炭疽和农业型炭疽。农业型炭疽有明显季节性，与气候条件有关，特别是洪涝干旱年份，往往造成流行。一年四季皆散发，7～9 月为发病高峰。

发病机制

炭疽感染是由炭疽杆菌的内生孢子引起的。炭疽内生孢子不分裂，几乎观察不到新陈代谢，具有抵抗干燥、高温、紫外线、γ 射线和许多消毒剂的能力，在一些土壤中炭疽孢子可保持休息状态数十年，所有炭疽毒性基因是由炭疽杆菌在体内孢子发芽的增殖形式来表达的。通过皮肤、呼吸道或食道进入的内生孢子被巨噬细胞吞噬后送至淋巴结，并在巨噬细胞内释放，在淋巴系统内增殖，然后进入血液，从而引起严重败血症。一旦细菌从巨噬细胞内释放出来，免疫系统则不能对抗这种杆菌的增殖。炭疽杆菌表达的致病毒素因子有毒素和荚膜。炭疽杆菌可产生毒力很强的外毒素，称为炭疽毒素，共有 3 种成分，即水肿毒素、致死因子和保护性抗原。毒血症可引起系统损害，导致宿主死亡。

菌体可通过破损的皮肤、黏膜侵入，毒力强的可通过完整皮肤侵入，还可经呼吸道和肠道侵入。当一定数量的芽孢进入皮肤破裂处。吞入肠道或吸入呼吸道，加上人体抵抗力减弱时，病原菌借其荚膜的保护首先在局部繁殖，产生大量毒素，导致组织及脏器发生出血性流通浸润和严重水肿，形成原发性皮肤炭疽、肠炭疽和肺炭疽等；当机体抵抗力降低时致病菌即迅速沿淋巴管及血循环进行全身扩散，形成散血症和继发性脑炎。皮肤炭疽因缺血及毒素的作用使真皮和神经纤维发生变性，故病灶处常见明显的疼痛感，如人体健康而进入人体，它们被肺泡中巨噬细胞吞噬后，可在该细胞存活，随后被送到淋巴结，在淋巴结细胞中发芽生长，而不被呼吸道黏膜的纤毛运动所排除。关于炭疽的死亡原因，不少学者进行了多方面的探讨。认为由于毒素的作用，使中枢神经受累，氧饥饿。毛细血管通透性增加，继发休克和肺水肿等。这些综合症状最后导致呼吸衰竭、死亡。

炭疽杆菌致病主要与其毒素中各组分的协同作用有关，炭疽毒素可直接损伤微血管的内皮细胞，使血管壁的通透性增加从而使小血管扩张，加重血管通透性，减少组织灌注量；又由于毒素损伤血管内膜激活内凝血系统及释放组织凝血活酶物质，血液呈高凝状态，故弥散性血管内凝血（DIC）和感染性休克在炭疽中均较常见。此外，炭疽杆菌本身可堵塞毛细血管，使组织缺氧缺血和微循环内血栓形成，炭疽杆菌在体内有血清的条件下，形成大量荚膜物质，起囊套作用，能抵抗吞噬细胞的吞噬和降解，并可被吞噬细胞携带向其他部位扩散。在炭疽杆菌发芽过程中，由于体内的环境条件适宜，或产生炭疽毒素。毒素主要作用于哺乳动物的吞噬细胞。首先是毒素的 PA63 和 PA20 两个片段，PA20 脱离后，暴露出与 EF 和 LF 毒素决定簇结合的位点，在 PA63 的介导下，通过钙调蛋白的协同作用，形成细胞膜离子通道，使得 EF 和 LF 进入细胞。EF 是一种腺苷环化酶，催化细胞内三磷酸腺苷环化。EF 通过使细胞内的环磷酸腺苷浓度增加，从而抑制免疫细胞功能如中性粒细胞的吞噬作用及巨噬细胞的吞噬作用等，致使宿主的免疫系统的功能遭到破坏，炭疽特征性水肿是由 EF 所致的。LE 是一种钙离子和锌离子依赖的金属蛋白酶（内肽酶），能切割多种有丝分裂活化的蛋白质激酶，切断与细胞生长和成熟有关的信号转导途径。巨噬细胞是 LF 的主要靶细胞，敏感的巨噬细胞对致死毒素的最初反应是合成大量的细胞因子，如 TNF 和 IL-1、IL-6 等，因此炭疽败血症休克所致死亡可能是由于这些细胞因子的释放造成的。毛细血管内皮细胞也对致死毒素敏感，在炭疽感染后期，排出大量的细菌，以及从口、鼻、肛门出血可能应归于淋巴结及毛细血管坏死。炭疽杆菌的氧化酶、过氧化氢酶、酪胱酶和胶原酶，以及毒素和其他代谢产物，迅速引起感染局部毛细血管通透性增强，血管周围组织渗透失衡，血管内静压升高，出现局部水肿。由于感染部位组织炎症、溃疡、坏死、中央焦痂，周围组织水肿，严重者有广泛性软组织出血性胶样水肿，即所谓典型的炭疽病灶。

临床表现

人炭疽

炭疽芽孢杆菌或芽孢无论经皮肤的破损进入体内，或经胃肠道黏膜损伤进入，或是经呼吸道黏膜损伤进入，抑或以气溶胶微粒专门直接到达肺泡，都必须接触到体液、血液和血清，才能活化、繁殖。感染的对立是炭疽芽孢杆菌的寄生与宿主清除之间的互相斗争的过程，此过程十分激烈，临床上称之为"潜伏期"。视菌体和芽孢进入体内多少，潜伏期可由几小时至 2～5 天。如果在形成任何局部病灶之前即将全部侵入病菌消灭，只算是一次潜伏期感染，或称隐性感染。若侵入的病菌迅速繁殖，并在某一局部形成病灶，称为炭疽痈。属于确立感染，而当宿主表现出一系列临床症状时，则为感染发病。

1. 炭疽的隐性感染　已证明炭疽有隐性感染和健康带菌，鼻腔检菌阳性率可达 39％；Heyworth（1975）报道无病史接触者血清可检出抗体。爆发点健康人群血清荚膜抗体阳性率可达 25.1％，非爆发点人群血清阳性率为 6.25％，说明有亚临床和隐性感染（刘军等1990）。

2. 人炭疽病　人类感染炭疽杆菌后潜伏期为 1～5 天，最短 12h，最长 12 天。分最急性、急性、亚急性和慢性 4 种。临床表现分别为：①最急性：突然发病，数小时内死亡；②急性：发病、体温上升至 40℃以上，全身寒战，结膜蓝紫色，有出血点，1～2 天内死亡；③亚急性：体温升高，黏膜蓝紫色，有出血斑点，排血粪，2 天后，体温急剧下降，痉挛而死；④慢性：以皮肤局限性炭疽痈为主。

（1）**皮肤炭疽**　开始人出现体温升高（38～39℃），头痛、关节痛，周身不适，局部淋巴结和脾脏肿大等，继而多见于面、颈、肩、手和脚等裸露部位皮肤，开始呈红色斑疹、丘疹，1～2 天后出现水疱，内含淡黄色液体，周围组织硬而肿胀。3～4 天中心呈现出血性坏死并下陷，四周有成群小水疱，水肿。5～7 天出现坏死性溃疡，血样渗出物结成硬而黑，似炭样焦痂，痂下肉芽组织生成而形成炭疽痈，进一步扩大周边皮肤的浸润及水肿，疼痛感不明显，稍有痒感，无脓肿形成（炭疽的特点）。以后水肿消退，黑痂在 1～2 周内脱落，逐步愈合成瘢痕。少数病例局部水肿不形成黑痂，发展成大块状水肿，多见于眼睑、颈、大腿及手等组织疏松处，水肿扩展迅速，可致大片坏死，如治疗不及时造成毒血症，可因败血症死亡。

（2）**肺炭疽**　潜伏期长短可能与炭疽孢子活力和数量有关，一般为 10 天，也报道接触6 周后出现症状。可急性发病，轻者有胸闷、胸痛、发热、咳嗽、痰液带血；重者高热、寒战，纵隔淋巴结肿大，出血压迫呼吸器官造成气喘，咳嗽，咯血，黏膜发绀，肺啰音，肺痛，胸腔积液。尸体肺炎症状不明显，多见感染的入口处有坏死性出血性局限性肺炎。由于炭疽杆菌毒素可引起肺水肿、肺出血、坏死，常伴发败血症、脑膜炎、感染性休克死亡，此型常易发炭疽性脑膜炎、皮肤炭疽。

（3）**肠炭疽**　可表现为急性肠炎和急腹症型，致死率极高。潜伏期 12～18h，似食物中毒，也有食后 2～5 天发病。发病急，突然恶心、发热、呕吐、腹痛、腹泻；有时呈急腹症表现，持续性呕吐，腹泻，排血水样便，腹胀、腹痛，呈渗出性腹膜炎征象。常伴发败血症和感染性休克死亡，病程 1～2 天。

（4）**炭疽性脑膜炎**　炭疽杆菌通过血流循环系统或淋巴系统进入中枢神经可引起脑膜炎疽，病例极少。患者多为继发性，发病急，呈剧烈头痛、呕吐、抽搐、癫痫发作和谵妄，明显脑膜炎刺激症状，脑脊液多呈血性，少数为黄色，压力增高，细胞数增多。继而神经系统的损害迅速恶化。病理检查表现为出血性脑膜炎，有广泛的水肿和炎细胞浸润，软脑膜中有大量的革兰氏阳性杆菌。检尸可发现软脑膜有广泛的出血，其形态被称为"红冠帽"（Cardinal's Cap）。脑脊液常为血性的，有大量的革兰氏阳性杆菌。

（5）**败血症炭疽**　多继发于肺疽或肠炭疽，由皮肤炭疽引起者较少，可伴有高热、头痛、出血、呕吐、毒血症、感染性休克、DIC（弥漫型血管凝血）等。

不管哪一种类型的炭疽，没有得到正确的治疗，都会发展成败血症炭疽或肺炭疽，很容易引起死亡，还有可能在人与人之间传播。

猪炭疽

猪炭疽有咽型、肠型、败血症型和隐性型。

猪对炭疽的抵抗力较强，败血症极少见；急性型在猪较少见，主要表现为体温升高至41℃，食欲废绝，黏膜发绀，1～2天死亡。典型症状为咽型炭疽，主要以局部症状，咽喉部和附近淋巴结明显肿胀，扁桃体肿胀出血、坏死并有黄色痂皮覆盖。常见颌下淋巴结肿大，切面呈红砖色，有黑色坏死灶，体温升高至41.7℃，但不稽留，精神委顿，食欲不振；症状严重时，口鼻黏膜发绀，呼吸困难，最后窒息死亡。多数猪在水肿出现后24h内死亡。肠型炭疽常伴有消化道失常的症状，可见急性消化紊乱，表现呕吐、便秘或腹泻，甚至粪中带血，亦有恢复者。但有不少病例为急性型，临床症状不明显，只有屠宰后发现有病变。

局部炭疽死亡的猪，咽部、肠系膜及其他淋巴及常见出血、肿胀、坏死，外围有广泛的水肿区。常侵害肠道，病变区增厚，肠道病变部黏膜肿胀、坏死。肠系膜常变厚，常有不同程度的腹膜炎。

慢性咽型炭疽通常在宰后检验中发现。病变见于咽喉部个别淋巴结，特别多见于颌下淋巴结。表现淋巴结肿大，被膜增厚，质地变硬，切面干燥，有砖红色或灰黄色坏死灶；病程较长者在坏死灶周围常有包囊形成，或继发化脓菌感染而形成脓肿，脓汁吸收后形成干酪样或变成碎屑状颗粒。有时在同一淋巴结切面可见有新旧不同的病灶。

肠型炭疽：主要发生于小肠，多以肿大、出血和坏死的淋巴小结为中心，形成局灶性出血坏死性肠炎病变。病灶为纤维样坏死的黑色痂膜，邻接的肠黏膜呈出血性胶样浸润。肠系膜淋巴结肿大。

诊断

1. 流行病学调查及临床诊断 本病多为散发和地方流行，常在夏天多雨或干旱季节发生，经过急剧，死亡迅速，多数病畜生前缺乏临床症状，疑似病死动物要严禁剖检，主要靠实验室检查才能确诊。

皮肤炭疽因其特征表现一般不易误诊，但肺炭疽和肠炭疽因其初期症状没有特异性常常得不到及时诊断和治疗，而造成病情恶化和环境的广泛污染，结合患者职业、工作和生活情况，如与食草动物密切接触的农牧民；皮毛、皮革加工工人，或在疫区生活或敌人可能施放生物战剂的环境中停留者。根据病史、结合临床各型的特征，做出临床诊断。

猪群出现原因不明而突然死亡的病例，病猪表现体温升高，咽喉出现痛性肿胀，死后天然孔流血，应首先怀疑为炭疽。血液不凝固呈暗黑色，皮下有出血性胶样浸润，脾脏肿大。若无防护条件，不可贸然剖检。

可采取临死前后病畜末稍血抹片，或切一块耳朵，必要时局部切开取一块脾脏为病料，置于灭菌容器中。

2. 显微镜检查 取上述病料涂片，用革兰氏染色法或碱性美蓝染色法、印度墨汁负染法等进行荚膜染色。有条件还应用荧光抗体染色法、酶标染色法等检验。

3. 细菌分离采集 新鲜皮肤损害的分泌物、痰、呕吐物、排泄物、血液及脑脊液等病料直接接种于鲜血琼脂平板，污染或陈旧病料及环境样品，可接种于PLET琼脂平板或碳酸氢钠琼脂培养，在普通琼脂培养基上，生长良好，菌落灰白色，表面干燥稍隆起，放大可见菌落有花纹，边缘不整齐，呈明显卷发状，称为"狮头"样菌落。对分离的可疑菌株可做串珠试验、噬菌体裂解试验、青霉素抑制试验进行菌种鉴定。

4. 血清学诊断 方法有 Ascoli 沉淀反应、酶联免疫吸附试验（ELISA）、阻断性酶联免疫试验（BA-ELISA）、间接血凝试验（IHA）、放免试验（RIA）、免荧试验（IF）及免疫电化学发光技术（IECL）；血清特异性抗体浓度出现 4 倍或 4 倍以上升高。

5. 分子生物学诊断 方法有 DNA 探针、PCR、串联重复试序列分析、扩增片断长度多态（AFLP）和脉冲凝胶电泳（PEGE）。

6. 鉴别诊断 临床上应注意与巴氏杆菌病、气肿疽、恶性水肿、焦虫病、羊梭菌病等相鉴别。

进行鉴别诊断时须注意皮肤炭疽与痈、蜂窝组织炎、恙虫病、皮肤白喉、兔热病及腺鼠疫等进行鉴别；肺炭疽早期与肺鼠疫相鉴别；肠炭疽与急性菌痢及急腹症等加以鉴别；炭疽杆菌脑膜炎与蛛网膜下腔出血及其化脓性脑膜炎相区别。

防治

炭疽的发病迅速而又较难及早确诊，所以炭疽病的治疗首先应该尽早、及时应用抗菌药物是关键。一旦发现炭疽疑似症状，即应立即展开救治，对患者密切观察，及时隔离，病死畜及时消毒和焚埋。炭疽杆菌对青霉素类药物非常敏感，是治疗首选药物，其次是环丙沙星、先锋霉素、强力霉素、四环素、卡那霉素、庆大霉素、红霉素和磺胺类药物。皮肤炭疽，成年人青霉素用量为 160 万～400 万 U，分次肌肉注射，疗程 7～10 天。或用四环素（1.5～2.0g/d）、强力霉素（0.3～0.5g/d）、红霉素（1.5～2.0g/d）口服或静脉注射。同时皮肤病灶局部用 0.5％高锰酸钾洗涤，并敷以抗生素软膏。病灶切忌按压或外科手术，以防败血症发生。

肺炭疽、肠炭疽、脑膜炎炭疽和败血症，用青霉素 1 000 万～2 000 万 U 静脉滴注，并同时合用链霉素（1～2g/天）或庆大霉素（16 万～24 万 U/天），疗程 2～3 周。同时对患者应严密隔离，卧床休息。多饮水或给予流食与半流食，对呕吐、腹泻者给予静脉补液。对皮肤恶性水肿者可每日氢化可的松 100～300mg，分次静脉滴注，控制局部水肿，减轻毒血症，必要时可用肾上腺皮质激素。对有出血、休克和神经系统症状者，应给予相应处理。这类药物只能杀灭体内细菌，不能中和细菌产生的毒素。

血清疗法：病初可应用抗炭疽血清，第一天 80ml，第二、三天各 20～50ml。肌肉注射或静滴。与抗生素联合治疗效果更好。体表炭疽痈应在其周围多点注射。血清疗法要注意防止过敏反应，可先皮下注射少量抗血清 0.5ml，无特殊反应再全量注射。目前此法已少用。

发病区或威胁区人群，畜牧业或兽医、畜产品加工、收购等人群，每年春季应给予炭疽菌苗的接种。人工菌苗有 Sterne 株等无毒炭疽芽孢菌苗、34F2 菌株 PA 佐剂苗等 II 号炭疽菌苗和炭疽保护性抗原佐剂苗，免疫期为 1 年。近 2～3 年内发病区家畜应用无毒炭疽芽孢苗（山羊不宜使用）或炭疽 II 号芽孢苗进行免疫预防。无毒炭疽芽孢苗，皮下注射，1 岁以上为 1ml，1 岁以下为 0.5ml；II 号炭疽苗皮下注射 1ml，按说明使用，14 天产生免疫力，免疫期 1 年。同时要加强卫生监督。对不明病死畜、尸体不得剥制和利用，需经检疫后处理。疑似尸体须带皮焚烧，不得深埋以免后患。发现炭疽后立即上报，确定疫区范围，采取封镇、隔离、消毒、紧急预防接种等措施，尽快扑灭疫情。对污染猪场的粪便，用堆积方法，使堆肥温度至 72～76℃，发酵 4 天；环境中地面表土应除去 15～20cm，取下的土与 20％漂白粉液混合后再深埋。环境用新配制的 20％石灰乳或 20％漂白粉消毒 2 天以上或 4％高锰酸钾、0.04％碘液；能封闭的圈舍用 1∶44（W/W）比例的环氧乙烷与溴甲烷混合，以每立方米空间 1.5kg 的用量熏蒸 24h。皮毛消毒可用加有 2％盐酸的 5％食盐水于 25～30℃下浸泡 40h。在最后一头病畜死亡或痊愈后 15 天方可解除封镇，并同时进行一次消毒后开放。

凡接触家畜乳、肉、皮毛的工作人员都要戴防护用品；接触过病尸、病畜尸体人员要用 0.1％升汞液消毒。美国 2003 年发生用邮件传播炭疽事件时，采用蒸汽熨斗消毒法很有效。方法是在信件上垫一块湿布，滚烫的电熨斗在上面熨 1min 即可。

二十一、李氏杆菌病
（Listeriosis）

李斯特氏杆菌是由产单核细胞李氏杆菌（*Listeria monocytogenes*）引起的人畜传染病，呈散发。人畜主要表现脑膜炎、败血症和单核细胞增多症。家禽和啮齿动物主要表现为脑膜炎、坏死性肝炎和心肌炎。

历史简介

本病 1910 年前在冰岛羊群中流行。1920 年 Lignieres 和 Spitz 从牛中分离。Murray（1926）从单核细胞增多症兔、豚鼠分离到本菌，命名为单核细胞增多性李斯特杆菌。1927 年 Pirie 从患"虎河病"沙鼠分离到单核细胞增生杆菌。1929 年 Nyfeld 从传染性单核细胞增多症病人中分离到该菌，误认为其为该病的病原菌，后发现该菌主要引起动物单核细胞明显增多，而较少引起人类单核细胞显著增多，但单核细胞增多性李斯特菌的名称仍保留下来。1933 年 Cill 查明羊转圈病病因是李氏杆菌后，才对本病有所重视。1938 年 Slaboapits 'Kii 从一头青年猪分离到此菌。1940 年 Pirie 建议为单核细胞增多性李氏杆菌。1942 年 De Blieck 和 Jansen 报道仔猪感染。1951 年 Flesemfeld 报道宰禽工人感染本菌发生结膜炎。Gray（1966），Ryser（1991）报道了李氏杆菌引起人和动物的感染。为纪念 Lister 将本菌命名为单核细胞李氏杆菌。20 世纪 80 年代，人类因食用被污染的动物性食物而屡发李氏杆菌病，才认识到它是人的一种食源性传染病。WHO 认为是 90 年代食品污染的致病菌之一。

单核细胞李氏杆菌属，目前该属内还有伊万诺夫、无害、威斯梅尔和西里杰李氏杆菌。产单核细胞李氏杆菌和伊万诺夫李氏杆菌有致病性。

病原

产单核细胞李氏杆菌（*Listeria monocytogenes*）为兼性厌氧菌，是一种革兰氏染色阳性小杆菌。在涂片中多单在或两菌排成 V 形与 Y 形。大小为 $0.5\mu m \times 1.0 \sim 2.0\mu m$，R 型菌体较长 $5.0 \sim 7.0\mu m$，且为 3～8 个短链排列。无荚膜、无芽孢。在 20～25℃培养时，有周毛，运动最强，而 37℃培养可能无鞭毛，不运动。最适培养温度 30～37℃，pH7.0～7.2。$5\% \sim 10\% CO_2$ 条件下，可促其生长，在普通培养基上生长贫瘠，血琼脂上生长良好，形成 S 形、透明的露滴状小菌落，呈狭窄的 β 溶血环。在 0.6％酵母浸膏胰酪大豆琼脂

（TSAYE）和改良 McBride（MMA）琼脂上，菌落呈蓝色、灰色或蓝灰色。在 0.25％琼脂、8％明胶、1％葡萄糖半固体培养上，沿穿刺向周围呈云雾状生长，在培养基表面下 3～5mm 处有生长最佳的伞状区，明胶不液化。

本菌对糖类的发酵能力依菌株不同而异。能分解葡萄糖、麦芽糖、乳糖、蔗糖、海藻糖、鼠李糖、水杨苷，产酸不产气。不分解卫矛醇、棉子糖、阿拉伯糖、纤维二糖、甘露醇、木糖、菊糖及肌醇等。吲哚试验、硫化氢产生试验、枸橼酸盐利用为阴性。MR、VP、接触酶反应为阳性。

用凝集素吸收试验已将本菌抗原分为 15 种 D 抗原（Ⅰ至ⅩⅤ）和 4 种 H 抗原（A 至 D）。现已知有 7 个血清型和 16 个血清变种。各型对人均可致病，其中以 la、lb 和 4b 多见；牛、羊以 1 型和 4b 多见；猪、禽和啮齿动物以 1 型多见。DNA 中的 G＋C 为 37～39mol％。

本菌能在吞噬细胞内生长，长期生存、繁殖，随着血液扩散至全身，属于胞内寄生菌。能产生 α 和 β 两种溶血素，裂解吞噬细胞、空泡及溶酶体膜。脂溶素、超氧化物和过氧化氢等物与毒力有关。本菌与葡萄球菌、链球菌、大肠杆菌等具有共同抗原成分，必须做交叉吸收试验，才能提高本菌的特异性。

本菌耐碱、耐盐、不耐酸，在 pH 9.6 的肉汤和 10％食盐液中能生长，20％食盐液中经久不死，但在 pH 5.6 时仅可存 2～3 天。对热的耐受性比大多数无芽孢杆菌强，牛奶中的病菌能耐浸巴氏消毒，55℃湿热处理 40min 或 75℃ 15s 被杀死。在土壤、粪便中能生存数月至 10 多个月。一般消毒药易使之灭活，对链霉素、四环素和磺胺类药物敏感。

流行病学

本菌在自然界分布很广，黄牛、水牛、乳牛、山羊、绵羊、猪、鸡、兔、犬、猫、马、驴、骡、老鼠、家雀和人等都能自然感染，迄今已从 42 种哺乳动物、22 种禽种、鱼类、甲壳类的动物中分离到本菌。动物是本病重要的储存宿主，Gray 等（1966）认为猪可能是重要宿主。所以患病动物和带菌动物是本病的传染源，可从粪尿、乳汁、流产胎儿、子宫分泌物等排菌，也可从污水、土壤和垃圾、腐烂植物、饲料内分离到本菌。可寄生在昆虫、甲壳纲动物、鱼、鸟、野生动物、家畜体内。健康地带菌动物可能是人类李氏杆菌病的主要传染源。据报道，病猫的传播作用较大。但传播途径尚不完全清楚。自然感染可能通过消化道、呼吸道、眼结膜及破伤皮肤。污染的饲料和饮水可能是主要传播媒介。人类李氏杆菌病主要经消化道传染，从水源到食物的食物链的任何一个环节都导致人类感染，孕妇感染后可通过胎盘或产道感染胎儿或新生儿，眼和皮肤与病畜直接接触，也可能发生局部感染。

本病为散发，牛、兔、犬、猫最易感染，羊、猪、鸡次之。马属动物有一定抵抗力；人类中以新生儿最多见，其次是婴儿、孕妇、老人和免疫缺陷者，一般只有少数发病，偶尔呈爆发性流行，1991 年美国 CDC 对 3 400 万人做血液细菌培养，在 1 700 例感染李氏杆菌的人中 1/4 是孕妇，但病死率高。各种年龄动物都可感染发病，以幼龄较易感，发病较急，妊娠母畜也较易感。主要发生于冬季或早春，冬季缺乏青料，青贮料发酵不完全，气候突变，有寄生虫或沙门氏感染等可成为本病的诱因。

发病机制

本病发病机制尚未完全明了，但临床经过与感染途径、机体免疫力及细菌毒力可能均有关。

胃肠道是病原体最常见的侵入部位，是否发病与胃肠道黏膜屏障及局部胃酸度等有关，有少数人群可肠道长期带菌而不发病。当胃肠道黏膜屏障受损，细菌可侵入胃肠道黏膜或经胃肠道上皮细胞的吞噬吞饮作用而侵入，此后被单核—巨噬细胞吞噬后感染可发生扩散。宫内感染一般发生在妊娠初 3 个月，可通过血行感染，导致死胎或流产。胎儿胃肠道也可累及，胎粪中常有较多细菌，胎粪涂片革兰氏染色镜检有助于诊断。围生期内新生儿的感染则与接触有关，最多见为中枢神经系统感染，可伴有败血症。成人脑膜炎可能来自血源性或呼吸道感染。肝硬化患者可导致自发性腹膜炎。

由于单核细胞增多性李斯特菌是兼性需氧细胞内寄生菌。因此，病原体的清除主要有赖细胞免疫功能健全，而作为调理素的免疫球蛋白和补体等体液免疫因素在清除病原体方面发挥作用较小。在感染早期，中性粒细胞及单核细胞的吞噬作用可使感染局限，此后随着 T 细胞的激活，T 细胞的炎症反应包括迟发型变态反应和肉芽肿形成，使单核—巨噬细胞在病灶部位积聚，其杀菌作用进一步加强。一些相关的细胞因子如 TNF、IL‐2、IL‐4 及 IFN‐Y 在免疫反应中发挥重要作用。由于婴幼儿、老年人及孕妇大都存在不同程度细胞免疫功能不全或低下，而成为易感人群。多数李斯特菌病患成人，大多数存在细胞免疫的受损，特别是辅助 T 细胞和抑制 T 细胞的受累，如艾滋病患者、恶性肿瘤化疗患者及器官移植后免疫抑制剂治疗者等。

病原体的侵袭力及毒力在发病中发挥着重要作用。菌血症及受染的单核细胞在血液中循环可导致病原体播散。通常情况下，不溶血和不能分型的菌株无毒力，因而不能导致临床感染。细菌在未致敏的单核—巨噬细胞内容易繁殖，细菌被吞噬后可刺激产生李斯特菌溶血素，结构与链球菌溶血素相似，为重要的毒力因子。它可连接于吞噬细胞膜内胆固醇，导致细胞膜破裂。这种特性使病菌能够避免吞噬细胞的溶酶体溶解，并最终导致巨噬细胞的破坏。研究表明，该菌可诱导小鼠胸腺细胞及脾脏，淋巴结胸腺依赖区 T 淋巴细胞凋亡。此作用有可能削弱机体细胞免疫，部分菌株可产生一种溶解素 O，有助于病菌在细胞间传播。

李斯特菌感染可同时发生脑膜炎及脑炎，在肝、脾等脏器也可形成感染灶。典型病理改变是感染性肉芽肿形成及播散性小脓肿。肉芽肿可呈粟粒样。病灶周围粒细胞浸润，在 T 细胞的调节下，逐渐形成肉芽肿。肉芽肿主要由巨噬细胞聚集而成，周围有一些淋巴细胞。细菌在肝细胞中也可增殖形成肝肉芽肿。

临床表现

人

Killinger 等（1966）报道，1933～1966 年间美国有 731 人被诊断李氏杆菌病感染者。本病历史上最大一次流行发生于 1985 年和 1999 年美国；1997 年 3 月我国云南发生两次大流行，其发病率为 8.2%和 8.6%。Nyfeldt（1929）从人体分离到此菌。Burn（1933）报道了人围产期感染脑膜炎病例。2000～2001 年我国从国外进口的猪腰、猪肚、猪耳、猪脚和猪小排中有 30 多批检出李氏杆菌。1981 年的加拿大洋白菜色拉事件中 41 人患病。2008 年肉类污染致 12 人死亡。

Killinger（1966）人表现原发性肿瘤形成、酒精中毒症、心血管疾病、糖尿病和慢性失调综合征。SchlechW. F（1983）报道李氏杆菌为胞内寄生菌，引起人脑膜炎、菌血症，死亡率可达 30%～70%。

人临症分腹泻型：恶心、呕吐、腹泻。

侵袭型：脑膜炎、粟粒脓肿、败血症和心内膜炎等。

成人主要表现为脑膜炎症候群，发病突然，体温升高，剧烈头痛、恶心、呕吐、颈部强直，个别病人有脑炎或脑脓肿症状。

新生儿感染的早发型在产后立即发病或于出生后 2～5 天内发病。病儿一般为早产儿，主要症状为呼吸急促、黏膜发绀、呕吐、尖叫抽搐等，体温低于正常时，有出血性丘疹或化脓性结膜炎。迟发型在产后 1～3 周发病，有拒食、多哭、易激怒、高热和很快发生抽搐、昏迷等。患脑膜炎的病人，多数同时存在败血症。心内膜炎较少见，易发生于二尖瓣和主动脉瓣，皮肤局部感染时，可出现散在、粟粒大小红色丘疹，以后变成小脓疱。

猪

Kii（1918）从前苏联等农场分离到本菌。DeBlieck（1942）报道仔猪感染。Hohne 等（1976）证明为猪扁桃体常存菌。猪表现败血症和中枢神经功能障碍症。

分为败血型、脑膜炎型和混合型。常突然发病，体温升高达 41～42℃，吃乳减少或不吃，粪干、尿少，中后期体温降至常温或常温以下。

多数病猪表现为脑膜炎症状，初期兴奋，共济失调，步行跟跄，无目的地乱跑，在圈内转圈跳动，或不自立地后退或以头抵地不动；肌肉震颤，颈、颊肌肉震颤，强直僵硬；有的头颈后仰，四肢阵发性痉挛，两前肢或四肢张开呈典型的观星姿势或后肢麻痹拖地不能站立。

严重的侧卧，抽搐，口吐白沫，四肢乱划，病猪反应性增强，轻微就发生惊叫，病程 1～3 天，长的可达 4～9 天，单纯的脑膜炎型易发生于断奶后的仔猪，也见于哺乳仔猪。

脑膜炎症状与混合型相似，但较缓和。病猪体温、食欲、粪尿一般正常，病程较长，一般以死亡告终。血液学检查白细胞呈高达 $34×10^9$～$69×10^9$/L、单核细胞占 8%～12%。

仔猪多败血症，腹泻、皮疹、呼吸困难，耳、腹部皮肤发绀。妊娠母猪流产。除 2 型外，所有型均可从猪中分离到。

病理变化

有神经症状的病畜，脑膜和脑可能有充血、炎症或水肿。脑脊液增量混浊，含很多细胞，脑干变软，有小化脓灶，周围有以单核细胞为主的细胞浸润，肝可能有小炎症和小坏死性。败血病有败血症变化，肝有坏死灶，血液和组织中单核细胞增多。流产母猪可见到子宫内膜充血和广泛坏死。胎盘子叶常见出血和坏死。脑组织内多量单核细胞浸润灶和在血管周围由多量单核细胞形成"管套"是本病在组织学上的特征表现。

诊断

1. 综合诊断　病畜表现特殊的神经症状，孕畜流产，血液中单核细胞增多。在冬春季节呈散发，发病率低，病死率高。剖检见脑及脑膜充血、水肿，肝有坏死灶，以及败血症变化。脑组织切片检查，见有中性粒细胞及单核细胞浸润灶，血管周围有单核细胞管套，可作为诊断的主要依据。

2. 病原学诊断

（1）镜检　采取病畜的血液、肝、脾、肾、脑脊液、脑的病变组织作触片或涂片，如见革兰氏阳性，呈 V 形排列或并列的细小杆菌，可做出初步诊断。

（2）**细菌分离培养**　病料研磨成乳剂，接种后血液葡萄糖琼脂可长成露滴状小菌落，有β溶血环。也可用选择培养基培养。

（3）**动物接种试验**　可用家兔、小鼠、幼豚鼠或幼鸽。将病料悬依流于兔或豚鼠眼内，1 天后发生结膜炎，不久发生败血症死亡。妊娠 2 周的动物接种后常发生流产。

3. 血清学诊断　本菌与金黄色葡萄球菌、肠球菌及其他一些细菌有共同抗原成分，须作交叉吸收试验，才能得出可靠诊断。常用检验方法有凝集试验和补体结合试验。

4. 鉴别诊断　要与伪狂犬病、猪传染性脑脊髓炎、散发性脑脊髓炎区别。

人的诊断主要依靠细菌学检查。对原因不明发热或新生儿感染者，可采取血、脑脊液、新生儿脐带的残端及粪尿等，进行镜检和分离培养。

防治

1. 治疗　动物李氏杆菌病常用链霉素治疗，病初用大剂量有较好疗效。

对败血型最好以氯霉素配合青霉素、链霉素治疗，或青霉素与庆大霉素联合应用。当确诊后可对全群畜用磺胺嘧啶钠，连用 3 天，再口服长效磺胺，每 7 天 1 次，经 3 周可控制疫情。

人李氏杆菌病一般采用氨苄青霉素每天 $0.15\sim0.2g/kg$，静脉注射，同时加用庆大霉素 $5\sim6mg/kg$，分次肌注，疗程 $2\sim3$ 周。有免疫功能缺陷者可延长几周，以免复发。

2. 预防措施　加强动物检疫、防疫和饲养管理，驱除鼠类，消灭体外寄生虫。一旦发病，应立即隔离治疗，消除诱因，严格消毒。病畜禽尸体必须严格消毒，严防疫病传播。

人在参与病畜禽饲料管理和剖检尸体或接触污染物时，应注意自身保护。病畜禽肉要无害化处理。平时注意饮食卫生，防止通过污染的植物及蔬菜或乳肉蛋而感染。积极治疗患病的孕妇。

二十二、葡萄球菌病
（Staphylococcosis）

本病主要由金黄色葡萄球菌引起的人和动物的以化脓性炎症为主要特性的一类疾病的总称。可分为两类：一类为侵袭性疾患，如皮肤软组织感染、败血症、心内膜炎、肺炎及骨髓炎等；另一类是毒素所致，某些产生血浆凝固酶的菌株产生的肠毒素还能引起食物中毒症、中毒性休克综合征和烫伤样皮肤综合征等。葡萄球菌属中的多数为非致病菌，少数可导致疾病。葡萄球菌中 MRSA 是医院交叉感染的主要来源。

历史简介

在葡萄球菌发现前就有相关葡萄球菌中毒的文献记载。因常堆积成葡萄串状而得名。Von Reck Linghausen 和 Waldayer（1871）从人化脓灶中发现此菌，故又称化脓性球菌。Robet Koch（1878）从脓汁中发现葡萄球菌。Pasteur（1880）从一疖肿患者脓汁中发现排列似葡萄样的细菌，并将其注射家兔。可致兔脓疡。Alexander Ogsten（1881）确证化脓过程是由此菌所致。基于这类细菌易形成葡萄状，而希腊语葡萄为 Staphyle，故命名葡萄球菌。Becker（1883）获得纯培养。Rosenback（1884）在分离培养此菌时，由于观察到菌体堆积成串及色泽黄白，创造了"金黄色葡萄球菌"一词。对化脓性葡萄球菌的培养特征做了描述，并指出了葡萄球菌与创伤性感染和骨髓炎有关。Pusset（1895）发现了柠檬色葡萄球菌。Winslow（1908）报道了表皮葡萄球菌。Vaughan 和 Sternberger（1884）曾将葡萄球菌和食物中毒联系起来。Danys（1894），Owen（1906）和 Barber（1914）等从食物中检出此菌，但未引起重视。Dack 等（1930，1956）从芝加哥一奶油夹心饼中毒患者分离到此菌，用无菌滤液静脉注射兔，引起严重水泻致死；3 名志愿者服下滤液，3h 中毒。实验证明，金黄色葡萄球菌为食物中毒病原菌，并阐明了致病作用。Bergdoll 等（1959）发现葡萄球菌肠毒素由多种蛋白组成的混合物，1962 年美国微生物学会第 62 届免疫学会通过葡萄球菌肠毒素命名法，分 A、B、C 3 种，后共发现 A～F 6 个型。后发现 F 型与热源外毒素 C 属同一种蛋白质，根据该毒素对人类引起中毒性休克综合征（TSS）的特点，命名为中毒性休克综合征毒素—1（TSS_1）。Spinola（1842）报道了葡萄球菌引起的渗出性皮炎。Bell 和 Weliz（1952）证明了人饮用葡萄球菌感染的乳腺炎牛的牛奶引起中毒。Sompolinsky（1953）分离到猪葡萄球菌（表皮葡萄球菌生物 2 型）并进行了鉴定。葡萄球菌分类过去曾按菌所产生的色素分为金色葡萄球菌、白色葡萄球菌和柠檬色葡萄球菌。1965 年国际葡萄球菌和微球菌分类委员会将其分为金黄色葡萄球菌和表皮葡萄球菌。后又按血浆凝固酶试验分为阳性和阴性葡萄球菌两大类。Trautwein（1966）报道了母猪金黄色葡萄色乳腺炎。Casonan 等（1967）报道了葡萄球菌肠毒素 A、B、C 和 D 型。1974 年《伯杰氏鉴定细菌手册》按 G+C 含量、细胞壁成分和厌氧条件下生长及发酵葡萄球菌糖的能力，将葡萄球菌归属于微球菌科，葡萄菌属，分金黄色葡萄球菌、表皮葡萄球菌和腐生葡萄球菌 3 种。之后，又发现了 10 余种凝固酶阴性葡萄球菌（CNS）。1994 年该属分为 32 个种和亚种。Baird - parker（1963 和 1965）按生理学和生物学特性将葡萄球菌分为 6 个亚群，I 群为金黄色葡萄球菌；III 群为家畜葡萄球菌；II 和 V、VI 亚群分为白色葡萄球菌、表皮葡萄球菌和腐生葡萄球菌混合群。1974 年又按生化、产毒分子生物学特性分为金黄色葡萄球菌、表皮葡萄球菌和腐生葡萄球菌。Hajek（1976）根据纤维蛋白溶酶、色素、溶血性、团聚因子、分型噬菌体等将金色葡萄球菌分为 A～F 6 个生物型。在甲氧西林用于临床后，1961 年英国 Jevons 发现了耐甲氧西林金黄色葡萄球菌（MRSA）；1995 年日本报道了万古霉素低浓度耐药菌株；2002 年美国报道了万古霉素高浓度耐药菌株；2002 年英国报道出现一种新的"超级细菌"-MA-SA 变种。

病原

在人畜及动物共染的病原葡萄球菌中，除了金黄色葡萄球菌外，还包括一些 CNS，如表皮葡萄球菌、溶血葡萄球菌、腐生葡萄球菌和猪葡萄球菌等 30 余种。在一定条件下，可引起人及某些动物的感染发病。但它们与金黄色葡萄球菌相比较，它们常常是表现的频率低或致病作用弱。在通常情况下所谓的人兽共患病的病原葡萄球菌，主要指的金黄色葡萄球菌。本病原属于葡萄球菌属。

形态与染色：本菌革兰氏染色阳性。当菌体衰老或死亡或被白细胞吞噬后可变成为革兰氏染色阴性，呈球形，大小不一，致病性葡萄球菌菌体较小，各菌体的大小及排列也较整齐。无鞭毛、无芽孢，一般不形成荚膜，易被碱性染料着色。在固体培养基上的形态常呈葡萄状排列；在液体培养基上可呈单个、成双或短链排列；在脓汁中常呈单个散在或少数堆积葡萄状。

培养特性：本菌为需氧或兼性厌氧，营养要求不高。在普通培养基上能生长。在 20% CO_2 环境中有利于毒素的产生。致病菌株最适温度为 37℃，最适 pH7.4。某些菌株耐盐性强，在含 10%～15%氯化钠的培养基中仍能生长，因此可用高盐培养基分离本菌。在肉汤培养基中生长迅速，经 35℃培养 18～24h 后呈均匀混浊，并有部分细菌沉于管底，摇动易消散。在普通琼脂平板，经 35℃24h 培养可形成圆形、凸起、边缘整齐、表面光滑、有光泽、不透明的菌落，直径为 1～2mm，但也有大致 4～5 mm 的。菌落因菌种不同而产生不同的色素，如金黄色、白色和柠檬色。此种色素为脂溶性，不溶于水，故此种色素只限于菌落内，不渗透至培养基中。在有 CO_2 及 O_2 环境下易形成色素，在无 O_2 环境下，不形成色素。在血琼脂平板上形成较大菌落，多数致病葡萄球菌能产生溶血毒素，使菌落周围红细胞溶解而形成透明的 β 溶血环，非致病性菌则无此现象。在高盐甘露醇血板上，致病葡萄球菌能产生卵磷脂酶，故菌落周围形成白色沉淀圈。

生化反应：本菌属生化反应不规则，常因菌株和培养条件而异。大多数菌株能分解葡萄糖、麦芽糖和蔗糖，产酸不产气。致病性葡球菌凝固酶试验多为阳性，但有此阴性菌株也可致病。以往以甘露醇分解试验和明胶液化试验来判断葡萄球菌的致病力，现在发现不少非致病性菌株亦能分解甘露醇和液化明胶，故此两种反应不能作为判断其致病力的唯一标准。触酶试验阳性。葡萄球菌属菌 DNA 的 G+C 含量为 30～40 mol%。金黄色葡萄球菌有两种亚种，金黄色亚种的 DNA 的 G+C 含量为 32～36，模式株：ATCC12600、ATCC12600-U、NCTC8532；GerBark 登录号（16SrRNA）：D83357、L37597、X68417。厌氧亚种的 DNA 的 G+Cmol% 为 31.5～32.7，模式株：MVF-7、ATCC35844；GenBank 登录号（16SrRNA）：D83355。表皮葡萄球菌的 DNA 的 G+C mol%含量为 30～37，模式株：Fussel2466、ATCC14900、NCTC11047；GenBank 登录号（16SrRNA）：D83363、L37605。溶血葡萄球菌的 DNA 的 G+Cmol% 含量为 34～36，模式株：ATCC29970、NCTC11042、NRRLB-14755；GenBank 登录号（16SrRNAgene）：D83367、L37600。

抗原构造：构造复杂，已发现有 30 种以上，了解其生物学活性的仅蛋白质抗原（SPA）、多糖抗原、表面荚膜抗原等。

蛋白质抗原，主要为葡萄球菌蛋白 A（SPA），是一种表面抗原，存在于细胞壁表面，90%以上的金黄色葡萄球菌的此抗原，所有来自人的菌株均有 SPA，而来自动物的菌株则少见，表皮葡萄球菌和腐生葡萄球菌不含有 SPA。

多糖抗原，为半抗原，存在于细胞壁上，是金黄色葡萄球菌的一种主要抗原。有型特异性。可用于葡萄球菌分型。多糖抗原可分为 3 种：A 型多糖抗原，是带有 β-N-乙酰葡萄胺的核糖醇，来自致病性葡萄球菌；B 型多糖抗原，来自非致病性葡萄球菌，是一种甘油磷壁酸；C 型多糖抗原，来自致病性和非致病性葡萄球菌。金黄色葡萄球菌的荚膜多糖抗原可分 11 种，临床上分离株多为 5 型和 8 型。荚膜的重要成分为 N-乙酰胺基糖醛酸和 N-乙酰盐藻糖胺。荚膜产生的基因由单个染色体操纵子调控。

葡萄球菌的致病力的强弱与其产生的外毒素和酶有关。能产生 20 多种酶类与毒素，大多对人和动物有害。致病性葡萄球菌产生的外毒素有溶血素，可将溶血素分为甲（α）、乙（β）、丙（r）、丁（ε）4 个血清型，均可引起完全溶血；杀白细胞素、肠毒素，可有约定 1/3金黄色葡萄球菌产生肠毒素，可致人食物中毒和急性胃肠炎，小猫及仔猪中毒；根据耐热肠毒素（SE）的抗原性不同，SE 分为 18 个毒素血清型，其中以 SEA 在污染食物中最常见，且毒力最强。SEA 引起的食物中毒率占金黄色葡萄球菌食物中毒的 95%。据合肥地区调查 56 株 SA，发现 23 株携带 SEA 基因，占 41.7%。除 SEA、SEB、SEC、SED、SEE 5 种已鉴定的传统血清型外，还有 SEJ、SEK、SEL、SEM、SEN、SEO、SEP、SEQ、SEU 等血清型。产生剥脱性毒素的葡萄球菌可引起烫伤样皮肤综合征，其抗原有 8 个血清型，A、B、C1、C2、C3、D、E 和 F；它影响小肠与离子转运，能通过胃肠炎引起呕吐与腹泻，表皮溶解毒素等，可使宿主表皮浅层分离脱落。金黄色葡萄球菌噬菌体 II 群 71 型能产生红疹毒素。此外，葡萄球菌还可引起中毒性休克综合征，此病多见于月经期青年妇女。葡萄球菌的超抗原包括传统的肠毒素 A、B、C、D、E 和肠毒素 G-Q、TSST-1，脱叶菌素 A、B 共 24 种。金黄色葡萄球菌致病因子复杂，免疫保护一直是研究的热点。

葡萄球菌还可产生各种侵袭酶，如凝固酶、DNA 酶、耐热核酸酶、溶纤维蛋白酶、透明质酸酶、磷酸酶和卵磷脂酶等。凝固酶的抗原可分为 4 个型。来自人及动物的某些菌株，可凝固家兔、人、马和猪血浆。

葡萄球菌以噬菌体分型可分为 5 大群 26 个型。不同型别金黄色葡萄球菌所致感染的严重程度不一。

葡萄球菌是抵抗力最强无芽孢细菌，在干燥脓汁中能存活 2~3 个月，加热 80℃ 30~60min 才被杀死。耐盐性强，对磺胺类药物的敏感性低；对红霉素、链霉素、氯霉素等均较敏感。近年来，耐药菌株逐年增多，如对青霉素 G 的耐药菌株达 90% 以上，但不同菌群耐药性的速度有差异。

流行病学

葡萄球菌广泛存在于自然界，如空气、土壤、水及物体表面上，在人或动物的皮肤表面上，鼻腔、咽部、肠道等处也有本菌存在。大部分不致病，少数可引起人和动物的化脓性感染和食物中毒。侵袭马、牛、羊、猪、禽、兔等家畜禽多种动物和人类，共 31 种，与食源性中毒有关的葡萄球菌为 18 个种和亚种。其中一半葡萄球菌常居于人体，为人群常见的携带者，有 50% 的人间歇性带此菌，20%~30% 的人长期带此菌。所以感染主要是带菌者和病人。金黄色葡萄球菌主要定居在人鼻前庭、会阴部、新生儿脐带残端，偶定于皮肤、阴道、肠道和咽部；带菌率人鼻腔为 20%~70%，咽部为 4%~7%，皮肤（鼻皮 40%~44%，手指 14%~40%、腿 4%~16%、手 56%），表皮葡萄球菌和腐生菌主要寄生于皮肤表面。近年来发现，不少带菌者鼻咽部携带的金黄色葡萄球菌与自身感染部位的金黄色葡萄球菌分子生物学特点相一致，说明部位感染者由自身携带的金黄色葡萄球菌引起的感染。金黄色葡萄球菌是造成医院和社区获得血流感染、皮肤软组织感染和肺炎的主要致病菌。

动物葡萄球菌的发生与流行，直接与养殖环境的卫生条件、养殖密度及各种诱发因素的密切关系。尤其在猪、鸡、牛、兔等这种群体养殖动物中表现突出。但即使在同一条件下，发病程度存在不小的差异。动物的传播方式是动物与动物的直接接触，或因鼻分泌物污染自身的皮肤而发生自身感染；甚至可经汗腺、毛囊进入机体组织，引起毛囊炎、疖、痈、蜂窝织炎、脓肿及坏死性皮炎等；经消化道感染可引起食物中毒和胃肠炎；经呼吸道感染可引起气管炎、肺炎。葡萄球菌也常成为其他传染病的混合感染或继发感染的病原。

菌种的变化是流行病学上的一特点。葡萄球菌分为血浆凝固酶阳性和阴性两大类。阳性类包括金黄色葡萄球菌、中间型葡萄球菌和 hycus 葡萄球菌；阴性（CNS）包括表皮葡萄球菌、人型葡萄球菌、溶血葡萄球菌、腐生葡萄球菌等。过去认为，只有血浆凝固酶阳性的金黄色葡萄球菌具有致病性，20 世纪 80 年代后，随着医院内感染日益增多，多重耐药菌株的出现，人们认识到 CNS 亦是常见致病菌，感染率达 9%，其中腐生葡萄球菌在尿路感染的病原菌仅次于大肠杆菌，约占 21%。

耐药葡萄球菌的扩散出现新的趋势，60 年代发现 MRSA 和表皮葡萄球菌。近 20 年来耐药菌以火箭般速度感染和传播。1961 年英国发现耐氧西林金黄色葡萄球菌（MRSA）后，20 世纪 60~80 年代大幅增加，美国 NNIS 报道 1975 年 182 所医院统计 MRSA 占金黄色葡萄球菌的 24%；欧洲 1 417 个医院 ICU 分离的 MRSA 占 60%；日本 Kansai 医院为 41%。在 2001 年菌血症病原中 MRSA 分离率占 38.7%。我国从 70 年代报道发现 MRSA 后，1978 年 200 株金黄色葡萄球菌中 MRSA 占 5%，1988 年为 24%，1996 年为 72%。1995 年日本平松（Hiramatsu）报道了第一例对万古霉素低度耐药菌株（MIC8mg/L）金黄色葡萄球菌。美国艾奥瓦州大学（2009）报道，该州和伊利诺伊州西部一些农场，常规使用抗生素的 70% 的犬，64% 的人身上发现了 MRSA；据估计，美国 2009 年因耐药菌株致死人数达 7 万人。英国"土壤协会"（2009）报告，荷兰、丹麦、比利时、德国等目前出现了一种新的"超级细菌"——MRSA 变种，而且在荷兰的一些屠宰场里已发现肉类污染了这种病菌，更有近一半的养猪农户身上携带这种病菌。据丹麦 Hannah C，Lewis 等报道，2003 年以来，MRSA 在社区人群的感染逐渐增高，而 MRSA 的新亚型 CC398 主要来源于动物，尤其是猪。调查研究了 2004~2007 年的 21 名 MRSACC398 感染者，13 个病例有猪的暴露接触史；而 5 个农场的 50 头猪中有 4 个农场的 23 头猪可检出 MRSACC398。证实丹麦、荷兰、法国等欧洲国家及加拿大一样，猪成为人 MRSACC398 感染的主要储存宿主。

发病机制

人类与动物对致病性葡萄球菌有一定的天然免疫力。只有当皮肤黏膜受创伤后，或机体免疫力降低时，才易引起感染。患病后所获免疫力不强，无论是体液免疫，还是细胞免疫，免疫力均不持久，难以防止再次感染。葡萄球菌对机体感染机制中首先是菌体黏附于机体组织。

1. 金黄色葡萄球菌的黏附作用　黏附是细菌感染的先决条件，否则细菌就无法定居和繁殖，也不能产生和释放胞外酶和外毒素。对机体的黏附主要是金黄色葡萄球菌产生的黏附素（Adhesion），黏附素虽然不能直接导致组织损伤，但其在金黄色葡萄球菌对机体组织的选择和疾病的严重程度方面却有主要的影响。金黄色葡萄球菌可表达数种黏附素，与其他细菌黏附素相比，该菌的黏附素具有 3 个显著的特点：①黏附素均为细菌表面的蛋白成分，具有相似结构，不形成菌毛等特殊附件；②黏附素所识别的宿主成分皆为胞外基质（Extra Cellular Martric，ECM），如血纤维蛋白（Fibrinogen）、胶原（Collagen）及纤维粘连素（Fibronectin，Fn）等；③粘连素与 ECM 的作用系蛋白质—蛋白质相互作用，无碳水化合物参与。这些黏附素分子均定位于金黄色葡萄球菌细胞的表面，具有革兰氏阳性菌表面分子的特性。它们均能识别机体 ECM 的成员，并发生特异性结合，并依此介导金黄色葡萄球菌黏附于宿主组织。尽管 ECM 在正常情况下一般不暴露，但当组织器官被机械作用或化学物质损伤后，ECM 暴露出来，则金黄色葡萄球菌黏附其上，并导致感染。此外，在不同动物中，ECM 的结构相当保守，故金黄色葡萄球菌能黏附于不同动物的各组织，而无明显的宿主特异性及组织趋向性。金黄色葡萄球菌的黏附素除介导细菌黏附外，还赋予细菌逃避宿主防御机制的功能。这主要是通过这些黏附素，将机体的可溶性 ECM（如纤维粘连素、血纤维蛋白原）大量结合在细菌的表面，使细菌菌体完全被宿主 ECM 包被，从而不被宿主的免疫系统所识别，这对金黄色葡萄球菌感染结果亦有重要影响。

金黄色葡萄球菌在黏附于机体组织器官后进一步致病机制，主要取决于其产生的各种毒素、生物酶及某些抗原。已知金黄色葡萄球菌可产生多种毒素，主要包括肠毒素（Staphylococcal Enterotoxin，SE）、溶血素（Staphylysin）、杀白细胞素（Stophylococcal Leucocidin，SL）、表皮溶解毒素（Epidmolytic Toxin）、中毒性休克综合征毒素Ⅰ（Toxic Shock Syndrome Toaic Ⅰ，TSST Ⅰ）等，这些毒素在金黄色葡萄球菌的感染发病中起着重要作用。①肠毒素的致泻作用。肠毒素属于外毒素，是葡萄球菌所致食物中毒的致病因子，大多数动物对此毒素有很强的抵抗力。从临床上分离的金黄色葡萄球菌约 1/3 产生肠毒素，目前已发现的肠毒素有 A、B、C_1、C_2、C_3、D 和 E 7 个型，A 和 D 两型最为常见。各型肠毒素的分子量和等电点也各不相同。肠毒素是结构相似的一组蛋白质，分子量 26~34KDa，分子中赖氨酸、天冬氨酸、谷氨酸、亮氨酸和酪氨酸等较集中，除 SEF 外，所有 SE 均含有由 2 个半胱氨酸残基形成的大约有 20 个氨基酸的胱氨酸环，在这个区靠分子羧基端 SEA、SEB 和 SECL 有明显的相似性，有人推测此区域含有催吐部位；SE 各型易溶于水和盐溶液，对蛋白酶的抵抗力较强，并且耐热抗酸，能经受 100℃ 30min 或胃蛋白酶的水解。必须在 218~248℃ 经 30min 才能将其毒性完全灭活。SE 的 7 个血清均可引起急性胃肠炎，即食物中毒。当误食了被肠毒素污染了的牛奶、肉类、鱼类、虾、蛋类等食品后，在肠道作用于内脂神经受体，传入中枢神经系统可刺激呕吐中枢，引起剧烈呕吐，并产生急性胃肠炎症状。发病急，病程短，恢复快。一般潜伏期 1~6h，出现头晕、呕吐、可呈胆汁性、腹泻、中上腹痛等症状，发病 1~2 天可自行恢复，预后良好的。

2. 溶血素的细胞毒性 多数致病性葡萄球菌产生溶血素，其致病力强，可分为 α、β、r、δ 和 ε 5 种，对人类有致病作用的主要是 α 毒素（Alphatoxin），又称 α-溶血素（α-haemolysin），α 毒素是一种外毒素—"攻击因子"。溶血素对多种哺乳动物红细胞有溶血作用，兔红细胞对 α 溶血的溶血作用最敏感，其次为绵羊。毒素分子插入红细胞的细胞膜疏水区，形成微孔，破坏了膜的完整性，而造成细胞溶解，因此它属于穿孔毒素。溶血素可损伤血小板，使之脱颗粒，α-溶血素能使小血管平滑肌收缩、痉挛，并导致毛细血管血流阻滞和局部缺血坏死，较大量的 α 溶血素可引起大脑生物电的迅速停止而导致死亡。溶血素常与牛、羊的坏疽性乳腺炎有关，它还导致白细胞等崩解，并作用于平滑肌细胞的血管壁细胞，导致平滑肌收缩、麻痹，最终死亡。人源菌株多数产生 α 毒素，而从动物分离的菌株常见 β 溶血素。β 溶血素是依赖 Mg^{2+} 的鞘磷脂酶 C，能够破坏红细胞膜的磷脂层结构，这种作用不能直接溶解红细胞，而是使其易受溶解细胞的酶类物质的攻击。99% 的金黄色葡萄球菌菌株含有 r 毒素基因位点，r 毒素经常在毒素休克综合征病例（Toix Shock Syndrome，TSS）中检出。因此，推测此毒素和毒素休克综合征毒素 1（TSST1）共同在 TSS 致病机制方面起作用。

3. 杀白细胞素的细胞毒性 金黄色葡萄球菌产生的 SL 是由 17 种氨基酸组成的大分子

复合物，是一种不耐热的蛋白质，根据其结晶在电镜下的形状可分为 F 组分和 S 组分。F 组分呈现正方形板状，分子质量为 31KDa，S 组分为非常纤细的针状结构，分子质量为 32KDa。SL 作用的早期，S 组分类似于细胞趋化因子，能明显增强中性粒细胞和巨噬细胞的趋化作用。但是，SL 的效应必须通过对靶细胞的吸附作用，与相应的细胞受体结合才能得以发挥。S 组分的特异性受体主要是细胞膜上的神经节苷脂 GMi，而 F 组分主要是卵磷脂。SL 的两个组分与细胞膜上的某些成分相互作用，使细胞膜的 K^+、Ca^{2+} 通透性强，细胞内外离子平衡紊乱，代谢加剧，能量缺乏，生理功能障碍，生物氧化受到抵制。S 组分还可增强细胞膜磷脂酶 A2 的活力，从而对构成细胞膜磷脂双层结构基质的酶解作用加强，造成细胞膜的孔状损害，致使其裂解死亡。S 或 F 单一组分无杀白细胞作用。在金黄色葡萄球菌的化脓性感染中 SL 具有重要作用，能够直接杀灭人和兔的多形核细胞和巨噬细胞或破坏其功能。这些死亡的细胞残存成分可形成脓肿，导致中毒性炎症反应及组织坏死等病变，其次为破坏机体的防御屏障和免疫应答过程。

4. 表皮溶解毒素的皮肤损伤作用 葡萄球菌的表皮溶解毒素，又称表皮剥脱毒素，是由噬菌体Ⅱ组金黄色葡萄球菌产生的一种蛋白质，相对分子质量为 24 000，具有抗原性，可被甲醛脱毒成类毒素。该毒素分两种：剥脱毒素 A 及 B，两者均为蛋白质，对酸不稳定，pH4.0 时被灭活，可耐 60℃1h，100℃ 20min 失去活性。剥脱毒素 B 合成基因由 PRW002 质粒携带，受质粒所控制，剥脱毒素 A 为染色体编码基因。该毒素可使皮肤表皮浅层分离脱落产生大疱型天疱疮等症状，引起人类或小鼠的表皮剥脱性病变，也即葡萄球菌性烫伤样皮肤综合征。主要发生于婴幼儿，病死率达 20%，是新生儿生命的一大威胁。

5. 中毒性休克毒素的毒性作用 TSST1 由噬菌体Ⅰ群金黄色葡萄球菌产生的一种外毒素，分子质量为 22KDa。最早发现于 1981 年，称为肠毒素 F 或热源性外毒素（PEC），后改为中毒性休克毒素，统称为 TSST1。该毒素是一种超抗原，可引致人类变态反应，发生毒素休克综合征。在此病发现地澳大利亚称之为邦达伯格病，在美国称为 Kawasaki 病，后来得知两者是同一种病。TSS 在临床上易于同脑膜炎、脓毒症、猩红热、钩端螺旋体病、落基山斑点热等混淆。已证实从牛分离的菌株能与人分离株产生同样的 TSST1，而绵羊和山羊分离株的 TSST1 分子质量及抗原性均相似，但等电点不同。TSST1 在动物的致病作用尚不清楚。

葡萄球菌的毒性酶对致病与耐药的介导作用。构成病原毒力的主要因素是侵袭力和毒素。侵袭力是指细菌突破机体的防御能力，在体内定居、繁殖及扩散、蔓延的能力。细菌的酶、荚膜及其他表面结构物质是构成侵袭力的主要物质。葡萄球菌可产生葡激酶（Staphylokinase），亦称葡萄球菌溶纤维蛋白酶（Staphylococcai Fibrinolysin）、脂酶（Lipase）和玻璃酸酶（Hyaluronidase）等多种酶类，这些酶的致病作用尚不明确，但具有破坏组织的作用，可能促进感染向四周扩散。而血浆凝固酶（Coagulase）、耐热酶（Healstable nuclease）、β 内酰胺酶（β-lactamase）与致病性和耐药性密切相关。

6. 血浆凝固酶 大多数致病性金黄色葡萄球菌能产生血浆凝固酶，使血浆里的纤维蛋白原转变为纤维蛋白，沉积于菌体表面，阻碍吞噬细胞的吞噬作用，并有利于感染性血栓形成。凝固酶有两种：一种分泌于菌体外称为游离凝固酶（Free coagulase），类似凝固酶原的作用，可被人或兔血浆中的协同因子（Cofactor）激活变成凝血酶样物质后，使液态的纤维蛋白原变为固态的纤维蛋白，从而使血浆凝固。另一种结合在菌体表面，称为结合凝固酶

（Bond Coagulase），或凝聚因子（Clumping Factor），在菌株的表面起纤维蛋白原特异受体作用，可使血浆纤维蛋白原与菌体表面凝固酶受体交联，引起菌体凝集。

凝固酶耐热，经 100℃ 30min 或高压蒸汽灭菌后仍保持部分活性，但易被蛋白酶分解破坏。凝固酶和葡萄球菌的毒力关系密切，它有助于致病菌株抵御宿主体内吞噬细胞和杀菌物质的作用，同时也使感染局限化和形成血栓。凝固酶具有免疫原性，刺激机体产生的抗体对凝固酶阳性的细菌感染有一定的保护作用。慢性感染病人血清中常有凝固酶抗体存在。

7. 耐热核酸酶 耐热核酸酶由致病菌株产生，100℃ 作用 15min 不失去活性。感染部位的组织细胞和白细胞崩解时释放出核酸，使渗出液黏性增加，此酶能迅速分解核酸，利于病菌扩散。目前已将该酶的检测作为鉴定致病菌株的重要指标之一。

8. β-内酰胺酶 β-内酰胺类抗生素共同具有一个核心 β-内酰胺环，其基本作用机制是与细菌的蛋白结合，从而抑制细菌细胞壁的合成。CNS 可产生 β-内酰胺酶，借助其分子中的丝氨酸活性位点，与 β-内酰胺环结合打开 β-内酰胺环，导致此类药物失活，介导葡萄球菌对 β-内酰胺类抗菌药物的耐药性。

此外，葡萄球菌细胞壁上的抗原结构十分复杂，含有蛋白质和多糖两类抗原，当经葡萄球菌感染后，能产生一定程度的免疫力，其免疫性包括体液免疫和细胞免疫，影响机体的疾病过程。细胞免疫主要是增强吞噬细胞的作用，金黄色葡萄球菌侵入机体后，可刺激 T 淋巴细胞产生致敏淋巴细胞，当致敏淋巴细胞再次接触金黄色葡萄球菌，或其抗原成分后，释放巨噬细胞激活因子、巨噬细胞趋化因子、巨噬细胞移动抑制因子等，从而活化吞噬细胞，增强吞噬细胞的作用。体液免疫是指金黄色葡萄球菌感染后，机体血清中可出现微量抗体，主要有抗毒抗体，如 α 溶血素抗体与杀白细胞素抗体。这些抗体在机体内杀菌作用微弱，因葡萄球菌感染时所引起化脓炎症，有时形成脓肿，周围有纤维包裹，使抗体难以渗入炎症而发挥作用。金黄色葡萄球菌的反复感染、久治不愈与变态反应有关。因为病人血清中的 IgE 抗体水平颇高，当病人出现抗葡萄球菌 IgE 血症时，常伴有中性粒细胞功能缺隔，因而导致一些特殊的临床症状（反复出现的肺部感染、皮肤感染或慢性弥漫性湿疹）。这是由于肥大细胞结合葡萄球菌 IgE 后处于致敏状态所致。

常见有局部致化脓性、菌血症、败血症、各种内脏器官严重的全身感染及肠毒素导致食物中毒等。

临床表现

人

葡萄球菌在人会引起许多组织各种化脓性疾病，从轻症的局部感染到致死性全身性疾病。小脓包、麦粒肿、甲沟炎和疖等，大多是仅限于局部炎症反应的浅表脓肿。如果感染不能局限化，则会继续发展为严重的痈、窦腔血栓、脓毒症或败血症。黏膜表面的葡萄球菌感染包括膀胱炎、小肠结肠炎和肺炎。近年来，人的金黄色葡萄球菌肺炎也有增多趋势，大多数由耐药菌株所引起。乳房、子宫内膜和胎盘组织对葡萄球菌十分敏感，可发生乳腺炎、乳房脓肿或产褥期败血症。具有严重后果的其他深部损害则有葡萄球菌性心内膜炎、骨髓炎和脑膜炎。葡萄球菌在食物中繁殖可产生肠毒素，人摄入后可引起食物中毒。MRSA 和表皮葡萄球菌患者发病快，主要表现为低热，恶心，呕吐，剧烈反应。上腹痛，腹泻，水样便，黏液便，腹泻次数为 5～6 次/天，头痛和肌肉抽搐等。镜检有白细胞，少数有红细胞。可引起许多组织的化脓性疾病,从轻症的局部感染到致死性的全身感染。主要表现有化脓性疾病、食物中毒和带菌状态。

1. 与葡萄球菌入侵及播散有关的疾病 主要引起化脓性炎症,大多数为金黄色葡萄球菌引起,少数为表皮葡萄球菌所致。可通过多种途径侵入机体,导致皮肤和器官的多种感染,甚至败血症。朱小燕等(2007)报道金黄色葡萄球菌可引起人肺炎、乳腺炎、内膜性肠炎、心包炎等。主要疾病类型有:

(1)皮肤软组织感染 主要有疖、痈、毛囊炎、脓疱疮、甲沟炎、麦粒肿、蜂窝组织炎、伤口化脓、褥疮感染、肛周脓肿、外耳炎、毛囊炎等由金黄色葡萄球菌感染毛囊所引起的化脓性炎症。疖为金黄色葡萄球菌侵犯毛囊及周围组织所引起的急性化脓性感染。如多个损害反复发生经久不愈者称为疖病。营养不良、糖尿病及长期服用皮质激素者易发病。痈系由金黄色葡萄球菌使多个相邻的毛囊发生深部感染而引起的聚集性疖肿,多见于机体抵抗力低下者,如糖尿病、肾炎、剥脱性皮炎、天疱疮及长期使用皮质类固醇激素者,多发于颈后及背部,为红肿、疼痛、多窦道排脓的巨大硬结。新生儿易患皮肤脓疱,如果主要为大疱且遍及全身,称天疱疮(Pemphigus)。皮损为水疱,破裂后有脓液渗出及盖痂形成,称脓疱疮(Impetigo)。方爱兰(2007)报道了金黄色葡萄球菌性烫伤样皮肤综合征(SSSS)16例临床分析:症状为脓疱疮、上呼吸道或外伤等感染。起病时先有发热等全身症状;皮损表现为全身泛红性红斑,松弛性水疱,表皮剥脱,尼氏症阳性;口周及眼周渗出结痂,有放射性皲裂为特征性皮损,并有口腔炎、结膜炎等。手足皮肤呈手套样或短袜样剥脱。SSSS致病是由凝固酶阳性噬菌体Ⅱ组71型金黄色葡萄球菌引起。此可产生表皮松解毒素,是一种外毒素,不能产生抗体,可能由肾排出,当排出慢时,血清中毒素升高,而引起大疱和表皮自然脱落。

(2)内脏器官感染 有肺炎、脓胸、中耳炎、脑膜炎、心包炎、心内膜炎等,主要由金黄色葡萄球菌引起,肺炎不多继发于病毒性肺部感染之后或由血行播散所致,以婴幼儿为多见,病情发展迅速,短期内心肺功能恶化,体征与病情不平行。成年患者早期肺部病变较少,但病程迁延,可出现严重呼吸窘迫现象,或继发肺脓肿。近年来,CA-MRSA引起的肺炎,发展迅速,病情严重,病死率高。此外,还有由表皮葡萄球菌、腐生葡萄球菌引起尿路感染。由金黄色葡萄球菌引起的骨及关节感染,如骨髓炎等。葡萄球菌尚可引起肝脓肿、脑脓肿、肾痈(肾皮质脓肿)、肾周脓肿、脾脓肿等。也可导致严重的败血症而死亡。葡萄球菌脑膜炎主要由金黄色葡萄球菌引起,常继发于败血症过程中,也可自远处病灶通过血行播散而来。表皮葡萄球菌是脑脊液感染最常见的致病菌。资料报告的289例脑积水病人中有27%发生感染,其中50%以上为表皮葡萄球菌引起。表皮葡萄球菌也是脑外伤脑室引流管减压和肿瘤脑膜炎接受化疗后发生感染的常见致病菌。

(3)全身感染 如败血症、脓毒症等,多由金黄色葡萄球菌引起,新生儿或机体防御可能严重受损时表皮葡萄球菌也可引起严重败血症。凝固酶阴性葡萄球菌败血症发病率在欧美国家急剧上升。急性起病者有寒颤、高热、严重毒血症症状,重者可出现中毒性脑病,5%～20%的病人可发生中毒性休克。皮疹形态多样,以瘀点、荨麻疹为多,偶有猩红热皮疹。约2/3病例在病程中发生迁徙性化脓性病灶,常见者为皮下软组织脓肿、肺炎、心内膜炎、骨髓炎、关节炎、肝脓肿、脑膜炎等。

2. 与葡萄球菌毒素有关的疾病 由金黄色葡萄球菌和表皮葡萄球菌毒素引起,患者还能引起化脓性病灶和败血症。主要疾病类型有：

（1）食物中毒性胃肠炎　李胜蓉（1985）报道一起食用羊奶致 284 人发病案例：潜伏期 30min 至 8.5h，平均 2.47h。发病起急、病程短，呕吐最多者呕吐 20 次，上腹部绞痛，水样便腹泻，最多者腹泻 15 次。老人、儿童伴有失水、手足浮肿、休克等。猫腹腔注射牛奶培养物 5～6mg/kg，半小时后出现烦躁不安、呼吸频促、寒颤、恶心、呕吐剧烈、腹泻黏液粪，2～3h 后逐渐恢复。1979 年报道牛奶葡萄球菌毒素中毒：潜伏期 6 例 1h，占 17.65％；22 例为 2～3h，占 64.71％；3h 内为 28 例占 82.3％。突然起病，恶心，剧烈，反复呕吐 29 例，占 85.29％，呕吐 1～5 次 19 例，6～7 次 7 例，10 次以上者 3 例，呕吐物为食物，继为水样物，少数吐胆汁。腹泻 12 例占 35.3％，为稀便、水样便或蛋花样便。上腹痛 8 人占 23.5％。体温正常者 7 人占 20.6％，有 38℃微热，少数头晕、头痛、腹胀、畏寒等。杨玉才（2007）报道牧民的金黄色葡萄球菌引起的食物中毒：130 人在进食后 1～9 个小时内有 90 人发病，其临床表现为恶心 63 例，占 70％；呕吐 45 例，占 50％；腹痛 50 例，占 55.5％；腹泻 45 例，占 50％；头疼 23％例，占 25.55％。

与食源性中毒的菌有 18 种亚种，其中 6 个种产生凝固酶，引起食源性疾病的主要菌种，主要是金黄色葡萄球菌，少数为中间型葡萄球菌和表皮葡萄球菌。有 10 个产生肠毒素，分 9 个血清型，A 型引起食源性中毒，次之为 D、B、C 型。金黄色葡萄球菌污染食物后大量繁殖并产生肠毒素。临床症状系肠毒素所致，进食 1～6h（平均 2～3h）后突然出现呕吐，恶心，中上腹痛，继以腹泻，呈水样或稀便。恶心与呕吐最为突出，呕吐物可为胆汁性，剧烈吐泻可致脱水和虚脱，极少数患者可有发热，多数患者一般在数小时至 1 天内恢复。

（2）抗生素相关性肠炎　本病是一种菌群失调性肠炎，多见于应用抗生素者，进行肠道手术的老年患者及慢性病患者，人群中 10％～15％有少量金黄色葡萄球菌寄生于肠道，当肠道优势菌群和脆弱类杆菌、大肠埃希氏菌等因药物的应用被抑制或杀灭后，耐药的金黄色葡萄球菌乘机繁殖并产生肠毒素而引起腹泻。轻者每天 2～3 次，重者 30 余次，为黄绿色稀便。病重者便中含有血液、黏液及假膜。肠黏膜内一层炎性假膜所覆盖，该假膜由炎性渗出物、肠黏膜坏死块和细菌组成。腹痛一般不显著，可伴呕吐。吐泻严重者可致脱水、电解质紊乱和血尿素增高。

（3）中毒性休克综合征　由含葡萄球菌产生的中毒性休克综合征毒素-1（TSST1）和肠毒素引起的严重综合征群，主要表现为高热、低血压、红斑皮疹伴脱屑和休克等，半数以上病人有呕吐、腹泻、肌痛、结膜及黏膜充血、肝肾功能损坏等，偶尔有心脏受累的表现。主要有血浆凝固酶阳性金黄色葡萄球菌所致，包括 mTSS 和 nmTSS 两种患者。mTSS 患者常有阴道异常排分泌物。

（4）烫伤样皮肤综合征　本病常见于小儿，5 岁以下占 90％以上，尤以新生儿和婴儿多见。感染灶以体表化脓性感染占绝大多数。致病菌主要是噬菌体 II 群金黄色葡萄球菌，其产生的红疹毒素和剥脱性毒素可引起皮肤红斑和表皮剥脱。全身症状重，发高热；先于面部出现弥漫性红斑，迅速蔓延至躯干及四肢，皮损处有触痛，表皮浅层起趋、剥脱或引起松弛大疱，伴轻度渗出液。Niklsky 症阳性，恢复期出现脱屑。

葡萄球菌猩红热（SSF）属本症的轻型。起病急，有短期发热，充血，扁桃体肿大，口周水肿等，多为全身分布，少数以病灶为中心向外扩展。恢复期一般无脱屑。

3. 带菌者　有 25％～30％的持续带菌，50％的人间歇带菌，20％～25％的人从未带菌。

猪葡萄球菌感染

葡萄球菌是猪体正常菌群之一，在特定情况下侵袭猪体，可使猪感染致病。常分离到的菌型为金黄色葡萄球菌、表皮葡萄球菌等。随着该菌侵袭部位不一，猪表现出不同的临床症状：

1. 猪是人葡萄球菌的存储宿主　Hannah 等（2008）调查丹麦当地与人 MRSA 关系后，认为猪是欧洲人 MRSA CC398 菌体感染的主要贮存宿主。Wulf（2008）调查，在荷兰 39% 的猪和 81% 的猪场存在 MRSA 感染，50% 农场主是 MRSA 阳性携带者，而普通人仅为 0.03%。

2. 化脓性脓肿　金黄色葡萄球菌引起化脓性炎症，该菌可通过各种途径侵入机体，导致皮肤感染或器官感染。皮肤软组织感染主要有疖、痈、伤口化脓，在颈、腹、跗关节等部位有大小不等的肿块。食欲与呼吸无变化，体温稍高，若发现在前肢腕关节或后肢跗关节时，病猪出现食欲减退，卧地不起，强迫行走时可见跛行，整个关节发热肿大，切开肿胀部位有暗绿色恶臭脓汁流出。局部多发生在猪颌下，局部脓肿，无全身反应。

宋万永（1988）报道了猪患金黄色葡萄球菌引发的肺炎，发病 9 例，死亡 7 例占 77.8%。开始表现为感冒症状，流浆液性鼻液，后转为黏液性或黏液性脓汁鼻液。体温 41.3～42.8℃，脉搏呼吸增速，恶寒，站立不稳，喜卧，多产猪表现四肢僵硬。后期不重，喜流清水。胸腹不断扇动，张口喘气。临死前呼吸浅快而弱。患猪精神高度沉郁，反应减弱。眼结膜初期充血，后转为发绀。有的病猪有黏液性或黏液性脓性眼眵。1 例 15kg 病猪初全身多处疱疹，后期破溃化脓。所以病猪开始时粪便正常或干燥，后期则全部干燥。排出算盘珠样粪便或根本不排粪。尿色、尿量初期正常，但后期变为茶色或深茶色，尿量少，心音快，强而有力。后期心音弱，第二心音消失。初期肺泡呼吸音粗粝，水泡音；病后期肺泡呼吸音微弱到消失，叩诊后期为实音，病程长，一般在 15～30 天，其中一例达 45 天。病猪极消瘦。

此外，于强（1992）葡萄球菌引起仔猪败血症。主要症状为发热、气喘、皮肤紫红色，尤以胸、腹部、会阴明显，初期腹泻，中后期粪便干燥，部分猪死亡。

剖检：尸体消瘦，眼周围有黏液脓性分泌物，一病例尸体表面有疱疹并破溃。皮下脂肪减少。心包液减少，呈粉红色。心冠脂肪减少，心肌苍白，松弛。肺体积增大，肺表面起伏不平，有黄豆大至榛实大黄白色结节，此部肺结构不清。肺其余部分呈紫红色，肺质地较硬。切开肺部流出紫红色血液。切开突出肺表面的结节，可见内有豆腐渣样白色浓稠液体和干酪样物。气管及支气管内充满黏稠的粉红色液体，支气管几乎被此液体充满。喉头周围瘀血并有轻重不同的水肿。肺门淋巴结肿大，切面似豆腐渣样。4 例猪尸肝脏微肿，呈土黄色，切面稍膨隆。脾脏体积正常，3 例猪尸脾脏表面有大小不等的瘀血灶。肾肿大，质稍脆。肾切面三界不清，有 2 例猪尸肾盂有黏液脓性液体。体表有疱疹和化脓灶的猪尸的肝脏亦见高粱粒大小的化脓灶。

3. 母猪乳腺炎和子宫炎　葡萄球菌乳腺感染，猪表现为急性、亚急性和慢性乳房炎、坏死性皮炎和乳房脓肿。乳房上有鸡蛋大小脓肿，乳房肿硬，局部皮温略高，或破溃，流出黄色脓汁。Trautwein 等（1 996）报道金黄色葡萄球菌引发母猪乳腺炎。该菌会导致仔猪感染，哺乳小猪和刚断奶小猪最易感染。7 日龄以内小猪患病后，生长速度明显下降，被毛粗乱，消瘦，呈明显营养不良状，皮肤上还会出现零星点状黑斑，甚至死亡，是母猪无乳症病原之一。感染母猪有的出现间歇性咳嗽和阴道有脓性黏稠样分泌物流出，影响繁殖，甚至死亡。据某农场统计，3～4 月龄肥猪 823 头，发病 157 头，发病率 19%；死亡 14 头，死亡率 8.9%；种母猪 150 头，发病 79 头，发病率为 52.6%。

4. 渗出性表皮炎 又名脂猪病。

Spinola（1842）报道猪渗出性皮肤炎。Sompolinsky（1953）曾断定是由一种凝固酶阳性的细球菌引起该症状，后证实是猪葡萄球菌（现称表皮葡萄球菌）引起猪 2 周发病。1976年《铁岭农学院报》也有类似报道。此菌致病时常伴有皮肤屏障的破坏。该病发病突然，病程短，皮肤脂肪分泌过多，渗出及剥脱，但无痒感。常由于皮肤功能丧失和脱水而死亡。该病主要危害对象为哺乳仔猪，断奶仔猪次之，导致发病仔猪死亡和耐过猪生长发育不良。在高密度饲养和卫生条件差的猪场，临床上以"窝"为单位散发，很少见几窝哺乳仔猪或断奶仔猪同时发病的情况。哺乳仔猪发病表现为起初同窝内只有 1～2 头猪发病，1 周左右可传至整窝，断奶仔猪也呈窝发，但不一定是全窝发生，一般一窝内只有 4～5 头发病，多发于5～35 日龄仔猪，发病率 10%～90%，死亡率 5%～90%，也有肥猪发病报道。猪感染后3～4 天出现临床症状，病猪无神，眼睛周围有分泌物。可见仔猪精神沉郁，哺乳仔猪不吮乳，断奶仔猪拒食。多数仔猪的病变最先发于口、眼、耳周围，而后逐渐传至全身。腋下和腹部病变最为明显，主要为油脂样渗出及皮肤增厚、出现皱褶等。起始为皮肤发红，之后病变部位出现溃疡、油脂样渗出，渗出物混合灰尘等物质形成"沥青样"黑色焦痂。病程较长的猪出现全身皮肤病变，整个猪看上去湿润油腻。除皮肤病变外，还常见有外耳部化脓性炎症和眼的卡他性炎症，部分仔猪会出现腹泻。发病仔猪皮温较高，触摸有痛感，体温正常。个别发病仔猪出现急性炎症反应，在数小时内可出现全身皮肤发红，皮肤疼痛感强烈，触摸时发出尖叫声。成年猪发病较轻，主要表现为局限性病理变化。损伤主要发生于背部和腹部的局部，出现棕色的渗出性皮炎区，有些病例也可形成溃疡。

临床上分：

①最急性型：可见蹄冠、耳后及身体下部无毛皮肤处形成水疱及溃疡，全身皮肤湿润，表皮层的剥脱现象后像日晒病。皮肤裂隙中的皮脂和血清渗出，伴有一种难闻的气味。病猪不安及战栗，但无疼痛及痒感。很快病猪精神不振，废食，消瘦，脱水，3～5 天内死亡。如无继发细菌侵入，体温一般正常。

②急性型：发病稍慢，皮肤皱缩，厌食，消瘦及脱水，常在 4～8 天内死亡。

③亚急性型：病变发展较慢，可发生于鼻端、耳朵及四肢，布满红棕色斑点或体表覆盖一层皮屑样物质。有时病猪仅表现皮肤干燥，无水疱及溃疡。

病死猪消瘦，脱水，被毛几乎呈烧焦状，皮肤表面多为黑色的厚痂皮。体表淋巴结水肿，表面有化脓灶；心包积液，肝肿胀，瘀血，表面散布坏死，呈苍白色；肾苍白肿胀，肾盂有黏液或结晶物积聚。

5. 心内膜炎、血栓和 DIC Beissinger 等（1967）首先报道从患有心内膜的 4 周龄仔猪心内膜血栓和其他内脏分离到金黄色葡萄球菌，以及猪右心房与心室血栓。各脏器坏死，尤其下颌淋巴结明显。组织学观察可见各内脏器官都有明显的血栓和 DIC 病变，与人相似。

诊断

由于葡萄球菌引起的临床症状较多，也很繁杂，虽有些临症有利于考虑病原与疾病，但需与多种疾病相区别。比如 TSS、猪的渗出性皮炎等，会与其他病原相混淆，所以确诊仍需病原学诊断。

1. 葡萄球菌诊断主要应用细菌学检查　将病料涂片，染色，镜检。如见有大量典型的葡萄球菌即可初步诊断。但鉴定毒力强弱还需进行下列试验：

（1）凝固酶试验：阳性者多为致病菌；

（2）菌落色泽：金黄色者多为致病菌；

（3）溶血试验：溶血者多为致病菌；

（4）生化试验：分解甘露醇者多为致病菌；

（5）动物试验：家兔皮下接种 1.0ml 培养物，24h 可引起局部皮肤溃疡坏死；静脉接种 0.1～0.5 ml，于 24～48h 死亡。剖检可见浆膜出血，肾、心肌及其他器官出现大小不等的脓肿。

2. 分型　由于葡萄球菌的抗原构造比较复杂，而且连续培养可引起抗原的改变，制造特异性抗体比较困难。因此，尚不能用血清学方法进行分类。曾用水解菌体法得到蛋白质和多糖类；根据多糖的型特异性抗原分型，A 型菌株为病原菌，B 型为非病原菌，C 型为某些病原及非病原菌都有的一种抗原物质。SPA 具有种特异性，病原菌多含这种沉淀原。

3. 应用噬菌体可将来自人的金黄色葡萄球菌分为 4 个群 23 个型，60%～70%金黄色葡萄球菌可被相应噬菌体裂解。但来自动物的菌株尚不能全靠噬菌体的方法进行分类。表皮葡萄球菌不敏感。

（1）标本采集　根据不同的病症采集不同的标本，如脓汁、血液、脑脊液、粪便、呕吐物或食物中毒病人的剩余食物等。

（2）检验方法

①涂片及染色：取脓汁及脑脊液的离心沉淀物，直接涂片，经革兰氏染色后镜检，根据形态、排列和染色可作出初步报告。

②分离培养：可根据样本不同的分离培养方法，脓汁等直接进行分离培养，粪便等必须用选择性培养后进行分离培养；血液样本则要先增菌后再进行分离培养。脓汁、脑脊液接种于血平板或含硫酸镁、对氨基苯甲酸的血平板；肠炎病人的粪便样本接种于高盐甘露醇琼脂平板。疑为败血症病例应采静脉血按 1∶10 接种于葡萄糖肉汤培养基内，对治疗过病例血要用含有氨基苯甲酸或硫酸镁肉汤增菌，35℃培养 24h 开始观察生长情况，致病性葡萄球菌呈均匀混浊溶血及胶冻状生长。一般增菌可培养 7 天。

（3）鉴定依据　致病性葡萄球菌的主要鉴定依据如下：

①产生脂溶性金黄色色素；

②平板上菌落周围产生透明溶血环；

③发酵甘露醇；

④血浆凝固酶试验阳性；

⑤涂片镜检为革兰氏阳性，呈葡萄状排列的球菌。

由于抗菌药物的广泛应用，细菌培养结果常呈阴性。因此，用血清学方法检验金黄色葡萄球菌的抗原或抗体，对早期诊断严重金黄色葡萄球菌感染的病人或病畜，有一定的诊断意义。常用的方法有对流免疫电泳（CIE）法、ELISA 检查血清中抗体，或用 CIE 法检查脑脊液和胸腔液中的抗原，或放射免疫法（RIA）检测感染动物血清中的抗原。此外，国内外常采用质粒图谱分型、限制性酶切分型、核糖体分型、聚合酶链反应分型、脉冲凝胶电泳分型及随机扩增多态性 DNA 分型方法对病原菌分型。针对金黄色葡萄球菌肠毒素和中毒性休克毒素-1，直接检测 SE 或 TSST-1 的分子生物学方法，现国内外研究较多的方法主要有 PCR 技术、超抗原技术、小型 VI-DAS 全自动荧光酶标免疫法等。

防治

由于葡萄球菌有不同的血清型，但在免疫方面还没有人报道有不同的免疫型，致病机制并不完全清楚，流行特征亦充分阐明，加之耐药性菌株不断出现，所以对本菌感染仍然是相当棘手的公共卫生问题。目前对葡萄球菌感染、发生和发展的预防应为综合性防治措施：

（1）保持环境清洁和消毒，减少皮肤带菌和创伤；可采用 5％石炭酸环境消毒；1％～3％龙胆紫溶液治疗葡萄球菌引起的化脓症，以及洗必泰、消毒净、新洁尔灭、度米芬、高锰酸钾、过氧化氢、孔雀绿，70％酒精可用于环境及皮肤消毒。

（2）对发生葡萄球菌感染的人、畜需要选择敏感性药物治疗，葡萄球菌对青霉素类、四环素类、氨基糖苷类和磺胺类药物通常是敏感的，但葡萄球菌是耐药性最强的病原之一。除腐败葡萄球菌、金黄色葡萄球菌和表皮葡萄球菌对多种药物耐药，金黄色葡萄球菌耐药有 3 种情况：①质粒介导的耐药性，大部分金黄色葡萄球菌能产生 β-内酰胺酶，可破坏多数青霉素类，而耐青霉素酶青霉素如甲氧西林、异噁唑青霉素类则不受影响。其中氯唑西林对葡萄球菌的抗菌活性，比甲氧西林强 50％。②染色体介导的耐药性。此类金黄色葡萄球菌对耐酶青霉素耐药，如 MRSA。③青霉素耐受性。某些金黄色葡萄球菌菌株对 β-内酰胺类及万古霉素等耐药，表现为 MIC 不变，而最低杀菌浓度（MBC）增高。据认为，MIC 与 MBC 的分离现象系因其自溶酶减少所致。此外，部分金黄色葡萄球菌被单核—吞噬细胞吞噬后，可继续存活，影响抗药药物的作用。L 型金黄色葡萄球菌对作用于细胞壁的抗菌药物耐药。因此，有必要针对葡萄球菌耐药特点选用敏感的抗菌药物。

（3）发现耐药菌株人、畜需及时隔离，防止交叉感染。此病能高度接触传染，易感猪和温和病猪接触，能发展成为严重的渗出性皮炎，所以应将有临诊症状的整窝仔猪隔离，以防治进一步传播。在发现病情时，应对新生猪及早防治。

（4）对局部脓肿禁忌挤压，必需时施行手术，引流，排脓，并给予适当抗菌药物治疗。选用抗菌药物时，最好根据药敏试验选用适当抗菌药物。对食物中毒者，早期可用高锰酸钾液洗胃，严重病例同时抗生素治疗，并进行补液和防休克治疗。

尽管菌苗研制非常困难，迄今金黄色葡萄球菌菌苗研制共经历了全菌灭活苗、亚单位苗、DNA 苗等几次重大变革。Johnson 等将荚膜多糖 CP5 和 CP8 与铜绿假单胞菌的外毒素 A 结合制成的菌苗，已获得 FDA 批准进行临床试验，约 80％和 75％病人的血清中分别产生高水平的 CP5 和 CP8 抗体，约可持续 40 周。接种菌苗组菌血症的发生率较对照组低 57％，同时减少了细菌向脏器的定植和脓肿的发生率，且接种的不良反应均较轻，大多数在 2 天内可自行消失。

二十三、肠球菌感染
（*Enterococci* Infrection）

肠球菌感染是人、动物肠道的正常菌群中的肠球菌，"当抗生素大量使用或宿主免疫力低下时，宿主与肠球菌之间共生状态失衡"，肠球菌离开正常寄居部位，"位移"进入其他器官或产生致病因子，引起人和动物伤口感染、败血症、尿路感染、心内膜炎和胃肠道炎症等。

历史简介

Thiercelin（1899）首次使用肠球菌（*Enterococci*）这个词。Andrews 和 Horder（1906）第一次对人类粪便中分离出的革兰氏阳性球菌进行了描述，因其常成对或短链排列，故将其命名粪链球菌。Lancefield（1938）按其分类法，依照细菌细胞壁上多糖 C 抗原的特点，将其划归为链球菌属血清学 D 群链球菌。虽然粪链球菌形态学上与链球菌无差异，但生化反应不同，按细菌 DNA 分型，发现两者也不同，Schleifer 和 Kilpper（1984）提出粪链球菌不同于链球菌，提议将其划出成立独立一类球菌。随着核酸技术的应用，证实肠球菌不同于其他链球菌。Collins 等（1984）建议肠球菌从链球菌属独立出来，建肠球菌属。《伯杰鉴定细菌手册》（1986）将其与链球菌分开，新设肠球菌属。目前，肠球菌属已有 18 个种。肠球菌感染几乎都是由粪肠球菌引起，占肠球菌的 80% 以上，其次是屎肠球菌和鸟肠球菌（1967 年将鸟肠球菌归入肠球菌），还有坚韧肠球菌和肠肠球菌等。

病原

肠球菌属于肠球菌属。此群菌在血清学上属于 D 群。细菌为圆形或椭圆形，单个或短链排列，粪肠球菌可顺链的方向菌细胞延长。液体培养时为长链，无鞭毛，无芽孢，少数菌株有荚膜。革兰氏染色阳性，陈旧培养物可染成革兰氏阴性，需氧或兼性厌氧菌。最适生长温度为 35℃，在 10℃、45℃ 和 pH 9.6 条件下均可生长，大部分菌株在 60℃ 30min 存活，一般比其他链球菌的抗热性强。在 3%～5% 羊血或马血琼脂平板上，经 35℃ 培养 24～48h，菌落 1～2mm，呈不透明、灰白色、较湿润的圆形菌落。粪肠球菌在含 0.04% 碲酸盐的培养基中为黑色菌落。不同的菌株可表现为不同的溶血现象，多为不溶血，少数菌株可产生 β- 或 α- 溶血。在液体培养基中呈混浊生长。在 40% 胆汁、七叶苷和 6.5% NaCl 培养基上生长，通常发酵大部分糖、醇，不发酵阿拉伯糖、菊糖、蜜二糖、棉子糖等。Optochin 敏感试验阴性、触酶阴性。酪氨酸多数菌株脱羧形成酪氨酸和二氧化碳。液体培养基培养最终 pH4.1～4.6，能量产生主要是通过同型发酵乳酸途径（表 2-32）。

表 2-32　肠球菌与 4 组链球菌的生化反应区别

细胞组别	生长温度		能生长的培养基				能否耐受
	10℃	45℃	0.1%美兰	0.1%NaCl	40%胆片	pH 9.6	60℃ 30min
A 组链球菌	−	−	−	−	−	−	−
B 组链球菌	−	−	−	−	+	−	−
C 组链球菌	−	−	−	−	−	−	−
D 组链球菌	−	+	−	−	+	+	+
肠球菌	+	+	+	+	+	+	+

粪肠球菌有 11 个亚型，血琼脂培养基上不发生溶血反应，但也有溶血者；屎肠球菌有 19 个亚型，血琼脂培养呈甲型溶血反应。

抗原结构

胞壁肽聚糖亚单位由 L-丙氨酸、D-谷氨酸、L-赖氨酸、D-丙氨酸组成。特异抗原决定簇是甘油壁酸，本质是多糖类，含有 N－乙酰己糖胺。DNA 中 G＋C 含量为 33.5～38mol％。肠球菌致病性与其毒力因子有关。肠球菌为机会性病原菌，临床上判断其毒力高低主要依赖于溶血性、明胶溶解试验等表型试验，但各菌株之间的致病力则明显不同。由于肠球菌致病性是多种毒力因子共同作用。有关肠球菌致病性毒力机制仍了解甚少。粪肠球菌的致病是多功能和多因子协同的结果，当抗生素大量使用或宿主免疫力低下时，宿主与肠球菌之间共生状态失衡，肠球菌离开正常寄居部位进入其他器官，首先在宿主组织局部聚集达到阈值密度，然后在黏附素的作用下，黏附于宿主细胞的外矩阵蛋白，分泌细胞溶解素、明胶酶等毒性物质破坏宿主组织细胞，通过质粒接合转移使致病性肠球菌向种间扩散，并耐受宿主的非特异免疫反应，引起感染性疾病的发生发展。Shankar N 等（2002）在美国人源多重耐药粪肠球菌中发现致病（毒力）岛（Pathogenicty island，PAIS），并在 2006年又在猪粪便肠球菌也发现 PAIS。CYL、ESP、AS 等毒力因子聚集于基因组的一定区域内，即 PAIS 内，毒力基因之间能够相互调节。PAIS 在细菌中毒力基因通过水平传播、水平转移媒介（质粒抗菌素和转坐子）传播的进化过程中 PAIS 起重要作用。目前认为粪肠球菌毒力因子有聚集物质（AS）、溶血素激活因子（CYL）、表面蛋白（ESP）及两种新推测的表面蛋白（EF6591 和 EF3314）、心内膜抗原（EfaA）、明胶酶（Gel）、胶原结合蛋白黏附素（Ace）、胞外超氧化物（O^{-2}）、信息素等。溶血素破坏宿主细胞，导致宿主细胞组织发生病理性变化；Huycke（1999）报道，95％的粪肠球菌和 38.5％屎肠球菌均可产生 O^{-2}，这些 O^{-2} 自由基可以破坏并穿透宿主细胞膜，从而使肠球菌通过上皮屏障进入血液，引起疾病发生；信息素对人等中性粒细胞有趋化作用，能够引起细胞产生溶酶体酶，从而激活补体系统，引起炎症部位的组织损伤（BO Z，2009）。Shonna 等（2007）在研究粪肠球菌遗传多态性时，认为溶血素和明胶酶的存在可追溯到 1918 年；而 Maccallum（1899）肠球菌疾病报告中就有相似的描述。因而推测溶血素和明胶酶可能在 20 世纪前就已存在。他们还从 1926 年分离到的粪肠球菌 EF0056 和 EF0095 菌株中分别鉴别出表面蛋白和心内膜抗原。

流行病学

肠球菌能生活在各种环境中，如土壤、食物、水、植物上，亦是人和动物肠道内正常菌群之一，也是人和动物的条件性致病菌中的一种。Park S Y（2007）报道，头孢菌素广泛使用，医院肠球菌感染不断上升，成为主要致病菌。近年来，大多数肠球菌对青霉素族抗生素已有不同程度的耐药，对庆大霉素耐药性的菌株亦逐年增加，并已出现了耐万古霉素的菌株。据上海分离到的耐庆大霉素肠球菌（HLGR）有 30％～36.9％；耐万古霉素肠球菌（VRE）、粪肠球菌占 1.7％，屎肠球菌占 3.5％。Malik RK（1999）认为肠球菌是医院第二大内源性和外源性感染的病原菌，从其分离到的 214 株肠球菌分布来看，尿中分离 145 株，占 67.8％；分泌物中分离到 21 株，占 9.8％；血液中分离到 12 株，占 3.7％；其他 4 株，占 1.9％。其分离到的 214 株肠球菌中。粪肠球菌为 148 株，占 67.8％；屎肠球菌为 46 株，占 21.5％；鸟肠球菌 8 株，占 8.7％；其他肠球菌 12 株，占 5.6％。王艳（2005）报道 20世纪 70 年代开始肠球菌被确定为主要医院致病菌。临床上以粪肠球菌和屎肠球菌居多，粪肠球菌感染率约 90％；游选旺（2009）调查，肠球菌主要致病菌是粪肠球菌，其次是屎肠球菌和鸟肠球菌等。由于肠球菌对多种抗生素的耐药性造成其在接受多种抗生素治疗的患者体内生成，此为该菌引起重叠感染的基础。因而使肠球菌所重症感染的治疗成为临床棘手的问题之一。

肠球菌中毒时有散在爆发。Mannua 等（2003）报道了食物中肠球菌感染病例。Geti R（2004）引起尿路感染、食物中毒、伤口感染、感染性心内膜炎和败血症。引起粪肠球菌中毒的食物主要为熟肉类、奶及奶制品，人和动物的带菌者常为污染的来源。肠球菌对冷冻和抵抗力较强，易在食品及食品加工设备上繁殖。据报道，熟肉污染肠球菌高达 85.6%，其中 8.5% 为粪肠球菌，尤其是在气温较高的夏秋季节，食品经加热后仍可能存在有肠球菌，郑鹏然（1996）《食品卫生全书》介绍食品中肠球菌甚至所有致病菌都已被灭活后，仍可检出肠球菌。动物性食品在加热不彻底或者在熟后被菌污染，在较高的温度下保存较长时间，食前未进行彻底加热，食后引起中毒。消化道是肠球菌传播途径，但南部地区大批猪病死后，人随后发生屎肠球菌感染，可能还有其他途径。

除人肠球菌感染外，兽医临床上又多见感染报道，唐正安（2002）报道了云南鹑鸡肠球菌败血症；陈一资等（2003）、韩梅红等（2007）报道鸭爆发肠球菌感染；韩素娟等（2007）报道了绵羊脑炎型肠球菌等，其他动物有牛、猪、犬、家兔、鸡、驼鸟等。肠球菌引起畜禽感染引起人们关注。

肠球菌不但可引起人和动物发病，也是食物中毒的主要致病菌，可引起人和动物的胃肠炎症状。感染猪的粪肠球菌与医院内感染人的粪肠球菌是否存在着交叉感染，引起人食物中毒的肠球菌与感染猪以及与感染人的肠球菌之间的关系，这些问题的澄清具有重要的公共卫生学意义，需要进一步研究探讨。

发病机制

肠球菌为机会性感染病原体，故感染主要发生于机体免疫力低下者或大量应用广谱抗生素治疗者，包括接受化疗的肿瘤患者，应用皮质激素和其他免疫抑制剂者，血液病、糖尿病和酒精中毒者，心、肺和肾功能不全者等。近年来肠球菌感染上升可能与各种介入性检查和治疗广泛开展有关。动物的肠球菌感染可能与长期、大量使用抗菌药物或肠球菌"移位"有关。

尽管大多数肠球菌缺乏其他致病性所具有的一些毒力因子，为条件性致病菌，但近年来国内外的研究表明，某些肠球菌能产生 β 溶血素，能够裂解兔、马、人的红细胞；少部分肠球菌可产生 α- 或 β- 溶血素，β- 溶血素对红细胞有裂解作用，在动物实验中证实这种溶血素作用与细菌毒力有关。Vergi 等（2002）报道了粪肠球菌产生毒力因子，这些毒力因子包括肠球菌表面蛋白（EsP）、明胶酶和溶血素，产生明胶酶和溶血素的粪肠球菌表明在肠球菌感染的动物模型中有毒力。肠球菌的潜在毒力因子为肠球菌表面蛋白（72.4%）、明胶酶（58.6%）、聚合物质（48.3%）、溶细胞素（17.2%）。在小鼠实验中，肠球菌产生的溶血素与毒力有关，并且能产生 β- 溶血素的肠球菌比不能产生者更具毒性。在日本肠球菌感染的调查中发现，60% 的临床分离株能产生 β- 溶血素，而从正常个体分离的肠球菌仅 17% 能产生 β- 溶血素。杨劲松等（1997）利用精子尾部低渗肿胀实验证实肠球菌可破坏精子外膜且此作用与 β- 溶血素有关。同时研究还显示 β- 溶血素兼有细菌毒素的功能，对其他肠球菌和一些革兰氏阳性菌有杀灭作用。并且是 β- 溶血素菌株都能产生细菌素，40 株肠球菌中至少存在 3 种细菌素，产细菌素株的比率占 72.5%，推测溶血素、细菌素与肠球菌的致病性有一定的关联。

肠球菌对多种抗生素的耐药性造成其在接受多种抗生素治疗的患者体内生成，此为该菌引起重叠感染的基础。

临床表现

人

肠球菌主要发生于医院。20 世纪 70 年代成为医院致病菌之一，根据医院统计，肠球菌引起尿路感染占 16％、心内膜炎占 90％、败血症占 83％。以粪肠球菌和屎肠球菌的感染居多。据统计，人体肠球菌的粪肠球菌、屎肠球菌与鸟肠球菌的分离频度为 7：2：1。当肠球菌移位进入血液和其他组织，因感染部位不同，出现的临床症状、表现亦不同。Patel 等 1986～1991 年血培养出肠球菌 178 株；其中粪肠球菌 158 株，占 88％，屎肠球菌 13 株，鸟肠球菌 4 株，坚韧肠球菌 3 株；其中 59 份标本为多种细菌感染，其病情更为严重。肠球菌菌血症的临床表现与其他化脓菌菌血症相似，如发热、头痛、全身不适、食欲减退中毒症状；如有恶心、呕吐，治疗不利可进一步发展成败血症，可出现原发及迁徙性化脓病灶。虽然肠球菌菌血症可引起感染性休克和 DIC，但很少单纯由其引起，多伴有其他革兰氏阴性菌菌血症。

1. 尿路感染 肠球菌属于肠道下部，易引起尿路感染。英国 1971 年肠球菌感染占尿路感染 4％，1990 年上升至 12.6％。临床表现与其他细菌引起感染无特殊区别，常见的有尿道炎、膀胱炎、肾盂肾炎等。由于耐药肠球菌不断增加，使肾盂肾炎更难以彻底治愈，因而很多患者迁徙不愈，反复发作而变成慢性肾盂肾炎，导致肾功能受损。尿路感染治疗不当，常成为菌血症的先期感染。

2. 心内膜炎 肠球菌心内膜炎是菌血症最主要临床表现，占细菌性心内膜炎的 5％～15％。Olesen HV（2004）报道，粪肠球菌心内膜炎约占感染性心内膜炎的 7.9％～13.1％，粪肠球菌特别容易黏附于心内膜上，故从患者病变部位分离到的肠球菌主要为粪肠球菌，心内膜炎无疑可引起心功能不全而导致死亡。其化脓赘生物脱落成栓子，随着血流而引起多部位脏器的栓塞症，可发生于脑、肾、心、脾、大肠、四肢等，是心内膜炎患者最常见的并发症，亦为导致死亡的主要原因。可多次患心内膜炎，再感染肠球菌或其他细菌。粪肠球菌心内膜炎抗原（EfaA）是肠球菌的表面蛋白黏附素，粪肠球菌通过 EfaA 的黏附作用结合心脏组织基质引起感染性心内膜炎，是肠球菌主要毒力因子之一。

3. 菌血症 血培养肠球菌阳性，即为菌血症。发生的主要原因为机体免疫力严重下降时，尿路等其他部位的肠球菌感染未得到控制而导致细菌入血。临床上与其他化脓菌中毒症状相似，如发热、头痛、恶心等，尚可引起脑膜炎、脊髓炎，患者意识障碍、颈强直、克氏阳性、脑脊液呈化脓性改变。治疗不力可进一步发展成败血症，可出现原发及迁徙性化脓病灶。Noskin 等报道引起败血症的肠球菌败血症死亡率达 12％，屎肠球菌达 50％，粪肠球菌病死率为 11％。

4. 食物中毒 Vaux AD（1998）报道了肠球菌引起人食物中毒。樊明等（1998）报道一病例食堂 130 人中 22 人在餐后 5～14h（平均 9.7h），患者腹痛不适，上腹阵发性绞痛，排褐色稀便或黏液便，有恶心、呕吐、头晕、无力、有低热，一天后康复，单会华（2001）检到一起人食用猪肉片引起粪肠球菌中毒病例。发生胃肠炎症 143 人是食用 800 人中的

17.84％。潜伏期 10～34h（平均 14h），其中头痛占 58.7％、发热占 53.1％、恶心占 46.2％、腹泻占 42％、呕吐占 23.1％、头晕占 6.3％、发冷占 4.9％、腹痛占 4.2％、痉挛占 2.6％。治疗后 1～2 天康复，无病死。鉴定为粪肠球菌。

5. 其他组织器官感染　可导致人的皮肤伤口、创面、软组织、骨关节感染，以及肠球菌肺炎等。还可引起脑膜炎、骨髓炎等。严重患者可致人死亡。Ana R F（2001）报道人感染死亡发生率增加。Raymond 等从 1966～1993 年共报道 19 例肠球菌性关节炎，有的临床表现发热，关节局部红肿、疼痛，关节滑局部红肿、疼痛，关节滑囊液中培养到肠球菌。

华文久等（1999）报道了一起接触病猪引起屎肠球菌感染爆发流行 40 例临床报告。1998 年 7～9 月南通地区发生大批生猪发病，数以千计病猪死亡。该地区密切接触者多人发病。40 例调查者，屠宰工 18 人、出售加工者 6 人、清洗工和食用者 7 人、与污水接触者 1 人、周围有病猪而病人接触途径不明者 8 人。40 人中有 8 人患皮肤损伤。按临床症状分为 3 个型：①轻型：7 人，临床表现畏寒、寒战、发热、头昏、头痛；呕吐症状较轻，无休克，无脑损；②脑膜炎型：19 人，除轻微症状外，有明显脑膜刺激症，2 人为化脓性脑膜炎；③中毒性休克综合征（TSS）：14 人，畏寒、寒战、发热、肌痛、腹泻，进一步 24h 内出现意识障碍，休克，肾功能不全，严重肾功能不全 9 例，继发 ARDS 功能不全 10 例。脑膜炎 CSF 检查，异常 14 例（87.5％）；TSS 肾功能检查 11 例异常（100％）；肝功能检查异常 9 例（90％）；心酶谱检查 4 例均异常（100％）（表 2-33）。

表 2-33　各型转归

分型	例数	治愈数（％）	好转数（％）	病死数（％）
轻型	7	5（71.43％）	2（28.57％）	0
脑膜炎型	19	14（73.68％）	3（15.79％）	2（10.53％）
TSS 型	14	2（14.29％）	2（14.29％）	10（71.43％）
总结	40	21（52.50％）	7（17.50％）	12（30％）

Noskin 等对 16 例屎肠球菌引起的菌血症和 56 例粪肠球菌引起的菌血症患者进行比较，发现屎肠球菌及感染病已经严重的病人和神经系统、心血管系统、肺功能等功能不全的患者，而粪肠球菌感染者的原有疾病情况多较前者为轻，因而病死率不同，屎肠球菌菌血症者病死率为 50％，粪肠球菌菌血症病死率为 11％。

猪

Graham J P（2008）报道，肠球菌引起动物感染和死亡也在增多。如鸡败血症和鸡胚死亡、弱雏、死雏等；驼鸟肺脏、肠腔化脓；家兔腹泻；犬尿道感染；羔羊脑炎、羔羊心内膜炎等；犊牛心内膜炎；牛乳腺炎；公牛睾丸炎；仔猪死亡等。我国羔羊、鸭、猪都有发病报道，猪的临床表现有多样性。

王亚宾（2011）报道河南 20～70 日龄猪群中不时发生一种高热、皮下及各实质脏器肿大与出血性疾病，尤以散养和小规模猪群多发，发病率在 30％～90％，病死率在 10％～40％。个别猪出现跗关节肿大，关节内有多量稀薄脓液。在外购猪 5 天内全部发病，本场猪也相继发病。猪精神沉郁，呼吸困难，全身抽搐，站立不稳，体温高达 40.5～41.5℃，个别仔猪出现转圈等神经症状。剖检可见肝、脾、肾及淋巴结肿大、出血，肺尖叶、心叶肉变，肺脏上出现大小不等、多少不一的出血点。人工攻毒试验，猪在第 5 天出现病状，并有 1 头猪死亡。临床症状和剖检病变与现场相同。关节液分离菌攻击同现场临症和病变。Cheon D S 等（1996）报道仔猪爆发腹泻。

已有报道 E. Durans 与小驹、仔猪、犊牛和小狗腹泻相关联。某猪场发生以一窝母猪为单位，200 头母猪 2～14 日龄兰德来斯仔猪连续不断地经历着腹泻，差不多 20 窝中 16 窝 2 周龄期间仔猪的 90％发生腹泻，但死亡率极低。仔猪增重不好和发生发育障碍。21 只腹泻仔猪进行尸检、病理组织学检查；细菌培养、免疫荧光等非痛性胃肠炎和轮状病毒。J. Larssen 等（2011）报道了 *E. hiral* 引起新生仔猪腹泻。

吕萍（2006）报道，肠球菌存在肉食感染人的危险。新鲜猪肉中粪肠球菌致病基因检出率非常高，也能引起人食物中毒。Shanker（2002）在多重耐药的粪肠球菌中发现毒力岛，2006 年又研究感染猪的粪肠球菌时，从猪分离的粪肠球菌检出粪肠球菌毒力岛。

诊断

本病的多样性和非特异性临床表现，临床诊断鉴别较为困难。主要依靠实验室检测进行和确诊。首先要根据肠球菌感染所致疾病的不同，可采取患者血液、脓汁、胆汁、尿液及脑脊液样本。实验室直接涂片和分离培养（用叠氮胆汁七叶苷琼脂），该培养基可抑制革兰氏阴性杆菌生长，而长出的肠球菌菌落为黑色。根据：①呈单个、成双或短链的革兰氏阳性球菌；②血平板上呈 β 型或 α 型溶血或不溶血；③PYP 试验、胆汁七叶苷试验和 6.5％NaCl 生长试验均为阳性；④Lancefield 血清型鉴定为 D 群，即可确诊。根据肠球菌利用糖类的情况，可将其分为 4 组。粪肠球菌、屎肠球菌为 2 组。

16SrRNA 基因序列已被用作分子筛来评估细菌间的相关性及鉴定未知细菌属种的手段，是检测肠球菌手段之一。

防治

由于其特殊的耐药性并拥有众多的毒力因子，所以对肠球菌所致感染治疗困难。

1. 一般对症和支持性治疗　肠球菌感染者，特别是菌血症患者，多有严重的基础性疾病，机体免疫力明显低下，因此支持处理和对症处理十分重要。如输血和新鲜血浆，维持有效血容量；维持电解质和酸碱平衡，防止休克的发生，可给予增强免疫功能的药物，如胸腺肽等，以协助患者增强抗菌功能。

2. 抗生素治疗　尽量选择有效的抗生素是治疗肠球菌感染的关键。多年来，青霉素是首选抗生素，但肠球菌对青霉素的耐药菌越来越多，治疗效果愈来愈差。由于青霉素可以损伤并穿透细菌的细胞壁，氨基糖苷类药物，如链霉素和庆大霉素等则可通过损伤的细胞壁进入细菌内达到核糖体而将细菌杀灭，故临床上多采用青霉素、庆大霉素等联合治疗，疗效显著。近年来，随着肠球菌感染在临床上越来越常见，抗菌素应用愈来愈广泛，耐药菌株也越来越多。张群智等分析了我国 4 家综合性医院分离的 311 株肠球菌的耐药性，结果显示，万古霉素对分离的肠球菌属的 5 个种都具有高度抗菌活性，亚胺培南、氨苄西林对大部分粪肠球菌具有抗菌活性，环丙沙星、哌拉西林对部分粪肠球菌敏感，绝大部分粪肠球菌对头孢唑林、阿米卡星和头孢哌酮耐药。屎肠球菌耐药性高于粪肠球菌。有人用氯霉素治疗万古霉素耐药肠球菌感染效果提高。

二十四、链球菌病

（Stroptococcosis）

链球菌病是由链球菌属中一群条件性致病或致病性链球菌引起的人和动物多临床表现的传染性疾病的总称。由于链球菌的血清型较多，虽然大部分菌没有致病性，但有部分链球菌对宿主有致病性，他们存在于人和动物的皮肤、呼吸道、消化道和泌尿生殖道的黏膜上，能够引起这些组织感染，对宿主感染和致病力不尽相同，引起的病症也多种多样，如肺炎、菌血症、心内膜炎、脑膜炎、泌尿生殖道炎、关节炎等，甚至死亡，还可引起人的知觉性耳聋和中毒性休克综合征（STSS）等，是重要的细菌性传染病。

历史简介

链球菌是奶中常见菌和重要腐生菌，早期分离于牛奶和奶制品，也是人和动物体内外常分离到的正常菌或有益菌。Rivolta（1873）从患有腺疫的马体中检出链球菌，称之为马腺疫链球菌，并描述了该病特征。Billroth（1874）从丹毒患者感染的伤口中分离到链球菌，Fehleisen（1883）从患者分离到链球菌，并证明此病原能在人体内导致典型丹毒。Rosenback（1884）从人的化脓灶中分离出长成链状的圆形球菌，命名为化脓性链球菌。Klein（1886）发现链球菌与人的猩红热有关。Nocard 和 Mollereau（1887）发现链球菌与牛、羊乳腺炎有关。Newsora 等（1937）证实猪颈淋巴腺炎与 E 群链球菌有关，命名为猪腺疫。Bryante（1945）报道了一种由链球菌引起母猪和仔猪败血性传染病的爆发和流行。Jansen 和 Van Dorssen（1952）与 Freld（1954）报道了 1～6 周龄和 2～6 周龄仔猪爆发链球菌病。吴硕显（1958）报道了我国仔猪链球菌病。1954 年从爆发败血症、脑膜炎和关节炎的乳猪中分离到一株 α-溶血性链球菌。自 20 世纪 50 年代以后，澳大利亚，美国、日本、泰国、新加坡、欧洲、北美都相继报道了猪链球菌病的发生。Arends（1968）报道了丹麦人的猪链球菌感染致脑膜炎病例，30 株分离菌中 28 株为猪链球菌Ⅱ型。其后世界各国都有人爆发流行的报道。De Moor（1956～1963）通过生化特性和血清学试验方法对引起猪败血症感染的 α-溶血性链球菌进行鉴定，这类菌属于兰氏 R. S. RS 和 T 血清群。Elliott（1966）建议 R 群和 PM 群归于兰氏 D 群，命名为猪链球菌荚膜Ⅰ型。又在 1975 年按 1968 年荚膜分类方法试验，建议将 R 群命名为猪链球菌荚膜Ⅱ型。猪链球菌作为细菌的一个新种被 Kilpper - Balz 和 Schleifer（1987）正式命名。

病原

链球菌属于链球菌属，为革兰氏染色阳性，但在培养较久或在脓汁中被吞噬细胞吞噬后可呈革兰氏染色阴性，呈成双或链状排列的圆形或卵圆形球菌。链长短与细菌的种类及生长环境有关，短者由 4～8 个菌组成，长者达 20～30 个。在液体培养基中易形成长链，在固体培养基及脓汁中为短链，成双或单个散在。致病性强的菌株多为长链。无鞭毛，无芽孢，多数菌株在含有血清的肉汤中培养 2～4h 易见有荚膜，以后又逐渐消失。肺炎链球菌在人及动物体内能形成荚膜，病人痰、脓汁或脑脊液中的肺炎链球菌，可见菌体周围有肥厚的荚膜。

培养特性：本属细菌大多为需氧或兼性厌氧，少数为专性厌氧。最适生长温度为35～37℃。生长温度范围为20～42℃，D群链球菌可在10～45℃生长。最适pH7.4～7.6。营养要求高，在普通培养基上生长不良，发育极缓慢，在含葡萄糖、血清、血液的培养基中生长良好。有的种在培养基中产生橙色或黄色色素。

在液体培养基（如血清肉汤）中，溶血性菌株在管底呈絮状或颗粒状沉淀生长，菌链较长；不溶血菌株则使培养基均匀混浊，菌链较短；甲型链球菌的链有长有短，生长情况介于上述两者之间。

在血液琼脂平板上，经35℃18～24h培养，可形成灰白色，圆形，凹起，直径为0.5～0.75mm的小菌落。肺炎链球菌可形成细小，圆形，灰白色，半透明，有光泽的扁平菌落。若培养较久时，由于自溶现象，菌落中心凹陷，边缘隆起，呈脐窝状。在菌落的周围由于链球菌种类的不同，可呈现透明溶血环（如乙型链球菌）、草绿色溶血环（如甲型链球菌、肺炎链球菌）或无溶血环（如丙型链球菌）。因此，常根据在血平板上的溶血情况分类。

本属细菌触酶试验阴性，能分解葡萄糖产酸不产气，对乳糖、甘露醇、山梨醇、水杨苷等分解能力因菌株不同而异。大多数新分离的肺炎链球菌能分解菊糖；新鲜胆汁或10%去氧胆酸钠可激活自溶酶，促进本菌的自溶作用，所以胆汁溶菌试验阳性。几乎所有肺炎链球菌对Optochin（乙基氢化羟基奎宁）敏感。而甲型溶血性链球菌上述三试验通常为阴性。因此，菊糖分解试验、胆汁溶菌试验及Optochin敏感试验可作为肺炎链球菌与甲型溶血性链球菌的鉴别试验。

A群链球菌可被杆菌肽（1U/ml）抑制生长，其他链球菌则不受抑制。A群和B群链球菌纸片（SXT纸片含SMZ23.75mg和TMP1.25mg）不敏感，而其他群链球菌对SXT敏感。B群链球菌CAMP试验阳性，可水解马尿酸钠。七叶苷试验用于鉴定D群链球菌。

本菌DNA的G+C含量为36～46mol%。抗原构造较复杂，含有多种抗原。如乙型溶血性链球菌的菌体抗原可分为3种。

1. 群特异性抗原　简称C抗原，是细胞壁的多糖成分，有群特异性。根据群特异性抗原的不同，用血清学方法已分成20个群。

2. 型特异性抗原　简称表面抗原，是链球菌细胞壁的蛋白质抗原，位于C抗原的外层，其中又分为M、T、R、S 4种抗原。M抗原与链球菌的致病性有关。根据M抗原的不同，可将A群链球菌分成100个型。

3. 非特异性抗原　简称P抗原，无特异性。不能用作分类。

目前链球菌的分类有几套系统：①按各自的种命名，如肺炎链球菌、化脓链球菌等。②根据溶血型Broum（1919）检测不同链球菌在血琼脂平板上产生不同的溶血。分为不完全溶血型（α-溶血）、完全溶血（β-溶血）和不溶血（γ-溶血）。③Lancefield（兰氏，1933）分类法，即以细菌细胞壁多糖成分的差异为分群基础的兰氏分群法，建立了6个群（A～E和N），称兰氏分类系统，后来发现这些群与Sherman氏分类法很一致。随着时间的推移，又增多了更多血清群（F、G、H、K、L、M、O、P、Q、R、S、T、U和V），但没有给这些新的群的菌以种的名称。目前有A～V20个血清群。对人类致病的90%属于A群，偶见B、C、D、G群链球菌感染。同群链球菌间，因表面抗原不同，可分为若干型，如A群分为100个型，B群分为5个型，C型分为13个型。

4. Sherman（1937）提出了将链球菌分成脓性的、绿色的、乳的及肠球菌几类的细菌分类系统（化脓性链球菌包括大多数致病的种），绿色链球菌主要特征是在血琼脂上产生甲型溶血或变绿；乳链球菌由与奶有关的菌株构成并能在奶中产生奶酸，肠链球菌包括类似粪链球菌等肠道寄生菌株。

现链球菌共有 75 个种和 110 个分类未定种。与兽医学和医学有关的链球菌计 18 个种以上。但随着分子生物学分类方法的应用，以 16S rRNA 序列同源性和生化分类，使得链球菌属细菌的分类改变较大。将链球菌 D 群的肠球菌和 N 群的乳链球菌划为肠球菌属和乳链球菌属。厌氧链球菌归为消化链球菌属。链球菌属包括甲、乙和丙型链球菌和肺炎链球菌 40 个种。

5. 基因分型　随着分子生物学分类方法的应用，Bentley（1991）和 Kawamura（1995）以 16S rRNA 序列同源性和生化分类使得链球菌的分类改变较大。

分为 7 个群：

（1）化脓链球菌群　血清法中 A、B、C、G、L、M、E、P、U、V 血清组和一些不能分组的链球菌。

（2）牛链球菌群　牛链球菌、马链球菌、不解乳链球菌。

（3）缓症链球菌群　缓症链球菌、肺炎链球菌、血链球菌、副血链球菌、戈登链球菌、口腔链球菌。

（4）变异链球菌群　变异链球菌、节制链球菌、仓鼠链球菌、猕猴链球菌、鼠链球菌、汗毛链球菌、野鼠链球菌。

（5）唾液链球菌群　唾液链球菌、嗜热链球菌、前庭链球菌。

（6）中间链球菌群　中间链球菌、咽炎链球菌、星座链球菌（过去曾称为米勒链球菌群或咽颊炎链球菌群）。

（7）非属种群　少酸链球菌、猪链球菌、多形链球菌。基因分类将囊链球菌、屎链球菌归于肠球菌中。

此外，还有噬菌体分型、细菌素分型等方法。

链球菌的毒力因子有荚膜多糖（CPS）、溶血素（Suilysin）、溶菌酶释放蛋白（MRP）、胞外因子（EF）、纤连结合蛋白（FBN）、黏附素、谷氨酸脱氢酶（GDH）等。

流行病学

链球菌属种类繁多，在自然界分布广泛，如水、空气、尘埃中，某些链球菌是正常人和动物体表、口腔、消化道、呼吸道、泌尿生殖道黏膜、乳汁、肠道内的正常寄居菌，所以动物粪便及健康人的鼻咽腔及肠道均可检出本属细菌。大多数链球菌对人、动物不致病。患病动物、病猪及病死尸体是重要的传染源。而健康带菌动物也是不容忽视的传染源，往往在引入带菌猪后导致全群发病。带菌猪可不表现任何症状，也可能是病愈猪症状消失后成为带菌者。关于带菌率、感染水平及发病情况迄今未弄清它们之间的关系，带菌率并不能作为是否发病的指标，即使带菌率高达 100%，该猪群的发病率也可能低于 5%。因为致病性链球菌在正常状态和生态条件下，可从人的鼻腔、咽喉、大肠、阴道及猪的鼻腔、咽喉、消化道和粪便中分离到，但是发病情况与带菌率有相关性。母猪是可能的传染源，其子宫或产道可能带菌，仔猪可在出生前或出生时经产道感染。剖腹产仔猪很少感染。迄今尚未发现人作为传染源的证据。但人可感染猪链球菌，2005 年我国发生人感染猪链球菌，发病 215 人，死亡

38 人，其中除贵州 1 例患者外，其他地区患者分离的 84 株猪链球菌染色体的脉冲凝胶电泳
(Puls Field Gel Electrophresis，PFGE) 带型相同，而所有患者家散养的病猪分离菌株与患
者分离菌株的 PFGE 带型相同，提示为同一传染源，即向农民提供散养仔猪的种猪均可能
是本次疫情的传染源。

人主要经过损伤的皮肤传播和消化道感染，个别情况下可通过食用未熟的病猪肉发病。
目前，尚无足够证据表明可以通过呼吸道传播。在屠宰、加工、饲养、贩运感染病、死猪的
过程中，通过破损皮肤接触，感染猪乙型链球菌。潮湿皮肤多有暴露，时有搔挠，造成皮肤
抓痕，接触病猪后感染。猪链球菌的入侵门户通常是口、鼻腔，而后在扁桃体定居繁殖。可
从临床带菌猪的鼻腔及生殖道检出该菌，已证明带菌猪在传播疾病方面发挥很大作用。4～
10 周猪带菌率最高，细菌可在其扁桃体存活 1 年以上，即使猪体内存在体液循环抗体或饲
喂普鲁卡因青霉素 (300mg/kg) 也无济于事。活猪扁桃体拭子的检出率在 0～100%，而屠
宰猪扁桃体的该菌分离率则高达 100%。Clogtor - Hadly 等调查，野外猪扁桃体的保菌率为
3%～60%。

本病感染有职业特点，主要是生猪饲养、屠宰、肉品加工、运输、销售、兽医、打猎者
等职业工作人员，现在发病的还包括短时间与病猪肉的接触者或食用者。据报道，在1968～
1984 年间，荷兰在 30 位脑膜炎病人中分离到猪链球菌感染者，有 25 位病人 (83%)，从事
猪肉业。据估计在屠夫和养猪人中，患链球菌脑膜炎的年发病率约为 3/10 万，患猪链球菌
感染的发生率是在从事猪肉加工业者的 1 500 倍。1998 年江苏南通地区发生的猪链球菌疫情
调查表明，病人在发病前 2 天内均与病、死猪或来源不明猪肉有直接接触史，19 人有屠宰
病、死猪的历史 (占 76%)；3 人有销售病肉史 (占 12%)；另有 3 人有洗、切死猪肉或剥
猪头、皮史 (12%)。25 人中 7 例有明显的手指皮肤破损史，有 20 例病案周围有病、死猪
的发生史。提示人类感染发病与病猪接触密切相关。

发病机制

A 群链球菌侵入机体后可引起感染性、中毒性及变态反应性三种变化，并可引起相应
的病理改变。①感染性病变：A 群链球菌可作为机会致病菌在咽部、皮肤等处生长，有报
道表明学龄儿童的带菌率达 15%～20%，成人的带菌率较低。A 群链球菌感染多通过呼吸
道传播和接触传播，患者和带菌者是传染源，个人卫生习惯、免疫力等影响感染的发生和发
展。当细菌侵入呼吸道、皮肤及其他部位，如入侵部位黏膜、皮肤破损，由于其 M 蛋白胞
壁成分能抵抗机体白细胞的吞噬、抑制补体活化等作用，细菌得以繁殖并产生毒素及细胞外
酶。溶血素、链激酶、透明质酸酶等共同作用，杀伤、溶解、破坏宿主细胞及间质组织等屏
障，使细菌扩散。机体受染组织发生充血、水肿、炎症细胞浸润和纤维蛋白渗出等，形成局
部化脓性炎症。如喉峡炎、猩红热可引起咽部红肿，并产生脓性渗出物。皮肤、软组织感染
形成脓包、脓肿、蜂窝织炎。如细菌完全破坏宿主的防御屏障，则可进入血液引起菌血症或
败血症。②中毒性病变：A 群链球菌的致热性外毒素可引起全身性毒血症表现，并可使皮
肤出现红疹，可能还有超抗原作用，增强内毒素的作用而引起中毒性休克。细胞因子的诱导
在休克、多器官衰竭等的发生中起重要作用。有研究表明，TNT 在休克和 TSS 的发生过程
中起最重要作用。Spe 是一组与 TSS 坏死性筋膜炎等链球菌严重感染有关的具有超抗原活
性的细菌性毒素物质，可介导巨噬细胞的 MHCⅡ分子与 T 细胞的受体 (TCR) 的 V_β 位点

发生非特异的识别，激活大量 T 细胞，释放单核细胞因子（TNF_α、$IL-1_\beta$、$IL-6$ 等）和淋巴细胞因子（TNF_β、$IL-2$、$IFN-Y$ 等）。有研究认为，M 蛋白片段也具有超抗原活性。③变态反应性病变：变态反应性疾病的发生机制目前还不完全清楚。少部分患者在恢复期出现风湿性心脏病或关节损害，也可发生肾小球肾炎，一种理论认为链球菌与人体组织具有共同抗原，其原因除已公认的抗原抗体复合物形成的变态反应外，还可能有自身免疫反应参与。但该理论还需要对禁株释放的机制做出解释。

B 群链球菌感染，正常人带菌率较高，30％直肠中可检出该菌。B 群链球菌侵入机体呼吸道黏膜或皮肤破损处、产科剖宫产的手术伤口等引起的感染与细菌的致病力有关。B 群链球菌的细胞壁、荚膜多糖具有抗补体激活、抗吞噬等作用，有助于细菌的繁殖扩散，引起感染部位化脓性炎症病变，细菌易从破损处经淋巴和血液循环，引起败血症全身性感染。

肺炎链球菌感染，正常人上呼吸道存在的肺炎链球菌，当宿主呼吸道防御功能降低时，经呼吸道吸入的肺炎链球菌在局部繁殖。该菌的荚膜多糖具有抗吞噬作用，能逃避宿主吞噬细胞的消化和杀伤。该菌不产生毒素，在宿主组织中增殖，产生强烈的炎症反应而致病。

关于猪感染猪链球菌后的发病机制目前有好几种假说，综合起来主要有两个方面：微生物的毒力因子和疾病本身的病理生理变化。广为接受的假说是：猪链球菌进入扁桃体腺中，并在那里大量繁殖，通过淋巴系统或血液循环系统而向其他部位扩散。吞噬细胞吞噬细菌并将猪链球菌带入到中枢神经系统、关节和浆膜腔。不少证据表明，猪链球菌从扁桃腺进入血液中，可被单核细胞吞噬，然后通过脉络丛进入脑脊液中，并引起临床脑膜炎表现。猪链球菌 2 型也可以通过单核细胞吞噬进入脑脊液中，因为这种单核细胞可分化为 Kolmer 细胞（第四脑室脉络丛中的巨噬细胞），后者可以直接进入脑脊液中。与脑脊膜炎伴随出现的是脑脊液增多，后者可导致脑室的压力升高、神经元的损害、神经系统临床炎症的出现。脑脊液压力升高可致动脉闭塞，后者可致缺氧，最后导致这些动脉供血的脑部坏死。有关人感染猪链球菌病脑膜炎型及 STSS 的致病机制仍在探讨中。

目前公认猪链球菌中比较重要的毒力因子有荚膜多糖、溶菌酶释放相关蛋白、细胞外蛋白因子和溶血素等。菌毛与黏附因子等也可能与猪链球菌的毒力有关。

①荚膜多糖：猪链球菌大部分的血清型都能够形成荚膜。荚膜和细菌的毒力有一定关系。有毒菌株的荚膜变厚，抵抗多核淋巴细胞吞噬能力变强，而无毒菌株没有变化。研究表明，荚膜可能影响细菌的黏附性。

②溶菌酶：释放相关蛋白（MRP）和细胞外蛋白因子（EF），除荚膜多糖外，这两种蛋白质是常用于评价猪链球菌毒力的指标。Veckt 等比较了 180 株来自病猪、健康猪和人的猪 2 型链球菌的蛋白质图谱发现，从病猪体内分离的菌株特有分子质量为 136kDa 和 110kDa 的蛋白带，前者被命名为 MRP，后者被命名为 EF。在这 180 株菌中存在 3 种表型：MRP^+ EF^+、MRP^+EF^-、MRP^-EF^-。从病猪中分离的菌株77％为 MRP^+EF^+，从健康猪中分离的菌株88％为 MRP^-EF^-；分离自患者的菌株中，89％含有 MRP，74％表现为 MRP^+ EF^-。无毒力的猪链球菌菌株不表达上述两种蛋白质；动物试验证明，缺少上述毒力基因的菌株对生猪没有致病性。因此，认为 EF 和 MRP 在猪链球菌 2 型的致病作用中起重要作用，可视为菌株的毒力标记。Smith（1993）从患脑膜炎猪体内分离出的猪链球菌，具有类似 MRP 蛋白而没有 EF 蛋白（MRP^+EF^-），接种到其他健康猪后发现并不致病，从而表明猪链球菌还有其他毒力因子的存在。

③猪链球菌溶血素：溶血素被认为是几种细菌的主要毒力因子，猪链球菌溶血素也属于此类毒素。Feder 等研究表明，猪链球菌 2 型的溶血素包括 54kDa 和 62kDa 两种分子质量；从病猪中分离出的绝大部分菌株经培养后均能够产生上述两种分子质量的溶血素。猪链球菌溶血素可能在猪链球菌侵入和裂解细胞的过程中发挥重要作用。将猪链球菌溶血素基因灭活，在动物试验中发现该物质可能参与抗感染反应。

在四川省人感染猪链球菌病疫情中，对 19 株细菌进行了 PCR 检测，猪链球菌中特异基因、荚膜多糖编码基因（CPS2J）、溶菌酶释放相关蛋白基因（MRP）和溶血素基因（SLY）检测均呈阳性。

④44kDa 蛋白和 IgG 结合蛋白，以及菌毛和黏附因子。

临床表现

人

人类链球菌所致感染的临床类型颇具多样性，由于人类链球菌分类方法较多，加上不断发现的新的血清型还未能归纳于哪个种，故临床表现常难以相对应。但基本上可分为化脓、中毒和变态三大类。

1. A 群链球菌 ［乙型溶血反应，又称乙型链球菌、化脓链球菌，有 100 个血情型；A 群链球菌毒素有致热外毒素和链球菌溶血素两种。致热外毒素又称为红疹毒素或猩红热毒素，按抗原分为 A、B、C 三型，耐热，96℃，45min 灭活；溶血素分为对氧敏感的链球菌溶血素 O（SLO）和对氧不稳定的溶血素 S（SLS）］。A 群链球菌引起的疾病占人类链球菌感染的 90％，如咽喉炎、猩红热、丹毒、脓疱疹、蜂窝织炎、淋巴管炎、坏死性筋膜炎、中毒性休克综合征等。A 群链球菌自然存在于人上呼吸道黏膜上，儿童带菌率达 15％～20％，是引起化脓性感染的重要致病菌之一，致病力最强。临床表现有：

（1）猩红热　凡能产生红疹毒素，即致热性外毒素的链球菌均可引起猩红热；病原菌主要产生 A、B、C 3 种红疹毒素。产生红疹毒素的基因由噬菌体携带，故 A 群链球菌是否为产毒株视其是否感染具有产生红疹毒素的噬菌体而定，而有毒株与无毒株是可以互相转换的。猩红热潜伏期 2～5 天（1～12 天）。主要症状为发热、咽痛和弥漫性红疹。患者临床表现轻重不一，可有以下几种不同类型。

①普通型：起病较急、发热、畏寒，偶有寒战，体温多在 39℃ 左右。可伴有头痛、头晕、小儿多有恶心和呕吐。同时出现咽痛、吞咽时可加重。咽部及扁桃体呈明显充血，伴有中度水肿，扁桃体腺窝处可有点片状脓性分泌物，重者可成大片假膜状，但较松软，易抹去。软腭黏膜充血，出现点状充血或出血性黏膜内疹。病初起时舌被白苔，乳头红肿且突出于白苔之外，称为草莓舌（Strawberry tongue）。2 天后白苔开始脱落，舌面光滑呈肉红色，乳头仍然突起，称杨梅舌（Rasp‐berry tongue）。颈和颌下淋巴结常中度肿大且有压痛。患者发热后多在第 2 天出皮疹。从耳后及颈部开始，很快扩展至胸、背、腹及上肢，24h 左右发展到下肢近端，以后扩展至小腿及足部。典型皮疹为在全身皮肤弥漫性充血潮红的基础上，散布者与毛囊一致的大头针帽样大小、密集、均匀的充血性红疹，用于按压可全部消退，去压后红疹又出现，旋即弥漫性潮红也重现。皮疹多为斑疹，也可稍隆起成丘疹，因与毛囊一致故也成"鸡皮样"疹。在皮肤皱褶处，如肘窝、腋窝、腘窝、腹股沟等处，皮疹密集并伴皮下出血形成紫红色线条，称线状疹或 Pastia 线。面部潮红，可有少量点状疹，口、

鼻周围充血轻而形成口周苍白圈。皮疹分布躯干及四肢近端多、四肢远端少。48h内出疹达高峰，然后依出疹时顺序而于3～4天内消退，消退1周后开始脱皮，其顺序也与出疹顺序相同。脱皮程度与皮疹轻重一致，皮疹少而轻者脱皮呈糠屑状，皮疹重者可呈大片状脱皮。手指足趾处皮肤较厚，脱皮也较明显，甚至呈手足套状。脱皮可持续1～2周。

②轻型猩红热：患者临床表现比普通型明显减轻。发热不高，甚至有13%不发热。咽峡炎轻，皮疹仅见于颈、胸、腹部，消退快，但病后仍可发生变态反应性并发症。

③脓毒性猩红热：多见于营养及卫生较差的小儿，发热40℃以上，头痛、咽痛、呕吐等症状均很明显。咽部及扁桃体有明显充血和水肿，可有溃疡形成，多量脓性分泌物常可形成大片假膜。病原菌侵犯附近组织引起化脓性中耳炎、乳突炎、鼻窦炎、颈淋巴结炎及颈部软组织炎，如得不到及时治疗可发展为败血症，出现弛张热，皮疹增多，并可出现带小脓头的粟粒疹。可出现败血症休克。恢复期脱皮明显，持续时间可达3～5周。

④中毒型猩红热：本型患者毒血症明显，高热者可达40%以上，头痛和呕吐均严重，可出现程度不等的意识障碍。皮疹多且重，出血性疹增多。1986～1987年江苏如东地区猩红热流行时住院患者中44%为中毒型猩红热，而且临床症状以中毒性胃肠炎和中毒性肝炎多见。

⑤外科型猩红热：细菌经损伤的皮肤或产道侵入，故无咽峡炎表现。皮疹首先出现在伤口附近，然后向他处扩展，病情大多较轻。

（2）急性咽喉炎　主要为急性咽喉和急性扁桃体炎，多见于儿童。

（3）丹毒　中医称丹毒为"火丹"或"流火"。近年来有C群链球菌所致者的报道。皮损部位多在小腿、颜面部。面部丹毒发病前常有鼻前庭炎或外耳道炎，小腿丹毒常与足部真菌感染有关。婴儿多见于腹部，同脐部感染有关。常以畏寒、寒战、全身不适、高热等急性前躯症起病，体温可达39～40℃。数小时内局部皮肤出现红斑，边界不清楚，高出正常皮肤，继之出现一个境界明显的红肿皮损区域呈鲜红色水肿斑，表面紧张发亮，边界清，可出现水疱，局部皮肤灼痛，指压病变区立即褪色。面部丹毒可以累及一侧或两侧，可蔓延波及面颊和眼睑，但炎症常局限于下颌骨、颧突和发际之间的区域。下肢复发性丹毒常引起淋巴结水肿，导致皮肿。在婴儿及手术后或外伤病人，常发生躯体或四肢丹毒，如不及时治疗，感染可迅速扩散，甚至出现感染性休克，病死率高。此型丹毒病变常能见到病变急性向四周扩散时，中心受累皮肤红色开始消退。

（4）坏死性筋膜炎和链球菌肌炎　常有皮肤及软组织感染、新生儿脐部感染、婴幼儿脓疱和手术伤口感染等导致蜂窝织炎和菌血症。坏死性筋膜炎，称"链球菌坏死"或"食肉菌"。为皮下深部感染，导致进行性筋膜炎，肌肉和脂肪坏死，而表皮不受损。微小创伤可成菌首发感染部位，24h内出现肿、痛、红、热，并迅速向邻近及远处发展，其后24～48h内病情依次出现红—紫—绿，最后形成含有清亮黄色液体的水疱。4～5天后紫色区域干性坏疽，7～10天后，分界明显，皮下组织及表皮开始广泛坏死。病人逐渐衰竭、消瘦、意识模糊。此病发病率与死亡率增加可能与链球菌毒力增强有关。要及时对病变部位切除、清创，用次氯酸钠液清洗创口，而后进一步治疗。

链球菌肌炎是链球菌从口腔、咽部转入创伤深部（肌肉）组织，必然会形成血肿，剧烈疼痛，肿胀和充血。多数病人仅一组肌肉群被累及，但因菌血症，可出现多处肌炎和脓肿。

（5）链球菌中毒休克综合征（STSS）　致病链球菌绝大多数是A群β溶血链球菌，A

群链球菌有 150 多个亚型，STTS 血清型为 M 和 T 型。B 群 β 溶血链球菌（无乳链球菌）则较少。国内报道有 α 溶血链球菌（α-草绿链球菌、缓症链球菌）感染病例。本病潜伏期短，约 20％病人有畏寒、发热、肌痛、腹泻等前躯症状。有原发感染者，其相应部位的红、肿、热、痛及功能障碍表现突出。在 59 例中有 48 例有皮疹（81％）、脱屑 24 例（41％）、休克 52 例（88％）；高热占 85％。严重肾功能不全者可继发 ARDS，同时心功能异常。胃肠道症状有腹泻、呕吐、水、电介质和酸碱紊乱；中枢神经异常为神志不清、烦躁、昏迷和尿失禁，也可出现草莓舌，口周苍白圈。

（6）其他感染　某些 A 群溶血性链球菌还可引起急性肾小球肾炎、肾炎等变态反应性疾病，A 群 12 型被认为与肾炎的发生有密切关系，其他 1、4、18 和 25 型也可引起风湿性心内膜炎、鼻窦炎、阴道炎、子宫内膜炎、肺炎、脑膜炎、关节炎、骨髓炎、产褥热、血栓性静脉炎等。

2. B 群链球菌　呈甲、乙、丙型溶血反应。有 9 个血清型（I_a、I_b、II、III、IV、V、VI、VII、VIII），存在于呼吸道，约 10％医护人员呼吸道带菌；儿童上呼吸道带菌以冬季多，是上呼吸道、女性泌尿生殖道的正常菌群。直肠菌带率达 30％。B 群链球菌感染约占全部链球菌感染的 8％。从临床死亡患者分离到的血清型为 II、III 型，说明此两型致病力强。此菌群是围产期很重要的致病菌，特别是在产后 2 个月内，不但引起产妇各种感染，而且妊娠妇女阴道带菌是新生儿脑膜炎、败血症常见病原之一。引起新生儿肺炎、脑膜炎、败血症等；以及成人伤口、呼吸道、泌尿生殖道感染等，病死率可达 25％～80％。Lancefield 和 Hare（1935）、Fry（1938）从产妇阴道分离出此菌；Nyhan 和 Fousek（1958）报道新生儿脑膜炎，病死率达 74％；Schlievert（1993）报道了 1 例中毒性休克综合征。此菌群主要为无乳链球菌，也可引起奶牛乳腺炎。此外，此菌群中消化链球菌引起人肺部及胸部感染及产褥热；亚急性细菌性心内膜炎和深部组织感染。

3. C 群链球菌　主要对各种动物致病，有 20 多个型，重要的有：

（1）兽疫链球菌（现名马链球菌兽疫亚种）　乙型溶血反应，有 8 个亚型，引起家畜败血症。可自正常人咽喉部检出，带菌率为 2％～8％，一般不使人致病，但偶尔可引起菌血症、心内膜炎、脑膜炎、呼吸道和泌尿生殖道感染及皮肤软组织感染。Batter 等（1998）报道，巴西一群人饮用兽疫链球菌污染的干酪感染，致 258 人发生肾小球肾炎。

（2）肺炎链球菌（原名肺炎双球菌）　可致人大叶性肺炎、支气管肺炎、心内膜炎、胸膜炎、中耳炎、脑膜炎和败血症等。也有报道肺炎链球菌可能成为 Strep TSS 和坏死性筋膜炎的病原。

（3）马腺疫链球菌　可致马腺疫。也有部分对人致病，但比 A 群链球菌较轻。

（4）泌乳障碍链球菌（S. dysgalactiae）　引起人化脓性疾病和乳房炎。

近年来，有报道 C 群链球菌引起人丹毒，但其本质尚不清楚。

4. R（D）群链球菌（S. T 群）　D 群链球菌虽无乙型溶血能力，但却是人类感染的重要致病菌，临床表现有伤口感染、尿路感染、脑膜炎、脑脓肿、肺炎、骨关节炎、心内膜炎、败血症等。牛心内膜炎对人、猪致病的是猪链球菌，该菌不一定都具有致病性，其毒力可能与荚膜多糖（CPS）、溶菌酶释放蛋白（MRP）、细胞外因子（EF）和溶血素（SLY）等多种毒力因子有关。引起人和动物发病的主要血清型有 SS1、SS2、SS7 和 SS9。近年来 SS2 和 SS9 流行呈上升趋势，SS2 是可感染人群致死的一种重要病原体。人分离的均为 R 型

（SS2）。研究表明，猪链球菌 2 型（SS2）能诱导人单核细胞产生肿瘤坏死因子 Iα（TNF - α）、IL - 1、IL - 6、IL - 8 及单核细胞趋化蛋白 - 1（MCP - 1）。人感染 SS2 后，视细胞毒力与侵入部位而有不同的临床表现。YU 等（2006）和 Gottichaalk 等（2007）报道，SS2 可引起人高热、头痛、脑膜炎、心内膜炎、胸膜炎、败血症、永久性耳聋、中毒性休克等导致严重疾患，甚至死亡。猪链球菌Ⅱ型，人起病急，畏寒，发热，中毒性休克，部分有脑膜炎或中毒性败血症，致人死亡。部分病例伴有皮肤发黑，死亡时是焦炭样，以胸部、面部最为明显。何孔旺（2002）报告了近几年猪链球菌 16 型和 14 型感染人的病例，并在非疫区检到猪链球菌 16 型，还检出 2、7、9 型。

5. E 群链球菌 引起人 Jowl 脓肿。

6. F 群链球菌 有 5 个血清型，可引起人各部位化脓性炎症。带菌的人、猪、猴、豚鼠是其传染源。

7. G 群链球菌 有 3 个血清型，可引起新生儿脓毒血症、心内膜炎、咽峡炎。

8. H 和 K 群链球菌 可引起人败血症、心内膜炎、心包炎和深部化脓性炎症。动物不常见。

9. L 群链球菌 人偶尔伤口感染。

10. M 群链球菌 人呼吸道感染、外伤感染、心内膜炎。

11. N、P、Q 群链球菌 尚不了解，不能确定宿主范围及流行病学。

12. R、S、T、U、V 群链球菌 患者多经伤口感染，致人脑膜炎等。

13. 其他链球菌 这部分致病链球菌尚未能分解，但能引起人类感染，如肺炎链球菌引起人肺炎、中耳炎、化脓性感染、草绿链球菌致人感染等，以及唾液链球菌、可变链球菌、血液链球菌、缓症链球菌等。

人感染猪链球菌后，受毒力、进入部位等因素，而有不同的临床表现。

潜伏期为 4h 至 7 天，在屠宰或病死猪处理后 1～2 天，或进食病死猪肉后 2～3 天，最长 7 天，突发畏寒和发热，多为高温，伴有全身不适，头痛，全身痛。部分患者出现恶心，呕吐，腹泻，皮肤有出血点、瘀点、瘀斑，血压下降，脉压缩小，很快出现休克。临床上分为：

（1）普通型 起病较急，畏寒，发热，全身不适，厌食，头痛，肌肉酸痛，腹泻。体温在 38℃以上，高的可达 40℃。头昏，乏力明显。但患者无休克、昏迷和脑膜炎表现。

（2）脑膜炎或脑膜脑炎型 该型为最常见临床类型，除普通型症状外，患者会出现喷射性呕吐，常在发热后出现明显头痛，意识障碍，重者出现昏迷。脑膜刺激症阳性。伴有 30% 或更高患者听力障碍，多数为听力减退，少数可致耳聋。部分患者可有周围性面瘫或复视。脑膜炎患者常伴有口唇疱疹，部分患者发生化脓性关节炎，少数发生葡萄膜炎、眼内炎等。

（3）休克型 起病急，常发生在屠宰病死猪同时手部皮肤有损伤的人。多在屠宰后 1 天内发病，发病快者 2～3h，慢着为 13～16h。表现为急性畏寒或寒战，高热，数小时内出现呼吸困难，心慌。部分患者出现恶心，呕吐，腹痛，腹泻，四肢发冷，面色青灰，口唇发绀，头昏和意识改变，血压下降，脉压缩小，少尿等休克表现（链球菌中毒性休克综合征，STSS）。病情进展快，很快转入多器官衰竭，如急性呼吸窘迫综合征（ARDS），心力衰竭，弥散性血管内凝血（DIC）和急性肾衰等。部分患者肢体远端皮肤有出血点、瘀点、瘀斑，常见于面部、四肢。该型病情进展迅速，病死率高，个别抢救成功者，多留有不同程度的脏器功能不全的表现。

（4）混合型　同时具有脑膜炎型和休克型的临床表现，往往见于休克型，经抢救治疗后休克改变，存活到 1 天以上，出现脑膜炎并同时伴有其他脏器损害的表现。

其他少见的感染类型有感染性心内膜炎、关节炎、肺炎和支气管炎。

猪

猪链球菌病是由链球菌感染所引起的致猪急性、败血症的总称。它侵害各阶段的猪只，诱发多种临床表现，以败血症、脑膜炎、关节炎、淋巴结炎等为主要特征。Sanford 等发现猪链球菌可造成心脏和中枢神经损伤，如纤维素性、脓性心包炎，出血性、坏死性心肌炎和心内膜炎等。对猪致病的主要血清型有：

Collier（1951）首先对猪体分离的 β-溶血性链球菌按 Lancefield 法进行分群鉴定，继后 Thal 和 Moberg（1953）、de Moor（1963）、Shuman（1957）和 Jones（1976）等各国学者都对猪的多种链球菌病病原进行分群鉴定，一致证实猪链球菌感染以 C、L、E 及 D 群为多见，其中又以 C 群最为普遍及常见。王明俊等（1977）对我国猪败血性链球菌菌株从生理特性、血清学分群等方面进行鉴定，初步论证，广东、广西及四川菌株均为同一血清群，基本特性与兽疫链球菌一致，暂定名为猪链球菌（S. Suis）。

1）A 群链球菌　几乎所有的菌群都可以从病猪体内得到，但对动物的致病不强。

2）B 群链球菌　猪中分离很少，由患有关节的仔猪关节液中分离出的。

3）C 群链球菌

① 兽疫链球菌（现名马链球菌兽疫亚种，S. egui Subsp. Zooepidemicus）。天然寄生部位为母猪黏膜皮肤，可引起我国猪败血症、关节炎、流产。仔猪和断奶仔猪脑膜脑炎神经症状。

② 马链球菌似马亚种（现名为似马链球菌，S. equisimilis；Vandamme，1966，建议改为停乳链球菌似马亚种），呈乙型溶血。引起哺乳仔猪败血症、关节炎、心内膜炎。

③ 泌乳障碍链球菌（S. dysgalactiae），致猪化脓性疾病、乳房炎。

④ 肺炎链球菌：致仔猪败血症、肺炎。

此外，王育才（1968）报道，从病猪分离到 C 群溶血链球菌，临床上仔猪全身颤抖、共济失调或呈犬坐姿势或转圈，颤抖呈阵发性，无明显界限。发病率达 13%，病死率达 32%。

4）L 群链球菌　呈乙型溶血反应，致仔猪败血症、关节炎和心内膜炎。

5）R（D）群链球菌　De Moor（1963）将引起猪败血症感染的新的 α-溶血链球菌应用生化和血清学方法鉴定，确定这些链球菌属于新的 R. S. Rs 和 T 群。Elliott（1966）和 Windsor 等（1975）证明以上新群具有 D 群抗原而归入 D 群。并将 S. R 和 R. S 群分别定为猪链球菌血清 1.2 和 1／2 型；Gottschalk（1989）将 T 群定为猪链球菌血清 15 型。至此，猪链球菌共有 35 个血清型，其中猪链球菌 2 型引起猪、人的感染性疾病报道逐年上升。猪临床表现主要是败血症、肺炎、心内膜炎、关节炎、哺乳仔猪下痢、孕猪流产等。猪链球菌 I 型，致 2～4 周仔猪脑膜炎、肺炎、关节炎、败血症等。而且引起猪发病的猪链球菌血清型不断增多，不同地区流行的致病性链球菌血清型也各不相同。主要致病猪链球菌血清型有 SS1、SS2、SS7、SS9、SS14 和 SS1/2。SS2 和 SS9 流行呈上升趋势。但也有一部分仅发现于临床健康猪（SS1、SS18、SS19 和 SS21 血清型）。Jones（1976）报道兰氏 R 群链球菌可分离自猪皮炎；Roxanna 等（1979）报道与兰氏 R 群链球菌致病的相关的猪肺炎；梅本弘明（1986）报道日本有兰氏 R 群 β 溶血链球菌感染造成仔猪败血症和脑膜脑炎增多；陈永林等（1988）从北京、上海分离的兰氏 R 群链球菌，造成仔猪伴有神经症状的败血症。前苏联兽医制剂临床科学研究所（1986）报道血清型 R 链球菌致猪脑膜和断奶仔猪关节炎。

6）E（P.U.V）群链球菌　呈 β-溶血反应。主要致病菌豕链球菌（*S. porcinus*）。Colins（1984）依据共同的生化特性，将链球菌 E.P.U 和 V 群定为豕链球菌；此菌至少有 6 个血清型，有些尚不能定型，能引起猪的链球菌性淋巴结炎（颊部脓肿）。颊部脓肿分离菌为血清 4 型。由 E 群链球菌感染痊愈猪可获得免疫力，但扁桃体带菌可达 6 个月以上。颌下淋巴结发生化脓性炎症，咽、耳下、颈部等淋巴结有时也受侵害。受害部位发热、发硬，触诊有痛感。以后脓肿部中央变软，表面皮肤自行破溃，流出脓液。一般不引起死亡。

F 群链球菌：猪带菌是传染源。

G 群链球菌：猪败血症、心内膜炎、关节炎、肺炎和脓肿。

H 和 K 群链球菌：动物不常见。

L 群链球菌：猪败血症、脑膜炎、关节炎。

M 群链球菌：从猪、牛、绵羊等伤口分离。

N、P、Q 群链球菌：尚不了解，不能确定宿主范围。

R 群链球菌：猪脑膜炎及败血症。野田一臣等（1984），R 群链球菌引起猪脑脊髓脑膜炎、败血症、关节炎等，发病年龄从数天到 6 月龄皆可感染。丹麦、荷兰、英国、法国报道人也可感染，人为脑脊髓脑膜炎、败血症等，而且流行病学上证明，多数有与病猪或屠夫接触史。

S、T、U、V 群链球菌：猪败血症和淋巴结炎等。S 群仅限于青年猪，发生在 4～8 周龄。

由于对猪感染的链球菌群不同或感染途径不同，其致病力也有较大差异，因而其临床症状和潜伏期也差异较大。潜伏期从几小时（最短 4h）到几天（长达 7 天）。

临床上（实际生产中）病猪表现发病突然，往往头天晚上查棚时未见猪有任何症状，次日早晨已死亡；病程长者表现精神沉郁，体温升高至 41～42.5℃，眼结膜潮红、流泪，鼻镜干燥，流浆液性鼻液，口、鼻黏膜潮红，耳、颈下、胸腹下及四肢下端皮肤有紫色斑块，有的猪出现颈部强直、偏头或转圈等神经症状，死前倒地抽搐，四肢痉挛，呈游泳状划动。濒死期从鼻腔流出暗红色血液，也有猪出现跛行或站立不稳，也有的病猪腹泻或便秘。一棚猪或一窝猪可有无症状，一只猪表现一种症状，亦有一只猪表现多种症状。在临床分型上，猪链球菌可分为 4 种形式，即急性败血症、脑膜炎型、关节炎型和淋巴结脓肿型，不过 4 种类型很少单独出现，往往混合存在或先后发生，在疾病的不同时期表现出不同症状。根据病程，又可分为最急性、急性、慢性型。

1）最急性型　在流行病初期常为最急性病例，病程很短，多在 6～24h 内死亡。前期未有任何征兆出现突然死亡，常常可见头天晚上还正常进食，第二天清晨已死亡或者突然停食，不食，精神委顿。体温上升至 40.5～42℃。卧地不起，呼吸急促，震颤，经 12～15h 死亡。

2）急性型

①急性败血症：急性病例病程稍长，一般 2～8 天，以 3～5 天死亡较多。体温为 40～41.5℃，继而可达 42～43℃，大多数病例呈稽留热，少数病例呈间歇热。食欲减退或废绝，精神沉郁，呆立，喜卧，爱喝冷水。口、鼻黏膜潮红，头部发红，水肿，眼结膜充血、潮红、流泪或脓性分泌物。鼻镜干燥，流灰白色、浆液性、脓性鼻汁，咳嗽，呼吸急促；个别会出现神经症状，颈部强直，偏头或转圈、跳跃。有的病猪共济失调，走路摇摆、跛行或关节肿大、磨牙、空嚼等。病猪迅速消瘦，被毛粗乱。皮肤苍白、发绀，极度衰竭。颈下、腋下及四肢下端皮肤有紫红色出血性红斑。死时可从天然孔流出暗红色血液。此外，少数妊娠中、后期母猪亦可因败血性链球菌病导致流产和死胎。

②脑膜炎型：多见于哺乳仔猪和断奶小猪。体温病初升高，至体温为 40.5～42.5℃，不食，便秘，有浆液性或黏液性鼻液。刚染病 2～3h 内的病猪，耳朵朝后，双眼直视，头往后仰，呈角弓反张，惊厥，眼球震颤，结膜发红，而后病猪很快出现神经症状，四肢共济失调，转圈、空嚼、磨牙、仰卧，直到后肢麻痹，侧卧于地，四肢作游泳状划动，甚至昏迷不醒。部分猪出现多发性关节炎，有的小猪在头颈、背部等出现水肿。病程 1～2 天，共达5 天。

3）慢性型　由急性败血型或脑膜炎型转化而来，也可能在流行中、后期发病时即表现为独立的病型。其特点是病程较长，症状比较缓和。主要表现为关节炎、淋巴结肿胀、局部脓肿、子宫炎、阴道炎、乳腺炎、哺乳仔猪下痢、皮炎（脓疱疮）等。临床上以关节炎、淋巴结脓肿较多见。

①关节炎型：主要是哺乳仔猪及断奶的仔猪多发。多为 C 群、类马链球菌，表现初生到 6 周龄仔猪。Field（1954），Elliot（1956），Nielsen（1972），Ross（1972），吴硕显（1958），康海雄（1961）都有报道。大猪多由急性或治疗不当病猪转变而来。或者从发病起即呈现关节炎症状，多见于疾病流行后期，病情较长，可拖延 1 月有余。体温时高时低。病猪消瘦，食欲不佳，呈明显的一肢或四肢关节炎，可发生于全身各处关节。关节肿胀，病猪悬蹄，高度跛行，严重时后躯瘫痪。部分猪因体质极度衰竭而死亡，部分耐过或成僵猪。

汤锦如（1980）报道，新生乳猪急性败血症链球菌病，全场 18 头母猪产仔 228 头，头产母猪 5 头产仔 44 头，发生死胎 10 头，发病 34 头，发病率 100%，产后 5h 死亡 12 头，第二天死亡 6 头，10 天中无相继死亡 29 头，死亡率 85.29%（29/34）。

仔猪刚产下落地就发生阵发性痉挛，痉挛时四肢收于腹下，站立不稳，痉挛后卧地，似如好猪，心跳快，两侧肺部听诊呼吸音粗粝，此时乳猪体温 38.9～39.8℃。第 3 天后病猪心跳加快，呼吸困难，体温升高至 40.4～41℃，乳猪一肢或两肢关节肿大，不能站立，手触软而有痛感，痉挛现象减轻，食欲减少，精神极差，眼结膜极度苍白。

肝暗红色，肿胀，表面有淡灰色不突出肝表面的大小约 0.2cm 的坏死灶，质脆，胆囊肉充满胆汁；脾稍肿，暗紫色，切面结构模糊；肾浅紫红色，稍肿大，质脆；肠道黏膜稍红肿，血管充血，大肠无明显变化；肠系膜淋巴结肿大，紫红色，心内有煤焦油状血液和血凝块；心耳有少量针尖状出血点；肺粉红色，有气肿现象；前肢腕关节、后肢腕关节、膝关节、腓关节肿胀，切开腔内有淡黄色的干酪状物质。

②淋巴结肿胀（化脓性淋巴结炎）型：多由 E 群链球菌引起，有时并发或继发另一种

血清群链球菌和其他化脓菌，再通过血源扩散，引起其他部位脓肿。一般发生于架子猪，多由皮肤伤口感染，传染缓慢，发病率较低，病愈后可获得免疫力。多见于颌下淋巴结，有时见于咽部和颈部淋巴结。局部淋巴结最初出现小脓肿，逐渐增大。触诊坚硬，局部温度升高，有疼痛感，全身不适。由于局部受压迫和疼痛，影响采食、咀嚼、吞咽，甚至引起呼吸困难。部分病猪有咳嗽、流鼻涕；后期肿胀淋巴结成熟，中央变软，皮肤变薄、坏死，流出脓汁后，全身症状好转，病程3～5周，多数可痊愈，一般不引起死亡。

③心内膜炎或心包炎型：临床不易发现特征症状，主要表现为不同程度的呼吸困难，发绀，食欲不振，精神沉郁，不爱活动，消瘦，可出现突然死亡。

4）链球菌的其他感染

①子宫炎引起流产、死胎或不孕。主要发生早期流产，由于流产的胚胎很小，经常被母猪立即吃掉，不易被发现，但可以通过配种后30天左右出现不规则返情而推断是流产。流产后，由于子宫炎继续存在，阴道流出脓性分泌物，如不及时治疗，则可造成长期不发情，屡配不孕。

②乳腺炎：引起母猪无乳。

③哺乳仔猪下痢：母猪患病，乳汁带菌，可引起仔猪下痢。

④化脓性脊髓膜炎：柴谷增博等（1982）报道，45日龄20头小公猪去势后第2天6头发生跛行；4天后呈横卧姿势，角弓反张，呼吸迫促。剖检见脊髓与脑相同的纤维素性、化脓性渗出物，其渗出物在前神经根的神经之间和脊髓突质的血管周围。

⑤朱荣顺（1989）报道，断奶前后仔猪链球菌病，出现高温、两后肢瘫痪及耳壳坏死、化脓症状，发病47头，死亡12头，耳化脓，坏死4头。体温为41～42℃，呼吸快而浅表，鼻流少量浆液性鼻液，开始两后肢走路无力摇晃，继而卧地不起，驱赶时后臀拖地。眼结膜潮红、充血，尿赤稍红，粪便干小呈粟状。有一窝4只小猪两耳壳发红稍肿，表面附着一层灰白色脓性分泌物，后呈紫黑色，并有脓水溢出。

病理变化

1. 最急性型　剖检常无明显病理变化，口、鼻流出红色泡沫液体，气管、支气管充血，充满带泡沫液体。

2. 急性败血型　病猪死亡后尸僵不全，尸体皮肤大片发红，有的体表弥漫性发绀。有的病死猪耳、胸、腋下和四肢皮肤有紫斑或出血点，血凝不良，呈现一般的败血症表现，以全身组织器官败血症病变和浆膜炎为主。鼻、喉头、气管黏膜充血、出血，带有大量泡沫；肺充血，广泛散在小叶性肺炎；全身淋巴结肿大、出血，有的淋巴结切面坏死。常见心包液增多、浑浊；病程稍长的病猪，有纤维素性心包炎，部分病例有纤维素性胸膜炎和腹膜炎，絮状纤维素与脏器发生粘连。多数病例脾脏肿大（败血脾），少数可增大2～3倍，呈现紫黑色；肾脏肿大；肠黏膜充血、出血；脑膜充血，间或出血；部分关节周围肿胀，关节囊内积有黄色胶冻样或纤维素样脓样物（化脓性关节炎）。

3. 脑膜脑炎　脑和脑膜水肿、充血、出血，脑、脑脊髓白质和灰质有小点出血，其他病变和败血型相似。

4. 慢性关节炎　常见四肢关节肿大，关节周围有胶冻样水肿，严重者关节周围化脓坏死，纤维组织坏死、增生，滑膜肿胀充血及关节液浑浊，淡黄色，有的形成干酪样黄白色块状物。

5. 慢性淋巴炎　常发生于颌下淋巴结，淋巴结红肿，切面有脓汁或坏死。

6. 慢性心内膜炎　心瓣膜比正常肥厚 2～3 倍，病灶常为不同大小的黄色或白色赘生物，赘生物呈圆形，如粟粒大小，光滑坚硬，常常盖住受损瓣膜和整个表面，赘生物不仅可见于二尖瓣、三尖瓣，而且还向心房、心室或血管延伸。

诊断

链球菌病的病型较复杂，其流行情况无特征性，因而流行病学调查、临床表现得到的资料仅能作为诊断参考。需要进行实验室检查给予判断，从病变和病灶中可见到革兰氏染色阳性单个、成对、短链或呈长链的球菌，可以初步诊断。确诊必须分离细菌，并作血清学分型鉴定。或对纯培养菌进行形态学、生化反应和 PCR 法检测链球菌特有毒力基因。人工猪试验表明，MRF＋EF＋菌株毒力最强。引起猪典型的脑膜脑炎、多发性浆膜炎、多发性关节炎；MRF＋EF－菌株毒力较弱，引起猪温和疾病；MRF－EF 则对猪没有致病力。

临床上很多症状易与其他疾病相混淆，故注意与猪瘟、猪丹毒、猪肺疫、副猪嗜血杆菌病、传染性胸膜肺炎、沙门氏菌病、伪狂犬病、仔猪水肿病等相区别。

因能引起人高发病的链球菌血清型不断增多，而且不同地区流行的致病性链球菌血清型也各不相同。因此，血清型的快速诊断与分型对病的早治、早防、菌苗免疫、公共卫生及综合防制具有重要意义。

防治

由于链球菌血清型多，菌间缺乏交叉保护力，因此依靠菌苗的免疫保护群体比较困难。

目前，人链球菌病有临床专家制订的治疗方案：

（1）一般治疗为供氧、禁食、静脉补液、保水、调电解质、能量供应、物理退热。法莫替丁 20mg，每天 2 次，预防应激性溃疡。

（2）病原治疗为早期，足量使用三代头孢菌素。根据药效结果调整治疗方案。治疗 2 天效果不佳者，考虑调整抗生素；治疗 3 天不佳者，必须调整治疗。A 群链球菌对青霉素较敏感，轻症者成人每天 80 万～360 万 U；小儿每天 2 万～4 万 U，每千克体重，分两次肌肉注射，连用 10 天。重症者成人 200 万～600 万 U；小儿每天 10 万～20 万 U/kg，可由静脉滴入，连用 10 天。用药后 80％患者于 24h 左右退热，咽拭子培养细菌转阴，3 天左右症状及皮疹消退。对青霉素过敏者，不选用红霉素头孢类等。

（3）抗休克治疗。

（4）脑膜炎的处理。

猪的防治：因猪链球菌众多的血清型，毒力因子至今还不完全清楚，不同血清型甚至同血清型菌株之间存在较大的毒力差异等，均严重阻碍菌苗的研制和使用。但通过流行病学调查，采用同血清型猪链球菌灭活菌在疫区或发病使用是控制本病的根本措施。对于有链球菌猪疫情的地区，在对发病猪治疗的同时，给予与病猪有密切接触猪群在兽医的指导下预防用药。在无疫情的地区，不提倡预防用药，以防耐药菌株产生。发病猪场应及时消毒、隔离，对病死畜及时焚埋。

人畜感染猪链球菌病疫情后，主要应采取以加强健康教育、控制传染病（病、死猪等家畜）、切断人与病（死）猪等接触为主的综合性防治措施。及时按照突发的公共卫生事件报告程序进行报告。

病死猪是本病传染源，所以要建立和健全生猪疫情报告制度，对病死猪取其病灶部位、脓灶、血液、淋巴结和多脏器组织等进行检验和病原分离与鉴定。实行生猪集中屠宰制度，统一检疫，严格禁止屠宰病死猪，同时加强上市猪肉的检疫与管理，禁售病、死猪。在本病流行区应加强猪、人及患者间感染的监测；对猪群实行普遍免疫接种菌苗。

二十五、放线菌病
（Actinomycosis）

本病是由放线菌属中部分放线菌致牛、马、猪和人等的一种非接触性的慢性、化脓性、肉芽性疾病。本病以多发性肉芽肿、瘘管形成和排出带有"硫磺颗粒"的脓液形成特异的放线菌为特征，其中脓汁中含有特殊的菌块称硫磺颗粒。因又以头、颈、颌下和舌的特异性肉芽肿和慢性化脓灶为特征，本病又称大颌病。同义名有放线链丝菌病（Actno Streptothricosis）、放线微菌病（Ray Fungus Disease）。

历史简介

Cohn（1874）描述了人泪管的"弗斯特氏放线菌"，但未能分离该病的致病微生物。Lebert（1857）报道了首例人放线菌病。Bollinger（1877）描述了牛颌骨放线菌脓汁中黄色颗粒。Harz（1878）将一例分离于"颌肿瘤"的病牛的致病因子作了描述，并命名为"牛型放线菌"。Israel（1878）发现人的一种类似疾病，并与Wolff（1891）共同培养出一种革兰氏染色阳性厌氧杆菌和分枝的菌丝。Lanchner Sandova是（1898）以首先分离此菌的James Iserael的名字命名此菌。1902年从牛的肉芽肿状化脓病灶脓汁的长簇中分离出林氏放线菌。Lord（1920）证实伊氏放线菌可在正常人的牙齿和扁桃体处出现。Erikson（1940）的研究结果，鉴别了主要致人病的伊氏放线菌和对牛致病的牛放线菌。Grasser（1957）鉴别了猪放线菌。至今，已报告的放线菌有69属1 687种，仍有不断新发现的菌种。

病原

放线菌是一群单细胞的微生物，它有着与霉菌相似的分枝菌丝，属于放线菌属。革兰氏染色阳性、不运动、无荚膜、无鞭毛的非抗酸性丝状菌。细菌无典型的细胞核、无核膜、核仁、线粒体等；也看到少数菌丝，菌丝无间隔，直径 $0.6\sim0.7\mu m$，呈现真正的分枝。细胞壁内二氨基庚二酸和磷壁酸构成。在动物组织中的放线菌，形成肉眼可见的帽针头大小的黄白色小菌块（菌丝），称硫磺样颗粒，兼性厌氧，最适宜的 pH7.2～7.4，在 37℃ 发育良好。在血琼脂平板上可长出灰白色、淡黄色、粗糙、微小圆形菌落，不溶血，显微镜下可见菌落内长度不等的蛛网状菌丝构成。含有甘油、血清或葡萄糖的培养基对本菌有促进生长作用。分解葡萄糖，产酸不产气，过氧化氢酶试验阴性。本菌的抵抗力不强，80℃ 5min 内可被杀死，但对石炭酸的抵抗力较强，对青霉素、锥黄素、碘等敏感。

牛放线菌：在组织中所谓"硫磺颗粒"里，牛放线菌团的中央部分，由革兰氏阳性的纤细而密集的分枝菌丝所组成，而其边缘则由革兰氏阴性的大头针状的菌丝体所组成。如将

"颗粒"在两玻片之间压碎，或切片，在培养中的牛放线菌，幼龄时类似白喉杆菌，老龄培养则经常见分枝丝状或杆状。

生长无特别营养要求，但有些菌株嗜血清，兼性厌氧，在氧情况下生长贫瘠，有 CO_2 时生长良好。在试管深层培养时，于表面下见一层分散存在的分叶样菌落，生长适温 37℃。在脑心浸液琼脂上，培养 18～24h，见细小菌落，为圆形平整，表面有颗粒或平滑，质地柔软。偶尔有菌株形成绒毛样菌落；脑心浸液琼脂或血琼脂上有较大菌落，7～14 天后其直径可达 0.5～1.0mm。菌落圆形，半透明，白色乳酪样，有平滑或颗粒样表面。有的菌株形成不规则而突起的菌落，不产生色素。在血琼脂上也不见溶血。在液体培养基内有浑浊生长及少量沉淀，摇动时有絮片状悬浮物。有的菌株呈黏稠样生长，有的呈颗粒样。

对葡萄糖、果糖、乳糖、麦芽糖、蔗糖水解产酸不产气；不发酵菊淀粉、鼠李糖。在牛乳和明胶培养基均不见生长，不液化明胶。

用凝集试验测定其抗原性。本菌分 A、B、C 型，牛多为 A 型，猪源菌为 B 型和 C 型。

伊氏放线菌：本菌为一种不能运动，不产生芽孢的杆菌，有长成菌丝的倾向。革兰氏染色阳性，抗酸性染色则脱色。

在脑心浸液琼脂上形成细小菌落，其中为纤丝样分枝菌体组成，长短不一，而且没有突出的密集中心。有的菌株形成有短而曲屈纤丝边缘的菌落，或者是没有丝状边缘的粗糙紧密的菌落。比较大型的菌落，即在培养 7～10 天后菌落表面粗糙，直径为 2.5～3.0mm。菌落为圆形、不规则、微隆起、波浪状或锯齿状或分叶状；白色乃至乳酪样，菌落脆物乃至坚硬，其表面可能为颗粒样或脑回样。以致菌落有所谓"臼齿样"、"覆盆子样"或"面包屑样"。在血琼脂上有相同的菌落，但不溶血，没有气中菌丝，也不产生色素。

在液体培养基中经常表现为大小不等颗粒样生长，培养液透明，有的菌株则呈均一浑浊的黏稠生长。生长最适温度 37℃，高层琼脂生长如牛放线菌。

伊氏放线菌生化代谢活跃，5% 胆汁中生长，三糖铁琼脂生长，40g/L NaCl 中不生长，V－P 试验、吲哚形成、谷氨酸脱氢、乌氨酸脱氢阴性。

发酵葡萄糖、乳糖、麦芽糖、蔗糖、木胶糖、核糖、糊精产酸。不水解甘油、山梨醇、糖原、杨寿草醇和赤藓醇。接触酶阴性，不产生靛基质，硝酸盐还原，产生 H_2S，不液化明胶，石蕊牛乳变酸。该菌 DNA 的 G＋C 为 60mol%，模式株：ATCC 12102；GenBank 登录号（16S rRNA）：EU647594。

流行病学

放线菌存在于健康机体的口腔、牙齿和扁桃体等与外界相通的腔道，属正常菌群。对人畜有致病性的放线菌有牛放线菌、伊氏放线菌、林氏放线菌、猪放线菌、包氏放线菌、内氏放线菌、黏放线菌、驹放线菌、丙酸放线菌及双歧杆菌属的艾斯双歧杆菌等。各种放线菌都以很大的恒定性寄居于哺乳动物的上消化道中或存在于被污染的饲料和土壤中。

很多动物亦可发生放线菌病，牛、猪、羊、马、鹿均可感染发病，人也可感染，如牛放线菌不产生外毒素，对牛、猪、马、人等都有病原性；伊氏放线菌可对人、猪等致病；林氏放线菌和猪放线菌是人和动物皮肤和柔软器官放线菌病的主要病原；猪放线菌主要对猪、马、牛易感。

放线菌以非致病方式寄生于机体，如支气管分泌物中可找到伊氏放线菌，它们常可引起内源性感染，适于在无氧条件下失活的组织内生长，无明显传染性。感染主要是黏膜破损或外伤与昆虫叮咬引起，先出现局部结节，然后结节转化、破溃形成窦道或瘘管。病变由邻近病灶接触蔓延，没有解剖的屏障限制，通向胸、腹腔。少有血源性传播，在免疫力降低、免疫缺陷或感染的放线菌致病较强时，则可引起严重的血行播散。

发病机制

放线菌存在于人口腔，与机体抵抗力减弱，口腔卫生不良、拔牙或口腔黏膜受损时，可引起内源性感染，导致软组织的化脓性炎症。若无继发感染多呈慢性肉芽肿，常伴有多发性瘘管形成，脓液中可查到硫磺样颗粒为其特征，称放线菌病。

放线菌病的发生，一般认为多属内源性疾病，适于在无氧条件下失活组织内生长，无明显传染性。一般情况下并不对人体致病，但当机体全身或局部（如皮肤黏膜机械屏障受损）抵抗力降低，尤其是同时伴有其他需氧菌感染而有利于厌氧放线菌生长时，容易促使放线菌的侵入，并引发放线菌病；头颈部感染常与牙齿疾患或由于牙科手术，破坏了正常黏膜保护屏障有关；酗酒或麻醉科引起食厌反射功能低下，营养不良可引起口腔内放线菌吸入呼吸道，两者可引起胸放线菌病。含放线菌的脓性分泌物也可吸入呼吸道中引起胸放线菌病。胸部病变常发生于牙列不齐者吸入含菌的口腔分泌物后，也可见于食管穿孔病人；腹部感染常由于肠道手术、肠道推拿或是植入假体（如宫内节育器）等，放线菌沿消化道破损处或腹壁受损处引起腹部放线菌病；原发性皮肤放线菌病常由外伤或昆虫叮咬引起，先出现皮下结节，然后结节软化、破溃形成窦道或瘘管。病变由邻近病灶接触蔓延，没有解剖的屏障限制，少有血源性传播。极少数患者有明显免疫缺陷或（和）感染的放线菌致病较强时，则可引起严重的血行播散。

根据动物机体反应及病原菌毒力的不同，放线菌的病理过程不尽一致。病理变化主要是以增生性变化，或者以渗出性—化脓性变化为主。

放线菌易侵犯结缔组织，肌肉和神经很少波及；下颌骨易被感染，其他骨骼则很少感染；腹部抵抗力最强，故腹部放线菌病很少穿过腹膜形成瘘管，而胸膜则不然。病原体可在动物机体的受害组织中引起以慢性传染性肉芽肿为形式的炎症过程。在肉芽中心，可见含有绒状菌丝的化脓灶（脓肿）。有时炎症过程可形成单一的结缔组织显著增生的性质，而不发生化脓的过程。由于结缔组织增生，而发展肉芽增殖，则破坏骨组织，引起骨梁的崩解。由于骨质的不断破坏与新生，以致质地疏松，体积增大。另外，在组织内由于白细胞的游走，脓汁内常含有硫磺样颗粒，颗粒外围为上皮样细胞、巨噬细胞、嗜酸粒细胞和浆细胞，以及化脓菌繁殖而形成脓肿或瘘管，另外则为纤维组织。

除以上各种放线菌外，含金黄色葡萄球菌，某些化脓性细菌常是本病重要的发病辅因。

临床表现

人

人类放线菌病原有伊氏放线菌、牛放线菌、林氏放线菌及奈斯伦放线菌、埃里克逊放线菌、丙酸放线菌、龋齿放线菌、黏液放线菌、麦氏放线菌和双歧杆菌属的艾斯双歧菌等。前三者为对人致病力较强的"条件性"致病菌。由于感染途径不同，病变部位亦不同。当机体免疫力下降或有皮肤、黏膜破损时，放线菌侵入局部组织或进入血循环导致肺、肝、肾、脾及脑等组织器官感染，形成慢性化脓性肉芽肿病变，可形成多发性脓肿和窦道。少数情况下全身性感染形成败血症。如伊氏放线菌在正常的寄生部位，伊氏放线菌不致病，但当管结膜破裂或管腔全层破裂，伊氏放线菌转移到黏膜下层及体腔，则导致伊氏放线菌病，说明放线菌病的发生还需要其他辅助因子。伊氏放线菌进入到黏膜下通常伴有其他细菌，主要是大肠杆菌和链球菌等，在这些菌的协同下，导致伊氏放线菌病的发生。

主要感染部位有：

1. 头、颈部（面颊型）　面颈部放线菌最常见，占 65% 以上。先从口腔发病，病菌可从龋齿、牙周、扁桃体病灶等外入侵。最常表现是头、面、颈部软组织肿胀，常常超过或低于下颌。常见面颈部交界处出现皮下结节，当与皮肤粘连后，颜色由正常变为暗红或带紫色，继而软化、破溃，流出稀薄似米汤的脓液，内含针尖大小淡黄色颗粒。病情反复会形成瘘管，最终形成带紫色的不规则疤痕。在疾病发展过程中，损害可蔓延至舌、唾液腺、下颌骨、上颌窦、颅骨、脑、眼、中耳及颈、胸部等。

2. 胸部型　可为原发或继发，前者还可再蔓延或扩散至其他部位，后者可继面颈部、腹部或肝放线菌后发生。病变常见于肺门区或肺下叶，开始为非特异性炎症，以后形成脓肿，咳出带有颗粒或血丝的脓痰，同时伴有发热、胸痛、胸闷、咳嗽、盗汗、消瘦等。在向胸膜和胸壁蔓延，引起脓胸和瘘管，排出大量带硫磺色颗粒的脓痰。

3. 腹部型　多为继发性，可从口腔或胸部蔓延而来。最多见于回盲部，形成木样放线菌瘤，如急性、亚急性或慢性阑尾炎表现，局部肿块板样硬度，后则穿破腹壁成瘘，脓中可见"硫磺样颗粒"，可伴发热、盗汗、乏力、消瘦等；侵袭形成肝脏多发性肝脓肿。病变可累及盆腔形成"冰冻骨盆"；累及会阴部形成木样放线菌瘤；累及输尿管和尿道形成放线菌肿瘤。也可波及其他脏器，如胃、肝脏、肾脏等或波及胸腔、椎骨、卵巢及膀胱，或血行播散侵入中枢神经系统。

4. 脑型　脑放线菌病较少见，占 5%～8%，分为局部型和弥漫型。局部型脑放线菌病主要表现为厚壁脓肿与肉芽肿等，常见于大脑、第三脑室及颅后窝处，多有颅内压升高及视神经损害，引起头痛、呕吐、复视、视神经乳头水肿及出血。弥漫型脑放线菌带有单纯性脑膜炎及脑脓肿症状及体征，也表现为硬膜外脓肿或颅骨骨髓炎等。

5. 皮肤型　直接接触病原菌可引起皮肤型放线菌病。其病变可位于身体各部位，初起为皮下结节，其后软化破溃形成窦道，也可向四周扩展呈卫星状皮下结节及瘘管，脓液中有"硫磺样颗粒"，病程迁延不愈，局部可因纤维化、瘢痕化形成而较坚硬，病变侵入深部组织，出现相应症状。

6. 其他　放线菌可自肺进入血液循环而播散至骨髓、心包、卵巢、肾上腺及脊柱等外引起相应部位感染。表现为骨髓炎、心包炎、卵巢脓肿等，肾上腺感染似肾上腺肿瘤。脊柱放线菌感染可形成脓肿。偶可发生放线菌败血症，出现全身多系统感染症状。

伊氏放线菌感染同时激起化脓性和伴有剧烈纤维化的肉芽肿性炎症反应，损害内常能见到浆细胞和多核巨噬细胞，化脓中心周围则可出现大型巨噬细胞，胞质为泡沫样。感染发展穿越筋膜，最终形成引流窦道，特别是在盆腔和腹腔感染时。损害内硫磺颗粒和引流窦道虽为典型表征，但非皆有。颗粒是细菌的砂粒样凝聚物，直径 1～2mm，可能是宿主与细菌磷酸酶共同作用的产物。

伊氏放线菌可形成生物膜，在生物膜网状结构内保持菌的活性，在一定条件下致病。

猪

猪放线菌病病原有牛放线菌、伊氏放线菌、林氏放线菌、驹放线菌和猪放线菌等。牛放线菌和伊氏放线菌常致母猪乳房炎。多因仔猪的锐利牙齿损伤乳头而引起感染发病。黑龙江省肇东县兽疫防疫站（1982）报告了一头母猪伊氏放线菌病，其临床表现为先在2个乳头根部发现核桃大的硬结，渐蔓延到乳头，乳腺皮下也有数个小结节。剖检时，脾脏明显肿大，有多量密集的蚕豆大小，类似结核样结构，取其中硫磺颗粒镜检时，见到菊花状菌块结核的伊氏放线菌。王宝国等（2002）报道一例以颈部球状肿块为特征的疾病：某猪场30头肉猪中有10头猪陆续发病，临床可见病猪颈、颌下等部位有乒乓球至网状大小的肿块，质地较硬，剖开肿块可见中心是较软的肉芽组织，夹杂硫磺样颗粒，挤压时有脓汁，周围包被硬的结缔组织，其他组织器官未见异常。舌头患伊氏放线菌病时，舌肿。Schlegel（1951）曾报道猪的1例左胫骨和正常的原发性骨膜骨骼伊氏放线菌病，其正常几乎僵化，周围有多数小结节，有的已经破溃。

猪感染后食欲减退，精神沉郁，体温略有升高，尿色微黄，大便一般正常。常以原发性乳房炎放线菌病最常见，从1个乳头基底部开始，形成无痛结节状肿胀和硬变，然后蔓延到邻近乳头。乳腺组织使部分或全部乳房变硬，成为坚硬肿块，接着形成脓肿，乳房肿大变形，表面凹凸不平，其中有大小不一肿块。如感染在耳壳，耳壳皮肤及皮下结缔组织显著增生，整个耳壳的外形似纤维瘤。皮肤和皮下组织增生，切片偶见软化灶，内含放线菌块。如果发生在腿、腹部，常见有一硬肿块，形似球形，界限明显，无移动性，触之较软，无痛感（但在肿块较硬时有痛感）。穿刺这些肿块无脓液流出，可挤出似豆腐渣样的渗出物。亦可见到颚骨肿、颈肿，以及内脏和皮内感染发生肉芽肿和化脓。据报道驹放线菌（A. equuk）可致猪关节炎、心内膜炎、子宫炎、肾炎和流产；猪放线菌可致猪败血症、肺炎、肾炎、关节炎等；牛放线菌和伊氏放线菌是致猪乳房炎病原之一。通常不认为放线菌病是可传播的疾病。感染来源一般是内源性的，促发因素多为局部口腔和肠道黏膜丧失活力。值得注意的是母猪乳房放线菌病，此时仔猪显然既为母猪造成创伤，又为其接种病原。

诊断

放线菌病的临诊症状和病变比较特殊，不易与其他传染病相混淆。在患者病灶组织和瘘管中流出的脓液中，可肉眼看见放线菌组织中形成的硫磺样颗粒状菌落。用15％KOH溶液制片和革兰氏染色，颗粒呈菊花状，中心菌体为紫色，周围辐射状丝呈红色。菌丝末端由胶质样物质组成的鞘包围，膨大呈棒状，胶质样鞘呈革兰氏阴性。病理切片经苏木精伊红染色，中央部为紫色，末端膨大部为红色。硫磺样颗粒具有诊断价值，尤其是取硫磺色样颗粒培养鉴定为放线菌即可确诊。由于伊氏放线菌动物试验、皮肤试验和血清学检查方法尚未确定，故放线菌鉴定在参照临床表现外，主要是放线菌的分离与鉴定。

对伊氏放线菌的分离，可采用标本材料直接接种于常用的硫乙醇酸钠肉汤、血液营养琼脂、心浸液葡萄糖肉汤、脑心浸液葡萄糖肉汤、血脑心浸液葡萄糖肉汤或1％葡萄糖肉汤培养基方法，获得纯培养后进行鉴定。做生化特性检查是伊氏放线菌最可靠的方法，但要注意的，在取得上述各培养物镜检时，要注意下列典型结构，即中心为大团的革兰氏染色阳性菌丝体。单一的菌丝体呈特征性的V型或Y型。菌丝体外环是放射状排列的嗜伊红棒状体。

本病临床表现无特异性，应注意与一般细菌性肺炎、肺脓肿、结核病、肝脓肿、脑脓肿、阿米巴病、慢性阑尾炎、输卵管炎等疾病相鉴别。

防治

早期诊断和早期治疗对预后甚为重要，人放线菌病的治疗多采用局部治疗和全身治疗相结合的原则。轻症表层感染可采用口服或注射青霉素或四环素类药物，疗程 2 个月。重症或胸、腹、盆腔或中枢神经系统病变的患者应采用手术切除或病变区切开引流，手术后大剂量抗生素应用，同时口服或注射氨苄西林或阿莫西林，以及红霉素、四环素、克林霉素、磺胺类药物等，以防病变扩散。为防止复发和根治疾病，必须延长服药时间，可持续 1～1.5 年。碘制剂是伤口常用药物，在用药过程中要注意碘中毒（黏膜、皮肤发疹、流泪、脱毛和食欲缺乏等），如有毒现象应停药 5～6 天。

病猪治疗可采取外科手术切除脓肿，然后用碘酊纱布填塞。伤口周围注射 10％碘仿乙醚或点注青霉素于伤口周围，每天 1 次，连续 5 天一个疗程。

预防主要是维护口腔卫生，防止皮肤黏膜创伤，加强环境卫生等。

二十六、布鲁氏菌病
（Brucellosis）

布鲁氏菌病是由布鲁氏菌（*Brucella*）引起的传染——慢性变态反应性的传染病。其特征是发热、多汗、关节痛、脾脏肿大；生殖器官和胎膜发炎，引起流产、不育和多种组织的局部病灶。

历史简介

公元 708 年中国即有本病的流行记载。1814 年 Burnet 描述了"地中海弛张热"并与疟疾作了鉴别记述。1860 年 Marston 从人的临床表现和尸检结果与伤寒做了区别，提出该病为一种独立疾病，称为"地中海弛张热"。1886 年英国医生 David Bruce 从英国马耳他病死士兵的脾脏中观察到此菌，称其为马耳他小球菌，又于 1887 年在马耳他岛的病羊中分离到此菌，称为马耳他热、地中海热和山羊热。1918 年 Evan 证实马耳他布氏菌、流产布氏菌和猪布氏菌的形态和培养特性非常相似。同年，Meyer 和 Shan 为纪念 Bruce 提出马耳他热和传染性流产，建议三菌为布鲁氏菌属。1928 年猪布鲁氏菌也归此属。1929 年 Huddleston 提议独立命名。1985 年 WHO 布病委员会将布鲁氏菌病分为 6 个种和 20 个生物型，即牛种布鲁氏菌 9 个型、羊种布鲁氏菌 3 个型、猪种布鲁氏菌 5 个型、绵羊副睾布鲁氏菌、沙林鼠布鲁氏菌和犬布鲁氏菌。近年来，发现鲸、海豹、海豚、海貂、海獭等十几株疑似布鲁氏菌，经 16SrRNA 序列测定归属于布鲁氏菌属，最后待 FAO/WHO 布病专家委员会认定。进入 21 世纪已完成 *B. melitensis* 16M、*B. suis*1330、*B. abortus*544A 菌的基因测序分析工作。

病原

布鲁氏菌属（*Brucella*）。致人、猪疾病的种有马耳他布氏菌、流产布氏菌和猪布氏菌。
1. 马耳他布鲁氏菌（*B. melitensis*） 1887 年 Bruce 在马耳他岛当地人称"地中海热"

的死亡病人的脾中分离到此菌。其后 Zammit（1905）和 Du Bois（1901）分别从山羊和绵羊分离出此菌，并证明他们是本菌的自然宿主。自然宿主还有牛、猪、人及其他动物。本菌分3 个生物型。本菌内毒素为布氏菌中最强毒素。对人的致病力，通常以马耳他布鲁氏菌最强。在蛋白胨培养基上不产生硫化氢或仅有微量产生。

2. 流产布鲁氏菌（B. abortus） 丹麦学者 Bang（1897）从流产母牛的羊水中分离到此菌，并证明为牛传染性流产的病原体，故也称牛种布鲁氏菌病。本菌分为 9 个生物型。本菌不产生外毒素，但有较强的内毒素。自然感染主要宿主是牛、羊、猴、豚鼠等。1～4 型和 9型均能产生中等量的硫化氢。8 型无标准菌株，故缺位。3、6 型基本相同，合并为 3/6 型。可产生尿素酶，还原硝酸盐。易感性，猪、马、犬、鸡、小鼠、大鼠、兔也可以感染。对人的致病力最小。

3. 猪布鲁氏菌（B. suis） 1914 年美国学者 Traum 从印第安纳州的猪流产胎儿中分离到此菌。此后该菌被认为是由流产布氏菌引起。1929 年 Huddleston 才把这种传染病原体作为一个独立的种，命名为猪布鲁氏菌。自 1946 年 S. H. McNutt 等从感染猪组织中分离到猪种布氏菌 3 型后，目前本菌分为 5 个生物型。其尿素酶活性较高。在自然情况下，猪布鲁氏菌均为光滑型菌落，与其他布鲁氏菌无法区别。在区别光滑菌落的种时，猪布鲁氏菌的尿素酶反应比牛种和羊种的反应要迅速。本菌 1 型（只有生物 1 型）产生硫化氢的量最多，持续时间可达 10 天，而 2、3、4 型菌产生很少或没有。本菌具有更强的过氧化氢酶活性。在已确认的 A、M、AM 和 R 抗原 4 个布鲁氏血清型中，猪布氏菌 1、2、3 型是 A 血清型，4 型是 AM 血清型。本菌毒力大于牛布氏菌，其各生物型对动物的致病性有一定的差异。主要宿主是猪，也可感染牛、羊、马、犬、猴、兔、鼠等。生物 1、2、3 型对猪有天然致病性，生物 2 型也可感染野兔，但对人不致病；生物 3 型可感染各种啮齿动物；生物 4 型对驯鹿有致病性，但对猪无明显的致病性。本菌引起的公共卫生危害要比其他种大，除 2 型外，各型菌株对人均有致病性。初感染时本菌只局限于局部淋巴结，在该处增殖后，可导致菌血症。

本菌革兰氏染色阴性。在初次分离培养时多呈小球杆状，毒力菌株有很薄的微荚膜，经传代培养后渐呈杆状，不产生芽孢，大小为 $0.3\mu m \times 0.5\mu m$。为严格需氧菌。而牛布氏菌在初次分离时，需在 5％～10％二氧化碳环境中才能生长，最适宜温度为 37℃，最适宜 pH6.6～7.1，生长时需要硫胺素、烟酸和生物素、泛酸和钙等。实验室常用肝浸液培养基和改良厚氏培养基。本菌生长缓慢，48h 后才出现透明的小菌落。鸡胚培养也能生长。

本属细菌有 3 种抗原，即 A、M 和 R 抗原。光滑菌株以含 A 和 M 抗原为主，但两种抗原在每种菌上的分布比例不同。马耳他布氏菌 A：M 比例为 1：20，DNA 中 G＋C 含量为58 mol％；流产布氏菌则为 20：1 和 57 mol％；猪布氏菌为 2：1 和 57mol％。Hoyer 和Cullough（1968）用 DNA－DNA 杂交试验证实，牛种、猪种、羊种、沙林鼠种它们的多核苷酸序列为 100％同源，5 个种的 G＋C 碱基组为 56～58 mol％。Renoux（1955）认为本菌还含有 Z 和 R 抗原。粗糙型布氏菌不含 A 和 M 抗原，仅含有 R 抗原，而 Z 抗原则有或无。光滑型和粗糙型某些菌株，还有 4 种亚表面抗原，即 f、x、β 和 γ 抗原。布鲁氏菌的分子生物学研究表明，ery、H2O2 酶基因、SOD、RecA、groE、HtrA 等基因都与布鲁氏菌的毒力有密切关系。无外毒素，致病力与活菌和内毒素有关。

布鲁氏菌属胞内寄生菌，在自然界中抵抗力较强，在病畜脏器和分泌物中，一般存活 4个月左右，在食品中约能生存 2 个月；对低温的抵抗力也强，但对热敏感，70℃ 10min 即可死亡；阳光直射 1h 死亡；在腐败病料中迅速失去活力；在土壤、皮毛、乳制品中可存活数月；一般消毒药都能很快将其杀死。

流行病学

本属菌的易感范围很广，如牛、牦牛、野牛、水牛、羊、羚羊、鹿、骆驼、猪、野猪、马、犬、猫、狐、野兔、猴、鸡、啮齿动物、人等。病畜和带菌动物（包括野生动物）是主要传染源。现已公认 60 多种野生动物可感染和携带布鲁氏菌，宿主广泛是自然疫源性传染病。畜与动物之间布鲁氏菌病可互为传染源。但布鲁氏菌病基本上人不传人。布鲁氏菌病病原存在于病畜的脏器组织。猪种布鲁氏菌病遍布全世界，主要由 1、3 生物型引起。在南美、东南亚的流行程度较高；北美、俄罗斯出现猪种布鲁氏菌生物 4 型的爆发流行；巴西和哥伦比亚等出现猪种布鲁氏菌生物 I 型感染牛的情况，人普遍易感。感染猪布鲁氏菌的牛比猪对人有危害更大。猪种布鲁氏菌是人畜共患病的病原之一，猪种 1、3 生物型的自然宿主为家猪，野猪同样感染成宿主。牛可以感染不出现症状；乳房极易感，造成乳房炎，长期排毒，造成人布鲁氏菌病扩大流行。尤其是受感染的母畜最危险，病原菌可随感染动物流产胎儿、胎衣、羊水和子宫渗出物排出。流产后期阴道分泌物及乳汁中都含有布鲁氏菌。布鲁氏菌感染的睾丸炎精囊中也有布鲁氏菌存在。此外，布鲁氏菌均间或随粪尿排除。通过污染的饮水、饲料、用具、草场和昆虫等媒介造成动物感染。消化道感染是本病传播的主要途径，即摄取被病原体污染的饲料与饮水而感染。也可通过结膜、阴道、损伤或未损伤皮肤感染，曾有试验证明，通过无创伤的皮肤使牛感染成功。布鲁氏菌病在猪是一种性病，当与感染的公猪交配时，或用感染了布鲁氏菌的猪精液人工授精时，母猪很快被感染。仔猪可经母乳感染。除感染本病外，有欧洲野兔和野猪已被确认也可感染本病并为主要潜在传染源。此外，实验证明，布鲁氏菌在脾内存活时间较长，且保持对哺乳动物的致病力，吸血昆虫可以传播布鲁氏菌病。人患病主要由畜传染，人与人之间传染机会极少。人通过与家畜的接触，服用了污染的奶及畜产品、吸入了含菌的尘土或进入眼结膜、创口等途径感染。发病年龄大多在 30 岁以上。羊型菌附着力强，对人致病最强，猪型其次，牛型较弱，犬型偶尔可感染人。

布鲁氏菌病流行广泛，几乎遍布世界各地。世界动物卫生组织（OIE）将猪布鲁氏菌病列入需要向 OIE 报告的 B 类疾病名单。我国也将猪布鲁氏菌病列为二类动物传染病。特别是 20 世纪 60～70 年代对高危人群和家畜进行疫苗防治，发病率大幅度下降，通过采样血清调查，布鲁氏菌感染阳性率家畜和人 1952～1982 年分别 41.27% 和 8.43%；1982～1990 年为 0.55% 和 0.75%。近年来有所上升。人布鲁氏病发病率超过 0.1 万的国家有 19 个；山羊、绵羊流行国家有 50 多个；101 个国家与地区牛存在布鲁氏菌病；33 个国家与地区猪有布鲁氏菌病；有 12 个国家与地区宣布消灭了布鲁氏菌病；冰岛和维尔京群岛一直未发生过布鲁氏菌病。我国布鲁氏菌的流行总体上表现以马耳他布鲁氏菌为主的混合感染，随着时间和地域的改变仍表现为不同的特点，1980 年之前的流行株中 65% 为马耳他布鲁氏菌，25% 为流产布鲁氏菌，10% 为猪布鲁氏菌；1980～1990 年 3 种菌分别为 30%、40% 和 20%；20 世纪 90 年代分别为 80%、10% 和 10%。人的感染率达 14%（其他省、自治区则介于 1%～5%），同时表现明显的职业特点，其中畜牧业者和兽医感染率在 19%～20%，肉品屠宰加工和皮毛业者为 11%～12%，农民为 5%，学生低于 1%。

发病机制

布鲁氏菌属细菌大多数种型对人、畜是有致病性的，对人、畜皆有致病作用的是马耳他布鲁氏菌、流产布鲁氏菌、猪布鲁氏菌和犬布鲁氏菌，人和动物一旦通过接触感染动物及其产品获得感染，其致病作用特点是在临床上布鲁氏菌虽有多种类型，但可在感染机体后经过淋巴源性迁徙阶段、菌血症阶段、多发性病灶形成阶段、慢性阶段、慢性纤维性 5 个阶段，主要分为局部感染和全身感染两种。

人及各种动物的发病机理相似，目前已经知道，布鲁氏菌对完整的黏膜和皮肤的侵袭作用与布鲁氏菌产生的透明质酸酶有关，细菌可以很快扩散到其他部位，引起一连串移行病。菌的毒力与过氧化氢酶有关等。

布鲁氏菌不产生外毒素，只产生内毒素，是存在于细胞壁的一种类脂多糖物质。布鲁氏菌内毒素的生物学特点有致热性、有致死作用，有皮肤过敏反应。据 Lowell 等（1979）报道，从牛布鲁氏菌中提取的内毒素，在小鼠中可以诱导产生典型的内毒素同干扰素型反应。Spink 等（1965）报告，布鲁氏菌内毒素还有对巨噬细胞的毒性作用。此外，对致敏红细胞具有一定的活性作用。小剂量内毒素可刺激机体增强抗感染能力。现在看来，内毒素不能完全解释布鲁氏菌的毒力，因为粗糙型菌和光滑型菌之间，主要区别是细胞壁表面的脂多糖存在与否。已经知道的绵羊布鲁氏菌和犬布鲁氏间是有毒力的菌，而且为粗糙型菌。

布鲁氏菌侵入机体后，几天侵入附近的淋巴结，被吞噬细胞吞噬。如吞噬细胞未能将菌杀灭，则细菌在细胞内生长繁殖，形成局部原发性病灶。此阶段称为淋巴源性迁徙阶段，相当于潜伏期。布鲁氏菌在吞噬细胞内大量繁殖导致吞噬细胞破裂，随之大量细菌进入血液形成菌血症，此时患畜体温升高，经过一定时间，菌血症消失，经过长短不等的间歇后，可再发生菌血症。侵入血液中的布鲁氏菌随血流散布至各器官中，可在停留器官中引起各种病理变化的同时可能有布鲁氏菌由粪、尿排出。但是，也有的布鲁氏菌被体内的吞噬细胞吞噬而死亡。

布鲁氏菌进入绒毛膜上皮细胞内增殖，产生胎盘炎，并在绒毛膜与子宫膜之间扩散，导致子宫内膜炎。在绒毛上皮细胞内增殖时，使绒毛发生渐进性坏死，同时产生一层纤维性脓性分泌物，逐渐使胎儿胎盘与母体胎盘松离，及由此引起胎儿营养障碍和胎儿病变，使母畜可发生流产。此菌侵入乳腺、关节、睾丸等也可引起病变，机体的各器官、网状内皮系统因布鲁氏菌、代谢产物及内毒素不断进入血液，反复刺激使敏感性增高，发生变态性反应性改变。

研究表明，Ⅰ、Ⅱ、Ⅲ、Ⅳ型变态反应在布鲁氏菌病的发病机理中可能都起一定作用。疾病早期机体的巨噬细胞、T 细胞及体液免疫功能正常，它们联合作用将布鲁氏菌清除而痊愈。如果不能将布鲁氏菌彻底消灭，则布鲁氏菌、代谢产物及内毒素反复在局部或进入血液刺激机体，致使 T 淋巴细胞致敏，当致敏淋巴细胞再次受抗原作用时，释放各种淋巴因子，如淋巴结通透因子、趋化因子、巨噬细胞活性因子等。致以上单核细胞浸润为特征的变态反应性炎症，形成肉芽肿、纤维组织增生等慢性病变。

临床表现

人

人感染布鲁氏菌病，临床表现复杂、病情严重、症状各异、轻重不一，全身器官病变或局限某一局部。牛、羊、猪 3 种菌对人均有感染性，我国人布鲁氏菌病主要是羊型，其次是猪型，牛型最少。Alton（1969）证实猪种1、3生物型对人具有极强致病性。临床上分急性期、亚急性期和慢性期。但感染者最常出现的症状是发热，平均2～3周的发热期，每间隔3～14天反复发热，产生波浪状热型，故称波浪热。多为低热、间歇热等，晚上多汗、盗汗，汗质较黏；关节肌肉痛，在急性期这种痛常呈游走性，主要在大关节，慢性期疼痛局限于大关节。

其他症状体征有乏力、精神不振、全身软弱、食欲不振、失眠、咳嗽、有白色痰、皮疹、肝脾淋巴结肿大、睾丸肿大、关节肿大、皮下结节出现等。孕妇可能流产。可听到肺部干鸣音，多呈波浪热，也有稽留热、不规则热或不发热。

睾丸肿大，一个或多个关节发生无红肿热的疼痛，肌肉酸痛，应用一般镇痛药不能缓解，由于关节和肌肉疼痛难忍，即使不发热，也不能劳动，故该病又被称作"懒汉病"。病灶发生在生殖器官，影响生育，严重者可引起死亡。

布鲁氏菌含有内毒素及菌体本身皆可引起人的过敏，出现各种变态反应性的病变。骨关节病变，多发生在半年左右，少数病例更早些。骨髓炎是血源性布鲁氏菌感染在骨关节的局部表现，任何骨均可受累，但以脊椎炎最为多见。据统计，30％～40％病人骨关节的病变。关节的病变常侵犯大关节，主要变现为关节炎、骨膜炎、骨髓炎、脊柱炎、肩关节炎、肩锁关节炎，骶髂骨关节最容易受侵犯，以髋关节炎最为常见。

有的病例经过短期急性发作可恢复健康，有的则反复发作，慢性者通常无菌血，但感染可持续多年。

猪

马耳他布鲁氏菌、流产布鲁氏菌和猪布鲁氏菌均可致猪发病，Traum（1914）报道了印第安纳州猪群存在布鲁氏菌感染，但很多人认为是牛布鲁氏菌所致。Cotton等（1932）证实猪布鲁氏菌可传播，可感染各年龄猪。是唯一引起猪全身感染从而导致繁殖障碍的布鲁氏菌。其他布鲁氏菌也可自然感染或人工感染猪，但症状轻微或无明显临床症状。未达到性成熟的猪对本菌不敏感，性成熟后的公、母猪十分敏感。特别是怀孕母猪最敏感，尤其是头胎怀孕母猪更易感染。感染母猪可以发生流产，流产可发生在妊娠的任何时间。有的在妊娠的2～3周即流产，有的则接近妊娠期满而早产，但流产最多发生在妊娠的4～12周。流产前患猪的主要征兆是精神沉郁，发热，食欲明显减少，阴唇和乳房肿胀，有时从阴道流出黏性红色分泌物。早期流产时，因母猪会将胎儿连同胎衣吃掉，故不易被人发现。在配种时通过生殖道感染的母猪流产发生率最高，最早在与患病公猪自然交配受精后的17天就可观察到流产。早期流产易被忽略，早期的迹象是大量的母猪在配种后30～40天有发情征兆。也很难观察到阴道排泄物。妊娠中期或晚期发生流产，通常与母猪在妊娠35天或40天后受到感染有关。后期流产时胎衣不下的情况很少见，偶见因胎衣不下而引起子宫炎或子宫内膜炎，以致下次配种不孕。如果配种后怀孕，则第二次可正常怀孕，产仔，极少见重复流产。流产后一般经过8～16天方可自愈，但排毒时间较长，需要经过30天以上才能停止。在感染母猪妊娠后，由于各个胎儿的胎衣互不相连，不一定所有的胎衣被侵染，因而所产胎儿有全部死亡，有的病例则只有个别胎儿死亡，而且死亡时期不同，有的可能在正常分娩时期生产，所产仔猪可能完全健康或虚弱或有不同时期死胎。

对于公猪主要表现为睾丸炎，可单侧，亦可双侧发生，睾丸肿大、疼痛，有时可波及附睾丸和尿道。严重时睾丸极度肿大，状如肿瘤，而未患病侧的睾丸萎缩，甚至阳痿。公猪生殖系统的感染比母猪持续时间长，而且很少痊愈。公猪缺乏性欲和无生育能力。

本病对仔猪和断奶仔猪主要表现为跛行、后肢瘫痪、脊椎炎等。同时一些公、母猪在患病过程中也会出现一后肢或双后肢跛行，关节肿大，甚至瘫痪。出现跛行的约占发病数的41%，瘫痪较少见。偶发子宫炎，后肢和其他部位出现溃疡。

发病母猪子宫可见黏膜上散在分布着灰黄色粟粒大小的小结节，质地硬突，含有少量干酪样物质，或结节融合成不规则的斑块，使子宫壁增厚和内膜狭窄。在子宫阔韧带上可见扁平、红色、不规则肉芽肿，卵巢囊肿，输卵管也有类似子宫结节病变，可引起输卵管阻塞。公猪睾丸炎结节中心坏死，外围有一上皮样细胞区和浸润有白细胞的结缔组织包囊，附睾呈化脓性炎。淋巴结、肝、脾、肾、乳腺可发生菌性结节性病变。布鲁氏菌引起的关节炎，主要侵害四肢的复合关节，病变开始呈滑膜炎和骨的病变，后者表现为具有中央坏死灶的增生性结节，有的坏死灶可发生脓性液化，化脓性炎症的蔓延可能引起化脓性脊髓炎或椎旁脓肿。

诊断

本病除母畜流产外，流行病学、临床症状和病理变化等无明显特征，确诊必须进行细菌分离培养、血清学实验等实验室诊断。

细菌学诊断：通常采用流产胎儿、阴道分泌物或乳汁制成涂片，染色镜检或接种选择性培养基（100ml 马丁琼脂或肝汤琼脂中，加入杆菌酞 2 500IU、放线菌酮 10mg、乙种多黏菌素 600IU），进行细菌分离培养，或先将病料处理后接种豚鼠，3～5 周后剖杀，取淋巴结或脾脏做细菌分离培养与鉴定。

血清学试验：主要应用试管凝集试验（SAT）、虎红平板凝聚试验（RBPT）、全乳环状试验（MRT）、补体结合试验（CFT）。猪布鲁氏菌病常用血清凝集试验，也有用补体结合试验和变态反应。

2016 年中国兽医药品监察所朱良全等人针对现有血清学方法无法区分布鲁氏菌疫苗免疫抗体和自然感染抗体难题，提供具有鉴别诊断价值的布鲁氏菌基因表达产物，运用免疫学方法，从而实现疫苗免疫抗体及自然感染抗体的鉴别诊断。该发明是采用免疫蛋白组学技术，选择我国应用最广泛的布鲁氏菌疫苗株 S2 和我国布鲁氏菌病影响严重的羊血清为研究对象，从 S2 株膜蛋白中筛选出 3 个鉴别诊断抗原基因编号（GI）为 489054867、490823642和 490819668，并将这 3 个基因分别经原核表达，并经谷胱甘肽 S 转移酶（GST）亲和层析柱与谷胱甘肽梯度洗脱法纯化获得产物分别作为包被抗原，可作为区分动物布鲁氏菌疫苗免疫和自然感染血清检测的诊断抗原。将该 3 个抗原分别与疫苗免疫抗体及自然感染抗体进行免疫印迹（Western - blot），均表现出差异明显。将该 3 个抗原作为间接酶联免疫吸附测定法（ELISA）包被抗原，检测数百份布鲁氏菌病临床血清样本，鉴别诊断效果均显著（中国专利申请：2016110773999、2016110777078 和 201610784207）。

弯曲杆菌病、胎毛滴虫病、钩端螺旋体病、衣原体病、沙门氏菌病、弓形虫病、乙脑、伪狂犬病、蓝耳病等都可能发生流产，应注意鉴别。要与人风湿热、伤寒和结核病注意鉴别。

防治

本病药物治疗效果不佳，因此对病畜一般不做治疗，应予淘汰。预防和控制本病的有效措施是检疫、隔离、控制传染源、切断传染源途径。培养健康畜群和免疫接种。

定期对动物进行布鲁氏菌 19 号弱毒苗或冻干布鲁氏菌羊 5 号弱毒苗免疫接种。

我国主张给人预防接种，用人用菌苗系 104M（*B. atortus*）冻干弱毒活菌苗，以皮上划痕接种。免疫对象为疫区内职业人群和受威胁高危人群，接种面不宜过广，而且不能年年复种，必要时可在第二年复种一次。对孕妇、泌乳期妇女、年老体衰及有心、肝、肾等疾病患者不宜接种；104M 苗也可采用滴鼻方式免疫。

猪型 2 号（S2）弱毒菌病，系 1964 年由中国兽医药品监察所从猪体选育的自然弱毒病株，对猪、绵羊、山羊、牦牛、牛等都有较好的免疫效果。免疫方法有口服、气雾和皮下注射。免疫期猪为 1 年，牛和羊均为 2 年。

本发明涉及一株布鲁氏菌弱毒株及其疫苗。2014 年中国兽医药品监察所丁家波等采用将疫苗株通过抗菌素与 A 因子血清相结合的驯化和筛选技术，筛选出一株粗糙型牛种布鲁氏菌弱毒株 RA343。该粗糙型弱毒株的安全性显著提高，但仍保留了对布鲁氏菌病良好的免疫效果。利用该弱毒株制备成布鲁氏菌病疫苗，将改变布鲁氏菌疫苗免疫动物与野毒株感染动物难以区分的现状，并有效提高现有疫苗的安全性（中国专利 CN103981139 B）。

粗糙型布鲁氏菌活疫苗开发的意义：

1. 可实现与布鲁氏菌自然感染的鉴别诊断。由于常规布鲁氏菌活疫苗与布鲁氏菌野毒均为光滑型表型，疫苗免疫动物后产生的抗体无法通过血清学方法与自然感染相区分，这在很大程度上限制了布鲁氏菌活疫苗的应用。粗糙型布鲁氏菌活疫苗则从根本上改变了这一困境，其免疫动物后不产生光滑型布鲁氏菌抗体，因而不干扰布鲁氏菌病的临床诊断。

2. 可显著提高布鲁氏菌活疫苗的安全性。当光滑型布鲁氏菌转变成粗糙型布鲁氏菌时，往往伴随着毒力的下降，从而降低了疫苗对人的潜在危害，同时提高了对施用动物的安全性。本实验室研究发现，当光滑型布鲁氏菌转变成粗糙型布鲁氏菌时，其毒力下降 40~100 倍。

3. 粗糙型布鲁氏菌活疫苗具有良好的免疫保护性。粗糙型布鲁氏菌与光滑型布鲁氏菌虽然在抗体上无交叉反应性，但却具有交叉保护性。一般通过增加免疫菌数，已经优化免疫程序，粗糙型布鲁氏菌活疫苗能提供不低于常规光滑型布鲁氏菌活疫苗的免疫效果。

由于人群的布鲁氏菌病是不能相互传染的，人间的布鲁氏菌病来自动物之间。因此，防控人布鲁氏菌病首先应该控制动物布鲁氏菌病。布鲁氏菌病菌种间有抗原干扰现象，在防疫一种布鲁氏菌病后，会在其地区流行中出现菌种更替现象，因而要注意流行病调查和全面防疫。

二十七、结核病
（Tuberculosis）

结核病是由致病的结核分枝杆菌复合群（*Mycobacterium tuberculosis* complex，简称结核分枝杆菌或结核菌）引起的人、畜和禽、鸟等多种动物罹患的一种慢性肉芽肿性传染病的总称。其特征是低热和多种组织器官形成肉芽肿及干酪样、钙化结节病变。

历史简介

公元前 2000 年印度已有本病记载，Villemin（1865）发现结核病临床标本可以感染家兔等动物，并于 1868 年证实了结核病是一种传染病。Baumgar 和 Kock（1882）从病人痰中发现本菌，当时认为是链球菌样细菌。当年 3 月 24 日 Kock 在柏林生理学会发表了结核杆菌的发现，标志着结核病细菌学的诞生。随着旧结素工作开创了结核病的免疫学和现代临床治疗学的先河，在此过程中建立了 Kock 病原学三原则。Lenman 和 Neumann（1896）将其分类为分枝杆菌属。该属包括结核分枝杆菌、牛分枝杆菌、禽分枝杆菌、非洲分枝杆菌、卡耐提分枝杆菌、田鼠分枝杆菌和海分枝杆菌。

Miss（2002）在分类上提出鸟分枝杆菌人和猪亚种这一名称。这样分枝杆菌属包括结核分枝杆菌复合群和鸟分枝杆菌复合群。结核分枝复合群包括结核分枝杆菌、牛分枝杆菌和非洲分枝杆菌，鸟分枝杆菌复合群包括鸟亚种、人和猪亚种及负结合亚种。

病原

结核分枝杆菌（*Mycobacterium tuberculosis*），本菌为革兰氏染色阳性，用一般染色法较难着色，常用 Ziehl - Neelsen 氏抗酸染色法。本菌不产生芽孢和荚膜，也不能运动。杆状形态因不同型别稍有差异。人型菌是直或微弯的细长杆菌，呈单独或平行相聚排列，多为棍状，间有分枝状，牛型菌比人型菌短粗，且着色不均匀；禽型菌短而小，为多形性。结核杆菌为严格需氧菌，生长最适宜 pH：人型菌 pH5.9～6.9；牛型菌为 7.4～8.0；禽型菌 7.2。最适宜温度 37～38℃，初次分离结核菌时，可劳文斯坦—钱森氏培养基培养，经过 10～14天长出菌落。

结核病病原是一复合群，其基因组是由一简单的共价封闭环的 DNA 组成。有些分枝杆菌还含有附加的小环状 DNA，即质粒。复性动物学分析测定的结核分枝杆菌 H37Rd 基因大小是 $2.8×10^9$D，（G+C）% 为 65%。富含 G+C 是结核分枝杆菌基因构成的共同特点，大多数 G+C 为 64%～67%，结核分枝杆菌复合群为 65%。Cole（1998）报道结核分枝杆菌 MTB（H37Rv）全染色体测序：正个基因组含有 4 411 532 个碱基组成，长 4 411 529bp，G+C 为 65.5%，含 4 000 个基因，核糖体 rRNA 是一个高度保守稳定 RNA 分子，由 23SrRNA 和 16SrRNA 组成。1947 年报道分枝杆菌噬菌体可分为裂解和溶解性两类。研究发现与结核分枝杆菌致病性相关的毒力因子有索状因子、硫脂、脂阿拉伯甘露聚糖（LAM）和磷脂等。

结核分枝杆菌因含有丰富的脂类，故在外界中生存力较强。但可出现变种，粗糙（R）菌落毒力强，光滑型（S）菌落毒力小。对干燥和湿冷的抵抗力强。对热抵抗力差，60℃、30min 即死亡。在水中可存活 5 个月。在土壤中存活 7 个月。对常用消毒药经 4h 方可杀死，而在 70% 酒精或 10% 漂白粉中很快死亡。

本菌对磺胺类药物、青霉素及其他广谱抗菌素均不敏感。对链霉素、异烟肼、对氨基水杨酸和环丝氨酸等药物敏感，本菌有耐药性。随着细胞免疫分子学和分析微生物学的发展，研究发现结核病难以治疗的主要原因之一是结核病的变异、毒力变异、L 型变异及休眠菌形成。

流行病学

本病可侵袭多种动物，其易感性因动物种类和个体不同而异。该病通常感染人、野生动物、家禽和野鸟，可以在几乎所有脊椎动物和某些冷血动物。根据报道约 50 种哺乳类动物、25 种禽类可以患此病。在家畜中牛最易感，特别是奶牛，其次是黄牛、牦牛、水牛；猪和家禽即可患病，羊极少感染，单蹄兽罕见。野生动物中猴、鹿较多，狮、豹等有结核病发生。

结核病患者和患病畜禽是本病的传染源，特别是开放性结核患者通过各种途经向外排菌。由于各种动物之间相互交叉感染，同时也是人结核病的主要传染源。牛型菌感染牛，也感染人和猪，也能使马、羊、猫等其他动物致病；人型菌可以感染人、牛、猪、马、羊、犬、猫、鹦鹉等；禽型菌是禽结核主要病原菌，但也可感染人、牛、猪、马、羊、鸟等（表2-34）。有的野生动物，如野猪是牛分枝杆菌的终末宿主，可感染，但不继续传染。Johansen等（2007）对挪威的37株人源分离株和51株猪源分离株鉴定全部属人和猪亚种；Cvetnic对克罗地亚183株猪源分离株鉴定，175株（90.7%）为鸟分枝杆菌复合群，其中21.1%为鸟亚种，78.9%为人和猪亚种。Mohamad对埃及屠宰猪结核分型，18/67存在结核分枝杆菌存在牛分枝杆菌感染。动物间的结核病传给人类，主要通过呼吸道、消化道和带菌动物排泄物。但由于结核菌能够在自然环境中存在一定的时间，疾病在动物间传播不一定依赖动物间的直接密切接触，污染的环境可能是一个重要疫源地。所以，认为动物和人是该病的终末宿主，感染来源很有可能是环境。猪可通过感染母猪间接传播，以及猪之间相互暴露的传染。某些感染的猪在扁桃体和肠道出现病灶，它们的粪便可以检出细菌。

表2-34　结核分枝杆菌的宿主

宿主种类	结核分枝杆菌	牛分枝杆菌	禽分枝杆菌
储存宿主	人、猴	牛、水牛	鸡、鸭、鹅、天鹅、雉野鸟、家鼠
偶然宿主	犬、猫及其他食肉动物；猪、马、骆驼、豪猪、象、熊等	人、猪、犬、猫及其他食肉动物；马、驴、绵羊及其他食草动物；猴	野鸟、火鸡几乎所有鸟类，猪、仓鼠
实验性宿主	家兔、豚鼠、小鼠	家兔、豚鼠、小鼠	家兔、家禽

结核病一个值得关注的问题是，人们与结核病进行长期的斗争中，结核病不但没有减少，其流行反而呈上升趋势，即使欧美国家也没有遏制结核病上升的势头。20世纪80年代以来，结核病在全球范围内流行急剧回升，每年约有1 000万新发病人，约有300万人死于结核病，是单因素所感染的疾病中死亡率最高者。这与结核病流行特点有关：首先是结核病疫情呈现"五高一慢"的特点，即"感染率高、患病率高、发病率高、耐药率高、复发率高，结核病控制进程慢"。其次是患者通过痰液、尿粪、乳汁和生殖道分泌物排菌，而且通过间接接触途经进行传播，即不但可以通过饮水、食物、饲料、器具、空气等经呼吸道、消化道、皮肤感染人和动物，还可以通过泌尿生殖系统传给胎儿。这决定了这类传染病传播流行的机会要比其他传染病多。再者是畜牧业生产行为的改变，直接导致动物结核病的蔓延；反之，传染给人。尽管没有猪、羊、禽等其他畜禽结核病与人结核病流行的关系直接研究报告，但从目前养殖业普遍存在的多种动物混居，造成人和动物结核病流行平行呈逐年上升趋势的现实状况来看，绝对不能忽视动物结核病在人结核病流行中的作用。这影响从理论上是肯定的，但在实际工作中却是被忽视的，在人和动物共存于一个生态环境中，防治这类传染病有很大难度。

本病多呈散发、无明显的季节性和地区性，但一般认为春季易发病，潮湿地带也易传染。

表 2 - 35　结核分枝杆菌对人与动物致病性差异

感染对象	结核分枝杆菌	牛分枝杆菌	禽分枝杆菌
人	++++	++++	－
牛	+	+++	+
猪	+	+++	++++
山羊	+	+++	+++
马	+	+++	
犬	+++	+++	
猫	+++	+++	
灵长类	++++	++++	
家兔	+	++++	++++
豚鼠	+++	++++	
小鼠	+++	++++	++++
禽	－		++++

发病机制

结核分枝杆菌的致病过程是以细胞内寄生和形成局部病灶为特点。结核分枝杆菌进入体内，只有靶器官（肺、肠等）着床后，才能使人和动物感染。易感的人和牛吸入含菌飞沫、尘埃后到达肺泡，侵入局部，出现炎性病变，即所谓的原发病灶。如咽入大量结核分枝杆菌和肠道接触，则发生肠道原发病变。机体对结核分枝杆菌具有普遍的易感性，在初次感染时，既无变态反应，又无免疫力。机体感染后不一定都发病。在初次感染的机体中，单核吞噬细胞接触结核分枝杆菌后，黏附结核分枝杆菌的细胞膜部分内陷，逐渐凹向深陷形成包裹结核分枝杆菌的囊样小体——吞噬小体。结核分枝杆菌为细胞内寄生菌，产生以细胞介导免疫反应为主的细胞免疫。再次感染时，除已有免疫力之外，也产生了激烈的变态反应。结核变态反应的致敏原是结核分枝杆菌腊质 D。结核分枝杆菌蛋白是使已致敏的机体呈现变态的反应原，其中以 C 蛋白的活性最强。

免疫及变态反应在结核病的发病过程中起重要作用。

分枝杆菌是胞内寄生细菌。机体抗结核病的免疫基础主要是细胞免疫，细胞免疫反应主要依靠致敏的淋巴细胞和激活的单核细胞互相协作来完成的，体液免疫因素只是次要的。结核免疫的主要特点就是传染性免疫和传染性变态反应同时存在。传染性免疫是指只有分枝杆菌的抗原在体内存在时，抗原不断刺激机体才能获得结核特异性免疫力，因此也称为带菌免疫。若细菌和其抗原消失后，免疫力也随之消失。传染性变态反应是指机体初次感染分枝杆菌后，机体被致敏，当再次接触菌体抗原时，机体反应性大大提高，炎症反应也较强烈，这种变态反应是在结核传染过程中出现时，故称为传染性变态反应。

由于机体对分枝杆菌的免疫反应和变态反应一般都同时产生，伴随存在，故可用结核菌素做变态反应来检查机体对分枝杆菌有无免疫力，或有无感染和带菌。

分枝杆菌侵入机体后，与巨噬细胞相遇，易被吞噬或将分枝杆菌带入局部的淋巴管和组织，并在侵入的组织或淋巴结处发生原发病灶，细菌被滞留在该处形成结核。当机体抵抗力强时，此局部的原发性病灶局限化，长期甚至终生不扩散。如果机体抵抗力弱，疾病进一步发展，细菌以淋巴管向其他一些淋巴结扩散，形成续发性病灶。如果疾病继续发展，细菌进入血流，散布全身，引起其他组织器官的结核病灶和全身性结核。因而在人与动物的结核病中会产生以下的疾病过程。根据结核杆菌的致病作用特点，可分为 4 类：原发结核、淋巴血液性传播、多发性浆膜炎、继发性结核。

1. 原发结核　结核分枝杆菌首次侵入造成原发结核，在我国人群中 90％～95％的原发性结核发生在肺部。

结核分枝杆菌初次侵入肺泡后，在局部出现炎症性病变，形成原发病灶。亦可因咽入大量结核分枝杆菌，其和肠道淋巴组织接触，发生肠道原发病灶。侵入肺内的结核分枝杆菌从原发病灶沿着淋巴管蔓延，导致肺门和纵隔淋巴结肿大，形成结核病变。原发病灶、淋巴管炎和局部淋巴结病变三者统称为"结核原发综合征"。每个原发感染者体内均有原发综合征变化。在牛一般发生在肺部和肺淋巴结。

猪发生在喉及消化道肠系膜淋巴结。家禽主要发生在脾、肝等部位。这些病灶可以经过钙化或形成瘢痕而痊愈，它是在神经—体液调节下经过复杂的免疫生物学反应出现的机体适应状态。原发性肺结核多数可不治愈，仅少数原发性结核进一步发展、恶化。

2. 淋巴血液性传播　在机体免疫状态低下时或继发结核转化而来，结核菌可通过淋巴管或血流传播，能使一系列的器官和组织发生感染，形成全身性结核或全身性粟结核。侵入肺外器官的肺外结核，如颈淋巴结核、肠系膜淋巴结核、泌尿生殖结核和骨关节结核等。

3. 多发性浆膜炎　结核分枝杆菌原发感染后 4～7 周，机体逐渐产生免疫力，同时也出现结核蛋白过敏反应，胸膜、脑膜、心包、腹膜等浆膜可发生渗出性改变，有一些病人亦可出现结节性红斑、泡性眼结膜炎与多发性关节炎等原发结核病的过敏性增高综合征。

4. 继发性结核　以内源性为主或偶有外源再感染而出现的病灶，多发生在已受结核感染的成人或成年动物。继发性结核病可发生于原发性感染后任何时期，因结核菌未被全部消灭而成为体内潜伏灶，潜伏期可长期潜伏，也可能一生不活动，但在机体抵抗力下降时可发展为结核病。继发性肺结核比原发性肺结核更具有临床意义和流行病学意义。

临床表现

人

人类结核病主要由人结核分枝杆菌感染引起，但对牛、禽结核杆菌均易感染，Doyle（1945）报道了牛结核杆菌感染猪和人的病例。人以淋巴结核和腹腔结核为主，由于结核菌血症的发生，临床症状主要表现为身体不适，倦怠、易烦躁、心悸、食欲不振、消瘦；长期低热连续数周，一般在 38～39℃，多呈不规则热，多在午后发热，傍晚或晚间下降，晨起至上午体温可正常，俗称"潮热"。发热时多见两颧潮红，手足心发热，中医谓之"阴虚火旺"，盗汗多发生在重症患者，以及体重减轻，妇女月经失调及植物神经紊乱等。

人肺结核表现为咳嗽、咳痰，有空洞患者则咳出浓痰或咯血；胸痛、气短或呼吸困难。此外，有肺外结核和颈淋巴结核，颈淋巴结肿大，有蚕豆大小，质地坚韧，初期可以移动；浸润性淋巴结核可见中心部位软化，局部红、肿、热、痛，如破溃可流出干酪样稀脓液，可经久不愈。肠结核多位于腹右下部疼痛，可见腹泻、便秘交替出现，有时发生不全性肠梗阻。结核分枝杆菌侵袭至不同部位，发生不同病变及症状，如结核型脑膜炎、腹膜炎、肠结核、肠系膜淋巴结结核、颈淋巴结结核、支气管结核、肝结核、肾结核、皮肤结核、骨关节结核及女性生殖器官结核等。

1998年中华医学会结核症分会将结核病分为5类：原发性肺结核（Ⅰ型）、血行播散型肺结核（Ⅱ型）、继发性肺结核（Ⅲ型）、结核型胸膜炎（Ⅳ型）和肺外结核（Ⅴ型）。

猪

导致猪结核病的有3类分枝杆菌，即鸟分枝杆菌、牛分支杆菌和结核分枝杆菌。

猪结核分枝杆菌病，Pallasle（1931）和Feldman（1938）曾分别对病猪剖检时发现并报道。1995年美国在联邦政府监督下屠宰了94 490 329头猪中，其中有196 944头（0.21%）有结核病变，是同期结核牛的1 400多倍。郭明星等（2004）对湖北一供港猪场进行结核病检疫，结果阳性率种猪是37%（7/19）、育肥猪是13%（118/941）、中小猪是13%（18/634）、保育猪是1%（1/98）；大连屠宰场结核病调查，2000年为1%，2004年上升至4%左右，不能忽视猪结核病的流行。

猪结核病变常局限在咽、颈部、下颌和肠系膜淋巴结，有的病灶较小，仅数毫米，呈黄白色干酪样，有的整个淋巴组织（结）弥漫性肿大。在解剖时常可见到一组淋巴结结核；有时可能有较多的消化道淋巴结核。

人型、牛型和禽型结核分枝杆菌均可引起猪结核病，呈慢性经过，由于猪的生命周期短，而猪患结核病常呈无症状经过。猪结核很少传染猪。猪结核病主要从消化道感染，在扁桃体、颌下淋巴结、颈、咽等淋巴结形成表面凹凸不平，无热无痛的硬块。主要症状为消瘦、咳嗽、气喘、腹泻等，很少表现症状。人型菌感染时，猪以消化道淋巴结核为主，常有下痢，慢性进行性死亡；牛型菌感染时，猪以肝、脾脏病变为主和进行性疾病，常导致死亡，多见于年龄较大的繁育猪群，主要病变位于呼吸道，其次是在肠淋巴结；禽型菌感染时，猪的易感性比其他哺乳动物高，以猪腺炎为常见，少数可见肝、脾、肺病变。由禽型菌引起的猪淋巴结核，淋巴结可能肿而硬，不会形成分散性脓灶，或一个或几个边缘不分明的软的干酪样病灶，很少发生钙化，而肠系膜淋巴结病灶可能会多见禽型菌，有时见到淋巴结节的弥漫性的纤维变性。但几乎没有形成包囊的趋势。也有出现面积较大的干酪化，有时波及整个淋巴结，病灶不易形成核。而结核杆菌和牛结核杆菌引起的病灶往往形成包囊，并与周围组织易剥离，病灶的钙化也明显。

禽结核1、2、3血清型引起猪结核和其他动物结核。

诊断

在人、禽中不明原因的渐进消瘦、咳嗽、慢性乳房炎、顽固性下痢、体表淋巴结慢性肿胀等，可作为疑似本病依据。但还须结合流行病学、临床症状、病理变化、细菌学检验、结核菌素试验等来综合诊断。

目前细菌学检测是最可靠的诊断方法。人畜禽的痰液、粪尿、乳汁及分泌物、病变组织的涂片等，用抗酸法染色后镜检。视野下有红色单个、成双、成丛细长而微弯杆菌即可确诊。亦可用免疫荧光抗体技术检查病料，也可用胸部X线检查和病理组织学检查。结核菌素检查是群检常规方法。人采用结核菌素皮内变态试验；猪对哺乳型结核菌素的反应是耳朵出现红斑和肿大，而对禽结核菌素只有轻微反应，而且二者有交叉反应。这种交叉反应可用稀释的结核菌素（1∶1 000）避免。结核菌素试验一般在猪耳或肛门的皮下进行。也可在猪一侧耳根皮内注射牛型结核菌素，另一侧耳根皮内注射禽结核菌素。注射量为 0.1ml，48～72h 后发红和肿胀即为阳性。

分枝杆菌鉴定可采用 16S rDNA 的序列分析或 16S rDNA 和 23S rDNA 之间的间隔（IGS）进行测序。

防治

传染病防治是一个复杂和系统工程，对于结核病的多宿主感染的防治，既需要考虑多种易感动物结核病本身的发病规律，更需要对所有易感宿主结核病综合考虑。

猪的结核病依靠结核菌素试验和淘汰阳性反应来控制，始终未能成功。首先是同一地区多种动物共同饲养，增加了猪感染结核病的机会，据研究淘汰二年的鸡结核病场，猪仍可发病；4 年后该鸡场土壤废弃物中发现活的和有致病性的结核分枝杆菌。猪肠道病灶的发生，使猪粪便中的结核分枝杆菌得以传播，猪在活动和圈内的密切接触为结核病在猪间传播提供了机会。另外，地区环境因素的影响，因猪对各型结核菌均易感，猪又处于各种人为造成的食物链的末端，几乎所有动物有下脚料都有机会被猪摄入，这就增加了猪感染结核病的机会；个体养猪户常食用城市、家庭泔脚，使猪患人型、牛型、禽型结核的可能性增加。因此，在猪防治上，必须是单一动物隔离饲养，严禁混养。同时，严控泔脚饲养或高温消毒饲养。由于药物治疗本病不易根治，且疗程长，也易感染人。因此，对动物结核病一般不予治疗。诊断或检疫出的病畜立即淘汰，净化污染群；对无种用猪，应全群淘汰、消毒；采用综合措施，培育健康畜群。控制结核病人和动物的双向传播是该病的重要组成部分。

对人，该病一经发现，即要隔离、治疗。治疗人结核病有多种有效药物，常用的一线药物的异烟肼、利福平、吡嗪酰胺、乙胺丁醇、链霉素等。要坚持"早期、联合、适量、规律、全程"，要根据病原菌的耐药性选用仍有效的一线药物和至少两种二线药物，如氟喹诺酮等联合治疗。与病人、病畜禽接触时应注意个人保护。牛奶加工应严格消毒或煮沸。婴儿普遍接种卡介苗。

二十八、奴卡氏菌病
（Nocardiosis）

本病是由星形奴卡氏菌（*Nocardia asteroides*）和巴西奴卡氏菌（*N. brasiliensis*）引起人畜共患的一种急性或慢性传染病。主要侵害动物的关节、皮肤、黏膜、浆膜及内脏器官。被侵害的部位以脓样和肉芽肿为特征。本菌可成为人的呼吸道疾病的病原体。

历史简介

奴卡氏菌是热带地区牛皮疽病的病原菌，曾在法属西印度流行。Sowllo（1829）描述了牛皮疽病。Nocard（1888）从瓜德罗普岛的一种"牛皮疽"的患牛淋巴结中分离出一种需氧放线菌，此种微生物被 Tievisan（1889）命名皮疽奴卡氏菌（*N. farcinica*）。Eppinger（1891）又从患肺炎和脑脓肿病人中发现类似的丝状物，当时把它称为星状分枝丝菌（*Cladothrix asteroides*）。其后 Bishop 和 Fenster maeher（1933）从一头疑似结核病牛的腹膜和胸膜病灶中分离出星状奴卡菌。Lindenberg（1919）发现巴西奴卡菌，于 1958 年正式定名为巴西奴卡菌。Munch－Peterson（1953）证实对人致病的为星形奴卡氏菌和巴西奴卡氏菌。医学文献中常报道二种奴卡氏菌；星形奴卡氏菌和巴西奴卡氏菌，作为人和动物局部和全身感染的原因。目前认为原始种皮疽奴卡氏菌是星形奴卡氏菌的同义名。第3种奴卡氏菌是与星形奴卡氏菌极相似的豚鼠奴卡氏菌，偶见于动物和人的病理过程。

病原

奴卡氏菌（*Nocardia*）属放线菌亚目，放线菌属。现已知的奴卡氏菌有百余种，正式命名的有63种。星形奴卡氏菌是人、猪主要致病病原。

本菌革兰氏染色阳性，形成长的、丝状分枝细胞，培养4天后分裂呈小球状或杆状。有些菌耐酸性染色。本菌为需氧菌，最适生长温度28～30℃，最适pH7.5。在培养基上生成隆起、堆积、重叠的颗粒性菌落，菌落边缘不整齐。常产生黄橙色色素。在血液琼脂或沙劳氏培养基上，经24h形成2～3mm大、透明灰白色如水疱杆菌苔，经48h后逐渐干燥，形成波纹。经72～96h菌苔有隆起物并产生粉红色，菌落周围48h左右可见透明溶血现象。

本菌发酵D-果糖、D-葡萄糖、糊精及甘露糖产酸。还原硝酸盐，产生尿素酶，不产生明胶酶。不水解酪蛋白。奴卡氏菌属DNA中G＋C含量为68～72mol％，星形奴卡氏菌DNA中G＋C含量为67～69.4mol％。鼻疽奴卡氏菌为71 mol％。

Erown Elliott（2006）将奴卡氏菌分为9个群：星形奴卡菌复合体、脓肿奴卡菌复合体、短链/少食奴卡菌复合体、新星奴卡菌复合体、南非奴卡菌复合体、巴西奴卡菌复合体和豚鼠奴卡菌复合体。

流行病学

该菌广泛存在于土壤和家畜中，为土壤腐生菌。易感动物常见有犬、牛、马、羊、猫、鹿、猪、人、鸟、猴、狐、考拉、猫鼬、鱼等。引起人类致病的主要是星形奴卡氏菌、巴西奴卡氏菌、鼻疽奴卡氏菌、豚鼠奴卡氏菌等。巴西奴卡氏菌毒力最强，其次星形奴卡氏菌。在美国，人畜中发现的奴卡氏菌病例，绝大部分由星形奴卡氏菌感染引起。可通过呼吸道、皮肤伤口和污染食物而侵入人体。带菌的灰尘、土壤或食物通过呼吸道、皮肤或消化道进入人体，然后局限于某一器官或组织，或经血液循环散播至脑、肾或其他器官。以有与土壤密切接触史者、肺部感染者、年老体弱者和由各种原因引起的免疫功能低下或缺陷者为奴卡氏菌感染的易感人群。近年来，由于医源性的免疫抑制人群及艾滋病、肿瘤病人的增加，奴卡氏菌病的发病率有所增加。动物的传染源主要是患畜及其排泄物，经皮肤伤口或呼吸道感染。奴卡氏菌是乳房炎的一种条件性致病菌，乳房炎多为散发，偶尔出现少数的地方性流行。通常不认为奴卡氏菌是可传播的疾病，人体和畜体的感染来源一般都是外源性的。然而，本病是一种传染过程，故应避免伤口或其他上皮裂口被直接污染。

发病机制

奴卡氏菌经破损皮肤、呼吸道或消化道侵入机体，在局部引起病变，亦可经血液循环播散至大脑、肾或其他部位，一般星形奴卡菌主要引起内脏型奴卡氏菌病；巴西奴卡氏菌和豚鼠奴卡氏菌主要引起皮肤和骨骼奴卡氏菌病。奴卡氏菌感染与放线菌病一样，也激起患病组织增生和糜烂反应。主要引起全身器官或组织化脓病变，很少有呈肉芽肿、干酪样坏死或周围组织纤维化。在脓肿中有大量中性粒细胞、淋巴细胞与浆细胞浸润，并可见革兰氏阴性分枝细菌的菌丝或菌丝颗粒。亚急性和慢性损伤常被广泛的纤维变性所包围；肉芽肿形成、窦道产生、实质组织坏死和化脓，都是奴卡氏菌感染的特征。奴卡氏菌病在临床上与放线菌病无法区别，大多数感染由吸入引起，因此肺是大多数病例的原发感染部位，慢性肉芽肿病变可播散到肺实质，尤其是上叶肺，本病血源性播散可累及脑、软组织等其他部位。免疫功能正常者因直接接触土壤可发生皮肤奴卡氏菌病。

急性化脓性坏死性乳房炎的乳房背侧部常可见到榛子大、微隆起的、灰黄色至红棕色大理石样小叶群，其表面起初闪光，后来呈干燥颗粒性构造。在靠近乳池和乳房外侧的实质中有红棕色大块地图样坏死区，通常狭窄的化脓区域为粗糙的结缔组织条索所分隔。组织学检查可见有多形核白细胞渗出于充满细胞碎片核病原菌丝体的腺泡中，腺泡上皮变性，腺泡之间的间质水肿，还可能见到大面积坏死区被白细胞所分隔。

在亚急性病程中，可见大量坚韧如肥肉样的网状结缔组织增生，有大量豌豆大肉芽性脓肿存在于网眼中。

慢性肉芽性脓肿乳房炎的组织学检查，可见以一种类上皮组织细胞大量增生的间质反应为主，并以多层条带的方式将一个腺泡的细胞碎片或较大的坏死小叶群包围起来，与放线菌病的肉芽肿非常相似，只是中央缺乏嗜伊红性菌核。

临床表现

人

奴卡氏菌引起急性、慢性、化脓性或肉芽肿性病变，引起人类疾病的有星形奴卡菌、巴西奴卡菌或豚鼠奴卡菌和鼻奴卡氏菌。星形奴卡菌是引起人奴卡氏菌病的最常见的病原体，因其菌落呈"星"状而得名。星形奴卡氏菌所致的疾病包括是分枝菌病（足肿）、淋巴皮下感染（类孢子丝菌病）、浅表皮肤感染和伴有皮肤受累的系统奴卡氏菌 4 个类型：主要引起内脏型奴卡氏菌病；巴西奴卡氏菌可因侵入皮下组织引起慢性化脓性肉芽肿，脓肿及多发性瘘管，如发生腿部和足。豚鼠奴卡菌引起皮肤感染。后者主要引起皮肤和骨骼奴卡氏菌病。

人奴卡氏菌病由于病原侵犯的部位不同，临床表现各不相同。

肺　肺奴卡氏菌病最常见，约占 75%。系呼吸道吸入带菌尘埃等所致的肺部病变，病原菌多为星形奴卡氏菌。常为急性、亚急性或慢性起病，病程可迁延。未经治疗的肺奴卡氏菌病与结核病相似，伴有空洞的病人可出现缓慢进展的发热、咳嗽、体重减轻、厌食、呼吸困难和咯血。胸膜炎、胸腔积液或胸膜肥厚。长期患病的病人病变扩展至胸壁可形成窦道，胸部 X 线表现有一侧肺泡浸润，也可出现实变、空洞、单个或多个脓肿，甚至粟粒病损。

脑　大约 1/3 的奴卡氏菌脑脓肿发生于免疫低下者有中枢神经系统被侵犯的表现。头颅 CT 扫描可见单个或多个环状增强病变，大多数脑脓肿的病人有其他部位（如肺、软组织）奴卡氏菌感染的证据。可有头痛、头晕、恶心、呕吐、不规则发热、乏力、抽搐、麻木、偏瘫及颈阻力，还可有视力障碍，神志不清及视乳头水肿等。扩散性奴卡氏菌病常见于原发或继发性免疫力低下者，多由肺奴卡氏菌病灶血液循环散布所致。病菌可扩散到大脑引起脑脓肿，其次是肾脓肿以及心脏等内脏器官、腺体、骨骼等局部脓肿为主。

皮肤　常见于有土壤接触外伤史的免疫低下者。原发感染的特点是无痛性、局限性且进展缓慢。大多数感染为浅表组织蜂窝织炎，伴局部淋巴结肿大。本病好发于手足或小脑，也可见于躯干、手及面部等。臂部病变可呈链状皮下结节群，初期常为丘疹，疼痛性结节、硬块、脓疱及脓肿；有时呈水疱性或坏疽性改变；表面皮肤为粉红色，其后迅速扩展并破溃，其上有黏性黄白色脓液；向周围扩散引起全足肿胀，足趾变形，称为足菌肿。

马杜拉足菌病　是一种慢性肉芽肿性感染，有足分枝菌肿形成及下肢体畸形。该病常见于非洲及印度的居民。由于赤脚走路可引起多种奴卡氏菌及真菌感染。它在糖尿病患者中更易发生，治疗比较困难。长期的抗真菌治疗如 Terbinafine 等可控制病情，但有时尚需截肢。

乳房　张玄等（1980）报道隆胸乳房奴卡氏菌感染。急性化脓性坏死性乳房炎的乳房背侧常可见到榛子大微隆起的、灰黄色至红棕色大理石状小叶群，其表面起初闪光，后来呈干燥颗粒性构造。在靠近乳池和乳房外侧的实质中有红棕色大块地图样坏死区，通常狭窄的化脓区域为较粗糙的结缔组织条索所分隔。播散性奴卡氏菌病多是由肺部奴卡氏菌经过血液循环播散到全身所致，常有多发热，多部位脓肿，多器官损害，预后不良。

猪

Gottschalk（1971）曾报道猪奴卡氏菌病。从 20 世纪 80 年代开始，在我国西南、东北、华北等地陆续有猪发病报道，发病率不高，但病程长，对养猪业破坏性很大。

临床主要症状为关节炎及关节周围脓肿。病猪发生跛行，患肢关节处有肿胀坚硬的感觉，有热痛。严重者行走时呈悬跛或拖地爬行，身体消瘦。一般体温正常，个别体温升高到 40.5℃，食欲减退。白细胞增高，总数可达 24 150/m³。另外，白细胞中的嗜中性白细胞增多。

病理可见，肢关节肿胀部位的关节囊外围肌腱鞘间有乳白色或黄色渗出液，其中混有粟粒样白色颗粒。关节囊周围有大小不等的脓包，内有黏稠无异味、黄色的脓液。患部肌肉有 5～6cm 大小的空洞，空洞内充满淡红色浆液，肌肉呈煮熟肉色、无弹力、坏死部位的骨髓呈灰黑色、烂泥状、髋关节常见脱臼。

全身淋巴结肿胀，股内外侧淋巴结肿大如鸡蛋大小，有粟粒至黄豆粒大的灰黄色坏死灶，内有灰黄色干酪样脓液。

胸腔有灰白色浑浊渗出液。心包有淡黄色积液，心冠脂肪呈胶样浸润，心内膜有少量粟粒至高粱米粒大的陈旧出血点，心耳边缘见蚕豆大灰白色结节。喉部充血，有陈旧性出血斑。肺表面凹凸不平，间质增宽，切面有米粒大的白色或黄色小结节，有斑块状实质病灶。肝脏呈暗红或土黄色，质地脆弱。胆囊增大充盈，胆汁呈杏黄色。

脾脏表面有灰白色纤维附着，边缘有粒状瘀血斑。肾脏表面色泽不均，呈暗红或土黄色，表面有针尖状出血点。膀胱黏膜有针尖状出血点。胃空虚，有少量红色泡沫样液体。脑膜瘀血，脑实质软化。

诊断

本病通过临床表现和病原学检查即可作出初步诊断。星形奴卡氏菌可通过革兰氏染色或改良的碳酸品红染色鉴定，可见到广泛分枝的菌丝，破裂呈短杆菌。该菌在培养基上生长缓慢，需要培养 4～6 周。分离培养可用沙堡培养基和血平板，在 30℃、37℃及 45℃下培养，星形奴卡氏菌可在 45℃下生长，故温度培养可有初步鉴别意义。培养 24～48h 后有小菌落出现，涂片染色镜检，可见革兰氏阴性纤细分枝菌丝，老培养物的菌丝可部分断裂成链杆状或球杆菌。奴卡氏菌侵入肺组织，可出现 L 型变异，故常需反复检查才能证实。

猪临床和病理变化及细菌学检查可作出初步诊断。以血液琼脂及沙劳平板培养。24h 形成 2～3mm 菌落，透明灰白色，48h 形成波纹。经 72～96h 菌苔有隆起物并产生粉红色。有溶血现象。

防治

奴卡氏菌的感染无特异预防方法。对脓肿和瘘管等可手术清创，切除坏死组织。各种感染可用抗生素或磺胺类药物治疗，一般治疗时间不少于 6 周。

磺胺类药物主要为甲氧苄胺嘧啶（TMD）和磺胺甲基异噁唑（SMZ）联合应用。疗程为 3 个月。其他药物有阿米卡星、亚胺培南、头孢曲松、头孢噻肟、阿莫西林等。合并细菌感染则应根据药敏试验结果选择适宜的抗生素治疗。此外，全身支持疗法治疗对于促进病情恢复也很重要。

奴卡氏菌群中已发现可利用菌种、红色奴卡氏菌细胞壁骨架是一种免疫调节剂；奴卡氏菌霉菌素有抗菌活性；奴卡氏菌发酵产物——康乐霉素 C 是一种免疫抑制剂；江苏如东淤泥中奴卡氏菌可产生类胡萝卜素等。

二十九、紫色杆菌感染
（*Chromobacterium Violaceum* Infection）

本病是由紫色杆菌（*Chromobacterium violaceum*）感染引起的人畜共患病，主要特征是皮肤脓疱，淋巴结、脏器炎症或败血症。

本菌致病记载最早报道于 1904 年，Wolley 在菲律宾的病死牛中分离到本菌。Lesslevr（1927）报道马来西亚感染本菌的病人。1937 年斯德哥尔摩国际和平研究院的有关文献把该菌列为"新的潜在的生物战剂"而引起世界重视。

病原

紫色杆菌（*Chromobacterium violaceum*）属于色杆菌属，本属有 2 个确定的种：紫色杆菌（*C. violaceum*），嗜温 4℃不生长、37℃生长，产生氢氰酸，不分解阿拉伯糖、木糖，不分解七叶灵。另一种是蓝黑杆菌（*C. lividun*）嗜冷 4℃生长、37℃不生长，不产生氢氰酸，分解木糖、阿拉伯糖，水解七叶灵。

本菌革兰氏染色呈阴性，两端浓染，多形性杆菌，$2\mu m \times 0.7\mu m$，不形成芽孢、荚膜，单极鞭毛。需氧，普通培养基 37℃培养 24h，菌落凸出，半透明淡紫色，直径 1～2mm；血琼脂培养基上形成溶血环；在伊红美篮培养基、麦康凯培养基、马铃薯培养基上生长良好；SS 培养基和 6％NaCl 琼脂培养基上少量生长；Cetrimede 培养基上不生长。菌落有 R 型和 S型，其特征是产紫色素，呈龙胆紫样着色；在肉汤培养液表面形成紫色环；紫色素溶于酒精，不溶于水和氯仿。如用牛肉膏、酵母或缺氧培养都能抑制色素产生，但自然界中还有无色素变异株；在培养基上产生明显氢氰酸气味，产量较高。

本菌分解葡萄糖、覃塘、果糖、产酸不产气，缓慢分解蔗糖、甘露糖、淀粉，不分解麦芽糖、乳糖、阿拉伯糖、鼠李糖、肌酸、水杨素、菊糖，硫化氢纸片阳性、硝酸盐还原性阳性、靛基质阳性，MR 和 VP 阴性，液化明胶，枸橼酸盐阳性，触酶阳性，氧化酶弱阳性，尿素酶、凝固酶、赖氨酸脱羧酶、鸟氨酸脱羧酶阴性；而无色素菌株靛基质阳性。

本菌在 56℃30min 或煮沸数分钟可被杀死。4℃ 1 周死亡。DNA G＋C 克分子浓度为 63％～68％。本菌含内毒素，未发现外毒素。R 型比 S 型毒力低。

本菌对四环素、氯霉素、新霉素、红霉素、土霉素、金霉素、链霉素、庆大霉素、萘啶酸等敏感；对先锋霉素、多黏菌素、青霉素、林肯霉素、杆菌肽、磺胺抗药。

流行病学

本病较为罕见，但宿主动物较多，除人外，哺乳动物、牛、猪、犬、猴、熊都有感染报告。主要位于南北纬 35°中间。从水中分离到本菌的有美国佛罗里达州、卡州；拉丁美洲的特立尼达；英属奎那亚，马来西亚、泰国、越南，我国广东、广西、云南等地。报道人感染地有美国佛罗里达州、路易斯安那州、巴西、塞内加尔、印度、马来西亚、越南，我国广东、浙江等地。报道动物感染地有美国佐治亚州，法属奎那亚，新加坡、泰国、菲律宾、越南、澳大利亚等地。

传播途径主要是人或动物接触水和土壤等多种途径感染；皮肤伤口感染，Macher（1982）曾报道美国有 12 人感染，8 人是由于赤脚而感染，并从 8 例皮肤病变中分离出病菌；口、鼻感染可能是另一途径，Sipple 等（1954）曾成功经口、鼻接种复制出猪感染模型。

临床表现

人

本病极为少见，据 Petrillo VF（1984）报道从 1927～1984 年国外仅发生 30 多例。但一旦发生在尚未做出诊断之前，病情往往突然加剧而导致死亡，仅 1970 年 19 例病者只有 2 例存活。本病多见于儿童和青少年。患者常局部感染，皮肤出现暗红色脓疱，破溃后结痂，干痂呈紫色或红色凹陷，中心含有脓汁。全身感染呈脓毒败血症，体温升高到 40.5℃，可见皮肤脓疱。伴有淋巴结炎、肺炎、肺脓肿、肝脓肿、骨髓炎、脑膜炎、牙周脓肿等症状。有时有尿道感染和消化道感染。白细胞增加、核左移等。病程从几天到十几个月不等。Petrillo 曾报道治愈者两年后再感染的病例，与 Sivendro R 等（1977）认为本病人感染后缺乏免疫力。

猪

本病菌能致动物败血症和慢性多发性脓肿。Sipple 等（1954）报道了猪紫色杆菌的爆发流行，125 头猪中发病猪 85 头，病死 60 头，主要症状是发热、咳嗽、精神沉郁、厌食；病猪颌下淋巴结肿大，白细胞增加。通常于出现症状后 2～3 天死亡。未死亡猪转为慢性。主要表现为肺脏、肝脏、脾脏有脓肿，颌下和腮淋巴结有干酪样小脓肿，肾、盲肠和结肠局部充血，上皮样细胞形成特殊慢性肉芽肿，并能从脓肿和干酪样坏死灶中培养出紫色杆菌；血清抗体阳性，约 1∶1 280。

实验室肉猪攻毒试验，每头猪经口接种菌液 8ml、1ml 和 0.2ml，猪只分别在 44～45h、4 天和 6 天死亡。而经口接种 0.1ml 猪仅表现发热、6 天后康复。经鼻接种猪也死亡。

诊断

本病的及时早期诊断非常重要，主要根据临床表现和病原培养，可从脓肿、坏死灶中分离到杆菌，培养基及肉汤呈紫色菌落和紫色环。

防治

目前发病率较低，仅知人与动物接触水和土壤感染，伤口是主要途径。所以，保护皮肤防止伤口感染是预防本病主要措施，治疗可用敏感药物如氯霉素、庆大霉素、萘啶酸系列药物。

三十、绿脓杆菌感染
(*Bacillus of green pus* Infection)

本病是由自然界中广泛存在、人畜肠道和皮肤上的正常菌绿脓杆菌（*Bacillus of green pus*），在一定程度下对人或动物致病的条件性疾病。可在创口局部感染化脓，全身感染可引起败血症。

历史简介

铜绿假单胞菌是 1872 年由 Schroeter 首先命名，也称绿脓假单胞菌，1882 年 Gressard 从临床脓液标本中分离到本菌，因其脓液呈绿色，故被命名为铜绿假单胞菌。

Van Tonder（1976）报道绵羊的绿色羊毛病。Poels 等（1901）报道犊牛腹泻粪中检到本菌。Tucker（1950）报道本菌引起奶牛乳腺炎。此菌均在雏鸡肠内容物中常见，可引起肌肉的早期变质。近年来是医院常见的主要致病源。

根据对假单胞 rRNA/DNA 杂试验得出的 rRNA 同源性结果分析为 5 个群，绿脓杆菌为 I 群。

病原

绿脓杆菌（*Bacillus of green pus*），又称铜绿假单胞菌（*pseudomonas aeruginosa*），假单胞菌属。本菌为需氧或兼性厌氧菌，革兰氏阴性，是一种细长的中等大杆菌，大小为 $1.5 \sim 3.0 \mu m \times 0.5 \sim 0.8 \mu m$，单个、成对或偶尔成短链，具有 $1 \sim 3$ 根鞭毛，能运动，能形成芽孢和荚膜。在普通培养基上易于生长，4℃条件下不生长，42℃可生长，最适温度 35℃。最适 pH7.2。菌落中等大小、光滑、微隆起、边缘整齐或波状。由于产生水溶性的绿脓素（蓝绿色）和绿脓荧光素（黄绿色）及脓红素使培养基变为黄绿色，数日后，培养基的绿色逐渐变深，菌落表明呈现金属光泽。还可产生红脓素、黑脓素。血琼脂上由于本菌能产生绿脓酶，可将红细胞溶解，故菌落周围出现溶血环。在 SS、麦康凯培养基上，菌落为无色半透明小菌落，中央可呈棕色。有生姜气味。在普通肉汤培养基中呈均匀浑浊、黄绿色，可以看到长丝状形态。液体上部的细菌发育更旺盛，表明形成一层很厚的菌膜。DNA 中的 G+C 含量为 $57 \sim 70 mol\%$。

本菌能分解葡萄糖、伯胶糖、单奶糖、甘露糖，产酸不产气；不能分解乳糖、蔗糖、麦芽糖、菊糖和棉子糖、液化明胶，不产靛基质，不产 H_2S，MR 和 VP 试验均为阴性。分解尿素、氧化酶（根据细胞色素氧化酶阳性与肠杆菌科细菌区分），触酶试验为阳性，能还原硝酸盐（可利用硝酸盐作为受氢体在厌氧条件下生长），利用枸橼酸盐。

绿脓杆菌有 O 抗原和 H 抗原，S 抗原和菌毛抗原均有良好的免疫原性。O 抗原有两种成分，一是内毒素蛋白（外膜蛋白），为一种保护性抗原；二是脂多糖，与特异性有密切关系。应用 O 抗原进行血清学分型，目前有 20 个血清型。此外，还可用噬菌体、细菌素和绿脓素进行分型。

本菌还可产生内毒素，外毒素 A、S，致死毒素，肠毒素，溶血毒素，杀白细胞素及胞外酶（如蛋白酶、胶原酶、卵磷脂酶、纤维蛋白酶等）等人畜致病因子。

本菌对化学药物的抵抗力比一般革兰氏阴性菌强大，1∶2 000 新洁尔灭、1∶5 000 的消毒净在 5min 内将其杀死；0.5%～1%醋酸也可迅速使其死亡。

青霉素对此菌无效；有些菌株对磺胺、链霉素、氯霉素敏感，但极易产生耐药性；庆大霉素，多黏菌素 B、E 作用较明显。

流行病学

本菌在土壤、空气和水中广泛存在。在正常人畜的肠道和皮肤上也可发现，属于自然状态下正常菌，几乎在任何环境中都有少量存在。它能在含有少量有机物的水中繁殖，特别是污水常常是有损伤宿主的感染源。医院因器械污染和创伤感染及抗生素治疗造成感染发病率为细菌感染的 70%。报道感染除人外，动物有牛、奶牛、羊、犬、水貂、兔子、灰鼠、小鼠、雏鸡、鸭。

发病机制

铜绿假单胞菌的多种产物有致病性，其内毒素是引起脓毒综合征或系统炎症反应综合征（SIRS）的关键因子，不过由于铜绿假单胞菌内毒素的含量较低，故在发病上的作用要小于肠杆菌科细菌。其分泌的外毒素 A（ExoA）是最主要的致病、致死性物质，进入敏感细胞后被活化而发挥毒性作用，使哺乳动物的蛋白质合成受阻并引起组织坏死，造成局部或全身性疾病过程。动物模型表明给动物注射外毒素 A 后，可出现肝细胞坏死、肺出血、肾坏死及休克等，如注射外毒素 A 抗体则对铜绿假单胞菌感染有保护作用。铜绿假单胞菌尚能产生蛋白酶，有外毒素 A 和弹性蛋白酶同时存在时则毒力最大；胞外酶 S 是铜绿假单胞菌所产生的一种不同于外毒素 A 的 ADP 核糖转移酶，它可以破坏细胞骨架，从而促进铜绿假单胞菌的侵袭扩散，感染此酶的铜绿假单胞菌患者，可有肝功能损伤而出现黄疸。此外，如碱性蛋白酶、磷酸酶、细胞毒素等铜绿假单胞菌外毒素亦常是造成组织破坏、细菌散布的重要原因。铜绿假单胞菌是条件致病菌，完整皮肤是天然屏障，活力较高的毒素亦不能引起病变，正常健康人血清中含有调理素及补体，可协助中性粒细胞和单核巨噬细胞及杀灭铜绿假单胞菌，故亦不易致病；但如改变或损害宿主正常防御机制，如皮肤黏膜破损、留置导尿管、气管切开插管，或免疫机制缺损如粒细胞缺乏、低蛋白血症、各种肿瘤患者、应用激素或抗生素者，在医院环境中常可带菌发展为感染。烧伤焦痂下，婴儿和儿童的皮肤、脐带和肠道，老年人的泌尿道，常常是铜绿假单胞菌败血症的原发灶或入侵门户。

铜绿假单胞菌一旦致病，由于其产生众多毒力因子的多样性和复杂性，对人类来说十分棘手。事实上，这一病原体的致病机制中包含了所有主要的细菌毒力因子。

铜绿假单胞菌是产生耐药最为严重的细菌之一，主要原因是其复杂的耐药机制，已了解的耐药机制就有以下几种。①产酶，铜绿假单胞菌是一种可以产 Esb1 酶、Ampc 酶和碳青酶烯酶的细菌。②生物被膜：一些长期住院的顽固性感染的患者，最容易出现这种情况。他的外面包着一层生物膜，就像是穿了铠甲使药物无法进去。③结合靶位的改变：发生改变的青霉素结合蛋白（PBPs）可导致铜绿假单胞菌对β-内酰胺类抗生素耐药，这是相对罕见的耐药机制。④膜孔蛋白：亲水抗生素（如β内酰胺类）通过细菌外膜的膜孔蛋白通道进入革兰氏阴性细菌的内部。已经证实膜孔蛋白通道决定了铜绿假单胞菌对不同抗生素的敏感性。大多数革兰氏阴性菌的膜孔蛋白数约105，而铜绿假单胞菌仅是前者的1/4，则比大肠杆菌对亲水抗生素更耐药，这是因为前者的膜孔蛋白限制了这类抗生素进入体内。膜孔蛋白的缺失也可以导致获得性耐药。研究表明，无论是体外还是临床上分离出的铜绿假单胞菌，外膜膜孔蛋白（OprD）的缺失或改变都会造成他对碳青酸烯类抗生素的耐药。⑤外排系统：所有活细胞都有外排机制。这些蛋白复合体可以排出进入细菌内的外环境的毒素，外排系统既是天然也是获得性的抗生素耐药机制。铜绿假单胞菌含有12种外排系统的基因编码——是全部基因组的主要组成部分。MexAB-OprM系统是铜绿假单胞菌最普遍的外排系统。他由3种蛋白组成：内膜蛋白起到"泵"的作用；膜孔蛋白将胞质周围空间中的外排底物排到细菌体外；另外，一种蛋白质起到将上述两种蛋白连接起来的作用。虽然亚胺培南和美罗培南在结构上相似，但很重要的一点是：铜绿假单胞菌显示出的对这两种碳青霉烯类抗生素的耐药机制中的主动外排系统仅影响美罗培南，而对亚胺培南无作用。外排系统的高度表达，导致细菌不只是对某一种而是对所有外排底物（抗生素）的MIC显著升高，包括喹诺酮类、青霉素、头孢菌素、大环内酯类、硫胺类抗生素。这就是细菌多重耐药的形成机制。

该菌能产生富有黏附性的由蛋白质构成的生物被膜，它能阻止和抑制白细胞、巨噬细胞、抗体及抗生素侵入生物被膜中杀灭细菌。细菌有足够时间启动耐药基因，改变外膜的通透性，故生物被膜中的细菌仍得以存活，不断游离繁殖，反复引起组织炎症，久治不愈。生物被膜主要由醛醛酸（如藻酸）和碳水化合物组成，形成所谓胞外黏液多糖，但由于氧气和营养物质获得等条件的不同，其组成可相关很大。胞外黏液多糖是重要的致病因子，与慢性呼吸道感染密切相关（特别是肺囊性纤维化、支气管扩张继发感染）。其中藻酸盐是重要的组成部分，其可以使细菌牢固地黏附于肺上皮表面，形成膜。一方面可以抵御单核细胞、巨噬细胞的吞噬作用，另一方面可以抵御抗菌药物杀灭作用。

生物被膜有很强的耐药作用，其耐药机制较为复杂，有以下几个特点：胞外多糖被膜能阻止和妨碍抗生素渗入生物被膜底层菌细胞；此外，该糖被膜含有较高浓度的抗生素降解酶，也使抗生素无法作用于菌体；多糖被膜可阻止化学杀菌剂的活化；位于多糖被膜深部的细菌很难获得充足的养分和氧气，代谢废物不能及时清除。因此，这些细菌代谢活动低，甚至处于休眠状态，对外界的各种刺激（如抗生素）不再敏感。

临床表现

人

本菌可因伤口而感染，在宿主组织产生多种致病性毒素和侵袭性酶类，当宿主抵抗力下降或免疫缺陷（如手术、化疗、放疗、激素治疗、抗生素治疗、各种导管的使用、内镜检查或慢性消耗性疾病等）时，容易引起感染。该菌可引起皮肤感染、呼吸道感染、泌尿道感染、烧伤感染、中耳炎、角膜溃疡、褥疮等，甚至还可引起菌血症、败血症和心内膜炎等。

根据国内有关报道，在非发酵革兰氏阴性菌感染中，由绿脓杆菌引起的感染约为70%。医院是高发区，本病引起10%～30%的发病率。常见临床表现：

1. 肺感染　易发生于患囊性纤维化和慢性呼吸道者，中性粒细胞减少和免疫功能下降者会因使用被污染的呼吸治疗装置而感染。表现肺炎、慢性阻塞性肺炎和呼吸道感染。畏寒、发热、咳嗽、咳痰，有蓝绿色浓痰。

2. 原发性皮肤感染　烧伤、伤口表面感染，导致血管损伤和组织坏死，出现皮肤坏疽性脓疱，周围环以红斑。皮疹出现后48～72h，中心呈灰黑色坏疽或溃疡，小血管内有菌栓。皮疹可发生在躯体任何部位，但多发于会阴、臀部或腋下，偶见于口腔黏膜。疾病晚期可出现肢端迁徙性脓肿，甚至出现败血症。

3. 泌尿道感染　尿导管、抗生素治疗多重耐药的引起肾炎、盆腔炎等。偶有排出绿色尿。

4. 消化道感染　可在消化道任何部位产生病变，可引起婴幼儿腹泻或成人阑尾炎及直肠脓肿。婴儿腹泻时，该菌产生的绿色荧光可使粪便带绿色，即"蓝色尿布综合征"。

5. 心内膜炎　本病死亡率高，可达70%。出现发热、咳嗽、胸痛、脓胸、肺部浸润性病变及心内膜炎。

其他感染有中枢神经系统感染、骨关节感染、眼部感染、皮肤软组织感染、胸膜炎、胰腺炎、肠炎、败血症等。

猪

绿脓杆菌病没有特异的临床症状和特征性病理变化。但它往往与其他慢性疾病和炎症有关，猪为继发性侵入菌，绿脓杆菌通常可从患有萎缩性鼻炎猪的鼻甲部，尤其是从已做过抗菌素治疗的部位分离到，它可诱发坏死性鼻炎。一旦脓汁由鼻腔随血液侵入肺、肝、肾、脾、肠道，可引发坏死性肺炎、坏死性肠炎及肝、脾、肾脓疡。肠炎水样（褐色）腹泻，这种肠炎一般都在用抗菌药物治疗后发生。新生仔猪可出现高热性败血症，有一些较大的免疫功能受损的猪也会发生。母猪乳房炎和膀胱炎，也可能是绿脓杆菌引起的，但在临床上很像大肠杆菌和克雷伯氏菌感染。在临床上能见到绿脓杆菌的唯一部位，就是皮肤病灶。当猪出现慢性、湿润的化脓性的或血清渗出性的结痂和慢性炎症时，即可怀疑绿脓杆菌的感染皮肤病变以水肿和纤维性增厚多见，常伴有血浆渗出。但这样的病灶很难治疗，病猪往往衰弱，这些症状大多在渗出性皮炎的后期见到，而且病程较长。

剖检可见：腹部膨大，呈青蓝色，四肢内侧皮下瘀血、水肿、有淡黄色胶冻样渗出物；肺瘀血，气管内有黏液，气管、支气管黏膜出血；心包积液；胃充满发臭的未消化的食物；肠黏膜广泛性出血，尤以十二指肠明显；肝脏、脾脏瘀血、肿大、质脆，有出血点；肾脏肿大，表面有出血点；淋巴结肿大、出血。

诊断

本病诊断常采集的样本为血液、脑脊液、各种渗出液、脓、痰、尿、粪等，以及空气、水、土壤等。因脓等含有各种革兰氏阴性菌，如变形杆菌、大肠杆菌等，在形态上、染色上很难与绿脓杆菌区别，故进行微生物学诊断时，直接涂片镜检无实用价值，几乎完全依赖细菌学检查。如果皮肤出现慢性感染，并在潮湿条件下不能治愈，或对革兰氏阳性菌有特效的药物处理无效时，即可考虑绿脓杆菌参与的可能。同时根据它的菌落形态、特殊的气味、绿色素的产生，以及在麦康凯琼脂平板上出现的非乳酸发酵菌落完全可以作出鉴别诊断。其诊断步骤如图 2-4。

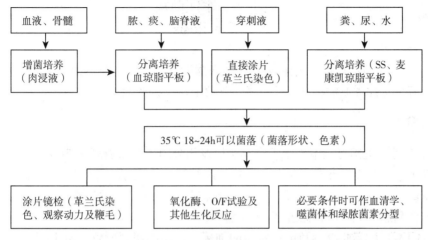

图 2-4　铜绿假细胞菌检验程序

对本菌的初步鉴定主要依据形态、动力、菌落特征、色素（约有 10％的菌株不产生色素）。在普通培养基上产生绿色水溶性色素；在麦康凯培养基上菌落不呈红色；在三糖铁上不产生 H_2S，且底部不变黄，气味、氧化酶试验。并结合本菌的最低鉴定特性（表 2-36）来做初步鉴定。必要时可进行血清学分型、噬菌体分型和绿脓菌素分型。细菌的分型在病原学鉴定中极为重要，尤其对调查医院感染的爆发和流行具有重要的意义。

表 2-36　铜绿假单细胞菌最低鉴定特征

生物学特性	符号	所占比例
单端鞭毛（3 根以下）	＋	93％
动力	＋	93％
氧化酶	＋	100％
O/F（葡萄糖）	＋（O 型）	100％
枸橼酸盐利用	＋	100％
精氨酸双水解酶	＋	96％
在 42℃生长（心脏浸液内）	＋	100％

防治

治疗药物常用庆大霉素和多黏菌素 B 和 E。但有不良反应，应用较少。常用环丙沙星或司帕沙星与头孢菌素、亚胺培菌、美罗培南等联合治疗。对发病动物应移置温暖干燥的场所，以利康复。

我国曾使用特异性噬菌体治疗本菌引起和创伤化脓病灶获得成效。

预防方面应迅速控制易引起病灶的疾病和注意那些容易造成感染的外伤，及时防治，以使绿脓杆菌丧失致病条件。同时，保持环境干燥、卫生，辅以必要的卫生措施，使用消毒剂清洗等；清洁饮水系统，使用氯气处理过的饮水可防止此途径感染绿脓杆菌。

三十一、军团菌病
（Legionellosis）

军团菌病是由军团菌属（*Legionella*）类细菌所致的肺部感染的急性人畜共患病，特征为肺炎并伴有全身性毒血症症状，严重者出现肾衰竭、呼吸衰竭。

历史简介

1976 年 7 月，美国退伍军人组织宾夕法尼亚州分团于费城召开第 58 届年会期间，在与会者中爆发了一种肺炎。参会人员 4 400 人，其中 149 人发病。当时病因不明，报刊称之为军团病（Legionnaires′disease）。后发现，其他曾与同一旅馆有过接触的人员在同一时间内也发生过类似病患。此次流行共发病 182 例，死亡 34 人（18.7%）。不久，美国疾病控制与预防中心（CDC）证实此流行乃由一种新的细菌——军团病菌所致。McDade 等（1977）从 4 例 1976 年死亡者肺中分离出一种新的革兰氏染色阴性杆菌，从而正式定名为嗜肺军团菌（*Legionella pneumophila*，LP）。据流行学调查，该病于 1943 年有过发生，分离出立克次氏体样因子病原；1965 年 7～8 月华盛顿圣伊丽莎白医院曾有一次类似流行，81 人罹病，14 人死亡（17.3%）；1968 年 7～8 月密歇根州庞提阿克（Pontiac）市曾发生一次不明原因的疾患，累及 114 人，特点为发热、头痛、肌痛、腹泻及呕吐，无一例死亡，后称庞提阿克热。经回顾性两次流行收集的血清标本检测，证实军团病和庞提阿克热是同种病原体所致的不同临床表现，后统称为军团病杆菌感染。1978 年国际上正式将该病原命名为嗜肺军团菌（*Legionella pneumophila*，Lp）。Brenner（1979）提议建立军团菌种、军团菌属。1979 年确定其分类学位置：军团菌科，军团菌属，嗜肺军团菌种，种内又分为不同的血清群或血清型。

病原

嗜肺军团菌（*Legionella pneumophila*，LP）是革兰氏染色阴性、两端钝圆小杆菌，因培养条件不同，有显著多形性，呈杆状、纺锤状、丝状，无芽孢、无荚膜，有端鞭毛和侧鞭毛。本菌含大量分枝脂肪酸，不易被革兰氏染料染色。用苏丹黑 B 做脂肪染色时，可观察到细胞内有蓝黑色或蓝灰色颗粒，大小为 $2～20\mu m \times 0.3～0.9\mu m$。

本菌为需氧菌，初次分离培养时需加 2.5%～5%二氧化碳，最适温度为 35～36℃，最适 pH6.9～7.0，营养要求特殊，在一般营养琼脂和血琼脂上不生长，在含有盐酸半胱氨酸和铁离子的培养基上才能生长。在 BCYE（酵母浸出液、活性炭、焦磷酸铁、N-2 乙酸氨基—乙氧基乙烷碳酸）培养基上培养 3～4 天可形成灰色菌落；F-G 培养基上培养 3～5 天，可见针尖大小菌落，在紫外线光照射下可发黄色荧光。本菌产生多种酶，触酶阳性，部分君主氧化酶阳性，能水解明胶和淀粉，不分解糖酶，不能还原硝酸盐，尿素酶阴性，多数菌株产生 β-丙酰胺酶。

军团酶的抗原构成，表面有 O 抗原和 H 抗原。O 抗原具有型特异性，因此将军团菌分为 42 种、64 个血清型。军团菌病约有 90%是嗜肺军团菌所致，嗜肺军团菌有 15 个血清型，其中以 LP1 血清常见，是引起军团菌肺炎的主要病原菌；LP2 和 LP4 也可以致肺炎；LP6 常引起庞提阿克热。我国已发现 LP1、LP3、LP5、LP6、LP7 和 LP9。军团菌的 C＋G 为 39～45mol％。

军团菌是单核细胞和巨噬细胞的单性细胞内寄生菌。基因水平研究表明，某些军团菌含有巨噬细胞感染增强基因（mip），可调控 24～27kD 外膜蛋白的形成，这种蛋白可使正常身体强壮的人患病。本菌致病物质有多种酶、外毒素、细胞毒素和一种新的脂多糖类型的内毒素，可经气化形成气溶胶微粒，经过呼吸道侵入机体，寄生在肺泡和细支气管，被吞噬细胞吞噬，在细胞内繁殖，导致细胞死亡裂解。

流行病学

在对军团菌的传染源的调查中，很多证据表明除人体外，很多家畜和动物会感染，动物血清学调查，军团菌抗体阳性率，猪 2.9％、牛 5.1％、马 31.4％、羊 1.9％、犬 1.9％。此外，兔、鼠等动物中存在有广泛的军团菌感染。我国从羊中分离到 2 株军团菌（LP1）；对 4 种畜禽嗜肺军团菌 1～10 型及博兹曼军团菌首（Lb）、米克德军团菌（Lm）、约州军团菌（Lj）和菲利军团菌（Lf）共 5 种 14 型进行抗体检测，呈现多菌型感染。不同畜禽显示某些优势菌种，尤其是牛、羊等感染菌型广，而且抗体阳性率和抗体几何平均滴度（CMT）高，有可能是军团菌的主要储存宿主。研究认为，受感染的人和动物排出的军团菌污染环境、土壤和水源，成为本病的传染源。军团菌的储存宿主不仅是人和动物，因军团菌是水生菌群，可存在于自然水、人造供水系统、少量的铁和营养低水平的其他寄生菌以及较高温度均有助于军团菌生长。生态学研究进一步揭示了军团菌为什么会长期存活在自然界的水中。据研究，军团菌在各种介质中存活时间：空气中为 24h；蒸馏水中为 4 周到 139 天；自来水中为 1 年左右。在冷却塔下风口 1m 处可分离到菌，对 21 个冷却塔检出细菌阳性率 55.1％，16 株菌为嗜肺军团菌，其中 8 株为血清 I 型。研究认为，其广泛存在于土壤、水，生存方式与其他大多数细菌不同，它没有噬菌体，与许多细菌和原虫存在共生关系，其中许多藻类可以为军团菌生长繁殖提供必需的营养。所以，国外认为"有水即有军团菌"。水和含水设备很可能成为军团菌的另一类储存宿主。Rowbotham 指出军团菌可与土壤中阿米巴菌共存，这种生存方式对流行病学提供了一个很有意义的课题。

人对军团菌普遍易感，可为流行或散发，而且中老年人、慢性病患者和免疫力低下或肝病者更易感。而目前调查表明，家畜中普遍存在有军团菌抗体，但畜禽的临床表现仍不清楚。

研究表明，气溶胶是军团菌传播、传染的重要载体，因此一切适合军团菌繁殖的可氧化、雾化形成气溶胶微粒的供水系统、空调器都会成为病原藏身和传播的病原的工具。感染的主要途径是呼吸道感染，在人员密集的医院、会议场所、公共流通场所，人在正常呼吸时，会将空气中含有军团菌的气溶胶吸入呼吸道，致使细菌有机会侵染肺泡组织和巨噬细胞，引发炎症，导致军团病。据调查暴露人群感染率在 9.9％（41/414），对照人群为 3.38％（14/414）。

发病机制

军团菌的致病性是与细菌本身、外环境和宿主的细胞免疫功能密切相关。由于该菌是人类单核细胞和巨噬细胞的兼性细胞内寄生菌，为机会致病菌，吸入的病原先累及呼吸系统，感染是否发病与感染性气溶胶中含菌数量多少、菌株毒力大小及机体抵抗力有重要关系。军团菌致病最重要的因素是能够侵入肺泡巨噬细胞并在其中生长，细胞内的军团菌能够避免内涵体和溶酶体的杀菌作用。军团菌以二分裂复制，建立其独有的复制型吞噬体，在吞噬过程中，毒力株抑制多形核粒细胞生成超氧化物等杀菌物质；吞噬体酸化及吞噬体—溶酶体融合均受到抑制，细菌在吞噬体中大量繁殖，最终破坏细胞而释出，引起新一轮的吞噬及释放，导致肺泡上皮和内皮的急性损害，并伴有水肿液和纤维素的渗出。嗜肺军团菌进入细胞后可以下调人单核细胞的 MHC Ⅰ类分子表达，从而抑制 T 细胞的活化，并减少其自身蛋白与 MHC Ⅱ类抗原的联合，逃避机体的杀灭。细菌的 Dot/Icm 分泌系统在诱导巨噬细胞凋亡的过程中起着重要作用。

嗜肺军团菌的致病涉及多种表面结构，如脂多糖（LPS）、鞭毛、Ⅳ型菌毛、外膜蛋白等。研究认为 LPS 与血清抗性、胞内生长和毒力有关。LPS 有利于细菌黏附宿主细胞，保护细菌免受细胞内酶破坏，促进单核吞噬细胞对细菌的摄入，干扰吞噬体磷脂双层结构从而阻止吞噬体与溶酶体的融合。嗜肺军团菌鞭毛通过黏附，加速细菌与宿主细胞的接触，增强侵袭而感染巨噬细胞。嗜肺军团菌的所有菌株都可产生细胞外蛋白酶、脂酶、脱氧核糖核酸酶、核糖核酸酶、磷脂酶 C、溶血素、磷酸酶和蛋白激酶等。军团菌胞外蛋白是巨噬细胞菌先接触的抗原。含肽聚糖的外膜孔蛋白是一个补体结合位点，介导调理素吞噬作用。巨噬细胞感染增强蛋白是具有丙基脯氨酸异构酶活性的表面蛋白，在感染巨噬细胞、原虫、肺泡上皮细胞内的早期及感染动物中必需的，可促进吞噬细胞对细菌的摄入并破坏细菌杀菌功能。热休克蛋白能增强军团菌对上皮细胞入侵并诱导巨噬细胞表达前炎症细胞因子和细胞因子等。在军团菌致病机制中，Ⅱ型和Ⅳ型分泌系统起着关键作用。Ⅱ型（LPS）系统分泌降解酶，Ⅳ型（Dot/Icm）系统产生在传输军团菌吞噬体中有重要作用的效应蛋白。编码Ⅱ型分泌系统的 Lsp 基因突变将降低嗜肺军团菌对于巨噬细胞和原虫的感染力。依赖Ⅳ型 PilD 的Ⅱ型蛋白分泌系统分泌许多降解酶，嗜肺军团菌 PilD 基因突变株对动物的毒力大大降低。胞内感染急剧减少，提示可能存在一种促进人类细胞胞内感染的新的 PilD 依赖性分泌途径。可以加速胞内感染的分泌系统是 Dot/Icm 系统，可作为将质粒 DNA 从一个细胞转运至另一个细胞的分泌系统。巨噬细胞自分泌 IFN-γ 与不同模式的抗嗜肺军团菌活动有关，在胞内感染中可能很重要。外源性注入 IFN-γ 的短暂基因表达，可使宿主细胞的抗菌能力增强，肝肾功能受到保护。

嗜肺军团菌肺炎中，CXC 趋化因子受体（CXCR2）介导的中性粒细胞募集反应可能在小鼠抵御嗜肺军团菌肺炎中有重要作用。体外嗜肺军团菌感染模型发现 EGCg 选择性地调节巨噬细胞对嗜肺军团菌的免疫反应，在感染中具有重要作用。T 淋巴细胞激活后的吞噬细胞则对军团菌有抑制杀灭作用，肿瘤坏死因子（TNF-α）、干扰素（IFN-γ）、白介素（IL-2）可增强效应细胞活性，有助于清除军团菌。随着细胞免疫的形成，感染得到控制。特异性抗体及补体对吞噬细胞吞噬军团菌起促进作用。但体液免疫对作为细胞内病原体的军团菌无直接杀伤作用。

分子生物学研究表明，在军团菌感染呼吸道上皮细胞后，可以使细胞膜上蛋白激酶 C 转位和激活，顺次激活核转录因子 NF-Kappa B、丝裂原激活的蛋白激酶、MAKP、p38 和宽 2/44MAPk 等重要的激酶系统，引起一系列的细胞因子和炎症因子的合成和释放，如

IL-2、IL-4、IL-6、IL-8、IL-17、MCP-1、TNF-α、IL-1β、IFN-γ、G-CSF 等，但不影响 IL-5、IL-5、IL-10、IL-12（p70）、IL-13 或 GM-CSF 等因子的合成。还可以激活磷脂酶 A2 和诱导 COX-2 及微粒体前列腺素 E2 合成酶-1，使前列腺素 E2 合成增加。基因删除Ⅳ型分泌系统（Dot/Icm），不影响 COX-2 的激活和前列腺素 E-2 合成增加，也不影响 IL-8 的合成。鞭毛蛋白对 IL-8 的合成是必需的。MAKP 的亚型 MEK1/ERK 在军团菌感染呼吸道上皮细胞后前炎症细胞因子的合成过程中的作用相对次要。尚未见对 JNK 系统的研究报告。

临床表现

人

本菌产生多种酶、外毒素和脂多糖型的内毒素，可经气化形成气溶胶微粒，通过呼吸道侵入机体，寄居在肺泡和细支气管，被吞噬细胞吞噬，细菌在细胞内生长繁殖，导致细胞死亡裂解。医院感染的嗜肺军团菌以 LP1（嗜肺军团菌血清Ⅰ型）和 LP6 多见，而社区感染多为 LP12。军团菌有肺炎型（重症型）和庞迪亚克热型（非肺炎型、轻症型）。

易感人群有：①老人、幼儿；②嗜烟酒者；③免疫缺陷者；④透析或器官移植者；⑤肿瘤或糖尿病患者；⑥原有肺部和其他疾病患者。

1. 肺炎型 潜伏期为 2～10 天，发病初期表现为低热、头痛、肌肉和关节疼痛，疲倦无力，食欲不振，持续 1～2 天后，表现为高热（39～41℃），干咳或咳痰，半数病人出现稀薄或少许脓性痰，1/3 有少量咯血，呼吸困难，气短，畏寒，偶有腹泻，X 线片显示有肺炎症象。重症病人可发生肺外症象，部分表现胸痛、呼吸困难、腹痛以及腹泻、恶心、呕吐等胃肠炎症状；严重者出现中毒性脑病与神志改变，体察可见中毒面容，高热，相对缓脉，肺有啰音与实变体征，可表现为肝功能衰竭和肾衰竭，尿中有蛋白和红细胞，有的出现或伴有肺脓肿、脓胸，甚至肺空洞，心内膜炎，呼吸衰竭，低血压，休克，DIC 等，侵袭率约 5%，可引起死亡，病程多为 7～14 天。本病病程早期即可发生肺外系统，如肝、肾、胃肠道、神经系统、心脏、皮肤与黏膜及血液与电介质受累的表现。

2. 庞蒂亚克热型 潜伏期较短 1～3 天，表现为发热、头痛、疲倦、食欲不振、肌痛、畏寒、恶心、干咳，2～5 天后自动缓解。大多无需治疗，侵袭率约 90%，无死亡。

早期最常见的胸部 X 线表现为一叶片状肺泡浸润阴影，有多变性、多形性、多发性的特点。当病情进一步发展时，浸润阴影可增大或呈突变，并延至对侧。1/3 患者有少量胸腔积液、胸膜增厚及肺脓肿表现，部分患者肺周围结节样可迅速增大。有些患者甚至可出现空洞，而空洞有形成快、闭合慢的特点。患者临床恢复后，肺部阴影还可持续几周。

猪

家畜可引起感染，从马、牛、猪、羊、犬分离到病原体，检出特异性抗体。Collins MT 等（1982）、Sang-Nal-Cho（1983）不但检测到特异抗体，而且其血清型以 LP1、LP2、LP3、LP4 为主。中国浙江（1995）在某地调查，猪检出 LP 血清型有 LP3、LP5、LP6 型，其抗体阳性率达 29.6%、33.3% 和 48.1%；中国调查了 489 份健康家畜家禽（鸡、鸭、鹅、牛、猪、兔），猪共感染了 10 个型别的军团菌，各型别抗体阳性率为 4.17%～28.33%，其中 LP7 为 28.33%，LP6 为 20.0%。表明猪可感染。

诊断

仅凭临床表现发热、寒战、咳嗽、胸痛等呼吸感染症状，X线胸片，具有炎性阴影，很难与其他病原所致的肺部感染鉴别，必须进行血清学和病原学等实验室检查。

1. 病原学检验

（1）染色法　上呼吸道分泌物革兰氏染色上，发现炎症细胞而无病因意义的病原体时，当怀疑可能为军团菌感染时，做 Himenes 染色，如炎症细胞中染出红色杆菌，便可基本认定为本菌。另外，某些军团菌也呈抗酸染色阳性。

（2）分离培养　病人呼吸道分泌物、唾液、痰、胸水、血液、气管抽取物、尸检或活检组织，以及环境因素，如水、土壤等均可用于分离细菌。常用活性炭酵母浸出液琼脂培养基（BCYE），军团菌在本培养基上菌落呈大小不一的乳白色，具有独特的酸臭味。

（3）尿抗原的检测　大多数军团病患者的尿液中有一种具有热稳定性及抗胰蛋白酶活性的抗原，血清中次抗原的浓度比尿中低 30～100 倍，目前可采用单克隆或多克隆抗体的ELISA 法对尿军团菌抗原进行检测，特异性、敏感性均很高，3h 内可获得结果。缺点是由于尿抗原排出时间过长，无法确定是新近感染还是既往感染。

（4）核酸探针技术　原位杂交技术能够特异性地检测到细菌。

2. 其他抗原、抗体检测法　直接免疫荧光抗体法（DFA）、酶联免疫吸附试验、微量凝集试验、PCR 及相关技术等。

防治

1. 治疗　主要包括抗菌疗法、对症疗法和支持疗法。

支持与对症疗法，以降温、补充营养、补充水分和电解质等。抗菌药物治疗 3～5 天后起效，发热仍可持续 1 周，疗程一般 10～14 天。对重症患者可加利杨平 400～600mg/天，疗程 3 周。治疗药物有阿奇霉素、罗红霉素、红霉素、左氧氟沙星、环丙沙星等。

2. 预防　主要是控制污染源，定期检查和消毒供水系统，冷却塔和空调系统的管道和过滤部件定期清洁。高温可抑制噬军团菌和原虫。当水温达到 55℃ 以上时，也可有效控制军团菌的繁殖；水池、管道、水龙头、淋浴喷头可采用热水冲洗法。此外，可用采用氧消毒法、臭氧消毒法、紫外线消毒法、铜银离子消毒法等，同时要提高人体免疫力，特别是老年人、儿童和免疫力低下群体。

三十二、类鼻疽
（Melioidosis）

类鼻疽是由类鼻疽杆菌（*Burkholderia psedomallei*）引起的一种地方性人畜共患疾病，其特征是临床表现多样化，皮肤、肺脏、肝脏、脾脏、淋巴结等化脓病灶和特异性肉芽肿结节。

历史简介

Whitmore 和 Krishnasnami（1911）报道缅甸仰光 38 例类似鼻疽的病人，并从一街头流浪者和吗啡瘾者病人肺中分离到病原体，因其形态、培养特性类似鼻疽杆菌，血清学上也有明显的交叉反应，故命名为类鼻疽杆菌（*Pseudomonas psedomallei*）。Whitmore（1913）证明该病原体对人和动物皆有致病性。同年在吉隆坡医学研究所的实验动物中分离到病原，而后从野鼠、家猫、犬中发现病原。Fletoher（1921）为纪念发现者，建议命名为 Whitmore 杆菌。Stanton 和 Flrtcher（1932）指出该病是一种与马鼻疽不同的疾病，命名为类鼻疽。Brindle 和 Cowan（1951）建议改名为类鼻疽吕弗勒菌（病）。Haynes（1957）建议该菌分类归入假单胞菌属。1993 年国际上根据其新发现的生物学特性，将其定名为类鼻疽伯克霍尔德菌（*Burkholderia pseudomallei*）. 薮内（1993）根据 16SrRNA 序列分析结果，将该菌与原假单胞菌属中的 DNA 群Ⅱ中的几个种列入伯克霍尔德氏菌。1997 年对一部分对人类不致病的类鼻疽伯克霍尔德氏菌，成立一独立科——泰国伯克霍尔德氏菌。

病原

类鼻疽伯克霍尔德菌（*Burkholderia pseudomallei*）在自然界是一种腐生菌。为具有动力的革兰氏染色阴性需氧菌，呈卵圆形或长链状，用美篮染色常见两级浓染。大小为 $1.2\sim2.0\mu m \times 0.4\sim0.5\mu m$。有端鞭毛 $6\sim8$ 根，无芽孢，无荚膜。在血琼脂平板上生长良好，缓慢溶血。5％甘油琼脂上形成中央微突起的圆形、扁平、光滑小菌落；BTB 琼脂上形成黄绿色有金属光泽菌苔；麦康凯琼脂上形成红色、不透明菌落；马铃薯斜面上形成灰白色菌落，后变成蜂蜜样菌苔，能分解葡萄糖、乳糖、麦芽糖、甘露糖、蔗糖、淀粉和糊精、产酸不产气。液化明胶，但不凝固牛乳。本菌对多种抗生素有自然耐药性，可产生 3 种毒素：内毒素，耐热，具有免疫原性；坏死性毒素和致死性毒素，不耐热，可使豚鼠、小鼠、兔感染而致死。本菌有独特生长方式，可产生细胞外的多糖类，在培养中细菌集落陷于大量纤维样物质中。本菌有 2 种类型的抗原，依次分为两个血清型。1 型具有耐热和不耐热抗原，主要存在于亚洲；2 型仅均有不耐热抗原，主要存在于澳洲和非洲。DNA 中的 $G+C$ 为 69.5mol％。Rogel 证实为 68mol％。有两条环状的染色体，K96243 株的基因组全序列：染色体 1，长 4.07Mb，编码 3 460 个开式读码框；染色体 2，长 3.17Mb，编码 2395 开式编码框。

本菌在水和土壤中可存活 1 年以上，加热 56℃ 10min 可将其杀死。常用的各种消毒药也可将其迅速杀灭，0.01％新洁尔灭可在 5min 内杀死本菌；2％石炭酸、5％漂白粉、1％苛性钠、2％福尔马林、5％石灰水均可在 1h 内杀死本菌。

流行病学

本病为自然疫源性疾病。各种哺乳动物和人都易感，主要发生于马、骡，其他动物如绵羊、山羊、猪、牛、灵长类动物都有易感性，骆驼、犬、猫、兔、树袋鼠、啮齿动物及鹦鹉禽类、海洋哺乳动物也有感染的报道。其病原菌与生存环境的温度、湿度、雨量及水和土壤形状均有密切关系。该菌能在 $18\sim42℃$ 生长，4℃ 存活 58 天、8℃ 存活 163 天、12℃ 存活 207 天、$16\sim30℃$ 存活 1 年以上，而在冰冻条件下存活不超过 14 天。$14\sim46℃$ 的干燥土壤中存活不超过 30 天，湿度大于 20％ 时可存活 1 年以上。本病原体的生物地理分布范围主要在热带雨林、热带落叶林和生长在红土、褐土上的热带草地，人和动物的类鼻疽的地理分布几乎局限在北回归线（$23°27'N$）和南回归线（$23°27'S$）之间的热带和亚热带地区。但由于进出口和生态破坏,本病也可以在传统的常在地以外地区生存,并局部发生疾病。所以,我国南方热带、亚热带地区对该菌的生存比较适合,随着气候变暖本病有北移现象,其中以稻田水、土壤分离率最高,地表下 $25\sim45cm$ 的黏土层也适合本菌生存,降雨量与类鼻疽的发生呈正相关,雨季河水泛滥季节往往造成猪鼻疽流行。

本病无需生物媒介传播,土壤和水是主要的传播媒介,按目前了解其自然循环方式:

动物和人多因接触污染的水和土壤,通过损伤的皮肤、黏膜感染,也可经呼吸道、消化道、泌尿生殖道感染。病原微生物在动物体内增殖,通过动物死亡或排脓方式排出体外进一步加重环境污染以感染其他动物,同时动物和人常呈隐性感染,病菌可长期在体内生存,也可因随动物、人的流动将病菌带到新区,当动物或人受到某些诱因时,可促进本病的发生。人是偶然宿主,可经创伤或吸入含菌材料而被感染,并引起致死性疾病,但维持本病流行的连续作用不大,人间传播罕见。一般为散发,也可呈爆发性流行,流行区人群隐性感染率为 $15\%\sim30\%$,但人群中极少有健康带菌者。在人类宿主体内,由于身体抵抗力降低或由于造成有利的侵入门户。本菌偶尔也能够建立起适合于它自己生长的微环境。家畜,如马和猪的隐性感染率可分别达到 $9\%\sim18\%$ 和 35%。我国多发生在广东、广西北回归线两侧、北纬 $23°$ 以南。本病的自然疫源地和波及地区细菌间有许差别,可能是病原微生物在自然环境中长期存在突变积累的特征。

发病机制

类鼻疽伯克菌的毒力由细胞结合性和分泌性两大类物质构成,对人和动物机体内的许多杀菌机制都有抗性,发现它与致病能力有关的因素有毒素、溶血素、细胞毒性外脂蛋白酶、脂酶、卵磷脂酶、触酶、过氧化物酶、超氧化歧化酶等至少一种铁载体以及外周多糖、脂多糖与菌毛、鞭毛等细胞结合因子。其中,一些毒力因子也与免疫逃避机制有关。有研究发现Ⅲ型分泌系统与群感知系统与病原菌的毒力密切相关。由于基因的水平转移或缺失,不同地区的分离株在基因组、转录水平和蛋白质组均有很大差异,表现出了遗传学上的多样性。

1. Ⅲ型分泌系统(Type Three Secretion System,TTSS) 类鼻疽伯克菌存在 3 个Ⅲ型分泌系统,其中 TTSS 3 与沙门氏菌和志贺菌的 IM/Mxi‐Spa 系统存在同源性,在类鼻疽伯克菌感染过程中扮演重要作用。该基因簇编码的分泌体,功能类似于分子注射器,该系统的亚单位与真核细胞的细胞膜互作,把Ⅲ型分泌系统的效应分子转移至靶细胞的胞质,然后破坏宿主细胞的细胞周期。体外研究表明,TTSS 3 能够促进病原菌对健康细胞的入侵、从内涵体的逃脱、在细胞内的存活和繁殖,并且是诱导细菌细胞凋亡所必需因素。最新研究表明,Ⅵ型分泌系统(TTSS Ⅵ),类鼻疽伯克菌的 TTSS 命名为 tss‐5,能够诱导病原菌在巨噬细胞的生活周期;突变或缺失该基因,能够减少细菌在上皮细胞的噬斑和细胞间的传播。因此认为,tss‐5 是类鼻疽伯克菌的重要毒力决定簇,但关于这个分泌系统的效应分子目前还不清楚。

2. 群感知系统 细胞密度依赖的群感知系统(Guorum sensing)使用 N‐酰同型丝氨酸内酯(AHLs)调节基因表达,LuxI 负责 AHL 的生物合成,LuxR 是转录调节因子,还有一些同源的 AHLs。这些蛋白因子参与基因表达或抑制基因表达。据报告,类鼻疽伯克菌基因组包括 3 个 LuxI 和 5 个 LuxR 群感知系统同簇体。参与调节金属蛋白酶合成,是该菌实验动物感染模型的毒力所必需，最佳毒力发挥和外源毒素分泌也需要同源物 BpsI - BpsR 的参与。有些群感知系统控制着潜在毒力因子和致病过程，如含铁蛋白、磷酸酯酶 C 和菌膜的形成等都可能依赖于 BpeAB - OprB，该菌的一种多药外排泵系统，与该菌的抗生素耐药性如氨基糖苷和大环内酯物的抗性有关。

3. 荚膜多糖与脂多糖　荚膜多糖先前认为Ⅰ型 O 抗原多糖。其荚膜的抗吞噬作用主要表现在抗溶菌酶体功能上，这一现象是类鼻疽潜伏期可长达数十年之久的原因之一。荚膜缺失会导致补体 C3b 在菌体表面的沉积增多。此外，还与该菌对环境的抵抗力和抗生素抗性有关。脂多糖是先前命名的Ⅱ型 O 抗原多糖，该菌有很强的抗补体杀灭机制。近期的研究表明，Ⅱ型 O 抗原是抗补体杀灭作用的分子基础。

4. Ⅳ型菌毛　Ⅳ型菌毛（与细菌的黏附有关）是许多革兰氏阴性菌的主要毒力因子。类鼻疽伯克菌 K9624 基因组包含多个Ⅳ型菌毛相关位点，其中包括一个菌毛结构蛋白 PliA。体外试验表明，该菌可以附着于人类肺泡、支气管、喉部、口腔、结膜和子宫组织的上皮细胞系，而且 30℃ 时接种细菌对这些上皮细胞的黏附能力比 37℃ 更强。缺失 PliA 蛋白，会减少对上皮细胞的黏附性和对鼠类鼻疽的发病。这些结果说明Ⅳ型菌毛在该菌的毒力中起一定作用。

5. 鞭毛　类鼻疽伯克菌鞭毛的氨基酸序列已经清楚。Chua 等（2003）构建的该菌鞭毛基因（filC）缺失突变株，试验结果表明，该菌株丢失了运动性；失去了对 BALB/C 小鼠的致病性，不能引起发病。

6. 其他毒力因子　嗜铁蛋白（Siderophore）也是该菌毒力因子之一，能够提高细菌对铁的摄取能力。还有细胞分裂素活化蛋白激酶 p38、丝氨酸金属蛋白酶和鼠李糖脂，以及细胞致死毒素（CTL）等。

临床症状

人

1955 年法国人在越南分离到类鼻疽病原。Dodin（1984）曾报道收治 5 例类鼻疽病人，4 例死亡。类鼻疽潜伏期一般为 3～5 天，少数也有数年后发病，即所谓"潜伏型类鼻疽"，越南战争回国美军 26 年后发生类鼻疽，所以本病症状表现多样性，通过对 29 例病案症状分析，畏寒发热 29 例，乏力 25 例，咳嗽、咳痰 24 例，皮肤化脓 8 例，腹痛、腹泻、呕吐 5 例，胸痛盗汗 6 例，心悸气促 3 例，黑便 11 例，鼻衄 1 例，尿痛、血尿、少尿 1 例，精神症状 3 例，肺啰音 21 例，下肢水肿 12 例，皮下出血点 5 例，休克 DIC6 例，胸水 5 例，腹水 5 例，淋巴结肿大 4 例，双下肢肿痛 2 例，颈抵抗 3 例，心脏杂音 4 例。临床表现分急性败血症型、亚急性型、慢性亚临床型 3 种。

1. 急性败血症型　呈败血症状，表现有体温升高、寒战、气喘、胸痛、腹痛、肌痛、咳脓血性痰，脓毒症或原发性感染灶突然播散，细菌随血液散布于肺、肝、脾、淋巴结、脑、骨、前列腺、皮下等处，形成多发性脓肿，进一步加重病情，如不时治疗，病死率可达 90%，使用抗生素治疗，仍有 30% 死亡。但只有少数是爆发性病例。常见的器官特异性感染有局部急性肺炎、肺脓肿、胸膜渗出和脓胸；皮肤和软组织的蜂窝织炎，皮下脓肿和慢性肉芽肿；骨骼的脓性关节炎和骨髓炎；肝脓肿、脾脓肿；前列腺炎或前列腺脓肿；淋巴结炎或脓肿；肾和泌尿生殖器官炎症；心肌炎和心肌液渗出。但有的病例无明显感染症状，仅只有长期发热和类鼻疽血清阳性。病程 2 周。

2. 亚急性型 感染常局限于呼吸道或泌尿生殖道的 1~2 个组织或呈多发性脓肿。常见有肺炎、肺脓肿、脓胸、肺肉芽肿、肾炎、骨髓炎、前列腺炎、肝脾脓肿、皮肤溃疡、蜂窝织炎等。病程 3 个月至 15 年或更长。

3. 慢性亚临床型感染 病菌在体内长期潜伏，病程数年或数十年，是一种慢性消耗性疾病，偶有周期性缓解。这部分感染者可能终生不会发展为显性类鼻疽，常与厌氧菌感染、肺炎或肺结核、真菌感染等相混淆，只有血清抗体阳性。但当宿主抵抗力下降或糖尿病、癌肿、酗酒、营养不良等诱因时，可突然暴病死亡。

猪

Old5（1955）在澳大利亚报道了猪类鼻疽病例。澳大利亚 1956~1961 年共检查了 226 头猪，发现类鼻疽猪 75 头。1956 年越南发生猪类鼻疽流行。1981 年 Thomas 从北昆士兰州猪脓肿中分离到类鼻疽菌率达 30%。

猪常呈地方性散在流行，偶爆发性流行，急性型多见于幼龄猪，表现为体温升高，厌食，肺炎，咳嗽，鼻、眼流出脓性分泌物、关节肿胀，运动失调，跛行，尿色黄并混有红色纤维样物。仔猪死亡率高。成年猪一般呈慢性或隐性经过。临床症状不明显，在屠宰后方被发现，常见结节性脓肿或坚实性肺炎和结节，肝、脾、淋巴结和睾丸大小不一、数量不等的结节及化脓性关节炎也侵害肾脏。在对猪 91 份化脓病灶检测，类鼻疽引起的化脓 12 例（脾 4 例、肝 3 例、肺 2 例、淋巴结 3 例），在肺和淋巴结中发现病灶，淋巴结多发生脓肿，结节中心干酪样坏死。公猪睾丸肿胀。

诊断

1. 流行病与临床诊断 人类鼻疽的临床症状是多样性的，国外有"似百样病"之称。故根据临床症状难以确诊。因此，对曾去过疫区的人出现原因不明的发热或化脓性疾病，如爆发性呼吸衰竭；多发性小脓疱、皮肤坏死或皮下脓肿；肺结核而不能分离出结核杆菌；多器官受累，无腹泻、贫血、白细胞总数增高，特别是中性粒细胞增高时，要考虑到本病。

2. 细菌学检查 细菌标本直接镜检或荧光抗体试验。以污染的病料需要用选择性培养基，在麦康凯的培养基每 100ml 中加入 2mg 多黏菌素或头孢菌素或 BPSA 培养基中加每升麦芽糖 4g、中性红 100mg、庆大霉素 20mg、5mg/L 尼罗兰 1ml、甘油 10ml。

3. 血清学检查 主要有间接血凝试验和补体结合试验 2 种。此外，有酶联免疫、荧光抗体、PCR 技术检测等，血清学方法价值不大，故很少用。

4. 动物试验 通过接种豚鼠或仓鼠分离本菌。豚鼠如出现睾丸红肿、化脓、溃烂、阴囊内偶白色干酪样渗出物，即为阳性反应。

5. 尿中抗原检查 主要有胶乳凝聚试验，可快速检出尿中细菌，特异性强，但灵敏性较差。如果尿浓缩 100 倍时可提高阳性率至 47%，败血症和播散性感染可达 67%；酶联免疫吸附试验阳性率达 91%，败血症可达 96%，灵敏度和特异性分别为 81% 和 96%。

防治

临床上类鼻疽的症状是各样的，所以其治疗不可能只有一种模式。由于本菌在人类宿主体内显然不能刺激免疫力产生，对动物实验用无毒力菌株或营养缺陷型变异株进行免疫有返祖突变现象，故本病目前尚无可应用的疫苗，本病防治主要采取一般防疫卫生措施，防治污染本菌的水和土壤经损伤皮肤、黏膜感染。病人、畜的排泄物、脓渗出物应以漂白粉消毒。人可穿上脚套，预防水传播。为预防带菌动物扩散病菌，应加强动物检疫、乳和禽卫生管理。感染猪、羊及其产品需高温处理或废弃。加强水、饲料管理，做好畜舍消毒、卫生、消灭邻近啮齿动物。对病人和病畜应隔离，并积极治疗。由于类鼻疽的致病机制以细菌在体细胞内大量繁殖为主，可选用对细胞有穿透力较强的抗菌药物，可杀死潜在细胞内的细菌，如氯霉素、四环素、复方新诺明（SMZ－TMP）。同时，病原菌的多种耐药机制耐药性，往往导致治疗困难。所以治疗前要进行药敏检测，经药敏试验发现90％以上菌株对头孢他定、头孢噻肟、头孢哌酮、哌拉西林、亚胺培南、阿莫西林、氨苄西林等敏感；对四环素、卡那霉素、复方磺胺甲噁唑和强力霉素中度敏感。对危重病人联合使用敏感药物；中等感染症病人也要联合使用2种抗菌药物。疗程1～3个月。类鼻疽往往会复发，所以在第一疗程病转阴后，仍需要坚持用药6个月或更长。另外，采用支持疗法、抗内毒素休克措施和免疫调理等。

三十三、土拉弗朗西斯菌病
（Tularemia）

本病是由土拉弗朗西斯杆菌引起的人和多种动物共患的热性传染病。其特征是患病的人或动物淋巴结肿大，皮肤溃疡，眼结膜充血溃疡，呼吸道及消化道炎症及菌血症，肝、脾与淋巴结中有无出血的结核性肉芽肿。又称野兔热（Wild Hare Diseas）、兔热病（Rabbit Fever）和"Francis病"。

历史简介

土拉弗朗西斯菌病在中世纪以前欧洲鼠类密度增大时，人群中就爆发一种鼠疫样的疫病——旅鼠热（Lemming Fever）。McCoy于1906年美国大地震时观察人的腹股沟炎中并进行研究。1910年加利福尼亚州土拉地区发现黄鼠狼中有类似鼠疫但细菌培养阴性的疾病流行。次年和Chapin应用凝固蛋黄培养基从黄鼠狼体内分离到一种新的细菌，命名为土拉伦斯杆菌。此后，在美洲、欧洲及亚洲的一些地区陆续有此病发生，由于野兔为本病的主要宿主，人最常因捕猎或接触野兔受感染，故又称"野兔热"和"兔热病"。1914年在美国俄亥俄州的辛辛那提市，Vail和Lamb用一名患溃疡性眼结膜炎和淋巴结类的屠夫的结膜拭子感染豚鼠，分离出这种细菌，这是细菌证实的第一个病例。由于当时还不真正了解其病因，只知道该病是由鹿蝇传播的，便称之为鹿蝇热。同年，Wherry在印第安纳州南部的两只野兔中也分离到此菌。1919年Francis在犹他州研究当地人称为鹿蝇热的疾病时，详细报告了鹿蝇热的综合临床症状，并从人血和淋巴腺脓肿物中分离到致病菌，同时证明此病的传染源是野兔，从而将此菌所致的人类疾病命名为土拉菌病。Francis其后在改进土拉杆菌的培养和血清学诊断方法等方面做了大量研究，证实鹿蝇热的真正病因是土拉杆菌，而鹿蝇只是其传播媒介，确定了传播该菌的蜱和其他动物宿主。

发现该菌的某些生物学特性与巴氏菌属的出血性败血病菌群类似，也在啮齿动物中流行，故将其归入巴氏菌属。鉴于Francis的贡献，Dorofeev（1947）将该菌命名为土拉热弗朗西斯菌。后来由于对一些细菌种系发生的亲缘关系有了新认识，Bergey（1947）对其分类作了调整。1947 年归属于弗朗西斯菌属。1970 年国际系统细菌学分类委员会正式将其归入弗氏菌属，定名为土拉弗朗西斯菌属。该属还有新凶手弗朗西斯菌 2 个种菌属弗朗西斯新种。

土拉弗朗西斯菌属（唐宗琪主编的自然疫源性疾病，2005）将土拉弗朗西斯菌分为 3 个亚种：①土拉亚种，又称 A 型土拉弗朗西斯菌新北区亚种是毒力最强的亚种，主要分布于北美。其强毒代表株是 GIEM Schu，分型菌株是无毒力的 ATCC6223。通常由蜱传播并在兔类动物中流行，对哺乳动物为强毒，包括灵长类动物。②古北区亚种。对人毒力较低，对兔毒力低，该型致病通常表现为局限性溃疡。该亚型又按其对红霉素的敏感性分为两型，即古北区亚种 I 型和 II 型。I 型对红霉素敏感，参考菌株为 GIEMc/a7、GIEM503（ATCC 29684），感染遍及北半球，主要分布于欧洲西部和北部、东西伯利亚、远东等。II 型对红霉素有抗性，感染分布于欧亚、欧洲中部和东部、高加索地区，是西伯利亚和哈萨克斯坦的优势种。我国分离菌株全部为古北区亚种，内蒙古和西藏株为 I 型；新疆、黑龙江菌株为 II 型。③新凶手亚种，又称土拉朗西斯菌。该亚种主要从水中分离，毒力弱，很少对人致病。参考菌株为 ATCC15482。

由于土拉弗朗西斯菌易于生产和播散，本病症状延迟发作，发病率和死亡率较高，及难以及时确诊等特点，本菌可能被作为大规模生物武器使用。

病原

本菌为专性需氧菌，革兰氏染色阴性，菌体涂片着色不良，经 3% 盐酸酒精固定标本，用石炭酸龙胆紫或姬姆萨染液极易着色，美篮染色呈两极着染。碳酸复红染色效果较好，常呈两极浓染，不形成芽孢，动物组织涂片可见菌体周围有狭小荚膜。本菌是一种多形态的细小状细菌，在患病动物的血液中近似球形；在培养物中呈于状、杆状、精虫状等，一般无杆状，大小为 $0.2\sim1.0\mu m\times1\sim3\mu m$。无鞭毛，不能运动，不产生芽孢，在动物内可形成荚膜。在普通培养基础上不能生长，只有加入胱氨酸、半胱氨酸和血液等营养物后，才能生长繁殖。最常用的培养基础为凝固卵黄培养基，以及弗朗西斯培养基、麦康凯培养基、Chapin 培养基或含血的葡萄糖半胱氨酸（GCA）培养基。最适生长温度为 $36\sim37℃$，pH6.8 ~ 7.2。在接种材料含菌较大时，能形成具有光泽的薄膜，表面凹凸不平、边缘整齐的菌落，在 GCA 上很容易形成白色突起、边缘整齐的菌落，在弗朗西斯培养基上，菌落融合乳白色。初次分离培养常需 2~5 天以上才形成透明灰白色、黏性的小菌落。本菌能发酵葡萄糖，产酸不产气，多数菌株能发酵麦芽糖和甘露醇。

土拉菌主要有 3 种抗原，即 O 抗原能引起恢复期患者发生迟发型变态反应；包膜抗原（Vi 抗原），有免疫原性内毒素作用，Vi 抗原与毒力免疫原性有关，丧失 Vi 抗原的毒株同时失去毒力和免疫原性。菌苗菌株有残余毒力，称 ViO 型菌株，完全无毒力菌株称 O 型菌株。强毒株含 10%~12%Vi 抗原；ViO 型株含 8%Vi 抗原可阻止 O 抗原凝集，S 型菌与 O 抗血清不发生凝集。如用毒力菌株感染兔，其获得的抗体含量比 O 抗原产生的抗体价高 10~12 倍；蛋白质抗原，可产生迟发变态反应，并与布鲁氏菌抗原有交叉反应。根据病菌的培养特性、流行病学和对某些宿主的毒力，土拉菌可分为两个型：A 型，与北美兔有关，主要战剂的菌株，能引起 30%~40% 的病死率；B 型主要存在于北美北部水生的啮齿动物

（海狸香鼠）及欧亚大陆北部野兔和啮齿动物，通过水和节肢昆虫传播，对人和兔感染较弱，不能发酵甘油。在欧洲、亚洲和美洲3个大陆上分布的菌生物学性状有差异，划分为3个地理亚种和1个变种，不同亚种菌的致病性和基因型也有所差异。DNA中的G＋C为33～36mol％。模式株：B38，ATCC6223；Gen Bank登录号（16SrRNA）：Z21931，Z21932。2004年12月完成该菌Schu4株的全基因组序列测定，全长1 892 819bp，有1 804个开式读码框。疫苗株LVS的两个质粒pnf110和pOM₁（4442bp），分别于2003年和1998年完成了测序。相比其他细菌组序列，土拉弗朗西斯菌有较多特有的基因。

本菌对外界的抵抗力强，在土壤、水、肉和皮毛中可存活数十天，在尸体中可存活100余天。但接种到灭菌的肉汤中，样品中的细菌在4～10℃时仅存活几小时，如要保存较长时间，应保存于−70℃条件下。但在室温下动物尸体中可存活40天，谷物上为24天。在阳光直射下只能存活30min。60℃以下高温和常用消毒药可很快将其杀死。对漂白粉等比其他肠道菌敏感。对链霉素、氯霉素和四环素类等药物很敏感。

流行病学

本病分布很广，是一种经野生动物宿主感染的自然疫源性疾病。自然疫源地主要分布在北纬30°～71°的地区。我国1957年内蒙古通辽县从自毙黄鼠中分离到土拉弗朗西斯菌，在西藏、山东、青海等地也有发现，说明在我国广大地区存在着土拉弗朗西斯病的自然疫源地。自然界易感和带菌动物种类很多，目前已发现哺乳动物145种、节肢动物112种，主要宿主动物为野兔和鼠类。主要传染源是欧兔、白兔、砂兔和灰尾兔。棉尾兔、水鼠、海狸等最为常见，各种畜、禽和皮毛兽都有发病报道，在家畜中绵羊、猪、黄牛、水牛、马和骆驼均易感，人也可传染，但尚未见人传人的报告。家禽中自然发病的报道以火鸡较多，鸡、鸭、鹅很少，但可成为传染源。能寄生在哺乳动物、鸟类和节肢动物体内。家禽发病病例较少，绵羊尤其羔羊有时较为严重，引起死亡。家兔发病后以发热麻痹和败血症为特征。野兔和其他啮齿动物是本病高度敏感，不分种族、年龄和性别都有同样的易感性。本病主要通过蜱、蚊、吸血昆虫、鼠虱和虻吸血昆虫传播，被污染的饲料、饮水也是重要的疫源。土拉弗朗西斯菌的A型亚种储存宿主主要是家兔和野兔，B型亚种主要是啮齿动物。家禽也可能作为本菌的储存宿主。

本病一般发生于春季，但也有在冬季发病的报道，这与当地野生啮齿动物及昆虫的繁殖有关。动物间的传播和流行，取决于高度敏感动物和媒介昆虫的数量，动物数量越多，流行程度越猛烈。

能把病原体长期地保存下来的，主要是蜱类，它们和野兔共同维持着微小疫源地的稳定性。在疾病的自然循环中，微小疫源地可通过"接力"式远距离扩散，使散发病例造成大面积的爆发流行。由于宿主动物和传播媒介不同，疫源地流行季节和传播规律也有差异。但各自然疫源地之间并非完全封锁，目前也并没有成熟的疫源地分型方法。

发病机制

土拉弗朗西斯菌病是一种多宿主、多媒介、多传播途径的自然疫源性疾病，因而其流行病学特点及临床感染类型也是多种多样的。人感染后可从无症状或轻微不适直至速死亡的急性败血症。这取决于感染菌株的毒力和数量、感染途径和侵入部位及机体的反应性等因素。

病原体经由皮肤或黏膜侵入或呼吸道吸入。感染机体一般经过淋巴源性迁徙阶段、菌血症阶段、多发性病灶形成3个阶段。淋巴源性迁徙阶段：病原体经皮肤黏膜侵入组织间隙，随淋巴液达局部淋巴结，被淋巴结内单核细胞吞噬的菌在胞内生存繁殖，以此形成了原发病灶；菌血症阶段：在原发灶繁殖的菌突破屏障进入淋巴及血流，形成血行播散，出现菌血症。病原体被吞噬细胞吞噬后在胞内生存繁殖，当细菌冲破细胞或被机体破坏时释放出内毒素等物质形成败血症。可导致感染全身化及发热等一系列病理过程；多发性病灶形成阶段：继菌血症后细菌进入全身各实质脏器形成多发性病灶，病原体主要寄居于网状内皮系统，如肝脏、脾脏、淋巴结等。

人感染土拉弗朗西斯菌所致的人体免疫主要是细胞免疫，在感染后2～4周形成。被认为中性粒细胞尤为重要，该细胞对土拉弗朗西斯菌成为"细胞内生长菌"有阻碍作用，病原菌自皮肤破损处侵入人体后，于2～5天内（1～10天）局部形成红斑或丘疹、皮损扩大并形成溃疡，细菌即循淋巴管侵入附近淋巴结，并引起炎症。急性淋巴结的改变是局灶性坏死和化脓。慢性期在肝脏、脾脏和淋巴结中可有直径2～3mm的硬节。较大的肉芽肿结节可有中心性坏死。镜检可见这种结节由一层纤维壁包围，其内主要是单核细胞或偶见巨噬细胞，也可有中心性干酪样变，其中常包含多核白细胞。此外，还有普遍的网织系统增生，脾脏肿大，很多器官有实质变性。本病的病理变化有肉芽形成，而无出血现象。

临床表现

人

人对土拉弗朗西斯菌属于感受性高敏感性的类型，10个菌可造成全身感染，但本病一般不由患者传染给人。细菌在机体内繁殖，引起急性炎症，出现特异的结核结节，细菌在结节内沉淀和繁殖，组织坏死，主要发生在淋巴结、脾脏和骨髓等网状内皮组织中。

Wherry和Lamb从美国一个接触过病兔的病人及其粪便中分离到本菌。NikamoroV（1929）报道了人接触污染本菌的水发病。1956年山东胶东县某冷藏库加工车间36人中31人发生兔热病。人通过直接接触、消化道、呼吸道、虫媒叮咬感染。潜伏期为1～10天，一些病例常不表现明显症状而迅速死亡。通常突然发热，体温升高至39～40℃，热型多呈弛张或间歇型，未治疗者热程可持续1～3周，甚至可迁延数月，恢复期很长。常表现出头痛、肌肉痛、出汗、乏力等寒战及毒血症。由于入侵途径较多和受侵脏器轻重不一，故临床表现呈多样化。通常有发热、皮肤溃疡、局部淋巴结肿大而发展为菌血症，并可经呼吸道和消化道感染发病。

1. 溃疡腺型和腺型　前者多见，占75%～85%，后者较少。两型均因节肢动物叮咬或处理染菌动物皮毛而感染。病原菌侵入后1～2天，局部皮肤出现皮疹，继而化脓、坏死，中心脱落而形成溃疡，边缘隆起成硬结；周围红肿不显著，伴有一定程度的疼痛，有时覆以黑痂。腺型病人仅出现上述淋巴结的病变，而无皮肤损害。

2. 肺型　表现为上呼吸道卡他症状，咳嗽少痰，咯血可见，胸骨可感钝痛。听诊有少许干性啰音。呈支气管肺炎，偶见肺脓肿、肺坏疽或空洞，肺门淋巴结肿大。渗出液以单核细胞为主，轻症病人的病程可长达1个月以上，重症病人可伴严重毒血症、感染性休克及呼吸困难等。

3. 胃肠型　病菌由小肠进入体内，表现出腹部阵性钝痛，呕吐和腹泻，偶可引起腹膜炎、呕血、黑粪等。淋巴结肿大、有压痛。毒血症症状较显著。

4. 伤寒型或中毒症 本病起病急，体温迅速上升至 40℃ 以上，常呈马鞍形，热程 10～15 天。伴有寒战、剧烈头痛、肌肉及关节显著疼痛，以及大汗、呕吐等。一般无局部病灶或淋巴结明显肿大。肝、脾多肿大，偶有皮疹。30%～80% 病人继发肺炎，偶可并发脑膜炎、骨髓炎、心包炎、心内膜炎、腹膜炎等。本型病例总数占各型 10% 左右。

5. 眼腺型 眼部感染后表现为眼结膜高度充血、流泪、怕光、疼痛、眼睑水肿等，并有脓性分泌物排出，一般为单侧。结膜上可见黄色肉芽状小结节和坏死性小溃疡。角膜上可出现溃疡，继以瘢痕形成，导致失明。附近淋巴结肿大或化脓。全身毒血症症状均较重，病程 3 周至 3 个月不等。本型占 1%～2%。

6. 咽腺型 病菌经口进入后被局限于咽部，扁桃体和周围组织水肿、充血，并有小溃疡形成，偶见灰白色坏死膜。咽部疼痛不显著，颈及下颌淋巴结肿大，有压痛，一般为单侧。溃疡也可出现于口腔硬腭上。起病急，体温升至 39～40℃，全身乏力、畏寒、头痛、背痛及全身肌肉痛，谵妄、昏睡、烦躁不安等。

7. 败血症型 不见明显病理变化。病程较长病例，可见到脾脏肿大，呈暗红色，有点状白色病灶。肝脏充血、肿大，有白色点状病灶。肺充血、肝变。骨髓有坏死病灶。病理组织学检查，肝、脾、肺、骨髓有坏死和瘀血。感染脏器内小血管形成血栓。

各型的病理变化都相似。急性期淋巴结的改变是局灶性坏死和化脓。慢性期在肝、脾、淋巴结中可见直径为 2～3mm 的硬节。较大的肉芽肿样结节可有中心性坏死，肉芽形成而无出血现象，是与鼠疫相区别。

猪

1. 隐性感染 自然疫源地的犬、猫、猪、羊、马、牛等家畜和鸡、鸭、鸽等家禽也可能感染，常呈隐性经过，病原体不能在其间传播，故不是主要传染源。

2. 感染发病猪 多见于小猪，潜伏期 1～9 天。主要表现为体温升高，可达 41℃ 以上。精神委顿，行动迟缓，全身衰弱，食欲不振；呼吸困难，可呈腹式呼吸，时有咳嗽，腮腺淋巴结及体表淋巴结肿大、化脓，支气管肺炎、胸膜炎等，肝脏、脾脏等器官有可见灰白坏死性肉芽肿结节。病程 7～10 天，很少死亡。组织学变化可见坏死灶中心有大量崩解的细胞核，干酪化病灶周围排列有上皮样浆细胞和淋巴细胞。在增生细胞间可见崩解的中性粒细胞。

诊断

流行病学中有与野兔接触史及相关职业等均有重要参考价值。皮肤溃疡、单侧淋巴结肿大、眼结膜充血和溃疡等有一定诊断价值。

1. 实验室诊断 本病须在有防护条件下的实验室内操作，因实验室感染病例较多，应注意安全。

（1）病原学检查

1）病料采集 取有病变的淋巴结、肝、脾、肾和肺脏等组织器官作为被验材料。

2）涂片或压片触片 用 Mag - Grnmwal - Giemsa 染色，可见本菌特征形态。

3）细菌培养 在弗朗西斯、麦康凯培养上、GCA 培养基上生长。发酵蔗糖，区别于新杀弗朗西斯氏菌。

4) 动物接种试验　对动物诊断意义不大，因为动物感染后，产生特异性抗体前已死亡，而可作流行病学调查。以康氏试管作凝集试验最为常见，将本菌接种到弗朗西斯培养基上，培养 5～6 后收获培养物，用 96％酒精悬浮菌落，形成浓稠的悬浮物，用生理盐水洗涤后，再用等量的生理盐水悬浮，加入结晶紫粉末使终浓度为 0.25％，染色 1～6 天。弃去清液，沉淀用生理盐水悬浮，加 1/万硫柳汞防腐。用阳性和阴性血清标化悬液，加入生理盐水调其浓度，在载玻片上检验，以使试验用抗原能在清亮液的背景下稳定产生易见的染色凝集反应。试验在试管中进行，加入 0.9ml 抗原和做 1/10、1/20、1/40 等不同稀释度的血清，37℃水浴 1h 后置室温下过夜，判读结果，上清液清澈的试验为阳性反应。

凝集抗体一般于病后 10～14 天出现，1～2 个月达到高峰，然后逐渐下降，于数年内消失。猪发病后第二周，若其血清中凝集滴度升高，可诊断为本病。

用 ELISA 试验有可能进行早期诊断；荧光抗体试验和毛细管沉淀试验可用于检测病理样品和分离培养中细菌鉴定。

(2) 变态反应试验　没有免疫的人和动物，注射土拉弗朗西斯菌抗原时，完全无皮肤变态反应。变态反应阳性（患者或注苗者）一般在病后 6～8 天出现，且可保持多年，因此它不但用于诊断患者，也可用于追溯诊断。人变态反应试验方法与结核菌素变态反应试验相同。人皮上划痕接种 48h 后，肉眼可见划痕边缘水肿和潮红，直径超过 0.5cm 者为阳性，经 72h 反应逐渐消退，经 7～12 天完全消退。动物用 0.2ml 土拉菌素注射于尾根皱褶处皮肉，24h 后检查，如局部发红，肿胀，发硬，疼痛者为阳性。但有少数病畜不发生反应。猪变态反应试验亦是诊断本病的依据。

本病应与鼠疫、炭疽、鼠咬热等皮肤病灶和淋巴腺肿大鉴别。还要与结核病、布鲁氏菌病、类鼻疽、组织胞浆菌病、李氏杆菌病相鉴别。

防治

治疗本病以链霉素效果最好，1g/天，分 2 次肌肉注射，疗程 7～10 天。也可用土霉素、金霉素、四环素、卡那霉素、庆大霉素、氯霉素等。同时采用一般疗法和对症疗法，溃疡和腺肿局部，可用链霉素软膏。对肿大淋巴结若无脓肿形成，不可切开引流，宜用饱和硫酸镁溶液作局部湿敷。

本病流行地区，应驱除野生啮齿动物和吸血昆虫，经常进行杀虫、灭鼠和圈舍消毒。病畜及时隔离治疗，同场和同群家畜用凝集反应或变态反应检查，直至全部阴性为止。

目前要消灭本病的疫地尚难以达到，人类预防本病的重点是做好个人防护，避免接触疫源动物，处理受污染动物时要戴手套，食物、饮水要煮沸。病人不需要隔离，但对溃疡、淋巴结等分泌物要进行消毒。实验室工作者更应有严格的防护设备，操作应在生物安全三级实验室进行。

实施预防接种，菌苗接种是预防人类土拉弗朗西斯菌病流行的主要手段。一般在疫病流行区人和家畜要进行免疫接种，如 Foshay 等研制的弱毒菌苗有良好的预防效果。目前使用的冻干弱毒菌苗，皮肤划痕接种 1 次，可保持免疫力 5 年以上。接种后无反应者，1 个月后补接种。应用此苗后，疫地发病率明显降低。但因菌苗残余毒力较强，有的人反应较大，更安全、可靠菌苗一直在继续研究，如灭活菌苗、DNA 苗、亚单位苗等，目前美国 Hornick 等试验的口服苗认为安全、有效。

三十四、波氏杆菌病
（Bordetellosis）

波氏杆菌病是由波氏菌属细菌寄生于呼吸道黏膜上或纤毛上的一类严格需氧小球杆菌支气管波氏杆菌（*Bordetella Bronchiseptica*）引起人或动物呼吸系统隐性感染或急性，慢性炎症的疾病。猪和啮齿动物及其他动物感染波氏杆菌属中的支气管败血波氏杆菌，引起急性、亚急性、慢性呼吸道症，以及发生肺炎和鼻炎为特征。

历史简介

本病原是 Ferry（1910）从患有犬瘟热犬的呼吸道分离，曾被误认为犬瘟热的病原体，被列为芽孢杆菌属。随后又分别于 1912～1913 年从豚鼠、猴和人的呼吸道分离到特征相一致的病原菌。Galli‐Valerio（1896）从犬热性病的病犬肺脏中分离到病原菌。Mc Gowon（1911）以兔分离到波氏杆菌。Franque（1930）报道了"喷嚏性疾病"。Thorp 和 Tanner（1940）及 Phillips（1943）分别从仔猪肺脏中分离到本菌，Suitzer（1956）从猪鼻腔中分离到本菌，并证明此菌能单独引起鼻甲骨发育不良，为其后萎缩性鼻炎（AR）的一种原发性病原的基础。支气管败血波氏菌曾被描述为产碱杆菌属，后被鉴定为支气管败血波氏杆菌。Kersters（1984）从火鸡中分离到本菌。Deley 等（1986）提出波氏杆菌属。由于本病原菌生长形态和生化特性与其他种属相似，被先后 4 次更名，最后 Moreno‐Lopez 建议将支气管败血波氏菌划为波氏杆菌属。至此，该属分为 7 个种，其中将百日咳波氏杆菌、副百日咳波氏杆菌和支气管败血波氏杆菌列为一个群，而禽波氏杆菌等其余 4 个种归列为另一群。本属细菌专性寄生于人和哺乳动物，定殖在呼吸道上皮细胞的纤毛上，并致呼吸道疾病。寄生范围有种特异性。百日咳波氏菌只感染人，副百日咳波氏菌见于人和绵羊，支气管败血波氏菌广泛感染哺乳动物（特别是猪），有时也感染人，禽波氏菌只见于禽类。

病原

（猪）支气管败血波氏杆菌（*Bordetella Bronchiseptica*）为细小球状杆菌，呈两极染色，革兰氏染色阴性，大小为 $0.2～0.3\mu m \times 1.0\mu m$，散在或成对排列，偶呈短链。不产生芽孢，有的有荚膜，有周鞭毛，能运动。需氧，培养基中加入血液或血清可助生长。大多数菌株在鲜血琼脂上产生溶血。在 10% 葡萄糖中性血琼脂上，菌落中等大小，呈透明烟灰色。在马铃薯培养基上生长茂盛，使马铃薯变黑，菌落黄棕而微带绿色。不能发酵碳水化合物，产生氧化酶、过氧化氢酶和尿素酶。使石蕊牛奶变碱，但不凝固，肉汤培养物有腐霉味，能利用柠檬酸。

本菌极易变异，在波-让氏琼脂上分有 3 个菌相，但极易发生变异。其中病原性强的菌相是有荚膜的球形或短杆菌状的Ⅰ相菌，在绵羊血鲍—姜氏琼脂平板上呈灰白至乳白色光滑隆起的圆形菌落，呈典型的球状隆起，菌落周围有透明的溶血环，是典型的Ⅰ相菌菌落。它具有表在性 K 抗原和强坏死毒素（类内毒素），Ⅱ相菌和Ⅲ相菌则毒力弱，Ⅲ相菌菌落较大，隆起不高，不溶血。Ⅱ相菌（中间型）溶血不明显。Ⅰ相菌由于抗体的作用或在不适当的培养条件下，可向Ⅲ相菌变异。具有 O、K 和 H 抗原。DNA 中 G＋C 含量为 66mol%。

本菌的抵抗力不强，一般消毒药均可使其致死。

本菌抗原结构中含有黏附素，包括丝状血凝素、百日咳杆菌黏附素和菌毛。

毒素包括腺苷环化酶溶血素、气管细胞毒素、皮肤坏死毒素等和Ⅲ型分泌系统。

从生化指标、抗原性分析、新陈代谢特点、IS 序列的多态性、DNA 杂交和噬菌体等方面分析，支气管败血波氏杆菌和百日咳杆菌、副百日咳杆菌具有紧密的相关性，并且同是由 BugA/S 双因子调节系统来调节菌株的抗原表达。

流行病学

支气管败血波氏杆菌是在犬、猪和啮齿类动物上呼吸道的严格寄生菌，还能感染家兔、豚鼠、大鼠、猴、鸡、火鸡、犬、猫、鸟、狐狸和浣熊、雪豹、刺猬等。人亦可感染。主要见于患有呼吸道亚临床或临床疾病的或正在康复中的幼年动物。康复后的动物大多数能从呼吸道清除此菌。带菌动物的带菌期限则尚未知。这种菌也是许多哺乳动物的一种病原或潜在性病原。人对本病的发生可能起到最关键的作用，De Jone 认为交叉感染时通过人进行的，在荷兰约 30% 的猪农患有慢性支气管炎，呼吸道和痰中携带产毒性多杀性巴氏杆菌，可使猪受到感染。通过有组织预防控制措施，已使曾祖代猪场大约 50% 猪场呈渐进性萎缩性鼻炎阳性，使 99% 生产基地消灭本病

任何年龄的猪都可感染本病，但从幼猪的易感性最大。

病猪和带菌猪是本病的传染源，1942 年瑞典发现类似猪萎缩鼻炎后传入世界各地，也造成我国猪萎缩鼻炎流行。业已证明，其他带菌动物也能作为传染源使猪感染发病，有人认为鼠类可能是本病的自然贮存宿主。

尽管已有人用猫、鼠和兔分离的支气管波氏杆菌接种猪产生了典型的鼻甲骨萎缩，但健康猪群如果不引进病猪或带菌猪，一般是不会发生本病的。本病引进一个猪群后，首先在仔猪中出现早期的临诊症状，往往需要相当长的时间，才能达到一定的发病率，发展成为全群的感染，一般需要 1～3 年。

传播方式主要是通过飞沫传播。已经证明，感染可经气雾传播，细菌能借助于原纤维（纤丝）物质吸附于气管纤毛而在气管中聚集和存留。病猪或带菌猪，通过接触经呼吸道把病传给幼年猪。没有临诊症状的痊愈母猪，从呼吸道排菌，感染他的全窝仔猪，所以特别危险。但另有研究指出，随着猪龄的增长，抗体的保护率增高而菌的分离率下降。一般不容易发生再感染。因此，月龄渐大的种猪通过其感染而使仔猪受到感染的可能性是极小的。昆虫、苍蝇和污染的用具，工作人员在病的传播和蔓延扩散中，能起某些作用。

有一些猪对本病的抵抗力较强，即使将其后代与病猪直接接触，发病也很少。但也有一些猪种对本病特别易感，如长白猪。这可能与遗传素质有关。未经免疫的仔猪或不喂初乳的仔猪发生鼻甲骨萎缩的较喂初乳的仔猪多见，已经证明在地方流行感染的猪群中，母猪免疫接种可使发病率略为减少。但初乳中的抗体可使仔猪形成主动抗体的时间延长。

发现猪群中本菌感染最常发生于 10～20 周龄期间，直到 12 周龄以前还没有可测出的抗体。随着年龄的增长，在猪群中阳性效价（大于 1∶10）的频率也有增加。在患病猪群中，饲养管理不良，猪舍潮湿、肮脏、拥挤，蛋白质、氨基酸（特别是赖氨酸）、矿物质（特别是磷和钙）和维生素不足，可促进本病的发生，加重病演过程。

发病机制

　　萎缩性鼻炎是由多杀性巴氏杆菌和波氏杆菌产生的各种皮肤坏死毒素引发的一种疾病，可引起幼龄猪鼻甲骨、鼻软骨和鼻骨变形。由于产毒素性多杀性巴氏杆菌产生的毒素在适宜条件下有毒害作用。随后多杀性巴氏杆菌开始定植，并产生大量的毒素，进一步诱发疾病，因而 De Jone 说，"将这一疾病命名为巴氏杆菌中毒性鼻炎。"支气管败血波氏杆菌是一种普遍存在的细菌，在萎缩性鼻炎的致病机理中扮演重要角色，长期被认为是导致 3 周龄肉仔猪发生萎缩性鼻炎的主要原因。支气管波氏杆菌能导致鼻腔黏膜发生炎症，这种炎症是多杀性巴氏杆菌快速生长的理想环境。当幼龄仔猪同时感染这两种细菌时，萎缩性鼻炎的发生更容易。同时其他细菌存在或环境氨气大量存在，也可使炎症发生。由于萎缩性鼻炎破坏了鼻部的空气过滤功能，而使肺部更容易受到损伤，因而这些猪更容易发生肺炎。其次，大量的毒素也可以破坏肝脏和肾脏功能。

　　在感染后 2～4 周可在猪血液中出现血凝抗体（Brassine 等，1976），病持续存在至少 4 个月。Kong 等发现猪群中支气管传代后感染最常发生于 10～20 周龄期间，直至 12 周龄以前没有可测出的抗体。随着年龄的增长，在猪群中阳性效价（大于 1∶10）的频率也增加。

　　不喂初乳的仔猪发生鼻甲骨萎缩的较喂初乳的仔猪为多见。但初乳中的抗体可能使被动免疫仔猪形成主动抗体的时间延迟。已经证明当在地方流行感染的猪群中，母猪的免疫接种可使发病率略微减少。

　　在猪群中防治本病的方法包括用鼻腔棉拭子法查出感染动物并予以消除，对母猪接种使仔猪在幼龄时期获得保护，在仔猪 12 日龄以前用四环素进行预防性治疗及对仔猪注射免疫血清。所有这些措施都可以减少猪群中支气管波氏杆菌的数目，因而使仔猪暴露于最少数的病菌。

临床表现

人

　　支气管败血波氏杆菌也可引发人百日咳，能引起慢性鼻炎和支气管肺炎。

　　小孩和免疫力缺陷人，如 AIDS 病人易发生呼吸道感染，可从患者呼吸道及血液分离到病菌。大多数情况下是小孩和有免疫力缺陷的人如 AIDS 病人。

　　Benito 在 2002 年进行流行病学调查显示，从患有呼吸道疾病的 HIV 感染患者的呼吸道或是血液中分离支气管败血波氏杆菌的情况越来越多。

猪

　　支气管败血波氏杆菌有时引起仔猪原发性支气管败血症，并可能是较大猪下呼吸道的一种病原，但它的主要意义是能在鼻中生长，引起青年猪的鼻黏膜炎和鼻甲骨发育不良。对仔猪引起支气管炎、咳嗽、气喘、呼吸困难。支气管败血波氏杆菌感染 3 周龄以内的猪能产生鼻甲骨萎缩病变，1 周龄以内猪感染几乎全部产生严重病变，超过 6 周龄以上的猪感染，几乎不产生病变或发生轻微病变。但这样的猪成为带菌的传染源。

　　RAY（1950）从 3～8 周龄一群患者呼吸道疾病的肺中发现有支气管波氏杆菌，很多猪成为慢性患者，且生长停滞。但在此病中未否定有原发性病毒感染参与。Switzer（1956）认为此菌为猪上呼吸道常见的栖居菌，在此处它能呈带菌状态，或与一种以喷嚏、咳嗽和以后鼻部骨构造变形为特征（称为萎缩性鼻炎）的上呼吸道疾病有关。此病也可能是单纯的支气管波氏杆菌感染的结果，或是多杀性巴氏杆菌与本菌联合感染的结果。已经发现支气管败血波氏杆菌（萎缩性鼻炎）的流行中，猪巨细胞病毒与本菌的联系，但不相信这种病毒在引起鼻甲骨萎缩的病变中起重要作用。直到 1959 年美国学者提出支气管败血波氏杆菌为本病病原后，Tornoe 和 Niielsen（1976）人工感染接种病菌 3 周后，可见猪严重的鼻甲骨萎缩。Backstrom 和 Bergstrom（1977）证明在 11～13 周龄感染的猪也可发生鼻甲骨萎缩，但其发病率常低于幼龄时感染的猪。1979 年有人将 Ⅰ 相菌超声波处理后得到的无菌抽取物接种于仔猪鼻腔，可产生和自然感染时 AR 相似的鼻部损伤。产毒素支气管败血波氏杆菌，引起的非进性萎缩性鼻炎特征为鼻炎、鼻梁变形和鼻甲骨弯曲萎缩和生长迟缓。

病猪首先发生喷嚏、吸气困难和发鼾声。喷嚏呈连续或断续性，特别是饲喂或运动时更为明显。流清液、黏性脓液或不同程度的鼻衄。病猪十分不安，以致奔跑，摇头，拱地，用前肢搔扒鼻部或擦鼻部。这种鼻炎症状最早见于 1 周龄仔猪，一般到 6～8 周龄时最显著。在一些猪群中，这种症状经过数周即可消失，并不发展为明显的鼻甲骨萎缩。但大多数猪群常有不同程度的萎缩变化。病猪如果在幼龄时感染，经 2～3 个月后就出现面部变形或歪斜。如果不继续发生新的感染，在消除病原后，上皮组织可以获得对本菌抵抗力，萎缩鼻甲骨可以再生。因此，临诊上也有些猪并无鼻甲骨的萎缩可见，有的鼻炎延及筛骨板，则感染可经此而扩散到大脑，发生大脑炎。如果鼻甲骨损坏，异物和继发性细菌侵入肺部造成肺炎。Duncar 等（1966）观察到不同程度支气管肺炎，而肺炎又会加重鼻甲骨萎缩病演过程。

在发生鼻炎症状同时，眼角流泪，形成泪斑。主要病变为在肺心叶和尖叶有分散的肺炎灶，初呈深红色，后为褐色。病灶补样分布为其特征。

病猪体温一般正常，即使出现明显症状时，体温也不升高。血液变化是白细胞增多，红细胞和血红蛋白减少。钾、磷、活性磷酸酶、胆红素、脲及血清谷氨草酰转氨酶增加，血钙和钠含量降低，机体的钙等代谢障碍，生长延迟，饲料报酬低，并发肺炎的病猪病死率高。由于混合感染可恶化气喘病、猪肺疫的病势，给病猪也带来很大的损失。

支气管波氏杆菌和其他病原体之间有协同作用，如促进多杀性巴氏杆菌的感染，增高呼吸道疾病的发病率并增加其严重程度。

N. Chanter 等（1989）用两株支气管败血波氏杆菌（Bb）Ⅰ 相菌株 B58 和 PV6（不产生细胞毒素）及一株 Bb Ⅲ 相菌株 B65 分别同产毒多杀性巴氏杆菌（Pm）对猪鼻腔滴定攻击。结果 B58 和 Pm 猪，18 天后出现倦怠、厌食、呼吸困难、打喷嚏。鼻腔有大块浑浊的黏液。Pm 在猪鼻腔定居，其数量分别是 B58 为 $10^{5.5} \sim 10^{7.4}$ cfu/ml，PV6 为 10^4 cfu/ml，B65 为 10^3 cfu/ml，而 B6 的鼻腔定居数量相似。剖检所见鼻甲骨，PV6 单独感染猪的鼻甲骨看上去正常。B58 和 Pm 混感猪鼻甲骨减少 85%；PV6 和 Pm 混感猪鼻甲骨减少 32%～74%；B65 和 Pm 混感猪鼻甲骨减少 13%～32%。PV6 单独感染猪的鼻甲骨上皮增生，发育异常，含有纤毛细胞的许多腺胞，基底层为淋巴细胞、浆细胞和嗜中性白细胞浸润。B58 和 Pm 混感猪的鼻甲骨病变最明显。上皮细胞常常形成乳头状突起导致上皮变厚，表明明显增生和发育异常，许多部位的鳞状细胞变形，多数上皮细胞纤毛消失。基底层纤维变性明显。上皮和基底层有炎性细胞浸润。骨质中心消失代之以纤维组织或呈岛屿状。PV6 和 Pm 混感猪的鼻甲骨底层发生不同程度的纤维化和骨质重吸收，不到 20% 的纤毛消失。B65 和 Pm 混感猪的鼻甲骨没有明显的组织学变化。但黏膜有轻度的炎性细胞浸润，骨质中心正常，破骨细胞多于 PV6 单独感染猪。实验表明，只有在感染细胞毒性 B6 Ⅰ 相菌株（B58）

的猪鼻腔中 Pm 才能大量地持续定居，这些猪的鼻甲骨严重萎缩。说明细胞毒素是 Bb 产生致病的一种关键因子。它为产毒素 Pm 在鼻腔中的生长创造有利条件；反之，产毒素 Pm 可促进 Bb 的定居和生长（Rutler，1983）。Bb 细胞毒素既能直接引起鼻甲骨萎缩，又能对产毒 Pm 的大量持续定居起先导作用。

接种支气管败血波氏杆菌的猪再接种猪链球菌，猪链球菌的分离增多，导致肺炎和散在性病变加重，也会增加副猪嗜血杆菌在鼻腔中的定植作用。

诊断

根据猪的临床症状、面部变形和生长发育停滞及发病年龄可初步诊断。

临床诊断不明显时，可通过剖检鼻腔进行诊断。方法是沿两侧第一、第二臼齿间的连线据成拱断面，观察鼻甲骨的变化，最特征的变化是鼻甲骨萎缩，尤其是鼻甲骨的下卷曲骨为常见，鼻甲骨卷曲变小而钝直，甚至消失，鼻中隔部分或完全弯曲，使鼻腔变成一个鼻道，鼻腔黏膜常附有黏脓性或干酪样渗出物。

防治

本病的预防应注意不从疫区引进种猪，确须引进时，必须隔离观察 1 个月以上，检查确实未被本菌感染后方可合群。同时应加强饲养管理和卫生防疫措施。

菌苗预防用波氏菌 I 相菌油佐剂灭活苗。母猪在产前 2 个月及 1 个月各皮下注射一次，可保护生后几周内的仔猪不受感染。此外，还有 Bb 相菌与多杀性巴氏杆菌二联灭活油佐剂苗。如 Bb＋Pm、Bb＋Pm－D、Bb＋Pm－A 等。大量试验证实，只有纯化毒素才具有刺激机体产生抗毒素的能力。其中以 Bb＋D 型 Pm 提纯类毒素的联苗最好。

猪群一旦发病，应严格封锁，停止外调，全部育肥后屠宰，经彻底消毒后，重新引进猪。

也可对全群猪进行药物治疗和预防，连续喂药 5 周以上，促进康复。具体使用药物：

1. 磺胺二甲嘧啶，每吨饲料中拌入 100g，喂服。

2. 磺胺二甲嘧啶 100g/t＋金霉素 100g/t，或青霉素 50g/t 或泰乐菌素 100g/t，混合拌料，饲喂。

3. 土霉素 400g/t，连喂 4～5 周或更长时间。

也可应用阿莫西林、强力霉素、氟苯尼考、延胡酸、泰妙菌素等。

日本大浦对波氏杆菌病阳性猪场的防治是采用对分娩猪在分娩前 3 天、分娩当天及分娩后第 1、第 2、第 5 周，5 次向母猪鼻孔内喷雾卡那霉素（960mg/头），同时用异氰尿酸钾每周猪场消毒一次等措施，结果母猪和仔猪鼻腔内未检出支气管败血波氏杆菌，猪群猪鼻甲骨萎缩减轻。

上述治疗方案为辅助性治疗，不能彻底清除呼吸道内的细菌，停药后部分或相当多的猪会复发。

三十五、嗜皮菌病
（Dermatophiliasis）

嗜皮菌病是由刚果嗜皮菌（*Dermatophiliasis Congolensis*）为代表的嗜皮菌引起的，以皮肤表层发生渗出皮炎，并形成结节为特征的人畜共患皮肤病，主要侵害反刍动物，家畜和野生动物都可感染，经常接触病畜的人亦能感染。本病亦是绵羊真菌性皮炎、疙瘩羊毛病、莓样蹄腐病及牛羊皮肤链丝菌病的病原，是一种以草食动物为主，人畜共患的急性或慢性感染，通常终于一种带疙瘩瘢形成的渗出性皮炎。此病又称为真菌性皮炎、皮肤链丝菌病。

历史简介

本病由 Pospisi（1913）报道刚果发生此病。Van Saceghem（1915）从比属刚果（扎伊尔）的渗出性皮炎的牛中分离到此菌，并作了描述，称之为"皮肤接触性传染病"，后又发现绵羊感染。1961 年美国报道该菌能导致动物疾病。Austwick（1960）将 3 种嗜皮菌归为刚果嗜皮菌一种，并提出了应将嗜皮菌科列入放线菌目的第五个科，嗜皮菌科，嗜皮菌属。《伯杰氏》手册第 8 版 17 部分，将放线菌下设 8 个科，"V"科为嗜皮菌科，下有两个属，即嗜皮菌属和 *Geodermatophilus*。嗜皮菌属以刚果嗜皮菌为代表。

Gorden（1964）研究了嗜皮菌属中的一些病菌，并决定将所有分离菌株归隶到刚果嗜皮菌这个种内，这一结论于 1965 年由 Roberts 的血清学研究予以支持。Gorden（1964）认为本病系真菌原发感染的概念不正确。Roberts（1967）指出本病命名为"嗜皮菌病"相当适合。

病原

本病原为刚果嗜皮菌（*Dermatophiliasis Congolensis*），在分类上属于嗜皮菌科，嗜皮菌属。本菌能产生菌丝，宽 $2\sim5\mu m$，雏形基内菌丝末端类细，有与主丝有直角的侧枝，菌丝粗大，呈直角分枝，菌丝有中隔，顶端断裂呈球状体。球状体游离后多形成团，似八联球菌。成团的球状体被胶状囊膜包裹，囊膜消失后，每个球状在适当条件下长出鞭毛，即成为有感染力的流动孢子，能运动。新鲜标本易分离到菌，适温 37℃，在添加 $10\%CO_2$ 条件下比一般需氧培养发育良好，可形成气生菌丝，但分隔和孢子形成推迟，通常在复杂的有机培养基上生长，接触酶阳性，从葡萄糖、果糖产酸。菌丝和孢子均为革兰氏染色阳性。在普通肉汤，厌氧肝汤和 0.1%葡萄糖肉汤等液体培养基中生长时，初呈轻度浑浊，以后出现白色絮片状物，逐渐下沉，不易摇散。有时出现白色菌环。固体培养基上菌落为灰白色，渐渐变成淡黄色。菌落呈圆形，波浪形边缘，突起并愈着于培养基。菌落直径大小平均为 $0.5\sim4.0mm$。CO_2 对粗糙和平滑菌落的影响不持久。在卵培养基上菌落小、苍白色并有少数孢子。在骆费勒氏培养基上有丰富的菌丝和孢子。在半固体培养基上菌落似放线菌属。

刚果嗜皮菌能凝固牛奶，通常能缓慢地液化明胶，并可在液体培养基上产生菌膜。它能发酵葡萄糖及甘露醇并产酸。对分解糊精、半乳糖、左旋糖和蔗糖的能力不一致。不发酵伯胶糖、卫矛醇、乳糖和山梨醇。

嗜皮菌的发育史很有趣，首先由芽生孢子生出直径约 $1\mu m$ 的细长菌丝，菌丝伸长、增宽，并从孢子端开始出现横膈。菌丝继续伸展，长出侧枝，并在不同的平面上不断生出横膈，直至菌丝形成 $2\sim6\mu m$ 宽的管枝，内部充满成堆的 $1\mu m$ 的球孢子。孢子（游动孢子）能活动，当渗出物痂皮湿润时，便从菌丝体中释放。Edwards 和 Gordon（1962）的电子显微镜研究显示放线菌目与真菌在结构上没有关系，而与真细菌目有密切相似之处。本菌 $G+Cmol\%$ 为 $57\sim59$。咨询菌株为 ATCC14367。

所有已经研究过的刚果嗜皮菌菌株似乎都具有相似的菌体抗原、溶血素和沉淀素原。鞭毛抗原显现很大的变异性，但在分离出的菌株间具有相同的鞭毛抗原。

引发迟发性过敏反应的可溶性抗原，在许多菌株中似乎是相似的（Roberts，1965）对刚果嗜皮菌的免疫应答既包括抗体的生成，也包括细胞介导免疫性，后者以迟发型过敏反应为证明。中性粒细胞对游动孢子进行吞噬后是杀菌性的。鞭毛和自然的凝集性抗体似乎在保护作用（Perreau & Chambron，1966）。

本菌孢子耐热，对干燥也有较强抵抗力，在肝中可存活 42 个月。对青霉素、链霉素、土霉素、螺旋霉素等敏感。

流行病学

本病无宿主特异性，不同年龄、不同动物皆可感染，易感的动物很多，牛（乳牛、水牛、牦牛）、羊（绵羊、山羊）、马、驴、猪、犬、猫、鹿、长颈鹿、羚羊、斑马、狐、黑熊、浣熊、袋鼠、松鼠、野兔、须龙、四足蛇、刺猬、啮齿动物等都有自然发病的报道。幼龄动物发病较高。动物营养不良或患其他疾病时，易发生本病。人亦可感染发病。

我国云南、贵州、四川、河南等地以牛多发，羊次之。1969 年在甘肃牦牛中发现，水牛和奶牛血清中皆有不同程度的抗体，说明均有不同程度的嗜皮菌感染。

本病的传染源为病畜。因本菌为病畜皮肤的专业寄生菌，在土壤中不能存活，能运动的游离孢子具有感染力，干燥的孢子能长期生存。病畜和带菌畜为本病的主要传染源。病畜皮肤病变中的菌丝或孢子，特别是游动孢子，主要通过直接接触经损伤的皮肤感染，或经吸血蚊、蝇类的叮咬传播，或经污染的畜舍、饲槽、用具划伤皮肤而间接接触传播。垂直传播也有可能。特别是孢子具有鞭毛，能游动，易随渗出物或雨水扩散。

本病发病与雨水、昆虫和不良饲养管理有关，多见于气候炎热天气的雨季节、泥泞潮湿棚舍，故呈现出一定的季节性、散发性和地区流行。此外，免疫状况低下或长期使用糖皮质激素类固醇药物治疗的动物发病严重。

发病机制

刚果嗜皮菌要完成感染必须克服皮肤的 1～3 个保护性屏障，即被毛、皮脂层和棘化层。与病畜的接触导致本病的传播。

刚果嗜皮菌的致病性决定于皮肤上的游动孢子能否侵入表皮的深层组织。雨水浸渍、皮肤的创伤为病菌的侵入提供了重要途径。游动孢子对从皮肤里弥散出来的 CO_2 能产生化学趋向性的反应。侵入皮肤的游动孢子发芽，发芽管伸长成菌丝，菌丝成长变粗，再产生分枝菌丝侵害毛囊，由于积集在真皮内嗜中性白细胞所产生的一种因子的作用，感染表皮下方，嗜中性白细胞积集，浆性渗出物蓄积并向表面渗出，最终导致痂块形成，真皮不受侵害。刚果嗜皮菌之所以被限制在表皮中，是由于积集在真皮内中性粒细胞所产生的一种因子所致（Roberts，1965）。也可能是表皮的基底膜起了自然屏障作用。本病通常见于牛、马、鹿，有时见于绵羊，其特征中受了感染的动物背部皮肤上出现小的、连成一片的、凸起的及有限度的硬皮，硬皮由表皮细胞及埋入有毛的凝固的浆液性渗出物组成。这种病变可以是局限的，或有为进行性的，且有时可致死。该病实质上是一种渗出性皮炎，继之以痂皮大量形成。

微生物侵入损伤皮肤形成细菌性皮炎。渗出的上皮碎片和微生物的菌丝型所产生的疙痂与线癣绝不相同。继发的细菌侵入可以发生并使疮疹突起以至广泛的化脓和严重的毒血症。在多数病例其病损表现出自身的界限而且此疙痂与痊愈的病损是分开的。在一些动物中此病系急性，发展快，治疗则相应好转或在几周内自然消失，在另一些病例则为慢性并持续以月计，难以彻底治愈。

临床表现

人

Haarriss（1948）报道了人嗜皮菌病，我国内蒙古紫赤峰巴林（2006）在猪发生嗜皮菌病时，可见人手臂和腿部皮肤渗出性皮炎和痂块。本病潜伏期为2～7天（Dear，1961）。从事培养本菌的人 Memery 和 Thiery（1962）发生过前臂划破2天，局部出现小突起，形成疙瘩痂块，在用抗菌素8天后愈合。Deam（1961）发现修鹿尸工手臂小突起是在病损后接触的2～7天发生，无疼痛，结节直径5mm，苍白色或有浆液或由白到黄色的渗出液的突起，每个小突起被一个充血带所环绕，而后结节破溃形成一个红色的火心口样浸润，1周后自行结痂，再持续1周后痊愈后痂皮脱落。没有全身症状，也无传染他人的情况。青海一放牧工人，因挤乳经常接触病牛易感染嗜皮菌，手臂皮肤出现渗出性皮炎、结节和痂块。

人嗜皮菌病的典型病损是脓疱性皮炎。多于手臂皮肤上出现渗出性皮炎的结节和痂块。结节直径约5mm，有白色，周围有充血带，有黄色浆液渗出，结节破溃形成红色凹窝，而后结痂，痊愈后病皮脱落。

刚果嗜皮菌可引起患者足石沟状角化病、皮肤感染等疾病。

猪

本病主要发生于牛、羊、马、鹿、兔、猪，动物典型表现是背部皮肤出现小的、成片的、凸起的及局限的硬皮，在粘着成簇状的毛下可见水肿或小脓疱。被毛与渗出物粘着成似毛刷束形、地毯隆起。有的是缠结的被毛完全由皮肤结痂覆盖，刮开痂皮，可见黄绿色脓汁和粉红色皮炎。痊愈时，结痂脱落，出现新毛或残留无毛部分。除背部感染外，头部、颜面、颈部、四肢、鼻镜也常感染发病。急性期的病损广泛，由原始部位以同心圆方式蔓延。

Vandemaele（1961）报道猪感染本病病情。Stankusshev 等（1968）报道中欧猪有一种"真菌性皮炎"。病变见于腹部、耳、四肢、颈部及蹄冠上。起初为一些丘疹和小突起，后变成褐色硬痂覆盖，病猪跛行。病变发生在2～3天间，后自愈。1983年 L. G Lomax 从未断奶小猪耳翼皮肤病损处分离到刚果嗜皮菌，并有葡萄球菌感染。内蒙古赤峰旗（2006）报道，34 669头猪中有16 241头发生本病。猪全身都可见到病变，病初局部皮肤潮红，后变成紫红，伴有渗出性皮肤炎，最后皮肤呈铁锈色或褐色斑。猪是接触感染，仔猪更易感染发病。

主要集中在保育舍仔猪，特别是刚断奶的仔猪易感染，分娩舍乳仔猪也有少数发病，起初是同舍中的1～2头发病，然后逐步传染扩散到全舍发病，发病率达50%～60%。发病猪还表现精神萎靡，少食，毛乱，发痒蹭墙，怕冷，嗜睡，个别猪有腹泻或死亡。仔猪生长发育受阻，严重病猪瘦弱而死。

诊断

根据皮肤出现渗出性皮炎和痂块，体温无显著变化，可初步诊断本病。确诊要依靠细菌和病理学检查。

嗜皮菌病的诊断依赖于对可疑病损的渗出物（目前只能从病损材料中分离到；尽管做了大量努力，仍未从自由生活的环境中发现此种微生物）进行培养和镜检。用灭菌生理盐水将渗出性痂皮制成乳剂即可用于培养和镜检。姬姆萨染色的乳剂涂片往往必须仔细检查其是否呈现刚果嗜皮菌的多向分隔和分枝的典型菌丝型。痂皮乳剂在室温中放置 1～2h 后，其上层中出现许多游动孢子；将该乳剂通过 1.2μm 孔径的滤膜，把游动孢子和迅速生长的污染菌分离；滤液再作培养，便可分离出刚果嗜皮菌。

病理组织学可观察表皮充血、水肿及白细胞浸润和硬皮为特征的增生性变化，并能在表皮细胞和毛囊发现病原体。细菌学检查可取病灶脓汁，涂片，染色，镜检检出分枝及多隔的菌丝和平行排列的革兰氏阳性球菌样细胞丛，既可作出确诊，或可培养。

必要时可将病料涂擦接种于家兔剪毛皮肤上，以 2～4 天后家兔发病，接种部皮肤红肿，有白色圆形、粟粒大至绿豆大丘疹，并有渗出液，干枯后形成结节，结节融合成黄白色薄痂，取痂皮涂片染色镜检，可见本菌。

根据报道，血清学诊断方法已用于本病诊断，并取得良好效果。如免疫荧光抗体技术、酶联免疫吸附试验、琼脂扩散试验、凝集或间接凝集试验等。

防治

目前尚无防治本病的疫苗，因此预防可采取如下措施：

（1）防治本病的主要措施为加强饲养管理，经常保持畜牧场舍干燥，环境卫生，清除污水、杂草。

（2）对病畜应严格隔离，及时治疗，及时清除病灶的痂皮、被毛及周围皮肤被毛，以减少病原体数量和病源扩散。保持畜牧场环境卫生和畜体卫生；保持畜体、畜舍干燥。

（3）尽可能防止家畜淋雨或被蜱、蝇等叮咬和设备意外创伤，做好灭蚊、蝇、蜱工作和设备维修。

（4）加强对集市贸易检疫和家畜运输检疫。

（5）加强人的防护，减少人与畜接触感染，防止发生创伤而感染（通过皮肤划痕的接种方法，典型病变的产生更早）。

（6）对病畜及时隔离治疗，局部可涂消毒液，如碘制剂或用磺胺粉等，全身可用青霉素、链霉素、土霉素、螺旋霉素等。或用 1% 龙胆紫酒精溶液和 5% 水杨酸酒精溶液敷搽局部，均证明有效。

双氢链霉素能有效地清除皮肤感染，但若渗出物痂皮仍留在动物体上并受潮湿，则有再感染的可能，所以常见的自然感染显然不能产生有效的免疫，故清疮去痂、清洁皮肤非常重要。

三十六、坏死杆菌病
（Necrobacillosis）

本病是坏死梭杆菌（*Necrophorum*）在机体局限创伤、组织坏死、需氧共生条件下侵袭繁殖致动物感染，患病组织发生坏死性皮炎、坏死性口炎、坏死性肝炎、反刍动物趾间腐蹄、牛肝脓肿、猪皮肤溃疡等，人亦可患坏死杆菌病。Dommann（1818）观察到牛坏死杆菌。Gunn（1956）发现了引起败血症的坏死梭杆菌，定名为拟杆菌。现分类为梭杆菌属，为人、动物消化道共生菌。协同节瘤拟杆菌致牛、羊腐蹄病：同义名很多，有20多个名字，最常见的有犊牛白喉杆菌、兔链丝菌、坏死杆菌、坏死梭形菌、坏死棒状杆菌、坏死放线菌等。本菌存在于温血动物的坏死组织中，由它引起的病统称坏死（梭）杆菌病。

历史简介

最早发现坏死梭杆菌是从患病的畜禽上分离到的。Dommann（1818）观察到坏死杆菌。Aammann（1877）描述了犊牛白喉，继而Loffier证实它是一种长成菌丝的细菌所致。Flugge（1886）定名为坏死梭杆菌。Veillon和Zuber（1897）从病人的化脓灶中分离到革兰氏阴性厌氧菌，坏死梭杆菌就是其中一个代表菌。Halle（1898）从法国一女性生殖道内分离到一株坏死杆菌。Knorr（1922）根据多种梭菌形态、生化特性等建立了梭杆菌属，坏死梭杆菌是该菌属的一个代表菌种。March和Tunnicliff（1934）从感染了腐蹄病绵羊的潮湿牧场均分离到本菌。Lemerre（1936）发现并总结了人坏死杆菌病，引起口腔感染、脓毒败血症、内静脉炎症为特征的综合征，由此命名为Lemirre's综合征或称咽峡后脓毒症。Alston（1955）根据首发病灶位置的不同，将人的坏死梭杆菌归纳为4种感染类型：皮肤和皮下组织型、喉炎型、女性生殖道型和肺型。Gunn（1956）报道了能引起败血症的坏死梭菌，是名为Funduliformis拟杆菌，并对它进行了清晰的描述。

病原

坏死梭杆菌是梭菌属细菌的一个代表菌种，特征是形态细长、两端尖细如梭状。

本菌为革兰氏阴性的一种多形性细菌。在感染的组织中通常呈长丝状，但有的菌呈现短杆菌、梭状，甚至球杆状。新分离的菌株以平直的长丝状为主。在某些培养物中还可见到较一般形态粗两倍的杆状菌体。菌宽 $0.5\sim1.75\mu m$，长可超过 $100\mu m$，有时可达 $300\mu m$。在病变组织和肉汤中以丝状较多见。培养物在24h内菌体着色均匀，超过24h以上，菌丝内常形成空泡，此时以石炭酸复红或碱性美蓝染色，染色部位被淡染的和几乎无色的部分隔开，宛如佛珠样。菌体内有颗粒包涵体，无鞭毛，不能运动，不形成芽孢和荚膜。

超微结构研究表明，坏死梭杆菌的外细胞壁是卷绕的，说明细胞壁中含有联系细胞质与细胞壁外部环境的通道，作用可能是用来排泄外毒素等相关产物。坏死梭杆菌是非抗酸性病原菌，易着染所有普通的苯胺染料。但在3天的老龄培养物菌，许多细菌着色很差，短细菌染色微弱，在两端有着色深的颗粒，表现两极浓染。

本菌为严格厌氧菌，接种在固体培养基，在无氧环境中培养表面形成菌落后，转入有氧环境中继续培养，菌落仍可继续增大，培养适温为37℃，适宜的pH7.0。通常用的最佳培养气体条件是 $5\%\sim10\%CO_2$、$5\%\sim10\%H_2$、$80\%\sim90\%N_2$。用普通培养基培养时，须加入血清、血液、葡萄糖、肝块或脑块后可助其发育（营养琼脂和肉汤中发育不良），在葡萄糖肉渣汤中培养，须加入硫基乙酸钠，以降低培养基氧化还原电势方能生长。通常呈均匀一致的浑浊生长，有时形成平滑、素状、颗粒状或细丝状沉淀，最后 pH5.8～6.3。可在人血琼脂中添加 0.01% 亮绿和 0.02% 龙胆紫作为选择培养基筛选和分离坏死梭杆菌。由于在病变部位常常存在链球菌、葡萄球菌和变形杆菌等其他细菌，因而从外部伤口分离病原菌十分困难，可以选用疱肉培养基或者以 EY 培养基为基础的半固体培养基作为运送培养基，以心脑肉汤、EY 培养基等为增菌培养基对坏死梭菌进行增菌后分离。

不同菌株的坏死梭杆菌在固体培养上产生 3 种不同类型的菌落，这也形成了后来被广泛认可的 Fievez 生物学分型系统，该系统将坏死梭杆菌分成 3 种生物型：A 型、B 型和 AB 型。A 型菌即 Necrophorum 亚种，是一种严重威胁牛、羊和袋鼠生命的动物细菌源。在血液琼脂上 A 型菌落扁平，轮廓不规则，呈金属灰白色，β 溶血。溶血带直径通常等于或两倍于菌落的直径。B 型菌落隆起，轮廓圆整，黄色，不或弱溶血。通常产生 α-型（部分溶解，略呈绿色）的溶血带，其大小一般不超过菌落，并且仅在菌落下面。AB 型菌落为中间型，可见菌落为毡状菌丝所构成，中央致密，周围较疏松。在含二氧化碳环境中培养时菌落呈蓝色，被一圈不透明的明显的环围绕着。看上去似"煎鸡蛋"菌落，溶血程度通常与 A 型菌落相同。

在丰富的液体培养基中，A 型、AB 型细菌产生均匀浑浊培养物，而 β 型菌呈絮凝状生长，形成沉淀，肉汤清晰。这是因为 A 型、AB 型菌株在液体培养基中产生长丝状悬浮，而 B 型菌株菌体较短，易形成沉淀。

本菌除少数菌株偶尔可使果糖和葡萄糖发酵微产酸外，各种糖类均不发酵。有的菌株分解明胶，但不能分解复杂的蛋白质，能使牛乳凝固并胨化。分解色氨酸产生吲哚，利用苏氨酸脱氨基作用生成丙酸盐，利用乳酸盐转变为丙酸盐，产生丁酸。在蛋白胨酵母浸汁葡萄糖肉汤中的代谢产物主要为酪酸，也可产生少量醋酸和丙酸；极少数菌株的代谢产物以乳酸为主，并可产生少量的琥珀酸和蚁酸。在血液琼脂平板上多数菌株为 β 型溶血，少数菌株呈 α 型溶血或不溶血。β 溶血菌株通常酯酶阳性，不溶血株或弱溶血株为阴性。不还原硝酸盐，能产生靛基质，培养基散发恶臭味。不产生过氧化氢酶、卵磷脂酶或水解七叶苷。A 型和 A 型菌株对人、鸡、鸽的红细胞有很强的凝集性，对牛、绵羊、兔、马和豚鼠的红细胞不敏感。B 型菌株不凝集人和动物的红细胞。从人体内分离的坏死梭杆菌内毒素能明显地凝集人、猪、鸡的红细胞，溶解人、马和家兔的红细胞，能破坏人体的白细胞。坏死梭杆菌白细胞毒素是一种对白细胞、巨噬细胞、肝实质细胞和瘤胃上皮细胞有毒害作用的分泌蛋白，具有较好的抗原性。

本菌产生内毒素，杀白细胞素、溶血素等多种毒素。有 2 个亚种，4 个生物型，A 型、B 型、AB 型、C 型，A 型 β 溶血菌株能产生杀白细胞素和血凝素，有致病力；B 型不溶血或弱溶血菌株不产生杀白细胞素，无致病力。但 B 型是人的病原菌。本菌 DNA 中 G+C 含量为 31～34mol%。模式株：ATCC 25286；GenBank 登录号（16SrRNA）：AJ867039。C 型为非致病型，原名为伪坏死梭杆菌，根据 DNA-DNA 杂交分析和 16～23S 基因间沉默区序列分析 C 型为变形梭杆菌。

坏死梭杆菌广泛存在于自然界及各种动物的肠道和粪便中，很少有宿主特异性。该菌在外界环境中抵抗力较弱，在有氧的情况下，于 24h 内即可死亡，而在粪球内的菌则 48h 内死亡，在潮湿的牧场上能存活 3 周，在脓肺、肝中于−10℃ 可存活 5 年。对热和消毒剂的抵抗力一般，4℃ 可存活 4～10 天，59℃ 仅可存活 15～20min，100℃ 1min 内死亡。1% 煤酚皂溶液于 20min 内、1% 福尔马林溶液于 20min 内可将其杀灭。

对青霉素、氨苄青霉素、羧苄青霉素、5-甲基-3-邻氨苯基-4-异噁唑青霉素、四环素、林可霉素、多黏菌素 B 及氯霉素敏感；对链霉素、新霉素、萘啶酮酸、卡那霉素和红霉素具有抵抗力。

流行病学

坏死杆菌病在世界各地均有发生，长期存在于外界环境中，在良好条件（厌氧生活，富有腐殖质的土壤，充足的水分，最适宜的湿度）下，甚至有时也像腐生菌样增殖。多发生于低湿地带和多雨季节，呈散发或地方性流行。所有的畜禽和野生动物对本病均易感，是人及动物共染的病原菌，无特定的宿主。以绵羊、山羊、乳牛最易感，马、猪次之，还有鹿、犬、猫、兔、鸡、鸭等；Cygan（1975）检查了 2 267 头牛，其中 77 头发现有肝脓肿，并从90％的牛病料中分离到坏死杆菌 A 型和 B 型；野生动物中獐、叉角羚、袋鼠、麋鹿、猴等均可带菌。1998 年吉林某鹿场 325 头仔鹿中 64 头仔鹿蹄部、膝关节磨损而感染坏死梭杆菌。幼畜较成年畜易感。人的病例多为散发，常常导致消化道疾病和医院感染。传染源主要为草食兽。病原菌常存在于草食兽的胃肠道内，随粪便排出体外，污染环境，所以本菌广泛存在于饲养场、放牧地，尤其是粪便污染更严重的低湿地。健康动物口腔、生殖道中也有本菌存在。本菌看来不像能在动物体外繁殖，但它无疑地能短期内在土壤中保持活力。在一些条件下，坏死杆菌病具有传染性，与病兽同时饲喂，或同时饮用被坏死杆菌污染的水，或存在外在伤口都能增加感染的机会；其他细菌如大肠杆菌或化脓类细菌的诱导，可能为坏死杆菌的感染提供条件。本病主要经损伤的皮肤、黏膜感染，然后经血液流散布至全身其他组织或器官，形成继发性坏死灶，在新生幼畜，病原菌可由脐静脉进入肝脏。人多经外伤感染。

无论是人的坏死梭菌感染，还是动物的坏死梭菌病，均可于一年四季发生，而多雨潮湿炎热季节发病较多。

发病机制

按梭杆菌对宿主的致病性可将其分为三类，即梭杆菌的致病型（Pathovar）：①主要对人致病的梭杆菌：包括死亡梭杆菌、舟型梭杆菌、牙周梭杆菌、溃疡梭杆菌、静脉瘤梭杆菌等。②主要对动物致病的梭杆菌：如腐败梭杆菌、普氏梭杆菌、猴梭杆菌、苏联梭杆菌、具核梭杆菌等。③无特定宿主的梭杆菌：如坏死梭杆菌。人及动物的坏死梭杆菌的感染，在临床表现和病理变化方面存在多种类型且比较复杂，但主要特点是在受损部位的皮肤及皮下组织或口腔、胃黏膜发生坏死，或在内脏形成转移坏死灶。

已知无论是在人还是在动物，对相同或类似的感染类型来讲，在坏死梭杆菌致病机制、临床症状与病理发生等方面，均有不少的相似，甚至相同之处。坏死梭杆菌是很多种动物和人消化道的一种共生菌。本菌很少或不能侵入正常的上皮。当组织损伤和循环障碍时（血肿、水肿、机械性损伤），侵入的病原菌很快繁殖。最初感染过程限于局部发生（极少发现它扩散），此时没有发现脓毒症。但当组织由于外伤、病毒感染或被其他细菌感染而受损时，它们就能容易地侵入并繁殖，从而把细菌散播至肝和其他器官。其致病机制，主要取决于坏死梭杆菌的致病因子，如白细胞毒素（Leukotoxin，LKt）、细胞壁溶胶原成分（Collageno-lytic Cell Wall Componont）、溶血素、坏死梭杆菌的内毒素或皮肤坏死毒素等。这些致病因子能够使细菌进入机体、定居和增殖而引起各种损伤。其中，公认的致病性坏死梭杆菌产生的致病因子是具有溶解细胞作用的白细胞毒素和导致皮肤坏死的细胞壁溶胶原成分。

1. 白细胞毒素　是一种分泌型蛋白质，它能够溶解中性粒细胞、巨噬细胞和肝细胞，也可能具有溶解瘤胃上皮细胞的功能，这个毒素被认为比其他任何细菌的白细胞毒素要大，相对分子量约为 300KDa。多个研究表明，坏死梭杆菌 *necrophorum* 亚种比 *funduliforme* 亚种产生更多的白细胞毒素；也有研究发现，从肝脏分离的坏死梭杆菌比从瘤胃中分离的坏死梭杆菌对白细胞更具有毒性，因而推测产生白细胞毒素多的毒株更易进入瘤胃壁和肝脏。这种毒素可使牛的白细胞仅存活 5%～15%（对照组为 80%～90%）；对蛋白分解作用敏感，对淀粉酶、神经氨酸酶、脂酶、DNA 酶、RNA 酶有抵抗力。

用实验动物进行毒力测定，并观察了肝脓肿的情况证实，白细胞毒素是坏死梭杆菌感染的致病因子。不产生白细胞毒素的菌株通过蹄真皮接种不能诱发蹄部脓肿。在研究中发现，抗白细胞毒素滴度的高低及其保护性与抑制感染方面具有相关性。

2. 细胞壁溶胶成分 引发坏死的效应被认为是坏死梭杆菌发病机制中最基本的致病因素。坏死梭杆菌细胞壁溶胶原成分（CCWC）是引起皮肤坏死的活性成分，并且导致坏死梭杆菌感染后坏死斑的形成。CCWC 能够使中性粒细胞表面由粗糙变光滑，形状变不规则，也使肝细胞出现不规则形态，细胞膜表面形成微小创口，是肝脓肿的重要致病因子。

3. 坏死毒素 毒素与菌体细胞壁紧密结合，为脂多糖，对小鼠、鸡胚和兔有毒性；对初代猪肾细胞有细胞致病作用，给小鼠腹腔注射可引起死亡；给兔和豚鼠皮内注射，可致局部坏死和红斑。

Abe（1979）指出，坏死梭杆菌的溶血特性是由于产生磷脂酸和溶血磷脂酸。

临床表现

人的坏死梭杆菌病

坏死梭杆菌是人消化道、口腔的正常菌群，但也是一种条件性致病菌。坏死梭杆菌病是一种创伤性传染病。病的特征是在损伤的皮肤和皮下组织、口腔和胃肠道黏膜发生坏死，并在内脏器官形成转移性坏死灶，如肺脓肿及肠穿孔等。病灶可到淋巴结、肺，引起产褥热、慢性溃疡性结肠炎、肺和肝脓肿等。被人或动物咬伤、接触病畜或污染物及一些肠道手术时可引起人的感染，是人的局限性脓肿和咽喉炎的原发病原，人最常见的坏死梭杆菌病被称为 Lemierre's 综合征，是一种急性的口咽部感染同时继发败血症、血栓性静脉炎和病灶转移，甚至威胁人的生命。该病以咽喉痛为前驱症状，接着出现高热，在第四、五天出现寒颤症状，发病期间常伴有下颌淋巴结肿痛及单侧颈静脉血栓性静脉炎。这种疾病经常出现器官的转移性脓肿，主要转移到肺部。这种败血症梗化常导致胸膜炎性疼痛，并伴随着剧烈的咳嗽、生痰及脓气胸等症状。另外，远端的脓肿也频繁地发生疼痛症状，比如长骨和骨结合处。病人的状况经常伴随着过度衰竭和昏迷。一旦出现这种情况，如果长时间不进行治疗，病人会在 7～15 天死亡。

Lemierre's 综合征分布较广，时常伴随一些特殊的疾病，如恶性肿瘤、免疫缺陷、慢性肾功能不全、褥疮、肠道穿孔和阑尾炎，一些新生儿发病较多。在严重的颈部肿大、扁桃体炎，并在血平板培养怀疑坏死梭杆菌时，应该引起足够的重视，一般来说，早期诊断和适当的抗生素治疗是有效的。坏死梭杆菌也能引起牙髓炎、急性脑膜炎等化脓性疾病。Halle（1898）从法国一女性生殖道内分离到一株坏死梭杆菌。Gomes（2004）在牙髓炎中分离的厌氧菌株中坏死梭杆菌占 23.3%。曾有本菌在非洲引起儿童脸和嘴部软组织发生气性坏疽的报道。

猪坏死梭杆菌病

动物坏死梭杆菌病的临床表现既具有细菌感染的一般临床症状，如发热（常为低热）、感染局部红肿热痛、血象升高（白细胞总数和中性粒细胞数升高）等，还具有其特征性临床表现，主要包括分泌物恶臭、带血或呈黑色，生长与代谢过程可产生吲哚、甲基吲哚等多种具腐败性气味的物质，感染多发生在黏膜，与长期大剂量应用抗生素有关。常见的有牛坏死梭杆菌病（牛坏死性喉炎、牛指（趾）间坏死梭杆菌病、牛肝脓肿）、马坏死梭杆菌病、羊坏死梭杆菌病（腐蹄病、羔羊白喉）、鹿坏死梭杆菌病、犬坏死梭杆菌病、兔坏死梭杆菌病等，猪的坏死梭杆菌病，病猪全身症状不明显，因常有结状拟杆菌、化脓放线菌、葡萄球菌等协同致病，病猪常减食或拒食、体温升高、消瘦，常因恶病质而死亡。根据发病部位不同，可分为4种类型。

1. 坏死性皮炎　最常见的病型，多见于乳猪、仔猪，多发于体侧、臀部及颈部，呈全身皮肤显著干性坏死炎症，臀股内外侧乳房及前后肢周围皮肤硬板坏死，四肢蹄冠和皮肤形成龟裂、尾脱落、肢跛行等坏死和溃疡。病初创口很小，在体侧、耳、颈或四肢外侧出现圆形或椭圆形不等的突起肿块，附有少量脓汁或盖有干痂，触之硬固肿胀，无热、无痛。肿胀很快扩大，自然破裂，形成化脓坏死性溃疡。皮肤溃疡形成和皮下渗出性、化脓性坏死炎症过程逐渐加剧。随着痂下组织坏死并迅速扩展，形成囊状坏死灶或大小不等的腔洞。患部脱毛，皮肤变白。病灶内组织坏死溶解，形成灰黄色或灰棕色恶臭液体，从创口流出。无痛感，病变下组织呈暗褐色浸润，有出血点，创口边缘不整齐，创底凹凸不平。少数病例的病变可深达肌肉、腱、韧带和骨骼，甚至造成透创至腹腔或胸腔内脏出现脓肿。有的猪发生耳或尾干性坏死，最后脱落。有的皮肤脱落，病健间组织呈红褐色，从边缘逐渐呈条状或片状脱落，有的脱离组织间呈黄白色腐烂化脓。病猪全身症状不明显，严重时可引起败血症而死亡。ГOSTOBИ（1977）报道了716头猪中有233头发生坏死梭杆菌病。发病先从4头公猪开始，半个月波及全群。病猪头部、体侧及大腿皮肤上先出现不同大小和形状的肿胀，肿胀部红、热、有痛感，2～3天后溃烂，形成圆形或椭圆形溃疡，深达皮下和肌肉，深层坏死灶内含有暗灰色坏死物质。但严重病例可表现少食或停食，体温升高，消瘦或恶病质致死。母畜还会发生乳头和乳房皮肤坏死，甚至乳腺坏死。

2. 坏死性口炎　（仔猪白喉）主要发生于仔猪。病猪不安、少食、腹泻、消瘦，呈现咳嗽、呕吐、流血状灰白色鼻液，咽部肿胀，头部僵直，呼吸困难。在唇、舌、齿龈、咽、扁桃体黏膜及周边组织坏死、溃疡，上面附有伪膜或痂皮，下有黄色的化脓性坏性病变。有特殊臭气，剥去豆至一分硬币大的灰白色或柠檬色坏死组织覆盖物，露出鲜红的烂斑。剖检时，可见咽壁和气管上也有类似的淋巴结中可能含有灰黄色坏死病灶。有些病猪直肠黏膜上也有污棕色覆盖物，表现腹泻。患病猪一般经5～20天死亡。患病仔猪常因窒息在1～2天内死亡，或拖延数周后，因异物性肺炎或衰竭而死。轻症病例则于坏死组织脱落后形成癫痕而痊愈。

3. 坏死性鼻炎　病灶原发于鼻腔黏膜，能蔓延至鼻软骨，有时波及窦腔、气管及肺部。在鼻软骨、鼻骨、鼻黏膜上出现溃疡与化脓，并附有伪膜，还可蔓延至气管和肺。表现为咳嗽、脓性鼻液、喘鸣和腹泻等。G. Bergstrom（1981）报道了仔猪的坏死梭杆菌病。14日龄仔猪表现为鼻炎，有浆液性鼻液及眼分泌液，腹泻，精神极度沉郁，反射消失。3～4周龄的猪，口鼻部肿胀，坏死。舌常有大面积坏死，致使病猪消瘦，甚至死亡。

4. 坏死型肠炎　病猪出现腹泻、虚弱、精神症状等，胃、肠主要为十二指肠到空肠黏膜弥漫性出血，大小肠黏膜上覆盖一层黄白色假膜并有坏死性溃疡。排出带血脓样粪便或坏死黏膜粪。死亡居多。常与猪瘟、副伤寒等传染病并发或继发。

剖检死亡的或急宰的猪，在原发病灶部位的皮肤，可见不太明显的缺损和创伤，还有化脓坏死溃疡，肌肉组织分解、"熔化"，以及许多皮下"囊"里积聚带恶臭的渗出液。有些猪，皮下的"囊"穿通整个一侧肋骨部，或者从髋结节到肩胛骨和颈。

诊断

本病从患者的发病部位及所呈现的溃疡、化脓等特殊的坏死症状可作出诊断。其他病变可见腹膜、胸各器官营养不良，肝硬变，心肌和胃有不同程度的坏死灶，肾包膜剥离困难、膀胱黏膜增厚，胃和大肠黏膜有纤维样坏死等。如果进一步证实，可采取坏死组织与健康组织交界处的病变组织，置于无菌试管或保存于30%甘油溶液中送实验室检查病原菌。涂片染色见到着色不均匀呈串珠状长丝形菌体或细长的杆菌，即可确诊。如果病料污染或含菌很少，可将病料制成1：10悬液，给家兔耳静脉注射，或小鼠皮下注射，待家兔死亡（约1周），取其内脏的坏死脓肿，进行镜检和分离培养。从坏死病灶的病健交界处采取材料直接涂片，待干，固定，以石炭酸复红或美蓝染色，可见佛珠状的菌丝，即为坏死梭杆菌。

迄今为止，还没有令人满意的血清学方法以辅助和分类坏死梭杆菌。目前对坏死梭杆菌的分型仍依据不同菌型的坏死梭杆菌菌株在固体培养基上产生的不同类型的菌落来确定。临床上根据分离株的严格厌氧特性，革兰氏染色特殊的长丝状阴性杆菌，厌氧血液琼脂培养基上典型的菌落形态，在特殊培养基上产生吲哚、酯酶阳性反应等生化试验，可确定其分离株的血清型。还可对分离得到的各个菌株分别制成超声波裂解抗原，用制备的抗坏死梭杆菌阳性血清及标准牛坏死梭杆菌抗血清进行对流免疫试验进行血清型鉴定。

防治

根据坏死梭杆菌广泛存在的特点，以及其主要的传染源和传播途径，要有效预防与控制相应感染的发生。

本病主要预防措施是搞好环境卫生，不让细菌在土壤和水中有生存机会，保护人畜的皮肤和黏膜不受损伤，切断感染途径。该病的治疗关键是早期诊断，受感染的动物应及时与健康动物隔离，强化环境，用具清洁与消毒，防止坏死杆菌的传播。另一方面，则是通过提高机体抵抗力来抗御病原菌的侵袭，以及在流行期或可能感染前的针对性预防和被感染后的及时治疗。猪群应要避免过于拥挤，防止相互咬斗，造成创伤。

一旦发现感染本病的人畜，要及时清理伤口和清除结痂，彻底清除坏死组织；口腔黏膜患病是可用0.1%高锰酸钾溶液冲洗，再涂碘甘油；皮肤感染者要清创，以清除坏死组织碎屑和毒素，用10%～20%硫酸铜液或1%高锰酸钾液清洗，再用碘酊或磺胺类药物涂治。对严重病例可配合全身疗法，使用磺胺类、喹诺酮类药物、四环素或头孢类抗生素治疗，既可以控制本病发展，又可以防止继发感染。坏死梭杆菌对链霉素、新霉素、卡那霉素、万古霉素、红霉素、交沙霉素等具有不同程度的耐药性。故应筛选高效治疗并轮换使用，提高疗效。Milan等（2005）报道了一起成功治愈Lemierre's综合征病例。患者为15岁女孩，临床表现面色苍白，精神错乱，喉部剧痛，肌肉痛，呕吐，发热至40℃。脑部CT示右颈部深颈脉炎症，扁桃体右侧发生脓肿。从患者血液中分离培养出坏死梭杆菌。静脉注射林可霉素 600mg 和噻孢霉素 2g，每 8h 一次，3 天后停用噻孢霉素。治疗 5 周后，治愈出院。一个多世纪以来，坏死梭杆菌作为动物和人的病原体被人们所认识。20 世纪 80 年代后人们对坏死梭杆菌免疫研究有了突破性进展，大量试验证明，坏死梭杆菌菌体及其代谢产物中可能存在坏死梭杆菌免疫原，菌体细胞质、细胞质类毒素、福尔马林灭活全菌体、坏死梭杆菌培养物上清液具有较好的抗原性。白细胞毒素免疫反应产生的抗体能够中和坏死梭杆菌白细胞毒素，并能防止溶解细胞物质的释放从而降低坏死梭杆菌病的发病率。因而正在研究特异免疫预防的菌苗：灭活苗或减毒菌、基因工程苗、亚单位菌苗等。

三十七、嗜麦芽窄食单胞菌感染
(Stenotrophomonas Maltophilia Infection)

嗜麦芽窄食单胞菌感染是由嗜麦芽窄食单胞菌（*Stenotrophomonas maltophilia*）致人和动物致病的细菌性疾病。主要特征是条件性、继发性多临床症状感染。如肺部感染、尿道感染、下呼吸道感染、败血症、脑膜炎、结膜炎、皮肤感染等，且对多种抗生素耐药。

历史简介

Huge 和 Ryschenkow，1958 年从人口腔肿瘤及咽部分离到此菌，于 1960 年命名为嗜麦芽假单胞菌。1981～1983 年对本菌研究发现其基因和生化反应与其他假单胞菌有较大差别，根据 DNA - rRNA 杂交、细胞脂肪酸组成、噬菌体的实验结果，本菌被归入黄单胞菌属，称为嗜麦芽黄单胞菌。但由于本菌不产生黄单胞菌素，对植物有致病性，并能在 35℃生长，有一端丛毛，与其他黄单胞菌不同，故 Palleroni 和 Bradbury 等学者（1993）建议归入寡单胞菌属，定名为嗜麦芽窄食单胞菌（*Stenotrophomonas maltophilia*）。

病原

嗜麦芽窄食单胞菌（*Stenotrophomonas maltophilia*）是嗜麦芽窄食单胞菌属的唯一生物种。为革兰氏染色阴性、较短或中等大小细长略弯曲杆菌，一端有丛鞭毛，多为 3 根以上，有动力。最适生长温度为 35～37℃，4℃不生长，42℃约有近半数菌株生长。在普通琼脂和血琼脂平板上菌数较大，0.5～1.0mm，光滑，闪光，边缘不整齐，呈淡紫色，可见黄绿色色素，不溶血。多数菌株生长时需要蛋氨酸。氧化酶阴性，氧化分解葡萄糖的能力非常弱，且缓慢，能代谢的物质有限，与其他细菌区别。葡萄糖 O/F 实验在培养 18～24h 呈中性或弱碱性反应，培养 48h 后呈酸性，故与产碱杆菌混淆。本菌能迅速分解麦芽糖，水解七叶苷，液化明胶和使赖氨酸脱羧。

Minkwitz 等将本菌分为 C 群（临床分离菌株和部分环境分离株）和 E1 与 E2 群，表明某些环境株与人体感染相关。张浩言（2004）报道，猪源嗜麦芽窄食单胞菌 16SrRNA 基因序列长度为 1502bp，DNA 中 G+C 含量为 550mol%。

嗜麦芽窄食单胞菌易发生耐药性，对氨曲南、亚胺培南、头孢噻肟、头孢曲松、庆大霉素、妥希霉素、阿米卡是耐药达 81%～97.1%；对复方新诺明、环丙沙星、头孢他定耐药为 20.9%～37.2%。

流行病学

嗜麦芽窄食单胞菌是在环境中广泛存在的非发酵、革兰氏阴性、需氧杆菌。广泛分布于水、土壤、植物根系和人与动物体表和消化道。可在人的皮肤、胃肠道、呼吸道、伤口等处定植，容易在患有严重基础病人的住院病人中感染，为条件性致病菌。据国外报道，本病发病率为 0.18%（1981），1984 年上升至 0.38%。据医院统计医院内分离率为 33%，重症病人的分离率为 64%。Denton（1995）报道本菌在医院感染的非发酵革兰氏阴性菌中，占 3%～5%，分离率仅次于绿脓假单胞菌和不动杆菌。近年来发现该菌可污染血液透析液和内镜清洗液而导致感染。在医院内，可以从瓶塞、蒸馏水、喷雾器、透析机、导管、血气分析机及体温计等处分离到此菌。一般认为医疗中流质导管和长期应用广谱抗生素和激素均是该菌感染的危险因素。常发生于重症监护病房和肿瘤中心。高龄、严重基础疾病（包括心、脑血管疾病、重症慢性阻塞性肺气肿、晚期癌肿、血液病、严重烧伤、糖尿病、尿毒症、重症肝炎和肝硬化等）人群。动物流行病学尚不清楚。在猪传染性疾病的预防和治疗方面，广谱抗生素的大量和超剂量使用，可能是导致嗜麦芽窄食单胞菌感染猪的原因之一。

发病机制

1. 宿主防御功能减退

局部防御屏障受损：烧伤、创伤、手术、某些介入性操作造成皮肤、黏膜的损伤，使嗜麦芽窄食单胞菌易于透入人体屏障而入侵。

免疫系统功能缺陷：先天性免疫系统发育障碍，或后天性受破坏（物理、化学、生物因素影响），如放射治疗、细胞毒性药物、免疫抑制剂、损害免疫系统的病毒（HIV）感染，均可造成机会感染。

为病原体侵袭提供了机会：各种手术、留置导尿管、静脉穿刺导管、内镜检查、机械通气（呼吸机）等的应用，使得嗜麦芽窄食单胞菌有了入侵机体的通路，从而可能导致感染。

2. 抗生素的广泛应用

光谱抗菌药物可抑制人体各部的正常菌群，造成菌群失调。由于抗生素滥用，导致嗜麦芽窄食单胞菌已成为重要病原菌。

对抗生素敏感的菌株被抑制，使耐药菌株大量繁殖，容易造成医院感染细菌的传播和引起患者发病。由于嗜麦芽窄食单胞菌对碳青霉烯类抗生素如亚胺培南、美罗培南等天然耐药，在医院 ICU 病房亚胺培南、美罗培南的广泛应用使得嗜麦芽窄食单胞菌成为 ICU 主要医院感染病原菌。

临床表现

人

Calza 等（1993），陈民钧等，樊新等（2003）：本病多见于医院内，以混合感染为主，引起牙周炎、结膜炎、呼吸道感染、烧伤、创面或手术切口感染、骨骼、关节、软组织感染、泌尿道感染、肺炎、心内膜炎、脑膜炎、腹膜炎、前列腺炎、菌血症及急性乳突炎和皮肤感染等。丁雅萍（2012）对 144 例男和 132 例女的呼吸道痰中样本嗜麦芽窄食单胞菌检测，检出率为 9.6%，位居 ICU 的第 4 位。而普通病房检出率为 2.9%。常见的有：

1. 肺部感染

康焰等（2002）报道，嗜麦芽窄食单胞菌引起人的肺炎，其有两个感染途径，即呼吸道吸入性感染和血源性感染。肺炎患者通常都有基础性疾病，如肺癌等。以慢性阻塞性肺病合并呼吸衰竭，下呼吸道感染占 80%，85% 患有基础病变。临床表现主要为发热，呈中高热，热型不规则。轻度咳嗽，多呈有黄白色黏稠状痰液，难咯出，导致感染性休克。形成菌血症时可有畏寒或寒战。心律不齐，水和电解质平衡失调，呼吸衰竭，死亡。

2. 尿路感染　症状不明显，多为原发性病所掩盖，并发引起高热，寒战或败血症，尿路梗阻。可死亡 70%。少数有大肠杆菌混合感染。

3. 烧伤创面感染　体温可达 39℃，创面常并发大肠杆菌与金黄色葡萄球菌，死亡率达 22%。

4. 手术切口感染　局部切口延长愈合，常有金黄色葡萄球菌、表皮葡萄球菌、绿脓杆菌等混合感染。

5. 败血症　常见于 60% 的基础病患者，多发生在肺炎、尿路感染和创面感染的基础上。有不明高热，畏寒或畏战，血中白细胞和中性粒细胞增高。严重时，常因 DIC 而引发休克和多器官功能衰竭，也可引起心内膜炎。周文华（2006）报道，本菌致 12 例小儿败血症。发热，体温达 38.3～40℃（38℃ 2 例、39℃ 7 例、40℃ 2 例），精神差 8 例，面色苍白、唇色淡 2 例，咽腔充血 6 例，咳嗽 6 例，颈部有数个淋巴结如花生仁大小，触之疼痛明显 1 例，肺有细啰音 4 例，干啰音 2 例，肝右下肋 1.0～3.0cm 5 例，脾左下肋 0.5～2.0cm 4 例，右踝关节外侧红肿（4×3cm），触痛明显、无波动感 1 例，WBC（<$10×10^9$/L 3 例、$10×10^9$～$15×10^9$/L 4 例、$16×10^9$～$20×10^9$/L 3 例、$21×10^9$～$30×10^9$/L 2 例），中性粒细胞（0.33～0.46，2 例、0.57～0.81 10 例），Hb 57～75g/L 2 例、RBC 2.14～2.63×10^{12}/L 2 例。

6. 胆囊感染　发热，不典型。发作后 1～2 天疼痛消失后常扣及肿大的胆囊。常有大肠杆菌、粪链球菌、克雷伯氏菌、绿脓杆菌、柠檬酸杆菌等混合感染。

7. 其他　如腹腔感染、心内膜炎、胸膜炎、脑膜炎、前列腺炎、皮肤感染、软组织感染、宫腔感染、结膜炎、急性乳头炎、骨和骨髓感染、脑膜炎等。

本病的转归：治愈率在 50%～65%，死亡率在 8.3%～38.5%。Muder 等（1996）称，一旦发生菌血症，死亡率可达 21%。Paez 和 Costa（2008）报道，本菌直接死亡率可达 26.7%，混合感染死亡率为 21%～69%。与本菌感染率、死亡率有关的危险因素有癌症、ICU 治疗、休克、血小板减少、器官功能障碍、急性生理与慢性健康状态评估大于 15 分等。

猪

对嗜麦芽窄食单胞菌引起猪感染的临床表现尚缺乏系统的研究。

Suzuki（1995）报道猪感染。在猪舍及其周围环境中该菌大量存在，当猪群感染某种或几种疾病导致免疫功能低下时，这种条件性致病菌会乘虚而入，使病情加重或复杂化。

广东四会某猪场报道 40 日龄仔猪表现高热、绝食、精神萎靡、贫血等。张浩吉（2004）对发病猪采血，通过 16S rRNA 基因分析证实猪感染本病。对在分离的 20 个菌株中有 16 个株来源于病猪的呼吸系统，在猪群的呼吸道及肺脏具有较高感染水平。

诊断

本病临床症状多样伴以并发，所以依靠临床症状很难确诊。主要依靠实验病原分离和鉴定来确诊。

除了观察嗜麦芽窄食单胞菌的培养菌落的形态外，其对克氏双铁反应与其他非发酵菌相同，但氧化酶阴性，动力阳性，亚胺培南天然耐药（无论何种菌环）及生化鉴定赖氨酸阳性而其他为阴性，即可报道为嗜麦芽窄食单胞菌。

防治

本菌对亚胺培南天然耐药。对大多数抗生素具有耐药性且多重耐药性，对氨基糖苷类、青霉素类、头孢菌数药物有一定的抗药性。该菌可产生两种酰胺酶，一种为金属β-内酰胺酶，属β-内酰胺酶3型，酶抑制克拉维酸不能抑制其活性，它主要水解碳青霉烯类抗生素和亚胺培南、美罗培南等，因此该菌表现为亚胺培南高度耐药；另一种为头孢菌素酶，属β-内酰胺酶2e型，克拉维酸可抑制其活性，能水解青霉素类和头孢类抗生素。由于两种β-内酰胺酶可同时产生，因而该菌表现为对几乎所有β-内酰胺类抗生素耐药。该菌对氨基糖苷类的耐药主要由水解氨基糖苷类抗生素的酶引起。另外，嗜麦芽窄食单胞菌的外膜通透性是造成该菌对多种抗生素具有耐药性的原因之一。本菌对环丙沙星、多西环素耐药性较低，最敏感为复方新诺明。所以，防治前要进行药敏试验，选择好药物，进行联合用药防治。目前常用的方案是SMZ-TMP与其他一种抗生素联合使用，联合的抗生素包括替卡西林—克拉维酸、米诺环素、氟喹瑞酮类及头孢他定。药敏试验对药物选择有一定指导意义，但临床疗效常常与之不一致。

加强医院和猪场的环境卫生，降低病原滋生条件。猪场要合理使用药物，避免机体免疫力下降。

三十八、亲水气单胞菌病
（Aeromonas Hydrophila Antritis）

亲水气单胞菌病（Aeromonas Hydrophila Antritis，AH）是由气单胞菌属细菌引起人类、动物和鱼类等多种疾病。以消化系统疾患为特征，如急性胃肠炎、败血症、脓毒症、脑膜炎、霍乱样腹泻、食物中毒等。

在动物，已知能引起多种动物，尤其是某些鱼类及其他冷血动物的感染发病，如草鱼、青鱼肠炎；鲢、鳙鱼"打印病"等，是一种典型的人—兽—鱼共染的传染性疾病。

历史简介

亲水气单胞菌较早在欧洲被认为是导致人类腹泻的重要病原菌，几乎可以从所有水生动物中分离到。该菌最早由Sanarelli（1891）从受感染的青蛙中分离到，并确认该菌能使青蛙发生"红腿病"（Red Leg Disease），当时称其为褐色嗜水杆菌（Bacillus hydrophilus fuscus Sanarelli，1891），此命名曾被Chester（1901）修正为嗜水杆菌（Bacillus hydrophilus）。同时Ernst（1890）检出另一个引起青蛙"红腿病"的病原，是名为杀蛙杆菌（Bacillus rami-cida）。两菌株都能使青蛙发生同一病害，致人疑为同一病菌。但Migula（1894）研究发现杀蛙杆菌能产生绿色色素，更似假单胞菌；并且对温血动物无感染力。Sanarelli对两菌进行了比较研究，杀蛙杆菌在36℃以上及8.5℃以下不生长，能液化明胶，产生气体，在36℃也能良好生长，不产生色素，认为是属于气单胞菌属细菌的种，即现在的亲水气单胞菌。因此，多数细菌分类学家认为 Sanarelli（1891）的报告是气单胞菌属细菌第一次有效的描述。Kluyver 和 Niel（1936）提出气单胞菌概念并将 Sanarelli 命名的褐色嗜水杆菌是名为亲水气单胞菌。Miles 等（1937）从 1 名结肠炎患者大便样本中分离到本菌，并将其归于变形菌属取名为"Proteus melanorogens"，但在当时被认为是无临床意义的。确认气单胞菌在人的感染发病，早期的记载是 Kijems（1955）报告分离于人血液的两株菌；Caselitz 和 Cunther（1960）报告了来自人的菌株引起人的腹泻。Asao（1984），Rose（1984）分别报道了从腹泻病人粪样中分离到本菌，自 1961 年以来，由亲水气单胞菌引起的急性胃肠炎在美国、印度、丹麦、捷克、法国、澳大利亚、泰国、埃塞俄比亚及北美等许多国家和地区散发病例中发现，1970 年亲水气单胞菌被正式明确为人的肠道病原菌。我国戴寄帆（1981）报道，从胆囊炎合并胆结石患者胆汁中分离到亲水气单胞菌。郑德联（1984）从急性腹泻 800 例患者中检出 26 例患者（占 3.25%）病原为亲水气单胞菌，其后在全国各地都有亲水气单胞菌感染的报告，涉及肠炎、食物中毒及其他多种感染炎型。Alid 等（1996）建议名为亲水气单胞菌。在动物，已知能引起多种动物、多种类型感染，除水产外，有李鹏（2005），雏鸡感染；王健（2009），企鹅感染；李克敏（1998），鸭感染；李伟（2000），黑鹤感染；韦婷（2000），长颈鹿感染；韦强（1990），家兔感染；雷蕾（2001），北极熊感染；杨臣（1992），貉感染；王永贤（2002），大熊猫感染；郑新永（1987），猪感染的报告。

Sanarelli（1891）从青蛙中分离到此菌后，其归属曾一度处于混乱的分类状态，曾先后被划分到许多不同的菌属中，包括气杆菌属（Aerobacter Beijerinck，1990）、变形菌属（Proteus Hauser，1885）、假单胞菌属（Pseudomonas Migula，1894）、埃希菌属（Escherichia Castellani and Chalmers，1919）、无色杆菌属（Achromobacter Bergey et al.，1923）、黄杆菌属（Flauobacterium Bergey et al.，1923 and Bernardet et al.，1996）、弧菌属（Vibrio pacini，1854）等。Kluyver 和 Van Niel（1936）提议建立气单胞菌属（Aeromonas Kluyver 和 van Niel 1936）。Stanier（1943）正式提出并待认定，同时将气单菌属分为无动力的嗜冷性菌群和有动力的嗜温性菌群。Ewing（1961）认为气单胞菌至少包括 3 个种：杀鲑气单胞菌、类志贺氏气单胞菌和亲水气单胞菌混合群，在这一混合群中有人提出不同的命名，如亲水气单胞菌、斑点气单胞菌、解肮气单胞菌和豚鼠气单胞菌等。Popoff My 等（1976—1981）根据该菌属的嗜盐性、DNA 碱基成分和数值分类法研究结果，将 Schuber 分类法进行了修正，认为气单胞菌属共包括亲水气单胞菌、温和气单胞菌、豚鼠气单胞菌和杀鲑气单胞菌 4 个种。气单胞菌属建立后，属内菌种的数量不断有所增加及变更。在 2005 年出版的《伯杰氏系统细菌学手册》第 2 卷中，气单胞菌属由归于弧菌科（Vibrionaceae Veron，1965）中划出，归在了新建的气单胞菌科（Aeromonadaceae Colwell MacDonell and De Ley，1986）；属内共记载了 14 个明确的种（Species）及 1 个位置未定的种（Species incertae sedis）和 7 个其他培养物（Other organisms），亲水气单胞菌为模式种（Type spicies），其中的杀鲑气单胞菌内含 5 个亚种，维氏气单胞菌（A. Ueronii）内含 2 个生物型；同时，还对气单胞菌属的命名者作了变更——气单胞菌属（Aeromonas Stanier，1943）。

病原

16SrRNA 等序列分析表明，亲水气单胞菌（*Aeromonas hydrophila*）的分类地位属弧菌科和肠杆菌科之间。亲水气单胞菌属于弧菌科，气单胞菌属。Altwegg 等（1991）运用同工酶技术和DNA杂交技术，将气单胞菌分为14个DNA杂交群。该菌具有较强的属的特异性。与属内的菌有交叉裂解现象，而与属外菌无交叉裂解现象。本菌裂解力强，且多位增殖裂解反应，增殖效价均可达到$10^8 \sim 10^9$pfu/ml，单菌裂解率均在22.0%～38.0%。AH呈穿梭状，有3种类型：一类为头部呈长轴六角型，尾部细长，结构简单；二类头部呈等轴六角形，尾部细长；三类呈等轴六角形，但尾部极短而不明显。有菌毛和鞭毛，但无荚膜和芽孢，也无包涵体。在电镜下，可发现一S层完整的包裹着菌体，仅有菌毛和鞭毛从S层晶格网眼中伸出。S层为多种病原菌的一种特殊表层蛋白质结构。

本菌为兼性厌氧菌，对营养要求不高。革兰氏染色阴性短杆菌，染色均匀或两极着染较深。两端钝圆，正直或略弯曲的小杆菌，单鞭毛，有动力，无荚膜，不产生芽孢，大小为$0.4 \sim 1.0 \mu m \times 1.0 \sim 4.4 \mu m$，有时形成长达$8 \mu m$的长丝状。最适温度为$30 \sim 38$℃，最适pH5.5～9.0。在琼脂平板上菌落呈圆形。表面光滑，边缘整齐，半透明，微凸起，直径2～4mm。在SS培养基上，不发酵乳糖，圆形，呈橘黄色菌落。在血琼脂平板上，能形成灰色，不透明，β-溶血环。本菌发酵葡萄糖、甘露醇、甘油，产酸产气；发酵果糖和蔗糖，产酸不产气，MR试验，氧化酶、过氧化酶、DNA酶试验阳性，吐温－80水解试验阴性，能利用柠檬酸盐，能以L-精氨酸、L-组氨酸作为主要唯一碳源。DNA中的G＋C为57～63mol%。模式株：ATCC 7966，DSM30187；GenBank登录号（16SrRNA）：X60404。

本菌属血清型复杂，并不断有新血清型出现。本菌O抗原有O3、O6、O11、O16、O23、O34是优势血清型。Thomas（1996）分型显示，其中O11、O16和O34毒力强大，被认为是引起人类腹泻的重要病原。

气单胞菌只有具有毒力因子的菌株才有致病性。目前已发现并得到认可的致病因子主要包括外毒素（又称气溶素、溶血素、细胞毒素或肠毒素）、胞外酶（亲水气单胞菌的重要的致病因子），主要包括热不稳定性丝氨酸蛋白酶、热稳定性金属蛋白酶、乙酰胆碱酯酶、甘油磷酸酯酶及部分不常见的酶、黏附因子（黏附素）。Gurwith从霍乱样腹泻急性胃肠炎患者粪便中分离出本菌，其培养液对小鼠肾上腺细胞、Hela细胞、人纤维母细胞等均可产生细胞毒作用，也可使兔结肠襻试验阳性，证明本菌有肠毒素存在，且具有强烈的致病作用。但仍存在是细胞圆缩性或为细胞毒的肠毒素的性质问题；另一个是肠毒素与霍乱毒素与大肠杆菌LT肠毒素的关系，仍有争论。各毒力因子协同对动物的免疫机制的抑制作用，致使养殖对象容易重复感染，从而导致败血症的发生。本菌存在所谓活的非可培养（VBNC）状态，一种休眠状态，一旦气温回升和获得生长所需要营养条件，VBNC状态的细菌又可回复到正常状态，重新具有致病力。细菌滤液中含外毒素，具有溶血性，可引起兔皮肤坏死，鱼类出血性败血症。

本菌对鱼、蛙等冷血动物和小鼠、豚鼠、家兔等温血动物均有致死性。试验动物实验表明，注射该菌的局部发生红肿、坏死，最终发生强直性抽搐死亡。据报告，所有亲水气单胞菌株均为产肠毒素株（Eat＋）。失去肠毒素性和环境分离物初次测毒为Eat-的菌株。通过家兔肠襻传代数次后即可恢复为Eat＋株。于嗜水单胞菌的Eat＋菌株中未能检出质粒，从而表明此菌肠毒素的产生同霍乱弧菌一样是受染色体控制。

流行病学

本菌广泛存在于淡水、污水、海水及含有有机质的淤泥、土壤中，有广泛的储存宿主，可构成在自然界的生态循环。常存在于鱼、虾和爬行动物体内，是侵害鱼类、两栖动物的病原菌。鸡、鸭、鸟、猴、兔、牛、猪、犬、青蛙、蟾蜍及人类等都可感染（表 2 - 37）。在一定条件下，如进食污染饮料、食物或皮肤伤口可导致水源性传播和腹泻爆发。某些菌株对人、动物致病，但有些是环境，动物正常菌群的组成部分。夏季饮用未消毒的水可造成本菌诱发的胃肠炎的爆发流行。在 35℃ 的水中，本菌数量最大，同时河湾分离率最高。Burke（1983）对 925 例腹泻患儿调查证实，亲水气单胞菌肠炎的夏季发病高峰可能与水源性传播有关。Gray SJ（1984）通过对家畜的研究，认为畜群饮用含亲水气单胞菌的水者，其粪便培养的阳性率在 11.8% 左右，其中乳牛和羊的阳性率高于猪与马。提示"健康"动物和未经处理的水源为人类主要传染源，也是该病散发或地方流行的重要原因。鱼类及蛙类等冷血动物为本菌的自然宿主，是人畜感染的主要来源，病人、病畜亦可作传染源，引起人—人、人—畜之间的传播，可发生相互间的传播。Scott EG（1978）报道，人与人之间的传播及家庭内传播的存在。在免疫功能低下或原患慢性病者，较易感染亦可发生肠道外病变。断奶不久的仔猪多发，主发于旱年枯水季节，因供水不足，用带菌的池塘水喂猪，引起本病发生。健康鱼带菌率很高，绝大多数亲水气单胞菌可产生肠毒素，是引起胃肠炎的主要毒力因子，引起人、牛、猪腹泻，水貂败血症。

发病机制

根据亲水气单胞菌的致病作用特点，可将其在人及陆生动物的感染大致分为引起胃肠道感染（包括人的食物中毒）、胃肠道外感染两类；在鱼类，主要引起败血症感染。已有的研究表明，亲水气单胞菌感染在发病机制方面主要病原菌的外毒素（Exotoxin）、胞外蛋白酶（ECPase）、S 层（S - layer）、黏附素（Adhesin）、铁载体及与机体的互作。亲水气单胞菌不仅具有多种毒力因子，其致病机理也是比较复杂的，且病理形成是与其毒力因子密切相关的。

表 2 - 37　亲水气单胞菌对动物的危害

病名	危害对象	类型
爆发性传染病	白鲫鱼、鲢鱼等鱼类	I
出血性败血症	香鱼、黄鳝、雷鱼、泥鳅	I
打印病，腐皮病	鲢鱼、鳙鱼	III
赤鳍病	鳗鲡	III
溶血性腹水病	鲫鱼	I
红腿病	蛙	I
口腔炎	蛇	?
稚鱼白点病	20g 以下稚鳖	III
烂甲病	50g 以上的鳖	III
红脖子病，赤斑病	各种规格鳖	III
肠炎	鱼、蛇、毛皮动物、人	II
败血症	貉、貂、小猪、白鹤、小鼠、家兔、豚鼠、地鼠	I（II）

1. 细菌黏附作用对感染形成的介导 根据亲水气单胞菌菌毛的形态学差异，可将其分为两类：一类短而硬，与细菌的自凝作用有关，但与血凝作用无关，不是黏附素；另一类则长而软，与细菌的黏附作用及血凝作用有关，是一种黏附素。在亲水气单胞菌的外膜蛋白（Outer Membrane Proteins，OMP）中，分子量为40KDa和43KDa的两种OMP与黏附作用有关，它们能与宿主细胞膜中受体中的糖残基发生反应，从而使细菌固着在宿主细胞上；43KDa的OMP还能与菌体的脂多糖（Lipopolysaccharide，LPS）结合在一起，形成OMP-LPS复合物，使复合物与细菌的血凝作用及黏附作用有关。

2. 蛋白酶对感染发生的作用 亲水气单胞菌可以产生多种蛋白酶，其种类和性质随着菌株、培养条件、细化方法等的不同有所差异。蛋白酶在亲水气单胞菌致病过程中的作用还尚未完全明了，但从已有的初步研究结果认为，其或是能作为直接致病因子或是能作为间接致病因子。总的来讲，亲水气单胞菌蛋白酶既能使直接攻击宿主细胞，又能作为激活剂使毒素活化；对于酪蛋白及弹性蛋白的降解作用，不仅有利于亲水气单胞菌突破宿主的防卫屏障在体内广为扩散，还能为细菌提供增殖所需营养成分以利于在体内的快速繁殖；此外，蛋白酶还有能灭活宿主血清中补体的作用，这在感染的早期对细菌本身的生存尤为重要。

3. 毒素与腹泻形成的关联 亲水气单胞菌产生肠毒素是由Sanyal（1975）首先证明的，后被许多学者所证实。曾根据该菌产生的外毒素生物学活性常将冠以不同名称，如HEC毒素是取自英文名称Hemolytic Activity、Enterotoxicity and Cytotoxicity的各自第一个字母。已知亲水气单胞菌外毒素具有细胞毒性、溶血性和肠毒性，对试验动物致死性，其外毒素的肠毒性机理与霍乱肠毒素（Cholera Enterotoxin，CT）相似，通过激活肠上皮细胞膜上的腺苷酸环化酶（Adenylis Acid Cyclase，AC），导致细胞内三磷酸腺苷（Adenosine Triphosphate，ATP）转化成环磷酸腺苷（Cyclic Adenosine Monophosphate，cAMP），当细胞内cAMP浓度明显增高后致使肠上皮细胞分泌功能亢进，肠液大量分泌和蓄积导致出现腹泻。

4. 表层结构的致病活性 在许多致病菌菌株的表面存在着一层呈晶格样排列的特殊表层（Surface，S）结构（S层），构成S层的蛋白亚蛋白（S-layer protein）。在对亲水气单胞菌的S层研究中，有报告显示该蛋白成分是相应菌株的主要表面抗原；生物学活性试验显示，对Vero细胞有轻微的细胞毒性（可致Vero细胞变圆而不脱落），无溶血活性（不能溶解人O型红细胞），也有一定的黏附活性。亲水气单胞菌的LPS同其他革兰氏阴性菌的一样，具有内毒素活性，如致热、白细胞减少或增多、弥散性血管内凝血、神经症状及休克等。从某种意义上讲，在亲水气单胞菌的致病作用中发挥着重要作用。

亲水气单胞菌可借菌毛或S层蛋白等黏附于宿主，在部分OMP和孔蛋白等的作用下侵入宿主，藉丝氨酸蛋白酶、LPS及其他胞外蛋白酶等破坏宿主细胞并定植，再不断合成与分泌外毒素等毒性物质并进一步生长繁殖，破坏机体组织而引发病变。

临床表现

人

亲水气单胞菌病对人的致病性20世纪60年代已认识到，Gracey MN等（1978）认为腹泻与此菌有关，是引起人肠炎的病原菌之一。

最早人类腹泻病人中分离到此菌。Holmbery（1984）从腹泻病人中本菌分离率可达4.9%～16.2%。Gurwith 自霍乱样腹泻的急性胃肠炎患者粪便中分离到亲水气单胞菌。Krieg 等（1984）报道了哺乳动物和人的感染。本菌与人机体全身或局部防御功能减退密切相关，如有血液病（急性白血病、再生障碍贫血、淋巴瘤等）、肝硬化、肾病、恶性肿瘤或激素治疗者均易招致感染，并且进一步发生败血症、腹膜炎、胆囊炎等。健康者有时发生腹泻，无并发症。经伤口感染，可引起蜂窝织炎、溃烂、坏死，经口感染主要引起腹痛、腹泻，免疫功能低下，机体严重损伤者可引起败血症。

1. 急性胃肠炎型　本病潜伏期常难推算，据郑德联（1984）统计，部分患者为 1～2 天。起病缓慢，大多数表现散发急性胃肠炎。有恶心、呕吐、腹痛、腹泻，部分患者伴有发热。大便呈水样便，每天 3～9 次。病程短暂，多为自限性。恢复期可检出抗体。有腹痛但无里急后重现象，个别患者呈霍乱样重度腹泻；2 岁以下儿童可表现出痢疾样症状；少数重症者可发生剧烈呕吐，大量水泻及重度脱水。极少数出现血便，主要发生在 2～3 个月年龄的婴儿。约 23% 带黏液便。Agger WA（1985）报告该菌在腹泻儿中检出率为 1.1%，其中发热超过 38℃ 者，占 55%、肠痉挛者占 35%、呕吐者占 25%、血便者占 38%。国内腹泻患者中该菌检出率为 3.25%。病程经过一般较短，多为自限性。3～10 天者为 50%，大于 10 天者为 50%，少数小儿可致难治性腹泻，延迟不愈。也有报道，病程 3 天至 6 个月，平均 6 周。儿童病期较成人为短，平均为 19 天，成人 42 天，少数在一年以上，成为慢性患者。人源分离株常见的是 O11、O34 和 O16。Gracey 等（1982）曾根据对 1 156 例亲水气单胞菌胃肠炎儿童患者的临床表现分析，将其分为 3 种类型。①轻症型：表现为低热、水泻，幼儿常有呕吐，症状持续约 7 天以内，约占总数的 41%；②痢疾型：表现为痢疾样症状，且大便带血和（或）黏液，约占总数的 22%；③迁延型：持续腹泻在 2 周以上，最长的可在 3 个月以上，约占总数的 37%。此外，由亲水气单胞菌引起的食源性和水源性食物中毒已多有爆发，常表现为急性胃肠炎症状，一般为腹痛、水样腹泻、恶心、呕吐，个别病例有低热、畏寒。

2. 外伤感染型　由于游泳、钓鱼、落水、溜冰等导致受伤；灼伤、复合外伤、骨折等伤口，在近期内接触过污染的海水、河水或土壤而发生激发感染。四肢为常发部位，可表现为局部皮肤感染、溃烂；重症可发生蜂窝织炎、溃疡，甚至坏死；病原进一步侵入，则可造成深部组织感染。该型可单独由亲水气单胞菌感染，但较多为混合感染，如金黄色葡萄球菌、绿脓杆菌、大肠杆菌等。

3. 败血症型　Tapper ML（1975），Wolff RL（1980）等认为败血症感染多在患者原有慢性病的基础上（如血液病、肝硬化、尿毒症、肿瘤等）接触鱼、水等而感染，血液透析后有发生该病的报告。亲水气单胞菌由伤口或肠道侵入血液，并局部化脓性感染；随血流到全身，可累及多种脏器引发多发性脓肿，如诱发心内膜炎、胆囊炎、腹膜炎、肺炎、脑膜炎、骨髓炎、皮肤软组织脓肿、骨关节化脓性炎症、坏死性肌炎等，从局灶性化脓感染到多发性脓肿等。以心内膜炎多见，预后较差，且可混合其他细菌感染。

4. 其他感染型　其他感染类型多为社会获得性感染，如医院手术后感染、尿路感染、褥疮感染、扁桃体炎、中耳炎、眼炎、肝脓肿等。戴立人（1990）报道亲水气单胞菌引起人DIC2 例。

猪

根据报道，猪亲水气单胞菌感染的临床症状主要是急性胃肠炎，并有相应的病理变化。

郑新永（1987）报道，食堂饲养的 4 头小猪相继发生不同程度的腹泻，排白色水样便，每天约 10 次，并死亡。检测为亲水气单胞菌病。人工复制猪在喂菌后 18h 开始排白色水样粪便，猪食欲减退，不爱活动。4 天后血清抗体上升。

辅志辉（1995）报道了猪亲水气单胞菌病。猪突然发生体温升高，腹泻，血便和急性死亡，病死率高。病初精神沉郁，食欲减少，饮水增加，体温升高至 41～42℃，排黄绿色稀便，消瘦，个别猪严重脱水。后期食欲废绝，眼角有脓性分泌物，眼结膜充血和黄染。在背、腹、四肢内侧和耳后皮肤有大面积紫红斑块，呼吸迫促，心跳达 150 次/min 左右，嗜睡，高度消瘦，卧地不起。强迫行走时，后躯摆动，步态不稳，频频腹泻，排血便，尾根及其肛门周围黏附有黄绿色和红色粪便。多数病猪临死前间歇性抽搐，惊叫，口流红色浆液性血样液体。

剖检 2 头自然死亡猪见腹腔有大量红色积液，肠系膜淋巴结肿大、出血，十二指肠、回肠、结肠呈弥漫性出血，纤维素性渗出，黏膜坏死并脱落，盲肠、大结肠内容物呈污红色液体，整个结膜黏膜呈糠麸样变化，胃黏膜出血，尤以幽门部和胃底部严重，肝呈紫红色，其表面布满小米粒至黄豆粒大小的白色坏死灶，胆汁稀薄，脾脏肿大，气管内有淡红色泡沫样液体。经无菌采取病死猪的肝、脾及肠系膜淋巴结涂片染色镜检为革兰氏阴性粗短杆菌；动物接种获得同猪病料相同的细菌；对两株分离菌进行形态特征、培养特性及生化特性试验，鉴定为亲水气单胞菌。试验结果认为，该猪场发病可能是与饮用养鱼塘污水有关。邓绍基（2000）报道，某猪在 7 月中旬突然发生个别猪体温升高、腹泻、血便等症状，不久波及全群。共发病 114 头，占存栏猪 217 头的 52.5%，病死猪 36 头，病死率为 31.6%（36/114）。病初体温升高到 40.5～41.8℃，食欲降低，饮水增加，精神萎靡，呆立，排黄绿色稀粪。后期表现食欲废绝，眼角有脓性分泌物，眼结膜充血和共染，在背、腹、四肢内侧及耳后等皮肤处有大面积紫红色斑块。呼吸迫促，嗜睡，高度消瘦，卧地不起，强迫行走时，后躯摆动。腹泻频频，血便，尾根及肛门周围黏附着黄绿色或红色粪便。临死前口流红色浆液性血样液体。

剖检 5 头自然病死猪，腹腔有大量红色积液；肠系膜淋巴结肿大，出血；肠道弥漫性出血，纤维素性渗出，黏膜坏死并脱落，严重者坏死组织与渗出物充满肠腔；胃黏膜出血，尤以幽门部和胃底部严重；肝脏呈紫红色，其表面布满小米粒或黄豆大小白色坏死灶；胆汁稀少色淡；脾脏肿大，髓质软化如泥；肺表面光亮，有大小不等的瘀血、出血斑点，部分肉变，气管内有淡红色泡沫样液体，管壁充血；肾表面和皮质部呈点状出血；心肌松软、色淡，心室积血，外表被一层纤维性渗出物包裹着，心包膜粘连。实验室涂片镜检、细菌分离培养、生化检验等鉴定为亲水气单胞菌病。动物复制试验，取病死猪脾脏 25g，加生理盐水 25mL 后磨研，再加 25mL 生理盐水稀释，取上清液，肌肉注射 90 日龄健康猪 3 头，每头 5mL。40h 后，3 头试验猪脾、肾、肝、心血及肠系膜淋巴结分离培养，均分离到同样细菌。试验结果认为，猪发生亲水气单胞菌病系与饮用鱼塘污水有关。

诊断

对人及动物亲水气单胞菌病感染的诊断，可以通过流行病学调查、临床症状和剖检病变观察怀疑本病。由于人及动物的亲水气单胞菌病感染，无论是胃肠道感染还是胃肠道外感染类型，一般均缺乏具有鉴别诊断价值的临床与病变特征，且常常是多种病原菌均可引起同样的感染，还有在不少情况下是两种或两种以上病原菌的混合感染，也有的情况是继发感染。因此，对人及动物的亲水气单胞菌病的确诊，病原学检验是必需的程序。

对亲水气单胞菌病进行细菌学检查主要包括细菌的分离、形态学、生化特性、菌种鉴定、毒力因子等。

1. 细菌分离与鉴定　亲水气单胞菌为革兰氏阴性杆菌，对营养的要求不高。所以，通常可将被检样本接种于普通营养琼脂、血液（常用家兔脱纤血液）营养琼脂、麦康凯琼脂；脏器分离可用 TSA 培养基；粪便分离可用 RS 选择培养基。

2. 生化特性检测　对分离后的亲水气单胞菌进行培养特性及生化特性检查，目前仍是鉴定亲水气单胞菌可靠的方法。为简便区分嗜温且在临床常见的亲水气单胞菌、温和气单胞菌（即现在的维氏气单胞菌温和生物型）及豚鼠气单胞菌，可做葡萄糖产气、分解七叶苷及水杨苷、V - P 反应等 4 项试验。一般亲水气单胞菌病为＋、＋、＋、＋，温和气单胞菌为＋、－、－、＋，豚鼠气单胞菌为－、＋、＋、－。

另外，有亲水气单胞菌毒力因子 HEC 毒素、蛋白酶、S 层、动物感染等检查，不仅有助于区别病原及非病原菌株，并且能明确相应病原亲水气单胞菌菌株产生这些毒力因子的具体情况。免疫学检验和分子生物学检验目前尚待完善。

由于本病症状被原发疾病所掩盖，因此极易误诊或漏诊。凡遇有不能解释的无热性腹泻一般肠道致病菌培养呈阴性者，需警惕本菌感染的可能。

防治

亲水气单胞菌虽广泛存在于自然界中，但传染性不强，发病率不高，死亡率只有大量增殖达到一定密度时，才能加快动物的传染和致死率。而本病主要经水传播，人与动物应避免接触污水，鱼类在皮肤上会有一些寄生虫病毒、细菌等。因此，保持环境、饮用水及食品（尤其是水产品）、所用物品的清洁卫生，是防止亲水气单胞菌感染与传播的一项重要措施。因为饮煮沸水和煮熟的食物，任何经过很好烹饪和充分加热食物都没致病菌。对粪便、垃圾、污水等要进行无害化处理，防止循环感染处理；对畜禽粪便及时进行无害化处理；猪病的发生常与渔场污染有关。所以，对水产养殖动物的养殖水，需定期监测细菌数量，以防感染的发生。注意避免接触及饮用有污染的水、避免伤口被水污染，是有效预防与控制亲水气单胞菌感染与传播的重要方面。因此，河水、池水也会有这些病原体，人在饲养鱼时要防止感染。要强化对这些水的消毒。

在治疗方面，无论是人还是动物的亲水气单胞菌感染，使用抗生素的治疗一般是不可缺少的。由于人的急性胃肠炎型常表现为自限性的，因而要注意对症治疗，常需及时补液，以纠正脱水和电解质及酸碱失衡。对于人与猪等动物感染，由于细菌的耐药性，所以对发病者要做到药敏试验。本菌对多种抗生素都不敏感，对长效抗菌剂、痢特灵、氯霉素、庆大霉素、卡那霉素、链霉素敏感。TMP 是治疗儿童亲水气单胞菌胃肠炎的最佳药物，疑有混合感染时，应联合用药。抗生素剂适合疗程，不应过小或过短，慎防复发。一般治疗为支持和对症治疗，对腹泻者要补液及纠正电解质紊乱。在免疫预防方面，目前已有亲水气单胞菌甲醛灭能菌药应用于鱼类及某些陆生动物，有一定的免疫保护效果。但还未进入实际应用阶段。

三十九、副溶血弧菌肠炎

（Vibrio Parahaemolyticus Enteritis）

本病是由嗜盐性副溶血弧菌（VP）致人畜以急性胃肠炎为主的细菌性疾病，称副溶血弧菌病。主要存在于近海岸、海水沉积物和鱼类、贝类等海产品中，可引起食物中毒、胃肠炎、反应性关节炎和心脏疾病等。以往习惯称为嗜盐菌食物中毒，但嗜盐菌并非都是副溶血弧菌。

历史简介

2000 多年前已有霍乱弧菌记载。1817 年以来世界性霍乱大流行发生过 7 次，前 6 次病原为古典生物型，1961 年以来由霍乱弧菌 EITOR 生物型为主。其中又发现副溶血弧菌为病原的病例，尤其在沿海地区发病较高。藤野恒三郎（1950）在大阪发生的一起咸沙丁鱼食物中毒死者的肠腔内容物和含物中发现并分离到此菌，在电镜下，发现菌有端极单鞭毛，两极浓染，培养有溶血性，称其为副溶血巴氏杆菌。1955 年 8 月滝川厳再次从横滨医院腌黄瓜中毒病人的粪便用 4％含盐琼脂分离到本菌，称其为"嗜盐菌"，由于其生化性状近似假单细胞菌属，又称其为肠炎假胞菌。并通过 11 名志愿者经口服试验，其中有 7 人发病，证实了该菌有致病性，后又称肠类海洋单胞菌、溶血海洋单胞菌等。叶自隽（1958）从上海一起由烤鹅引起的食物中毒物中发现副溶血弧菌。坂崎（1961）对这类 1702 株菌进行形态、生理生化，对抗生素和弧菌抑制剂 O/129 的敏感作了详细研究，认为此菌应列入弧菌属，定名为副溶血弧菌。1966 年由国际弧菌委员会将致病性嗜盐菌列入弧菌属，正式命名为副溶血弧菌。此菌属弧菌科，弧菌属。该属共有 36 个种，其中有 12 个种与人感染有关。

病原

本菌为需氧或兼性厌氧菌，革兰氏染色阴性，呈两端浓染多形态性，常呈球杆状、弧状、棒状，甚至丝状。在 SS 琼脂和血琼脂上，大多数呈卵圆形，少数为杆状、球杆状或丝状，大小为 $0.7 \sim 1.0 \mu m \times 3.0 \sim 5.0 \mu m$，无芽孢和荚膜，端极有一根鞭毛，在液体和固体培养基中形成一端丛鞭毛；仅在固体培养基形成周身鞭毛。本菌对营养要求不高，在不含盐的培养基上不生长，在含食盐 3％～3.5％中生长最好，高于 8％停止生长，这与 NA＋/H＋反向转运系统有关。最适温度为 30～37℃，pH7.7～8.0。新分离菌株在 3.5％食盐琼脂上菌落呈蔓延状生长、边缘不整齐、圆形隆起、光滑、湿润、不透明；在 SS 琼脂上部分菌株不能生长，能生长的菌落较小，为 $1.5 \sim 2.0 \mu m$，圆形扁平，无色较透明蜡滴状，有辛辣味，有时出现黏性不易被挑起。在血琼脂上，菌落为 2～3mm，圆形隆起、湿润、略带灰色或黄色，某些菌株可出现 β-溶血。在 TCBS 平板上形成 0.5～2.0mm 菌落。不发酵蔗糖的绿色或蓝绿色菌落。大多数菌株对弧菌抑制剂 O/129（2，4-二氟基-6，7 二异丙基喋啶）不敏感。

本菌生化反应活泼，发酵葡萄糖、麦芽糖、甘露糖、覃糖、淀粉、甘油、靛基质、硝酸盐还原阳性；嗜盐，在 10％NaCl＋1％胰蛋白胨水中生长。

本菌 DNA 的 G＋C 为 38％～51mol％；模式菌株：113，ATCC17802，DSM30189，NCMB1326；GenBank 登录号（16SrRNA）：M5G161；X56580，X74720。有 3 种抗原成分：一种是鞭毛（H）抗原，又称不耐热抗原，本菌的 H 抗原都是相同的；二种是菌体抗

原（O），为耐热抗原，具有群样特异性，O抗原可分为O1～O13；三种是表面（K）抗原，K抗原有74种（K1-K70，其中缺K2、K14、K16、K27、K35）是一种荚膜多糖抗原，存在菌体表面，可阻止抗菌体血清与菌体抗原发生凝集，加热至100℃ 1～2h可以去除它具有型特异性。K抗原常在保存过程中发生变异，因H抗原在各菌株间均相同，无分型价值。所以，根据K抗原和O抗原的组合来定型，共有845种以上血清型，以OxKx表示。日本副溶血弧菌血清委员会于2006年公布了O1～O13及K1-K75的新血清型（O：K）组合（其中包括新增加及改动的，见表2-38）。本菌具有很强的自发变异性，当在需氧条件下，用基础培养基连续传20代以上，1%细菌在胞浆中形成空泡，1/万细菌发生表型变异，菌膜中两种成分菌红素（rub）和调理素（ops）丢失。本菌具有大质粒（phi，此菌质粒可能与rub及菌膜的合成有关），当质粒发生嵌入、重组或缺失等变化时，菌株表型也随之发生变异。通过RIMD2201633株基因结构分析，全基因包括大小两个环状染色体，大染色体长3 288 588bp，小染色体长1 877 212bp，共有4 832个编码基因。

目前已发现本菌有12个种，分为Ⅰ～Ⅴ共5种类型，从患者粪便分离出的菌株属Ⅰ～Ⅲ型，自致病食物分离的菌株90%以上属Ⅳ、Ⅴ型。

本菌可分为两个生物型：1型，副溶血弧菌；2型，溶藻性弧菌。1型是致病的，2型一般无致病性，但当食入一定量时可能致病。

认为发生食物中毒的主要原因是吞食了大量的活菌而引起的。有资料表明，摄入一定数量活菌（$10^5 \sim 10^7$），可使人致病。与菌株毒力有关的因子有：①耐热性溶血素（TDH），属于穿孔毒素，为不含糖或脂的蛋白，分子量42KDa，是一种具有溶血活性、致死作用和细胞毒等多种生物活性的蛋白质；②不耐热性溶血素（TRH），分子量为48KDa；③磷脂酶；④溶血磷脂酶；⑤霍乱原样毒素；⑥胃肠毒素等。

目前比较明确的致病因素包括两个方面。

1. 肠毒素 该菌可产生一种类似霍乱弧菌肠毒素的不耐热毒素（Heat-labile Enterotoxin, LT），可通过cAMP/cGMP的介导，使细胞内cAMP浓度升高而引起剧烈分泌性腹泻及水分和电解质紊乱。动物实验中，该毒素对鼠和兔的心脏具有毒性，临床也有部分病例出现心肌损害症状。还分泌两种耐热的肠毒素，其一为耐热直接溶血素（Thermostable Direct Hemolysin, TDH），可通过增加上皮细胞内的钙而引起氯离子分泌，动物实验表明具有细胞毒和心脏毒两种作用；另一个是耐热相关溶血素（Thermostable Related Hemolysin, TRH），生物学功能与TDH相似，其基因与TDH同源性为68%。

2. 侵袭力 副溶血弧菌能侵入肠黏膜上皮细胞，其致病物质包括黏附素和黏液素酶，可直接引起肠道病理损害。

本菌有的菌株要出现溶血，溶血是致病性的一个标志。用溶血反应能将副溶血弧菌分为两群，即神奈川阳性和神奈川阴性，用Wagatuma培养基作检查，能使人或家兔红细胞形成溶血圈，但不能使马红细胞发生溶血则为阳性，否则为神奈川现象阴性。神奈川现象与副溶血弧菌的致病性密切相关，自病人分离的菌株有96.5%为神奈川阳性；从鱼类、海水中分离到的副溶血弧菌99.0%为神奈川现象阴性。从环境中分离的菌株只有不到1%溶血，用DNA探针检查表明，非溶血性菌株实际上是缺乏溶血素所必需的遗传顺序。引起神奈川现象的因子是副溶血弧菌产生的耐热性溶血毒素所致。溶血素分为两种：一种为耐热溶血素（TDH），另一种为TDH相关溶血素，即不耐热溶血素（TRH）。临床上分离菌株大多为

TDH＋、TRH＋株，占 10%～15%，少数副溶血弧菌 TDH 和 TRH 双阳性，环境分享株几乎无 TDH 阳性。杨联耀等（1996）曾对 30 株不同来源（10 株分离于食物中毒标本、18 株分离于腹泻标本、2 株分离于海水）的副溶血弧菌，以由上海市卫生防疫站提供的 13 种 O 血清（O1～O13）和 65 种 K 因子血清（K1～K71）进行血清学分型，同时进行了 KP 试验，结果未见副溶血弧菌血清型同致病性之间的内在联系，因为没有发现固定的一种或几种血清型对人具有致病性，实验结果也间接支持了耐热性溶血素（TDH）为副溶血弧菌的一种毒力因子的观点，我国流行菌株主要以 O4 和 O1 群为主。

本菌对氯、石炭酸、来苏儿等消毒剂敏感。不耐热，65℃30min 即被灭活，在淡水中生存不超过 2 天，在海水中能生存 47 天以上，盐渍酱菜中存活 30 天以上。耐碱怕酸；在 2% 冰醋酸或食醋中 5min 死亡。对氯霉素敏感，对新霉素、链霉素、多黏霉素、呋喃西林、吡哌酸中度敏感，对青霉素、磺胺嘧啶耐药。

日本副溶血弧菌血清型委员会，于 2004 年公布了 O1～O13 及 K1～K75 的新血清型（O∶K）组合（其中包括新增及改动的），见表 2-38（引自《日本细菌学杂志》2000）。

表 2-38 新的副溶血弧菌血清群

O 群	K 型
1	1, 5, 20, 25, 26, 32, 38, 41, 56, 58, 60, 64, 69
2	3, 28
3	4, 5, 6, 7, 25, 29, 30, 31, 33, 37, 43, 45, 48, 54, 56, 57, 58, 59, 72, 75
4	4, 8, 9, 10, 11, 12, 13, 34, 42, 49, 53, 55, 63, 67, 68, 73
5	15, 17, 30, 47, 60, 61, 68
6	18, 46
7	19
8	20, 21, 22, 39, 41, 70, 74
9	23, 44
10	24, 71
12	19, 52, 61, 66
13	65

注：其中的 O12 和 O13 群抗原，与 O10 及 O13 的抗血清存在交叉凝集，是否作为独立抗原群尚有待研究确定。

流行病学

副溶血弧菌为分布极广的海洋细菌，其自然生存环境为近海岸和海湾水，因为这些水域中含有较丰富的动物有机物，利于该菌生长繁殖。本菌是沿海国家重要的食物中毒菌。目前已报告有副溶血肠炎的国家和地区有日本、中国、澳大利亚、印度、美国、越南、泰国、马来西亚、新加坡、俄罗斯、巴拿马、新西兰、罗马尼亚和墨西哥。以日本和我国分布最广，发病率最高。我国华东沿海该菌的检出率为 57.5%～66.5%。宁波 6 216 份腹泻物样本中检出本菌 901 株，其中 408 株可分成 6 个血清型，而 O∶3 型占 72.71%。在日本占细菌性食物中毒 70%～80%。O3∶K6 和 O4∶K8 为主要流行株，食物中毒者为 O3 型血清型。其中 O3K6 是 1966 年新出现血清型，目前已占到全球每年溶血弧菌引起食物中毒的 50%～80%，这种血清型的菌株含 tdh 基因，不含 trh 基因。人是主要的易感者和传染源。易感人群主要是与接触海水或食海产品的机会较多有关。本病主要通过生食海产品和食用被细菌污染而未被杀灭本菌的食物而感染。患者在发病初期排菌量最多，可成为传染源。但其后排菌量迅速减少，故一般并不在人群内辗转传播。人群中亚临床型感染和一次性带菌是存在的，但健康人群带菌率极低。日本在流行季节检查 2 000 名旅销工作人员，带菌率为 0.3％。上海检查820 名健康人群，水产工人带菌率为 5％，机关人员为 0.5％。人与人、孩子间相互传播的可能性不大。近年来日本相继报道有新菌型由外国旅游者传入，并认为东南亚、非洲进口的鱼、贝类检出的菌型与日本国内流行菌株有密切关系。但食物带菌不容忽视，除污染本菌的肉、禽、咸菜和凉拌菜之外，我国不少地区发现淡水鱼带菌率达 75％，有些河水也可检出此菌。海产品中以乌贼、黄鱼、蛏子、海蜇头等带菌率较高。本病流行有明显的季节性，每年的 5～11 月均要发病，但多集中在 7～9 月。

金培刚在 1983～1992 年浙东食物中毒报告中指出，细菌性食物中毒中有 42.9％为副溶血弧菌食物中毒（表 2-39）。

表 2-39 1983～1992 浙江副溶血弧菌中毒报告发病情况

年份	发病起数	发病人数	平均每起病例数
1983	10	515	51.5
1984	4	163	40.8
1985	11	498	45.3
1986	13	402	30.9
1987	17	518	30.5
1988	16	345	21.6
1989	12	211	17.6
1990	14	201	14.4
1991	13	261	20.1
1992	11	208	18.9
	121	3 322	27.5

发病为 8～10 月，高峰期 7～9 月，呈双峰型曲线。发病从 5 月逐增，7 月达高峰，8 月回落，维持高水平，9 月再升高峰，10 月后发病迅速下降。

气候和饮食习惯是发病的重要因素。该菌的年周期性循环的临界温度为 14～19℃，在每年 2 月份，海水温度在 9℃时基本上查不到，4～6 月大量增多，至 10 月几乎 100％阳性。本菌食物中毒的发生与菌的摄入量有关。实验证明，其感染量为 10^6～10^8。在日本，对生食海产品的本拉菌的限定量为 10^4/100g。据 1983～1984 年统计，在 412 起食物中毒事件中，本病占 26％，病人多有食海产品史，常在夏秋季节集体发生，临床特点是腹痛、腹泻、呕吐、发热，误易为菌痢和肠炎。Roland（1970）和 Eide（1974）相继报道爆发性副溶血弧菌败血症的病例。Yu SL（1984）报道副溶血弧菌肺炎，临床表现突然寒战、发热、咳嗽、气急等，出现流行病学上新变化。其他动物报道很少，人工实验感染要引起小鼠和家兔中毒，但对犬、猫和猴则不引起发病。

本病免疫性较低，一般患者血凝效价在 1：320 左右，血清抗体 3～5 天达高峰，第 7 病日开始下降，15 天后显著下降，故部分病人会在短期内第二次发病。曾观察到第二次发病间隔时间为 10、16、28、83、293 天。

发病机制

本病的发病机制仍不十分清楚。已有资料证明，摄食一定数量的活菌可使人致病（10^5～10^7 个活菌）。一方面细菌能侵入肠黏膜上皮细胞。日本从本病死者尸检中亦发现肠道有病理损害，说明细菌直接侵袭是致病原因。由本菌引起的皮肤感染、耳部感染、肺炎及败血症等，也说明此类菌有一定侵袭力。另一方面本病病原菌可产生一种肠毒素，类似霍乱弧菌的不耐热毒素（LT），可通过 cAMP/cGMP 的介导而引起分泌性腹泻及水分和电解质失调。周桂莲（1985）对副溶血弧菌内毒素物质进行研究，并证明了它的致病作用。以提取的脂多糖（LPS）及相应肉汤培养物，进行小鼠肠袢结扎试验和乳鼠灌胃试验，结果均获得了与肠毒素相似的能促进肠液分泌的结果，提示 LPS 可能是副溶血弧菌感染导致患者水样腹泻的重要病因物质之一。

现已知副溶血弧菌要产生 4 种溶血素，其中两种是与细菌结合的；第 3 种不耐热，见于液体培养物的上清液中，即（TRH）；第 4 种见于 KP 阳性菌株培养物的上清液中，耐热并对胰蛋白酶敏感，钙剂可增强其溶血活性，实际上即 TDH。目前一般认为 TDH 是副溶血弧菌重要的毒力因子，与腹泻等症状有关。TDH 呈 KP 实验阳性，其溶血过程可分为两步：①溶血素与宿主的红细胞膜结合，此过程呈温度依赖性并由受体介导，主要是神经节苷脂-2（GM2）介导，GM1 也参与介导；②在红细胞膜表面成孔，并最终红细胞胶样渗透溶解，此过程也呈温度依赖性。

对溶血毒素的致泻机制研究发现，TDH 可引起细胞外 Ca^{2+} 浓度增加，从而引起 Ca^{2+} 激活的 Cl^- 通道开放，Cl^- 分泌增加。当 TDH 浓度高时，启动的离子通道数量较多，可引起大范围的非特异性离子流入细胞，引起细胞内渗透压剧增，细胞肿胀、变圆，甚至死亡。肠黏膜细胞的破坏可使肠腔内的毒素和细菌进入血液。由于 TDH 的溶血、细胞致死、肠毒性和心脏毒性等生物活性，TDH 对心脏有特异性心脏毒作用，可引起心房纤颤、期前收缩等。TDH 的基因 tdh 位于不染色体上一个 80kb 的毒力岛（PAI）内，在此 PAI 中还发现有数个与细菌毒力有关的基因及一组Ⅲ型分泌系统（TTSS）基因；tdh 有 2 个拷贝，分别被命名为 tdh1 和 tdh2，KP 阳性菌株均含有 2 个拷贝 tdh。

TRH 是由日本 Honda 等（1988）首先从一批急性胃肠炎患者中分离到的 KP 阴性的副溶血弧菌中发现的，有 TRH1 和 TRH2，由 trh 基因编码。trh 基因与镍转运系统操纵子、尿素酶基因簇紧密连锁，均位于小染色体上，尿素酶活性表型是 trh 阳性副溶血弧菌菌株的一个诊断性标志。近年来，TRH 在临床株中所占比例有逐渐增加的趋势，并发现 TRH 对 Cl^- 的影响作用与 TDH 相似。有研究表明 TRH 的致病与尿素酶有密切关系，尿素酶阳性株均有 trh 基因，同时所有 trh 基因阳性株也都具有尿素酶活性。这些结果表明 URE$^+$ 现象与 trh 基因有着密切的联系，但其机制还不清楚。

副溶血弧菌的不耐热溶血素（TUH）需要卵磷脂的存在才具有溶血活性，又称卵磷脂依赖的溶血素（LDH），编码 TLH 的基因 trh 位于染色体上，能溶解人和马红细胞，是一种非典型的磷脂酶（Plase）。TLH 的功能和致病性尚不清楚。

临床表现

人

通过流行病学调查和志愿者口服试验，副溶血弧菌对人的已基本确定。研究证明 tdh 和 trh 除均有溶血活性外，还含有肠毒素作用，均可不致肠祥肿胀、充血和肠液潴留，而引起腹泻。tdh 对心脏有特异性心脏毒，可引起心房纤颤，期前收缩，溶血弧菌食物中毒常能发生，潜伏期 2～40h，据报道最短为 1h，最长为 99h，平均 10～20h。患者潜伏期的长短与摄入菌量有密切关系，其次与免疫力、细菌毒力和年龄可能有一定关系。起病多急骤，首先出现腹痛和腹泻，其次为恶心、呕吐、畏寒和发热、脱水。98％的病人有腹泻，每天 3～20 余次不等。大便形状多样，多为黄水样或黄糊状。2％～16％患者呈典型的血水样或洗肉水样粪便，部分可带脓血样或黏液血样便，但很少有里急后重，与痢疾杆菌混合感染者可有里急后重。有 82％的患者伴剧烈上腹绞痛，多呈阵发性，位于上腹部、脐周和回盲部，部分伴有压痛。71％的患者有恶心，52％的患者有呕吐，50％患者有头痛，27％的患者发热，体温在 39℃以下，重者可达 40℃。由于吐血常有失水现象，中度失水者可伴声音哑和肌肉痉挛，个别病人血压下降，面色苍白或发绀，甚至意识不清。发热一般为菌痢严重者，但失水多见于菌痢。有的病例可发生心律改变和心电图 T 波低平。国内报道本病食物中毒的临床表现不一，呈典型的胃肠炎型、菌痢型、中毒休克型和慢性肠炎型。本病多呈自限性，病程 1～6 天，一般恢复较快。极少数严重患者可因抢救不及时而死亡。

美国对 8 次爆发菌痢统计，腹泻为 98％、腹痛为 82％、恶心为 71％、呕吐为 52％、头痛为 42％、发热为 27％，很少高于 38.9℃，多为自限性，病程为 3 天。陈是山（2006）报道，因从业人员感染副溶血弧菌，造成就餐的 198 人中 20 人发病，潜伏期 6.5～26.5h，病人集中在进餐后 6.5～21.5h 出现不适，继而腹泻、恶心、呕吐、腹痛，以上腹痛为主，多为绞痛、阵痛，腹泻为水样便，个别人出现抽搐。2～4 天痊愈。

姚国兴（2006）报道，职工快餐后有 22 人在 5～14h（平均 9.3h）发病，腹部不适，上腹部阵发性绞痛，排黄色—褐色稀便或黏液性粪便，有恶心、呕吐、头晕、乏力症状，有 2 人有低热。一天后恢复。

江西报道，在溶血弧菌感染人中 93.3％有腹泻，腹泻物为洗肉水样便占 19.0％、水样便占 35.9％、糊状便占 17.8％，其余症状为恶心、呕吐、腹痛、发热、头晕、脱水等。

林秋云（2009）报道，潮州某单位 1 000 名职工在餐后 11h，有 118 人腹痛、腹泻、呕吐、恶心，伴有发热、口、唇、手指发绀，四肢抽搐，有 2 人有血便。随即对 47 份样本（表 2－40）和 40 株分离到的副溶血弧菌进行血清学鉴定（表 2－41）。

表 2－40　47 份样本副溶血弧菌检出数

样本	份数	阳性菌株数		
		直接分离	增菌后分离数	合计
剩余食物	6	0	1	1
粪便	20	13	6	19
肛拭子	19	12	6	18
呕吐物	2	2	0	2
合计	47	27	13	40

表 2 - 41　40 株副溶血弧菌的血清学试验

样本	O4：K8	O3：K6	O4：Kb1	O3：K29	O1：K07	合计
白切鸡	1	0	0	0	0	0
粪便	9	7	0	2	1	19
肛拭子	9	8	1	0	0	18
呕吐物	0	1	1	0	0	2
合计	19	16	2	2	1	40

张长（1983）总结分析了 738 例副溶血弧菌感染临床特征。

1. 潜伏期　6h 为 45.3%，12h 内为 83.6%，平均 9h。发病后 6h 内就诊 181 人，占 24.5%；12h 内就诊者 374 人，占 50.7%；24h 内就诊者 515 人，占 69.8%；2 个月以上就诊者 56 人，占 7.6%。

2. 症状与体征

（1）腹痛　589 人占 79.8%，其中阵发性疼痛 455 人，占 61.7%；剧烈绞痛 9 人，占 1.2%。压痛部位以脐周最多，为 514 人，占 69.6%，其他依次为上腹部、右下腹、左下腹和小腹部。

（2）腹泻　731 人占 99.1%，一天腹泻 5 次以下 487 人，占 66%；6～9 次 153 人，占 20.7%；10～19 次 79 人，占 10.7%；20 次以上 12 人，占 1.6%。腹泻量多、伴里急后重者 73 人，占 9.9%。

（3）粪便性状　因病程时间不一和个体反应不同，呈多样化表现（表 2-42）。

表 2 - 42　731 例副溶血弧菌感染的粪便性状

粪便性状	糊粥样	黄冻水样	黄水样	脓血样	软便	黏血样	血水样	洗肉水样	蛋汤样	朱泔样	桔汁样	合计
例数	211	188	118	81	58	38	15	10	7	3	2	731
%	28.9	25.7	16.1	11.1	7.9	5.2	2.1	1.4	0.9	0.4	0.3	100

（4）恶心、呕吐　恶心未呕吐者 63%，占 8.5%；恶心伴呕吐者 194 人，占 26.3%，其中先泻后吐者 135 例，先吐后泻者 54 例，吐泻同时者 5 例。

（5）发热　体温 37.1～38℃的 189 人，占 25.6%；38.1～39℃的 104 人，占 14.1%；39℃以上的 26 人，占 3.5%，最高 1 例体温达 40.1℃。有畏寒怕冷的 206 例；寒战的 3 例。典型患者热型多为单峰曲线，呈"斜尖塔形"。

（6）失水　有失水征者 85 人，占 11.1%，其中轻度失水者 64 人；中度 17 人；重度 4 人。出现声音嘶哑 5 例，肌痉挛 8 例。

（7）其他　脸色苍白者 138 人；中毒者 61 人；四肢发冷者 40 人；发绀者 25 人；出冷汗者 21 人；心律失常者 10 人（6 例早搏、2 例房性早搏、1 例心房纤颤、1 例室内差异性传导，有 2 例心肌损害，这可能与毒素致病性有关）；神志不清 7 例；手足麻木 8 例；抽搐 3 例；过敏性皮疹 1 例。

根据本病临床和粪便性状及病程，除 5 例外，733 例可分 7 个型：

典型（普遍型）41 例，占 5.6%；中毒休克型 16 例，占 2.2%；胃肠型 477 例，占 64.6%；菌痢型 116 例，点 15.7%；慢性肠炎型 55 例，占 7.5%；消化不良型 2 例，占 2.8%；胃炎型 7 例，占 0.9%。

美国曾报告有人因下海引起皮肤感染和败血症，出现内毒素休克、全身紫癜、左下肢栓塞和坏疽。

临床上常见分 4 型：

（1）普通型（典型）　起病急，发热伴畏寒，继之腹痛、腹泻、恶心、呕吐，脐周阵发性疼痛为主，大便每天 10 余次，水样便（洗肉水或黄水黏液便），量较多，无里急后重感。查体脐周压痛，无反跳痛，肠鸣音活跃。早期治疗多在 1 周内恢复。

（2）胃肠炎型　以呕吐、恶心起病，发热可有可无，脐周阵发性疼痛次数较少，每天 3~5 次，稀水便或黄水样便或糊状便，无里急后重感。查体脐周压痛，无反跳痛。该型恢复较快，有明显自限性，病程多在 3 天之内。胃肠炎型中也有不同临床表现，即慢性肠炎型，其腹痛、腹泻病程迁延在 2 个月以上乃至数年，粪便软、稀薄或有黏液、脓血不等；胃炎型，仅有恶心、呕吐、腹痛、发热而无腹泻；仅见于婴幼儿的消化不良型，腹泻呈蛋花样、糊样不消化粪便。

（3）菌痢型　以发热、腹痛、腹泻为主，恶心、呕吐较少，腹痛部位偏左下腹部，阵发性，每天大便 10~20 次，黏液便为主，部分为脓血便，每次便量不多，有里急后重感。查体左下腹压痛，无反跳痛，肠鸣音活跃。积极治疗，多在 1 周内恢复。延误治疗，有可能转为慢性肠炎型。

（4）中毒休克型　起病急骤，高热，意识障碍为主，恶心，呕吐、腹泻较轻。患者很快出现血压下降，收缩期血压在休克水平以下，有循环功能障碍。四肢末端冰凉、面色灰暗、皮肤发绀，呼吸不规则，儿童患者甚至出现惊厥、抽搐、嗜睡等意识障碍表现。尽快温盐水灌肠及时发现脓血便，为明确诊断提供依据。不积极抢救，短期内有生命危险。

主要病理变化为急性小肠炎症，可累及胃、空肠和回肠部分，组织改变为黏膜下水肿、轻度糜烂、细胞坏死。重症患者可见肝、脾、肺等内脏有不同程度的瘀血等。

猪

中国 1964 年调查，温州地区猪血清阳性率达 15.2%。

王琳娜（2006）报道人吃食了猪肾在 2~23h 发生急性胃肠炎，猪肾及人类菌检阳性。吃食猪肾后 2~23h，平均 9.8h，大多数餐后 6h 发病，共 58 人。腹泻 48 人次（84.8%）、腹痛 38 人次（65.5%）、恶心、呕吐 26 人次（44.8%）、发热 27 人次（46.6%）。样本经 37℃、10~12h 增菌培养后，接种到 SS 平板、普通平板、血平板、山梨醇麦康凯平板和 TCBS 平板，37℃24h 培养。结果：SS 平板、山梨醇麦康凯平板上细菌生长不良，仅在原始处生有细小菌落；在普通平板、血平板有菌落生长，较湿润、边缘不整齐、漫延生长；在 TCBS 平板上菌落生长良好。圆形、较大、边缘整齐、突起、呈绿色。革兰氏染色阴性。动力活泼，氧化酶试验阳性。三糖铁斜面培养分解葡萄糖产酸产气，不分解乳糖、蔗糖，不产生硫化氢，赖氨酸-、精氨酸-、鸟氨酸-、葡萄糖＋、蔗糖-、甘露醇＋、水杨苷-、枸橼酸盐-在 3%、6%、8%NaCl 胨水中生长良好，均匀混浊，在 10%NaCl 胨水中不生长。

诊断

本病流行季节在夏秋季；病前 5 天有生食或烹调加热不彻底海产品、腌渍品及被海产品污染的食物史，或者进食品种与海鲜类有直接或间接的接触史。进食同一种食物后，经过短暂的潜伏期后集体发病；临床表现较其他肠道感染严重，呈典型症状，粪便中可见白细胞、脓细胞，伴有红细胞，易误诊菌痢；粪便或剩余食物，通过 SS 平板或嗜盐选择平板，分离到副溶血弧菌（神奈川试验阳性及检出副溶血弧菌 DNA 与 TDH/TRH 基因）；通过血清学试验和 PCT 检测为阳性。实验室检测应及时采样，因绝大多数患者菌检查会迅速转阴，仅少数患者会持续 2～4 天。

血清学检查：本菌感染后血清抗体滴度一般不高，持续时间短，诊断价值有限；恢复期耐热溶血素抗体检测常有明显升高，可用于流行病学调查。本病与其他细菌食物中毒、非细菌性食物中毒以及霍乱、菌痢和病毒性肠炎等均应进行鉴定。

防治

副溶血弧菌肠炎为自限性疾病，对轻症者予以一般治疗，毋需用抗菌药物。但对症状重、婴幼儿、老年人及有合并症者，应对症治疗并使用抗菌药物治疗。研究表明，人被副溶血弧菌感染后可产生低滴度血清抗体，但很快即消失。所以，可重复感染；经常暴露于少量细菌的，似能获得一定的免疫力，常可抵扰大量的细菌感染，感染后的临床症状一般较轻，应用抗菌药物治疗可提高细菌的清除率和缩短病程。

1. 对症支持治疗

（1）一般治疗　按肠道传染病隔离，卧床休息，终止食用可疑食物，给予流质、半流质饮食。

（2）降温镇静　一般采取物理降温。可予以氢化可的松 50～100mg 加入生理盐水 100ml 中静注滴注。腹痛者可给予阿托品、莨菪碱或普鲁本辛等解痉剂。

（3）矫正体液　腹泻严重者易发生酸中毒，常用 5％碳酸氢钠或 11.2％乳酸钠静脉滴注。缺钾致低钾血症，可服用 10％氯化钾和 10％枸橼酸钾适量口服；并发低血钙者可采用 10％葡萄糖酸钙 10ml 加同量 10％葡萄糖液稀释后缓慢静脉注射；脱水者可口服 ORS 补液。

2. 抗菌治疗　对病情较重而伴有高热或黏液血便者，应进行抗菌治疗，治疗前应经药敏试验选择适宜药物。儿童可选用庆大霉素，成年轻症患者可不用药物或仅以思密达（双八面体脱石）、微生态制剂口服；较重者可用头孢菌素及多西环素、阿米卡星、奈替米星短程治疗。诺氟沙星、氧氟沙星、左氧氟沙星对成人副溶血弧菌肠炎疗效确切。

预防

（1）加强食品卫生，特别是海产品的卫生处理和监督；食用海产品等要煮热煮透，因为本菌对热敏感，55℃2min 其活细胞开始下降，对不能加热的凉拌食品必须慎重食用，以尽量不用此种食用方式为宜。生食凉拌食品可洗净加醋处理 10～15min。高压处理及电离辐射 80s，300MPa 可导致 O3：K6 菌大幅下降；酸性电解水、牛蒡菌提取液对菌有良好抑制。

（2）科学养殖，保持生态养殖，控制传染源。养殖池 pH6.8～8.1，溶解氧为 4.0～6.0mg/L。生物技术中用乳酸菌、芽孢菌进行水质处理和抑菌防治。

（3）海产品包括牡蛎，需要低温保存与运输，海产品净化试验，副溶血弧菌在牡蛎体内呈指数性繁殖，数量翻增为 1.8h；26℃时本菌在牡蛎体内 24h 数量增长 3～790 倍；室温下 10h 牡蛎体内菌数仅增加 10～100 倍，所以要求鲜牡蛎低温保存。

四十、钩端螺旋体病
（Leptospriosis）

钩端螺旋体病是由各种不同血清型的致病性钩端螺旋体引起的一种复杂的人畜共患病和自然疫源性传染病，又称细螺旋体病。临诊表现形式多样，主要有发热、呕吐、黄疸、贫血、血红蛋白尿、出血性素质、流产、皮肤及黏膜坏死、水肿及胃肠、肝、肾损害等。

历史简介

古代医书称本病为"打谷黄"或"稻瘟病"。1800 年 Larrey 曾观察到在埃及的法国士兵中流行的一种传染病，其主要症状为黄疸、出血、眼结膜充血及肾衰竭。但作为一种独立的疾病系 1886 年 Weil 所确定。故在很长一段时间内一直沿用着 Weil 病。实际上 Weil 病是钩端螺旋体病的一种临床类型。1907 年 Stimson 在美国新奥尔良州黄热病爆发的患者肾小管中发现了一种末端有钩的细螺旋状微生物，与以前发现的各种属螺旋体均不相同，是一种"有疑问的螺旋体"，并制成病理标本。Nouch（1928）和 Sellards（1940）分别观察了 Stimson 最初制作的切片照片和其绘制的图片，一致认为 Stimson 发现的微生物无疑是钩端螺旋体。可惜 Stimson 未作病原分离。为了纪念这一发现，后将由患者或动物宿主分离的致病性（寄生性）钩端螺旋体称为问号状钩端螺旋体（*Leptospira interrogans*）。1914 年日本稻田（Imada）等和 Idn 发现致病性钩端螺旋体并用 Weil 病患者血液注射入豚鼠体内，在豚鼠肝脏组织中查出有螺旋体，而用其他传染病血液未见到螺旋体。因此，认为此种螺旋体即是 Weil 病的病原微生物，命名为黄疸出血型螺旋体，其代表株为黄疸出血 1 株（Ictero No. 1）。同年 Walback 和 Binger 在美国用不流动的池塘水，经过滤分离获得了螺旋体，称之为"双曲螺旋体"。后来将由水体分离的非致病性（腐生性）螺旋体称为双曲钩端螺旋体。1916 年井户从家鼠、野鼠肾中查出有毒力的钩端螺旋体。1917～1918 年野口将在日本、比利时、美国、英国等地，由患者与动物宿主中分离的螺旋体经形态学、运动性和抵抗力进行比较研究，认为有足够的形态学特征创建一个新菌属，并将其命名为钩端螺旋体，隶属于螺旋体目。Michin 和 Azinov（1933）发现牛发生本病。1934 年汤光泽在广州的一所监狱对 3 例 Weil 病例观察，用其血液注射豚鼠后，从其肝脏病理切片中查见有典型钩端螺旋体。1940 年钟惠澜等又报道了 2 例有脑膜炎症状钩端螺旋体患者，并发现犬和鼠的自然感染。1974 年国际细菌分类委员会细螺旋体小组委员会，将其列为一个种，以似问号细螺旋体作为其种名。此种内包括两个主要群体，即"似问好细螺旋体"和"双弯类细螺旋体"。

病原

本病原属细螺旋体属，亦称钩端螺旋体属（*Leptospira*）。本属分类上仅有一种，称为似问号细螺旋体，下分"双弯类"（腐生性）和似"问号形类"（寄生及病原性）两大类。

本菌多需氧菌，很纤细，中央有一根轴丝，大小为 $0.63\mu m \times 0.1\mu m$，螺旋从一端盘绕至另一端，整齐而细密，螺宽 $0.2\sim0.3\mu m$，螺距 $0.3\sim0.5\mu m$，因为不易看清。在暗视野检查时，常似细小的珠链状。革兰氏染色不易着色，常用姬姆萨氏染色或镀银法染色。此螺旋体有 12～18 个螺旋不仅一端或两端可弯转呈钩状，且可绕长轴旋转和摆动，运动活泼，使整个菌体可弯成 C、S、O 等多种形状。该菌由外膜、轴丝和圆粒形菌体组成。

钩端螺旋体以横分裂繁殖，每 6～18h 分裂一次，在加青霉素 G 诱导形成 L 型。致病因素有溶血素、细胞毒性因子、细胞致病作用物质、内毒素等。DNA 中 G＋C 含量为 35～41mol％。

本菌对培养基的成分要求并不苛刻，只要含有少量动物血清如新鲜灭能兔血清（5％～20％）的格林氏液、井水或雨水的培养基，一般都能生长。常用的培养基为科索夫培养基或希夫纳培养基，适温为 28～30℃，适宜 pH7.2～7.6。初代分离培养 7～15 天，有时 30～60 天或更长；传代培养一般 4～7 天。经暗视野检查才能确定培养物的生长情况。

钩端螺旋体基因组 DNA 由两个环形 DNA 形成，大的 4 600kb，小的 350kb。主要有 3 种结构基因：内鞭毛蛋白基因及其表达产物具有较好的免疫原性；外膜蛋白基因具有较强的抗原性和免疫原性，其外膜微孔蛋白（OMPL1）为钩端螺旋体致病性标记，有助于鉴别致病和非致病性钩端螺旋体；rRNA 基因有 23SrRNA、16 SrRNA 和 5 SrRNA 三种类型，在细胞器合成中起十分重要的作用，也是钩端螺旋体分类鉴定的基础。

根据国家人类基因组南方研究中心等单位对我国流行危害重的黄疸出血群赖株钩端螺旋体进行的全基因组序列分析结果，证明钩端螺旋体有两个环形染色体组成：一个较大的染色体有 4 332 241bp；一个较小的染色体，有 358 943bp。检测结果归纳于表 2 - 43。

表 2 - 43 赖株钩端螺旋体的基因特征

基因特征	大染色体	小染色体	合计
基因大小/bp	4 332 241	358 943	4 691 184
G＋C/％	36	36	36
蛋白质编码	78.3	78.8	78.4
蛋白质编码基因	4 360	367	4 727
有功能定位的	1 901	159	2 060
无功能定位的	2 459	208	2 667
未知功能蛋白质的	140	6	146
在其他生物中相似的未定位 CDS	509	60	569
在其他生物中相似的无意义的 CDS	1 810	142	1 952
基因密度（bp/基因）	993	978	992
已知基因的平均长度/bp	778	781	778
未知基因平均长度/bp	557	567	558
插入序列	18	12	30
IS1500 族	7	1	8
IS1501 族	1	4	5
其他	10	7	17
rRNA	4	0	4
tRNA	37	0	37

寄生及病原性钩端螺旋体采用杂交法对 303 个血清型参考菌株作基因分析，共可分为 17 个基因种。根据抗原结构的成分，以凝聚溶解反应区别为出血性黄疸钩端螺旋体 (*L. icterohemorrhagiae*)、爪哇钩端螺旋体 (*L. javanica*)、犬 (*L. canicola*)、秋季 (*L. auturnnalis*)、澳洲群钩端螺旋体 (*L. australis*)、波摩纳钩端螺旋体 (*L. pomona*)、流感伤寒钩端螺旋体 (*L. grippotyphosa*)、七日热钩端螺旋体 (*L. hebdomadis*)、塔拉素钩端螺旋体 (*L. talassori*) 等。直到 1979 年已知有 20 个血清群 (Serogroup)。再以交互凝聚试验将每群又区分为若干血清型 (Serotype)，共有 167 个血清型。目前世界各地已从患者和各种动物宿主中分离获得的致病性（寄生性）钩端螺旋体有 12 个基因种、24 个血清群和 223 个血清型。我国至今分离出的致病性钩端螺旋体共有 9 个基因种、18 个血清群、75 个血清型。其中包括我国的亚历山大新基因种、曼耗斯新血清群和 38 个新血清型钩端螺旋体菌株。

一个地区家畜主要感染一种或几种型。

钩端螺旋体在一般水田、池塘、沼泽地及淤泥中可以存在数月或更长，但适宜的酸碱度 pH 7.0～7.6，超过此范围以外，对过酸或过碱均甚敏感，故在水呈碱性或过碱的地区，其为害亦受限制。加热至 50℃10min 即可致死，但对冷冻的抵抗力较强，在 −70℃下使培养物速冷，可保持毒力数年。−20℃可存活 100 天，脏器 4℃中可存活 2 周。干燥和直射阳光均能使其迅速死亡。一般常用消毒药均易将其杀死，水中漂白粉超过 0.3～0.5mg/L，1～3min 死亡。

流行病学

病原性钩端螺旋体几乎遍布于世界各地，尤其是气候温暖、雨量较多的热带、亚热带地区的江河两岸、湖泊、沼泽、池塘和水田地带为甚。在 92 个国家中有钩端螺旋体病存在和不同程度的流行，但以欧亚为主，东南亚是钩端螺旋体病的重流行区。

钩端螺旋体的动物宿主非常广泛，有 200 余种，包括了哺乳动物纲、鸟纲、爬行纲、两栖纲、鱼纲、蛛形纲等动物。几乎所有温血动物都可感染，迄今已超过 80 多种动物有易感性，其中以猪、牛、水牛和鸭的感染率最多，主要发生于猪，牛、羊、犬、马次之，还有骆驼、兔、猫、鹅、鸡、鸽等；其他野兽、野禽、野鸟均可感染带菌。鼠、虎、鼬、水貂、蝙蝠、狼、沱熊等也能感染此病。家畜家禽污染环境严重，是重要的传染源。我国已从 67 种动物中分离出钩端螺旋体，其中 34 种动物为我国首次发现。特别是猪、犬、牛等是非常主要的储存宿主和传染源。它们能感染各群钩体，且长期带菌和排菌，污染居民点周围的水源，对人的威胁极大。在我国曾引起爆发流行。其中以猪为主要传染源的波摩那型钩端螺旋体最为重要。1981 年常德人钩端螺旋体流行病调查：人血清型 1 250 为阳性，其阳性率为 47.9%（734/1554），黄疸出血群占 47.7%（350/734）；动物血清阳性率猪为 35.8%（167/466），波摩那群占 50.9%，其次青蛙占 19.4%，鸭为 16.6%。啮齿动物的鼠类是重要的贮存宿主。鼠类感染后，大多数呈健康带菌者带菌率达 5.8%～70%，尤以黄胸鼠、沟鼠、黑线姬鼠、罗赛鼠、鼷鼠等分布较广，带菌率也高。鼠类带菌率时间长达 1～2 年，甚至终生鼠类排菌时间长达 1 054 天。鼠类繁殖快，分布广，带菌率高是本病自然疫源主体。因此，带菌的鼠类和带菌的畜禽构成自然界牢固的疫源地。据报道，犬排菌期达 700 天、猫 371 天、猪约 1 年、马 210 天、水牛 180 天、羊 180 天、黄牛 170 天。不但是温血动物，现在已证明爬行动物、两栖动物、节肢动物、软体动物和蠕虫等亦可自然感染钩端螺旋体。如蛙类带菌率达 1.26～13.7%，排菌期 30～46 天。我国曾从黑斑蛙、泽蛙、沼蛙、虎纹蛙、棘胸蛙分离出致病性钩端螺旋体 100 株以上。蛙感染后可从尿排除钩端螺旋体持续达一个多月，其次蛇、蜥蜴、龟等均可感染钩端螺旋体，但这些动物在流行病学上的作用则认为不如温血动物。

钩端螺旋体可经皮肤、黏膜、消化道或生殖道侵入动物体于体内组织中繁殖，并迅速进入血液，引起时间长短不一的菌血症，动物出现轻重不一的临诊反映，但大多数轻度反映后耐过。最后是位于肾脏的肾小管生长繁殖，间歇性地或连续地从尿中排除，污染周围环境，如水源、土壤、饲料、栏圈和用具等，构成重要的传递因素，使家畜和人感染。鼠类、家畜和人的钩端螺旋体感染常常相互交错传染，构成错综复杂的传染锁链。

湿地、死水塘、水田、淤泥、沼泽或微碱性有水地方，可被带菌的鼠类、家畜、人的尿污染成为危险的疫源地。人和家畜在那里耕作、放牧，肢体浸在水里就有被感染的可能性。本病主要通过皮肤、黏膜和经消化道食入而感染，也可通过交配、人工授精和在菌血症期间通过吸血昆虫如蜱、虻、蝇等传播。

钩体疫源地存在，必须具备三个相互连接的条件，即传染源、传播途径和对钩端螺旋体易感动物。由于钩端螺旋体与动物同处一种生态环境，宿主动物所带的血清型病原呈现明显的"宿主偏好"现象。一般而言，啮齿类动物和其他种小哺乳动物在热带地区较温带地区更为广泛，且其所带的钩端螺旋体血清型也更多。因此，人在热带地区较温带地区会感染更多血清型的钩端螺旋体。发病和带菌动物是本病的传染源，我国南方主要是鼠，北方主要是猪。

钩端螺旋体病的自然循环，可分为以下 4 种类型。

1. 在圈养的猪、牛、羊等家畜之间的感染　其传播方式有两种：第一种是先天性或初生感染，随后恢复并成为继续带菌状态，感染其他动物；第二种更为重要，是由带菌动物的尿扩散到畜圈内的泥地或饮水水源，从而感染其他动物。人的感染是由接触了上述动物的带菌尿液或被尿液污染的水源，从而感染其他动物。同时也反映出流行的血清型。

2. 在猪、牛、羊等家畜与啮齿动物之间的感染　啮齿类动物到畜圈寻食，带菌动物的尿液污染食物或水源或湿地，可感染家畜；同样，带菌家畜的尿液可直接或间接地感染啮齿类动物。人的感染源可能来自上述两类动物中的任一种。

3. 在家畜、水和啮齿类动物之间的感染　啮齿类带菌动物污染水或泥土，猪、牛、羊等家畜进入而被感染，进而成为带菌者和排菌者，从而感染其他啮齿类动物或更多的同种动物。因此，控制污染的废水是主要问题，因为它是人类受感染的一个主要途径。这也是世界水稻种植地区引起钩端螺旋体感染的一种共同类型。

4. 在野生啮齿类动物之间的感染　在自然生态环境中的野生啮齿类动物之间，其感染的循环是靠自家维持的，并与动物的个体、家族和种属的地理范围有关。人或家畜进入这些生态环境中，就有感染钩端螺旋体的可能。相反，寻找食物的野生动物入侵到干净的居民区，带菌的尿液对人和家畜也可造成危险。

在这 4 种疾病循环中，总的传播关系如图 2-5。

钩端螺旋体病疫源地可分为以下三类：

图 2-5　钩端螺旋体病的自然循环

1. 自然疫源地 其是指病原体，特异的传播媒介和动物宿主不依赖于人类参与而独立存在的特定地区。我国钩端螺旋体病的自然疫源地，宿主动物种类及其所带菌型比较复杂，但其主要宿主大多为野生鼠类。

2. 经济疫源地 其是指为了经济的目的，饲养猪、牛、羊、马、犬等家畜的经济动物，而钩端螺旋体病原仍可寄生在这些家畜中，使其带菌、排菌，保持循环，延续其生物种。该地区即是钩端螺旋体病的经济疫源地。我国钩端螺旋体病的经济疫源地分布很广，主要位于淮河以北直至东北，可能包括西北，以猪为主要宿主动物。在目前的农村条件下，一旦带菌猪进入，就可能在猪间循环，形成疫源地。人群可因直接或间接接触猪尿或被其污染的地面水等，发生小规模流行或散发病例。

3. 混合疫源地 自然疫源地和经济疫源地并存，称为混合疫源地。在这些地区内，两种疫源地各自独立存在，每种宿主动物所带的主要菌型基本固定。虽然各宿主动物接触频繁，可以相互传染，但它们所带的主要菌型并未改变。

本病发生于各种年龄的家畜，但以幼畜发病较多。

本病有明显的流行季节，每年以7～10月为流行的高峰期，其他月份常仅以个别散发。在畜群中常间隔一定时间成群地爆发。

饲养管理好坏与本病的发生和流行有密切关系，如饥饿、饲养不合理或其他疾病使机体衰弱时，原有隐性的动物会表现出临诊症状，甚至死亡。管理不善，如畜禽运动场的粪尿、污水不及时清理，常常是造成本病爆发的重要因素。

发病机制

钩端螺旋体经皮肤侵入机体后，可经淋巴系统或直接进入血液循环繁殖，菌体含有溶血素、游脂物质及类似内毒素的物质，对人体的毒害作用很大，初期引起钩端螺旋体败血症，继而可引起毛细血管损伤和破坏血凝功能。经动物模型及患者死后解剖证实，钩端螺旋体败血症后，钩端螺旋体即可广泛浸入几乎所有人体各内脏器官，包括中枢神经系统，甚至眼前房，以及肝、脾、肾、肺及脑等实质器官，尤以肝内数量最多，但钩端螺旋体的大量存在与器官的病损程度并不一致。钩端螺旋体本身似无直接的致病作用，所引起的主要组织损伤和病变为毛细血管损害，乃为钩端螺旋体毒素与器官组织间相互反应的结构，从而导致器官程度不等的功能紊乱，但对这些物质的分离和鉴定，尚未能肯定其致病作用。例如，钩端螺旋体可侵入眼前房内，但并无出血和相应病变发生，甚至在严重的肺弥漫性出血及黄疸出血型病例，虽有大量钩端螺旋体在肝、肺组织中存在，死后解剖发现并无明显的组织结构破坏，而对抢救成功的病例，病情可迅速恢复而不留任何后遗症。因此，可以认为钩端螺旋体病的发病过程是以钩端螺旋体毒素引起的全身毛细血管病变为基础，以各种重要器官功能严重紊乱为主要临床表现，以受累的主要靶器官不同而分成临床的不同类型。台湾学者报道，肾衰竭的发生，经体外细胞培养试验证实为钩端螺旋体外膜蛋白的一种毒性成分，激活引发了一系列细胞因子，特别是 IFN-α 的过度表达，导致了小管—间质肾炎。钩端螺旋体病后期的后发症表现，主要是机体的变态反应所引起。

钩端螺旋体病重症患者的出现倾向并非凝血酶原和血小板减少而由血管内皮损伤的血管炎导致的毛细血管损伤引起。黄疸的出现是肝功能紊乱的主要症状，但组织学研究显示其实质性肝细胞坏死及炎症反应均很轻微，提示其肝功能紊乱主要系亚细胞水平上酶系功能紊乱所致。

钩端螺旋体病的临床类型及严重程度差异很大，随感染钩端螺旋体的型别、毒力及数量，不同地区的人群及个体反应差异的不同而复杂多样。钩端螺旋体对有的宿主致病，对另一些可以不致病，其致病力的大小，系直接来自数量众多的钩端螺旋体直接作用，抑或是钩端螺旋体裂解释放的毒素或其他代谢产物的作用尚无肯定结论。近年来国内研究发现，钩端螺旋体结构组分上的差别可能与致病力有关，致病性和非致病性钩端螺旋体外膜蛋白的各种电泳图谱有明显差别。将致病性和非致病性钩端螺旋体菌株，分别进行全细胞溶解，再经蛋白酶 K 消化后的产物（LPS），进行比较也发现有明显差别，如进一步提取后做细胞毒试验，证明两者的致病性和毒力有明显不同。此外，钩端螺旋体的轴丝蛋白在致病性和非致病性的钩端螺旋体间亦有明显差别，轴丝是钩端螺旋体的运动器官，与钩端螺旋体的致病力和毒力显然有重要关系。

钩端螺旋体在入侵组织前先要发生黏附，当钩端螺旋体黏附于细胞时，局部并未发现有毒素存在，亦无细胞病变，但可以发生穿透。国内用内皮细胞研究钩端螺旋体的黏附和侵入时，也发现能引起内皮细胞结构和功能的一系列变化（图 2-6）。上述研究结果提示，虽然钩端螺旋体病的发病机制尚未完全阐明，但重症病例的发病，必须具备钩端螺旋体数量多、致病力和毒力强三大发病要素，方能导致重症钩端螺旋体病或实验动物重症模型。

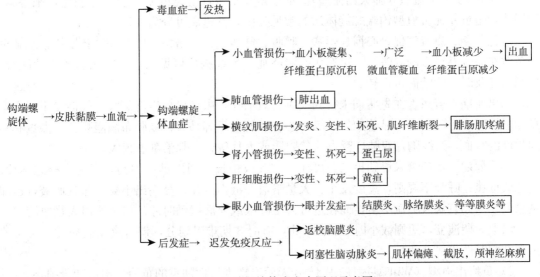

图 2-6 钩端螺旋体病发病原理示意图

临床表现

人

钩端螺旋体临床特征：早期为败血症，中期为各脏器损害和功能障碍，后期为各种变态反应后发症，重症患者有明显的肝、肾、中枢神经系统损害和肺弥漫性出血，危及生命。

潜伏期为 7~14 天，长至 28 天，短至 2 天。

早期：钩端螺旋体败血症期（感染毒血症期）

起病后 3 天内，为早期钩端螺旋体败血症阶段，主要为全身感染中毒表现。急起发热，伴畏寒或寒战，体温 39℃ 左右，为多稽留热，部分病人为弛张热。热程 7～10 天。脉搏增快，头痛明显，一般多为前额部。全身肌肉酸痛，包括颈、胸、腹、腰背肌和腿肌。其中第 1 病日即可出现腓肠肌疼痛，轻者仅感觉小腿胀，轻度压痛；重者疼痛剧烈，不能行走，甚至拒按压，有一定的特征性。乏力显著，特别是腿软明显，甚至不能站立和行走。同时可出现眼结膜充血，以后迅速加重，可发生结膜下出血。病后第 2 天出现浅表淋巴结肿大，以腹股沟淋巴结多见，其次是腋窝淋巴结群。一般为黄豆或蚕豆大，个别也可大如鸽蛋。质软有压痛，但无红肿与化脓。其他还可有咽部疼痛或充血，扁桃体肿大，软腭小出血点，恶心、呕吐，腹泻以及肝、脾轻度肿大等。

中期：器官损伤期

起病 3～10 天，为症状明显阶段，其表现因临床类型而异。

(1) 流感伤寒型　无明显脏器损害，是早期以后临床表现的继续，经治疗退热或自然缓解，病程一般 5～10 天。此型最少见。

(2) 肺出血型　在早期感染中表现的基础上，于病程 3～4 天，病情加重而出现不同程度的肺出血。

1) 肺出血轻型。痰中带血或咯血，肺部无明显体征或听到少许啰音，X 线胸片仅见肺纹理增多，点状或小片状阴影，经及时适当治疗较易痊愈。

2) 肺弥漫型出血型（肺大出血型）。本型是在渐进性变化的基础上突然恶化，来势猛、发展快，是近年无黄疸型钩端螺旋体病的常见死因，其进展可分为 3 期。

①先兆期　患者气促、心慌、烦躁、呼吸、脉搏进行性增快；肺部呼吸音增粗，双肺可闻及散在而逐渐增多的湿啰音，可有血痰和咯血。X 线胸片可见散点片状阴影或小片融合。此期治疗及时，病情尚可逆转。

②出血期　若患者在先兆期未得到及时有效治疗，患者出现极度烦躁、气促发绀；有窒息和恐惧感；呼吸、心率显著加快，第 1 心音减弱或呈奔马律；双肺布满湿啰音，多数有不同程度的咯血。X 线胸片双肺广泛点片状阴影或大片融合，救治难度很大。

③重危期　如病情未得到控制，可在 2～3h 或稍长时间内迅速加剧，表现为神志不佳、恍惚或昏迷；呼吸不规则，高度发绀；大量咯血。继而可在口鼻涌出不凝泡沫状血液，迅即窒息死亡，亦有病人咯血不多，而在进行人工呼吸或死后搬动时才从口鼻涌出大量血液。

以上 3 期演变，短则数小时，长则 24h，有时 3 期难以划分，偶有爆发起病者，可迅速出现肺弥漫性出血而死亡。

3) 黄疸出血型（Will 型）。病程 4～8 天后出现进行性加重的黄疸、出血和肾损害。

①肝损害：食欲减退、恶心、呕吐；血清丙氨酸转氨酸（ALT）升高，黄疸于病程第 10 天左右达到高峰；肝脏转至中度肿胀、触痛；部分病人有轻度脾肿大，轻者预后较好；重者黄疸达正常值 10 倍以上，可出现肝性脑病，多有明显出血和肾衰竭，预后较差。

②出血：常见为鼻出血，皮肤、黏膜瘀点和瘀斑，咳血、尿血、阴道流血、呕血，严重者有消化道大出血引致休克和死亡，少数患者在黄疸高峰期出现肺弥漫性出血而死亡。

③肾脏损害：轻者仅少量蛋白尿，镜下血尿、少量白细胞和管型，重者出现肾衰竭，表现为少尿、大量蛋白尿和肉眼血尿。电解质紊乱、氮质血症与尿毒症。肾衰竭是黄疸出血型的主要原因，占死亡病例的 60%～70%。

④肾衰竭型：各型钩端螺旋体病都可有不同程度肾损害的表现，黄疸出血型的肾损害最

为突出。单纯肾衰竭型较少。

⑤脑膜炎型：出现严重头痛、烦躁、颈抵抗、凯尔尼格症、布鲁律斯基征阳性等脑膜炎表现，以及嗜睡、神志不清、谵妄、瘫痪、抽搐与昏迷等脑炎表现。严重者可发生脑水肿、脑疝及呼吸衰竭。脑脊液压力增高，白细胞在 $500 \times 10^6/L$ 以下，淋巴细胞为主，糖正常或稍低，氯化物正常。脑脊液中分离到钩端螺旋体的阳性率较高。仅表现为脑膜炎者预后较好；脑膜脑炎病情往往重，预后较差。

后期：恢复期或后发症期

少数患者退热后于恢复期可再次出现症状或体征，称钩端螺旋体后发症。

（1）后发热　退热后 1～5 天，再次出现发热，38℃左右，不需抗生素治疗，经 1～3 天后自行退热，后发热与青霉素剂量、疗程无关。

（2）眼后发热　多发生于波摩那群钩端螺旋体感染，退热后 1 周至 1 个月出现，以葡萄膜炎、虹膜睫状体炎常见，也有虹膜表层炎、球后视神经炎或玻璃混浊等。

（3）反应性脑膜炎　少数患者在发热的同时出现脑膜炎表现，但脑脊液钩端螺旋体培养阴性，预后良好。

（4）闭塞性脑动脉炎　病后半个月至 5 个月出现，表现为偏瘫，失语，多次反复短暂肢体瘫痪。脑血管影像证实有脑基底部多发性动脉狭窄。

猪

猪是主要传染源，尤以北方更多。猪感染多型钩端螺旋体，国外分离菌株分属 10 个群以上；国内猪分离菌株超过 14 群，以波摩那群为主。猪常菌率为 5％～7％；排菌有持续排菌和间歇排菌两种形式；感染率，放养比圈养高 4～11 倍。大部分猪为隐性感染，一部分可体温升高、精神委顿、结膜充血、黄疸、惊厥等，孕猪流产、死胎。小猪生长受影响，严重者或继发可发生死亡。猪会长期排菌，超过 371 天，钩端螺旋体侵入机体后，开始主要积聚在肝脏，偶尔见于肾及肾上腺，钩端螺旋体侵入血液并进一步增殖，病畜体温升高，红细胞大量崩解，血中血红蛋白增多，游离的血红蛋白一部分随尿排出，形成血红蛋白尿；一部分被结合成间接胆红素，除被机体利用外，大部分停留于组织内，引起溶血性黄疸。随着黄疸的出现，菌体逐渐自血液、肺、心、肝内消失，但在肾中增加。此时，患猪体温下降，肾脏发生变性、坏死、出血，同时向外排出菌和血红蛋白。

福建陈武森（1985）报道，猪携带钩端螺旋体菌较为普遍。猪感染钩端螺旋体以波摩那群为主，但受钩端螺旋体感染的猪，多呈隐性传染。即使有病变也较轻（除可见的黄疸出血型外），对健康屠宰猪调查有 4.8％，并且是致病性的，所以对肉品公共卫生及职业工作有关人员是一种潜在的威胁。

1. 急性黄疸型　多见于大猪和种猪，呈散发性爆发。病猪食欲减退或废绝，精神萎靡，皮肤干燥，头部浮肿，体温于短期升至 41℃以上。大便干硬，有血红素尿，似浓茶样，皮毛松乱，1～2 天内全身黏膜及皮肤黄染。常见病猪擦痒，以致皮肤出血，数小时或几天内突然死亡，致死率很高。

2. 亚急性和慢性型　多发于断奶前后的仔猪或架子猪，病猪主要表现眼结膜潮红，随后泛黄，流鼻血，上下颌、头部、颈部、甚至全身水肿，体温升高、绝食、沉郁，几天后结膜浮肿，常有脓性结膜炎。皮肤发红、黄染、坏死。喜擦痒，尿如浓茶、血尿或蛋白尿、浓臭腥味，粪便干硬常带血，有时腹泻，病程 10 天至于一个月不等，致死率 50％～90％，少数康复猪生长迟缓，称为"僵猪"。孕猪发生流产，流产率为 20％～70％不等。流产胎儿为死胎、木乃伊胎或弱胎，新生仔猪不能站立或吮乳，常于产后 1～2 天后死亡。个别母猪流产后，可出现后肢麻痹或迅速死亡。

皮下脂肪带黄色，水肿部切开有黄色液体流出。肝脏呈土黄色，质脆，胆囊肿大，胆汁黏稠。肺、胃、肠、肾、肝、膀胱等脏器带黄色，并有出血。

诊断

临床综合诊断： 本病呈地方性流行或散发，夏秋季常见幼龄动物多发。急性病例依据黄疸、出血、流产和短期发热等临症，可做出初步诊断。但本病慢性和隐性病例较多，进行临床综合诊断，只有结合实验室检查才能确诊，实验室采样应根据病情取样，病症发热黄疸期可采取血液（加抗凝剂，如肝素或柠檬酸钠），病中期、后期菌体逐渐由血液和肝中消失，而在肾尿中大量出现。可采集尿液、脊髓液和血清，死后采取新鲜的肾、肝、脑、脾等病料。

（1）暗视野显微镜检查　取新鲜血液或尿液或脊髓液，采用直接或差速离心集菌，在暗视野显微镜下检查活动钩端螺旋体，但阳性检出率不高，不易识别某些非典型菌体。

（2）涂片检查　对血液涂片、脏器压印片、尿或培养液涂片和病理组织切片，可用姬姆萨染色法、改良镀银染色法、免疫荧光法、免疫酶染色法和免疫金银染色法等染色、镜检。

（3）细菌分离　将病料接种于含 5-氟尿嘧啶 100～200mg/ml 的柯托夫氏（Korthof）、捷氏（Tepckuu）或 8％的正常兔血清磷酸盐培养基中培养。病料接种后于 25～30℃进行培养，由于细菌在培养基中生长缓慢，即使生长培养液仍清朗而肉眼无法判断，故应每 5 天做一次镜检。阳性病料一般 10～15 天即可检到钩端螺旋体。

（4）动物分离　病料或分离物通过乳仓鼠或幼龄豚鼠腹腔接种，取 24h 后发病死亡动物脏器或取发热期动物血、肾检测有无钩端螺旋体，若 3 周后仍无发病迹象，即采血测抗体，盲传 3 代仍为阴性者才能定为阴性。

（5）血清学诊断　钩端螺旋体病的血清、尿检测方法很多，有显微镜凝集试验（MAT，旧称凝集溶解试验），具有型特异性，适用做流行病学调查和菌型鉴定，但不宜早期诊断；间接血凝试验（IMA），具有属特异性；酶联免疫吸附试验（ELISA），具有属特异性。此外，还有补体结合试验（CF）、间接碳凝试验（ICAT）、荧光偏振检测法（FRA）、有色抗原玻片凝集反应等。

（6）分子生物学诊断　主要有 DNA 探针、rRNA 探针、PCR、限制性内切酶图谱分析（REA）。

防治

本菌污染于水之后，能存活数月之久。它所适宜的酸碱度为 pH7.0～7.6，对酸和碱十分敏感，故在水呈酸性或碱性地区其危害大受限制。在水中有效氯含量达 2mg/L 时，1～2h 内即可死亡。在消毒剂中，1∶2 000 升汞、70％酒精、2％盐酸、0.5％石炭酸、漂白粉、0.25％福尔马林溶液等，5min 即可将其杀死。猪要圈养；猪粪尿堆积发酵 20 天以上，不再感染。

体外试验证明，本菌对许多抗生素敏感，通常用青霉素、链霉素、庆大霉素、四环素、第三代头孢菌素和喹诺酮类治疗钩端螺旋体病。人除一般治疗、病菌治疗外，在临床上还需对症治疗和后发治疗。在疫区要积极药物预防，可用多西四环素 0.2g，每周一次。高度怀疑者要用青霉素，每天 80 万～120 万 U，连用 3 天，较早防治。但也有认为青霉素无效报告，故临床要做药敏试验。

免疫

我国已有钩端螺旋体单价苗、双价苗和多价苗，波摩那型和犬型双价佐剂菌苗患钩端螺旋体病痊愈之后，可获得长期的高度免疫性。菌苗注射，有良好免疫预防效果。对猪一次免疫保护力达 100％，免疫期达 1 年左右，如果两次注苗效果会更好。初次免疫，应以 7 天的间隔，二次进行接种；以后可每 500g 接种一次。

国外有商品化多价苗和联苗，如美国苏威公司的钩端螺旋体五价灭活菌、钩端螺旋体五个型与猪细小病毒的联苗以及与猪丹毒的三联苗等。

抗钩端螺旋体高度免疫血清，目前仍为治疗病畜的常用有效制剂。

四十一、流行性斑疹伤寒
（Epidemic Typhus）

流行性斑疹伤寒，又称虱媒斑疹伤寒或典型斑疹伤寒，是由普氏立克次体（*Rickettsia prowazekii*）引起的，以人虱为传播媒介所致的急性传染病。临床上呈稽留高热，头痛，瘀点样皮疹或斑丘疹及中枢神经系统症状。自然病程 2～3 周。患流行性斑疹伤寒后数月至数年，可能出现复发，称为复发型斑疹伤寒。因首先在欧洲发现，所以该病又名为欧洲斑疹伤寒和经典斑疹伤寒。

历史简介

本病于 1498 年 Granada 围城士兵中发生，病死 1 万～7 万人。Fracastoro 观察了 1505～1530 年间斑疹伤寒的流行。Mouytkoknn（1876）证明了斑疹伤寒人血液的传染性。Nisolle（1909）从患者血液中发现杆状菌病原体和体虱为流行性斑疹伤寒的传播媒介。Howard Taylor Ricktts（1910）描述了那种使人发生落基山斑疹热的病原微生物，这种血液中病原体与细菌，病毒均不同。同时发现此病是由安氏矩头蜱传播给人的，同年因研究此病被感染死亡。Prowazekii（1913）从患者中性粒细胞中检测到了普氏立克次体。Vonprowazek（1916）对此病原体感染人虱后在其体内进行研究，不幸也染病死亡。Rocha-Lima（1916）为纪念亡故先躯（Ricketts 和 Vonprowazek）把虱媒斑疹伤寒命名为普氏立克次体（*R. prowazekii*），即病原体种名。以 Ricketts 的姓氏作为此微生物属名，1922 年被国际组织正式认定。Rudolph weigl（1930）研制出疫苗；Cox（1938—1940）研制出鸡胚疫苗；其后 Mevski 研制出鼠肺疫苗；Fox（1955）用减毒的"E"株制成减毒活疫苗。

病原

普氏立克次体（*Rickettsia prowazekii*）属于立克次体属、斑疹伤寒群。菌体为 0.3～1.0μm×0.3～0.4μm 微小球杆菌，亦可为丝状，在人肠壁细胞内为链状，呈多形型，革兰氏染色阴性，呈淡紫红色，Macchiavello 染色为红色。必须在活细胞培养基上生长，通常寄生于人体小血管内皮细胞胞质内和体虱肠壁上皮细胞内，常单独或成对存在于细胞浆内，在立克次体血症时，也可附着于红细胞和血小板上。可用 6～7 日龄鸡胚卵黄囊做组培，生长旺盛。病原体的化学组成和代谢物有蛋白质、糖、脂肪、磷脂、DNA、RNA、内毒素样物质和各种酶等。细胞壁由脂多糖组成，含有群的及种的特异性抗原。毒素样物质在试管中可使人、猴及兔等温血动物的红细胞溶解；注入大、小鼠静脉时，可引起呼吸困难、痉挛、抽搐性四肢麻痹，并导致血管壁通透性增强、血容量减少等。动物一般于 6～24h 内死亡。接种雄豚鼠腹腔，引起发热和血管病变，但不引起明显阴囊红肿。本菌与变形杆菌 OX19 有部分共同抗原，有两种主要抗原：①可溶性抗原为组特异性抗原，可以与其他组的立克次体相鉴别；②颗粒性抗原，含有种特异性抗原。普氏和莫氏立克次体的表面有一种多肽 I，具有种特异性，可用以相互鉴别。普氏立克次体基因组长 1 106±54kb。普氏立克次体主要有两种抗原，即群特异抗原和种特异抗原。存在于外膜中的 28～32KDa 的交叉反应蛋白为群特异抗原，与脂多糖成分有关，系可溶性抗原，耐热；120KDa 的表面蛋白为种特异性抗原，具有保护性抗原决定簇，与外膜蛋白有关，不耐热。DNA 中 G＋C 为 29～33mol％。模式株：ATCC：VR‐142；GenBenk 登录号（16SrRNA）：M21789。

本立克次体对热、紫外线、一般消毒药敏感，56℃30min，37℃5～7h 即可灭活。但耐低温和干燥，－20℃以下可长期保存，在干虱粪中可存活数月。

流行病学

本病是世界分布，流行于欧洲，亚洲，美洲等地。患者是本病的唯一传染源。在潜伏期末到退热后数日患者血液即有传染性，可持续排毒 3 周以上，以第一周传染性最强。此时寄生虱感染率可达 46％～80％，所以早隔离患者对防止本病传播非常重要。个别患者病后立克次体长期隐存于单核巨噬细胞，当机体免疫力降低时引起复发，亦称复发性斑疹伤寒（Brillzinsser 病），故病人可能是病原体贮存宿主。东方鼯鼠、美国丛飞松鼠、牛、羊、猪等亦可为该病病原体的贮存宿主，但尚未证实为本病的传染源。

人虱是本病的传播媒介，以体虱为主，其次是头虱，阴虱一般不传播。立克次体在虱肠壁上皮细胞内繁殖，4～5 天后致细胞破裂，大量立克次体进入虱肠腔内，虱可能因肠道阻塞致死或亦随粪便排出。以病人为传染源，体虱为传播媒介，这一"人虱—人"的传播方式，仍是本病流行病学的基本概念。虱唾液内无立克次体，故虱叮咬人时不传播，立克次体而是通过损伤皮肤、黏膜等途径感染人。干燥虱粪内立克次体，可污染空气形成气溶胶，通过呼吸道、眼结膜途径感染。虱喜生活于 29℃环境中，一旦人等体温过高，虱即离开热者或死亡者趋向新的宿主，致本病在人群中以人—虱—人方式传播。

本病以冬春季为多见，夏秋偶有散发，3～4 月为高峰。卫生条件恶劣的集体生活场所，尤易流行。近年来，热带如非洲等地也有较多病例报道。

发病机制

立克次体的致病物质主要有内毒素和磷脂酶 A 两类。

1. 内毒素 普氏立克次体内毒素的主要成分为脂多糖，具有肠道杆菌内毒素相似的许多种生物学活性，如致热原性、损伤内皮细胞、致微循环障碍和中毒休克等。

2. 磷脂酶 A　普氏立克次体磷脂酶 A 能溶解宿主细胞膜或细胞内吞噬体膜，以利于普氏立克次体穿入细胞并在其中生长繁殖。此外，普氏立克次体表面黏液层结构有利于黏附到宿主细胞表面和吞噬作用，增强其对易感细胞的侵袭力。

普氏立克次体侵入皮肤后与宿主细胞膜上的特异受体结合，然后被吞入宿主细胞内，在吞噬体内，依靠磷脂酶 A 溶解吞噬膜的甘油磷脂而进入胞质，并进行分裂繁殖，大量积累后导致细胞破裂。

普氏立克次体先在局部淋巴组织或小血管内皮细胞中增殖，产生初次立克次体血症，再经血流扩散至全身器官的小血管内皮细胞中繁殖后，大量立克次体释放入血导致第二次立克次体血症。由立克次体产生的内毒素等毒性物质也随血流波及全身，引起毒血症。

普氏立克次体损伤血管内皮细胞，引起细胞肿胀、组织坏死和血管通透性增高，导致血浆渗出、血容量降低、凝血机制障碍及 DIC 等。在体内细胞因子（如 IFN - γ 等）和 CTL 的作用下，立克次体感染的宿主细胞被溶解。基本病理改变部位在血管，主要病变是血管内皮细胞大量增生、血栓形成及血管壁有节段性或圆形坏死等。此外，还伴有全身实质性脏器血管周围的广泛性病变，常见于皮肤、心脏、肺脏和脑。

本病的主要发病机制如图 2 - 7：

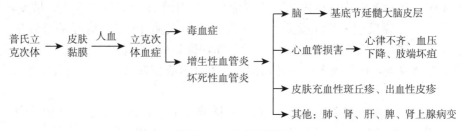

图 2 - 7　发病机制图

临床表现

人

本病潜伏期为 10～14 天（5～24 天）。病人自潜伏期末 1～2 天至热退后 1～2 天期间均具传染性，血中存在普氏立克次体，整个传染期约为 3 周，但以第 1 周的传染性为最强。临床上分 3 个型：

1. 典型斑疹伤寒　大多起病急骤，但有 1～3 天的头痛、头晕、疲乏、关节痛及食欲不振等前驱症状。

（1）发热。起病急骤，体温 1～2 天内升至 39～40℃，多为稽留热，少数呈不规则或弛张热，时有发冷，高热持续 2 周左右，体温下降至正常。伴有乏力，剧烈头痛，全身不适和疼痛。全身肌肉酸痛，尤以腰部、腿部及绯肠肌为明显。面部潮红，似醉酒状及眼结膜黏膜充血等全身病毒血症症状。尿色浓深，比重增重，常有蛋白。甚至谵妄、烦躁不安、失眠和语言不清。

（2）皮疹。为本病的重要体征，约 90% 以上病例有皮疹。皮疹多于第 4～5 天开始，皮疹为多形性，具有玫瑰疹和瘀点的混合性质为特征。1～2 天内由躯干遍及全身，多见于颈、胸、背、腹及四肢，严重者手掌及足底亦可发疹，但面部多无疹。开始为 2～4mm 的充血性斑丘疹，以后转为暗红色，亦可为出血性皮疹。多于一周消退，轻者 1～2 天消退，常遗留色素沉着。当皮疹出现后，相当于第 1 周至第 2 周初，病情最为严重。神经症状加剧，反应迟钝、谵妄、狂躁不安、两手震颤、撮空模床，甚至昏迷。可有膜脑刺激征出现。严重病例，多于此期因治疗不及时，患者死亡于毒血症和循环衰竭。

（3）中枢神经系统症状。剧烈头痛，头晕，耳鸣及听力减退。严重者反应迟钝，谵语，狂躁，震颤，木僵，昏迷，脑膜刺激症，表现明显，出现早，持续时间长。

（4）脾肿大。90％脾肿大，但多为轻度胀大。

（5）其他。如食欲减退，恶心，呕吐，腹胀，便秘，合并心肌炎，心率快，心律失常，低血压，循环衰竭。严重者发生多器官紊乱、肺炎、肢端坏死等。

2. 轻型 发热程度低，在 39℃以下，发热时间短，热度在 8～9 天。毒血症轻，除头痛、全身不适外，很少有意识障碍。无皮疹或仅少量充血性皮疹，1～2 天消退，脾胀大者少。病人因早期应用抗生素或曾接种过菌苗，其兴奋、失眠、烦躁、听力的减退及谵妄少见，肝脾肿大亦少见。

3. 复发型 又称布—津病（Brill - Zinsser Disease），即病原在感染后在患者康复后长期存在。有的可达 40 年之久。本病常较轻，发热低，热程短，仅 7～10 天。除头痛外，无中枢神经系统症状，无皮疹或少皮疹。并发症少，病死率低。多发于成人，散发，无季节性，病例较少。外裴反应 OX19 常阴性，如复发距初发逾 10 年，则可呈低效价（＜1：160）。补体结合试验于病期第 4～6 天即开始阳性，第 8～10 天效价可达 1：1 000 以上。间接免疫荧光抗体检查，可发现 IgG 抗体增加（原发性斑疹伤寒系 IgM 型抗体增加）。

猪

猪有易感性，认为猪是贮存宿主。但病原体能在猴、猪、人、驴的头虱和体内繁殖。1975 年国外从东方鼯鼠、牛、羊、猪体内分离到普氏立克次体。

诊断

根据病人发病季节、流行地区以及有无虱寄生或人虱接触史等流行病学资料，有无发热、头痛、皮疹特征与中枢神经系统症状等临床表现，可作出初步诊断。需通过血检、外裴氏试验。单份血清对变形杆菌 OX19 凝集效价≥1：160 有诊断意义。立克次体凝集反应、补体结合试验和接种雄性豚鼠等病毒分离试验来鉴别其他症状类似疾病来确诊。需对伤寒、虱传回归热、鼠型斑疹伤寒及肾综合出血热等疾病鉴别。凡 10 年前曾患流行性斑疹伤寒，此次于非流行区（或过去的流行区）、非流行季节，再无衣虱孳生条件下，骤发高热、头痛等急性症状，并无其他原因可寻时，应考虑复发型斑疹伤寒的可能，如有典型皮疹，则可能性更大，确诊可做血清学检查，主要是补体结合试验、外裴反应及间接荧光抗体检查 IgG 和 IgM。

1. 伤寒起病较缓，常有相对缓脉，皮疹为淡红色，数目少，指压褪色，多见于躯干部。严重症状常在第 2～3 周才出现。白细胞计数一般偏低。本病多发生于夏秋季节，血、尿、粪及骨髓等培养可检出伤寒杆菌，外裴反应有助诊断。

2. 虱传回归热 体虱媒介，冬春多见，呈回归热型，皮疹少见，白细胞计数及中性粒细胞增多，血涂片可查见回归热螺旋体，须警惕两病并发的可能性。

3. 鼠型斑疹伤寒（地方性斑疹伤寒） 由鼠蚤媒介，一般见于夏秋及温暖地区，病情大多较轻，病程较短，皮疹较少，罕见出血。外裴反应及补体结合试验结果与流行性斑疹伤寒相似，但用洗过的立克次体特异抗原（颗粒性抗原）则有助于两者的区别。血液接种雄豚鼠后发生阴囊肿胀反应，有助于鼠型斑疹伤寒的诊断，但此反应偶亦可见于虱媒斑疹伤寒，故鉴别意义又不大。

4. 肾综合征出血热　鼠类传播或螨类媒介，病前多有鼠类接触或疫区野外工作史，秋冬季多见。发热持续仅 4～7 天，继以低血压，少尿期及多尿期，发热有"三红"、"三痛"表现及簇状或条索状瘀点。末梢血白细胞及异常淋巴细胞增多。尿蛋白的显著增多伴有膜状物。

防治

在初步确诊病人后，应对患者更衣灭虱，即病人应先灭虱，方可进入病房，并进行一般对症治疗，同时进行病原治疗处置。病原体对广谱抗生素敏感，但对磺胺药物不敏感，且磺胺可促进病原体生长。常用药物有强力霉素和四环素类。多西环素单次剂量 0.2g 顿服，无复发，疗效较好，可 2～4 天后再服 1 次。早诊断、早治疗可降低病死率。对有高热、中毒者应及时对症治疗，有 DIC 者，应予肝素抗凝治疗。

预防方面，要早期隔离病人，灭虱治疗。常用 10％的百部酒精或 30g 百部加水 500ml，煮 30min 后液体洗头发。灭虱，洗澡，更衣，并在 7～10 天重复一次后可解除隔离。对密切接触者，医学检验 23 天。

对住所要进行先灭虱，常用 1％马拉硫磷等撒布在内衣里或床垫上灭虱或对衣物进行高温（蒸、煮、洗、烫等）灭虱。在人畜共居的牧区和农舍，应对家畜体外寄生虫蜱、螨及鼠施行病原学和血清学检查，及时隔离治疗家畜及消灭传播媒介。

我国目前采用灭活鼠肺疫苗皮下注射预防本病。第一年共 3 次，间隔 5～10 天。成人剂量分别为 0.5ml、1ml、1.5ml。以后每年加强注射 1ml。疫苗有一定效果，以 Golinevich 化学疫苗注射，一针即可，且无不良反应。但不能代替灭虱。

四十二、地方性斑疹伤寒
（Endemiac Typhus Fever）

地方性斑疹伤寒（Endemiac Typhus Fever），又称鼠型斑疹伤寒或蚤媒斑疹伤寒，是由莫氏立克次体引起的以鼠蚤为传播媒介的传于人的一种自然疫源性急性传染病。临床上其特征与流行斑疹伤寒症状相似，但病情较轻，病程较短，皮疹很少呈出血性，病死率低。

历史简介

本病由于与传统的流行性虱媒斑疹伤寒相同，因此过去未曾考虑它是另外不同的病种。Mooser（1928）在墨西哥研究斑疹伤寒时，提醒人们注意某些墨西哥斑疹伤寒毒株与传统的流行性斑疹伤寒毒株在感染豚鼠后有极不相同的表现。Paullin（1913）报道美国佐治亚州本病的流行。即豚鼠阴囊肿胀，其睾丸鞘膜涂片可见与 Rocha Lima 描述的虱子体内相同的微生物。Dyer（1931）从大鼠脑和开皇客蚤中分离到鼠型斑疹伤寒病原体。Monteiro（1931）为纪念 Mooser 的功绩建议命名本病原为莫氏立克次体（*Rickettsia mooseri*），并将具有特征性的豚鼠阴囊肿胀反应现象称为 Neal - Mooser 反应，以便与普氏立克次体病相区别。Mooser 则称该病为鼠型斑疹伤害，以表明该病是大家鼠和小家鼠自然感染的，后进一步证实本病是普遍存在的动物性地方病，Philip（1934）命名为斑疹伤寒立克次体。1943 年认可的名称为斑疹伤寒立克次体（*R. typhi*）。Michael P 等（2004）测定了莫氏立克次体的全基因序列。

病原

莫氏立克次体（*Rickettsia mooseri*）多为短丝状，呈球杆状或细小杆状，很少呈长链排列。大小为 $0.3 \sim 0.7\mu m \times 0.8 \sim 2.0\mu m$。用 Machiavello 或姬姆陞茨法染色呈红色，姬姆萨染色呈紫红色，可呈两极浓染。电子显微镜下观察可见 3 层细胞壁和 3 层胞质膜，为典型的细菌性细胞的单位膜结构，胞质内可见 DNA、核糖体、电子透明区、空泡及膜质小器官。DNA 同源性比较提示与普氏立克次体无密切关系。但有共同的耐热可溶抗原，存在交叉反应；而不耐热的颗粒性抗原稍有不同，可用补体结合和立克次体凝集试验相区别。莫氏立克次体接种雄性豚鼠可引起阴囊及睾丸明显肿胀，对小鼠和大鼠的致病性很强，可用于分离和保存病原体。

DNA 中的 $G + C$ 为 $29 \sim 33mol\%$，模式株：Breinl 株 ATCC VR - 142；GenBank（16SrRNA）：M21789。莫氏立克次体基因组长 $1\,133 \pm 44kb$。立克次体有两种主要抗原，一种为可溶性（醚类）抗原，耐热，与细胞壁表面的黏液层有关，为群特异性抗原；另一种为颗粒（外膜）性抗原，不耐热，与细胞壁成分有关，为种特异性抗原。在斑疹伤寒群，群特异性抗原在普氏、莫氏和加舒天立克次体中均存在，与其他属的立克次体很少交叉或不交叉，而种特异性蛋白抗原，在上述 3 个种间互不交叉。

流行病学

鼠型斑疹伤寒的分布是全球性的，多见于热带、亚热带属自然疫源性疾病。家鼠为本病的主要传染源，以鼠→鼠蚤→鼠的循环方式传播。鼠感染后不立即死亡，立克次体可在其血中循环 6～8 天。鼠蚤在鼠死亡后才叮咬人而传播。此外，患者，以及牛、羊、猪、马、骡等也可能作为传染源。人是宿主之一。本病与鼠有关，它由鼠疫蚤、鼠虱传播给人类。开皇客蚤和其他种蚤类，如缓慢细蚤、具带角叶蚤、犬栉头蚤和猫栉头蚤对鼠型斑疹伤寒立克次体皆具有高度易感性，与黑家鼠、褐家鼠等是典型的媒介和储存宿主。莫氏立克次体的传播方式与普氏立克次体不同，莫氏立克次体长期寄生于隐性感染的鼠体，鼠蚤吸取鼠血后，立克次体进入其消化道并在肠上皮细胞内繁殖。细胞破裂后将立克次体释出，混入蚤类中，在鼠和小家鼠群中间传播。鼠蚤只在鼠死亡后才离开鼠转向叮人血，而使人受感染。如此时人体寄生有人虱，可通过人虱继发地在人群中传播。人虱可作为人与人间传播媒介。此外，小型脊椎动物：小家鼠、田鼠、大家鼠、松鼠、旱獭、家兔、臭鼬、负鼠都有易感性。猴、猫也易感。1942 年在上海，由患者邻居家的猫体内检出病原体，因而猫在本病的传播中的作用不容忽视。曾从虱、恙螨、蜱及禽刺螨（OB）等昆虫分离到莫氏立克次体，有人认为热带鼠螨有媒介可能。

从天然动物宿主脱离下来的受染蚤可将本病传播给人，即感染的蚤类可从皮肤上叮咬的伤口或经搔痒的伤口传入，也可经口、鼻、耳的黏膜传播，说明具有感染性的鼠尿污染食物也能经口传染。蚤、螨等节肢动物也可带有病原体而成传播媒介。当夏季蚤类最活跃时，本病发病数最高，人与动物密切接触者发病率高。本病散发全球，国内各地均曾发生，而西南诸省较多见。夏秋季节较多发，但温暖地区终年均可发生，人群易感性普遍，病后免疫持久，与流行性斑疹伤寒有交叉免疫。

发病机制

鼠型斑疹伤寒的发病机制，主要为病原体所致的血管病变及其产生的毒素所引起的毒血症和一些免疫变态反应，但病理损害程度较轻。

莫氏立克次体在蚤肠胃道的上皮细胞繁殖，大量的立克次体从其粪便中排泄，污染叮咬处的皮肤，若皮肤上有微小伤痕或抓伤，则立克次体经皮肤或黏膜侵入人体后，先在局部淋巴组织或小血管及毛细血管内皮细胞内生长繁殖，致细胞破裂和病原体逸出，产生初次立克次体血症，继而病原体在全身更多的脏器小血管及毛细血管内皮细胞中建立新感染灶并大量繁殖、死亡、释放毒素引起毒血症症状。病程第 2 周出现变态反应使血管病变加重。病理的增生性、血栓性、坏死性血管炎可见全身各组织器官，多见于皮肤、心肌、中枢神经系统。

许多器官中可见立克次体，血管炎病灶内数量最多，说明立克次体的直接作用是构成血管病损的原因。而大多数甚至全部临床病理异常则又都源于立克次体诱生的血管损伤。随着血管损伤的增加，引起血管内容量、白蛋白和电解质的大量流失，同时大量白细胞和血小板在感染灶内被消耗。由于多灶性的严重感染和随之而来的炎症，血管和突变的损伤可产生定位的症状和体征，或与感染和损伤部位有关的实验室检查异常。正常的自身稳定作用机制不足以纠正血容量减少，组织灌注进一步恶化，导致肾前性氮血症。常见的轻度或中度肝损伤可能是肝窦状隙和肝门内皮细胞多灶性感染及无辜的肝细胞损伤的结果。广泛的血管损伤和灌注不良导致肾功能衰竭、呼吸功能衰竭、中枢神经系统异常或多器官衰竭。

在被巨噬细胞、淋巴细胞和浆细胞炎性浸润所包围的小血管中，血管炎可伴有血管壁和内膜的血栓形成，这种病损称为斑疹伤寒小结节，灶状分布于整个中枢神经系统内。这种小结节炎症病损可能与小出血灶的继发病变相关。灰质受累一般较白质重，因其血管更丰富。随着血管炎的泛化，实际上任何器官都可受累，但通常以脾、心、肝、肺、肾和骨骼肌为显著。

斑疹伤寒立克次体的致病物质主要有内毒素和磷脂酶 A 两类。

1. 内毒素 立克次体内毒素的主要成分为脂多糖，具有肠道杆菌内毒素相似的多种生物学活性，如致热原性、损伤内皮细胞、致微循环障碍和中毒性休克等。

2. 磷脂酶 A 立克次体磷脂酶 A 能损伤宿主细胞膜及溶解膜内吞噬体膜，以利于立克次体穿入宿主细胞并在其中生长繁殖。立克次体表面黏液层结构有利于黏附到宿主细胞表面和抗吞噬作用，增强其对易感细胞的侵袭力。另外，该酶还能直接水解红细胞膜使之发生溶血。

立克次体侵入皮肤后与宿主细胞膜上的特异受体结合，然后被吞入宿主细胞内。不同立克次体在细胞内有不同的增殖过程。莫氏立克次体在吞噬体内，依靠磷脂酶 A 溶解吞噬体膜的甘油磷脂而进入胞质，并进行分裂繁殖，大量积累后导致细胞破裂。

临床表现

人

Hone（1922）报道本病在澳大利亚港口工人中流行，人表现为弛张热、斑丘疹、头疼等症状。经过 6～14 天潜伏期后，开始发热，寒战，剧烈头疼和全身疼痛。通常于第 5～8 天体温可达高峰 39.5～40.5℃，于第 12～16 天迅速下降。第 4～7 天，50%～80%患者出现斑点型皮疹，有时出现较早，初见胸腹部和前臂的屈侧皮肤上形成少数斑点，24h 内可遍及全身，但很少在手掌、脚掌或面部出现。一般来说，皮疹的大小、颜色、形状和分布是不规则的，只在重型病例中才出现瘀斑。有时伴有频频干咳，恶心和呕吐，神经过敏，迟钝，偶尔出现谵语。本病可波及中枢神经系统、心肌和肾脏，中枢神经系统症状较轻，表现为头痛，头晕，失眠，听力减退，烦躁不安，但通常不引起并发症。

猪

猪是莫氏立克次体的储存宿主。

猪有易感性，大多呈隐性感染。于恩庶（1959）从猪血清中检出莫氏立克次体抗体。

诊断

本病临床表现无特异性，病情轻，易漏诊。诊断时需要结合流行病学情况进行评估。鼠型斑疹伤寒发病的头几天，极易与一些急性传染病的早期阶段相混淆，包括其他立克次体感染、伤寒、麻疹、猩红热、天花、回归热、疟疾、黄热病以及其他多种感染。如果病人有长时间的持续高烧、头痛、全身疼痛，又在发热的第 5～6 天出现斑点状皮疹，应考虑到鼠型斑疹伤寒。凡病人与有鼠害的住所有密切接触史，或曾被节肢动物（可能是跳蚤）叮咬，也应考虑鼠型斑疹伤寒。

外裴氏反应本菌 OX19 凝集试验如为阳性，可作为临床诊断。但由于外裴氏反应不能区分鼠型斑疹伤寒和落基山斑点热，所以进行特异性立克次体试验是很重要的。确诊应做补体结合试验或立克次体凝集试验或豚鼠试验。PCR 是一种很有价值的早期诊断方法。

病人如曾接受流行性斑疹伤寒疫苗免疫注射，对莫氏抗原及普氏抗原可能出现相同的滴度。

莫氏立克次体，其形态、体外抵抗力及培养条件与普氏立克次体相同，但在动物试验反应上有区别。莫氏立克次体接种豚鼠后 5～6 天，可见豚鼠发热，伴有阴囊肿大、皮肤发红、睾丸鞘膜有渗出性炎症，称为阴囊肿胀反应（Neill - Mooser），其睾丸鞘膜涂片，常可在细胞浆内捉到大量立克次体。普氏立克次体接种豚鼠，仅有轻度阴囊肿胀，但大量接种也能引起阴囊反应，故实际鉴别价值有限。莫氏立克次体可使大鼠发热、致死，也可使小鼠发生致死性腹膜炎与败血症。普氏与莫氏立克次体各含 3/4 种特异性抗原（颗粒性抗原）及 1/4 群特异性抗原（可溶性抗原），故两者间有交叉反应，可以群特异性免疫血清作荧光抗体染色做分离种毒的快速初步鉴定；再以颗粒抗原作凝集试验，或以豚鼠恢复期血清作补体结合试验做种的鉴定。

防治

本病临床的经过通常是很轻的，恢复迅速，虽然康复期可能延长，但无后遗症，人使用抗生素及时治疗一般很少死亡，只有年老病人才可能出现死亡。用四环素、氯霉素治疗本病有效。服药一直到病人体温达到正常时之后，才能停药，可以试用环丙沙星、氧氟沙星和甲磺酸培氟沙星。

由于本病发病率低、病情温和及有效的抗生素易于得到，对大批人群进行免疫接种是不实际的。但在受染机会较多的人群，如港口检疫人员、码头工人、粮食管理人员及特种部队等，则应予接种流行性斑疹伤寒菌苗，全程注射后，对鼠型斑疹伤寒也有肯定的免疫效果。我国生产的斑疹伤寒菌苗安全、有效，并有对异型免疫原性。凡接种足量菌苗，即 0.5ml、1.0ml（各间隔 1 周）的人群，很少发生斑疹伤寒，末次接种后第 2 周抗体滴度显著升高，3～4 周达到较高的稳定水平。补体结合抗体和毒素中和抗体阳转率达80％～90％。有报告鸡胚卵黄囊膜菌苗注射 1 针后，任何时间再接种 1 针，可提高免疫效果。如果在冬春季节，有虱媒传播的流行性斑疹伤寒流行时，也需要对社会人群进行菌苗注射。对养殖动物鼠型斑疹伤寒，主要是使用抗菌药物进行防治。

灭鼠、灭蚤是有效的预防措施，在灭鼠前先要灭蚤，防止蚤类逃逸，同时加强环境卫生措施，以清除食物和鼠类栖息场所。

美国南部某州 1931～1946 年共报告了约 42 000 个病例。由于推行消灭啮齿动物和使用杀虫剂等措施，自 1946 起病例急剧下降，到 1960 年后，每年报告的病例已降到 50 例以下。

针对媒介跳蚤和宿主动物而采取的预防控制措施有：灭鼠、灭虱，并结合早期发现、隔离、及时治疗和管理患者等措施。鼠型斑疹伤寒患者虽不是主要传染源，但潜伏期、恢复期有立克次体血症可能成为传染源。因此，对患者早期诊断、隔离、化学治疗是控制传染的有效措施。莫氏立克次体传播媒介通常以蚤类为主，但其谱系相当广泛。在某些地区，秋冬之交往往有虱类参与传播；在热带、亚热带、螨类、蜱类等节肢动物也可携带莫氏立克次体，在特定条件下有可能充当鼠间乃至人间的传播媒介。因此，在消灭主要病媒的同时，应兼顾其他可能的传媒。

四十三、Q 热
（Q Fever）

本病是由贝纳特立克次体（现名贝氏柯克斯体，*Coxiella burnetii*）引起的一种自然疫源性人畜共患传染病。主要侵害牛、绵羊和山羊等多种动物，通常症状轻微，多为隐性感染，少数有发热、食欲不振、精神萎靡等症状。而人则以发热、乏力、头痛、腹痛及间质肺炎和无皮疹等为特征。

历史简介

本病 1935 年在澳大利亚发生，由 Edward Derrick 报道了 Brisbane 地区肉品厂的 20 名屠宰工人中发生不明原因发热病。后经 Burnet 证实病原体为一种立克次体。在 1937 年 Derrick 又报道了澳大利亚昆士兰州的人发生类似的发热，并描述了症状，并从病人血液中分离到病原体。因当时不明发病原因，故取名 Q 热。即 Query，表示疑问之意。同年，Burnet 和 Freeman 实验诱导小鼠发病，观察到脾细胞囊泡中有圆形物质，用立克次体的染色方法观察到典型的短构状结构，找到了这个病原体，证实该病原体为立克次体。为纪念 Burne 将此 Q 热病原体命名为贝纳特立克次体。Davis 和 Cox 等（1938）在美国蒙大拿州九哩河地区从受感染的脾中找到一株立克次体，一种滤过性病原体，当时称为 Rickettsia diaporica，后经证实是伯纳特立克次体（本病又称为"九哩热"）。美国学者 Dyer 曾因实验感染了这种立克次体而患 Q 热。Derrick 和 Smith（1940）从澳大利亚板齿鼠和硕鼠的外寄虫血蜱中分离到病原体，并以血清学实验证明 Q 热病原体也可感染其他小野生动物和牛，初步提出人患 Q 热可能来源于感染的家畜。但 Q 热病原体的发现主要限于蜱，因而人们以为 Q 热仅发生于澳大利亚的一种传染病，导致本病的误诊率特别高，影响其他许多地区的及早发现和及时治疗。临床和免疫学研究证明，澳大利亚的 *R. burnetii* 和美国的 *R. diaporica* 实际上是同一种立克次体。鉴于 Q 热病原体有不能凝集变形杆菌 X 株等与其他立克次体不同的特点。Phillips（1948）建议，在立克次体内另立柯克斯属（Coxiella）；Q 热病原体被称为伯纳特柯克斯体（*Coxiella burnetii*）。根据 16S rRNA 基因分析，伯纳特柯克斯体属于变形纲的 γ 亚群内，而其他立克次体属于 α 亚群。

病原

本病原为贝氏立克次体，现名为贝氏柯克斯体（*Coxiella burnetii*）属柯克斯属成员，可表现为两相抗原性。形态为短杆状，偶呈球状、双杆状、新月状或丝状等，无鞭毛，无荚膜，可形成芽孢。长 0.4~1.0μm，宽 0.2~0.4μm，常成对排列，有时成堆，位于内皮细胞或浆膜细胞内，形成微小集落。革兰氏染色阴性，有时两端浓染或不着色，染色呈红色。姬姆萨染色呈紫红色。G＋C 为 43mol％。模式株：ATCC VR615 株（九哩株，Nine Mile phase I），其他有代表性的菌株还有 Henzerling 株、Dyer 澳大利亚、Chio314、Priscilla、Grita、ME、MAN、七医、李、雅安、新桥、YS-8 等；GenBank 登录号（16S rRNA）：NC002971。

伯纳特柯克斯体具有自身的代谢产物，有许多与细菌相似的酶系统，但它是一种嗜酸菌，其完整菌体在酸性环境 pH4.5 才具有谷氨酸、葡萄糖显著代谢活性，在中性 pH7.0 时则代谢很差，只能以丙酮酸做代谢底物。当外部提供 mRNA 的情况下，伯纳特柯克斯体提取物可完成蛋白质合成的起始、延长和终止。能催化甘氨酸转变成丝氨酸，鸟氨酸转变成瓜氨酸；其叶酸还可能参与由天冬氨酸和氨甲酰磷酸合成嘧啶前体尿基琥珀酸和乳清酸。在加有谷氨酸的无生命培养基中于 pH4.5 下孵育，放射性胸苷可掺入伯纳特柯克斯体染色体 DNA。在体外含有 4 种核苷三磷酸等成分系统里，只要条件适宜（如有外源性能源），伯纳特柯克斯体的 DNA 依赖 RNA 聚合酶可催化合成 RNA 分子。Q 热贝氏柯克斯体相变异是一种宿主依赖的变异现象，随适应宿主不同，贝氏柯克斯体表现为两相抗原性，与感染早期血清不反应，而与晚期血清呈阳性反应的动物传代株为 Ⅰ 相，与动物早期或恢复期血清反应者为鸡胚适应株，称为 Ⅱ 相。

病原体专性细胞内寄生，主要生长于脊椎动物巨噬细胞吞噬溶菌酶体内，多用鸡胚或组织细胞培养，能在鸡胚卵黄囊、绒毛尿囊膜及羊水中增殖，可在小鼠胚胎成纤维细胞、豚鼠肾细胞、脾细胞、猴肾细胞以及鸡胚成纤维细胞等多种细胞上生长。一般可引起细胞病变。病原体在鸡胚上长期传代后对动物致病力减弱。

本病是严格的细胞内寄生菌，以上分裂方式在宿主细胞的空泡内缓慢繁殖，繁殖一代需要 12~16h。菌体进入宿主巨噬细胞吞噬体后，迅速与溶酶体融合。吞噬溶酶体早期进行性地形成大的空泡，空泡内包含溶酶体的各种成分，如质子化 ATP 酶、酸性磷酸酶、组织蛋白酶 D、溶酶体糖蛋白、LAMP-1 和 LAMP-2 等。本菌具有高度的致病性，可被用作生物武器，目前的致病机制仍不清楚。大多数菌体具有一个大小不等（36~42kb）质粒，分别被命名为 QpH1、QpRs、QpDG、QpDV，质粒的功能仍不清楚，一般质粒在菌体中有 1~3 个拷贝。

本病是立克次体科中唯一发现有质粒的成员。本菌存在宿主依赖的抗原相变异现象。自病畜和动物新分离菌株为Ⅰ相（表面抗原、毒力抗原）毒力强，含有完整的抗原组分，而传代后则失去Ⅰ相中的表面抗原而转变为Ⅱ相（毒力减弱），主要是细胞壁脂多糖发生变化，但经动物或脾传代又可逆转为Ⅰ相抗原。各地分离菌株存在基因数量上的细微差异。目前Q热立克次体属仅一个伯纳特柯克斯体，但不同Q热柯克斯体分离株在抗原性、毒力、遗传等方面显示不同程度的差异，即存在所谓的"急性病株"和"慢性病株"。

贝氏柯克斯体对外界环境的抵抗力很强，在干粪、干血、腌肉或冻肉中可分别生存2年、6个月、5个月和1个月。冻干后保存于4℃下能存活多年。不能被乙醚、氯仿等脂溶剂溶解。加热70～90℃30min才能杀死。本菌对常用消毒剂不敏感。0.5%福尔马林3天，2%石炭酸在高温下5天才可杀死，0.3%～1.0%来苏儿，经3h可杀死，70%酒精经1min即可杀死，紫外线照射可完全灭活。

流行病学

本病的流行呈世界性，Q热疫区已遍及全球各大洲几乎所有国家。有些从未报告过Q热的国家如荷兰、爱尔兰，以及非洲及美洲的一些国家，现在都证明发生过Q热。芬兰和瑞典近年来也发现血清学试验阳性的Q热病例。1941年前南斯拉夫和德军中有所谓支气管肺炎型流感的爆发，在欧洲均发生了很广泛的严重呼吸道感染，多并发支气管肺炎，当时称为"巴尔干流感"，由于1939～1945年战争期间Q热在军队中的流行，战后头几年陆续发现了许多新的疫源地，如1945年5月从意大利撤回的美国飞行队，抵美国后发生Q热，传染源可追溯到意大利机场附近的羊群。瑞典东南沿海的Gotland岛上经常接触绵羊的人血清Q热抗体阳性率达41.7%，并由该岛上的绵羊胎盘分离出伯纳特柯克斯体。美国1946年发生两次芝加哥屠宰工人Q热流行。加利福尼亚Q热调查证明，该州居民和家畜感染Q热很广泛。1947年意大利巴尔干地区居民中发现Q热流行，有的地区是因为输入感染绵羊而致Q热爆发。张永根（2010）于2009年4～5月在安徽几县采集农村人群血清，Q热血清阳性率53.67%（299/613），家畜血清Q热阳性率为61.33%（92/150），人群于家畜Q热血清阳性率呈正相关关系。感染畜禽是一个重要传染源。Aurile（1956）报道，加拿大屠宰工人发生Q热，该病与职业有相联（表2-44，表2-45）。

表2-44 被调查兽医的特征及MIF抗体阳性和阴性兽医的比较

项目	总数	Cb阴性	Cb阳性	P
人数	65	33	32	
平均年龄	35.9	35.3	35.5	不显著
男性/女性之比	45/20	18/15	27/5	0.0087
担任兽医平均年限	10.21	10.6	9.7	不显著
男性兽医平均年限	12.8	13.5	12.4	不显著
女性兽医平均年限	5.5	5.4	5.8	不显著
平均月尸检次数	5.7	7.2	4.3	
进行过尸检人数	60	30	30	

表 2 - 45　被调查的屠工的特性及 MIF 抗体阳性和阴性屠工的比较

项目	总数	Cb 阴性	Cb 阳性	P
人数	96	62	34	
平均年龄	38.8	37.3	41.3	不显著
从事本职业平均年限	15.1	15.1	15.03	不显著
畜种	屠宰区不同家畜的百分比			
黄牛	93	89	100	0.004
绵羊	49	47	53	不显著
山羊	24	19	32	不显著
猪	77	74	80	不显著

本病除人外，目前已知至少有 90 多种动物，包括啮齿动物、家畜、家禽、鸟类、一些野生动物以及 10 个属的硬蜱、软蜱和其他节肢动物都可感染。其中牛、羊是主要宿主。传染源主要是感染的家畜、家禽，如黄牛、水牛、牦牛、绵羊、山羊、猪、马、骡、驴、骆驼、犬、猫、旱獭、藏鼠、兔及鸽、鹅、鸡、火鸡、鹊雀等，并随排泄物排出病原体。人类 Q 热的传染源主要是感染家畜，特别是牛、羊。大多数情况下对家畜引发的仅是一种温和的或不明显的病情，但它们能作为本微生物的储主。如牛感染后，可在牛中排菌 32 个月之久，并能在牛群中相互传染。Kitze（1957）证明发病区的人有抗体，蜱是储存宿主和传媒。而且病原体在蜱与野生动物之间循环，构成 Q 热的自然疫源地。Q 热自然疫源地的宿主动物主要是野生哺乳动物。

蜱是主要的传播媒介，贝氏柯克斯体通过蜱在野生动物间的传播，蜱通过叮咬感染宿主的血液而获得病原体，并可在体腔、消化道上皮细胞和唾液腺中繁殖，当再叮咬易感动物时传播本病。蜱在自然疫源地保持和传播本病原体中起重要作用。某些蜱还可以经卵传递，能从一个发育期带到下一个发育期。因此，蜱不仅是媒介，也是储存宿主。此外，还有一些节肢动物，如蚤、虱、臭虫、蝎也存在感染 Q 热病原体。另外，家畜与野生动物之间也可经互相啃咬或经破损皮肤感染。受感染动物的粪、尿、羊水、胎盘甚至乳汁都含有贝氏柯克斯体。人类通过微生物气溶胶或污染尘埃经呼吸道感染，还可饮用带有本病原的奶类及奶制品经消化道传染，也可经受损黏膜、皮肤接触病原体污染感染。已有人传染人的报道。

伯纳特柯克斯体在自然界的进化适应过程，表现两种生态特征。其原始生态是病原体在蜱和野生动物中间循环，蜱以叮咬和粪便作为传播媒介传播，野生动物还可通过空气（通过感染动物的分泌物、粪便等）传播，形成自然疫源地；另一种为病原体由自然疫源传至哺乳动物，如牛、羊等家畜（雌性家畜在生产过程中的胎盘、羊水、乳汁中）的病原体借空气传播，形成完全独立的家畜间循环，即经济疫源地。另外，野生动物和节肢动物通过运输等工具也可以形成远距离的播散，形成新的经济型疫源地。鉴于疫源地非常广泛，其流行特征：可通过呼吸道、消化道和接触等多种途径使人、畜感染。

一般为散发，有时爆发流行。一年四季均发病，但男性病例多于女性，并且以青壮年居多，主要取决于暴露于病原的频度和程度。

发病机制

Q 热在发病机制方面主要包括内毒素（LPS）中毒、炎症性反应、免疫复合物的形成、细胞介导的变态反应等，其致病机理也是比较复杂，机体受到感染，则会出现相应的一系列病理损伤和临床表征。

1. LPS 中毒 LPS 中毒可引起高热，体重减轻，白细胞增多，肝出现形态学和生物化学改变。将伯纳特柯克斯体 LPS 注入豚鼠腹腔后，在脂肪组织细胞内的脂肪酶活性增强，储存脂肪动员过多，导致血浆自有脂肪酸水平增高，肝内甘油三酯合成较多。

2. 炎性反应 在急性 Q 热感染期间，机体的免疫应答主要出现抗 II 相抗原的抗体和细胞免疫，病理改变主要表现为炎性反应，有肉芽肿形成，宿主细胞内病原体很少。急性和慢性炎症出现的许多宿主应答均与免疫活性细胞产生的 IL-1、IFN-7、TNF 有关。IL-1 有较强的致热源作用，引起急性期蛋白合成增加。不仅 Q 热心内膜炎患者单核细胞内 TNF、IL-1 的产生和分泌明显高于健康对照者，而且新患心内膜患者单核细胞分泌 TNF 和 IL-1 的水平也明显地比稳定的心内膜炎患者高，提示炎性细胞因子的过度产生可能作为疾病活动性的指标。

3. 免疫复合物 豚鼠实验性 Q 热性肾小球肾炎模型的建立，证实了不仅血流中存在特异性免疫复合物，而且在肾小球基底膜和泵膜区有病原体抗原、IgG 和 C3 的颗粒沉积。

4. 细胞介导的变态反应 Q 热的一个特殊病变为肉芽肿形成，提示 T 细胞介导变态反应可能也是一个重要的致病机制。虽然用 I 相全细胞做皮肤试验证明，致敏豚鼠可出现迟发变态反应及肉芽肿形成，但用 CMR 试验，则于第 1~3 天出现很强的迟发变态反应后，8~10 天无肉芽肿发生，与体外淋巴细胞增殖反应相吻合。

伯纳特柯克斯体由皮肤、消化道、呼吸道侵入机体后，先在局部网状内皮细胞内繁殖，然后入血形成菌血症，导致一系列病变及临床症状。主要病变为受染细胞肿胀破裂、血管腔阻塞、组织坏死、凝血机制障碍、DIC 等；晚期可形成免疫复合物，加重病理变化和临床症状。血管病变主要有内皮细胞肿胀，可有血栓形成。肺部病变与病毒或支原体肺炎相似。小支气管肺泡中有纤维蛋白、淋巴细胞及大单核细胞组成的渗出液，严重者类似大叶性肺炎。也有引起炎症性假性肺肿瘤的报告。肝脏有广泛的肉芽肿浸润。心脏可发生心肌炎、心内膜炎及心包炎，并能侵犯瓣膜形成赘生物，甚至导致主动脉窦破裂、瓣膜穿孔。脾、肾、睾丸亦可发生病变。

临床表现

人

本菌由呼吸道黏膜进入人体，先在局部网状内皮细胞内繁殖，然后进入血管形成立克次体血症，进一步繁殖后波及全身各组织、器官，造成小血管、肺、肝等组织脏器病变。但 Q 热感染在临床上表现呈多样性。与其他立克次体病不同的是 Q 热无皮疹症状。

人感染贝氏柯克斯体后通常无症状或只出现轻微症状，并可自愈。但 Q 热与脑膜炎或心肌炎并发时，症状加重并可导致死亡。潜伏期 9~28 天，平均 18 天，起病急，少数较缓慢。

1. 急性 Q 热 表现为急骤起病，发热在 2~4 天升至 39~40℃，多数弛张持续 1~3 周。常伴有寒战，喉痛，咽充血，胸部疼痛，干咳，有少量黏液，偶尔混有少量血液。严重头痛，肌肉痛，抽搐，极度乏力和全身不适。有的发生胸膜炎。持续发热者身感无力，倦怠，失眠，食欲减退，恶心或呕吐，个别出现腹泻。有轻度咳嗽，有时胸痛。部分病例有肝功能异常和黄疸。常见肺炎、肝炎、心肌炎、心包炎、脑膜炎等病变。

2. 慢性 Q 热 长期弛张热持续数月或 1 年以上，呈不规则弛张热。本病为一种严重的消耗性疾病，长期不易康复，表现临床多样性，如心肌炎、心内膜炎、心包炎、心肌梗死、血管感染（血管性脉管炎、脉管栓塞）、骨髓炎、间质性肾炎、慢性肝炎、慢性肺感染、慢性疲劳综合征、胸膜炎、肺梗死。附睾—睾丸炎，以及椎体外路系统的损害——帕金森症等。但死亡率不高。外周血白细胞计数正常，中性粒细胞左移血沉中等度递速。妇女在怀孕期间感染本病会发生早产、流产、死胎和新生儿发育不足等现象，同时出现发热，类流感等症状。重者会出现血小板减少症及非典型肺炎。病程可迁延一年以上。

猪

耿贯一（1979）调查证实，Q 热动物有牛、马、猪、犬等。山东 1996 年报道，Q 热抗体阳性率；山羊 1.2%、牛为 3.47%、犬为 47.06%、猪为 1.76%。家畜感染后，绝大多数看不出带有特征性的病症，常呈无症状经过。但是能引起一个菌血症期，使蜱感染。极少数病例出现发热，食欲不振，精神萎靡，间或有鼻炎、结膜炎、关节炎、乳房炎等。

猪是以隐性感染传播疾病。台湾一调查猪场人员 Q 热血清阳性率高达 20%，与同一地区人员阳性为 2%高出 10 倍。因而，养猪场职工感染 Q 热可能是潜在的职业病之一。

诊断

1. 临床诊断 对有头痛、肌痛和关节痛特别显著患者或有肺炎、肝炎表现，如有直接或间接的牛、羊等牲畜接触史，或来自牧区、屠宰场、制革场的工作人员，均应考虑 Q 热的可能性。外一裴氏试验阴性者更要高度警惕。确诊要依靠实验室检查。

2. 实验室诊断 Q 热立克次体抗体特异性很高，未见与其他抗原有交叉反应。冷凝集试验和外裴反应均阴性。常用补体结合试验、微量凝集试验、酶联免疫吸附试验等。皮内试验，可用于流行病学调查，亦可用于现症病例诊断，也可利用 PCR 和 DNA 探针检测。

补体结合试验：因Ⅱ相抗体出现早，效价高，持续久；Ⅰ相抗体出现迟，效价低，持续短，故一般宜用Ⅱ相抗原做试验。第 1 周阳性率 65%（效价 1∶8 为阳性），第 2 周 90%，如见双份血清抗体效价上升 4 倍或以上，可以确诊；如早期即见Ⅰ相抗体效价增高，则说明患者过去曾感染本病，或系慢性 Q 热或隐性感染。

微量凝集试验：用Ⅰ相抗原经三氯醋酸处理转为Ⅱ相抗原后，用苏木紫染色，在塑料盘上与病人血清做凝集试验，此法比补体结合试验敏感，阳性出现早（第 1 周阳性率 50%，第 2 周 90%）。国内以 SPA 协同凝集试验检测 Q 热立克次体抗原，较补体结合试验敏感，与斑点热等无交叉反应，操作简便，10min 即可观察结果。

皮内试验：取Ⅰ相可溶性抗原皮内注射后 24h 出现反应，48h 开始消退，4～7 天后退净，1～2 周时，皮内试验阳性率比补体结合试验高，3～4 周时相等。故此法既可用于流行病学调查，亦适用于现症病例的诊断。

病原分离可用患者血、痰、尿或脑脊液等材料，注入豚鼠腹腔，在 2～5 周内测定其血清补体结合抗体，可见效价上升，同时动物有发热及脾肿大，取脾表面渗出液涂片染色镜检病原体，也可用鸡胚卵黄囊或组织培养方法分离立克次体，由于动物试验易扩散病原体，并发生感染，必须在有条件实验室进行，加强隔离消毒措施。

急性 Q 热应与流感、布鲁氏菌病、钩端螺旋体病、伤寒、病毒性肝炎、支原体肺炎、鹦鹉热等鉴别。慢性 Q 热肝炎必须与其他肝肉肿相区别，如结核、肉瘤、组织胞浆菌病、布鲁氏菌病、兔热病和梅毒等相鉴别。Q 热心内膜炎与细菌性心内膜炎相鉴别，当存在心内膜炎表现时，血培养多次阴性或伴有高胆红素血症，肝肿大，血小板减少时，应考虑 Q 热心内膜炎。

防治

根据 Q 热流行病学特点，针对自然界循环的预防和控制非常困难，而且许多老的 Q 热流行区往往不容易消灭。所以，出现病案一定要兽医、人医工作者密切配合，及时查明疫源地，防蜱，灭蜱，灭鼠，由于家畜是人类 Q 热的主要传染源，控制家畜感染是防治人兽 Q 热发生的关键。

1. 管理传染源　对患者或患畜应隔离，痰、大小便应消毒处理。注意畜禽的管理，使孕畜与健康畜隔离，并对家畜分娩后的排泄物、胎盘及污染环境进行严格消毒处理。以防被犬、猫、鼠等动物窃食，而散播扩散。

2. 切断传染途径　必须按保护条例对屠宰场、肉类加工厂、皮毛制革厂、进出口检疫站进行检疫、消毒，严格执行操作规程。强化食品无害化措施，灭鼠、灭蜱。

3. 疫苗，药物预防　职业工作者可给予疫苗接种，以防感染。牲畜也可接种，减少发病率，死苗局部反应较大，弱毒苗用于皮上划痕或糖丸口服，无不良反应。必要时可对感染后潜伏期内人员口服四环素或复方磺胺甲噁唑。对于动物接种菌苗效果仍有待观察。

4. 治疗　四环素和氯霉素对本病有特效。每天 2～3g，分次服用，连续 7 天。亦口服强力霉素 300mg，每天一次，连续 10 天。对 Q 热心内膜炎患者，可口服复方磺胺甲基异噁唑，每天 4 片，分 2 次服用，连续 4 周到 4 个月。其余对症支持治疗。

家畜，包括猪感染 Q 热后常为隐性过程，绝大多数看不出带有特征性病症，但菌血症期极少数病例出现发热，食欲不振，精神委顿时，特别是血清学检测阳性时，可应用四环素等抗生素预防与治疗。

四十四、斑疹伤寒（恙虫病）
（Tsutsugamus Disease）

斑疹伤寒（又称恙虫病）是有恙虫病热立克次体（*Rickettsia. tsutsugamushi*）经恙螨幼虫叮咬传播的自然疫源性疾病，临床上以持续发热、焦痂溃疡、淋巴结肿大及全身性红色斑疹为特征。又称丛林斑疹伤寒、螨传斑疹伤寒、日本洪水热、热带斑疹伤寒、乡村斑疹伤寒等。

历史简介

公元前 313 年晋朝葛洪在《抱朴子内篇》和《肘后方》中，就记载有关本病流行病学、症候学、预防和治疗方面的内容，当时称为沙虱热或沙虱毒。桥木伯寿（1810）报道日本新潟县疾病流行，并描述该病。Ricketts（1909）描述了人落基山斑疹热的病原微生物。19 世纪初，日本描述了一种类似疾病"恙"。直到 1878 年 Palm、Baelz、川上等描述了日本本州一些河流冲积平原的一种疾病，别的国家才知道此病。田中（1899）再次认为此病系红恙螨的幼虫叮咬引起的节肢动物传播性疾病——恙虫病。1930 年田宫、三田村、佐藤等确定了该病的立克次体性病因，并命名为东方立克次体（*R. orientalis*），但是似乎早在 1908 年田林即认识了该种病原体，并于 1920 年命名为恙虫病泰勒氏梨浆虫。绪方规雄等（1927）将患者血液注入家兔睾丸内，经 5～6 次传代后，阴囊红肿，取其涂片染色在巨大网状组织细胞内发现多形态立克次体，命名为东方立克次体（*R. orientalis*），1931 年更名为恙虫热立克次体（*R. tsutsugamushi*）。在分类学上，本病原归属于立克次体属，随后发现该病原体的细胞壁组成化学结构，16SrRNA 序列与立克次体其他成员如斑疹伤寒群（TG）以及斑点热群（斑点热）立克次体存在较大差异，至此，1995 年 Akira Tamura 提出将恙虫病病原从立克次体属中划出来，命名为恙虫病东方体，简称东方体。Charles jules Henry Nicolle 在突尼斯发现衣虱是该病的传染媒介，通过灭虱控制该病流行，从而获得 1928 年诺贝尔医学生理学奖。魏曦（1939）在哈佛用双料 Tyrode 氏培养液琼脂法培养出普氏立克次体，为抗原试剂及疫苗创造了条件。1948 年广州市从患者血液中分离出恙虫病东方体。

病原

恙虫热立克次体（*Rickettsia tsutsugamushi*）为专性细胞内寄生菌，在宿主细胞中心以二分裂方式繁殖。其形态为多形性，常见为双杆或双球状，大小为 $0.3～0.5\mu m \times 0.8～1.5\mu m$。用 Machiavelle 法染色，呈蓝色；用姬姆萨染色，呈红色。Gimenez 染色呈暗红色，其他立克次体呈鲜红色，背景为绿色。东方体的 DNA 的 G＋C 为 $28.1～30.5mol\%$；模式株：Karp，ATCC VR‑150；参考株：Gilliam，ATCC VR‑312；Kato，ATCC vr‑609。GenBank 登录号（16SrRNA）：D38623，U17257。在鸡胚卵黄囊中生长良好，耐寒，不耐热，低温中可长期保存，$-20℃$ 可存活 5 周，$56℃10min$ 即可被杀灭，对一般消毒剂极为敏感。应用透射电镜观察感染发病小鼠腹膜黏液，吞噬细胞内恙虫病立克次体呈圆形、椭圆形、短杆形和哑铃形等多形态。恙虫病立克次体的细胞壁较厚，分为外叶层和内叶层，外叶层较内叶层厚，这一点，与其他立克次体的细胞壁明显不同，为将恙虫病从立克次属中划出来提供了主要依据。故本病原又称恙虫病东方体。恙虫病东方体细胞壁化学组成上缺乏肽聚糖和脂多糖，因而临床上应用青霉素无效。恙虫病原体外膜蛋白主要有 54～56KDa、35KDa、25～21KDa 蛋白，其中 56KDa 蛋白具有型和株特异性，刺激抗体产生中和抗体，具有免疫保护作用。此外，56KDa 蛋白基因是本病原分型的重要依据。本病病原体抗原性极为复杂，不同地方的抗原结构与毒力均有差异，目前有 7 个抗原型，即 Gilliam、Karp、Kato、TA686、TA716、TA736 和 TA1878。其中 Gilliam、Karp、Kato 血清型为国际标准参考株。目前可分印度型、马来西亚型、新几内亚型、缅甸型和澎湖型（我国闽株）。恙虫病东方体极其脆弱，易受外界渗透压变化和各种理化因素影响而造成菌体破坏。该菌不易保存，易发生自溶。对青霉素、链霉素和红霉素不敏感，但对氯霉素、强力霉素、金霉素及四环素敏感。

流行病学

本病分布于中欧、南美、中美、亚州、非洲及前苏联、美国等。鼠类及其他野生啮齿动物、家兔、家禽及某些鸟类也是储存宿主。我国已发现自然感染的恙虫病东方体的动物，除鼠类外，还有家兔（福建）、猪（福建）、猫（福建）、家鸡（云南）、麻雀（福建）、秧鸡（云南）。它们也能感染或携带恙螨成为传染源。人类对本病普遍易感，人是本病流行间隙的储主。病人的血液有感染性，但病原微生物尚未在血液中见到。本病是一个自然疫源性疾病。古典斑疹伤寒为人的体虱所传播。恙虫病立克次体只能通过受染的纤恙螨属的螨，如红纤恙螨、地里纤恙螨、苍白纤恙螨、小板纤恙螨、东方纤恙螨等幼虫叮咬而传播。因此，恙螨是此病的传播媒介，也是恙虫病立克次体的原始贮存宿主。恙螨受染后，病原体能经卵传代。仅在实验室事故引起吸入气溶胶而造成感染。但经由实验室用活疫苗免疫或自然感染，均证明各型株间存在着交叉免疫。流行区的居民，由于经常于不同抗原性的立克次体相接触，极少发生二次感染，未能证明有人对人的传播。由于恙螨的聚团趋向，不是主动寻找宿主，而是等待宿主到来与它们接触的生态特性，故该病有一个典型的流行病学特性是与媒介螨的行为和栖息密切关系，这就是爆发明显地局限在相当小的疫源地中，又称"恙虫病岛或恙螨岛"。由于鼠类及恙虫的孳生、繁殖受气候与地理因素的影响，因此本病流行有明显的季节性与地区性。每年夏秋季开始流行，7～8月为流行高峰，11月间尚可见少数病例。流行区分布于南纬30°、北纬30°之间。以雨量充沛、土壤肥沃的热带及亚热带地区多见，尤多见于灌木丛生的平坦地区及江河两岸。恙螨的季节消长除其本身的生物学特性外，又受温度、湿度和雨量的影响，各地区的各种恙螨幼虫发现于宿主体上的有各自的季节消长规律，大致可分为三型：①夏季型；②春秋型；③秋冬型。

江苏省东台市卫生防疫站（1990）报告本地大流行的统计，329例中男性158例，女性171例；发病年龄最小12个月，最大82岁，以青壮年居多。职业分布以从事田野农业者为主，占76.2%。两年恙虫病流行起始于9月下旬，终止于11月下旬，每年10月下旬到11月15日前呈现发病高峰。

发病机制

恙虫病东方体从恙螨幼虫叮咬处侵入机体，先在局部繁殖，引起局部皮肤损伤，然后直接或经淋巴系统进入血流，产生东方体血症及毒血症，然后到达身体各个器官组织，在小血管内皮细胞及其他单核—吞噬细胞系统内生长繁殖，不断释放东方体及毒素，出现毒血症的临床表现。东方体死后释放的毒素是致病的主要因素。在局部可发生皮疹、焦痂及溃疡。全身可引起浅表淋巴结肿大，尤以焦痂附件的淋巴结最为明显，淋巴结中央可坏死。体腔如胸腔、心包、腹腔可见草黄色浆液纤维蛋白渗出液。内脏普遍充血，肝、脾可因网状内皮细胞增大而肿大，心脏呈局灶或弥漫性心肌炎，可有出血或小的变性病变，肺脏可有血性肺炎或继发性支气管肺炎，脑可发生脑膜炎，肾脏可呈广泛急性炎症性病变，胃肠道常广泛充血。

临床上恙虫病虽有多种类型，但可以分为局部感染和全身感染两种，以引起局部溃疡、全身广泛小血管炎及血管周围炎为特征。

临床表现

人

恙虫病立克次体的致病机制是引起广泛的血管炎与血管周围炎，导致器官的急性间质炎，实质性器官充血、水肿、细胞变性，以致坏死。它可累及多个系统，包括皮肤、循环、中枢神经系统等，造成临床表现多样化。临床出现的叮咬部位焦痂溃疡或发热为主的严重感染中毒症及不同程度的多器官损害。通常发热时间越长，器官受累机会越多，损害程度越重。

苏德茂等（1990）对流行区329例患者临床观察：患者一般起病较急，前驱期主要表现为精神不振，全身乏力，食欲明显减退，尤以乏力显著，占98.8%；极期普遍发热，体温可达39℃以上。同时伴有畏寒和头痛，部分患者还可出现嗜睡、失眠、耳鸣、耳聋，以及眼结合膜充血、鼻衄等症。有两例出现昏迷、谵妄。恢复期自觉症状改善，体力恢复较慢，一般要1个多月。由于恙螨叮咬皮肤，局部形成特有的焦痂或溃疡，329例中有209例具有此症状。全身发生一处者占86.3%，发生部位为脐周66例、腋窝50例、腹股沟33例，其他部位如胸背部、四肢、季胁部和会阴部。焦痂或溃疡大多呈圆形，直径0.5～1.0cm，周围红晕，不痛不痒。皮疹一般起病后一周前后出现，发生率为74.5%。半数起始于胸背部，也有从面部、颈部开始的，后蔓延至全身。皮疹呈鲜红色，后转为暗红色，大小不等，边缘不规则，稍高出于皮肤，压之褪色。3～5天逐渐隐退，疹退后无脱屑和色素沉着。患者中有24例浅淋巴结肿大，以腹股沟（119例）、腋窝及附近（106例）为主，约半数淋巴结有压痛，但无化脓和破溃出现。

吴世林等（1991）恙虫病的多系统器官功能损害（MSOF）25例临床观察是恙虫病常见的合并症及主要的死亡原因之一（表2-46、表2-47）。

表2-46　各系统脏器受损

受损脏器或系统	标　　准	例数
肾脏	蛋白尿，管型尿，血肌酐>132.6μmol/L	9
肝脏	肝区疼痛，肝肿大，肝功能损害	8
脾脏	肿大	4
胃肠	恶心，呕吐，腹痛，腹泻，消化道出血	18
呼吸系统	咳嗽，胸痛，支气管肺炎	6
心血管系统	心源性或感染性休克，脉压<2.6kPa，ECG提示心肌缺血损害	7
神经系统	表情淡漠，反应迟钝，哭笑无常，答非所问，昏迷，抽搐，脑膜刺激征	6
血液系统	皮肤黏膜点片状出血，内脏出血，凝血酶原时间>20s，贫血，Hb<30～100g/L	8
电解质紊乱	血清钾<3.5mmol/L，血清钠<131或148mmol/L，血钙<2.25或>3.0mmol/L，CO_2-CP<22.4和>31.47mmol/L	6

注：肝、脾肿大以B超检查为准，支气管肺炎以X线诊断为准。

表2-47　25例恙虫合并MSOF的观察结果

脏器或系统	例数	治愈数	死亡数
2个脏器	11	11	0
3个脏器	5	5	0
4个脏器	3	3	0
5个脏器	2	2	0
6个脏器	2	1	1
7个脏器	2	0	2

恙虫病的潜伏期为6～21天，平均一周左右。患者临诊呈急性发作，突然发热，体温迅速升高，高者可达40℃，为不规则热型。伴有寒战，剧烈头疼，全身酸痛，特别是四肢酸痛，疲倦无力，食欲不振，眼结膜充血，中等程度的全身淋巴结肿胀，尤以焦痂附近的淋巴

结明显。有部分病例伴有呕吐、恶心、畏光、咳嗽等。多数白人病例在恙螨叮咬部位出现原发性病灶（焦痂），而亚洲人则较少。溃疡部位，多在腋下、腹股沟的皮肤柔软褶皱处。这种硬结的红疹样病损，初呈小丘疹，有多腔性水疱，最后逐渐形成扁平的黑色焦痂。在第一周高热达 40℃以上后，躯干出现红色斑疹，可能扩展到臂和腿，皮疹可能持续数小时，也可能变为斑丘疹，持续数日。多见于面、胸、背、腹部，四肢较少，有的地区皮疹较少见或不出疹。在未经抗生素治疗的病人，第二周仍稍为高温，持续出现冷漠、无表情，经常可见耳聋，可能出现谵语、痴呆、肌肉抽搐。在第二周可能由于肺炎、脑炎、心力衰竭等合并症而导致死亡。第三周初，体温恢复正常，焦痂实际上已愈合。半数患者脾肿大，1/3 患者肝肿大。

临床表现有：

1. 毒血症状　起病急骤，先有寒战，继而发热。体温在 1～2 天内即可高达 39～40℃，多呈弛张热型，可有相对缓脉，伴头痛，全身酸痛，颜面潮红和结膜充血。严重者体温持续升高，脉搏加快，中毒症状加重，可出现嗜睡、谵妄、昏迷、强直性痉挛等中枢神经系统和虚性脑膜炎征象。一般多在 2 周后开始退热。病程中，有特征性的焦痂、溃疡、淋巴结肿大、皮疹及肝、脾肿大。

2. 焦痂及溃疡　85%～98%患者可找到这种初发病损。恙螨叮咬处，先出现红色丘疹，继而成为水疱，1～2 天后中央部分组织坏死，形成黑褐色或黄褐色的焦痂；焦痂呈圆形或椭圆形，直径 2～10mm，围以红晕，多见于潮湿、有异味及较隐蔽的部位，如腹股沟、会阴及腋窝处，亦可见于体表各部位，甚至见于外耳道、鼻前庭及头皮等处。痂皮脱落后露出溃疡面，边际整齐，底部平坦，为淡红色或灰白色肉芽组织，常有血清样渗出液。从丘疹发展为焦痂溃疡，整个过程不痛不痒，易被忽略，焦痂持续时间长短不等，常于体温开始消退时焦痂脱落，进入恢复期时溃疡亦见愈合。焦痂通常仅见 1 个，个别也可见 2～3 个或更多。

3. 淋巴结肿大　全身浅表淋巴结多见肿大，但以焦痂溃疡附近的淋巴结肿大最明显，常以这一体征作为寻找焦痂的线索。肿大的淋巴结，可大如核桃，并有压痛，可移动，无化脓倾向，随体温消退，淋巴结压痛消长，但淋巴结的肿大消退缓慢，于恢复期仍可触及。

4. 皮疹　起病第 4 天，出现暗红色斑丘疹，直径 3～5mm，散在，压之不褪色，先见于躯干，后波及四肢、手掌及足底部，也可见于颜面。持续 3～10 天后消退，无脱屑，偶见色素沉着。轻症患者可无皮疹，少数重型患者，皮疹密集，或为出血疹。

5. 肝、脾肿大　半数患者脾肿大。1/3 患者肝肿大，肋下 1～2cm，质软，无压痛。病程第 3 周体温逐渐趋向正常，症状逐渐消失，1～2 周内可康复。并发心力衰竭者，须继续卧床休息数周。老年、孕妇及有慢性夹杂症、心血管疾病患者，预后较差。

猪

多为隐性感染。Traub 和 Wcsseman（1974）从福建的猪分离到病原体。

诊断

恙虫病的诊断主要依据临床表现及实验室检查，并结合流行病学资料综合判断。早期诊断应根据临床症状（弛张热和毒血症特有的焦痂溃疡，淋巴结肿大，全身红色斑丘疹及肝脏肿大）和地方疫区接触史。经过实验室检查病人血液或尸体组织中发现病原体。一般选用姬姆萨染色法；用 Gimenaz 和 Macchiavello 染色法可鉴别恙虫病东方体和其他立克次体属中的其他立克次体。外-裴二氏反应是在血清学试验中最广泛应用的初步诊断方法，阳性率约

80％，其他可以用补体结合试验、间接免疫荧光试验等；病原组织分离，可将血液或组织悬液注射小鼠，在接种后 10～24 天，可从发病濒死的小鼠的脾脏压片中发现病原体。

恙虫病病原体的分离培养是恙虫病最确切的诊断方法之一。一般采集患者病程一周内血液，尽量在应用抗生素之前，抗凝血最好用枸橼酸钠抗凝剂，避免应用 EDTA 抗凝剂，以免影响细胞培养阳性率。非抗凝血可取血块研磨，用 SPG 制成 10％悬液接种鸡胚、组织细胞及动物。动物宿主可取脏器研磨，用 SPG 制成 20％悬液进行接种。媒介螨标本可将标本保存浸泡在 70％乙醇中 30min，然后用生理盐水洗涤 3 次，制成匀浆，加 SPG 制成悬液接种鸡胚、组织细胞及动物。

动物分离首选小鼠，通常每份标本接种 2 只，一只待发病后取组织，进行各项检查；另一只留做恢复期血清抗体检查，也可取 6～7 日龄鸡胚进行卵黄囊接种。组织细胞培养应采用 Vero 细胞及 L929 单层细胞进行培养。7～10 天观察细胞生长情况，发现细胞变圆、肿胀、成堆即可进行姬姆萨染色。菌体通常在细胞核旁呈堆状排列，为紫红色双球菌，较其他菌体为小。

恙虫病东方体感染后可产生细胞免疫及体液免疫，两者共同发挥抗感染免疫。但由于该病原体为细胞内寄生，单一体液免疫不能杀死或抑制东方体，细胞免疫较体液免疫形成快，且在感染中发挥主要作用。病后可获得牢固免疫力，很少再感染。

严重恙虫病的诊断需符合下列条件之一：

并发间质性肺炎或者呼吸困难；肾衰竭；伴意识改变的脑炎、脑膜脑炎；休克；心肌炎；消化道出血或死亡。严重恙虫病病例或有并发症时出现白细胞增多、CRP 升高等，低蛋白血症恙虫病合并间质性肺炎、腹胸腔积液、肺水肿更多见。

本病起病急，出现高热、肝脾肿大、浮肿、皮疹和焦痂，其中焦痂和溃疡为本病特征性体征。

防治

目前未能研制成有效、无传染性的菌苗，所以只有通过抗生素治疗和药物灭鼠、灭螨。对患者常采用一般对症治疗，卧床休息，补充水分，给予半流质饮食，注意口腔卫生，保持皮肤清洁。必要时用解热镇痛药，重症患者可给予皮质激素，以减轻毒血症状。抗生素治疗用多西环素有特效，0.1～0.2g 单剂顿服，偶有复发，复发时可重复治疗。据一些临床观察试验：强力霉素治疗，成人的 3 次疗法，第一次 200mg，第 2、3 次各 100mg，治疗后退热，症状消失很快，治疗率达 100％，无复发。

做好灭鼠、灭螨，以及做好个人防护。野外活动应紧扎袖口、裤腿，身体外露部位涂以驱虫剂。如发现恙螨幼虫叮咬，可立即用针挑去，涂以酒精或其他消毒剂。

有人试用活疫苗与间歇化学疗法有效。在注射活疫苗后 1 周，每周服用多西环素 0.1～0.2g，共 4 周，对同株立克次体有良好免疫效果。

四十五、衣原体病
（Chlamydiosis）

衣原体病是由衣原体（*Chlamydia*）所引起的传染病，使多种动物和禽类发病，人亦有易感性。主要表现流产、肺炎、肠炎、结膜炎、心包炎、胸膜炎、多发性关节炎、脑炎、睾丸炎、子宫感染和流产等多种临床症状。人类以衣原体肺炎为特征，此外还与动脉粥样硬化和冠心病有关。

历史简介

1874 年，在阿根廷首都发现了与鹦鹉接触的人会突然发病；1879 年 Ritter 在瑞士报道人患鹦鹉热，将其称为"肺炎斑疹伤寒"。因病原从鹦鹉中分离出，从而最终肯定，鹦鹉鸟在人类感染和罹病中的重要作用，Morang（1895）提出鹦鹉热一病名。1907 年 Holberstaeder 和 Von prowazek 在沙眼患者和实验室感染者眼结膜炎刮片中发现沙眼包涵体，直到 1955 年汤飞凡才从鸡胚中分离到病原。1930 年该病在欧洲和美洲大流行，德国 Levinthal、英国 Coles 和美国 Lillie 几乎同时分别报道了这种病的病原体形态，故一般将这种病原体称为 LCL 小体（即后来证明是原生小体）。同年 Bedson 和 Mesten 用患者和病鸟材料接种鹦鹉分离出"病毒样"病原体。将该病原描述为"类似细菌的细胞内专性寄生物"，30 年后这一概念才得以公认，其后病原体的属名被命名为"Bedsoniae"。随后 Krumwiede 又用衣原体感染小鼠成功，从而提供了一个较好的试验模型和发展了一种简易、廉价而敏感的分离技术。Bedson 实验室用感染小鼠的组织制成抗原进行补体结合试验，可作为鹦鹉热和血清学诊断方法，其还于 1932～1934 年间明确了鹦鹉热病原体的形态周期。Pinkerton 和 Swank（1940）报告家鸽发生此病，后来发现其他鸟类也患该病并传染给人。Meyer（1941）发现接触鹦鹉的人发病，称其为鸟疫。1980 年微生物协会国际委员会按《Bergey's 系统细菌学手册》将衣原体分属衣原体属，有 47 种。Grayeton（1986）在学生急性呼吸道感染中发现一种衣原体，以后又从成年人呼吸道疾病中发现这病原体，命名为鹦鹉热衣原体 TWAR-TW 株，后应用 DNA 探针核酸杂交和限制性内切酶分析显示，该病原与沙眼衣原体和鹦鹉热衣原体 TWAR-TW 株 DNA 相同度不到 1%，定名为肺炎衣原体。OIE（2003）将禽、羊衣原体和绵羊地方流行性流产划归为 B 类动物疫病。

病原

衣原体病是由衣原体科下设的衣原体属和亲衣原体属共 11 个种，衣原体属有沙眼衣原体（*C. trachomatis*）、鼠衣原体（*C. muridarum*）和猪衣原体（*C. suis*）；亲衣原体属有鹦鹉热亲衣原体（*CP. psittaci*）、流产衣原体（*CP. abortus*）、豚鼠亲衣原体（*CP. caviae*）、猫亲衣原体（*CP. felis*）、兽类亲衣原体（*CP. pecorumabortus*）、肺炎亲衣原体（*CP. pneumoniae*）。对人、猪造成危害的主要有鹦鹉热衣原体，该菌 DNA 的 G＋C 为 39.4～43.05mol%，模式株：ATCC VR-R5T；BenBank 登录号（16SrRNA）：AB001778。沙眼衣原体，该菌的 DNA G＋C 为 43.6～45.1mol%，模式株：ATCC VR571、VR571B；BenBank 登录号（16SrRNA）：D85719。肺炎衣原体 1965 年发现于台湾，第 2 病例于 1983 年美国华盛顿，代表株为 TWAR 株，但 Chi E Y（1987）等学者认为属衣原体——生物变种。猪衣原体菌 A/Har-13^T，代表株为 ATCC VR571B。

衣原体是专性细胞内寄生的微生物，并经独特发育周期以二分裂繁殖，能形成包涵体，介于细菌、病毒之间，类似于立克次体。衣原体既有 RNA，又有 DNA。在形态上有大、小两种，一种是小而致密的衣原体（元体或原生小体，EB），呈球形、椭圆形，是一种繁殖型中间体，无感染性。研究发现，这类微生物的特性是：①DNA 和 RNA 两种类型的核酸；②具有独特的发育周期，类似于细菌的二分裂方式繁殖；③具有黏肽组成的细胞壁；④含有核糖体；⑤具有独立的酶系统，能分解葡萄糖释放 CO_2，有些还能合成叶酸盐，但缺乏产生代谢能量作用，必须依靠非宿主细胞的代谢中间产物，因而表现严格的细胞寄生；⑥对许多抗生素、磺胺敏感能抑制生长，革兰氏染色呈阴性。可在 5~7 日龄鸡胚卵黄囊内、10~12 日龄绒毛膜尿囊腔内增殖，也能在 Vero 细胞、BHK-21、Hele 细胞等传代细胞上生长。对污染较重的病料，常用 3~4 周龄小鼠进行腹腔或脑内接种来纯化抗原，然后再将小鼠病料接种上述鸡胚或传代细胞进行培养。衣原体对化学物质，如脂溶剂和去污剂，以及常用的消毒剂均很敏感，在几分钟内失去感染能力。

衣原体的抗原成分，主要有属特异性抗原和种特异性抗原两种。属特异性抗原为细胞壁脂多糖（LPS），是衣原体属共有的表面结构，与致病性无关；种特异性抗原为细胞壁主要外膜蛋白（MOMP），它与种、亚种和血清型特异性有关。目前沙眼衣原体已分出 18 个血清型，鹦鹉热衣原体在哺乳动物中已分出 A、B、C、D、E、F 和 WC 与 FM56 等 8~10 种血清型。MOMP 在体液免疫中具有重要作用，其特异性抗血清具有中和作用。MOMP 不仅是重要的抗原成分，而且与衣原体外膜完整性、生长代谢调节和致病性有关。MOMP 中有两种富含半胱氨酸的蛋白（CrP），它是始体发育晚期合成的，在缺少 CyS 的培养基中，始体向原体转化过程严重受阻。因此，推测 CrP 与衣原体的感染性有关。在衣原体结构蛋白中，还有巨噬细胞感染增强蛋白（MIP）和热休克蛋白（HsP）。MIP 衣原体膜上的蛋白成分，其抗体具有中和活性，所以 MIP 有可能成为沙眼衣原体疫苗的抗原。HsP60 与人类 HsP 相比具有很长的同源序列，它的免疫反应性增强会加重免疫病理反应。有人认为 HsP60IgG 可作为衣原体慢性感染的一个检测指标。

衣原体科成员 16SrRNA 和 23SrRNA 基因差异＜10％。衣原体属 16SrRNA 和 23SrRNA 基因同源性≥97％，其中猪衣原体 16SrRNA 基因序列差异＜1.1％。亲衣原体属成员的 16SrRNA 和 23SrRNA 基因序列的同源性≥95％，其中牛、羊衣原体 16SrRNA 基因序列差异＜0.6％，鹦鹉热亲衣原体 16SrRNA 基因序列差异＜0.8％，副衣原体科和西氏衣原体科 16SrRNA 和 23SrRNA 基因序列的同源性＞95％。

衣原体中鹦鹉热衣原体抵抗力较强，在禽类的干粪和褥草中，衣原体可存活数月之久；衣原体对温度耐受性与宿主的体温有关，禽类体温高，适应的衣原体株就较耐热；哺乳动物体温较低，适应的衣原体株则不耐热。

沙眼衣原体感染材料在 56℃中 5~10min 即可灭活，在干燥的脸盆上仅半小时失去活性，在-60℃感染滴度可保持 5 年，液氮中可保存 10 年以上，冰冷干燥保存 30 年以上仍可复苏，说明沙眼衣原体对冷和冷冻干燥有一定的耐受力。不能用甘油保存，一般保存在 pH7.6 的磷酸盐缓冲液中或 7.5％葡萄糖脱脂乳溶液中，这一点与病毒的保存不同。

许多普通消毒剂可使衣原体灭活，但耐受性有所不同。如对沙眼衣原体用 0.1％甲醛溶液或 0.5％碳酸溶液经 24h 即杀死；用 2％来苏儿液仅 5min。对鹦鹉热衣原体用 3％来苏儿液则需要 24~36h；用 75％乙醇 30s、1：2 000 的升汞溶液 5min 即可灭活；紫外线照射可迅速灭活。四环素、氯霉素、红霉素和多黏菌素 B 等抗生素有抑制衣原体繁殖的作用；链霉素、庆大霉素、卡那霉素和新霉素基本无效。

流行病学

自从欧洲发现人鹦鹉热衣原体病例以来，全世界的许多国家或地区均陆续报告本病，曾对人类的健康构成严重威胁。随着公共卫生措施的加强，抗菌药物的应用，人类鹦鹉热病例和死亡人数逐渐减少，但其对家畜、家禽、鸟类的感染仍然不少。鸟类中的自然感染则更为广泛，几乎所有的鸟类均为天然的储存宿主。

该病为分布极为广泛的自然疫源性疾病。

三种衣原体都可引起人类疾病。鹦鹉热亲衣原体主要宿主是禽类，其次为人类以外的哺乳动物，人在接触这种动物后才会受到感染。目前已发现190余种鸟类及17种哺乳动物，绵羊、山羊、牦牛、马属动物、猪、犬、猫、猴、兔、豚鼠、小鼠等许多哺乳动物、野生动物易感染衣原体。病畜和隐性感染或带毒者其隐性肠道感染比鸟类还高，经常从粪便中排出衣原体，是衣原体病的主要传染源。动物感染后引起发病或呈隐性感染，这取决于病原的毒力、数量、感染门户和宿主抵抗力等因素。在隐性感染情况下，某些应激因素使宿主抵抗力下降时，病原体大量增殖，再经菌血症定位于多种组织和器官，成为长期传染源。人类只是鹦鹉热衣原体的偶然宿主，却是沙眼衣原体的常在宿主。鼠类是沙眼衣原体的偶然宿主。

该病在动物间的传播途径多种多样，如气溶胶、食物、卵传递、吸血性体外寄生虫等。衣原体带毒动物可由粪便、尿、乳汁，以及流产胎儿、胎衣和羊水排出病原菌。污染水源和饲料，经消化道或眼结膜感染后另一种动物。蝇、蜱等昆虫也可能传播本病。鸟类排泄物和分泌物中的细菌散播在空气中，通过呼吸道感染人和其他动物。人的沙眼衣原体病主要经直接或间接传播，即眼—眼、眼—手—眼或两性接触途径传播。人与感染鹦鹉热衣原体的病畜密切接触而感染的病例在国外已有报道。杨宜生（1991）在武汉6个猪场从有衣原体感染病史的猪粪便中分离到鹦鹉热衣原体22株，从有流产史母猪粪便中分到8株，占36.38%；有子宫炎猪中分到1株，占4.55%；有肺炎、多发性关节史猪中分离到8株，占36.3%；有腹泻史的仔猪中分离到5株，占22.73%，从流行病学角度值得注意，鹦鹉热衣原体的型别似与对人的致病性有关。

禽类和哺乳动物衣原体病，两者可以互相交叉致病。在一定的条件下，禽类的衣原体病可传给哺乳动物，哺乳动物的衣原体病也可以传染给家禽。该病传播流行形式不定，或呈地方流行性发生，或呈散发。鹦鹉热衣原体感染猪的主要途径是：可通过空气，也可通过尘埃将原生小体气溶胶经呼吸道、生殖道或肠道感染；食物污染后可经消化道传染；以及通过接触，特别是与生殖道感染的病猪交媾而传染。来自其他种动物如羊、鸽、牛、啮齿动物，所有这些感染动物都是猪感染鹦鹉热衣原体的传染源。而Szeredi等（1996）指出了来自肠道感染的屠宰猪的衣原体传染给人的可能性。沙眼衣原体感染的母亲可通过垂直传播引起婴儿眼结膜炎和呼吸道感染，其在宫颈癌发生的多因素协同作用中的地位亦引起人们重视。

有很多鸟、家禽和人不表现症状而呈隐性感染，隐性感染与衣原体的细胞壁缺损有关。这种细胞壁缺损的衣原体在宿主细胞内可以隐性感染的形式存在。一旦条件改变，这种隐性感染就会转化成活动性的感染。有学者认为1930年欧洲、北美洲发生的鹦鹉热大流行就是由鹦鹉热衣原体隐性感染，转化为活动性感染，然后在人间流行的结果。

本病的发生没有明显的季节性，不同人群、不同年龄均可感染本病。同样，不同品种、不同年龄猪也可感染本病。

据美国疾病控制与预防中心（2014）统计显示，2007～2012年8 000名1～39岁的人提供的鸟样检查，感染衣原体的比例约为1.7%，这意味着美国约有180万人感染衣原体。其中拥有两个及两个以上性伴侣的人群衣原体感染的比例为3.2%，比拥有单个性伴侣的人群感染率（1.4%）更高。男性与女性感染率分别为1.4%和2%。女性中14～24岁的人群为4.7%；黑人女性为13.5%，白人女性为1.8%。衣原体感染是全美最常见的性病，但感染衣原体的人通常没有症状。女性衣原体感染患者如不治疗，不仅是传染源，而且患者可引发盆腔炎、不孕症及异位妊娠。

发病机制

衣原体的致病机制主要是抑制被感染细胞的代谢，溶解、破坏细胞并导致溶解酶释放代谢产物的细胞毒作用，引起变态反应和自身免疫。

衣原体能够产生不耐热的内毒素。该物质存在于衣原体的细胞壁中，不易与衣原体分开，这种毒素的作用能够被特异性受体中和。衣原体的致病机理除宿主细胞对毒素反应有关外，衣原体必须通过不同细胞的特异受体才能发挥特异的吸附和摄粒作用。因此，各种衣原体表现不同的嗜组织性和致病性。当衣原体感染机体后，首先侵入柱状上皮细胞，CT（沙眼衣原体）仅侵犯黏膜上皮细胞，而CP（鹦鹉热衣原体）可感染包括巨噬细胞在内的几种不同的细胞。衣原体附着于上皮细胞的过程中，可能有透明质酸酶、植物血凝素或配体（如硫酸乙酰肝素等）及其相关的主要外膜蛋白（MOMP）参与。当具有感染性的衣原体原始小体吸附在易感细胞表面后，被宿主细胞通过吞噬作用摄入胞浆，由宿主细胞膜形成空泡，将EB包裹。此时EB分化相关基因启动，进而接受环境信号转化为网状小体。此时衣原体的形态、RNA水平及其传染性均有所改变，并在细胞内生长繁殖，然后进入单核巨噬细胞系统的细胞内增殖、繁殖，导致感染细胞死亡，同时尚能逃避宿主免疫防御功能，得到间歇保护。

衣原体感染宿主后，诱导机体产生特异细胞免疫和体液免疫。但这些免疫应答的保护性不强，且为时短暂，因而常造成持续感染、隐性感染和反复感染。此外，也可能出现由迟发型超敏反应（DTH）引起的免疫病理损伤，如性病淋巴肉芽肿等。细胞免疫方面，大部分活动性已治愈的衣原体患者，在给予相应的抗原皮内注射时，常引发迟发型变态反应，这种变态反应可用淋巴细胞进行被动转移，这种免疫性很可能是T细胞所介导；体液免疫方面，在衣原体感染后，在血清和局部分泌物中出现中和抗体，中和抗体可以阻止衣原体对宿主细胞的吸附，也能通过调理作用增强吞噬细胞的摄入。

由于衣原体具有特殊的生长条件和转化所需要的遗传基础系统的较少，使其具有独特的细胞外感染初期和细胞内寄生期两阶段生活方式，为了逃避宿主的免疫应答，衣原体能够以截然不同的抗原外形进入持久稳固发育期，致使其引发的各种疾病很难控制。

最近发现，衣原体感染后引起的DTH中，有一些无种间变异衣原体蛋白抗原亚群参与。此外，发现一组热休克蛋白（Heat Shock Protein，HSP）在DTH损伤反应中可能发挥重要作用。大多数病原体中存在这些蛋白，但衣原体HSP有其特有的位点。HSP可能通过以下方式参与DTH反应：①衣原体与宿主HSP存在交叉反应的表位，能以交叉反应的抗体或细胞介导的形式发生自身免疫；②HSP可诱导仅与衣原体有关的反应。此外，衣原体生长晚期产生的类组蛋白亦参与了DTH。其他如宿主细胞在贮存衣原体的同时，可能亦充当了抗原提呈细胞。衣原体的抗原通过主要组织相容复合物Ⅰ类或Ⅱ类分子途径呈递并表达于细胞表面，从而发生免疫反应。

有关衣原体感染造成的免疫病理损伤，现在认为至少存在两种情况：①衣原体繁殖的同时合并反复感染，对免疫应答持续刺激，最终表现为DTH；②衣原体进入一种特殊持续体（Persisting Body，PB）状态，PB形态变大，其内每个病原体的应激反应基因表达增加，产生应激反应蛋白，如HSP参与了DTH，而此时衣原体的结构成分如MOMP减少，且在这些病原体中可持续检出多种基因组。当应激去除，PB可转换为正常的生长周期。现发现宿主细胞感染衣原体后，可像正常未感染细胞一样隐藏存在，而在适当的环境条件下，病原体可增殖活跃而致病。有关这一衣原体感染的隐匿过程的机制，尚待阐明。

临床表现

人衣原体病（Human Chlamydiosis）

人衣原体病是由肺炎衣原体、鹦鹉热衣原体和沙眼衣原体引起的一种急性传染病。人类发生本病的传染源有所不同，鸟、禽是主要传染源，源于非鸟类的衣原体对人的感染可能性很小，但绵羊胎盘中衣原体数量超过 10^{12} 单位，应引起警惕，已发现人的脑膜炎、结膜炎、肺炎、孕妇流产都与绵羊衣原体有关。鹦鹉热在人与人之间传播并不常见，在初发患者死亡前的48h内最危险，这类患者在病程后期多严重咳嗽，可造成周围人员的感染。传播途径是被污染的空气经呼吸道传播。患者主要表现发热、体温38℃以上、头痛、干咳等症状和重度间质性肺炎病变。引起人的沙眼、包涵体性结膜炎、泌尿道感染、性病淋巴肉芽肿和肺炎和鹦鹉热等。血清学调查成人有40%已被感染，大部分为亚临床型，但老人病死率可达5%～10%。严重感染者多在发病2～3周内死亡。

1. 肺炎衣原体（CP）感染　人类是肺炎衣原体的宿主，无症状携带状态和长期的微生物感染（可达1年）有助于其传播。可人传染给人，5岁以下儿童较少感染，主要易感对象是8岁以上儿童到青壮年人。幼儿CP-IgG抗体阳性率低，10岁以后迅速升高，到中年、成年人的IgG阳性率可达50%，维持较高的阳性率到老年。CP的感染呈全球性，可四季流行，流行时间长达5～8个月。但少见二代病例，未发现病例间存在直接的传播链，这些现象亦提示感染可能通过从无症状携带者的传播而获得，一些被感染人可能是CP更有效的传播者。潜伏期可能是几周，起病缓慢、伴有咽、喉和鼻窦炎症，声音嘶哑、干咳、发热、咽痛。咳嗽3周以上，上呼吸道症状消失后出现肺干、湿性啰音等支气管炎、肺炎。老人表现症状更为严重。肺外症为红斑结节、甲状腺炎、脑炎、吉雷——巴利综合征，少数有心肌炎、心内膜。据一些研究表明该病原与动脉粥样硬化和冠心病有关。有研究报告，33%的新生儿感染后，在学龄期发展为哮喘，约50%哮喘儿童的血、鼻咽及支气管分泌物中可检测到衣原体的特异性IgE抗体。发现大多数表现为阻塞性肺功能异常，故衣原体感染可能是导致儿童哮喘发病率升高的重要原因之一。Caurila等（1997）通过对230名肺癌组及配对后进行对照研究发现肺癌组肺炎衣原体感染率为52%，而对照组是45%（P<0.05）。

2. 沙眼衣原体（CT）感染　有3个生物变种：①沙眼—包涵体生物变种；②性病淋巴

肉芽肿生物变种；③鼠生物变种，前两种对人致病。有 18 个血清型；④病原由眼经鼻泪管呼吸道，可由母亲传给新生儿，新生儿多为出生后 2～12 周。病原好发于儿童阶段。最常见的症状为眼发痒及干涩，眼结膜充血及异动感。可伴有耳前淋巴结肿大，起病缓慢，呈上呼吸道症状。此外，沙眼衣原体也引起生殖泌尿道感染，为非淋球菌尿道炎、附睾炎、子宫颈炎、子宫内膜炎、输卵管炎、盆腔炎等，导致外孕和不孕症，以及支气管炎。有研究发现，25%～60% 的非淋病性尿道炎为 CT 所致，20%～70% 的盆腔炎与 CT 有关，孕妇宫颈炎 CT 阳性率为 2%～47%，其所生婴儿 23%～76% 可被 CT 感染，18%～50% 发生 CT 结膜炎，3%～20% 发生 CT 肺炎。

沙眼由衣原体沙眼生物变种 A、B、Ba、C 血清型引起。当沙眼衣原体感染眼结膜上皮细胞后，在其中增殖并在胞浆内形成散在型、帽型、桑椹型或填塞型包涵体。

(1) 包涵体包膜炎　由沙眼生物变种 D-K 血清型引起，包括婴儿及成人两种，前者系婴儿经产道感染，引起急性化脓性结膜炎（包涵体脓眼漏），不侵犯角膜，能自愈。成人感染可因两性接触，经手至眼的途径或来自污染的游泳水，引起滤泡性结膜炎，病变类似沙眼，但不出现角膜血管翳，亦无结膜瘢痕形成，一般经数周或数月自愈，无后遗症。

(2) 泌尿生殖道感染　经性接触传播，由沙眼生物变种 D-K 血清型引起，女性衣原体感染比男性引起的症状要多，其主要感染部位为子宫颈，其后遗症多导致不孕症。该血清型有时也能引起沙眼衣原体肺炎。赵国华（2003）报道，生殖道沙眼衣原体感染诱发自然流产。

男性衣原体性尿道炎又称非淋菌尿道炎（NGV）。潜伏期 1～3 周或数月，主要表现为尿道内不适，刺痛或烧灼感，伴有尿频、尿急、尿痛。尿道口有时会流出少量黏液，称"糊口"现象，一段时间后可缓解，但转为慢性后，会周期性加重。易并发睾丸炎，单侧睾丸肿大、变硬及触痛，阴囊水肿及输卵管变硬变粗，累及前列腺、性功能。女性感染衣原体，不限于尿道，可累及整个泌尿生殖器官。始发于外生殖道，沿黏膜上行累及子宫、输卵管及骨盆腔脏器，引起子宫炎、梗塞性输卵管炎、盆腔炎，导致流产、不孕或输卵管妊娠等。此类感染常因缺乏自觉症状或症状轻微而忽视了治疗，造成扩散，形成危害。

(3) 性病淋巴肉芽肿　由沙眼衣原体 LGV 生物变种引起。LGV 主要通过两性接触传播，是一种性病。男性侵犯腹股沟淋巴结，引起化脓性淋巴结炎和慢性淋巴肉芽肿。女性可侵犯会阴、肛门、直肠，出现会阴、肛门、直肠组织狭窄。

(4) 围生期感染　主要是新生儿包涵体结膜炎和新生儿肺炎。

3. 鹦鹉热衣原体（CPS）感染　有 4 个生物变种，即鹦鹉热、结膜炎、牛羊流产和猫肺炎衣原体，目前有 8 个血清型。人在接触鹦鹉热病原以后即可获得感染，一般认为潜伏期 5～15 天，个别达 40 天。病原在单核细胞中繁殖并释放毒素，经血液到肺脏再到全身，引起肺间质及血管周围细胞浸润。肺门淋巴肿大。发病开始 1 周内仅有不同程度的头痛，症状似感冒，少数患者可逐渐发作，发热，体温在 38～40.5℃，咳嗽，最初为干咳，以后有痰，可出现呼吸困难，有相对缓脉、肌痛、胸痛、食欲不振，偶有恶心、呕吐，复发率达 21%。再感染为 10%。白细胞数正常，血沉在早期稍增快。X 线胸透肺门向周边，特别是向下肺野可见毛玻璃样阴影，中间有点状影。随着病情发展，患者不安、失眠、谵妄，严重者昏迷，出现全身中毒症状。全身感染时，有中枢神经症状、心肌炎、心内膜炎、脑膜炎、脑炎、胰腺炎、肾衰竭等，若出现脉速则意味着预后不良，可能迅速死亡。严重感染者多在发病 2～3 周时死亡。多数为老人和婴幼儿。

（1）肺炎型　起病急骤，体温于 1～2 天上升至 39～40℃，伴发冷、寒战，高热持续 1～2 周后逐渐缓解，热程 3～4 周，少数可达数月，有弥漫性剧烈头痛，持续 7～10 天，常大汗不止。

发病初期或数天后出现呼吸系统症状，咳嗽逐渐加重，多为干咳（包括发热，头疼是人鹦鹉热最具有特征的一种类型），亦可能有少量黏液痰或血痰，胸闷，胸痛，严重者可有呼吸困难和发绀。肺部体征常较症状为轻，病初不明显，以后可有湿性啰音，少数患者可有胸膜摩擦音或胸水。患者可出现食欲减退、恶心、呕吐、腹痛、腹泻等消化道症状，肝脏、脾脏肿大，少数出现黄疸；可有心肌炎、心内膜炎及心包炎，严重者可有循环衰竭及肺水肿；可有头痛、失眠、反应迟钝或易激动，重症者可有嗜睡，定向力障碍、意识不清等。

（2）伤寒样或中毒败血症型　患者发热、头痛及全身疼痛，可见肝、脾肿大，易发生心肌炎、心内膜炎及脑膜炎等并发症。重症者可发生昏迷及急性肾衰竭，迅速死亡。

本病病程长，自然病程 3～4 周，亦可长达数月，肺部阴影消失慢。如治疗不彻底，可反复发作或转为慢性，复发率约 20％。因接触绵羊（绵羊胎盘衣原体数量超过 10^{12} 感染单位）而感染鹦鹉热衣原体的孕妇可发生流产、产褥期败血症和休克，病死率高。暴露于绵羊的儿童和成人可偶发神经系统疾病、流感样疾病、呼吸道症状和结合膜炎。

猪衣原体病（Chlamydiosis of Swine）

衣原体（鹦鹉热衣原体）的原生小体由呼吸道、口腔或生殖道进入动物体后，在上皮细胞内增殖或被吞噬细胞吞噬后带到淋巴结，病原可在侵入部位形成局部感染，以隐性状态潜伏下来；也可引起局部性疾病，如肺炎、肠炎或生殖障碍，也可形成全身感染。在实验性感染的研究中，曾使用过禽、牛、绵羊和猪源的鹦鹉热衣原体分离物给猪，猪源的菌株对猪的毒力最强。此外，疾病的临症多样性，似乎与菌株对传播方法有适应，如生殖道分离物不会引起严重的肺炎（Kielstein 等，1983）；用关节炎分离物经非肠道接种后，必定发生关节炎；鼻内或气管内接种猪源菌株后，引起肺炎；并发现感染波及其他器官。这些研究表明，在感染后 4～8 天，往往会出现一种急性渗出性或间质性肺炎，支气管周围常常形成细胞性袖套和有碎片分布。感染后 8～12 天，就会出现病灶，并在感染后 4 周大部分消退，但肺部仍感染。Rogers 等（1996）用腹泻猪分离到的菌株感染无菌小猪后 4～5 天，最迟 8 天感染猪产生腹泻，菌体定位于空肠和回肠的绒毛末端，而在盲肠却很少感染或无感染。感染部位绒毛膜萎缩，感染后 7～10 天出现温和型浆膜炎。接触感染表明，自然传染一般不会太严重，而且 3～4 周后再感染时，也不会再发病或病很轻。

许多衣原体性感染均为隐性感染，但是呼吸道和全身感染往往有 3～11 天潜伏期，随后食欲不适，体温达 39～41℃，以及呼吸、肺炎和关节炎。据报道，在屠宰猪中有多发性关节炎及滑膜炎。除步态紊乱外，包括仔猪衰弱和各个年龄组的神经症状。致死性感染往往发生在青年猪中。腹泻与衣原体感染有关。许多报道涉及生殖道感染并影响到繁殖。公猪的精液带菌，获得精液的母猪将生下体弱仔猪，并不断排菌达 20 个月之久。

1. 鹦鹉热衣原体感染　Guenow（1961）报道，鹦鹉热衣原体对猪的病原作用，已知衣原体引起母猪繁殖障碍（流产、死产、胎儿死亡、弱仔和传染性不育）、仔猪肺炎、肠炎、多发性关节炎、结膜炎、尿路感染、睾丸炎等，造成猪群生产性能低下、残次率增加等。

（1）隐性感染　Tolybekow AS（1973）曾报道，猪衣原体感染可发生在猪的各种年龄。在集约化猪场，猪衣原体感染作为流行病学部分病因已被证明，健康猪也存在衣原体感染。Kolbl O（1969）和 Leonhard I（1989）分别从猪粪中分离出了衣原体。这说明，与牛和绵羊相似，猪肠道的潜伏感染使衣原体可长期随粪便排出，这在病原扩散上有重要意义。杨宜生（1992）在湖北省 9 个地区 76 个县进行家畜衣原体血清学调查，共检出样品 31 718 份，结果阳性率：牛为 8.71％、马属动物为 9.28％、羊为 6.82％、猪为 10.84％、鸡为 18.99％。

（2）鹦鹉热衣原体致猪病变　自从 Guenow（1961）报告，鹦鹉热衣原体对猪的致病作用以来，许多研究人员和兽医陆续发现鹦鹉热衣原体感染猪可引起母猪流产、死胎、产弱仔，公猪睾丸炎、阴颈炎、尿道炎。仔猪胃肠炎、脑炎、心包炎、多发性关节炎，成年猪结膜炎，多发性关节炎；沙眼衣原体感染猪引起仔猪肠炎、结膜炎、鹦鹉热衣原体和沙眼衣原体混合感染猪可发生母猪流产。

1）泌尿生殖道疾病和流产　发病以初产母猪占多数。怀孕母猪常在妊娠后期，很少拒食，不见任何症状，体温也无明显变化下发生流产、死胎、产弱仔，活仔与死胎间隔产出，弱仔产出后 1～2 天死亡，在围产期新生仔猪大批死亡。流产胎儿水肿，早产死胎和新生死亡仔猪皮肤有出血斑点，头、胸、肩胛皮肤出血，皮下结缔组织水肿，心、脾有出血点，肺瘀血、水肿、表面有出血点及出血斑，质地变硬。肝充血、肿大。肠黏膜发炎、渐红。小肠、结肠黏膜表面有灰白浆液性纤维样物覆盖。小肠淋巴结充血、水肿。断奶母猪发情不正常，配种受胎率低于 80％。Surdan 等（1965）检查了 17 头母猪和 4 头公猪。通过接种小鼠、豚鼠和鸡胚，从母猪产胎儿器官和公猪睾丸及附睾组织中分离出衣原体，并在相应组织涂片中发现包涵体样结构。这些分离物接种于人成纤维细胞，72h 内出现了细胞病变和圆形的包涵体。Schtscherban GP（1972）报道 1966～1971 年间前苏联 8 个猪场发生猪地方流行性流产，流产发生在产前 2～4 周，初产母猪较经产母猪严重，流产率从 11％上升到41.2％。流产后 14 天 40％～70％患病母猪血清中检出抗衣原体抗体。在这些猪场患有睾丸炎和附睾炎的公猪血清中也查出衣原体抗体。将从流产胎儿中分离出的衣原体接种到怀孕母猪体内，引起流产，其血中抗衣原体抗体滴度也明显增高。Yazyschin 等（1976）对衣原体流产胎儿进行组织学检查。

流产胎儿可见皮肤上布有瘀血斑，皮下水肿。肝肿大，呈红黄色，心内外膜有出血点，脾脏肿大，肾有点状出血。肺肠炎病变为呼吸道和消化道黏膜卡他性炎症，气管内充满黏液，肺的尖叶、心叶或部分隔叶有紫红色或灰红色的实质性病灶，界线清楚，肺间质水肿，膨胀不全，支气管增厚，切面多汁、呈红色。腹腔和胸膜腔的纤维性炎症为主要病变，在腹腔和胸腔内积有多量呈淡红色渗出液，腹腔内器官纤维素性粘连，心包膜和心外膜、胸壁发生纤维素性粘连。胃和小肠黏膜充血、水肿，黏膜有点状出血和小溃疡。肠系膜淋巴结充血、肿胀，肠内容物稀薄，混有黏液和血液。胃肠道黏膜脱落，小脑和脊髓发炎。在肺泡壁、结缔组织血管周围及肝、肾和心肌间质中，可发现网状内皮系统淋巴样细胞聚集。检查者认为，这些组织学变化有助于对衣原体流产作出诊断。

冈田望（1992）报道日本某猪场饲养了 700 头母猪，1990 年 1 月发生流产，仅 9 月份135 头分娩母猪中 25 头（占 18.5％）母猪流产，当月胎儿或活仔数减少为 6.5 头。

5 头 97～102 日胎龄的 12 头流产胎儿被检查，4 头的皮肤呈全身性出血斑，皮下明显浮肿，胸水及腹水超量，并带有血样物，肝脏肿大 2～3 倍，心脏可见带状的出血斑，全身淋巴结肿大。而胎龄 72～95 日龄的 8 头流产胎儿中的 1 头仅见皮下轻度浮肿，其他无病变，7个胎盘中一表面呈现混浊。

95～102 胎龄胎儿主要病变：脑周围管性细胞上轻度的单核细胞浸润，脉络炎及髓膜炎。肝脏混浊，肿大明显，有坏死灶；心内膜炎和心外膜炎；淋巴结发生水肿且可见钙化的空洞，滤胞的细网细胞的肿大核正在浓缩坏死；各脏器血管发生水肿，血管内外膜有单核细胞，以肾脏为显著。肝细胞质胎盘营养膜上皮细胞中可见经 S－AB 染色的细胞质内的原生小体。

肝脏、脾脏中分离到鹦鹉热衣原体。

Sarma 等（1983）发现一头公猪射出带血的精液。经尸体剖检，在前列腺和尿道黏膜均发现出血和出血斑。通过鸡胚接种，分离出衣原体。研究者认为，公猪是在已感染衣原体的母猪交配时受到感染的。邱昌庆等（2000）报告，一个可繁殖母猪 3 000 头的猪场发现种用公猪发生睾丸炎，发病率 20% 左右，多数病例为单侧睾丸肿大，触诊病睾丸表皮温度较高，但病猪饮食、性欲似无明显改变。

2）致猪各种炎症

①肺炎：Dobin（1969）报告，前苏联许多猪场的 2～5 月龄的猪只中，出现一种支气管肺炎，表现为哮喘、咳嗽，运动后喘息加剧，部分体温升高，病猪增重减慢，病程持续 1～1.5 个月。如饲养条件不良，常常发生细菌继发感染。病理组织学诊断发现，病初肺脏见细支气管周围炎，小泡间质增厚，部分发生肺膨胀不全和气肿，继之出现与通常卡他-化脓性肺炎不同的肺炎病灶。在 1 153 头肥猪中，发现 771 头（66.8%）血清中存在抗衣原体抗体（抗体滴度 1：4～64）。

Draghici 等（1970）从 49 头有炎性病变的病猪肺中，分离到 23 株支原体（46.9%）、7株衣原体（14.3%），3 头猪肺内同时发现两种病原。Pospisil 等（1978）报告一个大饲养场均发生猪地方流行性肺炎，此病两个月内波及全场猪群，患猪体温升高达 41℃，喘息和长时间干咳，食欲废绝，躺卧和嗜眠。从患猪肺和脾脏中，经显微镜检查和鸡胚接种分离，均发现衣原体。Stellmacher H（1983）用病猪场分离的衣原体气管内接种 SPF 小猪，引起小猪严重肺炎。

仔猪常表现肺炎、肠炎症状，体温高达 41～41.5℃，精神沉郁，衰竭无力，食欲减退或废绝，流浆液性、黏液性或脓性鼻液，呼吸加速，流泪，咳嗽，腹泻，粪便稀薄，后期粪便带黏液或血液，呈褐色，约有一半猪结膜发炎、充血流泪、眼睑水肿、眼睛睁不开，5～6天开始痊愈。断奶仔猪易发生脑炎症状，表现精神委顿，体温高，稽留热，皮肤震颤，有的病猪高度兴奋，尖叫，突然倒地，四肢呈游泳状，后肢轻度麻痹，呼吸困难，病死率 20%～60%，2～8 周龄仔猪易发生角膜结膜炎、阴茎炎、尿道炎，发生关节炎的病猪表现四肢关节肿大，有热痛，运步困难，个别的发生跛行。

②结膜炎：病猪结膜上皮中发现衣原体样物已有报告。Paviov NM（1963）报告，保加利亚有 7 个猪场中发生结膜角膜炎，镜检和鸡胚接种，从患病猪结膜上皮中检出衣原体。用分离物再鼻内接种小鼠发生肺炎，接种猪结膜，引起结膜角膜炎，并实验再次证实为衣原体。Surdan 等（1965）报告，从两个发生猪结膜炎猪场分离到立克次体和衣原体的混合感染。

Rogers D S（1993）报道了衣原体引起猪结膜炎和角膜结膜炎：第一猪场 480 头 4～10 周龄的猪中，有 1%仔猪和 10%周龄猪具有黏液性脓性结膜炎，可继发或不继发鼻炎。4～6 周龄的所有猪发生结膜炎，但到肥育猪阶段临床症状逐渐消失。第二猪场 100 头怀孕母猪，其中 20%具有结膜炎和角膜结膜炎。

单侧或双侧仔猪黏液脓性结膜炎，可见结膜轻微到中度淋巴浆细胞性结膜炎，继发轻度淋巴滤泡增生。而母猪单侧或双侧角膜结膜炎会伴有球结膜水肿。结膜炎组织检查可见，角膜有 2mm 中央溃疡，基部水肿，一定是中性粒细胞渗透到基质。

③浆膜炎和多关节炎：1955 年即有人报告从患纤维素性心包炎和腹膜炎的病猪中发现衣原体样微生物。Guenov（1961）报告他们解剖了 18 只因患纤维素性心包炎、胸膜炎、腹膜炎及肝周炎死亡的小猪。将心包液接种小鼠引起肺炎和脑膜炎，涂片证实为衣原体。将分离出的衣原体再回归接种 4 日龄健康小猪，3 天后部分小猪体温升高达 40.5℃，第 25 天解剖死亡小猪发现与原病猪相似病变。Natscheff 等（1965）报告一猪场 27.5%的小猪发生衣原体病。在 12 头死亡猪和 49 头紧急扑杀的小猪体内，发现纤维素性心包炎、心包积水、心肌营养不良和渗出性胸膜炎，8 头小猪还见腹膜炎。Martinov 等（1985）报告从患纤维素心包炎的肥育猪中分离到病原体，并证实是鹦鹉热衣原体。Kolbl 等（1970）从 39 头患慢性非化脓性滑膜炎的屠宰猪关节内，24 头分离出衣原体，1 头为支原体、衣原体混合感染。用分离出的衣原体关节内和皮下接种 3 周龄 SPF 小猪。关节内接种猪第一周即发生严重运动障碍和低热，第 18 天死亡，并在关节、淋巴结、实质器官和粪便中发现衣原体。皮下接种的小猪，前肢出现短时间的轻度跛行，在淋巴结中找到衣原体。Kazemba 等（1978）从 15 头患关节炎屠宰猪中分离出衣原体。

杨宜生（1984）用衣原体菌液接种断奶仔猪气管和关节囊，接种后 3～4 天体温升高到 41～41.6℃，精神不振、食欲减退、腹泻、跛行、关节肿大、发热并疼痛反应。从气管和腹腔接种仔猪，于接种后 1～2 天体温急剧升高到 41～42.9℃，精神沉郁、食欲废绝、打喷嚏、咳嗽、气喘、腹泻等。1～2 天后体温逐渐下降。除呼吸和腹泻外，其他症状日趋缓和，但接种后 4～7 天，仔猪又出现第二次体温升高（40～40.5℃），并出现结膜炎、关节炎、睾丸炎等症状。剖检发现有大叶性肺炎、腹膜炎等，并从肺淋巴结，脾和肿胀关节内重新分离出衣原体。断奶仔猪 5 头腕关节接种后，全部发生肠炎、关节炎。气管、腹腔接种的 10 头均出现肺炎、肠炎，5 头并发结膜炎，3 头并发多发性关节炎。

妊娠母猪（4 头）人工接种后半天即出现体温升高，精神沉郁，喜卧地，食欲降低或废绝，结膜潮红，心跳加快，呼吸增数，喘息，有的呈犬坐式呼吸。3 头中期怀孕母猪流产，1 头母猪为死产（超过预产期 12 天）。

2. 沙眼衣原体感染　沙眼衣原体以前认为只感染人，近几年欧美一些国家从猪体也分离到沙眼衣原体。用猪源沙眼衣原体，R23 菌株喉内接种或用 R27 菌株口服接种眼菌仔猪于接种后 4～7 天处死仔猪，结果：从感染猪的支气管上皮细胞、细支气管上皮细胞、肺泡和肺泡间隙巨噬细胞、空肠及回肠肠细胞中检出了沙眼衣原体核酸。衣原体感染细胞产生的强阳性染色信号只出现在浆胞内包涵体。

3. 其他衣原体感染　Harris 等（1984）报告用绵羊肺炎衣原体株，以不同剂量，经气管内接种 12 周龄 SPT 猪，结果：接种后所有猪只体况下降，短时喘气；第 2 天起体温升高达 42℃。解剖接种后第 2、3、4 和 10 天死亡猪只，在肺部发现渗出性支气管肺炎。组织学检查见支气管周围和上皮下淋巴细胞浸润，时间稍长的，肺泡间质的增长性变化明显。肺组织的病变程度与接种量明显相关。

诊断

无论人的衣原体病还是动物衣原体病，虽可根据流行病学、临床症状和病理变化作出初步诊断，但依据衣原体的菌株及人和动物种类、年龄和抵抗力等因素不同，在临床表现和病理变化方面均存在多种类型且比较复杂，故而在综合诊断基础上，终究的确诊，必须依靠病原学检查。

衣原体病的诊断依赖于病原体的鉴定和特异性抗体检测。但由于该病原气溶胶具有高度传染性，易引发实验室感染，所以需要做好个人防护；实验室的衣原体的分离、抗原制备及诊断等工作，必须在 P3 或 P4 级实验室进行，以免造成实验室感染。

1. 病原学检查

（1）涂片染色　涂片可用染色观察原生小体（EB）、网状体（RB）和包涵体。EB 姬姆萨染色为紫色，马基维洛染色呈红色；RB 姬姆萨和马基维洛染色均呈蓝色；包涵体，成熟的包涵体革兰氏染色为阴性，姬姆萨染色呈深紫色。在衣原体中，只有沙眼衣原体的包涵体内含糖原，碘液染色时呈阴性，即显深褐色。

（2）细菌分离与鉴定　对于衣原体的分离，可取流产胎儿的器官、胎盘或子宫分泌物，关节炎病例的囊液，脑炎病例的大脑或脊髓，肺炎病例的肺、支气管、淋巴结，肠炎病例的肠黏膜或粪便等。病料经研磨后用 PBS 缓冲液（pH7.2）或链球菌蛋白 G（SPG）缓冲液稀释成 20% 的悬液，经 2 000r/min 离心沉淀 20min，取上清液重复离心沉淀两次，最后取上清液进行纯培养和接种鸡胚、细胞和动物。

鸡胚培养是最经典的方法，许多衣原体都是首先用它分离出来的。0.5ml 上清液接种于 5～7 日龄的鸡胚或鸭胚卵黄囊内，39℃ 孵化，一般于接种后的 5～21 天，可在卵黄囊膜中找到包涵体、始体和原体颗粒；能够引起鸡胚死亡，鸡胚卵黄囊膜出现典型的血管充血病变。采用卵黄囊及绒毛膜双途径接种法，可以大大提高原体的产量，可以从卵黄液、卵黄膜、尿囊膜和绒毛膜中回收衣原体，其中以卵黄膜的滴度为最高。有些衣原体菌株引起的病变不明显或鸡胚仍存活，应进行 2 代盲传，有时要盲传 5 代，再用间接血凝试验（IHA）或直接用荧光抗体试验进行病原鉴定。

取上清液接种细胞系，如 Mccoy、Hela、Vero 和 L-929 等细胞，在细胞中培养的衣原体能够形成不同形态的核旁包涵体，再用直接荧光抗体试验进行检测，其特异性可达 95%。

动物致病性试验是选用 21～28 日龄的幼鼠，将病料等通过腹腔、脑内或鼻腔接种，如 5～15 天小鼠出现不食、被毛蓬乱、结膜炎、腹部胀泻，甚至死亡等症状，剖检腹腔有纤维素样渗出物，肺充血，肝、脾肿大等，即可进一步诊断为衣原体病。也可做同种健康动物，如回猪等的感染发病试验，以能复制出与自然病例同样的症状与病变，并能重新分类回收到原感染菌作为判断标准，这一点对于确定那些少见感染类型及混合感染类型的动物衣原体尤为重要。

2. 血清学检测　人和动物患病后常检出特异性抗体升高。动物在感染衣原体后 7～10 天，血清中可检出衣原体的特异性抗体，15～20 天达到高峰。补体结合反应试验常用于全身性衣原体病的诊断。人主要用于性病淋巴肉芽肿的辅助诊断。

中华人民共和国农业部已颁发了《动物衣原体病诊断技术》（NY/T 562—2002），适用于各种畜禽衣原体病的检疫，因动物种类不同，可采取直接补体结合试验和间接补体结合试验。哺乳动物和禽类一般于感染后7～10天出现补体结合抗体。临床常采用急性期和恢复期双份血清进行补体结合试验，如果抗体滴度增高4倍以上，则判断为阳性。但补体结合试验是属特异的，不能将鹦鹉热衣原体、沙眼衣原体和肺炎衣原体三者感染相区别；间接血凝试验适用于各种畜禽衣原体的检疫。结果判定：哺乳动物血凝效应≥1：64（＋＋）为阳性，血凝效价≤1：16（＋＋）为阴性，介于二者之间均可疑。禽类血凝效价≥1：16（＋＋）为阳性，血凝效价≤1：4（＋＋）为阴性，介于二者之间均可疑；微量免疫荧光抗体检测是检查人和动物的特异性 IgM 与 IgG 抗体，滴度常可达 1：64 或更高。IgM 抗体 1：16 阳性可作为诊断依据，病程中 IgG 抗体滴度有 4 倍以上且滴度不低于 1：32 的有诊断价值。本法特异性强，敏感性高，为诊断人群感染的一种常用的血清诊断学方法。其他，还有血清中和试验、乳胶凝集试验、空斑减数试验、酶联免疫吸附试验及酶免疫测定（多用固定酶免疫法），但此类试验易出现假阳性或不能排除交叉反应。应用抗生素治疗后可使抗体反应延迟或减弱，应予注意。

分子生物检测，用根据病原体 16SrRNA 设计的属特异性引物，已建立了 PCR（nPCR）法等，目前尚在研究阶段。

3. 临床诊断　在母猪流产临床诊断时，应与 PR、PPV、JEV、PRRV、HCV 等相区别；也要注意仔猪肺炎、肠炎、关节肿等一些病毒病、细菌病相鉴别。

防治

人患本病的治疗措施是对症支持疗法加抗菌素治疗。常用抗菌素有红霉素 2g/天，分3～4 次口服，疗程 2～3 周；罗红霉素 150mg/天，每天 2 次；阿奇霉素第一天 10mg/天，以后每天每千克体重 5mg，疗程 10 天；磺胺甲噁唑每天 50～70mg/kg，分2～4 次口服，疗程 10 天。

猪场可用四环素、红霉素和磺胺嘧啶等药物，对衣原体均具有较强的抑制作用。大剂量土霉素拌饲料口服可取得良好的防治作用。

由于衣原体是一种广泛传播的自然疫源性疾病，自然宿主很多，要想根除，很难办到。要有效预防和控制衣原体病的发生，一个重要的方面是不断改善卫生环境条件，减少环境中的衣原体数量及感染发生的机会，如预防沙眼是不使用公共毛巾和脸盆，避免直接或间接接触传染源。生殖道衣原体感染的预防与其他性病相同。

猪场应考虑本病在种内和种间传播特点，野生动物，如野禽、啮齿动物能向畜禽传播病原的可能性，并临床感染的存在及其危害性，病畜、禽对人的传播等各种因素。因此，密闭的饲养环境是防治本病的有效措施。消除一切可能降低动物抗体抵抗力的应激因素，如温度、湿度、饲料营养、噪声、饲养密度等，保持畜禽舍通风，集约化饲养的畜禽场应实施"全进全出"制度和自繁自养的饲养方法，以及引进畜禽的隔离检疫制度，防止新老动物接触，对畜禽舍应在彻底消毒后才能进入新的畜禽。加强饲养场、屠宰场和加工厂有关人员的卫生管理，定期检疫；加强对产房、圈舍、场地消毒，常用消毒药物有 2％苛性钠、2％氯胺、5％来苏儿等。严防猫、鼠、鸟、家禽、牛、羊等动物进入猪场，防止衣原体的侵入和感染猪群。做好粪尿、废弃物无害化处理。以控制传染源，消灭传播媒介，切断传播途径，可有效地防止该病的发生和传播。对感染的动物群，应定期检疫，及时清除有临床症状的动物；对确诊的种公猪和种母猪要及时进行隔离、淘汰处理，其后代一般不宜作种用。衣原体感染的猪群，可用衣原体菌苗进行免疫接种，对繁殖母猪在配种前和配种后一个月免疫接种一次，对公猪在每年春秋两季各免疫接种一次；可用四环素或土霉素，每吨饲料添加 300g，进行药物预防，可达到良好的效果。

应用人工免疫方法来控制动物衣原体病的发生和蔓延，国内外已研制了不少菌苗：

①胎膜菌苗：以衣原体性流产的胎膜制成悬液，用甲醛灭活，以明矾沉淀制成菌苗。

②鸡胚卵黄囊膜粗制灭活菌苗和纯化灭活菌苗。

③细胞（鸡成纤维细胞）培养菌苗。

④减毒活菌苗：Mitscherlich（1965）用羊胎膜分离株在鸡胚上传递移植 64 代后制成减毒菌苗。

20 世纪 50 年代，国外已对猪衣原体流产菌苗进行研究，80 年代段跃进等用 SDD‐PAGE 技术对我国各地流产猪鹦鹉热衣原体株进行抗原结构分析，发现这些流产株的 MOMP 的多肽图谱一致，为猪流产衣原体菌苗研制提供了依据。兰州兽医研究所和广西兽医研究所按农业部颁布的《鹦鹉热衣原体流产灭活苗制造和检验试行规程》生产了灭活苗，每头皮下注射 2ml。猪的最小免疫剂量为 1ml。4～8℃温度下有效保存期 2 年，免疫持续期 1 年。

从公共卫生观点看，禽类衣原体病对人类健康最具有威胁性，禽源衣原体株对人感染性的可能性要比哺乳动物源衣原体株更大。因此，研制禽用衣原体菌苗具有防治人畜共患衣原体病的意义。目前研制的菌苗对禽虽有保护效果，但不理想，其研制工作仍在进行中。

衣原体对人类感染很多是隐性的，临床上不表现症状，但危害严重，特别是女性生殖疾病。因此，人类不但要注意性交往，还要及时筛查，及时治疗，控制衣原体蔓延。

该病经气溶胶传染性极强，属于动物源性传染病，在公共卫生方面需要给予足够的重视。首先是随着社会经济的发展，家养宠物、鸟类及集约化养禽的增多，不仅给饲养者带来感染的风险，也对周围环境卫生控制提出了挑战。其次是鹦鹉热在军事医学上亦有相当重要的意义，鹦鹉热衣原体亦被认为是理想的生物战剂之一，其特点是可以大量生产，感染剂量小，传染性强，少量病原体就可使密集人群发病。病程发展快，重症可致死，轻症恢复缓慢。同时鹦鹉热衣原体免疫原性不强，即使感染过或进行过菌苗免疫，仍可以再感染，甚至发病。军鸽、战马和军犬等若感染了衣原体，在饲养条件下降时，均可造成显性发病并大量排菌，成为传染源。日本在第二次世界大战时曾施放过感染性的信鸽，引起前苏联军队及信鸽群感染。1969 年美国将其列为致病性生物战剂。

对于实验研究者而言，需要重视的问题是实验室污染，需要在生物安全水平三级或四级实验室进行有关操作，并制定相应的管理措施。

四十六、猪鼻支原体感染
（*Mycoylasma hyorhinis* Infection）

本病是由猪鼻支原体（*Mycoylasma hyorhinis*，Mhr）致猪的一种支原体疾病，又称"格拉斯"病。主要特征是猪，特别是仔猪多发性浆膜炎、耳炎和关节炎。

历史简介

支原体是 Nocard 和 Rous（1894）用含血清人工培养基从患胸膜肺炎病牛中分离出的病原体，曾命名为胸膜肺炎微生物（PPLO）。Dujardia－Beaumetz（1899）在固体培养基上观察到 PPLO 菌落和可滤过性特性。Bride 和 Donatin（1923）分离到绵羊、山羊无乳症支原体。Dienes 和 Edsall（1937）从人体巴氏腺中分离出 PPLO。Nicol 和 Edward（1956）分离到人型支原体。现在支原体已鉴定出 160 种，逐渐形成一门系统而独立的学科，称为支原体学。国际上也成立了相应的学术团体——国际支原体学组织（IOM）。后从多种动物、土壤、污水中发现本病原，但未能在培养基上生长，长期认为该病原是病毒。直到 1965 年国外在用煮沸组织细胞人工培养基上分离成功，证明是支原体。我国许日龙用此法于 1973 年也分离到并由刘瑞三鉴定为猪肺炎支原体。

猪鼻支原体由 Switzer（1955）从猪分离并命名。Ross（1993）从 10% 母猪和 30% 断奶仔猪的鼻腔分泌物中分离，都认为是小猪上呼吸道存在的正常菌。德国 Kinner J 等（1991）和 Johannsen U（1991）在呼吸道组织的病理学和呼吸道变化方面的研究，初步阐述了 Mhr 的致病性。

病原

猪支原体（*Mycoylasma hyorhinis*）已知有颗粒支原体、猪鼻支原体、猪肺支原体和莱德劳氏支原体。此类微生物无细胞壁，只有三层细胞膜，故形态多变，猪鼻支原体在培养物中的形态以点状、球状、小环为多。革兰氏染色阴性。DNA 的 G＋C 含量为 27.0～28.0mol%。需要胆固醇、葡萄糖分解产酸、OF 试验氧化型、甘露糖产酸、精氨酸和尿素利用阴性、磷酸酶阳性。在固体培养基的菌落不能吸附豚鼠红细胞。模式株：ATCC17981。

流行病学

Mhr 在猪群中普遍存在。病猪与带菌猪是本病的传染源。猪鼻支原体存在于猪上呼吸道内，经过呼吸道传播，飞沫小滴成直接接触而传染。通过母猪或大猪传给小猪，多感染出生后几周内仔猪。本病原也是人类和各种动物细胞培养中常见的污染物，因病原较小，不易被处理，造成生物制剂污染扩散。Mhr 对人、猪具有流行病学意义。

临床表现

人

人的一些癌症的发生与体内的 Mhr 存在相关性。通过体外试验，Ketcham CM（2005）发现 Mhr 的 P37 蛋白影响肿瘤细胞的侵袭。Namiki K（2009），Rogers MB（2011）报道有人感染 Mhr 后还可能导致良性前列腺细胞的恶化，并明确在一定程度上 Mhr 是癌症发生的诱发因子。

猪

Mhr 常出现多发性浆膜炎的病灶和关节炎中，是引起炎症的主要病原，能引起猪肺炎、多发性浆膜炎、关节炎、耳炎等。

本病主要侵害 3～10 周龄的仔猪，是哺乳仔猪 30 日龄前后仔猪多发性关节炎的主要病原体。潜伏期为 3～10 天。患猪仔猪精神沉郁，食欲减退，体温升高，四肢关节肿胀，尤其是跗关节或膝关节肿胀，跛行，腹部疼痛。有时出现呼吸困难，个别猪会突然死亡。但大多数在病后 10～14 天，上述症状开始减轻，仅表现为关节肿大或跛行。受害关节滑膜充血，滑液是明显增加，并混有血液和血清。慢性病例，可能只出现关节炎症状，滑液高度增厚，浆膜面增厚并有纤维素性粘连，关节损伤部都可检到 Mhr。Magusson（1998）用 Mhr 接种猪腹腔，免疫反应性高的猪易发生关节炎，而免疫反应性低的猪会出现浆膜炎疾病。Mhr 促进猪肺炎的发生，被认为是猪喘气的第二致病原，与猪支原体（Mhp）相似。Mhr 能够黏附到猪呼吸道上部和下部有纤毛的上皮细胞上，并且一些 Mhr 毒株能够引起肺炎。Coron J（2000）从正常肺组织分离，发病组织更易分离到 Mhr。上皮细胞的纤毛有 Mhr，一旦感染 Mhr，其能在上呼吸道迅速传播，并能从感染猪的肺及鼻咽管中分离到 Mhr，对患有肺炎的猪在细支气管上皮细胞及支气管和肺泡渗出物也可检测到 Mhr。Boye（2001）人工试验用 Mhp 和 Mhr 共同感染猪，引起猪卡他性或化脓性支气管炎。台湾 Lin（2006）报道患有 SEP 的病料，Mhr 感染率从 72.2% 上升至 99.4%。日本用猪繁殖及呼吸综合征病毒（PRRSV）和 Mhr 共同感染猪引发呼吸道疾病，肺病变的程度比单纯 Mhr 感染更为严重，间接说明 Mhr 可能也是引起猪肺炎的病原之一。临床上分急性期，主要表现为被毛粗糙，轻度发热，一些猪病情恶化或发生急性死亡。亚急性期，感染猪的关节病变最为严重，跛行和关节肿胀可能会持续 2～3 个月。

对患有浆膜炎的猪，可见浆液性纤维素性心包炎、胸膜炎和轻度腹膜炎，积液增多。肺、肝和肠的浆膜面常有黄白色网状纤维素。急性期的多发性浆膜炎的病变主要表现为纤维素性化脓性心包炎、纤维素性化脓性胸膜炎和程度较轻的腹膜炎。亚急性期浆膜炎的主要表现为浆膜表面变得粗糙，云雾状化，发生纤维素粘连并增厚。也可在肾、胸膜、心包检到 Mhr。Roberts 等（1963）曾描述了关节炎的病理学，关节性病理灶淋巴细胞浸润，滑液容量增加，有纤维蛋白性细片，滑液膜充血，绒毛肥大等。关节炎的急性病例表现为关节疼痛、肿胀，滑膜肿胀、充血，滑液增多，滑液中混有血清。亚急性期主要表现为滑液大量增加，滑膜发生纤维性粘连，疾病后期可出现软骨病腐蚀现象及形成关节翳。猪鼻支原体引起的耳炎以在耳道内的纤毛间出现支原体为特征。此外，常在萎缩性鼻炎甲骨上分离到 Mhr，认为本病原不引起鼻炎或甲骨萎缩，可能是继发感染。

· **诊断**

临床上 3～10 周龄的仔猪出现多发性浆膜炎和关节炎，或当猪群在接种某种弱毒疫苗后 5～7 天出现呼吸困难、体温升高等症状，病猪出现浆液纤维素性及脓性多发性浆膜炎等肉眼病变时，可怀疑此病。但确诊需要从猪的病灶和分离出猪鼻支原体，并可用 PCR 方法来分离、鉴别支原体的种类。

本病应与猪支原体病、传染性胸膜肺炎、副猪嗜血杆菌、猪链球菌、巴氏杆菌及猪感染牛黏膜病等疾病相鉴别。

防治

本病目前尚未有有效药物和菌苗。由于本病多为混合感染或继发感染，所以对其病的预防和控制，首先是加强控制和消灭猪群中的气喘病、蓝耳病、萎缩性鼻炎等。加强饲养管理，较少应激因素对猪群的刺激。早期可试用泰乐菌素、林可霉素和土霉素等。

泰乐菌素每吨饲料加 100g 饲喂或注射 20％泰乐菌素注射液（每千克体重 0.05ml，每天 1 次），连续 5～7 天，可用替米考星（每吨饲料添加 400g）。

由于猪鼻支原体污染组织细胞，故在生物制品特别是弱毒疫苗生产过程中要严格控制生物制品的污染，以防疫苗传播。

四十七、气球菌感染
（*Aerococcus* Infection）

气球菌感染（*Aerococcus* Infection）是由气球菌属的各种气球菌致人畜感染的"机会性"疾病或称"条件性"致病。主要特征是造成机体各种炎症。

历史简介

本菌最初存在于自然界。Willams Reo 等（1950）发现并于 1953 年命名为绿色气球菌。1992 年以前一直是一个单一的种别，即绿色气球菌。Aguirre M 等（1992）从尿路感染病人中分离到 5 株气球菌，鉴定为尿道气球菌，经 16SRNA 序列检测，认为应分类为气球菌属，该菌为一新种，正式命名为尿道气球菌。

Collins M D 等（1999）从人阴道分离到一株气球样菌并用丹麦微生物学家 Christensen 名字命名，简称柯氏气球菌。Lawson P A 等（2001）从分离出人血气球菌。又报告从人尿液中分离到 1 株类似气球菌，鉴定为人尿气球菌。2001 年《Bergey's 系统细菌学手册》第 2 版第 1 卷，气球菌属被分类于芽孢杆菌纲，乳杆菌目，气球菌科，气球菌属，为气球菌科第 1 属。气球菌属包括绿色气球菌（*A. Viridans*）、尿道气球菌（*A. urinae*）、血气球菌（*A. Sarguicola*）、柯氏气球菌（*A. christenseii*）、人尿气球菌（*A. urinaehominis*）、马尿气球菌（*A. urinaeequi*）和猪气球菌（*A. suis*）共 7 种菌。据报道，又发现虾气球菌，代表菌种为绿色气球菌。绿色气球菌可引起心内膜炎、泌尿道感染、脓毒性关节炎、脑膜炎等。绿色气球菌曾归于链球菌科，气球菌属，后微球科命名国际委员会认为气球菌属是微球菌科。

病原

本类菌属于气球菌属（*Aerococcus*）。菌细胞呈球形，直径 $1.0～2.0\mu m$。在液体培养基中呈四联状，革兰氏染色阳性、无鞭毛、不运动、需微氧，在空气厌氧条件下生长差。好氧生长时产 H_2O_2。在血液琼脂平板上显著变绿。呼吸代谢为化能异养菌。从各种碳水化合物类葡萄糖、果糖、半乳糖、麦芽糖、蔗糖产酸不产气，没有血红素存在时触酶阴性或极弱。不液化明胶，硝酸盐不还原。最适温度 30℃，10℃ 能生长，45℃ 不生长，在 pH 9.6，100g/L NaCl 和 400g/L 胆盐都能生长。DNA 中 G＋C 含量 35～40mol％。

该属一个种：绿色气球菌。血培混浊 G＋，固体培养基上 27℃ 培养 24h 生长出散在微小菌落。G＋球形，成对或四联排列。40％胆汁，6.5％NaCl 及 0.01％亚蹄酸钾中生长。触酶活性弱，45℃ 下不生长，动力（－）。与肠球菌和 D 群链球菌易混淆（表 2-48）。

表 2－48　气球菌属各种的鉴别

产酸	血气球菌	柯氏气球菌	尿道气球菌	人尿气球菌	绿色气球菌
乳糖	－	－	－	－	＋
麦芽糖	＋	－	－	＋	＋
甘露醇	－	－	＋	－	√
核糖	－	－	√	＋	√
蔗糖	＋	－	＋	＋	＋
蕈糖	＋	－	－	－	＋
山梨醇	－	－	＋	－	－
β-半乳糖酶	－	－	－	－	＋
β-葡萄糖苷酶	＋	－	－	－	－
吡咯谷氨酸芳胺酶	＋	－	－	－	＋
精氨酸双水解酶	＋	－	－	－	－
DNAG＋Cmol％	/	38.5	44.4	/	/
	血流分离	P肥分离	尿路分离	尿液分离	腐生菌
血琼脂	α-溶无色素	α-溶	α-溶	α-溶无色素	反应绿色

5 个种的 16SrRNA 分析，其序列同源性为 98.1％～99.8％。

尿道气球菌，其模式株为 NCFB2893；

柯氏气球菌，其模式株为 CCUG28831T；

血气球菌，其模式株为 CCUG43001T（＝CIP106533T）；

人尿气球菌，其模式株为 CCUG420386T（＝CIP10667ST）。

流行病学

本属细胞广泛分布于自然界，最初从空气、尘埃、牛奶中分离而得，在咸肉、生肉、盐水和加工蔬菜中也广泛分布，一般情况下不致病，甚至从致病动物体中分离的菌株，回归动物也不发病。自绿色气球菌发现后，1992 年后又陆续发现 4 个种别气球菌。目前已知，绿色气球菌是医院重要的机会致病菌，对动物和猪等也致病，对于其他 4 个菌种认识尚不足。近年来，由于免疫抑制剂的广泛应用、侵入性治疗机会的增加及临床抗菌药物滥用等因素，人与动物临床上气球菌所致感染的报道不断增加。这些药物在临床上大量使用，这可能是造成气球菌这种伺机"病原菌"感染的原因。可能是正常菌群长期存在机体内，受到抗菌药物、抗生素长期诱导，亦可能是其他携带耐药基因的细菌通过质粒、转座子和融合子等将耐药基因转移过来。同样，这些携带多重耐药基因的正常菌株亦可以同样的方式将耐药基因转移给敏感细菌，造成大量耐药菌株产生。

临床表现

人

人感染气球菌的菌有绿色气球菌、柯氏气球菌、尿道气球菌、人尿气球菌、血气球菌等。这 5 个菌种均可引起人类脑膜心内膜炎、败血症和其他感染（李仲兴．气球菌的研究进展 ［J］．临床检验杂志，2004，22（2）：142～145）。

Parker 等（1976）报告气球菌引起人类感染情况，719 株从心内膜炎、化脓性疾患和菌血症患者中分离的链球菌、气球菌中，其中共分离出 7 株气球菌，4 株是从心内膜和 3 株从菌血症患者中分离出。Christensen 等（1991）对尿道分离的气球菌进行一系列研究，认为大多数病人有临床症状，尿路感染症状明显，且反复发作。尿道气球菌可从败血症病人血液中分离而来，在丹麦 1987～1995 年就有 26 名病人从血液中分离出尿道气球菌，发病率为 0.5/100 万，发生感染心内膜炎占 0.8%。同样柯氏气球菌、血气球菌和人尿气球菌也可从人的血液、尿液和阴道中分离出。

王静、李仲兴等（2003，2004）分别报道了老年人、青年人、6 天婴儿的绿色气球菌感染，主要症状是体温升高，37.5～40℃。无原因腹部隐痛、腹泻，每天 2～4 次，时有粪便不成形，粪隐血阳性（2+～3+），食欲不振、乏力等。王静等（2003）报道一患者 53 岁，T40.6℃，BP130/80mmHg。巩膜无黄染，双肺呼吸音粗，心律齐，A_2＞P_2，心音有力。无心包摩擦音，肝脾未扪及，四肢关节正常，无病理反射。胸片、心肺正常、肝胆胰脾无异常。血常规：WBC18.9×10^9/L，N0.90，L0.10，Hb10^9g/L，plt130×10^9/L。血培养 3 天后培养液混浊，菌检、生化鉴定出绿色气球菌。

王建家（2004），绿色气球菌感染疾病：烧伤创面感染 29 例，占 38.2%；伤口感染 15 例，占 19.7%；呼吸道感染 13 例，占 17.1%；胆道感染 8 例，占 10.5%；血液感染 5 例，占 6.6% 及其他部分。

猪

猪的气球菌感染的病原是绿色气球菌。谢彬等（2010）报道，两起仔猪绿色气球菌感染病例：

病例一：2006 年 6 月广东省清远县某猪场饲养的 200 多头母猪，所产仔猪有近 40% 发生膝关节肿大，跛行，死亡率 10%～20%，用抗菌素治疗及猪链球菌菌苗免疫，没有明显效果。经 PCR 检测，猪伪狂犬病病毒阳性，细菌分离出 G＋球菌。

病例二：2008 年 11 月广西北流市某猪场，保育猪转栏后 10 天仔猪开始发病，体温 40.5～41.5℃，耳朵、背部、腹部有针尖大出血点，后肢膝关节肿大，排黄色水样稀便。用抗生素治疗、退热药治疗，病情不断反复，发病率 50%，死亡率 10% 左右。解剖可见肺粘连、心包粘连，表面均有纤维素性渗出物覆盖，心包积液，胸腔积液，腹腔内器官均纤维素性渗出物覆盖，腹腔积液，膝关节有积液等。经 PCR 检测，蓝耳病、猪圆环病病毒均为阳性，细菌分离出 G＋球菌。

诊断

气球菌属种类较多，所引起的临床症状也多样，临床上不易与其他病原菌感染相区分，只有在采集样本后，通过实验室检验来诊断。

按常规方法进行血培养，用血琼脂平板分离，于 35℃、24h 后菌落为行尖小，48h 后菌落为 1mm，灰白色，呈明显溶血（α-溶血）；革兰氏染色阳性，为四联状排列球菌。从形态上气球菌与其阳性球菌很难区别，但绿色气球菌在血平板上，呈现绿色反应。如触酶阴性或弱阳性，能在 65g/L NaCl 肉汤中生长，能耐受 40% 胆汁和水解七叶苷，应怀疑为绿色气球菌，但要与肠球菌、微球菌进行鉴别。

通过生化反应进行 5 个气球菌鉴别，见病原气球菌鉴别表。

此外，可通过小鼠致病试验和 16SrRNA 序列进行鉴别。

防治

气球菌对抗药物表现出不同敏感性。因此，临床治疗前要对分离菌株进行药敏试验，针对性治疗。

猪绿色气球菌是非致病条件性致病菌，均与伪狂犬病病毒、蓝耳病病毒、圆环病毒感染等免疫抑制病毒混合感染，所以猪场应做好疾病预防工作。

第三章 寄生虫性疾病与感染

一、锥虫病

（Trypanosomiasis）

本病是锥体属中一组不同致病性锥虫所引起的人和动物的原虫病。几乎所有种类的脊椎动物都有锥虫寄生。

历史简介

锥虫最早是 1841 年在鱼体内发现，以后相继在两栖动物、鸟类和哺乳动物体内发现。

第一个昏睡病由阿拉伯旅行家伊本·哈勒敦在 14 世纪记载，"一个部落首领大部分时间在昏睡、乏力，2 年后死亡；整个部落的人也昏睡死亡"。1902 年英国奥尔多·卡斯泰拉尼研究小组通过尸体剖检发现患者大脑里有一种不知名新寄生虫。1903 年杰维·布鲁斯加入此组，发现牛"非洲锥虫病"是由一种称为锥虫的寄生虫引起的，由于采蝇叮咬人体后传播的，称为卡斯泰拉尼，即锥虫。

病原

各种锥虫属于锥虫属。其形态特征为，虫体呈纺锤状或柳叶状，两端变窄，前端较尖，后端稍钝。长度 $15\sim20\mu m\times1.5\sim4\mu m$，靠近虫体中央有一个较大的近于圆形的细胞核（主核）；靠近体后端有一点状的动基体，又称运动核。动基体由两部分组成，前方的小体谓生毛体，后端的小体称副基体。鞭毛由毛生体生出，沿着一侧边缘向前延伸，最后由虫体前端伸出体外，成为游离鞭毛。鞭毛与体部由一皱曲的薄膜相连，鞭毛运动时，膜亦随之呈波状运动，故称此膜为波动膜。

许多种锥虫寄生在动物血浆及其他组织液中，靠渗透作用直接吸取营养，并以纵分裂方式繁殖。分裂时先由动基体的生毛体开始鞭毛分裂，继则主核分裂，虫体随即自前向后地逐步裂开，最后后端分裂，形成了两个独立的虫体。对于寄生于哺乳动物的锥虫，Hoare（1972）提出了新的分类意见，冈比亚、罗得西亚和布氏锥虫都属于 Trypanoyoon 亚属，并皆是布氏锥虫（*T. Brucei*）的亚种。

人畜禽的锥虫有冈比亚锥虫、罗德西亚锥虫、枯氏锥虫、伊氏锥虫、马媾疫锥虫、泰氏锥虫、鸡锥虫、凹形锥虫、刚果锥虫、路氏锥虫等。

流行病学

根据锥虫的形态及对人兽的传播方式将锥虫分为两个类群，即通过唾液作传播的涎源性锥虫与通过粪便传播的粪源性锥虫。除马媾疫锥虫外，锥虫属的锥虫都需要节肢动物传播。

冈比亚锥虫病要在人间传播，病人为传染源，以及无症状带虫者，属涎源性锥虫传播。

冈比亚锥虫传染源为患者及无症状带虫者，牛、猪、山羊、绵羊、犬为贮存宿主。感染的牛、猪、山羊、犬、马、羚羊、野牛、河马、鳄鱼等动物可能是保虫宿主。主要传播媒介为须舌蝇。该病分布在西非和中非大部分地区，主要在人间传播，主要传播媒介为须舌蝇。

罗德西亚锥虫局限在东非，感染人，非洲羚羊、牛、猪、犬、野牛、河马、水羊、鳄鱼、狮、鬣狗等及野生动物均可出现虫血症，而成为传染源。表现为慢性或隐性感染，长期带虫，为其保虫宿主。主要传播媒介为须舌蝇、淡足舌蝇种团等，在动物中和人传播锥虫。

枯氏锥虫在 150 多种哺乳动物中寄生，如犬、猫、狐、松鼠、食蚁兽、犰狳、家鼠等，Liamond 和 Rubin（1956）报道美国南部的浣熊和猪可以充当人枯氏锥虫感染的一个很主要的宿主。已发现 36 种锥蝽自然感染枯氏锥虫。主要虫种为骚扰锥蝽、长红锥蝽、大锥蝽、泥色锥蝽等，属粪源性锥虫传播。

伊氏锥虫病是热带、亚热带地区家禽常发生的疾病，发病季节和流行地区与吸血昆虫的出现时间和活动范围相一致。本病的传染源是各种带虫动物，包括隐形感染和临床治愈的病畜。马属动物、牛、骆驼是易感染动物；犬、猪、猫、羊、兔、鹿、象、虎等某些野生动物及啮齿动物都可以作为保虫宿主；人和猪有感染发病报告。吸血昆虫（虻、螯蝇）刺螯病畜或带虫动物后，若再刺螯其他易感动物，便能造成伊氏锥虫病的传播，也能经胎盘感染，虎、狼吞食新鲜病肉时，可能通过消化道的创伤而感染。20 世纪印度、马来西亚和斯里兰卡等地报道人感染动物锥虫病例，但未能进一步证实。

发病机制

非洲锥虫病的病理机制很复杂，许多方面至今还不清楚。

布氏锥虫不仅在血液中循环，且侵入各组织，最重要的入侵 CNS。在 CNS 中，锥虫能更有效地逃避宿主免疫系统的作用。

非洲锥虫病的基本病理过程可分为 3 期：锥虫在入侵局部增殖引起的初发反应，锥虫在体内散播的淋巴血液期（Ⅰ期）和侵入 CNS 后的脑膜脑炎（Ⅱ期）。

最初，锥虫在舌蝇叮咬部位组织间歇内繁殖，引起以淋巴细胞浸润和血管损害为主的局部炎症。在被叮咬约 1 周产生本病最早的症状——锥虫下疳，几周后自行消失。

锥虫由上述局部侵入血液和淋巴系统，再通过淋巴和血流广泛扩散，历时数周或数月，发展为全身性血液淋巴疾病。再后，锥虫由血管进入组织间隙，并在其内繁殖，血管通透性的增强对此过程有促进作用。

淋巴血液期有广泛的淋巴结病和组织细胞增生，而后纤维化。各组织中常见桑葚细胞（Mott 细胞）。这种细胞是浆细胞胞质空泡化、核固缩形成，在产生 IgM 中起作用。脾肿大，细胞广泛增生、充血，并有局灶性坏死。随着疾病的发展，淋巴结核脾内产生动膜内膜炎，血管周围锥虫和淋巴细胞浸润。

锥虫侵入血液和淋巴系统大量繁殖引起发热和虫血症。锥虫和宿主免疫系统细胞之间产生复杂的相互作用，这一谜团至今还未完全解开。每一虫血症波和有限数目 VSG 的表达相联系。宿主广泛特异性抗体应答，从血液中将靠近相应抗原的锥虫清除，从而释放锥虫的内部抗原。已转换为表达新 VSG 抗原的锥虫残存下来，继续繁殖又引起一波虫血症，如此循环反复，产生一次又一次的虫血症波和发热。继续的虫血症使 IgM 水平显著增高，在慢性感染时，还导致免疫系统衰竭和免疫抑制。可使 T 细胞核 B 细胞应答观察到后一效应，巨噬细胞和 CD8[+]

T细胞间的相互作用似乎在其中起作用，但还不了解其全面情况。促炎细胞的释放引起种种组织损伤和全身效应。在动物模型中，恶液质素［肿瘤坏死因子α-（TNF-α）］的分解代谢效应引起厌食、发热和体重减轻，提示恶液质素就能引起锥虫病的多种症状。

心脏也常受累，尤其是东非锥虫病。可发生侵害心脏的所有各层（心壁、心瓣膜和心内膜）的泛心炎。心脏传导系统和自主神经也可受侵害。细胞水平的病理学变化是严重的淋巴细胞、浆细胞核桑葚状细胞浸润，最后可发展为肌细胞崩溃和纤维化。

此期呈现许多血液学变化，主要是免疫介导溶血所致。最常见的是正常红细性贫血、血沉加快，通过伴明显的网状细胞增多。血小板常减少，特别是东非锥虫病，在治疗前或治疗期间可发生播散性血管内凝血。白细胞中度增多，特别是在病初几个月，并伴多克隆B细胞活化，IgM显著增多，其中大部分并非是抗锥虫特异抗原的，常可检出异嗜性抗体、类风湿因子和抗DNA抗体。此外，普遍存在高水平的循环抗原—抗体复合物，从而引起贫血、组织损伤和血管通透性增高，还可见低补体血症。

脑膜脑炎期（锥虫病Ⅱ期）是锥虫侵入CNS，导致CNS的渐进性损伤。现今认为这一过程在感染的较早期即开始，实验动物的染料示踪试验表明，血脑屏障在感染数天后即受累。最近发现，患者脑脊髓液（CSF）中含前凋亡因子、可溶性Fas的配体和抗Fas抗体等，它们在体外能诱导小神经胶质细胞和内皮细胞凋亡，可能与血脑屏障的破坏有关。

CNS早期的变化是脉络膜丛的损伤，使锥虫和淋巴细胞得以渗入室周围区。锥虫经血流到达脑和脑膜，引起脑膜脑炎和（或）脊髓脊膜炎。中枢神经受侵害的先兆是CSF蛋白含量和细胞数增多，细胞主要是单核细胞，另有少数桑葚细胞和嗜酸性细胞，并常常可检出锥虫。锥虫在脑内主要存在于额叶、脑桥和延髓，但也可见于其他部位。CSF中也常有锥虫存在。尸检时，受损害部位肉眼检查可见水肿和出血。锥虫存在于血管周围，也成堆地存在于与血管无关系的部位。锥虫存在的部位有以淋巴细胞、浆细胞和桑葚细胞为主的单核细胞浸润。

至今还未发现锥虫本身释放任何致病毒素。CNS病变的产生似乎是锥虫与宿主免疫系统相互作用的结果。细胞因子/前列腺素在脑炎病理发生中似乎起关键作用，也影响嗜睡和发热等一般症状。西非锥虫病晚期患者，CSF中具嗜睡作用的前列腺素PGD2（一种平滑肌吸缩剂）的水平上升，而白细胞介素1（IL-1）和PGE2（可使平滑肌松弛，血管扩张的一种前列腺素）的水平仍正常。CNS中活化的星形细胞及侵入的淋巴细胞能产生多种细胞因子和前列腺素，阐明它们之间一系列复杂的相互关系，无疑将有助于澄清锥虫病晚期的病理发生机制。

克氏锥虫的致病机制迄今尚未完全明了。目前有毒素说和自身免疫说两种观点。毒素说认为，美洲锥虫病对宿主损伤不是源于感染细胞的破裂，而是源于无鞭毛体产生的毒素。此毒素是神经毒素、虫体释放的毒素作用于周围组织。尽管患者许多器官被感染，但以心脏和肠道为最严重。毒素作用于肠道和心脏的传导系统，其长期效应是使肌肉细胞丧失收缩能力，可能需多年才导致严重的疾病。心脏由希氏东受侵和心肌细胞伸长，致心肌不能正常收缩，导致心脏扩张、原血效率逐渐降低，最终导致心衰。肠道最常见的两种病变是巨食道和巨结肠综合征。肠道平滑肌不能收缩导致肠蠕动减弱、停止，肠内容物不能后送；食道受累则呈现吞咽困难；大肠受累则结肠难以排空。

自身免疫说认为美洲锥虫病的一系列病理改变是自身免疫引起。慢性患者主要的病理变化包括神经源性和肌源性病变，免疫学和组织病理学研究提示这些病变系自家免疫过程，实验模型似表明，自身抗体的出现迟于明显的神经元破坏。

临床表现

人

感染致病人的锥虫有布氏（冈比亚和罗德西亚）锥虫、枯氏锥虫和伊氏锥虫等。

1. 布氏锥虫病　两种锥虫病的临床症状相似，但前者表现为慢性，一般在感染后 2 年才呈现中枢神经症状，病程可持续数月或数年，症状较轻；后者表现为急性，病程 3～9 个月。患者多表现显著消瘦、高热和衰竭。西非锥虫病——布氏冈比亚亚种的人，长期带虫无症状 23 年。有些病人在中枢神经系统未受侵犯以前，即已死亡。发病过程一般可分为 3 个阶段：

（1）*初发反应期*　患者在被舌蝇叮咬后 1 周，局部皮肤出现炎症反应、肿胀，面积 2～10cm²，称为锥虫下疳。约持续 3 周后，局部皮肤病变可消退。

（2）*血淋巴期*　锥虫进入血液和组织间淋巴液后，虫体在此繁殖，出现锥虫血症，引起血管和淋巴组织周围炎症及巨噬细胞增生和坏死。锥虫血症高峰可持续 2～3 天，伴有发热、头痛、关节痛、肢体痛等症状。此期可出现全身淋巴结肿大，尤以颈后、颌下、腹股沟等处明显。颈后三角部淋巴结肿大为冈比亚锥虫病的特征。其他体征有深部感觉过敏和肿大等。此外，还可发生心肌炎、心外膜炎及心包积液等。

（3）*脑膜脑炎期*　在发病数月或数年后，锥虫可侵入中枢神经系统，产生脑组织病变和退化，引起弥漫性软脑膜炎，脑皮质充血和水肿、神经元变性、胶质细胞增生。主要临床症状为个性改变、表情冷漠、严重头痛、思维迟钝、语言不清，后期则出现深部感觉过敏、共济失调、震颤、痉挛、嗜睡、昏睡等。

2. 枯氏锥虫病　可分为急性和慢性两种。急性型主要发生在儿童，主要表现为发热、广泛的淋巴结肿大和肝脾肿大，还可出现呕吐、腹泻或脑膜炎症状。随着锥虫侵入不同部位的淋巴结缔组织出现炎症反应，侵入眼结膜，则发生一侧性眼眶水肿、结膜炎及耳前淋巴结炎。心脏症状为心动过缓、心肌炎等，严重时可发生死亡。慢性型多为急性转为慢性，患者常在感染后 10～20 天后出现，因虫体侵害的组织不同而表现的症状不一，主要病变为心肌炎、食管与结肠的肥大与扩张，继之形成巨食管或巨结肠。病人进食和排粪均感严重困难。

3. 伊氏锥虫病　20 世纪印度、马来西亚和斯里兰卡等地曾报道人感染动物锥虫病病例，但未能进一步证实。2004 年 10 月 26 日，印度马哈拉施特拉郡钱德拉区那格浦尔的政府医学院医疗服务中心，一名 40 岁的农夫来就诊，病人出现发热伴有感觉障碍。血检涂片标本上发现一些锥虫，入院第二天寄生虫消失，第 10 天重新出现，并出现进一步的高烧。经WHO 诊断为伊氏锥虫感染。2005 年 1 月病人继续以 7～10 天的间隙出现高热，并持续在血液中发现大量的锥虫。WHO 第二次运用寄生虫学、血清学和分子生物学等技术识别该虫，诊断为伊氏锥虫，并将病人归为淋巴结和血液受累，而神经系统还未受到侵犯的 I 期病人。采用静脉滴注苏拉明，5 周治疗后，血检阴性。

4. 路氏锥虫感染　Lincicom（1963）认为路氏锥虫是非病性锥虫，但陆续有从发病者血液中检出路氏锥虫报道：Johnson PD（1933）从马来西亚一发热、贫血、食欲缺乏的婴儿血中检出大量路氏锥虫，其家中家鼠和鼠蚤血中均有路氏锥虫；Hoare（1949）报道一例人感染路氏锥虫病例；Shriva Stava K K（1974）从印度发热，疑似症疾一对农村夫妇血中检出大量路氏锥虫；刘俊华（1990）对发热、贫血的 487 名患者血栓，路氏锥虫阳性率为 12 名（2.46%）。我国吉林、内蒙古对 1 564 例人血清调查，其中 15 人呈路氏锥虫阳性反应，而农村感染率为 2.64%，城市居民委 0.59%。

猪

感染致病猪的锥虫有凹形锥虫、布氏锥虫、刚果锥虫和伊氏锥虫等，但认为猪是布氏冈比亚锥虫和枯氏锥虫的保虫宿主（Faust，1955）。Liamond 和 Rubin（1956）报道关于枯氏锥虫来自美国东南部浣熊，以及猪可以充当人枯氏锥虫感染的一个很重要的储存宿主。

J. S. Dunlap 在《Diseases of Suine》报道过来自猪体的一些锥虫（表 3-1）。

表 3-1　猪锥虫的记录表

名　称	长度（μm）	媒介	宿　主	分布区域
凹型锥虫（*T. simiae*） Bruce 1912	12～24	采采蝇、马虻	疣猪、猴子、绵羊、山羊	非洲
刚果锥虫（*T. congolense*） Broden 1904	8～21	采采蝇	牛、绵羊、山羊、马、驴、骆驼、狗	非洲
布氏锥虫（*T. brucei*） Plimmer 和 Bradforb 1899	12～35	采采蝇	所有的家畜和许多野生哺乳动物	非洲
冈比亚锥虫（*T. gambiense*） Von Forde 1901	12～28	采采蝇、马虻、鳌蝇	猩猩、野猪、牛、绵羊、山羊	非洲
枯氏锥虫（*T. cruzi*） Chagas 1909	15～20 ×1.5～4	食虫蝽象科	人、狗、猫、树鼠、袋鼠、蝙蝠、浣熊、犰狳和其他野生哺乳动物	美洲中部和南部

猪锥虫病是猪的一种血液原虫病。主要特征是间歇发热、贫血、渐进性衰竭等。

1. 猪锥虫病　病猪食欲减退，精神沉郁，时会卧地一时不起，间歇发热，贫血，渐渐消瘦，毛失光泽。后肢可能出现水肿，淋巴结肿大，耳、尾有不同程度的坏死。母猪停止发情，孕猪有流产现象。体表发生炎性病变，上颌右上方有指大到梨大样炎肿，中心溃烂，穿孔至口腔。腹部皮肤有硬币大溃疡创面。后肢关节下炎肿，跛行，粪便干结。体温 41.3～40.3℃，多为不定型间歇热。晚期倒地、虚弱、血液稀薄、枯瘦。急性病程 2～3 天死亡，慢性病程达 3 个月。剖检：尸表消瘦，血液稀薄不易凝固，肝、脾、淋巴结肿大。

2. 伊氏锥虫病　猪是伊氏锥虫病的保虫宿主，认为猪带虫而不发病，但寄生于马、牛、猪、犬、猫、兔等的血液和造血器官内，已有试验和临床报道可致猪疾病。江苏、安徽、江西省偶有发病致猪死亡报道。聂海洋、叶万祥、方元（1993）通过低虫数接种水牛和猪，猪于接种后第 7 天出现虫血症。杨玉芬等（2003）报道 2002 年德宏某猪场爆发了一种以消瘦、贫血、体温高为主要症状的疾病。该场共有存栏猪 260 余头，种公猪 4 头，种母猪 130 多头。种母猪先后发病，采用抗生素和磺胺类药物治疗无效，死亡 15 头。病猪表现精神沉郁，卧地昏睡，四肢僵硬，跛行，食欲下降，逐渐消瘦，发抖，结膜发炎，贫血，四肢、耳有不同程度的浮肿和坏死，体温呈不定型的间歇热，高达 41℃ 左右，呼吸增加，心搏动亢进。

血检诊断为伊氏锥虫感染。采用拜耳205每周按8～10mg/kg，作用等溶于100ml生理盐水，加入10%安钠咖注射液10ml，缓慢耳静脉注射，4～6天后重复用药一次。疾病得以控制。周新民（1988）报道安徽猪伊氏锥虫病，83头猪精神沉郁，食欲下降，四肢僵硬，尾、耳有不同程度坏死，并死亡5头。有25头脊背脱毛、消瘦、贫血，有间歇热，但有9头未见体温升高。耳采血镜检65.8%（27/41）血中有锥虫虫体，每视野2～3条，多达8条。间接血凝反应75%（42/56）阳性；血凝抗体价达1:160，抗生素无效。

3. 冈比亚锥虫 世界卫生组织寄生性动物流行病（人民卫生出版社，1982）的报道：冈比亚锥虫大多数地区完全是在人群中传播的，有的人认为猪是一种动物宿主，易通过循环传代在猪群中传播。实验证明牛、猪、山羊、绵羊、犬等可感染人。

4. 枯氏锥虫 Liamond和Rubin（1956）报道，美国南部猪可以充当人枯氏锥虫感染的一个重要的宿主。

5. 美洲锥虫——克氏锥虫 已从24个科150种以上动物分离到，幼龄猪和山羊可实验感染，但虫血症低。

诊断

早期诊断特别重要，因为抗锥虫药物并非特效或对晚期患者疗效不甚可靠。诊断应结合临床症状、实验室检查结果进行综合判断，病原学检查是最可靠的诊断依据。

1. 病原学检查 采集血液、淋巴结穿刺物、腹腔渗出物、骨髓液和脊椎液涂片，直接染色检查有无虫体。一般急性期或高热期多可见虫。或采集多量血液，加抗凝剂，离心沉淀后镜检沉渣，查找虫体。

2. 血清学检查 利用锥虫抗原与检血清反应。常用琼脂法、间接血凝法、对流免疫电泳法和补体结合实验等。

3. 分子生物学技术 特异PCR及DNA探针技术，对于检测虫数极低的血标本，有很高的检出率。

4. 动物接种试验 用疑似血液标本0.2～0.5ml，接种小鼠、豚鼠、兔等的腹腔或皮下，每隔1～2天采血检查一次，连续检查一个月仍不见虫体，可判为阴性。

防治

人常用苏拉明、戊脘脒、美拉肿醇、纳加诺尔（拜耳205）、硝基呋喃等药物；猪锥虫病常用贝尼尔（血虫净）、拜耳205。

预防该病的关键是控制传播媒介与人畜的接触。搞好环境卫生，在媒介活跃的季节就要进行驱杀媒介，减少感染传播机会；对病人、病畜要及时隔离、治疗。

二、贾第鞭毛虫病
（Giardiasis）

贾第鞭毛虫病，又称蓝氏贾第鞭毛虫病，是由蓝氏贾第鞭毛虫（*Giardia Zambia*）致人兽以腹泻为主要症状的原虫性疾病。寄生于人体和某些哺乳动物的小肠，特别是十二指肠多见，偶尔寄生于胆道或胆囊内，可引起腹泻、吸收障碍和体重减轻等症状。

历史简介

Van Leeuwhock（1681）在自己粪中发现此虫的滋养体。Lambl（1859）从腹泻儿童粪中发现虫体。Stiles（1951）为纪念 Giard 和 Lambl 对本病的发现，将此虫命名为蓝氏贾第鞭毛虫（Giard Lambl），又称肠贾第鞭毛虫。Meyer（1976）建立人贾第虫株的纯培养。Boreham 等（1984）推荐贾第虫培养株的命名，如 BEIJ88/BTMRI/1。WHO（1978）推荐用锥虫命名法为贾第虫病，贾第虫病已被列为全世界危害人类健康的十种主要寄生虫病之一。

病原

贾第虫有滋养体和包囊两个阶段。滋养体呈倒置梨形，长 $9.5 \sim 21 \mu m$，宽 $5 \sim 15 \mu m$，厚 $2 \sim 4 \mu m$。两侧对称，前端宽钝，后端尖细，背面隆起腹面扁平。腹面前半部向内凹陷成吸盘状，可吸附在宿主肠黏膜上。前侧、后侧、腹侧和尾各有一对鞭毛，均由位于两核间靠前端的基体发出。经铁苏木染色后可见至一对并列在吸盘底部，卵圆形的泡状核。有轴柱一对，纵贯虫体中部，不伸出体外。在轴部的中部还可见到 2 个半月形中体，包囊呈椭圆形，大小为 $8 \sim 12 \mu m \times 7 \sim 10 \mu m$。碘液染色后呈黄绿色，未成熟包囊内含 2 个细胞核，成熟包囊有 4 个细胞核，且多偏于一端。囊内可见鞭毛、丝状物、轴柱等结构。后者为感染期。根据蛋白质和 DNA 多态性，贾第鞭毛虫至少可分为 7 个明显不同的基因型（A-G）。

包囊在冷水、温水中可存活 $1 \sim 3$ 个月，$-20℃$ 10h 死亡，但加热到 $100℃$ 立即死亡，在含 0.5% 的氯水中可存活 $2 \sim 3$ 天。常规剂量的消毒剂对包囊无效，但在 5% 石炭酸或 3% 来苏儿中仅存活 $3 \sim 30min$。

流行病学

本病呈世界性分布，常见于热带和亚热带地区。各地感染率为 $1\% \sim 30\%$ 不等，个别地区可达 $50\% \sim 70\%$。在我国各地均有贾第虫病，但南方多见。本病可侵入人、牛、马、羊、犬、猫、鹿、河狸、狼、美洲驼等。猪、禽染病较少见。病人和无症状带包囊者是主要传染源。凡从粪便中排出贾第虫包囊的人和动物均为本病传染源。一般在硬度正常粪便中只能找到包囊，滋养体则在腹泻者粪便中发现。包囊在外界抵抗力强，为贾第虫的传播阶段。包囊随粪便排出到环境中，估计人一次腹泻粪便中滋养体可超过 140 亿个，一次正常粪便中可有包囊 9 亿个。1g 粪便可排出成百上千个包囊，另一宿主摄入 10 个包囊即可感染。保虫宿主包括水污染之源的海狸，以及牛、羊、猫、猪、犬、草原狼、兔和雪豹等。

本病主要传播途径以水源传播为主，可造成爆发流行，也见食物源传播。人与人之间传播主要为粪—口途径，人和动物之间可交叉传播。媒介昆虫（苍蝇、蟑螂）的机械性携带在流行上起一定作用。也有可能接触性传播，一般呈散发，全年均可发病，但水源被污染时可呈爆发。

Craun（1978）报道，$1965 \sim 1977$ 年美国 10 个州共发生 23 起由饮水引起的贾第虫病的爆发流行。Levy 等（1998）报道，$1965 \sim 1977$ 年全美 13 个州共发生 22 次水传染性疾病的爆发流行，其中最大的一起即为贾第虫病，感染者高达 1 449 人，占总患病人数 1/2 以上。水源传播是本虫的重要途径。Marashall 等（1997）报道，$1991 \sim 1994$ 年贾第虫曾为美国 7 种经水传播的原虫之首。Hsu 等（1999）报告，台湾的饮用水受到贾第虫包囊和隐孢子虫卵囊的污染。在从 9 个饮用水处理厂抽取的 13 个水样中，10 个被包囊污染。水源的污染多来自人、动物粪便及污水。

本病感染各年龄段人,高危人群包括婴幼儿、免疫功能缺陷者和旅游者。有调查认为5%左右旅游者腹泻是由蓝氏贾第虫引起,也称"旅游者腹泻"。近年来,HIV 携带者和ADIS 患者合并贾第虫感染的病例屡有报道,Angarano 等(1997)报道的腹泻症状的 HIV 携带者中,贾第虫的感染达 12%。Moolasart(1997)报告,有相当部分 ADIS 病人的腹泻由贾第虫感染所致。

贾第虫感染在我国呈全国性分布。北起黑龙江省,南至海南岛,西从西藏,东到东南沿海,凡做过调查的地方均可发现本虫流行。各地人群粪检感染率不等,乡村人群中的感染率高于城市。蒋则孝等(1997)报道,全国 34 个省(自治区、直辖市)中 726 个县 1 477 742 人贾第虫的总感染率为 2.52%,其中以新疆(9.26%)、西藏(8.22%)和河南(7.18%)为高,而吉林、辽宁、内蒙古等省、自治区的则甚低。感染率在 2% 以内的县占 49.8%,高于 10% 的仅占 5.5%。

何多龙等(1997)对青海省 32 个调查点 16 079 人的调查分析结果显示,该省人群贾第虫流行特征为:①人群感染率高,平均为 4.63%;②男性高于女性;③少数民族感染率高;④牧民的感染重;⑤15 岁以下的少年儿童感染率高,并有随年龄增长感染率逐降的趋势。

目前尚不清楚本病的自然病程。

发病机制

贾第虫的致病机制目前尚不十分清楚,可能与下列因素有关:

人吞入包囊后能否受染并出现临床症状与虫株致病力密切相关。Nash 等(1987)报告,不同虫株具有截然不同的致病力。如接受具有较强致病力的 GS 株包囊的 10 名志愿者均获得感染,其中 5 名出现了临床症状;相反,接受致病力较低的 ISR 株的 5 名志愿者无一受染。此外,用 GS 虫株的两个表达不同表面抗原的克隆株感染志愿者,所有接受表达 72KDa 表面抗原克隆株的 4 名志愿者均获得感染;而接受表达 200KDa 表面抗原克隆株的 13 名志愿者,仅 1 名受染。上述研究结果表明,不同虫株及同一虫株表达不同表面抗原的克隆株之间的致病力是不同的。

过去曾认为原虫大量寄生肠道,常将局部肠黏膜完全覆盖,影响吸收,或原虫的吸盘直接造成肠黏膜的机械性损伤,或胃酸缺乏、营养竞争等因素导致腹泻。近几年已经有一些新的观察发现:①滋养体通过两种可能机制吸附到肠上皮细胞的刷状缘,即通过吸盘的收缩蛋白或鞭毛介导的水动力学作用来参与吸附;也可能与植物血凝素样分子(Lectin like - molecules)介导的受—配体作用有关,从而致微绒毛损伤和绒毛萎缩导致刷状缘破坏,这引起二糖酶缺乏,估计这种损伤由蛋白酶或植物血凝样分子引起。同时,吸附作用限制了滋养体的移动。由于虫群对小肠黏膜表面的覆盖,吸盘对黏膜的机械损伤,原虫分泌物和代谢产物对肠黏膜微绒毛的化学刺激,以及虫体与宿主竞争基础营养等因素均可影响肠黏膜对营养物质的吸收,导致维生素 B_{12}、乳糖、脂肪和蛋白质吸收障碍。②二糖酶缺乏是导致宿主腹泻的原因之一。在贾第病患者和模型动物体内,二糖酶均有不同程度缺乏。动物实验显示,在二糖酶水平降低时,滋养体可直接损伤小鼠的肠黏膜细胞,造成小肠微绒毛变短,甚至扁平。提示此酶水平降低是小肠黏膜病变加重的直接原因,是造成腹泻的重要因素。③有报道贾第虫病人胆盐浓度下降,以及随之而来的胰脂肪酶活力降低和脂肪消化受损。胆盐能激活脂肪酶，消化脂肪释放出脂肪酸，杀死滋养体。贾第虫病人的低胆盐浓度可能与同时定植的肠杆菌或酵母菌有关。④贾第虫感染能抑制胰蛋白酶。⑤免疫反应与发病机制。但究竟免疫因素是起致病作用还是仅仅为一种保护反应仍不清楚。首先是贾第虫病可使肠隐窝内增加的上皮翻转影响吸收，这可能是由不成熟的肠上皮细胞引起。T淋巴细胞可导致这种隐窝过度增生。先天或后天血内丙球蛋白缺乏者不仅对贾第虫易感，而且感染后可出现慢性腹泻和吸收不良等严重临床症状。有学者认为，IgA缺乏是导致贾第虫病的主要因素。胃肠道分泌的IgA与宿主体内寄生原虫的清除有关。据统计，10%人群天然缺乏IgA，对贾第虫易感。研究表明，贾第虫滋养体能够分泌降解IgA的蛋白酶，以降解了宿主的IgA，从而得以小肠寄生、繁殖。免疫缺陷综合征病人中贾第虫病流行增多，表明，免疫力在宿主防御中起作用。研究表明贾第虫感染产生细胞免疫反应，对细胞毒作用和协调IgA分泌十分重要的，外周血中的粒细胞和肠淋巴细胞均对贾第虫有毒性作用，可能是宿主抵抗贾第虫的重要机制。另一次感染后不产生保护性免疫。可能是因为抗原的多样性和基因的适应性。

临床表现

人贾第鞭毛虫病

本病潜伏期为7～21天，实验感染中，第一次从粪便中检出贾第虫的潜伏期平均9.1天，而自然感染的，平均12～15天。全身症状表现为失眠，神经兴奋性增加，头痛，眩晕，乏力，眼黑，出汗；胃肠道症状以腹泻，腹痛，腹胀，厌食为主，由于长期腹泻导致贫血，发育不良，体重下降。本病的症状取决于感染持续时间的不同而不同。

张成文（1983）报道了13男、6女，年龄3～50，19例贾第虫病临床分析：全部病例均有腹痛（表3-2），以脐周为最常见，3例右下腹痛者中2例为该虫引起的阑尾炎。腹泻每天7～8次，急性起病或慢性期急性发作时大多排稀水便，带泡沫或黏液。慢性期大便呈糊状带有泡沫。慢性患者常有厌食、厌油、上腹不适、腹胀等。由于长期消化不良，可引起乏力、消瘦和贫血等。

表3-2　19例贾第虫病的临床表现

临床表现	例数	临床表现	例数
起病急	5	上腹不适	19
起病慢	14	腹胀	16
发热	3	排气	14
腹痛	19	腹泻	19
厌食	16	脂肪泻	2
厌油	8	黄疸	2
恶心	12	消瘦	11
呕吐	11	乏力	11
嗳气	2		

凡长期慢性腹泻，呈糊状或稀水便、带泡沫、偶有脂肪泻、粪便恶臭、伴上腹不适、腹胀、腹痛及不能有其他疾病解释者，应考虑本病。粪检取新鲜大便直接涂片或醛醚浓缩法，镜

检发现本原虫可确诊，也可用硫酸锌漂浮法。由于本原虫的繁殖周期，隔日检查的阳性，较连续3天检查者为高。个别病例需每周粪检2次/天，连续4～5周才能检出。对于疑有本病而多次粪检阴性者，可检查十二指肠引流液，检查活动滋养体，检查较为可靠。发病到确诊时间2个月内5例，3～6个月6例，6～12个月1例，2年以上7例。最短者2天，最长者6年。

治疗：阿的平0.3g/天，分3次服，7～10天一疗程。灭消灵750mg/天，分3次服，7天一疗程。

大便黄色水样，找到滋养体，发病机理不清。李纹伟（1982）贾第虫滋养体的吸盘可破坏小肠微绒毛并降低乳糖酶、蔗糖酶等活性，使绒毛萎缩，吸收功能紊乱，乳糖不能消化吸收而被肠内细菌分解为2个较小分子，使肠腔内渗透压升高导致腹泻。Wolfe（1975）认为胃酸和免疫球蛋白缺乏是人感染本病的主要原因。分为急性感染，常突然发作，有爆发性腹泻、水样大便、很臭、腹痛、腹泻等；亚急性表现为间歇性稀便，腹部疼痛，食欲不振；慢性临症为周期性稀粪，反复发作，大便甚臭，可长达数年。

邓立堂（1985）报道了108例肠道贾第虫病临床分析（表3-3）。

表3-3 邓立堂（1985）报道了108例肠道贾第虫病临床分析

症状与体征	腹泻	腹痛	发热	呕吐	腹胀	局部压痛	腹透液率	休克
数	108	87	86	42	37	19	7	5
%	100	80.6	79.6	38.9	34.3	17.6	6.5	4.6

李中吾等（1977）对175例贾第虫感染者的症状和体征（无症状者未统计）进行分析（表3-4）。

表3-4 175例贾第虫感染者的症状和体征

症状	例数	%	症状	例数	%
腹泻	146	83.4%	消瘦	101	57.7%
腹痛	110	62.9%	恶心	22	12.6%
腹胀	126	72%	肝大	14	8%
乏力	84	48%	黏液便	40	22.9%
纳差（食欲不振）	78	44.6%			

Schultz总结了324例感染者的临症：腹泻为96%、疲乏为72%、体重减轻为62%、腹痛为61%、恶心为60%、软便为57%、腹胀为42%、发热为17%。

临床上分急性期和慢性期：

急性期的主要症状为爆发性腹泻，水样大便，量大，有恶臭，粪便中偶见黏液，一般无脓血。一日数次或十数次不等。恶心，呕吐，胃肠胀气，中上部痉挛性疼痛，畏食，嗳气。乏力和发热、发冷、头痛。症状通常自限在2～4周，也有仅3～4天。某些儿童可持续数月，导致体重减轻，有脂肪痢和虚弱。

有的转为无症状带囊者，或者再次出现短期急性症状。

慢性期往往不能识别，半数急性患者可发展为慢性，患者持续或轻度到中度症状的复发。主要表现为有周期性短时间腹泻，腹泻与便秘交替发生，排带黄色泡沫可飘在粪水中的恶臭稀粪，伴有腹胀。进食后腹痛、腹部不适、多屁。在恶化期间排糊状粪便。慢性感染，绞痛少见，可有胸骨下烧灼感和上腹不适感。常有硫黄味嗳气，肠蠕动亢进，厌食和恶心。慢性感染儿童体轻，生长缓慢，常有乳糖、木糖、维生素 B_{12}、维生素 A 及脂肪的吸收异常。少数病例症状可持续多年，也可有倦怠、头痛、肌痛及荨麻疹。许多病例经过不同时间，贾第虫和症状可自然消失。12％成人和17％儿童仅从粪便中排包囊而无症状。同时有不同程度的肠道病理组织学改变及吸收功能障碍，此类患者为重要传染源。

贾第虫寄生于胆道时引起胆囊炎和胆管炎，胃及肝脏可出现肝区疼痛、肝脏肿大及肝功能异常。虫体大量寄生于阑尾时可引起阑尾炎。

Angarano（1977）报告，在720例伴腹泻症状的 AIDS 病人中，有 25 例有典型 QIDS 临床症状合并贾第虫感染者，其中 22 例死亡。贾第虫感染常见于 AIDS 病程的快速发展阶段，导致死亡的原因是因严重腹泻引起的体液丧失和电解质紊乱。

贾第鞭毛虫病与严重的空肠异常（Blenkinsopp WK1978）：

40 例中 29 例小肠吸收不良症状，空肠黏膜结构常有轻度和中度异常，伴有绒毛萎缩，上皮下层有密集浆细胞浸润，水性腹泻 3 周，体重下降 3kg，两脚踝部水肿。

Levnison JD（1978）：腹胀、腹泻，水样泻，每天 5 次以上，粪便恶臭，上腹痉挛痛，食欲不振，恶心，寒战，发热，呕吐，粪便无脓，绒毛萎缩，上皮细胞扁平，上皮下层浆细胞浸润和淋巴细胞浸润。

实验感染贾第虫的动物小肠黏膜呈现典型的卡他性炎症病理组织学改变。主要表现为黏膜固有层急性炎性细胞（多形核粒细胞和嗜酸性粒细胞）和慢性炎性细胞浸润，上皮细胞有丝分裂相数目增加，绒毛变短、变粗，长度与腺腔比例明显变小，上皮细胞坏死脱落，黏膜下 Peyer 小结明显增生等。这些病理改变是可逆的，治疗后即可恢复。

病变主要位于十二指肠和空肠上段。局部肠黏膜充血、水肿，可出现浅表溃疡。滋养体靠吸盘附着于小肠上皮细胞的微绒毛上，导致绒毛构型改变。扫描电镜证实绒毛变性、水肿、移位，滋养体下面的黏膜柱状上皮高度降低，肠腺增生，空泡形成，伴有不同程度的黏膜萎缩。在微绒毛之间、隐窝、上皮细胞内、黏膜下层、固有层及肌层可发现滋养体。重者微绒毛萎缩，黏膜下层和固有层大量淋巴细胞、浆细胞和多形核白细胞浸润。

猪

病猪突然下痢，水样偶带暗红色血液，呈喷射状下泄，每天可多达十余次，臭味浓，体温一般正常，偶有升高，但很快回落。猪食欲减退，乏力，消瘦，卧地不起，被毛脏乱，腹胀圆鼓，口腔黏液少，苍白，尿少，色浅黄，呼吸急促，后期伴有心力衰竭。

病猪剖检，胃黏膜轻度损伤，十二指肠、大肠黏膜损伤严重，多处呈溃疡灶，弥漫性出血，胆囊腔炎症，肝肿大，有小结节，全身淋巴肿大，暗红色，其他脏器及组织有轻微炎症病变，心内血液色泽正常，但凝固度降低。

胃黏膜、十二指肠前段病灶组织可检出滋养体和包囊，十二指肠后段病灶、肝结节组织、结肠粪便可检出成虫。

诊断

临床诊断

应根据病史，如近期有无不洁食物、外出旅游、腹泻等病史，对入托、入学幼儿或儿童应了解有无与贾第虫患儿密切接触史，与动物或养殖场密切接触史、家族成员感染史等，以及居住环境、饮水来源等。

病原学检查

贾第虫病的症状是非特异性的，诊断的关键是在粪便或小肠内容物中查到包囊或滋养体。

通常采用粪便涂片检查新鲜粪便，连续 3 天检测，每次检测 3 份粪便标本，免疫诊断常采用 ELISA 法，具有高度敏感性和特异性。

1. 粪便检查　急性期取新鲜标本做湿涂片（生理盐水）镜检滋养体。对于急性期或慢性期病人，用 2％碘液直接涂片、硫酸锌浮聚或醛—醚浓集等方法检查包囊。由于包囊排出具有间隔性，隔日查一次，连续查 3 次的方法，可大大提高检出率。

2. 小肠液检查　用十二指肠引流或肠内试验法（Enteno-test）采集标本。后者的具体做法是：禁食后，嘱患者吞下一个装有尼龙线的胶囊，3～4h 后，缓缓拉出尼龙线，取线上的黏附物镜检。查得滋养体，即可确诊。

3. 小肠活体组织检查　借助内镜在小肠 Treitz 韧带附近摘取黏膜组织。标本可先做压片，或用 Giensa 染色后镜检。本法临床上比较少用。

由于粪便检查方法，即使采用浓缩方法，其漏检率按 Burke（1977）统计也可高达 30％～50％。因此，人群贾第虫的实际感染率，高于用粪便检查方法所得的数字。用免疫学方法可提高其检出率。如用 Wang 等（1986）测得的血清抗体流行率为 12.8％，远远高于同一人群用粪检方法所得的 2.7％感染率。

免疫学检查

免疫学诊断方法有较高的敏感性和特异性。酶联免疫吸附试验（ELISA）阳性率可达 75％～81％，间接荧光抗体试验（IFA）阳性率可达 81％～97％，对流免疫电泳（CIE）法的阳性率可达 90％左右。

分子生物学方法

用生物系标记贾第虫滋养体全基因组 DNA 或用放射性物质标记的 DNA 片段制成的 DNA 探针，对本虫感染均有较高的敏感性和特异性。PCR 方法也在实验室中应用。

鉴别诊断

本病急性期症状酷似急性病毒性肠炎、细菌性痢疾，或由细菌及其他原因引起食物中毒，急性肠阿米巴病、致病性大肠杆菌引起的"旅游者腹泻"，应与之进行鉴别。贾第虫病的主要特征为潜伏期长，粪便水样，具有恶臭，明显腹胀，粪便内无血、黏液及细胞渗出物等。

防治

人治疗药物首选甲硝唑（灭滴灵），750mg/天，分 3 次口服，疗程 7 天。儿童 15mg/（kg·天），分 3 次口服，疗程 7 天。病人需要两个疗程。该药有致畸和致突变等作用，孕妇应慎用或禁用。呋喃酮（Furazolidone，痢特灵），是一种有效的抗贾第虫药物，治疗率可达 85％～90％。口服，成人 400mg/天。分 4 次口服，连服 7～10 天；儿童 6mg/（kg·天），分 4 次口服，连服 7～10 天；替硝唑（Tinidazole）可单独剂量使用，50mg/kg（最大剂量不超过 2g）一次口服，治愈率在 95％以上。

巴龙霉素（paromomycin）口服 25～35mg/（kg·天），分 3 次口服，7 天为一疗程。本品多用于治疗有临床症状的贾第虫患者，尤其是感染本虫的怀孕妇女。

中药苦参、白头翁等对本病也有一定疗效，临床多有报道。

猪治疗药物，用呱嗪、苯硫氨酯、甲硝唑治疗率达 87%、82%、94%。

辅助治疗可用微生态制剂，维生素 E。

贾第虫病分布广泛，宿主群大，因为供水受污染时，会被再感染，这些特点使其彻底清除极为困难。因此，预防上主要集中于感染的主要来源，包括水源污染和宿主间传播。积极治疗病人和无症状带囊者。加强人和动物宿主的粪便管理和无害化处理。搞好饮食卫生和个人卫生。艾滋病人和其他免疫功能缺陷者，均应接受防止贾第虫感染的措施。

三、阿米巴病
（Amebiasio）

从广义上讲，阿米巴病是指叶足纲多种阿米巴原虫致人畜感染的一组原虫病的总称。临床上专指溶组织内阿米巴感染所引起的疾病。以消化道为传染途径的原发性病灶多在结肠，可引起痢疾、腹泻、腹胀、消化不良及黏液性血便等临床症状，称为肠阿米巴病（阿米巴结肠炎或阿米巴痢疾）。病原体由肠壁经血流或淋巴结系统转移到其他组织和器官，而引起继发性阿米巴病，临床上有非典型无症状阿米巴病、阿米巴脓胸、阿米巴阑尾炎等，并以肝阿米巴病最为常见，统称肠外阿米巴病。本病易复发转为慢性。WHO（1969）定义，凡体内有溶组织内阿米巴寄生者，无论有或无临床表现，都称阿米巴病。

历史简介

人们对于阿米巴病很早就有认识，我国古代医籍《内经素问》、《伤寒论》、《金匮要略》、《千金方》、《外台秘要》及《诸病源候论》中提到的肠澼、下痢、飧泄、垂下、滞下、疫痢及赤痢都包括阿米巴病在内。Lambl（1859）在一个死于肠炎的儿童肠壁中找到阿米巴。Ginninghaonan（1871）对其进行过描述。Losch（1875）在一个彼得堡患病农夫的粪便中找到阿米巴，并在尸检的结肠病损处找到活动性阿米巴，被命名为"Amoeba Coli"。又将附有阿米巴的血样黏液粪便注入犬的直肠，结果发生痢疾和结肠下部的溃疡。Koch（1883）和 Kartulis（1886）确定阿米巴是"热带痢疾"病原体，后者在 1887 年报告在肝脓肿坏死组织中找到阿米巴，认为是肝脓肿的病原体，并于 1904 年在脑脓肿中找到阿米巴。Strong（1990）在菲律宾将阿米巴痢疾与细菌性痢疾做了区别。Schaudinn（1903）对阿米巴形态做了研究，指出人肠内有两型阿米巴，即致病性溶组织内阿米巴和非致病性结肠阿米巴。Brunipt（1928）也认为溶组织内阿米巴有 2 个种，Sargeannt（1978～1987）将 10 000 个溶组织内阿米巴分离株进行同工酶分析发现有致病性酶株和非致病性酶株两者膜抗原及毒力蛋白存在明显差异。Clark（1991）比价二类虫株的亚基核糖体（SSUrRNA）基因限制性内切酶的图样，认为只有一个种，不致病的是迪斯中的阿米巴（不等内阿米巴）。Von Powazek（1911）发现了人肠道威廉氏阿米巴（后由 Dobell 改称为布氏嗜碘阿米巴）。Wenyen 和 O'connor（1917）发现了微小内阿米巴。Jepps 和 Dobell（1918）发现了脆双核内阿米巴。Cutler（1917）将溶组织内阿米巴培养成功。Dobell（1919）对人 5 种肠道阿米巴的形态与生活史做了系统研究。Boeck 和 Drbohlav（1924）用鸡蛋培养基培养出溶组织内阿米巴，并保持有致病性，始奠基了临床实验的基础。张景杭用血清脓水培养基成功用于临床检查。溶组织内阿米巴血清学检查是 Izar（1914）研究指出感染者血清中有补体结合抗体存在。Craig（1927）用于临床检查。1985 年王正义对我国一些地区的阿米巴感染率做了统计（表 3-5）。WHO（1993）专家将溶组织阿米巴分为侵袭性溶组织阿米巴和非侵袭性的迪斯帕内阿米巴（*E.dispar*）。迪斯帕内阿米巴与溶组织内阿米巴形态相同，但致病性不同，无症状肠道阿米巴感染中，约 90% 是迪斯帕内阿米巴感染。

表 3-5 我国北京、甘肃、辽宁、江苏阿米巴感染率（王正义，1985）

感染虫种	北京		甘肃张掖县	辽宁朝阳市	江苏江都县
	丰台区	海淀区			
溶组织内阿米巴	2/309（0.6%）	9/824（1.1%）	8/261（3.1%）	4/231（1.7%）	16/1 136（1.35%）
结肠内阿米巴	10（3.2%）	19（2.3%）	30（11.5%）	8（3.5%）	33（2.78%）
哈氏内阿米巴	2（0.6%）	2（0.2%）	2（0.8%）	5（2.2%）	52（4.38%）
微小内蜒阿米巴	0	11（1.3%）	0	18（7.8%）	16（1.35%）
脆弱双核阿米巴	0	1（0.1%）	0	0	0
布氏嗜碘阿米巴	0	1（0.1%）	1（0.1%）	3（1.3%）	10（0.84%）

病原

阿米巴（Amoeba），即变形虫，为原生生物，属于内阿米巴属。由于生活环境不同，可分为内阿米巴和自由生活阿米巴，前者寄生于人和动物，后者生活在水和泥土中，偶尔侵入动物机体。内阿米巴主要有 4 个属，即内阿米巴属（*Entamoeba*）、内蜒属（*Endolimax*）、嗜碘阿米巴属（*Iodamoeba*）和脆双核阿米巴属（*Dientamoeba*），具有代表性的溶组织内阿米巴。

阿米巴形态可分为滋养体和包囊两个阶段。

1. 滋养体 是阿米巴运动、摄食和增殖阶段，也是致病阶段。研究认为溶组织内阿米巴种株有大型和小型之分，故致病力亦各不相同，但学者意见不一。彭仁渝（1959）研究结果是溶组织内阿米巴在不同培养基内并不继续保持原来大小的特点，且都形成包囊，可能是环境的影响而发生变化，而溶组织内阿米巴虫株并不存在有无毒性问题。当宿主免疫功能正常或肠道环境不利其生存时，大滋养体可变为小滋养体。直径为 $10\sim20\mu m$；反之，小滋养体在某种因素影响下，可入侵肠壁并转为大滋养体。大滋养体有致病力，能侵袭宿主肠壁并进入肠外组织，故称组织型滋养体；小滋养体多无致病力，在肠腔营共楼生活，故称肠腔型滋养体。滋养体直径 $12\sim60\mu m$，分外质和内质部分。外质透明，内质颗粒状，分界明显。铁苏木素染色的滋养体，细胞核呈球形、泡状，占滋养体直径的 $1/6\sim1/5$。核膜清晰，核膜边缘有均匀分布、大小一致的核周染色质粒。核仁清晰，位于中心。核膜与核仁染色质之间有时可见放射状排列、着色较浅的网状核丝。吞噬的红细胞被染成蓝色，内质中见到被吞噬的红细胞，是溶组织内阿米巴，是与其他非致病性阿米巴滋养体鉴别的重要依据。

2. 包囊 为不摄食的静止阶段。在滋养体进入肠道，生存环境发生变化，滋养体停止活动，进而团缩，并在表膜之外形成囊壁，终成包囊。在机体组织内的滋养体不形成包囊。

包囊呈圆球形，直径 $10\sim20\mu m$，包囊的囊壁折光性强，内含 $1\sim4$ 个圆形、反光的细胞核。成熟包囊有 4 个核，是其感染阶段。拟染色体呈棒状，未染色时糖原泡一般看不见。碘液染色的包囊呈棕黄色，核膜与核仁均未浅棕色，较清晰；拟染色体不着色，呈透明棒状；糖原泡呈黄棕色，边缘较模糊，在未成熟包囊中多见。铁苏木素染色后包囊呈蓝褐色，细胞核核膜与核仁清晰，结构与滋养体细胞核相似，但稍小；拟染色体呈棒状、两端钝圆、蓝褐色，于成熟包囊形成过程中逐渐消失；糖原泡在染色制作过程中被溶解，呈空泡状。

3. 生活史 阿米巴生活史比较简单，包括滋养体期和包囊期两个阶段。生活史的基本过程为"包囊-滋养体-包囊"，感染阶段为成熟（4 核）包囊。

当食入被成熟包囊污染的食物或水时，包囊在肠内中性或偏碱性小肠消化酶的作用下，囊壁变薄，随着囊内虫体伸缩活动，4 核的滋养体脱囊而出，并迅速分裂形成 8 个单核滋养体。滋养体以细菌和肠内容物为食，以二分裂方式增殖。滋养体随着肠内容物下行，在结肠上端随着肠内容物的脱水及环境变化等因素，虫体变圆，分泌囊壁成囊。早期囊内有 1 个核，内含有拟染色体和糖原泡，经两次有丝分裂形成 4 核成熟包囊，拟染色体及糖原泡消失，随粪便排出。但急性腹泻时，滋养体也可直接排出体外。溶组织内阿米巴滋养体可侵入肠黏膜，破坏肠壁组织，吞噬红细胞，引起肠壁溃疡；侵入肠组织的滋养体也可进入血管，随血流播散至其他器官如肝、肺、脑等；也可随坏死组织脱落至肠腔，随肠内容物排出体外。

自然界的阿米巴多营自生生活，少数会动物致病。依据阿米巴的生活环境和致病性，大致可分 4 类：

(1) 致病性阿米巴　如溶组织内阿米巴等。

(2) 共生性或非致病性阿米巴　如结肠内阿米巴、微小内蜓阿米巴、布氏嗜碘阿米巴、齿龈阿米巴等。这些种类阿米巴寄生于人体消化道，一般对人体无致病性。

(3) 致病性自由阿米巴　存在于自然界的水和土壤中，一般营自生生活，偶进入人体可致病，如耐格里属阿米巴、棘阿米巴属阿米巴、巴拉姆斯阿米巴、匀变虫等，引起人脑膜脑炎等中枢神经感染，死亡率高，以及角膜炎等眼疾。

(4) 嗜粪性阿米巴　在人和动物粪便中发现的阿米巴，为进入人和动物消化道内共生性阿米巴，也可在水、土壤中自由生活。已报道 1 例人体双核匀变虫病病例。

Sargeaunt PG（1978，1987）寄生于人体的溶组织内阿米巴可根据其同工酶谱特征分成为致病性和非致病性的酶株群，迄今已检出至少 22 个酶株群。这些酶株群分布在世界各地，而且不同地区酶株群的分布也有一定的差异，并指出酶株群 Ⅱ、Ⅱa、Ⅵ、Ⅶ、Ⅺ、Ⅻ、ⅩⅣ、ⅩⅨ、ⅩⅩ 等属于致病性的酶株群，主要是从病人肠壁溃疡、脓血便、阿米巴肝脓肿穿刺液中分离的；而酶株群 Ⅰ、Ⅲ、Ⅳ、Ⅴ、Ⅷ、Ⅸ、Ⅹ、ⅩⅢ、ⅩⅤ 等属于非致病酶株群，多从无症状包囊携带者分离而得。

流行病学

阿米巴病分布广泛，人、猿、猪、犬、鼠、狒狒、黑猩猩、猴、猫等都可自然感染。凡是能排出阿米巴包囊的有症状或无症状人畜兽都作传染源。人是溶组织内阿米巴和迪斯中自由阿米巴的主要宿主，无症状排包囊者、慢性感染者与恢复期病人是本病的传染源。一个排包囊者，每天可随粪便排出包囊 5 000 万个之多。多种哺乳动物也是溶组织内阿米巴的宿主，但其流行病学意义未明。阿米巴病的种较多，同一个种阿米巴病原可以感染多种动物；反之，同一个动物可以感染多个种阿米巴病原。溶组织内阿米巴带囊者是最主要传染源，无症状人感染率为12.43%。Kessel等检查了100头北京猪，发现30%感染痢疾阿米巴（溶组织内阿米巴），故提出猪作为溶组织内阿米巴保虫宿主。Grassi（1879）报道结肠内阿米巴原虫是人肠道共栖原虫。波氏内阿米巴原虫是猪的肠道原虫，Von mowagek（1912）首先是从猪的大肠中发现，也见于猴、山羊、绵羊、牛、犬，人偶可感染。国外报道人体感染10多例，引起人腹泻。微小内阿米巴原虫可感染人、猪、猿、猴等。另外，人单纯性齿龈阿米巴也在逐年上升，黄若玉（1985）报道浙江农民单纯齿龈阿米巴感染率为17.8%（62/348）。溶组织阿米巴感染，国内普遍存在（表3-6）。

表3-6　可自然感染人肠腔阿米巴的动物种类

阿米巴	猪	犬	黄狒狒	山魈	黑猩猩	黑叶猴	白头叶猴	翠猴	金丝猴
溶组织内阿米巴	+	+	+						+
结肠内阿米巴	+					+	+		+
哈氏内阿米巴			+					+	
波氏内阿米巴	+			+				+	+
微小内阿米巴	+								
布氏嗜碘阿米巴	+								
脆弱阿米巴					+				

　　7种阿米巴原虫都能从人中检出，而猪除哈氏内阿米巴和脆弱阿米巴外，其他各个种都有检出报道（表3-7）。

表3-7　家猪肠腔阿米巴原虫感染情况

地区	对象	数量	感染率（%）							报告人
			溶组织内阿米巴	结肠内阿米巴	哈氏内阿米巴	波氏内阿米巴	微小内阿米巴	布氏阿米巴	脆弱阿米巴	
北京	家猪	100	30	√	√	√	√	√	0	Kassel，1925
北京	家猪	160	20	0.6	—	39	14	42	0	Kassel，1928
沈阳	家猪	205	17.5	12.6	—	30.2	58	13.6	0	北昌荣太郎，1935
济南	家猪	209	0	6	—	70.8	15.3	0	0	张套，1938
南京	家猪	898	0	0	—	0	0	0.1	0	郑庆端，1964
山东	家猪	279	37.28	—	—	—	—	—	—	郑应良，1984

　　从表3-7中，可见各地感染率不一，感染率相差悬殊，这与生活、卫生习惯及环境有关。在自然环境下，有人认为动物与人间相互传播，动物源意义不大；在生活卫生习惯良好的地方，人—动物传染源环节被切断，交互感染可能性较小。反之环境因素又很重要。山东省章丘县民居常为猪厕合一，则人阿米巴痢疾、阿米巴肝脓肿发病率就高，经调查2 388人，其阳性人数为147人，感染率为6.16±0.49%；在同地调查猪219头，阳性猪为85头，感染率为38.81±3.29%，两者有一定相关性（表3-8）。

表 3-8　家猪有无溶组织内阿米巴感染同人群感染情况比较

家中有否受感染的猪	受检人数	阳性人数	阳性率（%）
有	427	36	8.34±1.34
无	623	28	4.49±0.83

两者有差别，家猪感染者人群明显阳性率高，并高于本地区平均阳性率；而家中猪无受感染时，人群感染率低，而且低于本地区平均阳性率。同时表明有其他感染途径和大环境因素（表 3-9）。

表 3-9　人群的溶组织内阿米巴对猪感染的影响

家中有否受感染的人	受检猪数	阳性猪数	阳性率（%）
有	57	31	54.39±6.60
无	162	54	33.33±3.70

郑应良（1986）收集家庭有无溶组织内阿米巴感染者所饲养猪的猪粪 279 份，阳性猪粪为 104 份，阳性率为 37.28%，其中家人有原虫感染者，猪粪中阿米巴原虫阳性检出率为 50%。

阿米巴病在热带、亚热带地区常见，如印度、印度尼西亚、非洲，这些地区的气候条件适于包囊生存。粪便中有包囊排出的慢性阿米巴患者和无症状携带者，是重要的传染源，而急性阿米巴病患者只排出滋养体，一般来说，在阿米巴病传播中的作用可以忽略，因为滋养体随粪便排出体外后短短 2h 即死亡。同时卫生条件和生活习惯不佳有利于阿米巴的传播。因为成熟包囊污染食物或水源后，会经口感染。溶组织内阿米巴的包囊在外界环境中具有较强的生存力，一般自来水的余氯量不足以杀死包囊；在潮湿低温的环境中，可存活十余天，在水中可存活 9~30 天；粪内可活 5 周，并且包囊对干燥、高温和化学药品的抵抗力不强，于 50℃、干燥环境中生存不超过数分钟；在 0.2% 盐酸、10%~20% 食盐水及醋中均不能长时间存活。包囊通过苍蝇、蟑螂的消化道不受损伤，仍保存感染性，它们是污染食品、水的重要条件。从宿主方面看，感染者的全身状况、贫血、营养不良，尤其是胃肠道状况（有黏膜损伤、肠功能紊乱、感染，尤其是慢性细菌性感染等）均对溶组织内阿米巴是否侵入肠壁有不可忽略的影响。主要是通过进食被成熟包囊污染的食品与饮水传播。污染的人手、蝇类、蜚蠊等可机械携带。

发病机制

阿米巴病发生是在包囊被吞食后进入宿主消化道，随肠管蠕动移至小肠下段，滋养体脱囊逸出，随肠内容物下降，寄生于盲肠、结肠、直肠等部位的肠腔。以肠腔内细菌及浅表上皮细胞为食。在多种因素的作用下，对肠上皮细胞的接触、黏附、溶解、吞噬和降解等连续性损伤，滋养体侵袭肠黏膜，造成溃疡等病理变化，到一定范围和程度时，酿成痢疾。一般认为溶组织内阿米巴的致病性因素中，有 3 种致病因子已在分子水平广泛研究和阐明：①260KDa半乳糖/乙酰氨基半乳糖（Gal/GalNAc）凝集素（由 170KDa 和 35KDa 亚单位通过二硫键连接组成的异二聚体）介导吸附于宿主细胞（结肠上皮细胞、中性粒细胞和红细胞）表面，吸附后还具有溶细胞作用；②阿米巴穿孔（Amoeba pores）——成空肽是滋养体胞质颗粒中的小分子蛋白家族，当滋养体与靶细胞接触时或侵入组织时就会注入穿孔素，使宿主细胞的离子通道形成孔状坏死；宿主靶细胞表膜的完整性受损，胞内胞质和小分子物质向外渗透，最终是靶细胞坏死。据观察，靶细胞被犬滋养体黏附后，大约 20min 死亡。③半脱氨酸蛋白酶是虫体最丰富的蛋白酶，其分子量为 30KDa，可使靶细胞溶解，将补体 C3 降解为 C3a，阻止补体介导的抗炎反应。此外，胞外支架组织在多种酶（胶原酶、透明质酸酶与蛋白水解酶）影响下崩塌。在此基础上，为滋养体入侵肠道组织创造条件。

阿米巴滋养体不仅能吞食红细胞，并且有迅速触杀白细胞的能力，这种触杀力的强弱，可以作为判断虫株毒力的指标。宿主的健康情况及滋养体的毒力程度可能与造成病变有关，滋养体的毒力并非固定不变，可以通过动物传代而增强，也可在多次人工培养后而减弱。某些革兰氏阴性菌可以增强滋养体的毒力，如产气荚膜杆菌等可以明显增强实验动物感染率和病变程度。

从宿主方面看，感染者的全身状况（贫血、营养不良），尤其是胃肠状况（有无黏膜损伤、肠功能紊乱、感染，尤其是慢性肠道细菌性感染等），均对溶组织内阿米巴是否侵入肠壁有不可忽视的影响。

临床表现

人

本病呈散发或地方性发生。1933 年芝加哥 3 个月内 1 050 人患阿米巴病，70 人（6.6%）死亡；1934 年当地牧场饮水被污染，300 人饮用后，35 人轻度腹泻，49 人重度腹泻，158 人严重腹部疼痛和剧烈腹泻；Ritchic（1948）报道有 161 名美国人、248 名日本人因饮用了污染的水，80% 的人有肠道症状，并检出溶组织内阿米巴。

阿米巴病主要病原是溶组织内阿米巴，偶见莫内氏阿米巴、自由生活阿米巴疾病，波列基氏内阿米巴也可感染人，并不断有新的阿米巴感染人、畜报道。

（1）根据临床表现，可分为：

1）普通型 起病一般缓慢，有腹部不适，大便稀薄，有时腹泻，每天数次，有时亦可便秘。痢疾样大便可增至每天 10～15 次，有脓血，呈痢疾样，伴有里急后重，腹痛加剧或腹胀。回盲部、结肠和直肠均有压痛。常有低热。大便有腐败腥臭味，粪中可检到滋养体。一般数天或数周自行缓解。

2）爆发型 起病急骤，重病容，有高热及极度衰竭，中毒症状显著。大便每天 15 次以上，甚至肛门失禁，为水样或血水样粪便，奇臭，含脓血和大量滋养体。病人有不同程度脱水和电解质紊乱，有时出现休克，易并发肠出血与肠穿孔。如不及时积极抢救，可因毒血症或并发症于 1～2 周内死亡。

3）慢性型 常为普通型未经彻底治疗的延续，病程可持续数月，甚至数年不愈。腹泻反复发作，或与便秘交替出现。每天腹泻不超过 3～5 次，大便呈黄糊状，带有少量黏液及血液，有腐臭，常伴有脐周或下腹部疼痛。症状可持续存在，或有间歇，间歇期长短不一，可为数周或数月。间歇期可无任何症状。久病者常伴有贫血、乏力、消瘦、肝肿大及神经衰竭等，易并发阑尾炎及肝脓肿。大便检查可找到滋养体。

（2）按其症状常见有无症状型、阿米巴结肠炎和痢疾、阿米巴肝脓肿及其他组织部位脓肿等。

1）无症状型 以"健康带虫者"呈现，在感染人群中占80%，无症状往往是粪便中检出包囊后认定的，并无确切临床表现，肠镜检查偶有轻微肠壁病变。此型90%病人大多携带迪斯帕内阿米巴，仅部分携带的是溶组织内阿米巴，后者在条件适宜时，最终而引发侵袭性病变，出现由临床症状的肠阿米巴病，甚至是肠外阿米巴病。两种阿米巴在无症状期间，与机体是处于其居存在，不侵袭组织，多年保持亚临床状态，如腹部不适、气胀、便秘等。

2）阿米巴结肠炎和痢疾 阿米巴结肠炎和痢疾是指由溶组织内阿米巴感染引起的肠道病变，常按症状分为无症状携带、阿米巴结肠炎（非侵袭型）、急性直肠结肠炎（有黏液血便的阿米巴痢疾）、爆发性（重症）结肠炎，伴有穿孔、中毒性巨结肠炎（症）、慢性非痢疾肠炎、阿米巴瘤、肛周溃疡等。Spector（1935）报道，典型阿米巴病患者中轻度腹泻者粪中检出42.4%阿米巴、中度腹泻者粪中检出51.2%阿米巴，重症腹泻者粪中检出62.1%的阿米巴。

患者通常有典型的腹痛、腹泻、黏液血便，持续数周。发热少见。因为起病较缓，病程较长，体重下降是常见的表现。另外，患者还可能有胃肠胀气、恶心、厌食、里急后重等症状。呈典型果酱色粪便，伴腐败腥臭味，带血和黏液。病变主要位于回盲部、升结肠、已状结肠及直肠。严重者可累及回肠下段。体检可有弥漫性腹部压痛。粪便隐血可呈阳性。

土耳其报道2例（36岁和2岁，女性）莫内氏阿米巴感染者，表现为腹泻、自感疲劳和体重下降。其中1例同时感染溶组织内阿米巴。但粪便中查见的阿米巴滋养体不含吞噬红细胞。

3）阿米巴肝脓肿 阿米巴肝脓肿与肠阿米巴病有密切的关系，是寄生在肠壁的滋养体经过一种或多种途径侵入肝脏的结果。进入肝脏的滋养体，仅少数在肝内存活并繁殖，多数在肝内Kupffer细胞等消灭。滋养体的损害过程是从轻微的炎症反应开始的，加之原虫在门静脉分支内形成栓塞以及原虫的溶解肝细胞作用等，共同造成局灶性坏死，最终出现脓肿。在脓肿中央为坏死区，脓液呈巧克力酱样外观，镜下有已溶解与坏死肝细胞、残余组织、脂肪、红细胞、白细胞及夏科—雷登结晶，在脓肿周边的病变组织中，可观察到滋养体。经过一段时间后，脓腔出现由结缔组织形成的壁。慢性脓肿极易发生继发性细菌感染，曾分离到大肠杆菌、变形杆菌、产气肠杆菌、产碱杆菌、葡萄球菌及肠球菌等。细菌感染后的脓液多呈黄色或黄绿色，有臭味，脓肿穿破后，发生细菌感染的机会增加。阿米巴肝脓肿多发于肝右叶，单个分布。起病大多缓慢。肝阿米巴病症状的出现，在肠阿米巴病数月、数十年之后，亦有人患过阿米巴病的。典型表现为有1~2周发热史，发热呈间歇热或弛张热型，多为39℃左右的持续发热，发生率85%~90%。体温大多为晨低，午后上升，傍晚达高峰，夜间热退时伴盗汗。可有畏寒、盗汗等。伴有右上肢（肝区）疼痛。热退出汗，伴食欲减退、恶心、呕吐、腹胀、腹泻等。因脓肿的位置和大小，常表现右肩痛、腰痛、右侧反应性胸膜炎或胸腔积液或肝区下垂样疼痛，还可向右肩、右腋部或背部放射，脓肿形成后可无热或仅低热。脓肿所在位置，肝右叶占87%，左叶占8%，两叶同时受染为5%。左叶肝脓肿类似溃疡病穿孔样表现，向心包腔或腹腔溃破，引起腹膜炎。病人可有消瘦、贫血、浮肿、轻度发热、肝大质坚及局部隆起等，易误诊为肝癌。极少病例呈爆发性，称为急性型肝脓肿或Rogers爆发型肝脓肿，常伴有爆发型肠阿米巴病。继发细菌感染可出现寒战，高热达40℃以上、全身症状加重、肝区疼痛加重和白细胞数增加。

4）其他部位的阿米巴病 因阿米巴结肠炎或阿米巴肝脓肿的溃疡溃破和阿米巴滋养体

随血液循环至其他器官而发生多种肠外并发症,常会发生胸肺型阿米巴病、阿米巴腹膜炎、阿米巴心包炎、阿米巴脑脓肿、泌尿生殖道阿米巴和皮肤阿米巴等。

1976 年报道了由福氏耐格里阿米巴感染的原发性阿米巴脑膜炎;以及卡氏棘阿米巴引起的角膜炎;播散性阿米巴致皮肤、鼻与肺部感染;棘阿米巴引起的肉芽肿性阿米巴脑炎等。阿米巴结肠炎无并发症的死亡率低于 1%,爆发性或坏死性结肠炎的死亡率大于 50%;阿米巴肝脓肿患者有 2%～7% 发生腹膜炎破溃,死亡率很高;而胸肺型阿米巴病的死亡率为 15%～20%;阿米巴心包炎的死亡率约为 40%;脑阿米巴病的死亡率高达 90%。

波氏阿米巴(Endamoeba polecki),人感染后呈现间歇性腹泻、腹痛、腹胀(朱忠勇,1978 报导我国已有数例报告)。

猪

猪常见阿米巴感染为溶组织内阿米巴。此外,还有从猪大肠中发现微小内阿米巴、波列基氏内阿米巴(E. polecki)。猪可感染人的 7 种阿米巴病原中的 5 种是重要的感染源、宿主和传染源。

猪呈陆续出现下痢,初似肠炎,抗生素治疗无效。临床上表现为病猪体温正常、精神不振、消瘦、毛粗乱、食欲不佳;尿液稍黄,大便次数增多,排粪不畅,时干时稀,形状无规则,最后排果酱色粪、带脓血、腥臭。

剖检,直肠腔充盈,肠壁黏膜损伤,多处呈溃疡片;无息肉、无肿痛。首汉伟等(1999)报道购进的 27 头仔猪饲养近 2 个月左右,12 头猪发生下痢,2 个月后又有 9 头发病。患猪体温正常,精神不振,消瘦,毛粗乱,食欲不佳,尿液稍黄,大便次数增多,排便不畅,时干时稀,形状无规则,果酱色带脓血,腥臭味。

甲硝唑中敏:每次每头甲硝唑 6 片,拌料投喂,1 天 3 次,连用药 2 个月,同时用 5% 甲硝唑,每次每头 20ml,肌肉注射,每 4h 一次,连用 20 天。

波氏阿米巴在猪体感染颇为少见,对猪无致病作用。

诊断

由于肠阿米巴病缺乏特殊性的症状和体征,对起病缓慢、全身中毒症状较轻,便次不多的腹泻病人,病情有反复发作倾向时应想到本病。对病因未明确的腹泻或有慢性消化道症状的病人,按急性菌痢治疗疗效不满意或按慢性菌痢治疗久治不愈者,均应成为本病的线索,并借助粪检重新诊断。

WHO 专门委员会建议,镜下检获含四核的包囊,应鉴定为溶组织内阿米巴和迪斯帕内阿米巴;粪中检测含红细胞的滋养体,应诊断为溶组织内阿米巴,血清学检查测到高滴度的溶组织内阿米巴抗体,应高度怀疑为溶组织内阿米巴感染。阿米巴病仅由溶组织内阿米巴引起。

阿米巴病主要依赖于病原学检查,血清学检查是有效的补充手段。

1. 临床观察 典型的阿米巴痢疾粪便呈果酱色,伴腐腥臭味,带血和黏液。

2. 病原学检查 急性阿米巴痢疾,一般的稀便中可查见滋养体,成形粪便中可查见包囊。查见吞噬红细胞的滋养体则是诊断阿米巴痢疾的可靠依据。通常采用生理盐水涂片检查活动的滋养体;碘液染色法和苏木素染色法检查包囊;三色染色法适用于检查滋养体和包囊。慢性患者可采集未渗混尿液的新鲜粪便,挑选血、积液部分,反复多次检查。显微镜检查粪、肝脓液的阳性率不高,可用硫酸锌浮聚法和汞醛碘浓集法先将包囊浓集再染色检查。此外,体外培养比生理盐水涂片法敏感，常用鲁宾森培养基，对亚急性或慢性病例可提高检出率。

粪便中共生的非致病性的阿米巴常常与致病性阿米巴混淆，要注意鉴别。

3. 免疫学检查 检测血清中阿米巴抗体是对病原学检查是个补充，但阿米巴抗体会在感染后持续存在多年，因此，区分患者是现症还是曾经感染十分困难，给流行学调查带来困扰。

4. 影像学检查 大部分用于人的诊断，可用结肠镜检查、超声检查、X线检查和CT扫描等。

鉴别诊断：对慢性腹泻为主表现者，需与细菌性痢疾、血吸虫病、慢性非特异性溃疡性结肠炎、小袋虫病及旋毛虫病等鉴别。以非痢疾症状为主者，需与溃疡性肠结核、结肠癌、Crohn病等鉴别，无腹泻者，要与易误诊的应激性肠综合征、憩室炎及局限性肠炎等相鉴别（表3-10、表3-11）。

表3-10 肠阿米巴病与细菌性痢疾的鉴别

鉴别要点	肠阿米巴病	细菌性痢疾
流行病学	常散发	可流行
全身症状	轻	较重
腹痛、腹泻	轻，每天泻数次或十数次	较重，频数
里急后重	轻	明显
压痛部位	右下腹为主	左下腹为主
粪便肉眼观察	粪质多、恶臭、暗红色、果酱色	粪质少，黏液脓血便，血色鲜红
粪便检查	红细胞粘集成串，间有脓球，有滋养体、包囊、夏-雷结晶	成堆脓球，红细胞分散，有巨噬细胞
粪便检查	溶组织内阿米巴滋养体	痢疾杆菌
血清学检查	阿米巴抗体阳性	阿米巴抗体阴性
肠镜检查	散在溃疡，边缘隆起，充血，溃疡间黏膜正常	肠黏膜充血，水肿有浅表溃疡

表3-11 阿米巴肝脓肿与细菌性肝脓肿的鉴别

	阿米巴肝脓肿	细菌性肝脓肿
病史	有肠阿米巴病史	常继发败血症或腹部化脓性疾病后发生
症状	起病较慢，病程长，毒血症较轻	起病急，毒血症明显如寒战、高热、休克等
肝脏	肝肿大、压痛较显著，局部隆起，脓肿常为大型单个，多见右叶	肿大不显著，局部压痛较轻，一般无局部隆起，腰肿以小型、多个性为主
肝穿刺	脓量多，大都呈棕褐色，可找到阿米巴滋养体	脓液少，黄白色，细菌培养可阳性，肝组织活检为化脓性病变
血象	白细胞计数中等增高，血液培养阴性	白细胞计数高，以中性粒细胞显著增加为主，血液细菌培养可阳性
阿米巴抗体	阳性	阴性
治疗反应	甲硝唑、氯喹等治疗有效	抗生素治疗有效
预后	相对较好	易复发

防治

阿米巴病治疗主要是进行对症支持治疗和病原治疗。

1. 对症支持疗法 急性期患者应卧床休息，进流质或少渣饮食。严重腹泻者需纠正水、电解质紊乱，必要时静脉补液。慢性患者应注意维持营养。

2. 病原治疗 侵袭性阿米巴病患者，如阿米巴痢疾、肝脓肿等，常用甲硝唑或替硝唑加巴龙霉素、双碘喹啉或呋喃二氯散中任一种联合治疗，消除肠内阿米巴寄生。

（1）甲硝唑 成人常用量：肠道阿米巴病一次口服 $400\sim600mg$，每天 3 次，7 天为一疗程；肠外阿米巴病一次口服 $600\sim800mg$，每天 3 次，20 天为一疗程。危重病人可按此剂量用 0.5% 水溶液静脉滴注。对孕妇禁用。儿童剂量为 $35\sim50mg/$（kg·天），分 3 次口服，10 天为一疗程。甲硝磺酰咪唑（替硝唑）剂量为 $50\sim60mg/$（kg·天），$3\sim5$ 天一疗程。

（2）巴龙霉素 适用于非侵袭性阿米巴病，$25\sim35mg/$（kg·天），分 3 次口服，7 天一疗程。本药对肠外阿米巴脓肿无效。

（3）双碘喹啉 一次口服 650mg，每天 3 次，20 天一疗程。儿童剂量为 $30\sim40mg/$（kg·d），分 3 次口服，20 天一疗程，但一次剂量不超过 2g。

（4）呋喃二氯散 能直接杀伤阿米巴原虫，对肠内外阿米巴均有效。一次口服 0.5g，每天 3 次，10 天一疗程。

大多数溶组织内阿米巴患者可以在门诊治疗，但下列情况除外：①患者有严重的结肠炎需要静脉补液的；②爆发性结肠炎；③其他脏器脓肿或治疗无效；④患者疑有肝脓肿破裂；⑤需要外科手术；⑥对新生儿、孕产妇、免疫功能低下者。

预防控制：除了治疗急、慢性患者外，溶组织内阿米巴的无症状携带者是阿米巴侵袭性感染的危险因素，要筛选排查，防止包囊的传播。隔离患者，对粪便进行无害化发酵处理，保护水源、食物，提高环境卫生和驱杀昆虫媒介，控制包囊传播。避免口—肛接触式的性活动。饮食从业人员应定期的健康检查。

对流行区人们应饮用煮沸水，用去污剂洗清蔬果，并在食用前用醋浸泡 $10\sim15min$。

对散发疫点猪，发病猪应及时扑杀，用酸性消毒剂对猪舍及周围环境消毒。要人厕和猪舍分开，猪只圈养，避免相互干扰。猪粪尿及排泄物要无害化处理，杀灭病原，防止污染水源及食物等。

四、弓形虫病
（Toxoplasmosis）

弓形虫病（Toxoplasmosis），又称弓形体病，是由刚地弓形虫（*Toxophasma gondii*）所引起的人畜共患病。该虫可寄生于 1 000 多种脊椎动物而致病，人畜感染弓形虫可呈现多种临床症状，是一种重要的机会致病性原虫。人感染后多呈隐性感染状态，在免疫功能低下的宿主，可致中枢神经系统损害和全身性播散感染等；先天感染可影响妊娠和致胎儿畸形、脑炎，且病死率高。猪高热、流产、胎儿畸形等。

历史简介

弓形虫是 Nicoll 和 Manceaux（1908）从梳趾鼠体中发现。1090 年证明非利什曼原虫，建议命名为龚地弓形虫。其后在多种动物和人中检出此虫。Hutchison，Frenkel（1969，1970）阐明弓形虫在中间宿主和终末宿主体内发育过程的各阶段和形态，对其分类有较明确的认识。

病原

弓形虫发育的全过程可有 5 种不同形态的阶段，即滋养体、包囊、裂殖体、配子体和卵囊。

1. 滋养体　是指在中间宿主核细胞内营分裂繁殖的虫体，又称速殖子。游离的虫体呈新月芽形或香蕉形弓形体，一端钝圆，一端较尖；一边扁平，另一边较弯曲。虫体大小4～7μm×2～4μm。经姬氏或瑞氏染色，虫体细胞质呈蓝色，核位于中央，呈紫红色，在虫体尖端和核之间为浅红色颗粒状的副核体。在弓形虫病急性，可在血液、脑脊液、腹腔渗出液中见到滋养体，虫体单个或成对排列，游离虫体以滑动、螺旋样摆动或翻筋斗样运动。细胞内寄生的虫体呈纺锤形或椭圆形，可以内二芽殖、二分裂及裂体增殖 3 种方式不断繁殖；亦可在吞噬细胞内见有数个至数十个滋养体，这种被宿主细胞膜所包绕的虫体集合体称为假包囊，其内滋养体增殖至一定数目时，胞膜破裂，滋养体释出，随血流至其他细胞内继续繁殖。

2. 包囊　见于宿主组织中，呈圆形或椭圆形，外有一层由虫体分泌的嗜银性和富有弹性的坚韧囊壁所包绕，随着囊内虫体缓慢增殖，包囊体积逐渐增大，小的直径仅 5μm，大的直径可达 100μm，内含数个至数百个虫体，称为缓殖体（包囊内滋养体，又称缓殖体）。包囊在一定条件下可破裂，释放出的缓殖子可再入新的细胞形成新的包囊。包囊可在宿主组织内长期生存，主要见于弓形虫病慢性期或隐性感染期。

3. 裂殖体　在猫科动物小肠绒毛上皮细胞内发育增殖，成熟的裂殖体为长椭圆形，内含 4～29 裂殖子，以 10～15 个居多，呈扇状排列，裂殖子形如新月状，前尖后钝，较滋养体为小。

4. 配子体　一部分游离的裂殖子侵入肠上皮细胞内发育，形成配子母细胞，进而发育为配子体，有雌雄之分。雌配子体呈圆形，成熟后发育成为雌配子，其体积可增大至 10～20μm，胞质染色呈深蓝色，核染成棕红色，较大；雄配子体量较少，成熟后形成 12～32 个雄配子，其两端尖细，长约 3μm，电镜下可见前端部有 2 根鞭毛。雌雄配子受精结合成为合子，而后发育成卵囊。

5. 卵囊　在终末宿主体内未孢子化的卵囊呈圆形或卵圆形，具有两层光滑透明的囊壁内充满均匀小颗粒，大小为 12μm×10μm。卵囊随宿主粪便排到体外，在适宜的温度和湿度下，发育并迅速孢子化，24h 后含有 2 个孢子囊。成熟的卵囊体积稍增大，大小为 13μm×11μm，孢子囊大小为 6～8μm×2μm，一个核居中或位于亚末端。卵囊对外界抵抗力较强，对酸、碱、消毒剂均有相当强的抵抗力，在室温中可生存 3～18 个月，猫粪内可存活 1 年；对干燥和热的抵抗力较差，80℃ 1min 即可杀死，因此加热是防止卵囊传播最有效的方法。

弓形虫的基因构成、转录及翻译：弓形虫生活史中的大部分时期，包括中间宿主中所有的无性分裂，其核均为单倍体（Pfefferkorn ER 等，1977）。单倍体核 DNA 大小为 8×10^7 bp，GC 组成大约为 55%，没有在基因调解中具有重要作用的甲基化碱基，其线粒体 DNA 为环形，36kb，有 10kb 的重复倒位。弓形虫单倍体中确切的染色体数目尚未确定，但通过脉冲匀递度凝胶电脉（PEGE）已确定了 8 条，估计总数在 12 条左右。染色体大小在 2～10mbp 之间。弓形体不同分离物之间染色体大小的差异在 20% 以下。

弓形虫 DNA 多聚酶尚一无所知，已用编码 rRNA 小亚基的序列确定弓形虫乃是相当古老的生物，接近肉包子虫属，但在种素发生中，又是与疟原虫不同的生物。弓形虫的 rRNA 具有典型的大小亚基。mRNA 具有 3'- poly 末端，并已在异原系统中产生弓形虫蛋白。

弓形虫由 1 000 种以上的蛋白质组成，已克隆的弓形虫基因及编码蛋白质（表 3 - 12）。

表 3 - 12　已经测序的弓形虫基因及编码蛋白

已测序的基因	mRNA（Kb）	定位
P22	1.6	表膜
P33	1.5	膜
P23	1.4	致密颗粒、空泡网
P28	1.1	致密颗粒、空泡网
ROP1	2.1	类锥体
P54	1.6	膜
α-球蛋白	1.4	Subpellicurar. 微管
β-球蛋白	1.4	Subpellicurar. 微管
B1	1.6	不清楚
P63，NTPase	2.8	线粒体

生活史

弓形虫的全部发育过程需要两类宿主。在终末宿主（猫科中的猫属和山猫属）内有一个肠上皮细胞生活环，进行有性和无性增殖，最后发育成卵囊；此外，无性增殖可在肠外其他器官组织内进行，猫科动物又作为其中间宿主。另一生活环为肠外其他器官无性繁殖。弓形虫对中间宿主选择性极不严格，除寄生人体外，多种哺乳动物、鸟、禽类等都可以作为中间宿主，对寄生组织的选择性也不严格，除红细胞外，可侵犯各种有核细胞，尤其对脑组织细胞有明显的亲嗜性（图 3 - 1）。

流行病学

弓形虫病是呈世界性分布的一种人兽共患寄生虫病。全球人群弓形虫感染率为 25%～50%，有些地区感染率可高达 80% 以上，但在不同国家、不同地区、不同种族，弓形虫抗体阳性率差异很大。弓形虫在动物中分布相当广泛，几乎所有温血动物对弓形虫易感，血清调查证实，有特异性抗体动物达 190 余种；根据病原学调查，证实有弓形虫感染的哺乳动物

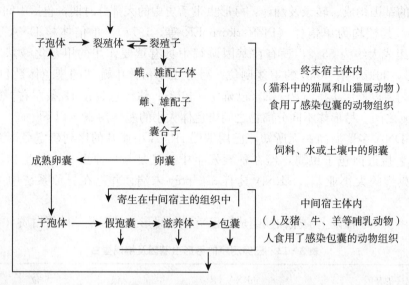

图 3-1 弓形虫生活史示意图

有 140 余种。一些鸟、禽如鸡、鸭、鹅、鸽、火鸡、麻雀、乌鸦等也是弓形虫的自然宿主。此外，乌龟、蜥蜴等爬行冷血动物体内也有发现，故动物是人弓形虫感染的重要传染源。猫及猫科动物传染本病具有重要意义。动物是本病的传染源，患病和带虫动物的脏器和分泌物、粪、尿、乳汁、血液及渗出液等都是传染源。猫是本病的最重要的传染源，被感染的，一般一天可排出 1 000 万个卵囊，排卵囊可持续 10～20 天，其间排出卵囊数量的高峰时间为 5～8 天，是传播的重要阶段。感染弓形虫的其他动物有 200 余种哺乳动物、70 种鸟禽、5 种变温动物和一些节肢动物。按我国各地人群食用动物肉类的习惯，猪和牛、羊是重要传染源，猪弓形虫感染率为 4.0％～71.4％，牛弓形虫感染率为 0.2％～43.0％。此外，犬、马、骆驼、驴等家畜，鸡、鸭、鹅等家禽和野禽，鼠、兔等动物都是传染源。尤其是鼠的种类繁多，分布广，在弓形虫病的传播上也起重要作用。感染弓形虫的野生动物有 40 多种，除动物互相残杀、吞食造成动物间传播外，在一定条件下也可传播给人。

传播途径有先天性和获得性两种。先天性是指胎儿在母体经胎盘感染；获得性主要是经口、鼻、咽、呼吸道黏膜、眼结膜感染，主要通过卵囊污染食物、水源或生食、半生食含有弓形虫滋养体或包囊的动物及制品，造成弓形虫在人、动物间相互传播。虫体还可经口、鼻、眼黏膜或划破的皮肤伤口侵入感染宿主。此外，研究表明蚊、蟑螂、虱和蚤也能机械性传播弓形虫病。

猪的感染大多为隐性感染过程，体内长期带虫，特别是猪肉内的包囊，构成对人的主要传染源。Desmonts 等（1965）调查，有吃未煮熟肉类习惯的巴黎妇女，染色试验阳性率 93％，7 岁以下儿童为 50％，Feldman（1968）调查了吃生肉和未煮熟肉的 1 125 名结核病儿童，在住院后，每月约有 4.8％获得弓形体抗体。猪的感染如此普遍和严重，其感染途径如何，很值得研究。

猪患弓形体病的感染途径问题，一般认为有垂直感染和水平感染两种方式。垂直感染是通过胎盘、子宫、阴道和初乳而引起，可从母猪的流产胎儿和出生后的虚弱胎儿中检出原虫。关于水平感染问题，目前已证实弓形体的包囊、卵囊通过消化道可感染猪只，一般认为增殖型原虫因受胃液作用，短期内死亡，不易感染，而包囊因对胃液的抵抗力较强，故可导致感染。但有试验，对 6 头猪灌胃接种滋养体，4 头第 5～6 天体温至 41℃ 以上，病后检出滋养体，2 头未发病。皮肤划痕感染第 6 天，猪发病并检出虫体。也可通过飞沫呼吸道感染。但与病猪接触感染并不全部发病。

弓形虫的感染对于人群发病季节性无资料记载。但在温暖潮湿地区较寒冷干燥地区为高。家畜弓形虫病一年四季均可发病，但一般以夏秋居多。我国猪弓形虫病的发病季节在每年的 5～10 月份。

发病机制

弓形虫滋养体能分泌穿透增强因子，攻击主要使细胞壁发生变化而进入细胞内，使其受损。宿主可以对之产生一定免疫力，消灭部分虫体，而部分未消灭的虫体常潜隐存于脑部、眼部、并形成包囊。当宿主免疫力降低时，包囊破裂后逸出的缓殖子进入另一细胞进行裂殖，形成新的播散。弓形虫在感染后，可使宿主的 T 细胞、B 细胞功能受到抑制，以致在急性感染期虽存在高浓度的循环抗原，但可缺乏抗体。且特异性抗体的保护作用有限，其滴度高低对机体保护作用并无重大意义，仍有再感染的可能。由于细胞免疫应答受抑制，T 细胞亚群可发生明显变化，症状明显者，T4/T8 比例倒置。而 NK 细胞活性先增加后抑制，但所起到的免疫保护作用不明显。近年来研究发现 IFN、IL-2 均具有保护宿主抗弓形虫的作用。免疫反应Ⅱ、Ⅲ、Ⅳ型在弓形虫病变中均起到相当重要的作用。

弓形虫直接损害宿主细胞，宿主对之产生免疫应答导致变态反应是其发病机制。从虫体侵入造成虫血症，再播散到全身器官和组织，在细胞内迅速裂殖，可引起坏死性病变与迟发性变态反应，形成肉芽肿样炎症，多沿小血管壁发展而易引起栓塞性病变。弓形虫侵入主要部位肠道一般不引起炎症。最常见的病变为非特异性淋巴结炎，淋巴滤泡增生；肝脏间质性炎症或肝细胞损害，急性心肌炎、间质性肺炎；中枢神经系统早期见脑部散在多发性皮质的梗死性坏死及周围炎症，小胶质细胞增生可形成结节，血栓形成及管室膜溃疡，以致导水管阻塞，形成脑积水。视网膜脉络膜炎较常见。

临床表现

人

临床上分先天性弓形虫病和获得性（后天性）弓形虫病。

1. 按病情轻重及所累及的器官可将先天性弓形虫病分为 5 种临床类型：

（1）隐匿型　为先天性弓形虫病的主要类型。受染胎儿或婴儿多数表现为隐性感染。患儿出生时外表健康而不表现症状，甚至在其后的幼儿期、青少年期至成年期均无明显症状出现，但这些患者的中枢神经系统或视网膜可有弓形虫包囊寄生，当各种原因造成患者免疫功能低下时，包囊可破裂而出现相应症状。

（2）流产型　妊娠期间感染弓形虫，在妊娠 13 周以内，弓形虫经胎盘传播给胎儿的几率较低，但是一旦感染发生临床症状的危险率较高。自妊娠 13 周后，随着妊娠时间的延长，弓形虫经胎盘传给胎儿的几率增加，到妊娠 36 周传播率达到 60%～80%；但发生临床症状的危险率随着妊娠时间推延逐渐降低，在孕期 36 周发生临床症状的危险率由孕期 13 周的

34%～85%下降到4%～7%。孕妇常引起流产、早产、畸胎和死产，尤其早孕期感染，畸胎发生率高。据16 944例血清学检查，异常产妇女和正常产妇女弓形虫感染率分别是16.86%（547/3 244）和2.46%（377/13 700），为正常产妇的6.85倍。

（3）全身感染型　多见于新生儿。因弓形虫在体内各脏器迅速繁殖，直接破坏寄生的细胞，从而表现中毒症状，全身水肿，亦有发热、肺炎、皮疹、血小板减少、紫癜、肝炎、黄疸、脾肿大、腹泻、呕吐等，患儿产后不久可迅速死亡。

（4）眼弓形虫病　随着婴儿长大，弓形虫感染眼部的症状逐渐显现，单眼或双眼出现脉络膜炎、视网膜炎、脉络膜视网膜炎，可见黄斑周区炎性病变。眼弓形虫病还可出现视神经炎、视神经萎缩、虹膜睫状体炎、白内障和眼肌麻痹等症状。

（5）脑弓形虫病　小头畸形、脑积水及脑组织钙化病灶是先天性脑弓形虫病主要表现，若再出现视网膜炎，则有先天性弓形虫病"四联症"之称。出生后的婴儿因脑部受损可出现不同程度智力发育障碍，智商低下，甚至出现神经性躁动。在存活婴儿中，大部分表现有惊厥、痉挛和瘫痪，部分婴儿有脑膜炎、脑炎或脑膜脑炎而表现嗜睡、兴奋、啼哭、抽搐及意识障碍等。

2. 后天性弓形虫病　后天性弓形虫病的临床表现与被感染弓形虫者的免疫状态密切相关。如长期使用激素类药物、抗肿瘤药物、免疫抑制剂及免疫功能低下者，弓形虫病的症状可明显表现出来。在初次感染的患者中，5%～10%可表现急性弓形虫病症状，而90%～95%的感染者出现短暂并不明显的临床症状，然后进入隐性感染状态。后天性弓形虫病以中枢神经损害、眼损害及淋巴结炎为主要临床表现。

（1）隐匿型　弓形虫是一种机会性致病原虫，在健康人体中，一般表现为隐性感染，如法国人群血清阳性率约80%，而巴黎人群血清阳性率高达87%，许多发达国家人群血清阳性率达25%～50%。据推测我国约有6 000万人有弓形虫感染，但大多数为隐性感染。隐匿型为后天性弓形虫病的主要类型。临床上无明显主诉症状，但在特异性血清学检查时为阳性。在感染者的中枢神经系统或横纹肌内可以长期或终生有弓形虫包囊寄生。这种包囊也是以免疫功能低下时造成弓形虫病复发的原因。

（2）急性弓形虫病　常表现淋巴结肿大，好发部位为头部和颈部，尤其在耳后侧的颈根部位可见肿大的淋巴结并有压痛。另外，可出现低热、头痛、咽炎和全身不适等类似感冒症状。个别患者可表现肝炎、心肌炎、心包炎、肺炎、胸膜炎、肌炎、腹膜炎等症状。

（3）继发性弓形虫病　弓形虫隐性感染者因各种原因造成机体免疫功能受损，抵抗力下降，使处于隐性感染时寄生在组织中包囊内的缓殖子被激活，缓殖子转化为速殖子而扩散侵入各种组织，产生组织损伤的各种临床表现。

1）中枢神经型　出现于中枢神经系统症状，表现为脑炎、脑膜炎、脑膜脑炎、癫痫和精神异常等症状，有些患者表现不明原因的偏头痛。在死亡病人的脑病理组织中可见多发性灶性坏死、神经细胞消失，病变组织周围为淋巴细胞、巨噬细胞浸润及血管充血；在脑组织中可见有包囊和游离的速殖子。在有些患者脑脊液中可查见速殖子。

2）心肌心包炎型　患者可有发热、腹痛、扁桃体炎、眼睑水肿等表现，通常无明显心脏异常症状。也可出现心悸、颈静脉怒张、胸痛、呼吸困难等，偶可闻及心包摩擦音。重者可出现胸前或胸骨后钝痛、尖锐痛，向颈部和肩部放射等症状。严重时可出现心脏传导障碍，很快引致心力衰竭，如不及时治疗常可致死。

3）肝炎型 原发性弓形虫肝炎，症状呈急性发病过程，常以腹痛、腹泻等肠炎症状开始，然后出现食欲减退、倦怠、肝肿大和轻度黄疸等症状，病程长，易复发，并逐渐发展为肝硬化、腹水等。

（4）全身重症型 潜伏期为 10～15 天，病程持续 10 天到数月不等。症状为高热、淋巴结炎、大关节疼痛、肌肉痉挛或疼痛、皮肤斑疹、头痛等。由于多个脏器受累，可出现多种临床症状。神经系统症状表现为淡漠、谵妄、嗜睡、阵发性抽搐、脑膜刺激症等；其他症状有心肌炎、间质肺炎、肝脾肿大、严重贫血和蛋白尿。有时在横纹肌和血液中可分离出弓形虫。及时给予特异性治疗，病情有转危为安的可能，若不及时做出诊断和治疗往往致死。多见于免疫功能低下的患者和高剂量接种者。

猪

本病主要特征是高热和母猪流产，颇似猪瘟。20 世纪 60 年代上海及全国流行无名高热，吴硕显等从病死猪中分离到弓形虫。确诊猪弓形虫病为无名高热病原。急性猪弓形虫病常呈散发或爆发，3～4 月龄的猪最易发病。爆发性的发生率高，死亡率可达 50% 左右。猪感染后经 3～7 天的潜伏期，体温升高至 40.5～42.5℃，一般在 41.5℃左右。病猪精神不振、眼结膜充血、发绀、有眼屎。食欲下降，先减食后废食。有的腹泻，但多数猪为便秘，粪便干硬呈粟状。随着病程发展，鼻腔干燥，流有黏液或脓性鼻汁；有咳嗽，呼吸困难，明显的腹式呼吸，有呈犬坐姿势。病程后期逐渐可见耳边缘、下腹和下肢等处皮肤发紫色。由于后驱衰弱，常步态踉跄，甚至起立困难。少数病猪在病初可发生呕吐。症状持续 10 天左右，15 天后不死的可逐渐康复。怀孕母猪表现为高热、废食、精神委顿和昏睡，此种症状持续数天后可产出死胎或流产，即使产出活仔，也可发生急性死亡或发育不全、不会吃奶或畸形怪胎。

病例检测：病死猪的头、耳、下腹、四肢等皮肤发紫，有时可见出血点。体表淋巴结肿大、出血、水肿和坏死，尤以胃、肝门和肠系膜淋巴结最为显著。切面湿润、外翻，有大小不等的灰黄色或灰白色病灶。胸腹腔常有积液。肺退缩不全、水肿，间质增宽呈半透明状，切面流出多量稍带气泡的液体，有的有散在小出血斑和灰白色小点。肝略肿胀，质较硬实，有的表面散在针尖至绿豆大小不等的灰黄色小点。脾正常或略见肿胀。肾脏呈土黄色，散布有小出血点，有针尖或粟粒大灰白色小点，点周有红色、带状炎性反应。胃底黏膜出血，有时会有片状或条状溃疡。肠黏膜增厚、渐红、有溃疡，黏膜有点状或斑点状出血，有时形成假膜。但病猪如曾用过磺胺药治疗，则脏器涂片中不易找到虫体。

诊断

弓形虫病的临床表现缺乏特异性，如人、猪高热很多疾病都有，所以只根据临床症状无法作出明确诊断，确诊必须进行病原学诊断和血清学检查。

1. 病原学诊断 病原学诊断时采取脑脊液、腹水、胸水、羊水、骨髓、血液等体液或可疑病变组织，做涂片染色或组织切片或动物接种，经姬氏染色找到速殖子可确诊急性感染；用银染色检查包囊或用过碘酸希夫染色缓殖子反应呈强阳性可诊断为慢性感染。前两者阳性率较低，故常采用上述样本做动物接种试验。一般采用小鼠腹腔接种，盲传 3 代，再镜检。亦可接种于有核细胞单层培养基中。

2. 血清学检查 目前主要的诊断方法有间接荧光抗体试验（IFA）、酶联免疫吸附试验

（ELISA）、染色试验（DT）、免疫印渍试验（ELIB）和 IgG 抗体结合力测定等。近年来 PCR 分子试验诊断，其敏感性和特异性都较为理想。经典特异血清学美蓝染色试验等镜检虫体不被蓝染者为阳性，虫体多数被蓝染者为阴性。

3. 各类弓形虫病的诊断 弓形虫感染可产生各种症状，除健康人感染需要进行调查外，主要是为婴计生检查。一般诊断对象有免疫功能正常的获得性弓形虫病；胎儿弓形虫病（超声检查、羊水检查、胎血检查）；新生儿和婴儿弓形虫病、免疫功能低下弓形虫病；眼弓形虫病和妊娠期的获得性弓形虫病。

4. 猪弓形虫病常易与猪瘟、流感、猪肺疫、猪副伤寒和猪丹毒等发热性疾病相混淆或继发、混合感染，要注意区别诊断。

防治

本病尚无疫苗应用于临床，一般抗生素对本病无效，猪可用磺胺嘧啶、磺胺-6-甲氧嘧啶、磺胺-5-甲氧嘧啶治疗，剂量为每天每千克体重 50～100mg，肌肉注射连用 3～4 天。治疗此病应在发病早期进行，如果治疗太晚，效果就不明显。

人常用复方磺胺甲噁唑防治，每天 2 片，分两次口服，首次加倍，15 天为一疗程。也可用乙胺嘧啶—克林霉素或乙胺嘧啶—螺旋霉素联合治疗，克林霉素为 300～400mg/次，每天 4 次；螺旋霉素剂量为每天 3～4g，分 3～4 次口服。

预防主要控制两方面：①控制猫的感染与排卵，猪场要对猫及时治疗和防止鼠的感染；在家庭要科学养猫，不定期给予药物预防和不喂生肉等；②人要注意个人卫生，不食生肉和半生肉等，定期对孕妇进行血清学检查。

五、隐孢子虫病
（Crytosporidiosis）

本病是隐孢子虫感染而引起的以腹泻为主要临床表现的一种人兽共患性原虫病。该虫可感染大多数脊椎动物包括人类，在免疫正常的个体引起自限性腹泻；在免疫功能低下或受损个体可引起渐进性、致死性腹泻。

历史简介

Clark（1895）在小鼠胃黏膜上皮细胞发现游动孢子。Tyzzer（1907）又在小鼠的胃腺窝上皮细胞内发现了一种细胞的寄生原虫，并定名为小鼠隐孢子虫（*C. muris*），其后在 1912 年又在小鼠小肠中发现该虫，并命名为微小隐孢子虫（*C. parvum*）。随后 Slavin（1955）从急性严重腹泻并死亡的火鸡分离到该虫；Nime 和 Heisel（1976）从严重腹泻的患者粪中找到人隐孢子虫；Bergeland 和 Kennedy（1977）在一坏死性肠炎猪肠道内发现隐孢子虫等，都以宿主命名。目前本虫的分类学地位已基本确定，为隐孢子虫属，但其分类至今尚未统一，主要是缺乏一致的分类标准。多种隐孢子虫通过动物交叉感染实验发现，多数隐孢子虫没有宿主特异性。所以，以宿主命名的很多种无效。Levine（1984）命名了 4 个种；1990 年为 6 个种；Lihua 等（2000）报道了人、哺乳动物、禽、爬行类及鱼等体内发现 13 个有效种；现报道隐孢子虫有 20 余种；目前隐孢子虫属至少有 23 个种，WHO（1986）将人隐孢子虫病列入艾滋病的怀疑指标之一。

病原

隐孢子虫是动物源性寄生虫，基于其形态和生物学特征，只能鉴定到属，鉴定种有一定困难。隐孢子虫以宿主消化道中排出卵囊，呈圆形或椭圆形，直径 $4\sim6\mu m$，卵囊壁光滑无色，无卵囊膜孔。成熟的卵囊内有 4 个裸露的香蕉样子孢子和由颗粒物组成的圆形的残留体。卵囊是该虫的惟一感染阶段，当人和其他易感动物吞食成熟卵囊后，经消化液作用子孢子自囊内逸出，在宿主消化道（主要在小肠）黏膜细胞内发育为滋养体，经多次裂殖生殖发育为 3 代裂殖体。裂殖体发育为雌、雄配子体，进入有性生殖阶段。雌雄配子结合后形成合子，合子外层形成囊壁即发育为卵囊。在宿主体内可产生两种不同类型的卵囊，即薄膜型卵囊，约占 20%，仅有一层单位膜，其子孢子逸出后直接侵入宿主肠上皮细胞，继续无性繁殖，使宿主自身体内重复感染；厚壁卵囊约占 80%，在宿主细胞或肠腔内孢子形成子孢子。孢子化的卵囊随宿主粪便排出体外，即具感染性。通过无性生殖、有性生殖和孢子生殖 3 个阶段，完成其生活史，需 13~15 天（图 3-2）。

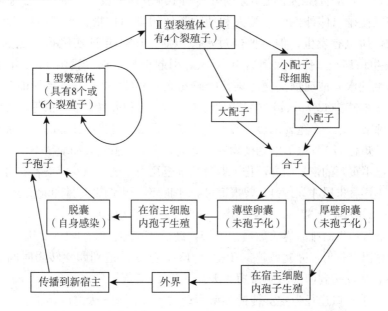

图 3-2　隐孢子虫（*Crytosporidiosis*）的生活史和传播

流行病学

张龙现等（2001）报道隐孢子虫分布于世界热带到温带的约 50 个国家，可以感染 170 多种动物，宿主包括人、哺乳动物、两栖动物、爬行类、鱼、鸟和昆虫。如人、牛、猪、羊、马、狗、猫、兔、小鼠、松树、鹿、火鸡、孔雀、骆驼、蛇等。家畜、野生和饲养的动物中均有自然感染，反刍动物最为易感。年幼的动物更易感并发生临床症状。有血清学检查，牛、羊、猪、马、猫、犬、鹿隐孢子虫抗体阳性率均在 80% 以上，迄今为止，发现引起人畜共患病的隐孢子虫有 8 个种和 3 个基因型，分别为人隐孢子虫、微小隐孢子虫、犬隐孢子虫、猫隐孢子虫、鼠隐孢子虫、安氏隐孢子虫、贝氏隐孢子虫，以及鹿基因型、臭鼬基因型和 CZB141 基因型。但隐孢子虫的宿主特异性因种而异，有些种类的宿主范围较固定，如雷利隐孢子虫只感染豚鼠，牛隐孢子虫只感染牛；感染哺乳动物的微小隐孢子虫不感染鸭、鹅，但能感染鸡。另一些种类的隐孢子虫有较广泛的宿主，一种隐孢子虫可感染多种动物或一个动物可感染多种隐孢子虫的交叉感染，成为畜牧地区和农村的重要动物传染源。Tziporis 等（1980）用牛隐孢子虫感染小鼠、天竺鼠、牛、猪、鸡成功。根据其不同宿主间可以交互感染而认为隐孢子虫仅一个种；Levine 等（1984）认为应分 4 个种。J. Vitovec 和 B. Koudela（1992）等检测证实感染人的隐孢子虫种类或基因型有 *C. hominis*〔根据生物学特种和遗传学特性的独特性，Morgan - Ryan 等（2002）将 *C. parvum* 人基因型确认为独立种〕、*C. muris*、*C. parvum* 的牛基因型、鹿基因型或猪基因型、*C. meleagridis*、*C. felis*、*C. canis* 等。人隐孢子虫和微小隐孢子虫最常见，对于免疫动物低下的人群来说，虫种的宿主特异性不典型，但主要为这两种隐孢子虫。Xiao LH 等（2002）从艾滋病病人体内分离到小球隐孢子虫猪基因型。感染猪的隐孢子虫种类或基因型，自然感染的有 *C. parvum* 猪基因型、牛基因型和新基因型；实验感染有 *C. hominis*、*C. parvum* 牛基因型、*C. meleagridis* 等。刘毅等（1970）从自然感染的猪体内分离到小球隐孢子虫。人隐孢子虫感染通常来源于动物，虫卵随粪便排出体外，所有被人和动物粪便污染的食物、水都能使人和动物宿主感染，尽管食物传播也有发生，但主要经过水源传播，1984 年证实隐孢子虫病可经水传播。1993 年美国发生该病经水传播病例达 40 万人，引起世界重视。我国 1986 年也有报道。爆发流行都可追溯到水源被动物粪便污染。Pereira SJ 等（2002）报道猪除能感染 *C. parvum* 猪基因型外，还能感染 *C. parvum* 牛基因型、*C. hominis* 和火鸡隐孢子虫等，说明猪在人和动物的隐孢子虫感染中是一个重要的传染源。感染隐孢子虫并可排出卵囊的人和多种动物都是本病的传染源。已知有 170 种以上的动植物皆可能成为宿主。患病人和动物不仅在整个腹泻期始终排出卵囊，已不腹泻的恢复期亦可排出卵囊数日至几周以上，隐性感染者亦可自粪便排出卵囊，持续时间不详。朱凤才（1991）曾报道过 50 例隐孢子虫病患儿排卵囊情况（表 3 - 3），腹泻 96％、腹痛 62％、呕吐 32％、发热 50％（39℃）、有症状期 1～10 天、92％患儿的有症状期在 7 天以内，症状消失后排卵囊天数最短 4 天，最长 37.5 天（17.6±8.2 天）。症状消退后天数越长，卵囊排出率越低，卵囊数越少（表 3 - 13），症状消退到卵囊转阴时间与症状持续时间无线性关系。从发病到卵囊转阴最短 6 天，最长 40.5 天（21.6±9.0 天）。孢子虫的传播方式以粪—口、手—口途径为主。传播类型为动物—人、人—人之间传播。

表 3 - 13　症状消退后天数与排除卵囊数量的关系

症状消退天数	检查标本数	卵囊等级构成比（％）			
		>100	11～100	≤10	—
1～3	46	17.4	32.6	50	0
4～7	42	19	16.7	52.4	11.9
8～14	62	8.1	19.4	50	22.6
15～21	47	0	2.1	51.1	46.8
22～28	38	0	2.6	26.3	71.1
29～65	53	0	0	5.7	94.3

人对隐孢子虫普遍易感，男女间无明显差异，婴幼儿、艾滋病患者、接受免疫抑制剂治疗的人，以及先天或后天免疫功能低下者则更易感隐孢子虫。大量应用多种抗生素、患水痘、麻疹和经常感冒者等均易感本虫。本病散发，亦可集中发病。

发病机制

隐孢子虫主要寄生于小肠上皮细胞的刷状缘，由宿主细胞形成的纳虫空泡内。空肠近端是胃肠道感染该虫虫数最多的部位，严重者可扩散到整个消化道。具有感染性的成熟卵囊进入机体肠道后，子孢子逸出，并借助其顶端的复合型子孢子糖蛋白 CSL 与肠黏膜上皮细胞膜中的相应受体（85KD 的表面蛋白）结合而黏附于肠上皮绒毛膜，在其膜下形成的寄生空泡内完成生活史。由于本虫寄生于肠黏膜，使之表面可出现凹陷或呈火山口状，绒毛萎缩，变短变粗，甚至融合、移位或脱落，上皮细胞出现老化和脱落速度加快现象，肠腔表面积减少，破坏了肠绒毛的正常功能，肠黏膜吸收功能削弱，而引起腹泻。但感染轻者肠黏膜的变化不明显。但其致病机制很可能是多因素的，如肠黏膜表面积缩小，多种黏膜酶的减少也可能起重要作用。如隐孢子虫感染对肠上皮细胞结合乳糖酶有明显影响，肠道乳糖的丢失，也是引起腹泻的原因。近年来研究发现，隐孢子虫患者血清 IL - 1、IL - 6、IL - 8、TNF - α 等炎性细胞因子水平明显升高。他们诱导肠上皮细胞内源性前列腺素表达增加，从而使细胞内 cAMP 水平升高，肠上皮细胞分泌亢进，并对水、电解质吸收减少，引起类似于霍乱的分泌性腹泻。此外，固有层可见单个核细胞浸润为主的轻度或中度炎症反应。

在免疫功能健全，隐孢子虫感染多限于空肠、回肠末端。在免疫功能受损者（如艾滋病），隐孢子虫可累及整个肠道以及胆管、胆囊与胰腺、肺、扁桃体、胰腺和胆囊等器官亦发现有虫体，但以小肠下半部最常见。胆囊与胆管上皮可有水肿，囊壁增厚，黏膜下有少量淋巴细胞浸润。有时扁桃体及呼吸道黏膜上皮亦有类似病变，甚至表现为浆细胞浸润为主的间质性肺炎。感染者是否发病，以病情的轻重与转阴，主要取决于机体的免疫功能和营养状态，亦与卵囊数目多少有一定关系。细胞免疫功能正常者，常呈带虫状态，或呈自限性腹泻，排虫期较短，排出量较少。细胞免疫功能有缺陷者，原虫持续繁殖而呈重度感染，往往表现为持续腹泻，排出量大，排虫持久，甚至使感染者死亡。虫体的清除，可能与辅助性 T 细胞有关；杀伤细胞参与抗体依赖性细胞介导的细胞毒效应及 γ-干扰素等细胞因子，也发挥着抗虫作用。低丙种球蛋白血症患者，易罹患本病。感染后，患者血清中可检出抗卵囊特异抗体 IgG；这些抗体可能对宿主有一定的保护作用，或能降低再感染时的病情严重程度。

临床表现

人

本病的临床症状和严重程度取决于宿主的免疫功能与营养状况。免疫功能正常者潜伏期一般为 7～10 天（5～28 天）。最常见的症状是胃肠道炎症，为轻微至中等程度、自限性腹泻，即持续数日可自愈，偶可持续 1 个月左右。一日腹泻 5～10 余次，以急性水样腹泻为多见，一般为黏液稀便，无脓血。幼儿可出现喷射水样泻，排便量多。在慢性隐孢子虫感染中常见体重下降，国外成为减肥病。可伴有恶心、呕吐、腹胀、间歇性或轻度上腹部痛，少数患者有低于 39℃低热。头痛、全身不适、乏力。偶见反应性关节炎。病情轻重与排卵囊的数量有关。

陈有贵（1993）对 136 例隐孢子虫病患者病例分析：无症状者 42 例（30.9%）；其余为

有不同症状：腹泻者94例（69.1%）水样便及黏液便，每天10次以上，病程长短不一；腹泻5天以上者76例（80.9%），半个月较多见，病程长者多为间歇性腹泻，有3例成人腹泻达3年。恶心14例（10.3%）、呕吐13例（9.6%）、腹痛27例（19.8%）、纳差24例（17.6%）、发热10例（7.4%）、咳嗽5例（3.7%）。

左仰贤（1997）对人体隐孢子虫病的临床特征进行了统计（表3-14）。

表3-14 人体隐孢子虫病的临床特征

临床特征	感染人数			
	报告的病人免疫缺陷病人		免疫正常病人	各地调查结果包括
	艾滋病人（67）	其他（17人）	（35人）	有症状的病人（586人）
一、症状				
腹泻	63	16	31	92%（501/547）
腹痛	24	6	14	45%（104/231）
恶心、呕吐	18	4	11	51%（204/403）
发热<39℃	26	3	11	36%（110/309）
无症状	4	1	4	—
二、症状持续天数				
少于3天	0	0	5	—
4～10天	2	1	13	—
11～20天	0	0	9	—
21～30天	1	0	4	—
30天以上	52	12	0	—
不明	12	3	4	—
三、后果				
康复	12	8	34	—
未恢复（仍有症状或仍排卵囊）	3	1	0	—
死亡	31	5	0	—
不明	21	3	1	—

免疫功能受损者使人对隐孢子虫易感，大多数患者腹泻天数超过30天，腹泻类似霍乱样水泻，日多达数十次，伴有血容量减少及吸收不良。最严重的患者，一日腹泻次数多达71次，腹泻量达17L。对治疗药物常不敏感，水、电解质紊乱及体重下降，呈恶病质或死亡。临床表现类型有4种：①无症状感染，约4%的患者大便习惯无改变，每天少于3次；②一过性感染，腹泻持续时间至少2个月，且随后症状完全减轻，粪便隐孢子虫消失；③慢性腹泻，约60%的患者腹泻持续2个月或更长，粪便或组织标本中持续有隐孢子虫；④严重感染，每天排出超过2L水样便（占8%），此时患者CD4＋T淋巴细胞计数低于50/ml，腹泻次数一般超过10次/天，排大量水便，体重减轻，吸收不良，持续携带卵囊，死亡率增加。

此外，宿主免疫功能下降对原虫的抑制能力降低，原虫突破原寄生部位，发生播散型隐孢子虫病。但此型不易诊断，往往于尸解时发现。常见有：①胆道感染，艾滋病患者感染隐孢子虫，有 10％～16％ 发生胆囊感染，有时表现为非结石性胆囊炎、硬化性胆管炎、发热、右上腹疼痛与腹泻程度无关；②胰腺炎和肝脏炎，有发生报道；③呼吸道隐孢子虫感染，可表现为隐性感染和呈现不典型的临床表现，最常见呼吸急促、声嘶、喘息、假膜性喉炎、咳嗽等。

猪

隐孢子虫病流行广泛，不受季节和地域限制。不仅在饲养条件比较差的散养猪普遍存在，而且在集约化猪场也有较高的感染率。Opdenboson 等（1985）对动物隐孢子虫感染血清学检查，其阳性率，猪 100％、马 94％、牛 92％、绵羊 84％、兔 40％、天竺鼠 30％。我国检查其感染率可达 1.12％～89.7％。隐孢子虫在绝大部分家畜体内潜隐期为 2～14 天，显露期随不同种类动物和机体免疫状况而变化，从几天到几个月。

Kennedy 等（1977），Links 等（1982），J. vitovec 等（1992）都报道猪可感染隐孢子虫，Heine 等（1984）对仔猪用卵囊进行气管和结膜囊接种成功。虫体主要寄生在肠道和胆囊，是以腹泻、呕吐、脱水、降低日增重和饲料转化率为特征，是仔猪腹泻的一种重要病原。不同年龄段的猪对隐孢子虫均易感，对断奶前后仔猪危害更大。7 日龄以内的仔猪感染易出现明显的腹泻症状，15 日龄以上的仔猪虽然也排出卵囊，但腹泻症状不明显，甚至不表现腹泻。幼龄仔猪表现腹泻、厌食、贫血、消瘦。仔猪肠黏膜水肿，绒毛萎缩、融合，肠腔充满水样液体。育肥猪和种猪虽不表现症状，然而是重要的病原携带者。据调查，有多种隐孢子虫都能感染猪，感染小球隐孢子虫牛基因型，虫体主要寄居于空肠前、中端，中后期主要集中在空肠后段、回肠、盲肠和结肠，病变严重，出现腹泻等临床症状；而感染小球隐孢子虫猪基因型和新基因型的猪，虽然排出数量较高的卵囊，但不出现或仅出现轻微腹泻症状。从羊体内分离的隐孢子虫也能感染猪。

动物隐孢子虫病的症状主要表现为腹泻，猪的隐孢子虫病其严重性与猪年龄有关。Tzipori 等（1982）以纯隐孢子虫卵囊实验感染猪，1 日龄和 3 日龄的猪感染后受到严重的影响，出现呕吐、腹泻和厌食。小肠后段的组织学变化最明显，黏膜广泛受损，表现绒毛变短、融合，并出现变形。某些黏膜顶部腐肉形成，水肿，相邻固有层发炎；7 日龄感染猪影响轻度；15 日龄后出现症状；4 周龄猪断奶期间感染，断奶后不出现腹泻。

临床上发现，猪隐孢子虫易于大肠杆菌、沙门氏菌、轮状病毒、圆环病毒Ⅱ型、等孢球虫、蛔虫、贾第鞭毛虫、结肠小袋虫和酵母等混合感染或继发感染，往往加重仔猪腹泻症状，加速死亡。

诊断

隐孢子虫感染多为隐性感染，水样泻的临床症状可作参考，确切的诊断只能靠实验室手段观察到虫体，或用免疫学技术检测隐孢子虫抗原或抗体的方法或分子生物学技术检测种属特异性基因片段。

早期对隐孢子虫病的诊断须进行肠黏膜活组织检查，主要是组织切片 H.E 染色，该方法相对复杂，费时，但是仍是研究隐孢子虫寄生部位和致病性等的有效和手段。近年来主要依据从粪便直接涂片染色查出卵囊确诊。目前多从两方面着手，即浓集技术及染色方法的改进。前者包括饱和蔗糖溶液浮聚法、Ritchie 福尔马林乙酸乙酯沉淀法、饱和硫酸锌浮聚法等，其中饱和蔗糖溶液浮聚法比较简便、常用，漂浮之后直接镜检，可见到特异的粉红色、有内部结构的卵囊；染色方法有姬姆萨染色法、改良抗酸染色法、直接免疫荧光染色法（IFA）、番红—美蓝染色法、金胺—酚染色法等，其中改良抗酸染色法最常用，该方法特异、简便，但是饱和蔗糖溶液浮聚法和改良抗酸染色法的缺点是检出率比较低。另外，利用蔗糖密度梯度离心法和孔雀绿染色或免疫荧光染色可以进行卵囊计数和纯化，是研究隐孢子虫排卵囊规律及进行免疫学和分子生物学研究不可缺少的基础性应用技术。

免疫学诊断方面，目前普遍采用 ELISA 法和间接免疫荧光抗体反应测定宿主血清中的特异性抗体，还可应用单克隆抗体检测隐孢子虫卵囊壁抗原，目前国外已有商品化试剂盒销售。20 世纪 80 年代兴起的 DNA 分析和 PCR 技术特异、敏感，不但为病原体含量过低的样本如养殖场排出水、地表水和公共用水及隐性感染者的粪样和肠组织活检样本等的检测提供了强有力的工具，也为隐孢子虫的分类定型提供了可靠手段，已成为当前研究的热点。

防治

隐孢子虫目前尚无有效的治疗药物。由于该病是一种自限性疾病，所以采用支持治疗，增强机体免疫功能更为重要。绝对不准采取绝食疗法、限制摄取营养与水，必须继续哺乳并输液，否则只能加快脱水、衰竭、死亡。先后报道的众多药物中，多数的药物只能产生部分疗效，可靠性差，其中以螺旋霉素和巴龙霉素效果较好，可缓解病情，减轻腹泻及减少排卵囊数量，但不能避免复发。中药大蒜素、苦参合剂和驱隐汤试验效果也不错，但中药还没做过双盲试验。

隐孢子虫病主要是通过摄入被卵囊污染的水或食物而感染。在－4℃和25℃粪便中，隐孢子虫卵囊分别能保持其感染性为12周以上和4周。因此，应加强饲养管理，搞好环境卫生，合理处理粪便特别是病畜粪便，减少隐孢子虫卵囊对人的食物、饮水和动物水源、饲料、用具、环境等的污染；把好引种关，做好隐孢子虫检测，杜绝从有隐孢子虫感染史的猪场引种；接触病畜或被隐孢子虫卵囊污染的器械等，要洗手；实验室或被污染的场所，要彻底消毒，用福尔马林或氨水等能使隐孢子虫卵囊感染力丧失，加热65℃以上30min也可消除其感染力。由于隐孢子虫种类较多，为人兽共患，所以应进一步研究其流行病学和生物特性，制定有效的防治措施，以降低或消除隐孢子虫对人和其他家畜的感染及危害。许多科学家正致力于研究隐孢子虫 DNA 疫苗、基因工程疫苗、射线致弱疫苗，以预防隐孢子虫病，也有的学者在研制高免牛乳来防治人和动物的隐孢子虫感染，可望为未来隐孢子虫病的防治提供有力武器。

六、肉孢子虫病
（Sarcocystosis）

肉孢子虫病（Sarcocystosis）是由一种细胞内寄生原虫——肉孢子虫属（*Sarcocystis*）引起的人兽共患的原虫病。该病呈世界性分布，主要对畜牧业造成危害，偶尔寄生于人体。人感染后，有的表现为恶心、腹痛、腹泻、头痛及发热等症状；有的出现肌肉痛，局灶性心肌炎，嗜酸性细胞增多等现象。

历史简介

Kuhn（1865）在猪的舌肌和心肌上发现虫体。S. Lindemanni. Rivolta（1878）报道在肌肉中观察到林氏肉孢子虫。LanKester（1882）描述了人体内肉孢子虫，同年在猪肉中发现肉孢子虫，到 20 世纪初才被确认为一种常见于食草动物（牛、羊、马、猪）的寄生虫。Corner（1961）报道了加拿大安大略省爆发了达尔梅尼病（牛流产，死亡达 68%）；1979 年报道了挪威绵羊肉孢子虫病；1980 年报道了肉孢子虫引起的马脑脊髓炎。Fayer（1990）和 Heydom（1972）试验研究证实住肉孢子虫也有一段有性生殖过程。用滋养体培养在牛、犬、火鸡胚化的肾细胞和鸡胚化的肌细胞，出现了相当于滋养体、裂殖体和卵囊的几个阶段。1972 年发现肉孢子虫具有球虫的特征生活史以来，对牛、羊、猪有较强的致病性。

病原

住肉孢子虫属于住肉孢子虫属。据文献记载的虫种有 120 余种，其中已知生活史的有 56 种，寄生于家畜的有 20 余种。寄生于人肠并以人为终末宿主的肉孢子虫有 2 种，即猪人肉孢子虫（S. Suihominis，Taelros et Laarmann 1916，同物异名为 S. miescheriana），猪为中间宿主；人肉孢子虫（S. hominis，Railliet et Lucet 1891；Dubey 1976），同物异名为牛肉孢子虫，S. fusigormis 或牛人肉孢子虫，S. bovihominis），中间宿主为牛。由于 2 种均寄生于人的小肠，故又称人肠肉孢子虫。此外，以人的中间宿主，在人的肌肉组织内形成肉孢子囊的人肌肉肉孢子虫，又称林氏肉孢子虫。

肉孢子虫生活史中有卵囊和肉孢子囊两种形态。成熟卵囊长椭圆形，内含 2 个孢子囊。因囊壁薄而脆弱在肠内自行破裂。进入粪便的孢子囊呈椭圆形或卵圆形，壁双层而透明，内含 4 个子孢子，大小为 12.6～16.4μm×8.3～10.6μm。内孢子囊在中间宿主的肌肉中形成于肌肉平行的包囊，又称米氏囊，呈圆柱形或纺锤形，色灰白至乳白；大小差异很大，大的长径可达 5cm，横泾可达 1cm，通常长径为 1cm 或更小，横径 1～2mm，囊壁由 2 层组成，内壁向囊内延伸，构成很多中隔，将囊腔分成若干小室。发育成熟的包囊，小室中包藏着许多香蕉形的慢殖子，又称南雷氏小体或囊孢子。

肉孢子虫需要两个不同种类的宿主才能完成其生活史，终末宿主（食肉类动物）粪便中的卵囊或孢子囊被中间宿主（食草类动物）食入后，在其小肠内卵囊中的子孢子逸出，穿过肠壁进入血液，在多数器官的血管壁内皮细胞中进行一代或几代的裂体增殖，形成裂殖体，产生的裂殖体再进入肌细胞中发育为肉孢子囊，囊内滋养母细胞裂体增殖生成缓殖子。这一过程一般需要 2 个多月。此时的肉孢子囊对于终末宿主具有感染性。肉孢子囊多见于横纹肌和心肌。

中间宿主肌肉中的肉孢子囊被终末宿主吞食后，囊壁被蛋白水解酶破坏，缓殖子释放出并侵入小肠固有层，无需经过裂体增殖就直接形成配子，雌雄配子交配后成为卵囊，卵囊在小肠固有层逐渐发育为含有 4 个子孢子的成熟卵囊。Fayer（1972）在细胞培养中接种从鸟体取得的肉孢子囊释出的缓殖子，结果观察到了类似球虫的配子和卵囊。Rommel（1972）从羊取得的肉孢子虫包囊喂猫，在其粪中发现卵囊。Wallace（1973）用自然感染的猫粪中的球虫卵囊喂小鼠，结果获得了肉孢子虫的卵囊，确定肉孢子虫是寄生性孢子虫类之一，具有像球虫的生活史。

人可作为人肌肉孢子虫（又称林氏肉孢子虫）的中间宿主，肉孢子虫在人体骨骼肌和心肌寄生。人若吃了含有猪人肉孢子虫的生猪肉，人肉孢子虫的生牛肉后，可作为肉孢子虫的终末宿主，在胃肠道中最终形成感染性卵囊，随粪便排出体外。

从不同动物鉴定的虫种以宿主命名，如肉孢子虫、兔肉孢子虫、羊肉孢子虫、猪肉孢子虫，但肉孢子虫的宿主特异性不强，如猪肉孢子虫最早是从小鼠体内发现。因肉孢子虫并无严格的宿主特异性，可相互感染。因虫体寄生于不同宿主，同一虫种在不同宿主寄生时其形态可以发生变化，而且同一虫种在同一宿主体内的不同虫龄，其形态大小有显著差异。同时在对肉孢子虫发育研究发现，一种中间宿主可能有一种以上的肉孢子虫寄生，如牛可被来自不同终末宿主的 3 种肉孢子所感染，猪可为 3 种，马 2 种，羊 2 种等。Fayer 等（1970），Heydom（1972）研究证明，肉孢子虫的发育必须换宿主，中间宿主是草食动物、杂食动物、禽类、啮齿动物、爬行动物等；而终末宿主是肉食动物、猪、犬、人等。

流行病学

肉孢子虫病呈全球性流行，但是在热带、亚热带地区的动物中感染尤为普遍，感染肉孢子虫的动物宿主种类多，包括羊、牛、马、猪、狗、猫、兔、鼠、鸡、鸭、鹿、麋鹿、野鸭、海豹等。由于一个宿主可能被几种肉孢子虫寄生，例如寄生于黄牛的有 3 种，寄生于猪的也有 3 种，形成多种终末宿主传播肉孢子虫；肉孢子虫缓殖子在宿主固有层发育，存活在宿主体内时间长，可细水长流排出卵囊污染环境，加之终末宿主无免疫力，可重复感染等，故动物感染率高，流行广，危害大。人体病例往往也多集中在热带、亚热带地区。一般集约化养殖场动物的感染率明显低于散养动物。人的感染来源于动物，猪肉、牛肉中的肉孢子虫相同，因而是人体感染的来源。用 PCR 方法分析，鉴定了牛和野牛体内的 3 个虫种（毛状肉孢子虫、人肉孢子虫、枯氏肉孢子虫），从水牛体内发现的肉孢子虫的序列几乎一致（仅 0.1% 差异），说明反刍动物体内的虫种是人体肉孢子虫病的传染源。枯氏肉孢子虫是牛肉中最常见的种类，可感染犬和人；还有一些动物（包括骆驼、水牛、牦牛和野猪）肉类中常见的虫种尚不能确定其终末宿主。许多爬行动物、鸟类、野生哺乳动物体内携带肉孢子虫，世界上许多地方人食用这些野味，可能是人肠道内肉孢子虫病的潜在感染源。肉孢子虫病是一种人畜共患寄生虫病，人体病例报道较少。调查发现，猪、牛、羊等动物肉孢子虫很普遍。澳大利亚和德国报告肉孢子虫在猪中的流行率分别为 7.4% 和 5%。动物孢子虫感染率高低直接影响人的感染率。对广西某村 201 人粪检发现猪人肉孢子虫自然感染率为 5.9%，其中 30 岁以上的人占 96.3%；市售肉猪感染率占 63.3%。感染者都有食生猪肉史。左仰贤（1982）报道两例，在云南大理检查 414 人，自然感染率 9.1%～62.5%，平均 29.7%。

能感染人的猪人肉孢子虫和牛人肉孢子虫的保虫宿主有黑猩猩和猕猴。现已证实猪、黄牛是人、猕猴、猫、犬肉孢子虫的中间宿主之一。连自强（1987）报道，Tadros 等（1976）认为恒河猴是人猪肉孢子虫的终末宿主。Fayer 等（1978）曾用人粪便的孢子囊接种猪，又用此猪肉成功地感染了猴，从而将人猪肉孢子虫的终末宿主扩大到非灵长动物，并认为后者是此种孢子虫的自然保虫宿主，但云南人猪孢子虫可感染猪，未能成功感染猴。人可为多种肉孢子虫的终末宿主（肠道），可作为中间宿主。

肉孢子虫的传播途径在动物之间的传播方式尚不清楚。左仰贤等（1983）在国内发现猪人肉孢子虫和人肉孢子虫，并进行了人—猪—猴，人—猪—人，人—牛—猴，人—牛—人之间循环感染实验。食肉动物通过捕食食草动物获得感染。食肉动物和杂食动物的粪便中含有肉孢子虫的卵囊，食草动物可通过拱食粪便获得感染。节肢动物可携带卵囊，动物在自然界也能捕食节肢动物受到感染。人则通过食入生的或未煮熟的猪肉或牛肉而感染；成为肉孢子虫的终末宿主。含有肉孢子虫卵囊的动物粪便污染食物或饮水，人若误食可作为肉孢子虫的中间宿主，引发人肌肉肉孢子虫病。孢子虫一些种有一定范围的适宜终末宿主，肉孢子虫不但有终末宿主的适应性，而且对中间宿主也有特异的适应性。

发病机制

肉孢子虫对人的致病作用不强。猪—人肉包子虫的致病力比牛—人肉孢子虫稍强。当人肠肉孢子虫寄生肠黏膜固有层时很少引起明显的病变，或可见轻度炎症反应。人感染肉孢子虫是通过食入牛、猪等中间宿主肌肉中的肉孢子虫囊而感染。虫体多在骨骼肌，部分在心肌内寄生，形成肉孢子囊；该囊囊壁有的光滑，有的有绒毛状胞被（Cytophaneres）。孢子囊可破坏所侵犯的肌细胞，囊周围肌肉很少有明显炎症，但可有出血、水肿等。肉孢子囊有时可破坏它所侵犯的肌细胞。当长大时可造成邻近细胞的压迫性萎缩。如果囊壁破裂可释放出一种很强的毒素，即肉孢毒素作用于神经系统、心、肾上腺、肝和小肠等，大量时可致人死亡。人虽可反复感染，却未证实能产生保护性抗体。有人用间接荧光抗体方法证实感染者血清中有抗肉孢子抗体，甚至用于血清流行病学调查，但这种抗体看来不是保护性抗体。

此外，肉孢子虫对黄牛、猪等的致病作用颇强，可多处发生病变。

临床表现

人

人肉孢子虫病有两种：一种是人作为中间宿主，因食用被肉食动物粪便中肉孢子虫卵囊污染的水或食物而感染，感染后在骨骼肌和心肌内发育为肉孢子囊，即人肌肉肉孢子虫病。人肉孢子虫病的另一种形式是人作为终末宿主，因生食或半生食含有感染性肉孢子囊的肉类，肉孢子囊在人体肠道内经过有性增殖发育为感染性卵囊并随粪便排出。人肠道肉孢子虫病可出现厌食，恶心，腹痛和腹泻，有时有呕吐，腹胀及呼吸困难；严重者可发生贫血，坏死性肠炎等。人肌肉肉孢子虫病一般症状较轻，临床上不易发现，患者有时有肌肉疼痛，发热等症状。据调查，包囊期对人无症状，人体感染的报告仅为活检或尸体意外发现，据观察有28％无症状，72％为阳性症状，腹痛、腹泻、腹胀、食欲不振、有饥饿感等胃肠炎症状。Hiepe用牛、猪肉孢子虫感染9天，3～6h后出现腹痛、腹泻、发热、心动过速、呼吸加快。Barksdale 和 Routh（1948）报告猪肉孢子虫病患者有食欲减退、恶心、腹泻、腹痛等症状。感染猪人肉孢子虫的志愿者在生食后出现腹痛、发热、心动过速、呼吸加快等，并出现高的血清滴度。据 J. P. Dubey 等（1983）报道，住肉孢子虫对肉食动物一般是不致病，所以很久时间肉孢子虫感染在兽医学中还被认为无临床意义。实验室饲喂的狗、狼或其他肉食动物喂给严重感染的肉而排出大量的孢子囊。虽然偶尔有1或2天呕吐或食欲不振，但不发病。然而，当把感染住肉孢子虫的牛肉或猪肉给予自愿者吃时，在吃了牛肉后3～6h内出现恶心、胃痛和腹泻；在吃了未煮熟的无旋毛虫的猪肉后，这些症状比较明显而且危及生命。这些中毒样的症状持续 48h。感染后第二与第三周有轻度胃痛与腹泻。这与排出住孢虫的孢子囊有联系。

1. 人肠道肉孢子虫病 人肠道感染肉孢子虫常无明显症状，在食入重度感染的牛肉或猪肉后，可出现自限性临床症状。在志愿者的感染实验中，进食生的或未煮熟的感染肉孢子虫的牛肉后，一天内可出现呕吐、盗汗、发烧、腹痛或腹泻等症状，14~18 天（即卵囊排出的高峰期）也会出现腹痛和腹泻症状；进食生的或未煮熟感染猪人肉孢子虫的猪肉后，临床症状更明显，当天即有呕吐、胃部胀气、无食欲、盗汗、发热、剧烈腹痛及腹泻等，症状可持续 2 天。有时还出现一些并发症，如脱水、嗜酸性肠炎、溃疡性结肠炎。

2. 人肌肉肉孢子虫病 人肌肉肉孢子虫感染常不易发现。骨骼肌中存在肉孢子囊可出现肌肉肿胀酸痛，伴有触痛、红斑、无力、发热等，也有可能导致支气管痉挛，但未见有消化道症状的报道。嗜酸性粒细胞肌炎症状可持续数年，一旦肉孢子囊破裂可造成复发。

人体肌肉型肉孢子虫寄生于横纹肌、平滑肌，包括舌、咽、喉、食管、膈肌等，少数病例在神经组织中发现，如脊髓、脑和心脏普氏纤维。

肉孢子虫虽然可以侵入心肌，心肌肉孢子虫病无明显症状，未见有病死的报道。人肉孢子虫病的感染情况和致病情况见表 3-15。

表 3-15 人肉孢子虫病的一般情况

特征	肌肉肉孢子虫病	肠道肉孢子虫病
感染源	水源，食物受到动物粪便污染	食入生的或不熟动物肉
感染阶段	卵囊或卵囊中释放的孢子囊	肉类中的肉孢子虫包囊（肉孢子囊）
发育阶段	血管内皮细胞内裂体增殖（不易见）肌肉内肉孢子虫包囊	消化道黏膜固有层内有性生殖；卵囊随粪便排出
潜伏期	数周至数月不等，可持续数月至数年	3~6h，持续 36h
症状	骨骼肌疼痛，发热，红斑，心肌病支气管痉挛，皮下肿胀	恶心，食欲减低，呕吐，胃痛，饱胀腹泻，呼吸困难，心跳加快
诊断	肌肉活检，免疫学检查（查抗体）	检查粪便中的卵囊和孢子囊（感染后 5~12 天）
治疗	抗球虫治疗：复方磺胺甲噁唑、阿苯达唑、抗炎症治疗：糖皮质激素	复方磺胺甲噁唑、阿苯达唑乙胺嘧啶

猪

猪的肉孢子虫病相当普遍，据调查，我国云南自然感染率为 68%，印度为 47.1%，一般认为猪致病性非常低。人工给犊牛、猪、羔羊经口感染犬粪中肉孢子虫包囊，可出现一定的症状，通常不显症状。严重感染（每克重的膈肌有 40 个以上的虫体）时，由于大量虫体寄生于肌肉中，致使局部肌肉变性而降低了利用价值，剖检时常见肌纤维中有包囊状物（孢子囊），检验中应废弃掉。临床上可能出现不食，腹泻，发育不良，腰无力，肌肉僵硬，跛行或短期的后肢瘫痪，以及呼吸困难。Erber 对 5 头怀孕母猪感染肉孢子虫，每头 50 000 个，2 头妊娠 22~65 天母猪，在感染后 12~14 天发生流产；3 头出现发热，腹泻，贫血，偏瘫，死亡 1 头。髂淋巴结明显肿大。Barrows 对 6 头断奶猪每头接种 $5\times10^5\sim3\times10^6$ 个孢子囊，3 头接种后 14～15 天死亡，出现耳、口、鼻、后腿紫癜，呼吸困难，肌肉痉挛，跛行等。猪的发病与吞食包囊数有关。给猪吞食 5 万包囊或更多，猪即发病，体重减轻，皮肤紫癜，呼吸困难，肌肉发抖等；吞食 100 万个包囊即有 50％ 猪死亡；猪感染 21 万个包囊后，从第 9 天开始轻度厌食，第 11 天几乎不进食，此后厌食程度逐渐减轻，再经 2 周后食欲开始基本恢复。厌食同时猪出现消瘦、乏力等症状。

肉孢子虫病可分为慢性型和急性型：

1. 慢性型　猪的肉孢子虫病相当普遍，通常不显症状，为无临床的隐性感染。Bogush 对 38 头感染肉孢子虫猪肉和 36 头对照猪肉化学检测，结果阳性猪肉下降，糖原含量下降，游离氨基酸总量升高。剖检时常见肌纤维中有包囊状物（孢子囊），其长 0.5～4mm，为灰白色或乳白色，有两层膜，囊内有很多小室，小室内有许多香蕉形的、活动的滋养体。但由于大量虫体寄生于肌肉中，致使局部肌肉变性而降低了利用价值，检验中应废弃掉。

2. 急性型　主要发生在犊牛、羔羊和猪。临床特征为间歇热（发生在感染后 14～25 天）、废食、腹泻、消瘦、贫血、过度流涎、四肢末端和尾尖脱毛、发育不良、腰无力、呼吸困难和母畜流产。严重时，肌肉震颤、肌肉僵硬、运动失调、跛行或短时期的后肢瘫痪，进一步衰竭、死亡。剖检可见皮下水肿、脂肪浆液性萎缩。心肌、骨骼肌、脑内非化脓性肌炎和脑炎病灶。

猪住肉孢子虫有 3 种：①米氏住肉孢子虫（猪犬住肉孢子虫）终末宿主为犬和狐。猪中常见。②猪人住肉孢子虫，终末宿主为人、黑猩猩、罗猴。③猪猫住肉孢子虫（野猪住肉孢子虫）终末宿主为猫。

人工接种人猪住肉孢子虫，4 万个孢子囊感染猪的心、舌、食道、腹肌、臀肌均发现包囊，每克肌肉检出 40～52 个，包囊呈梭状、椭圆或长椭圆形，囊壁有密集绒毛状突起，室中充满香蕉形缓殖子，52 个月剥离出来的缓殖子 $10.46\mu m\times4.61\mu m$，感染猪在实验过程中未发现有异常表现。J. P. Dubey 等（1983）报道，妊娠的牛、绵羊、山羊和猪吞食了住肉孢子虫的包囊后，流产或保留胎儿，其发生原因不详。

诊断

诊断本病通常用硫酸锌浮聚法检查粪便中孢子囊。一般宿主在进食生肉后第 9 天起，患者新鲜粪便中可查到肉孢子虫卵囊，即可确诊为肠道肉孢子虫病。卵囊内一般含 4 个子孢子。

动物也可肌肉活检，对于肌肉炎症患者也可考虑肌肉活检。取新鲜动物膈肌、咽喉肌、心肌各 10g，每份肉样剥去肌膜后，肉眼仔细观察，可见灰白色肉膘样包囊。随后称取各部位肌肉 0.1g，沿肌纤维方向剪成米粒大小，置于载玻片上压平至半透明，在显微镜下（100×）检查。在上述任何一个部位发现肉孢子囊，即判定为阳性。

动物肉孢子虫的生前诊断主要采用血清学方法。目前已建立的方法有间接血凝、酶联免疫吸附试验、间接荧光抗体试验等。

防治

肉孢子虫感染一般呈自限性，发病时间短或症状较轻微，一般不需要采取特殊治疗，仅需对症治疗。目前还没有治疗肉孢子虫病特效药，对患者可试用磺胺嘧啶、复方新诺明、吡喹酮、螺旋霉素（成人每次 600mg，每天 4 次，连用 20 天）、甲硝唑等。动物常用常山酮、土霉素、莫能霉素、拉沙霉素、氨丙啉等。

肉孢子虫病的防治应从消灭传染源、切断传播途径、保护易感宿主入手，可采取下述方法阻断肉孢子虫病的传播环节，以消灭或减少肉孢子虫病。在肉食动物的粪便中排出住肉孢子虫散布感染的关键因素，所以防治措施必须以预防肉食动物感染及预防其粪便污染食物和牧场的原则来制订，以打断其发育环节：①搞好食品安全措施和肉类检查；②肉制品无害化处理，肉制品－20℃冷冻后可有效阻断该病的传播；③注意饮食卫生，避免生食动物肉类、凉拌菜，瓜果蔬菜都要严格清洗，避免该病的粪—口传播；④防治中间宿主感染，严格管理粪便，严禁终末宿主的粪便污染动物饲料、饮水和饲养场地；⑤染病动物的处理，疑似或确诊感染肉孢子虫的动物也应治疗，死亡动物应当焚烧或深埋。

七、肺孢子（虫）病
（Pneumocystosis）

本病是由卡氏肺孢子（虫）寄生于人和哺乳动物肺组织引起的呼吸系统原虫感染人畜共患寄生虫病。它的病理和临床特点是间质性肺炎，故又称卡氏孢子虫肺炎（PCP）。

历史简介

Chagas（1908）在接种枯氏锥虫的豚鼠肺切片，见到了肺孢子，当初认为是枯氏锥虫的另一形态。Delance 夫妇（1911）在感染了路氏（*T. lewisii*）锥虫的大鼠肺部又观察到此肺孢子，并命名为卡氏肺孢子。此后从马、山羊、猫、牛、猪和人等中发现，从形态学等观察，似乎感染于不同动物的肺孢子是同一个种，不同动物的也称卡氏肺孢子。Vanekm 等（1952）在间质性浆细胞性肺炎死亡患者的肺泡渗出液中检测到卡氏肺孢子。Bille - Hansen V（1990）报道了仔猪肺孢子虫病。Ozer 等（1995）报道仔猪肺孢子感染。1988 年有人对肺孢子基因及基因表达产物进行分析，认为是真菌。

病原

肺孢子自 1908 年发现卡氏肺孢子以来，目前有 3 个种：卡氏肺孢子（Pneumocystis carinii）；第 2 个种是人的肺孢子，这个种 Frenkel（1976）提出以捷克的寄生虫学家 Otto. Jirovec 命名，叫于氏肺孢子（Pneumocystis jiroveci），人的肺孢子不仅在蛋白质分子大小与动物的不一致，与大鼠肺孢子的 16S rRNA 序列也有 5% 的差别；第 3 个种是 English 发现犬肺孢子 DNA 序列与其他动物肺孢子的同源性为 73%～87%，说明感染犬的肺孢子在遗传学上与其他动物肺孢子有差异，故建议犬的肺孢子为一新种，并命名为犬肺孢子（Pneumocystis carnis）。卡氏肺孢子为代表种。卡氏肺孢子为单细胞真核生物，其分类地位尚未明确。根据目前通常的分类方法，暂时地规划顶端复合体门、孢子虫纲、球虫亚纲。现有学者将其列为真菌类，命名为肺囊菌。

肺孢子感染后存在于肺泡，有包囊及滋养体两种形态及两者之间的中间形。滋养体呈多态形，在姬氏染色标本中，大小为 2～5μm，胞核 1 个，呈深紫色，胞质为浅蓝色。包囊呈圆形或椭圆形，直径约为 $6\mu m$，囊壁较厚，姬氏染色的标本中，囊壁不着色，透明似晕圈状或环状。成熟包囊内含有 8 个囊内小体（又称子孢子），呈玫瑰花状或不规则排列，每个小体都呈香蕉形，横径 $1.0\sim1.5\mu m$，各有 1 个核。囊内小体的胞质浅蓝色，核 1 个，呈紫红色。

卡氏肺孢子在人和动物的肺组织内的发育过程已基本清楚。动物实验证实，其在肺泡内发育阶段有滋养体、囊前期和包囊期三个时期。小滋养体从包囊逸出，逐渐发育为大滋养体，经二分裂、内出芽和接合生殖等进行繁殖。继而滋养体细胞膜逐增厚形成囊壁，进入囊前期；随后囊内核进行分裂，每个核围以一团胞质，形成囊内小体，以后脱囊而出形成滋养体。而在宿主体外的发育阶段尚未完全明了。

流行病学

卡氏肺孢子虫广泛存在于自然界，也存在于人和某些动物肺组织内。肺孢子是一种威胁人类健康的人兽共患寄生虫疾病，该"虫"为机会性病原，呈世界性分布，正常人群中隐性感染率为 $1\%\sim10\%$，但发病率很低。感染的动物有犊牛、成年牛、绵羊羔、成年绵羊、幼年山羊、成年山羊、野兔、家兔、狐、马驹、猪、犬、豚鼠、猴、猫、大鼠、小鼠、猩猩、雪貂、三指树懒等，未见有禽类感染报告。报道肺孢子感染的国家有美国、丹麦、南非、澳大利亚、墨西哥、中国、日本、捷克、加拿大、土耳其、英国、荷兰、前苏联等。本病流行、传播途径不甚清楚，一般认为，感染期为成熟包囊，感染方式是成熟包囊经空气或飞沫传播而进入肺内，也有人认为病原可经血流从母体传给胎儿。免疫力低、感染细菌或病毒或低幼龄是最常见的合并感染机会性致病病原和主要致死原因之一。多种哺乳动物能自然感染肺孢子，约 80% 的健康鼠肺组织中发现有卡氏肺孢子的感染。Vanekm（1952）在间质性浆细胞性肺炎死亡患者的肺泡渗出液中检出卡氏肺孢子，并确定它是该肺炎的病原体。带虫者和患者均为传染源。成人呼吸道的带虫状态可能持续多年，受感染动物是否具有传染源的作用尚未确定，原因是寄生在人和动物肺体内的肺孢子虫，可能有种或株的差异。但肺孢子对宿主的选择具有很强的特异性，如人肺孢子不感染其他动物。

发病机制

一般情况下，肺孢子虫只在肺泡内增殖，不侵入组织内，但有严重呼吸困难，由于多数的滋养体附着于肺泡上皮上，肺泡内充满滋养体和包囊集块，物理性地阻碍了气体交换所致。可以仅有肺内感染，引起严重肺炎，亦可播散至全身脏器及组织。

死于本病肺炎患者（或实验动物）解剖可见，肺脏肿大、重量增加、变硬、肝样变。切面有渗出液流出，肺泡内充满黏稠的物质，无气体存在。肺泡肿胀或成网目状，内充满蜂窝状泡沫物质为本肺炎的特征。在慢性间质型肺炎患儿肺脏切片可以看到除肺泡内充满蜂窝状物质外，间质增生肥厚和浆细胞浸润为特征，故称之为"间质性浆细胞性肺炎"。但用大量免疫抑制制剂诱发的卡氏肺孢子虫肺炎则大多数看不到间质增生和浆细胞浸润，主要病变为肺泡上皮剥离、断裂、形成玻璃样膜，肺泡内有蜂窝状泡沫状物质。

临床表现

人

卡氏肺孢子肺炎临床表现可分为两种类型：

1. 婴儿型（流行型或间质性浆细胞性肺炎）　主要见于早产儿及营养不良的虚弱婴儿，多发生在出生后 6 个月内。起病多隐匿，有厌食，偶有腹泻。典型的临床表现为突然高热、干咳，呼吸、脉搏增快。严重时，出现呼吸困难和发绀等症状。X 线胸检可见双肺弥漫性浸润灶。数周内症状逐渐加重，出现呼吸困难、心动过速、鼻翼煽动、发绀等，若不及时治疗，可因呼吸衰竭而死亡。病死率可高达 20%～50%。

2. 成人型（散发型或免疫抑制型）　是低反应性肺孢子病。主要见于艾滋病患者、先天性免疫功能不全、脏器移植患者应用免疫抑制剂、使用皮质激素、抗肿瘤药物及放射线治疗等患者。典型的临床表现：发热、畏寒、头痛、颈项疼痛与强直、胸痛和咳嗽，进行性呼吸困难、发绀等。咳嗽以干咳多见，并伴有食欲减退、进行性营养不良、体重下降、倦怠和呕吐等。病情进一步发展出现通气减弱以致出现呼吸窘迫综合征，呈现间质性肺炎的特点，病程一般持续 4～6 周，如不及时诊断，呼吸衰竭，死亡。少数病程可数周或数月，仅表现轻微呼吸综合征。病人可有数次反复。肺有啰音，部分病人有肝脾肿大。

猪

幼龄及免疫力低下是发生肺孢子病的重要因素。Ozer E 等（1995）报道猪的病例主要是 2～4 月龄的小猪，常致死；Bille‐Hansen V 等（1990）报道，仔猪肺孢子的感染率，从 4%～37.1%（42%）。患病幼年动物精神委顿，行动迟缓，被毛粗乱，生长受阻，有的厌食，有的仔猪有腹泻与黄疸，消瘦体弱，有的逐渐消瘦死亡。感染细菌性或病毒性疾病的易患肺孢子疾病。Jorsal SE 等（1993）报道猪肺炎支原体病、放线杆菌病、支气管败血波氏菌、猪痢疾和巴氏杆菌病的猪发生肺孢子病；Fukuura M 等（2002）报道感染圆环病 II 型的猪发生肺孢子病。前苏联一流行病学实验室养有 1～4 月龄猪 23 头，均因营养不良，经组织学检查，证明感染卡氏肺孢子。有的猪肺切片后肺前缘有气体。

诊断

卡氏肺孢子病主要依靠病原学诊断，从呼吸道或肺组织取材以检获包囊是确诊的依据。常用姬氏染色、甲苯胺蓝染色、6‐亚甲基四胺银染色。

免疫学诊断常用 IFA、ELISA 和补体结合试验，只用于本病的辅助诊断。近年来，DNA 探针、rDNA 探针和 PCR 技术等已用于本病诊断，检测患者以痰液、血液、肺活检组织和唾液，显示有较高的敏感性和特异性。

防治

目前未见可供预防肺孢子病的疫苗，一般预防就是做好动物保健工作。

卡氏肺孢子病在临床上死亡率较高，如及早治疗则有 60%～80% 的生存率。抗肺孢子的药物主要有：

1. 复方新诺明　TMP 20mg/kg‐SMZ100mg/kg，每天分 4 次口服；连用 14 天。

2. 喷他脒　4mg/（kg·d），每天 1 次肌注，连用 14 天。

3. 三甲曲沙　45mg/（kg·d），静脉滴注，连用 21 天。

肺孢子可以通过空气经呼吸道传播，尤其是医源性传播非常重要。Miller 等（2001）在研究医院的传播源时，发现一些无症状的医护人员携带有肺孢子。所以尽量采取隔离、空气净化、消毒措施，以防医院内交叉感染。

八、结肠小袋纤毛虫病

（Balantidiasis）

结肠小袋纤毛虫病是由结肠小袋纤毛虫（*B. Coli*）寄生于哺乳动物和人的大肠，侵犯宿主肠组织引起痢疾，偶尔造成肠外感染的疾病。灵长目动物、反刍动物及其他哺乳动物也可感染。

历史简介

Malmsten（1857）从 2 例急性痢疾病人的粪便中检出此虫，命名为结肠草履虫（*Parameccum coli*）。Leuckert（1861），Stein（1862）分别从猪大肠中发现此虫。Stein（1863）认为人猪两虫为同一种，归于小袋属，并定名为结肠小袋纤毛虫。Van Der Hoeden（1964）证明猪结肠小袋虫可传染给人。

病原

结肠小袋虫（*Balantidium coli*）属纤毛门，有滋养体和包囊两种形态。滋养体呈椭圆形，无色透明或淡灰略带绿色，大小为 $30\sim200\mu m \times 20\sim150\mu m$，虫体前端有胞口，后接漏斗状胞咽，后端有胞肛。体表被有许多均一的纤毛。虫体中央有一肾形大核，其凹陷处有一小核。寄生在盲肠和结肠，为人体最大寄生原虫。包囊呈圆形或卵圆形，色淡黄或淡绿，囊壁厚，囊内有一团原生质，内含胞核、伸缩泡和食物泡。直径为 $40\sim60\mu m$，染色后可见胞核。

动物和人因吞食包囊而感染，包囊内的虫体在肠腔中受到消化液的影响脱囊而出，转变为滋养体，进入大肠以肠内容物（淀粉颗粒、细菌和细胞）为食，并以横二分裂增殖。当宿主抵抗力下降或其他因素的影响时，滋养体侵入肠细胞内生长繁殖，繁殖到一定时期，滋养体变圆，并分泌囊壁，滋养体形成包囊，随粪便排出体外。滋养体随粪便排到外界也能形成包囊。包囊期基本上是结肠小袋虫生活史中的休眠期，包囊内的虫体不进行繁殖。人肠道内的滋养体很少形成包囊，而猪肠道内的虫体可大量形成包囊。

滋养体对外界环境有一定的抵抗力，如在厌氧环境和室温条件下能存活 10 天，但在胃酸中很快被杀死。因此，滋养体不是主要的传播时期。包囊具有较强抵抗力，在潮湿环境中能存活 2 个月，在干燥而阴暗环境中能存活 $1\sim2$ 周，在 1％甲醛溶液中存活 4h，石炭酸中存活 3h，阳光曝晒 3h 后死亡。但滋养体随粪便排出体外可存活 10 天。

流行病学

本病呈世界分布，主要分布在热带和亚热带地区，其中以菲律宾、新几内亚、中美洲等地区最常见。我国在广东、广西、福建、四川、云南、河南、山西、辽宁等 22 个省（自治区、直辖市）存在本虫感染。感染率在 0.036 ± 0.09‰。以广东感染率最高达 0.284％。本虫已知除人感染外，猪、野猪、猕猴、马、牛、犬、猫、豚鼠、鼠及野生动物 33 种以上动物可感染。猪感染率最高，一般感染率在 50％～80％（20％～80％），爱尔兰贝尔法斯高寒气候的家猪感染率达 74％，猴次之。本虫是人体最大寄生虫。人感染呈散发，发病人数较少。世界人感染率在1%以下。从形态学上来看，感染猪和感染人的结肠小袋纤毛虫是没有区别的。然而，在虫体感染能力或在宿主的感染性方面，二者间却又几乎存在着一定的差异：来自人体的虫株传给猪十分容易，而来自猪的虫株传给人的实验未成功；然而，认为猪结肠小袋纤毛虫能否成为人结肠小袋虫病的传染源有两种不同的看法。有研究认为，人体和猪体寄生的结肠小袋虫抗原性不同，可能是两种不同虫种，故猪的传染源作用尚未定论。从流行病学及预防学角度来看，尽管在虫株或宿主感染性上存在上述差异，但猪的感染在一定程度上，对人构成一种潜在威胁。从粪便排出结肠小袋虫纤毛虫包囊的人和多种哺乳动物均可成为传染源和贮存宿主，一般认为人并非结肠小袋纤毛虫的最适宜宿主，认为猪体与人体内的结肠小袋纤毛虫存在生理方面的差异，人体环境对结肠小袋虫不适宜，因此人体感染较少见。猪是本病的重要传染源，不少人的病例有与猪接触的病史。1972年Trukart群岛发生飓风，造成猪囊污染水源，结果该居民与猪密切接触于短期内有110人发病引起结肠小袋纤毛虫爆发流行。包囊为感染阶段，人和其他宿主主要是通过吞食被包囊污染的食物或饮水而感染。本病的传播途径除了与猪粪及污染物接触外，蟑螂、苍蝇等昆虫的携带在传播上有重要意义。粪—口传播是本病主要传播途径，在卫生条件不良的情况下，人与人的接触也能造成传播。

发病机制

感染结肠小袋纤毛虫后发病与否与宿主机体免疫功能有关，并受寄生部位的理化、生物及机体状态等多种因素的影响。当包囊进入宿主消化道后，受消化液等的影响在小肠内脱囊而成滋养体。若滋养体进入宿主胃内则被胃酸杀灭。滋养体在肠道内摄取食料的同时，借助其纤毛以螺旋形旋转的方式向前运动，至碱性低氧环境的回盲部与结肠，如生存条件合适（肠腔内有充足的淀粉粒、肺炎克雷伯菌、金黄色葡萄球菌、肠杆菌属等）方可大量繁殖。滋养体除自身的机械运动外，虫体有时能分泌蛋白分解酶和分泌透明质酸酶，溶解肠壁细胞间质，侵入肠壁黏膜及黏膜下层，引起炎症、充血、水肿并最终形成口小底大的溃疡。此种溃疡与肠阿米巴病溃疡的不同点是口较宽，颈较粗短。溃疡处有圆形细胞、嗜酸性粒细胞浸润，亦能见到滋养体。病变多见于大肠肠壁，偶见于回肠末端与阑尾。若溃疡波及肠壁肌层，偶可发生肠穿孔及腹膜炎症。肠外组织很少发现有结肠小袋纤毛虫。滋养体主要随粪便排出体外，也可在结肠下段演变成包囊后再排出体外。严重病例可出现大面积的结肠黏膜的破坏和脱落，肠黏膜水肿、充血，有时呈针头状出血。病理变化颇似阿米巴脓肿。患者出现腹痛、腹泻和黏液性血便，并常有脱水及营养不良等。结肠溃疡导致多形核白细胞和淋巴细胞的浸润，随之可出血及继发细菌感染。

临床表现

人

本病可因宿主的种类、年龄、饲养管理条件、季节及其他因素而有很大的差异。人的表现为顽固性下痢。仅部分感染者有临床症状，而多数为无症状的包囊携带者。而爆发性病例的整个黏膜坏死和腐肉形成，偶尔引起大肠穿孔，此时常致死亡。继发感染可累及肝脏，污染后，泌尿生殖器官如阴道、子宫和膀胱也可被累及。

结肠小袋纤毛虫人为终末宿主，临床表现分为三型，即无症状型（初期潜伏型）、急性型和慢性型。

1. 无症状型 感染者通常作为带虫者，并无明显的临床表现，但在粪便中可找到虫体，在流行病学上具有重要意义。

2. 急性型 临床上表现为突然发病，腹泻并伴有里急后重，腹泻每天 3~15 次，为黏液脓血便，但无奇臭。患者有上腹不适、腹痛、恶心等消化道症状，重者有中、低发热 2~3 天。可有脱水、营养不良和消瘦等表现，偶可引起肠穿孔，甚至导致死亡。曾有虫体经淋巴管侵袭肠外组织病例，滋养体可直接蔓延或淋巴管通道侵入肝、肺、盆腔、泌尿生殖器官等引起肠外纤毛虫病。曾有滋养体侵入鼻甲黏膜误诊为慢性鼻炎病例报告。严重的并发症为肠穿孔、腹膜炎。一般病程短，2~5 天不等，往往有自愈倾向。

3. 慢性型 病人主要表现为周期性轻度的腹泻（每隔 3~4 个月 1 次），粪便呈黄白色、粥样或水样，常常带黏液，极少出现脓血便，亦可腹泻与便秘交替出现，腹部微膨隆，有腹胀或回盲部及乙状结肠部压痛。患者上腹不适，或有短暂性弥漫型的腹痛、腹胀、伴有失眠、头痛、体重下降等。发育、营养差，或有轻度下肢水肿。李玉兰等（1990）报告 3 例结肠小袋纤毛虫感染引起的肠性腹泻：有间歇性腹泻史，长期 10 年，短期 3 年。

例 1：农民 17 岁 3 年来经常不明原因腹泻，每天 2 次以上，多次较稀便。

例 2：农民 22 岁 3~4 年来常解稀软便，特别是秋季，每年都要患病十几天。主要症状为腹泻，每天 3~4 次，无脓血及里急后重。除脐周压痛外，无异常发现，新诺明等抗生素治疗无效。

例 3：农民 67 岁，女，10 年来经常腹痛、腹泻。患病时每天排便 3~4 次，为稀便或软便，无脓血，仅脐部有压痛。

高文武（1983），共收治 42 例，男 22 人，女 20 人，年龄 15~59 岁，均有养猪史与腹泻病猪接触史，病程 14 天至 9 年 8 个月。根据感染轻重和临床表现分为三个类型。痢疾型：21 例；肠类型：10 例；消化不良型：11 例。全部病例均经粪检找到纤毛虫。乙状结肠镜检见肠壁有小溃疡，表面有一层白色假膜，从假膜刮取的黏液中找到纤毛虫而得到确诊。

麻云星（1994）报道，患儿 3 岁，男，云南，因间断性腹泻半年，近半月加剧，伴腹痛，每天排粥样或水样粪便 2~6 次，常伴有黏液，无血，无脓，纳差。体检：发育、营养差，呼吸平稳，心肺未见异常。腹部柔软微膨隆，脐周有压痛，肝脾未触及，双下肢轻度水肿。大便呈黄白色、粥样、碱性、黏液少。镜检结果：白细胞少，低倍视野中见结肠小袋纤毛虫滋养体 3~5 个，呈椭圆形，约 $75\mu m \times 50\mu m$，虫体前端略尖，有胞口，胞咽；后端钝圆；周围纤毛运动活泼，呈螺旋式前进，随前端胞口开闭，纤毛顺势向后斜行波至后端时，可见胞肛；体内中部和后端各有一个收缩泡及多个食物泡；经苏木素染色后，虫体中可见一肾形大核，大核凹陷处隐约可见一球形小核。患者与猪有密切接触史，口服甲硝唑 0.18mg/次，每天 3 次，7 天一疗程，症状消失，痊愈。Dorfman（1984），Spiros（1989）和丁振若（1992）都曾报道人肺部感染此虫病例。

杨敏（1991），一男性发热，39℃ 4 天，恶心、呕吐、腹阵痛、里急后重，黏液便 8~10 次/天。检出小袋虫滋养体，半月前回家与猪有接触史。

王晓鸣等（1994），患者 35 岁，男，家中养猪，与猪有接触史。1989 年 5 月因鼻腔阻塞时轻时重，诊为"慢性鼻炎"。1991 年 4 月因鼻腔阻塞加重，干燥感，鼻臭，并有多量黏液性分泌物，有时带血和痂皮等，再次就诊。检查见双侧鼻甲水肿，苍白，鼻中隔黏膜有不规则溃疡面，左侧较重，多处覆有脓痂，揩擦时易出血。4次涂片均发现结肠小袋纤毛虫滋养体，虫体呈卵圆形，大小 50～100μm，体表有排列清晰整齐的短纤毛，不停扇动，虫体做活跃的旋转运动。表膜下，见少量透明外质，内质富含颗粒及食物泡，并隐约见有伸缩泡2个。胞核大，核清晰，小核模糊，体前端有胞口，结肠小袋纤毛虫主要寄生在结肠，偶尔可以经淋巴管侵袭肠外组织，有报道结肠小袋纤毛虫感染肺部组织病例，但鼻腔内检出结肠小袋纤毛虫非常罕见。

猪

猪是主要的保虫宿主。猪的感染较为普遍，常由于经口摄取裂殖体而感染。大多数猪体内本虫不表现有致病作用，而成为共栖者。其感染率可达 20%～100%。2001 年广东省有20 个代表性集约化猪场的种猪和肉猪共 1 906 头的粪样检查，结果阳性率 100%（20/20），各场感染率为 14%～72.2%。其母猪感染率为 46.8%，种公猪为 50.5%，生长猪为34.8%，育肥猪为 48.8%，保育猪为 20.1%。2002 年在贵州毕节地区对猪感染结肠小袋纤毛虫调查，其感染率达 22.7%。福建莆田的猪感染率为 33.8%。猪是重要的保虫宿主。临床上猪分有急性和慢性两个型。急性型突然发病，可于 2～3 天内死亡。慢性型可持续数周至数月。患猪表现精神沉郁，食欲减退或废绝，喜躺卧，有些表现颤抖，腹泻前会排软粪后水泻，带有黏液、黏膜和血液，并有恶臭。多见于仔猪排稀，粪便呈泥状，有恶臭并混有黏液、黏膜碎片和血液。结肠、直肠呈溃疡性肠炎，可引起死亡。卢春祥（1985）对福建莆田猪场进行猪结肠小袋虫病调查，共检猪 1 248 头，阳性猪 442 头（33.8%），各场感染率 56.4%～23.2%；感染强度，每片可查到滋养体或包囊，2～4 月龄小猪为17～63 个（342 头）；7～10 月龄猪 11～51 个（156 头）；成年猪 5～28 个（750 头）。仔猪下痢，逐渐消瘦、衰弱，严重者陷于虚脱，造成死亡。断奶仔猪呈急性或慢性胃肠炎症状，下痢，初为泥状后为淡黄色稀薄状或污棕色稀薄状及水样，有时混有黏液及血液，逐渐消瘦、衰弱，严重者可死亡。症状可间断延续 1～2 个月，影响发育。

A. Ф. MaHKOC（1983）报道，小袋虫病可能是急性、慢性和隐性经过。潜伏期从 8 天延长到 17 天。病的急性经过终归康复，但常常出现明显的症状并延长到 2 周以上。仔猪开始表现食欲减退，精神抑郁，口渴，体温升高 0.2～0.5℃，腹泻。以后腹泻次数更多，排粪频繁，失禁。动物拱背，后肢前伸，少有走动。腹股沟部凹陷，腹壁触诊时动物表现疼痛。用 1 月龄仔猪灌喂包囊体第一天出现食欲减退，精神稍有抑郁。在这一期间排出的粪便中小袋虫的数量平均达 $25 \times 10^8 \sim 30 \times 10^8$ 个/ml。在第 2～10 天体温升高 0.2～0.5℃，出现腹泻的次数增多。体况从第 16～20 天开始好转。试验结束，感染的仔猪生长和发育迟缓。尸检主要变化在盲肠和结肠，表现为黏膜肿胀、增厚，皱褶处有出血点，其外表很像大脑皮层。黏膜刮取物里有大量原虫（超过 120 千～125 千个）。

诊断

根据流行病学、病状和粪便寄生虫学检查确诊。取新鲜粪便作压滴标本或用沉淀法检查，阳性粪便可发现游动的滋养体，有时也可见包囊。因滋养体排出后容易死亡（通常滋养体自粪便排出后 6h 即死亡），且排出呈间歇性，因此检查时标本应新鲜。采用新鲜粪并反复送检可以提高检出率。对虫体鉴定有疑问时可做苏木紫染色。必要时亦可采用乙状结肠镜进行活组织检查或用阿米巴培养基进行人工培养。猪死后剖检主要见结肠和直肠发生溃疡性肠炎。取刮取物检查时可发现滋养体和包囊。临床诊断需与阿米巴痢疾、细菌性痢疾及肠炎进行鉴别。

对急、慢性感染性腹泻病因未明，按细菌性腹泻（包括细菌性痢疾）治疗未能奏效者，应考虑有无原虫性腹泻的可能，除临床表现可大致区别外（表3-16），应多次取新鲜粪便检查有无结肠小袋纤毛虫及溶组织内阿米巴滋养体或包囊，以明确诊断。有时，还应与特异性溃疡性结肠炎、结肠核等鉴别。

表3-16　小袋纤毛虫病的鉴别诊断

病名	小袋纤毛虫病	细菌性痢疾	阿米巴痢疾
流行特点	散发	流行或散发	散发
临床表现			
起病	多缓起	以急起为主	多缓起
发热	偶有	常有	多无
毒血症	不明显	常明显	多不明显
里急后重	可有	常见	较少
腹部压痛	在脐下方或两下肢	多在左下腹	多在右下肢
外周白细胞	总数多正常	急性期总数及多形核白细胞增多	早期总数可增多
粪便检查	脓细胞较少，可找到结肠小袋纤毛虫滋养体	脓细胞和红细胞较多，培养生长志贺菌	脓细胞较少，可找到溶组织内阿米巴滋养体

防治

治疗本病的首选药物为甲硝唑30mg/（kg·天），分3次餐后口服，疗程8～10天，成人为200～400mg，每天3次；也可用痢特灵、土霉素、黄连素药物。病猪对人可构成一种潜在威胁，消除猪结肠小袋纤毛虫病还是十分必要的。病猪可用甲硝唑120mg/kg，配成溶液拌料或灌服1次，重症重复1次；有试验用甲硝羟乙唑复方（甲硝唑50mg/kg＋次硝酸铋5g＋酵母片5g），每头猪每天3次，连用3天，治疗率达90.36%（150/160）；青蒿素200mg/kg＋次硝酸铋5g/头＋酵母片5g/头，每天2次，连用2天，治疗率达100%（168头）。但停药一周后会有少量重复感染（8/168）。猪小袋纤毛虫玻片上滴加青蒿素1min后，虫体运动速度减慢→翻滚→仅见纤毛运动→最后虫体崩裂。或用0.02%呋喃唑酮拌料喂食，或用驱虫净。本病重点应在于预防，注意搞好畜舍卫生和消毒，防止粪便污染饮水和饲料。发病畜要及时隔离治疗，并对周围环境进行彻底清扫和消毒。灭蟑、灭蝇。对各种易感动物要适时用药物预防，尤其是仔猪。饲养者要注意个人卫生，避免虫体污染食物和水源防治感染，杜绝人—猪传播。最后要查治病人、病猪和带虫者，控制传染源。

九、芽囊原虫病
（Blastocystisis）

本病是芽囊原虫（*Blastocystis* spp.）感染引起的疾病，是人腹泻病原之一。人粪便中常可查见，尤其是常常与其他病原体共存，大多数感染者为无症状携带者。所以大多数学者认为，芽囊原虫一般无致病性，或者为机会性致病。

历史简介

芽囊原虫是一种单细胞原生生物，由 Alexieff（1911）从动物粪便中分离得到，一直认为是肠道酵母菌类并命名为 *B. enterocola*，将其归属于酵母菌。Brumpt（1912）从人粪便中分离得到此原生生物并描述，归于寄生于人肠道内的酵母菌认为是对人无害的肠道酵母菌类。Zierdt（1967）根据其超微结构归为原虫，经系统研究，到 1988 年才证实具有致病性的肠道原虫为人腹泻病原之一，引起广泛重视。江静波等（1993）将其归为人芽囊原虫亚门。Sliberman 等（1996）根据其小亚基核糖体基因序列，将芽囊原虫归属于藻界的原生藻菌。

病原

芽囊原虫（*Blastocystis* spp.）有多种形态，包括空泡型，是芽囊原虫典型形态，在新鲜粪便中及体外培养时最常见。光镜下呈圆形，体外培养时直径 $2\sim29.10\mu m$ 不等，平均为 $4\sim15\mu m$。虫体中央有一大的透明的空泡，可占虫体总体积的 90% 以上，空泡和细胞膜之间形成"月牙状"间隙，内含细胞质，细胞核被挤在空泡边缘，偶可见细胞质及细胞器内陷于中央空泡中。新鲜粪便中空泡型较小，呈圆形或卵圆形，直径为 $5\mu m$，中央空泡较小。其他形态有颗粒型、阿米巴型、包囊型、多泡型、无泡型等。体外观察到包囊型可经多泡型发育成空泡型。

芽囊原虫寄生在人体消化道的回首部，也可见于消化道其他部位。完成生活史只需一个宿主，但生活史的详尽过程尚不明确。包囊是本原虫的传播阶段。宿主因摄入被包囊污染的饮水或食物而被感染。包囊在宿主消化道内经多泡型发育成空泡型或其他形态，空泡型可以二分裂方式进行繁殖。空泡型、阿米巴型和包囊型均可排出体外，但前两者对外界环境的抵抗力弱，很快死亡，包囊型在室温下则可在外界环境中存活达 19 天。

流行病学

芽囊原虫在自然界中广泛分布，在寄生虫病调查中常为检出频率最高的一种原生动物，本虫的宿主种类较多，可寄生在多种动物体内，如哺乳动物人、猴、猩猩、牛、犬、猪、猫等，以及鼠类、禽类、鸟类、爬行动物、两栖动物、昆虫、环节动物。体内有芽囊原虫寄生物从粪便排出原虫的人或动物均可作为传染源。家畜、家禽、野生动物及各种宠物（大鼠、小鼠、豚鼠、蛇、蛙、蚯蚓）都是其重要的保虫宿主。自然因素对芽囊原虫病的流行和分布具有重要影响，包括气候、地理、水源分布等，在热带、亚热带地区和卫生经济条件较差的地区感染率较高，主要通过被污染的水源、食物或用具经口感染。与感染的猪和禽密切接触者可能引起接触感染。蟑螂是重要的传染媒介。我国热带、亚热带地区人群感染率可能超过 30%。任何年龄、性别的人群对本虫均有易感性；在免疫功能低下、智障者、衰弱患者以及赴热带地区旅游者中容易查见。本虫感染后不会产生持久性免疫，可重复感染。

发病机制

人芽囊原虫发病机制尚不明了。人芽囊原虫寄生于宿主的回盲部，呈共栖生活，具潜在致病力，当宿主生理功能改变时，即发生致病作用。苏云普等（1997）用源于人的人芽囊原虫人工感染小鼠，接种量为 10^4 时黏膜上无虫体和病变；接种量为 $25^4 \sim 30^4$ 时黏膜上发现大量虫体，肠黏膜被破坏，呈网状或蜂窝状，并有成片的肠黏膜脱落，每组各有 1 只小鼠死亡（1/5）。试验发现，多数动物大体病理变化不明显，仅少数动物发现肠黏膜充血，显微镜下可见虫体侵入肠黏膜上皮，但未见局部黏膜的炎症反应。死亡病人和动物尸检发现人芽囊原虫可侵入肠上皮细胞，肠腔中含大量虫体。动物实验表明，宿主肠黏膜是否发生病变，与感染虫体的数量密切相关；在临床病例中也观察到患者症状的有无和病情的轻重与虫体感染的数量有关。人芽囊原虫在体外可使中国仓鼠卵巢和腺癌 HT29 细胞发生病变。因此，人芽囊原虫有可能损伤宿主肠黏膜细胞，进而损害肠黏膜的屏障功能。

临床表现

人

芽囊原虫致病性尚不明确，人群普查及临床实验室查见的机会多，人群感染率高达 10%，我国 1988～1992 年第一次人体寄生虫分布调查表明，有 22 个省（自治区、直辖市）查到该虫感染，平均感染率为 1.47%。但感染者多无临床症状，出现临床症状的感染者一般同时有其他病原体存在，因而有些学者认为本虫作为其他病原体的共致病因子。但也有研究认为，该虫可能致病。南京肉联厂在 1 914 例常规粪检查出阳性 82 例（4.28%），单纯感染者 52 例（2.72%）。焦作市郊居民 383 人，查出阳性 56 人（14.62%），其中混合感染其他原虫和蠕虫者 22 例（39.29%），单纯感染者 34 例（60.71%）。

人芽囊原虫病临床表现不一，由于致病性不强，约一半感染者为无症状带虫者。本病临床症状的轻重与感染虫数有一定关系，平均每个高倍镜视野下 5 个虫以下者，症状轻微或无症状，5 个以上虫者有明显症状，10 个以上虫者症状严重。芽囊原虫感染出现的消化道症状一般无特异性，可有腹泻、腹部不适、腹痛或腹部绞痛、肠鸣、里急后重、恶心、呕吐等症状，严重的急性感染者可能会出现 1 天 3～30 次的水样腹泻糊状便，含黏液，少数带暗红血和发热，疲劳、食欲减退、胃胀、头痛、头晕、烦躁、口渴、尿少，以及其他非特异性消化道症状也可能与本虫感染有关。另外，还可出现直肠出血，大便中白细胞、嗜酸性粒细胞升高，肝、脾肿大等。在某些病例，芽囊原虫可能与末端回肠炎、结肠炎有关，或可能引起溃疡性结肠炎的加重。

流行病学研究结果提示，芽囊原虫感染可能与肠易激综合征有关。肠易激综合征属于胃肠功能紊乱性疾病，少数芽囊原虫感染者不能自愈，可致慢性感染，出现此综合征，可持续存在或间歇发作 3 个月以上，包括腹痛或腹部不适，排便后缓解，大便次数改变，大便性状异常（黏液便）。严重的感染可影响儿童的生长发育。另有一些病例报告显示本虫感染可能与过敏性皮肤病如皮肤瘙痒症、荨麻疹甚至关节炎有关。

猪

牛、猪、犬等动物是传染源。南京肉联厂调查，本病患者与生猪有接触的占 57.6%，与禽类有接触的占 57%。Niichiro 等（2002）对日本的牛、猪、犬和动物园的灵长动物、食肉动物、食草动物、鸭和野鸡等进行芽囊原虫的显微镜检查，感染率分别为猪 95%、牛 71%、犬 0、灵长类 85%、野鸡 80%、鸭 56%、食草动物和食肉动物均为 0。但 Duda 等（1997）发现澳洲犬、猪人芽囊原虫感染率为 70.8% 和 67.3%。

诊断

由于与芽囊原虫感染有关疾病的临床表现无特异性，出现不明原因的消化道疾病，尤其是免疫功能受损个体，应考虑本虫感染。病原学检查主要是粪检及体外培养。

1. 粪便检查　直接涂片或碘液染色，碘液染色可见虫体的核染成棕黄色，中心团块物呈褐色，细胞质呈一无色的透明区带，铁苏木素染色、三色染色后镜检，由于本虫较小，且形态多样，极易漏检和误诊。浓聚法可提高检出率。可查见空泡型、阿米巴型、包囊型。但要与白细胞、脂肪滴、阿米巴虫、隐孢子虫、酵母菌等相鉴别和假阴性。此外，可进行体外培养。

2. 其他检查　可用 ELISA、FA 等免疫检查和采用 PCR 技术基因检测。

防治

由于致病性尚不明确具有自限性，感染者及症状轻微者一般不需治疗。对症状严重的感染者，且未发现其他致病因素存在时，可进行试验性驱虫治疗。可选用甲硝唑（甲硝唑 0.4～0.6g/天，连用 7～10 天，疗效达 95％，但易复发。）、双碘喹啉、依米丁、复方磺胺甲噁唑〔儿童：TMP 6mg/（kg·天）；成人：TMP 320mg/（kg·天）＋SMZ 1600mg/（kg·天），连用 7 天，疗效达 93.3％～94.7％。孕妇和肾功能不健全者禁用〕等。本虫具有人畜共患性，与动物密切接触者，要加强个人防护，养成良好的卫生习惯，不饮用生水，养成良好的卫生习惯，严防"病从口入"。同时应该改善饲养场的环境卫生设施，加强粪便管理，防治水源污染。严禁人畜粪便直接排入环境，不用新鲜粪便施肥，对人畜粪便进行无害化处理。

十、微孢子虫病
（Microsporidiosis）

微孢子虫病（Microsporidiosis）是由微孢子虫引起的人和动物共患疾病，在人体主要寄生在肠、肺、肾、脑、鼻窦、肌肉和眼部，引起腹泻、肝炎、腹膜炎、肌炎和结膜炎等症状，尤以腹泻为特征。

历史简介

Nageli（1857）首先报道了微孢子虫对家蚕的危害，此后的研究表明微孢子虫几乎可以感染动物界的任何一门动物，严重危害农牧渔业的发展。Matsubayashi 等（1959）从日本一名 9 岁儿童体内发现人微孢子虫感染病例。1982 年美国德克萨斯大学病理学家 Gourley 在对一例患慢性腹泻的同性患者的十二指肠活检组织进行检查时发现一种光镜下不能辨认的病原体，当时认为可能是"酵母菌"或某种原虫孢子。后来在另一位患慢性腹泻的 HIV 患者的小肠活检组织中也发现了同一种病原，并认为属于肠上皮细胞微孢子虫属的病原，随后以该患者的名字，将其命名为毕氏肠细胞内微孢子虫。Desportes（1985）从法国 HIV 感染的患者中发现微孢子虫，由毕氏肠微孢子虫（*Entroeytozoon bieneusi*）所致。其后，不断发现人微孢子虫的新属和新种，以及各种动物、鸟和禽的微孢子虫感染。作为机会性致病性病原对人和动物的危害越来越受到重视。2003 年美国国立卫生信息中心（NCBI）正式确认了微孢子虫的分类地位，但至今对微孢子虫还没有统一分类标准。

病原

微孢子虫（*microsporidia*）的分类地位属于微孢子门，目前已被确认的微孢子虫 150 多个属，计 1 200 多个钟，已经报道感染人体并致病的微孢子虫有 8 属 14 种，即短粒虫，属阿尔及利亚短粒虫、康氏短粒虫、小泡短粒虫、脑炎微孢子属的肠脑微孢子虫、兔脑微孢子虫、海伦脑炎微孢子虫；肠微孢子虫属的毕氏肠微孢子虫；微孢子虫属的钩南微孢子虫、非洲微孢子虫；微粒虫属的眼微粒虫、匹里虫属；气管匹里虫属的人气管匹里虫、人眼气管匹里虫；条纹孢子虫属的角膜条纹孢子虫。猪感染目前已知的是毕氏肠微孢子虫。

微孢子虫的生活史包括感染期、裂殖生殖和孢子生殖三个阶段。孢子是唯一可在宿主细胞外生存的发育阶段，也是本虫的感染期。成熟的孢子呈圆形和椭圆形，其大小因虫种而异，毕氏肠细胞内微孢子虫（*E. bieneusi*, *E.b*）为 $0.8 \sim 1.0\mu m \times 1.2 \sim 1.6\mu m$，其他有些虫种可达 $1.5 \sim 2.5\mu m \times 3.5 \sim 4.5\mu m$。孢子在光镜下有折光，呈绿色，革兰氏染色阳性，姬氏或 HE 染色着色均较淡。孢子壁由内、外两层构成，内壁里有一极薄的胞膜，细胞核位于中后部，围绕细胞核有极管（亦称极丝）呈螺旋状（鉴定微孢子虫的主要特征），卷曲的极丝从孢子前端的固定盘连至虫体末端，后端有一空泡。机管螺旋数依不同属的微孢子虫而异。

感染人体的微孢子虫一般寄生在十二指肠及空肠，空肠上段最多见，食管、胃、结肠及直肠部位寄生罕见。有些种类微孢子虫在宿主细胞内的纳虫空泡中生长繁殖，有的则直接在宿主细胞的泡质中发育。入侵宿主细胞时，成熟孢子内极管伸出，刺入宿主细胞膜，然后将感染性的孢子质注入宿主细胞而使其受染。微孢子虫在宿主细胞内裂体增殖形成分裂体，转化形成母孢子，由裂殖生殖阶段进入孢子生殖阶段。孢子增殖最后形成的孢子胀破细胞再进入其他细胞中寄生。宿主免疫功能低下时，孢子可经血循环播散到肝、肾、脑、肌肉等组织器官，孢子可随坏死的肠细胞脱落并被排出宿主体外。成熟孢子为感染阶段，在外界环境中呈现极强抵抗力。

微孢子虫被认为是较古老的生物，是原核生物向真核生物进化过程中的一个早期性生物，缺乏典型的真核生物的某些特征，在超微结核上有 70S 的核糖体（30S、50S）、rRNA（16S、23S），但缺乏 5.8S 的 sRNA；没有线粒体、过氧化酶系及典型的囊状高尔基体。感染人的毕氏细胞微孢子虫已有 4 个基因型（A、B、C、D）被确定。

流行病学

微孢子虫为细胞内寄生，广泛寄生于脊椎动物、鱼类、鸟类及哺乳动物中。微孢子虫病广泛分布于世界各地，发病亦无明显的季节性。很早以前人们就认识到微孢子虫可引起动物疾病，但直到 20 世纪 80 年代以后才认识到某些种类可以引起人的疾病，在艾滋病发现以前，微孢子虫使人致病的报道极为罕见。好发人群主要是免疫缺陷者，尤其是毕氏肠细胞原虫引起艾滋病的患者慢性腹泻。据美国报道有腹泻症状的 HIV 感染者粪便中毕氏肠微孢子虫阳性率为 15%～34%。德国为 7%～50%。血清学调查，荷兰献血者脑微孢子虫阳性率为 3%（24/800），法国怀孕妇女阳性率为 4.7%（13/276）。

人是自然宿主。患者和带虫者是主要传染源。感染者各受累及的脏器排泄物向环境中排出微孢子虫。美国和法国的地表水中曾检出微孢子虫。在一些野生动物、家养牲畜，包括猪、牛、兔、犬、猫、猴和鸟类粪便中也检测到微孢子虫。毕氏微孢子虫也发现于猪体内，在众多的感染动物中，猪感染率最高；水牛的感染率为9.5%～11.5%；恒河猴自然感染率为16.7%。除猪、牛外，本虫还在多种野生动物体内发现，如河狸、狐、麝鼠、水獭、浣熊等，这些动物是本虫的保虫宿主。此外，何氏微孢子虫在鹦鹉感染率最高，鸡、鸵鸟、候鸟、水禽等禽类是何氏微孢子虫重要的传染源。兔脑炎微孢子虫以兔、猴、山羊、牛等为最主要保虫宿主。随着检测技术的发展，在健康人群中也有微孢子虫感染的报道，因此有人提出微孢子虫可能是人类的固有寄生虫，只在免疫抑制的人群中发病。国外报道，约20%患慢性腹泻的艾滋病病人由此虫所致。瑞典某医院中约1/3同性患者血清抗微孢子虫抗体阳性。

在家蚕和蜜蜂中微孢子虫病的感染有季节性。春季是蜂孢子虫病的发病高峰期；夏季蜜蜂采蜜飞翔，发病、死亡率降低；秋季出现较小的高峰；到冬季气温降低，孢子虫病病情好转。

微孢子虫的人类感染来源和传播尚未完全了解。通常认为，微孢子虫的传播途径是先经消化道进入，继之感染呼吸系统、生殖系统、肌肉、神经系统、排泄系统，甚至所有的组织和器官都可能受到感染。主要为粪（尿）—口途径传播；该虫可经水传播，也可吸入感染或口—肛传播。可能是人—人传播或动物—人传播。动物中发现有经胎盘感染，试验证明，兔脑炎微孢子虫可以经胎盘垂直传播。此外，有可能经体表伤口和眼部直接接触空气中带有微孢子虫的雾滴受感染。水源污染造成的感染在法国已经得到证实。Dowd等用PCR和基因序列分析技术检测了不同来源的14份水样（包括地下水、地面水和下水道水），发现其中7份含有肠上皮细胞微孢子虫，表明其可能经水传播。肠道微孢子虫病爆发流行的回溯性研究也认为水可能是微孢子虫的传播途径。

发病机制

本虫是机会性感染，微孢子虫感染与宿主免疫功能密切相关，故多发于免疫功能低下或缺陷者，某些具有免疫豁免的部位，如眼角膜部位也可受其侵袭。在艾滋病爆发之前，仅报道10例微孢子虫。现在普遍认为免疫受损及免疫抑制的人群是其主要感染对象，晚期艾滋病患者经常伴随着微孢子虫感染，引起皮肤溃疡及呼吸系统、泌尿系统等恶性疾病。研究显示微孢子虫虫荷及是否发病、病症严重程度与宿主的免疫功能、免疫力相关。动物实验证明在感染微孢子虫后主要表现三种形式：①年幼宿主易发病，常常死亡；②获得免疫力的成年宿主发展为慢性、亚临床感染；③免疫缺陷宿主往往表现为严重而明显的临床症状，甚至死亡。有报道，近30%隐孢子虫感染者合并感染微孢子虫。

微孢子虫对器官和组织特异性不严格，其成熟孢子进入人体后先侵入宿主的小肠细胞，在细胞内生长繁殖，并逐渐向周围的细胞扩散或经血循环播散至脑、心、肝、肾、眼、肌肉等其他组织器官。微孢子虫引起严重腹泻的发病机制尚不清楚。

人微孢子虫病的典型特异性病理变化为局灶性肉芽肿、脉管炎及脉管周围炎。消化道微孢子虫感染多发部位为空肠，其次为十二指肠远端。感染引起的病变依赖感染程度而异，一般仅有轻微损害。内窥镜检查发现十二指肠远端及空肠近端明显，黏膜出现红斑，未见分散溃烂或成片的损伤。病理标本显微镜检查可见受染部位的微绒毛萎缩、变钝，受染细胞变形，形状多样，紊乱拥挤，胞质空泡化，直至变性坏死。受染细胞核深染，形态不规则，线粒体、高尔基复合体及内质网肿胀，次级溶酶体和脂肪泡积聚等，并可引起单个或成片的肠细胞脱落。

眼微孢子虫感染时，角膜上皮细胞有不规则水肿，角膜病变中心基质坏死，周围基质中有炎性细胞浸润或血管伸入；微孢子虫侵犯肌肉组织，则引起肌纤维变性及瘢痕形成，在萎缩蜕变的肌纤维间的包膜内可见到成串的孢子；微孢子虫肝炎患者的肝组织活检可见肝窦充血和肉芽肿。

临床表现

人

微孢子虫感染引起的临床症状和体征均无特异性，而是与患者的免疫状态有关，尤其是与患者血液中的 CD4$^+$ T 淋巴细胞的数量有关。有报道认为当 CD4$^+$ T 淋巴细胞计数少于 $100/\mu L$ 时，才会感染肠道微孢子虫。本病绝大多数发生于艾滋病患者及免疫功能低下的患者，引起慢性腹泻，也可以无明显的临床症状。微孢子虫感染宿主后所寄居的主要部位因虫种而异。同样，其致病性与 HIV 的关系也呈现微孢子虫虫种的差异性（表 3-17）。例如，感染脑炎微孢子虫属的虫种后，患者出现头痛、喷射性呕吐，发病者以艾滋病患者多见；微孢子虫寄生在内脏组织，主要累及肝脏胆道系统、肾脏、眼、甚至呼吸道等组织器官，可表现为肝炎、肾炎、尿道炎、角膜炎；毕氏肠细胞内微孢子虫可累及小肠，主要症状是慢性腹泻、水样便，一般每天 3 次左右，有的多达 10 次以上，持续一个月，甚至更长。粪便中有未消化的食物而无黏液脓血。此外，还可有恶心、腹绞痛、食欲下降及低热等症状。微孢子虫在泌尿系统的感染也较常见，尽管临床上多数患者无明显的症状，但可在尿液中查到微孢子虫。有些微孢子虫感染呼吸道，包括鼻、鼻窦、气管、支气管、下呼吸道感染。

表 3-17　微孢子虫与 HIV 的关系

病原体	主要感染部位	与 HIV 的关系
毕氏肠细胞内微孢子虫	小肠、胆管上皮细胞、鼻腔及支气管上皮细胞	相关，但不绝对
兔脑炎微孢子虫	肝脏、肾脏和腹膜	相关，但有免疫力的人体可以查到抗体
何氏脑炎微孢子虫	角膜、结膜上皮细胞、鼻息肉、肾、支气管	相关
肠脑炎微孢子虫	胆道上皮细胞、肾脏和胆囊	相关，但不绝对
支气管匹里虫	骨骼肌、角膜上皮细胞、肾脏、鼻咽部	相关
人眼气管匹里虫	脑、肾、心、胰腺、甲状腺、肝、脾、眼及骨髓	相关
小泡短粒虫	骨骼肌	相关
角膜条纹孢子虫	淋巴系统、平滑肌、肾、肝、肺及肾上腺眼	仅发现一例 4 月龄的免疫缺陷患儿，第一例显性在 HIV 患者体内发现，但相关

人的潜伏期为 4～7 个月，起病较缓慢。其症状因感染部位而异。微孢子虫肠道感染，主要症状为消瘦及慢性腹泻，大便水样，伴有恶心、食欲不振和腹痛。中枢神经系统感染患

者呈头痛、嗜睡、神志不清、呕吐、躯干强直及四肢痉挛性抽搐等症状。角膜炎病人有畏光、流泪、异物感、眼球发干、视物模糊等症状。肌患病人出现进行性全身肌肉乏力与挛缩，体重减轻，低热及全身淋巴结肿大。肝炎病人早期乏力，消瘦，后出现黄疸，腹泻加重，伴发热，并迅速出现肝细胞坏死。

猪

猪是保虫宿主。毕氏肠细胞内微孢子虫在众多感染动物中，首先发现于猪体内，猪的感染率最高。在瑞士，猪排泄物中微孢子虫检出率达 67％；捷克调查了 65 头的粪样，微孢子虫阳性率为 82％（80％～88％）。

诊断

由于病患者多无特异性症状和临床体征，微孢子虫感染误诊率和漏诊率高，主要与病原体小、细胞内寄生、常规组织染色法着色差（特别是繁殖阶段），而且血清学检查作用不大或方法不完善，以及人们对此类寄生虫不了解等有关。但临床上多数病人可能患有艾滋病或艾滋病病毒抗体阳性，或者有同性恋史或其他原因导致的免疫功能受损情况。

病原学检查是诊断的主要方法。采集标本时应注意粪便样本新鲜，或加入 10％ 的甲醛；对扩散性病例，可采集尿液、痰、鼻腔分泌物或结膜涂片、角膜刮片等作为受检物。

1. 粪便、体液涂片染色法　取新鲜标本，经离心处理后以 $10\sim20\mu l$ 的浓集样本涂薄片，染色后油镜下检查。虫体呈布朗运动的微小体。经改良抗酸法及三色染色体染成带荧光的深玫瑰红色，在三色染色基础上，进行多色复染，可见外壁紫红色，内部为蓝色的虫体。毕氏肠细胞内微孢子虫染色可见孢子内斜行条纹（极管）。

2. 标准化粪便浓集染色法　取 0.5g 粪便用 10ml 饱和盐水调匀，经 $300\mu m$ 滤膜过滤，200g 离心 10min，取 $100\mu l$ 上清液，用蒸馏水洗涤 2 次；然后用 $150\mu l$ 蒸馏水重新混悬沉淀，离心后将沉渣涂片，干燥后用无水乙醇固定 10min，10％姬姆萨染液染色 35min，油镜下检查。孢子胞质染成灰蓝色，胞核呈深紫色。

Weber 等（1992）报道一种能检查粪便和十二指肠液中微孢子虫孢子的简便方法：将稀粪便样本与 3 倍 10％福尔马林液混匀后无需离心沉淀即直接涂片，晾干后用甲醇固定 5min；然后用新配制的改良三色染液染色，经醋酸乙醇及 95％乙醇冲洗后，再依次置 95％乙醇、100％乙醇及 Hemo－De（一种二甲苯代用品）中脱水。经此法染色后，孢子壁呈鲜樱红色。

3. 革兰氏染色法　主要用于散播性微孢子虫病的检查。样本可以是尿液、支气管肺泡灌洗液、痰及其他体液及其脱落细胞，样本经高速离心后的涂片用革兰氏染色检查。因这些样本中杂质含量较低，分辨率及检测效果均较好。

其他有组织学检查，如组织切片经 PAS、铁苏木素、姬氏染色和免疫荧光灯染色；内窥镜检查、电镜检查、检测组织和体液等样本，检出率高，形态特征明显。血清学检查：IFA、ELISA 等方法。基因检测：rRNA 和 PCR－RFLP 方法可以区别海伦脑炎微孢子虫和兔脑炎微孢子虫。PCR 扩增结合种子发育软件分析序列可以鉴定虫种。

防治

在动物中对微孢子虫是保虫宿主，很难对病治疗。而人类大多数为免疫缺陷者或机会性疾病，一般抗原虫药和抗菌药物无治疗效果。阿苯达唑 400mg、环丙沙星 1g、万古霉素 0.4g，每天 2 次口服，常被用来治疗微孢子虫病，主要是作用于发育阶段的虫体，抑制其传播，但对毕氏肠细胞微孢子虫引起的疾病治疗效果不佳。在一些案例中，仅有甲硝唑和伊曲康唑等有一定抑制作用。有人试用甲硝唑 500mg，每天 3 次，或用丙硫咪唑 400mg，每天 2 次，治疗感染该虫腹泻的艾滋病患者有一定的效果，但不能杀灭组织中的虫体，停药后复发。有报告大多数为微孢子虫感染的艾滋病患者有慢性腹泻，在抗病毒治疗的同时给予蛋白酶抑制剂 Indinavir 和 Saquinavir 治疗，获得明星效果。

由于微孢子虫保虫宿主和感染途径较多，孢子在外界抵抗力很强。所以，注意饮水、饮食卫生，提高患者自身免疫功能，在疾病的预防控制中有重要的作用。①加强对腹泻病人的检查并及时治疗，减少传染源。②保护水源，避免污染。③管理好粪便等，对粪便、垃圾进行无害化处理，防止粪便污染水源及食物，是切断传播的主要环节。④养成良好的卫生习惯，注意饮水、饮食卫生和个人卫生，防止病从口入。⑤环境卫生整治，加强饮食服务行业卫生管理。⑥消灭苍蝇、蟑螂等传播媒介；加强禽、鸟、野生动物、犬、猪等管理。

猪的微孢子虫病防治未见报道。

十一、日本分体吸虫病
（Schistosomiasis Japonica）

日本分体吸虫病是日本分体吸虫寄生于哺乳动物和人肠系膜血管中引起的疾病，又称血吸虫病。其尾蚴侵入皮肤时，由于机械损伤和变态反应引起宿主皮炎；童虫移行致器官组织损伤或使肺微血管阻塞、破裂、细胞浸润；成虫产卵于肠壁堆积形成结节、溃疡、坏死灶，卵进入肝脏形成肉芽肿，导致肝硬化，最终给宿主带来腹泻、出血、贫血等一系列不良后果。

历史简介

1807 年日本就有日本血吸虫病症状记载。藤井好直（1847）所著的《片山记》中描述了广岛县片山地方的一种因种植水稻与水接触后先是腿部皮肤发生痒痛的皮疹，然后有肝脾肿大、血便和腹水特点的"片山病"。马岛永德（1888）在解剖 1 例因肝硬化而死亡的患者时发现肝脏中有许多不知名的虫卵。以后在日本患病尸体的肝脏和肠膜壁中发现不知名的虫卵，而且认为它与该地流行的肝脾肿大疾病有关，但未找到虫体。桂田富士郎（1904）在检查山梨县 12 名肝脾肿大病人粪便时，发现 4 人粪便中含有与埃及血吸虫虫卵相似的虫卵，同时在解剖一只猫时，在门静脉发现一条雄虫。同年又在该地解剖另一只猫时，又检到 24 条雄虫和 8 条雌虫，证明了该虫和虫卵与"片山病"的关系，而且认为这是一种新种，命名为 Schistosomun japonicum。后 Stiles（1905）按虫的种属分类将桂田富士郎命名修订为 Schistosoma japonicum。藤浪鉴（1904）在解剖广岛县 1 例 53 岁男性死者时，于门静脉发现一条雌虫，并指出沉积在死者肝脏中的虫卵和所发现雌虫子宫中的虫卵在形态上是一致的，证明了寄生于人体的血吸虫和桂田富士郎报告的寄生在猫体内的血吸虫是相同的。Catto（1905）在新加坡解剖 1 例福建华侨尸体时，在其肠系膜静脉检获血吸虫，经 Blanchard（1905）鉴定为 S. Catto。不久 Stilea（1905）和 Loose（1907）又对此虫加以比较，均认为此虫应是日本血吸虫的同物异名。Logan（1905）在湖南省常德县，从一名 18 岁男性农民粪便中检出含毛蚴的日本血吸虫卵，从而确定我国日本血吸虫病的存在。

关于血吸虫生活史的发现过程经历了一段曲折的历史。首先是人体如何发生感染。藤浪鉴和中村八太郎（1909）在广岛县的疫区用耕牛做实验以及桂田富士郎和长谷川恒治（1909）在冈山县流行区猫、犬做试验，完全证实了人体患血吸虫病是经皮肤而感染。宫川米次（1912）对幼虫从皮肤至门脉系统的移行途径进行了研究。宫入庆之助和铃木稔（1913）在佐贺疫区发现宫入贝，并在其体内检得 3 种尾蚴，其中一种尾蚴的数量最多，称为 A 型尾蚴，将其与小鼠接触 3h，连续进行 4 天实验，约 3 周后小鼠死亡，解剖时在肠系膜血管中意外发现大量血吸虫，从而确定宫入贝是日本血吸虫的中间宿主，这是血吸虫生活中的一项重大发现，也是血吸虫发现史上的一个重要里程碑。Robson（1915）命名该小贝为 *Katayama nosophora*，即今日称为日本光壳钉螺（*Oncomalania hupensis nosphosa*）。

在人体血吸虫的属命名方面有一段争论的历史，直到 1967 年世界卫生组织在第 372 号技术报告中将"Bilharziasis"改为"Schistomiasis"。故有关病原的属名也相应改为"*Schistosama*"，国际上对血吸虫的属名取得一致。

病原

本病原虫线状，虫体外观呈圆柱状，雌雄异体，常呈合抱状态，故又称裂体吸虫。腹吸盘大于口吸盘，具有短而粗的柄，位于虫体近前方。雄虫乳白色，短而粗，长 9~18mm，宽 0.5mm。从腹吸盘起向后，虫体两侧向腹面卷起，形成抱雌沟，雌虫常位于此沟内。两条肠管在虫体后 1/3 处合并成一条。睾丸 7 个，单列于腹吸盘后的背侧。

雌虫细长，暗褐色，长 12~26mm，宽 0.1~0.3mm。肠管在卵巢后合并。成虫寄生于肠系膜静脉等处，雌雄交配后，雌虫产卵，每条雌虫每天可产卵 2 000~3 000 个，一部分卵随血流沉积于肝脏；另一部分沉积于肠壁血管内，随组织破溃，虫卵穿过肠壁进入肠腔，随粪便排除进入水中，在 25~30℃下孵出毛蚴。毛蚴钻入钉螺体内 6~8 周，经胞蚴、子胞蚴形成尾蚴。尾蚴离开钉螺在水中流动，遇到终末宿主后，从皮肤侵入机体，尾蚴随血液循环到达肠系膜，随血流到门静脉发育为成虫，然后移居到肠系膜。从尾蚴侵入到成虫需 30~50 天，成虫生存期在 3~5 年以上。

虫卵平均大小为 $89\mu m \times 67\mu m$，椭圆形，淡黄色，卵壳厚薄均匀，无小盖，一侧有一小棘，卵壳上常附有脏物，壳内是一发育成熟的毛蚴，毛蚴与卵壳间见大小不等油滴状分泌物。毛蚴平均大小约为 $99\mu m \times 35\mu m$，前端有一锥形顶突，流动时呈长椭圆形，静止或固定后呈梨形。

尾蚴全长 $280~360\mu m$，分体部和尾部，尾部又分尾干和尾叉，体部长 $100~150\mu m$，尾干长 $140~160\mu m$. 尾蚴前端为头器，口孔位于虫体前端正腹面，腹吸盘位于虫体后 1/3 处，具有较强的吸附能力。血吸虫每一虫种又由若干地域品系组成复合体。何毅勋（1993）根据形态度量学、哺乳动物的易感性、幼虫与钉螺的相容性、对宿主的致病性、感染动物的血清免疫学反应、药物敏感性、蛋白质电泳和抗原组分测定。DNA 杂交多点位酶电泳分析和群体遗传学等方面研究结果表明，中国大陆日本血吸虫并非是单一大陆品系，至少分为云南、广西、四川、安徽、广东 4 个不同地域品系，每一个品系具有各自特定的生物学特性。

流行病学

本病的传染源为能排出血吸虫虫卵的病人和动物宿主。病人包括急性、慢性和晚期血吸虫病患者及无症状的感染者。动物宿主有家畜及野生动物，家畜中有黄牛、水牛、羊、马、猪、犬、兔等。野生动物中有沟鼠、黄胸鼠、姬鼠、猴、狐、野兔等40余种。但东方田鼠对血吸虫感染不敏感。该病只存在于有钉螺滋生的热带、亚热带地区，大陆发现的螺区均在北纬 $22°43'\sim33°15'$、东经 $121°45'\sim99°4'$ 之间。钉螺是中间宿主，钉螺的存在对本病的流行起决定作用。由于钉螺生态要求呈负二项分布，水线以下一般无钉螺滋生，常生存在沼泽、河沿，所以水中尾蚴分布不均匀。只有钉螺和尾蚴可生存处，才能在人、动物接触后被感染。一般在钉螺阳性率高的地区接触疫水机会多的人、畜，其感染率也高。目前流行类型分平原水网型、山丘沟渠和湖沼型。血吸虫病是通过接触有血吸虫尾蚴的水体（疫水）而感染。人的感染途径主要有生产性感染和生活性感染两种类型。

粪便污染水源在血吸虫病传播中起重要作用。

郑江（1991）对大山区粪便污染水源方式及其在传播血吸虫病中的作用进行调查（表3-18、表3-19）。

表 3-18　各种野粪检出血吸虫卵情况

野粪种类	检查数（份）	阳性数（份）	％	虫卵数/g 粪便
人	14	1	7.14	15.8
牛	425	32	7.53	0.9
犬	397	47	11.84	4.3
猪	239	3	1.26	1.0
马	185	0	0	0
羊	24	0	0	0
合计	1284	80	6.23	

表 3-19　各种野粪传播期排放虫卵情况

种类	密度（份/100m²）	g/份野粪	阳性率％	虫卵数/g 粪	传播期排放虫卵（万）	构成比例（％）
牛	0.49	2 500	7.53	0.9	51 629.65	67.11
犬	0.39	75	11.84	4.3	9 261	12.04
猪	0.24	437.5	1.26	1.0	808.48	1.05
人	0.16	134.9	7.74	15.8	15 112.34	19.81

钉螺是日本血吸虫唯一的中间宿主。钉螺为雌雄异体、水陆两栖的淡水螺类，呈圆锥形。钉螺长度一般为1cm左右，宽度不超过4mm，钉螺有两种：一种螺壳为褐色或灰褐色，表面有凸起的纵向条纹（叫做肋），称为肋壳钉螺，一般分布在湖沼地区和水网地区；另一种比肋壳钉螺略小，螺壳为暗褐色或黄褐色，其表面比较光滑，这种没有肋的钉螺叫做光壳

螺，一般分布在山丘地区。

钉螺多孳生于冬陆夏水、土质肥沃、杂草丛生、水流缓慢的自然环境中。钉螺交配最盛期为4～5月份，9～11月份次之。适合钉螺交配的温度为25℃。一般螺卵产出1个月后即可孵出幼螺，孵化时间的长短与温度有关，平均温度13℃时需30～40天，23℃时20天左右，37℃以上或6℃以下100天后也孵不出幼螺。光照有利于螺卵孵化。钉螺需适当的水分才能存活，螺卵在水中发育孵化，幼螺生活在水中，成螺生活在潮湿的环境。最适宜于钉螺生活和繁殖的温度为20～25℃，高温和低温都能影响钉螺的活动和寿命。钉螺的分布取决于自然因素，钉螺孳生地区1月份平均气温都在0℃以上，全年降雨量都在750mm以上。在有机质和氮、磷、钙含量较丰富的土壤，钉螺密度有增大的趋势。此外，草是钉螺生存的重要条件之一，因为杂草能保持土壤潮湿，调节温度和遮阴等，且为钉螺提供食物。

发病机制

在日本血吸虫生活史中，尾蚴、童虫和虫卵阶段均可对人体产生不同程度的损害。一般来说，尾蚴、童虫和成虫所致的损伤多为一过性或较轻微。

尾蚴侵入人的皮肤数小时到48h内，可出现粟粒或黄豆大小的红色丘疹，然后数小时至2～3天内消失，称尾蚴性皮炎；童虫在宿主组织移行，可引起肺血管周围轻度水肿和嗜酸性粒细胞浸润，但通常很短暂，认为是童虫代谢产物和/或死亡童虫异性蛋白引起的变态反应；成虫在静脉内寄生，一般无明显致病作用，少数可引起机械性损害，可见静脉内炎和静脉周围炎。上述由尾蚴、童虫和成虫的直接损害虽不具重要的临床意义，但血吸虫由童虫在宿主体内移行和发育至性成熟期及成虫寄生阶段过程中，虫体的代谢物、分泌物和成虫不断更新的表膜都具抗原性，是诱导宿主免疫病理变化的重要因子。如童虫及成虫的可溶性抗原均能刺激机体产生相应的抗体和细胞免疫应答。当成虫产卵后，由于虫卵抗原能与各期血吸虫所诱生的抗体发生交叉反应，在抗原过量的情况下，可形成免疫复合物并作用于机体而引起急性炎血清病综合征，这可能是急性血吸虫病的发病机制。

虫卵沉积于肝、肠组织诱生的虫卵肉芽肿及随后发生的纤维化是血吸虫病临床综合征的主要组织病理学基础。因此，血吸虫虫卵是血吸虫的主要致病因子。虫卵肉芽肿形成基本上是宿主对虫卵抗原的变态反应，故有人将血吸虫病列入免疫性疾病范畴。日本血吸虫虫卵肉芽肿在渗出期中心性坏死更为显著。可见较多的嗜多形核白细胞和浆细胞，具有明显的中山-何博礼现象，提示日本血吸虫虫卵肉芽肿性炎症可能是局部抗原-抗体复合物介导的变态反应；但有研究表明，日本血吸虫虫卵肉芽肿的形成也受T淋巴细胞调节。在动物实验中已经注意到在疾病进行期间，围绕新产出和沉积在组织内的成熟虫卵周围的肉芽肿性炎症减轻，视作为一种对宿主具有保护作用的向下调节现象，可能涉及多种调节细胞因子、免疫效应细胞和成纤维母细胞间复杂的相互作用。门脉周围纤维化导致门脉血流障碍及连续的病理生理变化是血吸虫感染最严重的转归。

根据尸检及猩猩的实验观察，纤维病变的过程发展如下：开始是邻近虫卵肉芽肿的窦前血管的门脉根枝弥漫性炎症浸润，继之受累门脉根枝纤维化并扩张，最初是门脉小分枝，随后是较大的分枝被肉芽肿堵塞、炎症和纤维化所破坏。在这些被堵塞的部位周围，虫卵及虫卵肉芽肿积聚进一步促使门脉扩张，甚至呈血管瘤状。Kupffer细胞增生，并含大量色素。

但肝实质仍保持基本正常的肝小叶结构。在肝纤维化完成形成时，围绕在门静脉腔周围的长而苍白的纤维束构成干线型肝纤维化。干线型纤维化的后果是窦前门脉高压伴肝动脉代偿性增加，以维持总的肝血流量和供给肝实质细胞营养。在肝功能代偿期，肝功能试验仅显示轻微异常，而门脉高压却导致脾肿大、食管及胃底静脉扩张等。有资料表明，在儿童和动物模型，经化学治疗后，肝纤维化病变是可逆的，因此必须强调早期病因治疗的重要性。与虫卵肉芽肿形成的免疫机制不同，血吸虫性肝纤维化的形成机制复杂，涉及多种细胞、细胞因子、血吸虫卵和其他因子的参与调节。

感染血吸虫后数小时至 9 周内，人体出现病理损害。根据血吸虫的生活史，从尾蚴侵入皮肤至发育为成虫，分为 3 个阶段。

第 1 阶段，即尾蚴钻进皮肤的部位周围水肿，毛细血管扩张，嗜酸性粒细胞流通浸润，局部发生丘疹，称尾蚴性皮炎。发生率 42%～78%，在 1～3 天内消退。

第 2 阶段，即尾蚴侵入皮肤后发育为童虫，并随血流而达肺，再经肺循环而入体循环，部分童虫经肺毛细血管可穿破血管而引起出血及炎症反应，童虫也有可能穿过横膈到达肝脏而入门静脉。

第 3 阶段，即成虫排卵阶段。童虫发育 23～25 天后至性成熟期，雌雄合抱产卵，引起病理变化。病理变化主要在结肠、肝脏，异位损害多见于肺部和脑部。

①结肠　因成虫主要寄生于肠系膜下静脉，病变以直肠、乙状结肠及降结肠为最重，横结肠、升结肠及阑尾次之。早期为黏膜水肿，片状出血。黏膜有浅表溃疡。慢性病例因纤维组织增生，肠壁增厚，可引起息肉样增生和结肠狭窄，可以发生肠梗阻、肠系膜增厚和缩短、淋巴结肿大和网膜缠结成团，形成痞块。虫卵可沉积于阑尾则可能诱发阑尾炎。

②肝脏　早期肝脏肿大，表面光滑，上有粟粒状结节。晚期肝内门静脉分支因虫卵结节引起纤维增生，产生循环障碍，肝细胞变性萎缩，肝脏表面结节大小不等，凹凸不平，形成肝纤维化。由于门静脉血管壁增厚，形成了肝窦前阻塞，引起门静脉压力增高，使门-腔侧支循环开放，致食管下端与胃底静脉曲张，易破裂而发生出血。

③脾脏　早期轻度水肿，质地软，晚期可由门静脉高压而明显充血伴纤维组织增生，脾肿大可达 4kg，易发生脾功能亢进，可见白细胞及血小板减少等。

④异位损害　指虫卵或成虫迷走和寄生在门静脉系统之外的器官所致病变。虽然人体内各器官均偶见虫卵沉积，但以肺部和脑部为主。肺部病变为间质性粟粒状虫卵芽肿病变以位于顶叶与颞叶为多，分布于大脑灰白质交界处，多发在感染后 1 周至 1 年。

临床表现

人

人体血吸虫病主要有三种：曼氏血吸虫、埃及血吸虫和日本血吸虫。此外尚有湄公血吸虫、间插血吸虫和梅氏血吸虫也可引起人体血吸虫病。根据血吸虫侵入情况、感染机会、感染程度、病变部位的不同，而造成不同的病理变化、症状和体征。血吸虫病一般分为 3 期：急性期、慢性期和晚期。

1. 急性期　急性血吸虫病是人体在短时间内大量感染血吸虫尾蚴而出现的各种症状和体征。人感染尾蚴后 3 周至 2 个月之间，平均 40 天有明显临床反应。大部分病人在接触疫水后 1～4 天内，其接触疫水的皮肤出现奇痒、丘疹样皮炎等尾蚴性皮炎和儿童移行损伤表现，几天后自行消失。数周后，出现发热，肝肿大，腹痛，约 40 天后出现腹泻，重症病人亦可出现腹水，甚至昏迷等而危及生命，主要症状为发热与变态反应。以间歇型和弛张型热为多，重者可为持续型，体温可较长时间持续在 40℃左右，热程可在一个月左右，重者达数月，可伴有神志迟钝、昏睡、谵妄、相对脉缓等症状。

急性血吸虫病往往是人们在短期内接触含有大量尾蚴的疫水所致，常常发生于对血吸虫感染无免疫力的初次感染者，亦可发生于再次感染大量尾蚴的慢性甚至晚期血吸虫病病人。患者常因游泳、捕鱼摸蟹、打湖草、防汛等大面积接触疫水而感染。起病急，有发热等全身症状。其主要临床表现为：

(1) **尾蚴性皮炎** 大部分病人在接触疫水后数小时后至 3、4 天内，其接触疫水的皮肤出现奇痒，出现粟粒至黄豆大小的丘疹，痒，无痛，数小时至几天后自行消失。

(2) **发热** 发热为急性血吸虫病的主要症状，全身其他症状的轻重大致与发热平行，各种抗生素对血吸虫发热均无效，而经抗血吸虫治疗后，发热可迅速消退。热型一般可分为 3 种：①低热型，约占 25%，亦称轻型。一般仅下午有不规则的低热，很少超过 38℃，全身症状轻微，常可自行退热；②间歇热型与弛张热型，亦称中型，约占 70%，尤以前者多见，常在午后体温上升，傍晚达到高峰，午夜后降至正常或 38℃以内。发热同时伴畏寒、多汗、头昏、头痛等；③稽留热型，约占 5%，为重型。体温持续在 40℃左右，波动幅度小。热程可在一个月左右，重者达数月，可伴有神志迟钝、谵妄、昏睡、相对脉缓等症状。部分轻型和中型病人，不经有效治疗，亦可自行退热、转入慢性期。重症病人一般不能自行退热，必须给予有效的治疗。若不及时治疗，可伴有变态反应、消瘦、贫血、营养性水肿、肝肿大、腹水、腹泻等，而导致死亡。

(3) **腹部症状** 出现食欲减退、恶心、呕吐、腹泻、脓血便等消化道症状。半数以上患者病中有腹痛、腹泻，每天 2～5 次，粪便稀薄，可带血和黏液，部分患者可有便秘。重症患者粪便呈果酱状，多伴有腹痛，偶有腹痛压痛，肠鸣音亢进，少数患者可出现腹水。

(4) **肝、脾肿大** 90%以上患者有肝脏肿大，伴有不同程度压痛，尤以左叶为显著。半数病人有脾肿大，无压痛。

(5) **肺部表现** 大多轻微，仅有轻度咳嗽、痰少。体征不明显，可有少许湿啰音。X 线胸部检查可见肺纹理增加、散在性点状、粟粒样浸润阴影、边缘模糊，以中下部为多。胸膜变化亦常见。一般于 3～6 月内逐渐吸收消散，未见钙化现象。

(6) **肾脏损害** 少数患者有蛋白尿，管型和细胞则不多见。

2. 慢性期 指多次接触疫水反复感染的患者，1～2 天后可出现尾蚴性皮炎。一般分两类：一类没有明显症状，只有少数患者有轻度的肝脏和脾脏肿大；另一类有明显症状和体征，主要为慢性血吸虫肉芽肿肝炎和结肠炎。慢性腹泻，腹痛，大便中带有血丝和黏液，轻者腹泻每天 2～3 次，便稀，偶带血；重者有脓血便，伴黑色后重。或有不同程度的贫血，消瘦、乏力，较多患者有肝、脾肿大等体征。早期以肝肿大为主，尤以左叶为甚。随着病情进展，脾脏渐增大，一般在肋下 2～3cm，无脾功能亢进和门脉高压征象。

3. 晚期 反复或重度感染者，未经及时、彻底治疗，经过较长时间（5～15 年）的病理发展过程，在长期广泛的肝纤维化病理基础上，演变为肝硬化并出现相应的临床表现及并发症，即为晚期血吸虫病。晚期血吸虫病患者常有不规则的腹痛、腹泻或大便不规则、纳差、食后上腹部饱胀感等症状。时有低热、消瘦、乏力，劳力减退，常伴有性功能减退。肝肿大，质硬，无压痛。脾肿大明显，可达脐下，腹壁静脉曲张。进一步发展可并发上消化道出血、腹水、黄疸，甚至出现肝性脑病。患者可因免疫功能低下，易并发病毒性肝炎而明显加重病情。根据其主要临床表现，晚期血吸虫病可分为巨脾型、腹水型、结肠增殖型和侏儒型。

（1）巨脾型　患者常主诉左上腹有逐渐增大的肿块，伴重坠感，一般情况和食欲尚可，并尚保存部分劳动力。肝功能可处于代偿期。脾肿大，甚至过脐平线，或其横径过脐平线，质地坚硬，表面光滑，内缘常可扪及明显切迹。脾肿大程度与门脉高压程度不一致，胃底、食管下端静脉曲张的发生率严重程度和脾肿大程度亦不一定成正比关系。

（2）腹水型　患者诉腹胀，腹部膨隆。腹水是门脉高压、肝功能失偿和水、钠代谢紊乱等诸多因素引起的，约 1/3 病人系首次出现腹水后才被诊断为晚期血吸虫病。腹水随病情发展逐渐形成，亦有因感染、严重腹泻、上消化道出血、劳累及手术等而诱发。轻度型（Ⅰ度）腹水患者，腹水可反复消长或逐渐加剧长达多年，有自发性利尿反应，使用利尿剂有良好效果，无低白蛋白血症或低钠血症；中等型（Ⅱ度）腹水患者腹水较明显，能耐受水但不耐钠，对间歇性应用利尿剂反应尚好，部分患者有低白蛋白血症，少数病人有低钠血症；重型（Ⅲ度）患者外观"骨瘦如柴，腹大如鼓"，腹壁静脉曲张，并可有蜘蛛痣出现。无自发性利尿，对利尿剂常无反应，多数有低白蛋白血症，半数以上患者有低钠血症，可能有功能性肾衰竭表现，对水与钠均不能耐受。

（3）结肠增殖型　除有慢性和晚期血吸虫病的其他表现外，肠道症状较为突出。大量虫卵沉积肠壁，因虫卵肉芽肿纤维化、腺体增生、息肉形成，以及反复溃疡、继发感染等致肠壁有新生物样块物形成，肠腔狭窄与梗阻。患者有经常性腹痛、腹泻、便秘或便秘与腹泻交替。大便变细或不成形。少数有发作性肠梗阻。左下腹可扪及痞块或痉挛性索状物。结肠镜检查见黏膜增厚、粗糙、息肉形成或肠腔狭窄。本型有诱发结肠癌可能。

（4）侏儒型　儿童期反复感染血吸虫后，内分泌腺可出现不同程度萎缩和功能减退，以性腺和垂体功能不全最为明显。性腺功能减退主要继发于腺垂体功能受抑制，故表现为垂体性侏儒。除有晚期血吸虫病的其他表现外，患者身材呈比例性矮小，性器官不发育，第二性征缺如，但智力无减退。X 线检查骨骼生长成熟显著迟缓。女性骨盆呈漏斗状等。经有效抗血吸虫治疗后，大部分患者垂体功能可恢复。此型现已很少见。

上述各型可交叉并存。

4. 异位血吸虫病　日本血吸虫通常寄生在门静脉系统。若成虫寄居虫卵肉芽肿病变发生于门静脉系统之外，称为异位血吸虫病。血吸虫异位损害常见于急性或重度感染的患者。比较常见的异位损害是肺与脑，其次是皮肤、肾、胃和阑尾等。肺部血管内可有成虫寄生并产卵，大量虫卵沉积，使患者有干咳、呼吸困难等症状。大脑血管可有虫卵沉积，致使脑组织软化、水肿，虫卵阻塞脑动脉，也可引起周围脑组织缺血性坏死，急性期表现为脑膜炎症状，慢性期主要症状为癫痫发作，尤以局限性癫痫最为多见。

巨脾伴食管胃底静脉曲张，上消化道出血、腹水、肝性昏迷是爆发性死亡原因。

此外，血吸虫病患者易发生并发症，如乙型肝炎、上消化道大出血、肝性脑病、结肠直肠癌等。

猪

日本分体吸虫病 Chu 和 Kao 证明猪易感。猪表现发热、拉血、大量死亡。剖检可见肠系膜静脉、肝门静脉及肝脏有大量虫体。根据猪只体重、营养状况和感染尾蚴数量不同，可分为急性和慢性型。

急性病例多见于仔猪，死亡率可高达 90％。潜伏期一般在感染后 40 天左右发病，分重型和轻型。重型仔猪反复多次大量尾蚴猪会突然发热，体温达 $40.4\sim41℃$，被毛粗乱，精神委顿，少食或废食，粪便干结带血丝或黏液，血丝或血块鲜红色或暗红色。发热持续一周后体温下降至 37℃ 左右，出现寒战，喜钻入草堆内，有的有共济失调神经症状。几天后体温继续降至 35℃ 左右，即使治疗预后也不良。轻型仔猪体温在 40℃ 左右，血痢为主要特征，排泄稀粪混有大量鲜红血和夹有黏液、泡沫，有腐败气味，采食量明显减少，喜拱土和异嗜现象。机体贫血、消瘦，病程延至 1 个月左右，衰竭死亡。少数患病猪经过一段时间后粪便逐步正常，转为慢性。

育肥猪、成年猪急性感染，常表现食欲减退，粪便带血或黏液，机体抵抗力差，易感染其他疾病。怀孕母猪常发生流产、死胎。若无继发感染，多数转为慢性。

慢性感染，猪表现消瘦，被毛粗乱，贫血，发育不良，生长停滞，形成僵猪。有部分猪呈大肚猪，腹内有大量淡黄色腹水，肝脏、脾脏肿大，质地坚硬，肝表面有似橘皮结节，最后衰竭死亡。

病死猪剖检常见肝、脾肿大，成年猪比仔猪肿胀明显，肝、脾表面有灰白色针尖大小结节，肝脏切面可见成虫，脾脏偶见成虫。大肠弥漫性出血，肠壁增厚，直肠可见肉芽肿，肠系膜静脉怒张。取肝、肾压片镜检，可见大量血吸虫虫卵。

诊断

诊断原则是根据流行病学结合个体临症及寄生虫学、血清免疫学和临床检查进行综合诊断。病原学检查是常规诊断手段，有粪便检查，一般采用"三粪三检"，常用尾龙袋集卵孵化法、改良辊藤厚涂片法、集卵透明法等。此外，直肠活组织检查、肝脏及其他组织活检或手术标本病理检查及血清免疫学检查等。

防治

我国在积极防治日本血吸虫的危害中，积累了比较完善的防治措施。

（1）在对策上形成以治疗患病人和家畜为对象，降低发病率；全民普治或治疗有寄生虫检查阳性者，降低感染率；治疗感染的人、畜，控制钉螺滋生，切断传播途径，并针对不同地区的流行病学、生态学、社会经济特点，拟定切实可行的对策。

（2）重点治疗病人，对急、慢性和晚期血吸虫病患者，分别采取对症与支持治疗。同时针对病原采用吡喹酮（成人总剂量 $50\sim60mg/kg$，儿童体重小于 30kg 按总剂量 70mg/kg 计），2 天疗法，每日量 $2\sim3$ 次，饭后或餐前服用；体重超过 60kg 者按 60kg 计。

（3）同步进行家畜防治，药物治疗用吡喹酮一次疗法，黄牛 30mg/kg，水牛 25mg/kg，猪 30mg/kg，口服。

（4）查螺灭螺，灭螺必须因地制宜。灭螺常用药物是：五氯酚钠 $15g/m^3$ 浸杀，$5\sim10$ g/m^3 喷洒；贝螺杀（氯硝柳胺乙醇胺盐）50％可湿性粉剂，0.4mg/L 浸杀，$1g/m^3$ 喷洒；N-三苯甲基吗啉，0.5 mg/L 浸杀，$0.5\sim1.0g/m^3$ 喷洒。使用时要注意使用说明。

（5）强化粪水管理，防止粪便入水，粪便经数周发酵后虫卵便可死亡；水可用漂白粉、碘酊消毒，加强人畜防护，减少人畜去疫水活动。

（6）监测和宣传。做好宣传教育工作，加深人们对血吸虫病的认识。做好螺情监测、传染源的监测和预防工作，在监测工作中，一旦发现问题，应及时组织力量扑灭。

十二、并殖吸虫病
（Paragonimiasis）

并殖吸虫病，是由致病性并殖吸虫寄生于人和哺乳动物所引起的人兽共患寄生虫病。并殖吸虫不仅可在肺脏寄生，也可在脑、肝等脏器和皮下组织中寄生引起病变。因发现于病人的肺内，故又名肺吸虫病。

历史简介

Diesing（1850年）首次从巴西一水獭的肺内发现肺吸虫。Westeman（1877）在荷兰阿姆斯特丹一公园死亡孟加拉虎的肺中发现成虫。Cobbold 和 Westerman（1859）分别从印度灵豹和荷兰虎的肺内分离到成虫。他将其送给了 Kerbert，后者将其命名为卫氏二口吸虫（DistomaWestermanii）。Ringer（1879）在尸检台湾一名葡萄牙人的肺中发现相似的吸虫。Cobbold 和 Ringer（1880）对虫体形态观察，因其生殖器官并列，则定名为并殖吸虫。Manson（1880）从福建省厦门一名患者痰中检出并殖吸虫虫卵。Kobayashi 和 S. yokogawai 阐明了生活史。Braun（1899）将属名 Distoma 改为 Paragonimus，将发现的人体肺吸虫定名为 P. westermani（kerbert）。横川和幸川（1915）报告淡水蟹和河川贝为中间宿主。中川（1915）发现了并殖吸虫的传播方式。应元岳和吴光（1930）从浙江省绍兴检出人肺型卫氏并殖吸虫病，人和哺乳动物为终末宿主。斯氏并殖吸虫（P. SKrjabini）由陈心陶（1959）从广东果子狸中检出，并定名，建种，后改属斯氏狸殖吸虫（1965）。

病原

并殖吸虫目前已知有 50 多种，我国有 32 个种及 2 个变种，其中有一些是同物异名或隶属不同种群。近年来经分子生物学、分子遗传学的研究，认为可以独立有效种或亚种为 20 多个科，其中致病的只有 8 种。我国主要是卫氏并殖吸虫和斯氏狸殖吸虫和异盘并殖吸虫（P. heterotremus）。虫体肥厚，红褐色，卵圆形。长 7.5～16mm，宽 4～6mm。口腹吸盘大小相近，腹吸盘位于体中横线之前。虫卵呈金黄色、椭圆形，卵壳厚薄不均，卵内有十余个卵黄细胞，常位于中央，大多有卵盖。Miyazaki（1977）根据两型的形态生殖及病人临床症状等方面存在的差异，将卫氏并殖吸虫分为 2 种染色体类型，一种为二倍体（n=22），另一种为三倍体（n=33），并把五倍体型作为一独立种，定名为肺并殖吸虫。两性的主要区别是前者贮精囊内存在精子，为基本型；后者贮精囊内无精子，也称无精子型。后者可产生典型的胸肺型症状。贺联印（1982）已报送我国存在二型。刘玉珍（1990）观察了家猪卫氏并殖吸虫染色体。我国宽甸县的卫氏并殖吸虫为染色体三倍体型（表 3－20）。

表 3 - 20　家猪体内卫氏并殖吸虫染色体相对长度、臂比指数和着丝点指数

组别	染色体编号	相对长度	臂比指数	着丝点指数	染色体类型
Ⅰ	1	18.80±0.1	8.28±0.21	4.0±3.33	m
Ⅱ	2	12.27±0.24	4.76±1.16	18.51±4.60	st
	3	11.63±0.49	5.22±0.89	16.22±1.99	st
	4	10.44±0.70	2.88±0.47	26.65±2.99	sm
	5	9.15±0.38	5.04±0.56	17.34±3.52	st
Ⅲ	6	7.27±0.83	2.28±0.42	32.82±3.31	sm
	7	6.90±0.51	1.12±0.08	47.56±1.79	m
	8	6.44±0.54	2.50±0.78	29.29±5.04	sm
	9	5.90±0.55	2.02±0.29	33.45±3.37	sm
	10	5.92±0.83	2.10±0.41	32.87±4.68	sm
	11	6.07±0.75	1.45±0.16	40.92±2.67	m

　　并殖吸虫的生活史（图 3 - 3）包括成虫、虫卵、毛蚴、胞蚴、雷蚴（母雷蚴、子雷蚴）、尾蚴、囊蚴、后尾蚴和囊虫等发育阶段。后尾蚴、囊虫和成虫阶段存在于终末宿主体内。成虫主要在终末宿主肺脏产生虫卵，卵随咳嗽进入口腔后被咽下到消化道，随粪便排出体外。卵落入水中，3 周后发育成毛蚴，毛蚴遇到中间宿主淡水螺类时侵入体内，经胞蚴、雷蚴、子雷蚴阶段发育为尾蚴。尾蚴从螺体逸出后侵入补充宿主（淡水蟹及蝲蛄）体内，形成囊蚴。从毛蚴发育到囊蚴大约需要 3 个月。终末宿主吞食含有囊蚴的补充宿主后，幼虫在十二指肠破囊而出，穿过肠壁进入腹腔，徘徊于肝脏等各内脏之间或侵入组织，经 1～3 周穿过膈肌、肺浆膜到肺脏发育为成虫。从囊蚴到发育为成虫需 2～3 个月，成虫常成对被包围在肺组织形成的包囊，包囊以微小管道与气管相通，虫卵则由管道进入小支气管。成虫寿命为 5～6 年，甚至 20 年。

流行病学

　　本病主要流行于亚洲，主要见于日本、韩国、朝鲜、中国、泰国、缅甸、越南、菲律宾、印度、尼泊尔、印尼等国家。凡在痰中、粪便中能检出卫氏并殖吸虫卵的动物和人均可作为此病的传染源，包括患者和保虫宿主。保虫宿主包括家畜（如猫、犬等）和野生动物（如虎、豹、狼、狐、豹猫等）。能自然感染的野生和家养哺乳动物保虫宿主有 20 余种。感染有卫氏并殖吸虫的转续宿主至少有 15 种（如猪、野猪、兔、大鼠、鸡、恒河猴、食蟹猴、山羊、绵羊、兔、豚鼠、鼠类、鸭、鹌鹑、鹦鹉等）。而病兽在人畜罕到的地区构成自然疫源地。两种并殖吸虫的第一中间宿主是生活在淡水的川卷螺、拟钉螺和小豆螺等，已知有 5 科 34 种淡水螺；第二中间宿主为淡水蟹和蝲蛄，已知有 6 科 80 余种淡水甲壳动物。人群普遍易感，无年龄及性别差异。但儿童的感染率相对较高，可能与儿童接触溪蟹或蝲蛄的机会较多有关。主要流行区居民感染卫氏并殖吸虫病的主要途径是人们生食或半生食吸虫囊蚴的溪蟹或蝲蛄，也可因进食生的或半生的带有并殖吸虫幼虫的转续宿主的肉而感染。有时可饮用带囊蚴的溪水而感染。

　　波部重久（1978）对卫氏并殖吸虫感染途径进行了实验：用 20～1 800 个后囊蚴给固有

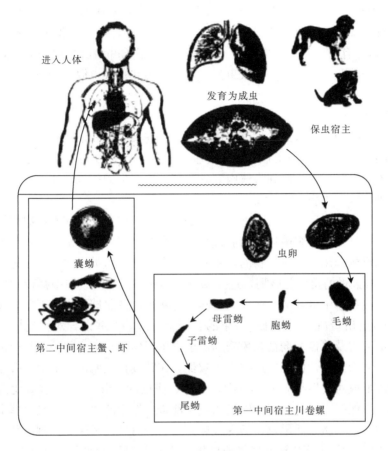

图 3-3　并殖吸虫生活史示意图

宿主猫、犬与非固有宿主猪、野猪、大鼠、小鼠、家兔、母鸡口服，40 天后成虫收获猫、犬为 96％和 81.9％，非固有宿主为 22.6％～58.3％，在此类动物中虫体发育不良，其中 66.7％～99.4％侵入肌肉，长期停止发育，其形态类似后囊蚴，排泄囊内充满颗粒，虫体长 1.0～1.5cm，略大于后囊蚴。幼虫在家猪和野猪全身肌肉中均匀分布，其肝包膜下可见虫囊形成。田鼠、小鼠等均半数死亡，母鸡全部死亡。

从非固有宿主的肌肉中得到的幼虫对人工胃肠液的抵抗力与脱囊的后囊蚴相同或更强，可生存 8～20h，还可在 5～10℃的林格氏液中生存 1 个月。

从非固有宿主的肌肉中得到的幼虫给犬，经口感染的感染率极高，成虫收获达 32％～94％，大多在感染后 64 天在肺中发育成熟；而非固有宿主口服后，仅少数能完全发育。

给犬肌肉注射后囊蚴，发现囊蚴脱囊移行于肺达 84.4％～86.6％，感染 60～100 天后，从皮下或肌肉得到的虫体均未成熟，从肌肉得到的虫体相当于正常发育 30～35 天的虫体。

实验表明，几种动物可作为卫氏并殖吸虫的寄生宿主，而且寄生宿主的相互感染是可能的，卫氏并殖吸虫除可经口生食带有后囊蚴的石蟹类受感染外，尚可因生食寄生宿主，如野猪和猪的带虫肉而受感染，而此种感染方式在自然界普遍存在。此外，后囊蚴可能经皮肤伤口感染终末宿主。

由于旅游之风盛行，城市交流频繁，城市居民中不断有本病出现，甚至是集体爆发。我国已报告有 25 个省（自治区、直辖市）有并殖吸虫分布，其中有黑龙江、吉林、辽宁、山东、河北、江苏、安徽、浙江、福建、台湾、广东、江西、湖北、湖南、云南、海南等省（自治区、直辖市）有卫氏并殖吸虫分布。东北地区为卫氏并殖吸虫单一分布，西北地区为斯氏并殖吸虫单一分布，其他有并殖吸虫分布地区则为并殖吸虫混合分布。

发病机制

在我国主要有 2 种并殖吸虫寄生于人体，即卫氏并殖吸虫和斯氏狸殖吸虫（又称四川型并殖吸虫）。前者所产生以呼吸道症状为主要临床表现，属人兽共患型肺吸虫病；后者对人体并不适应，不能发育成熟，而在人体内到处游窜，所产生的疾病以幼虫移行症为主要临床特征，又称肺外型肺吸虫病。

并殖吸虫病的主要病理变化有两种。一种是由成虫（或囊虫）在腔或组织器官游走或穿行时所引起的；在早期是组织破坏、出血或渗出性炎症，以及特殊形式有隧道样改变。这是与虫体穿行时的机械作用和代谢产物的刺激有关。在卫氏并殖吸虫脱囊后尾蚴及囊虫的分泌物（ESP）中含有大量的蛋白分解酶，这些酶对虫体在宿主体内组织中移行和免疫调节具有重要作用。它们在试管中可降解胶原纤维、纤维连接蛋白及肌球蛋白，卫氏并殖吸虫后尾蚴的 ESP 中的中性含硫蛋白酶，可抑制宿主的若干免疫应答，并诱导对特定抗原的免疫耐受性。并殖吸虫的表皮及覆盖的糖被在免疫逃避过程中起作用；宿主组织中移行的虫体，其糖被的形成和转化尤为活跃，而在成虫时大为减少。在转续宿主肌肉中的卫氏并殖吸虫囊虫的抗体糖被，似以形成对炎性细胞的一道物理屏障，成虫的 ESP 中含有过氧化酶、催化酶和超氧歧化酶，可以保护虫体免受宿主细胞的氧化性杀虫作用的损害，而且这些酶的水平在后尾蚴及囊虫中要比成虫高。后尾蚴在肠内脱囊穿出肠壁时可在浆膜上见到点状出血，到达腹腔，在腹内游走时，早期可引起腹膜浆液纤维素炎，并可诱发少量腹水，以后腹壁、大网膜、大小肠、肝、脾等可有不同程度的粘连。如虫体在腹内停留并发育亦可形成大小不等的囊肿。切面呈多房性，其内容物为果酱样黏稠体。以后急性变化逐渐消失而出现愈合过程及纤维化，甚至钙化。另一种变化是具有特征性的并殖吸虫囊肿，这是由于虫体在组织或脏器内停留（暂时或永久）所引起的周围纤维组织增生包绕而成的。内含虫体、虫卵、被破坏的组织残片和炎性渗出物、菱形（夏科—雷登）结晶等。以后如虫体死亡或转移，内含物亦可逐渐被吸收，代以肉芽组织增生，后形成瘢痕或钙化。被侵害的部位主要是肺、肝、脾、肾等。在尿内找到虫卵和菱形（夏科—雷登）结晶。虫体亦可直接沿神经根侵入脊椎管在脊髓旁边形成囊肿，破坏或压迫脊髓，造成截瘫。窜向下腹可侵及膀胱或沿腹股沟管到阴囊，引起精索及阴囊的病变；有的虫体可穿过腹壁肌至皮下组织，并到处游走成为游走性皮下结节，其切面实为囊肿样，有时可找到虫体或虫卵、菱形（夏科—雷登）结晶等，多见于卫氏并殖感染患者。穿过横膈膜进入胸腔内的虫体先在胸腔内游走，可使胸膜产生点状出血及局限性胸膜炎，病变多在膈面及纵隔面，数天后侵入肺组织，引起出血及急性炎性反应，在其周围有大量中性粒细胞、嗜酸性粒细胞和巨噬细胞浸润，若虫体停留则其周围的肺组织坏死及结缔组织增生形成囊壁，其厚薄可因时间长短而不等。囊肿直径为 1～2cm，多位于肺的浅表处，大多在靠纵隔面，囊肿因虫体长大成熟排卵而肿胀，最后破裂与小支气管相通，虫卵随囊内容物不断被咯出，囊肿多呈暗红色或稍带蓝色，较久者成灰红色，在人体内多为 1 条虫体。但在猫、犬科动物每个囊内多为 2 条虫体，亦有一个囊内可能有 1 条或 3 条成虫，或囊内物成虫只有虫卵和相当量的棕色黏稠液。由于虫体的游动常使邻近的囊肿的窦道互相串联，囊肿的新旧程度不一，后期可因虫体死亡或迁移愈合成为瘢痕，或因大量虫卵的存在形成假结节。有些虫体可以在纵隔内游窜，进入心包致心包炎。或沿纵隔血管向上到达颅底，再经颅底孔进入颅内，开始大多侵犯颞叶及枕叶，主要病变为虫体穿行及暂时居留而形成互相沟通、新旧不一的隧道及脓肿，在脑内多可找到虫体或虫卵，时间久后也可成为具有厚壁的脓肿，其壁也可以部分钙化，有时虫体可向顶叶或底节、内囊视丘处穿行，甚至穿入侧脑室，引起种种严重症状，甚至死亡。如侵入脊髓可引起瘫痪，虫体侵犯小脑者少见。虫体偶可侵入眼眶内致视力障碍及眼肌麻痹引起眼球运动失常。此外，虫卵偶可进入血循环随血流到心肌、脑内形成虫卵栓塞，这已有动物实验证实。

临床表现

人并殖吸虫病

卫氏并殖吸虫病一般以缓慢发病、慢性经过为特点。大多数患者的早期症状不明显，发现时已进入慢性。主要症状是胸痛、胸闷、气短、咳嗽、咳铁锈色或烂桃样痰等呼吸系统症状。痰中常可找到虫卵。也可有消瘦、盗汗、乏力等症状，也可出现肺外的症状，累及中枢神经系统出现神经系统症状和体征。大量感染者也可出现急性并殖吸虫病，起病急，初发症状为腹痛、腹泻、便稀或黏液便，持续数日。部分患者可出现荨麻疹、畏寒及发热。继之出现胸痛、咳嗽、气短等呼吸系统症状。外周白细胞总数增高，嗜酸性粒细胞比例明显增高。李得恒等（1958）报告辽宁省卫氏并殖吸虫平均痰栓虫卵阳性率为27.4%，病人症状明显，以咳血为主要表现。

根据哈尔滨肺吸虫病防治协作组（1970）对某食堂23名人员临床分析，其潜伏期及早期症状如下：感染后2～5天出现腹泻、腹痛者5例；出现腹泻、荨麻疹者2例；6～10天出现发热、腹泻、腹痛者9例；发热、胸痛、咳嗽者3例；16～20天出现无力、发热、胸闷、咳嗽者3例；胸闷、气短、咳嗽、发热者1例。因此，可认为此组急性患者的潜伏期为2～30天，多数为2～15天，随后才出现全身症状如发热、乏力、盗汗、荨麻疹，继而有胸闷、气短、咳嗽，大多在10～30天时出现。可持续1～3个月。

按临床类型分：

1. 胸肺类　最常见，以胸痛、胸闷、气短、咳嗽为主要症状，开始为干咳，继之痰量渐增，咳嗽加剧，逐渐为果酱或烂桃样血痰，痰中可找到虫卵。常累及胸膜，引起渗出性胸膜炎，后期有胸膜增厚或粘连。偶可见到脓胸。

2. 腹型　一般多见于发病的早期，可有食欲不振，腹部隐痛；腹泻，一天2～4次，多为黄色或黄绿色稀便，常带泡沫，偶可带黏液、血，可有虫卵，或有局部压痛，甚或有肌肉紧张等，部分病例可于后期出现肠粘连及肠梗阻。

3. 肝型　儿童病例中多见。呈现乏力、低热或中等发热、纳差，部分病例伴腹胀、腹痛、腹泻。肝肿大，常在下肋缘1～7cm，中等硬度，无明显压痛。肝功能异常，转氨酶轻度升高，少部病例伴有脾大。肺部体征多不明显。

4. 皮肤型　可见游走性或不游走性皮下结节或包块，分布在胸腹部及下肢，以腹部至大腿间多见。皮下结节活检可找到成虫或虫卵。此种结节在卫氏型者并不游走，囊肿切开后有可能找不到虫体，半数以上可找到虫卵，其余大部分可呈典型之并殖吸虫隧道变化，嗜酸性粒细胞及菱形（夏科—雷登）结晶。

5. 阴囊肿块型　儿童多见。患儿阴囊部出现肿块，鸡蛋或拳头大小，局部轻度疼痛，甚至影响活动。手术摘除后，肿块内可找到虫卵，有时可见成虫，可产生侏儒症。

6. 心包型　极少见。主要表现为少量或大量心包积液。

7. 中枢神经型（脑脊髓型）　儿童多见。脑型主要表现癫痫发作、偏瘫、颅内压增高征及视力损害，占并殖吸虫病例 10%～20%，多见于青少年，常同时有胸肺型并殖吸虫感染，早者可于起病后 3～4 个月出现，晚者可在 20 余年后出现，症状亦由于侵犯部位而异，临床表现亦多样化。主要症状为头部间歇性胀痛，以颞部枕部为甚，次为顶额部，有的剧烈者可伴有恶心、呕吐，是由于颅压增高或脑膜受累所引起。其次为癫痫样发作（可呈现小发作或大发作类型）及瘫痪，可侵犯一个肢也可为半身，多呈进行性，并常伴有知觉麻痹，有时表现为脑膜炎样症状，剧烈头痛、呕吐、颈强直，因脑部受损部位的不同，可出现偏盲、失明、各种类型盲症（精神盲、色盲、文字盲）或失语症等。后期患者因反复发作而智力减退、记忆力减退或丧失甚至发生精神失常等。脊髓型者虽然少见，可先出现知觉异常，如下肢麻木感、刺激感，继而发生一侧或双侧下肢瘫痪，大小便失禁等，小脑受损者较罕见。脑型患者可因虫体游走而症状多变，亦可因侵犯重要部位（如视丘）而造成猝死。崔旦旦（1990）报道江苏省 1 例桥小脑角并殖吸虫感染：神志清，颈无抵抗，双眼球向左水平快速震颤，有角膜反射消失，右面部触痛觉减退，闭目难立征倒向右侧，寄生部位肉芽肿。虫体结构不清、坏死、残存，卵圆形为并殖吸虫卵。

8. 眼并殖吸虫　卫氏并殖吸虫成虫寄生于肺，可沿颈动脉周围组织入脑，再经眶上裂或沿颅底经翼颚窝从眶下裂入眼眶。斯氏狸殖吸虫童虫除可沿上述路线移行外，也可经面部皮下移行入眼眶。虫体除可引起眼睑部皮下结节，虫体钻入眼眶，可引起该侧眼球突出，眼运动障碍，眼睑红肿，视神经乳头水肿，视神经麻痹，眼肌麻痹，视网膜病变和瞳孔散大等。国内报告 100 例眼肺吸虫病，3 例为卫氏并殖吸虫，其余为斯氏狸殖吸虫。

9. 亚临床型　无明显临床症状，但多种血清免疫反应阳性。这类病人可能是轻度感染者，也可能是感染的早期或虫体已清除的康复期。剖检变化主要是虫体形成的囊肿，可见于全身各内脏器官中，但以肺脏最为常见。肺脏中的囊肿多位于肺的浅层，有豌豆大，稍凸出于肺表面，呈暗红色或灰白色，单个散在或聚积成团。切开时可见黏稠褐色液体，有的可见虫体，有的有脓汁或纤维素，有的成空囊，有时可见纤维素性胸膜炎、腹膜炎及其与脏器粘连。

此外，尚有肺外肺吸虫感染，卢崇明等（1986）报道 4 例肺外肺吸虫病例。发热，体温 38～39℃，咳嗽乏力，其中 1 例右前臂红、肿、痛、热；有疱疹，创面有脓性分泌物；1 例右上肺绞痛，腹部有压痛，肌张力略增高，上腹有鸡蛋大小椭圆形包块，边缘清楚，有压痛，肝功能检查 CCFT+++，GPT221u，1 例全身水肿，心界普遍扩大；心电图：T 波低平、低电压。胸透：心影球形扩大。1 例腹胀、腹泻、腹部隆膨，有动性浊音。腹水呈黄色，混浊，蛋白+，细胞数为 2 860，分类的嗜酸性粒细胞为主，4 例白细胞总数达 9 500～14 500，嗜酸性粒细胞增高，肺吸虫粒原皮试均阳性，均有进食生蟹或烤蟹史。四川肺吸虫病常侵犯多个脏器，引起多种非典型症状，可游走迁移，容易误诊。

肺吸虫囊肿是本病最特殊的病变，大致可分为 3 期，常可同时见于同一气管内。

1. 脓肿期　主要因虫体移行引起组织破坏和出血。肉眼可见病变处呈窟穴状或隧道状，内有血液，有时可见虫体。随之出现炎性渗出，内含多形核白细胞及嗜酸性粒细胞等。接着病灶四周产生肉芽组织而形成薄膜状脓肿壁，并逐渐形成脓肿。

2. 囊肿期　由于渗出性炎症，大量细胞浸润、聚集，最后细胞死亡、崩解及液化，脓肿内容物逐渐变成赤褐色黏稠性液体。镜下可见坏死组织、夏科—雷登结晶和大量虫卵。囊壁因大量肉芽组织增生而肥厚，肉眼观呈周界清楚的结节状虫囊，紫色葡萄状。如虫体离开虫囊移行至他处形成新的虫囊，这些虫囊可相互沟通。

3. 纤维疤痕期　虫体死亡或转移他处，囊肿内容物通过支气管排出或吸收，肉芽组织填充、纤维化，最后病灶形成疤痕。

斯氏狸殖吸虫是人兽共患以兽为主的致病虫种。在动物体内，虫体在肺、胸腔等处形成虫囊，成熟产卵，引起类似卫氏并殖吸虫病的一系列典型病变。人可能是本虫的非正常宿主，在人体内侵入的虫体大多数停留在童虫状态，到处游窜，难以定居，造成局部或全身性病变—幼虫移行症。主要变现为游走性皮下包块或结节，常见于胸背部、腹部，亦可见于头颈、四肢、腹股沟和阴囊等处。包块多紧靠皮下，边界不清，无明显红肿，切开摘除包块可见隧道样虫穴，有时能查见童虫，镜检可见嗜酸性粒细胞肉芽肿、坏死渗出物及夏科—雷登结晶等。

猪并殖吸虫病

朱金昌（1986）用卫氏并殖吸虫（P. W）囊蚴经口感染家猪，30～107 天可在猪腰、背、腹部肌肉找到比尾蚴略大的童虫，认为家猪可能是转续宿主，实验如下：

P. W 囊蚴来源于水华溪蟹，囊蚴大小为 $363.48 \pm 18.45 \mu m$。实验动物分为 3 组：

① P. W 囊蚴经口感染组：猪 1、2、3 和犬 1、2、3 感染囊蚴数分别为 2 100、500、500、100、150 和 150 条。分别于感染后 30 天、107 天、100 天、30 天、80 天和 100 天后解剖。

1 号猪：在腰、背部及腹膜及其下的骨骼肌中可见点状、细丝状暗红色病变，以横隔膜附着处下方的腰背部肌肉为明显。从猪 1 和猪 2 的部分腰背肌浸出液中分别找到 15 条和 10 条童虫，平均大小为 1.18mm×0.59mm 和 1.36mm×0.46mm。部分童虫有屈壳性颗粒。猪 1 的肝、脾表面有灶性纤维素性炎症。肝表面、切面有 12 个灰白色纽扣样结节，镜检为嗜酸性脓肿及少量棕黑色肺吸虫色素。

猪 2：肝中见钙化小节，横膈四周附着处的腹膜浑浊增厚。切片见陈旧性窦道及索状疤痕。

猪 3：肝及横膈下腹膜、骨骼肌的病变与猪 1、2 相似，但未找到虫体。犬在胸腔及肺中找到发育正常的童虫、成虫。

② 后尾蚴臀肌注射组：分别用 P. W 后尾蚴 300、50 和 100 条，臀肌注射感染猪 4、犬 4 和犬 5。于感染后 12～15 天解剖。结果猪 4、犬 4 和犬 5 分别找到童虫 15、23 和 42 条。童虫平均大小 0.85mm×0.41mm，排泄囊中见屈光性颗粒，臀肌切片见童虫。犬胸腔、腹腔、肝肺中见成虫体。

③ 成虫感染组

a. 皮下感染组：在猪 5 的皮下接种处见到有 2.5cm×1.8cm 大小的多房性囊肿，其中找到有 5 条明显萎缩的成虫及卵壳团块。腹腔、胸腔各脏器均未见虫体。

b. 腹腔感染组：猪 6 的腹腔中找到明显萎缩的成虫，但未移行至胸腔。

c. 胸腔感染组：猪 7 的胸腔内检获成虫 1 条，明显萎缩，卵黄腺消失。且见在纵隔中形成死虫结节。肺内检获成虫 7 条，并见 3 个双虫囊和一个单囊，除一条成虫的子宫内有较多的正常卵，其他成虫子宫内虫卵稀少，并见到有许多变性的卵细胞及卵黄颗粒。猪 8 的胸、腹腔各感染 10 条成虫，经 30 天后解剖，肺内可见 3 个双虫囊及一个单虫囊，虫体均明显萎缩，子宫内见厚壳卵块。接种在腹腔中的成虫，除找到一条明显萎缩的成虫外，余均死亡，未见穿过横肠膜进入胸腔。

不论用 P. W 囊蚴或后尾蚴感染猪，童虫多在肌肉中成滞育状态，少数移行至腹腔、肝脏等处，但多早期死亡，未见游走，在流行病学上属于转续宿主。

但锺惠镧（1965）报道辽宁宽甸县发现猪为 P. W 的终末宿主；刘思成（1965）在宽甸猪肺中有性成熟 P. W，但认为不是 P. W 的适宜宿主。刘玉珍（1990）从东北家猪的肺部获得了 3 个成虫。浙江省等地报道卫氏并殖吸虫染色体有二倍体和三倍体。二倍体卫氏并殖吸虫对猪可能不适宜，在猪体内寄生成滞留状态而为本虫的转续宿主；而三倍体型对猪适宜，可寄生于肺脏发育为成虫并产卵，为本虫的终末宿主。我国医学教材（1984）将猪、猫、犬同引为 P. W 的终末宿主。Miyazaki（1975）报道野猪为本虫转续宿主童虫只在胸肌中，未见于肺。Habe（1978）用囊蚴人工感染野猪和家猪成功，认为猪是转续宿主。目前仍有争论，或与地域、虫种、接种品种不同有关，待研究。

由于猪是贮存宿主，人因生食或半生食带本虫童虫的猪、鸡、鸭肉而受感染。

Mitazaki（1975）报道日本鹿儿岛 100 多人吃生野猪肉片感染，表明猪和野猪为自然界卫氏并殖吸虫的转续宿主。猪可感染本病。动物表现体温升高，消瘦，咳嗽，有铁锈色痰液，时有腹痛、腹泻和血便。

诊断

根据病状、检查痰液及粪便中虫卵确诊。

痰液用 1% NaOH 溶液处理后，离心沉淀检查。粪便检查用沉淀法。

国内外广泛研究应用皮内试验、补体结合试验、酶联免疫吸附试验等免疫学诊断方法。

典型卫氏并殖吸虫病胸肺型患者的痰呈果酱样，直接涂片镜检很容易查到虫卵。但早期或轻症者，常只在痰内有小血块或血丝，则最好直接取带血部分痰涂片阳性率较高。如虫卵过少可以采用留 12~24h 痰，加 10%氢氧化钠溶液消化后沉淀、浓缩检查，阳性率可以提高，同时也可以作虫卵计数。查痰同时亦应注意如有菱形（夏—雷氏）结晶及多量嗜酸性粒细胞也有诊断意义。

此外，粪便、胃液、胸腔积水、脑脊液、肾、尿中查找虫卵。

皮内试验，本病皮内反应属速发型超敏反应。自布上（1930）应用成虫代谢抗原进行皮试诊断并殖吸虫病以来，已有多种方法制备的抗原（毛蚴、尾蚴、后尾蚴、成虫）、并殖吸虫痰提取物等均曾试用。目前抗原的制备，采用人工感染动物肺内成虫新鲜虫体，先研磨再超声粉碎，反复冻融生理盐水冷浸提取或先将成虫冷冻干燥去脂制成干粉末，然后再用生理盐水冷浸提取，同时以含有杀菌剂万分之一柳硫汞的生理盐水稀释为 1：1 000~1：4 000。方法是取 0.05~0.1ml 在前臂（或背部）屈侧做皮内注射。另以不含抗原之稀释液在距前者 10cm 处或另一前臂注射作为对照。于 15~20min 后观察注射部位，测量平均直径＝（长径＋1/2 横径），并与对照对比，注意注射部分风疹样肿块及周围红晕，如以注射剂量是

0.1ml 为例，则结果判断见表 3 - 21。

表 3 - 21　皮内试验结果判断

风疹块平均直径	红晕平均直径	结果判断
<1.0cm	<1.5cm	±（可疑）
1.0～1.5cm	2.0～3.0cm	＋（弱阳性）
1.5～2.5cm	3.0～4.0cm	＋＋（阳性）
>2.5cm	>4.0cm	＋＋＋（强阳性）

注：1. 皮内试验阳性强弱程度仅表示有并殖吸虫感染而不能代表感染轻重；2. 皮内试验在愈合后可持续阳性 20 年，因此它不能作为考核疗效的方法；3. 多次注射可以起致敏或脱敏作用，使反应加强或减弱，应予注意。

本试验阳性符合率可达 98％～100％，假阳性率 1％～3％；此外，可与多种吸虫（华支睾吸虫、肝片吸虫、血吸虫、姜片虫等）病有交叉反应。可以应用各种不同吸虫抗原，采取一系列高稀释度方法进行鉴别。

由于本试验方法简便、快捷，特异性、敏感性都较高，所以成为在大量人群中普查时作初步过筛的有效方法，已在国内外普遍采用。

鉴别诊断

并殖吸虫病因表现形式多样，临床上常需与其他疾病相鉴别，如胸肺型需与肺结核、结核性胸膜炎、阿米巴性脓肿、肺癌等进行鉴别诊断；脑型则需与脑肿瘤、脑囊虫病、脑血管病变等相区分。患者是否有生食、半生食淡水螃蟹或蝲蛄史，是鉴别诊断的重要参考。

防治

并殖吸虫病是典型的食源性传播的人兽共患寄生虫病。理论上讲，较那些经媒介传播和水源传播的寄生虫病而言，其防治难度明显较小，从传播环节上考虑，并殖吸虫病具有突出的自然疫源特性，野生哺乳动物作为传染源的意义远较病人为重要。在传播途径上，人多因生食和半生食来自疫源地的淡水蟹和蝲蛄，或生饮溪水而感染，也有因生食或半生食感染并殖吸虫的转续宿主的肉而感染。因此，并殖吸虫预防和控制重点放在病从口入关，不生食或半生食甲壳类及转续宿主肉。因此，不用生蟹和蝲蛄作犬、猫等肉食动物的饲料；人及患畜粪便要发酵处理；人禁食生蟹和蝲蛄；患病脏器损害轻微者，剔除病变部后可利用，重者工业用或销毁；搞好灭螺。

治疗可用：①吡喹酮（praziquantel，embay8840）75mg/（kg·天），分两次服用，3 天为一疗程，治疗效率为 70％～80％，必要时可重复 1～2 个疗程。②别丁（硫氯酚 bithionol，bitim）成人 3g/天，儿童 50mg/（kg·天），分 3 次服用，隔日服药。胸肺型患者 15～20 个治疗日为一个疗程，脑型患者 25～30 个治疗日为一疗程。副反应有恶心、呕吐、腹痛、腹泻等。③三氯苯达唑（Triclabendazole fasinex）：10mg/（kg·天），单剂服用，治愈率可达 90％以上。④丙硫咪唑剂量一般为 15～20mg/（kg·天），5～7 天为一疗程，总剂量为 100～150mg/（kg·天）。

附：可对人的并殖吸虫病

(1) 四川并殖吸虫（Paragonimus Sgechuanensis，Chung &.Ts'ao，1962）。

本病是蝲蛄移行症为主要表现的一系列症状和体征。王小根等（1985）对 119 例本病的临床进行分析：病人常以呼吸道症状和皮下游走性包块为主诉，其次为消化道和中枢神经系统症状。部分病人有发热（26.9%）。

急性症状与卫氏并殖吸虫病者相似，白细胞总数与嗜酸性粒细胞数均显著上升，血沉中度加快，肝功能可能受损，这些在卫氏并殖吸虫病例中可能正常。另外，咳嗽轻、痰少、痰中无虫卵、肺部 X 线表现亦轻。游走性皮下结节是常见特征，第一例病者是在第一次吃蟹后 13 天出现皮下结节，切开后在结节内可见童虫，从未查见过成虫或虫卵，而在卫氏并殖吸虫病例中则不但皮下结节少见，而且结节多不游走，结节内可找到成虫及虫卵，并且脑受累者少于卫氏并殖吸虫，并以蛛蛛膜下腔出血为主，脑实质损害者少。此外，四川并殖吸虫病里常见有胸腔积液、心包积液与一侧性眼球突出等特殊症状，与会同并殖吸虫病患者的临床表现酷似。

潜伏期 1～2 月者 29 例，3～4 月者 15 例，5～6 月者 18 例，7～12 月者 14 例，1 年以上者 20 例，未明者 33 例。

皮肤型：主要为皮下游走性包块，腹部较多见。皮下结节此起彼伏，局部皮肤隆起，其肿块面积小者如黄豆，大者如鸡蛋，触之有条索状结节感，有轻微压痛而无红肿及色素沉淀。有时童虫可自行钻出皮肤。包块数目、大小及部位各异，1～2 个者 61 例，3～4 个者 11 例，5～6 个者 3 例。位于胸部皮下者 23 例，腹部 26 例，四肢及腰部者 9 例，腹股沟、阴囊和头部各 2 例，颈和眼眶各 1 例。后者伴有眼球突出和视力减退。而以胸部和腹部为好发部位。包块小于 1cm 者 10 例，1～3cm 者 36 例，4～5cm 者 20 例，6cm 以上者 9 例。最大者 1 例为 18cm×10cm。

呼吸系统（胸肺）型：以呼吸道症状或胸痛为主，共 36 例，有咳嗽占 52.9%、胸痛占 53.8%、咯血 19.3%。血量少，无锈痰，呼吸音减低者 35.2%、啰音 10.1%，均未查见虫卵。15%～20%可含伴胸腔积液。胸部 X 线多次检查可发现因童虫游走而成病灶移动现象，患者中约 5%有类似结核性心包炎，心包液中含大量嗜酸性粒细胞，并殖吸虫结合试验可呈阳性

消化系统（腹）型：以腹痛、腹泻、腹内肿块为主，类似腹腔结核或腹型霍金奇病，多数肝大、肝痛、肝功能异常。腹痛占 15.1%，以隐痛为主，仅 1 例腹痛较剧。肝肿大者 49 例，其中肝在脓下刚触及者 16 例，1～2cm 31 例，3～4cm 2 例，质软，有轻微触痛。

中枢神经系统（脑脊髓类）型：11 例（9.2%）有脑部症状和体征。其中癫痫为主者 8 例，偏瘫 2 例，面瘫 1 例。后者伴有失语、单侧感染障碍和肌无力。锥体束征阳性 4 例。类似脑膜炎、脑脓肿、脑痛和脑出血。脊髓受累者类似脊椎结核或肿瘤，脑脊液中嗜酸性粒细胞增多，并殖吸虫补体结合试验多为强阳性。

119 例患者的白细胞计数增高（>10 000）占 42%，嗜酸性粒细胞增高（>4%）者占 93.3%，嗜酸性粒细胞计数 109 例，增高（>300/μl）者为 87.1%。血沉检查 62 例，增速者 30 例（48.4%）。肺吸虫抗原皮内试验，99 例中阳性 97 例占 97.9%。＋者 53 例、＋＋者 4 例、＋＋＋者 31 例、＋＋＋＋者 9 例。

对 41 例患者进行活组织检查：嗜酸性肉芽肿 25 例、嗜酸性细胞脓肿 8 例、皮下组织坏死和窦道形成 8 例。5 例检出幼虫各 1 条。

此外，本病还呈亚临床表现，虽无明显症状，但并殖吸虫皮试及免疫学试验为阳性，末梢血嗜酸性粒细胞数明显增高。

（2）会同并殖吸虫（*P. huitongensis* Ihong et al.，1975）。本虫对人能致病，但在人体内也不能成熟及排卵，到处游走，游走性皮下结节占60%，胸腔积液占20%，心包积液占5%，呼吸道症状轻微，极少数有血丝痰但无咯血者，疾内嗜酸性粒细胞与菱形（夏科-雷登）结晶少。

（3）团山并殖吸虫（*P. tuanshenensis* Zhong et al.，1964）。本病临床表现与卫氏并殖吸虫相似，慢性咳嗽、咳痰、咯血，咳果酱样痰者占绝大多数。痰内可见虫卵。1966年泰国报告的病例中有游走性皮下结节，从其皮下结节中取出虫体。

（4）宫崎并殖吸虫（*P. miyagakii*，1961）。对人能致病，在人体发育较差，但成熟可排少量虫卵。临床表现主要为肺—胸膜型，多无皮下结节。

（5）非洲并殖吸虫（*P. africanus* Volker & Vogel，1965）。主要症状与卫氏并殖吸虫病和团山并殖吸虫病相似。慢性咳嗽与间歇性血痰，半数以上有腹痛、胸痛，也可有皮下结节。

（6）子宫双侧并殖吸虫（*P. uterobilateralis* Volker & Vogel，1965）。临床与四川并殖吸虫病相似，肺部病变较轻，皮下结节较多见，疾内虫卵较少。

（7）墨西哥并殖吸虫（秘鲁并殖吸虫）。

（8）孟腊并殖吸虫（*P. menlaensis* Zhong 等，1963）。

（9）克氏并殖吸虫（*P. kellicoti*）。1894年发现于猫肺脏内，Ward（1908）正式命名。水貂、犬、猪等是终末宿主。Abend（1910）曾报道人的病例。

（10）大平并殖吸虫，宫崎一郎（1939）在日本发现并报告，安耕九在中国上海发现本虫。终末宿主有鼠类、猪、狸等。人体感染已在日本发现，童虫存于手指肿物里。

（11）怡乐村并殖吸虫（*P. iloktsuensis*），陈心陶于1939年在中国广州市发现，1940年认定为新种。终末宿主为鼠类、猫及猪。寄生于猪、犬肺脏。

十三、华支睾吸虫病
（Clonorchiasis Sinensis）

华支睾吸虫病是由华支睾吸虫寄生在动物和人体肝胆管中所引起的以肝胆病变为主要损害的寄生虫病。临床表现为腹痛，腹泻，疲乏及肝肿大，可并发胆管炎，胆囊炎，胆石症，少数严重者可发展成肝硬化。

历史简介

McConnell（1874）在印度加尔各答一华侨木匠的胆管中发现本虫，并对形态做了初步的描述。Cobbold（1875），Looss（1907）命名为中华分支睾吸虫病（Distoma sinense），又称肝吸虫。1908年，在广东、湖北、上海、辽宁等地发现人感染的病例。Kobayashi（小林氏，1910）证明鲤鱼科的淡水鱼为本虫的第二中间宿主。武藤氏（1917）发现淡水螺（绍纹螺），为本虫的第一中间宿主。

Ohoi（1915）报道台中8例人感染华支睾吸虫。Faust（1927）对华支睾吸虫在各种动物体内的发育及排卵进行了观察。Nagano（1925），Faust 和 Khaw（1927），徐锡藩等（1936—1940），Komiya 等（1940）分别对其幼虫发育做了观察修正和补充，基本阐明了全部生活史环节。

病原

华支睾吸虫属后睾科，支睾属，为雌雄同体。其生活史包括成虫、毛蚴、胞蚴、雷蚴、尾蚴及囊蚴等阶段。成虫虫体背腹扁平，半透明，呈葵花籽仁状。前端稍尖，后端较钝，体被无棘，光滑透明，大小为 10～25mm×3～5 mm。有口、腹吸盘各一个。消化道由口、咽、食管和两条直的肠支组成。雄性生殖器官包括一对高度分支的睾丸，前后排列在虫体的后 1/3 处，它们各发出一条输出管向前行时汇合为输精管，逐渐膨大为贮精囊，前接射精管，其开口于腹吸盘前缘的生殖腔。雌性生殖器官是有一个细小分叶的卵巢，受精囊较大，椭圆形，劳氏管细长弯曲开口于虫体的背面，子宫亦开口于虫体的生殖腔。虫卵甚小，黄褐色，形态似西瓜子状，大小平均为 $29\mu m \times 17\mu m$，卵内含有一个毛蚴。虫卵电镜扫描，可见卵壳表面有网纹样结构。

华支睾吸虫成虫主要寄生在人、犬、猫及猪等哺乳动物的肝胆管内，虫体发育成熟后产卵，虫卵随胆汁进入消化道，混于粪便中排出体外。在水中，虫卵在该虫适宜的第一中间宿主如纹沼螺、长脚豆螺等吞食后，在螺体内孵出毛蚴，并在螺内经胞蚴、雷蚴及尾蚴发育，成熟的尾蚴在水中遇到适宜的第二中间宿主如淡水鱼、虾类，在其体内形成囊蚴。囊蚴被终末宿主吞食后，在消化液作用下，后尾蚴脱囊而出。一般认为脱囊后的后尾蚴循胆汁逆流而行至肝胆管，也有人认为可钻入肠壁经血液循环到肝胆管，在肝胆管内约经一个月发育为成虫。实验证明，有的也通过血管或穿过肠壁腹腔到达肝脏于胆管内变成成虫。囊蚴进入终末宿主体内至发育为成虫，并在粪中可检到虫卵所需时间随宿主而异，犬、猫需 20～30 天；鼠平均 21 天；人约 30 天。成虫寿命，一般记载为 20～30 年。

流行病学

华支睾吸虫病分布颇为广泛，几乎遍及世界各地，但主要流行于中国、日本、朝鲜、韩国、越南等国家。

本病的传染源为患者、带虫者和保虫宿主。可作为保虫宿主的动物有 40 多种，其中猫、犬、猪、鼠在华支睾吸虫病的流行和传播上起着特别重要的作用。还有鼬、貂、貛等动物。第一中间宿主为锥螺科中的豆螺属和拟黑螺属。第二中间宿主约包括 80 种鱼类，其中有十几种与人体感染有重要作用。中国又发现有种淡水小虾也可做本种的第二中间宿主，我国已证实的淡水鱼类有 70 余种，以鲤、鲫、草、鲢鱼、船丁鱼及麦穗鱼感染率较高。北京、山东、河南等地麦穗鱼的囊蚴阳性率可达 90％以上。河南省一条 0.2g 重的麦穗鱼中曾查出囊蚴 3 429 个；广东省梅县每克麦穗鱼可带囊蚴 6 548 个。对第二中间宿主的选择似乎十分严格。此外，福建省发现细足米虾和巨掌沼虾均可作第二中间宿主。囊蚴在淡水鱼体内的分布几乎遍及全身，但以肌肉为最多，占 84.7％，依次为鱼皮占 5.9％、鳃占 4.7％、鳞占 2％和鳍等部位。

简阳地区对华支睾吸虫调查其阳性率：第一中间宿主：绍纹螺为 0.4％、赤豆螺为 0.1％、长角沼螺为 0.4％、豆螺料检出；第二中间宿主：麦穗鱼为 30.1％～95％、中华细鲫为 31.8％、白鲢鱼为 1.4％、棒花鱼为 15％、泥鳅为 15％；保虫宿主：猫为 24％～75％、犬为 11.1％～24.4％、貂为 8％、猪为 3.6％。翁约球（1993）对佛山华支睾吸虫保虫宿主调查，在肝胆管中找到成虫，猫为 89.7% （78/87）、犬为 84.2% （64/76）、猪为 7.99% （7/89）、鼠 18.3% （26/142）、野鼠 1% （2/209），自然终末宿主除人之外，尚有犬、猫、猪和鸟类。实验宿主为犬、猫、兔、豚鼠、大小鼠等。本病是一种自然疫源性疾病，保虫宿主种类多，多种家畜为本病的保虫宿主，其感染率和感染度比人群高，是人体华支睾吸虫病的重要传染。据辽宁省 （1985） 调查，华支睾吸虫感染率：人为 13.3%～86.7% （平均 18.2%）、猪为 27.3%；四川省南充 （1988） 调查华支睾吸虫保虫宿主，其感染率猫为 61.1%、犬为 36.8%、猪为 4.7%。邹惠宁 （1993） 对广东省三水华支睾吸虫保虫宿主调查，猪抽检 4 头肝胆囊，2 头胆管内找到虫卵；郑诗芷 （1990） 对安徽市场猪肝成虫检查，均有华支睾吸虫成虫寄生。由于猪的数量多，因此在传播疾病的作用与猫、犬同样重要。华支睾吸虫各地感染率高低不一，可能与饲养方式有关，其粪便污染水源的可能性最大，无疑是重要的传染源。江西瑞昌围绕着林前塘边和沿着排水沟通向塘中的 93 堆野类调查，狗粪的感染率为 32.8%，感染度平均 EPG 为 2 131.4；猪粪的感染率为 20.4%，感染度平均 EPG 为 489.9。安徽、河南、四川、山东、江苏、江西、广东、北京、辽宁都发现猪感染，林秀敏 （1990） 对其在福建、江西、江苏 1984～1988 年间保虫宿主自然感染华支睾吸虫的情况作了报告 （表 3 - 22），个别地区猪感染率达 35.3%，这些在流行病学上也是很有意义的。

表 3 - 22　保虫宿主自然感染华支睾吸虫的情况

地区	阳性率%			
	家猪	豹猫	小灵猫	家猫
闽南	28 （32/114）	53 （12/23）	40 （4/10）	44 （11/25）
闽西	13 （9/69）	30 （3/10）	0	33.3 （4/12）
闽北	21.5 （56/261）	41.2 （21/51）	0	40.5 （17/42）
江西 （九江）	18.8 （13/69）	20 （2/10）	37.5 （6/16）	0
江苏 （洪泽）	5.8 （8/138）	2.8 （4/14）	0	29.1 （7/24）
合计	18.3 （118/651）	38.9 （42/108）	37 （10/27）	37.9 （39/103）

在自然环境中，本虫的中间宿主种类多，分布范围广，也是该虫能在广大地区存在和流行的重要原因。本病能在一个地区流行的关键因素是居民有生吃、半生吃、凉拌鱼虾的习惯。有的地方将人粪投入鱼塘、河沟，使浮游生物繁殖，是造成人体感染和本虫难以根绝的重要原因。猪的感染也有因用小鱼、小虾作猪饲料或用鱼鳞、肚肠、带鱼肉的骨头、鱼头、碎肉渣、洗鱼水喂猪，以及放牧或散放的猪在河边、沟塘边吃了死鱼虾等均可引起感染。据统计，猪喂生鱼阳性率为 50%，不喂者为 7.4%；放养猪感染率为 55.6%，圈养猪感染率为 7.3%。

发病机制

华支睾吸虫幼虫到达肝胆管后定居并生长发育为成虫，成虫的机械刺激及其分泌物和代谢产物的化学刺激作用，使寄生部位的胆管上皮细胞脱落继而腺瘤样增生，并伴有黏蛋白的大量分泌，其程度与感染的程度相平行，胆管壁增厚，管腔狭窄，管壁周围有不同程度淋巴细胞、浆细胞和少量酸性粒细胞的浸润，随着病程的延长，炎性细胞的浸润逐渐减少，纤维组织的增生明显。由于管壁的增厚、瘢痕组织的收缩和虫体的集聚，使管腔阻塞，引起小胆管内胆汁的淤积，引起阻塞性黄疸，胆汁引流不畅，易继发细菌感染引起胆道炎症。胆管可呈圆柱状或囊状扩张，使胆管附近的肝细胞受压而萎缩，甚至坏死。胆管周围纤维组织增生，逐渐向肝小叶内延伸，分割肝小叶，假小叶形成而形成肝硬化。左肝管与胆总管的连接较平直，幼虫易上行，故肝左叶的病变较重。

虫卵、死亡的虫体、炎性渗出物、脱落的胆管上皮细胞等可在胆管和胆囊内形成结石的核心，从而诱发胆石症。虫体数量较多时，也可寄生并阻塞胰管而引起慢性胰腺病变。长期的华支睾吸虫感染与胆管上皮癌、肝细胞的发生有密切的关系。

华支睾吸虫病的病理变化主要为二级胆管壁的细胞改变，病变可分为 4 个阶段。第一阶段为上皮脱落、再生；第二阶段为上皮脱落、再生和增生；第三阶段上皮增生更为剧烈，形成腺瘤样组织，胆管壁的组织开始增生，二级胆管扩张，管壁增厚，末梢胆管随之扩张；第四阶段结缔组织增生剧烈，腺瘤样组织逐渐减少，胆管壁显著增厚，但扩张不明显。

临床表现

人

本病一般起病缓慢，从患者吃入囊蚴到出现临床症状这段时间称潜伏期。一般 30 天左右，最长可达 40 天。感染越重，潜伏期越短。Koenigstein（1949）指出本病初起时，可有发冷、发热，甚至可达 40℃，并可有轻度黄疸。贺联印等曾观察到 2 例急性期患者，临床主要表现为无力、食欲减退、腹泻、上腹痛、肝区痛、发冷、发热。根据患者吃生鱼日期计算，这 2 例患者的潜伏期分别为 10 天和 26 天。简阳地区（1989）对 1 008 例患者临床分析：腹痛者 631 例，占 62.6%；腹泻 415，占 41.2%；腹胀 361，占 36%；乏力 749 例，占 74.6%；肝压痛 251 例，占 24.9%；肝肿大 251 例，占 21.3%。郑诗芷等（1990）对安徽 500 例患者调查分析：腹痛 373 例（76.4%），食欲减退 212 例（42.4%），头昏 249 例（56.1%），头痛 249 例（49.8%），肝区压痛 411 例（82.2%），肝大 34 例（6.8%）。

北京和广州五医院 142 例住院病人资料分析表明，15 例（10.6%）无明显症状，余 127 例均有不同症状，其中以乏力（55.1%）、食欲减退（48.8%）、肝区疼痛（45.7%）、腹痛（42.5%）和腹泻（38.6%）、腹胀（24.4%）、恶心（21.3%）、体重减轻（19.6%）、发热（17.3%）及头晕等。河南商丘地区 173 例的主要症状为倦怠无力（65.9%）、食欲减退（46.8%）、肝区隐痛（44.5%）、腹泻（39.3%）、鼻出血（37%）、肠鸣（35.8%）、腹痛（30.4%）、上腹饱胀（28.3%）、头痛（26.6%）、恶心（23.1%）、发热（19.2%）和夜盲（15%）。北京郊区普查的 145 例本病主要症状为腹泻（72.4%）、上腹痛（54.5%）、肝区痛（34.5%）、消瘦（28.3%）、腹胀（27.6%）和食欲减退（23.4%）。广东佛山地区普查当地本病所检出的 1 596 例中 628 例（39.4%）均无症状，余 968 例有不同程度的症状，主要为肝区隐痛、失眠、乏力、腹泻和消化不良等。

体征方面，急性期可有黄疸、肝脏肿大和触痛。慢性期病人，北京和广州 142 例中 13 例（10.2%）营养状况差，其中 1 例并有营养不良水肿。85 例（59.9%）肝脏肿大，45 例（31.7）肝有触痛，18 例（12.7%）脾脏肿大。

河南商丘 173 例的主要体征为巩膜黄染（2.3%）、贫血（10.5%）、消瘦（8.1%）、肝脏肿大（83.2%）、肝区压痛（74.4%）、肝区叩击痛（69.2%）、脾脏肿大（5.8%）、腹壁静脉曲张（9.8%）、腹水（2.3%）和下肢水肿（5.2%）。在173例中，出现腹壁静脉曲张，脾脏大。大量腹水和肝硬化体征的有4例，其中2例还表现重度营养不良、贫血、下肢水肿等恶病质状态。北京郊区145例的主要体征为营养不良（27.6%）、发育不良（18.6%）、贫血（4.1%）、蜘蛛痣（6.2%）、肝大（86.9%）、脾大（4.8%）。广东佛山1596例中肝大者968例（61.8%）、肝区叩击痛49例（3.1%），有蜘蛛痣、脾大等肝硬化体征者7例（0.4%）。上述体征以肝肿大最突出，尤以左叶为著。肝肿大程度多数在肋下4cm以内，但最大有达剑突下10cm者。

1）急性华支睾吸虫病，一般食进大量的华支睾吸虫囊蚴可致急性发作。起病较急。首先是上腹部呈持续性刺痛样疼痛，厌油，进食后疼痛加重，似急性胆囊炎，重者可出现黄疸。同时出现腹泻，每天3～4次，多为黄色稀水粪。发病后3～4天出现发热，伴有畏寒和寒战，体温可达39.7℃，发热持续时间可从3～4天到数月。热型可分为低热、弛张热和不规则间歇热。触诊肝肿大，以左叶为著，肝区疼痛明显。有些患者伴有荨麻疹，外周血液嗜酸性粒细胞增多。重者出现类白血病反应。

2）慢性华支睾吸虫病，反复，多次，少量感染或急性未能得到及时治疗，均可演变成慢性。一般起病隐匿，症状复杂，症状的出现率与感染度有一定关系。轻者可无症状，或仅有胃部不适，腹胀，食欲不振等消化道症状。肝轻度肿大。仅在粪检时发现虫卵，中度感染者有不同程度的乏力，倦怠，食欲不振，消化不良和腹部不适，较常见腹痛或慢性腹泻。肝肿大，以左叶为著，伴有压痛和触痛。部分患者可伴有不同程度的贫血、营养不良和浮肿等，重度感染者，以上症状均可出现，且症状明显加重。晚期可形成肝硬化，门脉高压，腹水，腹壁静脉曲张及脾肿大。少数患者因反复胆道感染而初出现黄疸，发热，儿童可伴有生长发育障碍。肝功能失去代偿作用是本病死亡的原因。

本病常伴有的并发症有急性胆囊炎、胆管炎、胆石症、阻塞性黄疸和绞痛，甚至导致肝硬化。严重感染时，尚可引起异位寄生或异位损害，从而导致胰腺，肺部的华支睾吸虫病。少数可发生胆管性原发性肝癌。

为了能更好地认识和理解本病，根据临床表现可将本病分为以下7个临床类型：

①肝炎型：最常见，表现为食欲不振，疲乏，肝区隐痛，体检常有肝肿大，轻度压痛，部分病人血清谷丙转氨酶活性增高，很易误诊为肝炎。

②胃肠类型：亦常见，表现为腹胀、腹痛和腹泻，大便每天3～4次，无脓血，可有不消化食物，镜检往往正常。

③胆囊胆管类型：表现为右上腹痛，可为阵发性者，有时有不规则低热或高热，常并发胆囊炎和胆石症。

④营养不良型：表现为水肿、贫血、血浆白蛋白减少。此型多发生在感染严重的病例。

⑤肝硬化型：表现极似门脉性肝硬化，有蜘蛛痣、肝脾肿大、腹水、脾功能亢进等症状和体征，肝功能多不正常，常有血管静脉曲张。此型也多发生严重感染的病例，最后常由于恶病质、肝功能衰竭、上消化道出血和继发感染而死亡。

⑥类侏儒型：此型多发生在重度感染的儿童，表现为发育障碍、身高、体重与年龄极不相称，缺少第二性征，不能生育等。这样病例近年在不少地区都有发现。

⑦隐匿型：多见，感染程度较轻，多无明显症状，常在查体或因其他疾病就诊时发现。

预后：轻度而无明显症状和体征的人，如不再重复感染，则预后良好，对人体也可能无明显妨碍。如感染程度较重或经重复感染而虫数较多者可以引起明显病理变化，形成严重肝胆病，如不及早治疗，预后不良。合并化脓性胆管炎、胆囊炎、胆石症或成虫阻塞胆道而未及时处理者，预后也不好。严重感染已合并肝硬化的病例，如能及时给予病因特效治疗和对症支持治疗，有时尚可挽回生命。否则，常由于恶病质、肝功能衰竭或合并症死亡。严重感染本病的儿童病例可能发生侏儒症，治疗后本病可有一定程度恢复。

华支睾吸虫主要寄生在人与动物肝脏内中等大小的胆管内，但也可在胆总管、胆囊、胰腺管甚至十二指肠内发现。寄生于人体的虫数一般为十数条至数百条，最多报告为 21 000条。本病的病理变化，主要由华支睾吸虫成虫引起。虫体的吸附、机械性阻塞及其代谢产物刺激作用于人体，引起一系列病理改变。由于左胆管更直接地由胆总管分出，肝左叶被肝吸虫寄生的机会多，病变也常较重。

本病病理变化程度常与感染的轻重和病程长短有关。早期或轻度感染可无明显病理变化。重度感染时，病变部位的胆管由于虫体阻塞、胆汁淤积，发生囊状或圆柱状样扩张。肝脏表面特别在近边缘部分常可见到或摸到囊状突起或条索样结节。肝切面上，可见由胆管扩张形成的小窝，窝内充满虫体，胆管壁增生变厚。镜下可见胆管壁上皮下细胞增生重叠，形成腺瘤样组织，胆管壁内常有不同程度结缔组织增生。此外，特别是有细菌合并感染时，胆管壁、门脉周围、甚至肝实质可出现淋巴细胞、嗜酸性粒细胞和中性粒细胞浸润。病变过程中，急性感染以腺瘤样组织增生为主，慢性感染期以结缔组织增生为主，而在亚急性感染期则两种病变程度基本相等。过去曾经认为，本病引起胆管性硬化，而肝硬化者不多见。侯宝璋（1955）根据 500 例华支睾吸虫病尸检结果认为本病与肝硬化无直接关系，但近年来不少病区都有发现在重度感染儿童病例，可能由于同时存在营养不良、脂肪变性、萎缩、坏死甚至肝硬化，往往造成死亡。

本病可能与肝癌的发生有关。Datsurad（1900）报告 56 例死亡于本病的病人，肝肿病发病率为 3.6%。Oldt（1927）报告 287 例华支睾吸虫病人中有 3 例肝癌（1.1%），而另 1 481例其他病例中有 5 例肝癌（0.3%）。侯宝璋（1955—1956）的人体和实验病理研究都认为本病与胆管细胞癌的发生有关。他报告香港原发肝癌中 15% 由本虫引起，胆管细胞癌中 65% 有本病感染，而肝细胞癌中只有 29% 有本虫感染。病理切片中可观察到胆管上皮细胞有腺癌样组织增生，在此基础上可发生癌变。实验研究也发现，犬、猫感染本虫后有发生胆管腺癌的。

华支睾吸虫病在人体可引起很多合并症，如胆管性肝硬化、胆管细胞癌和在儿童病例引起发育不良等。本病常并发细菌性胆道感染、胆囊炎和胆石症。寄生虫数很多时还能阻塞胆道，造成梗阻，临床上表现为外科急腹症样发作。本吸虫寄生于胰管时，也是会引起急性胰腺炎等合并症。因此，发现有华支睾吸虫感染时，也应想到引起合并症的可能。

猪

猪是华支睾吸虫的保虫宿主。少量寄生时没有任何症状或轻度拉稀，多呈慢性经过。大量寄生时主要表现为消化系统症状，食欲减退、贫血、消瘦、腹泻、乏力、浮肿、腹水、轻度黄疸。

肝区叩诊有痛感。严重感染猪，病程较长，可并发其他疾病死亡。血液检查嗜酸性粒细胞增多。

病变可见胆管扩张，胆汁浓稠呈草绿色，上皮细胞脱落，管壁增厚，周围结缔组织增生。有时还会出现肝细胞混浊肿、脂肪变性和萎缩。有时见坏死灶。在胆管阻塞和胆管炎的基础上偶尔可发生胆汁性硬变。大量寄生时虫体阻塞胆管并出现阻塞性黄疸现象。病变一般以左叶较为明显。继发感染时，可引起化脓性胆管炎，甚至肝脓肿。有时还可在胆囊中发现虫体，并引起胆囊肿大和胆囊炎。偶尔有少数虫体侵入胰管内，引起急性胰腺炎。

诊断

人

根据临床症状，如腹痛、腹泻、肝区疼痛及嗜酸性粒细胞增多等，结合流行病学资料有无进食半生或生食淡水鱼虾史，做出初步判断。确诊有赖于粪便或十二指肠引流液中检出华支睾吸虫虫卵。

粪便直接涂片查虫卵的方法虽然简便，但在轻感染病人的粪便中虫卵很少，而不易查见。国内各地曾分别采用各种浓缩集卵法，如水洗自然沉淀法、小瓶倒置沉淀法、离心沉淀法、甲醛乙醚浓集法、醋酸乙醚浓集法、玻璃纸透明法（加藤法）、硫酸锌漂浮法和 Stoll 虫卵计数法等进行虫卵检查，效果都比直接涂片法好，如醛醚因试剂中福尔马林对虫卵和包囊有保护作用，乙醚又可溶去粪便中脂肪，吸附残渣，减少杂质，提高浓集效果 25 倍。本吸虫卵很小，大便中残渣又多，常易漏诊，有时需要多次反复查才能发现较少虫卵。

本吸虫卵是先排入胆汁再经胆道和粪便混合。因此，胆汁是虫卵多，残渣少，容易找到。在轻度感染或治疗不充分的病人，虽用粪便浓集法查不见虫卵，但做十二指肠引流用胆汁沉淀集卵后仍可发现虫卵。不过此法操作较繁杂，病人也有一定的痛苦，不能普遍应用。

此外，有时在胆道手术中发现华支睾吸虫成虫，胆道引流管中发现成虫，或虫卵，或从肝穿刺组织块中查见虫卵或成虫，也都能帮助确定诊断。在严重感染病人的胆汁和粪便中，除有大量虫卵外，还能看到大量嗜酸性粒细胞和夏科—雷登结晶。

免疫学诊断可用以协助临床诊断或流行病学调查中作过筛试验，但不能作为确诊本病的唯一依据。

1. 皮内试验 抗原为成虫冷浸液，应用 1：1 000～2 000 稀释度作皮内注射，15min 后读取结果，阳性率近 100%。本吸虫和肝片吸虫、并殖吸虫和日本血吸虫等之间存在着不同程度的交叉反应，但可用一系列高稀释度的抗原进行皮试来帮助鉴别。随着稀释度的增高，交叉阳性率就递减。本病患者自愈或治愈后一个相当长时期内，皮试常持续阳性，因此皮试结果必须结合病史和其他检查结果来判断和解释。在本病流行病学调查工作中，皮试的实用价值很大。

2. 血清学试验 Kuwahara 和 Muto（1921）首先以感染本吸虫的动物和病人的血清进行补体结合试验的研究。此外，间接血凝试验、间接荧光抗体、血清对流电泳和酶联免疫吸附试验等方法协助诊断本病，都取得较好的结果。

鉴别诊断方面，本病常有消化功能紊乱和肝大，常易误诊为病毒性肝炎或胆道感染、胆囊炎等。经常腹泻、腹痛者又易误诊为慢性肠炎等。以上可根据流行病学史、皮试及虫卵检查结果等进行鉴别，还有本吸虫卵的大小、形态与猫后睾吸虫卵、麝猫后睾吸虫卵、异形吸虫卵和横川后睾吸虫卵等极为相似，给诊断带来一定的困难。

猪

猪有无生食或半生食淡水鱼史；动物临床上表现消化不良、贫血、轻度黄疸、下痢；肝脏肿大，叩诊时肝区敏感，严重病例有腹水；粪检虫卵，虫卵应与异形吸虫及横川后殖吸虫相区别，它们的大小近似，但这两种虫卵无肩峰，卵盖对侧的突起不明显或缺如。血液检查嗜酸性粒细胞增多。

鉴别诊断

猪细颈囊尾蚴病：相同点：食欲减退、消瘦、贫血、黄疸、下痢等。不同点：猪细颈囊尾蚴病不是因为吃了生鱼虾而致病；寄生于肺脏和胸腔等处，引起呼吸困难和咳嗽；可引起腹膜炎，有腹水，腹壁敏感；剖检可见肝表面和实质中及肠系膜、网膜上有大小不等的被结缔组织包裹着的囊状肿瘤样的细颈囊尾蚴。

猪姜片吸虫病：相同点：食欲减退、消化不良、贫血、消瘦、下痢等。不同点：猪姜片吸虫病多因吃水生植物而发病；剖检时可见虫体寄生在十二指肠，虫体比较大；十二指肠肠壁黏膜脱落，呈糜烂状，肠壁变薄，严重时发生脓肿。

猪食道口线虫病：相同点：食欲不振、消瘦、贫血、下痢等。不同点：猪食道口线虫不因吃生鱼虾而发病；剖检可见在大肠黏膜上有黄色结节，有时回肠也有，结节大小为 1～6mm。

猪鞭虫病：相同点：食欲减退、贫血、下痢等。不同点：猪鞭虫病眼结膜苍白，顽固性下痢，有时夹有红色的血丝或棕色的血便，稀薄而有恶臭，行走摇摆；剖检可见盲肠、结肠充血、出血、肿胀，间有绿豆大小的坏死病灶；结肠黏膜上布满乳白色细针尖样虫体（前部钻入黏膜内），钻入处形成结节。

防治

防止病从口入是预防本病的关键。加强饮食卫生管理，改变饮食习惯，不吃未经煮熟的鱼虾，不用生鱼喂猫、犬、猪等，加强粪便管理，防止虫卵入水，不使用未经无害化处理的人或猪、猫、犬等粪便，防止污染水体，在流行区对居民、动物进行普查，普治，对猫、犬、猪等感染家畜进行驱虫。同时结合农田水利建设消灭中间宿主——淡水螺。

人治疗采用吡喹酮：轻、中、重感染者采用总剂量 75～90mg/kg、120～150mg/kg 和 150～180mg/kg，每天两次，2 天服完的治疗方案。也可用阿苯哒唑，总剂量 80 mg/kg，每天 2 次，2 天服完。或左旋吡喹酮总剂量是 75～120 mg/kg，每天 3 次，3 天服完。一般治疗，主要是对症支持治疗。

猪以吡喹酮 60mg/kg，拌料喂服，每天一次，连用 2 天。六氯酚 20mg/kg，口服，1 次/天，连用 3 天。三氯苯丙酰嗪 50～60mg/kg，口服，1 次/天，连用 5 天。氯对二甲苯（血防 846）200mg/kg，口服，1 次/天，连用 7 天。硫酸二氯酚（别丁）80～100mg/kg，灌服或混入饲料。

附猫后睾吸虫病：系猫后睾吸虫（*Opisthorchis felineus* Rivalta, 1884）寄生于胆道引起的疾病。有人认为本虫与细颈后睾吸虫（*Opisthorchis tenuiollis* Rudolphi, 1819）系同物异名。成虫寄生于猫、犬等哺乳动物肝胆管内，形态很像华支睾吸虫。虫体大小为 7～12mm×2～3mm，体表无棘。口、腹吸盘大小相近。睾丸 2 个，不分支，略作梅花样。卵巢一个，多呈椭圆形。虫卵与华支睾吸虫也相似，大小为 $30\mu m \times 11\mu m$，卵盖旁的肩峰不明显，内含一个成熟的毛蚴。生活史和华支睾吸虫也相似。虫卵被第一中间宿主淡水螺吞食后，毛蚴在消化道内孵出，侵入螺体，经胞蚴、雷蚴形成尾蚴。螺蛳感染后约 2 个月，成熟的尾蚴开始从螺体逸入水中。尾蚴侵入第二中间宿主淡水鱼体内形成囊蚴。尾蚴和囊蚴的形态与华支睾吸虫相似。人或动物吃入含有囊蚴的生鱼，幼虫在十二指肠内脱囊，经胆总管移行至肝胆管，约 4 周虫体成熟，虫卵开始在大便中出现。本虫的第一中间宿主淡水螺为 Bithynia leachi，第二中间宿主淡水鱼主要有 *Idus Melanotus*、*Tincta tinca* 等十多种。终末宿主除人外，尚有猫、犬、狐、狼、狮、獾、野猪、猪、貂、鼠、海狸、海豹、海马等。

本虫在人体所引起的变化和症状也与华支睾吸虫病者基本相同。

十四、姜片吸虫病
（Fasciolopsiasis）

姜片吸虫病是布氏姜片吸虫寄生于人和猪的小肠中所致的一种人畜共患寄生虫病，可产生肠壁局部炎症、溃疡及出血，因而临床上以腹痛、慢性腹泻、消化功能紊乱、营养不良等为主要表现。该病对人的损害比猪大。

历史简介

在 1600 年前我国东晋时就有该病记载。1300 多年前隋代有"九虫"中的"赤虫"描述，状如生肉，这形态与姜片吸虫相似。Bush（1843）在伦敦一名印度水手尸体的十二指肠中发现虫体。Lankester（1857）和 Odhner（1902）进一步对该虫形态描述鉴定和命名。Looss（1899）确定其分类地位。Kerr（1873）在中国广州检出第一个病例。Nakagawa（中川幸庵）和 Ishii（石井义男）（1921）在台湾研究了本虫对猪的致病性，Barlow（1925）在台湾和浙江阐明了虫在猪体生活史，并在绍兴进行人体感染试验。许鹏如（1962）、王傅歆（1977）在广东、福建进行了猪姜片吸虫生活史与生理特性研究。

病原

布氏姜片吸虫（*Fasciolopsis buski*）呈扁平的椭圆形，肥厚，似姜片状。新鲜虫体肉红色，固定后为灰白色。长 20～70mm，宽 8～20mm。腹吸盘是口吸盘的 3～4 倍，与口吸盘靠近。雌雄同体，成虫在人体内寿命 1～2 年，长者可达 4～4.5 年。虫卵椭圆形、淡黄色，内涵一个胚细胞和许多卵黄细胞，一端有不明显的卵盖。

国内外曾对猪布氏姜片吸虫染色体核型进行观察，王芘芘对浙江省猪布氏姜片吸虫染色体按大小顺序排列，依 Levan（1964）法分类：染色体数目为 $2n=14$。据 10 个精原细胞的有丝分裂中期相的相对长度、臂比指数和着丝点指数的测量数值，14 个染色体可配成 7 对同源染色体，即 $2n=14$（$n=7$）。由四组染色体组成姜片虫染色体核型：第一组，即第一对，为大型中部的着丝点染色体（M）；第二组，包括第 2～4 对，为中型的中部着丝点染色体（M）；第三组，包括第 5～6 对，为小型的中部着丝点染色体（M）；第四组，即第 7 对，为小型的端部着丝点染色体（T）。

其发育史为中间宿主为扁卷螺。据报道有 9 种扁卷螺而我国调查扁卷螺有 3 种，即尖口圆扁螺、半球多脉扁螺和凸旋螺。成虫在终末宿主小肠内产生虫卵，卵随粪便排出体外，在 27～32℃的水中，经 3～7 天孵出毛蚴。研究认为姜片吸虫的虫卵发育需要较高的温度，而且在昼夜温差变动较大的时候常影响其发育。在 18～25℃下，发育甚为缓慢，可延长至两个月，而且发育不整齐，有一部分虫卵在发育中途死亡。在 26～30℃之间，发育形成毛蚴需 20～24 天。姜片吸虫毛蚴具有一对眼点，对光敏感，发育成熟时受光刺激，能推开卵盖孵出。无光线培养到毛蚴成熟时亦可逐渐孵出。黑暗推迟毛蚴孵化时间，不能阻止毛蚴的孵出，毛蚴钻入扁卷螺体内，在 25～30 天经胞蚴、雷蚴、子雷蚴发育为尾蚴。尾蚴离开螺体，在水生植物上形成囊蚴。据调查有 17 种水生植物上发现囊蚴。汪傅钦、姚天麟等（1977）将成熟尾蚴放于培养皿或吸取其放在玻片上，即迅速形成囊蚴；将蕹菜叶放在有感染成熟的扁卷螺培养缸内，次日叶子上形成有多数囊蚴；但将叶面粗毛的甘薯叶褶成圆形，把成熟尾蚴放于叶中有水处，则不形成囊蚴，最终死亡。在池塘的天然水生植物检查中，多根浮萍的叶底面附着囊蚴数量最多，青萍的数量次之，凤眼蓝的叶露出水面，仅在浸于水中的烂叶和根部拴得囊蚴。水浮莲叶底有粗毛，无囊蚴附着，仅在根部检得少数的囊蚴。表明姜片吸虫囊蚴附着水生植物，无种的选择性，只要有表面光滑的物体，均可形成。用附有囊蚴的水生植物喂猪或饮入含有囊蚴的水而感染，感染后 3 个月左右发育为成虫。成虫生存期为 12～13 个月。

流行病学

姜片吸虫可感染犬、野猪、猕猴、兔。患者和受感染猪是本病主要传染源，患者是终末宿主，猪是主要的保虫宿主。野猪和猕猴也可自然感染，亦可作传染源。在兔体内也能正常发育，在其他动物体还不能完全发育。姜片吸虫繁殖力较强，每条虫体一昼夜可产虫卵 1 万～5 万个；在螺体内进行无性繁殖，形成大量尾蚴。囊蚴在 30℃ 以下可生存 3 个月，在 5℃ 的潮湿环境下生存一年。

该病主要分布在用水生植物喂猪的南方，5～10 月份均可感染，高峰期在 6～8 月份。发病季节多在夏秋季，有时延续到冬季。3～6 月龄"架子猪"最易感染发病，成年猪感染率和发病率较低。

发病机制

姜片吸虫成虫寄生于宿主的小肠，以十二指肠多见。

成虫虫体较大，吸盘发达，具有较强的吸附能力，虫体借助其强大的腹吸盘将宿主肠黏膜吸入吸盘腔而固定，造成局部肠黏膜的机械损伤，被吸附的肠黏膜可发生炎症、出血、水肿、坏死、脱落以至溃疡或脓肿。炎症部位中性粒细胞、淋巴细胞和嗜酸性粒细胞浸润，肠黏膜分泌增加。数量多时还可覆盖肠壁，妨碍吸收与消化，导致消化功能紊乱，其代谢产物被吸收后可引起变态反应。出现腹痛和腹泻，营养不良，白蛋白减少，各种维生素缺乏。虫体也摄取营养，包括人体所必需的维生素，如虫体内含有大量维生素 C，还可引起腹泻与便秘交替出现现象，甚至虫体呈团，堵塞肠腔，引起肠梗阻。少数虫体可进入胆管引起阻塞，并造成继发感染。严重感染儿童、幼畜发育障碍等，反复感染病例，少数可因衰竭、虚脱而致死。

临床表现

人

姜片吸虫可寄生于人的小肠上部，特别是十二指肠及空肠区，但偶也寄生于幽门部及大肠内。以口吸盘吸附于肠黏膜上，使黏膜产生炎症、出血及水肿，亦可形成深部溃疡或脓肿，影响肠壁吸收及分泌。虫数过多时，由于其代谢物被吸收可能使宿主产生中毒并加重症状，亦可引起机械性肠梗阻。人为终末宿主。潜伏期为1～3个月。一般轻度感染者常无症状和体征，可表现为食欲差，偶有上腹部间歇性疼痛。粪便性状正常，粪便中虫卵数量少，占感染者的8.4%～30.4%。有不同症状和体征者占69.6%～91.6%。陈万里（1937）报告3名青年体验者感染姜片吸虫囊蚴，36天在粪便中检出虫卵，第73天出现体征。王尔相（1980）报告感染姜片吸虫囊蚴的4人中，仅2人在感染后104天和115天检出虫卵。牛安欧（1991）对25例姜片吸虫感染者临床分析结果：无症状者14例；有轻微腹痛、腹胀、不规则腹泻等消化道症状者11例；肝肿大者3例；嗜酸性粒细胞数为4%～30%者15例。25例粪检皆阳性，虫卵数在24～114个/g。主要临床表现为腹痛、腹泻等消化道症状和精神萎靡、倦怠无力等一般症状。消化道症状出现于早期，腹痛多在上腹部，时间多为早晨，以隐痛为主。腹泻一天数次，一般为不消化性粪便，粪便黄绿色，量多，稀薄而奇臭或粥样便与正常便交替。偶见隐血试验阳性。肠蠕动亢进，肠鸣音增强。重症者，浮肿也是主要症状之一，浮肿的出现率占患者的0.4%～65.7%。面部及下肢浮肿，严重时可产生胸腹水，甚至全身水肿。如寄生虫数量较多，可引起肠梗阻、胆道阻塞及继发性肠道、肺部感染。人以儿童为多，表现消化功能紊乱，消化不良，腹胀、腹痛，在上腹部和右肋下隐痛，逐渐消瘦、贫血、浮肿。儿童患者常出现不同程度的发育不良，儿童的身长和体重均低于正常儿童，智力减退，还常出现夜惊、咬牙等神经系统症状。少数患儿可致死亡。根据临床症状的轻重可将姜片虫病患者分为三型：轻型为一般消化道症状，占62.4%；中型为腹痛、腹泻、恶心、呕吐、头痛及头晕，占36.1%；重型为浮肿、贫血及极度乏力，占1.5%。姜片虫引起并发症少见，大量寄生可发生肠梗阻和引起人体维生素C缺乏症。

猪

患猪以幼龄为多。姜片吸虫在十二指肠寄生最多，也有报道见于胃和大肠的。杨述祖（1936）用姜片吸虫囊蚴感染猪，经3个月从粪中检出虫卵；许鹏如等（1962）用囊蚴感染9头小猪，感染后第90～103天，从粪中检出虫卵（平均96.75天）。陈存瑞（1979）报道从1头猪肠中检出虫体4 041条；Barlow（1925）报道一头母猪排出虫体3 721条，对吸着部位产生机械损伤，引起肠黏膜发炎、水肿、出血、腹泻，粪中混合有黏膜，影响消化和吸收机能。表现精神沉郁，被毛粗乱、无光泽，食欲减退，逐渐消瘦。眼睑及腹下水肿，重者死亡。姚江平（1995）报道一头90kg体重的低强度感染成年猪临床表现：精神较差，食欲减少，常站于圈内嘶叫，似有饥饿感。患畜被毛逆生，无光泽，时有下痢症状。宰杀后仅见小肠内有8片大小不一，肉红色姜片吸虫。吸虫吸附着的小肠黏膜脱落，为鲜红色，呈糜烂状，十二指肠糜烂处最多。患畜其他部位无异常现象。薛德浩（1980）、黄朝学（2004）分别报道了猪发生姜片吸虫童虫病的报告：病猪发生拉稀、食欲不振、吃料减少，体质呈进行性消瘦。一个月内大猪普遍减重15～35kg，小猪则发生严重水肿，92头猪中死亡8头。贫血，水肿，体温38.6～39.4℃之间，皮肤粗糙、失去弹性，精神不佳，低头拱背，步伐跟跛，夜间不安、惊叫等。后期大便量少而硬，尿少而黄。严重水肿（头颈部、腹部及股内侧严重水肿）者 20 头，中度轻度水肿者 25 头，极度消瘦者 15 头，生长停滞及体重稍减轻者 24 头。剖检猪 1 号：临床上表现高度消瘦，卧地不起，废食。7 月初进栏重 52.5kg，后增重到 70kg，现仅为 35kg。经扑杀后可见主要病变：全身消瘦、严重贫血、血液稀薄，可视黏膜苍白。全身皮下组织有程度不等的水肿。心肌萎缩，心包液增多，肺部有鸭蛋大肺炎病灶。肝脏有轻度感染，小肠有四处环状狭窄口，前端充满水粪及虫体，后端充满气体。小肠及胃底部黏膜呈中度水肿，并有出血点。小肠处发现 2 172 条姜片吸虫，其中豌豆大的姜片虫成虫 35 条，其余均为米粒大至瓜子大小的姜片吸虫童虫。剖检猪 2 号：断奶后 2 个月体重 12.5kg。临床表现为严重水肿，精神沉郁，少食。可见病变为全身皮下水肿，尤以头部、下颌、腹部、腹股沟水肿更为严重，高度贫血，可视黏膜苍白，血液稀薄，脂肪胶样变性，切开压挤，有多量透明液体流出，淋巴结普遍肿胀，胸水、腹水及心包液增加，肝脏轻度黄染，肠壁及胃底黏膜严重水肿，脆弱易破。小肠中检出米粒及瓜子大小姜片吸虫童虫 441 条。胃及大肠也有少量姜片吸虫。黄朝学报道某猪场 180 头 10～40kg 幼猪发生精神沉郁，被毛粗乱，腹泻，食欲减退，逐渐消瘦，眼睑及腹下水肿等症状。严重者出现贫血，行动迟缓，低头，呆立，爱独处栏角，最后衰竭死亡。先后死亡 11 头。尸体消瘦，肝脾肿大，大肠黏膜水肿，有点状出血和溃疡，肠壁上可见密集的片状物——椭圆形、肉红色、扁平肥厚的姜片吸虫。

小肠黏膜有点状出血、水肿以至溃疡和脓肿，并可发现虫体。

诊断

根据流行病学、临床病症、粪便检查及剖检结果可确诊。

粪便检查用沉淀法或尼龙筛淘洗法。一般有生理盐水直接涂片法，采用一次粪检 3 张涂片可达 90％以上；浓集法，轻度感染者可采用沉淀法检查；厚涂片透明法（改良加藤法），每克粪便卵数（EPG）小于 2 000 者为轻度感染，2 000～10 000 为中度感染，大于 10 000 者为重度感染。

防治

治疗人，用吡喹酮每千克体重 15mg。分上、下午 2 次分服，驱虫率达 88.5％～95.8％。治疗后一个月，虫卵阴转率达 97.5％～100％，但有头痛、头晕、乏力、腹痛、腹泻等副作用，一般都发生在服药当天或次日，能自行消失。硫双二氯酚，成人 3g，儿童 70mg/kg 顿服。粪检虫卵转阴率为 71.4％～96％，也有上述副作用，但能自行消失。

治疗猪，用敌百虫 100mg/kg，混于少量精料，早晨空腹饲喂，隔日一次，两次为一疗程；六氯对二甲苯 200mg/kg；硫双二氯酚 100～200mg/kg；硝硫氰胺 10mg/kg；吡喹酮 30～50mg/kg；辛硫磷 0.12mg/kg，以上药物均混料饲喂。

预防　每年春、秋季驱虫；人和猪的粪便发酵处理后或新鲜粪便贮存 8 天后再使用，再做水生植物的肥料；水生植物洗净浸烫或做成青贮饲料后再喂猪；搞好灭螺。初夏季节，中间宿主扁卷螺等迅速繁殖，开始受姜片虫毛蚴侵袭，此时采用药物灭螺或池塘养鸭、鲤鱼灭螺。人不生食菱、荸荠、茭白等水生植物，食用前用沸水浸烫。

猪姜片吸虫病主要采取药物驱虫消灭病原，处理粪便避免病原传播，杀灭中间宿主，切断其生活史，防治感染等措施。但各地实施时间并不能相同，因为姜片吸虫的虫卵发育需要较高温度，平均气温福州 4 月下旬在达到 20℃ 以上时，姜片吸虫的虫卵才能发育，由此推算，福州是在 7 月中下旬猪才开始感染姜片吸虫，而浙江杭州地区因气温关系，猪感染要相应推迟 15～30 天。因此，掌握姜片吸虫的发育规律，作为预防措施的参考是十分重要的。如福建的姜片吸虫旺盛感染季节是在 7～9 月间，因此在姜片吸虫囊蚴未形成之时（福州在 7 月前、闽南在 6 月前）有必要进行一次彻底灭螺，预防感染。灭螺药物用 50 万分之一的硫酸铜、0.1％ 的生石灰、0.01％ 茶子饼等都有效果。

十五、肝片吸虫病
（Fascioliasis Hepatica）

肝片吸虫病（Fascioliasis Hepatica）是由肝片形吸虫（*Fasciola hepatica*）和巨片形吸虫（*Fasciola gigantica*）寄生于草食性哺乳动物的肝胆管内或人体而引起人兽共患寄生虫病，是牛、羊等动物严重的寄生虫病之一，感染率高达 20％～60％，严重危害畜牧业发展。对终末宿主选择不严格，人体并非其适宜宿主，故异位寄生较多，临床表现较为复杂多样，并较为严重，主要由童虫在腹腔及肝脏所造成的急性期表现及由成虫所致胆管炎症和增生为主的慢性期表现，也将其统称为肝片形吸虫病。Bric（1379）在法国发现羊因吃牧草感染肝吸虫病。

历史简介

在 2000 多年前人们已认识到此虫对家畜的影响，因此兽医界对此虫很早就进行了广泛研究，又称绵羊干吸虫病。Linnaeus（1758）对本虫进行描述和鉴定。Cobbold（1855）报道了大片形吸虫。Yamaguti（1958）记载片形属有 6 个种。Leuckart（1883），Thomas（1883）通过实验阐明了肝片吸虫生活史。

病原

肝片吸虫（*Fasciola hepatica*）属片形科，片形属。已报道有 9 个种及亚种和变种。成虫呈扁平叶状。新鲜虫体棕灰色，固定后为灰白色。长 20～30mm，宽 8～10mm。虫体前部呈圆锥状突起，口吸盘位于突起尖端，突起基部骤然增宽，形似肩样，以后逐渐变窄；腹吸盘位于肩水平线中央。睾丸分支，前后排列。卵巢鹿角状，位于睾丸之前。肠管分支。每条成虫日产卵量为 20 000 个左右。虫卵椭圆形，金黄色，卵膜薄而光滑，一端有不明显的卵盖，卵内有一胚细胞，周围有卵黄细胞。

肝片吸虫包括卵、毛蚴、胞蚴、母雷蚴、子雷蚴、尾蚴、囊蚴、后尾蚴、童虫和成虫等各个生活阶段。成虫在终末宿主胆管内产生虫卵，卵随胆汁进入肠道，而后随粪便排出体外。虫卵在 15～30℃ 水中，经 9～12 天发育成为含毛蚴虫卵，在 35～50 天内经胞蚴到尾蚴阶段而离开螺体，在水面或植物叶上形成囊蚴（结囊），终末宿主在肝脏表面进入肝脏或经肠壁血管进入肝脏，再穿过肝实质，进入胆管约 4 周发育为成虫。从感染到发育为成虫需 2～4 个月，成虫在终末宿主体内存活 3～5 年。据调查在宿主体内最长存活期绵羊为 11 年、牛为 9～12 个月、人为 12 年。肝片吸虫染色体核型有三型：二倍体、三倍体和二、三倍体混合型；染色体数 n＝10，二倍体是 n＝20，三倍体是 n＝30，前者为有性生殖型，后者为孤雌生殖型。我国发现的是二倍体型和三倍体型。

流行病学

肝片吸虫病流行于全世界。在我国也普遍流行，凡流行地区与 20 多种中间宿主椎实螺有关，我国已证实有小土蜗椭圆萝卜螺、耳萝卜螺、截口土蜗螺孳生与外界环境条件关系密切，多发生于地势低洼地区、稻田地区和江河流域。肝片吸虫对终末宿主的要求不严格，主要有几十种。传染源主要是草食动物，如牛、羊等数十种哺乳动物，另外还有猪、马、骡、驴、兔、鹿、骆驼等。猪和马属动物的感染率亦不断增高。人仅偶然被感染。患者也可作为其传染源。此外，犬、猫也有感染报道。我国内蒙古、辽宁、山东、江西、湖北、贵州、广东、广西等省（自治区）均有人体病例报道，局部地区感染率达 7.3%，急性病人突然发热、腹痛、腹泻、呕吐；慢性患者出现贫血和黄疸，且还可在人体寄生于皮下、肺、眼、腹膜及膀胱等部位，引起十分严重的反应，甚至造成死亡。感染宿主患急性或慢性肝炎和胆管炎，并可因虫体毒素而致全身中毒现象、贫血和营养障碍，危害相当严重，造成幼畜大批死亡。

传播中最常见的中介植物是水生植物，囊蚴在水及湿草上可存活 3～5 个月；在干草上可存活 1～1.5 个月，虫卵对干燥抵抗力较差，在干燥粪便中停止发育，完全干燥时迅速死亡。喝生水、生食或半生食含肝片形吸虫童虫的牛和羊等内脏也可感染。肝片形吸虫感染多在夏秋季节，幼虫引起的疾病多在秋末冬初，成虫引起的疾病多见于冬末和春季。

发病机制

片形吸虫囊蚴经口感染后，在消化液和胆汁的作用下后尾蚴脱落而出，囊虫穿过肠壁，经腹腔侵入肝实质，数周后直接侵入肝内胆管，或淋巴、血液循环进入胆管定居，发育为成虫。囊虫移行和成虫寄生都可对人体产生机械损伤和化学毒害作用，引起肝胆系统的病变。病变的程度轻重与感染的虫数、移行途径、寄生部位及机体的免疫状况等因素有关。

囊虫致病：囊虫在体内窜扰移行可引起局部组织和腹膜的损伤和炎症，随着囊虫的长大，损害作用逐渐明显而广泛，严重者可致纤维蛋白性腹膜炎。侵入肝脏的囊虫以肝细胞为食，可引起肝脏的广泛损伤和炎症，一般表现为损伤性肝炎，也可表现为炎症、坏死、纤维化等渐进性病理改变，甚至出现肝萎缩，若损伤血管可致肝实质梗死和出血性损伤。囊虫移行造成的肝损伤中充满肝细胞残片、嗜中性粒细胞、红细胞、淋巴细胞、嗜酸性粒细胞和巨噬细胞。周围有退变的肝细胞、巨噬细胞、嗜酸性粒细胞和单核细胞浸润。在较久的损伤处逐渐由巨噬细胞和成纤维细胞所取代。在这些肉芽组织中有胆小管增生。此外，肝脏中尚可有未达到胆管的未成熟虫体被包囊在纤维囊中。胆管上皮增生现象在虫体达到胆管前就已出现。Isseroff 等（1977）研究表明，肝片形吸虫可产生大量脯氨酸，感染后 25 天宿主胆汁中脯氨酸浓度增高 4 倍。此时囊虫尚未到达胆管。这说明胆管上皮细胞增生与脯氨酸在胆汁中浓度有关。

成虫致病：成虫寄生肝内胆管，通过机械刺激和毒素过敏作用，可引起胆管炎、胆囊炎、慢性肝炎和贫血等。病理变化以慢性增生性改变为主，表现为胆管上皮增生、管壁增厚等。据测定，胆管中有肝片吸虫成虫寄生时，胆汁中脯氨酸浓度可增高万倍以上。脯氨酸在胆汁中积聚是引起胆管上皮细胞增生的重要原因。

轻度感染时，胆管呈局限性扩大，重感染者则胆管的所有分支均可增厚。从肝表面可见白色条索状结构分布于肝组织中，有时增厚和钙化的胆管可突出于肝表面。再加上结缔组织的增生，使肝表面变得粗糙不平。这种病理变化以肝敷面尤为明显。胆管扩张多因虫体和胆汁阻塞所致。Jones 等（1977）对一严重肝片吸虫病患者的肝脏进行活组织检查，见到了胆管阻塞的典型变化。胆汁在胆管外积聚，有明显的肉芽肿反应和组织坏死，周围纤维组织增生，其中有多核巨细胞、淋巴细胞、嗜酸性粒细胞和浆细胞等高度浸润。可见胆管上皮增生和胆管周围纤维增生。小胆管因胆汁滞留而扩张，部分肝细胞中可见到胆汁。在大胆管中可见上皮脱落及溃疡形成，胆管内及其周围有较多的肉芽组织增生。胆囊壁也有明显增厚，并有淋巴细胞、浆细胞及嗜酸性粒细胞的高度浸润及腺上皮增生。

临床表现

人

人肝片吸虫病有肝片吸虫和巨片吸虫两种病原。肝片吸虫虫体在宿主体内移行和寄生均可引起临床病症。自囊蚴进入胃肠道至出现临床症状前称为潜伏期，此期长短与感染的虫数和宿主的反应有关，一般在数日至 2～3 个月不等。因虫的移行与寄生部位出现不同临床表现，如童虫在体内移行引起机械损伤、炎症、肝炎等。有时幼虫亦可以侵入肠系膜静脉或淋巴管而进入肝脏或直接进入心到肺部而进入大循环。移行的结果可进入身体其他器官而形成异位感染。

片形吸虫虫体在宿主体内移行和寄生期均引起临床症状，有囊蚴进入胃肠道至出现症状前称潜伏期。肝片吸虫的后尾蚴、囊虫和成虫均可致病。后尾蚴和囊虫经小肠、腹腔和肝脏移行均造成机械损害和化学刺激，肠壁可见出血灶，肝组织可表现出广泛性的炎症（损伤性肝炎），囊虫损伤血管可致肝实质梗死。随着囊虫成长，损害更加明显而广泛，可出现纤维蛋白性腹膜炎。成虫寄生期的主要病变是胆管上皮的增生。虫体的吸盘和皮棘等引起的机械刺激，可致胆管壁炎症性改变，并易并发细菌感染，表现为胆管炎。肝片吸虫感染轻时胆管呈局限性增大，而重感染者胆管的各分支均有管壁增厚。虫体阻塞胆管，胆汁淤积，造成管腔扩张。

肝片形吸虫感染者的临床表现可分为急性期、潜隐期和慢性期 3 个病期。也有少数为无症状带虫者。

1. 急性期（幼虫移行侵袭） 相当于囊虫在组织中的移行过程，发生在感染后 2～12 周不等。主要症状为突然性高热和胃肠道症状。体温在 38～40℃之间，偶可超过 40℃，常为弛张热或不规则热，持续 1～2 周，甚至长达 8 周。腹痛初起时为全腹痛或腹痛部位不定，以后疼痛固定于右上腹或剑突下，常放射至腰部和肩部。患者明显乏力、食欲不振、呕吐、胀气、腹痛、腹泻及便秘等。早期可出现荨麻疹等皮肤变态反应，尚可见呼吸道症状，以及头痛、失眠等多种症状。体检时约有 3/4 病例有肝肿大，1/4 病例有脾肿大，嗜酸性粒细胞增加。可持续 4 个月之久。血清转氨酸可升高，γ 球蛋白液常增高，高达 80%～90%。腹部压痛，腹壁有似结核性腹膜炎的柔韧感或腹水征，可有轻度黄疸。

2. 潜隐期 通常在感染后 4 个月左右，相当于虫体已进入胆管。患者急性症状减退或消失，在数月或数年内无明显不适，或稍有胃肠道不适症状，而病变仍在发展之中。

3. 慢性期 虫体进入胆管后逐渐转入慢性。虫体在胆管内寄生时引起胆绞痛、上腹疼痛、恶心及不能耐受脂肪性食物等一系列临症。肝脏肿大并伴有轻微压痛，脾脏有时也有肿大，出现低白蛋白血症和高免疫球蛋白血症。晚期血红蛋白减少，出现贫血，粪便隐血。此时成虫可能引起阻塞型黄疸，甚至胆汁性肝硬化。

慢性期相当于成虫在胆管内的机械刺激及其代谢产物的作用引起胆管炎症和胆管上皮细胞增生的阶段。表现为：

（1）贫血 每个成虫每天耗血量估计为 0.2ml，加上铁质和蛋白质的丢失，导致宿主血红蛋白减少，呈小细胞低色素性贫血，严重感染病人每天自肠道失血 8.4ml，粪便隐血试验常阳性，血红蛋白明显下降。

（2）阻塞性黄疸 胆管的慢性病变致胆管纤维硬化，成虫或结石阻塞胆管而引起梗阻性黄疸、巩膜皮肤黄染、血清胆血素增高。实验室检查呈阻塞性黄疸征象。

（3）低蛋白血症及高丙球蛋白血症 肝脏是唯一合成白蛋白的场所，由于肝组织纤维化及萎缩，使白蛋白的合成不足以补偿而致低蛋白的血症。高球蛋白血症主要是 IgG 增加，其增高与针对肝片吸虫抗原的循环抗体升高相关。

异位寄生，肝片吸虫幼虫在腹腔内移行中可进入其他组织器官，而形成异位寄生，此时虫体不能发育发热。常见的有皮下组织、右季肋部和脐区的腹壁肌肉的异位寄生，亦可寄生于肺部、支气管、腹壁、眼、脑及膀胱等。在有生食牛、羊肝肠习惯的地区，也发生虫体在人咽喉部寄生，称咽部肝片吸虫病。肝片吸虫可直接寄居在咽黏膜上，引起局部充血、水肿，产生吞咽困难，有的甚至出现耳聋、窒息，日本称"Halzoum"，即由此虫寄生引起的窒息病。

并发症，成虫对胆管上皮及周围组织的机械损伤可引起胆管广泛性出血。合并细菌感染可引起急性胆囊炎、急性梗阻性化脓性胆管炎，甚至发生多发性肝脓肿。在慢性期可引起胆总管阻塞，发生阻塞性黄疸。

猪

该病呈地方性流行，因在这些地方常在放羊的地方放猪。Dalchow 等（1971）报道了猪吞食水生食物上的囊蚴感染肝片形吸虫病。主要症状为食欲减退、贫血、黄疸、水肿、消瘦。肝片吸虫可寄生于肝脏，但无明显临床症状。

诊断

根据患者来自流行区，有喝生水或吃不洁水生植物的流行病学史；长期不规则发热等全身症状，以及肝胆系统的症状，伴以嗜酸粒细胞明显增多，且抗生素治疗无效，并能排出其他肝胆疾病后，应考虑到发生本病的可能性，并作进一步病原学检查。

1. 病原诊断 粪便或十二指肠引流液沉淀检查以发现虫卵而确认的依据。虫卵数量少时极易漏检，而肝片吸虫虫卵与姜片虫虫卵近似，易混淆，应注意鉴别。姜片吸虫的卵黄粒均匀分布卵内部卵黄细胞中，而肝片形吸虫卵黄粒集中于卵黄细胞核周围。此外，成虫与姜片吸虫有不同：①成虫前段有一明显的头锥；②腹部吸盘较小，不显著；③肠支有很多侧支。也可经外科腹部检查或进行胆管手术时若发现肝片形吸虫虫体亦可确诊。肝脏表面见白色条索状隆起及胆管增粗等亦可提示有胆管寄生吸虫存在的可能。

2. 实验诊断 ①血常规和肝功能检查。急性期多为嗜酸性粒细胞数增加；慢性期GOT、GPT 活力升高，血沉增快，血清 ALT、AST 活性升高，出现黄疸时血清疸红素明显增多；②免疫学诊断，常用皮内试验（IDT）、间接血凝试验（IHA）和酶联免疫试验（ELISA）等。

用 ELISA、IHA 和 IFA 等方法检测患者血清中的特异性抗体均有较高的敏感性。由于肝片吸虫与其他吸虫有较多的抗原成分，对阳性的结果应结合临床分析。用纯化的肝片形吸虫抗原和排泄分泌物抗原或提高被测血清的稀释度均有助于提高免疫诊断的特异性。

防治

人肝片形吸虫病的治疗首先在于正确诊断，误诊往往会使病情加重，甚至来不及治疗而死亡。一旦确诊后，经有效药物治疗，症状很快好转，但胆汁中虫卵消失或成虫完全杀灭并不容易。目前首选药物有：

（1）硫双二氯酚（别丁），成人为 3g/天，儿童为 50mg/（kg·天），分 3 次口服，隔日服药，10～15 天为一疗程；间隔 5～7 天后可给予第二疗程。

（2）三氯苯咪唑（肝蛭净）对不同发育阶段虫体，尤其对幼虫效果明显。10mg/kg 一次口服，间隔 2 周再次给药。本病除病原治疗外，驱虫同时宜服用利胆解症药，以利于死亡的虫体排出胆道系统。对于合并急性胆道炎者，可选用抗生素。对合并阻塞性黄疸者可进行手术治疗。

病畜治疗：

（1）阿苯达唑（抗蠕敏）为广谱驱虫药，对驱除肝片吸虫成虫有良效，使用剂量为 5～15mg/kg，口服。

（2）硝氯酚（拜耳 9015）驱除成虫有高效，使用剂量为 4～5mg/kg，口服。

（3）羟氯柳胺，驱成虫有高效，使用剂量为 15mg/kg，口服。

（4）碘醚柳胺，驱成虫和 6～12 周的未成熟肝片吸虫都有效，使用剂量为 7.5mg/kg，口服。

（5）双酰胺氧醚，对 1～6 周龄肝片吸虫有高效，但随着虫龄的增长，药效也随之降低。用于治疗急性肝片吸虫病，使用剂量为 7.5mg/kg，口服。

（6）硫酸二氯酚（别丁），对驱除成虫有效，但使用后有较强的泻下作用。使用剂量为 80～100mg/kg，口服。

本病预防主要是发现病者或家畜及时隔离治疗，从根本上阻断传染源。其次是结合水利消灭中间宿主或饲养水禽灭螺。在流行区要求每年二次应用复合药物对人、畜驱虫；粪便集中管理，经生物热处理灭卵后再使用，防止虫卵下水。平时注意不在低洼、潮湿的地区放牧，要经常消毒处理，保持水源、饮水清洁卫生。

十六、胰阔盘吸虫病
（Eurytremiasis）

胰阔盘吸虫病是由双腔科阔盘属吸虫寄生于动物胰腺，少见于胆管及十二指肠，而引起的营养障碍、腹泻、水肿、消瘦、贫血等慢性症状的寄生虫病。严重感染时可造成动物大批死亡。亦有人体感染的报道，主要是因为人误食了含有本吸虫囊蚴的草螽（如红脊螽、中华草螽）等昆虫而感染，所以本病是一种人兽共患性寄生虫病。

历史简介

阔盘吸虫于 1889 年发现。Looss (1907) 将 Distoma pancreaticum Fauson 1889 和 Distoma coelomaticum Giard. et Billet 1892，从双腔属 (*Dicrocoelium*) 中分出，定为阔盘属 (*Eurytrema*)。Maxwell (1921) 报道福建牛中有胰阔盘吸虫和腔阔盘吸虫。徐荫祺 (1935) 在苏州的牛中检出胰阔盘吸虫病。陈心陶 (1937) 描述了广州水牛胰阔盘吸虫。浅田顺一 (1942) 在长春的牛和猪中记录了所谓"膵蛭"。金大中及李贵贞等在西南的山羊及家猫的胰脏中发现本属吸虫。Basch (1965) 在马来西亚首先找到了第二中间宿主螽斯 (*Conocephalus maculatus*) 完成了胰阔盘吸虫病百年未解的生活史循环。以后前苏联、朝鲜也相继报道了近似种的螽斯。HaBHKTO (1937) 海参崴发现蟋蟀 (Occanthus ongicaudus Mosch) 为第二中间宿主。唐仲璋、唐崇惕 (1950) 报告了第一中间宿为两种陆地螺蛳，即阔纹蜗牛 (Bradybacna Similaris Farussec) 和中华蜗牛 (Cathaica Varida Sieboldeiana Pfeiffer)，并进行了虫体在第一中间宿主体内发育的详细描述。1974 年他们在扬州又找到第二中间宿主红脊螽斯，在国内首先完成了胰阔盘吸虫生活史的研究。

病原

胰阔盘吸虫属于双腔科，阔盘属。本属吸虫有 10 个种，我国有胰阔盘吸虫 (*E. pancreaticum*)、腔阔盘吸虫 (*E. coelomaticum*)、枝睾阔盘吸虫 (*E. clastorchis*)、河鹿阔盘吸虫 (*E. hydropotes*)、圆睾阔盘吸虫 (*E. sphaeriorchis*)、福建阔盘吸虫 (*E. fukienensis*) 和广州阔盘吸虫 (*E. guang Zhouensis*) 等，目前已知胰阔盘吸虫为人畜共患吸虫。

胰阔盘吸虫呈棕红色，虫体扁平、较厚、呈长卵圆形，体表有小刺，但到成虫时小刺常已脱落。体长 8~6mm，宽 5~5.8mm。口吸盘较腹吸盘大、咽小、食道短，睾丸 2 个，圆形或略分叶，左右排列在腹吸盘水平线的稍后方，雄基囊呈长管状，位于腹吸盘前方和肠管分支之间。生殖孔开口于肠管分叉处的后方。卵巢分叶 3~6 瓣，位于睾丸之后，虫体中线附近，受精囊呈圆形，在卵巢附近。子宫弯曲，充满虫卵。卵黄腺呈颗粒状，位于虫体中部两侧。

成虫寄生终末宿主胰脏的胰管内，产卵随动物粪便排出体外，成熟卵深褐色，呈两端钝圆的椭圆形，大小为 0.034~0.047mm×0.026~0.034mm，卵内含有一个椭圆形毛蚴，毛蚴不需要从卵中卿出，即与虫卵一起在外界被第一中间宿主蜗牛吞食而感染。

毛蚴体长 0.032mm，宽 0.028mm，体前端有一个可伸缩的锥刺，长约占虫体的 1/4，位于神经团前部，毛蚴体表有两列纤毛板，焰细胞分列在体两侧，其后有 2 个圆形或椭圆形的排泄囊，内含许多颗粒，排泄囊在显微镜下明显可见毛蚴至螺体后破壳而出，经母孢蚴、子孢蚴两个阶段的发育，在寒冷地带一般需 400~445 天。

母孢蚴是由毛蚴发育而来的，毛蚴在螺体内先是脱掉锥刺和纤毛，而后在体末端形成生殖细胞，7~16 天生殖细胞增加至 8~9 个，进一步发育逐渐体内形成许多隔，至 3 个月母孢蚴已经是多瓣的囊体了，囊内有许多子孢蚴体胚，一个母孢蚴体内含子孢蚴 100 多个。

子孢蚴开始是个椭圆形胚体，有很厚的壁，体透明，直径 0.066~0.120mm，两侧各有一个排泄孔，当子孢蚴长大时空隙中积累了许多颗粒状物，以后逐渐伸长，至 118 天子孢蚴前端发育成较细的吻突，这在母孢幼破裂时用以穿入宿主组织吸取营养的，完全成熟的子袍蚴移入螺的气室内，大小为 6.9～0.7mm×0.7～1.0mm。

第二中间宿主感染是吞食了从陆地螺呼吸孔中排出的子孢场，子孢蚴黏团入蟊斯体后，只经过 23～30 天的发育，尾蚴即从子孢蚴中解出，发育到囊蚴。阔盘属吸虫尾蚴为短尾类，呈扁平的椭圆形，体长 0.23～0.37mm，宽 0.112～0.140mm。后端小尾巴圆形，内含 13～15 个细胞。尾蚴体表光滑，尾球后缘有硬毛 10 余根，口吸盘位于顶端，直径心 0.049～0.05mm，腹吸盘比口吸盘略大，直径 0.05～0.06mm，中央穿刺腺 4 对，侧穿刺腺 5 对，分布腹吸盘两旁，开口于锥刺基部。

囊蚴是由尾蚴发育形成的，第二中间宿主蟊斯感染 1.5h 尾蚴在胃中脱去尾巴，而后穿过胃壁到昆虫的血腔中形成囊蚴，它们绝大部分是到腹部的血腔中，也有少数到脚部等其他腔的间隙中。囊幼外表成囊状，虫体皱缩或弯曲在囊中。成熟囊蚴达 0.327～0.399mm×0.254～0.310mm，正椭圆形。囊内蚴虫随着囊的增大而逐渐发育完善。

终末宿主感染是在牧场上吃草时，把含有囊蚴的尾虫吃下。囊蚴到牛、羊体内，一般需80～100 天的发育到成虫。整个发育周期，从卵经毛蚴、母孢蚴、子孢蚴、尾蚴、囊蚴到成虫，寒冷地区一共需要 500～560 天，越冬 2 次。

能传播腹吸虫的蜗牛国内发现有阔纹蜗牛（同型巴蜗牛）（*Bradybacna Similar fa*）、中华蜗牛（*Cathaica rarida sieboldtiana＝Fruticcola rarida sieboldtiana*）、丽光蜗牛（弧形小丽螺）（*Ganesella Stearnsii*，*G. japonica* 及 *G. myomphala*，*G arcasiana*）和枝小丽螺（*Canesella Virgo*）。国外报道贝类宿主尚有 *Bradybacna arcasiana*，*B. dickmanni*；*B. fragilis*，*B. Selskii*，*B. middendorffi*，*B. maacki*，*B. lantzi*；*Gathaieca plectolropis*（以上分布前苏联），*Acusta despecta*（分布朝鲜）。

尾虫宿主有中华草蟊（*Conocephalus chinensis*），*C. maculatus*（分布马来西亚和朝鲜）、*G. gladistu*（在朝鲜），*G. fuscus*，*C. percaudatus*，*Platycleis intermedia*，*Occanthus langicaudus*（以上分布前苏联）。

流行病学

我国牛、羊感染胰吸虫病较多地区有福建、江西、江苏、河北、贵州、陕西、内蒙古和吉林等。感染率福州南郊两个乳牛场 66.67％，福建泉州耕牛 18.06％～14.7％，吉林双辽种羊场 1980 年检查 5 069 只羊，检出胰吸虫羊 1 896 只，感染率 37.4％，红星种羊场高达84.2％，最高为内蒙古科右前旗一个牧场感染率达 90％以上。感染强度一只羊体内寄生虫最多 1 502 条，整个胰脏的所有胰管几乎都像口袋似的充满虫体，羊只下颌水肿、体况消瘦，5 岁成年羊体重仅 31kg；另一只羊寄生虫体重量 23g，占胰脏重量的 45％。剖检 105 只羊，平均感染强度 235 条，危害比较严重。

成虫在终末宿主绵羊体内寄生可达 7 年以上，并随粪便经常排出大量的虫卵，遇到草原有蜗牛存在虫体就会发育繁殖起来，因为蟊斯是到处都有的。

蜗牛多滋生在丘陵间的低洼草甸和草丛中，并经常爬到草茎、草叶和自然形成的"塔头"上。雨后和早晨草上的蜗牛明显增多，蜗牛分布密度 1m² 可达十几个。我国北方一般4～5 月份出现，10～11 月份开始冬眠；南方随着气温的增高出没时间也相应地拉长，炎热地区蜗牛尚须进行夏眠一段时间再继续发育，蟊斯 5～6 月份出现，成虫 10～11 月份消失。胰阔盘吸虫幼虫在贝类宿主体内发育时间较长，而我国北方有的地方蜗牛生活时间较短，幼虫在蜗牛体内当年发育不到成熟阶段，需到次年 4~5 月份蜗牛复苏后才能继续发育，同时还要经过螨斯体内发育一个月左右。因此，终末宿主感染时间多在 8~9 月份进行，炎热地区感染季节可以提前和推后相当长时间。

发病机制

虫体寄生胰管中，刺激管壁引起慢性增生性炎症，镜下可见淋巴细胞、嗜酸性白细胞和异型细胞等聚集。胰组织被增生的结缔组织所破坏，功能降低。

大量感染时，所有胰管都明显地扩张，像口袋似的充满虫体，压迫周围组织，使胰腺萎缩，消化液分泌不足，产生消化不良。胰岛萎缩，胰岛素分泌减少，引起糖代谢紊乱，加之虫体吸食宿主血液，造成动物贫血、营养不良、水肿和消瘦等。

动物寄生虫体少时临床症状不明显，虫体多时破坏胰岛呈现全身症状，开始表现消化不良，粪便时干时稀，并逐渐消瘦贫血，下颌和腹下浮肿，严重时病畜呈衰弱状态，颈部、腹部浮肿加剧，并排出带黏液性粪便。全身消瘦，被毛粗糙，行动迟缓，末期则陷于恶病质死亡。

剖检胰脏表面凸凹不平，色泽不匀。整个胰脏由粉红色逐渐变灰白色，胰管内如大量寄生虫体，引起管壁肥厚，管腔增大，使原来不太明显的胰管呈树枝状。胰管内经常有灰绿色不太坚硬的结石，内含大量虫卵，胰管黏膜不平，有大量弥散性小结节和出血点。

组织学检查可见黏膜上皮破坏，发生渐进性坏死病变，胰腺小叶结构和机能发生紊乱，胰岛细胞由胰管扩张压迫呈萎缩状态。

临床表现

人

胰阔盘吸虫病国内外都有人体感染病例，可能是因偶然误食了草螨或其身体某一部分而感染。据报道，人感染严重时有营养不良、消瘦、腹泻、贫血、水肿和生长发育不良等临症。

Faucst（1949）报道一香港人感染阔盘吸虫病例。张月娥、李绍光（1964）报道上海一成年男尸的胰腺组织中检出 43 条胰阔盘吸虫。Ishii（1983）报道日本一名 70 岁死于胃癌妇女尸检时在扩散的胰管内发现 15 条胰阔盘吸虫成虫。胰管管壁增厚并有出血，淋巴细胞浸润胰腺叶间结缔组织，胰液停滞区域见胰腺叶间的与小叶末端的小管适度扩张，在小叶内无坏死和肉芽肿损害。

猪

未见有临症报道。浅田顺一（1942）在长春的猪中记录了所谓"膵蛭"。但历来资料和寄生虫病学都提及胰阔盘吸虫寄生于牛、羊、猪、骆驼、人的胰脏（胰管）中，也有报道成虫可寄生于人、犬、熊、狐、猪的胆管及十二指肠，猪可能与人相似，属于偶发，而临床症状未给予关注。

诊断

临床没有特异症状，必须经过粪便检查发现虫卵才能确诊，并结合症状判定之。这里需要注意的是有胰吸虫卵不一定致病，感染胰吸虫的和患胰吸虫病的要加以区别。

粪便检查用改进的水洗沉淀法，直肠取粪 3～5g，放在 300ml 烧杯内，先加少量水捣碎。然后经 100 目纱网滤过到另一烧杯内，边过滤边用清水冲洗纱网。依次再用 200 目和 250 目两种纱网滤过，水洗沉淀 4～5 次，每次 15～10min，直到上清液完全和清水一样为止。镜检全部沉渣，寻找虫卵。

虫卵正椭圆形，深褐色，长 0.048±0.000 5mm，宽 0.032±0.000 4mm。刚排出的卵内已经含有发育成熟的毛蚴，毛蚴呈梨形，锥刺细长，神经团横方形，位于毛蚴中部稍前方。排泄囊椭圆形，边缘整齐，对称的分布于毛蚴后部两侧。未成熟卵较小，卵内无成熟毛蚴，颜色也随着未成熟的程度而由淡黄色逐渐变为灰白色。

胰阔盘吸虫卵与双腔吸虫卵很相似，其区别点是胰吸虫卵较大，大小 0.048±0.000 5mm×0.032±0.000 4mm，形状为两端钝圆的正椭圆形，深褐色，毛蚴锥刺细长，神经团方形，排泄囊内颗粒大，双腔吸虫卵小，大小 0.042±0.000 4mm×0.026±0.000 4mm，形状为一端钝圆，一端较尖椭圆形，黄褐色，毛蚴锥刺短，神经团三角形，排泄囊内顺粒小。

防治

据报道，治疗曾应用过四氯化碳、六氯乙烷、硫双二氯酚、硫双三氯酚、六氯酚、肝一号、肝 2 号、肝 3 号、硝硫氰胺、杀尼尔、敌百虫和中药赤木、贯众等十几种药反复试验均未奏效。近些年日本与前苏联应用新合成的化药 Tlexchoroporaxybeme、Hexide、Cyazide、Lubrhene、Chlorophoe、Bilum、Bilum S. thiahendazote 等试验也未得到好的结果。

前苏联寄生虫学家叶尔硕夫曾提出试用酒石酸锑钾静脉注射，一周 2 次的方法，经复试未显疗效，投药 2 只羊后剖检从胰脏中共拣出阔盘吸虫 489 条，全部存活。吉林省兽医研究所应用六氯对二甲苯植物油剂，一次大剂量（500～1 000mg/kg）注射方法，获得了很好的效果，治疗 2 000 只羊，安全可靠。当前治疗绵羊胰吸虫比较理想的药物为吡喹酮，绵羊口服剂量每千克体重 80mg，疗效可达 100%，治疗 6 000 多只羊均很安全。

防制可采用治疗病羊、杀灭中间宿主、划区放牧和培育无胰吸虫病羊群四项综合技术措施进行。

（1）治疗病羊，是防制的主要措施，它不仅可以治好病畜，复壮动物，而且还有减少病羊在草场上散播虫卵，防止绵羊再感染的预防作用。可应用六氯对二甲苯植物油剂肌注和吡喹酮口服方法，效果均好。

（2）杀灭中间宿主，能切断感染途径，防止疾病的发生，可采用人工早春捕捉蜗牛和药物杀灭蓊斯方法。春天 5～6 月份螺尚未大量繁殖以前，发动家属和小孩拣螺，并给予适当的经济报酬。灭蓊斯 8～9 月份，在草原上采用"五四一"原油飞机喷雾灭虫，或应用手提式超低容量喷雾器灭虫。剂量 41.26%"五四一"原油每亩 100g，效果较好。"五四一"原油配制方法：二线油 50%、80% 马拉松原油 40%、92.6% 敌敌畏原油 10%。

（3）划区放牧。根据流行病学调查把草原划分为清净区、不安全区和污染区三类。在牲畜感染季节要严格控制到污染区和不安全区放牧。有条件地方可与草原建设"草库伦"结合起来，把有螺蛳繁殖的地带围起来作为打草区，这样蓊斯到 10 月份打草季节已经死掉，打来的草再喂牲畜就不能再感染了。

（4）培育无胰吸虫病羊群。羔羊是没有胰吸虫感染的，为培育无胰吸虫病羊群，羔羊开始放牧时要严格控制到生育第一中间宿主陆地螺地区去，使羊从小就消除感染胰吸虫的可能，始终保持清净。这对保障羊群健康，大力发展养羊业是十分重要的。

有关免疫问题研究得很少。据林统民报道，胰吸虫有异种免疫嗜异性自愈现象，已经寄生枝睾阔盘吸虫和胰阔盘吸虫的牛，感染腔阔盘吸虫囊蚴后出现自动排虫现象，而剖检牛原来寄生的枝睾阔盘吸虫和胰阔盘吸虫已排尽，但却重新感染了腔阔盘吸虫。

十七、猪囊尾蚴病
（Cysticercosis Cellulosae）

猪囊蚴病（Cysticercosis Cellulosae）是由寄生于人体小肠内有钩绦虫（又名猪肉绦虫、猪带绦虫、链状带绦虫）的幼虫（猪囊尾蚴）寄生于猪和人等动物的肌肉组织和其他器官所引起的寄生虫病，俗称囊虫病；患此病的猪肉，俗称"豆猪肉"或"米猪肉"，因误食猪有钩绦虫虫卵而感染，也可因体内有猪钩绦虫而自身感染。猪囊尾蚴在人体寄生的部位很广泛，在肌肉、皮下组织、脑、眼、心、舌、肺等处都可见到囊虫寄生。

历史简介

猪有钩绦虫（猪带绦虫、猪肉绦虫）的幼虫（囊尾蚴）很早就有记载，Gesner（1550），Rumler（1558），Werner（1787）观察到猪囊尾蚴感染人，并发现人体内猪肉绦虫幼虫。Linneaus（1758）鉴定并定名。Kuchemeister（1855）和 Leuchart（1856）分别以饲养方法用猪肉绦虫的孕节感染猪，实验证明了猪囊尾蚴与人体成虫的关系，获得绦虫链体期。给人吃猪囊尾蚴后，在其肠中获得链状带绦虫，阐明了生活史。Cadigan（1967）以猪囊尾蚴感染白手长臂猿与大狒狒获得成功。我国绦虫研究起步较晚，胡氏（HU.C.K）和柯氏（Khaw.O.K）于 1927 年开始人体猪囊尾蚴研究。

病原

有钩带绦虫（*T. Ssoliu Linneaus*，1758）属于带科带属，寄生于人的小肠内。虫体长25m，宽 5mm，扁平带状，由近千个节片构成，分为头节、颈节和链体三部分。头节粟粒大，呈圆球形，有 4 个吸盘和 1 个顶突。顶突在头节的顶端，具有角质小钩，排成大小相同的两圈，计 25～30 枚。头节下为颈节，细长狭小，下接链体，有节片 700～1 000 个。每个节片边缘各有一个生殖孔，不规则地排列于链体两侧。每个节片具有雌雄生殖器官各一套。睾丸呈滤泡状，150～200 个，分布在节片两侧，输精管横行，经阴茎囊开口于节片一侧的生殖腔。卵巢分 3 叶，位于节片中后部，两侧叶大，中间一叶较小，位于阴道和子宫之间，卵巢之后为卵黄腺。阴道在输精管后方开口于节片一侧的生殖腔。孕节为长方形，其中除充满虫卵的子宫外，其他器官均退化。子宫有侧支 7～12 对。每个孕节中约含有 4 万个虫卵。虫卵呈球形或近似球形，卵壳薄而无色透明，内为胚膜。当虫卵自孕节脱落后，卵壳极易脱落，成为不完整虫卵。胚膜厚而坚固，棕黄色，内为胚膜。光镜下呈现放射状条纹，内含有 3 对小钩的球形幼虫，称为六钩蚴。卵在宿主胃肠内发育成六钩蚴，再变成一充满液体囊泡，2～3 个月后形成头节。囊尾蚴在猪体内发育时间为 60～270 天，在中间宿主体内的寿命为 3～10 年，少数长达20 年以上。虫体死亡后发生纤维化和钙化。囊尾蚴呈囊状，故又称猪囊虫，成熟的猪囊虫呈椭圆形，长 8～18mm，宽 5mm，呈白色半透明状，内有白色头节 1 个，上有 4 个吸盘和有小钩的顶突。囊尾蚴的大小与形态因寄生部位、营养条件和组织反应的差异而不同，在疏松组织与脑室中多呈圆形，5～8mm；在肌肉中略长；在脑底部可大至2.5mm，并可分支或呈葡萄样，称葡萄状囊尾蚴。猪囊尾蚴染色体DNA GC含量为31%，AT含量为69%。

虫卵在外界存活时间较长，4℃下能存活1年，－30℃下也能存活3～4个月，37℃时存活7天左右。虫卵的抵抗力也强，70%乙醇、3%煤粉皂溶液及食醋都无法将其杀死，只有2%碘酒和100℃高温可将其杀死。

谷宗藩（1955）试验证明，猪囊尾蚴经加热51℃、10min，54℃、1min后在胆汁中经9h，头节不伸出，焰细胞也不活动。如用22.5～36.5g肉块加热，肉块中心温度54℃、5min后，经胆汁试验，囊尾蚴不表现任何生活能力；用140g肉块，在沸腾的生理盐水（101℃），10min，肉块内的囊尾蚴全部杀死。

流行病学

猪带绦虫在全世界分布广泛，但主要流行发展国家，人为猪带绦虫的唯一终末宿主，成虫寄生于人体的小肠内，使得人体患绦虫病，是唯一传染源。猪囊尾蚴主要是猪与人之间循环感染，唯一感染来源是猪带绦虫的患者，他们每天向外排出孕节和卵，而且可持续20余年，这使得猪群长期处在威胁之中。猪体囊虫是人体绦虫的传染源，相互之间互为因果广为传播。中间宿主为猪和野猪，但人也可以作为其中间宿主，据调查猪带绦虫病人伴有囊虫病率高达14.9%～51.8%。其幼虫寄生于人体横纹肌、心、脑、眼等器官，使人患囊尾蚴病，但人体猪囊尾蚴在流行病学上不起传播作用。其他中间宿主有犬、猫、骆驼等，也曾见羊、牛、马、狗熊、猴等。

流行因素与人们的个人卫生、饮食、烹调习惯和饲养猪的方式有关（图3-4）。人感染囊尾蚴病的方法：异体感染，又称外源性感染，是由于食入了被虫卵污染的食物而感染；自体感染是因体内有猪带绦虫寄生而发生的囊尾蚴感染。若患者食入自己排除的粪便中的虫卵而造成的感染；若因患者恶心、呕吐引起肠管逆蠕动，使肠内容物中的孕节返入胃和十二指肠中，绦虫卵经过消化孵化六钩蚴而造成感染，称为自身体内感染。自身体内感染往往最为严重。据调查自体感染只占30%～40%，因此异体感染还是主要感染方式，所以从未吃过"米猪肉"的人也可感染囊尾蚴病。人食入猪带绦虫后，卵在胃中或小肠中经过消化液作用，六钩蚴脱囊而出，穿破肠壁血管，随着血液散布全身，经9～10周发育成囊尾蚴。

用未经处理的人粪施肥或随地大便都会造成孕节或虫卵污染环境。人极易因误食虫卵而导致感染猪囊尾蚴。猪的饲养方式不当，如农村将猪散放户外，任其在户外自由觅食，某些居民不习惯使用厕所和有随地大小便的不良行为，或人厕直接建造于猪圈之上，猪群容易吞食人的粪便，这是造成囊尾蚴病的主要原因。此外，猪囊尾蚴感染与人群绦虫病感染高低有一定关系。据报道，6%～25%猪带绦虫病患者伴有囊尾蚴病；而囊尾蚴患者中，约55.6%伴有猪带绦虫寄生。马云祥等（1990）在该病的流行病学调查中发现，猪体囊虫病感染率较高的乡村，绦虫病及人体囊虫病的发生率也高，故而提出三者呈平行消长趋势，显示了绦虫、宿主、自然环境和社会因素间矛盾统一的动态。该病在人与猪之间相互传播，形成恶性循环，相互间传播又受多种因素影响（图3-4，图3-5）。

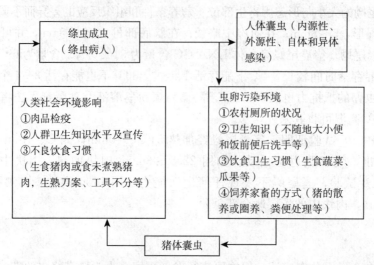

图 3-4　影响绦虫种群数量的人文、社会环境因素

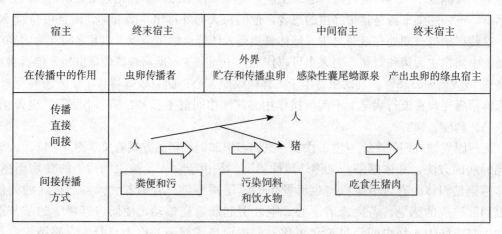

图 3-5　猪带绦虫的传播方式（Pawxowski，1992）

发病机制

　　猪囊尾蚴寄生于机体的部位很广，常见为肌肉、皮下、眼、脑，其次为心、舌、喉、口、肺、上唇、乳房、脊髓及椎管等处。囊尾蚴寄生于人体引起的病理损害远较成虫为重。六钩蚴周围有大量巨噬细胞和嗜酸性粒细胞浸润，大部分六钩蚴遭杀灭，仅少量得以生存并发育成囊尾蚴。

　　囊尾蚴病引起机体病理变化的主要原因是由于虫体机械性刺激和毒素作用所致。囊尾蚴在组织内占据一定体积，是一种占位性病变，破坏局部组织；感染严重者，囊尾蚴群集，破坏组织也更严重；此外囊尾蚴对周围组织有压迫作用，或对有腔系统产生梗阻性变化；再者，囊尾蚴的代谢物或毒素作用，常引起局部组织反应。囊尾蚴对机体可引起程度不等的血中嗜酸性粒细胞增高，产生相应的特异性抗体。患者在感染绦虫卵后可产生一定免疫力，血清及脑脊液中可检测到特异性抗体，主要是免疫球蛋白的 IgG，一些患者还可检测到 IgM、IgE 和 IgA。猪囊尾蚴在人体组织有较长的存活期，可存活 3～10 年，甚至 15～17 年。囊尾蚴产生的病理变化，必然引起相应的临床症状。猪囊尾蚴在机体内引起的病理变化过程中有3个阶段：①激惹组织产生细胞浸润，病灶附近有中性、嗜酸性粒细胞、淋巴细胞、浆细胞及巨噬细胞等浸润；②发生结缔组织样变化、胞膜坏死及干酪性病变等；③出现钙化现象。囊尾蚴常被宿主组织所形成的包囊所包绕。囊壁的结构与周围组织的改变因囊尾蚴不同寄生部位、时间长短及囊尾蚴是否存活而不同。手术时包囊与囊尾蚴同时取出，在包囊与囊尾蚴间有一空腔，内含渗出液。包囊通常分两层：内层为玻璃样变性，外层为细胞浸润，两层之间有明显分界，但虫体周围细胞类型人与猪感染是不同的，人在感染的急性期以中性粒细胞和嗜酸性细胞浸润为主，慢性期则以淋巴细胞和浆细胞为主。在脑部寄生的囊尾蚴存活时，其囊壁很薄，几乎看不出，但死后囊壁则显著增厚。如果囊尾蚴已死亡液化，但尚未被吸收，囊腔内常有暗褐色浑浊的液体，内含大量的蛋白质，固定后则呈棕色胶状体，退化的囊尾蚴在胶状液中成为有褶皱的膜。如果虫体已液化且已被吸收，则囊腔变小，形状不整，囊壁增厚，有时囊腔被修复组织所填塞。囊尾蚴周围脑组织的反应包括4层，自内向外依次为细胞层、胶原纤维层、炎性细胞层及神经组织层。脑组织不仅在囊尾蚴周围有所改变，而且在它稍远处也有弥漫性的改变，并有水肿、血管增生及血管周围浸润的现象。对人体产生影响，其严重程度可轻可重，视囊尾蚴的寄生部位、数量、囊尾蚴的存活状态及人体局部反应的强弱而定。90%左右的脑囊尾蚴位于脑实质或脑室系统，在脑实质，多位于额叶、顶叶及颞叶，偶见于枕叶及小脑。脑组织由于大量囊尾蚴寄生而体积增大、水肿、脑回变平、脑沟变浅。脑囊尾蚴存活时周围组织反应轻微，但虫体死后，其周围炎性反应更为明显和强烈。脑室内的囊尾蚴由于缺乏周围组织反应所形成的被摸，因而囊壁甚薄，体积增大，虫体死亡后可形成葡萄状囊虫泡，以脑底部为常见，可以阻塞脑底池，引起蛛网膜肥厚或粘连，产生交通性脑积水。肌肉内和脑部的囊尾蚴死亡后均可产生钙化。如囊尾蚴较少，寄生于皮下或肌肉内，可无任何自觉症状，常被患者所忽略。寄生于脑部或眼内的囊尾蚴可引起严重后果，甚至造成死亡。

囊尾蚴抗原可诱发机体产生体液和细胞免疫应答。Flisser等发现约一半的病人的血清能与猪囊尾蚴抗原发生沉淀反应，表明体液免疫可能在抗囊尾蚴感染中起重要作用。多数囊尾蚴病人的血清、脑囊尾蚴病人的脑积液及眼囊尾蚴病人的房水中，均可检测到特异性IgG，一些患者还有检测水平的IgM、IgE和IgA抗体。

Garcca等发现猪在感染1周后，先出现特异性IgM，6～9周后其水平开始下降，特异性IgG水平开始升高，但两者针对的抗原不同。IgG$_4$是IgG抗体的亚类，从感染到康复其水平会出现由低到高、又由高到低的变化。Yang（1999）等证实IgG$_4$在脑囊尾蚴病患者的抗感染免疫中起重要作用。田莉宁等（1999）报道治疗前IgG与IgG$_4$的阳性检出率几乎相等，而4个疗程后IgG$_4$的检出率明显低于IgG；感染越重，IgG$_4$水平越高；随病情减轻，IgG$_4$水平降低。IgE水平在血清或脑积液中浓度虽低，但在脑囊尾蚴病的发病机制中起重要作用，故应作脑脊液免疫学检查。

细胞免疫是寄生虫病免疫的一种重要形式。在囊尾蚴感染早期，其周围即开始出现炎症反应，上皮样细胞增多，淋巴细胞和嗜酸性粒细胞浸润。随后在囊尾蚴周围形成胶原外囊及少量淋巴细胞浸润，从而提示淋巴细胞、嗜酸性粒细胞等参与抗囊尾蚴的免疫应答。囊虫病患者皮下结节有时会自然消失，被认为是患者免疫系统，特别是细胞免疫作用的结果。

细胞因子在囊尾蚴病发病过程中的作用已有报道。囊尾蚴病患者外周血单个核细胞

（PBMCs）体外诱生 IL-Ⅰ及 IFN-γ能力降低，使细胞免疫功能低下，免疫保护作用减弱。患者血中可溶性 IL-2R、IL-8 水平升高；PBMC 产生 TNF 水平也高于正常，INF 升高与囊尾蚴寄生部位单核—巨噬细胞浸润、囊尾蚴诱导单核—巨噬细胞产生过量 TNF 有关。IL-6 和 IL-8 水平升高是由于囊尾蚴寄生诱导免疫保护作用的结果，可增强杀伤性 T 细胞、NK 细胞、多形核白细胞及单核—巨噬细胞等的增殖分化及杀伤效应。

一氧化氮（NO）是一种免疫介质，由巨噬细胞产生，有杀虫作用。猪肉绦虫中绦期产生的中绦因子可抑制各种细胞因子的产生，使宿主 IL-Ⅰ、TNF-α等分泌减少，抑制免疫效应细胞的活性，使效应介质 NO 减少。陈传等（2000）证实脑囊尾蚴病人血清中 NO 水平低于正常，表明免疫功能受抑制，从而使囊尾蚴逃避免疫系统的杀灭。

临床表现

人

成虫寄生于人体小肠，一般为 1 条，也有寄生 6～7 条者，国内报道 1 例最多感染 19 条。人为终末宿主和中间宿主，故表现多样性。肠绦虫病无明显临床症状，只有从粪便中发现节片，才发现感染。部分患者可因虫体前端头节上面的吸盘、顶突、小钩和微毛附着于肠壁的机械性刺激和代谢产物等同时作用于肠道黏膜，造成肠上皮细胞损伤，导致患者腹部不适、隐痛、消化不良、腹泻等肠道症状，少数穿破肠壁或引起肠梗阻。囊虫寄生于肌肉，有散发性肌炎，伴有肿胀和衰弱，全身无力；寄生于脑呈现癫痫、脑积水、平衡失调、行为异常；寄生于眼，眼球突出，视力障碍或失明。有时有异食、人消瘦、腹痛、恶心、呕吐。

田俊巧等（1996）对 921 例囊虫病临床症状分析：男性 658 例、女性 263 例，男女比为 2.5∶1，最小年龄 5 岁，最大年龄 56 岁，临床症状复杂多样化，主要如下：

1. 癫痫 癫痫可作为脑囊虫病的首发或早期症状，甚至是唯一症状。发作类型具有多样性，易变性，在同一患者中出现两种以上不同类型发作，通常以局限性大发作为主。癫痫出现的比例最大，有 667 例，占 72%，局限性发作 341 例，大发作 216 例，小发作 85 例，混合性发作 25 例；64 例为首发症状，51 例为唯一症状。严重者可产生癫痫持续状态，癫痫持续状态后，产生发作性幻视幻嗅，视物变形及精神异常，伴随着忧郁、恐惧、易激惹的情绪变化，这与脑囊虫的病灶多发有关。临床上发生癫痫症状的囊尾蚴病，大都系自体感染或由粪便污染食物所致。夏镇炎（1951）报告，32 个猪绦虫病人当中有 7 个人同时也有囊尾蚴病，占 21.8%；发现 17 个有猪囊尾蚴的病人当中有 15 个人脑子内也有囊尾蚴，占 88.2%。

2. 皮下结节 出现 576 例，占 62.5%，皮下结节的出现可作为诊断本病的有力佐证。囊虫数目可有 1～2 个至数百个不等，以头部及躯干为多，因六钩蚴由血运播散寄生于皮下而出现皮下肌肉结节，确诊还需活检，病理切片中可见囊结中含有囊尾蚴头节，临床上应与多发性神经纤维病、多发性皮脂腺囊肿、风湿结节相鉴别。

3. 高颅内压 526 例，占 57%，主要表现头痛、呕吐、眼睑膜充血，其机理：①囊虫的周围引起炎症反应；②囊虫破坏局部脑组织，引起渐进性坏死；③囊虫常游离于脑室中或附着于脑室壁，呈活瓣作用，有时进入正中孔、外侧孔、导水管等，阻塞脑脊液循环通路造成急性颅内压增高；④由于脉络丛受到囊虫毒素刺激，使脊髓液分泌增多，使颅内压增高，脑组织受压，脑膜受牵拉，导致头痛、呕吐等症状。

4. 排绦史 186 例，占 20%。一般伴随症状的出现多在排绦虫半年后出现。

5. 心电图变化 241 例，占 26%，可能是囊虫寄生于心肌，机械压迫或异物炎症反应引起心肌损伤，S－T 段下降，T 波倒置，心动过缓等。

6. 眩晕、头痛 21 例，占 2.2%，剧烈头痛、眩晕、颈部发直，继而抽搐，可短暂缓解。

7. 精神症状 21 例，占 2%，精神症状出现由囊尾蚴所引起的广泛性脑组织破坏与脑皮质萎缩所致。当大量囊虫进入脑内时，由于周围的炎症浸润，引起弥漫性脑水肿、反应性脑膜炎所致，以及囊虫毒素的影响和变态反应，可伴有发热，头痛，颅内压增高，脑脊液有炎性反应。要与结核性脑炎相区别。

8. 偏瘫 6 例，占 0.7%。囊尾蚴寄生的部位多为皮层、脑室、脑底和弥漫性，外来感染对脑部有特殊亲和力，虫卵进入脑部有两个途径，一种途径是血液进入脑实质，另一种途径由脉络丛进入脑室系统和蛛网膜下腔，寄生于大脑中动脉或脑室，再者进入椎管，压迫脊液髓所致偏瘫截瘫，感觉障碍，应与腔隙性梗阻塞相鉴别。

9. 视力障碍，失明 6 例，占 0.6%。由于囊尾蚴连接侵入视网膜压迫视神经，有时结合膜水肿、充血，眶静脉血液回流障碍，造成视乳头水肿，眼压增高，长期囊结膜炎刺激，颅压增高的后果，造成视力障碍，囊尾蚴长久沉着而导致失明。

10. 肺内囊结 12 例，占 1.3%。囊结靠近肺门，长期囊结的炎性刺激，堵塞气道造成支气管痉挛，出现发憋、气短、哮喘加重等。

葛凌云等（1993）对 1 878 例囊虫病观察，其临床表现（表 3－23）：头痛占 71.14%，不同形式的癫痫发作占 46.54%。记忆力减退、视力下降及精神症状者所占比例也较多。对315 例患者进行了腰穿，其中 38.41% 颅内压增高（＞1.96kPa），最高达 7.84kPa。对 452例做了眼底检查，有 39.16% 的患者出现不同程度的眼底异常。其中视神经乳头水肿者 113例，视乳头神经水肿并出血者 41 例，视神经萎缩者 23 例。对 561 例患者做了脑 CT 检查，其中 85.38% 患者可见脑囊虫寄生。脑实质型 409 例，脑炎型 20 例，脑室型 19 例，脑实质合并脑室型 31 例。

表 3－23　1878 例囊虫病临床表现

临床表现	例数	%	临床表现	例数	%
癫痫	874	46.54	听力障碍	28	1.49
头痛头晕	1 336	71.14	视力下降	327	17.14
失语	73	3.84	失明	23	1.22
肢麻	105	5.59	记忆减退	271	14.43
假性肌肥大	4	0.29	精神障碍	119	6.34
肢瘫	16	0.85	痴呆	26	1.38
局部抽搐	95	5.06	眼囊虫	42	2.42

除此之外，猪囊虫感染还会有长期发热症状，但发热一般不会太剧，有些病例出现口腔黏膜、眼、右锁骨上窝及左腹皮下囊虫结节，说明囊虫处于移行、定居发育阶段，很可能发

生变态反应，发热可能与此有关。

临床上将人体囊尾蚴病按其寄生部位分为 3 类：

1. 皮下及肌肉囊尾蚴病　囊尾蚴位于皮下或黏膜下或肌肉内形成结节，以上肢、胸部、肋间、背部、颈部、头部皮下较多见，四肢较少，眼睑、唇、额等部位也可寄生。寄生的数量多少不一，可自一、二个至数千个不等。结节在皮下呈现圆形或椭圆形，直径为 0.5～2cm，硬度近似软骨，与皮下组织无粘连，可在皮下滑动，无压痛，无炎症反应及色素沉着。结节常陆续分批出现，也可自动消失。感染轻时，可无症状，若感染严重，且寄生肌肉内，可出现肌肉酸痛、发胀、无力、局部肌肉痉挛症状或假性肌肥大症。

2. 脑囊尾蚴病　临床症状极为复杂多样，囊尾蚴虫在脑内寄生的部位与感染程度的不同及对寄生虫的反应有差异，囊尾蚴寄生的时间长短和囊尾蚴的死活等是其症状复杂的原因。有完全无症状或突然猝死，发病时间通常为感染后 1 个月至 1 年，最长者可达 30 年。癫痫发作、颅内压增高和精神症状是脑囊尾蚴病的三大主要症状，以癫痫发作为最多见，占90%。脑囊尾蚴病的病程多缓慢，3～6 年甚至十几年，症状复杂，常易误诊。国内分为 6个型：癫痫型、脑实质型、蛛网膜下隙型、脑室型、混合型和亚临床型。曾对 861 例脑囊虫进行临床分型（表 3-24）。

表 3-24　861 例囊虫病临床分型

分型	混合型	单纯型	合计	%
癫痫型	220	176	396	45.99
颅高压型	101	73	174	20.21
癫痫＋颅高压型	80	39	119	13.82
脑炎型	20	12	34	3.95
亚临床型	101	37	138	16.03

3. 眼囊尾蚴病　占囊尾蚴病 2% 以下，多单眼受累。多见于眼球深部、玻璃体（占51.6%）及视网膜下（37.1%）。虫体死亡引发玻璃体混浊，视网膜脱落，视神经萎缩，并发白内障、青光眼、眼肌及眼结膜下，引起相应部位病变和功能异常，如眼球萎缩而失眠。此外，绦虫异位个例，如曹蔚（1983）大腿皮下；朱开行（1989）甲状腺等。

预后：皮下或肌肉内的囊尾蚴病不经特殊治疗，可在几年内虫体自行死亡液化吸收，或死亡后钙化。脑内囊尾蚴病视虫体寄生的部位和数量，病情有轻有重，复杂多样，重者可导致死亡。此外，脑囊尾蚴的存在往往增加了患者对脑炎的易感性，导致病情严重而死亡。

猪

猪带虫人是本病的传染源。猪是中间宿主，猪囊尾蚴寄生于猪体，引起猪囊尾蚴病。猪吞食的虫卵或孕节在胃肠消化液作用下，六钩蚴破溃而出，借助小钩及六钩蚴分泌物的作用在 1～2 天内钻入肠壁，进入淋巴管及血管内，随血流带到猪体的各组织部位；在到达肌肉组织（有时也能在各器官组织）以后，就停留下来开始发育。在初期由于六钩蚴在猪体内移行，引起组织损伤，有一定致病作用；停留后体积增大，逐步形成一个充满液体的囊包体，囊壁是一层薄膜，壁上有一个圆形、黍粒大、乳白色小结，只是猪囊尾蚴外形较椭圆、无角、光滑，头节上有 4 个圆形吸盘，最前端的顶突上带有许多个角质小钩，分两圈排列。20

天后囊出现凹陷，2 个月后囊尾蚴即已成熟，有感染力。因幼虫寄居部位不同，其症状不同。一般性患猪本身不出现症状，轻度感染猪一般无明显症状，重度感染时出现营养不良、生长迟缓、贫血、水肿。寄生于眼，眼皮有结节，发生眼球变位，视力障碍，失眠。寄生于脑，引发神经症状，还会破坏大脑的完整性，而降低机体的防御能力。脑部病变，发展严重时会出现癫痫，急性脑炎等症状，会使患畜死亡。寄生于舌根部，有半透明的水疱囊。寄生于肌肉，出现椭圆形半透明包囊，俗称"米猪肉"。呈现肌肉外张或臀部不正常。极严重感染的猪肩胛部增宽，后臀部隆起，身体呈现葫芦型，病猪不愿走动。肺和喉头寄生囊尾蚴可出现呼吸、吞咽困难和声音嘶哑。严重感染猪囊尾蚴的猪肉，呈苍白色，易湿润。

主要病变是肉眼可见囊虫。寄生于舌肌、腹肌、肩腰肌、腿内侧肌及心肌。严重时，遍布于肌肉以及眼、肝、脾、肺、脑，甚至脂肪及淋巴结中。在初期囊尾蚴外部被细胞浸润，继而发生纤维性变，约半年后囊虫死亡，逐渐钙化。

国内外学者在猪体的实验感染发现，重复多次大量绦虫卵感染，猪体囊尾蚴并非无限增加；相反，加速囊尾蚴的退变、钙化和吸收。抗囊尾蚴感染免疫具有以下特点：①囊尾蚴抗原可诱发机体免疫力，包括体液免疫和细胞免疫；②抗体和补体的联合作用只对六钩蚴或早期囊尾蚴有损伤作用，随囊壁的形成，其作用逐渐减弱；③患囊虫病时，宿主血液中嗜酸性粒细胞浸润，此可能是杀伤囊尾蚴的主要效应细胞。

诊断

本病病人主要靠询问有无接触史，据文献记载 1/3～1/2 以上的囊尾蚴患者同时寄生猪肉绦虫或有绦虫病史。同时要进行孕节检查、虫卵检查和头节检查来确诊，免疫学诊断是重要的辅助诊断手段。

1. 孕节检查 将送检的节片用两块载玻片夹住，轻轻加压，对光观察子宫两侧的分枝数，以鉴定虫种。

2. 虫卵检查 粪检虫卵常用的方法有生理盐水涂片法、饱和盐水浮聚法、沉淀或透明胶纸法等。对可疑患者应连续数天进行粪便检查，必要时还可用槟榔、南瓜子试验性驱虫。

3. 头节检查 当患者服用驱虫药后，应收集 24h 的全部粪便，经水淘洗，在粪便中寻找头节或孕节，若查到头节或孕节，可观察头节的形态或孕节的子宫分枝数，确定虫种和明确疗效。

4. 临床诊断 发现皮下结节时，可行手术摘除后检查。眼囊尾蚴用眼底镜检查易于发现。脑囊尾蚴由于寄生部位的不同，在临床检查的基础上，可用 CT、核磁共振等影像检查辅助进行确诊。

5. 免疫学诊断试验 对无明显临床体征的脑囊尾蚴病人更具有重要的辅助诊断价值。免疫诊断被检标本包括血清、脑脊液、唾液和尿液。

间接血凝试验是目前临床上常用的免疫诊断方法。囊尾蚴患者血清阳性率 90% 以上，脑脊液阳性率 85% 以上。无假阳性，与其他蠕虫病无交叉反应，敏感性高，方法简便。此外，还有补体结合试验、酶联免疫试验、生物素—亲和素—酶复合物酶联免疫吸附试验等。

猪生前临床诊断较为困难，主要是免疫学诊断。一般在宰后经肉眼发现囊虫而确诊。但只有猪较严重感染时才观察到，如猪舌肌、眼部肌肉上有突出的猪囊尾蚴；舌根有半透明的小水疱囊。

鉴别诊断

脑囊尾蚴病临床表现复杂多样，有时应注意与病毒性脑炎、散发性脑炎、脑脓肿、结核性脑膜炎、脑包虫病、脑型血吸虫病、脑型并殖吸虫病、弓形虫性脑病、脑阿米巴病、脑梗死、脑血栓形成、脑血管畸形、结节性硬化、脑胶质瘤、脑病及脑转移瘤等相鉴别。

防治

采用"驱、检、管、灭"综合措施。

加强饲料和卫生管理，改变猪散养习惯，实施圈养，修建卫生厕所，避免猪吃人粪，人猪粪便进行无害化处理，杀灭虫卵，切断中间环节，切断猪的感染途径。人禁止吃生的或半生的猪肉，对绦虫病要进行驱虫治疗，以消灭传染源。加强城乡肉品检验，杜绝米猪肉上市并烧毁。对猪囊虫病要发生地区应逐户普查，绦虫病患者或患猪应及时进行驱虫治疗；人应以驱除完整绦虫虫体并有头节方为驱虫成功。治疗人的绦虫病对于防止人、猪的疾病传播有着密切联系，首先是防止自体感染囊尾蚴病，其次是人若无绦虫病，切断传染源，猪就不会感染囊尾蚴。

目前治疗囊尾蚴病的有效药物主要有吡喹酮 40mg/kg，3 次/天，连服 9 天；其次是阿苯达唑 15～20mg/kg，连服 8 天，均可使囊尾蚴变性和坏死，其近期与远期总有效率：吡喹酮为 66.6％与 85.7％，阿苯达唑为 79.3％与 93.1％。病人需要对症治疗。皮下囊尾蚴病常用手术摘除囊尾蚴。

皮质激素类药物是抗炎治疗的有效药物，适用于囊虫性脑炎和抗囊虫治疗中因虫体坏死所致炎性反应。宿主的免疫反应是脑囊虫病，并发症的主要原因，一些病人由于形成免疫耐受，囊虫在脑内长期生存只引起轻微症状，甚至没有症状，而另外一些病人免疫反应强烈，导致病灶周围水肿、纤维化、血管炎。控制脑水肿，可大剂量短疗程静滴地塞米松（30mg/天）或甲泼尼松龙 20～40mg/（kg·天）。也可加免疫抑制剂和硫唑嘌呤 2～4mg/（kg·天）。对颅内压增高者，宜先每天静滴 20％甘露醇 250ml，内加地塞米松 5～10mg，连续 3天后再开始病原治疗。

猪囊尾蚴通常用：吡喹酮 50mg /kg，口服或配制成 20％悬液肌肉注射，1 天 1 次，连用 3～5 天，或 200mg/kg，一次口服丙硫苯咪唑 60～65mg/ kg，配制成 6％悬液肌肉注射，或 20 mg/kg，口服，每隔 24h 喂服一次，共服用 3 次。

治疗猪肉绦虫时，除用吡喹酮、丙硫咪唑外，还可用：

硫酸二氯酚，早晨空腹服用，每小时服用 1g，连服 3 次或 3g 一次顿服，不需服泻药。驱出的绦虫不见头节，但近头节的节片呈破坏溶解状。治疗后一般不见复发；甲苯咪唑，成人和儿童均为 300mg，每天 2 次，连服 3 天；氯硝柳胺（灭绦灵），成人空腹 2g，儿童 1g。后两药物孕妇忌用。

治疗猪肉绦虫时应注意防止恶心、呕吐反应，以免孕节返流至十二指肠和胃，使孕节中虫卵在消化液作用下孵出六钩蚴，引起自身感染性猪囊虫病。故在服驱虫药前应用小儿率氯丙嗪（12.5mg）口服。同时，治疗时应注意个人卫生，防止虫卵污染手或食物而引发感染。

猪带绦虫病（*Taeniasis Solium*）

猪带绦虫病是由猪带绦虫（*Taeniasis Solium*）又称猪肉绦虫、有沟绦虫、链状带绦虫，成虫寄生在人体小肠内引起的一种绦虫病。猪带绦虫是一种寄生在人体的大型绦虫，也是我国主要的人体寄生绦虫。

　　猪带绦虫（猪肉绦虫、有沟绦虫、链状带绦虫）寄生于人和猪，野猪、犬、猪、羊也可称为中间宿主。人可作为本虫中间宿主，即囊尾蚴寄生于人体，如果肠内有成虫，同时身体其他部位又有囊尾蚴寄生，那么同一个人既是猪带绦虫的终末宿主，同时又是中间宿主。

　　在自然条件下人是猪带绦虫的唯一终末宿主。有人以猪囊尾蚴感染长臂猿和狒狒获得成功。成虫寄生于人的小肠，头节深埋于肠黏膜内，孕节常单独地或5～6节相连从链体脱落，随粪便排出体外，其活动力较牛带绦虫为差。脱离虫体的孕节片，由于子宫膨胀可自正中纵浅破裂，虫卵被散出。虫卵或孕节片污染了食物或地面，被猪等中间宿主（也可被野猪、羊、犬、熊、猴等其他动物）吞食后，虫卵经胃液和十二指肠液消化作用，24～72h后胚膜破裂，六钩蚴逸出。由于小钩的活动及六钩液分泌物的作用，六钩蚴钻入肠壁，经血液循环或淋巴系统而达宿主身体的各部位。到达寄生部位后，经过发育逐渐长大，中间细胞溶解形成空腔，并充满液体。60天后头节上出现小钩和吸盘，并逐渐发育成为囊尾蚴。马云祥等（1991）实验研究发现猪囊尾蚴的发育，与感染虫卵的数量和时间有密切关系，猪一次性大量虫卵感染后，可出现囊尾蚴发育成熟时间不齐，有滞育现象，成熟时间长者可达到9个月以上。机体内环境发生变化时，未成熟的囊尾蚴可继续发育成熟，囊尾蚴在猪体生长的时间越长，囊泡越大；囊尾蚴的密度越大，囊泡越小，成熟程度越差。人若吃了生的或未经煮熟含有囊尾蚴的猪肉后，囊尾蚴经胃液和十二指肠液的作用，头节即翻出，以吸盘和头钩附着在肠黏膜上进行发育，经2～3个月后，虫体发育成熟，孕节片开始由链体脱落排出宿主体外。成虫在人体可存活25年以上。虫体本身多不引起病变，或仅在附着处导致小损伤，但能干扰小肠运动，导致消化道症状。多条虫感染者，虫体扭成团，可造成肠梗阻等。

　　实验证明，感染猪肉绦虫后，宿主免疫系统对成虫有排斥或抑制生长的作用。患者血中嗜酸性粒细胞增多，IgE水平升高，IgG水平亦升高，补体降低，表明细胞核体液免疫均参与其免疫病理过程。

　　人对本虫普遍具有易感性，感染本病后可产生一定程度的带虫免疫。故人体多为一条感染，少数病人也有多条感染的，曾见到从病人自肠道驱出32条绦虫的。因而一般无明显症状，由于成虫寄生于小肠，其头节的小钩和吸盘可损伤肠黏膜，引起轻度或亚急性炎症反应，虫体的代谢物、分泌物可刺激宿主出现胃肠道反应。临床上仅有轻度腹部不适，多在粪便中发现有绦虫节片排出时方知感染绦虫病。有些患者可有腹部隐痛、恶心、呕吐、食欲亢进或减退，腹痛、腹泻或便秘、头痛、体重减轻等症状，部分患者可有体瘦、头昏、失眠磨牙及皮肤瘙痒、荨麻疹等过敏反应。偶有发生肠穿孔而引起急性弥漫性腹膜炎者。

　　猪带绦虫病人常有猪囊尾蚴病症状。

　　猪带绦虫病诊断、防治可参见猪囊尾蚴病。

十八、细颈囊尾蚴病
(Cysticercus Tenuicollis)

　　细颈囊尾蚴病是由泡状带绦虫的幼虫（细颈囊尾蚴 *Cysticercus tenuicollis*）所引起的疾病。幼虫寄生于黄牛、绵羊、山羊、猪等多种家畜和野生动物的肝脏、浆膜、网膜及肠系膜等处，严重感染时还可进入胸腔，寄生于肺脏而引起的一种绦虫蚴病。罕见于人。

历史简介

Pallas（1766）从犬体内发现泡状带绦虫。Rudolphi（1810）从动物体中发现泡状带绦虫幼虫，称为细颈囊尾蚴。Ludwing（1886）将其归类于带科带属。Khobdakevich（1938）提出人可作为该虫的中间宿主。Gemmell 和 Lawson（1985，1990）试验发现苍蝇可作为虫卵传播媒介。

病原

泡状带绦虫（*T. hydatigera pallas*，1766）属于带科。成虫是一种大型虫体，寄生于犬、狼等食肉动物的小肠中。由 250～500 个节片组成，体长 1.5～2m，有的可长达 5m，宽 8～10mm，颜色为黄色。头节稍宽于颈节，顶突有 30～40 个小钩排成两列；前部的节片宽而短，向后逐渐加长，孕节的长度大于宽度。孕节子宫每侧有 5～10 个粗大分支，每支又有小分支，全部被虫卵充满。虫卵近似椭圆形，大小为 38～30μm，内含六钩蚴。

中绦期即为细颈囊尾蚴（幼虫），俗称水铃铛，呈囊泡状，囊壁乳白色，泡内充满透明液体，囊体由黄豆大到鸡蛋大。囊壁分两层，内层可看到囊壁上有一个不透明的乳白色结节，即其颈部及内凹的头节所在。如果使小结的内凹翻转出来，能见到一个相当细长的颈部与其游离端的头节。由于蚴虫有一个细长的颈部，故称谓细颈囊尾蚴。虫体寄生在宿主体内各脏器中的囊体，虫体外还有一层由宿主组织反应产生的厚膜包围，形成外层，外层厚而坚韧，不透明，从外观上常易与棘球蚴相混。

生活史：泡状带绦虫（成虫）寄生在犬、狼、狐狸的小肠内，鼬、北极熊甚至家猫也可作为终末宿主。当终末宿主吞食有细颈囊尾蚴的脏器后，它们即在小肠内经 52～78 天发育为成虫。孕节随终末宿主的粪便被排出体外，孕节及其破裂后散出的虫卵污染牧草、饲料和饮水，被猪、牛、羊、鹿、骆驼及多种野生动物中间宿主吞食，则在消化道内逸出的六钩蚴即钻入肠壁血管，随血流到肝实质，以后逐渐移行到肝脏表面，有些进入腹腔寄生于大网膜、肠系膜或腹腔的其他部位发育，当体积增至超过 8.5mm×5mm 时，头节未能形成。头节一般要经过 3 个多月的时间，头节充分发育即囊体成熟，而具有感染性。亦有进入胸腔者。此时囊体的直径可达 5cm 或更长，囊内充满着液体，以此循环。

流行病学

本虫在世界上分布很广，凡养犬的地方，一般都会有家畜感染细颈囊尾蚴。据调查报告，我国的犬感染泡状带绦虫遍及全国，犬是重要传染源。家畜感染细颈囊尾蚴，据全国的统计，一般以猪最普遍，绵羊则以牧区感染较重，黄牛、水牛受感染的较少见，在四川有牦牛感染的记录。此外，还有鹿、骆驼、兔、马、绵羊、山羊、鸡、鸭，偶尔寄生于野猪及一些啮齿动物亦发生寄生；人罕见。感染犬排出的粪污染环境，虫卵再感染猪等。犬的这种感染方式和这种形式的循环，在我国不少农村是很常见的，对幼畜致病力强，尤其以仔猪、羔羊、犊牛为甚。

Gemmell 和 Lawson（1985，1990）经过研究发现，苍蝇在将虫卵传播给中间宿主猪和羔羊的过程中起着重要作用。

发病机制

细颈囊尾蚴对幼龄家畜致病力强，尤以仔猪、羔羊与犊牛为甚。六钩蚴在肝脏内移行时，穿成孔道引起急性出血和肝炎。大部分幼虫由肝实质间肝包膜移行，最后到达大网膜、肠系膜或其他部分的浆膜发育时，其致病力即行减弱，但有时引起局限性或弥散性腹膜炎。细颈囊尾蚴在严重感染时还能侵入胸腔、肺实质及其他脏器而引起胸膜炎或肺炎。还有一些幼虫一直在肝脏内发育，可引起结缔组织增生，久后可引起肝硬化。

临床表现

人

Khobdakevich（1938）提出人可作为该虫中间宿主。人的感染罕见，但也有病例报道（仅见 2 例）。Belding（1945）报告人脑寄生细颈囊尾蚴 1 例；唐国杰（1981）报道 1 例人网膜的细颈囊尾蚴，患者为 48 岁女性，右下腹隐痛 2 年多，发现包块 15 天后住院，曾诊断为"阑尾炎"，用青霉素、链霉素治疗无效，患者无其特殊病史，但居住地区卫生条件差，饲养猪、犬较多，有饮生水的习惯。后经手术确诊为网膜细颈囊尾蚴病。

猪

对仔猪的危害严重，仔猪有明显症状，在肝脏中移行的幼虫数量较多时，可破坏肝实质及微血管，形成虫道，导致出血性肝炎。由于肝脏和腹膜发生炎症，病猪表现体温升高，精神沉郁，若发生腹膜炎并有腹水，按压腹壁的痛感，不少病例由于腹腔出血，腹部膨大，也有的仔猪突然大叫后死亡。多数病猪表现为虚弱、消瘦和出现黄疸。如胸腔和肺脏也有寄生可表现呼吸困难和咳嗽等症状。幼虫侵入呼吸道会引起支气管炎、肺炎和胸膜炎。何庆兰（1985）报道了细颈囊尾蚴在猪体的调查。在 1 000 头屠宰猪中计有 726 头检出细颈囊尾蚴，占72.6%。强度为 1～74 个，各脏器组织中，以网膜最多，次之为肝脏、肠系膜；肝、肾、胸腔浆膜、胃系膜、横膈膜、膀胱系膜、腹膜都有寄生，寄生部位、强度、寄生率见表3-25。

表 3 - 25　猪细颈囊尾蚴在猪体内分布

部　位	肝	大网膜	肠系膜	肺	肾	胸腔浆膜	胃系膜	横膈膜	膀胱系膜	腹膜
被寄生猪数（头）	363	614	142	14	2	10	8	10	4	3
寄生总蚴数（个）	881	2 024	213	15	2	10	8	12	4	3
个体的最多寄生数（个）	43	55	7	1	1	1	1	2	1	1
平均寄生数（个）	2.4	3.3	1.5	1.1	1	1	1	1.2	1	1
寄生率（%）	36.3	61.4	14.2	1.4	0.2	1	0.8	1	0.4	0.3

细颈囊尾蚴在肝的表面和实质中均有寄生，也有粘着在胆囊上的。肠系膜中以结肠系膜上寄生最多，占 89.4%；直肠系膜次之，为 9.2%；十二指肠系膜只占 1.4%；空肠、回肠、盲肠的系膜上没有发现寄生。肺上以膈叶为多，尤其尖部，寄生于肺表面。肾，细颈囊尾蚴寄生于实质中。胸腔浆膜包括纵膈和胸膜表面，胃系膜在小弯和幽门处被寄生。横膈膜在胸、腹面均有寄生。

肝、大网膜和肠系膜三处寄生的细颈囊尾蚴，在 1～5 个的数量范围内，肝上为

94.8%，大网膜上为 85.7%，肠系膜上为 99.3%。这三处被寄生的细颈囊尾蚴的数量分布状况，见表 3-26。

表 3-26　细颈囊尾蚴在猪三个部位的分布数量（只）

细颈囊尾蚴数（个）	1~5	6~10	11~15	16~20	21~25	26~30	31~35	36~40	41~45	46~50	51~55	合计
肝	344	8	4	2	2	0	1	1	1	0	0	363
大网膜	526	58	18	2	5	0	0	2	0	0	1	614
肠系膜	141	1	0	0	0	0	0	0	0	0	0	142

正常的细颈囊尾蚴，最小的直径 1cm，最大的短径 8cm，长径 9.5cm，重 500g。观察到与国外学者报道所不同的现象，即细颈囊尾蚴能在猪肝实质中完成头钩和吸盘的发育，一些细颈囊尾蚴贯穿肝实质的两面。

包囊壁的变化：包囊壁是包裹在细颈囊尾蚴体壁外的一层结缔组织，是猪体防御反应机化过程的产物。随着寄生时间的延长，由薄而较透明逐渐增厚而不透明，壁厚可达 3mm 左右。据观察是一层一层包裹上去的，在剖检中发现有达 11 层的。在包裹壁内膜上往往有出血斑点，有的有污黄色的钙化物沉着，粒点状散在或密集。

包囊内的细颈囊尾蚴，当包囊壁增厚，包的时间久了，可以引起死亡。包囊和包囊可互相粘连成串，在剖检的 1 000 多头猪中寄生最多一头猪的细颈囊尾蚴包囊共有 74 个，重量为 3.5kg。被寄生的脏器组织肉眼可见的一些变化：

①由于细颈囊尾蚴在一些器官组织之间寄生，可使这些器官组织之间形成间接粘连。

②肝脏由于细颈囊尾蚴的压迫，可有一明显的窝状压迹，寄生过多，可形成网格状肝。肝的体积缩小，重量减轻。如一头猪的肝脏只有 800g，而其上的细颈囊尾蚴包囊就有 375g。有的肝表面布满白色绒毛状纤维组织，有的肝区质地变硬。

③大网膜和肠系膜表面可见充血增生，状如疝内容物。

患猪食欲不振，随着细颈囊尾蚴包囊增大，采食量也随之减少，猪只生长缓慢。寄生较严重的猪，普遍存在腹部增大，以下腹部尤为明显，猪胸腹腔内寄生的细颈囊尾蚴包囊，数量有多达 200 余个，重量有高达 20kg 的。大的细颈囊尾蚴，直径 10~16cm。猪消瘦，大网膜上几乎没有脂肪，板油如一层薄纸（表 3-27）。

表 3-27　细颈囊尾蚴对猪生长的影响

猪号	饲养期（天）	断奶重（kg）	宰前活重（kg）	膈体重（kg）	屠宰率（%）	日长肉（不除断奶重）（kg）	细颈囊尾蚴寄生概况
1	270	5.5	35.0	11.5	32.8	0.043	寄生极多，腹部膨大如葫芦状，不能跨过 16cm 高的门槛
2	391	8.0	58.5	17.5	29.9	0.044	肝上有 8~9 个直径 10~16cm 的细颈囊尾蚴，腹大只能侧卧，食欲渐减至很少，瘦得皮包骨
3	365	6.75	64.5	28.5	44.2	0.078	胸腔及肝、胃肠系膜均寄生很多，花（网）油几乎无，板油如薄纸

（续）

猪号	饲养期（天）	断奶重（kg）	宰前活重（kg）	膈体重（kg）	屠宰率（%）	日长肉（不除断奶重）（kg）	细颈囊尾蚴寄生概况
4	367	6.15	60.5	34.375	56.8	0.093	细颈囊尾蚴共 7.5kg
5	543	6.5	106	59	55.6	0.109	肝萎缩，硬化处较多，并与横膈膜粘连。肠粘在一起，不如翻洗内容物。细颈囊尾蚴包囊重 8kg

细颈囊尾蚴可在睾丸、卵巢和子宫等处寄生，影响生殖。

病理变化

急性发病时，可见肝脏肿大，表面有出血点，在肝实质中能找到六钩蚴移行时，遗留的虫道，初期虫道充满血液，继后逐渐变为黄灰色。有时能见到急性腹膜炎，腹腔内有腹水并混有渗出的血液，其中含有幼小的虫体。慢性病例在肠系膜、大网膜、肝被膜和肝实质中可找到虫体。严重病例还可在肺组织和胸腔内等处找到虫体。寄生实质器官的虫体常被结缔组织包裹，有时甚至形成较厚的包膜。有的包膜内的虫体死亡钙化，此时常形成皮球样硬壳，破开后则见到许多黄褐色钙化碎片及淡黄或灰白色头颈残骸。

陈方建（1985）报道 35 例大小不同的细颈囊尾蚴寄生于母猪的输卵管和卵巢之间的漏斗部位；母猪体质大部分消瘦，眼结膜苍白，发育不全，蚴虫对卵巢和输卵管的机械压迫，使排卵受阻、受胎率低或不育。

诊断

细颈囊尾蚴病的临床症状和流行病学无特异之处，所以生前不易诊断，只有死后剖检或屠宰时发现虫体方可确诊。但也有用细颈囊尾蚴囊液制成抗原做皮内试验，此法已成为进行大面积普查和筛选的主要手段。

人的诊断是对病人做免疫学诊断或外科手术后进行病理学诊断。

防治

目前尚无有效疗法。驱中绦期幼虫可试用吡喹酮，按每千克体重 50mg，一次口服，连用 3 天为一疗程；丙硫咪唑，每千克体重 300mg，一次口服，连用 3 天。

对猪的细颈囊尾蚴病的预防主要掌握两方面关键性环节：其一，禁止用寄生有细颈囊尾蚴的家畜内脏喂犬，防止犬感染泡带绦虫，同时对犬要定期驱虫并要严格管理，防止犬到处活动和进入猪圈舍防止粪便污染牧草、饲料和饮水，并消灭野犬。其二，猪要圈养，这样猪就吃不到野外犬、狼、狐狸等肉食动物粪便中的虫卵，可避免猪感染细颈囊尾蚴病。此外，要防止啮齿动物进入猪舍。

同时要加强肉品卫生检验，严禁有虫肉品上市。带虫内脏要无害化处理，防止狗食入。

十九、棘球蚴病

（Echinococcosis）

棘球蚴病是由棘球绦虫的中绦期的幼虫（棘球蚴）寄生于哺乳动物脏器内引起的疾病，

俗称包虫病（Hydatidosis）。因为其生长力强，体积大，不但使机体器官组织受到高压力而萎缩，也易产生继发感染；如果蚴体破裂，后果尤为严重。

历史简介

细粒棘球绦虫幼虫所引起的囊肿，远在公元前就被人们所认识。在人体内棘球蚴被称为"充满水的肝脏"。Hippocrates，Aretaeus 和 Galen 等在临床上已见过包囊。直到 17 世纪 Redi Hartonan、Tyson 等描述了它的动物属性，才被推测为动物寄生虫引起。Palls（1766）指出人与其他哺乳动物的包虫病相似。Goeze（1782）研究了幼虫的头节，认识到其与绦虫的关系，见到囊内的原头蚴，认为是带绦类。Batsch（1786）定名为细粒棘类绦虫，Hartmann（1695），Rudalphi（1808）观察了犬的肠内细粒棘球绦虫成虫。Von Siebold（1852）在德国将人体棘球蚴中的原头蚴喂犬，原头蚴在犬肠内发育成链体成虫，Naunyn（1863）用人的棘球囊喂犬，在家犬肠内发育成成虫。因此，逐渐搞清了棘球绦虫生活史和搞清楚了囊肿与成虫的关系。18 世纪前泡头蚴最早在德国南部和奥地利西部发现，被误认为是一种胶样癌，Virchow（1855）澄清了本病的病原为一种寄生虫。Leuckart（1863）观察了绦虫的幼虫，称之为泡型包虫病，后定名为多房棘球绦虫（Leuckart 1863，Vogel 1955）。Rausch 和 Schiller（1954）曾发现西伯利亚棘球绦虫；后经 Vogel（1957）证明系多房棘球绦虫。Rudolphi（1801）将棘球绦虫属从多头绦虫属中分离出来，建立了独立属。20 世纪50～70 年代 Vogel 和 Rausch 等将多房棘头绦虫、少节棘头绦虫和杨氏棘头绦虫各自立为独立种，而将其他棘球绦虫种群统归于细粒棘球绦虫。从生物学分类上讲，流行于世界的棘头绦虫虫种分为 4 种。

病原

本病原属于带科棘头属。全球有 7 种棘类绦虫，我国还发现石渠棘类绦虫与人畜有关的棘球绦虫有细粒棘球绦虫（*E. granulosus*，Batsch 1786），幼虫期称棘球蚴，俗称包虫，通常为单房型；多房棘球蚴绦虫（*E. multilocularis*，Leuckert 1863），幼虫期称多房棘球蚴，又称泡球蚴；少节棘球绦虫（*E. oligarthrus*，Diesing 1863）和福氏棘球绦虫（*E. vogeli*，Rausch and Bernstein 1972）主要是在南美洲。前两虫我国有发现，而以细粒棘球绦虫多见，它们的中绦期的幼虫分别引起囊型包虫病和泡型包虫病。

棘球绦虫利用不同有蹄类动物作为中间宿主，逐步进化发育成为形态学上不同种群的细粒棘球绦虫被定为株（strain）或基因型（genotype）。研究者通过对细粒棘球绦虫线粒体的细胞色素氧化酶亚基 I（CDI）和 NADH 脱氧酶 I（NDI）以及 rDNA 第一内转录间隔区（ITS-1）的序列进行分析，已将细粒棘球绦虫分为 10 个基因型（G1-G10），其中 G1、G2、G3、G5、G6、G7、G8 和 G9 均可感染人（表 3-28）。我国 G1 为流行株，也有 G6 分布于西北地区。

表 3-28　细粒棘球绦虫基因型、中间宿主与分布

基因型/株系	中间宿主及分布
G1（细粒棘球绦虫 *E. granulosus*）/普通单株 Common sheep strain	绵羊、山羊、牛、骆驼、猪、水牛、牦牛、人、袋鼠等野生动物（世界性分布）
G2/塔斯马尼亚单株 Tasmanian sheep strain	羊、水牛、人（印度、阿根廷、意大利）

（续）

基因型/株系	中间宿主及分布
G3/水牛株 Buffalo strain	水牛、牛、羊、人（南亚、印度、意大利）
G4/马棘球绦虫（*E. equinus*）/马株 Horse strain	马、其他马属动物和猴（英国、爱尔兰、瑞士、西班牙、意大利、比利时）
G5（奥氏棘球绦虫（*E. ortleppi*）/Ordeppi strain	水牛、猪、人（瑞士、荷兰、印度、肯尼亚、苏丹、俄罗斯、阿根廷）
G6/骆驼株 Camel strain	骆驼、山羊、人（西亚、肯尼亚、阿根廷、毛里塔尼亚、土耳其、中国）
G7/猪株 Pig strain	猪、野猪、人（波兰、阿根廷、俄罗斯、立陶宛、斯洛伐克、罗马尼亚、乌克兰、意大利）
G8/鹿株 Cervid strain	鹿科动物、人（美国、加拿大、爱沙尼亚）
G9/波兰株 Polish strain	人（波兰）
G10/芬诺斯堪迪亚鹿株 Fennoscandian cervid strain	驯鹿、麋鹿（芬兰、瑞典、爱沙尼亚）

　　细粒棘球绦虫的成虫乳白色，长度为 2～11mm，多数为 5mm 以下。由 4～6 个节片组成，最前端为头节，节头有吸盘、顶突和小钩，其后为颈节，后接链体。根据生殖器官发育程度链体分为幼节、成节和孕节。节片内有一组生殖器官。有睾丸 35～55 个。卵巢蹄铁形。孕卵子宫每侧 12～15 个分支。子宫内含虫卵 200～800 个。虫卵略呈圆形，内含六钩蚴。幼虫为棘头蚴，也称续绦期，包囊构造，单房囊，由囊壁和液态内含物组成为圆形或不规则囊状体，大小因寄生时间、部位和宿主的不同而异，由黄豆大小到直径 50cm。囊壁分为角皮层和胚层（生发层），长有许多头节，有的长出子囊和孙囊，与原头蚴组成棘头蚴。

　　六钩蚴入体后大部分能够被机体消灭，或者棘球蚴在发育过程中部分死亡。六钩蚴侵入肝脏后 12h，病灶周围即可见到单核细胞浸润，如不被破坏，第 3 天即发育至 40μm 大小，并开始出现囊腔，其周围有嗜酸性粒细胞、异物巨细胞、上皮样细胞及成纤维细胞浸润与增生。第 7 天囊肿更为明显，其周围充血，镜下可见出血点。第 14 天囊肿更大，周围近邻部分可见上皮样细胞，外围有成纤维细胞和白细胞，附近肝细胞有变性。第 3 周囊肿直径达 250μm，周围有内皮细胞及嗜酸性粒细胞浸润，再外层为成纤维细胞形成的纤维性外囊，以及单核细胞、嗜酸性粒细胞浸润和新生血管形成。第 4 周囊肿的角质层分界更明显。第 3 个月囊肿直径 4～5mm，第 5 个月直径约 1cm，通常呈球形，在此阶段小胆管常被包入囊壁，较大的小静脉也可能被包入。其他器官或组织感染棘球蚴时同样是这一病理过程。囊肿逐渐扩大，其周围组织长期被挤压，可以产生继发性病变，例如肝硬化、肺不张等。除机械性损伤外，棘球蚴掠夺营养，其代谢产物使机体产生中毒及过敏反应；因其产生热源，刺激神经和内分泌系统，使代谢增加，消耗加大，机体营养障碍。棘球蚴可以存活 40 年或更久，部分棘球蚴囊肿可退化而衰亡，囊液逐渐吸收，内容物变为浑浊胶冻样，母囊与子囊均可以钙化。钙化并不等于棘球蚴的生物学死亡，有些仍然可以存活多年。

　　细粒棘球绦虫卵被中间宿主牛、羊、猪、马、骆驼或人吞食后进入小肠经消化液作用，六钩蚴孵出钻入肠壁，随血液循环至肝脏、肺脏等器官，经 3～5 个月成直径 1～3cm 的棘球蚴，内含大量原头蚴，当犬、狼等吞食家畜（含饲料）肉后，经 2 个月发育成为成虫。

细粒棘球绦虫终末宿主和中间宿主见表 3-28。

细粒棘球绦虫的卵（六钩蚴）在外界环境中可以长期生存，在 0℃ 时能生存 116 天，高温 50℃ 时 1h 死亡；对化学物质也有相当的抵抗力；直射阳光易使之死亡。

流行病学

本病呈全球性分布，尤以放牧牛、羊地区为多，是自然疫源性疾病，预防控制困难。国外以地中海周围各国、东北非洲、南北美洲及大洋洲常有流行。国内则以甘肃、青海、内蒙古及新疆牧区广为流行。但其他各省（自治区）亦有分布，在犬体已查出有成虫感染者有：北京、内蒙古、吉林、甘肃、新疆、青海、西藏、宁夏、山西、四川、云南和贵州等地。而在绵羊、山羊、黄牛、水牛、猪及骆驼发现棘球蚴的省（自治区）有青海、甘肃、新疆、宁夏、内蒙古、贵州、四川、云南、江西和福建等，其中以绵羊感染率最高，分布面最广。细粒棘球绦虫成虫阶段寄生在犬、狼、狐狸、豹等肉食动物的小肠；鼬、北极熊甚至猫也可作为终末宿主。本病最主要传染源是犬，狼、狐狸是野生动物的传染源。孕节随终末宿主的粪便排出体外，孕节及其破裂后散出的虫卵污染了牧草、饲料和饮水，被中间宿主吞食，中间宿主有山羊、绵羊、黄牛、牦牛、猪、骆驼、鹿及野生动物和啮齿动物。以犬、羊循环感染为主体。人体受感染的主要途径是消化道，但也有通过呼吸道和伤口感染的情况，造成该病严重流行因素有虫卵对外界环境的污染，感染犬排粪虫卵污染水、土壤、牧草等，虫卵在适宜条件下可生存 1 年，且对外界环境有较强的抵抗力，对一般化学物质也有较强的抵抗力，病变内脏处理不当，内脏中棘球蚴和原头蚴在 -2～2℃ 可存活 10 天，10～15℃ 可存活 4 天，20～22℃ 可存活 2 天。

由于终末宿主排出的孕节具有蠕动能力，可以爬到植物的根茎上；有的遗留在肛门的皱褶内或肛门周围，孕节的蠕动使犬瘙痒不安，因而就找异物摩擦，加以犬的活动范围广，从而把虫卵散布到许多地方。这些因素大大增加了虫卵污染饲料和饮水及牧地的机会，自然也就增加了人和家畜与虫卵接触的机会；这一点也使本病在牧区和农区都有广泛散播的可能。

史大中（1993）报道，甘肃存在细粒棘球蚴和多房棘球蚴两种包虫病。多房棘球蚴自然感染的动物有红狐、沙狐、野犬，也有病人。家犬为终末宿主成为甘肃本病在该地区流行的重要因素。

多房棘球绦虫成虫寄生在终末宿主红狐、沙狐、狼、犬、猫的小肠中；中间宿主有 9 科 26 属，46 种啮齿动物，多房棘球蚴寄生在麝鼠、布氏田鼠、长爪沙鼠、黄鼠、中华鼢鼠及人的肝脏；在牛、牦牛绵羊、猪的肝脏亦可发现有泡球蚴寄生，有自然感染报道，但不能发育至感染阶段。日本北海道报道猪是多房棘球绦虫中间宿主。瑞士报道 DNA 分析显示，马的细粒棘球蚴也能感染牛和猪。

细粒棘球蚴中间宿主有牛、马、骆驼、猪。细粒棘球绦虫株有绵羊株、牛株、水牛株、猪株、马株、骆驼株、鹿株、狮株、塔斯马尼亚绵羊株。猪株在欧洲中部和东部流行型主要是犬/猪循环，如猪波兰株、西班牙株，犬是猪株的天然终末宿主，在波兰亦可能是银狐。猪株棘球蚴主要见于猪的肝脏、肺脏和其他脏器少见。猪株对人是否致病，尚有待查证。Yamashite（1968）用含原头蚴的羊肝接种猪，2 个月后猪腹腔检出 1.5～2mm 棘球蚴。

发病机制

棘球蚴对宿主的危害视蚴体大小与寄生部位而异，其致病作用：一是对器官的挤压，棘球蚴主要寄生在肝脏，其次是肺。蚴虫发育慢，在体积不大时，宿主长时期无感觉，但长大时即压迫组织，引起脏器萎缩和机能障碍，致宿主死亡。二是分泌毒素及囊液异体蛋白的致敏反应。

细粒棘球绦虫卵进入人体后须经历 3 个主要过程：①六钩蚴从胚膜中孵化；②六钩蚴被激活；③移行到适当组织并定位发育。胃酸和胆盐的表面活性作用和胃蛋白酶、胰蛋白酶及胰酶等是六钩蚴孵化和激活的必要条件。肠黏膜的分泌型 IgA 有阻止六钩蚴入侵作用。感染后 3h 即可在包虫囊最终发育部位发现六钩蚴，通常被宿主的单核细胞和巨噬细胞包围。感染后 16h 内在寄生虫周围形成炎性小结节。如果这阶段宿主非特异性反应很强烈，可使寄生虫变性、坏死。感染后 3 周，肝内包虫囊的直径已达 $250\mu m$，环绕包虫囊周围的单核细胞、嗜酸性粒细胞、巨噬细胞和成纤维细胞组成的一定区域开始发生纤维化。在寄生虫不断生长的压力下，囊周纤维层逐渐增厚，形成"外囊"。外囊与寄生虫组织（内囊）之间有一定间隙。

包虫囊在人体内的生长速度变异很大。在新疆见到 4 岁的儿童的肝包虫囊已达 11cm。包虫囊在人体内生活时间很长，可能持续 10 年，最后形成巨大囊肿，囊液多达数百至数千毫升，压迫周围器官产生相应症状。外囊中无血管，但胆管或支气管可以存在于外囊中，形成外囊腔与胆管或支气管相通，明显时形成胆瘘或支气管瘘，易引起继发性细菌感染。肝包虫囊因机械性或化学性（胆汁）损伤而退化或年老衰退、衰亡，外囊逐渐增厚并钙化。但其子囊、孙囊仍存活。如囊泡破裂，内含的原头节脱落移植至另一组织又可发育为继发性包虫囊。包虫在肺内生长较快，1 年可长至 4～6cm。但肺包虫多不含子囊，易破入支气管，囊液与原头节咳出体外。囊泡破裂时囊液中的异性蛋白溢出，可使机体产生过敏，甚至诱发过敏性休克。剧烈的过敏反应，使宿主发生呼吸困难，体温升高，腹泻，有的人特别敏感；如果在短时间内有大量囊液进入血液，可使宿主发生过敏性休克而骤死，而且囊中的棘球砂以及破碎生发囊均可在身体的任何部位长成新的棘球蚴，后果亦极严重。

宿主感染棘球蚴后可产生特异性免疫应答，并可产生一定的免疫保护力，表现为伴随免疫，即棘球蚴逃避宿主的免疫作用而维持本身生存的同时，刺激宿主产生对不同类感染的免疫排斥。这种免疫效应对已成功寄生的包虫囊不起作用，但可控制后来的感染。其效应机制是在作用于六钩蚴表面组分的抗体介导下补体依赖性溶解作用。主要抗体亚类是 IgG2，在与多形核白细胞表面 Fc 受体结合后，多形核白细胞发挥主要的效应细胞作用。动物实验表明免疫球蛋白可透过包虫囊的囊壁，破坏生发层，阻滞棘球蚴增殖。

临床症状

人

棘头蚴生长缓慢，患者都在童年感染，成年后才出现症状，可在人体内生长达 10～13 年，初期表现不明显。棘球蚴病的临床表现复杂多样，其症状及危害程度取决于棘球蚴的体积、数量、寄生部位、毒素及并发症。引发肝包虫病、脑包虫、骨包虫病、眼包虫病和生殖系统包虫病等。Schantz（1972）对一万例人体细粒棘球蚴手术病例统计，52%～77%见于肝脏，8.5%～44%见于肺脏，13%～19%见于其他器官。

国内统计了 3 326 例细粒棘球蚴病例，肝占 65.53%，肺占 22.26%，肠系膜及网膜占 10.28%，胸腔占 3.15%，脾占 2.35%，骨占 0.93%，脑占 0.9%，以及肾、肌肉、皮下、女性盆腔、眼眶、心、甲状腺等。通常原发性囊肿以单个多见，多发者一般均在 2~6 个。多发性囊，肝几乎累及或肝、肺同时累及。囊大小与寄生部位有关，如颅内、心、脑囊肿较小，而腹腔囊肿巨大，有的直径达 22cm。

据国内 40 392 例报告，棘球蚴在人体的寄生部位为肝 66.6%、肺 16.5%、肠系膜、网膜、腹膜及腹膜后为 8.3%、胸腔 1%、肌肉及皮下 0.3%、脾 1.5%、肾 1%、脑 1%、心 1%、眼眶 0.3%、骨 0.5%、女性盆腔 1.5%、甲状腺 0.2% 及其他组织 0.3%。但有报告心脏功能和脑棘球蚴囊肿的生前确诊率远比尸检发现者远低。Morris 统计，52%~77% 的病例是位于肝脏，18.5%~44% 在肺，其他器官和组织占 13%~19%。

棘球蚴的生长速度与大小和寄生部位有关，巨大的棘球蚴多见于腹腔，心和颅内者都不可能很大，肺棘球蚴则容易自行破裂；肺和脾棘球蚴一般生长较快，而在骨组织内者发展极为缓慢。原发性棘球蚴多为单发，继发者常呈多发性，使多器官同时受累，或一个器官有两个以上棘球蚴。多发棘球蚴几乎均累及肝脏，其次肝肺同时受累及。

新疆统计的 16 197 例病人，肝占 75.2%、肺占 22.4%、腹腔 4.7%、脾占 1.0%、盆腔 0.5%、肾 0.4%、胸 0.4%、胸腔 0.2%、骨骼 0.2%，其余为其他部位。

临床上常见：

1. 局部压迫和并发症　棘球蚴可寄生在人体的任何部位，多见的部位是肝，特别是肝的右叶，其次为肺、腹腔。由原发部位肝转移的部位有：脾、脑、肾、盆腔、胸腔和骨髓等。棘球蚴由于逐渐长大，压迫肝脏，出现肝肿大，肝区疼痛，坠胀不适等，如囊肿巨大，抬高横膈，导致呼吸困难，压迫门静脉，导致腹水，梗阻性黄疸，胆囊炎等。压迫肺脏，引起胸痛，干咳，血痰，呼吸急促等；压迫颅脑，导致颅内压增高，引起头痛，恶心，呕吐，视乳头水肿，癫痫，抽搐和偏瘫。骨棘球蚴常发生于骨盆和长骨的干骨后端，破坏骨质，易造成骨折和骨碎裂等和压迫脊椎神经。囊肿在体表形成包块，腹部肿大。

2. 过敏反应和中毒症状　棘球蚴在发育过程中，其包囊液或毒素，可使患者产生变态反应，如皮肤瘙痒，荨麻疹，血管神经性水肿；恶心，呕吐，腹痛，腹泻，胸痛，痉挛性哮喘，咳嗽，呼吸困难；心搏快，晕厥，虚脱，面色苍白，休克，抽搐，瞳孔散大，昏迷等。中毒症状包括食欲减退，体重减轻，消瘦，贫血等。囊破裂后，囊液被吸收进入血液，会发生过敏性休克而突然死亡。而且囊中的棘球砂及破碎的发生囊均可在身体的任何部位长成新的棘球蚴。

3. 感染早期六钩蚴穿过肠壁随血入肝，患者可以出现低热、食欲不振、腹泻、荨麻疹等；通过肺时有炎症反应，患者有咳嗽，常与上感混淆。这些症状常被忽视。临床症状与棘球蚴的寄生部位、大小、数目、机体反应及合并症有关。

①肝棘球蚴病。寄生在肝右叶者占 67.5%，左叶 15.5%，两叶同时受累为 17%。棘球蚴在肝内发展缓慢，部分患者有牵扯痛，可向右肩放射，并因体位改变而增剧，疼痛的原因与胆道受压、肝周围炎、膈胸膜炎或肝下垂有关。可在上腹肝受累的相应部位，触及表面光滑并随呼吸活动的无痛包块，囊性感，少见情况下可察觉棘球蚴震颤。因为囊肿不一定位于肝缘，所以尚可触及肿大的肝边缘。患者多因腹部包块就诊，出现并发症后症状加剧，合并感染时类似肝脓疡，破入腹腔即出现过敏性休克，日后成为多发性继发腹腔棘球蚴病，破入胆道可引起阻塞性黄疸。25%~75% 的患者于出现并发症后就医。棘球蚴对周围器官压迫是

渐进的，压迫和刺激上消化道，有恶心、呕吐、食欲不振与食后饱胀，推移膈肌压迫胸内脏器，则呼吸困难、咳嗽、心悸；压迫胆道，则出现黄疸，并类似胆囊炎症状；门脉受压，除出现腹水外，下肢也水肿。棘球蚴位于肝后可引起腹痛；位于肝顶部 8%～10% 有胸膜渗液；位于结肠前后者易致低位肠梗阻。此外，肝棘球蚴还可以引起胃肠道粘连、肝功能失常（较轻）等现象。

②肺棘球蚴病。70% 患者小于 30 岁，右肺多于左肺，下叶多于上叶，多数为单发，多发者占 10%～19%，20% 无症状。胸疼呈闷胀隐痛或刺痛，渐进性，劳累后咳嗽，深呼吸时加重，疼痛部位与棘球蚴寄生部位相应。间歇性干咳，夜间重，合并感染时多痰、气短、发烧。半数病例有少量咯血或痰带血丝，易误为肺部结核或肿瘤。有一半的肺棘球蚴病患者于囊肿破裂或感染后才就诊。囊肿穿破支气管时，胸内撕裂样疼痛，并咳出大口"清水"，或"苹果浆色痰"，味咸，内有"粉皮"、"蛋白"样碎块，同时咯血。破入胸腔少见，多刀割样胸痛，阵发性剧咳及呼吸困难，支气管胸膜瘘，液气胸，感染成脓胸，胸膜肥厚，肺压缩不张，纤维化。可继发胸膜棘球蚴病。

③胆囊棘球蚴病。右上腹部包块，有时疼痛。右肋缘下包块界限清楚，表面光滑，无触压感，活动度良好，坐位比卧位时可下降 1.5cm。无肌紧张，肠鸣音正常。腹部 X 线光片，可见右肋缘下一椭圆形密度均匀增高的阴影，一般无钙化。如手术，可见胆囊部肿块，光滑，囊性，与胃结肠韧带可有粘连。

④乳腺棘球蚴病。通常生长缓慢，表面光滑，周界清楚，包膜完整，没有触压痛或轻痛，与皮肤不粘连，曾有过敏疹。区域淋巴结无肿大。临床上容易误诊为乳腺纤维腺瘤、囊性乳腺病、慢性乳腺炎、浆细胞性乳腺炎及乳腺结核等，在误穿刺检查或手术治疗时，始被诊断清楚。患者一般来自棘球蚴病例流行地区。

⑤小儿棘球蚴病。4 岁以前的小儿少见，通常在 8 岁以后逐渐增多。棘球蚴囊肿的发生部位多以肝、肺为主。小儿颈动脉相对粗大，血流量多，六钩蚴随血液循环有更多机会到达脑部，加上颅内棘球蚴所构成的占位病变，容易早期出现压迫症状，所以儿童脑棘球蚴发生率高于成人 7 倍。骨棘球蚴也经常原发于儿童期。

4. 并发症　徐明谦（1993）对 1 314 例肝包虫病案分析：男性 642 人（48.9%），女性 672 人（51.1%），儿童 361 人（27.5），少数民族 805 人（61.3）。手术治疗 1 435 例次，摘除包囊 1 846 个，单发为 943 个（71.8%），肝内多发 264 人（20.1%），肝与其他脏器多发 107 个（8.14%）；肝右叶有 1 087 个（82.7%），肝左叶占 121 个（9.2%），两叶多发 106 个（8.1%）。

引起肝区隐痛坠胀不适者占 70.6%；上腹饱满胃纳减退者占 60.1%，巨大肝包囊肿使横膈抬高、活动受限、呼吸困难者占 16.6%；压迫总胆管引起外压性梗阻性黄疸者占 0.3%。

包虫在肝内寄生，使肝增大，向左上方移位，上腹部触到巨大肿块，往往是首发体征者占 80.8%。包虫囊肿一般为边缘整齐，表面光滑，随呼吸上下移动。由于其外囊较厚，囊液张力较高，因而触及坚韧，压之有弹性，扣之有震颤，即"包虫囊震颤征"（Mydatid thrill），可与其他腹部肿瘤鉴别。

1 314 例患者中有 482 例（36.7%），有各种并发症：主要有：

1）包虫囊感染共 265 例（20.2%），常见包虫囊—胆管瘘，其他如囊内子囊繁衍过多，致蚴体营养不良，退化变性或包虫衰老，活动减退，皆易继发感染。并发感染后，形成肝脓肿，引起相应的症状和体征。

2）包虫囊破裂共 130 例（9.9%），破裂原因为外力挤压、震动、炎症浸润穿孔等。

①破入胆道 76 例（5.8%），囊液涌入胆管引起急剧胆绞痛及高热寒战，阻塞总胆管引起黄疸、急性化脓性胆管炎。

②破入腹腔，引起弥漫性腹腔炎及过敏性休克。

③破入肺部 20 例（1.3%），形成肺脓肿及胆管—包虫囊—支气管瘘。咯出胆汁及脓痰。

④破入胸腔 3 例（0.2%），呼吸急促、胸痛、高热、过敏、胸腔积液。

⑤破入心包、腹壁各 2 例。

3）过敏性休克 25 例，囊液破入腹腔和胸腔引起过敏，手术中常易发生。

4）播散性继发多发性包虫囊肿，原头节播散。肝包囊破裂后继发播散包虫病、包虫囊与网膜、系膜、肠管广泛粘连，压迫腹腔脏器，易并发肠梗阻。包虫囊感染穿孔形成腹腔脓肿或肠瘘。由于大小包囊甚多，广泛粘连，可导致包虫病性恶病质。

5）门静脉压增高 31 例（2.4%），均为病程长的多发巨大包虫病，肝、脾增大，浮肿，腹水，腹壁静脉曲张及消瘦、衰竭。

罗亦刚（1993）报道西藏 12 例多房棘球蚴病，病龄在 2 个月到 30 年。临床表现为早期不典型，呈多样化；终以腹部包块或其所致的腹痛、腹胀和黄疸等。晚期出现恶液质。12 例中右上腹包块 7 例，腹痛 3 例，全身共染并发黄疸 5 例。

林舍祥（1982）报道国内发现日本棘隙吸虫。肖祥（1993）报道安徽检出 4 例日本棘隙吸虫，临症为腹痛、肠鸣和间断性腹泻。

多房棘球蚴主要是人误食虫卵形成弥漫性浸润呈无数小囊泡，压迫周围组织，引起器官萎缩、功能障碍，还可转移全身，如脑、肺引起炎症等。临床上右上腹缓慢增长的肿块或肝肿大。食欲不振、消化不良、肝区疼痛、压迫、坠胀等。腹痛、黄疸及门脉高压等。

猪

细粒棘球绦虫也可寄生在肝脏，但无明显临床症状。高凤林（1993）对肉联厂 176 头猪调查发现病猪 22 头（占 15%）为猪棘球蚴病，肝脏包囊占 90.9%（20/22），肺脏包囊占 9.1%（2/22），脏器感染强度肝为 1~3 个包囊，肺为 1 个包囊。

猪棘球蚴病不如牛、羊症状明显，通常有带虫免疫现象。在临床上比较少见，也不易被确诊，多于宰后检验发现。倪宝贞等（1984）发现 3 例病猪，生前表现为"大肚症"，腹部膨大，弓腰，消瘦，生长缓慢，同窝正常猪体重达 100kg，发病猪仅为 40kg，并有部分"大肚症"猪死亡。30 头猪中有病猪为 8 头。宰后见肝、肾、心等器官上有大量囊泡。腹腔有充满樱桃红色腹水，肝肿大，肝表面凹凸不平，形成不规则的斑块。肝、脾、肾等脏器有大量纤维素渗出，肾萎缩。浆膜面有大小不等的囊泡。心脏、胃有囊泡。根据囊液中有无头节可分为有头节棘球蚴和无头节棘球蚴两种。无头节棘球蚴无繁育能力和侵袭力，但能损害所寄生动物的脏器。洪志华（2000）报道一头肥猪宰后两肾特别巨大，两肾重大 7.2kg，肾脏外面长满球形成椭圆形大小不等的包囊，囊泡内充满微黄色液体，已看不到肾实质。有的囊泡的囊液中可以看到如沙粒大小的原头蚴。万季（2001）报道一宰后肥猪左侧肺表面有大小不一的包囊。肺 70% 呈水疱状，有大小不等呈葡萄串状的成群的无色小囊挂于肺组织表面，并产生肺组织增生、肺组织变性、萎缩、坏死，肺叶间隙变宽。包囊内无头节，鉴定为猪多房棘球蚴。

诊断

流行病学调查中，了解患者是否来自流行区及是否与犬、羊等动物或其皮、毛等接触史；职业和生活习惯等对确诊本病有一定的参考价值。确诊本病应以查到虫体为依据。

病原学检查不宜对疑似患者肿胀部位进行穿刺，防止囊液外流导致过敏性休克或原头蚴外流，形成继发性棘球蚴囊肿。可通过 X 射线、B 超、CT、MR 等方法，早起诊断无症状者，并检测出所在部位的形态影响。经手术取出棘球蚴囊。从囊中找到原头蚴、生发囊或子囊即可确认。或者从痰、胸腔积液、腹水与尿等检出棘球蚴碎片也可确诊。

免疫与诊断仅作为流行病学诊断筛选或疗效考核的辅诊手段，常用的有皮肉试验、补体结合试验、间接血凝试验及酶联试验等。用 2～3 项血清学试验，以提高诊断准确率。

防治

棘球蚴病的治疗一般以手术治疗为主。内囊摘除和新的残腔处理方法已使手术治愈率明显提高，术中应避免囊液外溢，摘除不完全易复发，同时引发过敏性休克和继发性腹腔感染。

早期较小的棘球蚴可用吡喹酮、甲苯达唑和阿苯达唑配合治疗。1966 年 WHO 公布 1 000 例以上细棘球蚴药物治疗效果，治疗 12 个月，近期疗效为 30％治愈，30％～50％为改善，20％～40％为无效，表现了预防的重要性。针对棘球蚴病的发病环节，进行防治是有效的预防措施。①定期对犬、猪场内犬、宠物进行驱虫，控制感染源，喂服吡喹酮，每千克 10～20mg。驱虫期间粪便应及时收集、无害化处理，防止病原的扩散。在疫区同时要对其他宿主进行药物治疗。②加强防病意识，加强屠宰场和个体屠宰点的检疫，养鹅处理的病体内脏，及时销毁，不能喂犬及其他动物。对病犬在捕杀、驱虫时防止犬乱跑，散步虫卵污染环境。猪场人员、屠宰工人及喜欢养犬、猪、人应妥为自我保护，严防感染。③普及预防棘球蚴病知识，不吃生物、生菜、生水，管好水源，杜绝虫卵感染。

二十、伪裸头绦虫病
（Pseudanoplocephaliasis）

本病是由克氏伪裸头绦虫寄生于猪、野猪和人的小肠内的寄生虫病。同义名为盛氏许壳绦虫等。

历史简介

本病是 Baylis（1925～1927）在锡南（斯里兰卡）的野猪中发现虫体并鉴定，Mudaliar 和 Lyer（1938）报道印度发现此病。安耕九（1956）报道 1949 年前陕西和上海的家猪中有虫体。杨平等（1957）在甘肃兰州屠宰场猪小肠中发现此绦虫，定名为盛氏许壳绦虫。而 Spasskii（1980）认为它是克氏假裸头绦虫。薛季德等（1980）报道，陕西户县人的 10 例临床寄生虫病例。李贵等（1980）研究了该虫的生活史，其虫卵在昆虫体内发育成为似囊尾蚴，认为赤拟谷盗是中间宿主，褐蜉金龟是自然传播媒介，链接了该虫生物链。Cnacckhu（1980）、汪博钦（1980）、李贵（1980）对克氏伪裸头绦虫（终末宿主，野猪、家猪）、日本伪裸头绦虫（终末宿主，野猪）、盛氏许壳绦虫（终末宿主，家猪、人）、陕西许壳绦虫（终末宿主，家猪）进行对比研究，认为克氏裸头绦虫（*Pseudanoplocephala crawfordi Baylis*，1927）应作为有效的种名，隶于膜壳科，它的同名异名有：（*Hsuolepis* Shengi Yang，Zhai and Chen，1957）、（*H. Shensiensis* Liang and Cheng，1963）、（*Pseudanoplocephala nippone-nsis* HatsushiKa et al.，1978）、[*P Shengi*（Yang et al.，1957）Wang，1980.]。

病原

伪裸头绦虫病的病原为克氏伪裸头绦虫（*Pseudanoplocephala crawfordi* Baylis，1927）属于膜壳科伪裸头属。新鲜虫体乳白色，虫体较大，长 97～107cm。头节近圆形，有4个吸盘及1个橄榄形顶突，但无吻钩，颈长而纤细。雄性生殖器官睾丸呈不正的圆形或椭圆形，有睾丸 15～44 个。雌性生殖器官卵巢呈花菜状，位于节片中部，卵黄腺为一实体，紧靠卵巢之后，孕节子宫呈线状，子宫内充满虫卵。生殖孔一侧开口，偶尔对侧开口。虫卵呈球形，直径 51～92μm，棕黄色或黄褐色，内含六钩蚴。

李贵等（1982）报告了柯氏伪裸头绦虫的生活史，赤拟谷盗甲虫吞食绦虫孕节片后，其幼虫在其体内的发育可以分为5个阶段。

六钩蚴期（Stage of Oncosphere）用绦虫卵感染赤拟谷盗之后 24h，六钩蚴已穿过肠壁进入血腔发育。虫体呈梨形或圆形，淡黄色，大小为 0.036mm×0.046mm～0.043mm×0.049mm，用中性红做活体染色观察，穿刺腺萎缩。六钩蚴经过6～8天的发育，虫体增大呈圆球形，其纵径为 0.056mm×0.079mm，横径为 0.050～0.068mm。

原腔期（Stage of Lacunaprimiva）感染后7～9天，虫体中央出现一个很小的腔——原腔。随着虫体的发育增大，原腔也相应地扩大，体壁相对地变薄，而厚度的不匀称性日渐明显，3对胚钩呈倒三角形位于体表。

第10～12天，虫体前端的体壁比后端的体壁略有增厚，随着发育越加明显；原腔透明，其前缘呈淡灰色。

解剖感染后13～15天的甲虫，原腔期幼虫为淡黄褐色，多呈卵圆形或圆锥体状。虫体前端的体壁细胞为3～5层，侧面和后端的体壁较薄，多为2层，个别的部位为1层。原腔的前缘呈灰色或淡咖啡色。

第16～18天的虫体，呈舌状。原腔的前缘呈褐色或棕色，向后颜色渐淡，随着虫体的发育，原腔的着色区逐渐扩大，该区段的体壁比其透明部分的体壁较厚。虫体可缓慢地作变形活动。

在甲虫体内发育20～23天的幼虫，呈履状。继续发育，虫体稍弯曲，其后端向一边伸长呈足状。在原腔后缘出现柔软组织细胞，胚钩位于体后 1/3 的区段上。

感染后第22～25天，虫体前部较粗，向后渐细并弯曲呈牛角状。原腔的前部呈铁灰色，为泡沫样的结构，而后部透明。

囊腔期（Stage of Bleadder Cavity）发育23～26天的虫体，在原腔的着色区和透明区的交界处，组织细胞增殖形成的一横隔，将原腔分成2个腔，前者谓囊腔。虫体长 1.219～1.513mm，宽 0.329～0.359mm，囊腔长 0.288～0.466mm，宽 0.234～0.288mm，原腔长 0.595～0.811mm，宽 0.267～0.312mm。虫体随着发育，前端的组织细胞增殖较快，后部逐渐变细。由于柔软组织细胞的增多，原腔逐渐缩小。

头结形成期（从 Stage of Scolex - Formation）感染后 25～28 天，虫体分为头、囊体和尾三部分，体长 1.384～1.825mm，最大体宽 0.254～0.374mm，头结宽 0.219～0.328mm。初期，在头结上出现 2 对黄褐色圆饼状的结构——吸盘。囊体与头结由颈部相连，颈的髓部有一团空泡样结构，其后面有一喇叭花样的褐色色着，向后颜色渐淡并一直延伸到髓腔内。囊体膨大成为虫体的最大部分，囊腔呈淡咖啡色，前方有一较窄的开口。囊壁分为内外两层，外层的组织细胞排列较密；内层的较疏松。依着虫体的发育，原腔逐渐缩小。前面 2 对胚钩位于尾的后 1/2～1/3 之间，另 1 对位于亚末端。再经过 1～2 天的发育，吸盘呈盘状，外面包被一层透明的膜。吻和排泄管隐约可见。在颈的后部出现数个石灰质小体（Calcareous Granules）。沿着囊腔的边缘生一菲薄的纤维层（Fibrous Layer）。随着虫体的发育，石灰质小体逐渐增多，纤维层的纤维日渐密集，呈淡咖啡色。尾部较细，有的原腔已被柔软组织细胞填满，但绝大多数还残留有大小不等的空腔。

拟囊尾蚴期（Stage of Cysticercoid）在甲虫体内发育 27～31 天的幼虫，头节已缩入囊腔形成拟囊尾蚴，它由囊体和尾两部分组成，虫体长 1.372 9 ± 0.218 2（0.940 8～1.986 5）mm；囊体呈梨形，纵径为 0.503 0 ± 0.057 5（0.405 9～0.648 0）mm，横径 0.427 1±0.060 8（0.313 2～0.468 0）mm，前方有一紧闭的伸缩孔道。囊壁除表面透明的薄膜外，分为三层：外层较薄，组织致密；中层最厚，细胞较大，排列疏松；内层为纤维层，前方沿着伸缩孔道向内凹，形成纤维囊呈淡棕色。在纤维囊里，头节向前重叠于颈上，颈部有许多石灰质小体。尾部常残留一大小不等的原腔。经过一段时间的发育，囊壁中层的细胞逐渐模糊溶合呈网络状；第 76 天的拟囊尾蚴为淡米黄色，形态结构没有什么变化。纤维层呈棕色。尾长 0.845 7±0.184 6（0.499 6～1.465 9）mm，基部略膨大，原腔消失，胚钩常易脱落。

拟囊尾蚴对猪的感染试验：柯氏伪裸头绦虫的卵感染赤拟谷盗之后，将培养不同日龄的拟囊尾蚴喂给小猪，经10～30 天解剖检查，感染结果见表 3 - 29。

表 3 - 29 不同日龄拟囊尾蚴对猪的感染结果

赤拟谷盗感染后 饲养头数	40		45		50	
	感染组	对照组	感染组	对照组	感染组	对照组
猪的头数	1	1	2	2	3	3
剖检结果	—	—	—，—	—，—	＋，＋，＋	—，—，—

试验结果：用虫卵感染赤拟谷盗后，培养 50 天发育的拟囊尾蚴喂给 8 头小猪，3 次试验结果全部呈阳性，拟囊尾蚴感染小猪后 10 天，已发育成成虫，体长 41.7cm，最大体宽 0.28cm，虫体最后几个节片的卵巢残体明显，子宫里仅有一些数量不多的虫卵。感染后 15 天的虫体长 72～96.7cm，最大体宽 0.35～0.6cm，子宫里的虫卵发育尚未成熟。感染 30 天的虫体长 34cm，最大体宽 0.5cm，卵已发育成熟，但其节片还未开始链体断脱。

流行病学

本病原除寄生于家猪、野猪外，还在褐色家鼠中发现，人体病例报道也陆续增多。猪为该虫的重要宿主，与褐色家鼠和人在病原的散布上起重要作用。食甲虫褐蜉金龟是自然中间宿主，猪和人因食入带拟囊尾蚴的褐蜉金龟而被感染。李贵等调查发现某农场越冬褐蜉金龟

541 只，拟囊尾蚴感染率为 1.29%，表明携带拟囊尾蚴越冬的金龟是每年猪伪裸头绦虫病的最早侵袭源。

传播媒介为昆虫赤拟谷盗（Tribolium Castaneum Herbst）。将成熟虫卵感染赤拟谷盗，一定条件下，六钩蚴穿过其消化道壁进入血液，经 27～31 天，从原腔期、囊腔期和头节形成期为拟囊尾蚴，再将成熟蚴感染仔猪，经 30 天后在其空肠内发现成熟绦虫。试验证明，虫卵不能直接侵袭宿主进行发育，而需要在昆虫吃了猪粪中虫卵，经发育后，再被猪、人误食后引起感染。在我国分布于山西、江苏、福建、山东、湖南、贵州、云南、陕西、甘肃等地。王九江（1983）对辽宁几个县屠宰场的猪进行调查，盛氏许壳绦虫感染率为 2%，感染强度为 1～31 条；山西感染率为 1.81%～77.68%；福建某良种场猪的感染率为 29.4%。

临床表现

人

伪裸头绦虫已发现盛氏许壳绦虫（克氏伪裸头绦虫）寄生于人小肠。人轻度感染常无自觉症状；一般仅表现腹痛、贫血、消瘦；重度感染可有腹痛、腹泻、恶心、呕吐、厌食、乏力及失眠等。腹痛多为阵发性隐痛，腹泻每天 3～4 次，大便中可见黏液。

猪

据李贵等调查，陕西省延安和关中部分地区，猪的感染率达 22.4%～29.4%，症状为毛焦、消瘦、生长发育滞缓，严重感染猪小肠阻塞，引起肠梗阻。王志宏、刘钟灵（1982）在大冶县进行猪寄生虫普查时，在 523 头猪粪中发现了绦虫卵者 12 头，对 2 头阳性猪剖检，小肠中收集到 1～14 条绦虫，又对另一头猪剖检小肠中收集到 24 条绦虫。经生理盐水漂洗，去粪液，平摊于玻片上，对其体长与体宽量度；其中 17 条压片，用 70%酒精固定，盐酸卡红染色，制片观察其头节与各类节片的形态构造，经鉴定为柯氏伪裸头绦虫病。全县 1 547 头猪粪，共查出 29 头绦虫阳性猪，阳性率 1.9%，感染强度 1～24 条。王宏志（1984）报道，其县 1981 年前多次猪寄生虫调查未检出柯氏伪裸头绦虫。1984 年普查 523 头猪粪中有 12 头检出虫卵。小肠收集到虫体 1～14 条。感染猪的增加，原因不详。

人工试验用感染赤拟谷盗后第 50 天的拟囊尾蚴感染仔猪，经过 30 天在其小肠内完全发育为成虫。陕西省流行病学调查，感染率为 1.81%～73.68%，感染强度在 1～160 条。对屠宰猪调查，未表现症状，而调查表明感染率在 2%，感染强度在 1～31 条。杨平等（1957）在甘肃发现虫体的猪场，轻度感染时无症状，重度感染猪表现食欲不振，毛焦无光泽，有阵发性呕吐、腹泻、腹痛，粪中带有黏液，生长迟缓、消瘦，甚至引起肠道梗阻。

剖检可见寄生部位黏膜充血、细胞浸润、黏膜细胞变性坏死及黏膜水肿等。

诊断

猪粪中找到虫卵或孕节可做出诊断。

防治

未有系统防治方法，参照一般寄生虫病防治措施。

人未见治疗方法。

猪可用药物驱虫：①硫酸二氯酚，80～100mg/kg，一次口服；②吡喹酮，50mg/kg，一次口服；③其他药物和硝硫氮醚或丙硫咪唑等。

二十一、阔节裂头绦虫病
（Diphylloboriasis Latum）

阔节裂头绦虫病是由寄生于小肠的阔节裂头绦虫引起的一种人兽共患寄生虫病，主要为消化系统症状和贫血。

历史简介

Dunus（1592）从瑞士发现的若干样本中，首先辨认并描述的一种鱼类绦虫。Plater（1602）将其与人体的其他犬型绦虫做了明确的区分。Liihe（1910）观察到猪感染。Janicki和 Rosen（1917）又证实了该绦虫在桡足虫体内发育的幼虫期，是在鱼类体内发现的第二幼虫期的前身。Pavlosky 等（1949）观察猪体内成虫。Von Bonsdoff（1964），Rees（1967）描述了裂头绦虫的发病机制。Vik（1971）对裂头绦虫进行了系统性综述，提出了人体的典型阔节裂头绦虫实际上可认为是裂头绦虫中阔节型复合体的一个原型。

病原

阔节裂头绦虫［*Diphyllobothrium latum*（Linn，1758）Luhe，1910］主要寄生于犬科食肉动物，也可寄生于人。裂头蚴寄生于各种鱼类。虫体较长，可长达 10m，有 3 000～4 000 个节片。头节呈匙形或棍棒状，有 1 对深陷的吸槽，颈部细长，成节宽大于长，有睾丸和卵巢等雌性生殖器官，子宫盘曲呈玫瑰花状，位于节片中央；孕节结构与成节基本相同。虫卵呈卵圆形，较大，大小 55～76μm×41～56μm，浅灰褐色，卵壳较厚，一端有明显的卵盖，另一端有小棘，卵内含一个卵细胞和多个卵黄细胞。

阔节裂头绦虫必须经过两个中间宿主才能完成其生活史。成虫寄生于人及犬、猫等终末宿主的小肠内，虫卵随宿主粪便排出体外，虫卵落入水中发育，如温度适宜，经 7～15 天即可孵出钩球蚴，钩球蚴被第一中间宿主——剑水蚤和缥水蚤吞入，在其血腔中经 2～3 周发育为原尾蚴。含有原尾蚴的剑水蚤和缥水蚤被第二中间宿主——淡水鱼（梭鱼、鲈鱼、鲫鱼、蛙鱼、爵鱼等）吞食后，原尾蚴穿出肠壁，从腹腔进入肌肉，经 1～4 周发育为裂头蚴。鱼体内的裂头蚴被终末宿主食入后寄生于肠道，经 5～6 周发育为成虫。成虫寿命 10～15 年。

流行病学

据 Stoll（1947）估计，在世界人口中，有 1 000 万人发生感染。各地方流行区的感染率差别很大。据认为，其地理分布的差异与虫株、虫种或宿主的营养状况不同有关。人是阔节裂头绦虫的主要终末宿主，其他许多食鱼哺乳动物也可发生感染，并且在没有人的条件下，可成为保存其生活史的贮主。裂头蚴还可在非肉食鱼类，鳗、青蛙、蜥蜴、蝮蛇、龟，甚至猪体内存活（Pavlovsky 和 Gnezdilov 1949）有许多潜在的转续宿主。犬、猫、狼、狐、熊、美洲狮、水貂和家猪中都发现绦虫。用生鲜的鱼或鱼制品饲喂犬、猫，就会长期保存感染的动物贮主。阔节裂头绦虫要求有两个中间宿主，第一中间宿主是各种桡足虫类淡水甲壳动物，通常为剑水蚤属和缥水蚤属。它们可在湖泊、大河或人工水体的静水中生息。终末宿主的粪便中虫卵在水中经数天就会成熟，并开始孵化，形成带纤毛的胚蚴在水体中自由泳动，被桡足虫吞食后就在体腔内发育。当鱼类吞食感染的桡足虫后，该幼虫又会穿过鱼的肠道，在其腹腔内蜕化为第二期幼虫，而移行至各部组织。含第二期幼虫（裂头蚴）鱼如果被另一条鱼吞食，该幼虫会穿透后者的肠道，进入肌肉及其他组织并保持幼虫状态。若是终末宿主吞食了感染的鱼，该幼虫就会附着在小肠黏膜而发育至成虫。人在进食鱼的肌肉、肝脏或鱼子时，就会感染。一条成虫每天产出虫卵超过100万枚，而人和其他终末宿主感染的虫体往往在一条以上。因此，产出的大量虫卵就有可能向桡足虫扩大传播。对采用不能杀死幼虫的方法调制的鱼品有嗜好，是人体发病的最主要因素。鱼类运输和贮存是采用的各种冷却方法，都不足以预防感染。据证实，贮存在冰块中的鱼类体内的幼虫仍可保持感染力超过40天。来自地方流行区的鱼类，必须冷冻至−10℃经24~48h，才能保证杀死幼虫。本病在有进食或品尝未充分加工的鱼类这种饮食习惯的人群中是特有的一种疾病。烹煮时，鱼体内的温度必须达到56℃持续5min。芬兰人用盐水简略地泡鱼类的习俗，并不足以杀死幼虫。在不能维持高温的条件下熏制鱼类，幼虫仍然可能存活。南美洲人的习惯是用柠檬汁泡制生鱼，如果最低限度不能保持24~48h，还是可能传播感染。在商业上向其他地区运送感染的食用鱼类，作为食品出售，或引入湖泊开展钓鱼运动，也会使通常该病未呈地方流行的地区的人发生感染，或其他终末宿主感染。

临床表现

人

成虫寄生一般不引起特殊的病理变化，许多病例并不显现症状。有轻度腹痛、腹泻、乏力、四肢麻木，虫体夺取维生素 B_{12}，引起恶性贫血的红细胞贫血，并常有发生感觉异常、运动失调、深部感觉缺陷等神经症状。但是，芬兰的一项研究表明，非贫血性带虫者与未感染的对照者相比，其疲劳和衰弱、嗜盐、沮丧、眩晕和四肢麻木等症状明显增长。严重的胃肠道症状不常见，但确能出现呕吐、腹泻和便秘，有时由于虫体过大，有时缠绕成团引起肠梗阻或胆囊、胆管阻塞、肠穿孔等症状。以及虫体代谢产物直接损害宿主的造血功能，有2%的阔节裂头绦虫病患者可并发绦虫性贫血，一般为轻中度贫血，部分患者会有贫血临床表现外，尚有感觉异常、运动失调、深部感觉缺失等神经症状等现象，严重的甚至失去工作能力，驱虫后贫血能很快好转。用7条幼虫进行人工感染，引起了恶心和严重的腰区疼痛，并伴有体重减轻。Von Bonsdorff 曾描述了若干因发作类似肠梗阻现象而呕吐出成团绦虫的病例。

绦虫性成红细胞型贫血是最严重的并发症。这种病症显然要在该绦虫逸出其常在的回肠下段部位，而附着在空肠内时才能发生。贫血是由于维生素 B_{12} 缺乏而造成的。该寄生虫通过干扰维生素 B_{12} 与胃黏膜中的固有因子相结合，而封闭了宿主对维生素 B_{12} 的吸收。还将该种维生素大量吸收并结合在其本身各部组织内。

猪

家畜轻度感染表现呕吐、腹痛、轻度慢性肠炎，皮毛粗硬、蓬乱，皮肤干燥等。严重感染时剧烈腹痛、贫血和神经症状。Liihe（1910）观察到猪感染；Pavlosky（1949）观察到猪体内成虫。

诊断

从粪便中查到本虫的虫卵或节片即可确诊。一般依靠虫卵检查，用福尔马林—乙醚沉淀法浓缩粪便中虫卵，其虫卵有卵盖，内部具有6级小钩的胚蚴尚未完全发育。而阔节裂头绦虫体节内，虫卵在中央玫瑰花形子宫中成团的形态，可与其他绦虫做出区别。

防治

由于裂头蚴几乎能无限期地滞留在人体内，以及鱼制品下脚，自然流入下水道，下水道未经处理的生活污水则成为湖泊河流的潜在污染源。因此，要宣传教育不食生鱼；对流行地区应做好鱼品检验，并对流行区鱼严格控制外流，做好污水处理。

在没有人传染源条件下，加强对犬、猫粪便管理，中间宿主也可能发生低水平的感染。若是制止饲喂生鱼，也就可以控制家畜中的感染。

可用吡喹酮驱虫（Praziquantel）、槟榔（Betel nut）、南瓜子（Cushaw seed）、氯硝柳胺（灭绦灵，Niclosamide）、硫双二氯酚等治疗。

据报道，灭绦灵成人2g/天，儿童体重11～34kg者1g/天，大于34kg者1.5g/天，有较好疗效。对贫血者，除驱虫治疗外，应加用维生素B_{12}治疗。

二十二、孟氏迭宫绦虫裂头蚴病
（Sparganosis）

孟氏迭宫绦虫病和孟氏迭宫裂头蚴病（Sparganosis）是由迭宫绦虫寄生于人畜肠道的寄生虫病。前者由寄生于小肠的成虫引起，产生的症状轻微；后者则由其幼虫——裂头蚴引起，裂头蚴可在体内移行，并侵犯各种组织器官，产生的症状远较成虫严重。

历史简介

裂头蚴是Diesing（1854）首先用以标示裂头科中成虫型未名的绦虫第二期幼虫的一个名称，是本属绦虫最早发现的幼虫期，即裂头蚴。后来，就对这类幼虫的人体感染称为裂头蚴病。人体感染的幼虫为Manson（1881）在中国厦门对一名当地居民进行尸体解剖时，于腹膜下筋膜内取得12个裂头蚴标本。同年Scheube在日本从一名患泌尿系统疾病的男子尿道中，发现一条裂头蚴。Cobbold（1883）对人体裂头蚴进行描述，并定名为孟氏迭宫绦虫（*Spirometre mansoni*）。Leuikart（1884）称为舌形槽头绦虫。Blanchard（1886）认为这两种虫体系属同种而改为孟氏迭宫绦虫。Okumura（1919）描述了迭宫绦虫的生活史，后来至1929年又由Li进行详细补充。Joyeux和Houdemer（1928）首先将裂头蚴经实验室感染成成虫。Wardle及Meleod（1952）建立迭宫属（*Spurometra*）并认为该属模式种应为孟氏迭宫绦虫。文献记载寄生于人畜的裂头蚴一般有4种，即孟氏裂头蚴、瑞氏裂头蚴（*S. raillieti*）、猬裂头蚴（*S. crinacei*）和似孟氏裂头蚴（*S. mansomoides*）。国外报道在猪体内寄生的为瑞氏裂头蚴，分布在印度、马达加斯加、苏门达腊和我国台湾；猬裂头蚴则在大洋洲的野猪体内发现，家猪也感染，人亦可吃含有猬裂头蚴的生猪肉而感染。我国猪体寄生的裂头蚴均报告为孟氏裂头蚴。

病原

本病原属裂头科，迭宫属：虫体长 60～100cm，体节宽度大于长度。冯义生等报道长达 49cm，宽 0.6cm；横川定等（1974）报道长 60～75cm，宽 1.0 cm；贵阳防疫站（1974）报道猪体虫体长达 1m。头节细小呈指形，背腹面各有 1 个吸沟，颈节细长，链体上有 1 000 个节片。睾丸和卵黄腺分布在节片的两侧，卵巢分两叶，在节片后端的中央。成节与孕节形态学上区别不明显。每节都有对生殖器官各一套，肉眼可见每个节片中都具有突起的子宫。子宫位于节片中央，膨大而盘叠，基宽顶窄，呈金字塔形或发髻状；孕节结构与成节相似，充满虫卵。子宫孔在距离雌雄末梢远处的中线上。虫卵卵圆形，两端稍尖，有卵盖，大小为 52～68μm。虫卵随终末宿主粪便排出后，需在水中适宜温度下孵出圆形或卵圆形具有纤毛的钩胚，称钩球蚴。钩球蚴被第一中间宿主剑水蚤吞食后，在其血腔中发育为原尾蚴。原尾蚴可通过皮肤使小鼠感染裂头蚴病。Kobayashi H 等（1931）曾报道原尾蚴可由完好的皮肤侵入人体，引起裂头蚴病。感染的剑水蚤被第二中间宿主蝌蚪、蛇、刺猬、鸟类、鼠类和猪吞食后，发育为突尾蚴，又称裂头蚴。裂头蚴当蝌蚪发育成蛙时，迁移至蛙的肌肉。鸟、蛇、猪等吞食感染的蛙后，裂头蚴不能在其肠内发育成为虫，而是穿过肠壁穿居腹腔，肌肉内，称为转续宿主。猫、犬进食转续宿主立即可感染，裂头蚴在宿主肠内发育为成虫。人进食不熟的蛙、蛇、猪等肌肉裂头蚴可在肠道发育为成虫，但常自行排出体外，多数裂头蚴穿过肠壁，移行至全身各处寄生，不能进一步发育为成虫。因此，人亦可为该虫的第二中间宿主，也可作为终末宿主。裂头蚴寿命较长，在人体内一般可存活 12 年。其生活史见图 3 - 6。

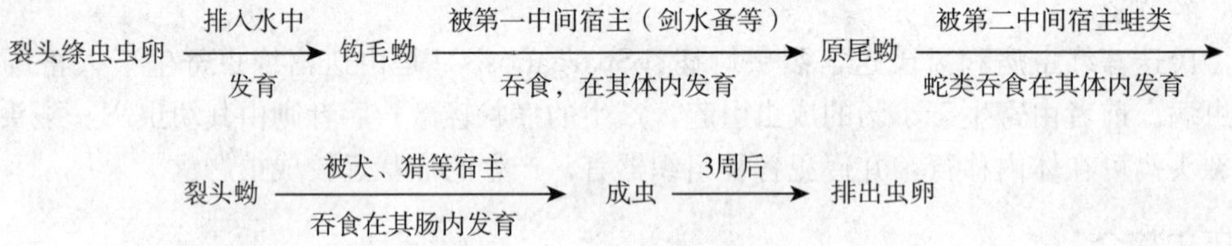

图 3 - 6　裂头绦虫的生活史

孟氏裂头蚴是孟氏裂头绦虫的幼虫，为一乳白色扁平的带状体，头似扁桃，伸展如长矛，背腹侧各有一纵行吸沟，虫体向后逐渐变细，体长 8.6～30cm，伸展 120cm 以上。孟氏裂头绦虫 Mueller（1937）用 *Spirometra erinacein europaei*（Rud，1819）为模式种；Wardle 和 Mcleod（1959）建议用 *S. mansoni*（Joyeux 和 Houdemer，1928）为 *Spiroetra* 的模式种。

流行病学

迭宫裂头蚴病在中国，印度尼西亚、日本、菲律宾、澳大利亚、意大利和前苏联，以及非洲等地都有报道。该裂头蚴病的传染源是蛙。易感蛙的种类多至 14 种，分布广，感染率高，其中以广东泽蛙和福建虎斑蛙感染率最高，分别为 82% 和 60.9%；其次是蛇，有报道的蛇有 26 种，贵州及辽宁的虎斑游蛇感染率达 100%。动物宿主：第一中间宿主为剑水蚤等水生甲壳动物；第二中间宿主及转续宿主，其流行病学关系和宿主范围尚未完全查明。有时学者已经对广泛的中间宿主汇编了目录清单（Houdemer 等，1934，Nelson 等，1965；

Corkum，1966；Kuntz，1970)。在能够标示迭宫属的虫株或虫种差别的各种动物之间，裂头蚴的分布可能存在着地理差别。哺乳动物感染裂头蚴的种类很多，有人与其他灵长动物、啮齿动物和狐等。猪的感染较普遍，河北、贵州、云南等省（自治区）的猪体内发现感染有裂头蚴，可能是吞食蛙及蛇等引起的。据报道，辽宁省庄河县猪的平均感染率达 1.88%，最高者达 17%，故猪在这一地区也可为裂头蚴的传染源。转续宿主中鸟类有 6 种，在鸡、鸭体内也有发现。不同地理区域终末宿主也各有区别，除人，主要为犬、猫等，但在亚洲骆、美洲红猞猁，狐、浣熊、鼠、犬、狮、虎、豹等动物中，都曾发现迭宫绦虫属的成虫型。孟氏迭宫绦虫必须通过三个宿主才能完成其全部生活史。虎、豹、狐狸等肉食兽也可作为终末宿主。

迭宫绦虫属的幼虫期传播途径主要是水平链和宿主接触感染性卵和裂头蚴，如创口感染和生食或未熟肉品及组织。这种感染方式已有人体试验中证实。作为食品原料的动物中，对人有传播作用的动物有蛇、蛙、鸡和其他畜禽及猪。

作为本虫第二中间宿主、转续宿主或终末宿主的人体，可经皮肤黏膜和消化道两种途径感染裂头蚴或原尾蚴，具体感染方式有 3 种：

①用生蛙肉或蛇肉局部敷伤口或患处而获感染。民间传说用青蛙肉和蛇肉贴敷眼、颌面、会阴等处的伤口或脓肿，有清凉解毒的作用。若蛙肉或蛇肉中染有裂头蚴，裂头蚴就会从贴敷处的皮肤、黏膜、伤口侵入人体。

②食入含有裂头蚴的生的或未熟的蛙肉、蛇肉、鸡肉、猪肉等而获感染。民间有用生吞活蛙或生蝌蚪治疗疖肿疼痛、皮肤过敏的偏方，感染机会更大。食入人体的裂头蚴或在肠内发育为成虫，或穿过肠壁进入腹腔，移行至全身其他部位寄生。

③误食含有原尾蚴的剑水蚤而获感染。饮用生水或湖塘水，使含有原尾蚴的剑水蚤有机会进入人体。原尾蚴也可直接从皮肤或眼结膜侵入人体。

宋止仪（1990）报道广东湛江 12 例裂头蚴病，其中敷生蛙肉者 8 例，饮生水或食生蛙肉者为 3 例，下河塘捉蟹虾者 1 例。有 1 例牙痛贴生蛙肉后 2min 即感染；1 例用青蛙胆汁喷双眼，24h 发病。

发病机制

曼氏迭宫绦虫的成虫和裂头蚴都可寄生于人体，但人不是它的适宜宿主，裂头蚴常常在人体内保持幼虫状态。裂头蚴引起的裂头蚴病，危害远较成虫为大。其严重性因裂头蚴的移行及寄生部位而异。致病系由虫体的机械和化学刺激引起，但成虫的致病力较弱，裂头蚴则可造成严重的损害。裂头蚴经皮肤或黏膜侵入人体后逐渐移行至各组织器官内寄生，可见于眼部、口腔、面颊、颈部、胸壁、腹膜、腹壁、肠壁、四肢、腹股沟、外阴、尿道、膀胱、脊索和脑部等处。一般多迁移至表皮、黏膜下或浅表肌肉内，以脂肪组织丰富处多见。可有 1 条至几十条寄生，最长可存活 36 年，在寄生部位出现大小不一的肿块。肉眼观察肿块无包膜，切面呈灰白色或灰红色，有白色豆渣样渗出物、出血区、不规则的裂隙和腔穴，穴与穴之间有相通的隧道，裂头蚴就蟠居在穴道之中，一般为 1～2 条。镜下可见实质性肉芽肿病灶，中心为嗜酸性坏死组织，有中性粒细胞、淋巴细胞、单核细胞和浆细胞浸润与夏科—雷登结晶，并有囊腔形成，囊壁为纤维结缔组织，内层为肉芽组织、嗜酸性粒细胞、上皮样细胞及异样物细胞；囊腔内有裂头蚴断面；因虫体及其分泌物和排泄物的持续刺激，周围组织常出现炎症反应，有大量嗜酸性粒细胞和少量淋巴细胞、巨噬细胞浸润，偶有上皮样细胞和异形细胞。

临床表现

人

我国到 2000 年年底约有 500 例。王秉仁等（1974）报告 2 例人体裂头蚴病，其中 1 例确有饮生水及含未煮熟猪肉史。Ali - khan 等（1973）的病例也认为获得感染的来源可能是未煮熟猪肉。

凡是皮肤或黏膜受到侵袭感染的个体，都可迅速出现各种症状。如果是吞食幼虫引起的感染，可长达 6 周至数年也不出现症状。裂头蚴几乎能无限期地滞留在人体内。该寄生虫在其宿主组织内已生存了 25 年之久，所以感染几乎始终都是成年人。

体征和症状还取决于裂头蚴移行和定着的部位。

1. 孟氏迭宫绦虫病　本病并不多见，主要有中上腹部不适、轻微疼痛、恶心、呕吐等轻微症状。

2. 孟氏裂头蚴病　本病潜伏期与感染方式有关。局部侵入者潜伏期短，一般 6～12 天，个别可达 2～3 年；经消化道感染者潜伏期长，多为 1 至数年。根据临床症状和寄生部位不同，可分为下列 5 类：

（1）**眼裂头蚴病**　是最常见的类型，系用蛙肉或蛇肉贴敷眼部所致。裂头蚴移行至结膜、眼眶、眶周和眶后组织，可引发结膜炎，眶周和眼睑水肿，突眼症，球结膜水肿和角膜溃疡。Houdemer 等（1934）曾做过描述。患者表现为眼睑红肿、眼睑下垂、结膜充血、畏光流泪、微痛奇痒、有异物感和虫爬感，可伴有恶心、呕吐、发热等症状。多为单眼感染，可反复发作，多年不愈。在红肿的眼睑和充血的结膜下，可触及游走性、硬度不等的肿块或条索状物。患者的眼部红肿胀痛，若肿物破溃，裂头蚴自行逸出可渐自愈。若裂头蚴侵入眼球内，可出现眼球突出，眼球运动障碍，角膜溃疡穿孔，虹膜睫状体炎，葡萄膜炎，玻璃体浑浊，虹膜粘连，白内障，继发青光眼，最终导致视力严重减退，甚至失明。宋止仪（1990）对接诊的 12 例裂头蚴病例观察；虫体寄生于眼睑的 8 例，虫体在眼眶 2 例，结膜下 1 例，眼球内 1 例。均有蠕动瘙痒感。1 例眼球内感染者发病 3 个月视力下降，5 个月失明。

（2）**皮下裂头蚴病**　皮下裂头蚴病是最常见的类型。其定着部位往往在躯干的皮下组织和浅表肌肉。可累及患者的四肢、胸腹壁、乳房和外生殖器。根据虫体的发育和定着部位，病变形成大小不同的硬结和肿胀，外观呈圆柱形、线性或圆形团块。也可能呈间歇性或固定性。一般无炎症过程，如有炎症往往伴有敏感和疼痛。病变可随虫体的活动而有游走性。痒感是病变的常见症状，少数患者在病变团块内有蚁行感，局部还可出现荨麻疹。当炎症时可出现间歇性或持续性疼痛或触痛。

（3）**口腔颌面部裂头蚴病**　以颌面部裂头蚴病。患者用蛙肉或蛇肉贴敷患处治疗腮腺炎或牙痛所致。以颌部及口腔面为多见，患处皮肤黏膜红肿，触之有硬结或条索状肿物，直径 0.5～3. cm，有痒感、成虫爬感。患者常自述有小白虫逸出史。

（4）**中枢神经系统裂头蚴病**　脑裂头蚴病较少见，裂头蚴可侵犯顶额叶或枕叶，也可侵犯外囊、内囊和基底神经节、小脑等处。依寄生部位不同，可有阵发性头痛、癫痫发作、抽搐、偏瘫、肢体麻木、昏迷、喷射性呕吐、视物不清等症状。脊髓和椎管内裂头蚴病更为少见，可表现为肢体麻木、下肢轻瘫等症状。吴国彦（1990）报道 1 例裂头蚴寄生于脊椎管内。

（5）内脏裂头蚴病 罕见。裂头蚴可寄生于腹腔、膀胱、尿道、卵巢、消化道、呼吸道等部位，其临床表现各异，寄生于深部组织而无明显临床表现者则很少被发现。

据报道，在头，四肢、肌肉、精索、空肠、结肠、肺、脑及泌尿系统都曾发现裂头蚴，引起相应症候。

此外，文献曾报道数例人体"增殖型"（Proliferative type）裂头蚴病，虫体呈不规则状，长不过 2mm，可侵犯人体各组织进行芽生增殖；另一种增殖裂头蚴病（Psoloferative sparganosis），虫体具多态性，有不规则的芽和分支，长 10～24mm；可侵犯除骨骼外的全身各种组织进行芽生增殖，可导致严重的后果，目前尚无有效的诊疗方法。

猪

杉本正笃（1930）在我国台湾发现猪体裂头蚴感染。陈心陶（1936）在广州猪的肠内找到裂头蚴 1 条；张宝栋（1955）报告天津 2 只猪腹膜、腰肌等处检出裂头蚴，接种猪 39 天从肠获得裂头绦虫成虫。

Corkum（1966）实验证实猪易于感染裂头蚴；叶衍知（1962）调查青岛肉联厂猪体内寄生的蠕虫，该厂 1962 年屠宰猪的孟氏裂头蚴平均感染率为 0.22%～0.3%。感染严重的一只猪体内有 49 条之多。一年发现裂头蚴病猪达 1 500 头。

猪孟氏裂头蚴病又称孟氏双槽蚴症，是孟氏裂头绦虫的中绦期虫——裂头蚴病。猪感染裂头蚴一般不显症状，大多数在屠宰后发现。严重感染时，表现营养不良、食欲不振、嗜睡等。猪腹肌、膈肌、肋间肌等肌膜下（腹腔网膜、肠系膜脂肪）和肾周围等处，以及脂肪内寄生部位可发生炎症，出血，组织化脓，坏死或中毒反应并形成结节。在猪体内发现的裂头蚴一般长度为数厘米至 20cm。有时数目很多，可达数十条。若干家养动物也含有孟氏裂头蚴。张宝栋（1957）从猪的腰部肌肉找到裂头蚴，并喂食家猫进行接种试验而获得成虫。许益明（1978）对猪体孟氏裂头蚴虫体寄生部位调查研究结果（表 3 - 30）。猪体裂头蚴在淮阴地区的感染强度为 1～95 条，平均 15 条。18 头猪中 1 头猪寄生 10 条以内者有 14 头，占 78%，寄生 10～100 条者有 4 头，占 22%。虫体长度为 0.5～50cm 不等，宽度为 0.15～0.2cm，乳白色扁细带状，盘曲于肌膜下或脂肪中，易误认为脂肪小块。前端有凹陷，体不分节，有横纹，伸缩运动。置玻片上遇水不久发生崩解。寄生于脂肪中的虫体，大多盘曲或有部分伸展于脂肪中。寄生于肌肉中的虫体，均盘曲于肌膜之下或部分嵌在肌纤维之间。有的虫体在肌膜下被结缔组织包裹，呈黄色，特别是短小的虫体（仅有 0.5cm 长），易被结缔组织包裹。无论寄生于肌肉或脂肪，都可使寄生部位发生出血，占 55.6%。

表 3 - 30　猪体裂头蚴的寄生部位与数量

| 编号 | 日期 | 检查猪号 | 检出虫体的部位与虫数 | | | | 全身虫数 |
			膈肌脚	膈肌	腹膜下板脂中	板脂与腹壁肌之间	
1	7.10	0	1	1	0	60	62
2	7.13	816	2	0	0	93	95
3	7.19	530	1	1	0	6	8
4		543	2	2	0	2	6

（续）

编号	日期	检查猪号	检出虫体的部位与虫数				全身虫数
			膈肌脚	膈肌	腹膜下板脂中	板脂与腹壁肌之间	
5	7.20	396	2	0	1	0	3
6		595	1	0	2	0	3
7	8.16	254	1	0	0	0	1
8	8.25	334	2	0	0	6	8
9	9.10	113	1	0	0	0	1
10		289	1	0	0	0	1
11		301	2	0	20	3	25
12	9.22	69	1	0	0	0	1
13		164	1	2	1	0	4
14	9.25	102	1	0	0	0	1
15		161	1	0	1	1	3
16		230	2	0	9	31	42
17		538	2	0	0	1	3
18		670	1	0	4	6	11
各部位合计检出虫数			25	6	38	209	278
各部位虫数占全身虫数比例			9%	2.2%	13.6%	75.2%	100%

宰后检验常见虫体寄生于腹斜肌，体腔内脂肪和膈肌的浆膜下。据统计，虫体寄生最多的部位是在板脂与腹壁肌之间，占75%；其次为腹膜下的板脂中，占13.6%；再次为膈肌脚（旋毛虫检验用），占9%。在观察中发现，凡有虫体寄生部位都或多或少附有脂肪。盆腔肌表有时亦见虫体。肌肉深层，皮下及肋间肌则未发现过虫体。而腹膜下虫体的检出率为膈肌脚上虫体检出率的6倍（表3-31）。

表3-31 猪裂头蚴虫体在腹膜下和膈肌中检出率（比）

时间	猪号	观察头数	腹膜下有虫头数	膈肌脚有虫头数
77.9.26	185~384	200	4	3
9.28	1~600	600	23	1
9.29	50~750	700	26	5
11.2	201~400	200	6	2
11.3	208~407	200	4	0
检验总头数	1 900		63	11
检出率		3.32%	0.58%	

冯义生、张德河（1980）对100例猪体孟氏裂头蚴寄生部位及虫数进行统计（表3-32、表3-33）。

表3-32　100例猪体孟氏裂头蚴寄生部位和虫数的统计

寄生部位	例数	百分数（%）	虫数范围	平均虫数	总虫数
腹膜下	91	91.00	1～20	2.25	205
膈肌	23	23.00	1～9	1.48	34
腰肌	5	5.00	1～8	2.08	14
腹肌	4	4.00	1～3	2.0	8
肾周脂肪组织	3	3.00	2～11	5.0	15
胸膜下	1	1.00	3	3	3
浅腹股沟区皮下脂肪	1	1.00	1	1	1

表3-33　每只猪体孟氏裂头蚴寄生部位数的比较

部位数	例数		寄生部位	百分数（%）
一部位	82	73	腹膜下	82
		9	膈肌	
两部位	14	12	腹膜下、膈肌	14
		2	腹膜下、腰肌	
三部位	2	1	腹膜下、膈肌、腰肌	2
		1	腹膜下、膈肌、肾周脂肪组织	
六部位	2	1	腹膜下、膈肌、腰肌、腹肌、肾周脂肪组织、胸膜下	2
		1	腹膜下、膈肌、腰肌、腹肌、肾周脂肪组织、浅腹股沟区皮下脂肪	

　　蔡子宣（1986）报道大连孟氏裂头蚴病，疫区猪也常见此病。据调查1980年庄河县57 037头屠宰猪中有裂头蚴病猪1 070头，占1.9%。母猪也发生死亡，其脑下有大小的囊肿，切开检出裂头蚴2 100条。猪裂头蚴较大，有的虫体是一条长238cm，宽0.5cm。猪一般感染1～2条，多寄生于腹壁脂肪和肌肉中。据报道，天津、延边的屠宰场在猪体有裂头蚴感染，也可能是人体裂头蚴病的传染源。

　　危粹凡（1959）报道黔西一头猪营养不良，身体瘦弱，食欲不振，精神萎靡，常卧睡。剖检在病猪皮下的腰肌、背肌和脂肪之间发现有白色带状物40条以上，分离于肌肉与脂肪，虫体乳白色、带状，平均长度201.375mm（41～248mm），宽度7.168mm（4.3～14.5mm）。

诊断

　　主要依据流行病学史，如用蛙皮、蛇皮等敷贴伤口，肿块；在《本草纲目》中有敷蛙肉后出小蛇的记录；食用未熟的肉类等。临床上发现，眼、口腔及皮下有钩形肿块，应怀疑本病。

　　确诊有赖于活体组织检查发现虫体。病理切片检查，可见嗜酸性肉芽肿的中心为虫体的损伤面。

　　辅助诊断有脑CT和MRI检查、皮内试验、免疫学诊断等。

　　猪可根据其病原形态和寄生部位，宰后检验特征作出诊断。如在宰后检验旋毛虫的膈肌脚。盘曲的白色虫体如同一小块脂肪附着在肌肉表面，挑出后为一白色带状虫体，并见缓慢蠕动。常见虫体寄生于腹斜肌、体腔内脂肪和膈肌的浆膜下，以及猪的背长肌和皮下脂肪中，蟠曲成团，如脂肪结节状，展开后如棉线样。寄生于腹膜下的虫体则较为舒展，寄生数目多少不等。一头严重感染猪体内可发现 1 700 多条虫体，仅在肠系膜上就有几百条之多。但在宰检程序中，板脂和腹壁肌之间虫体寄生虽属最多，但实际检验有些问题，不适于作为最佳检验部位。因为：①内销冻肉规格是不撕板脂，故无法观察这个部位虫数之寡多。②作为外销分割肉与罐头肉原料的屠体是撕去板脂的，不少虫体已随板脂撕去，残留于腹壁者为数不多，易于漏检。按肉检检验程序，最佳检验部位是在胴体去除内脏后检验腹膜下板脂中有无虫体，其次旋毛虫检验用的膈肌脚，再者是撕去板脂后的腹壁肌。如果以检查腹膜下板脂为主，并在膈肌脚旋毛虫检验、腹壁肌囊虫检验的同时检查裂头蚴，则可将本虫绝大部分检出。所以，为提高裂头蚴的检出率，可将不撕去板脂改为撕去板脂，这不仅有利于本虫检出，而且更有利于囊尾蚴和旋毛虫的检出

防治

在迭宫绦虫的生活史中离不开水，只有在分布并可被粪便污染的池塘、沼泽或村间水网或浅小区，才可维持其循环。

（1）所有应用水必须经过过滤、煮沸或消毒处理，或取自有保护措施的水源，不吃生水。在裂头蚴病流行地区所捕的鱼、虾最好不给犬、猫类等生食，以免被感染。

（2）所有肉类必须充分煮透，以杀死全部裂头蚴。

（3）必须劝阻用生肉膏、生蛙蛇皮等作为药膏敷贴伤口或疮疖。

（4）对感染动物要用药物治疗。治疗犬、猫等，用吡喹酮按每千克体重 2.5～5.0mg，一次口服，治疗鸡等，按每千克体重 10～15mg，一次口服。

（5）加强对鸡，鸭及猪肉等食用动物的管理和肉类检查。加工废弃物要经过无害化处理。人，局部可手术摘取。术时因谨慎，避免虫体破裂，防止虫体遗留着继续生长而造成复发。

对于手术不能去除虫体，可向硬结节注射 40％乙醇普鲁卡因，以杀死裂头蚴。或用含 510mg 的糜蛋白酶液 5～10ml，局部注射，每 5～10 天一次，一般 2～3 次。

药物治疗可口服驱虫治疗，吡喹酮 60～75mg/（kg·天），分 2 次口服，连服 2～4 天。

（6）对患有本虫的猪肉如何安全利用尚无法定标准。猪肉卫生处理：按囊尾蚴感染处理，虫体寄生部位及病变部分，割除作化制处理；胴体状况良好者，可在割除病变部分后出场；胴体状况不良者，可经高温处理后出场，也可冷冻处理出场。冷冻处理方法主要参照青岛肉类联合加工厂对寄生该虫的胴体所作的冷冻致死试验。他们把位于肌表的虫体（浅位组）和埋于 6cm 厚肉块中的虫体（深位组）在不同温度下，经不同时间进行冷冻，观察虫体死亡与否。结果是：在急冻间：库温 $-30℃±1℃$，经 20h，深浅两组肉温达到 $-18℃$ 与 $-28℃$，虫体 100％死亡。在冷藏间：库温 $-19℃±1℃$，经 20、5、3h，浅层虫体全部死亡，深层内温在 $-10℃$ 者 100％死亡。1～$-1℃$ 者全部存活。在预冷间：库温 $0±5℃$，分别经 20、70、120、240h，肉温达 0～$-4℃$，浅位组除 240h 全部死亡外，其余只有部分死亡，浅位组全部死亡。上述试验说明，不管深浅位置的虫体在库温 $-19℃±1℃$ 条件下冷藏 20h 以上（肉温在 $-10℃$ 以下）可杀死全部虫体（表 3 - 34）。一般肉类联合加工厂均具有这样

的冷冻条件，因此冷冻致死处理法很有实用价值。但一般出售冷鲜肉的小型屠宰场，无冷冻条件，对屠宰胴体须仔细卫检找出虫体并杀死后方可出售。

表 3-34　孟氏裂头蚴不同低温和时间冷冻致死的比较

组别	部位	温度℃		时间	试验只数	虫体蠕动情况		焰细胞活动情况		死亡率	备注
		库温	肉温	hr		活动只数	不活动只数	活动只数	不活动只数		
急冻	浅 深	−30±1°	−28° −18°	20	5 5	0 0	5 5	0 0	5 5	100 100	
验前抽样		室温		<6	5	5	0	—	—	0	
冷藏	浅 深	−19±1°	−15° −10°	20	5 5	0 0	5 5	0 0	5 5	100 100	试验过程裂头蚴保持在原寄生部位内，计数未能十分准确，故试验只能各组略有差异。
	浅 深		−9° −1°	5	3 1	0 1	3 0	0 1	3 3	100 0	
	浅 深		−9° 1°	3	9 5	0 5	9 0	0 5	9 0	100 0	
验前抽样		室温		6	10	10	0	—	—	0	
冷冻	浅 深	0±5°	−2° −2°	20	5 5	3 5	1 1	3 5	1 1	25 17	
	浅 深		−2−0.5° −0.5°	70	5 5	4 5	1 0	4 5	1 0	20 0	
	浅 深		−2−0° −0.5°	120	5 5	3 5	2 0	3 5	2 0	40 0	
	浅 深		−4−1° −1°	240	5 5	0 5	5 0	0 5	5 0	100 0	
验前抽样		室温		<6	10	10	0	—	—	0	

二十三、旋毛虫病

（Trichinelliasis）

本病是由毛型属的旋毛虫引起的动物源性病。成虫寄生于哺乳动物肠道，幼虫寄生于肌肉组织。人也感染，主要是人畜共患病。临床上表现多样，以发热、水肿、肌肉痛和外围血嗜酸性粒细胞增多为特点，当幼虫移行至心、肺、脑组织时，可发生心肌炎、肺炎和脑炎。

历史简介

Tiedemann（1822）在德国人体中发现旋毛虫幼虫。Peacock（1928）从伦敦一尸体肌肉中发现旋毛虫包囊。Ohn Hilton（1832）从尸体中看到肌肉中白色小点。Jemes Paget 从死于肺结核的意大利人肌肉组织中意外发现肉眼可见的钙化包囊，并在 1835 年 2 月 6 日于伊本纳西学会发表的论文中也描述了他的发现，用显微镜观此肌肉，发现包囊内卷曲的一种小线虫。Richard Owen（1835）用同样材料进行检验，并描述了包囊内这种线虫，将其定名为 Trichina Spiralis（旋毛虫）。根据属名居先原则，后将其改为 Trichinella Spiralis。Herbst（1835）从猫体内找到病原，1850 年又确定了旋毛虫可以通过感染肉传递给其他动物。Leidy（1846）在宾夕法尼亚的猪肌肉中检出该虫幼虫。Leuckark（1855）以实验方法阐明该虫的感染方式和发育经过。幼虫喂动物后可以在动物肠中发育为成虫，其后阐明了虫的生活史并确认是胎生。Virchow（1859）先后用实验方法将猪肉中的旋毛虫囊包喂给实验动物，几天内可在肠中发育为成虫。F. A. Von zenker（1860）详细描述了本病流行情况及一例人的致死病例及临床症状。并描述了对死于旋毛虫感染宿主体内分布。其后不断有人和各种动物感染的报告。由于本病严重流行，在德国爆发了数次旋毛虫病之后，魏尔啸提出了对德国屠宰的全部猪进行显微镜检验主张，并作为一种检验方法被各国采纳。1898 年在美国开展出口猪肉的显微镜检查，但到 1906 年就中止了。1953～1954 美国召开了有关旋毛虫会议。1960 年第一个旋毛虫国际会议在波兰召开，并成立了国际旋毛虫委员会。

病原

旋毛虫（Trichinella）属于嘴刺目，毯子形科，毛形属。自 Owen（1835）定名以来，人们就认为毛形属只有一个种（T. Spiralis），为小型线虫，前部较细，喉部较粗，其食道细胞成一串单行排列。雄虫长 1.4～1.6mm，尾部无交合伞和交合刺，有两个耳状交配叶；雌虫长 3～4mm，阴门位于食道部中央。幼虫寄生于肌纤维间，长达 1.15mm，幼虫蜷曲形成包囊，包囊呈圆形、椭圆形或梭形，长 0.5～0.8mm。旋毛虫的发育属生物源性，其终末宿主和中间宿主是同一宿主。成虫与幼虫寄生于同一宿主，宿主感染时，先为终末宿主，后变成中间宿主，包囊在胃内释出幼虫，之后幼虫到十二指肠和空肠内，经二昼夜变为性成熟的肠旋毛虫。宿主肠内的旋毛虫雄雌交配后，雄虫死亡。雌虫钻入肠腺或黏膜下淋巴间隙产出长约 0.1mm 的幼虫，幼虫随淋巴经胸导管、前腔静脉入心脏，然后随血循散布到全身，只有到横纹肌的幼虫才能继续发育。感染后 3 周开始形成包囊，7～8 周后幼虫在囊内呈螺旋状盘曲，此时即有感染能力，6 个月后包囊开始钙化，全部钙化后虫体死亡，否则幼虫可长期生存，保持生命力由数年至 25 年之久。当宿主吃了含有具有感染性幼虫的包囊被感染，在小肠内包囊被消化，幼虫逸出，钻入小肠黏膜内经 7～10 天，蜕皮后发育为成虫。每条雌虫可产 1 000～10 000 条幼虫。20 世纪 70 年代以后各国学者根据形态学、生物学、生物化学、免疫学、遗传学对宿主适应性及地理分布等不同特性，认为毛形属存在新种或种内变异。国外将旋毛虫分为 8 个隔离种。自 Owen（1835）发现旋毛虫后，一直认为旋毛虫只有一个属，Trichina Spirallis 一个种，只有猪是保虫宿主，认为野生动物旋毛虫感染罕见。但近几十年已发现旋毛虫是野生食肉动物和杂食动物的一种常见寄生虫。1972 年发现一种发育中无囊包形成、可感染鸟类伪旋毛虫（T. pseudospirallis）后，才认识到旋毛虫属含有多个虫种。对世界各地各种收集到的 300 多个旋毛虫分离株进行分类研究。现已鉴定了 7 种毛形（线虫）属种，旋毛虫（T. spiralis，T-1），分布在温带地区，主要发生在猪、小鼠、大鼠，有高致病力。也有认为是猪和野猪转续宿主。本地毛线虫（T. nativa，T-2），分布在较冷地区，对猪感染较轻，主要发现于野犬、熊和海象，由于对冷的耐受力而闻名。布里拉夫毛线虫（T. britos，T-3）主要见于野生动物，偶见于猫和马，分布在亚欧温带地区。

Y-3有一些中间特征，包括耐寒，对猪轻度感染形成的囊较慢（幼虫易与无囊膜种相混）。姆里氏毛线虫（*T. nurrelli*，T-5），北美种，常见于野生动物，偶见于马和人，对猪感染率低，但人食入后危险。内尔逊毛线虫（*T. nelsoni*，T-7），可从非洲的野生动物中零星分离到。伪旋毛虫型线虫与其他种类相比，特点是对温度有抵抗力，有的种旋毛虫在肌肉中不形成囊。*T. pseudospiralis*（T-4），在世界各地均有分布，可见于食肉鸟、野犬、鼠和有袋类，常见于亚洲、北美洲和南美洲澳大利亚。巴布亚毛线虫（*T. papuae*，T-10），是一种不形成囊的种，仅见于巴布亚新几内亚。旋毛虫T-6发现与北美洲，耐寒，对猪感染力低，对各种哺乳动物感染力强，对人有致病力。旋毛虫T-8来自非洲，与T-3相似，但分子标记鉴定与T-3不同。T-9与T-3相似，但在分子上不同。国内研究证明，中国猪属旋毛虫为T-1，中国犬源旋毛虫T-2。

成虫寄生于小肠称为肠旋毛虫；幼虫寄生于横纹肌称为肌旋毛虫。

目前对旋毛虫属的分类问题仍有不同意见，如 Bessonov 认为不能仅从等位基因酶来区分旋毛虫和伪旋毛虫，认为无囊包形成和生活史中有鸟类的参与才是区分旋毛虫和伪旋毛虫的主要指标。*Trichinella* 属正处在进化过程中，随着研究方法的进步和研究范围的扩大，还有可能发现旋毛属的新种、亚种或基因型，如最近在津巴布韦鳄鱼体内又发现了一种新的旋毛虫分离株，但尚未定种。此外，在我国周边国家除了 *T. spiralis* 和 *T. nativa* 以外，近年来还发现有其他种和基因型旋毛虫，如在日本黑熊和貉体内发现了 *T. britovi*。在泰国野猪内发现了伪旋毛虫并因生食野猪肉导致了伪旋毛虫病的爆发。

流行病学

旋毛虫病分布于世界各地，除南极洲外，其余六大洲均有发现。本病在欧洲和美洲都曾发生较广泛流行，如 1863 在 4 000 人的 Hettstadt 镇发病 158 人、死亡 27 人；1865 年 2 100 人口的 Hedersleben 发病 337 人、死亡 101 人，我国 1881 年于厦门猪体发现本虫。自伪旋毛虫对鸟感染成功。Andrew 等（1994）诊断了第一例人伪旋毛虫病；1999 年法国发生生食野猪肉感染爆发；猪伪旋毛虫病也有报道，表明各个种的旋毛虫对人、猪都有感染（表3-35）。旋毛虫宿主广泛，据报道有 150 多种动物感染旋毛虫，主要包括人、猪、小牛、羔羊、马、河马、鼠、犬、猫、熊、狐、狼、貂、黄鼠等几乎所有哺乳动物，28 种啮齿动物也是带虫者，海豹、海象、野猪、鲸、野兔、负鼠、鸥鹅都有感染报告，甚至某些昆虫也能感染旋毛虫。因此，旋毛虫的流行存在着广大的自然疫源性。患旋毛虫病的哺乳动物均是重要的感染源。由于这些动物互相捕食或新感染旋毛虫宿主排除的粪便（内含成虫和幼虫）污染了食物等，便可能成为其他动物的感染来源。其次旋毛虫病在野生动物之间传播，形成自然疫源地再传染人、猪。此外，旋毛虫在不良因素下的抵抗力很强，肉类的不同加工方法，大都不足以完全杀死肌肉内旋毛虫。如低温-12℃可存活 57 天。盐渍或烟熏只能杀死肉内表层包囊里的幼虫，而深层的可存活一年以上。高温达 70℃左右，才能杀死包囊里的幼虫。在腐败的肉尸里的旋毛虫能存活 100 天以上，因此鼠类或其他动物的腐败尸体，可能相当长时期地保存旋毛虫的感染力，这都可成为传染源。猪是人旋毛虫的主要传染源和宿主。传播给人的主要方式有水平传播和垂直传播，进食含有活旋毛虫的肉品是常见传播途径。美国对 1936～1941 年从尸体剖检取得的 5 313 人横膈膜进行一次全国性旋毛虫普查表明，这些个体中有 16.1% 的人在生前曾经感染旋毛虫，其中 55% 从横膈膜中检出活旋毛虫，表明是最新感染。猪感染旋毛虫的主要原因有：吞食生活泔水，用泔脚饲喂的猪中，该病的染病率约为谷物饲喂的 4 倍；吃死老鼠；吃人的粪便；吃某些昆虫。鼠为杂食，且常互相残食，一旦旋毛虫侵入鼠群，就会长期地在鼠群中保持平行感染。因此，鼠是猪旋毛虫病的主要感染来源。对于放牧猪，某些动物的尸体、蝇蛆、步行虫，以至某些动物排出的含有未消化肌纤维和含幼虫包囊的粪便、生的废肉屑和有生肉屑的泔水都能成为猪的感染源，引起旋毛病的流行。

表 3-35　7 种旋毛虫的生物学和动物地理学特征

（引自崔晶）

虫　种	对宿主的感染性					对人的致病性	低温的抵抗	营养细胞发育	分　布	主要保虫宿主
	人	猪	野猪	鼠	鸡					
T. spiralis（T_1）	高	高	高	高	N	高	低	16～37d	世界性	猪、鼠等
T. nativa（T_2）	高	低	低	低	N	高	高	20～30d	北极	熊、狐等
T. britova（T_3）	中	低	中	低	N	中	低	24～42d	温带	狐、狼等
T. pseudospiralis（T_4）	中	低	中	中	Y	低	低	无包囊	世界性	鸟及哺乳类
T. murrelli（T_5）	—	低	低	低			低	24～70d	北美洲	熊、狼、狐等
T. nelsoni（T_7）	高	低	中	低		低—中	低	34～60d	赤道非洲	狮、狼等
T. papuae（T_{10}）	—	高		中				无包囊	大洋洲	野猪

注：N=不感染；Y=感染。

猪、犬、鼠类是引起人体感染的主要宿主。某些地区犬有 50% 感染旋毛虫，对人危害很大。人感染旋毛虫多与吃生猪肉或食用腌制、烧烤不当的猪肉制品有关。如生皮、剁生、酸肉等食品，做法虽不同，但均系生肉或未全熟肉，食用这种食品，自然容易感染旋毛虫病。此外，不良卫生习惯，餐具生熟不分开等亦可造成感染。野生动物旋毛虫感染率也很高，如意大利狐感染率达 7%，对养宠物者和饲养野生动物者要引起注意。有些研究认为宿主的变化可以影响旋毛虫各隔离种感染性。Arakawa 等（1971）认为 *T. nativa* 开始对鼠感染力低，经几代后，其感染性大大增强。Pankova（1984）用剂量 7 000 蚴/头的 *T. nativa* 感染 12 头猪，幼虫在猪体内传了 3 代，在 35、60 和 100 天剖检，结果感染性增高，感染 60 天猪第一代 LPG 为 1.06. 而第 2、3 代为 7.5 和 12.4，比第一代高了几倍。Murrell（1984）认为，虽然旋毛虫有高度的宿主特异性，其感染性易发生在最初有宿主更换上，但猪一旦感染上少量旋毛虫，经传代，仍可提高发生在其体内的适应性和感染性，使之成为猪和人的潜在感染源，是流行病学上需要重视的问题。

该寄生虫通过两种循环系统而在自然界长期存在：①伴人（家养）循环，以猪为中心，也包括犬、猫和家鼠，伴人循环主要依赖人类而得以继续，即通过将感染猪肉残屑投入泔脚或厨房垃圾料为媒介，偶尔可与自然循环形成交替；②自然循环（野生动物）。该病在自然界长期存在、传播，与野生动物宿主有关。特别是临床识别上，尽管旋毛虫病具有广泛的野生动物宿主范围，但在动物宿主中的临床综合征则很少引起注意。因为感染强度通常与感染量有关。大多数哺乳动物宿主中，也可能具有人体较为常见的体征和症状，包括早期的非特异性胃肠炎，继之在肌肉期出现嗜酸性细胞增多症，肌肉痛和肿胀，眶围水肿，厌食，呼吸困难和发热等。这些野生动物往往成为宿主和传染源。据调查阿拉斯加地区检验了 42 种动物，有 23 种检出了旋毛虫，感染率在 52.9%～12.5% 的动物有北极熊、大灰熊、红狐、狼、白鼬、猞猁、黑熊和郊狼等。掌握野生动物宿主情况，对于更好地了解旋毛虫的流行病学特别重要。

许汴利（1993）报道河南邓州彭桥的人旋毛虫病：24 名职工食用"春卷"和凉菜，于食后 3～25 天（平均 16.2 天），13 名女职工发病，而同食的男职工无一例发病。发热者 10 例，多为低热 38℃ 以下，冷热交替，个别伴有大汗，持续 1 周；眼睑水肿 12 例，9 例兼有双下肢水肿，5 例兼有面部浮肿，眼睑水肿者伴有眼痛，多于清晨起床后明显，重者眼裂成缝，可持续或间隙存在。双下肢水肿持续有 2 例，用药一个月后仍轻度水肿，呈非指凹性，肌痛最突出，13 例均有，可为全身性或局部，腓肠肌痛最为明显的触压痛；其次为颈肌、三角肌并有强直感。消化道症状早期即出现，且很快恢复，8 例有胃不适感，伴腹痛 3 例、呕吐 1 例、恶心 4 例。非特异症状有头痛、头晕、烦躁、失眠、咳嗽、心悸、出汗及皮肤发疹等。此均为女性。Stewart 和许汴利等实验发现，不同性别动物宿主小肠内旋毛虫的生殖力有差别，相同条件下，雌性动物宿主小肠内的旋毛虫日均产虫量较雄性动物宿主小肠内的旋毛虫日均产虫量为多，这一差异是否可能造成临床表现不同，有待进一步研究。从文献上看，一般地旋毛虫病发病与性别无关，但据实验发现旋毛虫在 50%～70% 酒精中迅速死亡，因此推测男性没有发病可能与他们饮酒有关。从血清学试验看，没有发病的 7 例受检全为阴性。

发病机制

旋毛虫对人体的致病作用及病情轻重与感染幼虫包囊的数量、不同虫体发育阶段及人体对旋毛虫的免疫反应密切相关。

人体受旋毛虫感染后，在其免疫力不足以抵御攻击力的情况下，则导致发病，发病的起初阶段，因成虫侵袭小肠上段，故以小肠的病理变化为主，引起小肠黏膜充血、水肿、灶性坏死，甚至浅表溃疡，出现消化道症状，继而幼虫随血液移到全身，则引起较广泛的病理变化。在十二指肠脱囊出来的幼虫，附着于肠黏膜表面或立即钻入十二指肠或空肠黏膜浅部，经 5～7 天发育为成虫。成虫在黏膜内交配并产生幼虫。在成虫寄生的部位，肠黏膜发生急性卡他性炎症，黏膜层充血、水肿，有中性及嗜酸性黏细胞、单核细胞、淋巴细胞等炎性细胞浸润，并见灶性出血。当幼虫进入血液循环于全身各部。由于虫体及其代谢产物的刺激，毒素引起全身中毒症状和炎症及过敏反应，出现发热、荨麻疹、血管神经水肿和嗜酸性细胞增高等。另外，幼虫的机械性穿透可引起小血管及间质的急性炎症，间质中小动脉及毛细血管扩张、充血，内皮细胞增生，血管壁及周围见白细胞浸润。这种急性小血管炎的变化，主要见于有幼虫寄生的横纹肌，特别是膈肌、胸肌、喉肌、肋间肌、腓肠肌、嚼肌、舌肌、臂肌等，受侵犯的肌纤维可发生变性、坏死，出现明显的炎症反应，并形成包囊。刚入肌质内的幼虫呈直条状与肌纤维平行，继而虫体开始卷曲。随着病变的发展，可形成肉芽、薄壁囊包及厚壁囊包，囊包的最终结局是发生钙化或肌化。除横纹肌外，其他器官如心、肾、肝、肺、延髓、视网膜等都可受到损害并引起不同程度的病变，特别是心肌有明显的实质性心肌炎变化，重者可引起心力衰竭。此外，幼虫侵入脑组织中，引起全身和脑组织局部的炎症反应和坏死。大脑白质和皮质深部可见肉芽肿性结节，附近的神经细胞有各种变性改变。脑和脑膜中的血管周围有明显的淋巴细胞浸润。幼虫可游离于脑组织中，偶可在脑脊液中查见。

柳丹（1993）总结了旋毛虫感染所引起的中枢神经损害，如 Frothingham（1906）报告患者（死亡）脑组织中发现旋毛虫幼虫。Von Cott 和 Lintz（1914）从患者脑脊液中检到幼虫。美国旋毛虫病中 10%～24% 具有神经系统受损症状和体征，死亡率在 8%～46% 之间，是旋毛虫病人死亡的重要原因之一。我国也有临床报道，主要表现为头痛、乏力、腹泻、眶周水肿、视力模糊、四肢肌肉疼痛、咀嚼与吞咽困难。手足指趾甲可出现小片状或线形出血等症状与体征外，神经系统受损的临床表现形式多种多样：单神经炎、多种神经炎、急性灰白质炎、重症肌无力、脑炎、脑膜炎、四肢轻瘫、癫痫样发作、复视、偏盲、失语、小脑共济失调、脊神经根炎等，病人浅反射及腱反射减低或消失，并出现病理反射。不少病人尚可出现幻觉、欣快感、抑郁感、抽象思维或定向能力减退、精神失常等，临症与旋毛虫感染所致中枢神经系统损害有关，其发病机制如图 3-7。

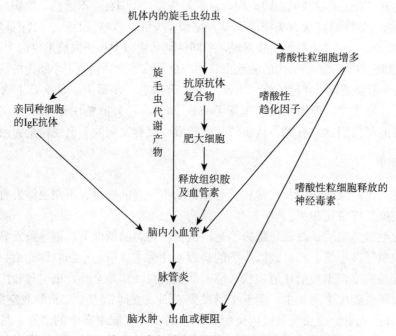

图 3-7　旋毛虫感染所致中枢神经系统损害的发病机制

临床表现

人

张惠兰（1986）对 58 例旋毛虫病患者症状进行统计分析。

发病者皆眼肿，16 例有下肢肿。眼肿多于清晨或午后起床开始。重者眼睑鼓起，眼裂成缝，球结膜如水囊状，部分病人伴有结膜充血、流泪、畏光和异物感。水肿可持续或间隙存在 5～49 天，平均 15.4 天，而后自行消失。体温高达 39℃，27 例最高 41℃，于傍晚继畏寒后出现发热，多为弛张热和不规则热，可持续 4～32 天，平均 10.5 天，自行退热，其中伴畏寒 41 例，出汗者 50 例，其中大汗淋漓者 33 例，多出现在夜间入睡后。肌痛可出现全身或局部，腓肠肌为最好发部位，痛最甚，持续时间也最长，因而影响行走或下蹲。个别病例因咽、舌痛而不敢说话或打呵欠，其中 8 例伴有关节痛。肌颤表现为全身不定位的肌肉闪电样抽动，多较轻。恶心、呕吐等消化道症状轻，于 3 天内自愈。皮疹为斑丘疹和疱疹，量少，痒不重。咳嗽为轻微干咳。指趾甲下出血表现为全部甲下出现长为 2～3mm、纵形排列的直线状出血，略排成半月形、疼痛。随热退而消失。

陈华（1991）报道四川省有因生食熊肉而致旋毛虫病流行历史。1984 年宴客生炒猪肉片 30 人中 9 人发热、皮疹、全身疼痛、肌痛、颜面及下肢水肿。餐后 10～12 天时，4 人恶心、呕吐、全身不适、腹痛、腹泻及水样便；第 15 天后，9 人发热（38.1～40℃），以下午及夜间为甚，全身疼痛、肌痛，严重者活动受限，不能梳头、穿衣，颜面及双下肢压凹性水肿。潜伏期 10～28 天。发病 9 例中，全部发热、头痛、头昏；恶心、呕吐、腹泻 4 例；全身疼痛 4 例；肌痛 7 例；颜面水肿 8 例；下肢水肿 8 例；皮疹 8 例；活动受限 2 例。腓肠肌不同程度肿胀、变性、间质水肿与单核细胞浸润。

潜伏期通常 5～15 天，平均 10 天，但也有早在接触数小时，或迟至 43 天出现症状者。

人是旋毛虫的中间宿主和终末宿主，有由成虫寄生于小肠的肠型和幼虫寄生于肌肉的肌型。临床表现与感染强度和人体强弱不同有关。人感染旋毛虫症状显著，Zenker（1860）就描述了一例人的致死病例。但大多数呈亚临床表征。根据虫体侵入人体后的移行过程产生的症状，分为虫体入侵、幼虫迁移和包囊形成三个时期。

虫体侵入期：自食入感染的肉起至发病，最短 1 天，长者可达 1 个月，一般以 2 周左右为多见。潜伏期长短以食入虫体多少与病人反应强弱而定。主要表现胃肠功能紊乱，引起泄泻、腹痛、呕吐、轻度发热，出汗；虫体侵入肠黏膜引起肠炎，严重时有带血性腹泻，头痛，呼吸系统症状和皮疹。病变包括肠炎、绒毛坏死和黏膜增厚、水肿、黏液增多和瘀斑性出血。部分轻病人可无明显症状。

幼虫移行期：7 天后大量排出的新幼虫进入幼虫迁移期，幼虫由血液循环到全身，感染后 15 天左右，幼虫钻入横纹肌肉（横膈肌、臀部、腿部），幼虫侵入肌纤维 1～2 天就开始出现较为明显的病理过程，受侵入肌纤维嗜碱性颗粒变性，出现水肿，肿胀达到其正常直径的 3 倍。横纹肌逐渐消失，肌细胞核增大、增多，变成圆形或卵形，对伊红染料产生亲和力，并向纤维中部移动。出现肌型症状，急性肌炎，发热，肌肉痛或全身肌肉酸痛，当幼虫移居横纹肌时造成肌纤维变性、坏死，腰背肌、咀嚼肌、眼肌及全身肌肉触痛、压痛明显，尤以腓肠肌和股二头肌为甚，肌痛可持续 2 周至 2 个月。肋、咽、口部发生剧痛的同时出现吞咽、咀嚼、行走、语言和呼吸困难；面部水肿，特别是眼眶、鼻子两侧、眼睑明显，结膜炎或羞明，食欲不振、显著消瘦，体温升至 40～41℃。病变主要见于横纹肌，偶尔有发生于肺部、眼等处。大部分患者感染轻微，不显症状；由于旋毛虫侵入机体可引起皮肤过敏反应，常见荨麻疹、丘疹和皮肤瘙痒等。严重感染者，多因呼吸肌麻痹、心肌炎、脑炎、脑膜炎等脏器的病变和毒素的刺激；因心力衰竭、毒血症或呼吸道并发症等而引起死亡，伴有嗜伊红白细胞增多症。

囊包形成期：此时为感染后 6 周，肌肉中幼虫形成包囊，急性和全身症状消失，但肌肉疼痛可持续数月之久。通常在 6～18 个月后才开始钙化。感染量高时，病症会更严重，面部及四肢浮肿更甚，人高度贫血，幼虫入肌肉分泌毒素，患者中毒。症状为高热、谵语、搐搦、呼吸困难、毒血症、昏迷、脑膜炎、虚脱，同时有肺炎、肋膜炎、腹膜炎、肾炎等并发症死亡。虫多患者基本必死。据研究一个人按每千克体重吞食 5 条旋毛虫即可致死。

猪

猪是旋毛虫的中间宿主和终末宿主。Leidy（1846）在猪肉中发现包囊。Manson（1881）在中国厦门的猪体中发现成虫。临床上分为肠型和肌型。猪感染时，往往不显临床症状，大都表现厌食、肌肉疼痛和肿胀，波及后肢患猪极难起立，增重缓慢，饲料利用率低，偶有死亡。严重感染时，初期表现食欲不振、呕吐和腹泻的肠炎症状，可引起肠黏膜出血、发炎和绒毛坏死。随后出现肌肉疼痛、步伐僵硬、呼吸和吞咽有不同程度的障碍，有时眼睑、四肢水肿，可有死亡。一般经过1~2周症状减轻，4~6周症状消失。移行期幼虫可引起肌炎、血管炎和胰腺炎等。猪的临床表现与感染剂量有关。Schwartz（1938）用每千克体重1 000条幼虫攻击猪，表现症状为横膈膜查到包囊；Olsen等（1964）用150 000条幼虫喂3个月小猪，猪不发生症状，仅查到肌肉内幼虫检出率是攻毒量的216倍；Campbell（1966）以每千克体重10 000条幼虫攻击猪，并不产生临床症状，仅表现嗜伊红白细胞和丙型球蛋白增加，以及血清学上有沉淀反应。而喂高剂量，每千克10万条幼虫，症状表现出体重减轻，3周后小猪不肯移动；2只猪发生全身肌肉痉挛及倒伏不动，4只猪有肌肉疼痛症状，历时7~23天；44天后死亡一只，其余3只逐渐恢复。Leuckart用高剂量攻击后认为，50%猪临症，3~4天有肠道症状、发热、肌痛；11天时体温突然升高，肌肉发炎、僵硬、咀嚼和呼吸困难，极度消瘦，康复猪的症状的消失要从6周后开始。有的猪感染后3~5天，体温上升、下痢、呕吐、迅速消瘦，往往12~15天死亡。慢性表现猪有痒感，喜擦磨墙壁，肌肉有疼痛表现，行走不便，食欲不振，长时间躺卧不动，四肢作伸展，呼吸浅表，有时眼睑水肿，四肢水肿。病程延长一个多月，不显急性症状。

实验证实，旋毛虫幼虫还可以传播淋巴细胞性脉络丛脑膜炎病毒和猪瘟病毒。

自然感染的病猪一般无明显临床症状。当严重感染时，病猪可于感染后3~7天体温升高，腹泻，有时呕吐，消瘦。其后呈现肌肉僵硬和疼痛，呼吸困难。有时眼睑、四肢水肿，甚至死亡。

旋毛虫幼虫常寄生的横纹肌主要是膈肌、咬肌、舌肌、喉部肌肉、肋间肌、胸肌及眼肌等。但肌肉间包囊一般肉眼看不到，有时肉眼可见到钙化后的包囊，为长约1mm的灰色小结节。幼虫经过和寄生的地方，均会引起炎症。

诊断

动物旋毛虫诊断

本病的诊断方法主要有两类，即病原学诊断和血清学诊断。根据2002年国家下发猪旋毛虫病诊技术标准规定，猪旋毛虫病的病原学诊断采集肌肉进行目检、压片镜检和集样消化3种方法。根据国际兽医局（OIE）1996年编写的哺乳动物、禽和蜜蜂A和B类疾病诊断试验和疫苗标准手册规定的血清学诊断，采用酶联免疫吸附试验（ELISA）的方法。猪旋毛虫病诊断为例将这些方法分述如下。

目检法：目检法，即用眼睛观察病肉检查旋毛虫的方法。自胴体两侧的横膈膜肌脚部各采用一块，记为一份肉样，其重量不少于50~100g，与胴体编成相同号码。如果是部分胴体，可从肋间肌、腰肌、咬肌、舌肌等处采样。撕去膈肌的肌膜，将膈肌肉缠在检验者左右食指第二指节上，使肌纤维垂直于手指伸展方向，再将左右握成半握拳式，借助于拇指的第一节和中指的第二节将肉块固定在食指上面，随即使左右掌心转向检验者，右手拇指波动肌纤维，在充足的光线下，仔细视检肉样的表面有无针尖大、半透明乳白色或灰白色隆起的小点。检查完一面后再将膈肌反转，用同样方法检验膈肌的另一面。凡发现上述小点可疑为虫体。

压片镜检法：与目检法同样方法采集待检肉样。用剪刀顺肌纤维方向，按随机采样的要求，自肉上剪取燕麦粒大小的肉样24粒，使肉粒均匀地在加压玻片上排成一排（或用载玻片，每片12粒）；将另一加压片重叠在放有肉粒的加压片上，并旋动螺丝，使肉粒压成薄片，然后将压片放在低倍显微镜下，从压片一端的边沿开始观察，直到另一端为止。镜检判定标准如下：

没有形成包囊期的旋毛虫：在肌纤维之间呈直杆状或逐渐蜷曲状态，或虫体被挤干压出的肌浆中。

包囊形成期的旋毛虫：在淡紫薇色背景上，可看到发光透明的圆形或椭圆形物，囊中是蜷曲的虫体。成熟的包囊位于相邻肌细胞所形成的梭形肌腔内。

钙化的旋毛虫：在包囊内可见到数量不等、浓度不均匀的褐色钙化物，或可见到模糊不清的虫体，此时启开压玻片，向肉片稍加10%的盐酸溶液，待1～2min后，再进行观察。

机化的旋毛虫：此时压玻片启开，平放桌上，滴加数滴甘油透明剂（甘油20ml，加双蒸水至100ml）于肉片上，待肉片变透明时，再覆盖加压玻片，置低倍镜下观察，虫体被肉芽组织包围、变大，形成纺锤形、椭圆形或圆形的肉芽肿，被包围的虫体结构完整或破碎，乃至完全消失。

若检验冻肉，可用上述同样方法进行采样制成压片，然后对压片进行染色或透明。

操作方法如下：在肉片上滴加1～2滴美蓝（饱和美蓝酒精溶液5ml，加双蒸水至100ml）或盐酸水溶液（HCl 20ml，加双蒸水至100ml），浸渍1min，盖上加压玻片后镜检。用美蓝染色的肌纤维呈淡青色，脂肪组织不着染或周围具淡蔷薇色。旋毛虫包囊呈淡紫色、蔷薇色或蓝色，虫体完全不着色。用盐酸透明的肌纤维呈淡灰色且透明，包囊膨大具有明显轮廓，虫体清楚。

集样消化法：集样消化法应用胃液对蛋白质消化的原理，肌纤维及包囊在胃液中可以被完全消化掉，而活旋毛虫仍可存活。基本操作方法为：

采样：每头猪取以驱除脂肪、肌膜或腱膜的横膈肌或舌肌1个肉样（100g），再从每个肉样上剪取1g小样，集中100个小样（个别旋毛虫病高发地区以15～20个小样为一组）进行检验。

绞碎肉样：将100个肉样（重100g）放入组织捣碎机内以2 000r/min，捣碎时间为30～60s，以无肉眼可见细肉块为度。

加温搅拌：将已绞碎的肉样放入置有消化液〔胃蛋白酶（3 000国际单位）10g，HCl（密度1.19）10ml，加双蒸水至1 000ml，加温40℃搅拌溶液，现用现配〕的烧杯中，肉样与消化液的比例为1：20置烧杯于加热磁力搅拌器上，启动开关，消化液逐渐被搅成一漩涡，液温控制在40～43℃中间，加温搅拌30～60min，以无肉眼可见沉淀物为度。

过滤：取80目的筛子，置于漏斗上。漏斗下再接一分液漏斗，将加温后的消化液徐徐倒入筛子。滤液在分液漏斗内沉淀10～20min，旋毛虫逐渐沉到底层，此时轻轻分几次放出底层沉淀物于凹面皿中。

漂洗：沿凹面皿边缘，用带乳头的100ml吸管徐徐加入37℃温自来水，然后沉淀1～2min，并轻轻沿凹面皿边缘再轻轻多次吸出其中的液体，如此反复多次，加入或吸出凹面皿中的体液均以不冲起沉淀物为度，直至沉淀于凹面皿中心的沉淀物上清液透明（或用量筒自然沉淀，反复吸取上清液的方法进行漂洗）。

镜检：将带有沉淀物的凹面皿放入倒置显微镜或在 80～100 倍的普通显微镜下，调好光源，将凹面皿左右或来回晃动，镜下捕捉虫体、包囊等，发现虫体时再对这一样品采用分组消化法进行复检，直到确定病猪为止。

酶联免疫吸附试验（ELISA）：用于检验寄生虫特异抗体的 ELISA 试验为动物屠宰前后血清检验提供了一种快速的方法。它能检测到 100g 组织中只有一个包蚴的低水平感染，其敏感性大大高于消化法，在屠宰检查时可替代消化试验。试验步骤如下：

抗原制备：用 ELISA 诊断旋毛虫病时，使用的抗原为旋毛虫的分泌性抗原。这种分泌性抗原是由分子量为 450～550ku 的糖蛋白组成的。将去掉皮和内脏并已磨碎的感染旋毛虫的鼠胴体，用 1％胃蛋白酶和 1％HCl 在 37℃下下滑 4h，然后回收旋毛虫的肌肉期幼虫。幼虫用含有 500U 双抗的 Dullbecco's 改良 Eagle's 培养基（DMEM）冲洗，并放在 DMEM 其完全培养基中〔即 DMEM 中补加下列成分：HPES（10mmol/L）、谷氨酰胺（2mmol/L）、丙酮酸（mmol/L）和各 50U 的双抗〕。并在 10％CO_2 的环境下放于 37℃培养 18～20h。回收的培养物滤去虫体，滤液在 5ku 分子量的滞留压力下浓缩。回收的分泌性抗原可贮存在 -20℃下，或在 -70℃下长期保存；经 SDS - 聚丙烯凝胶电泳分析表明，这种抗原约含 25 种蛋白质成分。用包被缓冲液（含 50mol/L Tris，pH7.4，150mmol/L NaCl，50％脱脂干奶和 1.0％Triton×100）将板冲洗 3 次。每次洗涤后，将滴定板晾干。

用洗液 1：10 或 1：100 稀释猪血清。加 100μl 稀释的猪血清到抗原包被孔。每板设与试验血清相同稀释度的已知和阴性血清对照。室温下孵育 30min。如用洗液洗涤 3 次。

用洗液将免抗猪 IgG（0.1mg/ml）1：1 000 稀释，每孔加 100μl，室温下孵育 30min。如用洗液洗涤 3 次。

用洗液将山羊抗免 IgG 过氧化物酶结合物（0.1mg/ml）1：1 000 稀释，每孔加 100μl，室温下孵育 30min。如用洗液洗涤 3 次。

加入 100μl 适当的过氧化物酶底物〔如 5'-对氨基水杨酸（0.8mg/ml 含 0.005％过氧化氢酶底物，pH5.6～6.0）〕。5～15min 后，在美标仪测定微量板的光密度值的 450nm 处，当该值达到混合阴性对照血清值的 4 倍判为阳性，达 3 倍则判为可疑。

人体旋毛虫病诊断

人体旋毛虫病由于所致的临床表现相当复杂，因此单从临床症状上判断较为困难。必须结合流行病学和病史特点及血清学试验等进行综合诊断。

临床症状：临床上旋毛虫病患者表现水肿、发热及肌痛三大主要症状。眼睑及颜面浮肿是旋毛虫病主要症状之一。感染旋毛虫症状也与感染强度和人身体强弱不同有关。大部分患者感染轻微，不显症状；因此，有上述症状者只能说明很可能是旋毛虫病，确诊在需进行流行病学调查和病原学诊断。但临床上非典型病例颇为多见，诊断比较困难，需与下列疾病相鉴别：

1. 胃肠型食物中毒 临床表现为潜伏期短，大多数有恶心、呕吐、腹痛、腹泻等急性胃肠炎症状，常见于夏秋季，有食变质食物史。

2. 皮肌炎 临床表现亦有肌痛与皮疹，但其特征为四肢近端肌肉软弱和疼痛，而旋毛虫的肌痛肌肉强直，皮肌炎的病程缓慢进行性。

3. 其他 需要鉴别的疾病有急性酒精中毒、流行性感冒、病毒性心肌炎，但所有这些疾病嗜酸性粒细胞都不高。

并发症及后遗症：常见并发症有心肌炎、支气管肺炎、脑炎、脑膜炎、静脉栓塞引起的肺梗死；少见的并发症有腹膜炎、动脉栓塞、毒血症、脓胸、肠出血等。绝大部分死亡病例死于充血性心力衰竭及支气管肺炎。较重病例可见视网膜出血。个别严重病例病后 2 年尚不能完全恢复健康。

预后

一般较好，但与感染程度、就医早迟及病人体质有关。感染轻，就医早，病人体质好的预后较好；反之，较差。潜伏期短，预后较差，在食生肉后 2～3 天就出现临症的病例，死亡的几率比较高。感染严重的病死率可达 10% 左右。本病在美国的病死率 1947～1967 年平均为 17.9%。我国云南患者病后半年至一年因慢性肌痛严重影响生活。国外报道急性感染病例在 14～41 年后仍有慢性肌痛及下位神经元损伤后遗症。

表 3-36　旋毛虫病预后的征象

	预后较好的征象	预后不良的征象
病人一般状况	年轻力壮	体弱
感染量	少	多
潜伏期	长	短
一般症状	少而轻	多而重
腹泻	发生早	持续时间长、重、且便血
发热	感染后 4～5 周骤降，尿少	高热持续不退
脉搏	较快	很快
食欲与睡眠	较好	不好，肌痛严重
内脏修复情况	循环、呼吸及中枢神经系统在 4～5 周内恢复正常	昏迷、肺炎、肺出血、心力衰竭，继细菌性感染
病程	8 周内渐康复	在有严重并发症病例中末梢血液嗜酸性粒细胞消失或骤降至 0～1%

流行病学调查：对人旋毛虫病的流行学调查，包括询问病人及其饮食卫生习惯，近期有无吃生肉或半生肉或肉制品。从事行业是否与肉食品有关等，从而判断感染旋毛虫的可能性。旋毛虫病可发生于食入感染肉食品的任何人，不同性别、年龄、种族及其他人体差异的人，均可患旋毛虫病。且患过旋毛虫病的人也可再次感染旋毛虫病。如发现是集体爆发，而患者又有都是摄食同一来源和肉食品时，则很可能为旋毛虫病。询问既往症状及体征以便了解潜伏期的长短，并为确诊病程提供依据。

病原检查：如有患者吃剩的余肉，可用压片镜检法检查有无幼虫包囊。若发病已 10 天以上（至少在感染后第 3 周末），可用压片镜检和集样消化法进行肌组织活检幼虫包囊。肌组织活检时应取 0.5～1.0g 肌肉，量太少容易漏检。或组织取材推荐部位为二头肌、三角肌、腓肠肌、臀最大肌及肋间肌。通过肌组织活检，发现幼虫包囊即可确诊。但此法易受摘取组织局限性的影响，在感染早期及轻症患者往往不易查出，因此最好在感染中后期使用该法检查。

免疫学检测：在本病多发地区虽有反复感染病例，但研究证明，实验动物经多次攻击感染后获得免疫力，包括体液保护免疫和细胞保护免疫。旋毛虫成虫的排泄分泌物中和感染性幼虫含有效的抗原成分，幼虫含 8～16 种抗原，宿主的血清中有抗幼虫、成虫抗体。常用酶联免疫吸附试验（ELISA）：本法敏感性高，人体在感染后 17 天用本法即可检出血清中的抗体。基本操作同猪旋毛虫病 ELISA 诊断方法。

防治

近年来，在旋毛虫病防治研究方面所取得的新成果，说明旋毛虫病是完全可以控制和消灭的。旋毛虫的生活史很特殊，同一宿主既是它的中间宿主，又是它的终末宿主。成虫和幼虫均寄生于同一宿主体内，不需要在外界环境中发育，但要完成生活史又必须更换宿主。其生活史的这一特点为控制和消灭旋毛虫病提供了前提条件。只要采取综合性的防治措施，即可防止旋毛虫进入人和动物的食物链，从而防止新的感染。

预防：养猪方式的改善：猪不要任意放养，应当圈养，管好粪便，保持猪舍清洁卫生。饲料应加热处理，以防猪吃到含有旋毛虫的肉屑。美国 1983 年制定的"猪健康保护条例"明确规定，所有食物喂猪前必须煮沸 30min，以确保杀死食料中的所有旋毛虫。在欧盟，为了保证工业化养猪场的质量和预防猪的旋毛虫感染，按照欧盟旋毛虫工作组对无旋毛虫区的要求，在养猪场需进行以下防治措施。

设置微生物学的屏障，防治啮齿动物等进入猪圈和粮仓（通风口和下水道应使用孔径小于 1cm 的铁丝网覆盖）；只有对新引进动物做血清学检查，确定旋毛虫特异性抗体为阴性后才允许进入养猪场；养猪必须有圈舍，不能散养，以免猪到处游走而吃入病原体；对死亡的动物做清洁处理，不用病死猪肉和生肉喂动物；确保养猪场无生的或适当加热的残食或含肉的残食；在养猪场附近无垃圾堆，改善卫生环境，扑灭饲养场和屠宰场鼠类，禁养犬、猫。

这些措施不仅可预防旋毛虫病的传播，而且还可以防止其他病原体如弓形虫等，从猪传播给人。如在瑞士已有数十年未发现家猪感染旋毛虫。因此，预防旋毛虫的传播不仅比检测被感染的动物更有效，而且更经济。

加强肉类检疫：认真贯彻肉品卫生检查制度，加强食品卫生管理。不准未经宰后检疫的猪肉上市和销售。感染旋毛虫的猪肉要坚决销毁，这是预防工作的重要环节。

加强进口检疫：国际贸易的全球化增加了旋毛虫传播的机会。随着我国加入 WTO后，国际贸易的增多，每年有大量动物肉类进出口。在原无旋毛虫病流行或猪旋毛虫病已消灭的地区，在进口的感染有旋毛虫的动物死亡后，如果其尸体未及时销毁，则可输入或重新导致旋毛虫病的流行。因此，对于进出口的活动物、肉类及肉类制品均应加强旋毛虫的检疫。

病猪肉的无害化处理：目前我国对旋毛虫病猪的处理依据是《四部规程》，实际应用中可用高温、辐射、腌制、冷冻等方法对病猪进行无害化处理。美国、加拿大等国于 18 年前采用低温冷冻无害化处理至今。有的学者建议猪肉一律低温冷冻无害化处理。据生产实验证明，猪肉在 -15℃ 下冷藏 20 天，可杀死旋毛虫包囊；美国 CDC 建议，上市冷藏肉必须预冷冻 -15℃ 20 天、-23℃ 10 天或 -30℃ 6 天，但不适用于 T2 虫株。而高温处理仍是目前最可靠常用的方法。实际应用中要适当提高温度，延长加热时间，才能保证肉类的安全性，肉的中心温度达到 76.6℃，时间 10min 为宜。泔脚以 100℃ 30min，就能破坏全部旋毛虫。

药物预防：1987～1995 年在罗马尼亚开始应用阿苯达唑（Albenzole）对猪进行预防性治疗，猪旋毛虫的感染率与对照组相比降低了 10 倍。龚广学等（1993）在河南省南阳地区将阿苯达唑（0.01％～0.02％）作为猪饲料添加剂对 42 头猪按上述剂量作为添加剂喂养 50 天，也有 100％的杀虫效果，表明阿苯达唑用作猪饲料添加剂对猪旋毛虫病具有良好的预防作用。

加强宣传教育：要利用各种渠道和新闻手段，广泛向群众宣传旋毛虫病的危害性及防治工作的重要性。教育群众改变生食或半熟食肉的不良习惯及不卫生活动。烹调、加工猪肉及其制品要彻底煮熟，不吃半生不熟的肉。贮存、销售猪肉及其制品的店铺、摊点要做到刀案生熟分开，防止交叉污染。

免疫预防：许汴利等（1997）将旋毛虫成虫、肌幼虫和新生幼虫抗原及混合抗原用福氏完全佐剂乳化后对家猪进行免疫接种，然后攻击感染。发现上述 4 种抗原的减虫率分别为 93.15％、82.34％、66.13％和 97.84％。表明新生幼虫抗原和混合抗原为最佳的免疫源，在家猪可诱导出高效的免疫保护力。窦兰清等（1999）比较了旋毛虫成虫可溶性抗原与弗氏完全佐剂、白油司班佐剂、ISA206 佐剂和蜂胶佐剂在乳化程序、注射、价格及免疫增强作用等方面都优于其他佐剂，具有开发应用前景。由于旋毛虫抗原来源较困难，且抗原的制备也不易标准化，因此基因重组抗原和 DNA 疫苗将是今后旋毛虫病免疫预防的发展方向。

治疗：治疗原则：对肠期感染的患者，宜尽早用药，以便杀死旋毛虫成虫，防止产生幼虫，终端病程发展。对急性重型旋毛虫病患者，应在给予特效虫药的同时，采用支持疗法和对症疗法。对于不具备典型综合征的中型或温和型患者，可用退烧剂及镇痛药物治疗，并用丙硫咪唑驱杀虫体。对于后期及恢复期旋毛虫病患者，可给予丙硫咪唑，并继续对症治疗、补液，以调节水和电解质的平衡。

治疗药物有噻苯咪唑（Thiabendazole，TD）：对猪旋毛虫病的治疗，每天 50mg/kg，连用 5 天或 10 天的减虫率分别为 82％和 97％，在感染前按 150～200mg/kg 给药能有效地抑制肠道感染。对人体旋毛虫病，噻苯咪唑也有一定的治疗作用。按 50mg/kg 剂量分 3 次口服，连用 5 天为一疗程。在感染早期给药，可阻止临床症状的出现；感染中期及包囊后期治疗，可使临床症状改善。但用噻苯咪唑治疗可引起严重的毒剧作用，表现为食欲减退、发热、恶心、呕吐、荨麻疹、眩晕、颤抖、轻度失眠、脱发及可逆性肝损害等。因此，使用时要小心谨慎，可考虑与激素类药物合用，以减轻毒副作用。

甲苯咪唑（Mebendazole，MD）：对人体病例，MD 的疗效显著优于 TD。用 30～100mg/kg 的剂量治疗，对潜伏期及慢性人体病例均高度有效，作用迅速，治疗后活检无幼虫。另外应注意，用 MD 治疗后死亡旋毛虫的崩解破坏导致的抗原释放，也可引起宿主过敏反应，导致体重下降，白细胞及循环抗体增加，亲同种细胞抗体形成增加，与氢化可的松可抑制过敏反应。

丙硫咪唑（Albendazole，AD）：丙硫咪唑是一种跨纲广谱性蠕虫药，目前已在全球 100 个国家和地区广泛使用，治疗各种蠕虫病。商品名：Zentel（肠虫清）、Valbazen、抗蠕敏。是目前应用最广的驱虫药物之一。治疗猪旋毛虫病，按 0.01％～0.02％的剂量给猪连续饲喂 50 天以上，对人工感染及自然感染旋毛虫病猪均有 100％的疗效。按上述剂量以饲料添加剂的形式连用 3～4 个月，可预防猪感染旋毛虫。肌注剂量 200mg/kg，一次或分 3 次肌注；按 0.02％拌饲，连用 10 天或 15mg/kg 连用 15～18 天均可完全杀死肌肉中的旋毛虫幼虫。治疗人体旋毛虫病，按 15～20mg/（kg·d），疗程一般 5～7 天，疗效好，副作用少，使用方便，安全可靠。人服后大多热退、水肿消退，仅少数会低热 3～5 天，肌痛消失或减轻，少数有头昏，胃不适。治疗停药后仍可检到虫体，29 天后部分虫体失去自然卷曲状态或虫体变混浊或局部发生缺陷。

氟苯咪唑（Flubendazole，FD）：治疗猪旋毛虫病，按 0.0125％的 FD 拌饲，对各期虫体均有 100％的杀虫作用。治疗人体旋毛虫病，剂量为 200～400mg/天，分 3 次口服，疗程至少 10 天，对旋毛虫病患者可获得良好治疗效果，且无副作用。

酚苯达唑（Fenbendazole）：酚苯达唑是新引进的一种达并咪唑类药物，对肺吸虫、包虫也有一定杀灭作用，具有兼治组织及肠道内寄生虫的作用。实验表明，用 100mg/kg，每天 2 次，连续 3 天投药，对小鼠肠道虫体的减虫率为 100％。

阿苯达唑，人 20～25mg/（kg·天），分 2 次口服，5 天为一疗程。该药不但可以抑制雌虫产幼虫，且对移行期和包囊幼虫和成虫均有杀灭作用。人同时采用对症支持治疗。

二十四、肾膨结线虫病
（Dioctophymiasis）

肾膨结线虫病（Dioctophymiasis）是由肾膨结线虫（俗称巨肾虫，the giant kidney worm）寄生引起的人兽共患寄生虫病。主要寄生于貂和犬的肾脏或腹腔内，亦可见于其他多种哺乳动物，广泛分布于世界各地，偶可寄生于人体肾脏或其他部位，是动物源性疾病。

历史简介

Goeze（1684）从水貂肾脏发现本虫；（1782）从犬肾内检出虫体。Ascaris renale，Collet – Meygret（1802）将其移入 Dioctophyme 属。Woodhead（1950）及 Karmannovalk 描述了它的生活史。1854 年首次报道人体肾膨结线虫病。

Woodhead（1945）研究认为寡毛环节动物是本虫的第一中间宿主，鱼是第二中间宿主。Woodhead 和 Hallbery（1950）报道了本虫生活史。Kapmahob（1962—1963）研究修正了这一论点，完成了本虫生活史，中间宿主只有寡毛环节动物一种，而鱼是转续宿主。Meneil（1948）进行了病理学研究。

病原

肾膨结线虫［Dioctophyma renale（Goeze，1782）Stiles，1901］。异名有 *Stromgylus gigas*、*S. renalis*、*Eustronylus*、*Visceralis* 和 *E. renalis* 等。属于膨结科，膨结属。成虫为圆柱形，体前半部向前端渐尖细，后半部较粗，角皮层有横纹，以前端尤为明显。体表具有不等距细横纹，虫体两侧各有一行乳突，其排列中部较稀，两端较密，越向后乳突排列越紧密，靠尾端尤为紧密。前端顶部有一口孔，围绕口孔有两圈乳突，外圈 6 个乳突较大，呈六角形隆起，内圈 6 个乳突细小，隆起不明显，各有 2 个亚背、2 个亚腹和 2 个侧乳突。口腔浅，直接与食管相连。

在不同宿主体内，虫体大小可有差别。寄生于犬肾、腹腔中的虫体长而粗大，体表横纹极为明显；而在鼬、家鼠及人体内的虫体较小。寄生于动物体内雄虫发育较好，长 14～45cm，宽 0.4～0.6cm；人体内寄生的发育较差，长 9.8～10.3cm，宽 0.12～0.18cm。尾端有钟形无肋的肉质交合伞，亦称为生殖盘或泄殖腔周围囊。向腹侧倾斜开口，其前缘略有凹陷，边缘和内壁有许多小乳突，中间有 1 个锥形隆起。交合刺一根，由锥形隆起端部的泄殖孔中伸出，其表面光滑，长 5.0～6.0mm。寄生于动物体内的雌虫长 20～100cm，宽 0.5～1.2cm；人体内寄生的长 16～22cm，宽 0.21～0.28cm。阴门开口于虫体前端腹面的中线上，要食管末端稍后。阴门周围稍隆起，该处表皮光滑。肛孔呈卵圆形，位于尾端略偏腹侧。

成熟虫卵呈椭圆形、棕黄色；卵壳较厚，表面不平，密布大小不等的球形突起；两端有明显透明栓样结构；卵内含有 1～2 个大的卵细胞；卵的大小与宿主种类及受精与否有关，从动物宿主排出的卵大小为 60～80μm×39～46μm，从人体内排出的卵大小为 54～67μm×34～44μm。未成熟卵呈椭圆形，卵壳上的突起变化多样，卵骨含大量屈光颗粒。

肾膨结线虫成虫寄生在宿主的肾脏，虫卵经尿液排出体外。受精卵进入水中，在 14～30℃时，经 15～120 天发育为含有第一期幼虫的卵。过去有些学者认为虫卵对外界的抵抗力强，能生存 5 年，后经实验室证实在室温下经干燥或冰冻的虫卵即使放回合适的环境中也不能发育。虫卵在 6～10℃时至少可存活 2 个月。

含有第一期幼虫的卵被中间宿主蛭形蚓科和带丝蚓科的寡毛环节动物，如 *L. parie-gatus* 摄食后，在其前肠孵出第一期幼虫，幼虫长 15.7μm，宽 3μm，借口刺穿出肠壁移行至腹部血管中进行发育。在 20℃时，约于感染后 50 天和 100 天进行各一次蜕皮，发育为第二、三期幼虫。以感染的寡毛环节动物实验感染犬和貂，感染期幼虫在终末宿主的胃或十二指肠破囊而出，穿过胃壁和肠壁进入体腔，移行至肾脏或肝脏组织内寄生，在终末宿主体内经1～2次蜕皮，由第四期幼虫发育至成虫。幼虫也常随血液移行至胃壁、体腔等部位。本虫在实验感染中完成生活史所需时间一般为 8.5～9 个月，大约经 1 个月发育成含胚卵；经4.5～5 个月完成在中间宿主体内的发育；经 3 个月在终末宿主体内发育成熟。成虫的寿命1～3 年。在生活史中曾被认为是第二中间宿主的淡水鱼和蛙类，实际只是转续宿主（Paratenic host），感染期幼虫在组织内被包围，虽然体长增大，但并不进一步发育。可作转续宿主的有狗鱼、鲈鱼、鲇鱼、鲟鱼、赤梢鱼、雅罗鱼、食蚊鱼、拟鱼、卡拉白鱼、欧鳊鱼、河鲃鱼、鲕鱼、白鱼、角桑鱼、娩仔蛔鱼、黑色蛔鱼、美洲蛔鱼等淡水鱼和湖蛙。Kapmahoba 认为兽类的感染主要是由于生食或半生食水，感染了的鱼和蛙类；食草动物则因吞食了水中或水生植物上的寡毛环节动物，人和猪的感染可能上述两种方式兼而有之。人和猪感染可能吃鱼和食水草。

流行病学

动物的肾膨结线虫病呈全世界性的分布，如意大利、波兰、加拿大、美国、巴西、阿根廷、澳大利亚、日本、朝鲜、印度、前苏联等。动物肾膨结线虫病主要见于犬、貂、胡狼、丛林狼、巴西狐、赤狐、貉、猎豹、狼獾、石貂、紫貂、松貂、欧洲水貂、美洲水貂、艾虎、水獭、巴西水獭、南美鼬、臭鼬、南美浣熊、棕熊、獴、海豹、褐家鼠、猫、猪、牛、马等哺乳动物亦发现患有本病。Fyvie（1971）对加拿大 12 种 6 500 头野生动物进行调查，感染率貂为 18%、黄鼬为 1.5%、水獭为 2.2%、丛林狼为 1%、山犬为 0.9%。可作为转续宿主的有狗鱼、鲈鱼、鲇鱼、鲟鱼、白水鱼、湖蛙、蛔鱼等。国内在南京市、杭州市、长春市、吉林市和黑龙江省发现犬的肾膨结线虫病，中国台湾发现牛感染本病，云南的褐家鼠、上海的黄鼬和浙江的水貂均患有本病。

主要寄生于貂和犬的肾脏或腹腔内，亦见于其他多种哺乳动物，偶尔可寄生于人体肾脏或其他部位而致人发病。

我国人体肾膨结线虫病已报道 14 例，患者分布于湖北、广东、江苏、河南、四川、宁夏、台湾、黑龙江、广西、山东等地，从尿中排出的虫体，少者为 1 条，多者达 11 条，在 1 例肾脏病理切片中发现虫体或虫卵。由于本病的临床表现为非特异性泌尿系统症状或无症状，虫体随小便排出，极易造成误诊、漏诊，估计实际病例数会大大超过文献报道。

人和动物感染均可成为本病的传染源，由于动物的感染比人多，且随地便溺，其尿中的虫卵污染环境，所以动物是主要的传染源。肾膨结线虫生活史表明其发育过程需经多个中间宿主，所以感染不能直接在人与人、人与动物或动物与动物之间传播。

临床表现

人

肾膨结线虫的感染期幼虫，在终末宿主的胃内逸出后，进入十二指肠，穿过肠壁移行至肾脏前端与肾门之间侵入肾内或侵入肝组织，如果在胃的小弯或大弯处穿过时，则幼虫必然侵入左肾寄生；如果在十二指肠处穿出，成虫则见于右肾。一般寄生 1～8 条，多者可达 13 条。其主要寄生于右肾，也可寄生于腹腔、肝脏、卵巢、子宫、乳腺、膀胱、心包和心房等。由于水貂等动物的十二指肠紧贴于右肾，而犬的右肾距十二指肠较远，故水貂右肾发病率高，而犬的右肾发病率较低。

对貂肾的病理学研究表明，显著增大，包膜紧张，肾背侧组织增厚，肾与周围组织及大网膜粘连。约 70% 的感染肾于背部有骨质板形成，其边缘有透明软骨样物。骨质板中含有磷酸钙、碳酸钙、磷酸镁及正常骨质中所含有的成分。肾中胶原纤维和弹性纤维增生。肾皮质和髓质受虫体挤压，有淋巴细胞和中性粒细胞浸润。这些细胞在骨质板和肾小管区特别丰富，在皮质区较少。肾盂腔光滑，大小肾盂被破坏，肾盂黏膜的乳突发生变性，有些乳头出现角质化，乳头顶部有时可看到破裂、细胞溶解。肾盂腔内可见大量红细胞、白细胞、虫卵及虫卵块。大多数肾小球透明变性，但在皮质区最外层的肾小球仍然正常。集合管（Collecting tubule）比正常扩大 10～20 倍，许多肾小球被鳞状细胞所充塞，有时变成实心的鳞状细胞圆柱体。输尿管功能正常，镜检组织无异常发现。虫卵由于其表面的黏稠物质而容易凝集成块，可形成结石核心。严重感染的动物，肾实质破坏严重，仅残存一肾包膜，虫体寄生于腹腔时，通常可发生腹膜炎、肝周围炎。未感染的肾脏常呈代偿性肥大。人体肾膨结线虫病的病理变化与动物相似。由于寄生的虫体发育差，个体小，被寄生的脏器损害较轻。

人体肾膨结线虫病大多数寄生于肾脏，国外确诊的 18 例，有 16 例寄生于肾脏，1 例寄生于胸部皮下（从皮下结节中查获似肾膨结线虫第 3 期幼虫），1 例在右肾上腺处。张森康（1981）报告在宜昌有 4 人感染。主要临症为右肾绞痛，反复尿血，长期腰部发酸胀痛，全身乏力，头昏，严重时尿频，尿急，低热 1～2 天，但无规律，外周血液嗜酸性粒细胞 10%。我国报告的 14 例均寄生于肾脏，虫体移行入尿道或排出。

临床常见的症状，有腰部不适、钝痛、肾绞痛，疼痛可放射到下腹部及膀胱区；出现反复的血尿、尿频、尿急、脓尿，继发出现肾盂肾炎、肾结石、肾水肿和肾功能障碍等症状；虫体位于腹腔时，患者呈慢性腹膜炎症状。当虫体移行至尿管，阻塞尿路时出现排尿困难、肾盂积水，严重时可引起急性尿毒症症状；若输尿管穿孔则可引起相应的症状。一旦虫体随尿排出，症状亦随之缓解。此外，尚有低热，乏力，贫血，烦躁，女性外阴瘙痒，血沉率加快，嗜酸性粒细胞增多等。如果仅有一侧肾脏受到侵袭，可能没有明显的临床症状。

虫体在皮下时，停滞于第3期幼虫阶段，患者局部皮下出现包块或结节，内含虫体，周围形成肉芽肿。

预后

虽然人体感染本虫的可能性很小，但虫体严重损坏肾实质，可导致肾功能障碍。虫体阻塞尿路时，可并发急性肾衰竭，预后不良。未感染肾脏常呈代偿性肥大。如成虫窜入肝小叶，可损伤肝细胞出现肝炎症状。在肝和网膜处可见到含虫卵的小结节。由于虫卵表面的黏稠物易凝成块，加上虫体死亡后的表皮残存，可能构成结石的核心，造成肾结石。有时可见尿中排出活的或死的、甚至残缺不全的虫体。受侵袭的肾实质被破坏，只留下含有盘卷的虫体和脓性物质而扩张了肾囊，其背中线表面可产生骨质板。

猪

猪的感染几率较低，大部分是饲食了生的鱼、水生植物和寡毛环节动物等。李广生、邵明东（1998）报道某个体养猪户在屠宰猪时，在猪的左侧肾脏内发现2条虫体，虫体大小为68cm×0.8cm～75cm×0.8cm。右肾严重损坏，肾实质消失，仅存白色被膜裹有2条红色虫体，被膜内表面有散在的、灰白色的钙化斑，触之较硬，虫体粗大，形似蛔虫。经鉴定为2条雌性肾膨结线虫。病猪有食生泥鳅等杂鱼史，7月龄时体重轻，状态差，继续有便血现象。

本病较少见，临床上要与寄生于猪肾盂、肾周围脂肪和输尿管等处的猪冠尾线虫引起的猪肾虫病相区别。

诊断

在流行区有生食、半生食鱼或蛙史，反复出现肾盂肾炎症状而又久治不愈者，应考虑有感染本病的可能；对无症状仅出现蛋白尿、血尿、脓尿而用通常方法治疗无效者，也应考虑本病。从尿液中发现虫体或查见虫卵是确诊本病的依据。诊断肾膨结线虫病比较困难，虽可通过尿检获得虫卵，若仅有雄虫寄生，或输尿管发生阻塞，或寄生于腹腔，在尿中就不能检到虫卵。寄生于腹腔或其他部位时，可行手术检查或活检发现。

该虫体在肾脏寄生，临床上出现血尿、肾绞痛，须与肾盂肾炎、肾结石相鉴别；若虫体至输尿管，阻塞尿路出现排尿困难、肾盂积水，须与输尿管结石相区别；虫体破坏肾实质，其周围形成炎症性肉芽肿，须与肾癌、肾瘤等其他肾脏占位性病变相鉴别。

防治

本病可用阿苯达唑、噻嘧啶等药物治疗。杨以桡等（1995）用阿苯达唑400mg口服，3次/天，10天为一疗程，共5个疗程治疗1例患者。必要时采用手术取虫。

人主要通过食入转续宿主遭受感染；动物和人亦可通过采食含有感染性幼虫的蚯蚓而遭

受感染，还可通过食入多种淡水鱼、蛙等转续宿主而感染，是一种食源性寄生虫病，故要加强卫生宣传教育，勿食生或食半生未煮熟的鱼、蛙和生水、生菜、生的龙虾或其下脚，必须煮透或其他高温处理，切断传播途径。在本病呈地方性流行的地区，尤其要加强本病的预防。定期对犬、水貂和其他某些哺乳动物，应采取必要的预防措施，以减少感染。在医务工作者中应普及本病的知识，减少误诊、漏诊。

二十五、肝毛细线虫病
（Hepatic Capillariasis）

肝毛细线虫病（Hepatic Capillariasis）是由肝毛细线虫寄生于人畜肝脏引起的疾病。肝毛细线虫是啮齿动物与其他哺乳动物的常见寄生虫，人体感染较少见。同种异名还有肝脏肝居线虫（*Hepaticola hepatica*、*Trichocephalus hepaticus*、*Capillaria Leidyi*、*Hepaticola anthropopitheci*）。成虫寄生于肝脏，肝实质由于虫卵的沉积而发生肉芽肿反应。

历史简介

肝毛细线虫是 Bancroft（1893）从大鼠肝脏内发生肝毛细线虫，称为 *Hepaticola hepatica*。1915 年 Travassos 再次发现，称为 *Trichocephalus hepaticus*。Mcarthur（1924）从一名死于脓毒症的印度裔英国士兵尸体的肝脏中检出大团虫卵，报告了第一例人的感染。

病原

肝毛细线虫（*Capillaria hepalica* Bancroft，1893，Travassos，1915）。属于毛细科，毛细属。

成虫纤细，寄生于宿主肝脏内。雌虫为 53~78mm，雄虫 24~37mm。食管占虫体长度的 1/3（雌虫）~1/2（雄虫）。雄虫有交合刺，交合刺长 425~500μm，外覆交合刺鞘。雌虫生殖孔位于食管稍后方。雌虫产出的虫卵多滞留在肝实质。仅少数随宿主粪便排出体外。卵在肝组织中并不发育，产出的虫卵在鼠肝组织中 7 个月后仍有 10% 左右存活。患病动物死亡后，卵从腐烂的尸体释放于土壤中。动物之间由于捕食，感染动物的虫卵也可进入捕食动物，含有虫卵的肝脏在捕食动物体内被消化后，虫卵即进入捕食动物的消化道，并随其粪便排到体外。在适宜的温度等条件下，排至土壤中的虫卵需 1~2 个月在土壤中孵化并发育为含胚感染性虫卵。感染性虫卵被适宜的动物或人食入后，幼虫在小肠中从感染性虫卵释出，幼虫穿透黏膜，通过门脉系统到达肝脏，经 4 次蜕皮，于感染后约 21 天发育为雌雄性成熟的成虫。雄虫寿命约 40 天，雌虫约 59 天。虫卵在肝脏出现的最早时间随动物种类而异。小鼠一般在感染后的 18~21 天，大鼠则在感染后的 21~32 天。约在第 18 天时，幼虫发育而达性成熟期。第 21 天在雌虫体内可见到成串虫卵，在约第 28 天随着雌虫死亡而释放。肝脏内虫卵在早期卵裂期发育减弱。虫卵在肝脏内可存活 7 个月或更长时间，但有时老龄虫卵可失去活力。

肝毛细线虫虫卵与鞭虫虫卵相似，但较大，为 51~68μm×27~35μm。虫卵两端各有黏液状塞状物，不突出于膜外；卵壳上可见明显的放射状条纹为其特点。卵在外界发育需要合适的温度、湿度及足够的氧气。在 30℃ 时需 4 周，室温下约需 7 周，虫卵内的胚胎才能完全发育成熟。虫卵在湿润的鼠粪和肝碎片中都能发育。卵对环境有很强的抵抗力，在室温和相对湿度低（50%）的条件下可存活1~2周。在−15℃的低温下仍可存活。

流行病学

肝毛细线虫病主要是动物寄生虫病，人仅偶尔被感染，至1997年，世界上仅报道了30个病例。但人肝毛细线虫病例在很多国家，如日本、韩国、印度、菲律宾、土耳其，以及非洲、北美洲、南美洲、欧洲的一些国家和地区都有散在报告。我国的广东、河南与台湾已有数例人体报道。患者以婴幼儿居多。患者的个人卫生与居住地区的环境卫生差、鼠类密度高。

目前已知肝毛细线虫的动物宿主有70种之多，以各种鼠类为主。除鼠类外，还有刺猬、猫、犬、黑猩猩、狒狒、河狸、欧洲野兔崽、猪、野猪、豪猪、犬、猫、卷尾猴、蜘蛛猴等。国外对鼠类肝毛细线虫感染调查表明，北美草原田鼠的感染率为67%，巴西鼠为56.5%。美国麝鼠肝毛细线虫的感染率在0~78%之间。我国对武汉市、云南省等一些地区的调查显示，黄豚鼠感染率为28.72%~65.13%，褐家鼠感染率为34.68%~66.67%。对温州地区的调查显示为18.3%。不同鼠种和栖居范围不同的鼠感染率不同，鼠感染率和感染度随鼠龄增大而增高。甲虫可作为传播宿主。

感染肝毛细线虫的动物死亡后沉积在肝脏中的虫卵随尸体腐烂分解而释放到外界，或鼠类被食肉动物捕食后，虫卵随捕食动物的粪便排出。寄生在感染动物体内的成虫产出的卵也有少量随粪排出。人肝毛细线虫感染是由于食入含感染性虫卵的动物宿主（主要是鼠类）粪便污染的土壤。此外，腐尸周围和土壤中的昆虫曾查到虫卵阳性，可能也起传播作用。

鼠类是本虫的主要正常宿主，因种类多、繁殖快，生活于人居环境中，故易使本病传染给人畜。患者最小15个月，最大60岁。人和动物可因成虫的机械损伤肝实质并分泌毒素影响肝功能，引起局部肝硬化，出现肝肿大，明显腹水，消瘦，腹泻和呼吸困难等；成虫和虫卵可引起局部肉芽肿和纤维化损害。

发病机制

成虫寄生于肝脏，产出的虫卵多数沉积在肝实质内，引起肝脏肉芽肿性病变。肉眼可见肝脏肿大，肝表面有许多白色或灰黄色点状小结节，大小为0.1~0.2cm，有时也可见到数个小结节融合成形状不规则的较大结节。肝实质内有多发性脓肿样灶性坏死及肉芽肿形成。肉芽肿中心由成虫、虫卵和坏死细胞组成。视肉芽肿形成的时间长短，虫体体壁可完整或部分崩解，虫卵结构可基本完整或变性、死亡、钙化。肉芽肿的外围有嗜酸性粒细胞、浆细胞、巨噬细胞、类上皮细胞浸润。肉芽肿相互间还可融合。由于肝脏中脓肿样病变和虫卵肉芽肿的形成，导致肝细胞的损害；慢性感染则有肝纤维化，肝硬化形成。

临床表现

人

此虫感染并无明显临床症状。患者常为急性或亚急性肝炎伴嗜酸性粒细胞血症。典型临床表现为持续发热，肝脏肿大及嗜酸性粒细胞显著增高。临床症状的轻重取决于感染虫数及有无继发性细菌感染。轻度感染者可仅有低热，其他症状大多不明显；中度或重度感染者表现为持续高热，体温可达 39～41℃，肝肿大，有的患者肝大达肋下 8cm，可伴有脾肿大。患者还可出现异嗜癖、厌食、恶心、呕吐、胃灼热、腹痛、腹泻、脱水等表现。全身症状可有头痛、疲乏、体重减轻等；有的患者可有严重的皮肤瘙痒。慢性重度感染患者可发展为肝纤维化。有些患者傍晚及夜间有盗汗；呕吐物有时带血；粪便可带血；有些患者有咳嗽及少量的痰；肺部有支气管及肺门阴影，血红蛋白减少引起的低色素贫血等。儿童脾气乖张，有的有搐弱发作。人感染有似脓毒败血症样症状。有些患者以死亡转归。徐秉锟（1979）报道从一死亡患者肝中检出肝毛细线虫。Attah E B 等（1983）报道一名 27 岁尼日利亚女性，腹部右侧肿胀，并逐渐增加，已有 2 年，脾肿大，向下，渐伸平脐，表面有结节并有轻度触痛，脾可触及，无腹水，肝纤维化。

蔺西萌（2004）报道河南新乡 1.5 岁男性患儿，从 2003 年 8 月起持续高热 40℃，肝、脾肿大，用抗菌素治疗无效，疑似血吸虫肝硬化就医。临床检查：肝大（肋下 8cm），与脐平；血液嗜酸性粒细胞增高，占粒细胞总数的 30%～50%。肝脏活组织病理学检查，可见成团的未成熟肝毛细线虫虫卵，周围有大量炎性细胞，并且有许多包绕的纤维细胞。鉴定患儿为肝毛细线虫感染。Sekikawa H（1991）报道日本一名 26 岁男子感染。主诉为上腹痛，于胆石症手术时发现肝 S4 区有一边缘清晰，直径为 2cm 的肿块，作切除术。病理检查，肿块内大量嗜酸粒细胞、单核细胞、淋巴细胞、浆细胞及异物巨细胞浸润构成肉芽肿。肉芽肿内有大量夏科—雷登结晶。在肿块的中央观察到一线虫切面。切面内有两大一小的腺细胞团，这些腺细胞团即为杆状带。

成虫寄生于肝脏，产出的虫卵多数沉积在肝实质，引起肝脏内芽肿病变。肉眼可见肝脏肿大，肝表面有许多白色或灰黄色状小结节，大小为 0.1～0.2cm，有的可见到数个小结节融合成形状不规则的较大结节。肝实质内有多发性脓肿样灶性坏死及肉芽肿形成。肉芽肿中心由成虫、虫卵和坏死细胞组成。视肉芽肿形成时间的长短，虫体体壁可完整或部分崩解，虫卵结构可基本完整或变性、死亡、钙化，偶可见到肉芽肿中心的干酪样坏死。肉芽肿的外围有嗜酸性粒细胞、浆细胞、巨噬细胞、类上皮细胞浸润。肉芽肿之间相互还可融合。由于肝脏中脓肿样病变和虫卵肉芽肿的形成，导致肝细胞损害；慢性感染则有肝纤维化，肝硬化形成，严重者可导致肝功能衰竭。

预后如果感染虫数多，肝脏病变广泛或播散到其他器官，又未及时给予适当的治疗，人还有可能有似脓毒败血样症状，可导致死亡。慢性感染可导致肝纤维化，预后不佳。也有患者发展为肝脏相关性肾病的报道。

猪

肝毛细线虫可感染猪。1979 年前文献记载世界共报道 23 例。

张化贤（1981）报道四川猪发生肝毛细线虫感染。患猪，雄性 3 月龄，体重 20kg，营养中等，黑色，当地雅河猪种。购入做实验猪，临床上表现未见可疑症状，剖检后见肝脏肿大，呈黄褐色，右内叶下沿散在分布不规则细小灰白区。切取病变组织块，10% 福尔马林液固定，石蜡包埋切片，HE 染色镜检出肝小叶间质增宽纤维化，汇管区内有成堆虫卵分布。虫卵大小为 46.8～52μm×23.4～26μm，横切面圆形，纵切面椭圆形，卵壳双层，外层薄，切面细线状，内层厚而致密，呈褐色，两层之间有许多放射状排列的细小杆形线。卵的两端各有一个塞状物，但不突出于膜外。卵内含有一团被膜包裹的胚细胞。卵周围增生的间质内浸润大量淋巴细胞、巨噬细胞及一定数量的嗜伊红粒细胞。巨噬细胞贴近虫卵。组织内未发现成虫。肝实质细胞脂肪变性，其间亦见淋巴细胞、中性粒细胞及嗜伊红细胞浸润。虫卵数量较多处，亦见侵入小叶内。

诊断

本病罕见，肝毛细线虫假性感染病例是因为食入生的或未煮熟的感染动物的肝，虫卵仅通过人体消化道随粪便排出，虽可在人粪中检到，但人并未获得真正感染；而真性感染则是吞下被含胚胎的虫卵所污染的食物或尘土。感染者虫卵很少从粪便排出，只能凭活检或尸检取得肝组织进行显微镜检查才能确诊，因此临床诊断比较困难。患者外围血嗜酸性粒细胞明显增高是重要的临床征象，如患者居住环境鼠类密度高，或鼠类及其他动物肝毛细线虫感染率高，患者个人卫生及其居住环境卫生条件差，应警惕本病发生。如在粪便或唾液中发现肝毛细线虫虫卵，还应注意排除是否为假性人体感染。由于食入生的或未熟透的肉或其他感染动物的肝脏，肝脏中的虫卵随人体粪便排出，虫卵检查可为阳性，呈现一种假象，因在自然感染时，成虫寄生于宿主肝脏中，雌虫在肝脏组织中产卵，虫卵留在肝脏内并一般不排出体外。

确诊主要依靠肝脏的细针穿刺活检或 CT 引导下经肝穿刺活检。组织病理学检查可发现穿刺标本内肝毛细线虫或虫卵沉着，虫卵周围有肉芽形成。虫卵与鞭虫卵近似，但有凹形外壳而无塞状突起，多数人体病例，其肝组织可发现虫卵，这是确认该虫的有力证据。若未发现虫卵，而在虫体切片上发现杆状带亦为确认该虫的关键特征之一。实验室检查：外周血嗜酸性粒细胞计数增多，白细胞也可增多，有时出现低色素性贫血。肝纤维化特征：透明质酸，层粘连蛋白，IV 型胶原，以及 III 型前胶原水平增高。

有人认为免疫学方法，如免疫荧光试验、间接血凝试验与 ELISA 法等可能对诊断有一定参考价值。但有报道，以肝毛细线虫虫卵作为可溶性抗原，用 ELISA 法检测受染动物的血清特异性抗体，结果与旋毛虫、日本血吸虫、犬弓蛔虫、广州管圆线虫有交叉反应，表明肝毛细线虫与这些蠕虫之间存在有共同抗原。

鉴别诊断：其综合征类似传染性肝炎、化脓性肝炎、阿米巴肝炎、肝蛔虫、内脏幼虫移行症、白血病、Loeffler 氏综合征（嗜酸性细胞性肺病）、旋毛虫、何杰金氏病、组织胞浆菌病和结核病。

防治

阿苯达唑（Albendazole）为治疗首选药物，剂量 400mg，2 次/天，3～12 岁儿童剂量减半，孕妇、哺乳期妇女及幼儿禁用。疗程为 20～30 天。也可用甲苯哒唑（Mebendazole），剂量 200mg，2 次/天。有报道使用伊维菌素（Ivermectin）抗虫治疗。同时对肝纤维化明显患者，用 Decortin 抑制肝脏肉芽肿病变的发展取得了良好的功效。用噻苯咪唑和甲氧嘧啶在大剂量时有良好效果。

消灭鼠类，提高环境卫生和个人卫生水平，防止、避免土壤污染食物和饮水，不吃生的或未熟透的保虫宿主的肝脏。避免猫、犬、鼠等宿主吃食可感染的动物尸体，传播病原，以免虫卵随同类粪便排出；另外，注意灭蝇，因为蝇类可传播毛细线虫虫卵；防止小孩与土壤和污物接触。这些都是预防肝毛细线虫病的重要措施。

二十六、鞭虫病

（Trichuris）

鞭虫病（Trichuris）主要是由毛首线虫寄生于人畜大肠（主要是盲肠）中所引起的一种肠道线虫病。寄生于人体盲肠，轻度感染者无症状，重度感染者可出现腹泻、腹痛、贫血及直肠垂脱等。寄生于猪盲肠可引起腹泻、顽固性下痢、贫血等；严重感染可致仔猪死亡，也可致羊等家畜发病。

历史简介

根据湖北省江陵县马山砖厂一号战国楚墓古尸研究，证实在 2300 年前就有此虫寄生于人体。Roederer（1761）在盲肠中发现此虫并进行了形态描述。Linnacus（1771）发现毛首鞭形线虫，并与 Stiles（1901）命名为鞭虫（Trithuris trichura）。Grassi（1887），Fiilleborn（1923）和 Hasagana（1924）研究了毛首线虫生活史。Beverleyurton 和 Beck（1968）认为猪鞭虫是个独立种。

病原

本虫属毛首科，毛首属，虫体呈乳白色。前为食道部，细长，内为由一串单细胞围绕着的食道，后为体部，短粗，内有肠道和生殖器，外观像一条鞭子，因此又称为鞭虫。雄虫长 34~64mm，尾端呈螺旋状卷曲，交合刺一根，交合刺鞘上有小刺；雌虫后端钝圆，阴门位于粗细部交界处，雌虫长 39.5~56mm。成虫寄生于盲肠内，感染多时也见于人阑尾、回肠下端及结肠、直肠等处。猪毛首线虫寄生于猪的大肠（盲肠），也寄生于人、野猪和猴。雌虫每日产卵 3 000~10 000 个，随着宿主粪便排出体外。虫卵呈黄褐色，腰鼓状或橄榄状，卵两端狭尖，各具一透明，大小为 50~54μm×22~23μm，卵自人体排出时，其中细胞尚未分裂。虫卵对低温抵抗力强，但阳光直射能将其杀死。在适宜温、湿度的条件下，在泥土约经 3 周（20~30 天）发育为感染期虫卵（侵袭性虫卵），污染蔬菜及其他食物及水源，人因误食该虫卵而感染。虫卵在小肠内孵出幼虫，侵入肠黏膜，摄取营养发育，10 天左右移行至盲肠发育为成虫，雌、雄比值为（1.30~2.38）：1，平均 1.68：1。自感染期卵进入人体到粪便中发现虫卵，约需 1 个月时间。成虫自然寿命 3~5 年。猪毛首线虫的雌虫在盲肠产卵，随粪便排出。虫卵在加有木炭末的猪粪中，发育至感染阶段所需的时间为：37℃需 18 天；33℃需 22 天；22~24℃需 54 天。在户外，温度为 6~24℃时，需 210 天。感染性虫卵内为第一期幼虫，既不蜕皮，也不孵化。使囊性虫卵随同饮水或饲料进入猪体，第一期幼虫在小肠后部孵出，钻入肠绒毛间发育；到第 8 天后，移行到盲肠和结肠内，固着于肠黏膜上；感染后 30~40 天发育为成虫。成虫寿命为 4~5 个月。

人，猪鞭虫是否是一个种，曾有争论，通过交叉感染证明二者在不适宜宿主中虫体不能发育至性成熟；染色质，人为 4 个、猪为 6 个；人猪虫卵的发育，人虫卵发育较快，故认为可能是 2 种。但也有研究认为人鞭虫和猪鞭虫为同种（*T. trichicra* 和 *T. suis* 为同物异名），Beverley Burton（1968）认为是独立的种，因为人粪便中也可找到"猪鞭虫"卵，故在流行病中有一定公共卫生方面的重要性。

流行病学

鞭虫病呈世界分布，以热带、亚热带地区多见。在我国分布亦是以温暖、潮湿的南方地区为主。据估计，目前全球鞭虫感染者约为10亿人；我国调查，鞭虫病分布于全国各地，人群感染率为0.2%～66.7%，平均感染率为18.29%，感染者约2.12亿，其中14岁以下儿童7 000万。龙人镜（1993）报道湖南新尚村人群鞭虫感染的家庭聚集分布（表3-37），新尚村鞭虫感染率为49.1%，感染度平均克囊卵囊数（EPC）为59.86个。本病侵袭猪、野猪、猴和人类。1～4月龄仔猪易感，有明显的临床症状，成年猪或寄生量少时，危害性不大，且无临床症状。病人和病猪及带虫者是本病的传染源。虫卵在环境中发育成侵袭性虫卵而感染人、猪；污染的饲料、蔬菜、食物和饮水及木屑等垫料是主要的传播途径。用新鲜人粪、猪粪施肥或随地大便，使虫卵污染土壤或植物，苍蝇、蟑螂及禽类等可携带虫卵，在传播中起一定的作用。人的感染主要是由于食入被感染期鞭虫卵污染的蔬菜、瓜果等食物引起，饮用含虫卵的水也会感染。儿童的感染率及感染度均高于成人。在18个月至2岁之间的儿童即可开始感染鞭虫，甚至发生在6个月的婴儿。虫卵在自然界中抵抗力强，在10～40℃环境中能够生存，在温暖、潮湿、荫蔽和氧气充足的土壤中可存活数年。猪鞭虫是否感染人有争论，Bear（1971）用猪鞭虫感染受试志愿者，口服猪鞭虫卵后10周，从受试者粪便中检出鞭虫卵，并持续检到虫卵至少10周以上，虫卵中有胚者占10%左右（正常人鞭虫卵为80%左右），表示猪鞭虫在人体内雌雄同时寄生，且成熟交配产卵。Roepsorgy A（1999）也通过实验证明，猪鞭虫可感染人，并可在人体内发育产卵。因此，猪鞭虫是能感染人的，而猪作为人鞭虫病的偶然传染源也许是可能的。

表3-37　新尚村人群鞭虫感染分布

每户人数	总户数	粪检阴性份数	粪检阳性户数（例户）					
			1	2	3	4	5	6
1	46	24	22	0	0	0	0	0
2	87	29	39	19	0	0	0	0
3	74	17	29	19	9	0	0	0
4	107	16	24	34	23	10	0	0
5	58	7	7	18	15	9	2	0
6	25	0	5	10	1	2	6	1
7	1	0	0	0	0	0	1	0
8	1	0	0	0	0	1	0	0
9	1	0	0	0	0	0	0	1
合计	400	93	126	100	48	22	9	2

注：$T=3.10$；$P<0.01$。

发病机制

成虫寄生在回盲部，以其前端侵入黏膜层、黏膜下层，有时深达肌层，甚至穿入腹腔。

由于虫体的机械损伤和分泌的代谢产物产生的刺激作用，可致肠壁黏膜组织出现充血、水肿或点状出血。严重者可出现黏膜糜烂、浅表溃疡及出血灶；新鲜出血灶不易凝固，以致长期慢性失血。虫体头部钻入肠黏膜，深度多达 10mm，局部伴有炎性改变，这是引起腹痛的主要原因。黏膜内有多形核白细胞和嗜酸性细胞浸润，黏膜下层血管扩张，间质水肿。少数患者肠壁组织明显增厚可形成炎性肉芽肿。有时虫体侵入阑尾腔，机械性损伤黏膜，阻塞阑尾腔，继发细菌感染，导致鞭虫性阑尾炎，有的易并发阿米巴病变。偶有因大量虫体寄生，引起肠管不规则痉挛性收缩，导致肠梗阻、肠套叠、肠扭转等急腹症。

患者贫血与鞭虫的吸血活动、肠壁损伤渗伤及慢性腹泻等因素有关。

临床表现

人

成虫寄生于盲肠，以其细长的前体钻入肠黏膜、黏膜下层及肌层，吸取组织液和血液为食，吸血量为每虫 0.005ml/天，如寄生虫数大于 1 000 条时，可引起缺铁性贫血。Bundy 和 Cooper 认为鞭虫病伴有贫血，系红细胞从肠表面损失，原因是：①有损伤的上皮和浅表固有层血液渗出，如病人食物中铁补偿不足，或虫荷重时，则可出现贫血；鞭虫本身可食入渗出的血液；②伴有痢疾或直肠脱垂而出现大量出血，则可导致严重甚至危及生命的贫血。

虫体机械性刺激及其分泌物的作用可引起局部肠壁充血、水肿、出血等炎症反应，部分患者肠壁增厚，并可有肉芽肿形成，严重者可引起出血性结肠炎、肠黏膜脱落等。

鞭虫病的临床表现包括胃肠症状和全身症状。前者如食欲不振、恶心、呕吐、腹痛、腹泻、里急后重及偶尔粪中混有血丝等，后者有头痛、失眠、面色苍白、贫血及消瘦，面部及四肢浮肿以及变态反应症状。血中嗜酸性粒细胞明显增多，可达 10%～15%，并伴有发热、荨麻疹等。感染严重者可有红细胞低血红蛋白性贫血和低蛋白症、直肠脱垂、杵状指、发育迟缓和营养不良等。

有人收集近年来国内外关于鞭虫病临床表现的文献，认为鞭虫病的临床表现可分为痢疾型（鞭虫痢疾综合征）和慢性鞭虫结肠炎。常见症状包括腹泻、贫血、发育迟缓（身变为主）、粪中有血，有约半数病人有食虫癖，1/3 左右病人有直肠脱垂。轻度感染者有腹泻。有 1 例报告有急性盲肠梗阻，系由大量缠结成团的鞭虫附着肠黏膜，导致升结肠穿孔，腹膜脓肿。此外，鞭虫感染似可诱发或加重其他症状，如阿米巴痢疾、细菌性痢疾、阑尾炎等。

1. 胃肠道症状　常见于儿童严重感染者。当大量成虫寄生时，病儿可有头晕、食欲不振、恶心、呕吐、下腹部阵痛和压痛、慢性腹泻、血便或黏液血便。如侵犯直肠，可出现黏膜水肿、出血，甚至直肠脱垂。

2. 贫血及全身症状　重度感染者，由于寄生虫数较多，引起慢性贫血，可致缺铁性贫血，出现头痛、失眠、面色苍白、面部和四肢水肿、心脏扩大、充血性心力衰竭、营养不良、消瘦和发育迟缓等。少数病人扭结成团的鞭虫可引起盲肠梗阻，致结肠穿孔、腹膜炎、腹腔脓肿等。此外，鞭虫的感染可加重或诱发其他疾病，如阿米巴痢疾、细菌性痢疾和阑尾炎等。

猪

猪轻度感染时，一般不表现明显症状。但 1～4 月龄仔猪易感猪鞭虫，部分猪变成僵猪，严重感染可致仔猪死亡。曾彦钦（1990）报道该猪场一猪舍 19 头断奶仔猪，6 头急性死亡，病程 3～6 天；5 头转为慢性，于发病后 11 天相继死亡，发病率 100%，死亡率 57.8%。临症为病猪排黄绿色稀粪，很快食欲下降或废绝，精神沉郁，体温升高。小肠卡他性炎症，所有病猪其结肠和盲肠均有鞭虫。病灶上的虫体几条到几十条不等。虫体乳白色，形似马鞭。附有虫体的肠黏膜充血、肿胀，表面被覆一层黄绿色假膜，不易剥离。

鞭虫严重感染猪表现消瘦，被毛无光泽，易断，皮肤无弹性，贫血，眼黏膜苍白。虫头伸入盲肠黏膜，破坏黏膜，引起炎症。毒素引起仔猪顽固性下痢，随后出现类似赤痢样粪便，有鲜红色血丝或棕褐红黏液状、糊状粪便。病猪步态跛踉，出现犬坐姿势。病程较短，仅喜饮水，厌食，最后衰竭而死亡。剖检可见大肠暗红色，内容物黑色，有恶臭。病程长者，肠内容物中见有伪样物，期间有微细的丝状虫体，少数在结肠。虫体寄生部位的周围，有带血黏液，肠黏膜表面呈弥漫性出血，其上分布有大小不同的暗红色溃疡灶。

此外，猪鞭虫病可诱导或继发其他疾病，曾彦钦（1990）报道猪鞭虫病继发感染粪链球菌致仔猪体温升高，多数猪呼吸困难，鼻端发紫，有浆液性鼻漏，猪两侧耳朵呈急性发热性肿胀，色青紫；较为慢性的病猪耳朵干涸性坏死，色黑，僵硬。少数病猪跛行，个别病猪出现神经症状，表现为转圈。

糜宏年（1982）报道一大公猪体重减轻，从 73.5kg 下降 59kg，骨架显露，被毛粗乱，拱腰吊腹，走路摇晃，眼球凹陷，眼结膜苍白，食欲下降。诊断为毛首线虫病，药物治疗后排出大量虫体相互缠绕呈"虫球"。收集的虫体挤于水分后共 104g，取 2g 计数为 409 条，104g 为 25 480 条，加上弃掉虫体 5 000 条，约 3 万条。

猪毛首线虫可寄生于野猪的盲肠中，虫体前部刺入肠黏膜的机械损伤和毒素作用致野猪患病。重度感染时（数千条虫体）盲肠和结肠黏膜有出血、水肿、溃疡和坏死，有时黏膜上形成结节，内有部分虫体和虫卵。患猪精神不振，贫血，消瘦，常卧，不愿走动，腹泻，排出少量灰白色水泥样稀粪，呈糊状，腥臭，常舔舐周围铁柱栏和水泥糙壁。

诊断

1. 临床诊断 轻度鞭虫感染者一般无明显症状，中度、重度感染者可有明显的消化道症状，全身性表现，甚至出血并发症。本病流行区患者有慢性腹泻、腹痛、贫血、直肠脱垂及慢性阑尾炎等表现，应考虑有本病的可能。需进一步进行粪检，以便做出诊断。

2. 粪便检查 粪便中查到虫卵可以确诊。粪便检查中以直接涂片法最为简便，因鞭虫卵产量小，对轻度感染者易漏检。用水洗沉淀法和饱和盐水浮聚法等浓集方法，可提高检出率。若要了解感染度，可用定量透明厚片方法（改良加藤法）作虫卵计数。由于鞭虫卵较小，使用本法容易漏检，需反复检查，以提高检出率。

3. 成虫检查 盲肠中发现虫体也可确诊本病。猪是通过剖检盲肠直接寻找虫体；人可通过纤维结肠镜插入回盲部，可以观察到寄生的成虫及损伤的肠黏膜或钡剂灌肠及双重对比造影检查。

鉴别诊断

鞭虫感染虽然常见，但临床上常被忽视。当出现严重症状或并发症时往往不能及时正确诊断，有时可误诊为溃疡性出血、钩虫病、结肠癌，甚至有将阑尾鞭虫病误诊为右输尿管结石的报道。因此，临床上患者出现贫血、消化道出血及右下腹痛等病症，并伴有一般消化道症状时，应考虑有本病的可能。长期严重感染鞭虫，可出现类似钩虫病的临床表现，以痢疾伴里急后重而与钩虫病相鉴别，阿米巴痢疾和鞭虫病痢疾的临床表现相同，但鞭虫病痢疾多为慢性，且有营养不良和杵状指，更易引起直肠脱垂。

防治

发病病人或病猪应及时治疗，以免病原扩散。药物治疗，过去认为鞭虫不易彻底根治，一般服药后可使寄生虫数减少，症状减轻。今年应用驱虫药物有较好效果。

人可用：

甲苯达唑 100mg，每天 2 次，连服 3 天。虫卵转阴率为 88%～90%，治愈率 70%～85%。对重症鞭虫病，可每间隔 1 周用药 1 次，间歇使用 2～3 个疗程。

复方甲苯达唑，每片含甲苯达唑 100mg，盐酸左旋咪唑 25mg。用法：口服 1 片，每天 2 次，连服 3 天。治疗后 8 天虫卵转阴率为 92.2%，治疗后 30 天为 77.8%。

奥克太尔（间酚嘧啶，Oxantele），每次 10～20mg/kg，严重感染者可连服 2～3 天。对鞭虫病有特效。

复方噻嘧啶，每片含噻嘧啶、奥克太尔各 100mg，用两药各 5mg/kg，每晚半空腹服用，连服 2 天，虫卵转阴率为 93.8%。

此外，有氟苯达唑和阿苯达唑。

猪可用：

羟嘧啶，每千克体重 2～4mg，溶于水中灌服，严禁注射。本药对驱猪鞭虫有特效。

灭虫丁（阿氟菌素），每千克体重 0.3mg，皮下注射。

左咪唑，每千克体重 8mg，一次拌料喂服。

丙硫苯咪唑，每千克体重 10mg，拌料服喂。

本病的预防主要是加强个人卫生，加强饮食、饲料和环境卫生管理，防止或阻断虫卵污染蔬菜、饲料、食物、饮水等。粪便应堆积发酵，杀灭虫卵。可用微生态制剂处理粪便，通过生物菌产生的高温及杀菌物质杀灭虫卵。

二十七、蛔虫病
（Ascariasis）

本病是由蛔虫（似引蛔虫、猪蛔虫、弓首线虫、小兔唇蛔线虫、犬蛔虫等）寄生于人和动物体内所致的一种常见的人兽共患寄生虫病。人感染后，多数无明显自觉症状，当成虫寄生在小肠则可引起腹痛、肠道功能紊乱，少数可引起肠梗阻等严重并发症。幼虫、卵等移位会出现其他并发症。感染蛔虫人中大多数（约 85%）无症状，称为蛔虫感染（Ascaris Infection）。少部分人可因感染较重或因机体反应性强，或因引起并发症出现多种临床表现，称为蛔虫病。

历史简介

本虫古埃及和希腊人医学典籍均有记载。《黄帝内经》称为"蛟蛕"。伤寒论概述"其人吐蚘，为蚘厥"。Linnaens（1785）描述了人蛔虫，又称"似引蛔线虫"。Kuechenmeister（1885）曾以成胚的蛔虫卵作体内孵化，但未成功。Davain（1863）发现虫卵在小肠可以孵化。Stewart（1916）证实幼虫穿过肠壁沿血流至肺脏，然后经气管回到消化道的移行过程。Ranson 和 Foster（1917）及 Ranson 和 Cram（1921）用猪做试验阐明其移行路径，幼虫回小肠后直接发育为成虫。Koino 兄弟（1922）在人体进行试验，证实了蛔虫蚴确需移行至肺，并在痰中检出幼虫。Goeze（1882）描述了猪蛔虫。Johnston（1916）发现犬肠道寄生虫犬蛔虫，其幼虫能在人体内移行，引起内脏幼虫移行症。Brumpt（1927）发现猫小肠寄生虫猫弓首线虫，人偶尔可感染，幼虫可引起人体内脏移行症。Leiper（1909）发现寄生于野生猫科动物的胃、咽和气管寄生虫小兔唇蛔线虫，偶尔可感染人。

（一）人蛔虫病

病原

蛔虫成虫为长圆柱状，形似蚯蚓，活体为淡红色，死后为乳白色，雄虫长 15～31cm，最宽处直径为 2～4mm，尾端向腹侧卷曲；雌虫长 20～35cm，有的可达成 49cm，最宽处直径为 3～6mm，尾端平直。雌虫每日排卵平均约 20 万个，分受精卵和未受精卵。受精卵为宽卵圆形，大小为 45～75μm×35～50μm，卵壳自外向内分为 3 层：受精膜、壳质层和蛔甙层。壳质层较厚，另两层极薄，在普通显微镜下难以分清。卵的两端与卵壳之间留有新月形空隙，卵内含有一个大而圆的卵细胞，卵壳外有一层有虫体子宫分泌形成的蛋白质膜，表面凹凸不平，卵壳均较薄，无蛔甙层，卵内含有大小不等反光较强的卵黄颗粒。若蛔虫卵的蛋白质膜脱落，卵壳则呈无色透明，应注意与其他线虫卵的鉴别。

何麟（1986）人蛔虫与猪蛔虫属同科同属，形态相似猪蛔虫的幼虫能在人体肺部引起病变，亦可在人体小肠内发育为成虫。人蛔虫与猪蛔虫染色体数目均为 2n＝20，n＝10，其相对长度、臂比指数、着丝粒指数和类型均无显著差异。根据染色体相对程度、着丝粒位置，可将蛔虫染色体分为 4 组：Ⅰ组：人蛔虫为 1～2 号染色体；猪蛔虫为 1 号染色体。Ⅱ组：人蛔虫为 3～7 号染色体；猪蛔虫为 2～7 号染色体。Ⅲ组：人蛔虫与猪蛔虫均为 8 号染色体。Ⅳ组：人蛔虫与猪蛔虫均为 9～10 号染色体。

周春花（2012）研究 G_2 型人蛔虫和猪蛔虫的遗传多样性。用 ITS_1 对我国蛔虫的基因分型，发现共有 5 种基因型（G_1 - G_5），在人蛔虫群以 G_2 型为主（占 70％），而猪蛔虫以 G_3 型为主（占 80％）。G_2 型是人和猪蛔虫共有的基因型，其在人蛔虫种群中占 25.5％，在猪蛔虫占 15.2％。来自人体的 G_2 型蛔虫不能在猪体内发育为成虫，而来自猪的 G_2 型蛔虫却能在猪体内发育为成虫。各基因型在不同地区同一宿主内的分布频率基本相同，而在不同宿主之间的分布明显不同。不同基因型的蛔虫具有不同的宿主寄生特异性。但 Criscione（2007）和 Zhou（2011）用微卫星标记监测发现人蛔虫和猪蛔虫杂交个体的存在。谱系地理研究提示人蛔虫线粒体 COX1 的 H_9 单倍体可能是猪蛔虫远古祖先。这些都表明人蛔虫和猪蛔虫之间的关系并非仅仅是"同种或者异种"那么简单，尤其是人猪共占有种群相当比例的同为 G_2 型蛔虫。

虫卵对外界物理、化学等不良因素的抵抗力强，在阴蔽的土壤中或蔬菜上，一般可活数月至一年；食用醋、酱油或腌菜、泡菜的盐水，也不能将虫卵杀死。Burge 和 Marsh（1978）报告，蛔虫卵的保护作用，如 10％的硫酸、盐酸、硝酸或磷酸溶液均不能影响虫卵内幼虫的发育；而对于能溶解或透过蛔甙层的有机溶剂或气体，如氯仿、乙醚、乙醇和苯等有机溶液，以及氰化氢、氨、溴甲烷和一氧化碳等气体则很敏感，卵细胞或后冲皆可被杀死。

生活史：蛔虫不需要中间寄主，属直接发育型。其生活史包括虫卵在外界发育、幼虫在宿主体内移行和发育以及成虫在小肠内寄生 3 个阶段。

虫卵随粪便排出体外，在超市、阴蔽、氧气充足和温度适宜（21～30℃）的外界环境中，卵细胞发育为杆状幼虫，再经一周卵内幼虫第 1 次蜕皮，称为第 2 期幼虫，这种虫卵对宿主具有感染性。感染期虫卵被食入后，进入小肠，幼虫从卵壳一端孵出，侵入小肠黏膜和黏膜下层组织，而后侵入小静脉或淋巴管，经肝、右心到肺，穿过肺泡上的毛细血管进入肺泡，在此进行第 2 和第 3 次蜕皮（约在感染后第 5 天和第 10 天）。然后，幼虫沿支气管、气管移行至咽部，被吞咽下，经胃到小肠。在小肠内进行第 4 次蜕皮（在感染后第 21～29 天）转为童虫，再经数周，发育为成虫。从经口感染至成虫产卵需 60～75 天。1 条雌虫每天产卵 20 万～40 万个，蛔虫在人体的生存时间一般为 1 年左右。

蛔虫通过其肠上皮细胞微绒毛吸收葡萄糖、氨基酸及脂肪酸。成虫的能量来源主要是通过厌氧糖酵解过程而获得。由于成虫的丙酮酸激酶的活性低，因此只能将糖分解到磷酸烯醇式丙酮酸，再经过多种酶的作用，最后生成苹果酸。在线粒体内，其中一部分苹果酸进行称为代替途径的还原反应，经延胡索酸还原为琥珀酸。在这个反应中，多产生 1 分子的 ATP。这也是蛔虫实蝇低氧寄生环境的结果。

流行病学

蛔虫的分布呈世界性，全世界约有 1/4 的人口感染蛔虫，主要在温带及热带、经济不发达、温暖、潮湿和卫生条件差的国家或地区流行。我国各省（自治区、直辖市）都有蛔虫流行，原卫生部于 2001～2004 年对我国人体重要寄生虫病调查结果表明，在全国 31 个省（市、区）356 629人调查，蛔虫总感染率为 12.27％，推算全国蛔虫感染人数为 8 593 万人。因此，蛔虫病仍是危害我国农民的主要寄生虫病之一。

1. 传染源 蛔虫病人粪便内含受精蛔虫卵者，是人群中蛔虫感染的惟一感染源。蛔虫卵在外界环境中无需中间宿主而直接发育为感染期虫卵，感染时间直至它的寿命终止。目前认为人蛔虫的寄主除了人以外还有猪、犬等十几种动物。而猪蛔虫寄生于猪，当人吞食感染性蛔虫后，幼虫在人体移至肺发生肺部症候，通常不在人体内发育为成虫，表明猪蛔虫不能寄生于人或很难寄生于人，所以人不能作为猪、犬、猫等蛔虫的传染源。

2. 传播途径 主要为食入感染性虫卵经口直接传染。凡吞食了被蛔虫卵污染的食物（主要是蔬菜、泡菜和瓜果）或通过污染地板、家剧、衣服和手或饮水而受染。虫卵随灰尘飞扬而被吸入咽部吞下也可引起感染。在蛔虫病流行地区，使用未经无害化处理的人粪施肥和随地排便是造成蛔虫卵污染土壤、蔬菜或地面的主要方式。因人粪或接触被人粪污染的土地而散播蛔虫卵。鸡、犬、蝇类的机械性携带，也对蛔虫卵的散播起一定的作用。蛔虫卵在外界发育为感染期虫卵后，可以通过多种途径使人感染。

3. 人群易感性 人对蛔虫普遍易感。蛔虫感染率，在地区分布上，农村高于城市；在年龄分布上，儿童高于成人，尤以学龄前儿童和小学低年级学生感染率最高。随着年龄的增长，多次感染产生免疫力，是成人感染降低的原因之一，男女无显著差别。蛔虫病以散发为多，如集体生食被感染期蛔虫卵污染的未经洗涤的甘薯、胡萝卜等，人群发生爆发性蛔虫性哮喘。无论哪一种宿主，在衰弱或维生素缺乏时，人、猪蛔虫都能顺利发育。但一般对其相反的宿主都不如其自然宿主易于感染，并且无论感染哪种宿主，二者感染潜伏期都不同，但发病率不清楚。

4. 流行特征　在蛔虫普遍感染与广泛流行的地区，是与当地经济条件、生产方式、生活水平及文化水平和卫生习惯等社会因素有密切关系。一般流行地区主要在春、秋季节。

发病机制

蛔虫感染的致病作用由蛔虫幼虫和成虫引起。

蛔虫幼虫移行过程中，经过肠壁、肝、肺等器官时，可引起局部组织的炎症反应，特别是在肺部，可发生点状出血和细胞浸润大量感染时，可导致蛔虫性肺炎及全身性过敏反应，患者有咳嗽、哮喘、呼吸困难、咳痰含有血丝（有时可从痰中找到幼虫）、荨麻疹、发热及嗜酸性细胞增多等，X线检查可见肺部有浸润性改变。

蛔虫成虫寄生在小肠内，以空肠与回肠上段为主，成虫的致病作用主要包括：

1. 引起营养不良　蛔虫寄生于小肠，以小肠内半消化物为食，加上肠黏膜损伤所致的消化和吸收障碍，影响对蛋白质、脂肪、碳水化合物及维生素的吸收，引起营养不良。重度感染的儿童可出现发育障碍。

2. 损伤肠黏膜　蛔虫唇齿的机械作用和代谢产物的化学刺激，能损伤肠壁黏膜并引起炎症病变。

3. 毒素作用　虫体分泌物、代谢产物可刺激局部肠黏膜，引起痉挛性收缩和平滑肌的局部缺血；毒素被机体吸收后引起毒性反应，患者可出现消化功能紊乱，如腹痛（常为下腹或脐周痛）、恶心、呕吐、腹泻及便秘等。部分患者可有头痛、失眠、多梦、夜惊、磨牙等神经系统症状。

4. 并发症　蛔虫有钻孔习性，常引起异位性损害。通过蛔虫寄生于小肠，引起肠蛔虫病。某些诱因（如服用某些药物、剧烈呕吐、高热、饮食不当等）的刺激，可促使蛔虫剧烈活动并钻孔窜扰，它们可钻入胆道、肝脏、胰管、阑尾及腹腔等处，引起胆管蛔虫症、肝脓肿、胰腺炎等严重的并发症。蛔虫还可侵入胸腔、呼吸系统、泌尿生殖系统、咽鼓管、泪囊等处，并经各种自然开口（如口、鼻、泪孔、尿道、肛门、阴道等）钻出体外。肠内蛔虫太多，或由于虫体受到某些因素的刺激而扭结成团，可以机械性的阻塞肠道；也可因肠壁受刺激发生反射性痉挛而引起肠梗阻。以上各种并发症以肠道梗阻和胆道蛔虫症最多见。这些并发症如不及时处理，可造成肠坏死、肠穿孔并导致腹膜炎等。蛔虫还可以通过瘘管出现于其他系统，如尿道、女性生殖道等。

此外，虫卵也有致病作用。若雌蛔虫侵入肝、腹腔和肺等处，可在相应部位排出虫卵。蛔虫卵在组织内引起肉芽肿，系由嗜酸性粒细胞、巨噬细胞或纤维细胞及纤维母细胞所组成。人感染蛔虫后，可产生一定的免疫力，即血液内可出现特异性抗体——沉淀素，幼虫周围出现以嗜酸性粒细胞为主的细胞浸润。在特异性抗体和浸润细胞共同作用下可杀死部分幼虫。

临床表现

人

感染蛔虫人中大多数（约85%）无症状，称为蛔虫感染。少部分人可因感染较重或因机体反应性强或因引起并发症出现多种临床表现称为蛔虫病。蛔虫感染的致病作用由蛔虫成虫和幼虫引起。①蛔虫幼虫的移行致病。幼虫移行经肠壁、肝、肺等器官，可引起局部组织的炎症反应，如肺部，可发生点状出血和细胞浸润，大量感染时可导致蛔虫性肺炎及全身过敏反应，患者有咳嗽、胸痛、哮喘、呼吸困难、咳痰含有血丝（有时可查见痰中幼虫）、荨麻疹、发热及嗜酸性粒细胞增多等，X线检查可见肺部有浸润性改变。Koino 兄弟（1922）在人体进行实验，证实了蛔虫幼虫确需移行至肺，并在痰中检出幼虫。这种单纯的肺部炎性细胞浸润及血中嗜酸性粒细胞增多的表现，即称肺蛔虫症，亦称 Loeffler 综合征。Santini 等（1999）报道 2 例 11 岁儿童因肺蛔虫症引起反复的自发性气胸。如无继发感染，一般可在一周内自愈。当重度感染时，幼虫也可侵入甲状腺、脾、脑、肾等器官引起异位损害。若通过胎盘，也可致胎儿体内寄生。②成虫感染。蛔虫成虫寄生于以空肠和回肠上段为主的小肠内，主要引起宿主营养不良、肠黏膜损伤与病变。虫体分泌物及代谢产物的毒性作用和成虫移位引起的并发症。③虫卵的致病作用。Correa 等（1957）报道蛔虫卵在内脏及组织中引起肉芽肿及脓肿。雌蛔虫侵入肝、腹腔或肺等处，可在相应部位排出虫卵。虫卵在组织内引起肉芽肿及一系列其他反应。临床症状可分蛔虫移行和成虫致病两类：

1. 幼虫移行期　少量幼虫在肺部移行时，可无任何临床表现。当短期内感染了大量感染期蛔虫卵时，常可引起蛔虫性肺炎、哮喘和嗜酸性粒细胞增多症。此症潜伏期一般为 7～9 天，临床上出现全身和肺部症状。大量幼虫移行时，患者可出现咳嗽、咯血、发热、荨麻疹和气喘，甚至呼吸听诊有啰音、捻发音。胸片检查可见两侧肺门阴影增深，肺纹增多，有点状、絮状或片状浸润阴影，一般 1～2 周内消失。痰液检查可见嗜酸性细胞与夏科—雷登晶体，偶尔可发现幼虫。国内文献有报道，因食用被感染性蛔虫卵所污染的甘薯等而发生爆发性蛔虫性哮喘或蛔虫性肺炎，也可出现与蛔虫感染有关的嗜酸性粒细胞增多性哮喘，或称其为爆发性哮喘性嗜酸性粒细胞增多症。如李长玉（2000）报告了宁夏地区突发性哮喘患儿41 例，经确诊为蛔虫引起眼蛔虫病（Ocular ascariasis）。蛔虫幼虫侵入眼底可引起视力减退；钻入泪道，可引起局部炎症。

2. 肠蛔虫病　大多数患者可耐受轻度感染。部分患者因为虫体吸收营养、虫体的机械性刺激及代谢产物的毒性作用，患者常出现腹痛，位于脐周，呈不定时反复发作，不伴有腹肌紧张与压缩。常有食欲减退、恶心、消化不良、烦躁不安、荨麻疹等，时而腹泻或便秘，可从大便中排出或吐出蛔虫，少数病人有腹部绞痛。儿童患者有时可引起神经症状，如惊厥、夜惊、磨牙、异食癖等。韦立功（2000）曾报道 33 例儿童肠道大量蛔虫症。

3. 并发症　临床上常见的并发症是胆道蛔虫病、肠梗阻、胆管炎、胆结石症、胰腺炎、肝脓肿、阑尾炎、肠穿孔和腹膜炎等。国内报道 8 468 例异位性蛔虫病及其并发症中，蛔虫性肠梗阻最常见，占 52.8%，胆道蛔虫病占 27.6%。

（1）胆道蛔虫病　蛔虫有钻孔习性，肠道内环境或宿主本身身体状况改变时，蛔虫受到刺激可钻入胆道，引起胆道蛔虫病。胆道蛔虫多见于胆总管、胆囊，肝内者少见。以青壮年为多，女性多于男性。本病的临床特点是突然发生阵发性上腹部剧烈"钻顶样"疼痛，向右肩、腰背部等放射，难以忍受；发作时患者辗转呻吟，痛苦异常，全身出汗，但间歇期如常人。常伴有恶心、呕吐，有时甚至可以吐出蛔虫。体检时不适体征不明显，与腹痛的剧烈不相称，仅在剑突下或稍右有轻度压痛，无肌紧张。发病早期体温多正常，疼痛如不缓解，1～2 天后出现发热、轻度黄疸等，少数后期严重病人可出现全身中毒症状。Sandouk 等（1997）分析内镜下诊断的 300 例胆道、胰腺蛔虫病患者，出现腹痛 294 例、胆管炎 48 例、急性胰腺炎 13 例、阻塞性黄疸 4 例。

胆道蛔虫病在临床上可分为：

①胆绞痛型　最为常见，蛔虫钻入十二指肠壁上的壶腹孔，引起 Oddi 氏括约肌管痉挛所致。

②急性胆囊炎　蛔虫侵入胆管后可引起无胆石性胆囊炎，蛔虫偶尔进入胆囊，产生胆囊管阻塞，随虫体进入的细菌繁殖，造成严重感染，并发胆管炎、胆囊炎、胰腺炎等。

③急性胆管炎　如患者腹痛不缓解，出现高热，提示并发急性胆管炎。

④急性胰腺炎　胆总管或胰管部分阻塞使胆汁返流，激活胰酶，引起急性胰腺炎。

⑤肝脓肿　蛔虫进入肝脏，带入的细菌可感染形成细菌性肝脓肿。此外，个别胆道蛔虫病患者由于蛔虫的强烈刺激，引起胆道大出血，可见便血或呕血等。

（2）肠梗阻　多见于重度感染的儿童患者。大量蛔虫在小肠内缠结成团引起机械性阻塞，大多为不完全性肠梗阻。宋德宏等（1997）报告蛔虫性急腹症是小儿常见急腹症。326例患儿中蛔虫性肠梗阻占 138 例。蛔虫性肠梗阻在急性肠梗阻的各种病因中名列第 2 位（许隆祺，1991）。Fülleborn（1929）报道患者肠管中找到 1 488 条蛔虫，引起肠套叠。

（3）蛔虫性阑尾炎　蛔虫钻入阑尾可引起阑尾炎。主要表现为突然发生全腹性或脐周阵发性绞痛，以后转移到右下腹部，以右下腹痛、腹胀、肌紧张及反跳痛为主，伴有恶心、呕吐、绝大多数患者有吐蛔虫史或排蛔虫。本病的穿孔率可达 52%～67%，如未能及时诊断和手术治疗，病死率甚高，可达 80%（朱师晦，1975；王兴国，刘悦文等，1996）。

（4）蛔虫性腹膜炎　蛔虫可经小肠、阑尾穿孔进入腹腔，引起腹膜炎。胆道蛔虫病可并发胆管胆囊炎、穿孔或破裂，引起胆汁性腹膜炎。侵入肝内的蛔虫可并发肝脓肿，肝脓肿或蛔虫穿破肝脏形成膈下脓肿，破溃入腹腔亦可引起局限性或弥漫型腹膜炎。Africa 和 Garcia（1936）报道菲律宾人蛔虫引起的腹膜炎。

（5）蛔虫卵性肉芽肿　雌蛔虫在肝、腹腔或肺等处均可排出虫卵。虫卵在某些脏器组织中可导致虫卵成虫的形成。Drouet（1945），蛔虫入脑引起脑膜炎，癫痫，眼网膜及玻璃体出血，眼睑肿大，血尿和出血性胃炎。

（6）其他　蛔虫可经消化道进入鼻腔或侵入耳咽管，甚至从外耳道钻进。如蛔虫侵入气管、支气管，患者可出现呼吸困难等症状，甚至引起窒息死亡。有时钻至皮下，在局部形成包块，或穿破皮肤钻出体外。Marrgcy（1926），蛔虫还可侵入女性输卵管，甚至孕妇的胎盘。Beettiger 等，也有蛔虫钻入心脏和肺动脉导致死亡，死亡的直接原因是引起急性肺梗死。其主要症状为高热、寒战、上腹部疼痛、腹肌紧张、呼吸困难、中枢性紫绀和昏迷。Lin 和 Wang（1941）报道烟台一人尿道排出蛔虫。

人蛔虫和猪蛔虫同属土源性成虫。Payne 等（1925）证明人、猪蛔虫在血清学方面不同，但人蛔虫能否对猪致病有些存疑。Ranson 和 Foster（1917）及 Ranson 和 Cram（1921）用猪做实验阐明了似引蛔虫猪体内移行路径全程，并从肠内得到成虫。但有报告认为人蛔虫可在猪体内移行引起疾病，但均不能达到成虫期。Hiraishi（1928）用人蛔虫感染缺乏维生素 K 小猪成功；De Boer（1935）用人蛔虫感染不吃初乳小猪成功，其后 Takata（1951）用猪蛔虫卵感染 19 名成人，其中 7 人被感染成功。Soulsby（1961）用人的蛔虫蚴感染不吃初乳小猪都重复成功，表明人蛔虫对猪有侵袭性。动物感染后表现腹泻、肺炎、发热等，特别是幼猪症状明显，在发病初期因幼虫移行可引起蠕虫性肺炎，表现咳嗽、体温升高、呼吸困难、食欲不振等症状，以后则表现生长发育受阻、消瘦、下痢、贫血、异食等。严重感染时，可发生肠阻塞和肠破裂，也可并发胆道蛔虫症。实验室工作人员和长期接触虫体的人，对猪蛔虫和人蛔虫都有可发生过敏反应，如将猪蛔虫体液注入已致敏的猪体内，会引起过敏性休克，甚至死亡；未致敏的个体则不出现临床体征。新几内亚岛上猪是一种财富和地位的象征，许多人往往会感染猪蛔虫。

诊断

粪便中检出蛔虫卵或蛔虫、病人呕吐出蛔虫、痰中检出幼虫均可确定诊断。粪便检查可用直接涂片法、厚涂片法（例如玻璃纸片覆盖厚涂片法）或饱和盐水浮聚法。应用 ELISA 方法，可检测血中蛔虫抗体。

1. 蛔虫幼虫移行期的诊断　疑为肺蛔虫症因蛔虫幼虫引起的过敏性肺炎的患者，可通过询问病史、临床检查、血中嗜酸性粒细胞升高、X 线检查等，痰中检查蛔虫幼虫可确诊。

2. 成虫期的诊断　成虫寄生的患者只要粪检发现虫卵吐虫或排虫史，便可诊断。如有并发症，应根据相应的症状、体征和有关的检查结果来进行判定。

（1）粪便检查　自患者粪便中检查出虫卵即可确诊，方法同前。

（2）抗体检测　蛔虫感染时的免疫应答是由移行期幼虫引起，因此 ELISA 试验可用于蛔虫感染的早期诊断。应用 ELISA 法，可检测血中蛔虫抗体。动物试验表明，用猪蛔虫体腔液或感染性虫卵作抗原较为敏感。以人蛔虫Ⅲb 抗原用 ELISA 法检测患者血清的蛔虫特异性抗体，敏感性为 100％。在固定人群中用 ELISA 试验定期检测抗体，可比粪检虫卵更准确地阐明当地蛔虫的流行强度和易感季节。

（3）其他检查　对胆道蛔虫病患者腹部进行 B 超检查可发现位于扩张的胆总管腔内的蛔虫；用内镜逆行胆胰管造影术（ERCP）检查可发现十二指肠内蛔虫；利用皮内试验对早期感染或仅有雄虫寄生者有一定的参考意义。

防治

对病人和带虫者进行驱虫治疗，是控制传染源的重要措施。

驱虫治疗既可降低感染率，减少传染源，又可改善儿童的健康状况；对有并发症的患者，应及时送医院诊治，不要自行用药，以免贻误病情。胆道蛔虫病如病情允许先采用中西医结合治疗胆道蛔虫治疗术获得满意的疗效。常用的驱虫药物有：

1. 甲苯咪唑　为一高效、广谱驱肠蠕虫药。它选择性地使线虫的体表和肠细胞中的微管消失，抑制虫体对葡萄糖的摄取减少糖原量，减少 ATP 生成，妨碍虫体生长发育，对蛔虫的成虫和幼虫有杀灭作用，疗效常在 90％以上。对蛔虫卵也有杀灭作用，有控制传播的重要意义。

2. 丙硫咪唑　具有广谱、高效、低毒的特点，其驱杀作用及其机制基本同甲苯咪唑。用法：成人及 4 岁以上儿童均用 400mg 顿服；2～4 岁儿童减半。

3. 枸橼酸哌嗪（又名驱蛔灵）　对蛔虫有较强的驱除作用。主要改变虫体肌细胞膜对离子的通透性，使虫体肌肉超极化，抑制神经—肌肉传递，致虫体发生弛缓性麻痹而随肠蠕动排出。1～2 天疗法的治愈率可达 70％～80％。用法：75mg/（kg·天），极量 4g/天，顿服；儿童 75～150mg/（kg·天），极量 3g/天，空腹顿服，连用 2 天。

4. 双萘羟酸噻嘧啶　为一广谱驱线虫药，对蛔虫感染有较好疗效。它使虫体神经—肌肉去极化，引起痉挛和麻痹。用法：5～10mg/kg，顿服。

5. 左旋咪唑 为广谱驱虫药，尤其适用于蛔、钩混合感染及蛔虫性不完全性肠梗阻。用法：成人 1.5～2.5mg/kg，儿童 2～3mg/kg，睡前顿服，1 周后可再服 1 次。

预防措施有：

1. 健康教育 开展宣传教育，普及卫生知识，主要对象是学龄儿童，通过图片、多媒体、实物等，使儿童认识蛔虫对人体的危害性和防止感染的具体知识。注意个人卫生，饭前便后洗手，保持手部清洁，可以有效减少蛔虫感染。不随地大便，不吃生菜或未清洗瓜果，不饮生水，以及灭蝇等，防止食入蛔虫卵。

2. 群体防治 在蛔虫感染率超过 20％的流行区，宜在感染高峰之后的秋、冬季节采取全体人群驱虫治疗。由于存在再感染的可能，所以最好隔 3～4 个月再驱虫 1 次。

3. 粪便管理 使粪便无害化、防止粪便污染环境是切断蛔虫传播途径的重要措施。这样做既可防病，又能保肥。在用水粪做肥料的地区，可采用五格三池贮粪法。经过厌氧发酵和游离氨的作用，粪液流到第五格时，其中寄生虫卵和各种肠道传染病原菌可被消灭，同时也会增加肥效。在用干粪做肥料的地区，则可采用干粪堆肥法，堆肥后 3 天，粪堆内的温度一般可上升至 52℃，高温可杀死蛔虫卵，并使粪便很快腐熟。推广沼气作为能源，既有利于粪便无害化处理，又可缓解农村电力问题。可半年左右清除一次池底粪渣，此时大部分虫卵已失去感染能力，如加入生石灰或氨水，则可以杀灭近期沉淀的虫卵。

（二）猪蛔虫病

猪蛔虫病是蛔科蛔属的猪蛔虫等寄生于猪小肠内引起的疾病。仔猪最易感染。

病原

猪蛔虫（*Ascaris sum*）是形如蚯蚓的粉红稍带黄色大型线虫，虫体呈长圆柱形，头端有 3 个唇片，排列成"品"字形。雄虫体长 15～25cm，尾端向腹面弯曲，具有 1 对较粗大等长的交合刺；雌虫体长 30～35cm，尾端直，阴门开口于虫体前 1/3 处，虫卵黄褐色，卵壳厚，有 4 层膜，最外层为波浪形的蛋白膜。受精卵为短椭圆形，内含未分裂的卵胚。未受精卵呈长椭圆形，壳薄，多数无蛋白膜，或蛋白膜薄而不规则。

发育史：猪蛔虫属直接发育型。雌虫受精后，产出大量虫卵，随猪的粪便排出体外，在适宜的条件下 3～5 周发育为感染性卵。感染性虫卵被猪吞食后，卵内幼虫孵出，钻入肠壁血管，多数幼虫随血循通过静脉到达肝脏，经心、肺，钻破肺泡入细支气管、气管，随痰液进入口腔，咽下后的小肠内发育为成虫。自感染到虫体成熟，需 2～2.5 个月。成虫生命期为 7～10 个月。

流行病学

雌虫繁殖力很强，一条雌虫一昼夜可产卵 10 万～20 万个，产卵旺盛时期每昼夜可达 100 万～200 万个，每条雌虫一生可产卵 8 000 万个。因此，凡有本病存在的猪场，猪舍内外地面会被大量虫卵污染。

虫卵具 4 层卵膜，对外界环境不良因素抵抗力很强，内膜能保护胚胎不受外界各种化学物质的侵蚀；中间两层有隔水作用，能保护胚胎不受干燥影响；外层有阻止紫外线透过的作用。

猪蛔虫病发生与环境卫生和饲养管理方式有密切关系。在饲养管理不良、卫生条件差、缺乏营养，特别是饲料中缺少维生素和矿物质的情况下，仔猪最易感染蛔虫，患病较重，常引起死亡。Ranson 和 Foete（1920）猪年龄越大越不易感染猪蛔虫。猪蛔虫可感染绵羊、山羊、牛，并达到成熟期；对松鼠、犬、猫已有报道。在亚洲、非洲和美洲其他热带地区猪都会感染通常在人体内的蛔虫株。猪蛔虫寄生于猪，当人吞食感染性猪蛔虫卵后，幼虫在人体移行至肺，发生肺部症候，通常在人体内不能发育为成虫。所以，不能作为猪、犬、猫等蛔虫的传染源。

虫卵的正常发育除要求一定湿度外，温度影响很大，28～30℃时，只需10天即发育为第1期幼虫；18～24℃时，需要20天；12～18℃时，需40天；高于40℃或低于－2℃时，虫卵则停止发育；60～65℃时，经5min杀死虫卵；如在－20～－27℃时，感染性虫卵可存活3周。虫卵对各种化学药物也有较强的抵抗力，常用浓度的消毒药不能杀死虫卵，只有60℃温度以上的热碱水或20％～30％热草木灰水才能杀死虫卵。

蚯蚓可为本虫的贮藏宿主，在传播疾病上起重要作用。

临床表现

猪

本病的危害程度与感染强度有关。

临床上哺乳仔猪感染率均为零，可随着猪龄增长猪蛔虫反复感染，种公猪和种母猪感染率最高，肥育猪次之，保育猪最低。由于猪蛔虫发育周期较长，需要2～2.5个月才能发育成熟排卵，哺乳仔猪受感染时幼虫正处于在体内肝、肺等脏器中移行阶段。

（1）幼虫移行时，造成移行径路各组织器官的损伤，尤其对肝和肺脏危害较重，常引起蛔虫性肺炎，出现咳嗽等病状，一般持续1～2周，以后病状逐渐减轻，直至消失。有时因幼虫移行造成病原微生物侵入的机会，常可并发流感、猪喘气病和猪瘟等。

（2）成虫感染。成虫在小肠寄生时，因虫体机械性破坏，有毒代谢产物的刺激，夺取营养和变态反应，引起小肠卡他性炎症。虫体大量寄生可阻塞肠道，出现阵发性痉挛腹痛，甚至造成肠破裂而引起死亡。蛔虫钻入胆管，可引起胆道蛔虫症，病猪剧烈腹痛。临床上常见猪热性病，如猪瘟等高热引起蛔虫钻入胆管，造成皮肤、组织感染等黄疸症。多数病猪在轻度感染情况下，症状不明显，主要表现消化障碍，食欲不振，营养不良，生长缓慢，下痢，迅速消瘦，贫血，有时出现神经症状，如不及时驱虫则预后不良。

（3）猪蛔虫常见临床症状。体况正常的猪只在虫体较少时体温正常，虫体较多或发病时，常出现两种体温情况：开始发病或注射解热镇痛药后体温为39℃或39.5℃，其中最典型的是39℃，即使多次大剂量注射解热镇痛消炎药，其39℃的体温固定不变。39.5℃一般出现于虫体较多，病情严重的患猪，体温会随感染程度升达40℃以上。

大便：多不正常，为糊状下痢或大便稀软，极少数出现经常的便秘，虫体较多且病程长者，便秘或下痢交替发生。

呛咳：在蛔虫幼虫有肺经喉向消化道移行阶段，患猪均有呛咳现象，尤其吃食时易出现。

异食：患猪多爱吃煤炭粒，有的喜爱嚼干草或啃泥土。

吃食异常：虫体数多时，患猪吃食常减少，有的食欲时好时坏，极个别的食欲亢进，发病严重者拒食或只食青草，有的发生呕吐，甚至呕吐出蛔虫。

腹痛：患猪均有腹痛，表现为喜伏卧地，严重者蜷腹弓背，发生呻吟或突然惊叫，有的出现肌肉震颤或发抖。

外观：虫体多、病程长的患猪多消瘦，生长发育迟缓，被毛粗乱无光，有的出现皮疹，蛔虫胆者巩膜共染，并尿色深黄。

巩膜：虫体多，病程长的患猪在瞳孔内上方巩膜上有一根明显充血的倒 Y 状血管。

以上八项不可能全部发现，发现两项者可怀疑，发现有三项症状者，多必有蛔虫。

人感染猪蛔虫

从形态特性方面鉴定猪、人蛔虫尚有不同看法，但从流行病学、生物化学和免疫学的研究，猪蛔虫和人蛔虫属于两个不同的虫种。猪蛔虫主要寄生于猪，偶尔感染人、犊牛等。如感染黄牛引起急性非典型肺炎，可致死牛；感染黄牛出现肺炎和肝脏白斑病灶，童虫偶可在绵羊的小肠中发现。猪蛔虫幼虫可侵入人体肝脏、肺、小肠，可产生严重症状，一般不能达到成熟，但有成虫感染病例报告。Takata（1952）报告猪蛔虫卵感染 19 个成人，其中 7 人被感染成功。新几内亚岛上猪是一种财富和地位象征，许多人往往感染猪蛔虫，但绝大多数猪蛔虫能在人体内移行，幼虫引起皮疹。我国人感染猪蛔虫共有 145 例，浙江医学科学院寄生虫病研究所（1960）报告 141 例人蛔虫和猪蛔虫混合感染病例；刘斌权（1980）报道一名 8 月龄男婴，从口腔、鼻腔、肛门排出大量猪蛔虫童虫 432 条；殷正江（1994）报道 2 男 1 女，3 例猪蛔虫感染病例，患者有腹泻，从鼻腔爬出幼虫等临床症状，共收虫 1 325 条。世界卫生组织的寄生性动物流行病资料（人民卫生出版社，1982）：从事猪蛔虫工作人员不仅可获得成虫，而且常对蛔虫发生严重的变态反应。

诊断

根据仔猪多发，表现消瘦、贫血、生长缓慢或停滞，初期发生肺炎，抗菌素治疗无效时可怀疑本病。

生前诊断可用粪便检查发现特征性虫卵而确诊。必要时可进行免疫学检查或驱虫诊断。

剖检时，幼虫期可见肺炎病变，局部肺组织致密，表面有大量出血点或暗红色斑点，用贝尔曼氏法检查可发现蛔虫幼虫。成虫寄生时可见小肠黏膜卡他性炎症，并可发现虫体；肠破裂时伴发腹膜炎及腹腔出血；胆道蛔虫症死亡的猪，可见蛔虫钻入胆管，胆管阻塞。严重的可造成黄疸症。

防治

对蛔虫的有效驱虫药物很多，常用的有以下几种：

左咪唑 8mg/kg，混在少量饲料中喂服，也可配成 5％的溶液，皮下或肌肉注射，亦可皮肤涂擦。阿苯哒唑 5mg/kg 一次，间隔 2 个月重复一次。

噻苯唑 100～150mg/kg；哌吡嗪 300～400mg/kg；敌百虫 100～150mg/kg（极量为 7g）；酒石酸甲噻嘧啶 5mg/kg，以上药物均混料喂饲。

丙氧咪唑 10mg/kg，一次混料喂饲，或以饲料 40mg/kg 连喂 10 天。

噻苯唑、丙硫咪唑、丙氧咪唑对移行期幼虫也有效。

预防措施有：

1. 预防性驱虫　每年春秋两季，对猪群进行 2 次驱虫，特别是对 2～6 个月的猪，应进行 1～3 次驱虫，孕猪在产前 3 个月驱虫可减少仔猪感染。污染严重的猪场，可进行成虫期前驱虫，在感染季节每隔 1.5～2 个月驱虫一次。

2. 保持圈舍清洁卫生　定期清扫，勤换垫草，土圈铲除一层表土，垫以新土，连同粪便进行生物热除虫，只要达到 50℃以上就可以杀死虫卵。对饲槽、用具和圈舍应每月一次用热碱水或 20％～30％热草木灰进行消毒，消灭虫卵。猪粪尿要经过无害化处理，如自然堆积或用微生物发酵熟化猪粪垫料和排泄物后，方可作为肥料入田。

3. 改善饲养管理　注意饲料和饮水清洁卫生，减少和防止虫卵污染，饲料中要保证足够的维生素和矿物质，促进生长发育，增强机体抵抗力。

4. 严格检疫　对新引进的猪要先隔离饲养，进行粪便检查，对感染猪驱虫，然后再与本猪场同圈饲养。

5. 消灭贮藏宿主　对家畜或某些动物要驱虫，猪场不能混养其他家畜。粪便要无害化处理，防止蚯蚓等宿主感染，造成疾病流行。

二十八、钩虫病
（Ancylostomiasis，Hookorn Disease）

钩虫病主要是由钩虫寄生于人、畜、野生动物小肠引起的肠道寄生虫病。寄生部位通常在十二指肠及小肠前端。临床表现为匐行疹、丘疹、脓疱、贫血、水肿、营养不良、胃肠功能紊乱及发育不良等；严重的可引起心脏功能不全等，轻者无明显的临床症状，仅在粪便中发现钩虫虫卵，称为钩虫感染。人体钩虫主要为十二指肠钩虫和美洲板口线虫，俗称"黄肿病"、"懒黄病"

历史简介

公元前 1553～1550 年埃及已有类似钩虫的记载。Avicenna（981～1037）记载人体"圆虫"以及所引起的症状。Dubini（1838）从米兰女尸中获得虫体，叙述了十二指肠钩虫。Lee（1874）提出匐行疹一词，而 Croker 则认为病变是由幼虫引起的，故 1893 年创立了"幼虫移行症"这一名称。Grassi 和 Paron（1878）报告从粪中检出钩虫虫卵。Leichtenstera（1887）用实验证实钩虫病的传播是由于吞食钩虫幼虫所致。Looss（1898）因左手沾了一滴含钩虫蚴的水，从粪便中发现钩虫卵，进而研究证明钩虫蚴可从皮肤侵入人体，从肠道检出成虫。Looss（1911）根据自己体内十二指肠或粪类圆线虫的幼虫移行提出"线形移行皮炎"。Bilharz 和 Griesonger（1853～1854）发现埃及人的贫血与钩虫有关。Perroncite（1880）证明隧道矿工贫血是钩虫所致。颜福庆（1929）证实江西萍乡煤矿矿工的钩虫病。Stifes（1902）发现美洲板口线虫。Kirby‐Smith（1926）对匐行疹进行了病原学、流行学、病理学和临床体征做了研究，并将其病原暂定名为移行缺母线虫（*Agamonematodum migrans*），White go Dove（1928）证实这种幼虫是巴西钩虫的第 3 期幼虫，或混有犬钩虫的培养物都可引起匐行疹。

病原

钩虫成虫寄生于人体小肠，成虫虫体细长，体长约 1cm，半透明，肉红色，死后呈灰白色，雌雄异体。钩虫的重要特点为其成虫前端有大而发达的口囊，依虫种的不同，口囊内有切板和钩齿。口囊向虫体背面仰曲，利于虫体口囊中的切器咬附于患者肠壁。成虫在小肠以摄取血液与黏膜组织为食。雄虫较雌虫细小，尾端形成膨大的交合伞。美洲钩虫头部后仰，呈 S 形；十二指肠钩虫呈 C 形。

美洲钩虫雄虫大小 7～9mm×0.3mm，雌虫大小 9～11mm×0.35mm，它们通过 1 对半月形切板咬附在小肠的黏膜和黏膜下层。发育成熟的雌虫与雄虫交配后，每条成熟雌虫每天产 5 000～10 000 个虫卵。虫卵随粪便排出。在温暖、湿润、阴蔽的环境中，1～2 天后孵出第 1 期杆状蚴（L1）。第 1 期杆状蚴长 0.25～0.3mm，生活在粪便或土壤中，以细菌和其他有机物碎屑为食。第 1 期杆状蚴经 48h 后蜕皮成为第 2 期杆状蚴，再经过 1 周左右 2 次蜕皮，转化为丝状蚴，即感染性第 3 期幼虫（L3）。第 3 期幼虫的转化伴有一系列的发育变化。包括体长增长到约 0.6mm，口腔关闭，摄食与发育均停止，直至进入适宜的终末宿主。在适宜的环境条件下，丝状蚴一般存活 3～4 周。丝状蚴具有感染宿主的能力，与人接触后，即侵入皮肤。丝状蚴侵入皮肤，除与虫体的穿刺能力，也与其咽腺分泌的胶原酶的作用有关。之后幼虫从皮下组织移行进入小静脉系统，经心脏到肺脏，进入肺血管时进入小静脉与淋巴管，然后移行至肺，进入肺泡，上行到支气管树及会厌部，从幼虫蜕皮到进入小肠 4～9 天最后进入肠道。在小肠蜕皮 2 次，再经 3～4 周最终发育为幼虫。从美洲钩虫 L3 期幼虫进入宿主到雌虫产卵需 7～8 周。

十二指肠钩虫雄虫大小 8～11mm×0.4～0.5mm，雌虫大小 10～13mm×0.6mm。每条成熟雌虫每天可产 10 000～30 000 个虫卵。可通过皮肤感染人体，还可经口直接进入肠道，不经过移行过程而在肠道直接发育为成虫。一些十二指肠钩虫幼虫侵入宿主后，可停止发育而进入休眠状态。幼虫的这种休眠状态被认为是进化适应的结果。在母体组织中的处于休眠状态的十二指肠钩虫 L3 期幼虫进入乳腺可能是人体钩虫病垂直传播给胎儿的原因。十二指肠钩虫和美洲钩虫虫卵从形态学上很难区分，但美洲钩虫虫卵略大，大小为 64～76μm×36～40μm，十二指肠钩虫虫卵较小时，卵内细胞多为 2～4 个；其后卵内细胞可分裂至 8 个以上或发育至幼虫期。成熟十二指肠钩虫雌虫每天产卵 10 000～30 000 个；美洲钩虫雌虫每天产卵 5 000～10 000 个。

钩虫虫体的大小与外形，口囊内腹切板的数目与形态，腹齿的数目、大小和排列，钩虫雄虫尾端交合伞各辐肋的分支以及雌虫阴门的位置等情况是鉴别钩虫虫种的重要依据。人类由锡兰钩虫引起的小肠感染是动物源性疾病，由犬或猫粪便中虫卵发育的 L3 期幼虫传播，所致钩虫感染也可导致贫血。犬钩虫导致的小肠感染偶可引起严重的嗜酸性粒细胞肠炎综合征。巴西钩口线虫和犬钩虫的 L3 期幼虫侵入人体后还可以引起幼虫移行症。钩虫发育成熟一般十二指肠钩虫为 45～55 天，美洲钩虫 28～49 天。

一般认为大多数寄生的钩虫成虫的寿命在 1～2 年，长者也可存活数年。十二指肠钩虫为 1～1.5 年，美洲钩虫为 3～5 年。Kendrick（1934）用 25 人人工试验分别感染十二指肠钩虫和板口钩虫，结果受染后 51～53 天开始在粪便中有虫卵，在 3～6 个月降至高峰虫卵的 50%～70%。Palmer（1955）用人感染板口线虫，认为 6 年内排卵相当恒定，15 年才全部转阴。虫体寿命十二指肠钩虫约 74 个月，板口钩虫约 64 个月。

流行病学

钩虫感染遍及全球，据统计有 11 种钩虫感染人与动物（表 3-38），约 10 亿以上人口有钩虫感染，感染高度流行区，其感染率在 80% 以上。常位于热带、亚热带地区尤其是发展中国家的农村，那里因社会经济、环境情况，如潮湿环境，缺乏粪便的无害化处置，赤足步行等，均有利于本病流行。我国除气候高寒等少数地区外，广大农村（特别是 1949 年前后一段时期）几乎都有钩虫病流行。十二指肠钩虫属于温带型，分布于亚热带，北纬 50° 以北不存在；在北纬 47° 地区它的幼虫需要有阴蔽、温度适合的环境中才能生存。钩虫自由生活时期的幼虫需要 22℃ 温度下生存，如矿井下。发病和带蚴物是本病的传染源，南方主要是鼠类，北方主要是病猪。传染源主要是钩虫感染者和钩虫病患者。含有钩虫虫卵的人粪便未经处理就作为肥料应用，使农田广泛被钩虫卵污染，传染疾病的作用最大。Cort Grant 和 Stoll（1926）调查了浙江省所谓"桑叶黄"的钩虫病；福建一带一种水疱状皮炎，奇痒，称为"粪毒"、"粪蛆毒"；四川、福建薯地操作发生皮疹称为"红薯疙瘩"。

表 3-38　钩虫与感染宿主

虫种	感 染 宿 主
十二指肠钩虫	人、猪、狮、虎、犬、灵猫、斑灵猫、猴
美洲板口钩虫	人、猩猩、犬、猫、猪、豪猪、犀牛
锡兰钩虫	人、犬、猫、虎、狮、浣熊
巴西钩虫	豹、狐、狼、猫、犬、人可导致皮肤人匐行疹，但不易在人肠发育为成虫
犬钩虫	人、犬、狐、狼、熊、猪、獾
管形钩虫	猫、人匐行疹
马来西钩虫	熊、人
鼠环齿口线虫	鼠、人
牛仰口线虫	黄牛、水牛、绵羊、人匐行疹
羊仰口线虫	绵羊、山羊、牛
狭头钩刺线虫	犬、猫、虎、狼、人匐行疹

传播途径：人体感染钩虫主要是钩蚴经皮肤而感染，当赤手裸足下地劳动与污染的地面接触，极易受到感染。亦可通过生食含钩蚴的蔬菜和经口腔黏膜侵入。

易感染人群及动物（宿主）普遍易感。在一般流行区，农村青壮年男女感染率高，且易多次重复感染。在高流行区，由于儿童的皮肤经常暴露于含钩蚴的土壤，所以钩虫感染率高于成人。夏秋季为感染高峰。

大量研究资料表明，十二指肠钩虫丝状蚴进入人体或动物体后，一些虫体很快到达小肠发育为成虫；另一些虫体却发育缓慢，在进入小肠之前，可滞留于某组织中长时间暂停发育，当受到合适的刺激时，才移行到达肠腔，恢复发育，这种现象称之为迁延移行。此外，用十二指肠钩虫丝状蚴人工感染某些实验动物，如兔、小牛、小羊、猪等，26～34 天后，其肌肉组织中检出活的同期幼虫，提示十二指肠钩虫有转续宿主存在，人若生食或食入未煮熟的这些动物肉类，也可能导致钩虫感染。但迄今未发现美洲钩虫在宿主体内有迁延的现象。十二指肠钩虫（*A. duodenale*）可经口或皮肤感染人体。而以经口感染为主。经皮肤感染者要经过肺部移行过程，而经口感染者不一定经肺部移行，可直接进入肠壁，数天后又返回肠腔发育。宿主粪便中出现虫卵是在感染后 5～7 周。婴儿钩虫病在我国报告日益增多，近年来已引起重视。它的发病特点是年龄小，腹泻每天 4～6 次，呈暗红色乃至柏油大便，贫血、苍白、衰弱呈进行性发展，严重者可由于循环衰竭而死亡，病死率约为 12%。其感染途径：一为经皮肤，在江苏、安徽、山东一带由于应用沙土裤，致 L3 经皮肤感染，发病约在出生后 2 个月以上，最早在出生后 52 天。另一推断经乳汁感染。王正仪（1988）报告了 525 例婴儿钩虫病中有 15 例系出生 10～12 天出现血便者。王氏根据患儿吃母乳，无其他任何感染源，在出生 12 天出现明显症状；女婴经治疗粪便转阴后，由于母乳喂养，15 天内又出现再感染，认为初次感染和再次感染都是经乳汁传播。许多作者报道婴儿最早在出生后（占素华，1985）、出生 3 天（杨思尧等，1986）、10 天（王正仪，1988）、12 天（张锦等，1960）、20 天（郑俊，1986）、35 天（杨正新）就出现感染症状，因此推断经胎盘或乳汁感染都有可能。Nwosu（1981）在尼日利亚南部以美洲钩虫为主的钩虫病流行区，检查 441 名孕妇，钩虫卵阳性率为 67.6%。出生后平均 32 天的 316 名新生儿，33 例粪检钩虫卵阳性（10.4%），其中 29 例为十二指肠钩虫（87.9%），4 例为美洲钩虫（12.2%），此 33 例新生儿的母亲中有 21 例（63.6%）为十二指肠钩虫感染。作者收集其 24～72h 乳汁各20～30ml（共 12.4L）均未查见 L3。尽管如此，作者仍认为是通过哺乳而传给新生儿。Brown（1972）报道在非洲扎伊尔某村钩虫感染率为 91%，调查 9～200 日龄的婴儿 76 人，4 例粪检查到钩虫卵，粪便在出生后 37、72、125 和 174 天，这 76 名婴儿母亲乳汁样本（517 份）均未查到钩虫 L3。该作者认为可能因检查样本少和感染率低影响了从乳汁查获 L3。

美洲板口线虫（*N. americaus*）寄生于人体。婴儿钩虫病多由十二指肠钩虫引起，偶有查见美洲钩虫者（王正仪，1988；张锦等，1960；Nwosu ABC，1981）。Setasuban P et al.，1980）在美洲钩虫流行区检查 128 名产妇，钩虫阳性率为 61%。而婴儿无 1 例受染。乳汁检查仅在 1 例产后第 4 天的 1 份样品中发现 L3。该作者认为母乳可能是传播途径之一。

发病机制

钩蚴通过组织的移行过程通常并不引起明显的内脏损伤。然而，钩蚴侵入皮肤后，相关的炎症反应强烈，可引起钩蚴性皮炎。钩蚴性皮炎为 I 型变态反应。美洲钩虫钩蚴引起皮炎反应较十二指肠钩虫钩蚴多见，且反应也较重。一些研究表明，钩虫幼虫释放的钩虫分泌蛋白（SPs）含有与昆虫毒液变应素同源的氨基酸序列，可能与钩蚴性皮炎的致病机制有关。此外，研究还指出，钩蚴释放的透明质酸酶能分解宿主组织的透明质酸而使虫体容易通过宿主组织。巴西钩虫钩蚴的透明质酸酶活性最强，其对表皮角质化细胞间连接处的分解促进了幼虫的横向移动。

钩虫病的危害，主要在于成虫。成虫寄生于小肠，其导致的病变，多只局限于虫体咬附部位及临近组织。常见者为散在分布的黏膜咬附溃疡或出血点。溃疡或出血点的直径一般在 3～5mm，其深度多仅限于黏膜层。有时也可见到较大的深及黏膜下层或肌层的出血样瘀斑，偶可见到涉及肠壁各层的肠段大量出血，可能溃疡破坏肠壁小动脉有关。在有的病例，局部绒毛可较正常略平扁，或相互融合；极个别病例可显示绒毛萎缩现象。溃疡周围黏膜层、黏膜固有层及黏膜下层常有水肿及中性粒细胞、嗜酸性粒细胞及淋巴细胞浸润。

钩虫丝状蚴侵入处的皮肤可呈现一系列局部皮炎反应。最初多见小型充血斑点，渐次变为小型丘疹及水疱。幼虫侵入部位的真皮与纤维分开，局部血管扩张，充血，血清渗出，表皮掀起，形成水疱。渗出物及真皮内有细胞浸润。早期主要为中性粒细胞，之后有单核细胞、嗜酸性粒细胞和成纤维细胞浸润。若有继发性细菌感染，水疱可变为脓疱。在结缔组织、淋巴管及血管内有时可查见幼虫。

当移行的幼虫自肺部的微细血管穿入肺泡时，可引起肺部点状出血，出血点通常为少许约针尖大小，并可见中性粒细胞、嗜酸性粒细胞和成纤维细胞浸润。大量幼虫感染时，大块肺组织被涉及可出现广泛性炎症反应，后期可见纤维瘢痕和不规则的气肿形成。重度钩虫感染时，大量钩蚴移行至肺，穿破肺微血管进入肺泡时，可导致钩虫肺炎。钩虫使用钩齿或切板咬附黏膜和黏膜下层，其导致的失血出现在成虫咬附在小肠的部位。已发现钩虫分泌的具药理活性的氨基酸参与了抗凝过程。犬钩虫成虫的可抑制凝血因子Xa和组织因子Ⅶ的丝氨酸蛋白酶抑制物多肽已被克隆和表达。钩虫成虫能释放中性粒细胞抑制因子下调宿主的免疫反应。成虫还释放水解酶，破坏黏膜毛细血管，促使血的溢出，导致钩虫相关的失血。慢性铁缺乏通过干扰多巴胺能神经元及脑部酶的生物合成可损害儿童的认知力和智力。

王正仪等的观察表明，至少有 4 种不同的途径导致患者失血：①钩虫本身吸入而又很快排出的血液（即钩虫吸血量或排出量）；②钩虫吸血时，由咬附部位的黏膜伤口渗出的血液（咬附点渗血量）；③虫体自原咬附部位迁移后，原伤口在血凝前继续流血失去的血液（移位伤口渗出血量）；④偶尔出现的由肠段大量出血失去的血液。国内外学者对于钩虫导致宿主失血量的研究发现，由宿主肠黏膜伤口渗出的血量较钩虫本身吸入的血量要大；由雌虫导致的失血量，较由雄虫所导致者大 3 倍左右。同时，对钩虫吸血活动的动态观察还表明，只有 40％ 左右的虫体咬附在肠壁正在吸血，其余则处于其他状态，并未吸血。以 ^{51}Cr 标记的红细胞测量法测定，美洲钩虫导致的失血为 0.01～0.04ml/（虫·天）。而十二指肠钩虫约为 0.05～0.30 ml/（虫·天）。

在少数极其重要的病例，偶可见到由于慢性失血、贫血所致的各脏器组织的损害。腹腔、胸腔，甚至心包可有积水，心脏可有扩大。心肌、肝脏及肾脏常显示脂肪性退变。骨髓中的初期红细胞系统及嗜酸性粒细胞都显著增多。肠道可出现局部黏膜及黏膜下层出血，黏膜下层显著增厚及硬化。此种增厚及硬化有时可扩大及肠道的大部分。

临床表现

人

寄生于人体的钩虫主要是十二指肠钩虫、美洲板口钩虫，其他有锡兰钩虫、犬钩虫、巴西钩虫、狭头钩刺线虫及马来西钩虫、管形钩虫、鼠环齿口线虫、牛仰口线虫。钩虫病的临床症状由感染钩蚴及成虫寄生造成，而成虫引起的症状更为严重和持久。十二指肠钩虫在人体实验中，潜伏期有 38～40 天、45～75 天和 43～62 天、88 天不等。而美洲钩虫潜伏期为 44～56 天、70～100 天；实验动物为 35 天，也有 50～60 天。

1. 钩虫幼虫引起的症状　皮肤幼虫移行症和匐行疹，是主要由猫和犬的钩虫幼虫在人体引起的一种疾病综合，人体的该病就是由幼寄生虫穿行于皮肤和皮下组织而引起的。一般认为，大多数病例是由巴西钩虫所引起，因为这种猫的钩虫存在于匐行疹最高发的地区。锡兰钩虫偶可感染人，进入皮肤可引起相当严重的丘疹，少数也可侵入肠道。犬的狭头刺钩口线虫和牛仰口线虫也能潜入人体皮肤。猫的管形钩虫能否侵入人体皮肤尚不明。但根据在实验动物中感染期幼虫的行为来看，野生和家养的肉食动物的各种钩虫，都有可能侵入人体皮肤。巴西钩虫幼虫可引起典型匐行疹，而犬钩虫蚴则引起丘疹和边缘硬化的大疱疹，往往易破溃而继发感染。巴西钩虫及犬钩虫的幼虫所致的皮疹、炎症反应较为严重，持续时间长，可构成皮肤幼虫移行病。十二指肠钩虫和美洲板口钩虫幼虫都可引起丘疹性或小脓疱性反应。丘疹的出现可能表明犬钩虫蚴在人体皮肤内潜行的距离比巴西钩虫蚴大，但不如锡兰钩虫蚴。

钩虫感染性幼虫侵入皮肤后数分钟至 1h，引起钩虫性皮炎，有烧灼、针刺、奇痒，侵入口形成微红色丘疹，持续约少于一周。在 2~3 天内，幼虫在皮肤的角质层和生发层（包括毛囊和汗腺）之间动物，逐渐开挖出一条侵蚀性隧道或通道，顺其径路有炎性、奇痒的丘疹性或水疱性反应，从而标示侵入幼虫的移行踪迹。幼虫每天可移动数毫米。在皮肤局限范围内，如有许多幼虫入侵时，若干线状轨迹就会汇合，形成一个水疱疹中心区。农村俗称"粪毒块"、"粪疙瘩"；国外称"地痒疹"、"矿工痒病"、"砂土痒病"。在身体任何部位都可出现病变，多发生于手指和足趾间及臀部。继而感染部位可变成脓疱，局部充血、水肿和中性与嗜酸性细胞浸润。在隧道周围可发生局部嗜酸细胞和圆形细胞浸润。24h 内大部分幼虫滞留在真皮及皮下组织，并引起局部淋巴结炎。有 50％ 以上的病例，幼虫终归死亡，并被宿主反应破坏。一般感染 3~4 天炎症消失，病变经 12 周即可痊愈。

感染后 3~7 天皮肤型幼虫移行随血流进入肺部，致呼吸道症状，主要引起咽喉发痒，咳嗽，声哑，痰中有血丝，并在痰中出现幼虫，使患者发生肺部症状。幼虫穿过肺毛细血管进入肺泡，可引起肺间质和肺泡点状出血及炎症或引起咽喉炎、支气管炎和支气管肺炎，严重的可有剧烈干咳、胸痛和哮喘发作，呈嗜酸性粒细胞增多性哮喘，两肺可闻及啰音和哮鸣音。X 线透视可见肺纹理增粗或肺门阴影增生。约经数日或 10 多天症状自行消失。这种病人并不会发生肠道感染。但犬钩虫可移行至人体肠道而达到成熟。

美国曾从人的角膜中分离到似犬钩虫蚴的幼虫。而且已知犬钩虫蚴能在小鼠和实验动物的各组织中存在 1 年以上，并有向中枢神经移行的趋势。因此，对于在人体其他部位移行和随之引起损害的可能性，不可忽视。幼虫在人体内的移行，在一定程度上，还受着宿主个体的年龄、过去的接触史或营养等因素的影响。

2. 钩虫成虫引起的症状

（1）消化道症状　病人大多于感染后 1~2 个月开始，以及钩虫的肠道寄生期在丝状蚴侵入人体后 2~4 个月后开始，如十二指肠钩虫丝状蚴经历发育停滞阶段，潜伏期可持续一年更长。一些患者可出现明显的消化道症状。病初表现多为上腹部不适，或隐痛感，继之也可出现消化功能紊乱，如恶心、呕吐、腹泻或腹泻与便秘交替，大便有隐血，消瘦，乏力。应该引起注意的是有的钩虫病患并不表现为消化道出血，症状以柏油便或血小便为主，有的患者还伴有呕吐。个别钩虫病患并不表现为急腹症，可有上腹胀痛，或刀割样痛，钻痛或绞痛，有的放射到腰背部。犬钩虫感染所致嗜酸性粒细胞肠炎患者也常有明显的胃肠道症状。有些患者喜食生米、豆类、茶叶，甚至泥土、瓦片、煤渣、破布或碎纸之类，称为"异嗜症"。引起"异嗜症"的原因目前尚不清楚，可能为一种神经精神变态反应，似与铁质缺乏有关。据胡孝素等的观察，绝大多数患者在服用短时间的铁剂以后，"异嗜症"即可自行消失。胃肠道钡餐 X 线检查常可见十二指肠下段和空肠上段黏膜纹理紊乱、增厚，肠蠕动增加，被激惹而呈节段性收缩现象等。

（2）贫血及相关临床表现　贫血是钩虫病的主要症状。钩虫吸入血液很快虫体经肠道肛门排出。虫体叮咬肠黏膜伤口不断渗血。钩虫白天更换叮咬部位 4～6 次，造成肠黏膜伤口广泛破损和出血，钩虫头腺可分泌抗凝血素，除造成肠黏膜损伤外，还持续出血，小肠黏膜有散在的点状或斑状出血，黏膜下层有出血性瘀斑。据研究，十二指肠钩虫使人体白天失血 0.14～0.4ml（0.15ml），美洲钩虫为 0.01～0.09ml（0.03ml），100 条美洲钩虫每天引起的白蛋白损失是 0.1g，约为 3ml 血浆。长期可使宿主因慢性失血及体内铁和蛋白质不断损耗而贫血。十二指肠钩虫较美洲钩虫引起的失血量大。该感染患者其血清中白蛋白较正常人低，不同程度的周身水肿也相当常见，甚至恶性营养不良病（Kwashiorkor，夸希奥科病）。一些恶性营养不良病患者可出现奇特的黄绿苍白色，这种情况又称之为钩虫婆黄病。

钩虫引起贫血与血红蛋白下降的速度和水平有关。临床上呈不同程度贫血及胃肠道症状。目前流行区，一般均无症状者占 70%～80%。由于钩虫患者长期慢性贫血，患者皮肤蜡黄色，眼结膜、指甲床呈苍白色，眩晕、乏力及劳动力减退，劳动则有心悸、头昏、头痛；中等贫血常有头昏、头晕、心悸，引起心脏的代偿功能，可闻及功能性收缩杂音；重度贫血，心悸呈急性，头昏、眼花、耳鸣、四肢浮肿、心脏扩大，可闻及明显的收缩期杂音，肝肿大有压痛。大便从隐血到出血，表明消化道有溃疡和慢性胃炎。在中、重度钩虫病患者还可表现有神经系统症状，常见的有异嗜症和吃木屑等，反应迟钝，感觉异常，膝反射降低等也较为常见。一些患者还可有闭经、阳痿、性欲减退等表现。

3. 婴儿钩虫病　大多见于 1 岁以内的婴儿，几乎均由十二指肠钩虫引起。婴儿血量少，处于生理性缺铁性贫血期，并且肠黏膜柔嫩，被钩虫咬后容易出血。故贫血常甚严重。患儿面色苍白，精神和食欲不振，哭闹不安。有腹泻与黑便，有时为血性水样便，消化功能紊乱，生长发育迟缓及营养不良等。如不及时诊断与治疗，可引起死亡。据国内不完全统计，441 例婴儿钩虫病发病年龄多在 10～12 个月，婴儿多因黑便就诊，贫血较多严重，预后也较差，病死率为 3.6～6.0%，个别地区高达 12%。近年来已有人调查指出，钩虫感染对钩虫感染儿童的智力和认知力也有一定影响。

4. 孕妇钩虫病　较易并发妊娠高血压综合征，在妊娠期由于缺铁量增加，钩虫感染更易发生缺铁性贫血，可引起流产、早胎及死胎，新生儿病死率也可增高。

猪

猪钩虫病的病原有钩口科的十二指肠钩虫、犬钩虫、美洲板口钩虫（Gordon 认为猪板口钩虫是美洲板口钩虫产生不同宿主的另一族）。此外，还有圆月科的长细球首线虫，康氏球首线虫等。

钩虫第 3 期（侵袭性）幼虫，叫丝状蚴。这种幼虫随饲料被猪吞食而感染，十二指肠钩虫丝蚴感染兔、小牛、小羊、猪，经 26～34 天后，在这些动物肌肉内查出活的周期幼虫，提示某些动物可作为十二指肠钩虫的转续宿主，人若生食这种动物肉类可能受到感染。幼虫在肠内侵入肠黏膜，有时在肠黏膜中完成最后的发育过程，再回到肠内寄生。有的进入血流至肝、心和肺，最后穿破肺毛细血管至呼吸道，沿支气管和气管进入口腔，再被吞咽在小肠中而寄生。

幼虫也可经皮肤进入静脉和淋巴管到右心，再沿肺循环进入肺到小支气管、气管返到咽喉部，又随吞咽转入胃肠，最后在小肠内发育为成虫。

主要见可视黏膜苍白，皮下组织水肿，贫血，呼吸困难，咳嗽，身体衰弱，被毛粗乱，多数下痢，粪便带血呈棕黑色，并混有黏液，恶臭。

肠的寄生部位有出血斑点，肠内容物带红色，肠黏膜有卡他性炎症，肠壁肥厚，肠系膜淋巴结肿胀，各脏器贫血。

诊断

在流行区，有赤手裸足下田劳动史、"粪毒"史及贫血等临床症状，应怀疑钩虫病。粪便检查发现钩虫卵者即可确诊。实验室检查：

1. 血常规　患者常有不同程度贫血，红细胞中央苍白区增大、体积变小，属低色素小细胞性贫血。部分患者可查见异形红细胞及多染性现象。嗜酸性粒细胞增多，10％～30％，特别在感染初期和中期，严重病例较为明显。重症患者血浆白蛋白及血清铁蛋白含量均明显降低，一般在 9μmol/L 以下。可见造血旺盛现象，但红细胞发育阻滞于幼红细胞阶段，中幼红细胞显著增多；骨髓因贮铁减少，游离含铁血黄素与铁粒细胞减少或消失。

2. 粪便检查

（1）粪便隐血试验，可呈阳性。

（2）粪便中检出钩虫卵或钩虫蚴，常用的方法有：

①直接涂片法　分薄涂片法和厚涂片法。常用厚涂片法，取粪便 0.3g，均匀涂在载玻片上，置室温中使其自然干燥，镜检时加香柏油、流体石蜡几滴于片上，加盖片后观察。油可使粪便变为透明，虫卵易查见。此法检出率较薄片可高出 10％～15％。

②浮聚法　用饱和盐水、33％硫酸锌液、饱和硝酸钠液，使粪卵分离，卵浮于液体表面。

③钩蚴培养法　采用滤纸试管法，将定量的粪便涂在滤纸上，然后置于有 2～3ml 的小试管内于 20～30℃培养 3～5 天，钩虫卵在潮湿的滤纸上孵出幼虫顺滤纸沉入试管底部水中，用肉眼或放大镜观察，对孵出的丝状蚴进行虫种鉴别和计数。此法有利于驱虫治疗时选择药物及疗效考核，同时也适用于流行病学调查的需要。

3. 成虫检查　驱虫治疗后收集 24～48h 内全部粪便，用水冲洗。常采用细箩筛滤水冲洗法或水洗沉淀收集成虫虫体。

4. 免疫学检查　免疫学方法在钩虫产卵前应用，结合病史等资料可以早期诊断。目前认为应用成虫抗原检测钩虫感染者血清中的相关抗体具有较高敏感性和特异性，ELISA 可作为诊断钩虫感染的一种方法。

猪钩虫病，除临床检查外，实验室粪检常采用浮聚法中饱和盐水漂浮法和钩蚴培养法。

防治

钩虫病在及时诊断后，经驱虫治疗均可治愈。重度感染有严重贫血与水肿，并发贫血性心脏病或合并妊娠，以及婴儿钩虫病应及早诊断与治疗。补充营养，纠正贫血及驱虫治疗。

1. 对症治疗　纠正贫血是重要的治疗措施，方法有：

①给予富含铁质、蛋白质和维生素的饮食；②特别注意补充铁剂，可用硫酸亚铁 0.3～

0.6g，每天 3 次，或 10%～20%枸橼酸铁铵 10ml，每天 3 次，餐后服用，同时可服用维生素 C，促进铁吸收；③如有重度贫血（血红蛋白 30g/L 以下）、心肌缺氧劳损较重，心力衰竭，体力衰弱或临产孕妇等，应小量多次输血；输血时注意切勿增加心脏负担，预先采取措施，可服用利尿剂，以减少血容量等。

2. 病原治疗

（1）局部治疗　在钩蚴感染后 24h 内可用左旋咪唑涂擦剂（左旋咪唑 750mg，硼酸 1～3g，薄荷 1～3g，加 50%酒精至 100ml）或 15%阿苯达唑软膏涂擦患处，每天 3 次，连用 2 天。能杀灭停留于皮肤的部分钩蚴，不仅可以较快地消肿、止痒，还能预防呼吸道症状的发生。

（2）驱虫治疗　对一般情况较差的重度感染者，应首先加强综合治疗，纠正心功能不全后再服驱虫药，以减少副作用。常用的驱虫药有：阿苯达唑（丙硫咪唑，肠虫清）成人及 2 岁以上钩虫病患顿服 400mg，隔 10 天再服 1 次。1～2 岁儿童剂量减半。在此剂量下，十二指肠钩虫的虫卵阴转率为 82%～97%，美洲钩虫虫卵阴转率为 81%～96%，孕妇及哺乳妇女不宜服用；甲苯咪唑，不论年龄、体重，剂量均为 100mg，每天 2 次，连服 3 天。孕妇和哺乳期妇女禁用；左旋咪唑，常用剂量为 1.5～3.5mg/kg，每天 1 次，连服 2～3 天，十二指肠钩虫卵阴转率为 80%～96%，但美洲钩虫的虫卵阴转率仅为 5%～5%。妊娠期和哺乳期及肝肾疾病患者忌用；丙氧达唑，剂量为 10mg/（kg·天），顿服，2 天疗程，钩虫卵阴转率为 66.7%～55.6%，若采用 3 天疗程，则虫卵阴转率可达 100%。此外，为提高疗效，尤其是混合感染地区，联合用药更有效。如用复方甲苯达唑、复方噻嘧啶等。

猪钩虫病治疗：左旋咪唑，按 10mg/kg 拌于饲料，顿服；丙硫咪唑 5～20mg/kg，拌料顿服；阿氟菌素（灭虹）0.3mg/kg，皮下注射。

3. 预防　控制病原、切断传播途径是重要预防措施。在钩虫病流行区开展集体驱虫，对人、猪其他动物驱虫，有利于阻断钩虫病的传播，并定期进行虫检。进行流行病学调查，制定防治方案，采取更有效措施。对于粪便及污物要无害化处理，可采用沉淀发酵池粪便、沼气池和堆肥法，微生物发酵法对粪便堆积处理更快、更可靠。在感染作物区劳动时提倡穿鞋下地，下矿井；个人保护局部用 25%明矾水、2%碘液及左旋咪唑冷肤剂，以防止钩虫蚴进入皮肤。不吃生的蔬菜等，可防止钩虫幼虫经口感染。

二十九、广州管圆线虫病
（Angiostrongyliasis Cantonensis）

广州管圆线虫病是广州管圆线虫病寄生于人和动物所致的疾病。人临床上主要表现为嗜酸性粒细胞增多性脑膜炎（EM）或脑膜炎。

历史简介

陈心陶（1933—1935）从广州家鼠和褐鼠肺中发现，定名为广州肺线虫，是鼠类的肺虫，寄生于肺动脉，幼虫为脑炎的病原。Yokogaw（1937）和 Matsumoto（1937）也相继在台湾发现。Nomura（野村）和 Lin（1944）在台湾一名 15 岁死亡于脑膜炎患者脑脊液中找到幼虫，证实对于 CNS 的感染。

Dougherty（1946）重新定名为广州管圆线虫。现在又发现哥斯达黎加管圆线虫

（*A. costaricensisi*）。

病原

广州管圆线虫隶属于线形动物门，圆线虫目，管圆科，管圆属（Angiostrongylus）。

成虫为线状、白色，两端略尖，头部有三角形的齿，食管呈口棒状，神经环位于食管中部，其后有排泄孔，开口于腹面，肛孔位于虫体末端。雌雄异体，雄虫长 15～20mm，宽 0.26～0.53mm，尾端有交合伞、有交合刺；雌虫长 21～45mm，宽 0.3～0.7mm，肠管周围有柱状子宫缠绕，尾端有阴门。

广州管圆线虫染色体数目及核型：成虫染色体数目，雌虫 $n=6$，$2n=12$；雄虫 $n=6$，$2n=11$。Sakaguchi（1980），沈浩贤（1966）报道，染色体核型，为亚端或亚中着丝染色体或单倍体由 5 个中部着丝粒染色体（No1、3、4、5、6）和 1 个亚中部着丝粒（No2）组成，也说明可能有不同种、株。

成虫在鼠肺动脉内发育成熟、交配、产卵。虫卵随血液流动到达肺毛细血管，孵出第 1 期幼虫，幼虫经肺泡、气管到咽部，转入消化道，随粪便排出体外。第 1 期幼虫遇到中间宿主（软体动物）后，被动吞入或主动侵入宿主，蜕皮 2 次成为 2、3 期幼虫，第 3 期幼虫具有感染力。鼠等终末宿主吞食含有第 3 期幼虫的软体动物或受幼虫污染的食物而感染。第 3 期幼虫穿过宿主肠壁进入血液，经肝、心、肺及左心室至全身各器官，但多数幼虫却沿着颈总动脉到达脑部。在脑组织内蜕皮成为第 4 期幼虫，进入蛛网膜下腔，再蜕皮 1 次成为第 5 期幼虫（童虫），童虫经静脉再回到肺内而发育为成虫，从第 3 期幼虫侵入鼠体内到出现第 1 期幼虫的 6～7 周。在人体内发育大致与在鼠体内相同。但在人体内其生活史大多止于中枢神经系统，仅个别报告在病人肺内发现成虫。

流行病学

广州管圆线虫病分布于热带、亚热带地区。由于嗜酸性粒细胞增多性脑膜炎的病例增多，1960 年才明确与广州管圆线虫的关系，才充分注意到广州管圆线虫病的严重性。此后，东南亚、印度、日本及澳大利亚等地相继有病例报告。还有肯尼亚、牙买加、巴西南部和东北部、西班牙金丝雀岛屿、美国佛罗里达州、小安的列斯群岛、古巴、澳大利亚、非洲等地，分布在北纬 23°—南纬 23°地带。黄贤桦（1979）广东发现 1 例人病例，朱师晦，何竞智（1984）从病人脑脊液中发现虫体。此外，原有疫源地疾病爆发比较频繁，潘长明（1997）温州发现过一次小流行。2004 年台湾报道生食 AC 污染的蔬菜从而引起的广州管圆线虫病爆发；2006 年北京某些饭店供应凉拌螺肉致广州管圆线虫病爆发，患者达 160 人；2007 年广东广宁的管圆线虫病爆发；2008 年云南大理广州管圆线虫病爆发等。2009 年第一次全国广州管圆线虫调查显示，AC 的两种适宜中间宿主螺类分布广泛，提示许多地区存在人群感染广州管圆线虫的风险，据辽宁省报告，北运的螺类中不少是已感染了广州管圆线虫。1946～1948 年太平洋群岛发生数百例患者大量嗜伊红白细胞增加，被认为是蠕虫引起。檀香山一个菲籍脑炎患者脑内取出雌雄各一条才证实该种脑炎是线虫引起，1961 年后该病在太平洋各岛和亚洲流行。1988 年台湾共报告本病 310 例，病原确定的为 35 例。

广州管圆线虫病是人畜共患病。2009～2010 年全国人体 AC 感染血清流行病学调查表明，广州管圆线虫病是中国重要的动物传播传染病。终末宿主是鼠类，主要传染源是啮齿动物尤其是鼠，以寄生在褐家鼠体内最普遍。鼠的感染率国内外报道均不相同，家鼠虫体感染率台湾为 8%～71%，2009 年调查台湾家鼠类感染率为 16.8%，广州为 10.7%；1984 年我国广州家鼠感染率为 28.5%。人是非正常宿主，系生食中间宿主感染幼虫污染食物而感染，幼虫在人体内移行至脑，引起"酸脑"。由于本虫在人肺内很难发育为成虫，故人类作为感染源的意义不大。AC 必须经过中间宿主或转续宿主才能完成其生活史，并经过这些宿主传播至动物和人。主要中间宿主是螺类及蛞蝓（俗称"鼻涕虫"）等软体动物。可作为 AC 中间宿主的主要有三大类，即螺类宿主，有褐云玛瑙螺，俗称"菜螺"，有相当高的自然感染率，台湾调查该螺自然感染率达 26%～61%，广州调查自然感染率达 24.76%～51.5%；福寿螺，又名大瓶螺，其不断在华南和华东地区各省分扩散。据浙江温州邢文鸾等调查，福寿螺感染情况，共检查福寿螺 361 个，阳性螺 251 个，螺的感染率为 69.4%，共检出幼虫 11 784 条，平均每只阳性螺有 71.36 条。幼虫在螺体内分布：腮为 61.3%、肾为 16.35%、消化道为 12.62%、肌肉为 9.93%、肝为 0.7%。福州调查 235 只福寿螺，阳性螺 49 只，感染率为 20.8%，幼虫总数为 1 180 条。还有其他的一些螺类可以作为 CA 的中间宿主，如台湾的中国圆田螺存在自然感染，并有人因食此螺而致病。皱疤坚螺、方形环棱螺、扁平环肋螺、铜锈环棱螺等；蛞蝓类宿主有足襞蛞蝓、黄蛞蝓、双线大蛞蝓、双线嗜黏液蛞蝓、高突足襞蛞蝓、光滑颈蛞蝓、罗氏巨楯蛞蝓等；蜗牛类宿主有中华灰尖巴蜗牛、同型巴蜗牛、短梨巴蜗牛、淡红毛蜗牛、环带毛蜗牛等。除中间宿主外，起传播作用的还有一些转续宿主，有青蛙、蟾蜍、鱼类、蟹类、淡水虾、猪等。广州调查青蛙 CA 感染。可寄生在几十种哺乳动物体内，中间转续宿主有 50 多种。

人受感染的途径主要是经口感染到消化道。感染方法有：①吃生或半生的软体动物或转续宿主动物，常见的有褐云玛瑙螺和福寿螺，2006 年 6 月 9 日北京食用凉拌螺肉发病 160 人；②幼虫污染了螺类喂养者的食物或不洗手可感染第 3 期幼虫。我国首例患者就是因为频繁采拾云玛瑙并搅碎以之喂鸭而感染（手及食物受到污染）；③生吃被感染期幼虫的蔬菜或中间宿主包括蛞蝓、蟾蜍、蛙等，成秋生（2001）报道一患者生吞拇指大活蛙 6 只，后头痛呈持续性胀痛、恶心、呕吐，脑脊液压力增高，嗜酸性粒细胞占 49%，血像嗜酸性细胞 17%，诊断为本病；④饮用含有从死亡软体动物溢出的第 3 期幼虫的生水，李莉莎（2006）为治病，吞食"旋马虫"（蛞蝓），出现臀部、腰部、腿部及双手出现针刺样疼痛、麻木、低热、发冷、出汗和荨麻疹等。进一步出现剧烈头痛、颈僵直，呈昏睡状、神志模糊、大小便失禁等。外周白细胞中嗜酸性粒细胞 27%；⑤感染性幼虫直接穿入皮肤亦可使人受到感染。有些地方用土法治病，将青蛙或蟾蜍肌肉敷贴在皮肤伤处，认为有消炎止痛作用，这也可能是感染 AC 之一。

人是非正常宿主，人、猪感染很少在肺部发育为成虫，位于中枢神经幼虫不能离开人体继续发育。

发病机制

广州管圆线虫进入人体后为什么侵犯中枢神经系统的机会多于其他系统，目前仍不明确。可能与幼虫嗜神经的向性和特性有关。广州管圆线虫的幼虫进入人体后，侵犯中枢神经系统，引起嗜酸性粒细胞增多性脑膜脑炎或脑膜炎。病理改变主要在脑组织，除大脑及脑膜外，小脑、脑干及脊髓均可受累。病变可在大脑、小脑、脑干及脊髓等处，脑脊液中嗜酸性粒细胞增高最明显，侵犯部位不一样，临床表现也有差异。研究证实，广州管圆线虫成虫含有抗原性极强的蛋白质，能诱导特异性免疫应答。除了虫体本身引起神经系统损害及免疫反应，有研究认为嗜酸性粒细胞增多同样对神经系统有毒性作用，Lee H H 等通过动物实验证实，广州管圆线虫引起脑损伤与核因子- kB（NF－kB）的诱导与原癌基因不表达及酪氨酸磷酸化有关。而这个过程与嗜酸性粒细胞增多和炎症反应密不可分。虫体移行、死亡虫体及虫卵可引起组织损伤及炎症。大体标本观察，脑和脊髓表面病变不显著。某些病例表现充血，颅底部软脑膜可见增厚，大的出血灶极少见。幼虫常可在脑和脊髓表面见到，但多数借助显微镜（脑以盐水浸洗）。脑的切面常可见到虫体断面（直径 $30\sim90\mu m$，大者可达 $300\mu m$）。有的病例可从脑组织检出数百条。1976 年台湾学者 Yii 在一病死者脑组织中发现 650 条童虫。幼虫存在于脑膜、脑血管及血管周围间隙（死虫或活虫）。炎症细胞反应在活虫周围少见。而在死虫周围则很明显，其成分为单核细胞、淋巴细胞、巨噬细胞及嗜酸性粒细胞。有的病灶多核细胞占优势，有的病灶区可见夏科—雷登结晶。炎症反应不仅见于虫体周围，也见于脑膜及实质内血管。另一种特征性病变是脑实质内有微型空洞与虫体移行隧道，伴有脑组织的破坏、细胞浸润和小的出血。直径小于 $150\mu m$ 的隧道可无出血。蜘蛛膜下腔血管扩张，虫体或附近的神经细胞呈现染色体溶解、细胞浆和轴索肿胀。本虫的致病作用主要是幼虫移行造成脑组织损伤和虫体死亡引起局部炎症反应并在虫体周围形成嗜酸性粒细胞肉芽肿。

鄢璞等（1997）曾报道 1 例死于广州管圆线虫的 11 个月的女婴病例，其侵犯人体引起病变的特点和部位，发现与以往报道有不同特点：①左右肺动脉及其分支内有数以百计的成虫并形成虫栓；②肺组织内形成以坏死或钙化为中心的肉芽肿；③肺及脑膜的肉芽肿内嗜酸性粒细胞很少。

第二个受侵的部位是肺，1968 年台湾在某 5 岁病死者肺内发现 1 条成虫，泰国在某 34 岁重症死者的肺动脉内发现 2 条退行变性成虫，国内在 3 名婴幼儿死者的肺内发现其肺动脉内充塞血块和虫团（已证实为广州管圆线虫的雌雄成虫）。肺出血及终末支气管肺炎也常可见。尽管有些病例在眼内（前房或后房内）发现虫体，但尚缺少这方面的病理学报告。

临床表现

人

广州管圆线虫病有三大临床表现：嗜酸性粒细胞增高性脑膜炎（EM）、嗜酸性粒细胞脑炎（EoE）和眼部广州管圆线虫征。

AC 幼虫在终末宿主体内移行可受到各种因素影响，包括个体差异、宿主血流动力学，产生的结果也各有不同。一般认为，AC 通过幼虫本身的移动或血液转运，可在终末宿主体内任何器官和组织中出现，但 AC 出现在中枢神经系统概率较高，并在脑部完成发育，可能与其嗜神经性有关。AC 幼虫侵犯中枢神经系统，引起嗜酸性粒细胞增多性脑膜脑炎或脑膜炎。病理改变主要在脑组织，除大脑及脑膜外，小脑、脑干及脊髓均可受累。虫体移行、死亡及虫卵可引起组织损伤与炎症。第二个受侵部位是肺，1968 年台湾在某 5 岁病死者肺内发现 1 条成虫；泰国在某 34 岁重症死者的肺动脉内发现 2 条退行变性成虫；国内有人在 3 名婴幼儿死亡者的肺内发现肺动脉内充塞血块和虫团（已证实为广州管圆线虫的雌雄成虫）。肺出血及终末性支气管肺炎也常见。第 3 个受侵害部位幼虫偶可侵犯眼部（前房或后房内）

常引起视力模糊，有时会引起视神经炎等。Prommindaroj 等（1962）报道泰国曼谷 1 例眼内成虫寄生。Sawanyawisuth K 等（2008）报道幼虫可侵犯眼部常引起视力模糊，有时引起视神经炎等。本病潜伏期最短 3 天，最长 36 天，平均 16 天。本期一般无自觉症状，但少数病人在感染初期有某些表现。如有些病人进食螺肉后几小时发生呕吐，个别病例有腹痛和腹泻，这种早期症状既可能是生食引起的反应，也可能是幼虫侵犯胃肠的表现。个别病例在进食螺肉后立即出现皮肤斑丘疹或荨麻疹并持续数日，不能排除对食物本身过敏的可能。这些病例在上述初期症状消退后有一段长的无症状期。

脑脊液中嗜酸性粒细胞增高是本病特征之一，增加比例一般均在 10% 以上；70% 患者增高达 20%，最高可达 90%。Graber 等（1999）报道了 3 例新发严重广州管圆线虫病，并认为印度洋地区嗜酸性粒细胞增多性脑膜炎专发于婴儿，且伴有严重的神经根、脑的病变。该病侵犯脊髓少见，对 3 000 例患者统计，广州管圆线虫以儿童多见，且儿童患者多以嗜酸性脑膜炎及脑膜脑炎为特征，病情一般较重，主要表现嗜睡、发热、肌肉抽搐、四肢无力或软瘫、昏迷等。在几种患者中可引起严重其他致病性疾病。这种年龄分布的差异原因还不清楚。

起病突然，头痛剧烈。头痛部位在前额或两颊，亦常波及头部，明显剧烈头痛，头"开裂"样，难以忍受，有颈强直。每 5~30min 阵发性针刺样疼痛，呈搏动性或牵拉性，有的病例头痛可持续 1 个月之久。拌轻度或中度发热，头痛时发热可高于 38℃，呕吐、嗜睡或昏睡，约 10% 进入昏迷。有的出现感觉异常、肌肉抽搐。少数表现烦躁、惊厥及四肢瘫痪。10% 的病人有复视、斜视、视力减退及失明。消化系统症状较普遍，约 2/3 有食欲不振或畏食、便秘。99% 有腹痛，少数出现腹泻。此外，部分病例有咳嗽、流涕、流涎。

体检可发现瞳孔对光反射迟钝或双侧瞳孔不等大。颈硬，凯尔尼格征、布鲁金斯基征等脑膜刺激征阳性。膝反射及跟腱反射亢进，腹壁反射减弱或消失。巴宾斯基征可呈阳性。Ⅵ、Ⅶ 对颅神经瘫痪。本病病程一般 4~6 周。

猪

Chen MX 等（2009~2010 年）全国人体 AC 感染血清流行病学调查表明，广州管圆线虫病是中国重要的动物传播传染病。Hwang KP 等（2010）证明传播宿主有蛙、蟾蜍、淡水虾、猪等。Emile（1980）报道太平洋农夫以含广州管圆线虫的螺喂猪，人食用了含幼虫的猪肉而受感染，表明猪是广州管圆线虫的转续宿主，是本病感染者和传播者。

诊断

诊断本病最重要的一条线索就是病前一个月内接触过（或生食、半生食）广州管圆线虫的中间宿主或转续宿主。一般都有吃生螺肉或接触过此类产品史。在我国主要是褐云玛瑙螺、福寿螺等螺类。凡属嗜酸性粒细胞增多性脑膜炎病人，伴有下列表现之一者，均应疑及本病：①急起剧烈头痛，伴低热或无热；②出现脑膜炎或脑膜脑炎症状与体征（特别伴有低热者）；③颅神经受累，表现面瘫、外展神经瘫，伴剧烈头痛；④视力减退、复视等眼部症状，早期眼底检查多无异常，后期可见视盘水肿，视网膜静脉扩张，伴有或不伴有头痛；⑤意识改变，伴剧烈头痛；⑥多无皮下游走性肿块，无眼睑水肿，无肌肉压痛等。疑及本病时，应进行有关的化验检查，包括取脑脊液找病原体。

实验室检查：约 56% 病例外周血白细胞增加高达 500~2 000 个/ml，73% 病人嗜酸性粒细胞增加（≥10%）占 20%~70%。54% 病人压力增加（>1.96kPa），常可超过

4.9kPa. 绝大多数病例的脑脊液混浊如洗米水，白细胞数增加，（0.19～4.35）×10^9/L。90%病例脑脊液中嗜酸性粒细胞增加（15%～98%）。约 2/3 病例蛋白增加，超过 0.5g/L，糖和氯化物极少变化。中国台湾报告的 259 例中有 25 例脑脊液中找到本病的病原体幼虫。若为婴儿患者可考虑取大便查幼虫。

此外，免疫学检测方法，已有许多研究，这些方法均有一定价值，通常采用成虫抗原检测血清或脑脊液中抗体，包括绵羊血细胞凝集试验、琼脂扩散法、对流电泳法、免疫黏附法、酶联免疫法和 SPA - ELISA 等。研究发现，31.29KDa AC 抗原均能成功用 ELISA 和 AC 特异性免疫诊断。

本病应注意与脑型血吸虫病、脑囊虫病、丝虫病、肺吸虫病、棘球蚴病、旋毛虫病及各种脑膜炎症相鉴别。

膜斑点 ELISA 试剂盒可用于诊断对 AC 特异性的 31KDa 和检测血清中的循环抗原来诊断由 AC 引起的 EM；也可用于鉴别不同产生成虫引起的 EM。

免疫印迹技术分析 AC 的 IgG 亚类抗体反应可用于鉴别人广州管圆线虫、颚口线虫和囊尾蚴病的病原体。

防治

广州管圆线虫病的三大临床表现 EM、EoE 和眼部广州管圆线虫病，其中 EM 最常见，应用皮质类固醇治疗很有效。

阿苯达唑和地塞米松联合治疗。

阿苯达唑和黄芩黄素联合治疗 AC 感染引起的 EM 效果优于单药治疗。

EoE 很少见，但可能致命，并且没有有效的治疗方法。

眼部广州管圆线虫病很少见，治疗方法为外科手术或激光治疗。其效果取决于早期手术取出眼内虫体。Mehta DK 等（2006），曾通过前房内用不含腐蚀剂的利多卡因使得虫体麻痹，然后外科手术移出有活性、丝线状虫体。

Chuang C C 等（2010）免疫学研究发现，嗜酸性粒细胞趋化因子（CCLTT）及 Th2 型细胞因子和 TL - 5 是脑部损伤因子，腹膜内注射 CCR3 分子抗体后可以使 EM 病情明显减轻。

Fang W 等（2010）用 Blastx 分析和注解 AC 表达序列标签和基因，其鉴定的蛋白质可能成为将来研制抗 AC 药物的潜在靶标。

预防本病的最主要方法是加强本病知识的宣传、教育，注意饮食卫生，改变生食或半生食食物的习惯，预防病从口入。特别加强对从业相关职业人群的卫生宣传教育，预防感染。不用转续宿主作为药物，不用螺肉等喂畜禽，防止畜禽继发感染人，螺肉、蛙肉、虾要熟食；防鼠灭鼠，减少传染源。

三十、后圆线虫病
(Metastrongylosis)

后圆线虫病是由后圆线虫属的线虫引起的寄生虫病。虫体呈丝线状，寄生于猪的支气管和细支气管，故又称猪肺线虫病。以引起猪等动物肺炎为主要症状。同物异名为长刺后圆线虫（*M. elongatus*）。

历史简介

Leipier（1908）鉴定了猪后圆线虫。其发育史曾经 Hobmaire 等（1929），Sahuarte 和 Alicate（1929，1931，1934），Rose（1959），汪傅钦（1962）研究，后者曾考察幼虫在宿主体内移行路径。

病原

后圆线虫是后圆线虫总科（*Metastrongyloidea*），后圆属（*Metasrongylus*）寄生蠕虫，常见致病线虫有长刺后圆线虫（*M. elongatus*），又称野猪后圆线虫、猪后圆线虫（*M. Apri*，Gmelin，1990；Raulliet 和 Henry，1907）、复阴后圆线虫（*M. pudendotectus*，wastokow，1905）和萨氏后圆线虫（*M. Salmi*，Gedoelst，1923）。三虫皆感染猪和野猪，仅猪后圆线虫感染人。虫体细长、乳白色或灰黄色，体表具有细微横纹。口囊小，口缘间有二侧唇，每一侧唇分为三叶，中央一叶较大，上、下二叶较小，每叶基部有一个乳突。食道筒状，基部根扩大，神经环位于食道中部；颈乳头小，在神经环后缘；排泄孔开口于颈乳突的后方。长刺后圆线虫雄虫长 11～25mm，交合伞较小，前侧肋顶端膨大，中后侧肋融合在一起，背肋极小。交合刺呈丝状，长 4～4.5mm，末端为单钩，无引器。雌虫长 20～50mm，阴道长超过 2mm，尾长 90～175μm，稍弯向腹面。虫卵大小为 51～54μm×33～36μm，内含幼虫。卵在土壤中发育为第 1 期幼虫，蚯蚓吞食后，经 2 次蜕皮发育为感染性幼虫，猪从土壤吞食到感染性幼虫或蚯蚓，经消化后幼虫钻入盲肠壁、大肠前段壁或肠系膜淋巴结，经 1～5 天内 3～4 次脱皮，通过静脉到肺泡，再钻入细支气管、支气管和气管。约在感染后 23 天发育成成虫并排列。感染后 5～9 周产卵最多。

本线虫生活史需要在中间宿主发育，可供其充作中间宿主有蚯蚓中的暗灰异唇蚓、微小双胸蚓、无锡杜拉蚓、赤子爱胜蚓、红欧洲蚯蚓、参环毛蚓、秉氏环毛蚓、白颈环毛蚓等。

猪感染后 4 天开始雌雄分化，雌虫已行第 4 次蜕皮为第 5 期幼虫，并从淋巴管经小循环到宿主肺部。人工感染实验，把感染期幼虫从耳静脉等血管注入，虫体直接到肺部亦可发育为成虫。在适当气候条件下，自虫卵发育经中间宿主发育，再到猪体发育到成虫仅需 35 天。成虫在猪体内可存活一年。

流行病学

野猪后圆线虫是猪肺线虫病的主要病原体，流行广泛。感染动物除野猪和家猪外，也见于牛、羊、鹿等反刍动物及人和犬。其重要的流行因素有：

（1）虫卵的生存期长，在粪便中的虫卵可存活 6～8 个月；牧场结冰的冬季，生存 5 个月以上。

（2）第 1 期幼虫存活力强，在水中可以生存 6 个月以上；在潮湿土壤中达 4 个月以上。

（3）虫卵在蚯蚓体内发育到感染幼虫时间长，平均室温为 10.6℃和 13.8℃时不发育；14～21℃需 1 个月；24～30℃需 8 天。蚯蚓的感染率在夏秋季节高达 71.9%，感染强度高达 208 个，其中几乎都是感染阶段的幼虫。我国已发现中间宿主蚯蚓有 20 余种。

（4）在蚯蚓体内的感染性幼虫保持感染性的时间，可能与蚯蚓的寿命一样长。据 Rose

（1959）观察，被幼虫感染的蚯蚓寿命不超过 15 个月。

（5）野猪后圆线虫对中间宿主蚯蚓的选择性不强，我国已发现有 6 个属 20 种之多。这也是分布广泛的重要原因。而且虫卵污染并有蚯蚓的牧场，放牧猪 1 年可以发生 2 次感染，第 11 次在夏季，第 2 次在秋季。

（6）传递其他疾病，肺线虫可以给肺部其他细菌性或病毒性疾病创造条件，从而使这些疾病易于发生或加重其病程。猪流感病毒可感染虫卵，虫卵发育成幼虫时，病毒仍能在幼虫体内保持活力 32 个月之久，猪感染这种幼虫时，即同时感染流感病毒；幼虫传播猪瘟、蒂申病毒；加重或并发肺疫、支原体肺炎等。

成虫主要寄生在肺的深呼吸道，这些虫体是污染牧场和导致其他猪群感染的主要原因。流行病学调查中，本病多为野猪后圆线虫和复阴后圆线虫混合感染，实验证明野猪后圆线虫单独感染猪，幼虫发育到性成熟的约为 4％，而与复阴后圆线虫同时感染，各有 35％ 的幼虫发育成熟。

本虫为猪常见寄生虫，但猪后圆线虫病有明显的年龄特征，4～6 月龄猪群中最为流行，但不常出现爆发流行，其与蚯蚓有关。

发病机制

后圆线虫初期感染并无症状，当虫体增大时对非组织起破坏作用。幼虫移行时破坏猪肠壁、淋巴结和肺组织，虫体新陈代谢产物经机体血液吸收，可引起中毒，童虫在肺部发育移行，促使支气管黏液分泌增强，产生出血斑点。虫体和黏液阻碍支气管产生蠕动，造成蠕虫性肺炎，支气管黏膜变性、恶化和片状脱落，白细胞浸润，感染 2 周后白细胞增加 10％～15％。肺气肿、肺实质中有结缔组织增生性结节，肺尖部变紫，肺叶后缘有界限清晰的灰白色、微突起的病灶，患猪呈现以呼吸系统临床特征的病理变化。

临床表现

人

人体感染后圆线虫病例仅有数例报道，除呼吸道外，尚有 1 例寄生于消化道。刘新民等（1982）报道一名 30 岁女性，自幼患癫痫病，1979 年用一偏方治疗，生吞食活蚯蚓百余条。第二天出现腹痛、腹泻，每天排水样便十余次，混有少量黏液。伴有发热，体温达 38～39℃。并有尿痛、血尿、过敏等幼虫移行期症状。之后出现呼吸系统症状，如剧烈咳嗽、胸闷气短，不能睡卧；病变可见两肺纹理增强、粗乱，沿肺纹理行走有多数散在的、边缘模糊的、密度较低的小点状阴影，嗜酸性粒细胞数明显增高。痰中有虫卵。

猪

猪在感染后几周内可能使大量的虫体排出，似有"自愈"机制。少量虫体感染仅在支气管检出虫体，但无症状。实验证明，猪在初次感染后 15 天，血液中发现抗体，以后逐渐升高。Jagger 和 Herbert（1964）在英国屠宰场检查猪肺，后圆线虫的感染率为 8％～65％，常见的是猪后圆线虫；但多为混合感染，美国调查结果，后圆线虫比例为，猪后圆线虫占 62％、复阴后圆线虫占 37％、萨氏后圆线虫占 1％。雄雌比例为 3∶2，有的猪群 76％ 是猪后圆线虫与复阴线虫混合感染，11％ 为三线虫混合感染。匈牙利的调查，729 头家猪有 30％ 为后圆线虫感染；160 头野猪有 88％ 为后圆线虫感染，野猪感染率为家猪的 3 倍，但家猪以猪后圆线虫感染为主，而野猪以复阴后圆线虫为主，常见二线虫混合感染。Ewing 和 Todd（1961）以单一和或两个种幼虫混合感染比较。每头猪给 100 和 400 条幼虫，单一种幼虫感染，幼虫不能发育为成虫，而两个种混合感染，幼虫多能成长。用 6 000 条幼虫试验，混合感染有 35％发育为成虫；单一感染猪后圆线虫幼虫，只有 4％能发育，而单一感染复阴后圆线虫，只有 1％能发育。

本病多发生于仔猪，主要引起猪慢性支气管炎和支气管肺炎，导致病猪消瘦，发育受阻，甚至引起死亡。轻度感染时症状不明显，仅支气管检出虫体，但影响生长发育。成虫在肺部产生大量虫卵进入肺泡以及虫体代谢产物的吸收，引起机械性和化学性刺激，如继发细菌感染，则发生化脓性肺炎，猪的死亡率甚高。龚广学（1958）报道猪后圆线虫严重感染，患猪因幼虫引起支气管肺炎，有强烈的阵发性咳嗽，呈嘴唷地腰弓起咳嗽，呼吸困难，以运动或采食后及早晚最明显、最剧烈。肺有啰音。体温间或升高。继之，食欲丧失、贫血、营养不良，皮毛发干、发焦、无光泽，皮肤脱屑，精神委顿，体况消瘦，步态蹒跚，不愿行动，流黏液性脓性分泌物，发生喘气、衰竭死亡。即使病愈，生长缓慢，有的呈侏儒猪，6～7 个月仅 7.5kg 重。人工感染试验，猪感染后 10 天开始咳嗽，自第 32 天起症状明显，50 天后常在食后呕吐，但也有的实验感染猪几乎无可见的临床症状。

成年猪致病力较轻微。轻度感染，症状不明显；严重感染猪有强力咳嗽，呼吸困难，肺部有啰音，体温间或升高，贫血，食欲减低或丧失，即使病愈，生长缓慢。

肉眼病变不明显，肺膈叶腹面边缘有楔状肺气肿区，支气管增厚、扩张，靠近肺气肿区有坚实的灰色小结，小支气管周围呈现淋巴样组织增生和肌纤维肥大。支气管内有虫体和黏液。有时可见肝脏因幼虫移行引起的"乳黄色小点"。幼虫在猪体内移行时，破损猪的肠壁、淋巴结及肺组织，并带入病毒产生疾病。

Shop（1941～1955）报告猪后圆线虫能传播流行性感冒，并证明感冒病毒可在虫卵中遗留到中间宿主蚯蚓体内发育的幼虫，在幼虫体内生存 32 个月之久，病毒在此期间以隐性形式存在。Sen 等（1961）也证明后圆线虫是猪流感病毒的传播者，把这一潜在病原带进猪体内。后圆线虫的幼虫可携带流感、猪瘟等病毒，从而加重病情，可造成继发感染。

野猪肺线虫病，又称后圆线虫病，是后圆属的线虫寄生于野猪的支气管和细支气管引起的一种肺线虫病。终末宿主有家猪、野猪、西湖野猪、天山野猪、西貒，偶见于牛、山羊、绵羊、犬和人，寄生于支气管。Muelall 等（2001）检查了西班牙 47 头野猪的粪便，后圆线虫卵（Metastrongylus SPP）阳性率为 88％。

诊断

根据临床表现和检出大量虫卵时或尸检出虫体始能确诊。

实验室检查常用饱和硫酸镁溶液（密度 1.285）浮漂法，检出率较高。还可用变态反应诊断法。

人的后圆线虫病可向患者询问有无吃蚯蚓的病史，对疾病诊断具有重要参考价值。

防治

（1）主要是尽量避免猪与中间宿主接触，防止蚯蚓潜入猪场。猪场改用坚实地面，注意排水和保持干燥，创造无蚯蚓条件，即可杜绝本病的发生。

（2）猪粪应发酵消毒，禁止有肺线虫的猪进入牧场。

（3）在不安全区，应对猪进行预防性的治疗性驱虫，对牧区猪应定期检查，发现有肺线虫感染时，立即进行治疗性驱虫，并停止放牧。

驱虫可用噻苯咪唑、四咪唑、苯硫咪唑、丙硫咪唑、左咪唑或依佛菌等。

三十一、颚口线虫病
（Gnathomiasis）

颚口线虫病是由颚口线虫属中的几种线虫引起的人兽共患寄生虫病。人体并非颚口线虫的适宜宿主，其幼虫在皮肤或皮下移行引起皮肤幼虫移行症，如移行到深部组织引起内脏幼虫移行症。临床表现取决于幼虫的具体寄生部位，累及眼、脑、脊髓者可导致严重后果。在人体内移行可持续多年，是一种动物源性寄生虫病。刚刺颚口线虫以头球侵入猪胃壁，破坏胃黏膜，使胃壁形成腔窦，扰乱猪消化作用；幼虫在猪体中发育移行时，侵入肝脏，破坏肝组织，阻碍猪的生长发育。

历史简介

Owen（1836）在英国伦敦动物园一只老虎的胃壁肿瘤内发现一虫体，命名为棘颚口线虫。Fedtschenke（1872）报道刚棘颚口线虫寄生于土耳斯坦家猪和野猪的胃中，并定名。Coske 等（1882）从欧洲猪中发现此虫。Deuntrer（1887）在泰国一妇女乳房脓肿中检得一未成熟雄虫，经 Levinson 研究定名为 *Cheiracanthus Siamansis*；Korr（1909）从泰国一妇女皮肤结节中找到一个未成熟的雄虫，经 Leiper 鉴定为 *Gnathostoma Siamensis*。不久，Leiper（1911）发现这种线虫是 *G. Spinigerum* 的同物异名。Tamura（1911）发现一居住于中国的日本妇女体内的棘颚口线虫。Samy（1918）从马来西亚的一名中国工人手部脓肿里检出虫体。Famura（1919）从久居中国的日本妇人匐行疹中发现本虫。Ikegami（1919）报告从福建厦门一名匐行疹男子发现本虫，经 Morshita 和 Funst（1925）鉴定为颚口线虫的幼虫。Fujila Kawano（1925）汉口日本人和 1945—1946 年上海 30 多名日本得病称为长江浮肿病。Charlder（1925）在印度蛇中检到成囊幼虫。陈心陶（1949）在广州发现寄生于人体中的幼虫，吴菁黎（1958）调查认为猫、犬体内分布广泛。Heydon（1929）在澳大利亚观察到虫卵孵出幼虫。Promes 和 Daengsvang（1913）在泰国感染试验，找到第一中间宿主剑水蚤，第二中间宿主鲶鱼和线鳢。Refuerzo 和 Carcia（1936）在第一中间宿主剑水蚤和甲壳动物中的发育作了详细研究。Heydon（1929），Dissamarn（1916），陈心陶（1949），Goloving（1956）和汪溥钦（1976）研究了颚口线虫生活史。

病原

本病原属于旋尾目，颚口科，颚口属，除越南颚口线虫的成虫和幼虫是寄生在泌尿系统外，其他种的成虫都寄生于终末宿主的胃壁内。目前认为颚口属有 20 余个虫种，其中棘颚口线虫（*Gnathostoma spinigerum*）、刚刺颚口线虫（*G. hispidum*）、杜氏颚口线虫（*G. doloresi*）、日本颚口线虫（*G. nipponicum*）、巴西颚口线虫和马来颚口线虫有人体感染病例，在我国发现了 4 种，即棘颚口线虫、刚刺颚口线虫、杜氏颚口线虫和日本颚口线虫；

猪有刚刺颚口线虫、杜氏颚口线虫和陶氏颚口线虫感染寄生虫病。刚刺颚口线虫分布在我国广东、广西、江西、新疆、福建等 13 个省（自治区），流行区猪的感染率高达 60%，福建在屠宰场经常在猪胃中检到成虫。福州某屠宰场检查 740 只猪胃，检得阳性 28 只，占 5.1%，感染强度为 1～12 条虫。

颚口属线虫有一个大的球状的头部，上面有很多小棘，除刚刺颚口线虫全身披有体棘外，其他颚口线虫体表前半和尾端才有棘体。刚刺颚口线虫新鲜虫体呈淡红色，表皮菲薄，可见体内的白色生殖器官，为较粗大的圆柱形线虫，头部突出呈球形，其后部与体部之间具有一沟。虫体前部略粗，向尾部逐渐变细。雄虫长 15～25mm，雌虫长 25～45mm。虫卵呈椭圆形，黄褐色，一端有帽状结构，卵的大小为 72～74μm×39～42μm。

颚口线虫有成虫、虫卵和 1、2、3、4 期幼虫。成虫寄生于猫、犬、猪等终末宿主的胃壁。虫卵随宿主粪便落入水中，在一定温度下（27～29℃）相继发育为第 1、2 期幼虫，第 2 期被第一中间宿主剑水蚤吞食并在其体发育为早期第 3 期幼虫，含有此期幼虫的剑水蚤被第二中间宿主淡水鱼（主要为乌鳢、泥鳅、黄鳝等）及蛙、蛇等吞食，约经 1 个月在第二中间宿主肌肉或结缔组织中发育成为晚期第 3 期幼虫，随后在肝脏或肌肉中结囊即成感染期幼虫。含晚期第 3 期幼虫的鱼、蛙被蛇、鸟类等转续宿主吞食后，幼虫在其体内无形态上的进一步变化，且又形成结囊幼虫；此期幼虫有 4mm，头球上有 4 个环小钩，外有囊壁包裹。第 3 期幼虫头球上的小钩数目、形态、颈乳突和排泄孔的位置，体棘环列数及肠上皮细胞核数目，可作为鉴别棘颚口线虫、刚刺颚口线虫和杜氏颚口线虫的依据。如被终末宿主吞食，第 3 期幼虫在其胃内脱囊并穿过胃壁，幼虫进入肝脏发育为第 4 期幼虫，随后移入胃壁在黏膜下形成特殊的肿块发育为成虫，寄居在特殊的瘤块内。一个肿块中通常有 1～2 条虫体，但也有更多，甚至多达数十条。典型的肿块有一个小孔与胃腔相通，肿块里的虫体（成虫）前端埋入增厚的胃壁，雌虫产的卵通过小孔排出，感染后约 100 天，虫卵开始在宿主粪便中出现。

刚刺颚口线虫和杜氏颚口线虫的终末宿主（家猪和野猪）吞食了含有早期第 3 期幼虫的剑水蚤，亦能发育为成虫。刚刺颚口线虫成虫，体粗壮，圆柱形，淡褐色，头球顶端具两个大的侧唇，每唇背面各有 1 对双乳突；唇的前缘和侧缘有角质颚板。头球周围具 9～12 环列小钩，每环 90～120 个，体表全体披有体表棘，在体前 1/4 部，棘具粗大的根部，游离缘有不同大小和不同数目的小齿。体前端的棘短小，其齿数较少，为 2～3 齿，其后各环列的棘逐渐增大，其齿数增多为 6～9 个小齿，再后棘渐增长，齿数也逐渐减少，终呈针状棘覆盖全体。

分子生物学方法在颚口线虫分类上显得越来越重要。目前应用于颚口线虫类识别的分子标记主要是 rRNA 基因重复单位中的内转录间隔区 1 和 2（ITS1 和 ITS2）和 motRNA 中的细胞色素 C 氧化酶亚基 I 基因（COI）。

流行病学

流行病学调查和病例报告见于世界各地。主要流行于泰国、日本、印度、越南、柬埔寨、墨西哥等地或曾到过这些国家的居民。我国以浙江、江苏、安徽、湖南、湖北、广东、福建及上海较为多见。1960 年后颚口线虫病在东南亚多见，尤为泰国病原为棘颚口线虫；1980 年后日本是刚棘颚口线虫，我国棘颚口线虫病逐年增多。第二中间宿主主要为淡水鱼类，黄鳝的感染率最高，其次是海鱼。目前已知的自然感染的第二中间宿主和转续宿主至少有 100 余种，其中鱼类 44 种、两栖类 6 种、爬行类 16 种、鸟类 29 种、哺乳类 17 种。甲壳类、淡水鱼、两栖动物、爬行动物、鸟类及哺乳类，如蛇、蛙、蟾蜍、家鸡、褐家鼠、猕猴、家猪、野猪、虎、猫、犬、黄鼬、豚鼠、水獭等为颚口线虫的转续宿主。已报告本虫人工感染的第二中间宿主和转续宿主有 63 种，其中鸡、鸭和猪在本病的流行病学上具有重要性。最近 Komalamisra（2009）用棘颚口线虫第 3 期幼虫成功感染上福寿螺，预示着福寿螺也可能成为本病的主要感染源。

颚口线虫是主要的食源性人畜共患病（Food‐Borne Parasitic Zoonosis）。人一般通过食入有第 3 期幼虫的生的或半生熟的转续宿主，如鱼或家畜而感染。在日本常是鱼类，在泰国鸡、鸭是重要的感染来源。Clark IA 等（1983），王兴相（1987）报告人食生棘颚口线虫第 3 期幼虫的鸡、鸭、猪肉而感染。然而，任何两栖动物、蛇和鸟类都可能有幼虫寄生，如生吃、半生吃都可致感染。终末宿主还可通过第 3 期幼虫穿透皮肤或经胎盘和口腔黏膜获得感染。也有报告称，人畜可通过饮用含有第 3 期幼虫的剑水蚤的水而感染。

汪溥钦等（1976）报告了刚刺颚口线虫的发育与传播猪的途径。猪胃中只寄生雌虫时，此虫卵在水中培养不发育，不久崩解死亡；而雌雄同在猪胃中寄生的虫卵，在水中培养 5～6 天发育为幼虫雏形，第 7～8 天发育为幼虫。第 9～10 天，卵内幼虫第一次蜕皮，进入到第 1、2 期幼虫。第 2 期幼虫感染剑水蚤，均可发育。幼虫在感染剑水蚤第 3 天，虫体伸长，头突消失，头端膨大隆起，随后头泡的后端逐渐出现头球，形成四环列的小钩，感染第 9 天头泡脱落，为第 3 期幼虫。剑水蚤类为中间宿主。用刚刺颚口线虫第 3 期幼虫剑水蚤感染金鱼、奇异麦穗鱼、斗鱼、小鸡、小鸭、小鼠和鼠兔等动物，各种小鱼均可获得感染，但幼虫在鱼体中不发育长大，经几天逐渐被鱼体组织包围而死亡。小鸡、小鸭不感染，用感染金鱼 5 天后取出的幼虫感染小鸡，为阴性；感染小鸭，感染率甚低。小鼠和鼠兔感染良好，不论从剑水蚤体中或从鱼类的体内取得的幼虫，幼虫迅速发育长大，经 10 天发育成为后期第 3 期幼虫。鸟类依种类而不同，食鱼的鸟类可以感染。这与陶氏颚口线虫幼虫在剑水蚤体中发育经 2 次蜕皮为早期的第 3 期幼虫不同，也与棘颚口线虫幼虫在剑水蚤体内发育后，还需通过鱼类等再进一步发育才获得感染不同。

哺乳类动物适于刚刺颚口线虫的发育，猪直接吞食含有第 3 期幼虫的剑水蚤即获得感染发育为成虫。用含有第 3 期幼虫的剑水蚤约 20 个，直接口服饲喂初生 1 周的仔猪，隔离饲养 5 个月后，猪胃中检到 42 个雌雄成虫。棘颚口线虫和刚刺颚口线虫的传播途径不同，可能是由于寄生虫与终末宿主之间接触关系不同而长期适应形成的结果。前者的终末宿主是猫、虎和豹等肉食性动物，是从食生肉获得感染，而演化成需要补充宿主来完成生活史；后者的终末宿主是猪，猪是食植物性的动物，生食鱼肉的机会少，喝生水和水生植物的青饲料多，含有幼虫的剑水蚤易随着青饲料被吞食而获得感染，直接从剑水蚤中感染更有利于生活史的完成。

感染方式主要是食用生食或半生熟肉类或喝生水经口感染；通过皮肤接触感染和母体受染后通过胎盘感染。临床上以生食第二中间宿主和鱼、蛙和转续宿主如蛇、鸟类等感染最为常见。Nitidanhaprahbas P（1978）报告一名泰国 18 岁男性因喜食发酵的半生猪肉感染棘颚口线虫得枕骨部颚口线虫病。

发病机制

人不是颚口线虫的适宜宿主，从人体获得的多为幼虫或童虫。虫体在人体寄生方式有静止型和移动型两种，如虫体滞留在皮肤脓腔内不活动，相对而言，几乎不引起疾病；如游走，则引起幼虫移行症。研究表明颚口线虫可分泌类乙酰胆碱、透明质酸酶、蛋白水解酶等物质。第3期幼虫常移行至皮肤表层，在表皮或真皮之间或皮下组织形成隧道；也可游走到身体其他任何部位，形成移行性肿块，其中眼、脑、脊髓较常见，可引起严重后果，甚至死亡。幼虫在人体内移行可持续多年，有的可达10年以上。虫体移行部位为额、面、枕、腹、胸、手指等部位。皮肤出现弯曲线状（蛇行）的红色疹（匐行疹）；如幼虫深入皮层深部和肌层中，可现移动性皮下肿块，局部皮肤表面正常或稍红、发热、水肿，有的可有痒感、烧灼感或刺痛，皮下肿块常常间歇性的不同部位出现；如幼虫移行至内脏，引起的体征称内脏移行症，它向各组织器官移行一般没有定向，如眼、耳、咽喉、十二指肠、盲肠、阴茎、子宫、肝脏、脑脊髓、神经、心包等，可出现不同体征。至脑可引起死亡。本病感染均引起嗜酸性粒细胞升高。如2008年杭州报道一名49岁女性感染颚口线虫。其左下肢腹股沟皮下有一直径1cm肿块，有痒感，后自行消失，月余后又复发，并有匐行疹，有痒感，体温达39.8℃，伴咳嗽。嗜酸性粒细胞和白细胞升高。有时虫体引起泌尿系统病变并膀胱炎，偶可从尿中排出活虫。本病的病理改变主要是由幼虫移行所引起的机械性损伤及虫体周围的急性或慢性炎症及变态反应引起的。病变部位有大量嗜酸性粒细胞、中性粒细胞、淋巴细胞和浆细胞浸润。有时也可出血、坏死与纤维化。

猪感染颚口线虫，其幼虫到肠中逸出穿过肠壁经腹腔、肠系膜、膈膜、胸腔、肝脏、结缔组织等处移行，造成机械损伤，组织破坏，特别是肝移行时破坏肝组织引起肝炎；虫体在成熟又回到胃中侵入胃黏膜深处寄生时，可破坏胃黏膜，分泌毒素，使胃壁形成腔窦，继之窦内累积含血脓液体，使腔窦逐渐增厚，窦腔周围黏膜组织比正常胃壁厚3～4倍，坚硬隆起成为肿瘤。

临床表现

人

颚口线虫在人体的寄居方式可分为静止型和移行型两种。致病部位极为广泛，几乎遍及全身各处。人体感染后，幼虫在人体可生存5～7年，一般产生一个虫体，少数可产生2个以上幼虫。从引起的病变部位分为皮肤型和内脏型颚口线虫病两种。

1. 皮肤型　幼虫入侵后1～2个月，患者开始有食欲不振、恶心、呕吐，特别是上腹部疼痛症状。由于虫体有游移的特性，在皮肤的表皮和真皮之间或皮下组织内形成隧道，引起皮肤幼虫移行症，周身可间断地出现移行性肿块，游走于皮肤与皮下组织，并有轻度发红、水肿、疼痛和痒感。如果虫体进体表，则发生皮肤硬结、线状疹或匐行疹，伴有剧痛。有时也可形成脓肿，或以脓肿为中心的硬结节，肿块大小如蚕豆或鸡蛋大小。皮肤肿块主要在颜面部、颈部、上肢与下肢多见。发病时伴有瘙痒、腹痛、便秘和发热、全身不适及荨麻疹等症状是颚口线虫病最常见的临床表现形式。幼虫偶可自行钻出皮肤。Daengsvang（1979）报道棘颚口线虫引起腹部肿瘤。

2. 内脏型　此病例在肺、气管、胃肠道、尿道、子宫、阴茎、眼、耳、脑和脊髓等部位均有报道。幼虫游走到深部组织而导致内脏移行症，累及组织部位。除出现间歇性移行肿块、局部水肿和疼痛外，其临床症状随寄生部位而异，一般损害部位经常出现急性和慢性炎症，并有大量以嗜酸性粒细胞、浆细胞、中性粒细胞和淋巴细胞沉聚。如果进消化道，可表现为腹痛、腹泻、便秘等；侵入肺部引起胸膜炎等。Fontan 和 Arromdee 也各报道 1 例，肠壁有大量嗜酸性粒细胞浸润和增多。

眼颚口线虫病：棘颚口线虫、刚刺颚口线虫、猪颚口线虫的幼虫都可以移到眼，引起眼痛。国内发现 2 例：①棘颚口线虫第 3 期幼虫寄生于玻璃体前部，引起视力下降。②一色素膜炎患者的前房中取出颚口线虫的幼虫。

脑颚口线虫病：棘颚口线虫第 3 期幼虫移行沿末梢神经到脊髓达脑部引起嗜酸性粒细胞增多性脑脊髓炎。临床表现随寄生部位而异，可为严重的神经根痛、四肢麻痹或突然昏睡到深度昏迷，导致死亡，常发生致死性瘫痪、昏迷，脑脊髓液常为血性或黄色，引起胸膜炎等。在人体幼虫进入眼、脑的比例相当惊人，并以嗜酸性粒细胞增多性脑膜炎并伴脑脊髓炎最为严重，病死率可达 10% 以上。在脊髓中可找到虫体。心血管系统病偶可引起急性心肌梗塞死、休克，死亡率较高。

通常寄生于猪体的颚口线虫 *G. hispidum*（刚刺颚口线虫）也偶可侵害人，我国和日本皆有病例报告。对人体致病性与棘颚口线虫相同。

猪颚口线虫病

猪是转续宿主。主要致病的有刚刺颚口线虫和陶氏颚口线虫，后者未见有对人感染报告。

猪随饮水吞食了带有感染性幼虫的剑水蚤或吞食了第二中间宿主而被感染。幼虫在猪胃内发育为成虫，虫体的头部深入胃壁中，形成空腔，内含淡红色液体，周围的组织发炎、红肿，黏膜显著肥厚。严重感染时，病猪呈剧烈的胃炎症状，食欲不振，营养障碍，呕吐，局部有肿瘤结节。轻度感染时不表现任何症状（表 3-39）。

表 3-39　乐县家（野）猪颚口线虫感染率

动物	调查数头	感染数头	感染率（%）	陶氏颚口线虫		刚刺颚口线虫		合计	
				数量	%	数量	%	数量	%
家猪	3 176	128	4.03	80	2.57	6	0.8	2	0.69
野猪	68	28	41.1	18	2.65	10	5.9	0	8.82
合计	3 244	156	4.8	98	3.02	16	0.9	8	0.86

未成熟虫体会移行于许多器官，特别是肝脏和肝动脉，引发相应症状。福建报道猪颚口线虫调查，认为该虫常见于家猪和野猪宰后胃中。

陈美等（2001）在刚刺颚口线虫第 3 期幼虫感染猪实验中观察到猪的临床表现。①刚刺颚口线虫第 3 期幼虫经口入胃并在猪体内移行危害胃和肝脏。根据 4 次感染实验，结果第一次在感染 10 天后剖检，未从胃内查见幼虫，仅见 1 条第 3 期幼虫正在穿过胃壁，并在膈肌中发现横穿膈肌的第 3 期幼虫，肝脏边缘区检得幼虫 16 条，肝脏中区检得幼虫 20 条；另二次为在感染 20 天后剖检，未见胃中有幼虫，肝脏中分别检得 27 和 30 条幼虫，表明刚刺颚口线虫第 3 期幼虫经口侵入猪到达寄生部位的途径是从口到胃，穿过胃壁经膈肌到达肝脏，此过程约需 10 天，然后在肝脏停留 20～30 天再返回至胃寄生。经口感染刚刺颚口线虫第 3 期幼虫 60 条，193 天后得成虫 23 条。②虫体移行寄生致猪出现临症。本虫致病的主要器官是胃和肝脏，是食物消化和新陈代谢的重要器官。由于这些器官的受损，因此仔猪表现食欲减退，经常停食和呕吐，这些症状均与受害器官的病变相关。感染后体重减轻，被毛松散。

正常仔猪饲养 56 天，每天增重 0.27kg；感染致病仔猪饲养 56 天，每天增重 0.135kg，后者日增重仅为前者的 50%。同时，幼虫的移行和对肝脏的危害，它能引起肝脏等大量出血并导致死亡。本实验有 2 只仔猪各感染 40 多条第 3 期幼虫，20 天后突然死亡，经剖检发现腹腔内大量出血，并在肝门静脉流出的血块中找到幼虫。李长生（1976）报告云南某农场猪患刚刺颚口线虫病引起大批猪只死亡，可能与此病有关。此外，感染猪血象的各种细胞数目没有明显变化，惟有嗜酸性粒细胞在感染刚棘颚口线虫第 3 期幼虫的 7～31 天，病猪的嗜酸性粒细胞明显升高，最高达 24%（9.5%～24%），这种变化在感染 2 个月后又恢复到正常值（2%～4%）。③病变：胃在幼虫移行早期见到胃底部有出血点和发炎病状，成虫寄生阶段剖检发现有 30 条左右虫体，整个胃底部布满被虫体钻刺的洞穴，穴呈圆形，似钉刺样，洞穴数目多于虫体数十倍，说明虫体经常转移钉刺部位。因此，整个胃黏膜增厚，表面鲜红，呈发炎、充血和溃疡状。

肝脏：肝暗红色，表面布满虫道，杂有灰色圆斑块，肝小叶结缔组织增生，并有许多充血虫道。肝的组织切片观察，正常的肝组织切片可见，肝细胞和肝小叶界限清楚，肝细胞索和中央静脉排列整齐，肝细胞核明显。感染 20 天的肝组织切片显示，肝内有许多幼虫移行形成的穿孔虫道，虫道出血，充满红细胞和由结缔组织、纤维蛋白形成的网状结构；肝小叶间和肝小叶内结缔组织增生；肝细胞索紊乱、变窄，肝窦变宽，部分肝细胞萎缩；肝细胞脂肪变性和液化坏死，在病灶区有许多炎性细胞浸润。

其他动物棘颚口线虫病：成虫寄生在终末宿主猫、犬等动物胃壁，局部组织增厚，形成一个坚硬的包块，内有虫体数条，包块大小不等，视其虫数而定；一般直径为 10～20mm，囊壁上有一小孔与胃腔相通，产出虫卵可从小孔排出。

幼虫移行到肝脏时，可引起肝炎。严重感染的猫、犬可出现剧烈胃炎症状，食欲减退、呕吐、营养不良等，轻度感染可不出现症状。

诊断

颚口线虫病的确诊依据是检获虫体，但检出率低，且多为未成熟的虫体，虫种鉴定也较难。但患者如果具有不明原因的发热伴移行性匐行疹、斑疹和肿块等临床症状和体征，并有生食或半生食本虫第二中间宿主或转续宿主史等，应考虑本病并进一步检查。如检到虫体，需进行虫种鉴定。

免疫学诊断有皮内反应试验、血清和尿沉淀法等，对早期诊断及疗效考核有一定意义。有人应用棘颚口线虫成虫和幼虫抗原与患者血清做对流免疫电泳，呈阳性反应。以第 3 期幼虫粗抗原用 ELISA 法检测具有较高的敏感性和特异性。间接荧光抗体试验近年来在颚口线虫病的诊断中也被采用。此外，颚口线虫病患者嗜酸性粒细胞和血清 IgE 常增高，典型病人外周血嗜酸性粒细胞中度到重度升高，约 70% 患者有嗜酸性粒细胞增多症，但一般不超过白细胞总数 50%。一些病人可出现血沉增快。

静止型感染应与肿块等局部细菌感染及囊尾蚴病相鉴别；移行型慢，需与可引起蠕动移行症的其他寄生虫感染相鉴别。如可引起皮肤蠕蚴移行症有巴西钩虫、犬钩虫、狭头钩刺口线虫感染；可引起内脏蠕动移行症的斯氏狸殖吸虫、曼氏裂头蚴、广州管圆线虫感染等。

猪颚口线虫病一般采用粪便检查，可用浮集法或沉淀法检出虫卵，查到颚口线虫虫卵即可确诊。

防治

皮肤型颚口线虫病患者，如寄居部位明确，采用外科手术取出虫体是一种安全有效措施。但寄居于脑、脊髓、内脏组织，采用手术取出有一定的困难。对出现移行症的病人，可切除虫体移行终端的丘疹，使虫体逸出。人体颚口线虫病目前常用的治疗药物：阿苯达唑对本病有一定疗效。阿苯达唑 20mg/kg，顿服，可杀灭移行与肝脏的幼虫，达到预防目的。治疗用阿苯达唑 10mg/kg 或左旋咪唑 2mg/kg，顿服可取得最佳驱虫效果。服用泼尼龙或硫酸奎宁可使移行肿块消退。也有用伊维菌素 0.2mg/（kg·天），连用 2 天，但儿童有安全性问题。

病畜可应用阿苯达唑 10mg/kg、甲苯咪唑及复方伊维菌素 0.2mg/kg 广谱驱虫药。猪常用丙硫苯咪唑 10～20mg/kg，一次拌料口服。对于寄生于动物体内的成虫有较好的疗效。碘硝酚 0.2mg/kg，每隔 10 天注射 1 次，连续注射 12 次，对动物体内的幼虫治疗效果较佳。

预防颚口线虫病乃缺乏有效手段，主要从加强疾病知识的普及，改变某些生活习惯，治疗带虫病人和动物。加强宣传教育，人畜感染颚口线虫的主要途径是经口感染。大多因生食或进食未熟的含该虫第 3 期幼虫的鱼或转续宿主的鸡肉、猪肉所致，使公众了解不生食鱼肉和带有本种病原的转续宿主肉类是预防本病的最根本办法。还应防止切鱼用的刀具、砧板、餐具及手等的污染。对有病发生地区经常与可能携带颚口线虫的鱼肉接触人，在操作时，应佩戴手套，以防经皮肤感染。同时也应注意个人卫生，不喝生水，在流行区避免直接接触污水。

对终末宿主犬、猫的治疗是预防本病的重要环节。动物颚口线虫病的控制主要采取综合性的防治措施。首先要控制和消灭传染源，原则上应有计划地进行定期预防性驱虫；其次要切断疾病的传播途径，尽可能地减少宿主与传染源的接触机会，防止犬、猫等动物食用生的鱼类、甲壳类及两栖动物等，避免其到水边吃到剑水蚤和第二中间宿主。颚口线虫病的预后取决于幼虫是否移行与移行部位，一般皮肤移行病情常较轻，可自愈。虫体移行到其他组织则导致内脏幼虫移行症，特别是中枢神经系统和眼的并发症常导致严重后果，视侵犯的具体部位可有不同后遗症。

三十二、筒线虫病
(Gongylonemisis)

筒线虫病是由筒线虫（*Gongylonema* SPP）寄生于鸟类和哺乳动物消化道而引起的一种寄生虫。美丽筒线虫也可寄生于人和猪等哺乳动物。虫体寄生于口腔及消化道致相应病变与临床症状。

历史简介

美丽筒线虫人体寄生的最早病例是 Leidy（1850）在美国费城发现。Moline（1857）发现本虫。Pane（1864）在意大利患者中发现虫体。Alessandrini（1914）发现人下唇及口腔中寄生虫体病例。以后世界各地皆有散发。我国冯兰州，董民声等（1955）报道了人体感染美丽筒线虫病例。Ranson 和 Hall（1915，1917）阐明了本虫的发育史。横川（1925）从两个蟑螂肌肉中获得本虫的幼虫。Buylis（1925）认为癌筒线虫是美丽筒线虫的同种异名。Lucker（1932）证实猪、鼠、豚鼠、牛、山羊、绵羊为本虫的专性宿主。

病原

筒线虫是一类主要寄生于鸟类及哺乳动物消化道的寄生虫，皆属筒线虫属。该属已有34个种，其中寄生于鼠体的是癌筒线虫（*G. neoplasticum*）和东方筒线虫（*G. Orientale*）。常见病原种类有美丽筒线虫和多瘤筒线虫。寄生于人体和猪体内的美丽筒线虫较寄生于反刍动物体内者为小。美丽筒线虫成虫细长如线状，乳白色，其体表长有明显而纤细的横纹。虫体前段表皮具有明显纵行排列、大小不等、形状各异、数量不同的花缘状表皮突，背、腹各4行，延至近侧翼处增至8行。近头端两侧各有颈乳突1个，距头端0.13mm，口小，漏斗形，其后有分节状的侧翼。三叶唇2片（左、右侧）及间唇2片（腹、背侧），其尖端均有乳头。咽为细管形，食管前端为肌质，后端为腺质。排泄孔位于食管前后部连接处的腹面。神经环位于肌质食管中段。雌雄异体。雄虫长21.5～62mm，宽0.1～0.36mm，尾部有明显的膜状尾翼，两侧不对称，左右交合刺不对称，各1根，左细长，右粗短，尾部肛门前后有成对乳突。雌虫长70～150mm，宽0.2～0.53mm，尾端不对称，钝锥状。阴门位于肛门的稍前方，阴道长，一直由后方延伸至虫体中部。子宫粗大，双管型，充满虫体的大部分，内含大量虫卵。虫卵为椭圆形，两端较钝，表面光滑，卵壳厚而透明，大小为50～70μm×25～42μm，内含发育期幼虫。从感染人体排出虫卵的较少见。雌虫在人体虽常能发育成熟，但其所含的虫卵常未受孕，仅少数病例内雌虫已含有具有发育期幼虫的虫卵。美丽筒线虫适宜的终末宿主为山羊、绵羊、牛等反刍动物及猪。

流行病学

动物美丽筒线虫感染呈世界性分布，人类美丽筒线虫病为散发。已知美国、意大利、独联体、新西兰、保加利亚、斯里兰卡、摩洛哥、奥地利、土耳其、匈牙利和德国等均有本病发生。我国自1955年冯兰州、苏寿诋等分别报告本病以来，已有60余例，分别见于陕西、河北、山西、内蒙古、辽宁、山东、甘肃、青海、宁夏、新疆、北京、四川、西藏、云南、广东、江苏等省（自治区、直辖市）。据国内病例分析，儿童及青壮年为多，年龄最大者为81岁。

美丽筒线虫是一种虫媒动物源性寄生虫病，发育过程需要终末宿主和中间宿主，其终末宿主和中间宿主的范围非常广泛。该病的终末宿主有黄牛、水牛、牦牛、山羊、绵羊、兔、马、骡、骆驼、猪、野猪、猴、猿、熊、河狸、鹿、瞪羚、猕猴、鼠和刺猬等动物，它们是传染源，其中牛、山羊、绵羊、猪也是本虫的专性宿主。人是偶然的终末宿主，亦可能为本虫的传染源。人和动物均可传染。有报告陕西马、骡及驴的平均感染率为18.33%；沈守川（1960）报道在新疆南部检查了50只绵羊，感染率为10%；张峰山等（1979）在浙江丽水检查羊群，感染率为0.5%；李学文（1988）在宁夏中卫检查黄牛18只，感染率为66%。成虫常寄生于终末宿主的食管及口腔黏膜下，在人体及动物寄生主要部位为上唇、下唇、舌下、舌根、舌韧带、牙龈、软硬腭、颊、颌角、扁桃体、咽喉及食管等黏膜及黏膜下层。亦有报道在鼻涕内找到成虫。在食管活检组织及吐出的血中找到虫卵，虫卵经雌虫产出后，随粪便至体外，被中间宿主（鞘翅目的金龟子科、拟步行科、水龟虫科和天牛科的甲虫，其中仅金龟子科中就有 71 种可作为中间宿主；蜣螂、粪甲虫是人体感染的主要中间宿主；螳螂、蝗虫、蝈蝈、豆虫、天牛等也可能成为中间宿主）吞食后，即在食管内孵出第 1 期幼虫，幼虫穿过宿主消化道进入体腔，经 2 次蜕皮（感染后第 17~18 天和 27~30 天）发育成囊状感染性蚴（此蚴可在甲虫体内过冬）。当中间宿主跌入水中或污染了食物，感染性蚴从囊内逸出，钻入胃和肠黏膜，并向食管、口腔黏膜下组织移行，逐渐发育为成虫而完成生活周期。实验证明，幼虫在入侵羊、兔后第 11~12 天及 32~36 天分别进行第 3 次和第 4 次蜕皮，第 50~56 天发育成虫。成虫在人体存活多为 1 年半左右，也有达 5 年甚至 10 年者。本病传播途径主要是人和动物误食中间宿主如屎甲虫、蜣螂，以及蝗虫、螳螂、蝈蝈、蚕蛹、蚂蚱、天牛、金龟子等或饮用被感染期蚴污染的水或食物（饲料）。患者常来自有炒食、炸食昆虫习惯的地区，由于食入了其中感染期幼虫而被感染，如山西有儿童好烧食屎甲虫而感染此病。但有的患者感染本虫的途径尚不完全清楚。一般认为雌虫卵由黏膜破溃处进入消化道→中间宿主粪甲虫、蟑螂→幼虫→囊状体→昆虫吞食。成虫在人体可寄生 1 年，个别达 10 年。

发病机制

美丽筒线虫主要是在终末宿主体内移行引起各症状。在寄生部位可发生鳞状上皮增生、淋巴细胞及浆细胞流通浸润，虫体周围黏膜水肿，发生水疱、出血。寄生于食管者，面部黏膜可出现浅表溃疡及出血。

临床表现

人

美丽筒线虫成虫在口部上唇、下唇、舌、颊、腭、齿龈、咽喉及食管等处的黏膜或黏膜下层寄生，山西一名妇女口腔黏膜中检到成虫 220 条。对人体的损伤主要是由于虫体移行及寄生时对局部的刺激所致。寄生部位的黏膜可见小白疱及乳白色的线形弯曲隆起。舌、咽部、颚部水疱，局部神经麻木、有虫体爬行感。由于虫体移行的刺激，患者可出现轻重不等的症状。轻者仅有局部发痒、刺痛、麻木及虫样蠕动感、异物感或肿胀、咽痛、唾液增多、食欲减退和乏力等；重者可出现舌颊麻木僵硬、活动不灵、说话受阻、声音发哑或吞咽困难。虫体在下唇黏膜时，能发生下颌麻木、僵硬，口腔黏膜有肿胀感，右腮麻木，感到游走性蠕动延至上颚部，耳听觉减退。亦有感觉胃中不适、恶心、消瘦、头晕、头痛或出冷汗等。也可引起水疱、血疱或嗜酸性粒细胞增多。有的病例嗜酸性粒细胞升高至 8%，甚至有高达 20% 者，一旦虫体取出后即显著下降。若在食管黏膜下寄生，可造成黏膜浅表溃疡，引起吐血。本虫在人体的移行途径及危害至今尚未完全明了，患者也常因虫体的出现而产生神经过敏，精神不安，经常噩梦及失眠等症状，虫体一旦被取出症状即减轻或消失。陕西，王锦杰（1980）报道一名 15 岁女性，发现右侧唇角黏膜处有一黄豆大突起，局部微感不适，十余天后感到上唇内侧黏膜有虫爬样感，后虫爬感明显加剧，且沿唇角处向上唇左侧方向慢慢移动，数日后向口唇黏膜下移行一圈，后达原突起物之内上方，全身无自觉症状。就诊见右侧上唇黏膜处近穹窿部有一纤曲隆起，表面颜色发白，无压痛，无其他异常。取出一乳白线虫，鉴定为美丽筒线虫。患者有饮生水习惯。

有报道病人在出血前 2、3 天，常伴有呼吸道症状，如咳嗽、憋气、胸痛、脓血痰等，同时伴有发热，体温在 38~39℃ 之间。X 线检查可见肺门处有阴影且能移动位置，除虫后口腔和肺部症状即自行消失。因此有人提出：幼虫进入人体后，是否能穿过胃、肠壁和横膈，或沿消化道经咽喉、气管而达肺部组织，如肺泡、小支气管、支气管或气管黏膜下寄居，隔一定时间，再沿肺部支气管、气管黏膜由下向上移行，经咽喉至口腔黏膜下寄生，虫体寄生于食管可出现持续性吐血。据报道，河南有一患者在该虫寄生后，首先感到左右胸部疼痛，1个月后才忽觉舌头麻木或僵硬，活动不便，说话发硬，以后在舌下发现小疱，经挑疱取出虫体后，舌头活动自如，发音恢复正常。Weber等（1973）报道德国一例患者，在膝盖关节处产生冻疮样的症状。张恩利等（1999）报道一例虫体寄生阴道，其主要症状为白带增多，外阴和阴道充血，白带量多、呈脓性，阴道右侧壁有一溃疡面，并似有浮动物，用摄子取出一条白色线状虫体，经鉴定为美丽筒线虫。作者认为该妇女因生活及卫生条件差，有盆浴习惯，所在地区水资源缺乏，人畜同饮一塘水，可能是引起本病发生的主要原因。林天痒（1962）曾从人鼻道内找到虫体。此外，本虫的寄生与宿主上消化道肿瘤的发生也有一定的关系。

猪

家畜中牛的感染遍布全世界。Lucker J T（1932）观察到猪为本虫的专性宿主，人偶为终末宿主；猪、鼠、豚鼠可做实验动物宿主，成虫寄生于猪的食道、咽部及口腔黏膜下。用 *G. macrogubernaculum* 进行的动物实验表明，该虫寄生在食管、喉、颊和舌等部位的黏膜和黏膜下层，分别导致不同程度的食管炎、喉炎、胃炎和舌炎。感染动物可表现呼吸困难和营养不足、消瘦的临床征象。尸检时化脓性鼻炎也常见。Cebotaren（1959）在波兰检测到本虫，牛感染率为32%～94%（黄牛咽喉线虫）、羊感染率为32%～94%、猪感染率0～37%。Zinter（1971）在美国某屠宰场共检查了1 518个猪舌，检获阳性80只；前苏联 Ramishvili 和 Azimov（1972，1973）曾报告的猪感染率分别为14%和18.7%。野猪体内也常常检出此虫。猪是保虫宿主，动物因刺激可产生消化道黏膜赘生物。感染猪一般不显临床症状。大部分是在屠宰猪的食管黏膜处或舌下观察到有小白疱或乳白色的线状弯曲隆起。虫体寄生部位及附近有相应病变。我国山西、四川、陕西、甘肃、青海等地皆有猪感染的报道。

诊断

本病的诊断，人可根据口腔症状和病史作出初步诊断，以找到成虫作为确诊本病的依据。美丽筒线虫虽可寄生于人体，但尚未从患者的唾液及粪便中查出虫卵的报道，在感染者的唾液及粪便中一般找不到虫卵，故检查虫卵无诊断意义。当患者主诉口腔和咽喉部有原因不明的异物虫爬感或局部刺激症状时应考虑本病，此时应详细询问病史、观察舌头、咽喉、颈部、腭部有无水疱，口腔黏膜有无肿胀感觉，有无游走性的移动感，然后挑破黏膜，取出虫体镜检确诊。猪通常是宰后检出，在食道黏膜下可见锯齿形弯曲虫体，少有盘曲成白色的纽状物。从感染美丽筒线虫患者唾液和粪便检出虫卵的比较少见，虫卵检查常为阴性结果。但也有在感染美丽筒线虫患者吐出的血中发现虫卵的报道。嗜酸性粒细胞计数可在正常范围，也可略有增加。

防治

本病一般预后良好。取出虫体或切除病变部位后，患者症状常自行消失，同时达到治愈的目的。本病尚无特效疗效。本病的主要治疗方法是局部消毒后，用注射针头挑破寄生部位的黏膜，露出虫体，然后用镊子夹住，取出虫体，取出前局部涂麻醉剂如奴佛卡因等，可有助于虫体移出，取出虫体后，症状即可自行消失。可试用丙硫咪唑、依佛菌素等治疗。人感染美丽筒线虫与卫生条件和饮食、饮水习惯，如生食或半生食含有感染性幼虫的昆虫宿主或饮生水有关，如山东、山西等地区有烤吃中间宿主蜚蠊、甲虫、蝗虫等习惯，故这些地方发生美丽筒线虫的病例较多。另外，中间宿主幼虫逸出至外界环境，污染水源、蔬菜或食物，人或动物误食误饮了被虫污染的水和食物也可感染。因此，预防本病要大力开展健康教育，宣传该病的基本知识，消除或禁食昆虫。同时要注意个人卫生，勿饮生水等。动物预防应消灭和防止家畜吃入中间宿主或被中间宿主污染的饲料和饮水。家畜分泌物、粪便均应无害化处理。在有家畜和鼠美丽筒线虫流行的地方，应注意积极开展本病的防治工作，以杜绝感染的来源。

三十三、猪棘头虫病
（Acanthocephaliasis）

棘头虫病是由巨吻棘头虫（*Macracanthorhynchus hirudinaceus*）寄生在终末宿主猪、人等动物的肠道引起的人畜共患寄生虫病，又称钩头虫病。人、猪皆表现为腹痛、腹泻，甚至肠穿孔、腹膜炎等急腹症。

历史简介

Redi（1984）在鳝鱼体内发现棘头虫。Pallas（1776）发现此虫，Bloch（1782）将之定名为猪巨吻棘头虫。Lamble（1859）在捷克布拉格一名 9 岁白血病患儿尸体中发现一条未成熟的雌虫。Travassos（1916）命名为蛭形巨吻棘头虫。冯兰滨（1964）在辽宁发现 2 名患者。

病原

寄生于兽类的棘头虫有 100 多种，其中人兽共患的主要有猪巨吻棘头虫（*Macracanthorhynchus hirudinaceus*）和念珠链状棘头虫（*Moniliformis moniliformis*），前者寄生于猪的肠道，其成虫亦寄生于人体，引起人体棘头虫病；后者寄生于鼠的肠内，中间宿主为蟑螂，国外仅有数例人体病例报道，国内于新疆发现 2 例。

猪棘头虫属于巨吻棘头虫属。虫体寄生在猪的小肠，多在空肠中。虫体呈灰白色或淡红色长圆柱形的大型虫体，前端稍粗大，后端较细，尾部膨大钝圆，有明显的环状横皱纹，呈假体节。虫体由吻突、颈部和体部等 3 部分组成。在头端棒状的吻突向前端伸出，上有向后弯曲的钩，吻突的表面凹凸不平，有 36 个吻钩分 6 例排列其上。吻突下方紧接短的颈部，与吻鞘相连。颈之后为体部，前部较粗大，后渐细，尾部钝圆。虫体无腔体，属假体腔。在人体寄生的棘头虫有两种：一是猪巨吻棘头虫；二是寄生于鼠肠内的链状棘头虫。雄虫长 30～68cm，无口腔及消化系统，靠体表渗透吸收营养；在中间宿主体内寄生时已具有分裂卵巢，随着虫体发育，卵巢逐渐分解为若干卵原细胞团，称为卵巢球，游离于假体腔中，成熟后为卵细胞。一条雌虫每天产卵 57.5 万～68 万个，虫卵呈暗绿色，正椭圆形，大小为 80～100μm×50～56μm。刚产出时内含一成熟幼虫——棘头蚴。

卵壳厚 $7\mu m$，卵壳 4 层，一端明显增厚，呈隆脊的嵌接处称接合部，此处易裂，幼虫由此逸出。病原发育过程包括虫卵、棘头蚴、棘头体、感染性棘头体和成虫等阶段。成虫主要寄生在猪和野猪的小肠内，偶尔亦可寄生于犬、猫及人体，在小肠内以吻突固着在肠壁上寄生。虫卵随宿主粪便排出体外，当被中间宿主甲虫类幼虫吞食后，棘头蚴逸出，借体表小钩穿破肠壁进入甲虫血腔，逐渐发育棘头体，棘头体进一步发育，吻突缩入体内，并保持对终末宿主的感染力。当猪等动物吞食含有感染性棘头体的甲虫（包括幼虫、蛹或成虫）后，在其小肠内经 3~4 月发育为成虫。若人误食含活感染性棘头体的甲虫也可感染，但人不是本虫的适应宿主，故在人体内，棘头虫大多不能发育成熟，且虫体较猪体内的为小，在人粪中也很少能见到虫卵。

人们已在寄生虫生理、生化方面做了一定工作，已认识到蛭形巨吻棘头虫的二羟酸循环。琥珀酸、苹果酸、酮戊二酸在代谢过程中的氧化，证明了蛭形巨吻棘头虫体内有转醛醇酶、转酮醇酶、5-磷酸 D-木酮糖差向异构酶、乳酸脱氢酶、乌头酸酶、异柠檬酸脱氢酶、延胡索酸酶、苹果酸脱氢酶、6-磷酸葡萄糖脱氢酶、葡萄糖激酶、果糖激酶、半乳糖激酶、甘露糖激酶、P-葡萄糖变位酶、P-葡萄糖同分异构酶、己糖激酶；虫体体内的脂类有磷脂酰胆碱、磷脂酰乙醇胺、少量 18 个碳原子的鞘磷脂和溶血磷脂胆碱、20 个碳原子以上的中性脂类和磷脂等。

流行病学

本病呈世界性流行，猪是本病的重要传染源。在猪体内本虫的感染很普遍，国外在猪群中分布广阔，南斯拉夫、意大利、匈牙利、罗马尼亚、巴西、阿根廷、印度、俄罗斯等地猪感染本病皆很普遍，日本报道野猪感染此虫。我国辽宁猪的感染高达 44.4%。人国外报道很少，我国 1964 年在辽宁发现后，山东、河南、广东、河北、内蒙古和西藏等地也有发现，据王梅萱（1997）报道，我国猪体感染本虫的有 24 个省（自治区），在人体感染本虫的有 12 个省（自治区），相继报道人病例约 360 例。本虫在我国猪寄生普遍，目前人发生较少，但该虫为人畜共患寄生虫病，影响公共卫生，应引起兽医界和医学界的足够重视。成虫在猪、野猪，偶尔在犬、猫、松鼠、猴及人体的小肠内寄生，皆为终末宿主。猪是巨吻棘头虫的宿主和保虫宿主。由于棘头虫在人体内多不能发育成熟，故人作为本病的传染源意义不大。有人工感染羊、小牛、兔、豚鼠成功的报道。鞘翅目甲虫类昆虫作中间宿主，有 9 科 28 种甲虫。国内发现 9 科 35 种，有 2 种天牛，11 种金龟子。犬、猴、狸鼠等为贮存宿主。雌虫产出的虫卵随粪便排出体外，被金龟子和甲虫等中间宿主的幼虫吞食后，在其体内发育成有感染性的幼虫，在中间宿主的整个发育过程中，幼虫始终停留在中间宿主体内，当猪吞食了任何发育阶段的金龟子或甲虫均可感染。幼虫在猪消化道内逸出，用吻突吸在小肠壁上，经 70~110 天发育成成虫。成虫在猪体内寿命为 1~2 年。本虫主要寄生于猪，尤其是 8~10 月龄的猪，虫体可寄生在猪体内 10~23 个月。有时亦可寄生于人、野猪、犬、猫、猴和狸鼠。猪感染棘头虫病有明显的季节性，这主要与中间宿主的生活习性有关。由于中间宿主的幼虫夏季生活在浅土中，易被猪吞食；另外，金龟子在夏季羽化，飞翔于有灯光的猪舍，落地已被猪吞食。因而夏季猪更易感染。

棘头虫在其生活史过程中需要中间宿主甲虫的存在，这些甲虫的存在与否，决定了棘头虫病能否流行。人感染棘头虫病与生食或半生食甲虫类的习惯有密切关系。辽宁、山东某些地区采食大牙踞天牛、曲牙踞天牛和锶金龟习惯，致使本病在人群中流行。据调查，大牙踞天牛、曲牙踞天牛、棕色锶金龟感染率最高，其成虫阶段感染率可高达 62.5%。

本病呈地方性流行，有明显的季节性，与中间宿主出现的季节一致，由于各地的气温、湿度、地理等因素不同，流行的时间有差异，辽宁中间宿主于 4 月开始出现，6、7 月种类多，感染率高，8 月后开始减少，9 月基本消失。终末宿主猪在 5、6 月感染，虫体在宿主体内成活率相对较低即 36.3%，虫体于感染 60 天后雌虫长 208.3mm，雄虫长 67.0mm，33～34 天性成熟，70 天后在宿主粪便中查出虫卵；猪在 11 月感染，虫体成活率较高即 49.1%，40 天后性成熟，75 天后在宿主粪便中查出虫卵。余广海（1978）报道四川一肥猪的小肠内大量的蛭形巨吻棘头虫几乎使肠管阻塞，在 1.5m 范围内的一段小肠内，虫体达 152 条，牢固地叮在肠壁上，不易分离。

发病机制

虫体主要寄生在回肠，病变以回肠中下段最明显，受累肠管达 30～200cm，重者可累及整个小肠。棘头体被吞食后在肠道伸出吻突，以角质吻掛于小肠壁黏膜上，或吻突侵入肠壁，形成一个圆柱形小窦道，造成机械损伤，同时吻腺分泌的毒素作用可使吻突入侵部位的周围组织出现坏死、炎症，继而形成溃疡、穿孔。虫体在发育过程中还常更换附着部位，从而使损伤面扩大，炎症反应加重，形成新旧深浅不一的病灶。当虫体不断入侵而累及浆膜层时，可穿破肠壁引起局限性腹膜炎。小的慢性穿孔部位结缔组织增生，肠管增厚，或形成腹内炎症包块，并发细菌感染形成脓肿、粘连性肠梗阻等。随着机体的防御功能增强，炎症修复，局部区域纤维组织增生，形成圆形或椭圆形的棘头结节，直径 0.7～1.0cm，突出于浆膜面，质硬，中心灰白色，外周充血，呈暗红色，且大多数结节与大网膜或附近的肠管形成包块。

临床表现

人

人感染棘头虫有蛭形巨吻棘头虫，主要感染猪等动物，其次是人；念珠棘头虫主要感染鼠类动物，其次感染人；肿大棒形棘头虫主要感染海豹、海狮，人感染少见；蟾蜍棘头虫是蛙的寄生虫，人感染仅有 1 例报告；饶氏棘头虫是鱼类寄生虫，人感染仅有 1 例报告。

感染性棘头体被人吞食后经胃肠消化液作用，其吻突伸出，嵌入肠壁发育生长，此虫在发育过程中时常更换其部位，使肠管多处溃疡，甚至穿孔。在手术时常见到患者的回肠中段有多处溃疡。溃疡处肠表面失去光泽、充血，水肿明显，有粟粒样大小至黄豆大小的结节，一般 2～5 个，多者 10 余个，中心为灰色，外围组织充血、呈暗红色，重者中心穿通，肠内容物渗出造成炎症，肠管增厚、变粗，浆膜下有片状出血，发生肠粘连或脓肿包块。肠系膜淋巴结普遍肿大，大者呈卵黄样大小。感染严重的患者肠管溃烂无法保留，须行手术切除。感染严重的 1 例病例，手术时发现肠管多处溃疡，切除 70cm 肠管，内有大小不等的 21 条虫，共有 22 处穿孔。辽宁省庄河县医院外科每年 9～11 月间发现小儿肠穿孔，局限性腹膜炎者，多由猪巨吻棘头虫所引起，占外科手术病人的 18%～20%；占小儿肠穿孔手术的 90% 以上。腹内发生腹水时，腹水多为浆液性，有味，腹水多少与病程长短有关。

人感染的病例报道较少。河南赵普干报道一名 3 岁小儿猪巨吻棘头虫病例：小儿曾食过金龟子，表现腹痛、恶心、呕吐、发热1周。腹部明显膨隆，叩诊鼓音，腹部明显紧张，压痛明显，尤以右下腹为甚，反跳痛。小肠穿孔，中段充血，检出虫体。沈长国（1990）报道，人捉食天牛感染猪巨吻棘头虫，出现发热、消化不良、贫血、腹痛，多在脐周及右下腹，严重者出现肠穿孔、肠坏死和腹膜炎等症状。连德润（1985）报道一女吃炒生"甘蔗虫"引起猪巨吻棘头虫病，致肠穿孔、脑膜炎和腹腔肿胀，持续性腹痛，右下腹较重，呈阵发性加剧，无发热、呕吐。沈长国（1990）报道一名10岁男孩住院前3天阵发性腹痛，无明显诱因出现脐周阵发性疼痛，伴恶心、呕吐、稀便无脓血，脐周及右下腹压痛明显，无反跳痛，下腹部稍膨胀，疑为化脓性阑尾炎。手术腹腔脓液溢出。回盲部4cm处肠壁溃疡，深达浆肌层6处、穿孔3处，均分布在40cm内，肠管充血水肿明显，溃疡和穿孔周围呈紫褐色，肠壁粘连，阑尾正常。坏死肠管内见乳白色圆柱状成虫1条，给药排出12条确认为猪巨吻棘头虫。

人体感染棘头虫肠穿孔一例报告（李经邦等，1981）：患者7岁，女，突然自觉腹部疼痛不适，并加剧，疼痛移至右下腹，伴恶心，无呕吐，有一段小肠充血、肿大、呈棕色，有脓苔，淡黄色脓液外溢，有一直径0.2cm穿孔，肠系膜淋巴结明显肿大，阑尾充血、水肿。肠壁有7处似圆形的暗紫色，大者5cm×4cm，小者1cm×0.5cm。浆膜面呈暗红色，黏膜面有一虫体，一端与肠壁牢固地附着。黏膜面有多处针尖大小孔，其浆膜呈暗紫色。其余黏膜面可见散在性浅表溃疡。肠系膜淋巴结肿大，由绿豆大至蚕豆大，灰白色略带透明状，表面颗粒样，质脆。诊断为猪巨吻棘头虫（雄虫）。

杨海成（2007）报道：患者54岁，男，农民。因下肢持续性疼痛逐渐加重入住辽宁省铁岭市医院，入院时患者伴恶心、呕吐、黑便、体检全腹压痛、反跳痛、腹肌紧张性增强，腹部叩诊无包块，肺肝界叩不清，肠鸣音弱。胸腹透视，右膈下见半月状游离气体。彩超腹腔有少量积液。入院诊断：消化道穿孔，弥漫性腹膜炎。

开腹检查，术中见腹腔内有少量肠内容物，回肠距回盲部27cm处有一直径0.3cm穿孔，另一处肠壁有0.4cm瘀血斑凸起，在腹腔积液及肠壁瘀血斑处发现一圆柱状虫体，长约22cm，乳白色，头部较粗，尾部较细，体表有较深的横纹，头部有一个能够伸缩的棘突。镜下可见棘突上有5～6排倒钩，经鉴定为猪巨吻棘头虫。患者有从田间捕捉或从集市购买金龟子、山水牛生食或炒食的习惯。

一般本病的潜伏期从吞食感染棘头体甲虫到棘头体发育为成虫为1～3个月，病程20～30天。临床症状与感染的数量有关。早期症状不明显，仅有食欲不振、消化不良和乏力等，可见粪中排出的虫体或呕吐虫体。继之逐渐出现不同程度的消瘦，贫血，并有腹泻和黑便。脐周围或右下腹常出现阵发性腹痛。患者有恶心、呕吐、睡眠不安、惊叫等症状。随着病情逐渐发展，腹痛加剧。在腹部压痛明显处，常可摸及圆形或卵圆形包块。本虫对人体主要危害是引起外科并发症，往往导致3/4肠穿孔、腹膜炎及腹腔脓肿等合并症；部分患者可发生浆液性腹水，严重者可出现休克。

成虫可寄生于人体回肠中、下段，一般为1～3条，最多的为21条。虫体以吻突上尖锐吻钩固着在肠黏膜上，造成黏膜的机械性损伤和出血点，同时吻腺分泌的毒素可使周围组织产生坏死、炎症，继而形成溃疡。随之结缔组织增生，局部形成圆形或椭圆形，直径为0.7～1.0cm大小的灰白色棘头虫结节，质硬并突出浆面，常与大网膜组织或邻近肠管粘连后形成包块。由于虫体经常更换吸附部位，致使肠壁多处受损，形成新旧深浅不一的病灶。

若损伤达到肠壁浆膜层，可穿破肠壁造成肠穿孔，引起局限性腹膜炎、腹腔脓肿等严重后果。有的病人由于肠粘连而出现肠梗阻。

本病潜伏期为 1～3 个月。一般病程 20～30 天。初期症状不明显，仅表现食欲不振、消化不良等。严重时表现消瘦、贫血、恶心、呕吐、睡眠不安、惊叫、阵发性腹痛、腹泻和黑便等，甚至可出现肠穿孔、腹膜炎、腹腔脓肿、肠梗阻等。

按症状的不同可分为 4 型：①腹膜炎型：腹痛、腹胀、腹膜刺激征，局限性或全腹型。多在右下腹可触到包块。②肠梗阻型：由于虫体吻突穿破肠壁引起肠粘连、肠狭窄及梗阻。③脓肿型：肠穿孔后局部为大网膜包裹而成为脓肿，患者可有发烧。局限性腹膜炎或腹水等。④出血型：猪巨吻棘头虫嵌入肠壁，嵌破较大血管时则可出血，此类病例较少见。但亦有少数病例无任何症状及体征，自然排出虫体后自愈。

肠壁病变肉眼所见，虫体吻突侵入肠壁形成一个圆柱形窦道，直径 0.1cm 左右，深浅不一，当浅者到黏膜下面，深者穿破肠壁。多数在肌层深部。吻突周围形成圆形或椭圆形结节，直径 0.2～1.1cm，质地坚硬，结节多位于肌层，向黏膜或浆膜面隆起。浆膜面炎症反应明显，结节周围的肠管水肿、增厚、充血。切面见中央为灰白色凝固性坏死，外围为灰红色肉芽组织。黏膜面可见虫体或约 0.1cm 直径的圆柱形窦道，通入结节中心。病理切片所见，结节中央系凝固性坏死，坏死中心有虫的吻突或由于吻突入侵所造成特有的空隙。坏死边缘，有多数嗜酸性、中性粒细胞渗出，但均呈高度退行性变，核崩解成碎屑，中央的坏死区溶解，形成嗜酸性脓肿。此外，尚可见吞噬细胞的碎屑或形成泡沫状细胞。在细胞碎屑间散在着夏科—雷登结晶，外层是以嗜酸性粒细胞或浆细胞为主的炎性肉芽组织。

人感染念珠棘头虫病 3～6 周后，出现腹泻、腹痛、乏力等症状，感染严重者可能表现嗜睡、头痛、耳鸣等症状。

猪

猪是本病的重要保虫宿主和传染源。个别地区感染率达 100％。日本曾发现野猪感染此虫。据冯兰滨（1964）调查，辽宁某地区猪的阳性率为 10.5％～82.2％。感染度一般为 2～10 条/头。最多者为四川农学院在资中县调查中有一头猪体内检出此虫 152 条。四川木里猪的感染率达 45.2％。廖党金等（1993）报告四川的调查，通过剖检猪，上半年 525 头中有 38 头，感染率为 7.24％；下半年检查 459 头猪，有 21 头，感染率为 4.58％；虫卵检查，上半年阳性率为 17.33％，下半年为 46.3％。虫体以强有力的吻突及其小钩牢牢地叮着在肠黏膜上，造成黏膜组织充血、出血、坏死，并形成溃疡。随后出现结缔组织增生，形成结节，并向浆膜面突出，可与大网膜组织粘连，形成包块。又因虫体常更换寄生部位，致使肠壁多处损伤，严重者可造成肠穿孔，诱发腹膜炎而死亡。

王玉臣报道（1976）通辽哲盟地区 20 世纪 70 年代以来常见此病。猪在病初有食欲，以后逐渐减少，前肢向前，后肢向后，腰部凹下，常出现挫弓姿势，由于酸痛还不断呻吟，发出哼哼-哼-哼的声音，因此当地又称之谓哼哼病。病情严重时，则会倒在食槽边，四蹄乱蹬，1～5min 恢复正常后才起来吃食。严重时，症状表现剧烈，食欲减退，肠虫动荡强，下痢带血，肌肉震颤，弓背，贫血，极度消瘦等。由于肠穿孔，而继发腹膜炎，体温可升到 41℃，最后死亡。

猪感染较轻时，一般无明显临床症状。多因虫体吸收大量营养物质和虫体有毒物质的作用，表现贫血、消瘦和发育停滞。严重感染时，在第三天病猪表现食欲降低，腹痛，腹肌抽搐，拉稀，粪便中带有血液。刨地，互相对咬。病猪腹痛时，表现为采食骤然停止，四肢撑开，肚皮贴地呈拉弓姿势，同时不断地发出哼哼声（有些地区又称哼哼病）。重剧者则突然倒在食槽旁，四蹄乱蹬，通常 1～3min 后又逐渐恢复正常，继续采食。经 1～2 个月后，病猪日渐消瘦，黏膜苍白，生长发育停滞，成为僵猪。当虫体固着部位发生脓肿或肠壁穿孔时，体温升高达 41℃，呼吸浅表，腹部剧烈疼痛，后期引发腹膜炎，肌肉震颤，卧地抽搐而死。

剖检可见小肠尤其是空肠壁上有虫体，虫体附着处黏膜充血、出血，黏膜上往往有小结节。若猪肠壁穿孔，可见腹膜呈弥漫暗红色，浑浊，粗糙。

病理变化：空肠、回肠浆膜上有灰黄色或暗红色小结节，周围有红色充血带，吻突穿过肠壁吸附于附近浆膜上，引起粘连，肠壁增厚，有溃疡病灶，有时塞满虫体造成肠破裂。在显微镜下呈肉芽肿病变，其病理形态可分为中心的坏死区和周边的肉芽组织带，吻突侵入部位的周围肠组织发生凝固性坏死，组织细胞消失，坏死周边可见大量的嗜酸性粒细胞、嗜中性粒细胞和单核细胞。坏死区周围可见大量的结缔组织、成纤维细胞及毛细血管增生，在肉芽组织中尚有大量的嗜酸性粒细胞或浆细胞浸润。

车德娟（1990）报道一例罕见的 3 日龄哺乳仔猪巨吻棘球虫病例：仔猪 3～10 日龄时发生拉稀、食欲不振、消瘦，而后死亡，肠黏膜有出血性纤维素炎症。小肠内有一条 40cm 长的雌性巨吻棘球虫成虫。猪正常情况下吃进带有棘头体的中间宿主、棘头体到发育为成虫需 2.5～4 个月，而此病例猪仅为 10 日龄，其感染途径和过程尚不清楚。

野猪棘头虫感染轻微时一般不表现临床症状。感染严重时，食欲减退，腹泻，粪便带血，腹痛。虫体固定部位穿孔时，体温升高到 41℃，食欲废绝，剧烈腹痛卧地。

诊断

诊断此病主要依据流行病学、临床症状及病理变化等。临床症状如腹痛、拉稀、粪血、消瘦、贫血等可做参考。

流行病学通常根据患者年龄、吃甲虫史及发病的地区性和季节性特点，流行病区自然因素影响棘头虫生活史和中间宿主甲虫的地理环境和气候因素，如温度、湿度、雨量、光照等，与甲虫的消长季节有密切关系，甲虫出现于早春至 6、7 月间，猪一般是春夏感染。辽宁省本病发生于 9～11 月间。从 9 月中旬开始发现病人，以后陆续上升，10 月中旬达高峰，10 月下旬下降，至 11 月中旬终止。而在山东省本病出现时间较辽宁省为早，发病时间集中于 6～8 月间，至 9～10 月仅少数病例发生。患者发病季节早于前者，是因为山东省甲虫在 5～6 月开始羽化，而辽宁省甲虫须在 7～8 月间才能羽化所致。另外，结合病程及急慢性肠穿孔临床症状进行诊断；并以其腹痛、腹部包块特征与嗜酸性粒细胞明显增高等症状与蛔虫病、阑尾炎、肠梗阻等外科疾病相鉴别。确诊要在粪便中发现虫卵或尸检时肠道中检出虫体。人粪中很少查出虫卵，给本病的确诊带来一定困难。猪及野猪粪中均可检出虫卵，检查方法以汞醛浓集法最好，其次是水洗离心沉淀法、饱和硫代硫酸钠法，直接涂片法检出率低。据报道，棘头虫寄生在猪十二指肠后段和空肠，在该段小肠浆膜上可见呈淡黄色的黄豆至豌豆大小的结节，大小为 5～12mm×5～8mm，平均 6.83mm×6.58mm。虫卵呈深褐色，卵圆形，表面光滑，卵壳厚而不透明，较尖的一端有一稍透明点。一旦发现粪中排出虫卵或呕吐出虫体或在手术时见到棘头体结节或肠活组织检出虫体或肠腔内有虫体均可确诊。

棘头虫与蛔虫的区别为：蛔虫表皮光滑游离于肠腔内，而棘头虫表皮有横的皱纹及吻突固着在肠壁上。

但寄生于人的蛭形巨吻棘头虫一般不能发育为成虫。因此，不能通过人粪便检测其虫卵。主要依靠血液检测和皮内试验。免疫学诊断，目前报道甚少。王翠霞等（1981）曾用 1/2 000 新鲜虫卵的冻融丙酮冷浸抗原，对 11 例手术确诊的病例进行皮内试验，除 1 例外皆呈阳性反应，有一定的辅助诊断价值，若同时外周血嗜酸性粒细胞增多（增加 18%～40%），粪便潜血试验呈阳性反应，也有助于诊断。

防治

从源头上控制传染源是主要措施。首先是改变散养猪习惯，要圈养猪。并加强猪粪的管理，猪粪要统一发酵或高温生物菌发酵等无害化处理，杀死虫卵后才能返田。强化猪舍灭虫，消灭金龟子和甲虫等中间宿主。应用灭虫灯诱杀灭虫，防止用照明灯诱虫，避免诱来的金龟子等被猪吞食。在流行区卫生部门和兽医部门配合开展对猪棘头虫的普查、普治工作，对猪群应每年春秋两季定期驱虫；猪在转棚、并群前进行驱虫。发现病猪应及时驱虫治疗，以消灭传染源。广泛进行卫生知识的宣传和教育，特别是教育学龄前儿童和小学生，不要捕食甲虫，禁食甲虫（天牛、金龟子）等媒介昆虫。切断传播途径是预防本病的有效方法。

目前尚无理想的特效驱虫药。因早期很难发现本虫寄生，疑有本虫时，常用驱虫药有：

①左旋咪唑，15～29mg/kg，一次口服；或 5mg/kg，肌肉注射。

②驱虫净（四咪唑）10mg/kg，肌肉注射。

③阿苯达唑，成人每天口服 400mg，连用 3 天；儿童减半剂量。

④三苯双脒，成人每天口服 400mg，连服 2 天；儿童减半剂量。可试用丙硫咪唑、甲苯咪唑或复方甲苯咪唑治疗。

⑤手术治疗，肠道病变演变成急腹症者，应立即手术，并钳出虫体。

猪应普查普治，消灭病原，可用药物有：

①氯硝柳胺，每天 20mg/kg，口服，连用 3～5 天。

②左旋咪唑，4～6mg/kg，肌内注射，或 8mg/kg，口服。

③硫氯酚，0.16g/kg，顿服。

④硝硫氰醚，80mg/kg，一次口服，间隔 2 天重复喂一次，连续喂 3 次。因硝硫氰醚对蛭形巨吻棘头虫的特异乳酸脱氢同工酶有抑制作用，临床试验表明该药对猪蛭形巨吻棘头虫病有一定效果。

也可试用丙硫咪唑和吡喹酮合剂，按 50mg/kg 一次口服。

参 考 文 献

毕永莲等．致病性弓形杆菌属生物特性及诊断研究进展［J］．现代食品科技，2013，10（1）．

蔡宝祥．家畜传染病［M］．北京：中国农业出版社，2001.

蔡亮中．类丹毒17例报告［J］．中国皮肤性病学杂志，1998，12.

蔡盛春．嗜水气单胞菌引起的食物中毒［J］．上海预防医学杂志，1995，7（5）．

曹海波．生猪屠宰销售职业人群戊肝病毒感染的危险因素研究［J］．中国人兽共患病杂志，2004，20（7）．

曹三杰．四川猪群中鹦鹉热衣原体的分离与鉴定［J］．四川农大学报，2000，9（18）．

常正山．人体胰阔盘吸虫一例［J］．国外医学：寄生虫病分册，1984，4.

陈光远等．类鼻疽肺炎29例研究报告［J］．中国人兽共患病杂志，1999，15（4）．

陈光中．枯草芽孢杆菌致似疹块型猪丹毒的报告［J］．中国兽医杂志，1988，14（3）．

陈国利．肉毒梭菌中毒［J］．疾病预防控制通报，2012，27（4）．

陈国荣（译）．引起哺乳期仔猪腹泻的大肠杆菌病［J］．国外畜牧业—猪与禽，2012，32（4）．

陈红勋，周继勇．西尼罗河热研究［J］．解放军军需大学人兽共患病防治研究汇编，2004.

陈华成，杨雪娟，王俊东．人—猪链球菌病的研究进展［J］．河南预防医学杂志，2007，18（2）．

陈家炽．沙门氏菌型变异［J］．流行病学杂志，1981，2（2）．

陈亢川．从鸡与家猪中检出空肠弯菌［J］．福建医药杂志，1983，3（2）．

陈琨等．人呼吸道相关副黏病毒病的特点及防治［J］．中华医院感染杂志，2004，4（2）．

陈瑞琪．养猪户与非养猪户血清中EHFV抗体［J］．中国人兽共患病杂志，1994.

陈为民，唐利军，高忠明．人兽共患病［M］．湖北科学技术出版社，2006.

陈香蕊．不同立克次体G+C mol％含量的研究［J］．军事医学科学院刊，1990，4（3）．

陈祥．猪源大肠杆菌（ETEC、STEC、AEEC）毒力基因及其与O抗原型的关系［J］．微生物学报，2008，4（7）．

陈心陶．中国动物志扁形动物门吸虫纲复殖目［M］．北京：科学出版社，1985.

陈兴保，吴观陵，孙新．现代寄生虫病学［M］．北京：人民军医出版社，2002.

陈永金．伪结核耶氏菌引起胃肠炎的调查报告［J］．中国人兽共患病杂志，1993，19（1）．

陈永金．猪群中嗜肺军团病抗体调查［J］．浙江预防医学，1995，7（6）．

陈永全．猪空肠弯曲菌临床确诊与防治［J］．畜牧兽医科技信息，2007，（6）．

陈永珍．从患者脓疱穿刺流中分离出罕见的紫色色杆菌［J］．中华医学检验杂志，1985，8（3）．

陈枝华．福州地区猪肺炎克雷伯菌病［J］．中国兽医科技，1991，21（7）．

陈志永，陈小岳．诺如病毒爆发的流行病学研究进展［J］．中国人兽共患病学报，2012，28（4）．

程功煌，等．中国绦虫研究［M］．中国妇女出版社，2002.

程晶，等．2006～2008年我国部分地区规模化猪场PRV血清流行病学调查［J］．中国动物传染病学报，2009.

程明亮等．贵州省首次发现登革出血热［J］．中国公共卫生，1997，13（8）．

程天印．嗜水气单胞菌及嗜水气单胞菌病［J］．信阳师范学院学报（自然科学版），1995，8（1）．

程知义．气单胞菌和传染性腹泻［J］．国际检验医学杂志，1986（1）：11-16.

褚云卓等．费劳地柠檬酸杆菌在医院的分布及其药敏结果分析［J］．中国感染控制杂志，2008，7（1）．

崔宁等．吉林市首次发现肾膨结线虫［J］．吉林医学院学报，1998，18（1）．

崔言顺．人畜共患病［M］．北京：中国农业出版社，2008．

戴迎春．诺如病毒重组的研究进展［J］．中国人兽共患病学报，2010，26（7）．

单金华．粪肠球菌也能引起人食物中毒［J］．实用预防医学，2001．

邓定华．人畜共患病学［M］．蓝天出版社，1993．

邓健．广州管圆线虫及广州管圆线虫病研究概况［J］．中国血吸虫病防治杂志，2012，24（2）．

邓绍基．一起猪嗜水气单胞菌的诊疗报告［J］．当代畜牧，2000（5）．

邓绍基．一起仔猪肺炎克雷伯菌病［J］．广西农业科学，1997（6）．

董利平．一起嗜水气单胞菌引起的食物中毒［J］．中国人兽共患病杂志，2005，21（5）．

杜巍．食品安全与疾病［M］．北京：人民军医出版社，2007．

多海刚，田克恭．脑心肌炎病毒研究进展［J］．中国兽医杂志，2003，39（6）．

范红结．口蹄疫防制技术问答［M］．北京：中国农业科技出版社，2005．

范明远等．某地区斑疹伤寒、北亚蜱性斑疹伤寒、Q热及立克次体痘的血清学调查［J］．中华卫生杂志，
　　1964（9）：46－48．

范学工．新发传染病学［M］．长沙：中南大学出版社，2007．

方美玉，林立群．登革病毒的研究进展［J］．中华传染病杂志，2004，18（2）．

方美玉．虫媒传染病［M］．军医科学技术出版社，2005．

房海，史秋梅，陈翠珍，沈萍．人畜共患细菌病［M］．北京：中国农业科学技术出版社，2012．

房司锋．哺乳仔猪感染肺炎克雷伯菌［J］．中国兽医杂志，1980，6（6）．

费恩阁，李德罗，丁壮．动物疫病学［M］．北京：中国农业出版社，2004．

封会如．一起奇异变形杆菌引起的食物中毒病原鉴定［J］．卫生研究，2007，36（14）．

冯锦屏．亲水气单胞菌感染研究进展［J］．天津医药，1989（8）：507．

逢增昌．山东土拉菌病［J］．中华流行病学杂志，1987，8（5）．

高其栋．阿卡病毒［J］．青海畜牧兽医，1988，1．

高作信．兽医学［M］．北京：中国农业出版社，2001．

葛胜祥等．中国不同地区商品猪戊肝病毒感染情况调查［J］．中国人兽共患病杂志，2003，19（2）．

耿贯一．流行病学［M］．北京：人民卫生出版社，1996．

宫前干史．V因子依赖性多杀巴氏杆菌引起哺乳仔猪多发性关节炎［J］．日本兽医师杂志，1995，48
　　（7）．

古文鹏．耶尔森致病机理研究［J］．中国人兽共患病杂志，2010，26（9）．

顾长海．人类病毒性疾病［M］．北京：人民卫生出版社，2002．

顾春英等．2009年新型甲型H1N1流感病毒进化过程中猪作为宿主及"混合者"的作用［J］．第二军医大
　　学学报，2009，30（6）．

顾孝楣．一起由肺炎克雷伯菌引起的食物中毒报告［J］．首都公共卫生，2008，2（3）．

桂希恩．播散型组织胞浆菌病误诊为黑热病的原因分析［J］．中华医学杂志，1999，79（11）．

郭大和，郑明．引起我国猪多杀巴氏杆菌荚膜分型的研究［J］．微生物学报，1983，23（3）．

郭积勇．新发传染病及预防与控制［M］．北京：中国协和医科大学出版社，2002．

郭进霞．副溶血弧菌肠炎［J］．人民军医，2002，45（10）．

郭媛华．人畜互传寄生虫病［M］．北京：中国农业出版社，1994．

韩志辉．猪嗜水气单胞菌病的诊断［J］．中国畜禽传染病，1995（3）．

何孔旺．轮状病毒血清分型研究进展［J］．中国人兽共患病杂志，1990，6（6）．

何秋菊，赵育华，张定国．一起人间口蹄疫爆发流行的调查报告［J］．实验预防医学，1999，6（6）：427．

何志光等．肠侵袭性大肠杆菌感染野猪的诊断和药敏试验［J］．江西农大学报，2010，32（1）．

贺丹．人兽共患真菌病的现状［J］．中国真菌学杂志，2007，2（16）．

洪烨等．委内瑞拉马脑炎的研究进展［J］．旅行医学科学，2008，14（2）．

侯相山．哺乳仔猪肺炎克雷伯菌病的诊断与防治［J］．中国兽医杂志，2007，43（7）．

胡大林．军团病［J］．国外医学卫生学分册，2003，30（4）．

胡祥壁（主译）．家畜传染病［M］．北京：农业出版社，1988．

胡祥壁．弯杆菌［J］．国外兽医学—畜禽　传染病，1981，1（1）．

华杰松等．猪胃内幽门螺旋菌样细菌感染的调查［J］．中国人兽共患病杂志，1992，8（4）．

黄美子．食物中毒标本中检出绿脓杆菌［J］．中国卫生工程学，2003，2（4）．

黄勉．幼龄野猪绿脓杆菌的诊断［J］．畜牧与兽医，2001，33（2）．

黄淑敏．国内首次从猪中检出伪结核耶氏菌报告［J］．中国人兽共患病杂志，1990，6（2）．

黄文德．姜片虫尾蚴经口感染猪兔获得成虫［J］．温州医学院学报，1998，28（4）．

黄文丽等．基孔肯雅病毒云南株的动物敏感性研究［J］．大理医学院学报，1998，10（4）．

黄银君（译）．伪狂犬病防治措施研究进展［J］．国外兽医学——畜禽传染病，1999，16（2）．

霍峰．猪伪结核耶氏杆菌病［J］．中国兽医杂志，2000，26（4）．

姜海艳等．TTV病毒的研究现状［J］．中国社会医师，2007，163：4．

姜惠．金黄色葡萄球菌引起急性腹泻调查及流行病学分析［J］．检验医学，2004，19（2）．

姜玲．西尼罗病毒感染、蔓延及警示［J］．中国人兽共患病杂志，2005，2（10）．

姜天童．猪衣原体性繁殖障碍的诊断与防治［J］．中国人兽共患病杂志，1991，15（3）．

蒋次鹏．棘球绦虫和包虫病［M］．山东科学技术出版社，1994．

蒋和柱．昌都地区一起炭疽流行调查［J］．中国人兽共患病杂志，1992，8（2）．

蒋忠年．我国类鼻疽研究的历史与现状［J］．中国热带医学，2002（2）．

金爱华，姚龙涛，卫秀余，等．间接血凝抑制试验检测猪盖他病抗体方法的建立和应用［J］．中国兽医杂志，2000，26（9）．

金福源（译）．F18⁺E.Coli株可引起生长肥育猪腹泻［J］．国外畜牧业——猪与禽，2012，18（2）．

金扩世等．猪副黏病毒的分离［J］．中国兽医学报，2001，21（4）．

金奇．医学分子病毒学［M］．北京：科学出版社，2001．

孔繁瑶．家畜寄生虫学［M］．北京：农业出版社，1981．

孔庆雷等．猪李氏杆菌病的诊断［J］．中国兽医科技，1991，21（6）．

雷波．广西人体肾膨结线虫［J］．左江民族医学院学报．2004（4）．

黎伟明．类鼻疽研究近况［J］．中国热带医学，2005（2）．

李春霞，王璐．猪脑心肌炎病毒的鉴别与防治［J］．畜牧兽医科技信息，2005（1）．

李广生，邵明东．在猪体内发现肾膨结线虫［J］．中国兽医，1998，24（3）．

李桂杰．克雷伯菌的研究现状综述［J］．山东畜牧兽医，1997（2）．

李好蓉等．致病性大肠杆菌致成人腹泻一例报告［J］．实用预防医学，1999，6（4）．

李华．森林脑炎230例临床分析［J］．中华传染病杂志，1991，15（4）．

李金伸．肠球菌分类［J］．临床检验杂志，2006（3）．

李锦辉等．广西猪人肉孢子虫实验感染研究［J］．中国寄生虫学与寄生虫病，2007，25（6）．

李俐．从海南病人体分离到紫色杆菌2株［J］．中华微生物学与免疫学杂志，1986，6（2）．

李俐．海南岛人群类鼻疽血清学调查及该地首例人发现的报告［J］．中国人兽共患病杂志，1990（6）．

李梦东，王宇明．实用传染病学［M］．北京：人民卫生出版社，2005．

李其平．东方马脑炎病毒研究进展［J］．地方病通报，1995，10（4）．

李清艳．猪伪狂犬病的研究进展［J］．贵州畜牧兽医，2002，26（5）．

李三星．动物赤羽病［J］．中国兽医科技，1988.7.

李莎莉．孟氏裂头蚴病［J］．中国人兽共患病，2009，25（2）．

李绍琼．幽门螺杆菌研究的进展［J］．医学综述，1998，4（2）．

李铁栓．人类如何预防和动物共患病［M］．北京：中国农业科学技术出版社，2004.

李小军等．豫北地区屠宰生猪肉孢子虫感染情况调查分析［J］．中国人兽共患病杂志，2014，30（1）．

李逸明，连自强．猪住肉孢子虫的人—猪循环感染研究［J］．动物学报，1986，32（4）．

李瑜光等．胃幽门螺杆菌感染流行病学调查［J］．中华医学杂志，1993，73（2）．

李正平，杨倩．肠道病原性大肠杆菌和宿主细胞间相互关系［J］．江西农大学报，2010，32（1）．

李仲兴．肠球菌感染的研究进展［J］．医学综述，2005，11（10）．

李仲兴．革兰氏阳性球菌与临床感染［M］．北京：科学出版社，2007.

李仲兴．气球菌的研究进展［J］．临床检验杂志，2004，22（2）．

廉辰．囊虫病与绦虫病［M］．科学技术出版社，2013.

梁旭东．炭疽防治手册［M］．北京：中国农业出版社，1995.

廖党金，官国均．四川猪棘头虫病的调查［J］．四川畜牧兽医，1993（1）．

廖党金，官国均．猪蛭形巨吻棘头病的研究进展［J］．四川畜牧兽医，1991（2）．

廖家武．人感染猪链球菌病研究进展［J］．医学动物制，2007，23（9）．

廖延雄．动物肺孢子虫感染［J］．畜牧与兽医，2006，38（4）．

林光似．肉毒梭菌与食物中毒［J］．食品科学，2003.

林秀敏．福建颚口线虫研究［J］．中国人兽共患病杂志，1994，10（5）．

林秀敏．家猪野猫自然感染中华分支睾吸虫的研究［J］．中国人兽共患病杂志，1990.6.

林秀敏．中华支睾吸虫致胆道大出血［J］．中国人兽共患病杂志，1999.1.

林业杰．空肠弯曲菌对幼龄畜禽的致病性实验［J］．福建农业科，1991，3（2）．

林业杰．市结肉类空肠弯菌污染调查［J］．中国人兽共患病杂志，1987，3（3）．

刘国平等．猪水肿病研究进展［J］．养殖与饲料，2010，4.

刘俊华．长春地区路氏锥虫人群的感染调查［J］．中国人兽共患病杂志，1990，6（5）．

刘磊．感染猪的肠球菌致病机制［J］．河南农大学报，2009.

刘立人．人和11种动物多杀性巴氏杆菌带菌状态的调查研究［J］．中国预防兽医学报，1983（2）．

刘山群．腐败梭菌引起猪败血症的病例观察［J］．中国兽医杂志，2008，44（7）．

刘新民．人体感染猪后圆线虫一例报告［J］．中华内科，1982，21（5）．

刘荫武．从流产母猪群中检出的两株伪结核耶氏菌鉴定［J］．云南农业大学学报，1988，3（2）．

柳建新，陈创夫，王远志．布鲁氏菌致病及免疫机制研究进展［J］．动物医学进展，2004，25（3）．

柳增善，卢士英，崔树森．人兽共患病学［M］．北京：科学出版社，2014.

龙宝光．弯曲菌宿主带菌率［J］．国外医学流行病学传染病学分册，1984，11（4）．

卢洪洲，翁心华．链球菌中毒性休克综合征研究进展［J］．中华传染杂，1996，14.

卢维媛．比氏肠细胞内原虫检验［J］．国外医学：寄生虫病分册，2005，32（4）．

陆振豸．动物体内类鼻疽菌的分离［J］．中国兽医杂志，1984（11）．

陆振豸．紫色杆菌感染［J］．中国人兽共患病杂志，1988，4（5）．

鹿侠．世界卫生组织推荐的监测标准—人类炭疽［J］．口岸卫生控制，2002，7（2）：45－46.

吕英华．日本伪结核耶氏菌病的概括［J］．预防医学情报杂志，1992，8（1）．

罗海波．现代医学细菌学［M］．北京：人民卫生出版社，1995.

罗家辉等．肉类和海产品中副溶血性弧菌监测结果分析［J］．中国热带医学，2008，8（10）．

罗金汉．从三例皮肤局部感染分离紫色产色杆菌［J］．中华医学检验杂志，1985，8（2）．

罗瑞德．汉坦病毒肺综合征的研究近况［J］．临床内科学杂志，1999，16（4）．

马本江，孙世华．克里米亚——刚果出血热的流行病学 [J]．国外医学流行病学：传染病学分册，1999，26（4）．

马帝，谢建云．1株副黏病毒感染的分子鉴定 [J]．上海交大学报（农业科学版），2003，21（51）．

马巧红．132株奇异变形杆菌临床分布 [J]．中国微生态学杂志，2012，24（4）．

马斯其，彭文明，高轩．森林脑炎研究进展 [J]．病毒学报，2004，20（2）．

马晓迪（译）．猪轮状病毒感染 [J]．国外兽医学—猪与禽，2012，4．

马晓东．炭疽芽孢杆菌及炭疽疾病概述 [J]．微生物学免疫学进展，2003，31（3）：51-55．

马亦林，李兰娟．传染病学 [M]．上海：上海科学技术出版社，1997．

马云祥等．猪带绦虫囊尾蚴发育规律的研究与实验观察 [J]．中国寄生虫病防治，1992，5（1）．

马云祥等．猪囊尾蚴感染家猪的组织病理学 [J]．中国寄生虫学与寄生虫病杂志，2012，30（1）．

米尔英等．从家鼠型疫区家畜家禽血清中检测出流行性出血热病毒抗体 [J]．中国人兽共患病杂志，1990（6）．

米尔英等．山西畜禽EHF血清学调查 [J]．中国人兽共患病杂志，1999（3）．

牛钟相．动物绿脓杆菌病研究进展 [J]．动物医学进展，2003，24（1）．

农业部畜牧兽医司．家畜口蹄及其防制 [M]．北京：中国农业科技出版社，1994．

农业部职业培训教材编委会．兽医化验技术 [M]．北京：中国农业出版社，1999．

潘林祥．棘口科吸虫人体感染114例报告 [J]．中国人兽共患病杂志，1990（6）．

潘素新．肠球菌医院感染 [J]．中华医院感染学杂志，2008．

坪仓操（高其栋译）．日本伪结核耶氏菌及其感染 [J]．中国人兽共患病杂志，1990，6（4）．

秦树民．具有EIEC相同抗原的阴沟肠杆菌引起的食物中毒 [J]．中国食品卫生杂志，1997，9（5）．

邱昌庆．动物衣原体疫苗 [J]．中国兽医科技，1997，2（1）．

邱昌庆．衣原体致病机制研究进展 [J]．河北科技示范学院学报，2010，24（10）．

邱昌庆．用位点杂交技术检测猪源沙眼衣原体 [J]．畜牧兽医科技信息，2000（4）．

邱洪流．人体肾膨结线虫病2例 [J]．人兽共患病杂志，1998，14（1）．

曲信芹，穆晓惠．一株致病性奇异变形杆菌的分离于鉴定 [J]．山东畜牧兽医，2012，4．

芮萍等．猪化脓性放线菌的分离与鉴定 [J]．中国兽医杂志，2004，40（9）．

山本贤休，菊池雄一．豚丹毒が再燃可面意外性理由 [J]．《养豚界》，2012，8．

杉本正笃．豚の"リフラ"状绦虫 [J]．东京南山堂，1939．

尚德秋．布鲁氏菌病及其防制 [J]．中华流行病学杂志，1998，19：67．

沈长国．人感染猪巨吻棘头病 [J]．中国人兽共患病，1990（2）．

盛一平．鼠伤寒沙门氏菌食物中毒 [J]．流行病学杂志，1997．

施宝坤，邱汉辉．家畜寄生虫的鉴别与防制 [M]．江苏科学技术出版社，1989．

施华芳等．云南从急性发热病人血清中分离到基孔肯雅病毒 [J]．中国人兽共患病杂志，1996，6（1）．

石永峰（译）．哺乳期仔猪梭菌芽孢杆菌性腹泻 [J]．国外畜牧学——猪与禽，2012，32（4）．

矢原芳博．大肠菌 [J]．养猪界，2011（1）：36．

宋延富．鼠疫以非典型形式在自然界长期保存的研究进展 [J]．中国地方病防治杂志，1995，10（2）．

苏庆平．人芽囊原虫的流行调查、临床及致病机理初探 [J]．中国人兽共患病杂志，1994，10（3）．

孙殿武．结肠耶尔森病 [J]．中国人兽共患病杂志，1989，1．

孙建和，陆承平．一种新的猪病——蓝眼病 [J]．动物检疫，1992，9（4）．

孙颖，辛绍杰，貌盼勇．金迪普拉脑炎 [J]．传染病信息，2006，19（2）：55-56．

褚雄标．广西保育猪粪中检出猪源大肠杆菌O157：H7 [J]．广西畜牧兽医，2010，1（5）．

唐德荣，梁标，张湘宁等．我国人群类鼻疽病的发现 [J]．中国人兽共患病杂志，1991，7：16．

唐家琪．自然疫源性疾病 [M]．北京：科学出版社，2005．

唐珊熙. 微生物学及微生物学检验 [M]. 北京：人民卫生出版社，1998.

唐仲璋. 人畜线虫病学 [M]. 北京：科学出版社，1987.

滕维亚. 卡氏肺孢子虫肺炎—历史和现状 [J]. 临床医药杂志，2003，16（3）.

田凤林，魏镇成. 动物轮状病毒性胃肠炎的研究进展 [J]. 西北民族大学学报 自然科学版，2008，29（2）.

田国宝等. 规模化猪场大肠杆菌耐药性和血清型变化趋势 [J]. 中国兽医杂志，2007，43（10）.

田克恭. 人与动物共患病 [M]. 北京：中国农业出版社，2013.

丸山成和. アヵバネウイルスの豚感染实验 [J]. ウイルス，1983. 33（2）：131 - 133.

万超群等. 1982年南京嗜肺军团病菌首例病人 [J]. 中国人兽共患病杂志，1985，2.

汪钢峰. 微孢子虫与慢性腹泻 [J]. 广东药学院学报，2000，16（2）.

汪华. 小肠结肠耶尔森菌 [M]. 北京：人民卫生出版社，2004.

汪明. 兽医寄生虫学 [M]. 北京：中国农业出版社，2003.

汪溥钦. 布氏姜片吸虫的生活史与对猪季节性感染的研究 [J]. 动物学报，1977，23.

汪勇（译）. 美国对预防和控制马和其他家畜家禽感染西尼罗河病毒的措施 [J]. 动物保健，2004，39.

王秉江等. 四川孟氏裂头蚴二例报告 [J]. 中华医学杂志，1974，11：723.

王长安. 人与动物共患传染病 [M]. 北京：人民卫生出版社，1987.

王德生. 沙门氏菌感染人畜调查 [J]. 流行病学杂志，1979（2）.

王冬梅. 费劳地柠檬酸杆菌致人畜腹泻的调查 [J]. 中国人兽共患病杂志，2000，16（1）.

王凤田等. 巴泰病毒研究进展 [J]. 中国人兽共患病学报，2009，25（4）.

王国宝. 猪伊氏放线菌诊治报告 [J]. 养猪，2002，27（1）.

王红. 2002 - 2004年广西食品中O157：H7 [J]. 广西预防医学，2005，11（5）.

王红旗. 多杀性巴氏杆菌与人类感染 [J]. 中国人兽共患病杂志，1993，9（1）.

王宏，郭俊成. 孟氏裂头蚴的感染与防制 [J]. 辽宁畜牧兽医，1994，4：21 - 22.

王季午，杨泽川. 传染病学 [M]. 上海：上海科学技术出版社，1998.

王静，林红丽. 绿色气球菌致菌血症1例 [J]. 河北医学，2003，9（6）.

王克霞. 颌下曼氏迭宫绦虫裂头蚴感染一例 [J]. 中国寄生虫学与寄生虫病杂志，2005，23（5）.

王磊. 肉毒中毒的临床特点及防治措施 [M]. 北京：人民军医出版社，1999.

王濛濛. 猪TTV存在二个型 [J]. 中国预防兽医学报，2009.

王涛. 军团病致病机制 [J]. 中国人兽共患病杂志，2004，20（7）.

王鑫. 伪结核耶氏菌研究进展 [J]. 中国人兽共患病杂志，2007，23（10）.

王亚宾等. 仔猪关节炎粪肠球菌生物学特性研究 [J]. 河南农业大学学报，2011，45（2）.

王永康. 猪肺炎克雷伯菌病诊断 [J]. 中国兽医杂志，1997，23（1）.

韦小瑜等. 贵州首例空肠弯曲菌菌血症病例病原鉴定和亚型分型 [J]. 中国人兽共患病学报，2014，30（8）.

魏曦，刘瑞三，范明远（主译）. 人兽共患病 [M]. 上海：上海科学技术出版社，1985.

温立斌. 江苏猪群中有TTV [J]. 江苏农业学报，2010.

文心田. 当代世界人畜共患病学 [M]. 四川科学技术出版社，2011.

吴德. 华支睾吸虫病流行概况 [J]. 热带医学杂志，2002，2（3）.

吴文福等. 猪大肠杆菌的流行特点 [J]. 广东畜牧兽医科技，2001，26（1）.

吴永生. 全国黄热病状况 [J]. 中国人兽共患病杂志，2002，18（2）.

吴兆平，施朝普，王忠珍. 人感染新城疫病毒的血清学调查 [J]. 中国畜禽传染病，1988，6.

吴振环等. 一起炭疽流行的调查 [J]. 实用预防医学. 1999，6（1）.

吴祖立等. 猪副黏病毒感染的初步诊断和病毒分离 [J]. 上海交大学报（农业科学版），2002，20（1）.

夏宏器．肉毒中毒［M］．新疆人民出版社，1982．

肖剑．仔猪腹泻阴沟肠杆菌的分离与鉴定［J］．浙江畜牧兽医，2004（2）．

肖俊发．猪爆发 A 型魏氏梭菌的报告［J］．上海畜牧兽医通讯，1990（4）．

谢彬．猪源绿色气球菌的分离鉴定与药敏试验［J］．中国微生态学杂志，2010，22（3）．

徐辉．多重 PCR 测猪肉中 O157：H7［J］．现代预防医学，2007，34（32）．

徐芳南，甘运兴．动物寄生虫学［M］．北京：高等教育出版社，1965．

徐启华．人畜共患病毒性疾病［M］．北京：人民军医出版社，1985．

徐学平．畜禽鹦鹉热衣原体的研究进展［J］．中国兽医科技，1190，10（2）．

徐英春等．396 株嗜麦芽窄食单胞菌的耐药性特性研究［J］．中华微生物和免疫学杂志，1999，19：184
　－187．

许旭春．阴沟肠杆菌感染 106 例临床分析［J］．浙江中西结合杂志，2007，17（12）．

闫文朝，宁长申．猪隐孢子虫和隐孢子虫病的研究进展［J］．中国兽医寄生虫病，2004，12（4）．

严安毓等．猪脑心肌炎［J］．广东畜牧兽医科技，2008（33）．

杨炳杰．断奶仔猪奇异变形杆菌病的诊断［J］．中国兽药杂志，2008，42（7）．

杨得胜．禽流感病毒和猪流感病毒——人兽共患病危险的新认识［J］．猪与禽，2008，28（1）．

杨光发．动物寄生虫病学［M］．四川科学技术出版社，2005．

杨劲松．肠球菌致病性初步探讨［J］．中国人兽共患病，1997，13．

杨清山等．杜氏颚口线虫引起人胃穿孔一例［J］．中国寄生虫学与寄生虫病杂志，2005，23（6）．

杨盛华．新发感染病及其临床对策［M］．北京：人民卫生出版社，2008．

杨守明，王民生．嗜水气单胞菌及其对人的致病性［J］．疾病控制杂志，2006，10（5）．

杨守明．嗜水气单胞菌对人的致病性［J］．疾病控制杂志，2006，10（5）．

杨文友．新近发现的人兽共患病毒病——曼拉角病［J］．肉品卫生，2001，6（204）．

杨宜生．猪场衣原体的临床与菌株分离［J］．湖北畜牧兽医，1991，2（2）．

杨占清．不同地区家猪感染出血热病毒与人群发病关系［J］．中国人兽共患病杂志，1990（4）．

杨正时．人及动物病原细菌学［M］．河北科学技术出版社，2003．

杨正时．鼠伤寒沙门氏菌使人、动物感染死亡［J］．生物制品通讯，1978，7（1）．

杨智明．猪血清鼠疫 F1 抗体 LHA 和 RIP 检测［J］．地方病通报，1999，14（1）．

姚龙涛．猪病毒病［M］．上海：上海科学技术出版社，2000．

殷震，刘景华．动物病毒学［M］．北京：科学出版社，1985．

游绍阳，高隆声．人猪蛔虫在不同发育期和不同染色结构研究［J］．中国人兽共患病杂志，1994，10
　（1）．

游淑珠．PCR 法检测动物源性食品中布氏弓形菌［J］．现代食品科技，2013，10（4）．

于恩庶，徐秉锟．中国人畜共患病学［M］．福建：福建科学技术出版社，1988．

于恩庶．人假结核耶氏菌病及病原分离、鉴定［J］．于恩庶论文集，1988．

于恩庶．中国目前羔虫病流行特征分析［J］．中华流行病学杂志，1997，18：56－58．

于恩庶．猪小肠结肠耶氏菌病的爆发流行［J］．中国兽医杂志，1983，9（5）．

于泉．与致病性有关的气单胞菌生化特性研究［J］．微生物学通报，1987，14（3）．

余绍珍等．成人鼠伤寒沙门氏菌感染 40 例临床分析［J］．中华传染病杂志，1991，9（1）．

余树荣．我国 Q 热及其病原体的研究［J］．中华传染病杂志，1990，8：95－98．

俞东征，梁国栋．人兽共患传染病学［M］．北京：科学出版社，2009．

俞乃胜等．猪诺维氏菌的感染及其诊断［J］．中国兽医科技，1991，21（10）．

俞树荣，陈香蕊．立克次体与立克次氏体病［J］．军事医学科学出版社 1999．

俞永新．狂犬病和狂犬病疫苗［M］．北京：中国医药科技出版社，2001．

袁建平．幽门螺杆菌感染的微生态治疗［J］．中国微生物态学杂志，2002，14（4）：47．

曾金贵．EHF 人工感染猪［J］．中国鼠类防制．1988，增刊．

曾金贵．我国猪中小猪结肠耶氏菌菌检及鉴定［J］．中国兽医杂志，1982，8（2）．

曾金炎．我国猪中小猪结肠耶氏菌首检及其鉴定［J］．中国兽医杂志，1982，8（2）．

张宝栋．在猪体内发现裂头蚴一例［J］．中华医学杂志，1957，6：481-486．

张道永．绿脓杆菌病研究进展［J］．四川畜牧兽医，1995（3）．

张峰山等．浙江省家畜家禽寄生蠕虫志［J］．浙江省农林厅畜牧管理局，1986．

张海林．云南首次分离到辛得毕斯、巴泰、Colti 病毒［J］．中国人兽共患病杂志，2005．

张红英．我国魏氏梭菌病的流行特点［J］．中国畜牧兽医，2004，31（1）．

张宏伟．动物寄生虫病［M］．北京：中国农业出版社，2006．

张化贤．猪肝毛细线虫寄生一例［J］．中国人兽共患病杂志，1990．6．

张龙现，蒋金书．隐孢子虫和隐孢子虫病研究进展［J］．寄生虫和医学昆虫学报，2001，3．

张我东．海南岛家畜类鼻疽的流行病学调查［J］．中国人兽共患病杂志，1986（2）．

张小萍．上海不同人群人芽囊原虫感染调查［J］．中国病原生物学杂志，2008（1）．

张晓龙．西尼罗病毒的宿主在其传播中的作用［J］．寄生虫与医学昆虫学报，2008，15（3）．

张燕．腐败梭菌危害及防治进展［J］．河北师范大学学报（自然科学版），2006．

张永华，陈化新．汉坦病毒及其相关疾病研究进展——第 4 届国际 HFRS 会议资料综述［J］．中国媒介生物学及控制杂志，1999，10（3）．

张勇．胃镜检查早期诊断姜片吸虫病 13 例［J］．浙江临床医学，2002，4（5）．

张培，杨丽媛．儿童华支睾吸虫早期诊断和临床分型——996 例分析［J］．中华传染病学杂志，1991，9（1）．

张月娥，李绍光．胰阔盘吸虫人体感染一例报告［J］．上海第一医学院学报，1964，4．

张耘．阴沟肠杆菌引起的食物中毒调查［J］．上海预防医学杂志，2011，23（2）．

赵辉元．人兽共患寄生虫病学［M］．东北朝鲜民族教育出版社，1996．

赵乃昕．医学细菌名称及分类鉴定［M］．山东大学出版社，2006．

赵志晶，庄辉．尼帕病毒的研究进展［J］．基础医学与临床，2004，24（2）．

郑德联．亲水气单胞菌感染［J］．国际流行病学传染病学杂志，1983，10（1）：17-20．

郑厚旌（译）．韦塞尔斯布朗病［J］．国外兽医学——畜禽传染病，1995，6（4）．

郑煌煌等．戊型肝炎病毒感染［J］．中国微生物学杂志，2001，13（3）．

郑世军．现代动物传染病［M］．北京：中国农业出版社，2013．

郑世英．猪场爆发奇异变形杆菌病的病原分析［J］．中国人兽共患病杂志，1992，8（2）．

郑淑珍等．一起 A 群乙型溶血性链球菌扁桃体炎流行分析［J］．中华流行病学，1997，28（1）．

郑滕等．猪源新城疫病毒 SP13 株的 F 基因克隆及序列分析［J］．福建农林大学学报，2005，36（3）．

郑新永．一起小猪亲水气单胞菌性腹泻报告［J］．中国人兽共患病杂志，1987，3（1）．

郑英杰等．戊肝是否为人兽共患病的讨论［J］．中国人兽共患病杂志，2003，19（6）．

志贺明．猪丹毒ヒは农场にモれ力ホ被害ヒ对策［J］．《养豚界》，2012，8．

中国医学百科全书编委会．寄生虫与寄生虫学［M］．上海：上海科学技术出版社，1983．

周春花．我国 G2 型人蛔虫和猪蛔虫的遗传多样性［J］．中国人兽共患病杂志，2012（2）．

周慧年．一起奇异变形杆菌致 3258 人食物中毒报告［J］．中国国境卫生检疫杂志，1998，21（5）．

周继章．衣原体分子生物学研究进展［J］．中国人兽共患病杂志，2007，27（8）．

周庭银．临床微生物学诊断与图解［M］．上海：上海科学技术出版社，2012．

周晓农．机会性寄生虫病［M］．北京：人民卫生出版社，2009．

周曾芬等．云南彝汉地区幽门螺杆菌感染的流行病学调查［J］．中华流行病学杂志．1997，18（1）．

周宗安，翟春生．人畜共患病［M］．福建：福建科学技术出版社，1985．

朱彩珠，张强，卢永干（主译）．口蹄疫现状与未来［M］．北京：中国农业科技出版社，2009．

朱金昌．卫氏并殖吸虫实验感染家猪［J］．寄生虫学与寄生虫病杂志，1986，4（2）．

朱其太．动物李氏杆菌病［J］．中国兽医杂志，1999，21（1）．

朱其太．衣原体分类新进展［J］．中国兽医杂志，2001，37（4）．

朱雅正．人畜放线菌病［J］．中国人兽共患病杂志，1987，3（4）．

朱艳红．微孢子虫病研究进展［J］．国外医学：寄生虫病分册，2004，31（1）．

自登云，陈伯权，俞永新．虫媒病毒与虫媒病毒病［M］．云南科学技术出版社，1995．

左仰贤．广西发现人肉孢子虫［J］．中国人兽共患病杂志，1990，6（1）．

左仰贤．人兽共患寄生虫学［M］．北京：科学出版社，1997．

左仰贤．人体肉孢子虫病［J］．云南医药，1983，4（6）．

左仰贤．人畜隐孢子虫病在云南发现及其实验感染研究［J］．中国人兽共患病杂志，1987，3（6）．

Alfredo Garc I a et al. Clostridum novyi infection causing sow mortality in a Iberian pig herd raised in an outdoor rearing sustem in spain [J]. Journal of Swine Health and Production, 2009 (9): 264 - 268.

AnDJ. Encephalomycarditis in Korea. Serological Survey in pig and phylogenetic analysis of two historical isolates [J]. Vet Microbiol, 2009, 137 (1 - 2).

Austin B. Vibrios as causal agents of zoonoses [J]. Vet Microbilo, 2009, 1 - 8.

AW philbey et al. Skeletal and neurological malpormations in pig congenitally infected with Menangle virus [J]. Australian Vet Jour, 2007, 85 (4): 134 - 140.

Bank - wolf BR et al. Zoonotic aspects of infections with noroviruses and sapoviruses [J]. Vet Microbiol, 2010, 140 (3/4): 204 - 212.

Belkum A V et al. Methicillin - restant and suscep tible staphylococcus aureus Seguence Type 398 in pig and Humans [J]. Emerg Infect Dis, 2008, 14 (3).

Bento—Mirande M. Helicobacter Reilmanni Sensulato: a overview of the infection in human [J]. World J Gstroenterol, 2004, 20 (47) 17779 - 17789.

Billinic C. Encephalomycarditis virus in wildife species in Greece [J]. Wild Disease, 2009, 45 (2): 522 - 526.

Bluser M J et al. Compylobacter enteritis. New Eugl. J [J]. Med, 1981, 305 (24): 1444.

Bragier J S et al. Heat and acid tolerance of clostridium novyi Type ASpores and their survival prior to preparation of heroin for injection [J]. Anaerobe. 2003, 9: 141.

Brockmecer SL, et al. Role of dermonecrotic toxin of Bordetella lronchiseptica in the pathogenesis of respiratong disease in swine [J]. Infect Immun, 2002, 70 (2): 481 - 490.

Brown F et al. Antigen differences between isolates of swine vesicular disease virus and their relation to coxsackie B5 virus [J]. Nature, 1973, 245: 315 - 316.

Bulkholt M A. Prevalence of E. bieneusi in swine: a 18 month survey at slanghterhous in Massachusetts. Appl [J]. Environ Microbiol, 2002, 68 (5): 2595 - 2599.

Chaetham S M. pathogenesis of a genogroup II human norovirus in gnotobitic pigs [J]. J virol, 2006, 80: 10372.

Christensen JJ, Jensen IP, Faerk J, et al. Bacteremia/septicemia due to Aerococcus - like organisms: report of seventeen cases. Danish ALO Study Group [J]. Clin Infect Dis. 1995, 21 (4): 943 - 947.

Corona E. Porcine parmyxovirus (Blue eye disease) [J]. The pig. J, 2000, 45: 115 - 118.

Doo - Sung Chen. Outbreak of diarrhea associated with Enterococcus durans in piglets [J]. Vet Diagnostic Investigation. 1996, 8: 123 - 124.

Faisac, D Desmecht. Sendai virus [J]. Reseach in Velerinary Science, 2007, 82: 115 - 125.

Field HL; Gibson EA. Studies on piglet mortality Ⅱ Cl. weichii infection [J]. Vet Rec. 1955, 67: 31.

Fox JG, Lee A. Gastric campylobacter - like organisms: their role in gastric disease of laboratory animals [J]. Lab Anim Sci. 1989, 39 (6): 543 - 553.

Goebel S J, et al. Isolation of avian paramyxovirus 1 from patient with a lethal case of pneumonia [J]. J Vorol, 2007, 81: 12709.

Guo M. Molecular chavacterigation of porcine enteric calicivims genetically related of sappora - like human calicivirues [J]. J Virol, 1999, 73: 9625.

G. Geevarghess et al. Isolation of Batai virus from sentinel domestic pig from Kolar district in Karnataka state, India [J]. Acta virologica, 1994 (38): 239 - 240.

Haesebrouck F et al. Effcacy of Vaccines against bacterial disease in swine: what can we expect? [J] Vet Microbiol, 2004, 100 (3 - 4): 255 - 268.

Hansman G S. Human sapovirus genetic diversity, recombination, and dissification [J]. Rev Med virol, 2007 (2): 133 - 141.

Hong - zhou Lu, et al. Enterococcus faecium - Ralated outbreak with mdecular Evidence of Transmission from pigs to Human. J. Clin [J]. Microbiol, 2002, 40 (3): 913 - 917.

Hwang KP, Chang SH, Wang LC. Alterations in the expression level of a putative aspartic protease in the development of Angiostrongylus cantonensis [J]. Acta Trop. 2010, 113 (3): 289 - 294.

Jaime Maldonado et al. Evidence of the concurrent circulation of H1N2, H1N1 and H3N2 influenga A Viruses in densely populated pig areas in Spain [J]. The Veterinary Journal, 2006, Vol. 172.

Jan. Drobeniuc et al. Hepatitis E Virus Antibody prevalence among persons who work with swine [J]. J Infee Dis, 2001, 184, 1594 - 1597.

John D. G. Countering Anthrax: Vaccines and Immunoglobulins [J]. VACCINES, 2008, 46: 129.

J. Larsson et al. Neonatal piglet diarrhea associated with Enteroadherent Enterococcus hirae. J. Comp [J]. path, 2014, 151: 137 - 147.

Kabeya H et al. Distribution of Arcobacter species among livestock in Japan [J]. Vet Microbiol, 2003, 93: 153 - 158.

Kamada M; Ando y; Fukunaga y. Equine Getal virus infection: isolation of the virus from racehorses during all emgootic in Japan [J]. Am J Trep Med Hyg, 1980, 29 (55): 984.

Kayaoglu G et al. Virulence pactors of Enterococcus faecalis: relationship to en do dontis disease [J]. Crit Rev Oral Biol Med, 2004, 15 (5): 308 - 320.

Kekarainen T et al. Detection of Swine TTV genogroups 1and 2 in bear sera and semen [J]. Theriogenology, 2007, 68: 966 - 971.

Kekarainen T et al. Torque teno virus infection in the pig and its potenlial role as a model of human infection [J]. Vet J. 2009, 180: 163 - 168.

Kumano Indo I. Cinical and virological observations on swine experimentalty with Getah Virus [J]. Vet Microbiol, 1988, 16 (3): 295 - 301.

K. Dhama. et al. Rotavirus diarhea in bovines and other domestic animals [J]. Vet Res Commun, 2009, 33: 1 - 23.

Laakkonen J. Pneumocystis carinii in wildlife [J]. Int J Parasitol. 1998, 28 (2): 241 - 252.

Lan D, Ji W, Yu D, Chu J, et al. Serological evidence of West Nile virus in dogs and cats in China [J]. Arch Virol. 2011, 156 (5): 893 - 895.

Leonard F C; Markey BK. Meticillin - resistant staphylococcus aureus in animals: a review [J]. Vet J,

2008，175（1）：27－36.

Li WJ，Wang JL，Li MH，et al. Mosquitoes and mosquito－borne arboviruses in the Qinghai－Tibet Plateau——focused on the Qinghai area, China［J］．Am J Trop Med Hyg. 2010，82（4）：705－711.

Li XD；Qiu FX；Yang H，et al. Isolation of Getah virus from mosquitos collected on Hainan island, China, and results of a serosurvey［J］．Southeast Asian Journal of tropical medicine and public health. 1992，23（4）：730－734.

Lipkind M，Shoham D，Shihmanter E. Isolation of a paramyxovirus from pigs in Israel and its antigenic relationships with avian paramyxoviruses［J］．J Gen Virol 1986，67：427－439.

Lowen A et al. The guinea pig as a transmission model for human influenga viruses［J］．Proc Natr1 Acad Scid USA，2006，103（26）：9988－9992.

Marsh G A et al. Ebola Reston virus infection of pigs：clinicance［J］．J Infect Dis，2011，204.

Millard PS，Gensheimer KF，Addiss DG，Sosin DM，Beckett GA，Houck－Jankoski A，Hudson A［J］．JAMA. 1994，272（20）：1592－1596.

Pan Y，et al. Reston virus in domestic pigs in China［J］．Arch virol，2014，159（5）：1129.

Parker MT，Ball LC. Streptococci and aerococci associated with systemic infection in man［J］．J Med Microbiol. 1976，9（3）：275－302.

Plett－samoraj W. The influence of experimental yersinia enterocolitica infection on the megnancy course in sows［J］．Palish Journal of Vet Sciences，2009，12（2）：189－193.

Prempeh H；Smith R；Muller B. Foot－and－mouth disease：the human consequences［J］．BMJ，2001，322：565－566.

P. E. Shewen. 动物衣原体感染［J］．Can Vet. J. 1980，2191）：2－11.

Roger W. Barrette；Samia，A. Matwing，Jessica M. Rowland，et al. Discovery of Swine as a Host for the Reston Ebolavirus［J］．Science，2009，325：204.

Romain D' Inace. Natural ways to fight E. coli around weaning［J］．Pig progress，2011，27（5）．

Seluy A. Headley et al. Cerebral abscesses in a pig：Atypical manifestations of streptocoocus suis serotype 2－induced meningoencephalitis［J］．Journal of Health and production，2002，20（4）：179－183.

Shellito J，Suzara VV，Blumenfeld W，et al.. A new model of Pneumocystis carinii infection in mice selectively depleted of helper T lymphocytes［J］．J Clin Invest. 1990，85（5）：1686－1693.

Sippel WL，Medina G，Atwood MB. Outbreaks of disease in animals associated with Chromobacterium violaceum：I. The disease inswine［J］．J Am Vet Med Assoc 1954，124：467－471.

Smith TC et al. Methicillin－resistant staphylococcus aureus strain ST398 is present Midwestern U. S［J］．Swine and Swine Workers. Plosone，2007，4（1）：1－6.

S. G. Shristensen et al. 丹麦猪的耶尔森菌［J］．Appl. Becterial，1989，48（3）：377－382.

T Takahashi 等. 患慢性猪丹毒屠宰猪分离的猪丹毒杆菌血清型. 修君勇译自 Jpn. J. Vet［J］．Sci，1984，46（2）：149－153.

Tacal JV Jr，Sobieh M，el－Ahraf A. Cryptosporidium in market pigs in southern California，USA［J］．Veterinary Record，1987，120（26）：615－616.

Tesh R. B. The prevalence of encephalomycarditis virus neutraliging antibodies aming various human population［J］．Am J Trop Medhyg. 1978，27：144－149.

Tien N T et al. Detection of immunoglobulin G to the hepatitis E virus among several animal species in Vietnam［J］．Am Jtrop Med Hyg，1997，57：211.

Tim Lundean. Clostridia diarrhea in nursery correlated. J［J］．feedstuffs，2007（3）．

Timothy R，et al. Moleculal characterigation of menangle virus，a novel paramyxoviru which infects pigs, fruit bats, and Humans [J]. Virology, 2001, 283: 358.

Wang QH. Prevalence of norovirus and sapovirus in swine of various agas determined by reverse transeription - PCR and microwell hybridigation assays [J]. Journal of clinical microbiology, 2006, 44 (6): 2057.

Weingarte H M et al. Transmission of Ebola virus from pigs to non - human primates [J]. Sci Rep, 2012, 2: 811.

Weingartl HM et al. Recombinant nipah virus vaccines protect pigs against challenge [J]. J Virol, 2006, 8 (16).

wong K T, et al. A golden hamster model for human acute Nipah virus infection [J]. Am J pathol, 2003, 163 (5).

Xiang - Jin Meng et al. Genetic and Experimental Evidence for cross - species infection by swine Hepatitis E Virus [J]. Journal of Virology, Dec, 1998, vol22. 12.

Yates V J et al. Isolation of NDV from a calf [J]. J Am vet Med Assoc, 1952, 120.

图书在版编目（CIP）数据

人猪共患疾病与感染 / 陈谊，郑明主编 . —北京：
中国农业出版社，2017.8
ISBN 978-7-109-22991-4

Ⅰ.①人… Ⅱ.①陈… ②郑… Ⅲ.①猪病—人畜共
患病 Ⅳ.①S858.28

中国版本图书馆 CIP 数据核字（2017）第 119649 号

中国农业出版社出版
（北京市朝阳区麦子店街 18 号楼）
（邮政编码 100125）
责任编辑 王玉英

北京通州皇家印刷厂印刷　新华书店北京发行所发行
2017 年 8 月第 1 版　2017 年 8 月北京第 1 次印刷

开本：787mm×1092mm　1/16　印张：49.5
字数：1230 千字
定价：200.00 元
（凡本版图书出现印刷、装订错误，请向出版社发行部调换）